TRAITÉ

DES

MARQUES DE FABRIQUE

ET DE LA

CONCURRENCE DÉLOYALE

Paris. — Imprimerie L. Baudoin et Cᵉ, rue Christine 2.

TRAITÉ

DES

MARQUES DE FABRIQUE

ET DE LA

CONCURRENCE DÉLOYALE

EN TOUS GENRES

NOTAMMENT EN MATIÈRE DE

Noms — Dénominations d'établissements et de produits
Formes de flacons ou d'enveloppes — Étiquettes
Annonces — Prospectus — Enseignes
Titres d'ouvrages — Louage
Secrets de fabrique

PAR

Eugène POUILLET

AVOCAT A LA COUR D'APPEL DE PARIS

DEUXIÈME ÉDITION

PARIS

IMPRIMERIE ET LIBRAIRIE GÉNÉRALE DE JURISPRUDENCE
MARCHAL, BILLARD ET Ce, IMPRIMEURS-ÉDITEURS
LIBRAIRES DE LA COUR DE CASSATION
Place Dauphine, 27

1883

AVERTISSEMENT

POUR LA DEUXIÈME ÉDITION.

L'introduction que nous avions placée en tête de la première édition de cet ouvrage résumait exactement nos idées, notre manière de voir, et précisait le point de vue auquel nous avions cru devoir nous mettre pour écrire un traité, aussi complet que possible, des marques de fabrique et de la concurrence déloyale. A plusieurs années de distance, notre manière de voir est demeurée la même, et, par suite, nous n'avons rien à changer à notre introduction, qui en est le reflet fidèle. Nous la laissons donc en tête de notre deuxième édition telle qu'elle était en tête de la première.

Cette deuxième édition, du reste, ne se distingue de la première que par l'abondance des décisions judiciaires que nous avons recueillies, et l'on nous rendra cette justice que nous n'en avons laissé échapper aucune qui eût quelque importance. On voudra bien remarquer en même temps que nous avons développé certaines controverses qui avaient paru trop brièvement exposées, affirmé plus nettement notre opinion dans des questions où elle pouvait sembler incertaine, corrigé des erreurs presque inévitables dans un ouvrage d'aussi longue haleine, fait disparaître des obscurités que de bienveillants lecteurs nous avaient signalées, tenu compte enfin de toutes les critiques qui nous ont été adressées et que nous avons reconnues justifiées.

Nous espérons avoir ainsi mérité un peu de la faveur qui a accueilli notre première édition.

12 juin 1883.

INTRODUCTION.

Le livre que nous publions aujourd'hui diffère sensiblement de ceux qui ont paru, avant lui, sur les mêmes matières; cette différence ne tient pas seulement au temps écoulé depuis la publication des ouvrages de nos devanciers; elle tient aussi et surtout au plan général que nous avons adopté.

Jusqu'ici, on s'était préoccupé d'exposer et de commenter les lois de 1824 et de 1857, et les commentateurs avaient suivi scrupuleusement l'ordre même des articles de ces deux lois. Leurs ouvrages, bornés par le point de vue où les auteurs se plaçaient, étaient aussi complets que le permettait le moment où ils paraissaient; mais ce n'étaient pas là des ouvrages d'ensemble, coordonnant et réunissant tous les brins divers d'un même faisceau.

Nous nous sommes proposé le but contraire; notre travail, aussi complet que possible dans les détails, est avant tout un travail d'ensemble. C'est, véritablement, le traité de la concurrence déloyale que nous avons voulu écrire; si la marque ou le nom d'un commerçant constitue à son profit une propriété, ce n'est qu'une propriété essentiellement relative, limitée par les circonstances où elle s'exerce, souvent même par le lieu où réside celui qui la possède; c'est un moyen de régler la concurrence, de la rendre honnête et loyale, et, par suite, d'assurer à chaque commerçant le fruit de ses efforts et de son travail. Cela est si vrai que l'emploi de la marque d'un commerçant par un autre commerçant, mais qui exerce un genre de commerce tout à fait distinct, est parfaitement légitime et ne saurait donner lieu à aucune réclamation. Cet emploi n'est pas répréhensible. Le plus souvent l'usurpation ne commence qu'avec la pensée d'une concurrence déloyale, ou, à défaut d'une intention frauduleuse, avec le fait d'une confusion possible entre les deux établissements rivaux.

L'usurpation d'un nom, d'une marque, n'est donc à nos yeux qu'une des mille formes de la concurrence déloyale; et si, par son importance, par sa fréquence même, par ses règles particulières, elle mérite de fixer spécialement l'attention, il n'en faut pas moins se rappeler toujours d'où elle procède et ne l'envisager que comme une variété de la concurrence déloyale.

La concurrence déloyale, le mot lui-même l'indique, est celle qui emploie des moyens détournés, frauduleux, des menées que la droiture et l'honnêteté réprouvent; ses armes sont innombrables, souvent ingénieuses, toujours perfides; sa forme est parfois presque insaisissable et c'est même là, pour de certains commerçants, qu'est l'habileté. On l'a dit avec raison : « La concurrence déloyale est un véritable Protée. » Nous n'avons ni la prétention ni l'espoir d'énumérer toutes ses transformations; celle d'hier n'est pas celle d'aujourd'hui, et demain, sans aucun doute, renchérira sur aujourd'hui. Nous indiquerons les types principaux. Du reste, si les moyens sont variés à l'infini, le but reste toujours le même : c'est le détournement de la clientèle d'autrui. Qu'elle usurpe une marque, un nom ou une enseigne, la concurrence déloyale cherche invariablement à s'emparer de la clientèle, qui, de préférence, s'adressait à cette marque, à ce nom, à cette enseigne. A ce signe, quel que soit son masque, il est facile de la reconnaître.

Ceci dit, les divisions de ce livre s'expliquent d'elles-mêmes. Si, dans ce tableau de la concurrence déloyale, nous donnons aux marques et au nom commercial la première place, c'est que le législateur en a fait lui-même l'objet d'une sollicitude particulière, et que la déloyauté du concurrent qui les usurpe lui a paru mériter d'être punie comme un délit.

Ce livre, du reste, est conçu sur le même plan que notre *Traité des brevets d'invention.* A côté de l'opinion de la doctrine que nous résumons fidèlement, nous avons soin d'exprimer la nôtre, et, le point doctrinal élucidé, nous citons alors la jurisprudence. On embrasse ainsi d'un coup d'œil le point de vue théorique et le point de vue pratique. Ici encore, nous pouvons dire que, à défaut d'autre mérite, notre ouvrage aura celui d'être complet. Nous avons, pour la première fois, réuni des documents qui, épars un peu partout, passaient inaperçus ou n'étaient que bien difficilement consultés.

Nous avons d'ailleurs puisé aux sources et nous avons le plus souvent pris, dans la décision même, le texte du point de droit, au lieu de nous en tenir aux sommaires, parfois peu précis, des recueils. Notre travail s'en est trouvé singulièrement augmenté, mais il a gagné en exactitude.

Un autre point nous a préoccupé : nous avons tenu à toujours préciser le fait; si les difficultés judiciaires ne se représentent jamais d'une façon identique, elles ont néanmoins des côtés similaires, et, dès lors, il est intéressant de comparer les espèces, et de rechercher ce que, dans un cas analogue, la justice a décidé.

Nous espérons donc que ce nouvel ouvrage recevra du public un accueil favorable, et que ceux qui auront l'occasion d'y recourir ne le trouveront pas sans quelque utilité.

1er octobre 1875.

MARQUES DE FABRIQUE

LIVRE PREMIER

DES MARQUES DE FABRIQUE.

CHAPITRE Ier.

HISTORIQUE DE LA LÉGISLATION.

SOMMAIRE.

1. Les marques ont été protégées de tout temps. — 2. Édits royaux. — 3. Législation moderne.

1. Les marques ont été protégées de tout temps. — L'idée de mettre sur les objets fabriqués un signe, une marque qui serve à désigner et à recommander le fabricant, paraît remonter à la plus haute antiquité; car, si nous en croyons Dufaïl (1), « les anciens en leurs ouvrages met« taient ou leurs noms, ou leurs images, ou leurs marques. » Il ajoute, mais sans indiquer l'endroit, que « cela se voit dans Valère-Maxime. » Il est vrai que, recherche faite, le seul passage de cet auteur qui ait quelque rapport avec le sujet que nous traitons parle de signes apposés non sur des produits industriels, mais sur des œuvres d'art (2).

(1) V. *Les plus solennels arrêts et règlements du parlement en Bretagne*, par Noël Dufaïl, t. 2, p. 382.

(2) V. Valère-Maxime, liv. 8, chap. XIV, § 6. — Saint Augustin dit, à son tour, quelque part : « *Titulos meos posui, mea res est; ubi nomen « meum invenio, meum est.* »

M. A. Braun, avocat à la Cour de Bruxelles, dans son *Traité des marques de fabrique*, nous donne à son tour d'intéressants détails sur l'emploi de la marque de fabrique chez les Romains; il analyse fidèlement les travaux, la plupart de pure conjecture, d'ailleurs, qui ont été entrepris sur ce point, et il montre que, du moins pour l'industrie de la poterie, la marque (*sigillum*) était d'un usage général. La science archéologique, d'après lui, n'enregistrerait pas moins de six mille sigles, « six mille marques de potiers, ajoute-t-il, « dont le collectionnement, d'un prix inestimable pour la « science, présente cet autre avantage de répondre une fois « pour toutes à la question de savoir si l'antiquité romaine « connaissait les marques de fabrique (1). »

En tout cas, sans remonter si haut, il est certain que, depuis les temps modernes, c'est un usage général; voici, en effet, comment s'exprime Dupineau, dans son livre des *Coutumes du pays et duché d'Anjou* (2) :

« Je descends plus bas, pour parler des enseignes et mar« ques des marchands et artisans, que nos docteurs appellent « *signa insignia*. J'ai dit *enseignes*, pour signifier les signes « que les marchands et artisans pendent à leurs maisons et « apposent sur les ballots et paquets de leurs marchandises, « ou sur les coffres, vaisseaux, charrettes, bateaux et navires, « auxquels ils les mettent pour les garder, voiturer et trans« porter; j'ai dit *marques* pour exprimer les signes que les « artisans et ceux qui ouvrent et besognent de la main met« tent sur leurs ouvrages (3).

« La question est de sçavoir si telles sortes de personnes « peuvent prendre les enseignes et les marques les uns des « autres. Ulpien, in l. 3, Dig., *De solut.*, dit : *Inter artifices « longa differentia est et naturæ, et ingenii, et doctrinæ, et*

---

(1) Braun, *Traité des marques de fabrique*, p. 23.

(2) V. *Coutumes du pays et du duché d'Anjou* (1725), t. 2, p. 805.

(3) Guéret (*Journal du Palais*, t. 1, p. 902), disait : « Personne ne « doute que tous les auteurs des ouvrages n'aient le pouvoir de leur « imposer tel nom qu'il leur plaît, sans qu'il soit permis à tout autre « auteur de le leur prendre. » Cet auteur cite à l'appui la loi 2, Dig., *De operibus publicis*.

« *institutionis;* si bien que, si quelque artisan a acquis quel-
« que perfection en son art ou par inclination ou par bonté
« d'esprit, ou par ses veilles, et si un marchand s'est porté
« à ne vendre et débiter que de bonnes marchandises et à
« un prix raisonnable, et que l'un ou l'autre ait acquis de la
« réputation en sa profession, en sorte qu'il soit recherché
« par ceux mêmes qui ne sçavent pas son nom, l'expédient
« ordinaire pour conserver cette réputation, entretenir son
« commerce, et soulager ceux qui veulent acheter leurs
« marchandises ou ouvrages, est, quant à l'un et à l'autre,
« de pendre à son logis une enseigne, et, quant à l'artisan,
« de marquer ses ouvrages d'une marque à lui particulière.
« Et l'on demande si en la même ville, au même bourg,
« envoisiné assez proche, un autre marchand ou un autre
« artisan de sa profession peut prendre et usurper la même
« enseigne ou marque.

« ..... La résolution est qu'on ne peut prendre la marque
« ni l'enseigne d'un artisan ou d'un marchand, si cette
« enseigne porte préjudice à celui sur lequel elle est faite ou
« au public.

« Quant à la marque de l'artisan qu'il imprime sur ses
« ouvrages, elle ne peut être prise ni usurpée par un autre,
« dit Bartole..... Balde ajoute qu'on ne peut prendre les
« marques apposées sur les balles des marchands, parce
« qu'en les usurpant, cela tourne au préjudice d'autrui, et
« donne pour résolution qu'en ces choses qui regardent
« l'utilité publique, *melior est conditio occupantis* (1). »

Dupineau termine sa dissertation, qu'on lira tout entière avec intérêt, par cette réflexion qui est encore vraie aujourd'hui : « Quant aux marchands et artisans, la doctrine est
« constante qu'ils ne peuvent prendre les enseignes ni les
« marques les uns des autres, quand même artificieusement
« on les déguiserait par quelque addition, le corps principal

(1) M. Braun cite (p. 40) un autre passage de Balde, bien intéressant à relever, parce qu'il formule une règle qui s'applique encore : « *Qui*
« *primo capit habere illud signum, ille debet esse in perpetuâ posses-*
« *sione.* »

« demeurant. Ainsi fut-il jugé, dit Mornac, au profit de celui « qui avait le cœur pour enseigne contre celui qui leva le « cœur navré ajoutant une flèche. Et de cela, pour les mar- « chands et artisans, les docteurs rendent tous cette raison « que c'est l'intérêt du public, afin que le peuple, par l'usur- « pation de l'enseigne ou de la marque, ne soit trompé, « achetant chèrement de mauvaise marchandise au lieu de « la bonne que débitaient ceux qui avaient la première en- « seigne ou marque; si bien que ce règlement est politique « et introduit pour le bien public contre ceux qui ont maî- « trises, statuts et chefs-d'œuvre et qui font preuve publique « de l'autorité du prince et de sa justice et de leur capacité « en leur profession..... »

L'ouvrage de M. Braun, que nous avons déjà cité, donne sur la législation des marques sous l'ancien régime, et dans les principaux pays d'Europe, des détails qu'on chercherait vainement ailleurs. Il montre clairement qu'à côté de la marque publique, c'est-à-dire à côté de la marque du corps de métier, sorte de poinçon de l'autorité, il y avait la marque privée, c'est-à-dire la marque adoptée par chaque artisan, pour distinguer ses produits de ceux des autres artisans de la même corporation.

Cela était vrai non seulement des artisans, mais encore des commerçants. M. Braun cite à cet égard un livre de commerce de Dantzig, datant de 1420 et portant en marge les marques d'un grand nombre de commerçants, dont plusieurs d'Amsterdam, d'Angleterre et de Gênes; un autre, paru à Francfort en 1556, donne les marques d'un grand nombre de commerçants de Venise, de Gênes et d'Anvers. Cet auteur relate un grand nombre de documents, qui établissent l'usage de la marque privée sur les objets les plus divers, d'abord sur les poteries et sur les tissus, ce qui est à la connaissance de tous, et même sur les produits des fermes, beurre, fromage, bétail.

M. Braun donne d'ailleurs des extraits d'un traité du juriste allemand Gottlieb Struvius, qui ne laissent aucun doute à ce sujet. Cet ouvrage, écrit en latin et intitulé *Systema jurisprudentiæ opificiariæ*, renferme trois chapitres, dans lesquels il traite précisément des marques obligatoires ou collectives et des marques facultatives ou privées, et donne sur cette partie du droit industriel les plus précieux renseignements. On y retrouve la plupart des idées qui ont encore cours aujourd'hui, tant est forte la puissance de la raison et du bon sens. On peut dire qu'alors comme à présent, les règles générales étaient presque les mêmes.

« Au résumé, conclut M. Braun, il nous paraît acquis que « le régime économique du moyen âge ne proscrivait pas « l'emploi des marques particulières; que leur usage a au « contraire ses racines dans les mœurs et dans les institu- « tions des principaux pays de coutume, et qu'à une époque « fort ancienne, le législateur les avait déjà prises partout « sous sa sauvegarde (1). »

Sans pousser aussi loin que M. Braun cette étude historique, et sans rechercher s'il est vrai, comme il l'enseigne, que, dès le moyen âge, dans presque tous les pays d'Europe, la marque de fabrique fut non seulement connue, mais encore réglée par une législation positive, constatons (ce qui suffit au cadre de notre ouvrage) que, à cette époque, en France, la marque était en usage (2) et qu'elle était assimilée à l'enseigne; elles constituaient, l'une et l'autre, une propriété

---

(1) Braun, p. 23 et suiv.

(2) En France, comme le constatait déjà l'exposé des motifs de la loi de 1857 (v. *Infrà*, appendice, première partie, chap. II, sect. 1re), la marque était, dans tous les cas, obligatoire. D'ordinaire, il y avait deux marques : l'une qui était celle de la corporation et qui, par cela même, était collective; l'autre, qui était celle du maître et qui, naturellement, était individuelle. La première indiquait que la fabrication était conforme aux règlements, et, à vrai dire, c'était moins une marque dans le sens où nous entendons ce mot qu'une estampille de l'autorité, ayant le caractère d'une garantie publique et destinée à affirmer la conformité du produit avec le type réglementaire. La seconde indiquait l'origine, la provenance du produit, en désignant le fabricant. C'était bien la marque de fabrique, au sens de la loi de 1857. Cette seconde marque était obligatoire, comme l'estampille de l'autorité. En certains cas, pour les drapiers, par exemple (c'est un détail que je dois à l'obligeante communication de mon confrère Me Malapert), il y avait au moins trois marques, servant à indiquer le lieu de fabrication de la marchandise, sa qualité, sa provenance; parfois même il y avait une quatrième marque, celle du *fin*.

de même nature, qu'aucune loi précise ne protégeait, mais qui était placée sous la sauvegarde de l'honnêteté publique. On considérait déjà qu'usurper la marque ou l'enseigne d'un concurrent, c'est commettre à son égard un acte dommageable que la justice ne peut tolérer; c'est-à-dire, comme nous disons à présent, un acte de concurrence déloyale. On remarquait même déjà que la protection accordée au propriétaire de la marque était en même temps une protection accordée au public, au consommateur, contre la tromperie dont l'imitation de la marque le rend victime.

Nous verrons qu'il en est encore ainsi aujourd'hui et que ces principes d'éternelle bonne foi sont demeurés vrais; nous verrons même que les règles écrites par Dupineau et par Struvius n'ont pour ainsi dire pas varié.

2. Édits royaux. — C'est au treizième siècle que la législation positive semble pour la première fois s'affirmer en France. On en vient à penser qu'il ne suffit pas de condamner celui qui usurpe une marque à réparer le dommage causé par son usurpation; on érige l'usurpation en délit ou même en véritable crime, et on le punit comme tel de peines corporelles.

On s'inspire du reste, à ce moment, de ce qui se fait à l'étranger : il existait déjà, en effet, un édit d'un Électeur palatin du XIVe siècle qui, ne voyant pire tromperie que celle dont le buveur peut être victime, punissait de la pendaison le tavernier coupable d'avoir vendu un cru roturier pour du Rudesheim (1); de même, un édit de Charles-Quint, du 16 mai 1544, renfermait une clause condamnant à avoir le poignet droit coupé, après avoir été exclu du métier, celui qui contrefaisait, falsifiait ou enlevait la marque d'un autre (2).

C'est sans doute à l'imitation de ces arrêtés vraiment barbares, que dès 1564, en France, un édit royal punissait à son tour comme faux monnayeurs ceux qui étaient convaincus d'avoir falsifié ou contrefait les marques qui étaient mises

---

(1) Rapport de M. de Marafy au Congrès de la Prop. industr. de 1878, p. 83.

(2) Wauters, *les Tapisseries bruxelloises*, p. 152, cité par Braun, p. 42.

sur les pièces de drap d'or et d'argent ou de soie. Il est vrai que la rigueur de cet édit fut tempérée par les art. 10 de l'ordonnance de juillet 1681 et 43 de la déclaration du 18 octobre 1720 portant que « ceux qui auront contrefait ou fausse- « ment apposé les marques et cachets seront condamnés, « pour la première fois, à l'amende de mille livres, à faire « amende honorable, et aux galères pour cinq ans, et, en « cas de récidive, aux galères à perpétuité. »

Ce n'est pas le seul arrêté royal de ce genre qu'on puisse citer. Entre autres, les statuts accordés, le 26 octobre 1666, à la fabrique de draps de Carcassonne, punissaient du carcan pendant six heures les contrefacteurs de marques.

Toutefois le caractère de ces édits était de ne jamais prévoir que des faits spéciaux, particuliers, commis dans une industrie déterminée, de telle sorte que l'usurpation d'une marque était un crime dans telle branche d'industrie, alors qu'elle n'était qu'un simple fait de concurrence déloyale dans toute autre.

3. Législation moderne. — La Révolution commença par faire table rase du passé (1). Tout disparut dans la tourmente, le bien comme le mal. A une réglementation, sur de certains points excessive, succéda tout à coup, sans transition, une liberté sans frein et sans règles, qui, suivant la juste remarque de l'exposé des motifs de la nouvelle loi belge sur les marques, « n'était pas moins nuisible à l'industrie que « l'oppression dont elle venait de se dégager. »

On s'en aperçut bien vite. La loi du 25 germinal an XI eut pour but d'imposer des bornes à la concurrence, en même temps que de faire disparaître l'inégalité choquante de la législation antérieure à 1789, en plaçant toutes les marques,

(1) Le décret du 2 mars 1791, portant suppression de tous les droits d'aides, de toutes les maîtrises et jurandes et établissements de patentes, dispose (art. 7) : « A compter du 1er avril prochain, il sera libre à « toute personne de faire tel négoce ou d'exercer telle profession, art « ou métier qu'elle trouvera bon ; mais elle sera tenue de se pourvoir « auparavant d'une patente, d'en acquitter le prix suivant le taux ci- « après déterminé et de se conformer aux règlements de police qui sont « ou pourront être faits. »

quel que fût le genre d'industrie, sous un régime uniforme.

Elle était ainsi conçue :

« Art. 16. La contrefaçon des marques particulières, que « tout manufacturier ou artisan a le droit d'appliquer sur « des objets de sa fabrication, donnera lieu : 1° à des dom- « mages-intérêts envers celui dont la marque aura été con- « trefaite ; 2° à l'application des peines prononcées contre le « faux en écriture privée. — Art. 17. La marque sera con- « sidérée comme contrefaite quand on y aura inséré ces « mots *façon de...*, et, à la suite, le nom d'un autre fabri- « cant et d'une autre ville. »

Le Code pénal s'appropria plus tard ces dispositions dans son art. 142, qui portait : « Ceux qui auront contrefait les « marques destinées à être apposées, au nom du Gouverne- « ment, sur les diverses espèces de denrées ou de marchan- « dises, ou qui auront fait usage de ces fausses marques ; « ceux qui auront contrefait le sceau, timbre ou marque « d'une autorité quelconque ou d'un établissement particu- « lier de banque ou de commerce, ou qui auront fait usage « des sceaux, timbres ou marques contrefaites, seront punis « de la réclusion. »

Ces lois dépassaient assurément le but ; en exagérant la rigueur de la peine, elles en rendaient l'application presque impossible. Notre caractère n'est pas assez formaliste, nous ne sommes pas assez esclaves de la lettre même de la loi, pour l'appliquer telle qu'elle est, dans toute sa sévérité, les yeux fermés. Comment trouver des magistrats ou des jurés qui consentissent à prononcer la peine de la réclusion pour une aussi légère peccadille que l'imitation d'une marque ? Ces sortes de vols industriels sont, hélas ! chez nous, des peccadilles, et nous sommes, en général, de la plus compatissante indulgence pour ceux qui les commettent.

Le législateur, à force de sévérité, avait espéré intimider la fraude ; il ne fit que l'encourager en lui assurant, en quelque sorte, l'impunité. Il le comprit et, en 1824, il apporta un premier et important adoucissement à la législation existante. La loi du 28 juillet 1824, corrigeant, en effet, sur ce point la loi de germinal, réduisit l'usurpation du nom, soit d'un fabricant, soit d'une localité, aux proportions d'un simple délit et, en la punissant de peines correctionnelles, rendit enfin la répression possible et efficace.

« La sévérité seule des lois antérieures, disait le rappor-
« teur, les a fait tomber en désuétude; les fabricants les
« plus intéressés n'ont pas voulu en poursuivre l'exécution,
« tant il est vrai que toujours la peine doit être proportionnée
« au délit, et qu'il est un sentiment naturel, plus fort que
« l'intérêt personnel et antérieur à toutes les lois, qui re-
« pousse tout ce qui n'est pas juste (1). »

La loi de 1857 a achevé l'œuvre; elle a consommé l'abrogation de la loi de germinal, en étendant les dispositions de la loi de 1824 à toutes les marques sans exception.

Elle est venue à point, comme le fait remarquer l'exposé des motifs, « combler les lacunes de la législation sur les
« marques, faire cesser le défaut d'harmonie qui existait
« entre ses diverses dispositions, déterminer la juridiction
« d'une manière uniforme, enfin donner à la peine un degré
« d'énergie suffisant, mais qui ne dépasse pas le but (2). »

Ajoutons tout de suite ici, et sauf à y revenir en temps et lieu dans notre commentaire, que les lois de 1824 et de 1857 sont avant tout des lois pénales; leur but est de réprimer la fraude et d'assurer d'abord au fabricant dont la marque est usurpée, le secours de la vindicte publique. A côté de ces lois, le droit commun continue de subsister; l'usurpation de la marque, l'usurpation du nom restent encore et toujours des actes de concurrence déloyale; le fabricant qui en est victime, qui en souffre, peut en demander la réparation, en dehors des lois spéciales, sans qu'il ait besoin d'en avoir rempli les formalités, en vertu des seuls principes généraux, en vertu de cette règle immuable et supérieure qu'il n'est pas de commerce sans loyauté ni bonne foi.

---

(1) V. *infrà*, appendice, chap. II, sect. 2, art. 2.
(2) V. *infrà*, appendice, chap. II, sect. 2, art. 1.

CHAPITRE II.

NATURE ET CARACTÈRE DES MARQUES.

SECT. Ire. — Définition; caractères généraux.
SECT. II. — Ce qui constitue la marque.

SECTION Ire.

Définition.—Caractères généraux.

SOMMAIRE.

4. Définition de la marque. — 5. Son but. — 6. Marque de fabrique ou de commerce; distinction. — 7. De la marque au point de vue des consommateurs. — 8. L'enseigne n'est pas une marque. — 9. La marque est facultative. — 10. Comment devient-elle obligatoire? — 11. Les marques actuellement obligatoires sont maintenues. — 12. La marque doit-elle être apparente? — 13. Doit-elle être adhérente? — 14. Le fabricant est-il tenu de faire figurer son nom dans sa marque? — 15. La marque est applicable à toutes les industries. — 16. *Quid* des produits naturels? — 17. La marque doit être spéciale. — 18. Elle doit être nouvelle. — 18 bis. *Jurisprudence.* — 19. *Quid* si elle se compose d'éléments déjà connus? — 20. *Jurisprudence.* — 21. *Quid* d'une marque abandonnée? — 22. *Quid* de l'emprunt à une autre industrie? — 23. *Quid* d'une marque adoptée dans une autre localité? — 24. *Quid* si la marque est employée à l'étranger? — 24 bis. *Jurisprudence.* — 25. *Quid* de l'emprunt à l'enseigne d'un rival? — 26. Forme distinctive donnée à un emblème du domaine public. — 27. Emblème tiré de la nature du produit. — 27 bis. *Jurisprudence.* — 28. *Quid* si l'emblème adopté pour marque se rapporte à un type susceptible de formes diverses?

4. Définition de la marque. — On peut dire avec vérité que la marque est un moyen matériel de garantir l'origine de la marchandise aux tiers qui l'achètent, en quelque lieu et en quelque main qu'elle se trouve; c'est la définition très juste que nous rencontrons dans un arrêt (1). Voici, du

---

(1) V. Paris, 16 janv. 1868, aff. Goulet, Pataille.68.336.

reste, comment s'exprimait à cet égard le rapporteur de la loi : « Le projet de loi, évitant le péril d'une définition et laissant « à la doctrine et à la jurisprudence le soin de le faire, était « resté muet à cet égard. Votre commission a pensé que « la donner serait prévenir de nombreuses difficultés, et elle « a pris le principe dans les projets présentés aux précédentes « Assemblées. Le conseil d'Etat a adopté son amendement. « La marque est tout signe servant à distinguer les produits « d'une fabrique ou les objets d'un commerce, et la loi énu- « mère non pas tous ces signes, mais les plus usités et les « principaux parmi eux (1). » Ainsi, retenons-le, la marque doit s'entendre de *tout signe, quel qu'il soit*, servant à distinguer la personnalité d'un fabricant ou d'un commerçant.

« La marque, ajoute M. Calmels, est la garantie de la « liberté commerciale, la protection du commerçant honnête « contre le spoliateur. Née de la liberté du travail, elle assure « à chacun le crédit, le renom qu'il a su acquérir ; elle ga- « rantit à tous, c'est-à-dire à la nation, vis-à-vis de l'étran- « ger, la place réservée à notre industrie sur les marchés « extérieurs (2). »

5. Son but. — Comme la définition l'indique, la marque sert avant tout à indiquer la provenance d'une marchandise ; elle est tout à la fois une garantie pour le consommateur et pour le fabricant : pour le consommateur, qui est assuré qu'on lui livre le produit qu'il veut acheter ; pour le fabricant, qui trouve ainsi moyen de se distinguer de ses concurrents et d'affirmer la valeur de ses produits. C'est la marque qui donne à la marchandise son individualité ; elle permet de la reconnaître entre mille autres analogues ou semblables ; on conçoit toute l'importance de la marque. Plus la marchandise est estimée, plus la marque a de prix. Elle devient, à l'occasion, une propriété considérable. Il appartenait donc au législateur de la protéger, d'en régler l'exercice, surtout d'en punir l'usurpation. L'honneur du commerce, son intérêt le commandaient.

---

(1) V. *infrà*, n° 29.
(2) V. Calmels, n° 2.

6. Marque de fabrique ou de commerce; distinction. — La marque de fabrique n'est pas la marque de commerce, et c'est avec raison que la loi mentionne l'une et l'autre. La marque de fabrique est spécialement la marque du fabricant, de celui qui crée le produit, qui le manufacture. La marque de commerce est celle du débitant, de celui qui, recevant du fabricant le produit manufacturé, le vend à son tour au consommateur. S'il est intéressant que l'origine du produit soit assurée, il ne l'est pas moins que son commerce soit garanti. Combien de fois n'arrive-t-il pas qu'un produit sorti des meilleures fabriques est ensuite altéré, falsifié, sophistiqué par les revendeurs? Il importe donc que le commerçant ait sa marque comme le fabricant; « l'extension « de la marque de commerce, dit M. Rendu, désirée et favo- « risée par la loi nouvelle, sera peut-être le moyen le plus « efficace de prévenir les falsifications opérées dans la trans- « mission de certains objets qui, livrés en bon état par le « fabricant, parviennent dénaturés au consommateur. Tout « commerçant honnête peut mettre sa maison à l'abri des « soupçons de manipulation frauduleuse en attachant à ses « marchandises un signe par lequel il prendra hautement la « responsabilité de leur intégrité complète. C'est là un moyen « de crédit et, partant, de fortune, que nous ne saurions trop « recommander à l'attention des commerçants. » Constatons avec regret que ces paroles si bien pensées et si bien dites n'ont pas porté aussi loin qu'il eût été nécessaire. Beaucoup de commerçants y restent encore indifférents et paraissent croire que le droit d'avoir une marque reconnue et protégée par la loi constitue un privilège réservé au seul fabricant.

7. De la marque, au point de vue de l'intérêt du consommateur. — La loi de 1857 a été édictée dans l'intérêt du fabricant; si elle protège le consommateur, ce n'est qu'indirectement et parce qu'elle protège d'abord le fabricant. Faut-il en tirer cette conséquence que, si le fabricant dont la marque est usurpée ne se plaint pas, le consommateur, trompé par une imitation frauduleuse, n'est pas recevable à invoquer la loi de 1857 et à en demander l'application? Dans la première édition de ce livre, nous nous sommes prononcé contre la recevabilité de l'action du consommateur.

Après réflexion, nous nous demandons si cette opinion est bien justifiée. Aux termes de l'art. 1er du Code d'instruction criminelle, l'action civile appartient à toute personne lésée par un délit. La règle est générale; elle s'applique à tous les délits, et par conséquent aux délits prévus et punis par la loi de 1857, comme à tous autres. Quelle raison y aurait-il de distinguer, en l'absence d'une disposition formelle de la loi? A vrai dire, nous n'en voyons aucune (1). Cela, d'ailleurs, est de peu d'importance; car le consommateur, trompé par l'apparence d'une fausse marque, ne sera pas désarmé; son action est, dans tous les cas, écrite dans la loi du 27 mars 1851 et dans l'article 423 du Code pénal qui répriment la tromperie sur la nature des marchandises vendues. Il n'est pas douteux, en effet, que, au regard du consommateur, le fait de lui vendre un produit d'une fabrique autre que celle dont il entend acheter la marchandise, constitue une véritable tromperie sur la nature de cette marchandise (2).

8. L'enseigne n'est pas une marque. — Il est à peine besoin de faire observer que la marque, signe distinctif du produit sur lequel elle est apposée, ne peut être confondue avec l'enseigne, signe distinctif d'un établissement commercial ou plus généralement d'un magasin, d'une boutique. L'enseigne constitue une propriété d'une espèce particulière, protégée par les principes ordinaires du droit. Nous aurons l'occasion de l'étudier (3). Disons toutefois que rien, dans la loi, ne s'oppose à ce qu'un marchand ne prenne pour marque le signe qui lui sert d'enseigne : apposé sur la devanture de la boutique, ce signe est une enseigne; apposé sur la marchandise, il constitue la marque.

9. La marque est facultative. — La marque peut être obligatoire, et, en fait, la loi l'exige pour certains produits (4); mais c'est là une exception à la règle. Le principe

---

(1) V., en ce sens, Rej. 5 mai 1882, aff. Hayem, Pataille.82.114. — Comp. Paris, 11 juin 1875, aff. Chedeville et Buisson, Pataille.75.260.

(2) V. Calmels, n° 12.

(3) V. *infrà*, nos 696 et suiv.

(4) V. *infrà*, n° 355.

consacré par la loi de 1857 est que la marque est essentiellement facultative. Voici dans quels termes l'exposé des motifs justifie cette disposition : « Il est une foule d'objets comme « les dentelles, les châles, les écharpes, les mouchoirs, les « cristaux, etc., qu'on ne peut marquer autrement que par « une étiquette mobile, facile à enlever, à changer, qui ne « porterait pas, par conséquent, avec elle, la preuve qu'elle « appartient bien à l'auteur du produit. Les menus objets « comme les aiguilles, les épingles, etc., ne peuvent être « marqués que sur l'enveloppe, qui offre les mêmes inconvé- « nients, puisqu'il est facile de remplacer les objets qu'elle « couvre. Les tissus en pièce ne peuvent être marqués qu'aux « deux extrémités de la pièce. Or, les fragments de pièce, les « coupons, suivant le langage du commerce, ne peuvent pas « porter la marque, et les consommateurs n'achètent guère « que des coupons. Ainsi, première objection : impossibilité « matérielle d'apposer la marque sur un très grand nombre « de produits, au moins de manière à ce qu'elle garantisse « l'origine de la fabrication. Nous disons, en second lieu, que « le système de la marque obligatoire serait fort préjudiciable « aux industriels. En effet, il y a des cas nombreux où les « fabricants les plus honnêtes, les plus intelligents, sont obli- « gés de livrer au commerce des produits défectueux ou de « qualité inférieure. Ce sont les produits d'essai, les produits « mal réussis, les produits d'un prix peu élevé, destinés aux « consommateurs de la classe la plus nombreuse, parce que « le bon marché est indispensable. Font-ils en cela une opé- « ration déloyale? Nullement, si le public est averti de ce qu'il « achète. Cependant le fabricant ne signe pas de tels produits « qui nuiraient à sa réputation. Si vous l'obligez à les signer, « vous lui interdirez la fabrication très licite et très utile des « objets destinés à la consommation du peuple, vous l'obli- « gerez à détruire les produits d'essai et les produits mal « réussis, c'est-à-dire que vous le ruinerez ou que vous le « forcerez à compromettre sa marque. Et puis enfin, le pu- « blic, dont vous avez voulu sauvegarder les intérêts, vous ne « lui donnerez qu'une garantie illusoire et bien inférieure à « celle que lui assure la marque facultative. Avec la marque « facultative, en effet, le public peut reconnaître, sait recon-

« naître celle qui a une bonne réputation; il s'adresse à celle-là « de préférence, et il a une certitude morale que le fabricant « honorable à qui elle appartient ne l'aurait pas apposée sur le « produit qu'il achète, s'il était défectueux. Mais, avec la mar- « que obligatoire, tous les produits sont marqués ou signés. « C'est la confusion des langues; à moins d'une étude spéciale, « il est impossible de s'y reconnaître, de distinguer la bonne « marque de la mauvaise, et, lors même qu'on sait la distin- « guer, elle n'est plus une garantie pour le public, puisqu'elle « couvre également tous les produits du fabricant, les bons « comme les mauvais. » Ces raisons sont bonnes assurément. Mais n'en est-il pas une meilleure encore, une qui vaut toutes les autres? Est-ce que la liberté du commerce ne commande pas que le fabricant, que le commerçant soit maître, à son gré, de marquer ou de ne pas marquer ses produits, de les avouer ou de les renier? Est-ce que le public doit toujours être traité comme un mineur, qu'on surveille et qu'on garde, qu'on dirige avec des lisières? Ne doit-il pas apprendre à se conduire lui-même et à faire ses propres affaires sans l'éternel secours de l'État? En voilà plus qu'il n'en faut pour justifier le principe très sage de la marque facultative (1).

10. Comment devient-elle obligatoire? — L'article 1er le dit : « Des décrets rendus en la forme des règle- « ments d'administration publique peuvent, exceptionnelle- « ment, la déclarer obligatoire pour les produits qu'ils « déterminent. »

11. Les marques actuellement obligatoires sont maintenues. — Le rapport ne laisse aucun doute à cet égard : « Des actes législatifs qui ont eu, qui ont encore leur « raison d'être dans des principes d'ordre ou d'intérêt pu- « blic, et dont nul ne demande la modification, ont rendu « pour certains produits la marque ou le nom obligatoire : « ainsi, pour les matières d'or et d'argent, les tissus français « similaires à ceux prohibés, l'imprimerie, les substances

(1) Comp. Calmels, n° 14. — V. dans le même sens, Renouard, *Droit industriel*, p. 375 et suiv.; Braun, n° 16.

« vénéneuses, etc. » Tenons donc pour certain que la loi actuelle n'abroge en rien les lois, décrets et ordonnances sur les marques déjà obligatoires.

12. La marque doit-elle être apparente? — On a prétendu quelquefois que la marque devait être apparente. Pourquoi? Ne sera-ce pas, au contraire, déjà un signe distinctif que de ne pas la placer extérieurement. Extérieure, il est évident qu'elle assurera mieux, dans la plupart des cas, la propriété du fabricant ou du commerçant, et qu'un consommateur ne sera pas exposé à acheter un produit qu'il reconnaîtra plus tard ne pas être celui qu'il avait l'intention de se procurer. Mais qu'importe! Qui en souffrira, sinon le propriétaire de la marque qui l'aura si bien dissimulée? C'est donc son affaire, et non celle de la loi, de choisir cette place de préférence à une autre pour l'apposition de la marque. Le doute, du reste, est impossible, en présence des termes généraux de la loi nouvelle; c'était déjà antérieurement l'opinion générale. La question s'était élevée à propos des vins de Champagne; on sait que, dans ce commerce, la plupart des marchands sont dans l'usage de placer leur marque sur la partie inférieure du bouchon qui entre et se cache dans le goulot de la bouteille. Un tribunal avait refusé de voir dans une disposition de ce genre une marque légale. Mais cette doctrine ne pouvait pas prévaloir et ne prévalut point devant la juridiction supérieure. Il en faudrait dire autant de ces papiers découpés que les confiseurs mettent dans leurs boîtes de bonbons et qui ne sont point apparents.

L'objection tirée de ce que la marque, lorsqu'elle n'est pas apparente, ne peut servir à tromper l'acheteur, n'a rien de sérieux. Ne peut-on pas répondre en effet, que la marque est par elle-même une propriété d'une nature spéciale, sans doute, mais d'un caractère certain (1), et que le seul fait de se l'approprier indûment, en dehors de tout préjudice ou de toute confusion, constitue une usurpation coupable? Quand

---

(1) Paris, 19 mars 1875, aff. Juteau, Pataille.75.74. — Comp. Braun, nos 10 et suiv.

on me vole un objet de mince valeur, dont je ne me servais pas habituellement ou même qui m'était inutile, on ne m'en vole pas moins, on ne m'en dérobe pas moins une portion de ce qui m'appartient. Je n'ai pas besoin d'établir que ma propriété m'est fructueuse ; il suffit qu'on s'en empare pour que j'aie le droit de m'y opposer (1).

Jugé, en ce sens, que la loi ne détermine pas le mode d'après lequel la marque devra être apposée aux produits fabriqués ; toute prescription à cet égard aurait, d'ailleurs, été impossible, à raison de l'immense variété des produits ; il faut donc tenir pour certain que toute marque apposée, conformément aux usages du commerce, doit jouir de la protection de ces lois : il s'ensuit que, l'usage dans le commerce des vins de Champagne étant d'apposer la marque sur la partie du bouchon qui entre dans la bouteille, cette marque, encore bien que non apparente, n'en constitue pas moins un signe distinctif à l'aide duquel le fabricant garantit l'origine de ses produits et dont il doit conserver la propriété exclusive ; en admettant que, placée de cette manière, elle ne puisse pas servir à tromper l'acheteur, ce n'est pas là une considération à laquelle il faille s'arrêter. En effet, la contrefaçon des marques de fabrique est un délit spécial dont il ne faut pas méconnaître le caractère : ce délit a été prévu et défini moins dans l'intérêt des acheteurs, qui sont protégés par les dispositions du Code pénal, que dans celui du fabricant, à qui la loi a voulu garantir l'usage exclusif de sa marque, afin de lui assurer par là la jouissance exclusive des avantages et la clientèle qui s'attachent à la réputation commerciale (Rej. 12 juillet 1845, aff. Ouvrard, J. Pal. 45.2.655).

13. Doit-elle être adhérente ? — C'était une question controversée, avant la loi de 1857, que de savoir si la marque doit être adhérente aux produits qu'elle sert à distinguer. Certains auteurs (2) pensaient que la marque de fabrique ne

(1) V. Bédarride, n° 747 ; Braun, n° 29.
(2) V. Rendu, *Droit industriel*, n° 616.

pouvait s'entendre que d'un signe faisant corps avec le produit et en étant inséparable. La loi nouvelle a tranché la difficulté dans le sens contraire, qui, d'ailleurs, avait déjà prévalu (1). Il résulte, en effet, de la discussion, que la marque doit s'entendre de *tous signes servant à distinguer les produits d'une fabrique ou les objets d'un commerce*. Cette définition comprend déjà, dans sa généralité, tous les genres d'industrie sans exception, et, par conséquent, même ceux dont les produits ne sont pas susceptibles de recevoir une marque adhérente, tels que les fils, les aiguilles, etc. Du reste, la loi s'en explique elle-même formellement, en comprenant nominativement, dans l'énumération des signes pouvant servir de marque, les *enveloppes*, c'est-à-dire un signe qui est essentiellement distinct du produit lui-même et ne peut faire corps avec lui.

Jugé en ce sens, dès avant la loi de 1857, que les marques pour liquides doivent être appliquées sur les vases qui les renferment, en telle sorte que, tant qu'ils seront dans le commerce, les marques du fabricant ne fassent qu'un seul corps avec eux et que les liquides n'en puissent être extraits sans rompre la marque et détruire son application aux vases (Cass. 22 janv. 1807, aff. Laugier, Sir. 7.2.235).

14. Le fabricant est-il tenu de faire figurer son nom dans sa marque? — Le fabricant n'est tenu à rien; aucune règle ne lui est imposée; il choisit la marque qui lui plaît et il a toute latitude à cet égard. Sans doute l'adjonction de son nom est un surcroît de garantie, mais rien ne l'oblige à cette précaution (2). Nous verrons, du reste, que le nom, pris en lui-même, en dehors de la forme distinctive qu'il peut revêtir, ne constitue pas une marque dans le sens légal. Il est, à ce point de vue, protégé par la loi du 28 juillet 1824 (3).

15. La marque est applicable à toutes les indus-

(1) V. Merlin, *Rép.*, v° *Faux*; Blanc, p. 773; Bédarride, n° 836; Braun, n° 27.

(2) V. Rouen, 30 nov. 1840, aff. Bresson, Jurisp. Rouen, 40, vol. 3, p. 526.

(3) V. *infrà*, n° 60.

trics. — Tout fabricant, tout commerçant, quel que soit son genre de commerce ou d'industrie, a le droit d'avoir sa marque. Nous avons entendu un jour, non sans une profonde surprise, un honorable magistrat émettre un doute sur le droit des pharmaciens à posséder une marque pour leurs produits. La raison qu'il en donnait, c'est que les produits pharmaceutiques sont nécessairement du domaine public, et que protéger la marque d'un pharmacien qui s'est attaché plus particulièrement à une spécialité, et qui s'est fait souvent, à force de réclames, une réputation pour la préparation de cette spécialité, c'est indirectement lui en accorder la vente presque exclusive. Ce raisonnement ne manquait pas de justesse en ce qui touche l'abus que certains pharmaciens font des annonces et des prospectus. Il y a des réclames qui sont un scandale; mais qu'importe au point de vue de la marque! C'est au public à rester sur ses gardes, à se défier de ces prétendues panacées universelles; seulement, du moment que le public aime ces drogues et les achète, pourquoi ne pas permettre à chacun de marquer ses produits et de distinguer sa fabrication? N'y a-t-il pas, parmi les pharmaciens, comme chez tous les autres fabricants, des intelligences et des probités différentes? Tel, plus savant ou seulement plus honnête, saura mêler et combiner avec art les ingrédients qu'il emploie, il les choisira plus purs, au risque de les payer plus cher, il mettra plus de soin à les préparer, il imaginera d'ingénieux procédés de fabrication, il mettra en œuvre des machines perfectionnées; n'est-il pas juste qu'il recueille le bénéfice de sa science, de son talent, de son honnêteté? Et comment le recueillera-t-il, s'il lui est défendu de marquer ses produits et de les distinguer de ceux des autres pharmaciens?

Comme le dit très juridiquement un jugement du tribunal de commerce, si le droit de préparer les médicaments inscrits au Codex est libre pour tous, « la préparation de ces médica-
« ments peut être obtenue à l'aide de méthodes plus ou moins
« parfaites; là est le champ industriel où chacun peut déve-
« lopper son intelligence à son profit : il s'ensuit le droit évi-
« dent, pour celui qui a perfectionné certain produit, d'y
« attacher son nom, qui devient alors une propriété commer-
« ciale inviolable, ou de le désigner par certaines appellations

« que les concurrents doivent respecter pour ne pas produire
« une confusion qui pourrait être dommageable (1). »

16. Quid des produits naturels ? — Les produits naturels sont ceux que l'homme obtient directement de la nature par son industrie, et qui ne sont pas fabriqués, ou, pour parler plus exactement, qui ne sont pas manufacturés. Tels sont les produits divers de l'agriculture que l'homme tire du sol et qu'il récolte : les blés, les grains, les vins (2), etc. A côté de ces produits inanimés, il faut placer les produits animés, vivants, tels que les bestiaux dans le sens le plus étendu du mot, comprenant sous cette dénomination tous les genres d'animaux qui sont susceptibles d'un élevage. On discutait vivement, avant la loi de 1857, la question de savoir si les produits naturels pouvaient recevoir une marque de commerce. La jurisprudence avait fini par admettre que la marque peut s'appliquer à toute espèce de produits, naturels ou artificiels. Toutefois, la question ne s'était jamais présentée qu'à l'occasion de produits qui, tels que les vins, sont toujours l'objet d'une certaine manutention et reçoivent directement de la main de l'homme une préparation qui accroît leur valeur. La loi nouvelle va plus loin; elle dispose, par son article 20, pour les « vins, eaux-de-vie et autres boissons, bestiaux, grains, « farines et généralement tous les produits de l'agriculture. » Et voici dans quels termes le rapporteur expliquait cette disposition : « Les progrès de l'agriculture, les efforts heureux et « persévérants d'un grand nombre d'agriculteurs et d'éleveurs « doivent appeler la protection de la loi. Il leur importe,

---

(1) V. Trib. comm. Seine, 27 mars 1856, aff. Gage, Pataille.60.85. — V. *infrà*, nos 68 et suiv.

(2) « C'est un préjugé, dit M. J.-A. Barral dans le *Journal de l'agri-* « *culture*, 1874, t. 4, p. 107, de croire que le vin est un produit natu- « rel. Le vin est, au contraire, incontestablement le résultat d'une « fabrication plus ou moins intelligente et donnant des produits d'une « valeur qui ne dépend pas seulement d'éléments naturels tels que le « cépage, le terroir et le climat, mais encore de l'habileté du vinifica- « teur et de la convenance des méthodes qui servent à transformer le « moût sucré en un vin plus ou moins bon. »

« comme à ceux qui font le commerce des mêmes objets, de « pouvoir s'assurer l'usage exclusif d'une marque pour distinguer leurs produits et appeler la confiance du public. « Nous avons proposé au Conseil d'État, qui l'a acceptée, une « énumération plus complète et dans laquelle nous avons « compris une industrie agricole considérable, celle des éle- « veurs. »

17. La marque doit être spéciale. — Puisque la marque doit être le signe distinctif d'une personnalité, il faut naturellement qu'elle soit distincte de toute autre marque, et, pour être distincte, qu'elle soit *spéciale*, c'est-à-dire de nature à ne pas se confondre avec une autre, et à se reconnaître facilement; c'est ce que prescrivait déjà le décret du 20 février 1810 dans son article 5 : « Tout marchand-fabricant qui voudra « pouvoir revendiquer devant les tribunaux la propriété de « sa marque, sera tenu d'en adopter une assez distincte des « autres marques pour qu'elles ne puissent être confondues « et prises l'une pour l'autre. » Tel est, à notre sens, le caractère pour ainsi dire unique exigé par la loi pour fonder la propriété des marques.

18. Elle doit être nouvelle. — Puisque la marque doit ne se confondre avec aucune autre, il s'ensuit logiquement qu'il faut qu'elle soit nouvelle, sans quoi elle se confondrait avec une marque déjà existante et ne serait plus, ce qu'elle doit être d'abord, *spéciale*. La nouveauté toutefois est ici essentiellement relative; il n'est pas besoin que le signe qui constitue la marque ait été imaginé, créé pour la circonstance. Ce n'est pas cela que veut le législateur. Peu importe que le signe dont se compose la marque soit le plus vulgaire du monde, s'il ne sert pas actuellement de marque dans l'industrie et pour les produits auxquels on l'applique. Comme le dit très bien M. Calmels, « les signes adoptés comme marque de « fabrique peuvent ne présenter en eux-mêmes aucun carac- « tère de nouveauté; il suffit que leur application soit nou- « velle, c'est-à-dire qu'ils ne soient pas déjà employés à dis- « tinguer les produits similaires d'une autre fabrique. Dans « la marque de fabrique, en effet, ce que la loi garantit, ce « n'est pas une invention de nouveaux dessins, une concep- « tion de forme nouvelle, mais le produit lui-même dont la

« marque indique l'origine (1). » Notons, en passant, que l'appréciation de la nouveauté de la marque appartient souverainement au juge du fait (2).

18 *bis*. **Jurisprudence.** — Il a été jugé : 1° qu'il suffit, pour l'acquisition de la propriété d'une marque de fabrique, que cette marque, légalement déposée (dans l'espèce, il s'agissait d'une étoile appliquée à l'industrie des clous dorés), ait été pour la première fois adaptée à l'industrie spéciale du déposant (Paris, 24 janv. 1872, aff. Carmoy, Pataille. 72.231) ; 2° que la dénomination : *des friands* peut être valablement adoptée pour marque par un fabricant de sardines, encore qu'elle ait été auparavant appliquée à des produits alimentaires d'une autre espèce et par exemple à des sirops (Trib. corr. Seine, 6 mars 1877, aff. Hillerin-Tertrais, Pataille. 78.12) ; 3° que, bien que la *ruche d'abeilles* ait été employée comme marque dans diverses industries, elle peut légalement servir de marque à un fabricant de boutons qui l'adopte à son tour (Trib. corr. Seine, 6 juin 1878, aff. Parent, Pataille. 78.164) ; 4° que les mots *Royal Victoria* peuvent être employés pour marquer des épingles, encore bien qu'ils aient pu servir de marque à un fabricant d'aiguilles, le principe de la loi étant que la marque n'est attributive de propriété que pour chaque spécialité d'objets de commerce (Trib. civ. Seine, 6 avril 1866, aff. Sargent. Pataille. 66.170).

19. ***Quid* si elle se compose d'éléments déjà connus ?** — Pour apprécier le caractère d'une marque, il faut l'envisager dans son ensemble et n'en pas séparer les éléments. Peu importe donc que certains des éléments qui la composent soient entrés auparavant dans la composition d'une autre marque, et cela même dans une industrie similaire, si l'ensemble de ces éléments, groupés d'une autre façon, autrement arrangés, se distingue des marques déjà existantes. Ce qui importe, c'est que la marque nouvelle ne puisse se con-

---

(1) Calmels, n° 171. — Comp. Renouard, *Droit industriel*, p. 368.

(2) Rej., 27 juill. 1866, aff. Abadie, Pataille. 66.343 ; Rej., 15 juin 1870, aff. Bardou et Ce, Pataille. 70.282 ; Rej., 28 mai 1872, aff. Bobot-Descoutures, Pataille. 72.305.

fondre avec aucune autre. Ainsi, dit M. Rendu, « la marque « de tel industriel consistera dans une lettre, celle de tel autre « dans une figure géométrique, celle d'un troisième dans la « forme et dans la couleur de l'enveloppe ; un quatrième « pourra réunir légalement la couleur, la forme, le caractère, « en une seule figure présentant une physionomie absolu- « ment différente de chacun des traits adoptés (1). »

20. Jurisprudence (2).—Il a été jugé, d'après ce principe : 1° que deux mots, tels que *Royal Victoria*, bien qu'ils aient été déjà employés, mais séparément, comme marques, peuvent par leur réunion constituer une marque nouvelle, même dans une industrie similaire (Trib. civ. Seine, 6 avril 1866, aff. Sargent, Pataille. 66.170 ; 2° qu'une marque de fabrique peut se composer des éléments les plus vulgaires et les plus connus, pourvu que leur réunion offre un ensemble particulier et distinctif (Trib. civ. Lyon, 12 mars 1861, *Monit. trib.*, 62.71) ; 3° que, si l'emploi d'une forme connue, ainsi que la couleur du papier de l'enveloppe, considérés isolément, ne peuvent constituer une marque de fabrique proprement dite, la réunion de ces divers éléments est du moins de nature à former une marque pour celui qui en a le premier fait usage (Alger, 10 juillet 1869, aff. Bardou et Cie, Pataille. 70.282) ; 4° qu'une vignette, alors même qu'elle est dans le domaine public, peut constituer, avec les autres dispositions de l'étiquette dans laquelle elle figure, un arrangement général qu'un concurrent ne peut imiter sans concurrence déloyale (Trib. comm. Seine, 23 juin 1852, aff. Dauphin, Teulet. 1.273) ; 5° qu'il importe peu que tous les éléments dont se compose une marque soient tombés dans le domaine public, si leur réunion d'ensemble a eu pour résultat de spécifier le produit d'une manière distincte et caractéristique : spécialement le fait de prendre une dénomination, telle que *Paragon*, et de l'inscrire en relief sur une petite plaque de cuivre, constitue dans son ensemble une marque

---

(1) Rendu n° 23. — V. aussi Braun, n° 24.

(2) V. encore Trib. civ. Seine, 30 juin 1869, aff. Christy, Pataille. 70.31 ; Paris, 15 janv. 1876, aff. Lemit, Pataille. 76.27.

de fabrique au sens légal (Rej. 6 fév. 1875, aff. Fox, Pataille. 75.213.

21. *Quid* **d'une marque abandonnée?**— Nous avons dit qu'en matière de marques, la nouveauté, exigée par la loi, est essentiellement relative. Il importe donc peu qu'une marque ait été autrefois employée dans la même industrie, si, depuis de longues années, elle a été abandonnée. Celui qui la reprend en devient à son tour légitime possesseur, il est en droit de se l'approprier, et il en peut défendre l'usage à ses concurrents. Il faut seulement que l'abandon soit certain, prouvé, qu'il remonte à une époque assez éloignée pour qu'il soit sûr, d'une part, que celui qui l'a abandonnée ne la reprendra pas, et, d'autre part, que celui qui se l'approprie à nouveau ne cherche pas à établir une confusion entre sa maison et celle qui n'existe plus (1). Il en est de cela comme du titre d'un journal qui tombe dans le domaine public, lorsque le journal cesse de paraître, et qui cependant ne peut être repris par un autre qu'après qu'un temps assez long s'est écoulé, pour que d'une part l'abandon du titre soit irrévocable et que d'autre part aucune confusion ne puisse s'établir entre le nouveau journal et l'ancien (2).

22. *Quid* **de l'emprunt à une autre industrie?** — Il suit de ce que nous avons dit plus haut qu'un fabricant peut légitimement emprunter sa marque à une autre industrie. Puisque la marque a pour but d'empêcher la confusion de produits similaires, il va de soi qu'elle peut être employée parallèlement dans des industries différentes. Admettez qu'une marque consiste dans une croix et qu'elle soit employée par un fabricant de bougies, ce fabricant pourra-t-il se plaindre de ce qu'un fabricant de fil appliquera la même marque sur ses produits? Comment la confusion serait-elle possible? Prendra-t-on jamais une bougie pour du fil, et réciproquement? De même, les concurrents du fabricant de fil pourraient-ils, avec quelque vraisemblance, soutenir que la

---

(1) V. Rendu, n° 27 ; Braun, p. 119. — V. toutefois Trib. comm. Mirecourt, 3 sept. 1845, *le Droit*, 3 oct.
(2) V. *infrà*, n° 647.

marque adoptée par lui ne spécialise pas suffisamment ses produits? Pourraient-ils arguer de l'emploi d'une croix dans la fabrication des bougies pour conclure au défaut de nouveauté de ce même signe dans la fabrication du fil? Évidemment non. On voit donc encore, par ce nouvel exemple, que la législation sur les marques, à la différence de la loi sur les brevets, n'exige pas la nouveauté absolue; c'est, au contraire, une nouveauté tout à fait relative qu'elle demande.

Il se peut, toutefois, que l'industrie à laquelle la marque a d'abord été appliquée soit assez rapprochée de celle où la nouvelle application aura lieu, pour que cette application puisse entraîner une confusion. En ce cas, on rentre sous l'empire du principe général, et la marque ne peut servir simultanément dans les deux industries. C'est là une pure question de fait, naturellement abandonnée à l'appréciation des tribunaux.

23. *Quid* **d'une marque adoptée dans une autre localité?** — Pourrait-on prendre pour marque, à Paris, une marque en usage à Marseille, dans la même industrie? On voit qu'ici nous supposons que l'industrie est la même dans les deux endroits, à la différence de ce que nous supposions plus haut. La question, selon M. Rendu, doit se résoudre par les circonstances de chaque espèce, et si, en fait, les produits rivaux ne sont pas destinés à se faire concurrence, à se rencontrer sur les mêmes marchés, il faudra décider que la marque peut être simultanément employée, même par des industries similaires, dans des localités différentes. Ce serait, on le voit, toujours et partout, l'application de cette règle très simple : Y a-t-il entre les produits, marqués de même, chance de confusion? Il est à peine besoin d'ajouter, avec M. Rendu lui-même, que, dans tous les cas, les tribunaux ne doivent autoriser qu'avec une extrême réserve la coexistence de deux marques semblables dans la même industrie, encore bien qu'elles servent dans des lieux différents et éloignés l'un de l'autre, et seulement, comme ajoute cet auteur, « en l'absence de toute possibilité de concurrence et de préjudice (1). »

---

(1) V. Rendu, n° 29. — V. d'ailleurs Rendu, n° 144.

Nous pensons qu'il faut aller plus loin, et qu'on doit, considérant la marque en elle-même, reconnaître qu'elle constitue, dès qu'elle est déposée, une propriété exclusive au profit du déposant, de telle sorte que, même en dehors d'une confusion possible, même en l'absence d'un préjudice, il ait le droit de revendiquer cette propriété et d'en interdire l'usage à d'autres d'une façon absolue. Remarquons, d'ailleurs, que le soin qu'a pris le législateur de centraliser à Paris, au Conservatoire des Arts-et-Métiers, les marques déposées dans toute la France, et de les y mettre à la disposition du public, semble montrer clairement que, dans sa pensée, la propriété d'une marque n'est pas restreinte à la localité dans laquelle elle est déposée ou exploitée (1).

24. *Quid* **si la marque est employée à l'étranger ?** — Il se peut que la marque soit nouvelle en France, mais en France seulement, et qu'elle soit d'un usage plus ou moins répandu à l'étranger. Cet usage antérieur à l'étranger fait-il obstacle à ce qu'elle devienne l'objet d'une propriété privative en France? Il est clair d'abord que, si celui qui revendique la marque en France est en même temps celui qui en fait usage à l'étranger, il n'y a pas de difficulté. On ne pourra lui opposer sa possession à l'étranger pour faire échec à sa possession en France. La difficulté naît lorsque la marque est adoptée en France par un autre que celui qui la possède à l'étranger, et elle est grave surtout lorsque ce dernier introduit ses produits en France, et que les deux marques se trouvent en concurrence. Ecartons, bien entendu, l'hypothèse d'une fraude, le cas où la marque adoptée en France ne l'aurait été que par usurpation, par une imitation calculée de la marque adoptée à l'étranger, et en vue de se confondre avec elle. En ce cas, en effet, il y aurait un acte de concurrence déloyale qui ne pourrait, à nos yeux, devenir le fondement légal d'une propriété (2). En toute autre hypothèse, il nous semble que le fait que la marque soit en usage à l'étranger n'empêche pas qu'elle ne soit valablement acquise à celui qui,

(1) V. Pataille.74.378, *note* 2.

(2) V. Paris, 26 mars 1821, aff. Benoit, Sir.7.2.48. — V. *infrà*, nº 335.

le premier, en fait usage en France. Qu'importe qu'une marque soit déjà employée à Pékin ou à New-York, si nul en France ne la connaît? En quoi cette circonstance empêche-t-elle qu'elle ne soit distinctive du produit qu'elle désigne dans notre pays? Peut-on condamner le fabricant français à s'en aller de contrée en contrée s'enquérir des diverses marques employées et rechercher si celle qu'il veut adopter est déjà quelque part en usage? La loi ne peut l'obliger à connaître que l'industrie française, et c'est déjà beaucoup. Si donc il s'approprie par hasard la même marque qu'un de ses concurrents étrangers, où sera sa faute, et dès lors comment l'en punir?

Sans doute, et par une conséquence logique du principe, il faudra aller jusqu'à interdire au fabricant étranger l'usage en France de cette marque qu'il aura pourtant possédée le premier dans son pays; mais cela n'a rien que de naturel; pourquoi a-t-il tant tardé à apporter ses produits sur le marché français? La loi française ne doit sa protection qu'aux nationaux, ou du moins à ceux qui, par leur commerce ou leur industrie, enrichissent la France; pourquoi aurait-elle souci des intérêts de ceux qui vivent loin d'elle et ne font rien pour elle?

M. Pataille partage notre sentiment; voici comment il l'exprime : « En l'absence de toute preuve d'usurpation, « nous croyons que le fabricant établi en France, et qui a « accompli les formalités légales, a le droit de s'opposer à « toute introduction des produits étrangers revêtus d'une « marque semblable à la sienne, quelle que soit la date de « son emploi en pays étranger, si le Français ou l'étranger « qui prétend en avoir fait usage antérieurement n'établit « pas que cet usage ait eu lieu en France même. C'est ce « que nous avons soutenu et ce qui a été consacré par le « tribunal de la Seine en 1865 et 1866, à l'occasion de la « marque *Royal Victoria*, dont M. Sargent avait fait le dépôt « régulier en France et que l'on voulait infirmer par un pré- « tendu usage antérieur en Angleterre et en France. Le tri- « bunal, ne considérant pas l'usage en pays étranger comme « suffisant pour infirmer un titre français, a ordonné, d'of- « fice, une enquête pour rechercher uniquement s'il y avait

« eu usage antérieur en France, et, comme cet usage n'a pas « été établi, il a condamné l'introducteur (1). »

M. Bozérian dit dans le même sens : « Il nous paraît cer- « tain qu'un Français peut, en faisant le premier usage en « France d'une marque ou d'une dénomination industrielle, « en faire à son profit l'objet d'un droit privatif, sans qu'il y « ait lieu de se préoccuper de cette circonstance que cette « marque ou cette dénomination serait précédemment tom- « bée dans le domaine public à l'étranger ; il nous paraît « également certain que ce Français ne pourrait être dé- « pouillé de son droit, parce que plus tard on viendrait à « justifier que cette marque ou cette dénomination étaient « dans le domaine public à l'étranger. Dans le silence de la « loi, il nous paraît impossible de prononcer une semblable « déchéance (2). »

Voilà le principe. Il faut excepter (cela va sans dire) le cas où l'étranger a rempli les formalités prescrites par la loi et où il existe des traités internationaux, dont l'existence, en faisant disparaître toute barrière entre la France et la nation étrangère, a pour effet nécessaire d'apporter une dérogation au principe général. Il est vrai que, grâce au nombre toujours croissant des traités internationaux, l'exception tend à devenir la règle ; mais, en définitive, si, dans ce cas, les marques étrangères sont réputées légalement connues en France et protégées au même titre que les marques des nationaux, si le domaine public doit s'entendre non seulement du domaine public en France, mais encore du domaine public au delà de la frontière, c'est par une disposition toute spéciale qui ne porte aucune atteinte au principe (3).

24 bis. Jurisprudence. — Il a été jugé en ce sens : 1° que l'emploi pour la première fois en France, et dans une industrie déterminée, d'une étiquette connue, constitue un droit privatif, de telle sorte que son usurpation est un acte de con-

---

(1) Pataille.68.174. — Comp. Rendu, n° 120, *in fine*.

(2) Bozérian, *Consultation pour Peter Lawson*, imprimée chez Jouault, n° 1302.

(3) Comp. *infrà*, n° 326 et suiv. — V. Rej., 21 mai 1874, aff. Peter Lawson, Pataille.74.153.

currence déloyale (Trib. comm. Seine, 31 mars 1841, aff. Robertson, *le Droit,* p. 340); 2° que le fait qu'une marque ait été antérieurement employée en Angleterre, n'empêche pas qu'elle puisse être, en France, l'objet d'un droit privatif; c'est la nouveauté de la marque en France qui la rend susceptible d'appropriation (Trib. civ. Seine, 6 avril 1866, aff. Sargent, Pataille. 66.170); — 3° jugé, toutefois, par application du traité de commerce fait avec la Prusse, que le dépôt exigé par la loi consacre le droit de propriété de la marque et ne le crée pas; il s'ensuit que le commerçant qui opère le dépôt d'une marque est tenu de respecter le droit de celui qui justifie s'en être servi avant lui, fût-ce même à l'étranger; en d'autres termes, l'étranger, possesseur d'une marque de fabrique dans son pays, peut légitimement s'en servir en France, alors même qu'au moment où il introduit pour la première fois sa marque, il se trouve en face d'un dépôt de la même marque opéré par un Français sans aucune fraude et dans l'ignorance de la marque étrangère (Paris, 26 mai 1868, aff. Holtzer (1), Pataille. 68.167).

25. *Quid* **de l'emprunt à l'enseigne d'un rival?** — On ne saurait admettre qu'un négociant puisse adopter pour marque l'enseigne d'un concurrent; si l'enseigne se distingue de la marque en ce que l'une sert à désigner le magasin, tandis que l'autre désigne le produit, en fait, il arrive souvent que le même signe est adopté pour l'enseigne et pour la marque. En tout cas, un pareil emprunt ne pourrait être inspiré que par une pensée de concurrence déloyale et dès lors ne saurait être légitime.

26. De la forme distinctive donnée à un emblème du domaine public. — Remarquons qu'il n'y a pas de signe, si vulgaire qu'il soit, et fût-il depuis longtemps tombé dans le domaine public, qui ne puisse devenir à nou-

---

(1) Il s'agissait là de l'application d'une clause, assurément assez obscure, du traité avec la Prusse; on trouvera, dans l'arrêtiste, la discussion à laquelle cette question a donné lieu devant la Cour de Paris. En tout cas, il paraît juste de ne pas étendre la portée de l'arrêt au delà des circonstances de fait qui l'ont motivé. — V. *infrà,* n° 339.

veau l'objet d'une légitime appropriation : il suffit pour cela de lui donner une forme distinctive, soit en l'associant avec d'autres signes avec lesquels il forme une combinaison nouvelle, soit en lui donnant une configuration, une couleur spéciale ; en ce cas, ce n'est plus le signe en lui-même qui est l'objet du droit privatif, c'est la figure particulière sous laquelle il se présente. Le signe appartient à tous et peut être impunément reproduit ; mais nul ne peut imiter la manière dont il est disposé (1).

Jugé en ce sens que les noms, et par analogie les emblèmes du domaine public, peuvent servir de marque de fabrique, mais à la condition qu'ils se produisent sous une forme distinctive : il s'ensuit qu'une abeille ne peut servir de marque, au moins dans la chapellerie, alors qu'elle n'est pas combinée avec des signes distinctifs pour produire un dessin original susceptible d'un droit privatif (Paris, 22 janv. 1870, aff. Gerbeau (2), Pataille.70.76).

27. Emblème tiré de la nature du produit. — Il se peut que la marque consiste dans un emblème, et que cet emblème soit tiré de la nature du produit ; ce sera, par exemple, une grappe, une feuille de vigne, un tonneau, servant de marque à des vins, ou un bœuf servant de marque à des vases contenant de l'extrait ou du jus de viande. Nous empruntons nos exemples à des espèces qui se sont présentées. En ce cas, nul doute que celui qui, le premier, a choisi

---

(1) V. *infrà*, n° 61.

(2) M. Pataille fait suivre cet arrêt de la note que voici : « En principe, nous n'admettons pas que celui qui adopte, pour marque de fabrique, un objet du domaine public, tel qu'un épi de blé, une étoile, « soit *nécessairement* tenu de lui donner une forme autre que celle de « la nature ou de le distinguer par des signes particuliers ; mais il est « évident qu'il faut, pour qu'il acquière un droit privatif, que l'application en soit nouvelle, et que, si l'on vient à prouver qu'on en faisait « usage antérieurement, son dépôt n'a aucune valeur. » Nous nous associons de tous points à la note de M. Pataille ; ajoutons toutefois que, dans l'espèce jugée par l'arrêt, il était constaté en fait que, antérieurement au dépôt sur lequel était fondée la poursuite, l'abeille était employée dans l'industrie de la chapellerie ; cette circonstance explique et justifie l'arrêt.

cet emblème si bien en rapport avec son genre de commerce n'ait le droit de revendiquer la marque qu'il s'est constituée; toutefois, il peut paraître excessif de lui attribuer la propriété exclusive de l'emblème qu'il a adopté, de telle sorte qu'il puisse en proscrire l'emploi, de quelque façon qu'il ait lieu, indépendamment des formes spéciales que l'emblème peut revêtir, ou des combinaisons diverses dans lesquelles il peut entrer. On va voir qu'en pareil cas les tribunaux se sont montrés indulgents pour des concurrents qui, tout en prenant le même emblème, indiqué en quelque sorte par la nature de leur commerce, avaient eu soin de l'associer à d'autres éléments qui rendaient toute confusion impossible. On ne saurait critiquer ces décisions, que justifient les circonstances dans lesquelles elles ont été rendues; il faut seulement prendre garde d'ériger en principe ce qui n'est qu'une décision d'espèce (1).

27 bis. Jurisprudence. — Il a été jugé dans cet ordre d'idées : 1° que la propriété d'une marque doit être restreinte à la spécialité du type déposé; si donc elle consiste dans un objet générique dont le type commun est fourni soit par la nature, soit par le travail de l'homme, cette propriété ainsi acquise ne peut avoir pour effet d'interdire à d'autres commerçants d'employer pour marques des objets du même genre, quelles que soient entre l'un et l'autre les différences de forme, de détails, d'ornementation; il faut seulement, pour la conservation de tous les droits légitimes, que ces différences soient assez saillantes à l'œil le moins attentif pour rendre toute confusion et par suite tout préjudice impossibles; une interdiction plus ample, surtout lorsqu'il s'agit de marques en rapport avec la nature du produit, dépasserait le but de la loi et créerait une entrave inutile à tous les intérêts : spécialement, lorsqu'un commerçant en vins a adopté pour marque une feuille de vigne imprimée soit en or, soit en argent, soit en couleur, il ne peut empêcher d'autres commerçants en vins de se servir à leur tour d'une feuille de vigne, présentant même une grande analogie, si d'ailleurs ils la différencient d'une manière formelle tant par la dissem-

(1) Comp. Braun, n° 34.

blance des noms qui y sont inscrits que par l'addition d'ornements importants et qui, très apparents par la grandeur, les détails, la couleur, la signification, attirent forcément les yeux et ne laissent pas la possibilité d'une méprise (Bordeaux, 9 août 1865, aff. Denis et Mounier, Pataille.66.430); 2° qu'un emblème ne saurait constituer une marque légale au profit de celui qui l'emploie le premier, lorsque cet emblème indique la nature même du produit auquel il s'applique : spécialement l'emblème de pommes de pin ne peut être considéré comme propre à celui qui en fait le premier usage pour l'appliquer à une liqueur de goudron (Trib. civ. Seine, 1er juin 1875, aff. Torchon, Pataille.77.250); 3° qu'un emblème du domaine public, tel qu'une tête de bœuf, alors surtout qu'il n'est employé que d'une manière accessoire dans des étiquettes relatives à des extraits de viande, ne saurait, à lui seul, et par lui-même, constituer une propriété et une marque exclusives, au point de donner le droit à celui qui en fait usage dans ses étiquettes d'en interdire l'emploi à tous autres, et cet emploi ne saurait constituer une contrefaçon ou une imitation illicite qu'autant qu'il y aurait confusion possible entre les étiquettes (Paris, 12 janv. 1874, aff. Liebig, Pataille. 74.83).

28. *Quid* si l'emblème adopté pour marque se rapporte à un type susceptible de formes diverses ? — La règle précédente a été appliquée par la jurisprudence à un cas qui, quoique différent, n'est pas sans analogie avec celui que nous venons d'examiner. Il s'agit de savoir si le fabricant qui choisit pour marque un signe susceptible d'être représenté sous des formes variées et sous des appellations diverses est propriétaire de ce signe d'une façon absolue, c'est-à-dire s'il peut revendiquer pour lui seul toutes les formes et toutes les appellations. La question, selon nous, doit se résoudre d'après les circonstances de chaque espèce; car la question est, avant tout, une question de fait. En principe, le droit du propriétaire de la marque s'étend aux formes, aux appellations qui sont de nature à faire confusion avec la forme et l'appellation qu'il a choisies.

Jugé, à cet égard, que, lorsqu'un industriel a adopté comme marque de fabrique un sujet se rapportant à un type général susceptible d'être représenté sous des figures et sous des dénominations différentes, distinctes les unes des autres, il n'a de droit privatif que sur la figure et la dénomination qu'il a spécialement choisies, sans que ce droit puisse être étendu au type dont il s'est inspiré et à tous ses modes de manifestation ; propriétaire seulement du signe extérieur et visible qu'il a déposé et mis sous les yeux du public, il ne saurait être admis à se plaindre de l'emploi par un concurrent d'une marque qui diffère de la sienne par son effigie et son nom, alors qu'il n'y a pas de confusion possible entre ces deux marques envisagées en elles-mêmes et dans l'aspect matériel qu'elles offrent au regard : spécialement, le fabricant qui a pris pour marque une image de la Vierge avec les mots : *A la Vierge*, ne saurait se plaindre qu'un de ses concurrents adopte de son côté pour marque une image représentant également la Vierge dans une attitude et avec des figures accessoires différentes, le tout accompagné des mots : *A la Bonne Mère*, et telle en un mot que la confusion soit impossible (Aix, 27 nov. 1876, aff. Eydoux (1), Pataille.78.252).

SECTION II.

Ce qui constitue la marque.

SOMMAIRE.

29. Signes que la loi considère comme marques de fabrique ; énumération. — 30. Emblèmes et vignettes. — 31. *Quid* des armes d'une famille ? — 32. *Quid* des armoiries d'une ville ? — 33. *Quid* des armoiries nationales ? — 34. *Quid* de la vignette représentant un monument public ? — 35. *Quid* de la propriété artistique du dessin composant la marque ? — 36. A qui appartient la propriété artistique ? Distinction. — 37. Étiquette. — 38. *Quid* de l'étiquette considérée isolément ? — 39. Enveloppe. — 40. *Jurisprudence.* — 41. De la forme du produit. — 42. *Jurisprudence.* — 42 bis. *Jurisprudence* contraire. — 43. *Quid* de la couleur du produit ? — 44. Liséré. — 45. *Quid* de la dénomination ? Distinction. — 46. Dénomination arbitraire ou de fantaisie. — 47. *Jurisprudence.* — 48. *Jurisprudence* (suite). 49. *Jurisprudence* (suite). — 50. Dénomination vulgaire ou nécessaire. — 51. *Jurisprudence.* — 52. *Jurisprudence* (suite). — 53. *Jurisprudence* (suite). — 54. *Quid* s'il s'agit d'objets brevetés ? — 55. Opinion de M. Rendu. — 56. Opinion absolue de M. Blanc. — 57 *Jurisprudence.* — 57 bis. *Jurisprudence* (suite). — 58. *Quid* s'il s'agit du nom de l'inventeur ? — 58 bis.

(1) V. les observations de M. Pataille, *eod loc.*, *la note.*

Jurisprudence. — 59. *Quid* s'il s'agit d'un nom emprunté à une langue étrangère? — 59 bis. *Jurisprudence.* — 60. Les noms peuvent constituer une marque ; à quelle condition? — 60 bis. *Jurisprudence.* — 61. Forme distinctive d'une dénomination vulgaire. — 62. *Quid* des mentions génériques? — 63. *Quid* du nom d'un tiers? — 64. *Quid* d'un nom de localité? 64 bis. *Jurisprudence.* — 65. *Quid* s'il s'agit d'un domaine privé? — 66. *Quid* d'un nom imaginaire. — 67. *Jurisprudence.* — 68. *Quid* s'il s'agit de produits pharmaceutiques? — 68 bis. *Jurisprudence.* — 69. *Quid* si l'objet auquel s'applique la marque est illicite? — 70. Application simultanée des lois de 1857 et de 1824. — 71. *Quid* des lettres, initiales ou chiffres? — 72. *Jurisprudence.* — 73. Des empreintes, timbres, cachets et reliefs. — 73 bis. *Quid* de la matière destinée à recevoir l'empreinte? — 74. De divers signes non classés, mais pouvant servir de marques. — 75. La loi ne s'applique qu'aux marques privées.

29. Signes que la loi considère comme marques de fabrique; énumération. — L'article 1er s'exprime ainsi : « Sont considérés comme marques de fabrique et de « commerce les noms sous une forme distinctive, les déno- « minations, emblèmes, empreintes, timbres, cachets, vi- « gnettes, reliefs, lettres, chiffres, enveloppes et tous autres « signes servant à distinguer les produits d'une fabrique ou « les objets d'un commerçant. » Les expressions de la loi, on le voit, sont générales et embrassent — elle le dit expressément — tous signes quelconques servant à distinguer les produits. L'énumération de l'article 1er n'est donc pas limitative ; elle est, au contraire, simplement énonciative, et, si elle mentionne les signes le plus ordinairement usités comme marques, elle n'exclut pas les autres. Revenons avec quelques détails sur cette énumération.

30. Emblèmes et vignettes. — On comprend, sans explications, ce que c'est que l'emblème ou la vignette : l'emblème est un signe tel qu'une croix, une étoile, une ancre, un navire ; la vignette est plutôt un dessin comprenant un ensemble de figures, une composition plus ou moins artistique ; mais elle doit s'entendre aussi même d'un dessin sans sujet déterminé, par exemple d'une disposition de lignes formant encadrement à une inscription.

En matière d'emblème et de vignette, on se souviendra de la règle que nous avons rappelée plus haut et qui a souvent son utilité (1).

(1) V. *infrà*, n° 28.

31. *Quid* **des armes d'une famille?** — Les armoiries constituent des emblèmes et, comme telles, peuvent servir de marques. Il va de soi seulement qu'un fabricant ne pourrait marquer ses produits avec les armoiries ou le sceau d'une famille existante sans s'exposer à une revendication justifiée, et à la prohibition d'en continuer l'emploi. Les armoiries, les sceaux sont une propriété véritable dont nul ne peut user sans l'assentiment de ceux à qui elle appartient. Il ne suffit pas d'ailleurs d'avoir des droits sur un blason, sur un sceau, pour en pouvoir faire sa marque. Autre chose est la propriété d'un blason, autre chose la propriété d'une marque. Supposez deux membres d'une même famille, dont l'un a le premier l'idée de se servir, comme marque de fabrique, d'armoiries constituant une propriété commune. Sera-t-il loisible à l'autre, sous le prétexte qu'il a un droit égal à ces armoiries en tant que propriété de famille, de les employer à son tour comme marque de fabrique dans un commerce similaire? Évidemment non; ces armoiries, considérées comme marque de fabrique, sont la propriété exclusive de celui qui les a employées le premier à cet usage. Cela ne porte aucune atteinte à la propriété commune des armoiries et au droit de s'en prévaloir dans les relations de la vie ordinaires; c'est dans la vie commerciale et pour l'usage du commerce qu'elles constituent un droit exclusif.

Jugé, en ce sens, que le droit de se servir d'un sceau de famille dans les usages de la vie privée n'entraîne pas celui de s'emparer, pour les besoins de la vie commerciale, de cet emblème qu'un autre membre de la famille, par un emploi exclusif et personnel, a converti en signe distinctif de sa propriété industrielle (Paris, 4 fév. 1869, aff. Kerr et Clark, Pataille. 69.259).

32. *Quid* **des armoiries d'une ville?** — Ce que nous avons dit des armes des particuliers s'applique, selon nous, de la même façon aux armoiries des villes. Le droit est le même et la propriété n'est pas différente, que le propriétaire soit un particulier ou une ville. Dès lors comment contester à une ville le droit de jouir et de disposer de sa propriété comme elle l'entend? Comment lui contester le droit d'empêcher, si bon lui semble, que ces armes servent de marque de fabrique? D'ailleurs, puisque c'est une propriété, n'en peut-elle pas trafiquer, si elle le juge convenable? Ne peut-elle pas être désireuse de n'accorder qu'à un individu de son choix, pour un commerce qui sera l'honneur de la contrée, et aussi peut-être moyennant une redevance, le droit d'user de ses armes pour marquer des produits commerciaux? En vérité, nous ne voyons pas comment l'opinion contraire peut être soutenue.

Nous trouvons la même opinion exprimée, sans nom d'auteur, dans le *Moniteur des Tribunaux* : « L'obligation, im« posée par la loi de 1857 aux industriels de respecter les « droits des tiers dans le choix qu'ils font de leurs dessins ou « emblèmes, réserve évidemment le droit des municipalités « comme de toutes autres personnes. On ne peut contester « que les armes d'une ville ne soient sa propriété, et il ne « nous paraît pas exact de dire que la ville, être moral, est « sans intérêt à ce que tel ou tel emploi soit fait de ses ar« mes. Comment une ville ne serait-elle pas intéressée à ce « que ses armoiries, qui peuvent rappeler pour elle de glo« rieux souvenirs historiques, ne soient pas apposées comme « enseigne à une industrie vulgaire ou ridicule? Il nous « semble donc qu'il serait plus juridique de maintenir aux « villes leur propriété selon le droit commun, leur laissant « la faculté de tolérer l'emploi de leurs armes par les indus« tries qui leur paraîtront devoir honorer le blason muni« cipal (1). »

Constatons que, dans la pratique, les fabricants s'emparent sans scrupule des armes de certaines villes, de celles de la ville de Paris, par exemple, et que les villes n'élèvent aucune réclamation. Mais l'usage, si général qu'il soit, laisse, selon nous, le droit intact, et c'est ce que nous tenons à constater.

M. Braun émet pourtant une opinion diamétralement opposée à la nôtre; non pas qu'il ne partage notre sentiment lorsqu'il s'agit d'armoiries privées; mais il pense qu'une municipalité ne peut revendiquer, contre un tiers qui a adopté les armes de la ville pour marque de fabrique, la propriété de ces armoiries, qu'autant qu'elle justifie d'un intérêt

(1) V. *Monit. Trib.* 63.51.

direct et certain, par exemple si elle a déjà concédé, moyennant redevance, le droit exclusif d'user de ces armes. Autrement, suivant M. Braun, elle est sans intérêt, partant sans qualité. Son droit de propriété ne lui est pas un motif suffisant d'agir (1). Même après réflexion nouvelle, nous ne saurions nous ranger à cet avis, dont le tort est de méconnaître l'effet nécessaire d'un droit de propriété indiscutable.

Jugé d'ailleurs, en ce sens, que, si une ville qui a obtenu de la gracieuseté d'un souverain des armoiries peut, avec raison, soutenir et revendiquer la propriété de ces armoiries, ce ne peut être que contre ceux qui les usurpent à titre honorifique ou comme privilège de blason ; en conséquence, elle est sans intérêt et sans droit pour empêcher un industriel de se servir de ces armoiries en guise de marque de fabrique (Trib. civ. Meaux, 25 juill. 1860, aff. Gilquin (2), Pataille. 63.74).

33. *Quid* **des armoiries nationales? —** Les principes émis par nous plus haut devraient s'appliquer encore ici ; la raison de décider est la même, quoique l'intérêt, nous le reconnaissons sans peine, à mesure que l'on s'élève, s'amoindrisse. Qu'importe à une nation, à un État, que ses armes servent de marque à un fabricant ! La distance qui les sépare est si grande, les sphères où se meuvent ces deux personnalités, dont l'une est toute morale, sont si différentes, que la question perd de sa gravité et que l'on conçoit mal la revendication qu'à l'occasion de ses armes un État exercerait contre un simple commerçant. Il appartient toutefois au jurisconsulte de prévoir la difficulté et de la résoudre au point de vue purement légal, sauf à ce qu'elle demeure éternellement dans le domaine de l'abstraction.

Ajoutons ici encore que, dans l'usage, chacun s'empare à sa guise des armoiries des différentes nations sans qu'aucune plainte se soit jamais élevée ; les armes d'Angleterre, notamment, servent à nombre de fabricants, que la réclamation de cet État surprendrait assurément beaucoup.

Il va d'ailleurs de soi que l'industriel qui adopte le pre-

(1) V. Braun, p. 153.

(2) Comp. Trib. civ. Seine, 30 juin 1869, aff. Christy, Pataille.70.31.

mier pour marque des armes nationales est en droit d'empêcher qu'un concurrent les prenne à son tour. Ce concurrent ne pourrait soutenir que de telles armes ne sont pas susceptibles d'une propriété privée et qu'elles appartiennent à tous. Elles ne sont plus qu'un signe qui, connu en lui-même, n'en constitue pas moins une marque nouvelle. C'est la règle ordinaire qui s'applique ici, comme en tout autre cas.

Il se peut aussi — et c'est encore l'application du principe général — que des armes nationales soient devenues vulgaires dans une industrie (1) et qu'elles ne puissent plus, par elles-mêmes, constituer un signe distinctif. Elles peuvent alors, associées à d'autres éléments, former un ensemble nouveau qui est la propriété de celui qui l'a conçu et adopté (2).

Jugé, en ce sens, que, si des armes nationales ne sont pas susceptibles d'une propriété privée, elles peuvent toutefois concourir avec d'autres signes distinctifs à compléter une marque industrielle; spécialement, un Anglais, qui en a fait le dépôt légal en France, a le droit de revendiquer la propriété d'une marque composée des armes d'Angleterre et d'une inscription circulaire contenant son nom et celui de la ville où il a son principal établissement (Trib. civ. Seine, 30 juin 1869, aff. Christy, Pataille. 70.31).

34. *Quid* de la vignette représentant un monument public? — Ce que nous venons de dire des armoiries nationales, nous le disons *a fortiori* des monuments publics. Ce sont, en tant qu'édifices, des propriétés nationales, mais il est de jurisprudence que le droit de les reproduire par le dessin appartient sans réserve à tous. Un fabricant est donc libre de prendre pour marque une vignette représentant un monument public, et ses concurrents ne pourraient, pas plus que pour les armoiries, prétendre que, s'agissant d'un monument public, ils ont toute liberté pour le faire figurer à leur tour dans leur marque. Un pareil raisonnement ne serait

---

(1) Dans l'industrie de la chapellerie, les armes d'Angleterre sont, paraît-il, d'un usage tout à fait général.

(2) V. *suprà*, nos 26 et 27.

pas acceptable; autre chose est le droit de dessiner un monument pour en conserver l'image au point de vue artistique, autre chose le droit d'en faire le signe distinctif d'une fabrication. L'un ne nuit pas à l'autre et n'en gêne aucunement l'exercice.

Jugé, en ce sens, qu'il importe peu que la vignette adoptée ne soit que l'image d'un établissement public appartenant à l'État et dessiné antérieurement dans des publications scientifiques; s'il est permis à toute personne de prendre et de publier l'image d'un établissement public, le fabricant qui, le premier, a pris cette image pour marque de fabrique, a seul le droit de s'en servir à ce titre (Riom, 23 nov. 1852, aff. Bru, Dall., 53.2.137).

35. ***Quid* de la propriété artistique du dessin composant la marque?** — Il est de toute évidence qu'un fabricant ne pourrait faire sa marque d'un dessin qui serait encore dans le domaine privé d'un artiste, sans l'assentiment de celui-ci. Il y aurait de sa part atteinte au droit de propriété artistique résultant de la création de ce dessin. L'infraction tomberait en ce cas sous l'application de la loi de 1793. C'est un point qui ne saurait faire difficulté et sur lequel tous les auteurs sont d'accord (1). M. Calmels ajoute à ce propos : « Ce que nous disons de la nouveauté du dessin composant « la marque s'applique aux dessins qui ornent les annonces, « les prospectus et circulaires employés par les commer« çants (2). » Cela est évident, puisque la propriété artistique résulte de la création du dessin, si médiocre que soit la conception et quel qu'en soit le but.

Jugé, en ce sens, que la vignette qui sert de marque à un commerçant est en même temps protégée comme dessin artistique par la loi de 1793 (Paris, 7 avril 1843, aff. Raoux, cité par Blanc, p. 718).

36. A qui appartient la propriété artistique? Distinction. — Si un industriel commande à un artiste un dessin destiné à lui servir de marque de fabrique, à qui ap-

(1) V. Gastambide, nos 278 et 348 ; Rendu, no 46.
(2) Calmels, no 31.

partiendra la propriété artistique de ce dessin? La question est assurément de peu d'importance ; car il arrive rarement que le dessin servant de marque de fabrique soit en lui-même une œuvre artistique, ou du moins soit une œuvre assez importante pour que sa reproduction au point de vue purement artistique excite les convoitises. Toutefois, on se l'est posée, et il la faut résoudre. Selon nous, c'est une question de fait. Si l'industriel a lui-même fourni à l'artiste les éléments du dessin, s'il en a été l'inspirateur, ou si, sans en être le moins du monde l'inspirateur, il a entendu devenir acquéreur du dessin en lui-même et indépendamment de son emploi, en un mot, s'il en a acquis la propriété sans restriction ni réserve, le dessin lui appartient et n'appartient qu'à lui ; seul, il est en droit d'en autoriser ou d'en interdire la reproduction dans quelque but qu'elle ait lieu (1).

Jugé en ce sens que le fait par un négociant de payer à un dessinateur le prix de la composition d'un dessin qu'il destine à lui servir de marque et celui de la planche sur laquelle est dessinée cette composition a pour conséquence d'attribuer au négociant la propriété même de ce dessin ; le dessinateur qui s'est dessaisi ne saurait donc, ensuite, poursuivre en contrefaçon le tiers qui reproduit le même dessin (Paris, 14 mars 1876, aff. Appel, Pataille.76.103).

37. Etiquette. — L'étiquette, on peut le dire, est une sorte d'enseigne apposée non sur l'établissement commercial lui-même, mais sur la marchandise fabriquée. On n'attend pas de nous que nous donnions une définition de l'étiquette : chacun sait ce qu'il faut entendre par là ; ce qui distinguera l'étiquette et en fera une véritable marque de fabrique, ce sera sa forme, sa couleur, la disposition des caractères typographiques ou des encadrements, les mentions ou le dessin qu'elle portera ; le plus souvent même, ce sera tout cela à la fois, la marque consistant alors dans l'ensemble même de l'étiquette, dans sa physionomie, dans son aspect particulier. Nous ne comprenons pas comment M. Rendu s'est laissé

---

(1) Comp. Bédarride, n° 832 ; Rendu, n° 47. — V. encore Braun, n° 79.

aller à examiner et à discuter la question de savoir si l'étiquette constitue ou non une marque de fabrique (1). Cela ne peut pas faire question, et le silence de la loi à l'égard de ce genre de marque n'a rien de déterminant, en présence de ce passage du rapport qui déclare que la loi énumère non pas tous les signes pouvant servir de marque, mais les plus usités et les principaux parmi eux, et de l'indication, dans cette énumération, des enveloppes qui comprennent presque nommément les étiquettes.

Rappelons que l'étiquette peut être apposée soit directement sur le produit, soit sur l'enveloppe, vase, boîte ou flacon.

38. *Quid* **de l'étiquette considérée isolément?** — Comme le mot lui-même l'indique, la marque de fabrique ou de commerce ne peut s'entendre que d'un signe apposé sur une marchandise pour la distinguer et la spécifier. Celui-là seul peut donc invoquer la loi protectrice des marques qui, propriétaire d'un signe déterminé, l'applique à ses produits et entend défendre à ses concurrents d'employer le même signe en vue de lui faire une concurrence préjudiciable. Le signe considéré en lui-même, et abstraction faite de son apposition sur une marchandise, ne constitue pas une marque. S'il s'agit d'un dessin, il pourra être protégé en lui-même, comme œuvre artistique, par la loi de 1793 (2). Supposez dès lors qu'un imprimeur compose un certain genre d'étiquettes se distinguant par la forme et par l'ornementation de l'encadrement, non pas toutefois pour les appliquer à ses propres marchandises, mais pour les vendre à ses clients, qui les apposent eux-mêmes sur leurs produits ; il est clair que, en cas d'usurpation, l'imprimeur ne pourrait invoquer la loi de 1857; l'étiquette composée par lui ne lui sert pas de marque, et, dès lors, si la composition de cette étiquette est de nature à constituer une propriété privative, ce n'est pas la loi de 1857 qui peut conserver cette propriété (3).

---

(1) V. Rendu, n° 52.

(2) V. *suprà*, n° 35. — V. toutefois un article de M. Huard dans la *Prop. ind.*, n° 427 ; cet auteur soutient qu'en ce cas le dessin constitue un véritable dessin de fabrique dans le sens de la loi de 1806.

(3) Comp. notre article dans la *Prop. ind.*, n° 438 ; nous défendions

Jugé en ce sens que la marque de fabrique ne s'entend que du signe distinctif apposé par un fabricant ou un commerçant sur ses produits ou marchandises, dans le but de les distinguer des produits ou marchandises d'un concurrent; il s'ensuit que l'imprimeur, qui compose et imprime des étiquettes dont il fait ensuite l'objet même de son commerce et qu'il vend à l'industrie, ne peut invoquer la loi de 1857 pour protéger la propriété de ces étiquettes; elles ne sont pas pour lui des marques de fabrique; on ne peut, en réalité, les considérer que comme des œuvres d'art plus ou moins imparfaites et placées à ce titre sous l'empire de la loi du 19 juillet 1793 (Paris, 7 juin 1849, aff. Lalande et Liot (1), Pataille.59.248).

39. Enveloppe. — Le mot « enveloppe » s'entend ici, dans son sens le plus étendu, de tout ce qui contient la marchandise. « Il signifie, dit M. Rendu, tous les récipients « quelconques, depuis les simples enveloppes de papier jus« qu'aux boîtes de bois ou de métal, et jusqu'aux bouteilles « de verre et aux flacons de cristal (2). » Cet auteur pense même, et la généralité des termes de la loi ne permet guère d'en douter, que, par enveloppe, il faut entendre ces capsules gélatineuses qui servent à renfermer des médicaments. Ce qui constitue ici la marque, c'est l'enveloppe elle-même, c'est sa forme, sa couleur, sa disposition spéciale. Par exemple, si c'est une enveloppe de papier, ce sera le genre du papier qu'on peut supposer gaufré de cent manières différentes, ou moiré, ou quadrillé. Une enveloppe de couleur tricolore constituerait encore une marque très reconnaissable. Ce peut être aussi la forme même de l'enveloppe, sa disposition spéciale et caractéristique; ce sera, je suppose, l'emploi d'une bande placée d'une certaine façon par-dessus l'enveloppe pour la fixer et la retenir. Ici, du reste, on ne saurait indiquer ni prévoir les

---

alors, — bien à tort, nous semble-t-il aujourd'hui, — l'opinion contraire.

(1) Comp. Paris, 23 juin 1865, aff. Romain et Palyart; Cass., 30 déc. 1865, et sur le renvoi, Rouen, 15 juin 1866, mêmes parties, Pataille. 67.46.

(2) Rendu, n° 50. — Comp. Bédarride, n° 837.

mille variétés de dispositions que l'imagination du fabricant ou du commerçant peut concevoir et créer. Il suffit de citer quelques exemples qui fassent bien voir la pensée du législateur et la portée de la loi. S'il s'agit d'une boîte ou d'un flacon, c'est évidemment dans la forme que résidera spécialement la marque. Ce qu'il faut d'ailleurs, dans tous les cas, c'est que, forme ou couleur, le signe ou l'ensemble des signes soit distinctif, caractéristique, spécial et, par conséquent, nouveau dans l'industrie où il est employé.

M. Pataille dit à ce propos : « Sans doute, toutes les cou-
« leurs, toutes les formes sont dans le domaine public ; mais
« lorsque, par une combinaison particulière, dont il a le
« premier fait un usage constant, un industriel arrive à per-
« mettre de distinguer ainsi ses produits, les tribunaux de
« commerce ne lui refusent jamais leur protection, lorsqu'il
« justifie qu'un concurrent déloyal contrefait ou imite assez
« l'ensemble de ses prospectus, étiquettes, enveloppes, boîtes
« ou flacons, pour amener une confusion entre leurs produits.
« Dans ce cas, les juges ordonnent, suivant les circonstances,
« soit la suppression complète, soit des modifications dans les
« marques, couleurs et formes adoptées par le dernier venu,
« de manière à empêcher à l'avenir toute méprise (1). »

M. Calmels regrette que la loi range au nombre des marques les *enveloppes* qui, selon lui, ne sont pas en réalité des marques. « C'est aller un peu loin, dit-il ; car il faudra décider
« que l'enveloppe, bien qu'elle ne soit revêtue d'aucun signe,
« d'aucun dessin, réunit les caractères constitutifs d'une
« marque, si elle présente toutefois un caractère propre à la
« maison qui l'emploie. Cette disposition, qui considère l'en-
« veloppe d'un produit comme une marque, est peut-être
« plus nuisible que favorable aux intérêts qu'elle se propose
« de protéger. En multipliant les moyens de garantie de l'in-
« térêt privé, on resserre le cercle de la liberté générale ; en
« reconnaissant comme autant de droits privatifs les formes
« extérieures sous lesquelles un produit est annoncé, on
« appauvrit d'autant le fonds commun, public, où chaque

(1) Pataille, *Code de la propriété industr.*, p. 92.

« industriel va puiser (1). » Ces réflexions sont-elles bien justes? Est-il vrai que la liberté commerciale soit aussi gênée que M. Calmels semble le croire par cette disposition de la loi qui range les enveloppes au nombre des marques? Nous ne le pensons pas. De deux choses l'une, en effet : ou bien l'enveloppe n'aura rien de réellement caractéristique, et le juge, souverain appréciateur de la marque, n'y verra point de marque spéciale, ou bien l'enveloppe offrira des particularités tellement saisissantes qu'il serait inique de n'en pas laisser le bénéfice au fabricant qui en a eu l'ingénieuse idée. Où sera le mal? où sera l'entrave apportée à la liberté? Ceux qui, par tous les moyens possibles, cherchent à confondre leurs produits avec les produits de concurrents plus heureux ou plus habiles, méritent-ils donc les tendresses de la loi?

Remarquons du reste en passant, avec M. Bédarride, que celui qui le premier emploie comme marque, dans un certain genre d'industrie, une étiquette, une plaque, ou bien qui le premier vend un produit en flacon au lieu de le vendre en sac ou en boîte, ou réciproquement, n'acquiert pas, bien entendu, le droit d'empêcher ses concurrents de l'imiter; il n'a d'autre droit que de les empêcher de copier son étiquette spéciale, sa plaque spéciale, son flacon spécial (2).

40. Jurisprudence. — Il a été jugé à cet égard : 1° qu'une forme de boîte peut légalement constituer une sorte de marque protégée par la loi; on ne peut dire en effet qu'ici la forme est l'accessoire du fond, puisqu'au contraire, en cette matière, surtout lorsqu'il s'agit de spécifiques (dans l'espèce, *la poudre Naquet*), la forme qui éblouit les yeux et attire l'acheteur est beaucoup plus importante que le spécifique lui-même (Trib. civ. Seine, 6 fév. 1835 (3), *Gaz. trib.* 7 fév.); 2° qu'une enveloppe, par exemple en papier bleu, constitue une marque de fabrique susceptible de propriété privative (Paris, 25 janv. 1866, aff. Fouillet, Teulet. 15.508); 3° mais que la forme carrée d'un flacon, n'étant pas une

---

(1) Calmels, n° 32.

(2) V. Bédarride, n° 839.

(3) V. toutefois Bordeaux, 28 janv. 1851, aff. Castillon, Le Hir. 51.2.535.

invention nouvelle, ne constitue pas, à elle seule, une marque-emblème de nature à constater l'origine et l'identité des produits; ce ne peut être qu'un des éléments de la marque; il s'ensuit que l'emploi par un concurrent de la même forme de flacon ne constitue pas un fait d'imitation frauduleuse ou de concurrence déloyale, alors qu'il existe d'autres indications très apparentes et empêchant toute confusion (Paris, 8 nov. 1855, aff. Tissier, Pataille. 55.190).

41. De la forme du produit. — On s'est demandé, en présence de la généralité des termes de l'article 1er, si la forme même du produit pouvait constituer une marque. Les auteurs sont divisés sur cette question. Nous inclinons pour notre part vers l'affirmative, avec cette restriction qu'il ne s'agira pas d'un produit dont la forme est nécessaire, voulue par la force même des choses, commandée par les besoins de la fabrication. Pourquoi, par exemple, la forme d'un pain de savon, si elle est nouvelle et spéciale, ne servirait-elle pas de marque à ce produit? La fabrication ne commande ici aucune forme particulière, et, si un fabricant imagine le premier de présenter ses savons au public sous une forme déterminée, que nul n'aura employée avant lui, pourquoi le priver du bénéfice de son idée? N'est-il pas certain, dans le cas qui nous occupe, que la forme du produit est particulièrement de nature à frapper l'attention de l'acheteur et à servir de signe distinctif au produit? Dira-t-on que toute forme est dans le domaine public et que le principe de la liberté de l'industrie ne permet pas d'imposer au commerce de pareilles entraves? Mais ce raisonnement s'applique à tout autre genre de marques; toute figure géométrique est dans le domaine public; et cependant on reconnaît que l'adoption par un fabricant d'une forme géométrique, qu'il reproduit, par le dessin par exemple, sur ses étiquettes, lui donne le droit d'interdire à ses concurrents l'emploi de la même forme géométrique. Il en est de même d'un monument public; et pourtant l'emploi, comme marque de fabrique, d'un dessin représentant un monument public, assure au fabricant, qui s'en est le premier servi, le monopole, comme marque, de ce monument. Est-ce qu'on s'est jamais avisé de prétendre que cela est contraire au principe de la liberté du commerce? Assurément non. On objecte que la forme du produit constitue un modèle de fabrique, protégé comme tel par la loi de 1806; d'abord c'est une question controversée que celle de savoir si la loi de 1806, faite pour les dessins de fabrique, s'applique aux modèles de fabrique et si, dans tous les cas, elle s'applique indistinctement à toute espèce de modèles de fabrique; on pourra consulter sur ce point notre *Traité des dessins de fabrique* (1). Mais, quand il serait vrai que la forme du produit peut constituer un modèle, est-ce que cela empêche que cette même forme puisse servir de marque? Pourquoi la forme du produit ne serait-elle pas en même temps protégée, à deux points de vue différents, par deux dispositions distinctes? Est-ce que le nom n'est pas lui-même protégé à la fois par la loi de 1824 et par celle de 1857? Est-ce que le dessin, qui sert de marque de fabrique, ne peut pas être en même temps protégé par la loi de 1793, comme propriété artistique, et par la loi de 1857, comme marque de fabrique? Quel intérêt peut donc inspirer le fabricant qui copie la forme spéciale qu'un de ses concurrents aura donnée à ses produits? N'est-il pas certain que son but est de créer une confusion entre les produits de son concurrent et les siens? Qu'importe au commerce, qu'importe au consommateur que le produit ait telle ou telle forme, quand cette forme ne produit par elle-même aucun résultat spécial, et n'a d'autre effet que de spécialiser, que de singulariser le produit! Nous ne voyons aucune raison plausible de soustraire à la protection de la loi de 1857 la forme même du produit, et nous pensons que, dans nombre de cas, cette forme, si elle est nouvelle et spéciale, constituera au contraire une marque très caractéristique.

---

(1) V. notre *Traité des dessins de fabrique*, nos 130 et suiv. — Notons, toutefois, qu'un arrêt de la Cour de cassation du 25 nov. 1881, aff. Pérille (Pataille.82.133), décide formellement que l'expression *dessin de fabrique* comprend dans sa généralité même le modèle qui doit être considéré comme un dessin en relief; notons également qu'une loi nouvelle, déjà votée par le Sénat, et destinée à remplacer la loi de 1806, protège nommément, et au même titre, le *dessin* et le *modèle industriels*.

M. Rendu est de notre opinion, et voici les raisons qu'il en donne. Il fait remarquer qu'il y a de certains produits, par exemple les porcelaines ou les cristaux, sur lesquels la mode ou le goût ne souffre aucun signe étranger et qui ne peuvent se distinguer que par leur configuration même, et, rappelant l'absence de dispositions protectrices pour les modèles de fabrique, il ajoute : « Il ne peut pas être admis qu'il y ait « des objets que leur nature empêche de participer à la pro« tection de la loi, dès lors qu'il existe en réalité un moyen « de les distinguer des objets similaires. S'ils ne peuvent « être caractérisés par un signe apposé, ils peuvent l'être et « ils le sont, en réalité, par leur configuration, qui ne permet « pas de les confondre avec les produits d'autres fabriques. « Cette configuration a le même but, la même valeur, le « même effet que la marque proprement dite; c'est bien, « *lato sensu*, un *signe servant à distinguer;* c'est donc en « réalité une marque de fabrique. » M. Rendu fait, du reste, observer que la condition du dépôt n'est point un obstacle et qu'elle est facile à réaliser. « La loi, dit-il, n'exige nullement « que les marques soient déposées dans leurs dimensions « usuelles, mais seulement dans leurs dispositions aussi ré« duites qu'on le jugera convenable (1). »

M. Pataille est d'un avis contraire, qu'il exprime ainsi : « Bien qu'il ressorte du texte et de l'esprit de la loi de 1857 « que le législateur a voulu permettre, à l'avenir, aux fabri« cants, commerçants et producteurs de s'assurer la propriété « de tous les signes distinctifs pouvant servir à distinguer « leurs produits, il nous paraît impossible de faire rentrer « dans la classification légale des marques de fabrique la « forme même de ces produits. » Toutefois, il ajoute : « L'imitation de la forme d'un produit peut seulement être, « d'après les circonstances, un des éléments constitutifs « d'une concurrence déloyale et rien de plus (2). »

C'est à regret que je me sépare ici de mon confrère

---

(1) Rendu, n° 54. — V. aussi Braun, n° 28.

(2) Pataille. 57.256. — Dans le même sens, Bédarride, n° 841 ; Calmels, n° 35.

Pataille, dont j'estime si fort l'autorité en ces matières ; mais, en conscience, je ne vois aucune raison de ne pas comprendre la forme même du produit dans la généralité des signes distinctifs que la loi admet comme marques. Tout le monde est d'accord que la forme de l'enveloppe peut, si elle est spéciale et nouvelle, constituer une marque ; pourquoi en serait-il autrement de la forme du produit? Sans doute, il n'y aura marque que s'il y a nouveauté, particularité dans la forme ; mais admettez que cette nouveauté, que cette particularité soient constantes, pourquoi refuser au fabricant le bénéfice de ce signe éminemment distinctif?

42. **Jurisprudence** (1). — Il a été jugé en ce sens : 1° que la loi de 1857 considérant comme marques de fabrique tous les signes qui servent à distinguer les produits d'une fabrique ou les objets d'un commerce, il s'ensuit qu'elle protège même la forme du produit (par exemple la forme ogivale ou celle d'un fer à repasser), laquelle est de nature à attirer l'attention du consommateur (Trib. civ. Seine, 14 juillet 1858, aff. Boilley (2), Le Hir. 58.2.572) ; 2° que la forme donnée à un produit (dans l'espèce, une certaine forme de tablettes de chocolat) peut constituer une marque de fabrique, si elle est nouvelle et spéciale (Trib. corr. Seine, 10 mars 1858, aff. Bleuze, Pataille. 58.219) ; 3° mais que des lignes droites, tracées parallèlement sur les faces d'un morceau de savon, ne constituent pas une désignation suffisante, susceptible de servir de marque (Trib. comm. Seine, 28 fév. 1844, aff. Demilly, cité par Blanc, p. 708).

42 *bis*. **Jurisprudence contraire** (3). — Il a été jugé en sens contraire : 1° que, s'il convient, dans l'intérêt et pour la sécurité des relations commerciales, d'obliger les fabricants à différencier leurs produits de façon à éviter entre eux toute confusion, il ne s'ensuit pas que l'emploi de telle ou telle

---

(1) V. *infrà*, n°s 486 et suiv. — Comp. Bruxelles, 8 fév. 1866, aff. Dubois, *Pasic. belge*, 66.2.136. — V. aussi Trib. comm. Seine, 17 fév. 1852, aff. Aubineau, Teulet. 1.40.

(2) V. encore Lyon, 14 mai 1857, aff. Boilley, Pataille. 57.253.

(3) Comp. Paris, 23 juillet 1853, aff. Ménier, Teulet. 3.331 ; Bordeaux, 13 déc. 1871, aff. Ménier, Pataille. 73.5.

forme géométrique, considérée isolément, puisse constituer une propriété commerciale et que l'imitation de ladite forme, essentiellement dans le domaine public, soit un fait de concurrence déloyale : spécialement, un commerçant ne saurait réclamer la propriété exclusive de la forme cylindrique pour la vente du papier à cigarettes, même lorsqu'il justifierait qu'il a été le premier à l'employer (Paris, 24 juin 1865, aff. Prudon (1), *J. Pal.* 65.1125); 2° que la marque de fabrique est le signe appliqué aux produits qu'il a pour but de distinguer : il est indépendant du produit lui-même auquel il vient s'ajouter, comme ferait la signature du fabricant ou du débitant; accepter comme marque de fabrique le produit lui-même dans sa forme particulière, sans autre signe porté par ce produit et venant s'y ajouter ou le distinguer, serait excéder la pensée de la loi spéciale sur la matière; une telle doctrine conduirait non pas seulement à reconnaître le privilège de la marque, mais encore le privilège sur la forme même du produit, contrairement aux principes de la loi sur les brevets d'invention; en effet, au moyen du dépôt du produit, sous prétexte de marque, la forme du produit deviendrait le privilège du fabricant au préjudice de la liberté de l'industrie; comme, aux termes de la loi de 1857, la marque est indéfiniment renouvelable, on arriverait à la perpétuité d'une propriété privilégiée indéfinie de la forme du produit lui-même, ce qui serait contraire aux principes de la loi de 1844 (Paris, 23 mars 1870, aff. Wilcox (2), Pataille.71.31).

43. *Quid* **de la couleur du produit?** — Ce que nous avons dit de la forme du produit, nous le dirons, quoique

---

(1) A dire le vrai, dans cette affaire, le produit n'avait pas une forme caractéristique et spéciale, puisqu'il s'agissait d'une bande de papier simplement roulée sur elle-même.

(2) L'argument, sur lequel repose cet arrêt, est plus ingénieux que solide; sans doute, si la forme est destinée à produire un résultat industriel, elle ne pourra constituer une marque de fabrique appropriable, parce qu'il est contraire aux principes de la loi des brevets que, sous prétexte de marque, on retienne au delà de quinze ans le privilège, le monopole d'une invention. Mais si la forme du produit est sans influence sur le résultat industriel, si elle est indifférente, si elle est de pure fantaisie, où est l'atteinte portée aux principes de la loi de 1844?

avec plus d'hésitation, de la couleur. Ce qui fait notre hésitation, c'est que les couleurs ne sont pas variées à l'infini, comme les formes, mais sont au contraire renfermées dans un cercle très restreint; s'il est vrai que, pour un œil exercé, les nuances peuvent elles-mêmes varier sans limite, il est certain que ces nuances sont le plus souvent insaisissables pour le vulgaire et se ramènent à un très petit nombre de types. Il suffirait donc que six ou sept commerçants eussent adopté dans une industrie les différents types de couleurs, pour que le produit lui-même fût comme monopolisé entre leurs mains, puisqu'il n'y aurait pas moyen de le fabriquer sans revenir à l'une des couleurs déjà employées. Voilà l'objection, et elle a sa valeur. On peut cependant supposer qu'un fabricant adopte pour distinguer ses produits non une nuance uniforme, mais un tel assemblage, une telle combinaison de couleurs, qu'elle soit tout à fait arbitraire et en même temps caractéristique. Imaginez un fabricant de savon qui trouverait le moyen de lui donner ce genre de couleur qu'on appelle *écossais*. Ne serait-ce pas caractéristique, reconnaissable? Pourquoi ne pourrait-il garder pour lui ce signe distinctif? Sans doute, les cas où ce genre de marque pourra être utilement adopté seront rares et les fabricants feront bien d'en préférer un autre. Mais pourquoi l'exclure de parti pris, pourquoi lui refuser, sans examen, la protection de la loi (1)?

Dans tous les cas, même si l'on admet que la couleur du produit par elle-même, et en dehors de tout autre signe, ne peut constituer une marque, il faut du moins reconnaître qu'elle peut être un élément de la marque et servir de base à une action en concurrence déloyale (2).

43 *bis*. **Jurisprudence.** — Il a été jugé : 1° qu'un pharmacien qui, pour les toiles vésicantes sortant de son officine, a adopté une division métrique formant de petits carrés, a le

---

(1) Conf., Rendu, n° 56. — V. aussi Braun, n° 46.

(2) V. Bédarride, n° 842. — Comp. Bruxelles, 28 nov. 1870, aff. Torchon, *Pasic. Belge*.71.2.99; Trib. comm. Seine, 18 juin 1852, aff. Groult, Teulet.1.273; Trib. civ. Lyon, 21 juillet 1872, aff. Ménier, Pataille.73.24.

droit de s'opposer à la fabrication de toute toile vésicante de même couleur portant une division analogue (Paris, 21 janv. 1850, aff. Leperdriel, Dall.51.2.123); 2° que, si la couleur à elle seule peut quelquefois n'être pas suffisante pour constituer une marque de fabrique, cela tient à ce que, en fait, la couleur, isolée de toute combinaison, peut difficilement servir de signe distinctif; mais du moment que la couleur, soit par l'adoption de dispositions spéciales, soit par son application à certaines parties seulement du produit, quelle que soit d'ailleurs la simplicité des combinaisons, arrive à constituer un signe distinctif susceptible de frapper l'œil de l'acheteur, elle rentre dans la catégorie des signes qui, aux termes de l'art. 2 de la loi de 1857, peuvent servir de marque de fabrique : spécialement, le fait de placer au centre d'une mèche de mineur un fil d'une couleur déterminée constitue la création d'une marque de fabrique au sens de la loi (Nîmes, 22 février 1877, aff. Nier, Pataille.81.81); 3° que, si une couleur en elle-même, indépendamment de toute forme, de toute substance et de toute disposition particulière, ne peut suffire pour constituer une marque, il en est autrement lorsque cette couleur, localisée suivant certaines dispositions, donne par sa combinaison intentionnelle et son opposition avec d'autres couleurs environnantes un dessin d'une couleur et d'une forme déterminées; on objecterait en vain que, les couleurs étant limitées, on arrive ainsi à créer un monopole contraire à la liberté du commerce; les couleurs, quoique limitées, peuvent fournir par leur opposition et par les lignes qui les circonscrivent une série de combinaisons multiples permettant de nombreux arrangements complètement différents : spécialement, il y a création d'une marque de fabrique légale dans le fait d'appliquer sur une pelote de fil une bande de carton d'une nature spéciale, et par-dessus cette bande une étiquette en papier d'une forme et d'une couleur également déterminées, mais de moindre largeur, de telle sorte que cette superposition du carton et du papier, coupés suivant deux lignes droites parallèles, produit un double liséré égal et régulier dont l'aspect, résultant de la combinaison des lignes et des couleurs spécialement choisies pour le carton avec la couleur de la bande et avec celle des fils contenus dans la pelote,offre ainsi un caractère bien distinctif, (Douai, 1er avril 1881, aff. Poullier-Longhaye, Pataille.81.92); 4° qu'il y a création d'une marque de fabrique, au sens légal, dans le fait, par un fabricant de fil d'employer, pour distinguer les produits de sa fabrication, un fil d'or qui, sortant de l'intérieur de la pelote sur la tranche, vient se fixer sous l'étiquette, en s'enroulant plus ou moins autour de la pelote (même arrêt); — 5° jugé, toutefois, que la couleur d'une étiquette ne saurait constituer une propriété privative, cet élément, qui est du domaine public, ne pouvant, à lui seul, tromper le public (Trib. corr. Seine, 18 avril 1873, Cazeaux, Pataille.73.187).

44. Liséré. — Le liséré est assurément, dans l'industrie des tissus, un signe distinctif au premier chef et constitue, par suite, une marque légale. Ce signe tire son caractère essentiel tout à la fois de sa couleur, de sa forme, ou de sa place dans le tissu; tantôt il affectera la forme d'une raie placée au long de l'une des lisières; tantôt cette raie suivra les deux lisières; la raie, au lieu d'être unique, sera double, triple, quadruple; elle aura des nuances diverses; elle formera une ligne brisée au lieu d'une ligne droite. Bref, ici encore, ce signe, très caractéristique en lui-même, se prêtera à de nombreuses variétés.

Il a été jugé sur ce point : 1° qu'il y a marque légale dans un liséré composé de quatre fils roses, placés à chaque lisière, d'un bout à l'autre de l'étoffe (Paris, 28 nov. 1861, aff. Forge et Quentin, Pataille.62.25); 2° qu'un signe, tel qu'un liséré vert et jaune, quelle qu'en soit la simplicité, constitue une marque légale, dès qu'elle est suffisante pour distinguer les produits auxquels elle s'applique des produits similaires; il en est surtout ainsi alors que ce liséré, au lieu d'exister, comme d'ordinaire, à un seul point de la pièce fabriquée, fait partie du tissu dans toute son étendue, des deux côtés (Paris, 27 janv. 1875, aff. Cuilleron-Policard, Pataille.76.62).

45. ***Quid* de la dénomination? — Distinction.** — La loi range expressément au nombre des marques la dénomination adoptée par un fabricant pour désigner le produit de sa fabrication. Dans ce cas, ce qui constitue la marque, c'est la dénomination même, indépendamment de la forme ou de la disposition qu'elle affecte. Il faut toutefois distinguer entre la dénomination *arbitraire* ou de fantaisie et la dénomination *nécessaire*. Si l'usurpation de celle-là doit être réprimée, il n'en saurait être de même de la seconde, à laquelle on ne pourrait substituer d'autre désignation sans induire le public en erreur, et qui, par suite, appartient à tout le monde ; il est clair que parfois des contestations fort délicates peuvent s'élever sur le point de savoir si une désignation est générique et nécessaire ou purement de fantaisie ; on ne saurait alors indiquer aucune règle, l'appréciation de ces difficultés rentrant dans les questions de fait dont l'examen appartient souverainement aux tribunaux (1).

46. Dénomination arbitraire ou de fantaisie. — La dénomination arbitraire ou de fantaisie est celle qui, créée ou non par le fabricant, n'éveille pas forcément l'idée de l'objet auquel elle s'applique, qui ne ressort ni de la nature ni du genre de l'objet, si indépendante en un mot du produit lui-même qu'il puisse être reconnu et désigné sous un autre nom (2). Elle consistera soit dans un mot nouveau que le fabricant aura forgé pour la circonstance, soit dans un mot déjà connu, mais n'ayant le plus souvent aucun rapport avec le produit qu'elle désigne. C'est ainsi qu'on voit chaque jour des étoffes annoncées et vendues sous les noms bizarres de *marie-blanche*, *drap-soleil*, *mossoul*, etc. Ce sont là des dénominations essentiellement arbitraires. On verra par les nombreux exemples que nous citons ce que la jurisprudence entend par dénomination de fantaisie. En ce cas, remarquons-le bien, ce qui constitue la marque, c'est la dénomination elle-même ; celui qui en est le propriétaire est donc en droit d'empêcher qu'un tiers l'emploie, sous quelque forme et de quelque façon que ce soit. Ce tiers dirait en vain que l'adjonction de son nom, une disposition spéciale de son étiquette, de nombreuses et de saillantes dissemblances rendent, malgré la similitude de la dénomination, toute confusion impossible. Comme le dit judicieusement M. Braun,

(1) V. *J. Pal.*52.1.196, *la note.*
(2) V. Blanc, p. 707. — Comp. *J. Pal.*52.1.196, *la note.*

« la vérité est que la confusion est toujours possible entre « choses du même commerce, comme entre individus du « même métier, qui s'appelleraient du même nom (1). » Rappelons, d'ailleurs, qu'une dénomination qui, à l'origine, était tout à fait arbitraire et par suite essentiellement appropriable, peut, par l'abandon du propriétaire, tomber dans le domaine public et cesser dès lors de constituer à son profit une propriété privative (2). C'est ce que nous avons dit plus haut (3).

47. **Jurisprudence** (4). Il a été jugé, dans cet ordre d'idées : 1° que le mot *paraguay*, appliqué à une mixture dentifrice, constitue une propriété privative (Trib. comm. Seine, 8 juin 1829, cité par Gastambide, p. 472); 2° que les mots *racahout des Arabes* constituent une appellation de fantaisie susceptible de propriété privative, et, cela étant, il y a concurrence déloyale de la part du concurrent qui se sert, pour désigner un produit analogue, du mot de *rakachou* (Paris, 29 mars 1833, *Gaz. trib.*, 30 mars); 3° que le nom de *mélaïnocome* constitue une propriété privative au profit de celui qui s'en est servi le premier pour désigner une pommade propre à teindre les cheveux (Trib. comm. Seine, 8 avril 1834, aff. Cavaillon, *Gaz. Trib.*, 27 avril); 4° que le nom de *bleu de France* n'est pas une désignation scientifique; il s'ensuit que celui qui fait usage le premier des mots *Teinturerie du bleu de France* est en droit d'empêcher ses concurrents de

---

(1) Braun, n° 40.

(2) Ainsi jugé pour la fameuse *pommade du lion* (Trib. comm. Seine, 19 nov. 1838, *le Droit*, 21 novembre).

(3) V. *suprà*, n° 21.

(4) V. Paris, 28 juillet 1835, aff. Larenaudière (*encre de la petite vertu*), *Gaz. trib.* 29 juillet; trib. comm. Seine, 30 mai 1834, aff. Ravier (*café des dames*) *Gaz. trib.*, 31 mai; trib. comm. Seine, 28 août 1847, aff. Bresson (*coton au soleil*). Le Hir.47.2.502; trib. comm. Marseille, 30 oct. 1867, aff. Ghighone (*pâtes religieuses ou de la Passion*), Pataille, 67.366; trib. comm. Bruxelles, 14 fév. 1877, aff. Kiss (*papier à cigarettes dénommé « les Gueux »*), *Pasic. Belge*.77.3.287; Trib. corr. Anvers, 29 avril 1879, aff. Balsamo (le mot *Carafa*), *Pasic. Belge*.79.3.218; trib. corr. Seine, 27 fév. 1873, aff. Laterrière (*sommier américain*), Pataille.73.294. — V. aussi *infrà*, n°s 461 et suiv.

désigner leurs établissements sous la même dénomination (Trib. comm. Seine, 25 avril 1842, aff. Depoully (1), *Gaz. trib.* 26 avril); 5° que la dénomination de *siccatif brillant* présente ce caractère de spécialité et de nouveauté nécessaire pour en faire l'objet d'un droit exclusif (Trib. comm. Seine, 5 nov. 1843 (2), *Gaz. trib.* 6 nov.); 6° que le mot *gazogène*, appliqué pour la première fois à un appareil propre à produire l'eau gazeuse, constitue légitimement une marque de fabrique (Paris, 19 janv. 1852, aff. Briet (3), Dall.52. 2.266).

48. Jurisprudence (*Suite*). — Il a encore été jugé : 1° qu'une dénomination telle que *lampe-phare* constitue une propriété qu'il n'est pas permis d'usurper, encore qu'on mettrait le mot *dite* (Trib. comm. Seine, 17 fév. 1852, aff. Aubineau, Teulet.1.40); 2° que, lorsqu'un négociant a donné à ses produits un nom de fantaisie tel que *Job*, et que ses produits sont depuis longtemps connus sous ce nom, il ne saurait appartenir à un autre négociant, portant par hasard le même nom et n'ayant d'ailleurs jamais exercé le même commerce, de prétendre interdire au premier négociant l'emploi de ce nom (Trib. comm. Seine, 26 sept. 1852, aff. Bardou, Teulet.1.496); 3° qu'une dénomination de fantaisie, telle que *eau écarlate*, appartient exclusivement à celui qui s'en est le premier servi pour désigner ses produits, et il est en droit d'empêcher un concurrent d'employer soit les mêmes mots, soit leur traduction littérale dans une autre langue, par exemple, *scarlet water*, en anglais (Trib. comm. Seine, 30 mai 1862, aff. Burdel, Pataille.62.239); 4° qu'une simple épithète servant à exprimer un emploi général, telle que *encre classique*, peut constituer un droit de propriété

---

(1) V. aussi Trib. comm. Seine, 7 fév. 1842, aff. Delaguepierre, *Gaz. trib.* 9 avril.

(2) V., dans le même sens, Trib. comm. Seine, sept. 1854, aff. Raphanel, cité par Blanc, p. 707.

(3) Il n'est pas inutile de remarquer que le tribunal de commerce, au rebours de la Cour, avait décidé que le mot *gazogène* constituait une désignation nécessaire. — V. *J. Pal.*52.1.196. — V. aussi Bédarride, n°s 823 et 824, qui critique l'arrêt.

(Trib. comm. Seine, 10 fév. 1863, aff. Lebœuf (1), Teulet. 13.244); 5° qu'une dénomination, telle que *poudre métallinique*, constitue une marque de fabrique légalement déposable (Trib. corr. Seine, 25 août 1863, aff. Baumgartner, *Droit comm.* 63.528).

49. **Jurisprudence** (*Suite*). — Jugé de même : 1° qu'une dénomination de fantaisie, telle que celle de *Luciline*, employée pour désigner un produit naturel (de l'huile de pétrole), constitue une propriété au profit de celui qui en a fait emploi le premier et doit être protégée comme marque de fabrique, lorsque le dépôt en a été effectué (Paris, 28 nov. 1863, aff. Cohen, Pataille.64.105); 2° que la dénomination donnée par un fabricant à un produit de son industrie est assimilée à une marque de fabrique et constitue, dès qu'elle est déposée dans les formes prescrites par la loi de 1857, une propriété exclusive, à moins cependant que cette dénomination, étant l'élément usuel et nécessaire de la désignation du produit, ne se trouve ainsi être dans le domaine public; spécialement, le nom de « *perles d'éther* », servant à désigner des capsules médicinales contenant de l'éther, n'est pas un terme générique, nécessaire à la désignation du produit, puisqu'il existe d'autres façons de le désigner ; une telle dénomination constitue donc une marque de fabrique, susceptible d'être l'objet d'un droit privatif (Paris, 21 mars 1861, aff. Clertan (2), Le Hir.61.2.331) ; 3° que l'article 1er de la loi de 1857 protège la propriété d'une dénomination de fantaisie, telle que *encre indienne* (Bordeaux, 30 juin 1864, aff. Chévènement, Pataille.64.446) ; 4° que la désignation *fil d'Alsace*, donnée à du coton par un fabricant, et légalement déposée comme marque de fabrique, constitue une propriété privée au profit du fabricant qui en a fait usage le premier (Paris, 5 janv. 1865, aff. Dollfus Mieg, Pataille.65.109); 5° qu'une dénomination, telle que *crème d'argent*, pour désigner une sub-

(1) Le jugement a été infirmé par un arrêt du 16 janv. 1864 (Teulet, 13.244), mais par des motifs qui n'affaiblissent en rien la solution adoptée par le tribunal.

(2) V. Rej. 22 mars 1864, même aff., Sir.64.1.345.

stance propre à argenter les couverts, constitue une propriété privative au profit de celui qui en a fait usage le premier (Trib. comm. Rouen, 31 nov. 1867, aff. Lévy, Pataille. 68.105) ; 6° qu'une dénomination, telle que *bougie de l'Étoile*, est une dénomination évidemment propre à distinguer les produits d'une industrie, et conséquemment constitue une marque de fabrique légitime (Trib. corr. Épernay, 30 avril 1872, aff. de Milly, Pataille.72.338) ; 7° que les mots *agua divina*, tirés de la langue espagnole, et appliqués pour la première fois à un produit de parfumerie, que par cela même ils caractérisent, constituent légalement une marque de fabrique, encore bien qu'ils soient empruntés au langage vulgaire (Paris, 28 fév. 1873, aff. Monpelas (1), Pataille.74.31).

49 *bis*. **Jurisprudence.** — Il a été jugé encore : 1° qu'une dénomination de fantaisie, telle que *mossoul*, appliquée à un nouveau genre de foulards, constitue une propriété privative (Lyon, 9 mars 1875, aff. Graissot, Pataille.75.327); 2° que la dénomination de *veloutine*, appliquée à une sorte de poudre de riz, constitue une marque de fabrique dans le sens de la loi de 1857 (Trib. civ. Seine, 8 mai 1875, aff. Fay, Pataille. 75.245); 3° qu'il résulte des termes de l'article 1er de la loi de 1857 que, à la différence du nom, qui pour devenir une marque légale doit revêtir une forme distinctive, la dénomination (dans l'espèce, « *sardines des friands* ») peut constituer à elle seule une marque de fabrique, indépendamment des dessins ou dispositions accessoires dans lesquelles elle est encadrée, à moins toutefois que cette dénomination ne soit devenue l'élément usuel et nécessaire de la désignation du produit et ne soit tombée dans le domaine public; en dehors d'une pareille hypothèse, la dénomination est protégée par la loi au profit de celui qui l'a le premier employée (Trib. corr. Seine, 6 mars 1877, aff. Hillerin-Tertrais, Pataille.78.12); 4° qu'un nom de fantaisie, tel que *Byrrh*, appliqué à une liqueur, constitue une marque de fabrique régulière et légale (Trib. civ. Montpellier, 12 décembre 1878, aff. Louis

---

(1) V. Rej. 14 nov. 1873, même aff., Pataille.74.31.

Thomas, Pataille.79.175); qu'un nom de fantaisie, tel que *la Revalescière*, constitue une propriété privative au profit de celui qui l'emploie le premier pour désigner un produit commercial (Paris, 3 janv. 1879, aff. Klug, Pataille.79.62); 6° qu'une dénomination, telle que celle de *Bénédictine*, appliquée à une liqueur, constitue une propriété au profit de celui qui en a fait le premier emploi (Trib. civ. Nice, 24 février 1879, aff. Legrand, Pataille, 81.77); 7° qu'une dénomination, telle que *Prunellière*, servant à désigner la liqueur faite avec les fruits du prunellier, constitue une dénomination de fantaisie, pouvant légalement servir de marque à celui qui en fait usage pour la première fois (Besançon, 6 août 1879, aff. Serve (1), Pataille.79.214).

50. Dénomination nécessaire ou vulgaire. — La dénomination *nécessaire* est celle qui tient à la nature même de la chose désignée, et qui s'y est si intimement incorporée qu'elle en est devenue le nom propre et véritable; elle devient *vulgaire*, quand, consacrée par l'usage, elle est entrée dans le langage. M. Blanc ajoute que la désignation n'est nécessaire qu'autant qu'elle est l'appellation *unique* de l'objet, et, en cela, il nous paraît aller trop loin. Il se peut qu'une désignation ne soit pas l'unique désignation d'un objet et qu'elle soit pourtant l'expression la plus simple, la plus vraie, la plus naturelle et la plus précise, auquel cas il nous paraît que les tribunaux pourraient sans scrupule et en toute légalité en interdire l'emploi exclusif. Comprendrait-on par exemple qu'un fabricant pût avoir le monopole des mots : *benzine parfumée*, *corsets sans coutures*, *cartes opaques?* Ce sont là des désignations tirées de la nature et des propriétés de l'objet, et les exprimant d'une façon si simple et si précise que toute autre désignation (il est certain qu'il y en a) paraîtra longue, confuse, embarrassée. La solution devient plus douteuse quand, au lieu d'être empruntée au langage vulgaire, la désignation se présente sous la forme concrète que fournit la science étymologique; il se peut alors

(1) Comp. Anal. Haute Cour d'Angleterre, 19 janv. 1877, aff. Grillon (il s'agissait du *Tamar indien*). *Journal du droit intern.*77.58.

que la dénomination soit vraie, simple, naturelle, et désigne même avec un rare bonheur d'expression l'objet auquel elle s'applique (1). Dira-t-on alors que la dénomination est nécessaire, et par suite en pourra-t-on contester l'usage exclusif à celui qui aura eu le mérite de l'imaginer? Ce sont là des questions fort délicates et que l'on ne peut résoudre en thèse. C'est dans les faits particuliers de chaque espèce qu'il faut chercher la solution. Ajoutons seulement que, lorsqu'il s'agit d'une dénomination tirée des qualités ou de la nature même de la chose, les tribunaux doivent apporter la plus grande circonspection et ne pas en concéder trop facilement l'usage exclusif; ils doivent être au contraire portés à en permettre à tous l'usage. Nous trouvons à cet égard, dans un jugement du tribunal de la Seine, une règle qui nous paraît excellente et qui, dans nombre de cas, permettra de résoudre la difficulté : ce jugement décide, en principe, qu'une dénomination *inexacte* ne saurait jamais être considérée comme nécessaire, et il est juste en effet d'admettre que la désignation est arbitraire, toute de fantaisie, quand elle désigne autre chose que l'objet auquel elle s'applique ou du moins ne s'y rapporte pas d'une façon exacte. Comment serait-elle nécessaire quand elle est de nature à tromper sur le caractère même de l'objet qu'elle désigne (2)? C'est d'ailleurs au fabricant à ne prendre pour dénominations de ses produits que des expressions caractéristiques, moins propres à définir l'objet lui-même qu'à s'imposer à la mémoire du consommateur par leur originalité.

M. Gastambide nous paraît être du même avis lorsqu'il dit : « Si le nom est tel qu'il ne soit pas, à vrai dire, le nom pro- « pre, le nom nécessaire, le nom unique de la marchandise; « si cette marchandise peut être également bien désignée à « l'acheteur par un autre nom ou avec quelques change- « ments; en un mot, si le nom donné par l'inventeur à sa « marchandise est un nom de fantaisie plutôt propre à dé-

---

(1) V. *J. Pal.*54.1.129, *la note.*

(2) Ainsi jugé pour les mots *graisseurs blindés*, trib. civ. Seine, 18 août 1882, aff. De la Coux.

« signer le produit de sa façon qu'à désigner le produit en « général, alors l'usurpation du nom doit être empêchée... « Au contraire, si le nom donné à la marchandise est le nom « nécessaire ; s'il n'est pas possible de désigner cette même « marchandise sous un autre nom sans induire le public en « erreur ; en un mot, si le nom appartient en propre à la « marchandise et n'est pas une désignation capricieuse « adoptée par l'inventeur, alors l'usurpation du nom n'est « pas facilement condamnable (1). »

Voici comment M. Pataille s'exprime sur la question : « Pour qu'une dénomination puisse devenir la propriété « exclusive d'un seul, il faut évidemment qu'elle soit nouvelle « et de fantaisie. Si une dénomination est tirée de la nature « ou de la qualité même de la chose, chacun a le droit d'em- « ployer la même qualification, et ce serait violer le principe « général de la liberté du commerce et de l'industrie que de « permettre à un seul de monopoliser toute une espèce de « produits en s'appropriant la dénomination usuelle ou une « désignation nouvelle, mais nécessaire (2). »

M. Rendu dit à son tour : « Il est à peu près impossible de « poser aucune règle certaine à l'égard de ces dénominations « empruntées aux qualités constitutives des objets, dénomi- « nations qui sont certainement les plus rationnelles, mais « qui ne sont pas les meilleures au point de vue commercial, « parce que leur emploi donne lieu à des difficultés dont la « solution est toujours incertaine. » Aussi conclut-il par ce conseil très sage adressé aux industriels : « Concluons, au « point de vue pratique, que l'industriel qui juge à propos « de choisir un nom d'objet pour sa marque doit ou ima- « giner une dénomination absolument neuve et de pure fan- « taisie, ou, ce qui est toujours plus sûr, l'employer et la « déposer sous une forme distinctive et caractéristique que « nul ne sera jamais excusable de reproduire ultérieure- « ment (3). »

---

(1) Gastambide, p. 473.
(2) V. Consult. Pataille.73.91.
(3) Rendu, n° 38.

51. Jurisprudence (1). — Il a été jugé à cet égard : 1° que la désignation d'*encrier siphoïde* doit être considérée comme nécessaire et ne pouvant engendrer dès lors un droit privatif (Paris, 20 juillet 1841, aff. Launay, *Gaz. trib.* 21 juillet); 2° que les mots *poudre de Seltz* appartiennent au domaine public, et, dès lors, un industriel n'est pas autorisé à se plaindre qu'un concurrent les ait à son tour employés, alors d'ailleurs qu'il est constaté que ce concurrent a rédigé et disposé ses étiquettes de façon à éviter toute confusion (Trib. comm. Seine, 16 oct. 1844, aff. Fèvre, *Gaz. trib.* 17 oct.); 3° que la dénomination d'*Incroyable* donnée à un genre de col est une dénomination générale qui appartient à tout le monde et ne saurait constituer une propriété particulière (Paris, 14 nov. 1848, aff. Lamotte (2), *Gaz. trib.* 15 nov.); 4° que les expressions de « *Vermillon français* » constituent une désignation générique pour indiquer le vermillon fabriqué en France, et ne sauraient dès lors engendrer aucun droit privatif (Trib. comm. Seine, 19 août 1852, aff. Lange, Le Hir.53.2.561); 5° que, à la différence de la dénomination de fantaisie, la qualification générique, appartenant de soi à un nombre indéfini de propriétaires, ne peut être l'objet d'un droit exclusif; celui qui en a fait usage le premier ne peut priver ses concurrents des avantages attachés, dans l'estime des consommateurs, au titre nécessaire pour faire connaître leur qualité : il en est, en effet, de la qualité appartenant à plusieurs, comme du nom, dont la jurisprudence n'a jamais interdit à celui qui le porte la faculté de se prévaloir, bien qu'un homonyme l'ait déjà adopté pour marquer ses produits; spécialement, l'existence d'une marque ainsi conçue : *Compagnie des propriétaires de vignobles réunis, united Vineyard proprietors*, n'empêche pas que d'autres industriels puissent prendre pour marque ces mots : *la Compagnie des*

---

(1) V. aussi Paris, 20 juin 1881, aff. Gardy (*huile de gabian*), Pataille.81.297). — Comp. Rej. 14 nov. 1873, aff. Monpelas, Pataille.74.31. — V. aussi *infrà*, nos 461 et suiv.

(2) Pour justifier l'arrêt, il faut admettre que le mot d'*Incroyable* a été depuis longtemps attaché à un objet déterminé, qu'il désigne nécessairement.

propriétaires de vignobles, *Vineyard proprietors Cie.*; il en est surtout ainsi lorsqu'il existe entre les deux étiquettes des différences de forme, de caractères, de dispositions (Bordeaux, 19 avril 1853, aff. Salignac (1), *J. Pal.*54.1.129; 6° qu'une expression usuelle et servant à exprimer une qualité spéciale, telle que *Cartes opaques*, laquelle est la seule applicable dans la langue française aux corps non transparents qui ne laissent pas passer la lumière, ne peut constituer une propriété exclusive (Paris, 1er juil. 1854, aff. Grimault, Teulet, 2.323); 7° qu'une dénomination générique, telle que *Papeterie générale*, ne peut être considérée comme assez particulière pour être susceptible de propriété privative (Paris, 27 nov. 1855, aff. Cabasson, Teulet, 15.400); 8° qu'un fabricant ne saurait s'attribuer la propriété exclusive d'une dénomination tirée du langage vulgaire, tel que *corsets sans coutures*, et qui est l'expression vraie, la plus simple et la plus naturelle pour faire comprendre, dans le moins de mots possible, le mérite et la nature de l'objet fabriqué (Nancy, 7 juill. 1855, aff. Verly, *J. Pal.*56.2.196).

52. **Jurisprudence** (*Suite*). — Il a été jugé de même : 1° que les mots *toiles-ménage* ne sauraient constituer une dénomination spéciale dont un seul fabricant ait le droit de s'attribuer la propriété ; une pareille dénomination constitue le *genre*, et la *spécification* consiste dans les particularités du chef de la pièce d'étoffe et dans la marque personnelle (Colmar, 16 juin 1857, aff. Bernheim, Sir.58.2.184); 2° qu'une dénomination ne saurait être l'objet d'un droit privatif lorsqu'elle est réellement la seule qui s'exprime d'une façon générique : spécialement, les mots *benzine parfumée* sont du domaine de tous, le mot *parfumée* étant le seul qui exprime d'une façon générique l'effet produit par la communication d'une substance aromatique quelconque (Trib. comm. Seine, 6 août 1858, aff. Thibierge, Pataille.58.400); 3° que l'expression *corset plastique* est d'un usage trop général dans ce genre de produits pour pouvoir être l'objet d'un droit privatif (Trib. comm. Seine, 13 oct. 1859, aff. Fon-

(1) V. aussi Bordeaux, 26 déc. 1859, aff. Salignac, Le Hir.61.2.547.

taine, Pataille.59.420); 4° que, lorsque la fabrication d'un produit est dans le domaine public, la dénomination tirée de sa composition ne saurait être l'objet d'un droit privatif; spécialement, le papier de riz étant dans le domaine public, un fabricant de papier à cigarettes ne peut s'emparer des mots *papier de riz* et en faire sa marque; il ne peut donc empêcher un concurrent d'inscrire à son tour sur ses produits les mots : *papier crème de riz* (Paris, 8 juill. 1862, aff. Adadie (1), Pataille.62.263); 5° qu'une dénomination qui n'est autre que le nom usuel, dans une langue étrangère, d'un produit connu (*Peppermint*, dans l'espèce), ne saurait, en dehors d'une forme particulière de lettres ou d'un signe personnel et distinctif, devenir l'objet d'une propriété exclusive; il en est surtout ainsi lorsque cette dénomination est elle-même usitée en France et journellement employée dans le commerce (Paris, 26 fév. 1864, aff. Mauprivez, Pataille. 64.320); 6° qu'une dénomination générale, telle que *boules au réglisse*, ne peut former un titre de propriété commerciale (Trib. comm. Seine, 4 mai 1867, aff. Eustache, Teulet. 16.500).

53. Jurisprudence (*Suite*). — Il a encore été jugé : 1° que, lorsque la propriété d'un produit (sulfocyanure de mercure) est, en brûlant, de s'étendre en forme de ver ou de reptile, on ne peut dire que la dénomination de *serpent*, abstraction faite de toute qualification, puisse devenir l'objet d'une appropriation; le mot *serpent factice* est la dénomination naturelle et nécessaire du produit (Trib. civ. Seine, 6 août 1867, aff. Barnett, Pataille.68.13); 2° que la dénomination d'un produit industriel ne peut devenir l'objet d'un droit privatif qu'à la condition de se composer d'une appellation particulière, nouvelle et arbitraire : spécialement, un fabricant ne saurait prétendre à la propriété exclusive du nom de « *Vernis anglais* »; il peut toutefois demander que ses concurrents, tout en employant la même dénomination, soient tenus de différencier leurs produits afin d'éviter toute confusion

---

(1) V. encore Bordeaux, 17 décembre 1867, aff. Lacroix, Pataille. 68.100.

(Lyon, 7 juin 1871, aff. Valentin, Pataille.72.105); 3° que des expressions, telles que *extractum carnis* ou *of meat*, qui servent à désigner de la façon la plus complète et la plus précise un produit déterminé, doivent être considérées comme génériques et ne sauraient dès lors constituer un droit privatif; il en est du moins ainsi lorsque le produit désigné par ces mots est tombé dans le domaine public, y entraînant avec lui la dénomination sous laquelle il est entré dans le commerce (Paris, 12 janv. 1874, aff. Liebig et Cie, Pataille. 74.83); 4° qu'une dénomination, telle que *Phospho-guano*, constitue un nom générique, dérivant de la nature et de la qualité du produit, et ne pouvant dès lors être l'objet d'un droit privatif (Caen, 20 janv. 1874, aff. Dior, Pataille.75. 318); 5° que, si un nom, une dénomination de fantaisie, créés par un commerçant et donnés par lui à un objet de son négoce, sont susceptibles de constituer une propriété, c'est à la condition que ces nom ou dénomination auront pour effet d'individualiser et de spécialiser l'objet dénommé et de le distinguer des objets de même espèce; il en est autrement si, au lieu d'une dénomination de ce genre, il s'agit d'une formule exprimant une qualité, une destination, un emploi communs à tous les objets du genre de l'objet ainsi désigné : spécialement, on ne saurait considérer les mots *Nappes de famille* comme une dénomination de fantaisie spécialisant et individualisant d'une manière non équivoque les produits d'un fabricant, et comme une indication de nature à empêcher toute confusion entre ses produits et ceux des autres fabricants (Paris, 18 mai 1879, aff. Chicot (1), Pataille.80. 162); 6° que le mot *Linoleum* doit être considéré comme constituant une désignation nécessaire, alors qu'il est établi d'une part que le produit qu'elle désigne a pour base principale l'*huile de lin* solidifiée, et d'autre part que c'est sous ce nom que l'inventeur l'a dès l'origine introduit sur le marché, et que, par suite, il en résulte que ce nom désigne non l'origine, mais la nature même du produit (Paris, 19 août 1881, aff. Nairn et Cie, Pataille.81.289).

(1) V. *Observ.* Pataille.80.164.

54. *Quid* **s'il s'agit d'objets brevetés?** — La solution change-t-elle s'il s'agit d'objets brevetés ? Suffit-il qu'un inventeur ait, pendant la durée du brevet, désigné d'une certaine façon l'objet de son invention, pour que la dénomination qu'il a ainsi employée tombe en même temps que l'invention dans le domaine public à l'expiration du brevet? Nous ne le pensons pas; la distinction que nous avons faite plus haut entre la désignation arbitraire et la désignation nécessaire trouve ici encore son application. S'il en était autrement, le breveté serait moins favorablement traité que ses concurrents qui n'auraient pas pris de brevet, et, tandis que ceux-ci resteraient propriétaires indiscutés de leur marque de fabrique, il verrait la sienne lui échapper. Cela est-il équitable ou seulement raisonnable? Si donc il est vrai que les dénominations d'objets brevetés tombent avec le brevet lui-même dans le domaine public, c'est, il nous semble, à une double condition : c'est à la condition d'abord que la dénomination ait figuré dans le brevet lui-même et que l'objet breveté soit entré pour la première fois dans le monde commercial de par le brevet et sous cette dénomination. Cette condition n'est-elle pas juste? N'est-ce pas le brevet et seulement le brevet qui appartient au domaine public? Et si le brevet ne contient pas la dénomination, de quel droit, à quel titre le public la réclamerait-il? C'est à cette autre condition — condition *sine quâ non*, celle-là — que la dénomination, incorporée à l'objet pendant la durée du brevet, en soit devenue tellement inséparable qu'elle en soit la dénomination nécessaire, indispensable, et qu'il ne soit plus possible de le désigner autrement. En ce cas, en effet, réserver à l'inventeur, après l'expiration du brevet, la dénomination sous laquelle il a créé le produit, ce serait indirectement, et contrairement à la loi, lui conserver le monopole de son invention. Par exemple, un inventeur imagine une préparation alimentaire nouvelle qu'il nomme *Toniah*, une matière colorante qu'il appelle *Fuchsine;* il ne saurait, à l'expiration de son brevet, retenir pour lui l'usage exclusif de ces mots, parce que seuls ils peuvent désigner le produit qui est né avec eux, qui s'est confondu avec eux, et que, dès lors, il est impossible de les remplacer par un équivalent. Mais admettez l'hypothèse inverse; le brevet a décrit le produit sans lui donner un nom particulier; il entre dans la consommation sans ce nom, que l'inventeur n'imagine que plus tard, moins pour désigner le produit lui-même que pour en affirmer la provenance; n'est-il pas naturel qu'il garde pour lui cette dénomination qui n'est pas indispensable à la désignation du produit, puisqu'il a commencé de le fabriquer sans qu'elle lui fût appliquée, et qu'il ne l'a employée que comme signe de sa fabrication? Tels sont, à notre sens, les vrais principes, et, à moins que cette incorporation de la dénomination avec l'objet n'existe à ce point que l'un ne puisse se concevoir sans l'autre, nous pensons que les brevetés n'ont pas moins de droit que les autres aux désignations de produits qu'ils imaginent et qui leur sont propres. Nous n'avons pas voulu dire autre chose dans notre *Traité des brevets* (1).

Il va de soi, dans tous les cas, que, lorsqu'il devient loisible à tous de se servir de la dénomination imaginée par le breveté, ce ne peut être qu'à la condition d'éviter toute confusion, toute concurrence déloyale, et de ne rien faire qui, de près ou de loin, puisse induire le public à penser que l'objet qu'il achète sort de la fabrique même de l'inventeur.

M. Gastambide nous paraît partager l'avis que nous exprimons, lorsqu'il dit : « Le nom d'une marchandise, comme le « titre d'un livre, suit le sort de la marchandise et du livre. « Si la marchandise est dans le domaine privé et ne peut être « fabriquée que par une seule personne, en vertu d'un brevet « d'invention, incontestablement le nom de cette marchan« dise est aussi une propriété privée; sans cela le privilège « conféré par le brevet serait, sous certains rapports, illu« soire. Au contraire, si la marchandise est dans le domaine « public, soit parce qu'il n'a pas été pris de brevet, soit « parce que ce brevet est expiré, alors il est naturel et néces« saire que la même marchandise, fabriquée par les uns et « par les autres, soit livrée au public sous la même dénomi-

---

(1) V. notre *Traité des brevets*, n° 327. — V. dans le même sens Braun, p. 235.

« nation, c'est-à-dire sous la dénomination qui la caractérise « et la définit pour le public ; autrement le droit du domaine « public deviendrait à son tour illusoire ; la même marchan- « dise, vendue sous une autre désignation, ne serait pas « pour le public la même marchandise, et de fait le fabricant « à qui on reconnaîtrait privilège sur la dénomination de la « chose aurait par cela seul une espèce de privilège sur la « fabrication même de cette chose. Cependant nous verrons « qu'il faut distinguer, sous ce rapport, entre un nom géné- « rique, désignation nécessaire de tel genre de marchandise, « et un nom spécial emportant avec lui désignation directe « ou indirecte de tel fabricant ou de telle origine (1). »

On voit que le savant auteur n'attribue la dénomination au domaine public qu'autant qu'elle est générique et nécessaire, qu'autant qu'elle s'est incorporée au produit, breveté ou non qu'elle désigne ; c'est ce que nous soutenons.

M. Bédarride dit dans le même sens : « A notre avis, la « dénomination, désignant un produit, suit le sort du pro- « duit lui-même. Elle n'est susceptible de devenir une « marque de fabrique et de commerce, dont le dépôt assure « la jouissance exclusive, que si, nouvelle et jusqu'alors inu- « sitée, elle indique non seulement le genre, mais encore « une qualité spéciale du produit, par exemple : *l'encre de « la Petite Vertu*, etc. La dénomination sous laquelle une « chose est communément et généralement connue, lorsque « cette chose est dans le domaine public, ne saurait jamais « devenir la propriété d'un seul (2). »

55. Opinion de M. Rendu. — M. Rendu, sans se préoccuper de savoir si la désignation est ou n'est pas nécessaire, pense que, dans tous les cas, elle continue d'appartenir au breveté à l'expiration de son brevet, s'il a manifesté par un dépôt régulier, effectué avant l'expiration, son intention formelle de conserver la propriété exclusive de cette dénomination. Selon lui, le public dûment averti n'a point à se plaindre ; il n'a jamais dû compter sur la jouissance de la

---

(1) Gastambide, p. 470.
(2) Bédarride, n° 825.

dénomination, et dès lors ne peut être étonné qu'elle demeure la propriété de l'inventeur. Voici d'ailleurs comment il s'exprime : « Il est évident que, pendant la durée du brevet, on « ne pourra pas plus usurper, pour un produit similaire, la « dénomination que le procédé de fabrication. Mais, à l'ex- « piration du brevet, si la dénomination n'a pas été déposée « comme marque, elle tombera avec l'objet même dans le « domaine public; car, s'il en était autrement, l'objet n'étant « connu dans le commerce que sous la qualification que lui « a donnée l'inventeur, celui-ci aurait un moyen indirect de « retenir le monopole de sa découverte. Il est donc impor- « tant, même pour les brevetés, d'ajouter à la garantie que « donne le brevet celle que le dépôt de la marque assure « pour la désignation ultérieure du produit (1). »

56. Opinion absolue de M. Blanc. — M. Blanc enseigne au contraire, sans ambages et sans restriction, que la durée du droit de propriété, lorsque la désignation s'applique à un produit breveté, est limité à la durée du brevet. « La raison en est, selon lui, que cette dénomination étant la « seule qui, pour les acheteurs, caractérise l'objet dont il « s'agit, le domaine public n'aurait qu'un droit illusoire si « on ne pouvait vendre ce produit que sous une désignation « nouvelle à laquelle personne ne le reconnaîtrait (2). » On remarquera, si on lit attentivement ce passage, que M. Blanc ne se décide que par cette considération, à savoir qu'il serait impossible de reconnaître le produit sous une autre dénomination. Il raisonne donc dans l'hypothèse où l'objet breveté n'a jamais eu et ne peut avoir d'autre désignation. Cela ne contredit pas notre théorie; seulement, M. Blanc, comme les autres commentateurs, du reste, semble n'avoir pas aperçu toutes les difficultés de la question, et ne va peut-être pas jusqu'au fond des choses.

57. Jurisprudence (3). — Il a été jugé à cet égard : 1° que

---

(1) Rendu, n° 39.

(2) V. Blanc, p. 723.—V. aussi Calmels, n° 192.

(3) V. aussi Paris, 12 janv. 1874, aff. Liebig et Ce, Pataille.74.83. — V. Anal. Paris, 22 juin 1857, aff. Capgras, Le Hir.58.2.33.

la désignation sous laquelle un produit breveté s'est répandu dans le commerce (une espèce de café appelé *Toniah*) tombe avec le brevet dans le domaine public, alors du moins que ce nom est celui-là même sous lequel le produit est indiqué au brevet et auquel il s'est incorporé; toutefois, les concurrents de l'inventeur ne peuvent employer la même désignation, qu'à la condition de différencier leurs boîtes, enveloppes ou flacons, et d'éviter toute confusion (Paris, 24 déc. 1872, aff. Michel, Le Hir.74.79); 2º qu'une dénomination de fantaisie, telle que « *charbon de Paris* », doit néanmoins être considérée comme devenue générique, et tombée, à ce titre, dans le domaine public avec le produit breveté qu'elle désigne, alors que d'une part ce nom, donné au produit dans le brevet lui-même, s'y est incorporé au point d'en être devenu la désignation courante, et que d'autre part le fabricant a laissé pendant sept années, après l'expiration de son brevet, ses concurrents s'en servir librement, sans avoir élevé aucune protestation, sans avoir même montré l'intention, en le déposant conformément à la loi, d'en revendiquer la propriété exclusive (Paris, 22 avril 1874, aff. Brousse et Pernolet (1), Pataille.74.324.

57 *bis*. **Jurisprudence** (*Suite*). — Il a été jugé, au contraire, d'une façon absolue : 1° que, si le breveté, pendant la durée de son brevet, a eu, à juste titre, le monopole du nom et de la chose, il n'en est plus de même à l'expiration de son brevet; le nom usuel et commun (il s'agissait, dans l'espèce, des *corsets sans coutures*), qui seul a fait connaître cette chose, a dû en suivre le sort; obliger les nouveaux concurrents à ne pas appeler du même nom la même chose, à chercher des équivalents, ce serait nuire à leur commerce et donner lieu de supposer que les objets de leur fabrication ne sont pas identiquement façonnés par les mêmes procédés que ceux de l'ancien breveté, et que c'est à cause de certaine différence que lui seul a conservé le privilège du nom primitif (Nancy, 7 juillet 1855, aff. Verly, *J. Pal*.56.2.196); 2º que, à l'expiration du brevet, l'invention tombe dans le

---

(2) V. aussi Rej. 8 fév. 1875, même aff., Pataille.77.91.

domaine public avec la dénomination que l'inventeur lui avait donnée, de telle sorte qu'à partir de ce moment, chacun est libre, non seulement de fabriquer l'objet, mais de l'appeler du même nom que l'inventeur ; il s'ensuit que l'interdiction imposée par le breveté à un licencié, et acceptée par celui-ci, de ne pas employer ladite dénomination, ne saurait s'étendre au delà du brevet et cesse au contraire avec lui (Paris, 3 déc. 1859, aff. Debain (1), Pataille.59.411).

58. *Quid* **s'il s'agit du nom de l'inventeur ?** — Les principes que nous avons exposés plus haut sont également vrais, et s'imposent avec plus de force encore, lorsque la dénomination, au lieu d'être un mot du langage ordinaire, consiste dans le nom du breveté lui-même. En principe, le nom est imprescriptible et inaliénable ; si les noms de *bretelle* et de *quinquet* ont cessé de pouvoir être revendiqués, c'est que, par suite d'un long usage non contesté, ils sont, de noms propres, devenus noms communs, et se sont identifiés avec les objets qu'ils désignent habituellement (2).

58 *bis*. **Jurisprudence** (3). — Il a été jugé à cet égard : 1° que, lorsqu'un commerçant a attaché son nom à un certain produit, fabriqué par lui (dans l'espèce il s'agissait des gants Bertin), il a le droit de s'opposer à ce que d'autres commerçants vendent, sous la même désignation, des produits similaires ou analogues qui ne sortent pas de sa fabrique, alors même que ce seraient des objets du domaine public (Paris, 20 juin 1866, aff. Bertin, Pataille.67.266) ; 2° que le nom de l'inventeur lui-même, après l'expiration du brevet, reste la propriété de ses héritiers ou autres représentants de son commerce, alors surtout que, l'inventeur n'ayant pas dans son brevet employé son nom pour désigner son invention, il est impossible de soutenir que ce nom est devenu la désignation nécessaire de l'objet breveté (Trib. civ. Seine, 21 fév. 1873, aff. Jouvin, *Gaz. trib.* 3 avril) ; 3° mais qu'il est des

(1) Il s'agissait, dans l'espèce, du mot *harmonium*.
(2) V. Rendu, *Droit industr.*, n° 649.
(3) V. aussi Paris, 6 fév. 1874, aff. Landon, Pataille.74.68. — V. encore *infrà*, n°s 384 et suiv.

dénominations qui, dans la nomenclature commerciale, deviennent en quelque sorte génériques, et que le vendeur ne peut se dispenser d'employer pour désigner les objets qu'il offre au public; telles sont, par exemple, les lampes dites *quinquets*, les métiers dits *Jacquards*, et beaucoup d'autres objets qui ont pris leurs noms de ceux de leurs inventeurs; il s'ensuit que, lorsque le nom de l'inventeur s'est incorporé au produit, de manière à devenir en réalité, de nom propre, nom commun, il appartient à tous de vendre cet objet sous le nom que l'usage a consacré, à la condition toutefois d'empêcher toute confusion préjudiciable à l'inventeur (Trib. comm. Seine, 26 déc. 1832, aff. Hochsterrer, *J. Pal.*41.1. 561, *la note*).

59. *Quid* **s'il s'agit d'un mot emprunté à une langue étrangère?** — Que décider si un commerçant français emprunte à une langue étrangère le mot qu'il emploie pour désigner ses produits, et si ce mot, dans la langue étrangère, sert précisément à désigner le même genre de produits? Pourra-t-il s'en attribuer la propriété privative? Ne pourra-t-on pas lui objecter que ce mot est dans le domaine public? Cette question ne saurait comporter une solution absolue; la réponse, en effet, dépend des circonstances; si le mot n'est entré à aucun degré, nous ne disons pas dans notre langage, mais dans les habitudes commerciales, s'il est sans emploi, inusité, si, en un mot, il peut être considéré chez nous comme une dénomination de fantaisie, nous n'hésitons pas à penser qu'il peut faire l'objet d'une propriété privative. Il en serait autrement dans le cas contraire.

59 *bis*. **Jurisprudence** (1). Il a été jugé dans cet ordre d'idées : 1° que, bien qu'une expression, telle que celle de *Lloyd*, soit entrée dans le vocabulaire commercial d'un pays étranger pour désigner un certain genre d'établissement de commerce, celui qui le premier en a fait usage en France a le droit de s'opposer à ce qu'un établissement de même nature l'emploie (Paris, 15 janv. 1863, aff. Lloyd français,

---

(1) V. Anal. Paris, 28 fév. 1873, et Rej. 14 nov. 1873, aff. Monpelas, Pataille.74.31.

Pataille.63.221); 2° que, alors même qu'un nom propre, tel que celui de *Tattersall*, est devenu à l'étranger un véritable nom commun servant à désigner un établissement commercial d'un genre particulier, l'emploi en France de ce nom n'en constitue pas moins une désignation commerciale susceptible de propriété privative, de telle sorte que le négociant qui a adopté le mot de *Tattersall français* est en droit d'interdire à un concurrent ceux de *Tattersall de l'industrie* (Trib. civ. Seine, 31 mars 1873, aff. Grossmann, *Gaz. trib.* 1er avril); 3° que, lors même qu'il serait établi que les mots « *non genuine* » seraient d'un usage banal dans tous les pays de langue anglaise, il ne s'ensuit nullement qu'il soit interdit à un Français de s'en servir pour donner à sa marque de fabrique une apparence distinctive des autres marques du commerce usitées en France (Paris, 3 avril 1879, aff. Farcy et Oppenheim, *Journal du droit intern.*, 79.393); 4° que le mot *Bodega*, emprunté à la langue espagnole, appartient exclusivement au commerçant qui en a le premier fait usage en France pour désigner sa maison de commerce de vins, encore que ce mot, qui veut dire boutique, s'applique le plus souvent en Espagne au commerce des vins (Trib. comm. Seine, 4 sept. 1878, aff. Lavérie (1), Pataille.79.71); — 5° jugé pourtant que des désignations, telles que *extractum carnis* ou *of meat*, servant à indiquer la nature du produit, alors surtout que le produit est dans le domaine public, ne peuvent faire l'objet d'une propriété exclusive (Paris, 12 janvier 1874, aff. Liebig et Cie, Pataille.74.83).

60. Les noms peuvent constituer une marque; à quelle condition? — Le nom du fabricant ou du commerçant peut lui servir de marque; mais, comme le dit le rapport, c'est « *à la condition que, pour éviter toute confusion, il affecte une forme distinctive* ». Et, à dire le vrai, ce qui fait la marque en ce cas, ce qui la constitue, ce que la loi protège, ce n'est pas le nom en lui-même et pris abstractivement; c'est son arrangement, sa physionomie, son tracé

---

(1) Comp. Trib. comm. Bruxelles, 2 fév. 1880, aff. Lavérie, cité par Braun, n° 87.

spécial, c'est la disposition ou la couleur des caractères employés. Par exemple, la signature avec paraphe, dont beaucoup de négociants se servent pour distinguer leurs produits, constituerait évidemment l'emploi du nom sous une forme distinctive, et par conséquent une véritable marque. Il en serait de même de la disposition du nom en cercle ou en carré, de l'emploi de caractères empruntés à un alphabet étranger, d'un encadrement spécial. En un mot, dès que le nom revêt une figure particulière, de nature à le distinguer du même mom, appartenant à autrui, il constitue, sous cette forme distinctive, une marque au sens légal (1). Ce n'est pas que le nom, abstraction faite de la figure sous laquelle il se présente, ne soit protégé par la loi ; mais ce n'est point dans la loi de 1857, c'est dans celle de 1824 que le fabricant trouve alors cette protection.

Il est à peine besoin d'ajouter que le nom s'entend ici non seulement du nom des personnes physiques, mais encore de celui des personnes morales, et par conséquent des raisons sociales.

60 *bis*. **Jurisprudence.** — Il a été jugé en ce sens : 1° que l'emploi comme marque, par un fabricant, de son propre nom écrit en caractères chinois, constitue à son profit une propriété protégée tout à la fois, quant au nom en lui-même, par la loi de 1824, quant à la forme distinctive que ce nom affecte, par la loi de 1857 (Besançon, 30 nov. 1861, aff. Lorimier, Pataille.62.297) ; 2° qu'un nom ne constitue une marque de fabrique, dans le sens de la loi de 1857, qu'autant qu'il est employé sous une forme distinctive ; il s'ensuit qu'un commerçant ne peut valablement déposer comme marque de fabrique le nom de son prédécesseur, resté la raison sociale de sa maison, s'il n'y ajoute aucun signe distinctif (Paris, 10 juil. 1868, aff. Wickers et fils (2), Pataille.70.179) ; 3° que le nom ne constitue une marque, dans le sens de la loi de 1857, que lorsqu'il affecte une forme distinctive ; il s'ensuit que le

---

(1) V. Mayer, n° 58. — V. aussi Braun, n° 49.

(2) V. aussi Cass., 19 mars 1869, même aff., *eod. loc.*, et, sur le renvoi, Rouen, 24 juin 1869, et Rej., 27 mai 1870, Pataille.70.188. — V. pourtant trib. Nantes, 10 mai 1876, Jurisp. Nantes.76.1.233.

dépôt, fait pour le nom en dehors de toute forme distinctive, est inopérant et ne permet pas d'appliquer à celui qui usurpe ce nom les dispositions pénales de la loi de 1857 (Paris, 10 mars 1876, aff. Rogier-Mothes, Pataille.76.65); 4° que, d'ailleurs, le nom affecte une forme distinctive dès qu'il est accompagné d'un emblème : spécialement, lorsque le nom est moulé en relief sur la face supérieure du produit, au centre d'un cartouche rectangulaire placé lui-même au-dessous d'un écusson orné servant d'emblème, le nom et l'emblème, ainsi reliés l'un à l'autre, doivent être considérés comme formant un tout indivisible (Trib. civ. Charleville, 17 août 1878, aff. Gendarme, *Gaz. trib.* p. 981).

61. Forme distinctive d'une dénomination vulgaire. — Ce que nous venons de dire du nom proprement dit s'applique aussi à la dénomination, quand elle est vulgaire ou nécessaire, c'est-à-dire non appropriable en elle-même. On conçoit, en effet, qu'on puisse, lorsque la dénomination appartient à tous, se créer cependant un droit privatif sur une forme spéciale, caractéristique, donnée à la dénomination. Ce qui constitue alors la marque, ce n'est pas la dénomination elle-même, c'est la figure nouvelle qu'elle revêt. Cela est si évident qu'il est à peine besoin d'y insister. C'est là, du reste, une règle que nous avons eu déjà l'occasion de formuler (1).

Jugé, en ce sens, que, à supposer qu'une dénomination, telle que *savon de Paris*, ne puisse constituer à elle seule une marque originale et nouvelle, susceptible d'appropriation, le fait de disposer ces mots entre deux rosaces lui donne une forme particulière, distinctive, qui fait du tout une marque légale (Paris, 16 mars 1878, aff. Michaud, Pataille. 78.59).

62. *Quid* des mentions génériques? — Il y a des mentions génériques qui, par la force même des choses, font partie du domaine public; par exemple, on ne concevrait pas qu'un fabricant de chaussures pût s'emparer, à l'exclusion de ses concurrents, des mots : *fabrique de chaussures*. De

(1) V. *suprà*, n° 27.

même pour des expressions telles que : *breveté*, *marque de fabrique*, *médailles*, ou : *se défier de la contrefaçon*, *exiger la signature*, *déposé*, etc., ou encore, en langue anglaise : *trade mark*, *patented* et autres analogues. Chaque fabricant a le droit de se servir de ces mots, employés par lui pour exprimer un fait vrai, qu'il a intérêt à porter à la connaissance de tous. Mais, toutes banales qu'elles sont, ces mentions peuvent devenir l'un des éléments de l'ensemble d'une marque, ou même, par la forme distinctive qui leur est donnée, être l'élément principal, caractéristique de cette marque. C'est toujours la même règle, et il est inutile de nous y appesantir (1).

63. *Quid* **du nom d'un tiers?** — Peut-on prendre pour marque distinctive d'un produit commercial le nom d'un tiers? Cela n'est pas douteux, et les exemples de ce genre de marque ne sont pas rares dans la pratique. Nous avons, par exemple, les allumettes Nilsson, les plumes Humboldt, le punch Grassot ; nous avons même eu, hélas ! l'élixir Lamartine. Comme le dit un arrêt, les noms ainsi employés deviennent une véritable propriété, non plus comme titres ou modes d'appellation personnelle, mais comme marques commerciales. Le nom, dans ce cas, constitue une véritable dénomination, protégée en elle-même et sans qu'il y ait lieu de tenir compte de sa forme distinctive. Ce n'est plus, en réalité, un nom d'individu, c'est une appellation de produit, appellation arbitraire et toute de fantaisie. On rentre alors dans la règle ordinaire (2). M. Braun dit très bien à cet égard : « L'application à un objet de fabrication ou de commerce « d'un nom complètement étranger à cette fabrication ou à « ce commerce constitue une alliance d'idées suffisamment « bizarres et capricieuses, sans qu'il soit besoin de signes « accessoires, d'empreintes et d'encadrements qui lui donnent un cachet particulier (3). »

Faisons, toutefois, une observation : c'est que ces noms

(1) V. Braun, n° 45 ; Bédarride, n° 822 ; V. *Infrà*, n° 697.

(2) V. *suprà*, n° 46.

(3) Braun, n° 42.

ne peuvent être employés comme marques qu'avec l'autorisation de ceux qui les portent, ou, après leur mort, à quelque époque qu'elle ait eu lieu, avec la permission de leurs héritiers. Le nom patronymique, en effet, est une propriété imprescriptible et point du tout soumise aux restrictions et aux réserves qui limitent la propriété littéraire. Les petits-neveux de Corneille ou de Racine seraient, selon nous, recevables à empêcher que le nom de leur ancêtre fût pris par un commerçant pour être accolé à je ne sais quel produit de manufacture. Pour un peu, nous irions même plus loin et nous ne serions pas éloigné de reconnaître à chaque nation, représentée par son gouvernement, le droit d'empêcher la profanation du nom de ses grands hommes. Leur gloire n'est-elle pas un héritage national, et le sentiment public ne souffre-t-il pas singulièrement de voir fabriquer, par exemple, des chandelles Lincoln ou des sucres d'orge Washington?

Jugé qu'un fabricant peut prendre pour marque un nom propre autre que le sien, par exemple celui d'un grand homme (celui de Lamartine), et cette marque est protégée par la loi à l'égal de tout autre signe (Paris, 13 nov. 1861, aff. Dalbanne et Petit, Pataille.61.414).

64. *Quid* **d'un nom de localité?** — Un nom de ville, ou plus généralement un nom de localité, peut, comme un nom patronymique, servir de marque de fabrique; toutefois, ici encore, c'est à la condition que le nom se présentera sous une forme distincte, spéciale, toujours la même : c'est cette physionomie particulière qui fait la marque et non pas le nom pris isolément et pour lui-même. De là, nous tirons cette conséquence : c'est que le fabricant qui, établi dans une localité, emploie le premier, comme marque, le nom de cette localité, ne peut se l'approprier et ne saurait empêcher qu'un concurrent, dans la même ville, n'en inscrive le nom sur ses produits, si d'ailleurs, dans l'arrangement même des caractères, il ne cherche pas une confusion possible (1). La règle serait la même, encore que cette désignation, quoique anté-

(1) Trib. civ. Havre, 3 juin 1859, aff. Lecomte, Pataille.59.280. — V., du reste, *infrà*, n° 404.

rieurement connue, n'aurait acquis sa célébrité dans le commerce que par l'usage qu'en aurait fait celui qui l'a le premier introduite dans sa marque.

La règle serait différente, cela va de soi, si le nom de localité, ainsi employé pour désigner un produit, n'avait aucun rapport avec lui, et indiquait, sans fraude d'ailleurs, une provenance purement et certainement imaginaire. Nous expliquerons cela plus loin (1).

64 *bis*. **Jurisprudence** (2). — Il a été jugé en ce sens : 1° qu'en admettant qu'un nom de lieu puisse servir de marque, ce nom ne peut devenir la propriété de celui qui veut l'adopter qu'autant qu'il revêtirait une forme spéciale et toujours la même (Paris, 3 juin 1859, aff. Bisson-Aragon, Pataille.59.216); 2° que, lorsqu'un industriel a adopté pour ses produits une marque contenant, entre autres désignations, le nom de la localité où est située sa fabrique, il y a infraction tout à la fois à la loi de 1824 et à la loi de 1857 de la part du concurrent qui introduit dans la marque de ses produits le nom de la même localité, bien que sa fabrique ne soit située que dans une commune voisine : il y a lieu, en pareil cas, de lui défendre d'annoncer, contrairement à la vérité, que ses produits sont fabriqués dans ladite localité, sauf le droit qu'il garde, pour les besoins de sa correspondance, de donner son adresse en indiquant que l'endroit où il demeure est près de cette localité (Dijon, 8 mai 1867, aff. Avril, Pataille.67.345).

65. *Quid* **s'il s'agit d'un domaine privé?** — Il est clair qu'en pareil cas le propriétaire du domaine a seul le droit de se servir du nom de son domaine ou de permettre qu'un tiers s'en serve. Son droit est absolu et dérive de la nature même des choses.

66. *Quid* **d'un nom imaginaire?** — Que décider si le nom est imaginaire, s'il ne représente en réalité ni un personnage ni une localité? Il n'est pas, en effet, sans exemple

---

(1) V. *infrà*, n° 66.

(2) Comp. Trib. civ. Avesnes, 3 avril 1874, aff. Boch frères, Pataille. 74.382.

qu'un commerçant attache à ses produits un nom qui n'existe que dans son imagination. Dans le commerce des vins de Champagne, cela est même usuel; on a le champagne appelé *marquis de Lorme*, et bien d'autres, dont les noms sont purement imaginaires et servent souvent d'étiquette. On a encore le papier *Job*, papier à cigarettes très répandu. De même pour les noms de localité; il arrive fréquemment que les fabricants font les emprunts les plus étranges à la géographie ancienne et moderne, et mettent sur leurs produits des noms de localité ou qui ont cessé d'exister, ou qui, dans tous les cas, n'ont aucun rapport de provenance avec l'objet qu'ils désignent : nous voyons par exemple, dans les eaux de toilette, l'eau *d'Athènes*, *de Palmyre*, *de Cologne*. On rencontre dans les liqueurs *la liqueur du Mont-Carmel*. Quelle est la règle en ce cas ? C'est la règle générale qui s'applique : tous ces noms sont considérés comme dénominations de fantaisie : ils appartiennent donc privativement à ceux qui en font usage les premiers, en dehors de tout signe spécial, de toute forme distinctive. C'est la dénomination qui fait la marque, et non la forme sous laquelle elle se présente. Cela ne fait pas de doute (1).

67. **Jurisprudence.** — Il a été jugé d'après ces principes : 1° qu'un nom propre imaginaire (*eau du docteur Addison*) peut constituer une propriété privative (Trib. comm. Seine, 13 mai 1846, aff. Piver, Le Hir.46.2.373); 2° que, si la dissimulation du nom propre du marchand peut engendrer des abus, il ne peut cependant appartenir à ses concurrents de s'emparer de l'enseigne qu'il s'est faite et de le priver de sa clientèle au moyen d'une confusion impossible à démêler ; spécialement, lorsqu'un négociant en vins de Champagne a adopté une marque qu'il compose avec un pseudonyme ou nom imaginaire, tel que *marquis de Lorme*, il y a concurrence déloyale de la part de celui qui annonce ses produits sous le même nom (Paris, 5 nov. 1855, aff. Lovie (2), *J. Pal.*

(1) V. Calmels, n° 43 ; Braun, n° 42.

(2) V. Bordeaux, 9 fév. 1852, aff. Cahusac, Dall. 52.2.267 ; Bordeaux, 19 avril 1854, *J. Pal.*54.1.129, et la note. — V. aussi Jurisp. *J. Pal.*, v° *Prop. ind.*, n° 93.

56.2.106); 3° qu'un nom de pays, tel que celui de *Mont-Carmel*, appliqué à un produit, ne constitue pas une désignation générique ; c'est, au contraire, un nom de fantaisie emprunté à une provenance imaginaire et constituant dès lors, à juste titre, un droit privatif (Trib. civ. Seine, 18 mars 1862 (1), aff. Faivre, Pataille.62.238) ; 4° que les mots : *Point de Valence*, appliqués à des dentelles, constituent une dénomination spéciale dont l'inventeur a le droit de se réserver l'usage (Paris, 23 juillet 1877, aff. Birkin, Pataille.77.207).

68. *Quid* **s'il s'agit de produits pharmaceutiques?** — Ce que nous disons des dénominations d'objets brevetés s'applique également aux dénominations de produits pharmaceutiques. Ces produits, on le sait, ne peuvent pas être brevetés ; ils n'entrent jamais dans le domaine privé, et tombent, aussitôt qu'ils sont inventés, dans le domaine public, sous la réserve, bien entendu, de la législation existante (législation, par parenthèse, mal définie) sur la pharmacie et les remèdes secrets. Lors donc qu'il s'agit de médicaments inscrits au Codex ou insérés au *Bulletin de l'Académie de médecine* — ce sont les seuls que la jurisprudence ne regarde pas comme remèdes secrets (2), — il appartient à tous les pharmaciens de les préparer et, par suite, il leur appartient de les vendre sous la dénomination que la science ou l'usage a consacrée (3). Celui toutefois qui, s'appliquant particulière-

---

(1) V. Anal. Trib. comm. Seine, 26 sept. 1852, aff. Bardou, Teulet. 1.496.

(2) Rappelons toutefois que la jurisprudence admet un tempérament à cette règle ; il a été jugé à plusieurs reprises que le fait d'améliorer un médicament inscrit au Codex, soit en préparant mieux les matières premières, soit en y ajoutant une substance bénigne comme excipient ou adjuvant, dans le but, par exemple, de masquer la saveur désagréable du médicament, ne constitue pas le délit de fabrication d'un remède secret ; l'arrêt de rejet ci-après mentionné a soin de constater dans ses motifs, que le médicament, considéré par les juges du fait comme un remède secret, n'est pas un *similaire* des préparations analogues du Codex, et qu'au contraire il en *diffère essentiellement*. Ce tempérament est naturel et juste. — V. Dijon, 17 août 1853, aff. Delarue, Dall.53.2.196 ; Rej. 17 août 1867 (Dall.68.1.44).

(3) V. Cass. 30 déc. 1863, aff. Giraudeau, Pataille.64.337.

ment à la fabrication d'un de ces produits, veut les distinguer des produits similaires que fabriquent ses concurrents, est en droit de les désigner par un signe distinctif, spécial, et, par conséquent, même par une dénomination qui lui soit propre (1).

Il va, du reste, sans dire que rien dans la législation n'interdit à un médecin de céder à un pharmacien la propriété du nom qu'il donne à certains produits médicamenteux, même alors qu'ils appartiennent au domaine public (2).

68 *bis*. **Jurisprudence.** — Il a été jugé dans cet ordre d'idées, et l'on verra que c'est par application des mêmes principes : 1° que, si le droit, appartenant à tout pharmacien de fabriquer et d'exploiter un médicament tombé dans le domaine commun de la pharmacie, emporte en général avec lui la faculté de l'annoncer et de le débiter sous les dénominations qui servent dans l'usage à le désigner, cette faculté cesse pourtant dans le cas où l'emploi de ces dénominations constituerait un moyen de concurrence déloyale au préjudice d'un autre fabricant, en induisant le public en erreur sur la provenance du produit : c'est donc avec raison que les tribunaux font défense à un pharmacien d'employer une désignation telle que : *Élixir tonique antiglaireux*, alors que cette désignation est toute de fantaisie et que le médicament est inscrit au Codex sous une autre dénomination, et lui interdisent d'y joindre le nom du premier préparateur, même en le faisant précéder des mots : *suivant la formule de* (Rouen, 27 mars 1862, aff. Gage (3), Pataille.65.394); 2° que, s'il appartient à tout pharmacien de fabriquer un médicament tombé dans le domaine de la pharmacie, de l'annoncer et de le débiter sous les dénominations qui sont devenues dans l'usage la désignation de ce médicament, ce n'est qu'à la condition de ne pas employer cette désignation de manière à induire le public en erreur sur la provenance du produit, et de ne pas en faire ainsi le moyen d'une concurrence déloyale

(1) Rej. 22 mars 1864, aff. Clertan, Pataille.64.340.—V. Braun, n° 65.
(2) Paris, 21 mars 1861, aff. Clertan, Pataille.61.161.
(3) V. Rej. 15 mars 1864, même aff., *eod. loc.*

contre un autre fabricant (Grenoble, 31 août 1876, aff. Nègre, Pataille.76.225); 3° mais que la composition, désignée sous le nom d'*Eau de mélisse des Carmes*, est tellement connue du public que la manière de la fabriquer est décrite dans les ouvrages qui traitent de la pharmacie; notamment dans le *Codex*, obligatoire pour les pharmaciens, ce produit est décrit sous le nom d'*Eau de mélisse dite des Carmes*, d'où il résulte que cette dénomination n'est véritablement plus qu'une dénomination générique désignant un médicament spécial dont le nom s'est perpétué en même temps que la chose (Paris, 10 nov. 1843, aff. Boyer (1), Pataille.76.15); 4° que le pharmacien qui a donné à un remède connu une dénomination particulière, telle que *dragées ferrugineuses*, a le droit de s'opposer à ce qu'un autre pharmacien vende des produits similaires sous le même nom (Trib. comm. Seine, 16 mars 1878, aff. Clin, Pataille.78.78); 5° que, si les pharmaciens ne peuvent en aucun cas revendiquer la propriété industrielle des compositions, même découvertes par eux, ni faire de ces découvertes l'objet d'un brevet d'invention, ils ont du moins, comme tout fabricant, un droit à la propriété de la marque par eux adoptée pour désigner les produits de leur fabrication; c'est-à-dire que la loi les reconnaît propriétaires exclusifs de leur marque, destinée à faire connaître au public la provenance vraie des produits qu'elle désigne (Aix, 20 mars 1879, aff. Fumouze, Pataille. 81.179).

79. *Quid* **si l'objet, auquel appartient la marque, est illicite?** — On s'est posé la question de savoir si la loi protège la marque même lorsqu'elle s'applique à un objet illicite, dont le commerce est prohibé par la loi. La question a été soulevée notamment à propos des remèdes secrets, et c'est pourquoi nous devons la mentionner ici, sauf à l'examiner plus tard. Disons seulement dès à présent que

(1) V. le jugement du trib. de comm., qui a été confirmé, en date du 24 août 1842, *le Droit*, p. 910; Trib. comm. Seine, 11 avril 1835, aff. Massieu, *Gaz. trib.* 23 avril. — V. *en sens contraire*, Paris, 12 mai 1835, aff. Raffy, *Gaz. trib.* 13 mai. — V. Calmels, n° 202.

le caractère, licite ou non, de l'objet auquel s'applique la marque, reste sans influence sur la marque elle-même, dont la propriété est distincte du produit et protégée dans tous les cas (1).

70. Application simultanée des lois de 1857 et de 1824. — M. Rendu dit que la loi de 1857 et celle de 1824 ne peuvent être cumulativement appliquées au même fait (2). Est-ce bien juste? Il se peut que le fabricant dont le nom est usurpé ait déposé une marque dans laquelle ce nom figure et que la marque elle-même ait été usurpée. Il y a deux choses alors à considérer : la marque et le nom. Pourquoi les deux lois ne seraient-elles pas applicables? Est-ce qu'un même fait ne peut pas constituer deux délits? Tout dépend du point de vue d'où l'on regarde. Le nom n'est pas la marque, et le délit, résultant de l'usurpation du nom, est un délit autre que celui résultant de l'imitation de la marque. C'est ce que la loi de 1857 s'attache à distinguer. On peut d'ailleurs supposer que le contrefacteur aura, suivant l'usage, apporté à la marque qu'il imite certaines modifications qui sont de nature à rendre en ce point la contrefaçon douteuse, tandis que l'usurpation du nom, par cela seul qu'il figure dans cette marque, est en dehors de tout conteste. Aussi n'hésitons-nous pas, dans un cas pareil, à conseiller aux fabricants d'invoquer tout à la fois la loi de 1824 et celle de 1857 (3).

71. *Quid* des lettres, initiales ou chiffres? — On s'est demandé quelquefois si les initiales d'un nom ne devaient pas être assimilées au nom lui-même, dont elles sont en quelque sorte l'abréviation. M. Blanc tient pour l'affirmative (4). Nous discuterons cette question lorsque nous parlerons des noms. Disons toutefois dès à présent que, d'accord avec la plupart des auteurs, nous nous rangeons à la néga-

---

(1) V. *infrà*, n° 128. — Comp. Braun, n° 66.

(2) V. Rendu, n° 457.

(3) Conf. Dijon, 8 mai 1867, aff. Avril, Pataille.67.345. — V. aussi Besançon, 30 nov. 1861, aff. Lorimier, Pataille.62.297.

(4) V. Blanc, p. 775.

tive. Les initiales ne sont pas le nom et n'y sauraient être assimilées. En revanche, la loi les considère comme un signe pouvant servir de marque : c'est ce que dit textuellement l'article 1er en rangeant les lettres — et les initiales ne sont pas autre chose que des lettres — au nombre des signes qui peuvent être considérés comme marques (1). Ce que nous disons des lettres, nous le disons également des chiffres.

72. **Jurisprudence** (2). Il a été jugé en ce sens : 1° avant la loi de 1857, que des initiales (ST., pour Sterling) peuvent constituer une marque de fabrique, et le concurrent qui les copie, sans les faire précéder du mot *façon*, est tenu, alors même qu'il aurait agi sans intention frauduleuse, de faire cesser la confusion résultant de son fait (Trib. comm. Seine, 2 juillet 1852, aff. Bricard (3), *le Droit*, 10 juillet ; 2° sous l'empire de la loi de 1857, que les initiales du nom d'un fabricant, inscrites dans la vignette composant la marque de fabrique déposée par lui, font partie de cette marque et sont protégées comme telles : par suite, l'emploi de ces initiales par un autre fabricant dans sa marque, bien qu'elles soient celles des nom et prénoms de ce fabricant et du nom de sa femme, peut être considéré par le juge, d'après les circonstances du fait qu'il apprécie souverainement, comme constituant une concurrence déloyale pouvant entraîner contre ce fabricant une condamnation à des dommages-intérêts et l'interdiction de se servir de ces initiales ; il en est ainsi lors même qu'un arrêt précédent, ayant acquis l'autorité de la chose jugée et rendu entre les mêmes parties, aurait consacré au profit du défendeur le droit de se servir de ces initiales, s'il est constaté que depuis cet arrêt des faits nouveaux se sont produits (Rej. 1er juin 1874, aff. David, Pataille.74.250).

73. **Des empreintes, timbres, cachets et reliefs.** — Tous ces mots, employés par la loi, servent à désigner un

---

(1) V. Bédarride, nos 779 et 834.

(2) V. Riom, 18 fév. 1834, aff. Dumas, cité par Bédarride, n° 845 ; Comp. Riom, 8 août 1844, aff. Dumas, *J.Pal.*45.2.236 ; Paris, 3 août 1879, aff. Farcy et Oppenheim, Pataille.79.123.

(3) V. également Paris, 31 déc. 1853, et Cass. 24 déc. 1855, aff. Bricard, Pataille.56.18.

signe analogue ou de même nature, avec cette différence que le signe est tantôt en creux, tantôt en relief. L'*empreinte* est le signe en creux pouvant comprendre d'ailleurs soit un emblème, soit un nom, soit un chiffre, soit toute autre espèce de marque ; le *relief* est naturellement le contraire de l'empreinte, mais comprend de même tous les signes pouvant servir de marque. Les *timbres* rentrent dans la catégorie des empreintes ou des reliefs, selon la manière dont ils sont gravés, et ils peuvent de même s'appliquer à toute espèce de signes. Le *cachet* est un véritable timbre destiné non à laisser directement son empreinte sur l'objet à marquer, mais plutôt à la laisser sur de la cire. « Les cachets s'apposent, dit « M. Rendu, soit sur les enveloppes de papier, soit sur le « bouchon des bouteilles, soit sur les ligatures d'un ballot ou « d'une boîte (1). » Pour boucher les bouteilles, on emploie très souvent aujourd'hui des capsules métalliques sur lesquelles, à l'aide d'un cachet, on laisse une empreinte quelconque. La capsule, du reste, peut en elle-même, par sa forme spéciale, constituer une marque véritable, et, dès lors, un fabricant poursuivi pour usurpation d'une forme déterminée de capsules ne saurait échapper aux peines de la contrefaçon en se bornant à prouver d'une façon générale et vague qu'on s'était déjà servi auparavant, dans la même industrie, de capsules métalliques ; il faudrait qu'il prouvât que la même forme de capsules était en usage (2).

73 *bis*. *Quid* **de la matière destinée à recevoir l'empreinte?** — Une marque ne peut devenir l'objet d'un droit privatif qu'autant que ses caractères sont eux-mêmes susceptibles d'appropriation et ne sont pas de leur nature dans le domaine public. Par exemple, la matière employée pour recevoir une empreinte ou pour sceller des produits, — ce sera de la cire ou du plomb, — peut être un des éléments de la marque dont un fabricant entend se réserver la propriété. La cire et le plomb sont, en effet, des produits naturels dont

(1) Rendu, n° 44.

(2) V. Blanc, n° 709, qui cite en sens contraire un jugement du tribunal de commerce de la Seine, en date du 30 avril 1851, mais, il est vrai, sans en donner les motifs.

l'usage et l'emploi appartient à tout le monde comme moyen de scellement, et il ne peut dépendre de personne de retirer, sous ce rapport, un produit de la circulation. Il s'ensuit que l'emploi, par un fabricant, d'une matière de cette nature pour sceller ses produits, ne peut être un obstacle à ce qu'un autre fabricant emploie la même matière pour sceller des produits similaires, à condition, bien entendu, qu'il la revête d'un autre signe, qu'il lui donne une autre apparence, qu'il évite, en un mot, tout prétexte de contrefaçon (1).

74. De divers signes non classés, mais pouvant servir de marques. — Il résulte des termes mêmes de l'art 1er de la loi de 1857 qu'ils sont simplement énumératifs. Le rapporteur, du reste, a pris soin de le dire d'une façon expresse. « La loi, lit-on dans le rapport, énumère « *non pas tous* les signes dont on peut se servir, mais *les plus* « *usités et les principaux* d'entre eux. » Il est donc impossible de prévoir quels signes l'imagination d'un fabricant saura créer pour distinguer ses produits de ceux de ses concurrents : il faut seulement retenir que tout signe, dès qu'il est distinctif et quelle que soit d'ailleurs sa nature, peut constituer une marque. Voilà la règle : c'est ensuite aux tribunaux à l'appliquer. Citons pourtant, à titre d'exemples, quelques signes non classés par la loi et qui nous paraissent propres à constituer des marques.

Telles sont les *estampilles*, habituellement employées dans le commerce de la serrurerie et de la quincaillerie, et qui consistent en petites feuilles de cuivre de configuration particulière et déterminée, incrustées dans les objets de ce genre d'industrie ; les *plaques* apposées sur certaines voitures ; les *panonceaux* ou *écussons* composés de signes héraldiques peints sur les objets d'*ébénisterie*. Le cas suivant s'est présenté : Un fabricant de parapluies a eu l'idée, pour distinguer ses marchandises, de placer, dans un endroit déterminé d'une des branches de la monture, une plaquette métallique

---

(1) V. Trib. civ. Seine, 29 nov. 1859, aff. Bruzon, *Propr. ind.*, n° 105. — Comp. Trib. comm. Seine, 30 avril 1851, aff. Houtret, Le Hir.52. 2.107.

de forme et d'aspect particuliers, de telle sorte qu'il suffit d'ouvrir le parapluie pour, au vu de cette plaquette, être certain de la provenance de ce parapluie. C'est là, à notre avis, une marque dans le sens de la loi, indépendamment des signes ou caractères qui peuvent être gravés sur la plaquette et qui, naturellement forts petits, échappent presque nécessairement à l'attention de l'acheteur (1).

M. Rendu dit dans le même sens : « Un mode de désigna-« tion, tiré de la configuration même de l'objet, pourra « résulter de la disposition des matériaux. Ainsi, dans l'ébé-« nisterie et la marqueterie, le fabricant, pour éviter une « marque hétérogène qui choquerait l'œil et nuirait à l'har-« monie de l'œuvre, pourrait adopter une certaine combi-« naison de fragments de bois ou de métaux bien caractérisés « qui deviendraient, au moyen du dépôt, le signe distinctif de « la fabrication (2). »

Jugé, dans le même ordre d'idées, qu'il y a création d'une marque de fabrique, au sens légal, dans le fait par un fabricant de fil d'employer, pour distinguer les pelotes de sa fabrication, un fil d'or qui, sortant de l'extérieur de la pelote sur la tranche, vient se fixer sous l'étiquette, en s'enroulant plus ou moins autour de la pelote même (Douai, 1er avril 1881, aff. Poullier-Longhaye (3) Pataille.21.92).

75. La loi ne s'applique qu'aux marques privées. — L'exposé des motifs dit en effet : « Il n'est pas be-« soin de faire remarquer que la marque industrielle ou com-« merciale ne s'entend point ici de l'estampille, au moyen de « laquelle l'autorité inscrit son *visa* sur certains produits « spéciaux qu'exceptionnellement elle vérifie, soit dans un in-« térêt de police, soit même dans un intérêt de garantie pu-« blique, mais uniquement de la marque personnelle au fa-« bricant ou au commerçant, que celui-ci est dans l'usage « d'apposer sur les objets de sa fabrication ou de son com-« merce pour en constater l'origine (4). »

---

(1) Comp. Paris, 19 août 1874, aff. Fox, Pataille.74.327.

(2) V. Rendu, n° 55.

(3) V. aussi Nîmes, 22 fév. 1877, aff. Nier, Pataille.81.31.

(4) Comp. *infrà*, nos 140 et suiv.

CHAPITRE III.

PROPRIÉTÉ DE LA MARQUE.

SOMMAIRE.

76. Caractères de la propriété des marques. — Signalons tout de suite une différence entre l'invention brevetée, l'œuvre artistique et littéraire d'une part, et d'autre part la marque. L'invention brevetée, tant que dure le brevet, l'œuvre artistique et littéraire, pendant le temps fixé par la loi, constituent, au profit du breveté ou de l'auteur, un droit exclusif, une propriété *absolue*. La propriété de la marque est essentiellement *relative*, c'est-à-dire que celui qui la possède n'en jouit privativement qu'à l'égard de certaines personnes, à l'égard de ses concurrents. De là, naissent des questions de fait, souvent délicates, mais dont l'appréciation souveraine appartient aux tribunaux, lesquels doivent avoir pour règle en cette matière d'empêcher toute confusion entre deux établissements rivaux, et de poursuivre la fraude sous toutes les formes qu'elle sait si habilement revêtir.

Remarquons avec M. Gastambide cet autre caractère de la propriété des marques. « La loi, dit-il, a mis une limite au « droit exclusif de l'auteur sur sa pensée ou sur son inven- « tion, parce qu'il importait à la société que cette pensée ou « cette invention entrassent un jour dans le domaine pu- « blic. Au contraire, quel serait l'intérêt général à ce que « la clientèle ou l'achalandage de telle maison fût détourné « frauduleusement au profit de telle autre maison? Aussi, la « propriété d'une marque, d'un nom, d'une enseigne, n'est « pas et ne peut pas être limitée dans sa durée (1). » C'est le mot de Balde que nous avons déjà cité : *Qui primò cæpit habere illud signum, illi debet esse in perpetuâ posses- sione.*

77. La propriété des marques est-elle de droit naturel? — Cette question n'a d'intérêt pratique qu'au point de vue des droits que l'étranger peut avoir en France sur sa marque. Si la propriété des marques est de droit naturel, il s'ensuit que la loi protège l'étranger au même titre et de la même façon que les nationaux, en dehors de toute réciprocité de nation à nation, et sans que l'étranger ait à justifier d'aucune autorisation, à lui accordée, d'exercer ses droits civils en France. La propriété des marques est-elle au contraire considérée comme une création du droit civil, l'étranger n'a plus droit à la protection de la loi française que sous certaines réserves, et à des conditions déterminées. Nous verrons que, même à ce point de vue, la question est aujourd'hui sans intérêt. La loi, en effet, l'a tranchée ; elle n'admet les étrangers à revendiquer en France la propriété de leur marque que si, dans leur pays d'origine, le même droit est reconnu aux Français, c'est-à-dire que le législateur n'admet pas que la marque constitue une propriété du droit des gens, et la considère comme une création de la loi civile. Il faut s'incliner ; ajoutons que la question, envisagée au point de vue théorique, est des plus délicates et partage les jurisconsultes. Pour nous, nous serions disposé à admettre, avec

(1) Gastambide, p. 411.

M. Bédarride (1), que la marque, proprement dite est une propriété du droit civil, à l'opposé du nom, qui est, dans tous les cas, une propriété du droit des gens.

78. La propriété de la marque s'étend à tout le territoire. — La marque couvre et protège les produits sur quelque point du territoire qu'ils aillent, et il y a, en principe, usurpation de la marque en quelque lieu que l'imitation se produise. Il fallait donc que le législateur prît les mesures nécessaires pour permettre aux intéressés de connaître les marques légalement déposées. C'est à quoi il a pourvu, en ordonnant le dépôt en double exemplaire, l'un devant rester au greffe du tribunal de commerce où a lieu le dépôt, l'autre destiné au Conservatoire des Arts et Métiers de Paris, qui est ainsi le bureau central de toutes les marques de France, Toute marque, dès qu'elle est déposée, en quelque endroit que ce soit, est aussitôt transmise au Conservatoire, où chacun est admis à la consulter (2).

79. Comment s'acquiert la propriété des marques. — Nous avons défini et précisé le caractère des marques; il suit de ce que nous avons dit que la propriété d'une marque appartient au premier occupant. Celui qui le premier s'en empare se l'approprie légitimement et peut en interdire l'usage aux autres. Cette propriété d'une espèce toute particulière n'est d'ailleurs soumise à aucune formalité pour être retenue et conservée ; elle n'exige aucun acte, aucune déclaration, aucun titre ; son existence est un fait, et ce fait, précisément parce qu'il est apparent, s'impose de lui-même à tous. La loi permet, il est vrai, de déposer les marques, mais ce dépôt, nous aurons bientôt l'occasion de le constater, n'est en aucune façon attributif de la propriété; il n'en est qu'une manifestation extérieure et ne sert qu'à assurer au propriétaire de la marque des garanties spéciales.

---

(1) V. Bédarride, n° 848, et surtout Braun, n° 10, qui, dans une discussion très complète, dégage de la façon la plus lucide la théorie du droit en matière de marques de fabrique. — V. *en sens contraire*, Rendu, n° 113; Pataille.55.33.

(2) V. *infrà*, n° 353.

La propriété de la marque, une fois qu'elle est née, peut être, sans plus de formalité, indéfiniment conservée ; elle ne s'éteint que par la volonté de celui à qui elle appartient, ou par la force même des choses, si, par exemple, le produit qu'elle sert à désigner vient à disparaître du commerce.

Il va de soi que cette propriété est transmissible, et que la cession est aussi un mode d'acquérir les marques. Nous expliquerons cela en son temps.

79 *bis.* **Emploi accidentel d'un signe.** — Le cas suivant s'est présenté dans la pratique. Un fabricant employait depuis près de trente années un certain signe — c'était un lion — comme marque de ses produits, et cette marque avait acquis dans le commerce une très grande notoriété. Il rencontra un jour un concurrent qui marquait ses produits du même signe. De là une confusion possible, inévitable même. Seulement, le concurrent faisait valoir que sa maison était en possession de ce signe, dès une époque antérieure à celle où le fabricant en réputation avait commencé lui-même de l'employer pour marquer ses produits ; il reconnaissait toutefois que ce signe ne servait pas d'une manière usuelle, courante, continuelle, qu'il n'était appliqué que sur des produits de choix, à la demande expresse des acheteurs ; il soutenait, en conséquence, que le fait certain de la possession antérieure lui donnait le droit d'user de ce signe d'une façon absolue pour tous ses produits au même titre que l'autre fabricant. Celui-ci répondait que l'emploi du signe n'avait eu lieu dans la maison rivale que d'une manière accidentelle, et n'avait jamais constitué pour elle une marque de fabrique, destinée à désigner l'origine de la marchandise ; il en concluait que lui-même ayant fait ce signe sien, se l'étant le premier approprié à titre de marque, l'ayant fait connaître en cette qualité, n'en pouvait être dépossédé. La prétention, portée devant la justice, a été reconnue juste, et en définitive, quand on y regarde de près, elle devait l'être, eu égard aux circonstances toutes particulières du procès ; seulement les tribunaux, dans l'espèce, sont allés jusqu'à prononcer une condamnation pénale contre le fabricant qui justifiait d'une possession antérieure, et, à ce point de vue, ils se sont trompés. Cette possession antérieure écartait assurément toute idée de mauvaise foi et pouvait paraître le fondement légitime d'un droit.

Jugé, en ce sens, que le fait qu'un signe (dans l'espèce, un lion) ait été apposé par un fabricant sur un produit, alors que cette apposition a eu lieu accidentellement, non à titre de marque pour désigner l'origine de la marchandise, mais uniquement sur la demande de quelques clients et concurremment avec d'autres signes, n'empêche pas qu'un autre fabricant n'ait pu s'approprier le même signe, et en faire sa marque légale ; l'emploi par le premier fabricant, dans ces circonstances de fait, ne lui donne aucun droit de priorité à l'égard du second (Paris, 14 avril 1877, aff. Dupont (1), Pataille.78.5).

80. Comment la propriété de la marque se conserve. — Nous venons de dire que la propriété d'une marque, une fois acquise, se conserve indéfiniment, sans formalité. Cela se conçoit de reste. La marque existe ; il suffit d'en jouir pour la garder et pour que nul n'y puisse prétendre. Cette jouissance, non interrompue, renouvelle incessamment l'appropriation et conserve le droit. Pas n'est besoin d'un acte, d'une déclaration quelconque ; le seul exercice du droit le perpétue et le maintient intact.

81. Comment elle se perd. — La propriété d'une marque se perd par l'abandon expresse ou tacite, soit que le propriétaire ait, par une déclaration explicite, renoncé à s'en prévaloir, soit qu'il ait laissé, sans revendication, le domaine public s'en emparer. Sans doute, il ne faut pas facilement présumer la renonciation et par exemple accepter des faits plus ou moins nombreux de tolérance comme étant la preuve d'un abandon certain et définitif. La tolérance n'est pas l'abandon ; des circonstances diverses peuvent l'expliquer ; le peu d'importance de l'usurpation, sa clandestinité, quelquefois aussi la condition précaire du propriétaire de la marque, des événements politiques, d'autres motifs encore également plausibles suffisent à excuser l'inaction. Mais, lorsque la renon-

---

(1) V. aussi Rej. 22 déc. 1877, même affaire, Pataille.78.11.

ciation est certaine, qu'elle résulte de faits nombreux, d'un long temps écoulé, d'une volonté évidente de laisser faire, en un mot, lorsque le domaine public est en possession incontestée de la marque, celui à qui elle a appartenu ne peut plus la réclamer; il en est dépossédé; il n'y a plus aucun droit.

Il se peut encore que le propriétaire de la marque vienne à cesser son commerce pour ne plus le reprendre, ou, sans cesser le commerce, à ne plus fabriquer le produit auquel s'appliquait sa marque. Cet abandon, lorsqu'il s'est prolongé, et que, par l'effet du temps écoulé, il est devenu irrévocable, a pour conséquence forcée de faire perdre la propriété de la marque.

Ce sont là des questions de fait, abandonnées à la prudence des tribunaux qui les apprécient souverainement. Ajoutons toutefois que l'abandon doit résulter de faits indubitables, d'une notoriété ancienne et publique, et que, dans tous les cas, ce n'est pas au lendemain du jour où un fabricant se serait retiré des affaires, où il aurait renoncé à la fabrication d'un produit déterminé, qu'on pourrait considérer la marque comme étant rentrée dans le domaine de tous ; il faudrait au contraire qu'un temps assez long se fût passé pour qu'il fût hors de doute que le fabricant ne sortira pas de sa retraite ou qu'il ne reprendra pas une fabrication par lui momentanément délaissée.

M. Bédarride est d'avis que l'abandon du commerce entraîne nécessairement celui de la marque. « S'il n'y a plus, dit-il, « ni commerçant, ni fabricant, ni produits, où serait la raison « d'être de la propriété d'un emblème, d'un symbole, d'un « signe qui n'a de valeur possible que celle qu'il reçoit de la « qualité de celui qui l'emploie, et de l'usage qui en est fait? « La contrefaçon, l'usurpation, l'imitation d'une marque, « n'est punissable et punie que parce qu'elle est dans le cas de « créer une concurrence déloyale, de discréditer des produits « jusque-là réputés ; double préjudice qu'il était juste et né« cessaire de prévenir. Mais avait-on à la redouter pour celui « qui, voulant jouir en repos du fruit de ses labeurs, a liquidé « son commerce et renoncé à son exercice? Le seul profit « qu'il pût encore retirer de sa marque était la valeur qu'elle « donnait à son établissement. Mais s'il n'a ni vendu, ni

« transmis celui-ci à un successeur, s'il a ainsi purement re-
« noncé au commerce, le reconnaître propriétaire exclusif de
« la marque, serait faire de celle-ci un meuble ou un immeu-
« ble, et elle n'est évidemment ni l'un ni l'autre. La marque,
« pur accessoire du commerce, suit nécessairement le sort de
« celui-ci. La cessation du commerce la rend au domaine
« public dont elle avait été tirée ; elle redevient *res nullius* et
« appartient désormais à tous (1). »

81 *bis*. **Jurisprudence (2).** — Il a été jugé en ce sens : 1° que le droit de se servir d'une marque, appartenant à autrui, peut s'acquérir par prescription, mais qu'un fait d'emploi isolé ne constitue pas la prescription, alors surtout que ce fait n'a pas été public et a pu être ignoré du propriétaire de la marque (Bordeaux, 30 nov. 1859, aff. Izan, Le Hir.61.2.495) ; 2° que, si l'usurpation du nom d'un fabricant n'est jamais un acte licite, il n'en saurait être de même de l'usage d'un signe, non personnel, tel qu'une étiquette, que le fabricant aurait volontairement abandonné à la généralité des commerçants ; cet abandon peut d'ailleurs résulter de ce que l'usage de l'étiquette est devenu de plus en plus général sans qu'aucunes poursuites aient été exercées (Paris, 23 juillet 1863, aff. Calmel (3) Pataille.64.193) ; 3° mais que, s'il est vrai qu'il n'y a pas de contrefaçon à imiter une marque dont le propriétaire a volontairement fait l'abandon et a renoncé à poursuivre l'usurpation, il n'est pas moins certain

---

(1) Bédarride, n° 973.

(2) V. Trib. civ. Seine, 8 mai 1878, aff. Rowland, Dall.79.3.61. — Comp. Paris, 17 mars 1877, aff. Carrère, Pataille.80.166.

(3) V. aussi Rej. 10 mars 1864, même aff., *eod. loc.* — M. Pataille fait suivre cet arrêt d'une note ainsi conçue : « Nous acceptons parfaitement
« cette solution, en droit, lorsqu'il est constaté que c'est *volontairement*
« que le propriétaire d'une marque ou même d'un nom, l'a laissé tom-
« ber dans le domaine public, mais nous n'admettons pas que le défaut
« de poursuites pendant un temps plus ou moins long constitue, à lui
« seul, une preuve d'abandon. Le défaut de poursuites trouve sa puni-
« tion légale dans la prescription, mais, comme nous l'avons dit à
« l'art. 1049, *suprà*, p. 155 et suiv., la prescription ne couvre que les
« faits accomplis depuis plus de trois ans avant et ne légitime pas les
« usurpations nouvelles. »

qu'une pareille renonciation ne saurait se présumer aisément (Trib. civ. Lyon, 31 juill. 1872, aff. Ménier (1) Pataille, 73.24); 4° que l'abandon d'ailleurs ne saurait résulter d'un fait isolé de tolérance ; il doit être prouvé d'une façon soit expresse, soit tacite, mais en tout cas placée au-dessus de toute équivoque (Paris, 12 janv. 1874, aff. Liebig et Cie, Pataille, 74.83) ; 5° que notamment le défaut d'usage public d'une marque, d'ailleurs régulièrement déposée, ne fait pas encourir au déposant la déchéance de son droit exclusif ; il peut cependant motiver l'admission de l'excuse de bonne foi et par suite le renvoi du prévenu (Trib. corr. Seine, 27 fév. 1873, aff. Laterrière, Pataille,73.294) ; 6° que le fabricant qui a donné aux produits de son industrie une dénomination nouvelle et arbitraire ou de fantaisie n'est plus admis à revendiquer la propriété de cette dénomination, s'il l'a laissée tomber dans le domaine public : spécialement, un tribunal a pu juger souverainement que le fait que, pendant sept ans après l'expiration du brevet, la dénomination du produit était entrée dans les habitudes du commerce, comme nom vulgaire et commun, et s'était incorporée au produit lui-même, rendait le créateur de la dénomination inhabile à la revendiquer à titre exclusif (Rej. 8 fév. 1875, aff. Brousse, Pernolet et Cie, Pataille.77.91) ; 7° que l'abandon de la marque ne saurait résulter de faits d'usurpation que le propriétaire de la marque n'aurait pas poursuivis alors qu'il résulte des circonstances et notamment de dépôts successifs et renouvelés, et même de poursuites contre un certain nombre de contrefacteurs, qu'il a toujours manifesté l'intention de conserver la propriété exclusive de sa marque (Paris, 15 janv. 1876, aff. Lemit, Pataille.76.27); 8° qu'on ne peut considérer comme étant de nature à établir qu'une marque de fabrique est tombée dans le domaine public les faits tendant à prouver que l'idée générale de cette marque serait d'un usage très ancien dans l'industrie à laquelle appartiennent les revendiquants, ou qu'une marque identique aurait été pratiquée à diverses époques par des négociants d'Italie ou d'Espagne (Aix, 29 déc. 1877, *Bull. de la Cour d'Aix*, 78.60).

(1) V. encore Aix, 8 août 1872, aff. Ménier, Pataille.73.29.

82. Application souveraine des tribunaux. — Nous avons déjà dit qu'il appartient aux tribunaux d'apprécier la question de savoir si la marque a le caractère de nouveauté nécessaire pour être protégé par la loi : nous disons ici, et ce sera la même règle sous une autre forme, que les tribunaux apprécient souverainement la question de savoir si, en fait, il y a eu, de la part du propriétaire de la marque, abandon de sa propriété (1).

83. ***Quid* en cas de pluralité de marques ?** — Rien ne s'oppose à ce qu'un fabricant ou un commerçant possède à la fois plusieurs marques ; c'est même un usage assez ordinaire de varier la marque suivant le produit ; autant de produits, autant de marques. La marque sert alors tout naturellement à distinguer soit des produits réellement différents, soit des qualités différentes d'un même produit (2).

Il s'est trouvé pourtant un fabricant de papier à cigarettes qui, après avoir déposé un nombre assez considérable de dénominations destinées à son produit, n'en employait en réalité qu'une, mais n'en prétendait pas moins retenir la propriété des autres et les interdire à ses concurrents. M. Bédarride pense qu'une telle pratique est parfaitement légitime et que les concurrents doivent respecter la propriété des marques ainsi déposées, quoique non utilisées (3). Cette opinion est peut-être bien absolue, et il serait bon, à notre sens, de la subordonner aux circonstances de fait de chaque espèce. Ce qui fait la valeur d'une marque et ce qui légitime sa propriété exclusive, c'est son application à un produit déterminé. La marque, surtout quand elle consiste dans une

---

(1) V. Rej. 29 juin 1876, aff. Brunet, Pataille.77.169 ; Rej. 18 nov. 1876, Dall.78.1.492 ; Rej. 13 janv.1880, aff. veuve Beissel et fils, Pataille. 77.169.

(2) M. Braun (p. 342, note 2) cite un passage de Struvius duquel il résulte que, sous le régime des corporations, les statuts imposaient au maître l'obligation de n'avoir qu'une marque et lui interdisaient de la changer sa vie durant, ou du moins aussi longtemps qu'il exerçait son métier.

(3) V. Bédarride, n° 973. — Comp. Trib. corr. Seine, 27 fév. 1873, aff. Laterrière, Pataille.73.294.

dénomination de fantaisie, n'est rien en dehors du produit auquel elle s'applique : elle n'est qu'un jeu de l'esprit, une création plus ou moins ingénieuse. Qu'est-ce qu'un nom pris en lui même et abstraction faite de la personne qu'il désigne? Rien qu'une consonnance, qui n'éveille aucune idée, ne rappelle aucun souvenir. Il en est tout de même de la marque. Dès lors, comment admettre qu'un individu accapare à toujours une foule de dénominations dont il n'use pas? Quel est son intérêt? Quel tort lui fait un concurrent en prenant à son tour et en utilisant une dénomination qui a fait l'objet d'un dépôt en quelque sorte platonique, et n'est, dans la réalité, le nom, la désignation d'aucun produit? En quoi y aura-t-il confusion? Où sera la concurrence déloyale, le détournement de la clientèle? En matière de titre d'ouvrage, n'admet-on pas que le fait d'avoir annoncé la création d'un journal sous un certain titre, ou même d'en avoir fait la déclaration dans les bureaux du ministère, ne fonde aucun droit au profit du déclarant, si la déclaration et les annonces ne sont pas suivies de la publication du journal? Sans doute le dépôt de la marque, comme l'annonce du journal, est une présomption très forte en faveur de la propriété de la marque ou du titre, et il ne faudrait pas trop facilement permettre à un tiers de s'en emparer, alors, par exemple, qu'à raison du peu de temps écoulé il n'est pas démontré que le déposant n'usera pas de la marque : mais, dans le cas contraire, lorsqu'un long temps s'est passé sans que la marque ou les marques déposées aient jamais reçu d'application, lorsqu'il est certain que le déposant n'a eu en vue que d'accaparer une foule de dénominations plus ou moins heureuses dans le seul but d'en priver ses concurrents, il nous semble que ce serait aller contre le but même de la loi que de protéger une propriété purement idéale, stérile, qui n'a pas pris de corps, qui n'est pas entrée dans le domaine de l'industrie, et qui est, en définitive, demeurée une abstraction. On dira qu'après tout le champ de la fantaisie est illimité et que les concurrents pourront toujours trouver d'autres dénominations que celles qui auront été déposées; mais la question n'est pas là; il s'agit de savoir ce que la loi protège, et, selon nous, elle ne doit sa protection qu'à la marque qui est distinctive d'un produit, au signe qui sert de ralliement à une clientèle (1). Et c'est assurément ici le lieu de rappeler cette réflexion fort juste que nous trouvons dans un arrêt : c'est que, s'il faut, en principe, respecter les signes distinctifs que tout commerçant a le droit d'apposer sur les produits de sa fabrication, comme étant une garantie pour la propriété du vendeur et la sécurité de l'acheteur, il n'y a pas lieu d'accueillir des prétentions que ne justifie pas un dommage causé et dont le résultat serait d'entraver la liberté des affaires commerciales (2).

Il a été jugé à cet égard — mais l'article constate, dans l'espèce, l'utilité réelle de la pluralité des marques — qu'aucun texte de loi ne s'oppose à ce qu'un industriel ait plusieurs marques pour distinguer ses produits suivant leur nature et leur qualité; le nombre de ces marques se justifie par leur utilité et se trouve également protégé par la loi, pourvu que leur appropriation soit certaine (Trib. civ. Seine, 7 avril 1879, aff. Caussin, Pataille.79.209).

84. De la copropriété. — Une marque peut être la propriété de plusieurs personnes à la fois, en dehors même de toute association, soit à la mort du propriétaire s'il laisse plusieurs héritiers, soit encore lorsque deux ou plusieurs personnes conviennent d'adopter la même marque et s'y autorisent mutuellement. Dans ces deux cas, que nous citons à titre d'exemples, il y a copropriété, mais il est facile de voir qu'il n'y a indivision que dans le premier. En effet, quand une marque, objet d'une seule exploitation, échoit à plusieurs cohéritiers, l'indivision est absolue; l'objet à posséder est unique; les prétendants à la possession sont plus d'un. Il faut évidemment, pour faire cesser cette situation, procéder à un partage. Il est clair que l'indivision n'existe plus dès qu'il y a licitation, puisque la marque redevient de nouveau la propriété d'un seul. Les copropriétaires peuvent aussi convenir de l'exploiter chacun de son côté. Alors il n'y a plus indivision ; la marque est en quelque sorte dédoublée et,

---

(1) V., en ce sens, un article de M. Blanc dans la *Prop. ind.*, n° 426.
(2) V. Paris, 8 nov. 1855, aff. Tissier, Pataille.55.190.

devenue l'objet d'autant d'exploitations qu'il y a de copropriétaires, elle représente entre les mains de chacun une propriété distincte, particulière, définie. Nous avons eu l'occasion d'expliquer cela avec détail dans notre *Traité des brevets*, et la plupart des réflexions que nous avons faites alors trouvent ici naturellement leur place.

Ainsi, le droit des copropriétaires, tant que l'indivision dure, est d'en sortir par un mode quelconque de partage, et, si la licitation est le moyen le plus ordinaire, nous tenons à bien faire comprendre qu'il n'est pas le seul, et que l'exploitation par chaque copropriétaire séparément est un véritable partage. Lors donc que cette convention existe, il la faut respecter, et les copropriétaires qui ont trouvé bon, à tort ou à raison — c'est leur affaire — de régler ainsi leurs droits, ne sauraient plus revenir à la licitation; ils doivent exécuter la convention, c'est-à-dire la loi qu'ils se sont faite, sauf, bien entendu, aux tribunaux à punir celui des copropriétaires qui abuserait d'une pareille convention pour la faire dégénérer en concurrence déloyale.

Quant aux droits des copropriétaires au point de vue de l'usurpation de la marque commune, il est entier et indépendant pour chacun d'eux; ils peuvent donc poursuivre les contrefacteurs soit collectivement, soit séparément, sans que ceux-ci puissent, dans ce dernier cas, reprocher au poursuivant qu'il est seul à porter plainte. De même, les dommages-intérêts alloués appartiennent à l'auteur de la poursuite, qui n'a pas à les partager avec les copropriétaires, restés en dehors de l'instance. Toutefois, les tribunaux, en pareil cas, peuvent et doivent apprécier la part de préjudice personnellement causé au poursuivant et évaluer en proportion le chiffre des dommages-intérêts, réservant ainsi le droit des autres copropriétaires, s'ils venaient à le faire valoir.

85. Jurisprudence. — Il a été jugé en ce sens : 1° que le fait que deux fabricants se soient entendus pour posséder en commun la même marque n'a rien d'illicite et ne saurait, dès lors, servir d'excuse à la contrefaçon (Besançon, 30 nov. 1861, aff. Lorimier, Pataille.62.297); 2° que les fabricants d'une localité sont parfaitement libres de s'entendre pour adopter une marque commune à tous, et distinctive des produits de la localité ; ils ne peuvent toutefois la revendiquer que séparément et chacun dans son intérêt personnel ; leur action est donc recevable à la condition qu'ils agissent individuellement, quoique aux mêmes fins (Paris, 28 nov. 1861, aff. Forge et Quentin, Pataille.62.25).

86. *Quid* **en cas de société?** — Une marque peut être la propriété d'une société comme de toute autre personne, il est à peine besoin de le rappeler ; les principes qui régissent les sociétés sont alors applicables, et nous n'avons rien de particulier à en dire. Tant que la société existe, c'est le gérant qui exerce les droits résultant de la propriété de la marque ; c'est ensuite le liquidateur, lorsque la société vient à se dissoudre. La marque est d'ailleurs une valeur sociale, c'est-à-dire qu'elle est, comme tout ce qui compose l'actif de la société, le gage des créanciers ; il s'ensuit que, du moins, tant qu'ils ne sont pas remboursés, ils peuvent, même contre la volonté des associés, exiger que cette partie de leur gage soit vendue comme le reste, réalisée en argent pour s'en distribuer le prix (1).

Dans l'hypothèse de la vente poursuivie à la requête des créanciers, il est clair que la marque sera vendue, non séparément, mais avec le fonds de commerce qu'elle désigne à la clientèle et dont elle n'est que l'accessoire ; il n'en peut être autrement ; le fonds ne vaut que par la marque, et n'en est pas séparable. Ce serait du moins en diminuer singulièrement la valeur que de l'en séparer. Au contraire, si la société dissoute est *in bonis* et si les associés sont d'accord, on conçoit qu'ils peuvent disposer de leur bien comme bon leur semble ; ils peuvent donc, soit anéantir la marque, si telle est leur fantaisie, soit la céder sans le fonds, et, réciproquement, céder le fonds sans la marque ; leur liberté est entière et absolue.

Jugé, en ce sens, que le titre d'une société fait partie de son actif et doit être licité comme les autres objets qui en dépendent ; il n'est donc pas permis à une partie des anciens sociétaires, formant une nouvelle société, de s'approprier

---

(1) V. Rendu, n° 107.

ce titre au détriment de leurs coassociés qui ne veulent pas entrer dans cette société nouvelle (Rouen, 15 mars 1872, aff. de la *Grande Carue*, *Répert. J. Pal.*, v° *Enseignes*, n° 47).

86 *bis*. Retraite de l'un des associés; a-t-il le droit de reprendre sa marque? — Les questions qui peuvent naître des conventions formées entre associés sont naturellement très nombreuses, aussi nombreuses que ces conventions elles-mêmes, et ne peuvent être prévues dans un traité comme le nôtre, où, tout en notant d'une façon aussi complète que possible la jurisprudence, nous nous attachons d'abord aux règles générales, aux principes. Voici pourtant une question qui mérite d'arrêter un moment l'attention. Une société se forme entre plusieurs fabricants qui conviennent de mettre en commun, pour un temps déterminé, l'exploitation de leurs fonds d'industrie. Chacun continue de fabriquer, non plus pour son compte particulier, mais pour le compte de la société. La marque de la société couvre tous les produits, qui se vendent dès lors sous sa garantie. Or, on peut supposer que l'un des associés avait une marque déjà plus ou moins en vogue, que la société, avec son assentiment, se l'est appropriée en tout ou en partie, et que, grâce à l'effort de tous, elle a développé la notoriété, étendu la réputation de cette marque. Admettez maintenant que, à un moment donné, avant l'expiration du temps pour lequel la société a été formée, l'associé dont la marque est devenue la marque sociale, usant d'un droit que, suivant un usage fréquent, il s'est réservé, se retire de la société, reprenne son exploitation particulière, tandis que la société continue entre les autres associés. Va-t-il reprendre purement et simplement sa marque? Va-t-il pouvoir en défendre l'usage à la société? Va-t-il ainsi seul profiter des efforts communs et, redevenu propriétaire d'une marque qui a une valeur beaucoup plus grande que lorsqu'il l'a apportée dans la société, priver ses anciens associés du prix de leurs travaux? On conçoit tout ce que la question, ainsi posée, offre de difficulté. Nous la signalons pour que les intéressés la prévoient dans leurs conventions et aient soin de la résoudre à l'avance. Mais, dans le silence du contrat, il nous paraîtrait bien difficile d'admettre que la retraite de l'associé, autorisée par l'acte, lui donnât le droit de reprendre purement et simplement sa marque. A dire le vrai, cette marque, augmentée des efforts de tous les associés, ne représente plus la marque qui existait à l'origine. En stipulant qu'il pourrait se retirer avant l'expiration de la société, qui continuerait d'exister entre les autres associés, le propriétaire de la marque n'a pas pu, sans stipulation formelle, entendre qu'il pourrait, par la reprise pure et simple de sa marque, entraver les affaires sociales, peut-être même les arrêter d'une façon complète. C'était à lui, en se réservant la faculté de se retirer prématurément, de régler sa situation par une clause expresse et claire. En réalité, c'est lui qui stipule, et le pacte obscur s'exécute contre celui qui stipule. Dans une semblable espèce, nous déciderions que la marque continue d'appartenir à la société, et que, en reprenant son exploitation particulière, l'associé qui se retire ne peut prétendre en même temps rentrer en possession de sa marque. Ajoutons, du reste, que les circonstances dans lesquelles a eu lieu l'apport, les stipulations spéciales de l'acte, les avantages attribués, les faits, en un mot, devront, dans chaque espèce, influer sur la solution.

Jugé, dans cet ordre d'idées, que le fait qu'un fabricant, en entrant dans une société et en y apportant l'exploitation de son fonds, ait laissé la société se servir d'une partie de sa marque, n'empêche pas que, lorsqu'il se retire et reprend lui-même son commerce, conformément aux stipulations de l'acte social, il ne puisse employer de nouveau sa marque, telle qu'elle existait au moment où il est entré dans la société et, par conséquent, même avec les éléments qui sont entrés dans la composition de la marque de société ; il en est surtout ainsi quand, malgré l'emploi du même élément (un encadrement octogone) dans les deux marques, elles restent distinctes et ne peuvent se confondre (Montpellier, 24 février 1879, aff. Mialane, Pataille.82.136).

87. *Quid* **si le fonds social est anéanti?** — Une difficulté peut se présenter : supposez les associés d'accord pour ne pas céder le fonds et pour se rétablir, chacun de son côté, dans le commerce naguère exploité en commun. La maison ancienne disparaît pour faire place à autant de maisons nouvelles qu'il y avait d'associés (1). Dans ce cas, que va devenir la marque? S'éteindra-t-elle avec le fonds? Sera-t-elle licitée? N'est-il pas à craindre, si elle est licitée, que celui des anciens associés qui s'en rendra acquéreur, n'attire à lui la clientèle de la société et n'absorbe le fonds qu'on a voulu anéantir? Que décider, cependant, si tous les associés ne sont pas d'accord, si les uns veulent la licitation et que les autres la repoussent? C'est là, à notre sens, une difficulté d'espèce plutôt qu'une difficulté de droit; on ne saurait donc poser, pour la résoudre, une règle absolue. Il nous paraît, cependant, que si les associés sont d'accord pour anéantir le fonds et s'en partager la clientèle en convenant de se rétablir chacun séparément, il est équitable, en ce cas, d'anéantir la marque avec le fonds. Qui veut la fin veut les moyens; or, le fonds serait, par la force même des choses, reconstitué entre les mains de celui qui deviendrait acquéreur de la marque; il arriverait précisément ce qu'on a voulu éviter et, pour nous servir d'une expression un peu familière, la partie ne serait pas égale. C'est ce qu'a décidé avec raison, selon nous, la Cour de Paris dans une espèce de cette nature.

« Il peut arriver sans doute, dit l'arrêt, qu'à la dissolution « d'une société, les membres qui en faisaient partie, voulant « profiter des avantages d'une notoriété et d'une réputation « établies par de longues années d'existence, s'entendent « pour céder à l'un d'eux ou à un étranger la suite de leurs « affaires et qu'ils autorisent ce successeur à se servir « de la marque dont ils se servaient eux-mêmes, parce « qu'alors la nouvelle maison peut être considérée comme la « continuation de l'ancienne; mais il n'en saurait être de « même lorsque les associés, en se séparant, entendent re- « prendre chacun leur liberté d'action pleine et entière. Dans « ce cas, l'ancienne maison cesse complètement d'exister et « aucun de ceux qui en faisaient partie n'a le droit de se « dire le continuateur de cette ancienne maison; il ne peut « agir qu'en son propre nom, avec sa valeur personnelle, et « avec la qualité, égale pour tous, de membre de la société

(1) V. Bédarride, n° 876.

« précédente ; en présence d'une pareille situation, la marque « de la société dissoute n'a plus de raison d'être ; elle serait « une fausse indication pour le public, à qui elle ferait croire « que la maison elle-même existe encore, et un privilège « exorbitant pour celui des associés anciens qui en aurait la « possession, et qui, par la force même des choses, devien- « drait pour tout le monde l'unique possesseur de la société « dissoute. Du moment où les associés ne peuvent s'entendre « pour profiter en commun des avantages résultant d'une « marque déjà connue, et présentant par là des chances de « succès pour l'avenir, il est juste qu'aucun d'eux n'en pro- « fite seul, à l'exclusion des autres ; si la valeur de la marque « se trouve ainsi perdue comme élément actif de la liquida- « tion, cette perte se trouve compensée pour chacun des co- « partageants par l'avantage de n'avoir pas à lutter contre la « situation tout exceptionnelle que ferait la possession de « cette marque à celui qui s'en serait rendu acquéreur par « suite de la liquidation (1). »

87 *bis*. **Jurisprudence.** — Il a été jugé : 1° que, si la marque de fabrique peut en général être vendue avec le fonds social, il n'en saurait être de même lorsque tous les associés reprennent leur liberté d'action pour fonder une maison nouvelle de fabrication des mêmes produits et qu'ils sont en désaccord sur le sort de cette marque de fabrique : la loi d'égalité, qui est le principe des associations et des rapports entre associés, ne permet pas la vente du fonds social ni celui de la marque de fabrique, parce que le résultat de cette vente tendrait à procurer à l'acquéreur tout l'avantage de la réputation de l'ancienne société, dont il serait le continuateur au détriment de l'autre associé ; en pareil cas, il y a lieu de décider que la marque est anéantie avec la société dont elle était le signe indicateur, et que défense est faite à tous les associés, désormais séparés, de l'employer (Trib. comm. Nancy, 27 mars 1876, aff. Kahn frères, Pataille.79.73) ; 2° que, dans tous les cas, la réserve réciproque de deux associés, lors de la dissolution de la société, de continuer séparément le com-

(1) V. Paris, 16 janv. 1858, aff. Goulet, Pataille.69.336.

merce après cette dissolution et de s'établir où bon leur semblerait, exclut par elle-même l'idée de l'abandon de l'achalandage, et conséquemment, du nom et des marques de la société au profit d'un seul; ce nom et ces marques leur appartiennent également (Rouen, 6 mai 1858, *Rec. du Havre*, 58.2.136).

88. Poursuite en cas de marque nominale. — Nous avons dit que c'est au gérant de la société, et à lui seul, qu'appartient l'exercice des droits dérivant de la propriété de la marque. Il est, en effet, le représentant légal de la société; il la personnifie. Cela nous paraît ne pas faire la moindre difficulté lorsqu'il s'agit d'une marque emblématique ou consistant dans une dénomination de fantaisie; mais que décider s'il s'agit d'une marque nominale et que celui dont le nom figure dans la marque ne soit pas le gérant? C'est une hypothèse qui n'a rien que de naturel; supposez, par exemple, un fabricant qui, à un moment donné, forme une société anonyme pour l'exploitation de son industrie et qui n'entre lui-même dans la société qu'en qualité de commanditaire; que fera-t-il, que pourra-t-il faire, si le gérant ne poursuit pas l'usurpation de cette marque qui comprendra, nous l'admettons, son propre nom? Devra-t-il s'incliner devant la volonté du gérant? Ne pourra-t-il pas, au contraire, se plaindre personnellement? Et, s'il se plaint personnellement, ne pourra-t-on pas repousser son action sous le prétexte que la marque appartient à la société, non à lui? Nous pensons qu'il pourra poursuivre, en ce cas, sinon en vertu de la loi de 1857 sur les marques, du moins en vertu de la loi de 1824 sur les noms. Si la marque, dans son ensemble, est la propriété exclusive de la société dans laquelle il l'a apportée, il est évident que le nom est une propriété dont il n'a pu se dépouiller d'une façon absolue, qui lui est au moins demeurée commune avec la société, et dont, par suite, il reste maître, de son chef personnel, d'empêcher l'usurpation (1).

89. *Quid* **de l'usufruit?** — La propriété d'une marque est-elle susceptible d'un usufruit? Si l'on envisage la pro-

(1) V., au surplus, *Traité des brevets*, n° 310.

priété de la marque isolément, en dehors du produit qu'elle désigne et du fonds de commerce auquel elle se rattache, il faut avouer que la question n'offre aucun intérêt pratique, et nous n'imaginons pas que jamais pareil usufruit ait été constitué. Il en est autrement lorsqu'on envisage la marque comme l'accessoire d'une entreprise commerciale dont elle augmente la valeur ; on conçoit que, à la mort du chef de la maison, sa veuve, ayant l'usufruit de ses biens, ait indirectement un droit d'usufruit sur la marque ; cet usufruit est alors soumis aux règles ordinaires, et nous n'avons pas à y insister.

90. *Quid* **du nantissement?** — Ce que nous avons dit de l'usufruit s'applique au nantissement ; nous ne concevons guère la marque donnée en nantissement, alors du moins qu'elle est prise isolément et en dehors de son application industrielle. L'envisage-t-on comme étant une partie du fonds de commerce, auquel elle se rattache, elle peut, avec ce fonds et au même titre, faire l'objet d'un nantissement.

Jugé qu'on peut déclarer valable, comme constituant un nantissement, la cession d'un fonds de commerce faite par le débiteur à son créancier, pour l'exploiter jusqu'à parfait remboursement de sa créance (Paris, 21 nov. 1862, aff. Cazaubon, Teulet. 12.97).

91. Peut-on saisir une marque? — M. Rendu se prononce pour l'affirmative ; la marque, selon lui, est, comme tout ce qui appartient au débiteur, le gage de ses créanciers, et la saisie de la marque peut avoir beaucoup d'intérêt dans le cas où la marque aurait acquis une grande notoriété et par suite une grande valeur commerciale (1). M. Bédarride soutient énergiquement la négative ; il fait observer que la marque est la signature de l'industriel qui l'emploie, qu'elle est le signe de la personnalité du fabricant ou du commerçant, et qu'on ne concevrait pas la saisie d'une personnalité, d'un nom, d'une signature séparément de l'objet sur lequel ce nom ou cette signature est apposée. « Objectera-t-on, continue « M. Bédarride, que le propriétaire de la marque peut la céder

(1) V. Rendu, n° 110.

« ou la vendre ; mais le nom peut être également cédé et « vendu, et en conclura-t-on qu'il peut être saisi? D'ail- « leurs, le propriétaire qui vend sa marque, communique ses « procédés de fabrication et met son successeur à même de « soutenir et de continuer la réputation que cette marque « s'est acquise. C'est même ce qui fait le prix réel de la ces- « sion. Cette communication, le créancier saisissant est-il en « état de la donner? Que serait donc en ses mains la marque « et comment pourrait-il en retirer jamais les frais de la « saisie (1)? »

Entre ces deux opinions, nous choisirions de préférence la seconde, en faisant toutefois certaines réserves. Aussi, quand M. Bédarride dit qu'il ne conçoit pas la saisie de la marque séparément de l'objet auquel elle s'applique, nous sommes pleinement de son avis. Nous ne comprendrions pas qu'un créancier fît saisir la marque de son débiteur et la fît vendre aux enchères, de telle façon que le fabricant, exproprié de sa marque, conserverait le droit de continuer sa fabrication et perdrait celui de désigner désormais son produit sous le nom qui l'a fait connaître. Une pareille solution irait contre le but même que s'est proposé le législateur : la marque sert à distinguer les produits d'une fabrication, à empêcher qu'ils ne soient confondus avec ceux d'une fabrique rivale; or, comment admettre que, par le simple effet d'une saisie, une marque qui, depuis de longues années, désigne les produits d'une certaine maison, puisse tout à coup, d'une minute à l'autre, être interdite pour ces produits dont elle était, aux yeux de tous, le signe distinctif, et servir à en désigner d'autres? La loi, si elle permettait cela, se donnerait un démenti à elle-même, elle déferait d'une main ce qu'elle édifie de l'autre. On ne peut faire au législateur une pareille injure. La seule chose que le créancier puisse faire, c'est de saisir l'établissement industriel, le fonds de commerce, et de le faire vendre. La question naît alors de savoir si la vente, ainsi poursuivie judiciairement, emporte avec elle la vente de la marque attachée à l'établissement commercial. La question, à notre sens,

(1) V. Bédarride, n° 878.

ne se peut pas poser autrement. Ainsi posée, elle doit se résoudre par une distinction; que l'adjudicataire ait le droit de se dire le successeur de la maison dont il achète le fonds, c'est ce qui nous semble ne pouvoir faire de doute pour personne; qu'il ait le droit de conserver l'enseigne, les flacons, les étiquettes, les dénominations de produits dont on se servait avant lui; qu'il jouisse en un mot de la marque, si cette marque est purement emblématique, cela peut encore paraître naturel et être accepté, à la rigueur, comme une conséquence de son achat. Mais, si la marque consiste dans le nom du commerçant lui-même, dans sa signature, dans sa griffe, comme il arrive souvent, ne semblerait-il pas exorbitant que l'exproprié le fût en même temps de son nom et de sa signature? Cette question, au surplus, se rattache à celle de savoir si le commerçant, ainsi dépossédé par l'ordre de justice, perd ou ne perd pas son droit à se rétablir, à fonder une autre exploitation de produits similaires, et nous l'examinerons en son lieu (1).

92. La marque tombe-t-elle dans la communauté? — La marque est une propriété essentiellement mobilière et, comme telle, tombe dans la communauté, à moins de conventions contraires (2). Ce que nous avons dit du brevet sur ce point s'applique également à la marque.

CHAPITRE IV.

TRANSMISSION.

SOMMAIRE.

93. Cession des marques. — 94. Cession totale. — 95. Cession partielle. — 96. Cession à titre gratuit. — 97. Cession à titre onéreux. — 97 *bis*. *Jurisprudence*. — 98. La vente du fonds de commerce emporte cession de la marque. — 98 *bis*. Monopole des allumettes; expropriation; exception à la règle précédente. — 99. Le dépôt profite au cessionnaire.

93. Cession des marques. — Puisque la marque con-

---

(1) V. *infrà*, n° 601.
(2) V. Rendu, n° 104.

stitue une propriété, celui à qui elle appartient en peut disposer, soit à titre gratuit, soit à titre onéreux, en tout ou en partie, isolément ou avec le fonds de commerce dont elle dépend et dont elle est l'accessoire. Les parties ont à cet égard la liberté la plus complète, et leurs conventions n'ont d'autres règles que leur propre volonté.

94. Cession totale. — La cession sera totale si le propriétaire de la marque se dépouille d'une façon absolue du droit de se servir ou du droit d'en faire jouir d'autres que le cessionnaire, s'il met, en un mot, son cessionnaire en son lieu et place, et lui transmet tout ce qu'il possédait lui-même. En ce cas, il devient, après la cession, un véritable tiers à l'égard de la marque, et il ne pourrait l'employer de nouveau sous peine d'usurpation, et sans s'exposer aux pénalités qui atteignent cette usurpation (1).

95. Cession partielle. — La cession est partielle, lorsque le propriétaire de la marque garde pour lui le droit d'en jouir et ne fait qu'en partager la propriété avec le cessionnaire, par exemple en le lui concédant à titre exclusif pour un temps ou pour un lieu déterminé. Le consignataire exclusif pour la France d'un produit provenant d'une fabrique étrangère, serait à bon droit considéré comme cessionnaire partiel de la propriété de la marque sous laquelle le produit est connu (2). La cession est encore partielle, lorsque le cessionnaire, au lieu d'acquérir la propriété ou la copropriété de la marque, obtient seulement la permission d'en user. Le contrat serait alors ce qu'est la licence en matière de brevet, et constituerait au profit du licencié les mêmes droits, c'est-à-dire — c'est du moins l'avis de M. Bédarride — qu'à la différence de la cession proprement dite, la licence ne l'investirait d'aucune action contre les contrefacteurs (3).

Jugé, dans cet ordre d'idées, qu'un fabricant ne peut être privé du droit de revendiquer l'usage exclusif de la marque qu'il a régulièrement déposée qu'autant qu'il serait démontré

---

(1) V. Paris, 13 juin 1854 et Rej., 13 fév. 1855, aff. Bajou, Teulet.3. 405.

(2) V. Amiens, 21 juin 1873, aff. Peter Lawson, Pataille.73.378.

(3) V. Bédarride, n° 972.

qu'il en aurait consenti la cession sans réserve ou qu'il en aurait fait l'abandon d'une manière absolue, c'est-à-dire avec la volonté non équivoque de la laisser tomber dans le domaine public : spécialement, le fait par un fabricant de consentir que les détaillants auxquels il vend son produit le vendent eux-mêmes sous sa marque, associé non plus à son nom, mais au nom desdits établissements, ne constitue pas de sa part un abandon de sa marque ; tout ce qu'il est possible d'inférer de cette circonstance, c'est que, ponr la facilité de sa vente, il a accordé l'usage de sa marque à ceux qui s'approvisionnent de ses produits et autant qu'ils continueront à le faire, sauf à leur retirer cette autorisation dès qu'ils l'emploieraient à couvrir des produits provenant d'une autre fabrication (Paris, 17 mars 1877, aff. Carrère, Pataille.80.186).

96. Cession à titre gratuit. — La cession à titre gratuit ne peut se faire qu'en se conformant aux prescriptions du Code civil sur les donations. La règle générale s'applique en cette matière comme en toute autre ; nous l'avons déjà dit dans notre *Traité des brevets ;* nous ne pouvons que le répéter ici.

97. Cession à titre onéreux. — Ici encore ce sont les principes généraux qui s'appliquent ; la loi spéciale ne contient aucune règle particulière. En matière de brevets, nous l'avons vu, la cession n'est valable à l'égard des tiers que si certaines formalités déterminées ont été remplies ; en matière de marque, il en est tout autrement ; la liberté des contractants est absolue ; aucun acte n'est exigé (1) ; la vente, aux termes de l'article 1138 du Code civil, est parfaite par le seul consentement des parties ; la preuve de la vente se fait, en cas de cession verbale, par tous les moyens autorisés par la loi, correspondance, livres de commerce et même au besoin preuve testimoniale (2). Il est évident toutefois que, une pareille

(1) La loi italienne du 30 août 1868 contient (art. 2) la disposition suivante : « L'ayant cause ou le successeur industriel ou commercial qui « voudra conserver la marque de son auteur devra en faire la déclaration sur papier marqué d'un franc. »

(2) V. Rendu, n° 98. — V. pourtant Bordeaux, 26 juill. 1878, aff. Cathrin, Pataille.78.249.

preuve étant toujours fort difficile, la plus vulgaire prudence commande de se pourvoir d'un titre, de manière à ne pas être embarrassé de prouver la réalité de la cession, et même, autant que possible, de le faire enregistrer ; si cette dernière précaution est inutile pour prouver la cession entre les parties contractantes, elle sert du moins à l'égard des tiers, et cela a parfois une importance extrême ; on peut, en effet, supposer deux cessions de la même marque faites successivement, à deux personnes différentes ; or, il est clair que la seconde cession, si elle était enregistrée, devrait primer la première, quoiqu'elle lui fût postérieure en date. M. Deschamps enseigne pourtant que, des deux cessionnaires successifs de la même marque, celui qui aurait était mis en possession le premier, et qui, par suite, aurait le premier, avec l'assentiment du cédant, fait emploi de la marque, devrait être considéré comme en étant le légitime propriétaire : il s'agit, en effet, dit-il, d'un droit mobilier, et c'est le cas d'appliquer le principe général de l'article 1141 (1).

L'enregistrement a également son utilité vis-à-vis des contrefacteurs, qui sont portés à nier non seulement la date de la cession, ce qui est de peu d'intérêt pour eux, mais jusqu'à la qualité du cessionnaire, et prétendent volontiers, pour peu que les circonstances s'y prêtent, que les actes sans date certaine ont été faits pour les besoins du procès. Il ne faut pas perdre de vue, en effet, que, si la loi n'exige aucune forme particulière pour les cessions de marques, le cessionnaire n'en est pas moins tenu, vis-à-vis des tiers, et par conséquent vis-à-vis des contrefacteurs, de justifier de son droit. Il ne lui suffit pas de dire : Je suis cessionnaire ; il faut qu'il le prouve, et, en l'absence d'un acte régulier, il peut être fort embarrassé.

M. Rendu va même jusqu'à enseigner (mais assurément il se trompe) que, si la marque est cédée après que le dépôt en a été opéré, le concessionnaire ne peut poursuivre en son nom les contrefacteurs qu'autant qu'il produit un acte de cession enregistré, et qu'à défaut de cette justification, il doit

(1) V. Deschamps, *Étude sur la propr. indust.*, p. 70.

agir au nom de l'auteur du dépôt, c'est-à-dire au nom de son cédant (1).

97 *bis*. **Jurisprudence.** — Il a été jugé : 1° que la cession d'un droit de propriété artistique, qui n'a pas date certaine, n'est opposable ni aux tiers ni aux autres cessionnaires de l'auteur; en conséquence, le second cessionnaire qui a fait enregistrer son titre doit être maintenu en possession du droit qu'il lui confère, encore bien que l'enregistrement n'aurait eu lieu que postérieurement à des saisies que le premier cessionnaire aurait fait pratiquer sur le second (Trib. civ. Seine, 23 déc. 1868, aff. Pisani, Pataille.69.52); 2° que, dans tous les cas, l'autorisation qu'un prévenu prétendrait avoir obtenue du propriétaire de la marque d'en faire lui-même usage, constitue une convention relative à une valeur de plus de 150 francs, et dans tous les cas à une valeur indéterminée dont la preuve ne peut se faire que par écrit; le moyen de défense, tiré d'un accord purement verbal, doit donc être écarté sans débat (Bordeaux, 26 juill. 1878, aff. Cathrin, Pataille.78.249).

98. La vente du fonds de commerce emporte cession de la marque. — La vente de l'établissement commercial comprend virtuellement la marque, qui n'en est qu'un des signes extérieurs, l'un des accessoires obligés. Sans aucun doute, le vendeur peut réserver la propriété de la marque, et ne pas la céder avec son établissement; mais ce sera un cas si rare, si anormal, que, en l'absence d'une stipulation précise, d'une réserve formelle, on devra supposer que son intention a été de céder l'accessoire avec le principal, la marque avec le fonds de commerce. Nous sommes donc pleinement de l'avis de M. Bédarride lorsqu'il dit : « Il est de jurisprudence que la vente d'un fonds de commerce emporte pour « l'acheteur, à moins de stipulation contraire, le droit de « faire usage des enseignes et attributs du vendeur. Or, de « tous les attributs d'un commerce, en est-il un de plus précieux que la marque, qui, s'imposant à la confiance du « public, est le seul lien capable d'assurer la conservation de « l'achalandage, dont la valeur entre ordinairement pour

(1) V. Rendu, n° 99. — Comp. *infrà*, n° 99.

« beaucoup dans le prix de vente? Ainsi, que la marque soit « nominale, qu'elle soit symbolique, elle devient la propriété « de l'acheteur ou du cessionnaire de l'établissement... Il est « recevable et fondé à poursuivre, même par la voie correc- « tionnelle, non seulement les tiers qui en feraient usage, « mais encore le vendeur lui-même, s'il l'employait dans « une industrie similaire. » Et il ajoute : « Dans tous les cas, « la loi ne pouvait se montrer plus jalouse de la réputation « d'un fabricant ou d'un commerçant que ce commerçant ou « ce fabricant lui-même. Elle ne pouvait que lui donner le « moyen de sauvegarder la réputation qu'il s'est acquise, « contre l'impéritie, l'abus ou les fraudes de son successeur. « Ce moyen, elle l'a assuré par la liberté absolue qu'elle laisse « aux stipulations de la cession et par la faculté de modifier, « de limiter et même d'interdire au concessionnaire le droit « d'user du nom et de la marque. Si le cédant n'use pas du « remède qui lui est permis, c'est qu'il a intérêt à s'en abste- « nir. Il est évident, en effet, que l'interdiction de se servir « de la marque ou que l'obligation de la modifier influerait « puissamment sur la détermination du prix. Si donc, fer- « mant volontairement les yeux sur les inconvénients que la « cession pure et simple peut offrir, il a stipulé et reçu le « prix le plus haut, où seraient la convenance et la justice « de le protéger contre ces inconvénients et de l'exonérer de « la loi qu'il a lui-même dictée? Ainsi, le concessionnaire a le « droit de se servir de la marque, même nominale, qui dési- « gne l'établissement qu'il a acquis, de la même manière « que le faisait le cédant, sans restrictions, sans modifica- « tions autres que celles que lui imposerait expressément « l'acte de vente ou de cession (1). » Il suit de là, comme le remarque M. Bédarride, qu'un contrefacteur ne pourrait repousser l'action dirigée contre lui par l'unique motif que le poursuivant, concessionnaire d'un fonds de commerce, n'aurait pas été mis par l'acte de vente nommément en possession de la marque dépendant de ce fonds. La présomption serait

(1) Bédarride, n° 874. — V. Rendu, n° 100; Blanc, p. 723. — Comp. *infrà*, n° 548.

qu'il y a eu tout à la fois cession du fonds et de la marque, et ce serait au contrefacteur à détruire cette présomption par des preuves contraires et sûres (1).

Jugé, en ce sens, que le commerçant qui vend son achalandage cède en même temps, à moins de réserve contraire, la toute propriété de sa marque de fabrique, laquelle compose la véritable valeur du fonds de commerce, puisque c'est à elle qu'est attachée la clientèle ; il s'ensuit que, dans le cas où il ne s'est pas interdit de se rétablir et où il se rétablit en effet, il ne saurait appliquer son ancienne marque aux produits de sa fabrication ; ce serait non seulement vouloir reprendre la chose cédée et dont il a touché le prix, mais encore profiter abusivement de l'extension que son successeur a donnée à sa clientèle (Paris, 13 juin 1854, aff. Bajou (2), Teulet, 3.405).

98 *bis*. Monopole des allumettes; expropriation; exception à la règle précédente. — Il a été jugé, par exception à la règle précédente (et cette décision doit être approuvée), que, s'il est de principe que la marque de fabrique est l'accessoire du fonds de commerce et est, d'ordinaire, comprise dans la cession qui est faite du fonds, cette règle n'a pas à recevoir son application à l'occasion de la loi qui a prononcé l'expropriation des fabriques d'allumettes et constitué de ce chef un monopole au profit de l'État ; en ce cas, en effet, les fabricants, dépossédés du droit d'exercer leur industrie sur le sol français, ont conservé, après comme avant, leur personnalité commerciale, et, maîtres de porter leurs établissements à l'étranger, ils ont gardé, en même temps, la propriété exclusive des signes extérieurs qui en signalent les produits (Rej. 8 nov. 1880, aff. Caussemille et Roche (3), Pataille.81.280).

99. Le dépôt profite au cessionnaire. — Le cessionnaire jouit de la marque à lui cédée sans être le moins du monde astreint à faire un nouveau dépôt en son nom. Le

(1) V. Bédarride, n° 972.
(2) V. aussi Rej. 13 fév. 1855, même aff., *eod. loc.*
(3) V. Paris, 27 fév. 1880, même aff., Pataille.80.156.

dépôt fait par son auteur lui profite de plein droit. C'est à lui, au contraire, qu'incombe naturellement l'obligation de renouveler le dépôt après quinze ans écoulés, et ce renouvellement il l'opère alors en son nom.

CHAPITRE V.

DÉPOT.

SECTION Ire.

Caractères et effets du dépôt.

SOMMAIRE.

100. A quoi sert le dépôt? — 101. Caractères du dépôt sous l'empire de la loi de germinal. — 102. Caractères du dépôt sous l'empire de la loi nouvelle. — 103. Système de M. Rendu. — 104. *Jurisprudence.* — 105. *Jurisprudence* (suite). — 106. *Jurisprudence* (suite). — 107. *Jurisprudence contraire.* — 108. Peut-on poursuivre les faits d'usurpation antérieurs au dépôt? — 109. *Quid* au correctionnel? — 110. *Quid* du dépôt opéré au cours de la poursuite? — 111. *Quid* du dépôt fait sans droit par un tiers? — 112. Le dépôt fixe l'étendue du droit. — 112 bis. *Jurisprudence.*

100. A quoi sert le dépôt? — Le rapporteur a expliqué ainsi le but et l'utilité du dépôt : « Il est nécessaire de « faire connaître à tous que tel signe, hier dans le domaine « public, est devenu maintenant une propriété particulière « et exclusive. S'il convient de protéger cette propriété, il « faut aussi prévenir les contrefaçons involontaires. Le dépôt « est la constatation officielle de cette prise de possession, la « notification au public de ce droit de propriété ; il ne le crée « pas, il le révèle (1). » Le dépôt a donc pour objet de mettre

---

(1) V. *infrà*, Appendice, 1re partie, chap. II, sect. 1re, art. 2.

les tiers en garde contre une usurpation involontaire ; et, s'il importe aux tiers d'être ainsi avertis, c'est que le dépôt a en même temps et surtout pour effet d'attacher à la marque une garantie spéciale, qu'elle n'aurait pas sans cela, la garantie des peines correctionnelles qui frappent le contrefacteur. La marque non déposée constitue bien une propriété au profit du négociant qui l'a adoptée, mais, pour la faire respecter, il ne peut faire appel qu'à la loi civile ; au contraire, la loi pénale protège la marque déposée, et celui qui l'usurpe, assimilé à un voleur, se rend passible de l'amende et de l'emprisonnement. On le voit, l'utilité du dépôt est considérable pour le négociant, et la différence est grande entre la marque déposée et celle qui ne l'est pas. Le dépôt a d'autres avantages : il donne une date certaine à la prise de possession de la marque, il en fixe d'une manière indiscutable les éléments et la figure, de telle sorte qu'à partir du dépôt nulle chicane ne peut, à l'aide de témoignages plus ou moins intéressés, équivoquer, comme il arrive quelquefois, soit sur l'époque où la marque a paru, soit sur les caractères qu'elle présentait à l'origine.

Notons un dernier avantage du dépôt : il permet d'obtenir le timbrage de la marque par l'État, timbrage qui, aux termes de la loi du 26 novembre 1873, assure au propriétaire de la marque déposée une précieuse et nouvelle garantie (1).

101. Caractères du dépôt sous l'empire de la loi de germinal. — Sous l'empire de la loi de germinal an XI, les auteurs étaient à peu près unanimes à reconnaître que le dépôt était simplement déclaratif, non attributif de propriété (2). Merlin émettait la même opinion en disant que, « à défaut de dépôt, le fabricant qui a le premier employé « une marque est présumé en abandonner, *quant à présent*, « sinon la propriété, du moins l'usage au public (3). » La Cour de cassation avait fixé sa jurisprudence dans le même

(1) V. *infrà*, n° 340.

(2) V. Blanc, p. 767.

(3) V. Merlin, *Quest.*, v° *Marque de fabrique*, § 2.

sens. Cela, au surplus, résultait expressément des termes de la loi; en effet, l'article 5 disposait : « Tout fabricant qui « voudra pouvoir revendiquer devant les tribunaux la pro- « priété de sa marque sera tenu de l'établir d'une manière « assez distincte des autres pour qu'elles ne puissent être « confondues et prises l'une pour l'autre. » De son côté, l'article 7 disposait : « Nul ne sera admis à intenter une ac- « tion en contrefaçon de sa marque s'il n'a déposé sa marque. » Il est clair que le législateur avait entendu ne subordonner la propriété de la marque à aucune formalité, et ne faisait du dépôt que la condition de recevabilité de l'action en contrefaçon.

M. Gastambide conclut de là que, sous l'empire de la loi de germinal, le défaut de dépôt n'avait pour effet que de priver le propriétaire de la marque du bénéfice de la loi pénale, la loi civile ne continuant pas moins de le protéger. A l'appui de cette opinion, il donne une excellente raison. « Comment « supposer, dit-il, que la loi ait trouvé un avantage quel- « conque à faire entrer dans le domaine de tous une marque « qui n'a en soi aucune utilité et qui n'est bonne que pour « celui qui l'a adoptée? Le dépôt, en matière de marque, « n'est donc pas une déclaration de propriété, mais une dé- « claration de l'intention où est le propriétaire de la marque « de poursuivre les contrefacteurs comme faussaires. A « défaut de dépôt, la propriété de la marque rentre dans le « droit commun et a droit à la protection de l'article 1382 du « Code civil (1). »

102. Caractères du dépôt sous la loi nouvelle. — L'article 2 de la loi est ainsi conçu : « Nul ne peut reven- « diquer la propriété exclusive d'une marque s'il n'a déposé « deux exemplaires du modèle de cette marque au greffe du « tribunal de commerce de son domicile. » Cette rédaction est très différente de celle proposée par le projet, dans lequel on lisait : « Nul ne peut acquérir la propriété exclusive d'une « marque s'il ne dépose, etc. » ; et ailleurs : « La propriété « de la marque n'est acquise au déposant qu'à partir du jour

(1) Gastambide, p. 423.

« du dépôt. » On le voit, la rédaction définitive de la loi ne ressemble point à celle du projet : tandis que le projet attachait l'origine de la propriété au fait même du dépôt, la loi, telle qu'elle a été votée, ne l'exige que *pour la revendication* de la propriété de la marque.

Cette différence est clairement expliquée par le rapport, qui s'exprime ainsi : « Le dépôt est-il attributif ou seulement « déclaratif de la propriété des marques? C'est là une ques- « tion grave, controversée encore sous la législation existant « aujourd'hui, et que le projet du gouvernement tranchait « en faisant acquérir la propriété par le dépôt. Que tout « fabricant, que tout commerçant doivent, pour s'assurer le « bénéfice de la loi, déposer une marque qui est une source « de fortune pour lui, un gage de confiance pour le public, « cela est évident. Il y a imprudence à agir autrement, et la « loi n'a pas à le protéger plus qu'il ne fait lui-même. Mais « fallait-il le dépouiller de sa propriété cet industriel, si « négligent qu'il fût, à ce point qu'il pût être poursuivi par « un tiers qui, non content d'usurper sa marque, en aurait « opéré le dépôt? Telle eût été, en effet, la conséquence « fatale d'un principe rigoureux : il nous a paru dangereux « de faire dépendre de l'accomplissement d'une formalité, « de soumettre à la. chance d'une diligence plus active, la « propriété d'une marque qui, le plus souvent, tire son im- « portance de son ancienneté et n'a pas été déposée à cause « de son ancienneté même.... Ainsi donc, au propriétaire « d'une marque déposée, le bénéfice de la loi actuelle, des « garanties spéciales qu'elle institue et des actions qu'elle « organise; à celui qui n'effectue pas le dépôt, le droit com- « mun. Il se servira de sa marque sans pouvoir en être « dépouillé, et il demandera à l'article 1382 du Code ci- « vil les moyens de se défendre contre toute concurrence « déloyale.

« Le dépôt a d'autres avantages qui en justifient surabon- « damment la nécessité. Il donne, dans les questions de « priorité, un élément de certitude; dans les questions de « contrefaçon, une pièce de comparaison irrécusable (1). »

---

(1) V. *infrà*, Appendice, 1re partie, chap. II, sect. 1re.

Il est impossible d'être plus clair. Concluons, par conséquent, sous l'empire de la loi de 1857, comme M. Gastambide concluait déjà sous l'empire de la loi de germinal, que le dépôt est déclaratif, non attributif de propriété ; en d'autres termes, le dépôt constate la propriété de la marque, il ne la crée pas. Peu importe que le propriétaire de la marque en ait fait usage avant de la déposer, il ne compromet pas son droit pour cela. Ce dépôt, en effet, ne sert — nous venons de le voir — qu'à lui assurer le moyen de mieux défendre sa propriété. Par la même raison, le fait du dépôt n'empêche pas les tiers d'user de la marque, si elle est du domaine public, et ne met pas obstacle, en cas de poursuite, à ce qu'ils fassent la preuve des antériorités sur lesquelles ils croient pouvoir se fonder (1).

M. Bédarride s'élève contre cette doctrine, dont il trouve certaines conséquences injustes, et termine ainsi : « Nous « croyons que le dépôt est attributif et non déclaratif de la « propriété, et que c'est ce qui s'ensuit du texte de l'article 2. « Nous reconnaissons, toutefois, que la discussion législative « a donné un autre sens à cet article et que ce sens se corro- « bore du rejet des articles 2 et 3 du projet (2). »

Quant à M. Duvergier, il est plus explicite encore : s'appuyant sur le texte littéral de l'article 2 et ne tenant aucun compte des passages du rapport qui l'expliquent, il émet cette opinion que, sans dépôt, il n'y a pas de propriété exclusive de la marque. Si donc un tiers dépose une marque qu'un concurrent possédait antérieurement, ce tiers est en droit d'user de sa marque, même à l'encontre du premier possesseur. Sans doute, son droit ne va pas jusqu'à pouvoir en interdire l'usage au premier possesseur, mais il en jouit lui-même concurremment (3). Quelle que soit l'autorité qui s'attache d'ordinaire à l'opinion de M. Duvergier, il faut reconnaître qu'ici elle est contraire au sens formel du texte aussi bien qu'à l'es-

(1) V. notre article dans la *Prop. ind.*, n° 315. — V. toutefois un article de M. Huard, n° 448. — V. Calmels, n° 448. — V. aussi Pataille.69. 114.

(2) Bédarride, n° 860.

(3) V. Duvergier, 1857, p. 188, note 3.

prit dans lequel, par voie d'amendement, a été rédigé l'article 2.

103. Système de M. Rendu. — M. Rendu, tout en se rangeant en définitive au même sentiment que nous (1), fait cependant une distinction assez subtile que nous devons noter. « La marque, dit-il, peut être considérée en elle-même, et « indépendamment des effets commerciaux qu'elle a pu pro- « duire, comme une propriété exclusive, comme un signe « réservé d'une manière privative et absolue à un individu, « de telle sorte que celui-ci ait le droit de le revendiquer, en « tant que sa chose, contre toute personne. Elle peut, à un « autre point de vue, être considérée comme étant, ainsi que « l'enseigne, l'un des éléments d'une propriété plus large, « plus générale, l'achalandage de la fabrique ou de la maison « de commerce. Pour qu'elle joue ce dernier rôle, il ne suffit « pas qu'elle ait été choisie : il faut qu'elle ait été employée, « qu'elle ait passé dans l'usage, qu'elle ait acquis vis-à-vis « du public une certaine notoriété. En un mot, nous croyons « pouvoir concilier les textes avec les principes et lever toutes « les difficultés qui ont donné lieu à tant de contradictions et « de controverses, en concluant avec la loi qu'il n'existe aucune « action pour la revendication pure et simple de la propriété « d'une marque non déposée ; mais que, si l'usage habituel « d'une marque en a fait un des éléments de l'achalandage « d'une maison, son adoption par un tiers constituera un fait « répréhensible, un fait d'usurpation donnant lieu à une « demande en dommages-intérêts pour concurrence illicite ; « demande basée non plus sur le seul fait de l'emprunt d'une « marque réservée, mais sur un ensemble de circonstances « établissant le préjudice d'une part et la déloyauté de « l'autre (2). »

Dans le système de M. Rendu, le dépôt de la marque donne au déposant non seulement l'action correctionnelle contre ses imitateurs de mauvaise foi, mais encore le droit de leur interdire l'usage de cette marque, même au cas où l'imitation

---

(1) V. Rendu, n° 68.
(2) V. Rendu, n° 77.

aurait été involontaire et où elle ne lui aurait causé aucun préjudice. Le dépôt, en un mot, lui assure la propriété privative, exclusive, de cette marque, en dehors de toute question d'imitation intentionnelle ou fortuite. Au contraire, s'il n'a pas déposé sa marque, il ne peut en interdire l'usage à ceux qui s'en serviraient que s'il établit contre eux la mauvaise foi et le préjudice, c'est-à-dire, suivant M. Rendu, une concurrence déloyale. Il ne suffit pas que sa marque soit reproduite par un tiers pour qu'il se puisse plaindre, il faut encore qu'elle l'ait été intentionnellement et qu'il en résulte à son détriment un réel dommage. En l'absence de ces deux conditions, le fabricant qui n'a pas déposé sa marque est sans action.

Cette opinion de M. Rendu n'a pas prévalu et ne pouvait prévaloir dans la pratique. Les tribunaux de commerce n'ont jamais hésité, tout en reconnaissant la bonne foi de l'imitateur, à lui faire défense d'employer à l'avenir la marque incriminée. Cette défense est fort juste. La bonne foi de l'imitateur laisse subsister le préjudice : ce préjudice, il faut d'abord le réparer; il faut ensuite l'empêcher de se reproduire. A quoi servirait l'article 1382 du Code civil, si, dans un cas pareil, les tribunaux n'avaient pas le droit de l'appliquer? Ajoutons que le procès fait à un imitateur de bonne foi a précisément pour effet de faire cesser sa bonne foi et de le constituer en faute. Cela, du reste, nous le répétons, n'a jamais fait doute.

Faisons une autre remarque : on pourrait croire, en prenant au pied de la lettre les expressions trop générales de M. Rendu, que la seule imitation de la marque — volontaire, cette fois, bien entendu, et dommageable — ne peut devenir la base d'une action, si elle n'est, d'ailleurs, accompagnée d'autres faits de concurrence déloyale; ce serait une grave erreur; la concurrence est déloyale dès qu'il y a, en dehors de tout autre fait, imitation intentionnelle, volonté de confusion avec une maison rivale.

La seule différence qui puisse être signalée entre la marque qui a été déposée et celle qui ne l'a pas été, c'est que l'usurpation de l'une est punie de peines correctionnelles, tandis que l'usurpation de l'autre ne donne lieu qu'à une réparation civile, dans les termes du droit commun.

104. Jurisprudence (1). — Il a été jugé, dès avant la loi de 1857 : 1° que le dépôt est simplement déclaratif de la propriété de la marque ; il ne constitue qu'une présomption qui peut être combattue et détruite par la preuve contraire (Rouen, 30 nov. 1840, aff. Bresson, J.Pal.41.1.232) ; 2° que la propriété d'une marque de fabrique existe indépendamment du dépôt (Colmar, 29 août 1853, aff. Dollfus-Mieg, Le Hir. 64.2.18) ; — 3° Jugé, toutefois, qu'un fabricant ne peut réclamer un droit privatif pour le mode d'empaquetage de ses produits (enveloppe bleue avec bande transversale de couleur chamois), s'il n'a pas fait de dépôt conformément à la loi (Trib. comm. Seine, 15 fév. 1855, aff. Morel-Fatio, Teulet, 4.195).

105. Jurisprudence [*suite*] (2). — Il a été jugé, dans le même sens, depuis la loi de 1857 : 1° que le dépôt d'une marque n'est pas attributif d'un droit de propriété sur la marque déposée et fait naître seulement au profit du déposant une présomption de propriété qui peut être renversée par la preuve que font d'autres fabricants d'un usage de la marque antérieur au dépôt (Metz, 31 déc. 1861, aff. Somborn et Ce, J. Pal.63.608) ; 2° que le dépôt ne constitue pas le droit exclusif à la propriété de la marque et est nécessaire seulement pour en exercer la revendication (Rej., 10 mars 1864, aff. Calmel, Pataille.64.193) ; 3° que l'usage d'une marque, antérieurement au dépôt, ne la fait pas tomber dans le domaine public et ne fait pas obstacle à ce que plus tard le propriétaire de cette marque ne s'assure un droit privatif (Paris, 17 janv. 1867, aff. Sargent, Pataille.67.21) ; 4° que, la propriété de la marque résultant, non du dépôt, mais de la priorité d'emploi, le fait qu'un tiers en ait fait usage avant

---

(1) V. encore Rej. 28 mai 1822, aff. Guérin, Dall., v° *Industrie*, n° 320 ; Rej. 14 janv. 1828, aff. Guiraud, Dall., v° *Industr.*, n° 290 ; Rej. 17 mai 1843, aff. Delon, Sir.43.1.702 ; Rej. 6 août 1847, aff. Braquenié, *le Droit*, 29 septembre.

(2) V. égal. Montpellier, 27 juin 1862, aff. Bardou, Pataille.62.273 ; Paris, 30 juin 1865, aff. Vix, Pataille.65.344. — V. aussi Rej. 21 mai 1874, aff. Peter Lawson, Pataille.74.153.

que le propriétaire en ait opéré le dépôt ne saurait légitimer cet usage (Trib. comm. Rouen, 31 nov. 1867, aff. Lévy, Pataille.68.105).

106. Jurisprudence (*suite*).—Il a étéjugé de même : 1° que des entreprises, effectuées contre une marque antérieurement au dépôt, ne créent pas une fin de non-recevoir contre le propriétaire de la marque ; il est en effet certain, surtout depuis la loi de 1857, qu'en matière de marques de fabrique et de commerce le dépôt est déclaratif et non attributif de propriété ; d'où il suit que l'usurpation, antérieure au dépôt, laisse aux droits légitimes attaqués par elle tous les moyens de s'en défendre et d'en triompher : dans l'hypothèse de cette usurpation préalable, il convient peut-être de distinguer entre les faits qui ont précédé le dépôt et ceux qui l'ont suivi, afin de demander la réparation du dommage à la juridiction compétente ; mais là se borne la différence des deux situations et des conséquences qui en découlent, et il faudrait s'écarter entièrement des principes et des volontés de la loi pour admettre le contraire (Paris, 4 fév. 1869, aff. Kerr et Clark, Pataille. 69.259) ; 2° que la propriété d'une dénomination ou d'une marque s'acquiert par le premier usage qui en a été fait, indépendamment et en dehors de tout dépôt : en conséquence, si le dépôt est nécessaire pour invoquer les dispositions particulières de la loi de 1857 sur les marques, l'usage antérieur qu'un industriel a fait d'une dénomination ou d'une marque ne saurait lui être opposé comme l'ayant fait tomber dans le domaine public (Paris, 19 mai 1870, aff. Louis Garnier, Pataille.70.219); 3° que le dépôt opéré par un fabricant ne lui attribue un droit exclusif à la marque ainsi déposée par lui que si, antérieurement au dépôt, il en avait déjà seul la propriété : spécialement, le dépôt fait, en 1859, par un fabricant d'aiguilles, d'une marque composée d'une étoile en blanc avec chiffre en or au centre, est sans valeur, si cette marque était, dès avant cette époque, vulgaire dans cette industrie (Paris, 20 juillet 1872, aff. Neuss, Pataille.72.295); 4° que, le dépôt n'étant que déclaratif de la propriété de la marque, son absence ou son irrégularité ne rend pas le propriétaire irrecevable à réclamer la réparation du préjudice qu'il a souffert, en vertu du droit commun et de l'art. 1382 du Code civil

(Trib. civ. Lyon, 31 juill. 1872, aff. Ménier (1), Pataille. 73.29).

107. Jurisprudence contraire. — Il a été jugé pourtant (mais cette décision est isolée), que, dans l'économie de la loi de 1857, et notamment d'après les dispositions des articles 11 et 17, la propriété d'une marque est bien acquise à celui qui, le premier, en a fait usage, mais qu'elle ne lui appartient, d'une manière exclusive, qu'autant qu'il a manifesté l'intention d'en rester seul possesseur en déposant le modèle de cette marque en double exemplaire au greffe de son tribunal, d'où il suit que la mise en circulation d'une marque nouvelle, avant le dépôt régulièrement effectué, emporte déchéance de la possession exclusive; la marque non déposée est censée appartenir au domaine public, et son adoption par une industrie rivale n'est plus légalement réprimable, sauf le cas d'abus ou de fraude (Paris, 13 nov. 1861, aff. Dalbanne et Petit (2), Pataille.61.414).

108. Peut-on poursuivre les faits d'usurpation antérieurs au dépôt? — Si la poursuite a lieu devant la juridiction civile, l'affirmative ne saurait être douteuse; le rapport le dit en propres termes. Qu'importe, en effet, que les faits reprochés aient eu lieu avant ou depuis le dépôt, puisque, même en l'absence de dépôt, ils pourraient être également et de la même façon poursuivis.

Jugé en ce sens : 1° que la propriété d'une marque s'acquiert par l'usage qu'un commerçant en fait le premier et non par le dépôt; il est donc en droit d'actionner en dommages-intérêts ceux qui font usage de la même marque, encore que cet usage remonterait à une époque antérieure au dépôt, mais postérieure à la création de la marque (Trib. comm. Rouen, 31 nov. 1867, aff. Lévy, Pataille.68.105); 2° que l'accomplissement du dépôt autorise à poursuivre tous

(1) V. encore Aix, 8 août 1872, aff. Ménier, Pataille.73.29; Poitiers, 19 juill. 1872, aff. Meunier, Pataille.73.14; Aix, 29 déc. 1877, *Bull. de la Cour d'Aix*, 77.66; Trib. civ. Charleville, 17 août 1878, aff. Gendarme, Teulet.78.425.

(2) V. *Observ. crit.* de Pataille, *eod. loc.* — V. aussi Paris, 7 mars 1861, aff. Abadie, *Prop. ind.*, n° 172.

ceux qui ont contrefait ou imité la marque, même antérieurement au dépôt (Trib. civ. Lyon, 31 juill. 1872, aff. Ménier, Pataille.73.24).

109. *Quid* **au correctionnel?** — La question est assurément plus délicate si la poursuite a lieu devant le tribunal correctionnel. La plupart des auteurs pourtant se décident pour l'affirmative. M. Rendu, notamment, admet cela comme certain et comme une conséquence nécessaire du principe que nous avons posé plus haut, à savoir que le dépôt est simplement déclaratif, non attributif de propriété (1). M. Bédarride lui-même, tout en contestant le principe et ne s'élevant que contre le résultat auquel il conduit, pense que, le principe une fois admis, le résultat est juridique et légal (2). L'opinion contraire nous paraît cependant plus juridique. Le dépôt a pour but de prévenir les contrefaçons involontaires; il sert de notification au public, le rapport le dit en toutes lettres. D'où la conséquence immédiate, sur laquelle tout le monde est d'accord, que, en l'absence d'un dépôt, la poursuite correctionnelle est impossible. Comment dès lors admettre que le seul fait du dépôt permette de poursuivre correctionnellement une contrefaçon jusque-là considérée comme involontaire et innocente? Le fait qu'à partir du dépôt la contrefaçon sera réputée et présumée consciente, coupable, effacera-t-il le fait admis de la bonne foi antérieure? Supposez que l'imitateur de la marque a cessé son imitation avant même que le dépôt ait été effectué, est-il admissible, est-il raisonnable que le dépôt effectué donne au propriétaire de la marque le droit de poursuivre comme délits des faits accomplis pendant cette période présumée de bonne foi? Je sais bien qu'en matière de propriété artistique et littéraire il en est ainsi, et que le dépôt, exigé seulement pour la poursuite, permet d'atteindre, même par la voie correctionnelle, les faits antérieurs au dépôt. Mais quelle différence entre cette matière

---

(1) V. Rendu, n° 69; Calmels, n° 53.

(2) V. Bédarride, n° 62, qui cite Trib. crim. Seine, 8 fruct. an XI, aff. Lassault, Sir.1.2.159; Rej. 19 thermidor an XII, Sir.1.1.1023; Trib. civ. Seine, 18 mai 1836, *le Droit*, 19 mai.

et la nôtre ! Lorsqu'il y a imitation d'un livre ou d'une gravure, cette imitation est toujours volontaire. Jamais il n'est arrivé que deux auteurs se soient, sans se copier, rencontrés au point que l'une des œuvres soit la reproduction de l'autre. En pareille matière, quand il y a ressemblance, c'est qu'en même temps il y a copie. Aussi le dépôt est-il imposé non pour l'édification des tiers, mais pour l'enrichissement de nos bibliothèques et de nos musées. Il en est tout autrement ici. La ressemblance de deux marques peut être absolument fortuite. Un fabricant prend pour marque une étoile, une ancre ou tout autre emblème du domaine public. Qui s'étonnera qu'un autre fabricant, dans la même industrie et sans le moins du monde connaître la marque du premier, adopte à son tour le même emblème? Que pourra-t-on lui reprocher si, avant d'adopter cette marque, il est allé vérifier sur le registre du Conservatoire des Arts et Métiers qu'aucun dépôt n'en avait été fait, et si, plus tard, ayant appris qu'un concurrent possédait avant lui cette marque, il y a renoncé? Où sera sa faute? où sera seulement sa négligence? Admettre une autre opinion, n'est-ce pas encourager les propriétaires de marques à ne pas les déposer ou à en retarder le dépôt? N'est-ce pas leur permettre de tendre comme un piège à la bonne foi de leurs concurrents? Ces raisons, ce nous semble, méritent d'être examinées et méditées. Tout au moins serait-il juste de faire une distinction entre le cas où l'imitation de la marque, s'étant d'abord produite avant le dépôt, se sera continuée après, et le cas où cette imitation aura cessé avant que le dépôt ait été opéré, et, par suite, de décider que, dans ce second cas, la poursuite correctionnelle n'est pas possible. C'est le moins que la justice commande.

109 *bis*. **Jurisprudence.**— Il a été jugé en ce sens : 1° que, si le dépôt d'une marque n'est pas nécessaire pour en acquérir et même en conserver la propriété, ce dépôt, du moins, est indispensable pour invoquer le bénéfice de la loi de 1857 et spécialement pour pouvoir user, contre les imitateurs, de la voie correctionnelle : il s'ensuit que le propriétaire d'une marque n'est pas recevable à poursuivre devant les tribunaux correctionnels des faits d'usurpation antérieurs au dépôt

(Paris, 30 juin 1865, aff. Vix (1), Pataille. 65.344); 2° que, lorsque le propriétaire d'une marque déposée a négligé de renouveler son dépôt dans le délai de quinze années prescrit par la loi du 23 juin 1857, il perd son droit d'action et, par suite, tout droit à l'allocation de dommages-intérêts, au moins devant la juridiction correctionnelle, pour tout le temps qui s'est écoulé entre l'expiration des quinze années et le nouveau dépôt (Paris. 14 avril 1877, aff. Dupont, Pataille. 78.5); — 3° Jugé, pourtant, en sens contraire, que la responsabilité civile, qui se présente dans les affaires correctionnelles, doit, aux termes de l'article 74 du Code pénal, être jugée d'après les principes des articles 1382 et suivants du Code civil; il s'ensuit que, malgré le dépôt tardif de la marque, le plaignant est en droit de réclamer des dommages-intérêts aussi bien pour les faits d'usurpation antérieurs à son dépôt que pour les faits postérieurs (Trib. corr. Seine, 3 mars 1877, aff. Bobœuf, Pataille. 78.138).

110. *Quid* **du dépôt opéré au cours de la poursuite?** — Le dépôt qui serait opéré postérieurement à l'introduction de l'instance correctionnelle ne la rendrait pas recevable. Le texte de la loi est formel : le dépôt doit, à peine de nullité, précéder la poursuite ; toute revendication est impossible avant que le dépôt ait été effectué. Rien n'est plus juste, au surplus, puisque le dépôt a essentiellement pour objet de notifier officiellement au public la prise de possession de la marque et, par suite, de constituer les tiers en état de mauvaise foi. Sans doute, cette irrecevabilité n'aura pas, dans la plupart des cas, de graves conséquences. Le plaignant en sera quitte pour recommencer sa poursuite après son dépôt opéré, si mieux il n'aime user de l'action en concurrence déloyale qui lui demeure toujours ouverte. Ce seront donc quelques frais de plus et voilà tout ; mais, d'une part, il peut se faire que le poursuivi, mis sur ses gar-

(1) Conf. Trib. corr. Lille, 4 déc. 1872, aff. Descressonnières, Pataille. 74.132 ; Paris, 29 juin 1882, aff. Sasclehner, *la Loi*, 16 juillet. — V. Anal. Paris, 4 fév. 1869, aff. Kerr et Clark, Pataille. 69.259. — Comp. toutefois Paris, 29 nov. 1873, et Rej. 20 juin 1874, aff. Guillou, Pataille. 74.321.

des, ait fait disparaître toute trace, toute preuve de son usurpation ; d'autre part, il se peut qu'il s'agisse d'un fait déjà éloigné et que, dans l'intervalle, la prescription se soit accomplie (1).

111. *Quid* **du dépôt fait sans droit par un tiers ?** —Le dépôt, effectué sans droit par une personne qui n'est ni l'auteur ni le propriétaire de la marque, ne met pas obstacle à la revendication du légitime propriétaire (2). Ceci est encore une conséquence toute naturelle du principe que nous avons rappelé plus haut, à savoir que la propriété de la marque est indépendante du dépôt. Puisque la propriété dérive de la priorité de possession, il est évident que le fait par un tiers d'avoir, même de bonne foi, opéré le dépôt d'une marque, ne saurait lui donner aucun droit à l'encontre de celui qui la possédait antérieurement. Le dépôt, d'ailleurs, en ce cas, serait sans valeur à raison du défaut de nouveauté de la marque. Il faut, toutefois, que la possession soit publique et certaine ; elle ne pourrait résulter d'essais tenus secrets, d'une commande de dessin, d'un ordre d'imprimer, non plus que de l'exécution même du dessin ou de l'impression de l'étiquette. Le dépôt devrait, en effet, prévaloir contre une possession qui ne se serait affirmée par aucun acte de publicité, à moins, bien entendu, que le déposant n'eût lui-même connu et emprunté la marque qui était ainsi en cours d'exécution. Ajoutons, et par les mêmes raisons, que le dépôt ne protégerait pas davantage celui qui l'aurait fait contre une action en contrefaçon ou tout au moins en dommages-intérêts de la part du véritable propriétaire de la marque (3).

Jugé en ce sens : 1° que le dépôt préalable, prescrit par la loi de 1857, ne saurait avoir pour effet d'investir le déposant de la propriété d'une marque au préjudice de celui qui en était en possession antérieurement (Paris, 16 déc. 1858, aff. Bardou, Pataille. 59.402) ; 2° que le dépôt est déclaratif de la propriété des marques et, à dater du jour où il existe,

---

(1) V. Rendu, n° 75. — V. Trib. civ. Lyon, 3 mai 1860, aff. Baboin, *Prop. Ind.*, n° 161.

(2) V. Calmels, n° 51.

(3) V. Rendu, n° 70.

il confère au déposant le droit de poursuivre la répression et la réparation de toute atteinte portée à la propriété ; il s'ensuit qu'un tiers ne saurait se créer un droit exclusif à une marque qu'il a usurpée en accomplissant la formalité du dépôt, avant le propriétaire véritable (Trib. corr. Seine, 3 mars 1877, aff. Bobœuf, Pataille. 78.138).

112. Le dépôt fixe l'étendue du droit. — Le dépôt détermine le droit du propriétaire de la marque ; il en fixe l'étendue, de telle sorte que rien ne peut être revendiqué au delà des termes mêmes dans lesquels a été fait le dépôt. La marque déposée constitue le contrat qui se forme entre le déposant et la société, entre le déposant qui fixe lui-même l'étendue de son domaine et la société qui lui en assure la jouissance dans les limites qu'il a lui-même fixées. Lors donc qu'une action en contrefaçon est engagée, il est très important de consulter le dépôt et d'examiner non le procès-verbal de dépôt, œuvre du greffier essentiellement sujette à contestation, mais la marque déposée elle-même, laquelle, on le verra (1), est à la disposition de tous, soit au greffe du tribunal de commerce, soit au Conservatoire des Arts et Métiers, où chacun peut s'en faire délivrer copie. Du dépôt, en effet, il peut résulter que le déposant a fait consister sa marque non dans tel élément pris isolément, par exemple dans une dénomination particulière, mais dans un ensemble de caractères divers, dont la réunion seule forme sa propriété. Il s'ensuivra que le juge correctionnel pourra, devra même parfois, au regard de la marque déposée, renvoyer le prévenu de contrefaçon, encore que l'imitation qu'il aura faite de certains éléments puisse, devant une autre juridiction, constituer une véritable concurrence déloyale. Autre chose est la contrefaçon d'une marque, autre chose la concurrence déloyale, et la répression, dans les deux cas, est fort différente. Un exemple mettra cette remarque en évidence et la fera bien comprendre : Un fabricant d'engrais avait déposé une marque composée d'un oiseau aquatique, combinée avec une couronne murale, des lettres initiales entrelacées, et une dénomination, celle de

(1) V. *infrà*, n° 121.

phospho-guano. Le dépôt revendiquait expressément l'ensemble de ces caractères, sans attacher la moindre importance à la dénomination, qui, d'après les termes du dépôt, semblait même être reconnue pour ne pas appartenir privativement au déposant. D'autres fabricants de produits similaires prirent à leur tour cette dénomination, mais en l'associant à des éléments absolument différents, en remplaçant, par exemple, l'oiseau par des lions, et en supprimant d'ailleurs la couronne murale. Ils se virent néanmoins poursuivis devant la juridiction correctionnelle à raison de l'emploi des mots *phospho-guano ;* mais ils opposèrent avec raison les termes du dépôt, et, s'appuyant d'une part sur ce que ce dépôt ne revendiquait pas la dénomination prise isolément, d'autre part, sur ce que l'ensemble des marques ne permettait aucune confusion, ils triomphèrent de la prévention. C'était justice (1).

112 *bis*. **Jurisprudence.** — Il a été jugé en ce sens : 1° que l'emploi, par un fabricant rival, d'un emblème analogue à celui appliqué précédemment par un autre fabricant constitue, en pareil circonstance, une usurpation de marque, encore bien qu'il ne soit pas la reproduction exacte de l'autre ; mais, pour que cette usurpation puisse donner lieu à une action en justice, il faut que le plaignant ait préalablement effectué le dépôt de sa marque au siège du tribunal de commerce de son domicile (Trib. corr. du Havre, 30 mars 1857, *Rec. du Havre*.57.1.59) ; 2° que la propriété d'une marque doit être restreinte au type déposé (Bordeaux, 9 août 1865, aff. Denis et Monnier, Pataille.66.430) ; 3° que la formule, adoptée par le greffier dans le procès-verbal de dépôt qu'il a rédigé, ne peut prévaloir contre les termes de la légende jointe au dépôt (Trib. corr. Seine, 27 fév. 1873, aff. Laterrière, Pataille.73.294) ; 4° que, lorsqu'il résulte d'un acte de dépôt de marque que le déposant a entendu faire porter son droit privatif, non sur la dénomination (dans l'espèce, *phospho-guano*) qui fait partie de la marque, mais sur l'ensemble seulement des signes qui la composent, c'est avec raison que les juges du fait refusent

(1) V. Paris, 26 mars 1873, aff. Peter Lawson, Pataille.73.83 ; Amiens, 21 juin 1873, aff. Peter Lawson, Pataille.73.378 ; Rej. 21 mai 1874, même affaire, Pataille.74.153.

de condamner comme contrefacteur un commerçant qui, tout en employant la même dénomination, la fait entrer dans l'ensemble d'une marque absolument différente (Rej. 30 déc. 1874, aff. Goubeau et Goudenove, Pataille. 75.314).

SECTION II.

Formes du dépôt.

SOMMAIRE.

113. Uniformité du dépôt. — Sous l'empire des précédentes lois, le dépôt n'était pas toujours effectué d'une façon uniforme. Ainsi, l'art. 3 du décret de 1810 avait établi des tables communes, sur lesquelles étaient portées les marques de coutellerie et de quincaillerie. Ces tables sont et demeurent supprimées. L'uniformité du dépôt est absolue, quelle que soit l'industrie à laquelle s'applique la marque (1).

114. Par qui est effectué le dépôt? — Le fabricant peut se présenter lui-même au greffe du tribunal de commerce ou se faire représenter par un fondé de pouvoir spécial. Dans ce dernier cas, la procuration peut être dressée sous seing privé; mais elle doit être enregistrée et laissée au greffier pour être annexée au procès-verbal de dépôt. Ce sont

(1) V. Rendu, n° 61.

les termes mêmes du règlement d'administration publique et de l'instruction ministérielle qui l'a suivi.

115. *Quid* **si le mandataire excède son mandat?** — Il a été jugé que, lorsqu'un fabricant a chargé un mandataire d'opérer le dépôt d'une marque de fabrique composée seulement d'un nom, et que le mandataire, en dehors de son mandat, et dans le but de s'approprier la marque, a ajouté au nom qui lui était indiqué ses propres initiales avec un encadrement spécial, de façon à lui donner la forme distinctive qui, seule, aux termes de la loi, peut constituer la marque de fabrique, le commettant ne peut se prévaloir du dépôt, ou du moins la partie du dépôt dont il pourrait se prévaloir, se trouvant réduite au nom seul, sans forme distinctive, ne constitue pas, à son profit, une marque de fabrique; mais, en ce cas, il peut invoquer la loi de 1824 qui protège, sans formalité de dépôt, la propriété du nom des fabricants ou de la raison commerciale de leurs manufactures (Cass., 19 mars 1869, aff. Wickers et fils (1), Pataille.70.179).

116. Où se fait le dépôt? — Le dépôt doit être fait au greffe du tribunal de commerce, non point toutefois au greffe d'un tribunal de commerce quelconque, mais au greffe du tribunal dans le ressort duquel le fabricant a son domicile; c'est ce qui résulte des termes mêmes de l'article 2. Il va de soi qu'à défaut du tribunal de commerce c'est au greffe du tribunal civil que se fait le dépôt, le tribunal civil faisant alors, comme on sait, fonction de tribunal de commerce.

117. *Quid* **du dépôt opéré au lieu où est la fabrique?** — Que penser, si le fabricant a opéré son dépôt au greffe d'un tribunal autre que celui de son domicile? Le dépôt devra être considéré comme étant irrégulier, et les intéressés seront en droit de se prévaloir de cette irrégularité, notamment pour repousser l'action correctionnelle intentée contre eux en vertu de ce dépôt (2). Faudrait-il aller toute-

(1) V. aussi Rouen, 24 juin 1869, et Rej. 27 mai 1870, même affaire, Pataille.70.188.

(2) V. Bédarride, n° 864.

fois jusqu'à déclarer irrégulier le dépôt fait par un fabricant au greffe du tribunal d'une localité où il a non pas son domicile proprement dit, mais seulement sa fabrique? Il peut sans doute paraître excessif d'aller jusque-là. Ce qu'a voulu la loi, assurément, c'est que le dépôt ne se fît pas dans une localité tout à fait étrangère au déposant, de telle sorte que ses concurrents les plus directs, qui se trouveront le plus souvent groupés autour de la localité où il a sa manufacture, puissent ignorer le dépôt. Ne peut-on pas dire dès-lors que la loi, en prescrivant le dépôt au domicile, a envisagé le cas le plus ordinaire, celui où le fabricant est lui-même établi au lieu dans lequel est située sa manufacture, mais qu'elle n'a pas entendu imposer une condition absolue, *sine quâ non?* Nous ne le pensons pas; le texte de la loi est formel et ne souffre aucune interprétation. Comme le remarque M. Calmels, le législateur a préféré s'attacher à la personne plutôt qu'à l'établissement; c'était rentrer d'ailleurs dans les principes généraux du droit, qui n'admettent que par exception l'accomplissement d'actes légaux en dehors du domicile (1). Concluons donc que le dépôt fait ailleurs qu'au tribunal du domicile est irrégulier et inefficace.

118. ***Quid*** **si le déposant a plusieurs fabriques?** — Il va de soi qu'un dépôt unique suffit, encore que le propriétaire de la marque aurait plusieurs établissements situés dans des endroits différents et fort éloignés les uns des autres. Cela, d'ailleurs, on le verra, est sans intérêt, puisque les marques se déposent en double exemplaire et que l'un des exemplaires revient toujours au Conservatoire des Arts et Métiers, où, par conséquent, toutes les marques, quelle que soit la localité où ait été opéré le dépôt, se retrouvent toujours (2).

119. Formes intrinsèques du dépôt. — La circulaire ministérielle adressée aux greffiers en exécution du règlement d'administration publique s'exprime ainsi : « Le « déposant doit fournir, en double exemplaire, sur papier

(1) V. Calmels, n° 58.
(2) V. Rendu, n° 65.

« libre, le modèle de la marque qu'il a adoptée. Ce modèle « consiste en un dessin, une gravure ou une empreinte exé- « cutée de manière à représenter la marque avec netteté « et à ne pas s'altérer trop aisément. Le papier sur lequel « le modèle est tracé doit présenter la forme d'un carré « de 18 centimètres de côté et la marque doit être tracée au « milieu du papier. Dans le modèle annexé au décret, un « espace de 8 centimètres de hauteur sur 10 centimètres de « largeur est réservé à la marque. On ne pourrait admettre « un dessin excédant sensiblement cette limite et ne laissant « pas les espaces nécessaires pour les mentions à insérer en « vertu du décret. Si la marque est en creux ou en relief sur « les produits, si elle a dû être réduite pour ne pas excéder « les dimensions prescrites, ou si elle présente quelque autre « particularité, le déposant doit l'indiquer sur les deux « exemplaires, soit par une ou plusieurs figures de détail, « soit au moyen d'une légende explicative. Ces indications « doivent occuper la gauche du papier où est figurée la « marque ; la droite est réservée aux mentions qui doivent « être ajoutées par le greffier (1). »

Ces explications, d'ailleurs très claires en elles-mêmes, se comprennent aisément si l'on se reporte au fac-similé annexé au règlement d'administration publique et reproduit à la fin de ce volume. Chacun conçoit d'ailleurs facilement un carré de papier ayant 18 centimètres de côté, au centre duquel on ménage un espace de 10 centimètres sur 8 ; c'est dans cet espace, ménagé au centre, que la marque doit être reproduite par le dessin, la gravure, l'empreinte ou tout autre moyen de reproduction. Il va de soi qu'au lieu de reproduire la marque, on pourrait l'y placer elle-même, par exemple si elle consiste dans une étiquette dont la dimension n'excédera pas celle où la loi veut qu'elle soit renfermée. Ce dernier moyen, quand il est possible, est évidemment le meilleur. Le reste de l'espace, en dehors du carré destiné à la marque, est divisé en deux portions ; la portion de droite, sur laquelle le déposant n'a aucune mention à inscrire, est tout entière

(1) V. *infrà*, Appendice, 1re partie, chap. II, sect. 1re, art. 7.

réservée aux annotations du greffier. La portion de gauche appartient, au contraire, au déposant; il y insère les renseignements propres à bien faire comprendre sa marque, ou à en définir les caractères, selon lui, essentiels; il indique notamment si sa marque a été réduite pour entrer dans le cadre légal, de quelle grandeur, dans la réalité, sont les caractères, de quelle couleur est le papier, lorsqu'il s'agit d'une enveloppe, etc.

120. Répertoire dressé par le greffier. — Au commencement de chaque année, le greffier est tenu de dresser un répertoire des marques dont il a reçu le dépôt pendant le cours de l'année précédente. Ce répertoire, conservé au greffe, est communiqué sans frais à toute réquisition.

121. Pourquoi la loi exige deux exemplaires. — La circulaire ministérielle s'exprime ainsi à cet égard : « Le second exemplaire de chaque modèle déposé sera « transmis par le greffier, dans les cinq jours de la date du « procès-verbal, au ministre de l'agriculture, du commerce « et des travaux publics. Cet exemplaire est destiné au Con« servatoire des Arts et Métiers, où il sera communiqué sans « frais à toute réquisition. » De son côté, le rapport disait : « MM. les commissaires du gouvernement nous ont déclaré « que le projet du gouvernement, en demandant un second « exemplaire, est de centraliser les marques au Conserva« toire des Arts et Métiers, de former ainsi pour tout l'em« pire un dépôt général qui permettra toutes les recherches « et facilitera la répression des fraudes. Votre commission « n'a pu qu'applaudir à cette pensée, éminemment utile à « l'industrie et au public. » Ainsi, des deux exemplaires déposés, l'un reste au greffe du tribunal où le dépôt a été effectué, l'autre est envoyé au Conservatoire des Arts et Métiers, où, de cette façon, on retrouve, sans se déplacer, toutes les marques déposées en France, en quelque endroit que ce soit (1). Ajoutons qu'au Conservatoire les marques

(1) Il est regrettable que le législateur n'exige pas le dépôt en triple exemplaire, de façon que le troisième exemplaire, après avoir été visé

sont classées par industrie, de manière à faciliter autant que possible les recherches des intéressés.

122. Le greffier rédige un procès-verbal. — Le greffier rédige un procès-verbal du dépôt qu'il reçoit, et voici à cet égard ses obligations, telles qu'elles résultent de l'instruction ministérielle en date du 6 octobre 1858 : « Le « greffier dresse sur un registre en papier timbré, coté et « parafé (par le président du tribunal de commerce ou du « tribunal civil, suivant les cas), le procès-verbal du dépôt, « dans l'ordre des présentations. Il indique : 1° le jour et « l'heure du dépôt; 2° le nom du propriétaire de la marque, « et, le cas échéant, le nom de son fondé de pouvoir; 3° la « profession du propriétaire, son domicile et le genre d'in- « dustrie pour lequel il a l'intention de se servir de la « marque. Le greffier inscrit, en outre, un numéro d'ordre « sur chaque procès-verbal et reproduit ce numéro dans « l'espace réservé à la droite de chacun des deux exem- « plaires du modèle. Il y joint le nom, le domicile et la pro- « fession du propriétaire de la marque, le lieu et la date du « dépôt, le genre d'industrie auquel la marque est destinée. « De plus, lorsque, au bout de quinze ans, le propriétaire « d'une marque en fera un nouveau dépôt, cette circonstance « devra être mentionnée sur les deux modèles et dans le « procès-verbal de dépôt. Le greffier et le déposant ou son « fondé de pouvoir doivent apposer leur signature : 1° au bas « du procès-verbal; 2° au-dessous des mentions portées à « droite et à gauche sur les deux exemplaires du modèle. « Si le déposant ne sait ou ne peut signer, il doit se faire re-

---

par le greffier, resté entre les mains du déposant et forme son titre. Aujourd'hui, il ne reçoit du greffe que l'expédition du procès-verbal, lequel décrit sommairement, et avec plus ou moins d'exactitude, la marque. Aussi, à chaque procès en contrefaçon, s'élève-t-il des discussions sur les éléments qui constituent la marque, et les parties sont-elles obligées de relever, soit au greffe, soit au Conservatoire, des fac-similés, certifiés conformes, des marques déposées. Tout cela serait évité avec la disposition que nous proposons, et qui a trouvé place dans la loi italienne du 30 août 1865 et surtout dans la loi belge du 1er avril 1879.— V. aussi Pataille.72.164.

« présenter par un fondé de pouvoir qui signe à sa place (1). »

123. Coût du dépôt. — Le coût du dépôt est d'un franc par marque pour frais de rédaction du procès-verbal et de délivrance d'une expédition, en ce non compris les droits de timbre et d'enregistrement. Si le dépôt comprend plusieurs marques, le droit d'un franc est dû autant de fois qu'il y a de marques déposées. C'est ce qui nous paraît résulter des termes de l'art. 6 du décret du 26 juillet 1858, et ce que le rapport, au surplus, dit littéralement.

124. Délivrance des expéditions. — Le greffier doit délivrer au déposant, nous venons de le voir, sans supplément de droit, une expédition du procès-verbal de dépôt. Une décision du ministre des finances, en date du 9 août 1877 (2), rappelle d'ailleurs aux greffiers, en termes formels, que les extraits ou certificats qu'ils délivrent pour constater le dépôt ne sont pas sujets au droit de greffe. Dans le cas où une expédition du procès-verbal est demandée ultérieurement au greffier par une personne quelconque, il est tenu de la délivrer moyennant l'acquittement d'un droit fixe d'un franc et le remboursement des droits de timbre.

125. Communication des modèles. — Les modèles de marque déposés au greffe, ainsi que les procès-verbaux dressés par le greffier, doivent être communiqués sans frais à toute réquisition. Il en est de même des modèles déposés au Conservatoire des Arts et Métiers. Toute personne peut d'ailleurs se faire délivrer, soit au greffe, soit au Conservatoire, un fac-similé certifié conforme des modèles déposés.

126. *Quid* **du dépôt simultané de plusieurs marques ?** — Il résulte de la rédaction même de la loi que le fabricant peut effectuer en même temps le dépôt de plusieurs marques et les réunir dans le même procès-verbal, sauf au greffier, comme le dit le rapport, à percevoir autant de fois le droit qu'il y a de marques déposées. Il est naturel qu'il en soit ainsi. On conçoit qu'un fabricant tienne à avoir une marque

---

(1) V. Appendice, 1re partie, chap. II, sect. 1re, art. 10.

(2) V. Pataille.79.359.

spéciale pour chacun de ses produits ; cela est même d'un usage fort répandu. Il peut sans doute arriver que cet usage dégénère en abus ; il s'est rencontré, par exemple, un industriel qui, désireux de créer des obstacles à ses concurrents, avait déposé un nombre incroyable de dénominations plus ou moins bizarres, applicables à ses produits. La loi ne le lui défendait pas. L'embarras, du reste, n'était pas insurmontable pour les concurrents, qui pouvaient toujours, si grand que fût le nombre des dénominations déposées, en imaginer de différentes. Toutefois, en ce cas, ils pouvaient peut-être soutenir que le droit à une dénomination n'existe qu'autant qu'il en est fait usage et que par conséquent celles dont le fabricant n'avait jamais usé étaient, par ce fait, rentrées dans le domaine de tous. Sans, d'ailleurs, nous appesantir sur les difficultés plus ou moins réelles d'une pareille question que nous examinons plus haut (1), concluons que l'abus possible d'un droit ne saurait porter aucune atteinte à son existence (2).

Jugé, en ce sens, qu'aucun texte de la loi n'interdit à un industriel ou marchand l'emploi ou le dépôt simultané ou successif de plusieurs marques destinées à distinguer ses produits (Paris, 23 mai 1867, aff. Behra, Pataille.67.348).

127. Le dépôt est reçu sans examen préalable. — Sous l'empire de l'ancienne législation, les conseils des prud'hommes, qui étaient institués dépositaires et conservateurs des marques, notamment pour la coutellerie, étaient investis du droit d'examiner la marque qu'on leur présentait et d'en refuser le dépôt, s'ils la jugeaient conforme à une marque antérieurement déposée. Cette attribution leur a été enlevée par la loi de 1857. Quant aux greffiers des tribunaux de commerce, seuls autorisés désormais à recevoir le dépôt des marques, ils n'ont aucune faculté d'examen ; ils sont tenus de recevoir le dépôt, quand même la marque consisterait dans un dessin contraire à la loi ou aux bonnes mœurs, quand même elle serait, au vu et su de tous, la copie servile d'une marque déjà exis-

(1) V. *suprà*, nº 83.
(2) V. Calmels, nº 59, *in fine*.

tante. Le greffier reçoit le dépôt sans examen préalable (1). Il peut, toutefois, le refuser si le déposant ne remplit pas certaines conditions matérielles : d'abord si la marque n'est pas en double exemplaire, ensuite si les exemplaires n'ont pas les dimensions déterminées par le décret du 26 juillet 1858. C'est ce que dit expressément l'instruction ministérielle du 8 septembre 1858, dans laquelle on lit : « Le greffier vérifie les « deux exemplaires. S'ils ne sont pas dressés sur papier de « dimension ou conformément aux prescriptions énoncées ci-« dessus, ils sont rendus aux déposants pour être rectifiés « ou remplacés. Dans le cas où les deux modèles de la mar-« que ne seraient pas exactement semblables l'un à l'autre, « le greffier devrait également refuser de les admettre (2).

128. *Quid* **si l'objet auquel s'applique la marque est illicite ?** — La loi ne permet pas de breveter une invention contraire à la loi ou aux bonnes mœurs, ou du moins prononce la nullité d'un brevet pris pour une telle invention. En est-il de même en matière de marque ? Est-il interdit de déposer une marque qui s'applique à un objet illicite ou contraire aux bonnes mœurs ? Par exemple, la loi prohibe les remèdes secrets et même ne permet qu'aux pharmaciens diplômés de préparer et de vendre les produits médicamenteux ; eh bien, supposez qu'un individu, non pharmacien, se mette à vendre un médicament et dépose à cette occasion une marque de fabrique. Son dépôt sera-t-il reçu ? Pourra-t-il être repoussé ? Pourra-t-il, du moins, être annulé ? Évidemment non, car la loi ne renferme aucune défense à cet égard, et les nullités ne se suppléent pas. Sans doute, cet individu pourra être poursuivi et condamné pour infraction à la loi sur la pharmacie ; il pourra se voir faire défense de vendre des médicaments, et, conséquemment, sera mis dans l'impossibilité d'user de sa marque. Mais la propriété de sa marque ne lui sera point enlevée pour cela ; il ne perdra pas le bénéfice de son dépôt. Pourquoi le perdrait-il d'ailleurs ? Dans l'hypothèse où nous raisonnons, la prohibition n'est que relative ; elle n'est point absolue. L'individu que nous supposons n'être pas pharmacien

(1) V. Rendu, n° 63.
(2) V. Appendice, 1re partie, chap. II, sect. 1re, art. 9.

peut le devenir ; il peut s'entendre, en tout cas, avec un pharmacien et lui céder ses droits à sa marque.

128 *bis*. Jurisprudence. — Il a été jugé en ce sens : 1° qu'il importe peu qu'une marque soit destinée à des objets contraires soit à la sûreté publique, soit aux bonnes mœurs, soit aux lois ; car, à la différence de la loi de 1844, qui prohibe les brevets pris pour des objets de cette nature, la loi de 1857 ne frappe d'aucune déchéance la marque apposée dans de pareilles conditions ; sans doute, si la marque est apposée sur des objets dont le commerce est prohibé ou qui ne peuvent être fabriqués ou vendus que par des personnes investies d'un privilège, comme par exemple les substances médicamenteuses, il pourra résulter de cette fabrication ou de cette vente illicites une poursuite pour contravention aux lois et règlements ; mais on ne sera pas en droit d'en induire que la marque aura cessé d'être la propriété du déposant et sera tombée dans le domaine public : si elle reste alors inerte entre les mains de son propriétaire, on peut pourtant prévoir des cas où, par suite de modifications dans la législation ou par d'autres circonstances, notamment par une cession intervenue entre le propriétaire de la marque et un fabricant ou vendeur autorisé, son application ne rencontrera plus dans l'avenir les obstacles qui s'opposaient d'abord à son usage légal ; il faut donc tenir pour certain que la marque est indépendante du produit ou de l'objet du commerce auquel il s'applique (Rej. 8 mai 1868, aff. Boyer, Pataille.69.162); 2° que, si un individu non pharmacien ne peut vendre de remèdes, il peut cependant licitement être propriétaire de marques de fabrique spéciales et concéder à tel ou tel pharmacien le droit de se servir de ces marques ; tenu d'ailleurs d'assurer à son cessionnaire la jouissance paisible de sa marque, il a, par cela même, qualité pour intenter une action en contrefaçon (Trib. civ. Havre, 31 mai 1879, aff. Baut, Pataille.79.223) ; 3° que la propriété d'une marque, légalement établie, confère au déposant un droit absolu, indépendant de l'usage qu'il peut en faire ; si le propriétaire de la marque l'appose sur des objets dont la vente est prohibée, notamment sur un remède secret, il pourra sans doute être poursuivi pour avoir contrevenu aux dispositions de la loi, mais il n'en restera pas moins propriétaire de la marque elle-même, qui ne doit pas être confondue avec l'objet sur lequel elle est appliquée ; ultérieurement d'ailleurs, si le remède secret venait à être autorisé, il pourrait avoir intérêt à conserver l'usage exclusif d'une marque de commerce qui, en tout cas, est demeurée sa propriété personnelle et que nul n'a le droit de contrefaire (Rej. 12 mars 1880, aff. Dunesme, Pataille.80.245) ; 4° que le fait qu'un médicament serait vendu par une personne, non pourvue du diplôme de pharmacien, ne saurait rendre cette personne irrecevable à se plaindre de l'usurpation qu'un pharmacien aurait faite de la marque, apposée par elle sur le produit ; l'art. 2 de la loi de 1857 garantit la propriété des marques régulièrement déposées sans distinguer si elles s'appliquent à des objets que le déposant est ou non en droit de mettre en vente (Trib. corr. Seine, 3 mars 1877, aff. Bobœuf, Pataille.78.138).

129. *Quid* **du dépôt irrégulier?** — Que décider si le dépôt est irrégulier, si le greffier, par exemple, a accepté le dépôt d'une marque en un seul exemplaire, ou dans des dimensions autres que celles prescrites par la loi, ou s'il a accepté le dépôt non de deux exemplaires de la marque reproduite sur papier, mais de deux objets sur lesquels la marque est apposée? Constatons d'abord que la question se présentera rarement, à raison de la vigilance même des greffiers des tribunaux de commerce; mais, étant admis que la question soit soulevée, elle ne sera pas sans difficulté. Il est vrai que la loi renvoie, pour les formalités du dépôt, au règlement d'administration publique qui l'a suivie, et que ce règlement, dès lors, fait en quelque sorte corps avec la loi et lui emprunte son autorité; mais, d'un autre côté, nulle part la nullité du dépôt qui serait irrégulier n'est prononcée, et cette nullité, il faut bien le dire, serait reprochable au greffier chargé de recevoir le dépôt, au moins autant qu'au déposant. On peut ajouter que les formes mêmes du dépôt intéressent d'abord la commodité de l'administration pour le classement des marques, et que, par suite, si les agents de l'administration n'ont pas observé les formes, le dépôt n'en doit pas moins être réputé bien fait. C'est ainsi qu'en matière de brevets, quand la délivrance a eu lieu malgré l'irrégularité des formes dans lesquelles s'est produite la demande, nul n'est reçu à critiquer cette délivrance ; le brevet est bien et dûment délivré ; il constitue un titre régulier et inattaquable. Pourquoi en serait-il autrement ici ? Ces raisons ne nous semblent cependant pas décisives, et, bien que la loi ne prononce pas expressément la nullité du dépôt irrégulier, nous pensons que cette nullité doit être reconnue ; elle résulte, à notre sens, des termes de l'art. 1er du règlement d'administration publique du 26 juillet 1858. « Le dépôt, y est-il dit, que « les « fabricants..... peuvent faire de leur marque..... *pour « jouir des droits résultant de la loi du* 23 *juin* 1857, est « soumis aux dispositions suivantes. » Ainsi le fabricant ne jouit des droits que lui accorde la loi de 1857 que si son dépôt remplit les conditions prescrites par le décret de 1858 (1). Ajoutons, d'ailleurs, que certaines des formalités imposées par la loi, le double exemplaire, par exemple, dont l'un est destiné au Conservatoire des Arts et Métiers, sont prévues dans l'intérêt des tiers et que, par suite, il est logique que les tiers soient admis à se prévaloir de leur inaccomplissement.

M. Pataille émet la même opinion : « Sans doute, dit-il, « la loi de 1857 n'impose pas une forme sacramentelle dans « la rédaction de l'acte de dépôt, mais son article 22 se réfère « au règlement d'administration publique qui doit déterminer « les formalités à remplir pour le dépôt lui-même et pour la « publicité des marques. Or, ce règlement, qui a été promulgué par décret du 26 juillet 1858, et qui complète la loi, « exige impérieusement, pour assurer la conservation et la « publicité des marques et étiquettes, qu'elles soient non pas « seulement décrites, mais reproduites en fac-similé, soit de « même grandeur, soit réduites, au centre même des deux « feuilles sur lesquelles s'inscrivent les explications du déposant et les mentions du greffier, et dont l'une est collée « immédiatement sur le registre spécial tenu par le greffier, « et l'autre adressée au ministre pour être déposée au Conservatoire des Arts et Métiers. Ce sont là, croyons-nous, « des conditions essentielles pour la validité du dépôt ; et, si

(1) V. Rendu, n° 78.

« leur inobservation ne fait pas perdre au déposant la pro-
« priété de sa marque, du moins elle le rend non recevable
« dans toute action en contrefaçon (1). »

M. Calmels, toutefois, est d'avis que, si un seul exemplaire avait été déposé au lieu de deux, le dépôt ne serait pas nul, son irrégularité pouvant être couverte par le dépôt d'un nouvel exemplaire (2).

Jugé, en sens opposé au nôtre, que la loi de 1857, n'ayant déterminé aucune forme sacramentelle pour la rédaction de l'acte de dépôt, il y a lieu de déclarer valable et suffisant le dépôt, fait au greffe, de deux flacons revêtus de la marque dont on entend se réserver la propriété, alors, d'ailleurs, que l'acte de dépôt les a exactement décrits (Trib. corr. Seine, 17 janv. 1865, aff. Michel (3), Pataille.65.284).

130. Le ministre peut-il annuler le dépôt d'une marque? — La question s'est présentée à l'occasion d'une marque déposée par M. Raspail et destinée — ses énonciations mêmes l'indiquaient — à être apposée sur des produits rentrant plus ou moins dans la catégorie des produits pharmaceutiques. Précisément, parce que la marque pouvait et devait, dans la pensée de son auteur, s'appliquer non à un seul produit, mais à plusieurs, de nature diverse, elle comportait un vide, un blanc pour recevoir, au dernier moment, l'inscription du produit livré. Le ministre prétendait avoir le droit d'annuler le dépôt de cette marque pour deux raisons : d'abord parce qu'elle s'appliquait, suivant lui, à des remèdes secrets, lesquels sont prohibés par la loi; ensuite et surtout parce qu'elle était incomplète à raison du vide, du blanc ménagé dans sa composition. L'arrêté du ministre annulant le dépôt fut déféré au Conseil d'État et la question dut être examinée. A l'appui du pourvoi on disait : « La loi ouvre à
« tout particulier la faculté de s'assurer la propriété de sa
« marque, moyennant le dépôt de cette marque effectué dans

---

(1) Pataille.65.287.

(2) V. Calmels, n° 58.

(3) V. *Observ. crit.* de Pataille, *eod. loc.* — Comp. Trib. civ. Seine, 7 mai 1872, aff. Houette, Pataille.73.184.

« les formes qu'elle détermine ; s'il s'élève quelque contestation au sujet de l'exercice de cette faculté, les tribunaux civils en sont les seuls juges, car il s'agit d'un droit de propriété acquis ou à acquérir. Par exemple, le greffier refuse de recevoir le dépôt en se fondant sur des motifs d'ordre public ou sur les irrégularités extrinsèques, de nature à engager sa responsabilité ou à gêner l'ordre du service ; le déposant pourra sans doute s'adresser au ministre pour obtenir de lui une injonction qui décide le greffier à recevoir le dépôt ; mais, soit qu'il ait eu ou non recours à cette voie, si le greffier maintient son refus, le déposant portera le différend devant l'autorité judiciaire, seule compétente pour le trancher. A plus forte raison, la contestation qui s'élève sur les effets et la validité du dépôt, après que le dépôt a été reçu, sera-t-elle du ressort des tribunaux judiciaires. On chercherait inutilement dans l'art. 4, même à l'état de germe, le pouvoir juridictionnel que réclame M. le ministre de l'agriculture ; il est seulement chargé par cet article de veiller à ce qu'un des deux exemplaires remis au greffier par le particulier soit déposé au Conservatoire des Arts et Métiers ; c'est là une mesure tout administrative, à laquelle le déposant demeure entièrement étranger, et dont l'accomplissement ou l'inaccomplissement reste sans influence sur les effets du dépôt ; pourvu que ce dernier se soit conformé à l'art. 2 de la loi de 1857, et qu'il ait remis au greffier les deux exemplaires prescrits, il acquiert la propriété de sa marque, sans avoir à s'inquiéter de la plus ou moins grande fidélité avec laquelle les prescriptions légales ou réglementaires sont exécutées par le greffier ou par le ministre (1). »

Ces observations nous semblent de tous points justifiées ; il nous paraît que le ministre est sans pouvoir aucun pour se faire juge en pareille matière ; dès que le déposant s'est conformé aux prescriptions de la loi, c'est-à-dire dès qu'il a remis les deux exemplaires dans la forme matérielle et dans les dimensions exigées par le règlement d'administration publique, le greffier et le ministre, au-dessus du greffier,

(1) V. Pataille.63.32 et suiv.

n'ont rien de plus à lui demander. Les raisons qui font rejeter l'examen préalable en matière de brevets d'invention existent également ici ; les commerçants, pour l'acquisition de la propriété des marques, ne peuvent être soumis au caprice, à l'arbitraire du ministre. On objecterait en vain que certaines marques peuvent, par la nature de leurs énonciations ou de leurs emblèmes, constituer une atteinte à la morale publique, et qu'en pareil cas il est impossible non seulement de laisser l'administration désarmée, mais encore de l'obliger, quand même, à enregistrer le dépôt. Nous répondons que ce sont là des cas chimériques, qui ne se présenteront peut-être jamais, et qu'au surplus, s'ils se présentaient, les magistrats du parquet, dont la vigilance n'est jamais en défaut, sauront venger la loi et la morale outragées et demander l'annulation d'une telle marque. Disons enfin que le meilleur de tous les arguments est le silence complet, absolu, sans réplique, tant de la loi de 1857 que du règlement qui l'a suivie. Comment après cela reconnaître au ministre un pouvoir, un contrôle, dont pas un mot du législateur ne laisse supposer l'existence? Comme le remarque avec raison M. Huard, si le ministre avait le pouvoir d'annuler un dépôt, sous prétexte qu'il est fait contrairement à la loi, il s'ensuivrait par une conséquence presque nécessaire que le dépôt, accepté par le ministre, devrait être reconnu parfaitement régulier et valable. Or, qui voudrait soutenir cela (1) ?

Jugé, en ce sens, qu'il n'appartient pas au ministre d'annuler un dépôt de marque de fabrique fait au greffe du tribunal de commerce conformément à la loi, lors même qu'il serait articulé que cette marque est destinée à être apposée sur des produits constituant de véritables remèdes secrets, dont l'annonce et la mise en vente sont interdites (Cons. d'État, 22 janv. 1863, aff. Raspail, Pataille.63.32).

131. Durée des effets du dépôt ; renouvellement. — Aux termes de l'art. 3, le dépôt n'a d'effet que pour quinze années et doit, pour continuer à produire ses effets,

---

(1) V. l'article de M. Huard dans la *Prop. ind.*, n° 77. — Le principe de l'examen préalable est cependant admis par la plupart des législations étrangères.

être renouvelé. Du reste, à l'aide de renouvellements successifs, de quinze en quinze ans, les effets du dépôt peuvent indéfiniment se perpétuer. Sous l'empire de la législation antérieure, il n'en était pas ainsi; le dépôt était effectué une fois pour toutes, et le temps n'en altérait jamais les effets. On s'est beaucoup élevé contre la disposition nouvelle de la loi, et M. Blanc a publié notamment un article où il adresse au législateur les plus vives critiques (1). M. Rendu, de son côté, qualifie cette disposition de *regrettable* et se lamente sur le sort qu'elle prépare aux industriels. « Eh quoi! « dit-il, au retour d'un voyage entrepris vers la fin de la pé- « riode fatale, un négociant pourra retrouver le signe et le « palladium de sa fortune aux mains d'un concurrent sans « scrupule! (2)» Voilà, nous le croyons sincèrement, de bien grands mots pour peu de chose, beaucoup de bruit pour rien. Quelle a été la pensée du législateur? Qu'a-t-il voulu? Rien que de très sage; il voit dans le dépôt la notification officielle au public de la prise de possession des marques; c'est cette notification qui met les tiers en état de mauvaise foi; ils sont censés avoir consulté, au Conservatoire des Arts et Métiers, le registre des dépôts, et, l'ayant consulté, ils sont dès lors présumés avoir usurpé en pleine connaissance de cause la marque déposée. Mais combien le commerce français va-t-il déposer de marques en un jour, en un an? Le nombre des marques déposées ne sera-t-il pas considérable? Que sera-ce dans cinq ans, dans vingt ans, dans un siècle! Et l'on obligera, à peine d'emprisonnement ou d'amende, un commerçant à consulter les dépôts faits dans ce long intervalle de temps! Que d'heures inutilement perdues! Quel que soit l'ordre apporté dans le classement, sera-t-il assez méthodiquement fait pour que pas une marque n'échappe aux recherches même les plus attentives? Telles sont les réflexions qu'a faites le législateur, et, pour faciliter les recherches, pour ne laisser aucun prétexte aux contrefacteurs, il a limité à quinze ans les effets du dépôt, laissant d'ailleurs au déposant le droit de le renouveler pour une nou-

(1) V. *le Droit* du 1er juin 1857.
(2) Rendu, n° 81.

velle période de quinze ans, et, par ces renouvellements successifs, de le perpétuer. Quoi de plus naturel, de plus prudent, de plus sage? « Les avantages du dépôt, dit le rap-« porteur, seraient illusoires, si, pour connaître une marque, « les recherches devaient embrasser un grand nombre d'an-« nées. Il importe également à tous de savoir si une marque « est conservée ou si, au contraire, elle est tombée dans le « domaine public (1). C'est donc avec raison que la loi limite « à une période de quinze années l'effet du dépôt; il peut « d'ailleurs toujours être renouvelé. » Quant à l'intérêt du fabricant, il ne souffre pas — nous allons le démontrer — de l'obligation que la loi lui impose.

132. *Quid* **de l'absence ou du retard du renouvellement?** — Nous avons vu les plaintes qu'élevaient certains commentateurs au sujet du renouvellement du dépôt imposé par la loi, et les tristes suppositions que faisait M. Rendu (2). Qu'y a-t-il de vrai dans ce palladium perdu, dans ce fatal oubli, si naturel au moment d'un voyage au long cours? Est-ce que, à défaut de renouvellement à heure dite, la propriété de la marque s'évanouit? Est-ce que l'absence de renouvellement livre la marque au domaine public? Non; la propriété de la marque survit au défaut de renouvellement; le domaine public ne tire aucun profit de cet oubli. C'est un point sur lequel tous les commentateurs sont d'accord (3). Peut-il en être autrement d'ailleurs? N'avons-nous pas vu que le dépôt est déclaratif, non attributif de la propriété? Ne sommes-nous pas édifiés sur ce principe qui est la base même de la loi? N'est-il pas certain que la propriété de la marque dérive de la priorité d'emploi, et de cela seulement? Quelle sera donc la conséquence de l'oubli du fabricant qui n'aura pas opéré à temps le renouvellement prescrit par la loi? Il sera dans la situation

---

(1) Ce membre de phrase est de trop; car, on va le voir, à défaut de renouvellement du dépôt, la marque ne tombe certainement pas dans le domaine public.

(2) V. *suprà*, n° 131.

(3) V. Rendu, n°s 182 et suiv.; Calmels, n° 54; Bédarride, n° 869. — V. aussi Renouard, *Droit industriel*, p. 392. — V. pourtant, en sens contraire, un article de M. Beaume, dans la *Prop. ind.*, n° 51.

de celui qui n'aura pas fait de dépôt; l'action correctionnelle lui fera défaut, mais voilà tout. Sa marque, il la conservera; il pourra empêcher que les tiers n'en fassent usage, et il sera toujours à temps pour opérer un nouveau dépôt et jouir, dans toute son étendue, du bénéfice de la loi. Sa négligence, on le voit, n'est même pas punie, et ses droits ne souffrent aucune atteinte. C'est ce que reconnaît explicitement M. Rendu (1); dès lors, pourquoi ces plaintes sans fondement, et cette crainte chimérique de voir, au retour d'un voyage, le palladium de la fortune d'un négociant aux mains d'un concurrent sans scrupule! A nos yeux, la prescription de l'art. 3 est tout à fait raisonnable et sage. Et qu'on ne dise pas que cet article est bien près de n'être plus qu'une lettre morte. C'est tout le contraire qui est la vérité, puisqu'il a pour but de ne laisser au contrefacteur aucune excuse de bonne foi, en rendant sa recherche tout à la fois courte et facile.

M. Pataille dit dans le même sens : « Par cela même que « le dépôt n'est pas attributif et que la propriété d'une mar- « que s'acquiert et se conserve par l'usage, il nous paraît « impossible d'admettre que le défaut de renouvellement, pas « plus que l'absence complète de dépôt, puisse avoir pour « effet immédiat et nécessaire de faire tomber une marque « dans le domaine public, alors que le propriétaire de cette « marque a continué à en faire usage et que la présomption « d'abandon se trouve ainsi contredite par une possession « non interrompue et constante (2). »

Jugé, pourtant, en sens contraire, que les conséquences évidentes des dispositions de l'art. 3 sont qu'après le délai de quinze années la marque tombe dans le domaine public, si la propriété n'en est pas conservée par un nouveau dépôt (Trib. corr. Lille, 4 déc. 1872, aff. Descressionnières, Pataille.74.132).

133. Forme du renouvellement. — Il semble qu'une simple déclaration au greffe du tribunal de commerce eût suffi, mais le législateur ne l'a pas pensé; il prescrit la même

---

(1) V. Rendu, n° 86.
(2) V. Pataille.72.161.

forme pour le dépôt renouvelé que pour le dépôt primitif, sauf la mention, qui doit y être ajoutée, qu'il est fait en renouvellement de l'ancien.

134. *Quid* **du dépôt fait avant la loi de 1857 ?** — En tout cas, le dépôt fait antérieurement à la loi de 1857 suffisait, aux termes de l'art. 21, à conserver le droit, encore qu'il n'eût pas été fait en double exemplaire (1). Cette remarque est aujourd'hui sans intérêt ; le dépôt, sous l'empire de la loi de 1857, n'a d'effet que pour quinze années, et doit, après ce laps de temps, être renouvelé. Or, plus de quinze ans se sont écoulés depuis la promulgation de la loi, et désormais il ne peut plus être question des dépôts faits sous l'empire de l'ancienne législation.

134 *bis.* **La loi de 1857 est applicable aux colonies.** — Un décret, en date du 8 août 1873, a déclaré la loi du 23 juin 1857 et le décret du 26 juillet 1858, qui en a été la suite, exécutoires aux colonies. Une remarque à ce sujet : d'une part, il y a lieu de s'étonner que le gouvernement ait attendu seize ans pour déclarer exécutoire aux colonies une loi de cette importance ; d'autre part, bien que d'ordinaire la formule des décrets de la nature de celui que nous rappelons ici comprenne nommément l'Algérie, et la mentionne à côté et en dehors des autres colonies françaises, il faut admettre que son omission ici ne préjudicie en rien aux droits des propriétaires des marques, l'Algérie étant en définitive une colonie française. On trouvera dans le décret, sans que nous ayons à y insister, les règles relatives au délai d'envoi des pièces déposées et au taux de la taxe à payer par le déposant.

(1) V. Paris, 21 juill. 1859, aff. Lemercier, Pataille.59.361 ; Trib. corr. Seine, 15 fév. 1860, aff. Frère et Vallet, Pataille.60.113.

CHAPITRE VI.

DE LA CONTREFAÇON.

SECTION Ire.

Énumération des délits prévus par la loi.

SOMMAIRE.

135. Observation préliminaire. — 135. Usurpation ; formes diverses.

135. Observation préliminaire. — Avant la loi de 1857, nous avons eu déjà l'occasion de le dire, l'usurpation des marques de fabrique était considérée comme un crime, et punie comme telle d'un emprisonnement qui, même réduit en vertu de l'art. 463 du Code pénal, ne pouvait être de moins d'un an. Au contraire, l'usurpation du nom, qui a incontestablement quelque chose de plus grave en soi que la simple usurpation de la marque, était punie par la loi de 1824 à titre de délit seulement. Il y avait là une anomalie choquante que la loi de 1857 a heureusement fait disparaître en réduisant, à son tour, l'usurpation de la marque aux proportions plus modestes d'un délit. La répression y a nécessairement gagné ; car l'énormité même de la peine la rendait autrefois presque inapplicable, tant le juge, naturellement timoré en France lorsqu'il ne s'agit que d'intérêts individuels, hésitait à la prononcer.

136. Usurpation ; formes diverses. — L'usurpation d'une marque peut se produire sous des formes différentes, que la loi, dans ses articles 7 et 8, considère et punit comme délits ; elle en distingue plusieurs : la contrefaçon proprement dite, l'imitation frauduleuse de nature à tromper l'acheteur, l'apposition frauduleuse d'une marque appartenant à autrui, et, dans ces trois cas, l'usage de la marque ainsi contrefaite, frauduleusement imitée ou apposée ; elle punit encore la vente ou la mise en vente, et l'introduction sur le sol français de marchandises revêtues de marques soit contrefaites, soit frauduleusement imitées ou apposées.

La loi punit également (ce qui pourtant, nous le verrons, ne rentre guère dans le cadre général du législateur de 1857) l'usage d'une marque portant des indications propres à tromper l'acheteur.

Nous examinerons en détail chacun des délits créés par notre loi, et, sous la rubrique de la contrefaçon proprement dite, nous grouperons les principes généraux, les règles qui s'appliquent indistinctement à tous les genres d'usurpation.

SECTION II.

Contrefaçon proprement dite.

SOMMAIRE.

137. Qu'est-ce que la contrefaçon ? — 138. *Jurisprudence.* — 139. Contrefaçon partielle. — 139 bis. *Jurisprudence.* — 140. L'usurpation isolée de la dénomination constitue une contrefaçon. — 141. *Quid* en cas d'éloignement des deux maisons ? — 142. *Quid* en cas d'industries différentes ? — 143. Importance de l'industrie du fabricant. — 144. *Quid* s'il n'y a pas eu préjudice ? — 145. *Quid* si les produits contrefaits sont de qualité inférieure ? — 146. *Quid* si la contrefaçon a lieu en langue étrangère ? — 147.

137. Qu'est-ce que la contrefaçon? — D'après M. Bédarride, et nous sommes pleinement de son avis, la contrefaçon c'est en quelque sorte la fabrication même de la marque contrefaite; c'en est l'exécution matérielle, en dehors de tout emploi, de toute apposition sur une marchandise, et, par cela même, l'art. 7, qui la punit, atteint ceux qui, aussi bien dans l'intérêt d'un tiers que dans leur propre intérêt, copient la marque d'autrui, par exemple l'imprimeur, le lithographe ou le graveur. « En effrayant l'ouvrier et l'ar-« tiste, dit M. Bédarride, sur les conséquences de l'acte qu'on « lui demande, on lui fait un devoir et une loi de n'agir « qu'avec une extrême prudence, et l'on rend le délit néces-« sairement plus rare en lui enlevant l'instrument essentiel « de sa consommation (1).» La loi, dans son article 7, atteint également, même avant tout usage de la marque contrefaite, celui qui a commandé la contrefaçon et qui, par cela même

(1) Bédarride, n° 908.

que ce sont ses ordres qu'on exécute, que c'est à sa volonté dirigeante qu'on obéit, est le premier et le véritable auteur du délit. Nous avons déjà examiné cette question dans notre *Traité des brevets* (1). Si, au point de vue de la pénalité, celui qui commande la contrefaçon et celui qui l'exécute sont sur la même ligne, il convient de faire entre eux une distinction au point de vue de la responsabilité ; c'est ce que nous examinerons plus loin (2).

Il suit de là, on le comprend, que la question, qui s'était élevée avant la loi de 1857, de savoir si des flacons vides, mais portant une étiquette contrefaite, pouvaient être saisis au profit du propriétaire de la marque, ne saurait plus être discutée. Les tribunaux hésitaient alors, ne voyant là qu'une tentative de contrefaçon et non la contrefaçon accomplie, consommée. La loi de 1857 tranche la question en faveur du propriétaire de la marque (3).

138. Jurisprudence (4). — Il a été jugé à cet égard : 1° que la reproduction de la marque, abstraction faite de l'usage que l'imitateur en pourra faire ultérieurement, constitue la contrefaçon et tombe sous l'application de l'art. 7, § 1 (Trib. corr. Havre, 14 janv. 1860, aff. Staempfli, Pataille.60.303); 2° que le lithographe qui, sur l'ordre d'un commerçant, mais en connaissance de cause, reproduit la marque d'un autre négociant, doit être déclaré contrefacteur (Lyon, 27 nov. 1861, aff. Claye, Pataille.63.258); 3° que la loi de 1857 punit comme délits distincts le fait de la contrefaçon d'une marque de fabrique et le fait d'usage d'une marque contrefaite ; un texte aussi clair ne permet aucun doute sur l'intention du législateur ; il a entendu et voulu que le délit de contrefaçon de marque existât dès que le signe a été contrefait, et ce isolément et indépendamment de tout usage quelconque, spécialement alors même que ce signe n'aurait pas encore été apposé aux

(1) V. notre *Traité des brevets*, n° 657. — V. Rendu, n° 140.
(2) V. *infrà*, n° 175.
(3) V. Rendu, n° 151.
(4) V. encore Trib. corr. Seine, 29 janv. 1875, aff. Jonhate, Pataille. 75.92; Paris, 16 août 1866, aff. Riéder, Pataille.68.126, la note.—Comp. Trib. civ. Seine, 28 juin 1860, aff. Jourdan-Brive, *Prop. ind.*, n° 135.

marchandises; il s'ensuit que la simple commande, faite par un tiers à un imprimeur, d'étiquettes qui doivent porter un nom commercial, ne saurait, en principe, l'autoriser, dans tous les cas, à exécuter les ordres à lui donnés par ce tiers, et l'affranchir de la responsabilité civile et pénale qu'il a encourue; l'imprimeur, tenu par les règles de sa profession à une circonspection toute particulière, doit, avant de multiplier à l'infini une étiquette portant un nom ou une raison de commerce, s'assurer s'il le fait dans un intérêt convenable et légitime; quand aucune précaution de cette nature n'a été prise et que, au contraire, toutes les circonstances démontrent son intention coupable, il est juste de déclarer l'imprimeur en état de contrefaçon (Paris, 15 mai 1868, aff. Martell, Pataille. 68.126); 4° que l'art. 7 de la loi de 1857 s'applique aux graveurs et imprimeurs, qui sont les créateurs et auteurs principaux de la contrefaçon (Alger, 29 mai 1879, aff. Prot et Cie, Pataille.79.345); 5° que le fait par un imprimeur de faire pour le compte d'un tiers l'impression d'étiquettes légalement déposées, sachant qu'il n'est pas le propriétaire desdites étiquettes et sans vérifier s'il a mandat du propriétaire, engage sa responsabilité pénale (Trib. corr. Seine, 29 janv. 1875, aff. Blancard, Pataille.75.86); 6° que le mouleur qui exécute un moule en plâtre, destiné à reproduire une marque de fabrique qu'il sait être contrefaite, se rend personnellement coupable du délit de contrefaçon (Paris, 16 mars 1878, aff. Michaud, Pataille.78.59).

139. Contrefaçon partielle. — La contrefaçon doit s'entendre de la *reproduction brutale*, *complète*, de la marque; c'est le rapporteur qui a pris soin de le dire lui-même dans la discussion. Suffira-t-il pourtant d'un changement, si insignifiant qu'on le suppose, pour que le juge ne puisse plus déclarer qu'il y a contrefaçon? Evidemment non; et nous approuvons M. Bédarride, lorsqu'il dit : « Il n'y a pas à hési-
« ter sur le sens de l'art. 7; il n'est applicable que lorsque la
« marque a été reproduite, au moins dans sa partie essentielle
« et caractéristique. Si l'emprunt qu'on en a fait s'en rappro-
« che plus ou moins, assez cependant pour établir une con-
« fusion entre les produits, et c'est ce qui se réalisera le plus
« souvent, il n'y a plus qu'une imitation prévue et punie par

« l'art. 8 (1). » Voilà bien la règle ; il y a contrefaçon, s'il y a reproduction de la partie essentielle et caractéristique de la marque, encore que d'insignifiants changements y eussent été apportés. Il y a là, du reste, une question de fait, abandonnée à l'appréciation souveraine des magistrats, et qui, en quelque sens qu'elle soit décidée, échappe au contrôle de la Cour de cassation (2).

Jugé, dans cet ordre d'idées : 1° qu'il y a une concurrence déloyale à annoncer une eau de toilette sous le nom d'*eau de la Fluoride*, quand il existe déjà une eau analogue annoncée et vendue sous le nom d'*eau de la Floride* (Paris, 15 nov. 1862, aff. Guislain, Pataille.63.40); 2° qu'il y a contrefaçon de marque dans le fait d'apposer sur une boîte ou enveloppe le signe symbolique d'un autre fabricant, encore bien que les produits ou marchandises contenus dans ces boîtes ou enveloppes ne porteraient aucune marque et ne pourraient dès lors être confondus avec les siens (Paris, 24 janv. 1872, aff. Carmoy, Pataille.72.231).

140. L'usurpation isolée de la dénomination constitue une contrefaçon. — Étant donné que la marque consiste essentiellement dans une dénomination, on peut se demander si le fait d'usurper cette dénomination constitue une contrefaçon, alors qu'on l'entoure d'accessoires, d'emblèmes qui en quelque sorte la dissimulent et la masquent, ou au contraire s'il n'y a pas là simplement une imitation frauduleuse. Nous pensons, quant à nous, qu'il y a, dans ce cas, une contrefaçon véritable; il importe peu, en effet, qu'on ait adjoint d'autres signes à la dénomination usurpée; l'usurpation reste, et cette usurpation, en ce qui concerne la dénomination, est entière, complète, brutale; c'est bien le caractère de la contrefaçon proprement dite.

Il a été jugé en ce sens (3) : 1° que, lorsqu'un fabricant est propriétaire d'une marque, consistant dans une dénomi-

(1) Bédarride, n° 902. — V. aussi Renouard, *Droit industriel*, p. 394.

(2) V. Bédarride, n° 903. — Comp. Rendu, n° 129 et 139.

(3) V. aussi Trib. corr. Épernay, 30 avril 1872, aff. de Milly, Pataille. 72.338. — V. toutefois Bordeaux, 30 juin 1864, aff. Chèvènement, Pataille.64.446.

nation, telle que *sardines des friands*, il y a contrefaçon, et non pas simple imitation frauduleuse, de la part du concurrent qui, même en l'encadrant dans un dessin ou des dispositions accessoires différentes, applique à ses produits la même dénomination (Trib. corr. Seine, 6 mars 1877, aff. Hillerin-Tertrais, Pataille.78.12); 2° qu'une dénomination prise isolément constitue dans le sens de la loi une marque de fabrique; il s'ensuit qu'il y a usurpation de la marque dans le fait de copier cette dénomination encore qu'on n'imiterait pas les emblèmes ou vignettes auxquels le propriétaire de cette marque l'a associée dans son étiquette déposée (Besançon, 6 août 1879, aff. Serve, Pataille.79.214).

141. *Quid* **en cas d'éloignement des deux maisons ?** — Nous ne pouvons que nous référer à ce que nous avons dit plus haut (1). Si l'éloignement des deux maisons est tel que toute confusion entre les produits soit impossible, les juges, d'après M. Rendu, pourraient décider qu'il n'y a pas usurpation; mais cette opinion ne nous semble pas juste, et il vaut mieux reconnaître que le propriétaire de la marque peut en revendiquer la propriété envers et contre tous et en interdire l'usage même à un concurrent qui n'aurait pas recherché dans cette imitation un moyen de concurrence illicite.

Du reste, M. Rendu, qui, dans un passage de son livre, admet que l'éloignement des deux maisons peut, en certains cas d'ailleurs très rares, justifier la coexistence de deux marques semblables, dit ailleurs d'une façon absolue et peut-être un peu contradictoire : « En présence des dispositions « formelles de la loi sur les marques, il paraît difficile de « limiter, même à l'égard du commerçant, le droit absolu « que la loi lui attribue sur le mode de désignation des ob- « jets de son commerce, et la circonstance de l'éloignement « ne semble pouvoir être prise légalement en considération « par le juge que pour le déterminer à atténuer la peine et « à refuser des dommages-intérêts (2). »

---

(1) V. *suprà*, n° 23.
(2) Rendu, n° 144.

142. *Quid* **en cas d'industries différentes?** — Il est à peine utile de faire remarquer que l'emploi de la même marque dans une industrie différente ne saurait tomber sous l'application de la loi pénale, une marque ne constituant, suivant ce que nous avons dit, qu'une propriété essentiellement relative et toujours étroitement limitée à l'industrie dans laquelle elle sert de signe distinctif et spécial (1).

143. Importance de l'industrie du fabricant. — Il est clair que le plus ou moins d'importance que peut avoir l'industrie du propriétaire de la marque reste sans influence sur la question de savoir s'il y a ou non contrefaçon et sur l'application de la loi. Petite ou grande, toute industrie a droit d'être protégée, et l'usurpation a le même caractère frauduleux et coupable. Le juge toutefois peut raisonnablement trouver dans le peu d'importance d'une industrie, et par suite dans le peu de tort causé, un motif sinon d'être indulgent, du moins de modérer le chiffre des dommages-intérêts.

144. *Quid* **s'il n'y a pas de préjudice?** — La contrefaçon existe dès qu'il y a imitation de la marque, encore que cette imitation, à raison des circonstances dans lesquelles elle se produit, à raison par exemple de l'éloignement du contrefacteur ou de son peu de ressources, ne causerait aucun dommage sérieux au propriétaire de la marque. Ce que la loi punit, c'est l'atteinte portée au droit, c'est la volonté d'opérer une confusion contraire à la loyauté commerciale. Qu'importe après cela que cet acte coupable ait été suivi d'un effet plus ou moins heureux. Ce peut être une raison pour le juge de diminuer les dommages-intérêts ou de les supprimer; mais la loi ne saurait perdre ses droits (2).

Jugé en ce sens que l'absence de tout préjudice causé au propriétaire de la marque ne fait pas disparaître le délit de contrefaçon; seulement, en ce cas, les tribunaux peuvent n'allouer pour tous dommages-intérêts que les frais de l'in-

---

(1) V. *suprà*, n° 22.
(2) V. notre *Traité des brevets*, n° 636. — V. aussi Rendu, n° 141.

stance (Paris, 19 mars 1875, aff. Juteau (1), Pataille.75. 74).

145. *Quid* **si les produits contrefaits sont de qualité inférieure ?** — Ce ne serait pas une raison d'écarter la contrefaçon parce que les produits auxquels la marque contrefaite aurait été appliquée seraient d'une qualité inférieure et de nature à ne pas faire directement concurrence aux marchandises revêtues de la véritable marque. Tout au plus y aurait-il là pour le juge un motif de modérer le chiffre des dommages-intérêts. Encore faut-il remarquer que cette application de la marque à des marchandises de mauvaise qualité la discrédite et l'avilit, et que, dans la plupart des cas, cette circonstance, loin d'être atténuante, devra être considérée comme aggravant le préjudice.

146. *Quid* **si l'imitation a lieu en langue étrangère ?**—Que penser si l'imitateur d'une dénomination, au lieu de l'employer sous sa forme française, la traduit dans une langue étrangère ? L'imitation tombera-t-elle sous le coup de la loi ? Pourra-t-on soutenir que la traduction en langue étrangère a défiguré la dénomination, en a fait une marque nouvelle, avec une physionomie particulière ? En principe, il faut reconnaître que l'imitation sera punissable ; il arrive, en effet, souvent que le fabricant français, lorsqu'il envoie ses produits sur le marché étranger, traduit son étiquette, afin que le commun des consommateurs puisse la lire et la comprendre. Accorder à un tiers le droit de prendre la même marque, sauf à lui donner la forme étrangère, ce serait, dans la plupart des cas, priver le fabricant français du droit d'aborder avec utilité le marché étranger et attribuer à l'imitateur d'illégitimes bénéfices.

147. Jurisprudence. — Il a été jugé à cet égard : 1° qu'il y a concurrence déloyale à prendre une dénomination, telle que celle de *Société des propriétaires vinicoles réunis*, même en la traduisant dans une langue étrangère (united Vineyard proprietors), alors, d'une part, que cette marque

---

(1) Comp. toutefois Trib. civ. Seine, 7 fév. 1874, aff. Thomas de la Rue, Pataille.76.321.

est destinée à figurer sur le marché étranger, et que, d'ailleurs, du rapprochement des étiquettes il résulte une similitude d'ensemble qu'on ne saurait mettre sur le compte du hasard et qui trahit évidemment l'intention d'opérer une confusion (Bordeaux, 26 déc. 1859, aff. Salignac, Le Hir.61. 2.547); 2° qu'il y a usurpation d'une dénomination de fantaisie, telle que l'*eau écarlate*, alors même qu'on la traduirait dans une autre langue, en anglais, par exemple, et qu'on mettrait sur les produits similaires les mots : *scarlet water* (Trib. comm. Seine, 30 mai 1862, aff. Burdel, Pataille.62. 239).

148. *Quid* **de l'adjonction du nom du contrefacteur ?** — Il arrive souvent qu'un fabricant ne se fait aucun scrupule de prendre ou du moins d'imiter le plus possible la marque d'un concurrent, en ayant soin seulement d'y ajouter son nom qu'il rend plus ou moins apparent. Il croit, en cela, faire merveille et défier toute poursuite en contrefaçon. Cette pratique est, au contraire, la plus dangereuse du monde, et les tribunaux n'hésitent pas, en pareil cas, à reconnaître la contrefaçon. C'est qu'en effet il est de principe que la contrefaçon se juge par les ressemblances, non par les différences, et la seule adjonction d'un nom ne saurait, au moins dans la plupart des cas, effacer la ressemblance résultant de l'imitation de la marque proprement dite. Ajoutons, du reste, — ce que chacun sait par expérience, — que le consommateur s'occupe moins, en général, du nom du fabricant, qui peut lui échapper, que de la marque qui, soit qu'elle consiste dans un nom de fantaisie, soit qu'elle consiste dans un emblème plus ou moins caractéristique, frappe davantage l'imagination et s'y grave mieux.

149. Jurisprudence (1). — Il a été jugé en ce sens : 1° que l'adjonction du nom du contrefacteur ne justifie pas l'usurpation de la marque, qui est le plus souvent déterminante pour l'acheteur, lequel retient ordinairement moins le nom

---

(1) V. encore Trib. corr. Grenoble, 2 avril 1857, aff. Garnier, Pataille. 58.119; Grenoble, 31 août 1876, aff. Nègre, Pataille.76.225; Aix, 8 août 1872, aff. Ménier, Pataille.73.29.

du fabricant que la forme du produit (Lyon, 14 mai 1857, aff. Boilley, Pataille.57.253) ; 2° que la circonstance que le contrefacteur a ajouté son nom à la marque, par lui imitée, ne fait pas disparaître le délit, alors que la confusion n'en reste pas moins possible (Trib. civ. Rouen, 19 mars 1872, aff. Ménier, Pataille.73.18).

150. La tolérance du propriétaire de la marque n'excuse pas la contrefaçon. — Nous avons expliqué ailleurs que la tolérance du breveté à l'égard de ses contrefacteurs n'est pas une excuse pour eux (1). Il en est de même ici. Sans doute, le retard mis par le propriétaire de la marque à en poursuivre l'usurpation pourra, dans certains cas, s'interpréter contre lui et faire supposer qu'il a peu de confiance dans son droit. Mais que de circonstances peuvent expliquer ce retard : le manque de ressources suffisantes, le peu de préjudice résultant de l'usurpation, sans compter la clandestinité de l'usurpation. Ce retard, toutefois, peut être un motif pour le juge d'être indulgent et de diminuer le chiffre des dommages-intérêts.

151. Jurisprudence (2). — Il a été jugé en ce sens : 1° que l'usurpation d'une marque ou d'un nom n'est pas légitimée par l'usage même le plus ancien : le propriétaire du nom est seul juge de l'opportunité des poursuites; il les exerce quand et contre qui il lui plaît (Trib. civ. Amiens, 24 juill. 1846, aff. Raoult, cité par Blanc, p. 776); 2° que le fait, par le propriétaire d'une dénomination, d'en avoir pendant longtemps toléré l'usurpation, ne saurait affaiblir son droit, alors qu'il est établi qu'il en résulte une confusion préjudiciable pour lui (Trib. comm. Seine, 23 janv. 1860, Cie du Soleil, Pataille.64.139); 3° que la tolérance, dont le propriétaire d'une marque de fabrique semble avoir fait preuve à l'égard de ceux qui l'ont déloyalement imitée, ne le rend pas non recevable à se plaindre de ce fait et à en demander la suppression avec dommages-intérêts (Trib. civ. Lyon, 12 mars

---

(1) V. notre *Traité des brevets*, n° 648. — V., en sens contraire, un article de M. Huard, *Prop. ind.*, n° 448.

(2) V. aussi Trib. civ. Seine, 7 avril 1879, aff. Caussin, Pataille.79.209.

1861, *Monit. trib.*, 62.71); 4° que la dénomination industrielle, empruntée à la fantaisie, au nom patronymique du producteur, à sa qualité ou au lieu de fabrication, est, dans tous les cas, la propriété exclusive dudit producteur; on ne saurait, d'ailleurs, lui opposer l'usage abusif qu'en auraient pu faire les tiers (Paris, 19 mai 1870, aff. Garnier (1), Pataille.70.219); 5° que le fait que le propriétaire de la marque ait été empêché d'agir pendant un certain temps et que les contrefacteurs aient pu, en quelque sorte légalement ou du moins impunément, usurper sa marque, ne saurait avoir eu pour effet de faire tomber cette marque dans le domaine public (Rej. Belg., 20 juin 1865, aff. Gilbert, Pataille.66.427); 6° qu'en tout cas la tolérance du propriétaire de la marque ne peut avoir pour conséquence de faire tomber dans le domaine public des énonciations qui, se rapportant au lieu de sa fabrication, à son adresse, au nom de l'imprimeur employé par lui, sont mensongères dès que ce n'est pas lui qui en use, et par cela même restent, quand même, sa propriété exclusive (Trib. civ. Seine, 8 mai 1878, aff. Rowland, Dall.79.3.61).

152. *Quid* **s'il y a eu provocation?** — La provocation fait disparaître le délit; c'est un principe que nous avons déjà eu l'occasion de rappeler en matière de contrefaçon de brevets (2). Que le propriétaire d'une marque vienne trouver un individu qui ne le connaît pas, et, à l'abri de cet incognito, lui commande certains objets auxquels il lui dit d'apposer sa propre marque, où sera la faute de celui qui, déférant à cette commande, aura fait l'apposition de la marque? Pour être en contravention avec la loi, il faudrait qu'il eût porté atteinte à la propriété privative, qu'il eût agi en dehors de la volonté du propriétaire et contrairement à cette volonté. Or, c'est l'opposé; il agit sur ordre et pour compte du véritable propriétaire. Où peut être la contrefaçon? Décider le contraire serait permettre au fabricant, propriétaire d'une

(1) V. aussi Grenoble, 31 déc. 1852, aff. Rivoire, cité par Blanc, p. 776.

(2) V. notre *Traité des brevets*, n° 650. — Comp. Lyon-Caen, *Pasicrisie française*, 1875.446, *la note;* Mayer, n° 90. — V. encore Dalloz. 78.2.23; Braun, n° 169.

marque, de tendre des pièges à ses rivaux d'industrie et de les rançonner en mettant à prix le retrait de sa poursuite. La loi ne peut prêter son appui à de pareilles manœuvres. Toutefois, il faut se garder de pousser le principe à l'excès; il peut se aire que le propriétaire de la marque, certain d'une contrefacon clandestine qui ne se révèle, par exemple, qu'à l'étranger, c'est-à-dire dans un lieu le plus souvent hors de ses atteintes, ait recours à une commande faite, en France, sous un nom supposé, à celui qui est l'objet de ses soupçons. Le piège, en ce cas, pourra être légitime et de bonne guerre. Supposez une commande d'étiquettes faite à un imprimeur au nom d'un autre fabricant que le propriétaire véritable de l'étiquette. Où sera, la plupart du temps, l'excuse de l'imprimeur? N'était-il pas averti par le nom même de l'auteur de la commande, différent de celui porté sur l'étiquette, qu'il se faisait le complice d'une fraude? Ce sont là des circonstances de fait que le juge doit apprécier et qui peuvent faire fléchir la règle.

De même, il ne faudrait pas voir une provocation dans le fait par un fabricant d'acheter chez des concurrents un objet frauduleusement revêtu de sa marque, dans le but très légitime de se procurer la preuve de la contrefaçon dont il est victime. Il y a un abîme entre ce fait et celui de la provocation. La provocation ne peut résulter que d'agissements directs, en vue, non d'établir la preuve d'un fait existant, mais de faire naître un délit qui, sans cela, n'eût pas été commis.

M. Pataille dit à ce sujet : « Ce n'est pas dans la provo-
« cation et dans le fait même de la commande que l'on peut
« trouver une excuse et encore moins une exception, mais
« dans les manœuvres qui l'ont accompagnée. Si ces ma-
« nœuvres ont été telles que le fabricant ait été trompé sur le
« caractère de la commande; s'il a cru ou pu croire que l'objet
« commandé était dans le domaine public ou qu'il était des-
« tiné au propriétaire du brevet ou de la marque, il pourra,
« malgré les termes des lois de 1844 ou de 1857, invoquer sa
« bonne foi. Pourquoi? parce que la présomption légale de
« fraude disparaît, en pareil cas, devant les manœuvres frau-
« duleuses du demandeur lui-même. Mais, si la provocation a
« consisté uniquement dans une commande que le fabricant

« était parfaitement libre d'accepter ou de refuser, et qui, par « sa nature même, constituerait un délit, la bonne foi disparaît « et le délit reste (1). »

153. Jurisprudence. — Il a été jugé en ce sens : 1° que la contrefaçon n'est pas punissable lorsqu'elle est le résultat de la provocation du propriétaire de la marque (Paris, 13 janv. 1864, aff. Boucher, Pataille. 64.135) ; 2° mais que des commerçants, qui ont vendu une étoffe sous une dénomination (dans l'espèce, taffetas *Marie-Blanche*) employée par un concurrent pour distinguer ses produits, ne pourraient s'excuser en disant qu'ils n'ont fait que céder aux instances d'une personne envoyée par ledit concurrent pour les faire tomber dans un piège ; cette circonstance laisse subsister en entier le fait relevé à leur charge, et leur concurrent ne saurait être blâmé pour avoir employé certains moyens qui, d'ailleurs, n'ont rien d'illicite, afin de découvrir le fait dommageable dont il croyait avoir à se plaindre et qui, par cela même qu'il est répréhensible, cherche à se dissimuler (Paris, 4 mars 1869, aff. Jaluzot (2), Pataille.69.97) ; 3° que le seul fait d'une commande, en l'absence de toute manœuvre qui ait pu surprendre la bonne foi et forcer la confiance du contrefacteur, ne constitue pas, de la part du propriétaire de la marque qui veut s'assurer de l'existence d'une contrefaçon qu'il soupçonne, une provocation de nature à faire disparaître le délit (Paris, 19 mars 1875, aff. Juteau (3), Pataille. 75.74) ; 4° que le fait, par le propriétaire d'une marque, en vue d'acquérir la preuve d'une contrefaçon qu'il soupçonne, de faire à un imprimeur une commande de ses propres étiquettes par l'intermédiaire d'un tiers qui en réalité agit pour son compte, ne constitue nullement une provocation au délit, alors que la commande n'a été accompagnée d'aucune manœuvre frauduleuse pour surpendre la bonne foi de l'imprimeur ; la provocation ne peut

(1) Pataille.75.82.

(2) « Si l'on objecte que les factures ont été provoquées, disait M. l'a« vocat général Ducreux, on ajoute même à leur efficacité; car ce fait « établit que l'acheteur a ainsi appelé tout particulièrement l'attention « du vendeur sur la désignation de l'objet vendu ». — V. *eod loc.*, p. 104.

(3) V. Rej. 13 janv. 1 76, même aff., Pataille.76.5.

résulter que d'agissements en vue, non d'établir la preuve d'un fait existant, mais de faire naître un délit, qui, sans cela, n'eût pas été commis (Lyon, 19 juin 1879, aff. Balay, Pataille.80.384) ; 5° que toutefois, s'il est permis de recourir à une provocation pour se procurer la preuve de la contrefaçon, le fait ainsi commis sur la provocation du propriétaire de la marque ne peut donner ouverture à des dommages-intérêts (Trib. civ. Seine, 30 juin 1869, aff. Christy, Pataille.70.31).

154. La simple tentative est-elle punissable ? — La tentative — c'est un principe de notre droit pénal — n'est punissable qu'autant que la loi s'en est formellement expliquée. Il suffit donc de se reporter au texte de la loi de 1857 pour s'assurer que la simple tentative, en notre matière, n'est pas punie. La loi n'atteint que le délit consommé. Ainsi, pour ne parler que de la contrefaçon proprement dite, elle ne tombe sous le coup des dispositions pénales que si le timbre ou le cachet, qui doit reproduire la marque usurpée, est gravé (1), ou si l'impression de l'étiquette a eu lieu ; une lettre contenant la preuve que la commande de la gravure ou de l'impression a été faite et acceptée ne constituerait pas le délit ; elle n'en manifesterait que l'intention, qui peut ensuite avoir été abandonnée.

155. *Quid* si le contrefacteur cesse la contrefaçon ? — De ce qu'un individu, après avoir commis un premier crime, ne le renouvelle pas, on ne saurait conclure qu'il n'est pas coupable. On pourra trouver seulement dans cette circonstance une raison de lui appliquer la loi avec moins de rigueur que s'il avait persévéré dans sa mauvaise action. Tout de même ici ; et cela est d'autant plus vrai que chaque acte de contrefaçon constitue un délit spécial, distinct. L'absence d'un second acte de contrefaçon n'empêche donc pas le premier d'avoir été commis et de mériter à son auteur une punition proportionnée à sa faute (2).

---

(1) Rendu, n° 147. — Comp. Chauveau et Hélie, 4e édit., sur l'art. 426. V., *en sens contraire*, Braun, n° 176 ; Lyon-Caen, *Pasicrisie française*, 1875.448, *la note*.

(2) V. notre *Traité des brevets*, n° 653.

156. La force majeure excuse-t-elle la contrefaçon — Il n'est pas de force majeure qui puisse excuser la contrefaçon; on a pourtant invoqué le cas de guerre, et voici par quelle aberration d'esprit : la dernière guerre avait interrompu les communications, suspendu les envois des fabricants, dont quelques-uns d'ailleurs se trouvaient renfermés dans des villes assiégées. Les produits, provenant de certaines fabriques, ont fini par s'épuiser; mais, comme la consommation continuait de les demander, des débitants ont cru pouvoir donner satisfaction à leurs clients en faisant fabriquer des produits similaires, sur lesquels, pour mieux donner le change, ils apposaient la marque du véritable fabricant.

Poursuivis plus tard à raison de ces faits, ils ont invoqué la force majeure! Ce ne pouvait pas être sérieusement. Que la force majeure les empêchât de s'approvisionner chez leurs fabricants ordinaires, et qu'ils fussent obligés, pour satisfaire leur clientèle, de s'adresser ailleurs, rien de plus naturel. Mais quelle force les obligeait à livrer ces produits sous le nom ou sous la marque de leurs fabricants habituels? Qu'est-ce qui les forçait à mentir, à tromper le public? Rien au monde qu'un désir de lucre d'autant plus coupable qu'il s'exerçait au détriment de fabricants qui, par la situation même de l'État, étaient dans l'impossibilité de se défendre. De pareils faits sont à flétrir, non à discuter.

Jugé, en ce sens, que le fait de l'occupation ennemie et les difficultés d'approvisionnement en résultant ne sauraient être invoqués comme une excuse de force majeure par le débitant d'objets revêtus d'une marque contrefaite (Trib. corr. Épernay, 30 avril 1872, aff. De Milly, Pataille.72.338).

157. *Quid* de la contrefaçon commise à l'étranger ? —C'est un principe de notre droit pénal que les délits, commis par un étranger hors du territoire de la France, échappent aux rigueurs de la loi française ; il est hors de toute discussion et il suffit de l'énoncer. Quel que soit donc le préjudice qu'un Français éprouve par suite de l'usurpation de sa marque à l'étranger, il est sans protection ou du moins n'en peut trouver que dans la loi étrangère et devant les tribunaux étrangers. Au contraire, dès que le produit, revêtu de la marque contrefaite, a touché le sol français, il y a délit, et la protection de la loi française devient efficace, même à l'égard de l'étranger, s'il est établi que l'étranger a coopéré à l'introduction du produit sur le territoire français. Il ne suffit pas, bien entendu, qu'il ait contrefait la marque à l'étranger, sachant plus ou moins vaguement que la marque devait couvrir un produit destiné à la France ; il faut, de plus, qu'il ait connu l'introduction, qu'il y ait coopéré, participé, aidé.

Si la contrefaçon était commise à l'étranger par un Français, la règle ne serait plus la même ; on sait, en effet, qu'aux termes de l'art. 5 du Code d'instr. crim., modifié par la loi du 27 juin 1866, tout Français qui, hors du territoire de la France, s'est rendu coupable d'un fait qualifié délit par la loi française, peut être poursuivi et jugé en France, si le fait est puni par la législation du pays où il a été commis (1). Le Français qui contrefait une marque française à l'étranger peut donc être, à raison de cette contrefaçon, cité devant les tribunaux français, si toutefois la loi du pays où le fait a été commis le punit comme délictueux. Or, on sait qu'à présent la plupart des législations étrangères prévoient et punissent l'usurpation des marques (2).

158. Jurisprudence. — Il a été jugé en ce sens : 1° que, si l'auteur d'un délit commis à l'étranger n'est pas justiciable des tribunaux français, il en est autrement lorsque le délit s'est prolongé ou achevé sur le territoire français ; spécialement, le délit de contrefaçon de marque, quoique commis à l'étranger, rend le contrefacteur justiciable des tribunaux français quand, par la volonté des contrefacteurs, les étiquettes contrefaites sont introduites sur le territoire français ; en ce cas, en effet, on peut dire qu'il y a contrefaçon en France (Trib. corr. Le Havre, 14 janv. 1860, aff. Staempfli, Pataille. 60.303) ; 2° que la contrefaçon d'une marque française, commise hors de France par un étranger, ne tombant pas sous le coup de la loi française, aux termes de l'art. 7 du C. d'instr. crim., il s'ensuit que le contrefacteur étranger n'est justi-

---

(1) En ce cas, la poursuite ne peut être intentée qu'à la requête du ministère public ; elle doit être précédée d'une plainte de la partie lésée.

(2) V. Appendice, 2e partie.

ciable des tribunaux français qu'autant qu'il est en même temps convaincu d'avoir participé à l'importation de la marque en France (Trib. corr. Épernay, 30 avril 1872, aff. De Milly, Pataille.72.338).

159. L'occupation ennemie couvre-t-elle la contrefaçon ? — Les contrefacteurs ont des ressources d'imagination qu'on ne trouve jamais en défaut. Qu'on en juge. On sait que c'est un principe de notre législation pénale que les faits délictueux, accomplis, consommés à l'étranger, échappent à la juridiction des tribunaux français. Or, il s'est rencontré des contrefacteurs qui, ayant profité de l'occupation allemande pour exercer fructueusement leur coupable industrie, ont soutenu que l'occupation avait eu pour effet de faire momentanément du territoire français un territoire étranger, et que, dès lors, les faits de contrefaçon, commis pendant l'occupation, devaient être considérés comme accomplis à l'étranger. De pareils raisonnements attristent plus encore qu'ils ne surprennent. N'est-il pas douloureux de penser qu'il y a des âmes assez basses pour faire si bon marché de la patrie et de la nationalité ? Est-il besoin d'un raisonnement et de preuves juridiques pour établir que la guerre constitue un simple fait, qui peut, pour un temps et par force, suspendre les effets du droit, mais qu'un pays envahi, opprimé, n'est pas un pays conquis ; la conquête ne devient le droit que par les traités de paix qui mettent fin à la guerre ; jusque-là, la nationalité du pays reste entière, et le fait de l'occupation n'y porte aucune atteinte.

Jugé en ce sens que le fait de l'occupation du pays, momentanément envahi, alors même qu'il serait administré par l'ennemi, ne saurait avoir pour effet de faire perdre à ce territoire sa nationalité ; il s'ensuit que le débitant d'un objet contrefait ne saurait se prévaloir du fait de cette occupation pour soutenir que sa contrefaçon, ayant été accomplie en pays étranger, ne tombe pas sous le coup de la loi française (Trib. corr. Épernay, 30 avril 1872, aff. De Milly, Pataille.72.338).

160. *Quid* de la contrefaçon en vue du débit à l'étranger ? — Nous venons de voir que la contrefaçon commise à l'étranger échappe à la loi française. Il en serait autrement, et il est presque puéril de le noter, de la contrefaçon commise en France, mais en vue de produits soit étrangers, soit destinés à l'étranger. La contrefaçon, en ce cas, est souvent même plus coupable, et plus préjudiciable au propriétaire de la marque, en ce que la marque, par cela même qu'elle porte avec elle une origine française, est mieux faite pour tromper les consommateurs.

Jugé en ce sens que, s'il est vrai que les étrangers ne peuvent être poursuivis en France à raison des délits commis par eux à l'étranger, cette règle n'est pas applicable à celui qui contrefait une marque en France et l'appose sur des produits qu'il envoie à l'étranger; il ne faut pas, en effet, confondre le lieu où le délit est consommé, avec le lieu où ce délit doit amener le résultat frauduleux recherché par l'inculpé (Rej. 3 mai 1867, aff. Lagarde (1), Pataille.67.293).

161. ***Quid* des contrats relatifs à la contrefaçon étrangère ?** — La contrefaçon, accomplie à l'étranger, ne peut être atteinte par la loi française ; voilà le principe. Mais jusqu'où vont ses conséquences ? Admettez qu'un fabricant à l'étranger ait, sur la commande d'un commerçant français, établi en France, fabriqué certains produits qu'il aurait ensuite frauduleusement revêtus d'une marque française. Ces produits entrent en France, arrivent entre les mains du commerçant qui les a commandés ; ils sont alors saisis par le propriétaire de la marque, déférés aux tribunaux et spécialement frappés de confiscation. Quel sera le droit du fabricant étranger? Pourra-t-il réclamer le prix des produits saisis? Ne pourra-t-on pas lui répondre que, si la contrefaçon commise à l'étranger échappe aux dispositions de la loi, elle n'en constitue par moins un acte illicite, frauduleux, et ne peut, à ce titre, devenir l'objet d'un contrat valable?

Il a été jugé, à cet égard, et cette décision nous paraît conforme aux principes, que la contrefaçon d'une marque française, encore qu'elle aurait lieu à l'étranger, constitue un acte délictueux et illicite ; il s'ensuit que le contrefacteur est sans action pour réclamer le prix des marchandises ainsi revêtues

(1) V. anal. Trib. civ. Seine, 28 juin 1860, aff. Jourdan-Brive, *Prop. ind.*, n° 135. — Comp. Paris, 23 fév. 1882, et Rej. 5 mai 1882, affaire Hayem, Pataille.82.114.

d'une marque contrefaite et confisquées, alors même qu'il aurait commis cette contrefaçon sur commande et au profit d'un tiers, une obligation dont la cause est illicite ne pouvant produire aucun effet (Paris 16 juillet 1856, aff. Glaenzer, Pataille.56.215).

162. *Quid* **du fait d'usurper l'enseigne d'un rival?** — Le fait de prendre pour marque l'enseigne d'un concurrent ne constitue pas une contrefaçon dans le sens de la loi de 1857; cela est de toute évidence, et mérite à peine qu'on le mentionne. Autre chose est une marque, autre chose une enseigne; elles constituent l'une et l'autre une sorte de propriété distincte et soumise à des règles particulières. Nous parlerons plus loin de la propriété des enseignes et nous exposerons les principes qui la régissent. Sans doute il ne serait pas légitime de prendre pour marque l'enseigne d'un rival; mais ce n'est pas par voie d'action en contrefaçon qu'on en pourrait poursuivre la répression; il y aurait là un acte de concurrence déloyale tombant sous l'application de l'art. 1382 du Code civil, mais échappant à la loi pénale (1).

163. *Quid* **de l'usurpation de la marque sous forme d'enseigne?** — M. Rendu voit dans ce fait une contrefaçon dans le sens de la loi de 1857; il ne se dissimule pourtant pas les difficultés de la question, et, prévoyant les objections qu'on peut présenter, il les réfute ainsi: « On peut répondre que « la loi, interprétée d'après l'équité et la bonne foi, doit pro- « téger le propriétaire d'une marque contre tout emploi, fait « par un tiers de ce même signe, à l'effet de détourner indû- « ment à son profit tout ou partie des avantages qui y sont « attachés; que désigner un établissement à l'aide de la « marque d'autrui, de quelque façon qu'on l'emploie, c'est « faire un usage commercial de la propriété d'autrui, et la « dérober réellement en s'attribuant la notoriété, le renom, « et par suite la clientèle qui constituent les résultats utiles, « les fruits de cette sorte de propriété intellectuelle; que c'est « usurper les fruits précisément par le moyen que la loi in- « terdit, à savoir par la reproduction du signe déposé, atten-

(1) V. Bédarride, n° 905; Rendu, n° 134.

« ler à l'inviolabilité de ce signe, malgré la garantie que la « loi lui assure et ainsi commettre le délit prévu par l'article 7. « Telle est l'opinion que nous serions disposé à adopter (1). »

Il nous paraît difficile d'accepter cette opinion, et c'est M. Rendu qui en donne lui-même la raison : nous sommes ici en matière criminelle, tout y est de droit strict ; on ne peut étendre les termes de la loi, qui doit être appliquée telle qu'elle est. Or, il est certain, M. Rendu le reconnaît, que la marque s'entend d'un signe apposé sur une marchandise, tout au moins d'un signe accompagnant ou pouvant accompagner la marchandise et destiné, par sa présence, à en garantir l'origine aux yeux du consommateur (2). Dès lors, comment soutenir que l'usurpation de la marque, sous forme d'enseigne, et en dehors de toute application à un objet fabriqué, constitue une contrefaçon ? L'enseigne est la désignation non d'un produit, d'une marchandise, mais d'un établissement commercial, boutique ou magasin. Sans doute, un pareil fait est de nature à causer un préjudice et à donner ouverture à une action en dommages-intérêts ; il constitue l'usurpation d'une propriété certaine, mais non l'usurpation sous la forme qui la rend justiciable des tribunaux de répression, aux termes de la loi de 1857.

164. *Quid* **de la reproduction de la marque dans des annonces ou prospectus ?** — Il ne faut pas perdre de vue que la marque est essentiellement destinée à garantir l'origine des produits dont elle est le signe distinctif et spécial dans le commerce. La contrefaçon existe, par conséquent, — et c'est même, nous l'avons vu, ce qui, à proprement parler, la constitue, — dès qu'il y a confection d'une marque, destinée à être apposée sur une marchandise.

Mais que faut-il penser du fait de reproduire la marque dans des prospectus ou dans des annonces ? Nous avons, dans la première édition de cet ouvrage, émis l'avis formel que la reproduction de la marque dans un prospectus ou dans une annonce ne constituait pas un délit dans le sens de la loi de

(1) V. Rendu, n° 136.
(2) V. Braun, n° 171.

1857 (1). En y réfléchissant, il nous semble que la solution est plus douteuse que nous ne l'avions d'abord pensé. Déjà nous faisions une réserve pour le cas où le prospectus, qui porte la mention de la marque, sert d'enveloppe au produit, ou l'accompagne de telle sorte qu'il lui serve en quelque sorte de passeport; nous disions que les tribunaux pourraient voir dans ce fait, eu égard à ses circonstances, une contrefaçon réelle et punissable; mais, ajoutions-nous, c'est qu'alors le prospectus aura perdu son caractère, pour revêtir celui de marque dans le sens légal, c'est-à-dire de marque apposée sur un produit.

La réflexion nous a conduit à penser qu'il faut aller plus loin et que l'emploi de la marque, dans un prospectus, dans une circulaire, répandue pour attirer la clientèle, encore qu'à ce prospectus ou à cette circulaire ne serait pas jointe la marchandise, pourra être considéré comme constituant soit le délit de contrefaçon, c'est-à-dire de fabrication de la marque, soit du moins celui d'usage d'une marque contrefaite. Nous n'avions pas, lors de notre première édition, suffisamment porté notre attention sur les différents délits institués par l'article 7, nous n'en avions pas assez soigneusement défini, distingué les caractères, notamment en ce qui concerne le délit d'usage. Nous préciserons cela tout à l'heure (2).

Et ceci nous amène, nous l'avouons volontiers, à nous départir de la sévérité avec laquelle, dans le même passage de notre première édition, nous jugions la théorie que nous avions entendu émettre par un honorable magistrat sur ce qu'il appelait la *marque parlée*. Ce magistrat, s'exprimant comme organe du ministère public, déclarait qu'à ses yeux la loi pénale, la loi de 1857, atteignait non seulement le fait de contrefaire matériellement la marque et de l'apposer frauduleusement sur un produit, mais encore le fait de l'usurper *oralement*, c'est-à-dire le fait, par un concurrent du pro-

---

(1) V. notre première édition, n° 164. — Comp. Rendu, *Droit indust.*, n° 823; Bédarride, n° 906. — V. aussi Cass. 2 déc. 1808; Trib. corr. Seine, 15 janv. 1860, *Prop. indust.*, n° 116.

(2) V. *infrà*, n° 167.

priétaire de la marque, de vendre, d'annoncer, d'offrir ses produits en les désignant verbalement par la dénomination qui fait l'objet de la marque, sans toutefois l'y apposer (1). Cette doctrine nous avait surpris, et nous n'hésitions pas alors à la combattre ; nous allions jusqu'à la qualifier d'erreur évidente. Aujourd'hui, après réflexion, nous comprenons qu'on ait pu soutenir que, même sous cette forme, l'emploi de la marque rentrait dans le délit d'usage, prévu par la loi. Cela est loin d'être déraisonnable. Cependant nous ne croyons pas pouvoir aller jusque-là. La marque est avant tout un signe matériel, et c'est l'usurpation, sous une forme matérielle, la mise sous les yeux du public de ce signe destiné à le tromper qui fait le délit. Le seul fait de rappeler ce signe, d'en parler, sans qu'il existe d'ailleurs, ne saurait équivaloir à l'usurpation matérielle. Sans doute, il y aura là un fait dommageable, de nature à constituer une concurrence déloyale, et à donner ouverture à une action en dommages-intérêts ; mais ce sera tout (2).

165. ***Quid*** **du fait de reproduire la marque d'un fabricant sur les produits vendus au détail ?** — Voici une question des plus intéressantes ; mais, pour la bien poser, nous ne croyons pouvoir mieux faire que de raisonner sur un exemple. Il existe en Angleterre une fabrique de papier célèbre, la fabrique de *Turkey mill*, dont les papiers fort appréciés vont dans le monde entier. La fabrique vend en gros, et chaque partie vendue est livrée sous une marque déterminée. Ce papier, ainsi acheté en gros par les papetiers, est rogné, taillé par eux à toutes les dimensions, mis en format de papier à lettres de différentes grandeurs, en format d'enveloppes, etc. Les ramettes de ce papier, ainsi débité, peuvent-elles être vendues par les papetiers sous la marque de *Turkey mill?* Il va de soi que les papetiers ont le droit d'annoncer que le papier, vendu par eux, sort de la fabrique de Turkey mill ; cela est de toute évidence et les fabricants anglais ne peuvent

(1) V. les conclusions de M. l'avocat général Onfroy de Bréville, dans l'affaire du *Phospho-guano* (*le Droit*, 19 mars 1873).

(2) Comp. Braun, n° 173.—V. Rej. 1er juin 1874, aff. David, Pataille. 74.243.

s'en plaindre. Aussi la question n'est pas là. Il s'agit de savoir si les débitants peuvent, non seulement annoncer que leur papier vient de Turkey mill, mais encore apposer sur le papier qu'ils débitent la marque de Turkey mill, c'est-à-dire faire graver sans l'autorisation des fabricants des timbres, cachets ou empreintes, reproduisant la marque, et, à l'aide de ces timbres ou cachets, appliquer le signe sur leurs marchandises? Nous ne concevons pas, pour notre part, qu'une pareille question ait pu seulement être agitée. Nul autre que le propriétaire de la marque ou ceux qu'il autorise ne peut soit reproduire, soit employer ladite marque. Celui qui achète d'un fabricant un produit, avec la marque de ce fabricant, n'a qu'un droit, celui de revendre le produit tel qu'il l'a reçu, et par conséquent sous la marque qu'il porte; mais, lorsqu'il a ouvert l'enveloppe, qu'il a dénaturé ou transformé le produit, quel droit a-t-il de se servir encore de la marque? La marque s'appliquait au produit tel qu'il sortait de la fabrique; elle garantissait son origine; une fois qu'il est tiré de son enveloppe, que devient la garantie de l'origine? Où peut-elle être? Le fabricant est-il encore assuré que le produit est le sien? Quel sera son contrôle? Pour un débitant honnête, combien n'y en aura-t-il pas d'infidèles, qui ne craindront pas d'apposer la marque du fabricant sur d'autres produits que les siens? Qu'est-ce d'ailleurs que la marque, sinon la signature même du fabricant? Pourrait-on signer pour lui, imiter sa signature? Evidemment non. Sans doute, il peut déléguer à un débitant, en qui il a confiance, le droit de mettre ladite marque sur les produits transformés, mais c'est alors parce que le débitant est son représentant, qu'il l'a autorisé expressément, et qu'il lui a transmis son propre droit. S'il en était autrement, s'il suffisait d'être l'acheteur d'un fabricant pour avoir le droit de se servir de la marque de ce fabricant, toutes les garanties que la loi a entendu assurer s'évanouiraient; la propriété des marques ne serait plus qu'un mot, puisque cette propriété ne serait pas privative, et ne resterait pas exclusivement aux mains du propriétaire.

« Nous n'admettons pas, dit de son côté M. Pataille, que « les détaillants aient jamais le droit de reproduire la « marque du vendeur, même pour la placer sur des produits

« provenant réellement de sa fabrique. Si, pour revendre « au détail, ils sont obligés de rompre la marque du vendeur, « ils ne peuvent que garantir l'origine soit verbalement, soit « par leur propre marque; mais ils ne sauraient à aucun « titre, à moins d'une stipulation expresse, apposer une mar- « que qui ne leur appartient pas. L'abus et la fraude se- « raient par trop faciles, si le simple achat d'un produit di- « visible permettait au détaillant de multiplier la marque à « l'infini » (1).

Jugé pourtant, en sens contraire, que le débitant qui achète en gros la marchandise, sous la marque du fabricant, a le droit, sur la marchandise débitée ensuite par lui au détail, de reproduire et d'appliquer sur les paquets de détail la marque du fabricant; cet agissement ne saurait avoir le caractère d'une fraude, et, loin de causer un préjudice au fabricant, a au contraire pour résultat d'assurer et d'accroître l'écoulement de ses produits (Trib. civ. Seine, 7 fév. 1874, aff. Thomas de la Rue (2), Pataille.76.321).

166. Contrefaçon; appréciation souveraine.—Le juge du fait apprécie souverainement la question de savoir s'il y a ou non ressemblance entre la marque déposée et la marque incriminée, c'est-à-dire la question de contrefaçon. Sa décision, à cet égard, échappe au contrôle de la cour de cassation (3).

Jugé en ce sens que l'arrêt qui, après avoir fait ressortir les caractères extérieurs et différents de deux marques, déclare que toute confusion entre elles est impossible, fait une appréciation souveraine qui échappe au contrôle de la Cour de cassation (Rej. 18 janv. 1854, aff. Salignac, J. Pal. 55.2.398).

---

(1) Pataille.76.324.

(2) Ce jugement, qui n'a pas été déféré à la Cour, a été rendu contrairement aux conclusions du ministère public.

(3) V. Rej. 27 juill. 1866, aff. Abadie, Pataille.66.343; Rej. 15 juin 1870, aff. Bardou et Ce, Pataille.70.282; Rej. 28 mai 1872, aff. Bobot-Descoutures, Pataille.72.305; Rej. 6 fév. 1875, aff. Fox, Pataille.75.213; Rej. 19 fév. 1875, aff. Trébutien, Pataille.77.308; Rej. 22 déc. 1877, aff. Dupont, Pataille.78.11; Rej. 3 janv. 1878, aff. Birkin, Pataille.78.214. — V., du reste, notre *Traité des brevets*, n° 647. — Comp. toutefois Rendu, n° 129.

167. Usage de la marque contrefaite.— A côté du contrefacteur, et sur la même ligne, il faut placer celui qui fait usage de la marque contrefaite ; ce sera, disions-nous dans notre première édition, celui par les ordres duquel elle est apposée sur les produits, celui pour le compte et dans l'intérêt duquel a lieu cette apposition, celui en un mot à qui appartiennent la marque contrefaite et les produits revêtus de cette marque. Celui, au contraire, qui reçoit la marchandise ainsi marquée, la vend et la débite sous cette marque, ne rentre pas dans la catégorie de ceux qui *font usage* de la marque ; il est un simple vendeur puni, comme nous le verrons, par le § 3 (1). La loi punit l'usage en lui-même, et sans qu'il soit nécessaire que celui qui fait usage de la marque contrefaite ait été directement l'auteur de la contrefaçon ou l'ait commandée. Il se peut, par exemple, qu'un fabricant trouve, dans le fonds qu'il achète, soit des étiquettes contrefaites, soit des timbres ou cachets propres à reproduire une marque contrefaite. Il se rendra coupable, s'il s'en sert, non du délit de contrefaçon mais du délit d'usage, sans qu'il puisse invoquer cette circonstance qu'il n'est pas lui-même l'auteur de la contrefaçon.

Il est facile de voir par les exemples que nous venons de citer que ce qui constitue le délit d'usage, c'est le fait, sans être soi-même l'auteur de la contrefaçon, d'employer la marque contrefaite, et, par cet emploi, de s'approprier la contrefaçon, de la faire sienne, d'en tirer un profit direct. Cette définition est vraie. Toutefois les exemples que nous avons cités ne sont pas les seuls qu'on puisse donner du délit d'usage ; on peut même dire que ce ne sont pas ceux dans lesquels le fait délictueux d'usage se présente en quelque sorte dans sa pureté et dégagé de tout autre fait répréhensible : ainsi, celui qui, recevant de l'imprimeur une étiquette contrefaite, ou la trouvant dans le fonds qu'il vient d'acheter, l'appose ou la fait apposer sur sa marchandise, puis livre sa marchandise sous cette étiquette mensongère au commerce, commet bien le délit d'usage, mais il commet en même temps le délit de vente ou de mise en vente prévu par le § 3 de l'article 7. Cette

(1) V. Gastambide, p. 425.

remarque, qui ne nous avait pas frappé lors de notre première édition, nous a conduit à penser que le délit d'usage comprenait d'autres faits. Ce que le législateur a voulu, c'est punir l'usurpation de la marque sous quelque forme qu'elle se présente ; c'est assurer par une sanction pénale et efficace la propriété privative de cette marque ; ce qu'il a voulu, c'est empêcher qu'à l'aide de cette usurpation le public lui-même puisse être trompé. Il a donc cherché à prévoir tous les cas, tous les genres de fraude. Il a commencé par distinguer deux sortes d'usurpation : l'usurpation servile ou contrefaçon, et l'usurpation déguisée ou imitation frauduleuse. Puis, que la marque soit contrefaite ou frauduleusement imitée, le législateur envisage et examine les différents faits délictueux qui peuvent se rattacher à l'une ou à l'autre de ces imitations. Il vise d'abord le fait de fabrication de la marque ainsi usurpée, c'est-à-dire le fait même soit de la contrefaire, soit de l'imiter frauduleusement ; il vise ensuite le fait de vendre ou d'exposer en vente, c'est-à-dire de mettre dans le commerce la marchandise revêtue de la marque usurpée. Le cercle dans lequel il entend enfermer, emprisonner, les concurrents déloyaux ne lui paraît pas encore assez étroit ; il craint de laisser une fissure par où l'impunité se glissera : alors il imagine un délit plus général encore s'il est possible que tous les autres, le délit d'usage ; il veut que, en dehors de tous les autres faits qu'il punit, le seul fait de l'usage de la marque mensongère soit atteint et réprimé ; il veut en un mot qu'un concurrent ne puisse tirer un profit de la marque qui ne lui appartient pas, même en étant assez habile pour ne tomber dans aucun des délits de contrefaçon, d'imitation frauduleuse, de vente ou de mise en vente. Or voici l'hypothèse qui peut se présenter. Une maison étrangère entreprend de contrefaire la marque d'une maison française, qui fait surtout l'exportation ; elle copie donc les articles du fabricant français ; elle les place sous une étiquette qui reproduit exactement celle de ce fabricant ; ainsi revêtues d'une marque fausse, elle expédie ses marchandises sur le marché où la marchandise française a trouvé faveur. Elle échappe, on le voit, à la peine de la contrefaçon, car l'étiquette contrefaite est fabriquée à l'étranger ; elle échappe à la peine qui punit la vente, car la vente se fait sur une place étrangère. Mais à tous ces actes accomplis à l'étranger elle ajoute celui-ci : elle entretient en France un agent, qui ayant entre les mains l'étiquette contrefaite, la boîte ou le carton sur lesquels est apposée la marque contrefaite, visite les commissionnaires, leur fait des offres de service, et s'engage, au nom de sa maison, à livrer pour eux sur le marché étranger des marchandises identiques à celles du fabricant français, étant bien entendu que ces marchandises seront expédiées sous l'étiquette et dans le carton qu'il présente comme types. Comme il fait à ces commissionnaires des prix plus avantageux que le fabricant français, les commissionnaires acceptent ces offres et le fabricant français est directement atteint dans ses intérêts, en même temps que le commerce national en souffre profondément.

Ne peut-on pas dire que, dans ce cas, l'emploi qui est fait en France de la marque contrefaite par l'agent de la maison étrangère, en vue de solliciter, au détriment de la fabrique française, des ordres et des commandes, constitue le délit d'usage prévu par l'article 7 ? Nous n'hésitons pas à le penser. Le mot « *usage* » dont se sert la loi est, en effet, général et il comprend tout acte qui, sans être ni la contrefaçon proprement dite, ou l'imitation frauduleuse, ni la vente ou la mise en vente, est cependant relatif à l'emploi de la marque contrefaite. Il y a bien usage dans ce fait de colporter la marque contrefaite, de la mettre sous les yeux des commissionnaires, d'en faire valoir l'importance, et de s'en servir en France pour organiser à l'étranger contre le fabricant français la plus redoutable des concurrences. Est-il possible d'admettre qu'une pareille fraude reste impunie et que la loi tolère cette circulation de l'échantillon de la contrefaçon qui va devenir le point de départ d'une industrie coupable ? Sans doute, la loi francaise ne peut et ne doit pas atteindre les faits dont un étranger se rend coupable, au delà de nos frontières, envers un Français; mais, dès que cet étranger met le pied sur notre sol, dès qu'il y est surpris commettant au mépris de l'hospitalité et au détriment de nos fabriques un acte qui rentre logiquement et naturellement dans les prévisions de la loi pénale, n'y aurait il pas faiblesse, presque naïveté, à ne pas lui en appliquer les rigueurs ?

Cette hypothèse, que nous avons vu se réaliser dans la pratique, nous a ouvert les yeux sur le sens général du mot : *usage*. Il nous semble que, dans l'application, il se prête à la répression de certaines fraudes, dangereuses pour la propriété des marques, et, par exemple, nous pensons que le fait de répandre dans le public des prospectus et des circulaires en tête desquels on imprimera une marque appartenant à autrui, et dans lesquels on présentera sa marchandise comme étant celle qui porte en réalité cette marque, pourra être considéré non seulement comme un acte de concurrence déloyale, mais encore comme un véritable délit, le délit d'usage d'une marque contrefaite.

168. Jurisprudence. — Il a été jugé : 1° qu'il suffit qu'un individu ait fait usage d'une marque frauduleusement imitée, encore que l'imitation ne serait pas son fait personnel, pour que la loi lui devienne applicable et qu'il lui soit fait défense de faire, à l'avenir, usage de cette marque (Bordeaux, 30 juin 1864, aff. Chévènement, Pataille.64.446) ; 2° qu'il importe peu que celui qui fait usage d'une étiquette contrefaite l'ait trouvée toute faite en achetant son fonds de commerce, s'il est constant qu'il en a sciemment fait usage (Paris, 3 fév. 1872, aff. Ménier, Pataille.73.18) ; 3° que le fait par le représentant d'une fabrique étrangère de solliciter en France des commandes et d'y contracter des marchés, sur le vu de cartons, revêtus d'une marque frauduleusement imitée, en promettan que les marchandises qu'il commissionne seront renfermées dans des cartons semblables à ceux qu'il exhibe, constitue tout à la fois le délit d'usage et le délit de vente prévus et punis par l'article 8 de la loi du 23 juin 1857 ; il importe peu d'ailleurs que ces marchandises, dont la vente s'accomplit ainsi sur le sol français, soient ensuite livrées en pays étranger ; il ne faut pas confondre, en effet, le lieu où le délit est perpétré avec le lieu où le délit doit ou peut amener le résultat frauduleux cherché par son auteur (Paris, 23 février 1882, aff. Hayem (1), Pataille.82.114) ; 4° que, d'ailleurs, si la détention de produits revêtus d'étiquettes contrefaites et de cachets et timbres

(1) V. aussi Rej. 5 mai 1882, même aff., *eod. loco*.

ayant servi à compléter la contrefaçon ne prouve pas, par elle-même, le fait de contrefaçon contre l'individu qui déclare n'avoir agi que pour le compte d'autrui, du moins elle établit l'usage desdites marques contrefaites et suffit dès lors pour entraîner l'application de l'art. 7 de la loi du 23 juin 1857 (Paris 8 janv. 1876, aff. Boyer, Pataille.76.34).

169. *Quid* **de la bonne foi ?** — M. Gastambide admettait, sous l'empire de la loi de germinal, que le crime de contrefaçon de marque n'existait que s'il y avait intention frauduleuse. « Le fabricant, dit-il, qui, sans le savoir, adopterait « la même marque qu'un de ses confrères, pourrait être con- « traint par justice à modifier cette marque, mais il ne serait « pas coupable du crime de contrefaçon. Il faut qu'il y ait, « à la fois, fait et intention de s'approprier la clientèle d'au- « trui par l'appropriation de la marque (1). »

En est-il de même sous l'empire de la loi de 1857 ? Il est à remarquer d'abord que le mot « *sciemment* » ou « *frauduleusement* », qui se trouve dans les deux derniers paragraphes de l'article 7, ne figure pas dans le premier ; d'où la conséquence, selon la plupart des auteurs, que la contrefaçon ou l'usage d'une marque contrefaite tombe sous le coup de la loi, sans que l'auteur du délit puisse invoquer sa bonne foi (2).

Cette conséquence est très logique, et elle résulte de la force même des choses. L'imitation servile trahit l'intention coupable. Comment admettre la bonne foi de celui qui copie servilement ? Il n'a pu croire que la marque qu'il employait était originale ; il ne peut soutenir que la similitude est due au seul hasard d'une rencontre ; si la marque consiste dans un signe tellement vulgaire que cette rencontre fortuite n'ait rien d'étonnant, il n'en est pas moins coupable, pour n'avoir point consulté le registre des dépôts au Conservatoire. Il a péché soit par action, soit par omission ; en tout cas, il a fait preuve d'une impardonnable négligence ; c'est donc avec juste raison que la loi n'admet pas le contrefacteur à justifier de sa

---

(1) V. Gastambide, p. 424.

(2) V. Rendu, n° 131. — V. Bédarride, n° 909 ; Calmels, n° 73. — V. pourtant, en sens contraire, Calmels, n° 65.

bonne foi, regardant cette justification comme impossible, élevant, comme une barrière au-devant de lui, une présomption de culpabilité insurmontable. Rappelons d'ailleurs que la loi de 1844, dont la nôtre s'est inspirée, contient la même disposition et punit le contrefacteur sans lui accorder le droit à l'excuse.

Quant à M. Huard, il est d'avis que « le fabricant, poursuivi pour contrefaçon d'une marque de fabrique, peut, « comme le débitant, invoquer sa bonne foi, mais qu'il ne « peut en argumenter utilement qu'autant qu'elle résulte de « la croyance où il aurait été que le propriétaire de la marque « l'avait autorisé à s'en servir (1)». Nous avons dit déjà, en parlant de la contrefaçon des brevets, ce que nous pensions de l'hypothèse sur laquelle raisonne M. Huard (2); nous n'y revenons pas.

170. Opinion contraire de M. Bozérian. — M. Bozérian n'est pas de notre avis; il pense que la contrefaçon, en matière de marques, n'est, suivant le droit commun, punissable qu'autant qu'elle est accompagnée d'une intention frauduleuse. Il n'admet pas que, du fait que le mot *frauduleusement* ou *sciemment* ne se trouve pas dans le premier paragraphe de l'art. 7, on puisse invinciblement tirer la conséquence que le législateur a entendu punir le fait indépendamment de toute mauvaise foi. L'imitation de la marque n'est, en définitive, selon lui, qu'une contrefaçon partielle; or, il est certain, nous le verrons, que l'imitation n'est punissable que si elle est frauduleuse; comment, dès lors, admettre que, suivant que la contrefaçon est plus ou moins complète, le principe même de la pénalité puisse varier; cela est-il juste ou seulement raisonnable? On ne peut invoquer aucune analogie avec la loi des brevets; car celle-ci, parfaitement logique, repousse l'excuse de bonne foi pour toute contrefaçon, qu'elle soit totale ou seulement partielle. Cela, du moins, se conçoit; le contraire serait inexplicable (3).

---

(1) V. l'article de M. Huard dans la *Prop. ind.*, n° 157.

(2) V. notre *Traité des brevets*, n° 691.

(3) V. l'article de M. Bozérian dans la *Prop. ind.*, n° 325.

On peut douter que les raisons proposées par M. Bozérian soient décisives. N'est-il pas naturel, au contraire, que le législateur ne se montre impitoyable que pour celui dont la copie servile démontre en même temps, et sans excuse possible, l'intention coupable? Lorsqu'il y a simplement ressemblance et non identité, et qu'à côté de cette ressemblance il y a certaines différences, n'est-il pas juste de rechercher si la ressemblance est volontaire, calculée, frauduleuse, ou si, au contraire, elle ne provient pas d'une rencontre fortuite? Ne se peut-il pas faire que les éléments de la marque déposée soient isolément dans le domaine public et que l'imitateur ait cru de très bonne foi pouvoir reprendre quelques-uns des mêmes éléments, en les combinant avec d'autres, ou en les disposant d'une façon différente? M. Bozérian critique la loi précisément dans la disposition qui nous paraît faire sa force et la justifier.

171. Jurisprudence. — Il a été jugé à cet égard et dans le sens que nous proposons: 1° que le fait matériel de la reproduction d'une marque de fabrique constitue la contrefaçon, indépendamment des circonstances tendant à établir, soit la bonne foi, soit la mauvaise foi de la partie contrevenante; en effet, les alinéas 1 et 3 de l'art. 7 de la loi du 23 juin 1857 distinguent entre ceux qui ont contrefait et ceux qui ont débité les objets contrefaits; ils punissent les premiers d'une manière absolue et ne punissent les derniers que quand ils ont agi sciemment; l'alinéa 2 du même article, relatif, non à l'emploi d'une marque fausse, mais à l'apposition d'une marque véritable, ne punit que ceux qui ont fait cette apposition frauduleusement, d'où la conséquence que le fait seul de la contrefaçon, c'est-à-dire la fabrication d'une fausse marque, suffit pour entraîner l'application de la peine; il en est ainsi, du reste, pour la contrefaçon des brevets; cette rigueur spéciale à l'encontre du contrefacteur se justifie par cette circonstance qu'il a toujours pu et dû s'assurer si la marque qu'il prend est la propriété d'autrui, si l'objet qu'il veut fabriquer est ou non breveté, puisque toutes les marques doivent être déposées au Conservatoire des Arts et Métiers, puisque tous les brevets sont insérés au *Bulletin des lois*; ces principes sont d'ailleurs applicables non seulement à celui qui a consommé l'œuvre de la contrefaçon, mais encore à celui qui s'en est rendu complice (Paris, 15 mai 1868, aff. Martel et Cie, Pataille.68.126); 2° que le délit, prévu et puni par l'art. 7 de la loi de 1857, existe par le fait seul de la fabrication et que l'excuse de la bonne foi n'est pas admissible (Alger, 29 mai 1879, aff. Prot et Cie, Pataille.79.345).

172. Quand y a-t-il bonne foi? — La bonne foi existe dès que l'on n'a pas agi *frauduleusement* et *sciemment*, pour employer les termes mêmes de la loi. Quant à définir ce qu'il faut entendre par là, nous ne le saurions faire; ce sont là des questions de fait qui dépendent des circonstances de chaque affaire et qu'il appartient au juge d'apprécier. Aucune règle ne lui est imposée, et, en ceci, il relève uniquement de sa conscience. Les principes, du reste, sont les mêmes qu'en matière de contrefaçon de brevets, et nous renvoyons au Traité que nous avons précédemment publié (1). Signalons en passant que le refus par un débitant d'indiquer le nom du fabricant qui lui a fourni le produit incriminé sera, dans la plupart des cas et avec raison, regardé comme un indice de sa mauvaise foi (2). Ajoutons, — ce qui se déduit naturellement de ce que nous venons de dire, — que les tribunaux apprécient souverainement la question de bonne foi; ils sont tenus seulement de l'examiner lorsqu'elle se présente; quant à leur décision, elle échappe complètement à la censure de la Cour de cassation.

173. Jurisprudence. — Il a été jugé par exemple : 1° que le fait par le prévenu d'avoir envoyé ses produits sur des places où le plaignant n'envoyait pas encore les siens ne saurait être admis comme une preuve de sa bonne foi ; car,

---

(1) V. notre *Traité des brevets*, n° 693.

(2) V. Paris, 4 mars 1864, aff. Bonnet-Fichet, Pataille.64.325; Trib. corr. Toulouse, 15 juill. 1881, aff. Prot et Ce, Pataille.81.185.—V. aussi la loi anglaise du 7 août 1862, Pataille.64.53. Le paragraphe VI dispose que tout débitant qui aura vendu un article portant une fausse marque sera tenu de déclarer le nom et l'adresse de la personne de qui elle aura acheté, ainsi que l'époque de son achat, sous peine, en cas de refus, d'une amende de cinq livres (125 fr.); le refus fera d'ailleurs preuve que le refusant avait pleine connaissance de la fausseté de la marque.

en agissant ainsi, il discrédite d'avance le nom et l'industrie de son concurrent en des lieux où il pourrait lui-même plus tard vouloir placer ses marchandises (Bordeaux, 11 janv. 1867, aff. Lagarde, Pataille.67.293); 2° que la bonne foi n'est pas admissible de la part du négociant qui imite, même pour le compte d'autrui, une marque dans laquelle entre comme élément le nom d'un autre négociant établi sur la même place et y jouissant d'une notoriété suffisante (Bordeaux, 13 juin 1864, aff. Promis, Le Hir.64.2.536); 3° que le fait par le prévenu de contrefaçon d'avoir refusé, lors de la saisie, de représenter à l'huissier saisissant le produit dont la marque est incriminée a pu être considéré comme une preuve de sa mauvaise foi (Paris, 27 janv. 1875, aff. Cuilleron-Policard, Pataille.76.62); 4° que la mauvaise foi du contrefacteur peut résulter de ce qu'il n'a indiqué ni son nom ni son domicile, ni par conséquent la véritable origine de la marchandise (Lyon, 4 fév. 1875, aff. Hervé et Desportes, Pataille.75.104); 5° que l'intention frauduleuse peut résulter notamment du soin pris par le contrefacteur de ne faire figurer dans son étiquette ni son nom ni son adresse et de faire disparaître sur les brochures vendues avec le produit et lui servant d'enveloppe jusqu'au nom de l'imprimeur, de façon à déjouer le plus longtemps possible les poursuites (Trib. civ. Le Havre, 31 mai 1879, aff. Baut, Pataille.79.223); 6° que le prévenu de contrefaçon ne saurait invoquer sa bonne foi, quand il est certain qu'il connaissait la marque véritable et n'a pu, dès lors, se méprendre sur l'imitation (Aix, 20 mars 1879, aff. Fumouze, Pataille.81.179).

174. *Quid* **de l'ignorance du dépôt?** — La bonne foi ne saurait résulter de l'ignorance, même dûment constatée, du dépôt de la marque. « En effet, quel est le but du « dépôt? d'informer le public qu'un commerçant s'est ré- « servé telle marque déterminée. Chacun peut aller au « greffe et y prendre connaissance des marques déposées. « Nul ne peut donc être admis à invoquer son ignorance à « cet égard (1). »

---

(1) V. l'article de M. Huard dans la *Prop. ind.*, n° 157.

M. Huard, à qui nous empruntons le passage qui précède, fait toutefois une exception pour les cas où le dépôt, contrairement au vœu de la loi, aurait été fait sous pli cacheté. Cette exception ne saurait être admise, car le fait signalé par M. Huard ne se présentera jamais. Les dépôts de marque ne peuvent être faits sous pli cacheté, puisqu'ils sont faits en donble exemplaire, dont l'un est envoyé au Conservatoire des Arts et Métiers, et là est collé sur les feuilles d'un registre spécial toujours exactement tenu à la disposition du public. M. Huard aura perdu cela de vue.

175. *Quid* **s'il s'agit d'imprimeurs, graveurs, etc.?** — Une question toutefois s'élève ; s'il s'agit de l'industriel même qui, pour les besoins de son commerce frauduleux, contrefait la marque d'un concurrent, pas de difficulté ni de doute ; il ne peut arguer de sa bonne foi ; c'est un point sur lequel tout le monde est d'accord, nous venons de le dire. Mais décidera-t-on de même s'il s'agit de l'imprimeur, du lithographe, de ceux enfin qui auront exécuté la marque, non pour s'en servir eux-mêmes, mais pour le compte d'autrui, et qui, nous l'avons établi plus haut, tombent sous le coup du § 1er de l'art. 7 ? M. Bédarride ne le pense pas ; il croit que le contrefacteur, en ce cas, doit être admis à prouver sa bonne foi. Voici les raisons qu'il donne : « Il n'en est pas de « même de l'artiste qui, sur commande, a confectionné la « contrefaçon. Dans la sphère où il vit, il a pu ignorer le ca- « ractère réel de l'œuvre qu'on lui commandait, et croire à la « nouveauté de la marque dont on lui confiait l'exécution. « On ne saurait non plus exiger de lui qu'il allât, à chaque « commande qu'il reçoit, vérifier au dépôt central si la « marque qu'on lui propose de dessiner ou de graver a déjà « ou non fait l'objet d'un dépôt par un autre que celui qui « traite avec lui. On ne saurait donc, s'il s'en est abstenu, « l'accuser de négligence ou d'imprudence... Nous croyons « donc qu'en ce qui le concerne la présomption de culpabi- « lité n'est plus *juris* et *de jure ;* qu'elle admet la preuve « contraire, que les magistrats peuvent et doivent puiser dans « les circonstances particulières de la cause qui leur est sou- « mise. Cette distinction n'est pas dans le texte de la loi ; « mais elle est évidemment dans son esprit, car il ne saurait

« être qu'elle ait voulu punir comme un délit ce qui, en réa-« lité, ne serait que le résultat de l'ignorance et de l'er-« reur (1). » Nous sommes de l'avis de M. Bédarride sur un point, c'est que la loi est rigoureuse: mais la question est de savoir s'il est juste qu'elle le soit. D'abord, nous ne voyons pas par quelle subtilité on peut introduire une distinction dans l'art. 7, qui n'en comporte pas; de l'aveu même de M. Bédarride, il faut admettre ou que le délit n'existe jamais sans intention frauduleuse, ou, s'il peut exister sans intention frauduleuse à l'égard d'un contrefacteur, qu'il en est de même à l'égard de tous. La loi ne fait pas de catégories entre les contrefacteurs, et les tribunaux n'en peuvent faire à leur tour. Pourquoi en ferait-elle, du reste? Le registre des dépôts existe pour l'imprimeur comme pour les autres commerçants; que ne va-t-il le consulter? On parle, il est vrai, des nécessités de la profession, de l'impossibilité matérielle où sera le plus souvent celui qui reçoit la commande de faire des recherches au Conservatoire. Ne disait-on pas de même, en matière de délit de presse, sous l'empire de l'ancienne législation, qu'il est impossible à un chef de maison de lire tout ce qui s'imprime dans son établissement? cela empêchait-il les tribunaux d'appliquer la loi à l'imprimeur? Donc, mauvaises raisons que tout cela. Aussi bien la pratique nous enseigne ce qu'il faut penser de la bonne foi des imprimeurs d'étiquettes contrefaites. Il y a des exemples édifiants à cet égard.

Et maintenant est-ce à dire que, dans le cas particulier où se place M. Bédarride, les juges seront tenus quand même d'appliquer la loi à l'artiste, au graveur qui aura fait le dessin de la marque contrefaite? Evidemment non; ils pourront juger, eu égard aux circonstances, non pas qu'il a agi de bonne foi, mais qu'il n'a été que l'instrument passif, inconscient, du contrefacteur; ils ne verront en lui qu'un agent sans responsabilité; ils ne le puniront pas plus qu'ils ne punissent l'ouvrier qui, sous les ordres de son patron, a exécuté, a fabriqué un objet breveté. La raison de décider est la même dans les deux cas.

(1) Bédarride, n° 910. — V. aussi Braun, n° 196.

175 *bis*. Jurisprudence. — Il a été jugé cependant : 1° avant la loi de 1857, que le fait par un lithographe de reproduire, même sur commande, l'étiquette d'un négociant, constitue un délit dont il est personnellement responsable, alors, du moins, qu'il est établi qu'il a agi en connaissance de cause (Douai, 23 mai 1854, aff. Choquet, Le Hir (1). 54.2.508; 2° depuis la loi de 1857, que le fait seul d'avoir contrefait une marque de fabrique (dans l'espèce, il s'agissait d'un imprimeur) constitue un délit aux termes de l'art. 7 de la loi du 23 juin 1857, à moins qu'il ne soit prouvé que l'auteur du fait a agi de bonne foi (Paris, 19 mars 1875, aff. Juteau, Pataille.75.74); 3° que la mauvaise foi de l'imprimeur, auteur d'une contrefaçon de marque, peut ressortir de ce fait que ses registres ne portent que le nom de la personne qui a fait la commande, le nombre et la couleur des étiquettes commandées, sans aucune désignation de leur nature (Paris, 19 mars 1875, aff. Juteau, Pataille.75.74); 4° que la mauvaise foi du contrefacteur peut résulter de ce fait que, au lieu de copier servilement l'étiquette à lui présentée, il y introduit des changements qui n'en laissent pas moins subsister les mêmes apparences (Paris, 19 mars 1875, aff. Bourreiff, Pataille.75.77) ; 5° qu'un imprimeur ne saurait arguer de sa bonne foi, alors que l'étiquette, dont la contrefaçon lui est reprochée, porte un nom autre que celui de la personne qui faisait la commande et un nom de lieu autre que celui où il devait être fait usage de ces étiquettes (Alger, 29 mai 1879, aff. Prot et Cie, Pataille.79.345); 6° mais que le fait par un imprimeur d'avoir été malade et hors d'état de surveiller les travaux de sa maison à l'époque où une commande d'étiquettes contrefaites y a été acceptée et exécutée le décharge de toute responsabilité au point de vue pénal (Paris, 19 mars 1875, aff. Juteau, Pataille.75.74); 7° qu'il en est de même d'une absence justifiée (Paris, 19 mars 1875, aff. Sapène, Pataille.75.80); 8° que, dans tous les cas, le fait par le lithographe de recevoir d'un confrère une pierre toute préparée et de se charger uniquement d'en

(1) V. aussi Trib. comm. Seine, 31 mars 1841, aff. Trelon, *le Droit*, p. 348.

opérer le tirage, ne constitue que l'acte d'un ouvrier qui reçoit la commande de son patron et lui obéit sans savoir pour qui, dans quelles conditions et à quels risques la commande a été faite ou exécutée ; le lithographe en ce cas doit être renvoyé des fins de la plainte (Paris, 19 mars 1875, aff. Bourreiff, Pataille 75.77).

176. Influence de la bonne foi sur les dommages-intérêts. — M. Bédarride fait très justement l'observation suivante : « La bonne foi doit exercer une décisive « influence sur l'adjudication des dommages-intérêts. Autant « les magistrats se montreront sévères lorsque l'usurpation « a eu pour but une concurrence déloyale, autant ils devront « user d'indulgence dans le cas où ils seront convaincus que « l'usurpation est le résultat d'une erreur inspirée par le dé- « faut de dépôt antérieur (1). »

177. *Quid* de la bonne foi au civil? — Il va de soi que la question de bonne foi n'a un intérêt direct que devant la juridiction correctionnelle. Si la poursuite a lieu au civil, le seul fait qu'il y ait eu négligence ou imprudence, c'est-à-dire faute, est de nature à engager la responsabilité et à motiver des dommages-intérêts.

178. Jurisprudence.—Il a été jugé en ce sens : 1° qu'un imprimeur ne doit livrer les étiquettes d'une maison de commerce que sur la demande de la maison elle-même, ou d'une personne ayant qualité pour la représenter ; si donc, il les livre à un tiers non autorisé, il commet un quasi-délit dont il doit la réparation ; il en est ainsi alors même que ces étiquettes ne devraient être apposées qu'en pays étranger (Trib. comm. Seine, 24 juin 1839, cité par Goujet et Merger, v° *Nom*, n° 27); 2° que le fait que l'imitation d'une marque ne soit pas de nature à constituer un délit n'empêche pas que les reproches de similitude ne puissent justifier une action civile en dommages-intérêts (Bordeaux, 28 janv. 1851, aff. Castillon, Le Hir.51.2.535) ; 3° qu'il suffit que la marque adoptée par un négociant soit de nature à se confondre avec la marque antérieurement adoptée par un concurrent,

---

(1) Bédarride, n° 861.

en dehors même de toute intention mauvaise, pour que les tribunaux en prononcent la suppression ; ce que veut la loi, c'est que les marques ne puissent être confondues : spécialement, lorsqu'un négociant a pour marque une *ancre*, il ne saurait être permis à un concurrent de prendre à son tour une ancre, encore qu'il y ajouterait un *caducée* (Trib. comm. Marseille, 24 oct. 1851, aff. Albrand, Le Hir.52.2.421); 4° que l'imprimeur qui a exécuté et le commissionnaire qui a commandé les étiquettes contrefaites sont responsables de la contrefaçon, encore qu'ils n'auraient pas agi frauduleusement, si, de leur part, il y a eu négligence et défaut de circonspection (Trib. civ. Seine, 28 juin 1860, aff. Jourdan-Brive, Pataille.60.311).

179. A qui incombe la preuve de la bonne foi ? — Tous les auteurs demeurent d'accord que le propriétaire d'une marque, plaignant en contrefaçon, n'a rien autre chose à prouver que le fait matériel ; c'est ensuite au prévenu à faire la preuve de sa bonne foi et à démontrer que la ressemblance de sa marque avec la marque déposée ne provient pas d'une intention frauduleuse et coupable. En d'autres termes, et au rebours de l'adage, la bonne foi ici ne se présume pas (1).

180. ***Quid* de l'abrogation de l'art. 142 du Code pénal ?** — Le *Journal du droit criminel* dit à ce propos : « La loi de 1857 a laissé subsister, comme l'avait fait celle « de 1824, la disposition de l'article 142 du Code pénal, pu- « nissant de la peine du faux la contrefaçon du *timbre-mar-* « *que* d'une maison de commerce, qui sert, non à distinguer « des produits, mais à donner aux écrits une sorte de consé- « cration, comme celle que reçoivent les actes des adminis- « trations publiques et des notaires par l'apposition d'un « sceau. Remarquons seulement qu'il ne faut pas confondre « avec ces timbres, qui sont comme les signatures imprimées « sur des écrits ou effets de commerce pour fortifier les signa- « tures manuscrites, les simples vignettes figurées comme « ornements sur une foule de papiers tels que prospectus,

---

(1) V. Rendu, n° 132; Pataille.1857.297. — V. aussi notre *Traité des brevets*, n° 697.

« circulaires, factures, etc. ; l'imitation de celles-ci ne saurait « constituer qu'une fraude commerciale, passible de dom- « mages-intérêts pour concurrence déloyale et d'interdiction « à l'avenir (1). »

M. Pataille, qui cite le précédent article, dit : « En fait, « maintenant, quand y aura-t-il lieu d'appliquer ce dernier « article? C'est ce qu'il est assez difficile de bien préciser. « Toutefois, un cas qui se présente naturellement à l'esprit « est celui où la contrefaçon et l'usage des marques et tim- « bres contrefaits auraient pour but de faire croire à l'au- « thenticité de lettres de change, billets ou autres titres créant « une obligation (2). »

Il nous semble que la jurisprudence nous fournit un exemple plus frappant encore d'un cas où l'article 142 du Code pénal était resté applicable, malgré la loi de 1857. Le voici : Les bobines sortant d'une filature portent naturellement la marque de la manufacture ; ces bobines ont par elles-mêmes un poids déterminé, et elles sont ensuite chargées d'une quantité déterminée de fil. Or, un ouvrier imagina la fraude suivante : il fabriqua des bobines qui, par elles-mêmes, étaient d'un poids beaucoup plus lourd que les bobines employées dans l'usine de son patron. Il prenait alors en cachette des bobines chargées de fil, et transportait le fil de ces bobines sur celles qu'il avait fabriquées, de façon que celles-ci, après l'enroulement du fil, fussent du même poids que les bobines de la fabrique. On comprend que ces bobines, fabriquées par l'ouvrier, étant par elles-mêmes plus lourdes que les autres, il fallait moins de fil pour obtenir le même poids. L'ouvrier gardait pour lui le surplus du fil, qu'il vendait, bien entendu, à son profit, et, en recommençant ainsi sa fraude souvent, il recueillait un bénéfice sérieux. Pour dissimuler sa fraude, il avait fait graver un timbre reproduisant la marque de son patron, et marquait ses bobines, de façon que, marque et poids, tout était disposé non seulement pour tromper le public, ce dont cet ouvrier infidèle se souciait fort

(1) V. *Journ. du droit criminel*, n° 6813.
(2) V. *Observat.*, Pataille.59.142.

peu, mais pour lui permettre de voler impunément son patron. Tel était le fait; quelle en devait être la conséquence au point de vue pénal? Ne devait-on pas, en ce cas, appliquer la loi de 1857, puisqu'il s'agissait d'une contrefaçon de marque? Le parquet ne le pensa pas, et traduisit l'ouvrier devant la Cour d'assises, en exécution de l'art. 142 du C. pén. Ce fut, selon nous, avec pleine raison. Il ne pouvait s'agir de la loi de 1857, qui ne punit que la contrefaçon dont le but est la concurrence déloyale, celle dont le résultat doit être une confusion produite entre deux établissements rivaux et, par suite, un détournement de la clientèle d'autrui. Ici, ce n'est pas de cela qu'il s'agissait: l'ouvrier n'avait en vue qu'un moyen de faciliter ses soustractions et d'en assurer l'impunité; il organisait, non une concurrence déloyale, mais un vol, et, par cela même, il ne relevait que du Code pénal (1).

Aujourd'hui, toute discussion sur ce point est superflue. Ce qui était vrai, au moment où a paru la loi de 1857, a cessé de l'être. La question de savoir si l'art. 142 du C. pén. a été abrogé par la loi de 1857 ne saurait plus faire de doute en présence de la nouvelle rédaction de cet article, telle qu'elle résulte de la loi du 13 mai 1863; cette modification a d'ailleurs été introduite « par ce motif, dit le rapport, que ces infractions se trouvent aujourd'hui punies par la loi spéciale « du 23 juin 1857 sur les marques de fabrique ». On peut assurément douter de l'exactitude de ce raisonnement, et nous croyons, pour notre part, que l'ancien article 142 avait sa raison d'être, même après la loi de 1857. Le législateur en a décidé autrement; nous n'avons qu'à constater sa volonté et à nous incliner.

---

(1) V. Cass. 8 janv. 1859 et Besançon 27 janv. 1859, aff. Gachet, Pataille.59.140 et 144; Cass. 12 juin 1863, aff. Espit et Delouis, Pataille. 63.347.

SECTION III.

Imitation frauduleuse.

SOMMAIRE.

181. Imitation frauduleuse; caractères.— 182. *Jurisprudence*; espèces où il y a eu condamnation. — 183. *Jurisprudence* (suite). — 184. *Jurisprudence* (suite). — 185. *Jurisprudence* (suite). — 186. *Jurisprudence* (suite). — 187. *Jurisprudence* (suite). — 187 bis. *Jurisprudence* (suite). — 188. *Jurisprudence*; espèces où il n'y a pas eu condamnation. — 186. Comment s'apprécie la confusion? — 190. Il suffit que la confusion soit possible. — 191. *Quid* si la confusion est impossible? — 192. Emploi des mots : *façon de..., système de...* — 193. Imitation frauduleuse; qualification erronée. 194. Usage de la marque frauduleusement imitée. — 195. *Quid* de la bonne foi?

181. Imitation frauduleuse ; caractères. — « La « fraude, disait très bien le rapporteur, cherche toujours à « se soustraire à l'application de la loi. On ne contrefait pas « une marque, on l'imite. Si elle consiste dans des lettres, on « prend d'autres lettres, mais affectant les mêmes formes; « un vernis, des couleurs dissimuleront les différences; ou « bien encore on se sert de la même dénomination qu'un fa- « bricant, en ajoutant, sous une forme plus ou moins per- « ceptible, le mot *façon*. Ces fraudes sont innombrables et se « cachent de mille manières ; mais les magistrats sauront les « reconnaître et ils auront le moyen de les atteindre efficace- « ment. » Tels sont les motifs qui ont dicté au législateur l'article 8 et l'ont conduit à punir ceux qui, sans contrefaire une marque, en ont fait une imitation frauduleuse, de nature à tromper l'acheteur, ou ont fait usage d'une marque imitée frauduleusement (1).

---

(1) M. Gastambide (p. 423), avant la loi de 1857, admettait déjà que la reproduction partielle est punissable comme la reproduction identique, *si d'ailleurs la confusion est possible et qu'en même temps il y ait fraude*. C'était, trait pour trait, l'imitation frauduleuse, telle que la loi nouvelle l'a définie.

Les expressions de l'article 8 doivent être bien comprises. Le délit que cet article prévoit et réprime n'existe qu'à trois conditions déterminées : il faut d'abord qu'il y ait imitation ; il faut, en second lieu, que cette imitation soit frauduleuse, c'est-à-dire faite avec une intention coupable ; il faut, enfin, qu'elle soit de nature à tromper l'acheteur. Si donc l'intention criminelle n'est pas établie, si l'imitation n'est pas telle qu'elle puisse produire une confusion, le délit n'existe pas, et le tribunal correctionnel n'est pas compétent.

C'est là un point sur lequel nous insistons. Il arrive souvent que des instances correctionnelles sont introduites à raison d'usurpation de marques, et le plaignant croit avoir tout dit quand il a signalé dans la marque du prévenu un détail plus ou moins semblable à ce qui se trouve dans sa propre marque. Quelquefois les tribunaux, en l'absence de conclusions précises en sens contraire, se laissent à leur tour entraîner à prononcer une condamnation, fondée sur la similitude ou l'analogie de ce détail. C'est une erreur. L'imitation ne suffit pas, nous ne saurions trop le répéter, si elle n'est d'ailleurs tout à la fois frauduleuse et de nature à tromper l'acheteur. A défaut de ces caractères, le tribunal correctionnel doit déclarer que le délit n'est pas établi et relaxer le prévenu.

Cela ne veut pas dire que l'imitation, en ce cas, est absolument licite et que l'imitateur n'encourt aucune responsabilité. Seulement, il n'encourt pas de responsabilité pénale; le fait qui lui est reproché peut sans aucun doute constituer un élément de concurrence déloyale, ou même un acte simplement dommageable, mais il ne constitue pas un délit ; il est de la compétence du tribunal civil ou consulaire, mais il échappe à la juridiction correctionnelle (1).

Bien entendu, la règle, donnée plus haut pour la contrefaçon proprement dite, s'applique ici de la même façon : le juge du fait apprécie souverainement la question de savoir s'il y a ou non imitation frauduleuse, et la décision qu'il rend sur ce point échappe au contrôle de la Cour suprême (2).

---

(1) V. Pataille.73.90. — V. *infrà*, n° 191.
(2) V. *suprà*, n° 166.

182. Jurisprudence (1). — **Espèces où il y a eu condamnation.** — Il a été jugé à cet égard, antérieurement à la loi de 1857 : 1° que, lorsqu'un fabricant a pris pour marque des initiales, il y a usurpation de la part du concurrent qui adopte les mêmes initiales, encore qu'il aurait fait suivre ces initiales d'une autre lettre, alors surtout que cette lettre ainsi ajoutée est de si petite dimension et si bien dissimulée qu'on reste convaincu que la composition de la marque a eu lieu en vue d'opérer une confusion entre les produits (Rej. 28 mai 1822, aff. Guérin, Dall., v° *Industrie*, n° 320) ; 2° que, lorsqu'un commerçant a adopté pour marque de fabrique une étoile à cinq pointes, ombrée, sur carton jaune, il y a usurpation de la part du concurrent qui, dans la même industrie, prend pour marque un carton jaune, avec une étoile également à cinq pointes, quoique non ombrée et de dimension différente (Rouen, 30 nov. 1840, aff. Bresson, J.Pal.41.1. 232) ; 3° qu'il y a contrefaçon d'une marque alors que, malgré des différences de forme, l'ensemble présente une similitude suffisante pour induire le public en erreur (Paris, 3 mai 1843, aff. Rousseville, *le Droit*, p. 365) ; 4° qu'il y a contrefaçon de marque, alors même que la ressemblance n'est pas complète, si d'ailleurs les deux marques peuvent être confondues étant prises séparément l'une de l'autre (Trib. comm. Seine, 2 juin 1848, aff. Christofle, *le Droit*, 4 juin) ; 5° que l'usurpation d'un nom de convention (dans l'espèce *John Alberty*), qu'un négociant emploie pour distinguer ses produits, constitue un fait dommageable, qui peut servir de base à une demande en dommages-intérêts, encore qu'il existe des différences notables dans l'arrangement et les dispositions de l'étiquette, le nom,

---

(1) La fraude est aussi vieille que le monde ; un arrêt du Parlement de Rennes, du 12 sept. 1578, rapporté par Dufaïl, t. 2, p. 382, jugeait déjà que c'est à tort qu'un fabricant dont la marque est une *levrette*, lui a donné une attitude telle qu'elle ressemble *au lion rampant* d'un de ses concurrents, et qu'il y a lieu, par suite, d'ordonner que la levrette sera réformée et représentée couchant, les pieds joints et la queue baissée.— V. encore Grenoble, 25 mai 1853, aff. Rivoire, Le Hir.54.2.514 ; Trib. comm. Seine, 11 avril 1835, aff. Massieu, *Gaz. trib.* 23 avril.—V. aussi *infrà*, n°s 474 et suiv.

en pareil cas, étant le signe essentiel et caractéristique de la marque, le seul qui reste dans la mémoire des acheteurs et serve à distinguer les diverses provenances (Bordeaux, 14 avril 1851, aff. Cahusac (1), J.Pal.52.2.414); 5° qu'il y a confusion possible, et, par conséquent, concurrence déloyale, à se servir des mots *Revalenta arabica*, alors qu'un concurrent est déjà en possession du mot *Ervalenta* (Paris, 22 mars 1855, aff. Warton, Pataille.55.40).

183. **Jurisprudence** (*Suite*). — Il a encore été jugé avant la loi de 1857 : 1° qu'alors même que la marque usurpée ne serait pas absolument identique, elle n'en pourrait pas moins être interdite à celui qui en voudrait faire usage, si, nonobstant la différence qui existerait, il pouvait en résulter une confusion préjudiciable (Bordeaux, 25 juin 1841, aff. Jobit et Cie, J.Pal.41.2.321); 2° qu'il peut y avoir imitation d'étiquette dans la forme, la couleur et la disposition, encore que les indications fussent différentes ; ce qui fait l'imitation frauduleuse, c'est l'aspect d'ensemble qui engendre la confusion (Trib. comm. Seine, 3 juill. 1844, aff. Camus, *Gaz. trib.*, 4 juill.); 3° que le mot *gazhygiène* doit être considéré comme une usurpation du mot *gazogène*, alors surtout qu'il est employé après une condamnation prononcée pour l'usurpation du mot *gazogène* lui-même (Paris, 14 mars 1853, aff. Briet, Teulet.2.227); 4° que, de même, lorsqu'un négociant a adopté pour marque de fabrique un emblème tel qu'un oiseau, qu'il appelle un *phénix*, il ne s'ensuit pas que ses concurrents soient désormais privés du droit de prendre également un oiseau pour emblème, et par exemple un *aigle*, mais qu'ils doivent éviter avec plus de soin encore toute ressemblance, dans l'ensemble, de nature à amener une confusion (Trib. comm. Seine, 10 juin 1852, aff. Hayem, Teulet.1.263); 5° que, lorsqu'un fabricant a adopté pour marque son nom, suivi d'un chiffre (*Dumas*, 32), il y a lieu d'interdire à un concurrent, qui porte le même nom, de le faire suivre d'un chiffre presque semblable (*Dumas*, 332) ; il y a, en effet, en ce cas, même en dehors de toute mauvaise intention, possibilité de confusion

(1) V. aussi Bordeaux, 9 fév. 1852, aff. Cahusac, Dall.52.2.267.

(Riom, 18 fév. 1834, aff. Dumas, Sir.34.2.260) ; 6° mais qu'il n'en est plus ainsi si les énonciations qui accompagnent ce chiffre sont de nature à empêcher toute confusion : spécialement, l'existence de la marque *Dumas*, 32, n'empêche pas qu'un autre fabricant puisse marquer ses produits du chiffre 332, précédé de son nom *Goutte-Granetias* (Riom, (8 août 1844, aff. Dumas, J.Pal.45.2.236).

184. Jurisprudence (*Suite*). — Il a été jugé (1) sous l'empire de la loi nouvelle : 1° qu'il y a contrefaçon, ou tout au moins imitation frauduleuse, dans le fait de copier servilement l'étiquette d'un concurrent, encore qu'on changerait la couleur du papier, et qu'à une dénomination telle que *café des gourmets* on substituerait celle de *café des connaisseurs* (Trib. corr. Seine, 27 janv. 1858, aff. Guérineau, Pataille. 58.157) ; 2° qu'il y imitation frauduleuse de la marque : *café des gourmets* dans le fait d'employer les mots : *moka des gourmets*, ou *café des gourmeurs*, ou *café des fins gourmands*, ou *café des colonies*, *supérieur à tous pour les gourmets*, alors surtout que la forme, les couleurs et la disposition de l'étiquette sont les mêmes (Paris, 26 août 1874, affaire Trébucien, Pataille.77.301) ; 3° que l'usurpation d'une marque a lieu de deux manières : au moyen de la contrefacon, qui est l'usurpation audacieuse et sans voile ; au moyen de l'imitation, qui n'est qu'une contrefaçon déguisée ; le contrefacteur s'applique à reproduire exactement la marque qu'il veut usurper ; l'imitateur n'en prend en général que les traits les plus saillants, ceux qui frappent le plus les yeux et l'attention, et a

(1) V. encore Trib. corr. Seine, 7 déc. 1858, aff. Abadie, *Prop. ind.* n° 61 ; Alger, 10 juillet 1869, aff. Prudon et Cie, Pataille. 70 . 282 ; Bordeaux, 7 juill. 1871, aff. Martell, Pataille.73.263 ; Bordeaux, 6 fév. 1873, aff. Torchon, Pataille.77.226 ; Trib. corr. Seine, 4 août 1874, aff. Bardou, Pataille.74.334 ; Trib. corr. Seine, 25 juin 1874, aff. Genevoix et Blaquart, Pataille.74.209 ; Lyon, 4 fév. 1875, aff. Hervé et Desportes, Pataille.75.104 ; Trib. corr. Seine, 3 mars 1877, aff. Bobœuf, Pataille, 78.138 ; Bordeaux, 26 juillet 1878, aff. Cathrin, Pataille.78.249 ; Trib. corr. Seine, 29 janv. 1879, aff. Detang, Pataille.79.313 ; Trib. corr. Rennes, 6 mars 1880, aff. Richard, Pataille.80.353 ; Trib. civ. Nice, 24 fév. 1879, aff. Legrand, Pataille.80.77 ; Trib. civ. Le Havre, 31 mai 1879, aff. Baut, Pataille.79.223 ; trib. civ. Poitiers, 17 août 1880, aff. Fournier, Pataille, 81.250.

soin de s'en écarter dans les détails secondaires, espérant, à l'aide de ces ressemblances, faire illusion aux acheteurs, et, à l'aide des dissemblances, échapper à toute répression (Bordeaux, 26 déc. 1859, aff. Salignac, Le Hir. 61.2.547); 4° qu'il y a imitation frauduleuse d'une marque consistant dans une étiquette, encore que l'inscription ne serait pas la même, si d'ailleurs la forme, la couleur, la disposition typographique, les caractères sont semblables et arrangés de façon à tromper le public (Trib. corr. Seine, 15 fév. 1860, aff. Frère et Vallet, Pataille. 60.113); 5° que, lorsque des fabricants ont adopté, pour distinguer leurs tissus, une marque composée d'un quadruple liséré rose au bord de chaque lisière, il y a imitation de la part du fabricant qui prend à son tour un double liséré rouge disposé de la même manière, et de nature à induire les consommateurs en erreur sur la provenance des marchandises (Paris, 28 nov. 1861, aff. Forge et Quentin, Pataille. 62.25); 6° que le délit d'imitation, puni par l'article 8, n'existe que si la confusion est possible (Lyon, 27 nov. 1861, aff. Claye, Pataille. 62.258); 7° que des différences, encore bien qu'elles puissent être à la rigueur saisies par un examen attentif, n'empêchent pas qu'il y ait imitation frauduleuse de la marque, alors que l'effet de l'ensemble amène nécessairement la confusion des produits (Montpellier, 27 juin 1862, aff. Bardou, J.Pal. 68.609).

185. **Jurisprudence** (*Suite*). — Il a été jugé encore : 1° que l'imitation frauduleuse est caractérisée tant par la similitude complète de la forme, la couleur du papier, les dimensions de la bande-étiquette, que par la ressemblance habilement combinée dans les expressions servant à désigner la composition du produit, dans la disposition symétrique des lignes, des caractères d'écriture et de la signature, et jusque dans le dessin (Trib. corr. Seine, 16 février 1864, aff. Lecornu, *Monit. trib.* 64.296); 2° qu'il y a imitation, dans le sens de la loi, dès que la dénomination qui constitue essentiellement la marque est reproduite, et les autres indications, qui suivent ou précèdent cette dénomination, laissent subsister l'imitation, alors qu'elles ne changent pas la similitude des deux marques, et qu'on voit, en les comparant, qu'il est facile de les confondre

(Bordeaux, 30 juin 1864, aff. Chévénement, Pataille.64.446); 3° que la contrefaçon d'une marque existe, alors même que l'identité ne serait pas absolue, si d'ailleurs, par son aspect général et ses rapports de forme, de dessin et de couleur, elle est de nature à tromper l'acheteur (Paris, 31 mars 1865, aff. Bass, Pataille.66.161) ; 4° que, la loi punissant en matière de marques non seulement la contrefaçon, mais encore l'imitation frauduleuse, il importe peu qu'il existe entre la marque incriminée et la marque revendiquée des différences plus ou moins nombreuses, si, en fait, ces différences n'empêchent pas qu'il y ait à première vue similitude assez complète pour tromper l'acheteur : spécialement, l'étiquette *serpents magiques* est l'imitation de l'étiquette *serpents de Pharaon*, alors d'ailleurs que la forme, la vignette, l'instruction, sont semblables et symétriquement disposées (Paris, 21 mars 1866, aff. Barnett, Pataille.66.144) ; 5° qu'il y a contrefaçon dès que les étiquettes incriminées ont la même forme que celles revendiquées, qu'elles ont la même couleur, la même dimension, le même encadrement, encore que les mots qui s'y trouvent et la signature seraient différents, si d'ailleurs l'ensemble est combiné de façon à leur donner le même aspect (Trib. corr. Seine, 27 janv. 1869, aff. Louis Garnier, Pataille.69.87) ; 6° qu'il y a imitation frauduleuse d'une marque dès l'instant que cette imitation est de nature à tromper une partie des acheteurs ; en conséquence, des différences de détail, telles que l'introduction d'emblèmes différents, n'effacent pas le délit, si l'ensemble doit entraîner une confusion de produits (Paris, 4 fév. 1869, aff. Kerr et Clark, Pataille.69.259); 7° que, étant donné qu'une marque est composée des armes d'Angleterre et d'une inscription circulaire contenant le nom du fabricant et celui de la ville où il a son principal établissement, il y a atteinte aux droits du propriétaire de cette marque dans le fait d'employer, pour le même genre de produits, les mêmes armes entourées d'une inscription également circulaire, encore bien que les mots composant l'inscription seraient différents, si d'ailleurs cette modification laisse à l'ensemble l'aspect de la marque véritable (Trib. civ. Seine, 30 juin 1869, aff. Christy, Pataille. 70.31).

186. Jurisprudence (*Suite*). — Jugé d'après les mêmes principes : 1° qu'encore bien que la marque incriminée présente, dans chacune de ses parties, de notables différences avec la marque revendiquée, il n'y en a pas moins délit d'imitation frauduleuse, quand, dans l'ensemble, il existe une ressemblance frappante, évidemment artisée dans le but de profiter de la notoriété acquise au produit dont la marque est imitée (Bordeaux, 13 déc. 1871, aff. Ménier, Pataille.73.5) ; 2° que des différences ne sauraient être exclusives de contrefaçon quand, à peine appréciables pour un examinateur attentif, elles ne sont pas de nature à éclairer l'acheteur et à prévenir la confusion ; il en est spécialement ainsi du mot « *Niemen* » mis sur des produits par imitation frauduleuse du nom « *Ménier* », dont il reproduit presque identiquement les lettres (Paris, 3 fév. 1872, aff. Ménier, Pataille.73.18) ; 3° que ce qui importe par-dessus tout, dans une marque incriminée, c'est l'impression que peut éprouver un acheteur inattentif ou illettré à la première vue (Aix, 8 août 1872, aff. Ménier, Pataille.73.29) ; 4° que, si la loi de 1857, qui prohibe l'imitation frauduleuse des marques de fabrique, ne devait s'appliquer qu'au cas où il y aurait similitude absolue et complète entre la marque contrefaite et la contrefaçon, elle serait constamment éludée, et, par cela même, illusoire ; en effet, la fraude, toujours si ingénieuse dans le choix des moyens auxquels elle a recours, ne manquerait jamais d'introduire, dans l'exécution de son œuvre, quelques modifications de détail qui, en lui procurant les bénéfices de la contrefaçon, lui assureraient en même temps l'impunité ; il suffit, pour que la prohibition de la loi susdatée soit encourue, que l'imitation reproduise les traits caractéristiques de l'original, de manière qu'à première vue l'acheteur, qui n'a pas sous les yeux de point de comparaison et qui, par cela même, ne peut pas se souvenir de tous les détails, doive naturellement être induit en erreur (Caen, 11 janv. 1872, aff. Carpentier, Pataille.72.233) ; 5° que l'imitation n'a pas besoin d'être complète pour être frauduleuse et donner lieu à responsabilité ; il suffit qu'il y ait dans la forme du produit, dans la couleur des enveloppes, dans l'arrangement des dispositions et emblèmes, une imitation capable d'induire les acheteurs en erreur (Trib. civ. Rouen, 19 mars 1872, aff. Ménier, Pataille.73.18).

187. **Jurisprudence** (*Suite*). — Il a été jugé de même : 1° qu'il y a, non pas contrefaçon, mais imitation frauduleuse dans le fait de copier une marque telle que *bougie de l'Étoile*, en y ajoutant le mot *belge*, alors surtout que ce mot, mis en caractères beaucoup moins apparents que les trois premiers, révèle la pensée de tromper le public en appelant particulièrement l'attention sur la marque (Trib. corr. Épernay, 30 avril 1872, aff. de Milly, Pataille.72.338); 2° que l'art. 8, en qualifiant *délit* l'imitation frauduleuse de nature à tromper l'acheteur, exige par cela même tout à la fois l'intention de fraude et la possibilité de préjudice (Trib. civ. Lyon, 31 juill. 1872, aff. Ménier, Pataille.73.24); 3° qu'il y a imitation frauduleuse à employer un mot tel que *Joc* ou un assemblage de lettres telles que *J.H.B.*, au lieu du mot *Job* constituant la marque d'un concurrent, alors d'ailleurs que la disposition générale est la même et fait naître la confusion (Trib. corr. Seine, 20 fév. 1873, aff. Bardou (1), Pataille.73.65); 4° que le délit d'imitation frauduleuse existe lorsque l'imitation, quoique incomplète et partielle, est cependant de nature, par suite d'une identité dans la destination pratique, dans la dénomination usuelle de l'objet représenté, à induire en erreur, sur la valeur de ce signe, des acheteurs inexpérimentés : spécialement, lorsqu'un négociant a adopté pour signe distinctif une clef, l'emploi par un concurrent d'une clef, encore qu'elle offrira quelques différences dans l'ornementation et dans la forme, doit nécessairement éveiller chez les acheteurs l'idée que la marchandise (dans l'espèce, des cartons de graines de vers à soie) sort des magasins du premier négociant, alors surtout que ces produits sont vendus usuellement sous le nom de « *cartons à la clef* » (Nîmes, 13 juin 1874, aff. David, *Gaz. trib.*, 2 sept.); 5° qu'il y a imitation frauduleuse lorsque, dimensions, forme, disposition, rédaction, tout à été calculé pour que, une fois l'éti-

---

(1) Jugé de même pour le mot *Jop* substitué à *Job* (Trib. corr. de Toulouse, 3 mai 1877, aff. Bardou, Pataille.77.139).

quette apposée sur le vase qui contient le produit, il ne reste plus, aux yeux de l'acheteur, aucune différence avec le vase revêtu de l'étiquette revendiquée (Paris, 29 janv. 1875, aff. Margelidon, Pataille.75.217); 6° qu'il suffit, pour qu'il y ait imitation frauduleuse de marque tombant sous l'application de l'art. 8 de la loi du 23 juin 1857, que l'aspect général soit le même, et que les ressemblances calculées de certains détails, tels que la forme, la couleur et la disposition des étiquettes, empreintes et cachets, soient de nature à tromper les acheteurs inattentifs ou inexpérimentés (Paris, 27 nov. 1875, Roger Boyer (1), Pataille.76.20).

187 *bis*. Jurisprudence (*Suite*). — Il a été jugé encore : 1° que le délit d'imitation frauduleuse, distinct du délit de contrefaçon, est caractérisé légalement lorsque à raison d'analogies, de ressemblances suffisamment prononcées, la confusion est possible et de nature à tromper l'acheteur sur la provenance de produits similaires (Rej. 6 février 1875, aff. Fox, Pataille.75.213); 2° que l'imitation frauduleuse d'une marque de fabrique consiste, aux termes de la loi, dans l'emploi de tout signe extérieur qui est de nature à opérer une confusion et à tromper l'acheteur; il n'est pas nécessaire d'ailleurs que l'imitation soit servile; il suffit que l'œil puisse être égaré; il s'ensuit que l'imitation frauduleuse existe dès que la similitude dans l'ensemble des signes, qui sont destinés à distinguer les produits, est de nature à opérer la confusion, encore que la dénomination employée serait absolument différente (Trib. civ. Bordeaux, 26 mai 1875, aff. Louit frères, Pataille.81.75); 3° qu'il y a imitation frauduleuse de marques, dans le fait d'adopter, pour la vente d'un produit, des étiquettes qui, bien que présentant des différences notables avec les étiquettes d'un industriel connu, sont cependant de nature, par leur aspect général, à établir une confusion entre les produits : spécialement, il en est ainsi d'une étiquette portant la mention : *Eau de toilette aux fruits et fleurs de* LUPIN, ou *Eau de toilette du* LIBAN, employée pour faire concurrence à l'*Eau de toilette*

(1) V. encore Trib. corr. Seine, 9 déc. 1875, aff. C. Boyer, Pataille.76.25.

de LUBIN, alors que, par la disposition des mots, les ressemblances calculées des flacons et des étiquettes, il apparaît qu'il y a eu intention d'établir une confusion (Trib. civ. Seine, 23 nov. 1875, aff. Cabridens (1), Pataille.75.369); 4° qu'il y a imitation frauduleuse de marque de fabrique, rentrant sous l'application de l'art. 8 de la loi de 1857, dès que les ressemblances d'ensemble et d'aspect sont volontaires et de nature à établir une confusion, encore bien qu'une comparaison attentive des deux marques pourrait faire reconnaître des différences assez sensibles, telles que des noms ou des initiales différents, un sphinx au lieu d'un lion, etc. (Trib. corr. Seine, 28 déc. 1875, Pataille.76.72); 5° que l'imitation frauduleuse est caractérisée légalement lorsque à raison d'analogies, de ressemblances suffisamment prononcées, soit dans la totalité, soit dans quelques-uns des éléments constitutifs de la marque, la confusion est possible et de nature à tromper l'acheteur; il s'ensuit que, lorsque la marque d'un fabricant consiste dans une dénomination (dans l'espèce, *point de Valence*) accompagnée d'autres indications, un tribunal peut légalement décider qu'il y a imitation frauduleuse de la part du concurrent qui prend la dénomination seule, sans les autres indications, dès qu'il reconnaît que la confusion était possible et intentionnelle (Rej. 3 janv. 1878, aff. Birkin frères (2), Pataille.78. 207); 6° qu'il y a imitation frauduleuse dans le fait d'employer la dénomination de *Parfumerie hygiénique*, au lieu de celle de *Société hygiénique*, alors d'ailleurs que, d'une part, la ressemblance est frappante, tant à raison des caractères d'impression, que de la disposition des lettres, et que, d'autre part, l'ensemble de l'étiquette a été également imité (Trib. civ. Seine, 14 août 1878, aff. Menent, Pataille.79.172); 7° qu'il y a imitation frauduleuse, au sens de la loi, dans le fait d'employer une dénomination qui est la propriété d'autrui, même en modifiant l'orthographe du mot, et, par exemple, en écrivant *Bhyr* au lieu de *Byrrh* (Trib. civ. Montpellier, 12 déc. 1878, aff. Louis Thomas, Pataille.79.175).

---

(1) V. Trib. civ. Seine, 16 déc. 1875, aff. Joubert, *eod. loc.* — Comp. Paris, 8 juill. 1876, aff. Rémy, Pataille.76.200.

(2) V. Paris, 23 juill. 1877, même aff., *eod. loc.*

188. Jurisprudence; espèces où il n'y a pas eu condamnation. — Il a été jugé : 1° qu'il n'y a usurpation de marque qu'autant qu'il y a confusion possible; il importe donc peu qu'un commerçant prenne pour marque des initiales déjà adoptées par un concurrent, si leur disposition, leur entourage, leurs détails, rendent la confusion impossible (Lyon, 20 déc. 1860, aff. David (1), Pataille.60.119); 2° qu'il importe peu que l'étiquette, sous laquelle est vendue un produit, présente quelque ressemblance extérieure avec l'étiquette, précédemment adoptée par un fabricant de produits similaires, si d'ailleurs elle porte en même temps, outre le nom et la marque du fabricant, d'autres signes servant à empêcher toute confusion (Aix, 19 août 1867, aff. Abadie, Pataille.70.352), 3° qu'il n'y a point usurpation, dès qu'il est constaté en fait qu'aucune confusion n'est possible pour ceux qui apporteront, dans l'examen des deux marques, l'attention commune et ordinaire; cela suffit et doit l'emporter sur toutes les objections de détail (Caen, 11 déc. 1871, aff. Bobot-Descoutures, Pataille.72.305); 4° que, si la désignation donnée à un produit industriel appartient privativement au fabricant qui en a fait le dépôt, cette attribution n'emporte contrefaçon délictueuse qu'autant qu'il y a eu emprunt dolosif ou imitation de nature à créer la confusion entre ces produits et leur provenance et à tromper les acheteurs : spécialement, le fabricant qui est propriétaire d'une marque, dans laquelle figure la dénomination de *liqueur du Mont-Carmel*, ne peut se plaindre de ce qu'un concurrent vend, sous la dénomination de *Carméline*, une liqueur analogue, alors d'ailleurs que l'ensemble de cette seconde marque, la forme différente des récipients sur lesquels elle est apposée, la couleur des étiquettes, tout, en un mot, est de nature à empêcher la confusion (Paris, 4 juin 1874, aff. Faivre, Pataille.74.378); 5° que le fait d'employer un emblème (dans l'espèce, *une tête de bœuf*), qui figure déjà dans la marque d'un concurrent, n'est pas répréhensible, quand il est joint à d'autres éléments qui différencient absolument les deux marques et rendent toute confusion impos-

---

(1) V. Rej. 13 août 1861, même aff., Pataille.61.358.

sible (Paris, 12 janv. 1874, aff. Liebig et Cie (1), Pataille. 74. 83); 6° que, lorsqu'une marque consiste dans l'introduction au centre du produit (dans l'espèce, une mèche de mineur) d'un fil d'une couleur déterminée, il n'y a ni contrefaçon, ni imitation frauduleuse dans le fait de se servir, dans les mêmes conditions, de trois brins de coton distincts, de la même couleur, mais d'une nuance plus claire, de façon que toute confusion est impossible (Nîmes, 22 fév. 1877, aff. Nier, Pataille. 81. 81); — 7° jugé de même, avant la loi de 1857, que c'est dans l'imitation de la marque elle-même, et non dans le fait de disposer au même endroit une marque différente, qu'est le fait répréhensible, alors du moins que certains signes, et notamment l'inscription du nom du fabricant, rendent toute confusion impossible (Paris, 23 juill. 1851, aff. Pechiney, *Gaz. trib.*, 26 oct.).

189. Comment s'apprécie la confusion? — Il est impossible de formuler une règle d'après laquelle on puisse apprécier, d'une manière en quelque sorte mathématique, s'il y a ou non possibilité de confusion entre la marque revendiquée et la marque incriminée. C'est là une question de fait, et par suite abandonnée à la souveraine appréciation des tribunaux. Il en est de cette question comme de celle du plus ou moins de ressemblance qu'offre un individu avec un autre. Interrogez plusieurs personnes sur cette ressemblance, vous trouverez, selon toute probabilité, autant de personnes pour la nier que pour la reconnaître. Il ne faut donc pas s'étonner qu'une même question de marques soit successivement, et par des juges différents, jugée d'une manière diverse; cette diversité de jugements résulte de la force des choses et ne prouve rien contre la justice elle-même. Disons bien haut d'ailleurs que cette diversité de jugements n'est pas si fréquente qu'on l'entend souvent soutenir, et qu'en définitive, des esprits justes et droits, apprécient, en général, de la même manière, ces questions de ressemblance ou de dissemblance. Rappelons

---

(1) L'arrêt admet, en même temps, d'abord, que la tête de bœuf est dans le domaine public; ensuite, qu'appliquée à un extrait de viande, il indique la nature du produit. — V. *suprà*, n° 27 *bis*.

seulement, avec la jurisprudence, que la confusion résulte, avant tout, de la physionomie, de l'aspect général, de l'ensemble. Il se peut qu'aucun détail ne soit identiquement reproduit et que, cependant, la disposition, l'arrangement, la forme des caractères, l'analogie des encadrements, soient tels que la confusion soit inévitable. Il se peut, au contraire, que quelques détails secondaires soient identiquement reproduits, et que, néanmoins, la disposition de l'ensemble soit telle que la confusion soit impossible, même pour un œil peu exercé, même pour celui qui apporte à la comparaison une attention médiocre. Il faut donc s'attacher à l'ensemble de la marque et tenir moins compte des détails en eux-mêmes que de l'aspect général et, comme nous avons dit, de la physionomie. « En d'autres termes, ainsi que le fait observer avec « raison M. Bédarride, la question d'imitation doit s'apprécier « par la ressemblance qui résulte de l'ensemble des éléments « qui constituent la marque, et non par les dissemblances « que ses divers détails pourraient offrir pris isolément et sé« parément (1). »

Retenons encore ceci, c'est qu'il faut juger deux marques, moins en les mettant à côté l'une de l'autre et en les y laissant, qu'en les voyant successivement, et en se demandant si l'impression produite par la seconde rappelle l'impression produite par la première. Il ne faut pas oublier, en effet, que le consommateur n'a pas sous les yeux les deux marques, lorsque le produit, revêtu de l'une d'elles, lui est offert, et que celui qui veut profiter d'une imitation plus ou moins habile se garde bien de présenter, à côté de sa marque, celle qu'il s'efforce d'imiter.

Notons enfin un dernier point, c'est que, pour juger du plus ou du moins de possibilité de confusion, il ne faut pas prendre pour terme de comparaison le degré d'attention du premier venu, du consommateur ignorant et inintelligent, mais le degré d'attention du consommateur vigilant, suffisamment soigneux de ses intérêts. Nous avons souvent entendu dire, dans ces sortes de procès, que, par exemple lorsqu'il

---

(1) V. Bédarride, n° 921.

s'agit d'objets alimentaires, les domestiques ou les cuisinières sont trompés par la plus petite ressemblance ou la moindre analogie, qu'il suffit d'un détail semblable, d'une couleur analogue, pour les tromper. Ce sont là des effets d'audience, rien de plus. D'abord, si les gens de service dont on parle prennent, quelquefois, lorsqu'il s'agit d'objets alimentaires, une marque pour une autre, c'est le plus souvent parce qu'ils n'attachent pas plus de prix à l'une qu'à l'autre et les prennent indifféremment ; d'ailleurs il n'a pu entrer dans la pensée de la loi de mettre l'honorabilité des fabricants ou des commerçants à la merci des plus pauvres et des plus étroites intelligences, et elle a voulu assurément, en parlant de possibilité de confusion, parler de confusion possible pour un esprit suffisamment ouvert, en un mot, pour une intelligence ordinaire (1).

Jugé en ce sens que la confusion à éviter est celle dont peut garantir l'attention ordinaire qu'on doit supposer chez le consommateur qui attache de l'importance à la marque (Bordeaux, 19 avril 1853, Salignac (2), J. Pal.54.1.129).

190. Il suffit que la confusion soit possible. — Il n'est pas nécessaire d'établir que l'imitation a eu réellement cet effet de tromper une ou plusieurs personnes ; il suffit que la marque ou étiquette soit, dans son ensemble, de nature à tromper le public ; c'est qu'en effet la loi envisage ici le consommateur, c'est-à-dire celui qui, en définitive, achète le produit revêtu de la marque contrefaite, et que le législateur entend protéger contre la fraude. Lors donc qu'un fabricant vend des produits revêtus d'étiquettes imitant celles d'un autre fabricant, il est passible des peines édictées par la loi, encore bien que les débitants, auxquels il vend directement ces produits, n'aient pu être trompés personnellement sur leur nature et leur provenance, si d'ailleurs ceux qui devront acheter ces produits aux débitants peuvent se méprendre sur leur origine (3).

---

(1) Comp. Bédarride, n°s 920 et 921 ; Rendu, n° 189; Blanc, p. 773.— Comp. art. 16 de la loi autrichienne du 7 déc. 1858, Pataille.59.193.

(2). V. encore Caen, 11 déc. 1871, aff. Bobot-Descoutures, Pataille. 72.305.

(3) V. Dall. 73.1.16, *note* 1-2. — V. Paris, 25 nov. et 30 déc. 1868,

C'est ce qu'enseigne également M. Bédarride : « L'imi-« tation, dit-il, encourt la peine édictée, dès qu'elle est *de na-« ture à tromper l'acheteur*, c'est-à-dire dès qu'elle crée la « possibilité de confondre la marque de celui-ci avec la mar-« que de celui-là. Il est évident que, si une confusion quel-« conque n'était pas possible, nul n'aurait le droit de se « plaindre et d'invoquer la disposition pénale de l'article 8. « La possibilité d'une confusion est donc la condition essen-« tielle, constitutive du délit. C'est cette possibilité dont la loi « se préoccupe uniquement et exclusivement. On remarquera, « en effet, ces termes : *de nature à tromper l'acheteur*. Ainsi « la loi n'exige pas que l'acheteur ait été trompé ; il suffit « qu'il puisse l'être (1). »

Du reste, la décision, que les tribunaux rendent sur la question de savoir si l'imitation est ou n'est pas de nature à tromper l'acheteur, est une décision toute de fait, cela tombe sous le sens, et, dès lors, n'est pas soumise au contrôle de la Cour de cassation.

191. *Quid* si la confusion est impossible? — Il n'y a délit, à notre sens, que si la confusion est rendue possible entre les produits portant la marque véritable et ceux qui sont revêtus de la marque contrefaite. C'est là l'un des caractères essentiels de tout délit d'usurpation de marque ; ce que la loi entend punir, c'est la déloyauté de la concurrence, c'est l'intention présumée de s'emparer d'une clientèle par un moyen illicite. Tirons de là cette conséquence que l'imitation d'une marque peut et doit échapper à la juridiction pénale, si, en fait, le juge reconnaît et constate que, malgré cette imitation, et grâce à d'autres éléments très différents au milieu desquels la marque se noie en quelque sorte et se perd, la confusion des produits n'est pas possible (2).

Remarquons toutefois qu'en un cas pareil c'est la juridiction répressive qui seule fait défaut ; la juridiction civile demeure

---

aff. Garnier, Pataille.68.353. — V. toutefois Paris, 8 nov. 1855, aff. Tissier, Pataille.55.190.

(1) Bédarride, n° 918.

(2) V. Anal. Paris, 8 juill. 1862, aff. Abadie, Pataille.62.263.

accessible, car il paraît juste d'admettre que la marque en elle-même, indépendamment de toute confusion, constitue, lorsqu'elle est déposée, une propriété privative, protégée par la loi. On peut soutenir, dès lors, que le propriétaire d'une marque régulièrement déposée est en droit de s'en réserver l'usage exclusif, d'en interdire à qui bon lui semble l'emploi, même en dehors d'une confusion, même en dehors d'un préjudice quelconque. Ce qu'il poursuit alors, ce n'est pas la concurrence déloyale, c'est l'usurpation de sa propriété, propriété qu'il peut revendiquer en elle-même et pour elle, sans avoir à justifier d'autre chose que de sa propriété, et sans rien avoir à dire sinon : C'est mon bien (1).

192. Emploi des mots : façon de.... système de... — Nous discutons plus loin la question de savoir si l'emploi de ces mots suivis du nom d'un autre fabricant est puni par la loi de 1824 (2). On fera donc bien de se reporter à notre discussion. Disons seulement dès à présent que ces mots ne sauraient, en principe, excuser la contrefaçon ou l'imitation de la marque. C'est au surplus ce qu'enseignent M. Rendu (3) et M. Calmels (4).

193. Imitation frauduleuse ; qualification erronée. — Il est de principe que les tribunaux de répression ne sont pas liés par la qualification donnée par le plaignant au fait incriminé ; il s'ensuit que la juridiction correctionnelle, saisie d'une plainte en contrefaçon de marque, peut qualifier le fait relevé contre le prévenu d'imitation frauduleuse, et le prévenu, du reste, est d'autant moins recevable à s'en plaindre que les peines de l'imitation frauduleuse sont moins graves que celles de la contrefaçon (5).

194. Usage de la marque frauduleusement imitée. — L'article 8 contient une disposition semblable à celle de l'article 7 ; il prévoit et punit tout à la fois l'imitation frauduleuse de la marque et l'usage de la marque frauduleuse-

(1) V. en ce sens, Pataille.73.90. — V. *suprà*, n° 23.
(2) V. *infrà*, n° 416.
(3) V. Rendu, n° 186.
(4) V. Calmels, n° 71.
(5) V. Rej., 3 mai 1867, aff. Lagarde, Pataille.67.293.

ment imitée. Le législateur, par cette disposition, a voulu atteindre l'auteur même de l'imitation, c'est-à-dire l'ouvrier ou l'artiste qui a matériellement exécuté la marque frauduleusement imitée, et en même temps le fabricant ou négociant qui, ayant commandé le travail, fait ensuite usage pour son commerce déloyal de la marque ainsi imitée. Rien n'est plus clair que cette disposition (1).

195. *Quid* **de la bonne foi?** — L'article 8, nous venons de le voir, distingue entre l'imitation frauduleuse et l'usage d'une marque frauduleusement imitée ; mais admet-elle, dans les deux cas, l'excuse de la bonne foi ? Pour l'auteur de l'imitation frauduleuse, le doute n'est pas possible, et, des termes mêmes de la loi, il résulte qu'il n'est punissable que si au fait matériel se joint l'intention frauduleuse. Mais, pour le second, que faut-il décider ? La loi se borne à dire qu'elle punit celui qui a fait usage d'une marque frauduleusement imitée ; elle ne spécifie pas que l'usage doit être frauduleux, doit avoir lieu sciemment. M. Bédarride croit pouvoir en conclure que le seul fait de s'être servi d'une marque frauduleusement imitée constitue le délit, et qu'il y a, dans tous les cas, présomption légale de mauvaise foi. Il suffit, dans ce système, que l'imitation de la marque ait été frauduleuse pour que celui qui en use soit passible de la peine édictée (2). Toutefois M. Bédarride ajoute que celui qui se servirait d'une marque frauduleusement imitée sans avoir lui-même, ni commandé, ni exécuté cette imitation, serait recevable à invoquer sa bonne foi ; mais c'est qu'alors, suivant cet auteur, il y aurait lieu d'appliquer non plus le paragraphe 1er, mais le paragraphe 3 de l'article, comme s'il y avait, non pas délit d'usage, mais délit de vente ou de mise en vente (3).

Est-il bien vrai, comme l'enseigne M. Bédarride, qu'on soit réduit à invoquer le 3e paragraphe de l'article 8, lorsqu'on fait de bonne foi usage d'une marque frauduleusement imitée ? Nous ne le pensons pas. La loi ne punit, soit l'imitation de la

---

(1) V. *suprà*, n° 167.
(2) V. Bédarride, nos 923 et 924.
(3) V. Bédarride, n° 925.

marque, soit l'usage de la marque imitée, que si le fait est accompagné d'une intention criminelle. Si la loi n'a pas accolé le mot *sciemment* aux mots «*fait usage*», c'est qu'en vérité cela eût été peu euphonique et eût d'ailleurs été un vrai pléonasme. En punissant ceux qui ont fait usage d'une marque *frauduleusement* imitée, le législateur ne s'est-il pas exprimé clairement? Ne veut-il pas dire, ne dit-il pas expressément qu'il punit ceux qui font usage d'une marque qu'ils savent être frauduleusement imitée? Qu'importe que l'imitation ait été frauduleuse, si celui qui s'en sert l'ignore absolument? Quoi! au rebours du bon sens, on ne punirait celui qui a fait l'imitation qu'autant qu'il a agi dans une intention coupable, et celui qui n'est pas l'auteur direct de l'imitation pourrait être puni, même en dehors de toute intention coupable, ou du moins il ne pourrait échapper à la répression qu'en se réfugiant dans un texte de loi, dont les termes lui sont plus ou moins difficilement applicables. Cela ne peut être, et, nous le répétons, si le législateur n'a pas écrit ici le mot *sciemment*, c'est que le mot *frauduleusement* se trouvait déjà dans la phrase, en indiquait l'esprit et la portée, et que, à la différence de Philaminte des *Femmes savantes*, le rédacteur n'a pas pensé que ces deux adverbes joints fissent admirablement (1).

SECTION IV.

Apposition frauduleuse d'une marque appartenant à autrui.

SOMMAIRE.

196. Usurpation par apposition de la vraie marque. — 197. *Jurisprudence.* 198. *Quid* de la bonne foi?

196. Usurpation par apposition de la vraie marque. — L'art. 7 punit, dans son second paragraphe, « ceux qui ont frauduleusement apposé sur leurs produits ou « les objets de leur commerce une marque appartenant à au-« trui.» On s'est demandé quel était le sens de ce paragraphe,

(1) V. l'article de M. Huard dans la *Prop. ind.*, n° 157.

et quelques personnes l'ont jugé superflu. Suivant elles, il était inutile de punir spécialement et séparément l'apposition de la marque contrefaite ; cela était déjà implicitement compris dans la disposition qui punit la contrefaçon. Si le législateur, en effet, punit la contrefaçon, c'est-à-dire la reproduction des marques, ce n'est pas la contrefaçon en quelque sorte idéale, la reproduction platonique, mais bien la reproduction faite en vue d'écouler la marchandise et de lui assurer un débouché qu'elle n'aurait pas sans cette usurpation. « La contre« façon, dit M. Bédarride, puise sa nocuité et sa criminalité « bien plutôt dans l'emploi qui en est fait que dans la repro« duction matérielle des signes, des symboles, ou de l'em« blème constituant la marque. Que pourrait-on reprocher à « l'auteur de cette reproduction, qui, après l'avoir exécutée, « l'enfouirait dans ses cartons et s'abstiendrait d'en faire un « usage quelconque (1) ? » Ces réflexions sont vraies, et le législateur de 1857 n'aurait eu aucune excuse comme aucune raison pour édicter le paragraphe 2 de l'art. 7, si ce paragraphe n'ajoutait rien à la disposition du premier paragraphe : mais il n'en est pas ainsi. Le paragraphe 1er prévoit et punit le fait d'imiter servilement, de copier brutalement la marque d'autrui, c'est-à-dire un fait de *reproduction ;* le paragraphe 2 prévoit le fait de prendre, non plus la marque imitée, copiée, reproduite, mais la marque véritable pour l'apposer sur d'autres produits que ceux auxquels elle est destinée. Il est facile de s'en convaincre en se reportant à la discussion.

On lit, en effet, dans la discussion (2) : « L'honorable mem« bre (M. Legrand) explique qu'il est certains produits sur « lesquels, à raison de leur nature, la marque de fabrique ne « peut pas être appliquée d'une manière immédiate ; tels sont, « par exemple, les fils retors. Les produits de cette espèce « sont recouverts d'une enveloppe sur laquelle la marque du « fabricant est apposée ; cette marque a une très grande im« portance ; les produits s'écoulent plus ou moins facilement, « à un prix plus ou moins élevé, à raison du plus ou moins de

(1) V. Bédarride, n° 911.
(2) V. Appendice, 1re partie, chap. 2, 1re section, art. 3.

« crédit dont jouit dans le commerce la marque du fabricant.
« L'orateur dit que les enveloppes, revêtues de la marque, « dans lesquelles sont ordinairement expédiés les fils retors, « sont devenues l'objet d'une fraude trop fréquemment prati- « quée ; certains débitants se font les intermédiaires entre les « fabricants et les consommateurs de ces produits ; ils s'a- « dressent aux filaleurs les plus renommés ; dans les com- « mencements, pour donner à la confiance le temps de s'é- « tablir, ils vendent à leurs commettants les marchandises « telles qu'ils les ont reçues : mais, bientôt après, lorsque la « bonté des produits a fait apprécier toute la valeur de la « marque, ils ouvrent les paquets et substituent aux fils qu'ils « contiennent des produits de qualité inférieure et d'une « moindre valeur qui se trouvent ainsi protégés par une mar- « que qui ne devrait pas leur appartenir.

« L'honorable membre est convaincu qu'il est d'accord « avec MM. les commissaires du gouvernement en exprimant « la pensée que les fraudes de cette nature pourront être pu- « nies en vertu du paragraphe 3 de l'art. 7.

« M. Wuillefroy, président de section au Conseil d'État, « commissaire du gouvernement, déclare que, sur ce dernier « point, le gouvernement est effectivement d'accord avec « l'honorable préopinant ; les substitutions d'enveloppes dont « il vient d'être parlé seront atteintes soit par le deuxième, « soit par le troisième paragraphe de l'art. 7. »

Le rapporteur n'avait pas été moins explicite ; il avait dit : « L'art. 7 prévoit et punit l'apposition frauduleuse de la « marque d'autrui, c'est-à-dire *le fait de celui qui s'est pro- « curé la marque véritable d'une autre personne, et s'en est « servi pour marquer ses produits.* »

L'exposé des motifs porte de son côté : « Le second délit, « prévu par l'art. 7, est celui que commet l'individu qui, s'é- « tant procuré d'une manière quelconque une marque, un « timbre, un poinçon véritables, s'en sert pour marquer « frauduleusement des produits autres que ceux des fabri- « cants ou des commerçants auxquels appartiennent ces « marques, timbres ou poinçons. »

Rien n'est donc plus clair. Le fait se produira le plus généralement, soit par l'emploi frauduleux du timbre ou du poinçon d'un autre commerçant, soit par l'emploi de ses boîtes, enveloppes ou flacons. Ce dernier moyen de fraude est, en effet, assez fréquent surtout dans l'industrie des liqueurs ou des eaux minérales. Il n'est pas rare de voir des commerçants peu scrupuleux acheter à vil prix les récipients qui servent à un concurrent, les remplir ensuite de leur propre marchandise, et les remettre ainsi dans le commerce sous une marque qui n'est pas la leur. C'est cette fraude que la loi a voulu atteindre ; il n'y a pas là contrefaçon proprement dite ; on n'imite, on ne copie, on ne reproduit rien. On use de la marque véritable elle-même, et la fraude est d'autant plus dangereuse que le consommateur ne voit et ne peut voir sur la marque aucun signe, aucune différence qui éveille son attention.

Voici encore une espèce où l'art. 7 serait applicable : les fabricants de parapluies ont l'habitude de marquer leur marchandise soit par une indication gravée sur le manche, soit par un rond d'étoffe imprimé et collé à l'intérieur et au fond du parapluie, soit par des plaquettes de forme spéciale, rapportées sur l'une des branches de la monture. Celui qui, ayant acheté des parapluies hors de service, en détacherait la marque pour l'apposer sur des marchandises de sa propre fabrication devrait être puni des peines portées dans le paragraphe 2 de l'art. 7 (1).

197. Jurisprudence (2). — Il a été jugé en ce sens : 1° que celui qui, prenant le produit d'un autre commerçant, y substitue en partie, mais en lui laissant la marque d'origine, un produit de même nature, mais avarié, se rend coupable du délit prévu par l'art. 7 de la loi de 1857, lequel punit ceux qui ont frauduleusement apposé sur leurs produits ou sur les objets de leur commerce une marque appartenant à autrui : spécialement, celui qui, recevant du guano pur du Pérou en sacs plombés et revêtus de la marque de l'expéditeur, ouvre les sacs, substitue au guano pur une partie de guano avarié, et vend ensuite le mélange dans les sacs soigneusement refer-

---

(1) V. Renouard, *Droit industriel*, p. 395 ; Rendu, nos 158 et 159.

(2) V. Anal. Bordeaux, 6 juin 1873, aff. Nivet, Pataille.74.130.— Comp. Trib. comm. Liège, 28 avril 1870. aff. Collin frères, Belg.Jud.70.649; trib. comm. Bruxelles, 30 mars 1863, aff. Van Bever, Belg.Jud.63.118.

més et toujours pourvus de leur marque originaire, tombe sous l'application de l'art. 7 de la loi de 1857 ; il est alors vrai de dire que le produit primitif a cessé d'exister pour donner naissance à un nouveau produit qui ne doit plus dès lors porter la marque de l'expéditeur (Caen, 13 mars 1867, aff. Savignac (1) Pataille.68.164) ; 2° qu'il y a usurpation de marque dans le fait d'employer à la construction de voitures neuves des débris provenant de vieilles voitures et d'y laisser le nom du fabricant originaire, de façon à faire croire que la voiture ainsi construite provient des magasins de ce fabricant (Paris, 25 mars 1854, aff. Gouillon (2), Le Hir, 54.2.681); 3° que, lorsque des récipients, tels que des siphons d'eaux gazeuses, portent la marque ou le nom d'un fabricant, un autre industriel du même genre n'a pas le droit de s'en servir pour y mettre ses produits, alors même qu'il se fonderait sur un usage constant dans cette industrie, permettant d'employer les siphons rendus par les consommateurs en échange de ceux qui leur ont été vendus (Amiens, 10 fév. 1872, aff. Pie (3), Pataille.75.46); 4° que le fait de se procurer des bouteilles vides d'un fabricant et de les employer avec leurs étiquettes pour contenir des produits qui ne proviennent pas de ce fabricant constitue le délit prévu et puni par l'art. 7 de la loi du 23 juin 1857 (Paris, 11 juin 1875, aff. Chèdeville et Buisson, Pataille.75.260) ; 5° que le fait de vendre dans des récipients et avec des étiquettes d'un autre fabricant un produit qui n'émane pas de ce dernier constitue l'usage frauduleux d'une marque de fabrique appartenant à autrui (Grenoble, 31 août 1876, aff. Nègre, Pataille.76.225).

198. *Quid* **de la bonne foi ?** — La loi se sert de ces expressions : ceux qui ont *frauduleusement* apposé sur leurs produits, etc. Quel est le sens de cette disposition ? Lorsqu'il

---

(1) V. encore Rej. 1er août 1867, même affaire, *eod loc.;* Rej. 26 sept. 1867, mêmes parties, *J.Pal.*68,320. — V. encore Trib. corr. Seine, 28 fév. 1877, aff. Gervais, *Gaz. trib.*, 2 mars.

(2) Cet arrêt a été rendu antérieurement à la loi de 1857 ; nul doute, à notre avis, que le fait sur lequel il statue ne tombe sous l'application de l'article 7, § 2.

(3) V. encore Trib. corr. Seine, 7 fév. 1873, aff. Chapotel, Pataille.74.388.

y a eu apposition de la marque véritable, emploi des flacons, vases ou récipients quelconques d'un autre commerçant, celui qui s'est rendu coupable de ce fait est-il recevable à invoquer sa bonne foi ? On est tout d'abord assez raisonnablement conduit à se prononcer pour la négative. Comment, en effet, admettre la bonne foi de celui qui ne se borne pas à copier plus ou moins servilement la marque d'un concurrent, mais qui prend cette marque elle-même, soit que d'une façon ou d'une autre il se soit procuré le timbre ou poinçon servant à produire la marque, soit qu'il ait trouvé moyen de se procurer les récipients, les enveloppes de son concurrent? M. Bédarride semble, dans ce cas, repousser d'une façon absolue l'exception de bonne foi. Il appuie son opinion sur les termes de l'exposé des motifs, où il est dit que le paragraphe 2 de l'article 7 s'applique à *ceux qui, s'étant procuré d'une manière quelconque une marque, un timbre, un poinçon véritables, s'en servent pour marquer frauduleusement des produits autres que ceux des fabricants ou commerçants auxquels appartiennent ces marques, timbres ou poinçons.* « Ainsi, continue M. Bédarride, c'est l'em-« ploi qui en est fait qui constitue la fraude. N'est-ce pas « lui, en effet, qui consomme le préjudice, qui crée cette « concurrence déloyale que la loi a voulu prévenir et répri-« mer ? » et il conclut ainsi : « Donc l'apposition de la mar-« que, même véritable, d'un autre, dans les conditions pré-« vues par le numéro 2 du paragraphe 7 constitue la fraude, « entraîne nécessairement l'intention mauvaise, et tombe « sous le coup de la pénalité édictée par l'article 7 (1). »

Après mûre réflexion, nous ne partageons pas l'avis de M. Bédarride. Nous pensons que la bonne foi est ici admissible, à la différence de ce qui a lieu pour le paragraphe 1er. La raison en est d'abord dans le texte même de la loi qui exige, à tort ou à raison, que l'apposition ait été *frauduleuse*, ce qui implique de toute nécessité l'examen de la question d'intention. Nous croyons, d'ailleurs, que ce n'est pas à tort que la loi a admis ici le prévenu à exciper de sa bonne

---

(1) Bédarride, n° 912.

foi : celui qui contrefait une marque, c'est-à-dire qui en fait une copie brutale et servile, est sans excuse ; il agit avec préméditation ; il a la marque sous les yeux ; il la connaît ; rien ne lui est plus facile que de se renseigner sur les droits qu'elle confère à ses propriétaires. Au contraire, celui qui, par exemple, se sert de récipients appartenant à autrui peut les posséder légitimement, par suite d'un échange, d'une confusion, opérée chez les consommateurs et tout à fait en dehors de sa volonté ; ces récipients peuvent ensuite s'être trouvés mêlés avec les siens, qu'on peut supposer d'une forme semblable, et l'emploi des uns et des autres concurremment peut être le résultat d'une simple méprise, d'un défaut de surveillance qui ne va pas jusqu'à la fraude. Sans doute, la bonne foi ne sera admise qu'avec beaucoup de circonspection, et les tribunaux ne devront pas accepter facilement cette excuse ; mais il peut se rencontrer des cas où elle soit évidente et s'impose aux magistrats. La loi a donc bien fait de les autoriser à admettre l'excuse de bonne foi, dans le cas qui nous occupe. Elle eût même, selon nous, mieux fait encore en les autorisant à l'accueillir dans tous les cas, même dans le cas de contrefaçon, et en ne dérogeant pas à une règle qui est le fondement même de notre droit criminel. Quoi qu'il en soit, il nous suffit que la loi ne soit pas contraire à notre interprétation, — et on a vu que le texte y est favorable, — pour que nous la maintenions avec empressement (1).

SECTION V.

Vente et mise en vente.

SOMMAIRE.

199. Vente. — 200. Mise en vente. — 201. *Quid* des expositions industrielles ? — 202. *Quid* de la bonne foi ? — 203. *Jurisprudence*. — 204. Des effets de la bonne foi. — 204 *bis*. Droit de poursuite du débitant trompé.

199. Vente. — La loi ne pouvait manquer de punir la

(1) V. Rendu, n° 160 ; Renouard, *Droit industriel*, p. 395. — V. un article de M. Huard, dans la *Prop. ind.*, n° 157.

vente des produits revêtus de la marque contrefaite; comme l'a dit le rapporteur, « c'est là le fait le plus important à pu- « nir; la fraude serait restreinte sans le débit qui la rend « productive. » Il n'est pas besoin, d'ailleurs, que la vente soit habituelle, qu'elle résulte d'une série d'actes plus ou moins nombreux; une vente, fût-elle isolée, n'en serait pas moins délictueuse, sauf au juge à tenir compte de son importance pour se montrer plus ou moins rigoureux. Il n'y aurait pas lieu davantage de rechercher si la vente a procuré au débitant un bénéfice ou une perte; la culpabilité ne saurait dépendre de ce fait. Et, de même encore, le fait que la vente ait eu lieu en vue de l'exportation ou tout au moins en vue d'un marché, sur lequel le propriétaire de la marque n'envoie pas ses produits, peut être pris en considération pour l'appréciation des dommages-intérêts, mais non pour celle de la culpabilité. Réciproquement, il importerait peu que les objets revêtus d'une fausse marque vinssent de l'étranger et fussent seulement débités en France; la vente est un délit distinct du délit de contrefaçon; il a son existence propre et entraîne une responsabilité spéciale. Ces principes sont certains; inutile d'y insister.

200. Mise en vente. — La mise en vente est assimilée à la vente. C'est par suite d'un amendement que les mots *mis en vente* ont été substitués aux mots *exposés en vente* que portait le projet de loi. On a craint que ces derniers mots *exposés en vente* ne parussent supposer la nécessité d'une manifestation extérieure, alors qu'on voulait atteindre au contraire ceux-là mêmes qui, sans rien exposer, à proprement parler, en vente, ou plutôt sans rien mettre en montre, auraient, dans leurs magasins ou dépôts, des marchandises revêtues d'une marque contrefaite et destinées par eux à être vendues. La mise en vente est d'autant plus répréhensible qu'elle se dissimule, qu'elle n'a pas lieu ouvertement; ces détours mêmes seront le plus souvent l'indice d'une volonté coupable et de l'intention frauduleuse. C'est au juge, d'ailleurs, à examiner les circonstances, à en apprécier la gravité.

201. *Quid* **des expositions industrielles?** — En matière de brevets, nous avons émis l'avis que l'exhibition d'un objet breveté dans une exposition industrielle n'est pas nécessairement une exposition en vente et ne tombe pas, sauf examen des circonstances, sous l'application de la loi. En matière de marques, nous serions disposé à être plus sévère, et la raison de notre sévérité viendrait d'abord de ce que les motifs qui peuvent conduire un fabricant à exposer un objet breveté par un autre ne se retrouvent pas ici. On comprend, en effet, que, sans aucune espèce de contrefaçon, un fabricant veuille montrer qu'il est capable de fabriquer d'une manière supérieure, par exemple, une machine brevetée ; il se peut aussi que, cette machine brevetée par un autre, il l'ait lui-même perfectionnée, qu'il y ait fait une addition importante ; il tient à faire voir son perfectionnement, sans pour cela exposer l'objet en vente. Lorsqu'il s'agit de marques, où peut être l'intérêt du fabricant à exposer ses produits sous la marque d'autrui ? D'une autre part, il est certain que le législateur a voulu atteindre tous les faits ayant pour but d'offrir le produit, revêtu de la marque contrefaite, au public, et il est évident que l'exhibition dans une vitrine d'exposition est faite en vue de fixer l'attention des consommateurs et d'attirer la clientèle. A défaut du délit de mise en vente, on pourrait du moins voir, dans le fait d'exhibition dont il s'agit ici, le délit d'usage, tel que nous l'avons défini plus haut (1).

202. *Quid* **de la bonne foi?**—Lorsqu'il s'agit de vente ou de mise en vente, pas de difficulté. Ces délits ne sont punis que si leurs auteurs ont agi *sciemment*. C'est le texte même de la loi. En ce qui les concerne, il ne suffira donc pas d'établir qu'ils ont vendu ou mis en vente les objets revêtus de la marque contrefaite ; il faudra, de plus, prouver qu'ils ont su que la marque était contrefaite ou frauduleusement apposée, ou plutôt, pour rester dans la vérité juridique, ils seront admis à prouver qu'ils n'ont pas agi en connaissance de cause et dans une intention frauduleuse. Leur bonne foi, s'ils parviennent à l'établir, aura pour effet d'empêcher que les pénalités prévues par la loi leur soient appliquées.

M. Huard pense, au contraire, que c'est au poursuivant à établir la mauvaise foi du débitant, et voici les raisons qu'il

(1) V. *suprà*, n° 167.

donne à cet égard : « Pour les débitants, dit-il, la situation « est bien différente. Ce n'est pas qu'il leur soit plus difficile « qu'aux fabricants d'aller fouiller les archives des ministères « ou secouer la poudre des greffes ; mais c'est qu'ils ne peu- « vent savoir si le fabricant auquel ils s'adressent n'est pas « autorisé par le propriétaire de la marque à se servir, comme « lui-même, de son droit de propriété. Exiger du débitant « qu'il demande la justification de cette cession, c'est tout « simplement impossible. Le commerce est incompatible avec « de semblables entraves. Dès lors, la présomption de fraude « fait place à la présomption contraire ; aussi nous pensons « que c'est au plaignant à prouver la mauvaise foi du pré- « venu débitant et que ce dernier n'a aucune preuve à « faire (1). »

203. Jurisprudence. — Il a été jugé à cet égard : 1° que, si la loi de 1857 repousse l'excuse de bonne foi pour l'auteur de la contrefaçon, elle admet les débitants à s'en prévaloir (Paris, 26 mars 1873, aff. Peter Lawson, Pataille.73.83); 2° que le débitant, qui participe sciemment à la contrefaçon, doit être condamné solidairement avec le contrefacteur (Aix, 8 août 1872, aff. Ménier, Pataille.73.29) ; 3° mais que le débitant d'objets revêtus d'une marque contrefaite ne peut invoquer sa bonne foi, lorsqu'il est établi qu'il connaissait personnellement le fabricant dont la marque est usurpée (Paris, 20 nov. 1861, aff. Dubois, Pataille.61.420); 4° que le débitant d'une marchandise revêtue d'une étiquette contrefaite ne saurait utilement invoquer sa bonne foi, lorsqu'il est constant qu'il vendait concurremment le produit revêtu de la marque originale et le produit revêtu de la marque fausse, de telle sorte qu'il pouvait, par la seule inspection des étiquettes, se convaincre de l'imitation frauduleuse (Montpellier, 23 août 1875, aff. Mongauzé, Pataille.75.365).

204. Des effets de la bonne foi. — La bonne foi reconnue a pour effet immédiat d'empêcher l'application des dispositions de la loi pénale ; elle a encore pour effet d'ouvrir aux débitants, devant les tribunaux civils, une action en ga-

---

(1) V. l'article de M. Huard dans la *Prop. ind.*, n° 158.

rantie contre le fabricant, action en garantie qui n'existerait pas sans cela. L'effet de la bonne foi va-t-il pourtant jusqu'à exonérer le débitant, lorsqu'il est traduit devant la juridiction civile, de toute responsabilité, de tous dommages-intérêts? Il nous paraît difficile de l'admettre; sans être légalement coupable, il peut avoir été imprudent, et cette imprudence engage naturellement sa responsabilité. S'il en était autrement, il pourrait arriver que, le contrefacteur étant lui-même insolvable, et le débitant, quoique imprudent, se dérobant à toute responsabilité, le propriétaire de la marque fût victime d'un préjudice que nul ne réparerait (1).

Il n'est que juste d'ailleurs, comme l'ont fait certaines décisions, de refuser au débitant, qui est reconnu de bonne foi, le droit de réclamer des dommages-intérêts pour la réparation du préjudice que la saisie et la poursuite auraient pu lui causer, cette saisie, cette poursuite n'étant, même à son égard, dans la plupart des cas, que l'exercice d'un droit légitime (2).

204 *bis*. Droit de poursuite du débitant trompé. — Il a été jugé, et, à vrai dire, c'est l'application rigoureuse mais exacte des principes généraux, que le détaillant, poursuivi pour vente de produits revêtus de fausses marques, est fondé, s'il justifie avoir été trompé par son vendeur, à l'actionner à son tour devant la juridiction correctionnelle comme s'étant rendu coupable, à son égard, du délit de contrefaçon et d'imitation frauduleuse de marque (Paris, 11 juin 1875, aff. Chèdeville et Buisson, Pataille.75.260).

---

(1) V. Trib. civ. Bordeaux, 14 fév. 1866, aff. de Milly, *Rég. intern.*82.76. — V. pourtant Paris, 31 déc. 1860, aff. Colas, Pataille.61.159. — Comp. Lyon, 15 janv. 1851, aff. Lecoq, Dall.54.2.137. — V. aussi *infrà*, n° 689 *bis*, 8°, et la note.

(2) V. Trib. corr. La Roche-sur-Yon, 9 déc. 1881, aff. Briand. *Rég. intern.* 82.43 ; Chambéry, 16 fév. 1882, aff. Coumes, *Rég. intern.* 82.46. — V. aussi Trib. civ. Charleville, 24 mars 1882, aff. Black, *Rég. intern.* 82.226.

SECTION VI.

Complicité.

SOMMAIRE.

205. *Quid* des règles ordinaires de la complicité? Recel. — 205 *bis*. *Jurisprudence*. — 206. *Quid* de la détention pour usage personnel? — 207. Le fait que la marque contrefaite ait été trouvée chez un particulier n'empêche pas la poursuite. — 208. *Quid* de la contrefaçon dans l'intérêt d'un tiers? — 208 *bis*. *Jurisprudence*. — 209. Mari; responsabilité civile.

205. *Quid* des règles ordinaires de la complicité? Recel. — Selon M. Bédarride, la loi de 1857, suivant en cela les errements de la loi de 1844, constitue une sorte de complicité spéciale, et repousse implicitement, mais formellement, l'application des art. 59 et 60 du C. pén. L'un des motifs sur lesquels il fonde son raisonnement, c'est que le Code pénal lui-même, en matière de propriété littéraire et artistique, se prononce pour une complicité spéciale et rejette l'application des règles ordinaires, en quoi M. Bédarride se trompe certainement (1). Il ajoute : « Nous pensons donc qu'on « ne peut, dans notre matière, recourir aux dispositions des « art. 59 et 60 du C. pén. Dans les art. 7 et 8, la loi de 1857 « punit non la complicité, mais des délits distincts, connexes, « mais non identiques avec celui de l'auteur de la contrefaçon, « résultant de l'apposition ou de l'imitation frauduleuse. La dé- « rogation au droit commun, en matière de complicité, résulte « de l'ensemble de ses dispositions (2). » Cet auteur conclut en déclarant que le recélé, par exemple, ne se plaçant dans aucune des catégories des art. 7 et 8, ne saurait être atteint et puni.

Le raisonnement de M. Bédarride ne saurait nous convaincre, par la raison que nous sommes de ceux qui pensent que la loi de 1844 comporte elle-même, en dépit de la jurisprudence contraire, l'application des art. 59 et 60 du C. pén. (3). Ici, il y a une raison de plus, une raison décisive,

(1) V. notre *Traité de la propr. litt. et artist.*, nos 611 et suiv.
(2) V. Bédarride, n° 933. — V. dans le même sens, Rendu, n° 168.
(3) V. notre *Traité des brevets*, n° 688.

d'adopter la même opinion. On lit, en effet, dans l'Exposé des motifs, le passage suivant : « On n'a pas cru devoir mentionner spécialement les recéleurs, parce que, d'après les « principes du droit pénal, les recéleurs sont punis comme « complices. » Le rapporteur était plus explicite encore : « Il est superflu, disait-il, de rappeler que *les dispositions* « *du droit commun sur la complicité, et notamment la com-* « *plicité par recel, s'appliquent à ces délits comme à tous* « *les autres.* » En vérité, nous ne comprenons pas qu'en présence d'une déclaration aussi formelle M. Bédarride ait pu adopter une interprétation contraire (1).

Il est vrai que M. Rendu, qui paraît être du même avis que M. Bédarride, insiste sur l'omission du mot *recel* dans le texte même de la loi. Cette omission aurait une importance si le législateur, distinguant, par exemple, entre la contrefaçon, l'usage de la marque contrefaite, la vente ou la mise en vente des produits revêtus de la marque contrefaite, avait appliqué à chacun de ces faits des peines différentes. Il y aurait, en effet, quelque contradiction à appliquer au recel la peine du Code pénal, c'est-à-dire la peine qui frappe le délit principal, alors que les délits secondaires, tels que la vente ou la mise en vente, seraient frappés d'une peine moins forte. Mais il n'en est pas ainsi ; la même peine est applicable dans tous les cas, sauf au juge à la modérer en s'écartant ou en se rapprochant du minimum ou du maximum, suivant le fait qu'il doit punir. L'omission dans le texte n'est donc pas un argument.

205 *bis*. **Jurisprudence** (2). — Il a été jugé en ce sens : 1° qu'en matière de contrefaçon de marques de fabrique, les art. 59 et 60 du C. pén. sur la complicité doivent recevoi leur application ; spécialement, l'ouvrier (un chef de cave) qui aide et assiste sciemment son patron dans les faits constitutifs du délit, et notamment dans la préparation de la marque contrefaite, par exemple en bouchant des bouteilles

(1) V. Calmels, n° 140.

(2) V. Trib. corr. Seine, 9 janv. 1875, aff. Marquet, Pataille.75.90; Alger, 29 mai 1879, aff. Prot et Cie, Pataille.79.345.

de vin de Champagne avec des bouchons portant la marque usurpée, encourt les peines portées par lesdits articles (Trib. corr. Reims, 23 mai 1863, aff. Clicquot (1), Pataille.64.101); 2° que les art. 59 et suiv. du C. pén. sur la complicité sont applicables au délit de contrefaçon de marques de fabrique : en conséquence, peuvent être condamnés comme complices ceux qui, soit en fournissant les fausses étiquettes, soit en les apposant sur les produits, soit en servant d'intermédiaires pour la vente des produits revêtus des fausses étiquettes, ont, avec connaissance, aidé ou assisté l'auteur du délit, encore bien qu'ils aient agi non dans leur intérêt personnel, mais dans l'intérêt d'une maison de commerce à laquelle ils étaient attachés (Trib. corr. Lyon, 2 avril 1868, aff. Louis Garnier (2), Pataille.68.381); 3° que le commissionnaire qui fait pour un tiers la commande d'un moule destiné à reproduire une marque qu'il sait être contrefaite se rend complice du délit (Paris, 16 mars 1878, aff. Michaud, Pataille.78.59) ; 4° que le fait d'être simple commis ne justifie pas une demande de mise hors de cause dans une instance en contrefaçon de marque, s'il y a eu d'ailleurs participation active aux agissements coupables du patron ; cette participation suffit à rendre le commis solidairement responsable des faits de contrefaçon (Paris, 12 juillet 1878, aff. Mulhens, Pataille.79.18).

206. *Quid* **de la détention pour usage personnel ?** — M. Rendu se borne à dire que la détention pour un usage personnel, et sans intention de spéculation commerciale, ne constitue pas un délit en matière de brevets, et il ajoute qu'il en est de même à plus forte raison en matière de marques. Nous ne pouvons partager cet avis. D'abord, en matière de brevets, nous avons admis que la détention pour un usage personnel, lorsqu'elle avait lieu sciemment, constituait au premier chef le recélé ; nous ne pouvons donc pas être d'une opinion contraire en matière de marques, et,

(1) La solution, pour être implicite, n'en est pas moins formelle.

(2) V. aussi Paris, 15 mai 1868, aff. Martell et Cie, Pataille.68.126 ; Paris, 11 déc. 1867, aff. Heidsieck, Pataille.68.95.

admettant que le recel tombe sous l'application de la loi, nous en concluons naturellement que le fait, qu'il se produise dans tel ou tel but, et, par exemple, en vue d'un usage personnel, ne saurait effacer le délit. Sans doute, l'un des motifs de la loi, pour punir la contrefaçon ou l'imitation frauduleuse des marques, c'est la tromperie exercée à l'égard de l'acheteur, et l'on peut dire que celui qui achète et détient sciemment des objets revêtus d'une marque contrefaite n'a pas été trompé. Mais cela ne nous paraît pas décisif, la loi, nous l'avons vu, n'exigeant pas que la tromperie ait été réalisée, qu'elle soit effective, mais seulement qu'elle soit possible. Il importe donc peu qu'un individu isolément n'ait pas été trompé, si d'ailleurs il est possible que d'autres personnes le soient. Quant au préjudice que le consommateur, en détenant sciemment les produits entachés de contrefaçon, cause au propriétaire de la marque, il est incontestable, et nous ne voyons aucune raison d'être indulgent pour lui.

207. Le fait que la marque contrefaite ait été trouvée chez un particulier n'empêche pas la poursuite. — Nous venons d'examiner la question de savoir si la détention par un particulier, en vue de son usage personnel, d'un objet revêtu d'une marque contrefaite, peut constituer un délit dans le sens de la loi; elle peut prêter à la discussion, et l'on peut n'être pas d'accord sur la part de responsabilité afférente à ce particulier et sur les conséquences légales de la détention de la marque incriminée entre ses mains. Mais un point sur lequel il ne peut y avoir aucune difficulté, c'est que, dans tous les cas, le fait que l'objet revêtu de la marque contrefaite ait été découvert chez un particulier n'empêche pas que le propriétaire de la marque ait une action directe contre les auteurs de la contrefaçon (1). Qu'importe l'endroit où la contrefaçon est découverte! Elle existe, elle est constante, cela suffit pour que ceux qui l'ont commise en soient responsables.

208. ***Quid* de la contrefaçon dans l'intérêt d'un tiers?** — Il est de toute évidence que celui qui, dans son

(1) V. Paris, 4 mars 1864, aff. Bonnet-Fichet, Pataille.64.325.

intérêt et pour organiser une concurrence déloyale contre un rival d'industrie, commande, organise la contrefaçon, est justement qualifié de contrefacteur. Mais que faut-il penser de celui qui, recevant d'un tiers, d'un ami, si l'on veut, la commande, par exemple, d'étiquettes contrefaites, transmet cette commande à un tiers, la fait exécuter et en surveille l'exécution? Sera-t-il contrefacteur? Il ne le sera pas nécessairement et fatalement; mais il se pourra faire qu'il le soit. S'il a agi en connaissance de cause, sachant qu'il portait atteinte à la propriété d'autrui; s'il a, en un mot, sciemment participé, coopéré à la contrefaçon, il en devra être déclaré responsable. C'est ici une question de bonne ou de mauvaise foi. Quant à l'argument qu'il aurait agi dans l'intérêt d'un tiers, et sans aucun profit personnel, il n'aurait rien de relevant. Celui qui s'associe à un crime ou à un délit, pour le seul bénéfice d'un autre, n'en est pas moins coupable. Ajoutons toutefois que, dans un cas pareil, les tribunaux n'admettront pas facilement la culpabilité et ne condamneront qu'à bon escient.

208 *bis*. **Jurisprudence.** — Il a été jugé, conformément à ces principes : 1° que celui qui se rend coupable d'une contrefaçon de marque, non pour son compte personnel, mais pour le compte d'autrui, ne saurait légalement invoquer sa qualité de mandataire; il est, en effet, de principe que celui qui est l'instrument volontaire du dommage en est personnellement responsable (Bordeaux, 14 avril 1851, aff. Cahusac (1), J.Pal.52.2.414); 2° que le contrefacteur d'une marque ne saurait décliner sa responsabilité en alléguant qu'il a agi d'ordre et pour le compte d'autrui, alors qu'il est constant qu'il a agi sciemment (Bordeaux, 13 juin 1864, aff. Promis, Le Hir.64.2.536); 3° que les commissionnaires en marchandises qui ont connu ou ont été à même de connaître le caractère délictueux d'un produit étranger revêtu d'une marque contrefaite ou frauduleusement imitée et qui l'ont introduit en France, ne sont pas recevables à exciper de leur

(1) V. également Bordeaux, 9 fév. 1852, aff. Cahusac, Dall.52.2.267; trib. corr. Lyon, 2 avril 1868, aff. Garnier, Pataille.68.381.

bonne foi (Paris, 5 mars 1874, aff. Wheeler et Wilson, Pataille. 76.70); 4° mais qu'un fait, même dommageable pour un tiers, n'entraîne responsabilité pour son auteur qu'autant qu'il y a eu en même temps faute de sa part; en conséquence, le commissionnaire qui a reçu d'un commettant des étiquettes déclarées plus tard contrefaites, et les a, sur son ordre, apposées sur des marchandises, n'est, en aucune façon, responsable à l'égard du propriétaire de la marque usurpée, s'il est établi qu'il n'a pas agi sciemment et que les circonstances d'ailleurs devaient écarter de son esprit tout soupçon de fraude; on ne saurait notamment lui faire un grief de n'être pas allé au greffe du tribunal de commerce vérifier le registre des dépôts de marques; une pareille recherche, pour le simple commissionnaire, est incompatible avec la célérité que commandent les expéditions dont il se charge (Bordeaux, 13 mars 1862, aff. Bétus, Le Hir. 62.2.263).

209. Mari; Responsabilité civile. — Il a été jugé que le mari ne saurait être civilement responsable de la contrefaçon commise par sa femme en dehors de lui (Bordeaux, 28 juin 1871, aff. Ménier, Pataille. 73.5).

SECTION VII.

Poursuite.

ARTICLE 1er.

DROIT DE POURSUITE.

SOMMAIRE.

210. Il appartient au propriétaire de la marque. — 211. *Quid* si la cession est partielle? — 211 *bis. Jurisprudence.* — 212. Droit du ministère public. — 213. *Quid* si le délit a été commis à l'étranger? — 214. *Quid* du désistement de la partie civile? — 214 *bis.* Forme du désistement. — 215. Expiration du dépôt; contrefaçon antérieure. — 216. *Quid* des incapables? — *Quid* du failli? — 216 *bis.* Mise en cause du syndic. — 217 *Quid* d'une société? — 218. *Quid* en cas de copropriété? — 219. *Quid* d'une communauté religieuse non autorisée? — 220. *Quid* de l'État? — 221. *Quid* du consommateur ou du débitant trompé?

210. Il appartient au propriétaire de la

marque. — En principe, le droit de poursuite appartient au titulaire de la marque; mais nous avons vu que le titulaire pouvait l'avoir cédée. En ce cas, le cessionnaire est investi de tous les droits résultant de la possession de cette marque, de telle sorte que le titulaire est devenu un véritable tiers à l'égard de son cessionnaire, et ne pourrait lui-même, sans se rendre coupable de contrefaçon, user de la marque dont il s'est dépouillé. Concluons que le droit de poursuite appartient au propriétaire actuel de la marque.

211. *Quid* **si la cession est partielle?** — La cession peut n'être que partielle, et, par exemple, limitée dans sa durée. On peut supposer — le cas s'est présenté — qu'un industriel, après avoir pris un brevet, adopte une marque de fabrique, destinée à indiquer à tous l'origine de son produit. Il est clair que la marque de fabrique survivra à l'expiration du brevet, qui ne peut durer au delà de quinze ans. Or, si le breveté cède l'exploitation de son brevet et, pour le temps que ce brevet doit durer, la jouissance de sa marque de fabrique, on voit qu'à l'expiration du brevet il rentrera dans la possession de sa marque. C'est là un cas de cession partielle. On peut encore supposer qu'il s'agit de la marque d'un fabricant, établi hors de France, et que ce fabricant a sur le sol français un consignataire exclusif, auquel il aura cédé le droit, pendant un temps déterminé, de vendre seul les produits sortant de sa fabrique et revêtus de sa marque. Admettez maintenant que, dans l'une ou l'autre de ces hypothèses, la marque soit usurpée par des contrefacteurs; à qui appartiendra le droit de poursuite? Le cessionnaire l'aura assurément, mais l'aura-t-il exclusivement? Le cédant n'y participera-t-il pas? Il nous semble évident que le cédant y pourra participer; il ne s'est pas dépouillé de sa propriété, il l'a conservée au moins en partie. Il a intérêt à ce que la négligence de son cessionnaire ne laisse pas croire au public, par un abandon prolongé, que la marque appartient au domaine public. On ne comprendrait donc pas qu'il fût tenu d'assister indifférent à des usurpations qui ne seraient peut-être pas réprimées s'il ne les poursuivait pas. Au surplus, ne suffit-il pas de constater qu'il est resté pour partie propriétaire de la marque, et le droit de poursuite ne résulte-t-il pas nécessairement de la copropriété?

211 *bis*. Jurisprudence (1). — Il a été jugé en ce sens : 1° que le fait par un breveté de céder à un tiers tout à la fois son brevet et la jouissance, pendant la durée du brevet, de la dénomination qu'il a donnée à son produit breveté, ne lui ôte pas la propriété de cette dénomination; en conséquence, il est recevable, même pendant le temps pour lequel il a cédé cette jouissance, à poursuivre les usurpateurs de ladite dénomination (Paris, 21 mars 1861, aff. Clertan, Pataille.61.161); 2° que le fabricant qui a cédé à un tiers, pour un temps et dans des limites déterminés, le droit de fabriquer un produit dont il a le monopole et de le vendre sous sa propre marque, n'en a pas moins le droit de poursuivre les contrefacteurs de cette marque alors qu'il ressort de l'acte de cession que cette cession était temporaire et partielle (Rej. 3 janv. 1878, aff. Birkin frères, Pataille.78.214); 3° que le cessionnaire de l'usage exclusif d'une marque a qualité, comme le propriétaire de la marque lui-même, pour intenter l'action en contrefaçon (Trib. civ. Le Havre, 31 mai 1879, aff. Baut, Pataille.79.223); 4° que les consignataires exclusifs des produits d'une maison de commerce étrangère, qui ont une remise proportionnelle sur les ventes faites en France, ont par cela même un droit d'action pour demander, aussi bien par la voie correctionnelle que par la voie civile, la réparation du préjudice que peut leur causer l'usurpation de la marque de ces produits (Trib. corr. Beauvais, 18 décembre 1872, aff. Peter Lawson, Pataille.73.378); — 5° mais jugé que, quels que puissent être les droits concédés par le propriétaire d'un produit à un dépositaire et les griefs que ce dernier prétend avoir à faire valoir contre le cédant, il ne saurait trouver dans cette qualité de dépositaire, même exclusif, le droit à une action correctionnelle en contrefaçon de marque contre le proprié-

(1) V. aussi Trib. corr. Seine, 7 déc. 1858, aff. Abadie, *Prop. ind.*, n° 61. — V. encore Paris, 20 mars 1872, aff. Cavaillon, Pataille.72.270; Trib. comm. Seine, 5 août 1868, aff. Bourdois, Pataille.68.385. — V., *en sens contraire*, Trib. civ. Seine, 7 fév. 1874, aff. Thomas de la Rue, Pataille.76.221.

taire même du produit ou contre d'autres dépositaires (Paris, 21 avril 1877, aff. Moire, Pataille.77.99).

212. Droit du ministère public. — Un amendement, proposé par M. Legrand, portait que la poursuite, dans les cas prévus par la loi de 1857, ne pourrait être intentée par le ministère public que sur la plainte de la partie lésée. C'était la reproduction, sur ce point, de la loi de 1844. Cet amendement fut repoussé. Voici ce que disait, à cet égard, le rapporteur : « Votre commission a pensé que cette restriction aurait « de graves inconvénients, notamment dans l'hypothèse pré- « vue dans l'article 19, et elle s'est refusée à l'inscrire dans « la loi, certaine que le ministère public fera toujours un « exercice prudent et mesuré du droit dont il est armé (1). » M. Richer, membre de la commission, a dit dans le même sens : « Aux yeux de la commission, aucune nécessité ne « justifiait l'amendement présenté par M. Legrand : l'adop- « ter, c'eût été introduire dans la loi une exception au droit « commun. Le droit commun, en effet, donne au ministère « public, en matière de fraude commerciale, le droit de pour- « suivre d'office, et l'usurpation d'une marque de fabrique « est une fraude commerciale de la nature la plus grave; il « n'y avait donc pas lieu de la rejeter dans l'exception. C'eût « été affaiblir la portée, la moralité, on pourrait presque dire « la dignité de la loi. Voilà pourquoi la commission, d'accord « sur ce point avec le Conseil d'État, n'a pas cru devoir adop- « ter l'amendement. »

Il est donc hors de doute que l'action du ministère public n'est pas subordonnée à la plainte des parties lésées. Son droit d'agir est absolu, indépendant de toute mise en demeure. Nous sommes ici sous l'empire des principes généraux (2).

« Cette différence, dit M. Calmels, entre les inventions « brevetées et les marques de fabrique, s'explique parfaite- « ment : lorsqu'il s'agit de la contrefaçon d'une invention « brevetée, l'intérêt privé seul est en jeu; lorsqu'il s'agit, au

---

(1) V. Appendice, 1re partie, chap. 2, sect. 1re, art. 2.

(2). V. Caen, 13 mars 1867, aff. Savignac, Pataille.68.164; Paris, 19 mars 1875, aff. Juteau, Pataille.75.74; Rej. 15 janv. 1876, même aff., Pataille.76.5; Rej. 18 nov. 1876, aff. Howe, Dall.78.1.492.

« contraire, d'une contrefaçon ou d'une usurpation de mar-
« que de fabrique, un intérêt général, celui du public, des
« consommateurs, est compromis, et, bien que la poursuite,
« intentée à la requête du ministère public, dans notre cas,
« ne doive pas être confondue avec celle qui a pour objet la
« tromperie sur la marchandise vendue, elle n'en a pas moins
« un intérêt public pour objet (1). »

213. *Quid* **si le délit a été commis à l'étranger ?** — On sait que l'art. 5 du Code d'instr. crim., tel qu'il a été modifié par la loi du 27 juin 1866, permet de poursuivre en France le délit qui a été commis à l'étranger par un Français, à la condition toutefois que le fait, déféré aux tribunaux français, soit de nature à tomber, même à l'étranger, dans le lieu où il a été commis, sous le coup de la loi pénale. En un mot, il faut, en ce cas, que le fait soit qualifié délit tout à la fois par la loi française et par la loi étrangère. L'article 5 du Code d'instruction criminelle met à la recevabilité de la poursuite une autre condition; le ministère public ne peut l'introduire que si la partie lésée a formé une plainte. C'est une dérogation au principe général (2).

214. *Quid* **du désistement de la partie civile ?** — Même sous l'empire de la loi de 1844, qui exige, pour la mise en mouvement de l'action publique, une plainte de la partie lésée, les auteurs demeurent, en général, d'accord que le désistement de la partie civile ne peut arrêter l'action publique ; ici la discussion et le doute ne sont pas possibles ; ce sont les règles générales qui s'appliquent, et l'action du ministère public, étant libre, indépendante, dégagée de toute entrave, ne saurait être arrêtée par le désistement de la partie civile.

Jugé en ce sens : 1° que, le désistement de la partie civile ne faisant pas tomber l'action publique, le prévenu peut, même alors qu'il s'agit d'un délit d'usurpation de marque, être condamné à une peine correctionnelle et aux dépens (Rouen,

(1) V. Calmels, n° 105.

(2) V. Rej. 27 fév. 1880, aff. Crocius, Pataille.80.179. — V. *suprà*, n° 157.

24 juin 1869, aff. Wickers et fils (1), Pataille.70.188); 2° qu'en matière d'usurpation de nom et de contrefaçon de marque de fabrique, comme en toute autre, le désistement de la partie civile ne fait pas tomber l'action publique; en conséquence, les juges d'appel peuvent, malgré ce désistement, maintenir les condamnations correctionnelles prononcées contre un simple dépositaire ou débitant, s'il résulte d'ailleurs de l'instruction qu'il a agi sciemment (Paris, 5 février 1870, aff. Louis Garnier, Pataille.70.209).

214 *bis*. Forme du désistement. — Il a été jugé que le désistement donné, devant la juridiction correctionnelle, par l'avocat de la partie sans l'assistance de l'avoué, n'est pas valable (Paris, 14 mars 1876, aff. Appel, Pataille.76.103).

215. Expiration du dépôt; contrefaçon antérieure. — Nous avons vu que le dépôt n'a d'effet que pour quinze ans et que le défaut de renouvellement équivaut en réalité à l'absence de dépôt. Or, sans dépôt, pas de poursuite correctionnelle possible. Il va donc de soi que les usurpations, postérieures à la date où le renouvellement aurait dû être effectué, ne peuvent être poursuivies devant les tribunaux de répression; nous expliquons cela ailleurs. Mais que penser des usurpations antérieures à l'époque où les effets du dépôt ont cessé? Le seul fait de l'expiration des effets du dépôt, le seul fait du défaut de renouvellement, empêcheront-ils la poursuite? On ne saurait le penser; ces usurpations se sont placées à une date où le dépôt produisait tous ses effets, où le propriétaire de la marque était en règle avec la loi, où rien n'excusait l'atteinte portée à son droit. La même question se présente en matière de brevet, et nous avons eu à nous demander si les contrefaçons antérieures à l'expiration du brevet pouvaient être poursuivies; nous avons reconnu, avec une jurisprudence unanime, que cette circonstance était indifférente, du moment où les faits poursuivis n'étaient pas couverts par la prescription (2). La raison de décider est la même dans le cas qui nous occupe.

---

(1) V. aussi Rej. 27 mai 1870, même aff., *eod. loc.* — V. encore Bordeaux, 11 janv. 1867, et Rej., 3 mai 1867, aff. Lagarde, Pataille.67.293.

(2) V. notre *Traité des brevets*, n° 751.

216. *Quid* **des incapables?** *Quid* **du failli?** — Nous entendons par incapables la femme mariée, le mineur et l'interdit. Nul doute que le dépôt, fait par un incapable, ne doive être reçu par le greffier, qui est tenu d'enregistrer le dépôt sans examen préalable, ni de la marque déposée, ni de la personne qui effectue le dépôt. Quant au droit de poursuite, il est, en ce qui concerne les personnes dont nous parlons, soumis aux règles ordinaires, et nous n'avons pas à y insister.

Ce que nous disons des incapables s'applique également au failli; ce sont les règles générales qui régissent sa situation, et la loi spéciale, à son égard, n'a pas innové. Rappelons seulement, — et nous avons développé cela ailleurs (1), — que, d'après le dernier état de la jurisprudence, le failli n'est pas à ce point sous la tutelle de son syndic qu'il ne puisse, avec les ressources qu'on lui prête ou qu'il tire de sa propre industrie, se créer une situation nouvelle. Sans doute, son administration restera soumise à la surveillance du syndic; sans doute, il devra compte à la masse des bénéfices qu'il pourra faire. Mais, en dehors des mesures nécessaires aux intérêts de la masse, il gardera une certaine liberté d'action. Il pourra notamment poursuivre en son nom personnel les contrefacteurs de la marque sans être soumis au bon plaisir du syndic, et sauf à celui-ci à surveiller le recouvrement des dommages-intérêts qui pourraient être alloués au failli. La jurisprudence s'est montrée humaine et juste, en se prononçant en ce sens (2).

216 *bis.* **Mise en cause du syndic.** — Le cas inverse peut se présenter : au lieu de poursuivre, le failli peut être poursuivi. Le syndic, en ce cas, peut-il, doit-il être poursuivi? En quelle qualité le sera-t-il? Est-ce comme civilement responsable des actes du failli? Il est évident, d'abord, que le failli est directement et personnellement responsable, au point de vue pénal, des actes délictueux qu'il commet. Son état de faillite ne peut nécessairement pas faire échec à la loi pénale et l'empêcher de s'appliquer. Quant à la responsabilité civile, elle

(1) V. notre *Traité des brevets*, n° 758. — *Contrà*, Rendu n° 209.

(2) V. Trib. civ. Seine 5 sep. 1847, aff. Érard, cité par Blanc, p. 644; Cass., 24 fév. 1859, aff. Journaux-Leblond, Pataille.59.103; Lyon, 13 juin 1866, aff. Raffard, Pataille.72.184.

pèse et sur lui et sur le syndic ; ce n'est pas toutefois, dit un jugement (1), que ce dernier soit directement responsable des actes du failli sur lequel il n'a et ne peut avoir aucune surveillance à exercer, mais c'est qu'aux termes de l'article 443 du Code de commerce, toutes les actions mobilières, dirigées contre le failli, doivent être suivies contre le syndic. Cette règle justifie, même au correctionnel, la mise en cause du syndic.

217. *Quid* **d'une société ?**—Ce sont toujours les règles générales qui reçoivent leur application. Le droit de poursuite appartient à l'être moral, représenté par son gérant ou son directeur, suivant la forme sous laquelle la société est constituée. Si la société est en liquidation, c'est au liquidateur. Toutefois, est-ce à dire que, en cas de négligence, soit du liquidateur, soit du gérant, celui des associés qui aura apporté la marque dans la société sera sans droit à poursuivre les contrefacteurs et obligé de subir les conséquences de cette négligence? Ce serait sans doute aller trop loin, et nous avons essayé, dans notre *Traité des brevets*, de mettre en lumière les véritables principes; nous y renvoyons nos lecteurs (2).

Quant à la poursuite dirigée contre une société, rappelons que, devant la juridiction correctionnelle, ce sont les associés qui doivent être personnellement mis en cause. La société, être moral, ne peut être appelée que comme civilement responsable des actes des membres qui la composent (3).

218. *Quid* **en cas de copropriété ?** — Nous avons exposé plus haut les règles qui régissent, en notre matière, la copropriété (4). Nous n'avons rien à y ajouter.

219. *Quid* **d'une communauté religieuse non autorisée ?** — Il a été jugé que les membres d'une communauté religieuse, même non autorisée, qui jouissent individuellement des droits civils en France, ont une action

(1) V. Trib. corr. Tours, 19 nov. 1881, aff. Chauchard et Cie, Pataille. 82.209.

(2) V. notre *Traité des brevets*, n° 310.

(3) V. notre *Traité des brevets*, n° 858.

(4) V. *suprà*, n° 84.

personnelle pour obtenir la réparation des faits délictueux qui portent atteinte à leurs droits et intérêts : spécialement est recevable l'action en contrefaçon de marque de fabrique introduite par un membre de l'ordre non autorisé des Chartreux, qui justifie de l'accomplissement des formalités légales et notamment de son inscription personnelle au rôle des patentes et du dépôt fait en son nom de la marque litigieuse (Trib. corr. Seine, 29 janv. 1879, aff. Detang, Pataille. 79.313).

220. *Quid* **de l'État?** — L'État peut, comme un particulier, déposer et revendiquer une marque de fabrique. En certains cas, en effet, l'État est fabricant, et on conçoit que pour les objets dont il a le monopole (allumettes ou tabac, par exemple) il ait intérêt à déposer une marque de fabrique et à la faire respecter. M. Braun dit avec raison : « Puisque l'État « a capacité pour exercer une industrie, pourquoi n'aurait-« il pas, comme tout industriel, moyennant l'accomplisse-« ment des formalités ordinaires, le droit d'attester l'origine « des produits sortant de ses manufactures (1)? » On comprend que c'est surtout à l'étranger, là où ses produits se trouvent en concurrence avec d'autres, que l'État a intérêt à se prévaloir de sa marque, et l'on voit, par la jurisprudence étrangère, qu'il n'y a pas manqué (2).

221. *Quid* **du consommateur ou du débiteur trompé? Renvoi.** — Nous avons établi plus haut que l'article 1er du Code d'inst. crim., par la généralité de ses termes, ouvrait une action au consommateur, qui justifiait d'un préjudice à lui causé par l'emploi d'une marque contrefaite. Nous renvoyons nos lecteurs à ce que nous avons dit à cet égard (3). De même, nous avons enregistré un arrêt qui a accordé le droit de poursuite au débitant, trompé par le fabricant, auteur de la contrefaçon. On voudra bien s'y reporter (4).

---

(1) Braun, n° 75.

(2) V. Cass. belge, 26 déc. 1876, aff. Kiss, P.B.77.1.54; Trib. Dresde, 3 mars 1877, aff. Taenbrich, Pataille.77.199.

(3) V. *suprà*, n° 7.

(4) V. *suprà*, n° 204 *bis*.

ARTICLE 2.

CONSTATATION DE LA CONTREFAÇON.

SOMMAIRE.

222. Généralités. — 223. Des moyens de prouver la contrefaçon. — 224. Description; saisie. — 225. Forme de la description ou saisie. — 226. Saisie à la requête du ministère public. — 227. Quel magistrat rend l'ordonnance? — 228. Étendue de la saisie. — 229. Cautionnement; pouvoir du magistrat. — 230. La saisie ne peut être faite que par huissier. — 231. Nomination d'un expert. — 232. *Quid* des instruments et ustensiles servant à la contrefaçon? — 233. Pouvoir du magistrat; ordonnance générale. — 234. Recours contre l'ordonnance. — 235. *Quid* de l'ordonnance du juge de paix? — 236. Délai pour assigner après la saisie. — 237. Nullité de la saisie; son effet sur l'action. — 238. Qui peut demander la nullité de la saisie? — 239. Demande en mainlevée de la saisie; compétence.

222. Généralités. — Les dispositions de la loi de 1857, en ce qui touche la constatation de la contrefaçon, sont littéralement calquées sur celles de la loi de 1844. Le commentaire que nous avons donné de cette dernière loi s'applique donc exactement à la première, et, pour éviter d'inutiles répétitions, nous prions nos lecteurs de vouloir bien s'y reporter.

223. Des moyens de prouver la contrefaçon. — La loi ne demande au plaignant qu'une chose, c'est qu'il prouve la réalité de la contrefaçon. Quant aux moyens qu'il emploiera pour cela, il reste libre de choisir celui qui lui conviendra le mieux. La loi ne lui impose aucune obligation; elle lui donne, bien entendu, le moyen de constater judiciairement la contrefaçon, mais il n'est pas tenu d'en user. Il est vrai de dire qu'en matière de marques, il est assez facile de constater la contrefaçon sans recourir aux moyens de constatation judiciaire; quoi de plus simple en effet et de plus probant que l'achat de marchandises chez le contrefacteur, achat régulièrement constaté par une facture? Ce moyen a l'avantage de ne causer aucun préjudice appréciable au poursuivi et, par suite, en cas d'échec, de diminuer singulièrement la responsabilité du poursuivant.

224. Description; saisie. — La loi permet au propriétaire de la marque de constater judiciairement la contrefaçon par une description détaillée, avec ou sans saisie réelle, de la marchandise revêtue de la marque incriminée. La saisie a pour effet de mettre l'objet qu'elle frappe sous la main de justice; la simple description, sans saisie, laisse au contraire la marchandise à la libre disposition du possesseur, et a pour but unique de constater d'une façon invariable les caractères de la marque arguée de contrefaçon. Elle fournit ainsi au tribunal, même en l'absence de la marchandise, une pièce de comparaison, et lui donne le moyen de former et d'assurer sa conviction.

225. Termes de la description ou saisie. — Voici le texte même de l'article 17 : « Le propriétaire d'une « marque peut faire procéder par tous huissiers à la descrip- « tion détaillée, avec ou sans saisie, des produits qu'il pré- « tend marqués à son préjudice en contravention aux dispo- « sitions de la présente loi, en vertu d'une ordonnance du « président du tribunal civil de première instance, ou du « juge de paix à défaut de tribunal dans le lieu où se trou- « vent les produits à décrire ou saisir. — L'ordonnance est « rendue sur simple requête et sur la présentation du procès- « verbal constatant le dépôt de la marque. Elle contient, s'il « y a lieu, la nomination d'un expert pour aider l'huissier « dans sa description. — Lorsque la saisie est requise, le « juge peut exiger du requérant un cautionnement qu'il est « tenu de consigner avant de faire procéder à la saisie. — Il « est laissé copie aux détenteurs des objets décrits ou saisis, « de l'ordonnance et de l'acte constatant le dépôt du caution- « nement, le cas échéant, le tout à peine de nullité et de « dommages-intérêts contre l'huissier. »

Les formalités prescrites par cet article sont tellement connues dans la pratique, qu'il est à peine utile d'y insister. Tout officier ministériel sait ce que c'est qu'une requête et dans quelle forme elle doit être rédigée; rappelons seulement que la représentation du procès-verbal de dépôt est essentielle, et que, à défaut de la représentation de cet acte, le magistrat, chargé de délivrer l'ordonnance, serait tenu de la refuser.

226. Saisie à la requête du ministère public. —

La saisie, ou la description, dans la orme que nous venons d'indiquer, ne s'applique que dans le cas où il s'agit de poursuites intentées à la requête de la partie lésée. Si le ministère public veut agir directement, les poursuites, faites à sa requête, devront être dirigées dans la forme déterminée par le Code d'inst. crim.; c'est ce que constate expressément l'exposé des motifs (1).

227. Quel magistrat rend l'ordonnance? — Constatons ici une dérogation aux dispositions de la loi de 1844. Cette loi attribue au président du tribunal civil et à lui seul le droit de rendre l'ordonnance autorisant la saisie ou la description. Le législateur de 1857 accorde le même droit au juge de paix, dans le cas où il n'y aurait pas de tribunal dans le lieu où se trouvent les produits à décrire ou saisir. « On a « considéré, dit l'exposé des motifs, que ce magistrat est « plus rapproché des justiciables, que, dans bien des cas, « l'obligation de se pourvoir auprès du président du tribunal « civil entraînerait des retards préjudiciables à la partie « lésée, en facilitant la suppression du corps du délit. »

Suit-il de là que l'ordonnance serait nulle si elle avait été rendue par le président du tribunal civil? Nous avons peine à le croire; d'abord, la loi ne prononce pas expressément la nullité, et d'ailleurs le recours au juge de paix n'est institué que par exception et dans l'intérêt exclusif du propriétaire de la marque; le législateur a craint que l'obligation de s'adresser au président du tribunal ne paralysât l'action du saisissant (2). Comment, dès lors, admettre que cette disposition, qui lui est essentiellement favorable, se retourne contre lui? N'y a-t-il pas des cas, du reste, où ce transport devant les différents juges de paix d'un même arrondissement serait pour le saisissant la cause des retards les plus préjudiciables et de frais frustratoires? Admettez qu'il y ait des contrefacteurs dans plusieurs cantons; le propriétaire de la marque ne pourrait pas solliciter contre tous à la fois une seule et même ordonnance du président du tribunal civil! il

(1) V. Calmels, n° 94.
(2) V. Mayer, n° 102.

serait obligé d'aller de canton en canton se pourvoir auprès de chaque juge de paix l'un après l'autre, afin d'obtenir une série d'ordonnances ! Cela ne nous paraît ni juste ni pratique.

228. Étendue de la saisie. — La question se présente ici, comme en matière de brevets, de savoir si le propriétaire de la marque peut, à son gré, décrire ou saisir, et, en cas de saisie, s'il est juge de l'étendue à donner à la saisie et des limites qui doivent la restreindre. Nous avons examiné cette question dans tous ses détails, et nous avons émis l'opinion que c'est au magistrat, qui rend l'ordonnance, à en mesurer lui-même les effets (1). Le commerce et l'industrie ne peuvent être à la discrétion du premier venu, qui, sous prétexte d'un dépôt de marque, gênerait et entraverait à sa guise ceux de ses concurrents qui lui feraient ombrage. Nous persévérons dans cette opinion avec d'autant plus de confiance que nous croyons en trouver la confirmation dans le rapport; on y lit en effet : « La loi réglemente le droit de « saisie, *en donnant au magistrat le pouvoir d'en modérer* « *la rigueur* et d'exiger des garanties pour empêcher les « poursuites vexatoires. » Qu'est-ce que le pouvoir de modérer la rigueur de la saisie, sinon celui d'en fixer d'une façon précise l'étendue et, au besoin, de n'autoriser qu'une simple constatation, parfaitement suffisante pour éclairer la religion du tribunal? Il est d'autant plus naturel qu'il en soit ainsi que la confiscation, nous le verrons, n'est pas obligatoire en matière de marques comme en matière de brevets, et que, par cela même, un des arguments, ordinairement invoqués dans l'opinion contraire, s'évanouit.

229. Cautionnement; pouvoir du magistrat. — Lorsque le magistrat autorise la saisie, il peut exiger du saisissant un cautionnement. Nous n'avons rien à dire, ni de la nature du cautionnement, qui nous paraît devoir être en espèces, ni de la nécessité, imposée par la loi, de consigner le cautionnement avant de procéder à la saisie. Notre *Traité des brevets* traite toutes ces questions. Remarquons seulement une différence capitale entre la loi de 1857 et la loi de 1844 :

---

(1) V. notre *Traité des brevets*, n° 773. — V. aussi Rendu, n° 341

tandis que celle-ci exige impérieusement le cautionnement, lorsque le saisissant est un étranger, l'autre laisse au magistrat, dans tous les cas, le pouvoir d'en apprécier la nécessité. Le cautionnement est toujours facultatif. C'est un point qui ne saurait faire difficulté en présence des termes parfaitement clairs de la loi. On ne conçoit donc pas que M. Rendu ait pu écrire le contraire dans son savant ouvrage (1). Il est probable que, croyant à une identité parfaite, il avait sous les yeux le texte de l'article 47 de la loi de 1844, et non celui de l'article 17 de la loi de 1857. C'est évidemment une pure méprise.

M. Bédarride ajoute toutefois avec raison : « Quelle que soit « la nationalité du requérant, le président a, non le devoir, « mais la faculté de le soumettre à déposer un cautionnement. « Ce qu'il est facile de prévoir, c'est qu'il n'hésitera pas à « user de cette faculté vis-à-vis des étrangers. Plus la mesure « sollicitée de sa justice est grave par le préjudice qu'elle « peut occasionner, et plus il tiendra à ce que la responsa- « bilité qui peut en naître ne soit pas un vain mot; nous « sommes certain qu'il n'hésitera jamais à penser que la dis- « pense d'un cautionnement, sans danger lorsque le requé- « rant est Français, offrirait les plus graves inconvénients « lorsque ce requérant est étranger ; qu'en conséquence il « ne croira jamais devoir l'accorder (2). »

230. La saisie ne peut être faite que par huissier. — Il ressort des termes de la loi que les huissiers ont seuls qualité pour procéder à la description, avec ou sans saisie, des marchandises revêtues de marques contrefaites. Une saisie faite par tout autre officier ministériel, notaire ou avoué, serait radicalement nulle, et le tribunal qui validerait une semblable saisie commettrait un excès de pouvoir (3). Le choix de l'huissier appartient, du reste, à la partie ; c'est ce qu'indiquent clairement les termes de l'article 17 : « Le propriétaire de la marque peut faire procéder *par* TOUS *huissiers*. » C'est donc par un oubli de la loi que la plupart des magistrats se croient tenus, en

---

(1) V. Rendu, n° 344.
(2) V. Bédarride, n° 981.
(3) V. Cass., 9 messidor an XIII, aff. Bidault, cité par Merlin, v° *Contref.*, n° 11.

ces matières, de faire dans leur ordonnance la désignation d'un huissier.

231. Nomination d'un expert. — Le magistrat peut commettre un expert pour aider l'huissier dans sa description. La loi le veut ainsi et nous devons la respecter. Cette mesure pourtant prête à la critique, ou plutôt elle ne s'explique que par ce fait que le législateur copiait en ce point les dispositions de la loi de 1844. Sans doute, lorsqu'il s'agit de contrefaçon de brevets, c'est-à-dire de procédés dont la description exige des connaissances techniques, la nomination d'un expert se comprend et doit être approuvée ; mais, lorsqu'il s'agit de décrire une marque, à quoi bon un expert ? à quoi serviraient ses connaissances spéciales ? Il suffirait, au pis-aller, d'un simple dessinateur, au cas où il s'agirait d'un emblème, pour le reproduire fidèlement dans le procès-verbal.

232. *Quid* des instruments et ustensiles servant à la contrefaçon ? — La saisie peut frapper non seulement les produits revêtus de marques contrefaites, mais encore les instruments et ustensiles servant spécialement à la contrefaçon. Ce serait même, dans certains cas, le moyen, pour les magistrats, d'arrêter une contrefaçon audacieuse et persévérante. Toutefois, — nous aurons l'occasion de l'expliquer en traitant de la confiscation, — la saisie ne peut légalement porter sur des objets qui, tout en servant par occasion à la contrefaçon, n'y servent pas spécialement et exclusivement.

Jugé, par exemple, que la saisie ne saurait légalement porter sur les presses et accessoires qui ont servi à imprimer les étiquettes contrefaites, mais comprend avec raison les pierres lithographiques sur lesquelles se trouvait la composition desdites étiquettes (Trib. civ. Seine, 28 juin 1860, aff. Jourdan-Brive, Pataille.60.341).

233. Pouvoir du magistrat ; ordonnance générale. — Nous avons combattu de toutes nos forces, dans notre *Traité des brevets*, le système des ordonnances générales, de ces ordonnances qui, sans préciser personne et sans fixer de limite à la durée de l'ordonnance, permettent de saisir chez tous les contrefacteurs, en tout temps, en tout lieu, et constituent, à dire le vrai, un blanc-seing délivré par la justice au breveté. Nous ne rentrerons pas ici dans la discussion de cette grave question; il nous suffira de dire que notre conviction n'a fait que s'affermir avec le temps, et que nous protestons énergiquement contre la légalité des ordonnances rendues en semblable forme. M. Rendu est du même avis, et il enseigne que l'ordonnance d'autorisation doit être spéciale, qu'elle n'est pas indéfiniment efficace, et qu'elle n'a d'effet légal qu'à l'égard de la poursuite en vue de laquelle elle est intervenue (1).

Jugé, en ce sens, que l'ordonnance du président, autorisant la saisie, fût-elle conçue dans les termes les plus généraux, ne peut s'appliquer qu'à une description ou une saisie concomitante à la date de cette ordonnance; s'il en était autrement, il en résulterait, comme conséquence, ce qui est tout à fait inadmissible, qu'une fois pourvu d'une autorisation, le breveté pourrait, pendant toute la durée de son brevet, former à sa discrétion des saisies qui souvent auraient un caractère purement vexatoire; de plus, lorsque la justice a statué sur la description ou la saisie, pratiquée en vertu d'une ordonnance, cette ordonnance a reçu tout son effet et se trouve épuisée par la sentence prononcée; il importe peu que la description ou la saisie n'ait pas atteint toutes les personnes désignées, d'une façon plus ou moins précise, dans l'ordonnance en question; cette ordonnance ne peut être scindée, c'est-à-dire, lorsqu'une décision judiciaire est intervenue, conserver sa force vis-à-vis des personnes dont s'agit (Paris, 21 déc. 1871, aff. L. Garnier (2), Pataille.72.173).

234. Recours contre l'ordonnance du président. — Nous avons exposé nos vues sur la matière dans notre *Traité des brevets* (3); sans y revenir avec détail, nous les résumerons en peu de mots. Rappelons toutefois (car il y a là une difficulté que nous examinerons plus bas) que la loi de 1857 donne le pouvoir d'autoriser la saisie, suivant les cas, au président du tribunal et au juge de paix. Nous parlerons

---

(1) V. Rendu, n° 350; Mayer, n° 102.

(2) V. aussi Paris, 13 août 1853, aff. Duchesne, cité par Nouguier, n° 870; — *Contrà*, Lyon, 30 nov. 1865, et Rej. 15 juin 1866, aff. Raffard, Pataille.66.313.

(3) V. notre *Traité des brevets*, n°s 300 et suiv.

d'abord du président. Nous sommes toujours d'avis que l'ordonnance rendue sur requête par le président n'est pas susceptible d'appel ; cette ordonnance émane, en effet, de la juridiction gracieuse ; elle est rendue en dehors de toute contradiction, le président statue alors dans la plénitude de son pouvoir discrétionnaire. Nous pensons encore que la partie, saisie en vertu de cette ordonnance, a le droit d'appeler le saisissant en référé, et que l'ordonnance nouvelle rendue par le président en cet état est attaquable par la voie de l'appel. M. Bertin a publié sur cette question un travail qui fait disparaître toute obscurité ; il a montré, avec une éblouissante clarté, que les hésitations de la jurisprudence venaient de ce qu'on ne s'était pas rendu un compte exact de la qualité dans laquelle agissait tour à tour le président, alors que d'abord il rendait une ordonnance sur requête, alors qu'ensuite il rendait une ordonnance sur référé. Ce qui a fait naître quelquefois la confusion, c'est que, la personne du président restant toujours la même, on n'a pas remarqué qu'il jouait dans les deux cas deux rôles différents, et qu'il prononçait en vertu d'attributions absolument distinctes. Si les parties viennent en référé après la première ordonnance, ce n'est pas le moins du monde par suite et en continuation de cette ordonnance, encore qu'elle ait, bien à tort, réservé le droit de référé. L'ordonnance sur requête une fois rendue, le président a épuisé son pouvoir gracieux, il en est dessaisi, il n'en a rien retenu. La mesure du référé émane d'un tout autre ordre d'idées ; il est en dehors du pouvoir gracieux ; il n'est pas dans les attributions exceptionnelles du président ; il constitue une véritable juridiction, devant laquelle les parties, s'il y a urgence, ont toujours le droit de se présenter dans les cas prévus par la loi. Nous ne pouvons ici qu'analyser le remarquable travail de M. Bertin ; on le lira avec fruit ; il est assurément destiné à fixer la jurisprudence en un point sur lequel, plus que nulle part ailleurs, on constate ses regrettables variations (1).

---

(1) Bertin, *Ordonnances sur requête*, nos 124 et 550. — V. aussi Mayer, n° 102.

235. ***Quid*** **de l'ordonnance du juge de paix? —** Ce que nous venons de dire de l'ordonnance du président s'applique, selon nous, à l'ordonnance du juge de paix. Il n'est ici que le délégué du président; il le remplace pour ordonner une mesure d'urgence, que l'on n'eût pu, sans mettre certains droits en péril, réclamer à temps du président. Lors donc que le juge de paix a rendu son ordonnance, il a épuisé son droit. La partie saisie ne peut revenir devant lui pour lui demander, soit la rétractation, soit la modification de la mesure qu'il a ordonnée. Mais la voie du référé s'ouvre alors, comme en toute autre matière, et les parties peuvent se présenter devant cette juridiction pour y discuter leurs intérêts et se faire rendre justice dans les termes de la loi. S'il en était autrement, à quel singulier résultat n'arriverait-on pas? Nul ne doute que les parties, après une ordonnance rendue par le président, ne puissent revenir en référé faire apprécier leurs griefs; il s'ensuivrait que, selon que l'ordonnance émanerait du président ou du juge de paix, il existerait ou n'existerait pas pour le saisi de moyens de recours contre une mesure qui porte la plus cruelle atteinte à ses droits. Cela est-il possible?

236. Délai pour assigner après la saisie. — L'article 18 est ainsi conçu : « A défaut par le requérant de « s'être pourvu, soit par la voie civile, soit par la voie correc- « tionnelle, dans le délai de quinzaine, outre un jour par « cinq myriamètres entre le lieu où se trouvent les objets « décrits ou saisis et le domicile de la partie contre laquelle « l'action doit être dirigée, la saisie ou description sera nulle « de plein droit, sans préjudice des dommages-intérêts qui « peuvent être réclamés, s'il y a lieu. » On ne doit pas permettre au plaignant de prolonger à son gré l'état de suspicion dans lequel son adversaire est placé, et surtout l'espèce d'interdit qui résulte de la saisie, lorsqu'elle est autorisée. Si, dans un certain délai, le requérant n'a pas donné suite à ses premières poursuites, cette inaction est regardée comme un aveu implicite de l'injustice de sa prétention. La description, avec ou sans saisie, est nulle de plein droit, sans préjudice des dommages-intérêts qui pourront être réclamés d'après le droit commun. Cet article, qui est une garantie donnée à la partie saisie, est du reste emprunté à la loi de 1844, dont il reproduit les termes, sauf une augmentation de délai. On a, en effet, depuis longtemps reconnu que le délai de huitaine, prescrit par la loi de 1844, est trop court; le législateur a donc, avec raison, accordé au saisissant un délai de quinze jours pour introduire sa demande.

237. Nullité de la saisie; son effet sur l'action. — La description ou la saisie n'est pas un préliminaire obligé de la poursuite; il s'ensuit que sa nullité ne préjudicie point à l'action. La saisie tombe seule, l'action subsiste; seulement le poursuivant doit chercher ailleurs que dans la saisie les preuves de la contrefaçon dont il se plaint. C'est là un principe qui ne fait pas de doute (1).

Jugé, par application de ce principe, que la nullité de la saisie et la disparition du corps du délit (par suite des incendies de la Commune) n'entraînent pas le rejet de la demande, qui peut être justifiée par tout autre mode de preuve (Trib. corr. Seine, 27 mai 1873, aff. Garnier, Pataille.73.132).

238. Qui peut demander la nullité de la saisie? — Toute personne qui est atteinte, même indirectement, par la saisie, ou, ce qui revient au même, contre qui elle fait preuve de la contrefaçon, est naturellement recevable à en demander la nullité. Ainsi, supposez une marchandise saisie entre les mains d'un simple débitant, et admettez qu'à la suite de cette saisie le plaignant ait assigné conjointement le débitant et le fabricant; nul doute que le fabricant, quoique la saisie n'ait pas été faite sur lui, entre ses mains, ne puisse en demander la nullité.

Jugé, en ce sens, que tout individu mis en cause en vertu d'une saisie est recevable à en demander la nullité, encore que cette saisie ne le frappe pas directement : spécialement, le fabricant qui a vendu une marchandise portant une marque arguée de contrefaçon, et qui est ensuite assigné, à raison de cette contrefaçon, avec son acheteur, sur lequel la marchandise a été saisie, est en droit d'opposer la nullité de la saisie; il a, en effet, intérêt à la faire prononcer, parce que,

---

(1) V. notre *Traité des brevets*, n° 810.

si la saisie n'est pas un préliminaire obligé de l'action, elle en est l'une des bases les plus sûres (Paris, 21 déc. 1871, aff. Louis Garnier, Pataille.72.173).

239. Demande en mainlevée de la saisie; compétence. — Il se peut que le plaignant, la saisie une fois faite, reconnaisse, soit qu'il a mal procédé, soit que la contrefaçon n'existe pas, et, par suite, ne pousse pas plus loin son action. Le saisi est alors en droit de demander à la justice qu'elle prononce la nullité et la mainlevée de la saisie, et même de réclamer, s'il y a lieu, des dommages-intérêts; cela ne fait pas difficulté. Seulement, à quel tribunal devra-t-il s'adresser? En principe, les ajournements doivent être donnés devant le tribunal du domicile de l'ajourné. Ce principe subit ici une sorte d'exception, ou du moins on admet généralement que le saisissant, ayant, pour la validité de sa procédure, fait nécessairement une élection de domicile au lieu de la saisie, le saisi peut valablement l'assigner en mainlevée devant le tribunal du lieu de la saisie, par exploit donné au domicile élu (1).

ARTICLE 3.

COMPÉTENCE.

SOMMAIRE.

240. Juridiction compétente. — Avant la loi de 1857, le plus ou moins de conformité de la marque revendiquée avec la marque arguée de contrefaçon était préalablement apprécié par les prud'hommes, dont les tribunaux étaient tenus, aux termes du décret du 11 juin 1809, de prendre d'abord l'avis. Un second décret, du 5 sept. 1810, les avait même appelés à se prononcer comme *juges* en matière de

(1) V. notre *Traité des brevets*, n° 815. — V. aussi Bordeaux, 7 mars 1867, aff. Abadie, Pataille.68.101.

marques pour la coutellerie. Il n'en est plus ainsi aujourd'hui, et, du silence même de la loi à cet égard, autant que de l'esprit qui l'a dictée, nous devons conclure que, quel que soit le genre d'industrie, les prud'hommes n'ont plus de consultation ni d'avis à fournir en cette matière. Les fabricants choisissent leurs marques à leurs risques et périls. Il appartient ensuite aux tribunaux, à l'occasion des procès engagés et portés devant eux, de se prononcer sur la ressemblance ou la dissemblance des marques ; ils pourraient, sans aucun doute, demander l'avis des prud'hommes comme de tous autres experts, mais cet avis officieux ne préjugerait en rien leur jugement et ne saurait influer sur lui.

Quant à la juridiction compétente, la loi laisse aux parties le choix entre la voie civile et la voie correctionnelle. Nous ne reviendrons pas sur ce que nous avons dit ailleurs du choix de la juridiction ; elle n'est pas indifférente, et, par exemple, si la juridiction correctionnelle a des avantages au point de vue de la rapidité et de la sévérité de la répression, elle a de graves inconvénients par l'extrême facilité qu'elle donne aux contrefacteurs d'appeler des témoins qui, souvent, ne se font pas scrupule de mentir impudemment sous la foi du serment (1). D'ailleurs, dans une affaire où la question d'intention frauduleuse se pose souvent aux magistrats, il est dangereux de saisir la juridiction répressive, puisque le seul doute sur l'existence de cette intention tourne nécessairement, ou, du moins, doit tourner, au profit du prévenu de contrefaçon.

241. Juridiction civile. — En matière de brevets, on a quelquefois soutenu, d'ailleurs contre toute vraisemblance, que les mots : *la voie civile*, employés par opposition à ceux-ci : *la voie correctionnelle*, signifiaient la juridiction du tribunal commercial. En matière de marques, le doute et la controverse sont impossibles ; le rapporteur a pris soin de s'en expliquer d'une manière précise ; ce n'est même qu'à la suite d'un débat entre le Conseil d'État, qui voulait déférer aux tribunaux consulaires le jugement des difficultés relatives aux marques, et la commission du Corps législatif, qui en deman-

---

(1) V. notre *Traité des brevets*, n° 821.

dait l'attribution aux tribunaux civils, que la compétence de ces derniers a été reconnue par la loi (art. 16) en ces termes explicites : « Les actions civiles relatives aux marques sont « portées devant les tribunaux civils et jugées comme matiè- « res sommaires. » Est-ce à dire que, si la contrefaçon ou l'imitation frauduleuse de la marque n'est qu'un élément dans un ensemble de faits dont la réunion constitue une concurrence déloyale, l'action en réparation du préjudice que cause cette concurrence ne devra pas être portée devant le tribunal de commerce? Évidemment non. Dans ce cas, le tribunal de commerce reste compétent, mais c'est qu'alors la demande ne porte pas directement sur la contrefaçon et sur la revendication de la marque, c'est-à-dire sur le droit privatif qui en résulte; ainsi s'expliquent nombre de décisions qu'on trouvera plus loin (1).

Du reste, lorsque nous disons que la juridiction civile est seule compétente pour statuer sur les questions relatives aux marques, il faut entendre les marques *déposées*. La loi de 1857 ne s'occupe que de celles-là. Le rapport le déclare en propres termes : « Au propriétaire de la marque *déposée*, le « bénéfice de la loi actuelle, des garanties spéciales qu'elle « institue et des actions qu'elle organise; à celui qui n'effec- « tue pas le dépôt, le droit commun. » La marque, lorsqu'elle n'est pas déposée, n'en constitue pas moins une propriété que chacun doit respecter, mais c'est alors une propriété du même genre que l'enseigne et dont l'usurpation n'est plus qu'un simple fait de concurrence déloyale, régi par le droit commun (2).

242. Jurisprudence. — Il a été jugé en ce sens : 1° que le débat qui porte uniquement sur la revendication de la propriété d'une marque de fabrique est, aux termes de l'art. 16 de la loi de 1857, de la compétence exclusive des tribunaux civils (Paris, 21 mars 1861, aff. Clertan, Pataille.61.2.161); 2° que la demande par laquelle un fabricant, en dehors d'ailleurs de tout autre reproche de concurrence déloyale, pré-

---

(1) V. *infrà*, n° 671.
(2) V. Mayer, nos 70 et 73.

tend faire interdire à un concurrent l'emploi d'une marque dont il revendique pour lui la propriété, est de la compétence exclusive des tribunaux civils (Paris, 20 févr. 1862, aff. Bruzon, Le Hir.65.523); 3° que l'action qui, d'après les termes de la demande formulée dans l'exploit introductif d'instance et les conclusions des parties, a pour objet la revendication du droit exclusif à la propriété et à l'usage d'une désignation commerciale et la réparation du préjudice causé par l'usurpation de cette dénomination, est de la compétence des tribunaux civils (Rej. 22 mars 1864, aff. Clertan, Pataille. 64.340); 4° que, les actions relatives à la propriété des marques de fabrique étant de la compétence exclusive des tribunaux civils, le tribunal de commerce, saisi d'une question de ce genre, est incompétent *ratione materiæ* et doit se dessaisir d'office de la connaissance des faits soumis à son appréciation (Trib. comm. Nantes, 10 mai 1876, *Jurisp. de Nantes*, 76.1. 233).

243. Règles de la compétence. — Les questions de compétence, soit au civil, soit au correctionnel, se résolvent d'après les règles ordinaires, c'est-à-dire soit d'après l'art. 59 du Code de procédure civile, soit d'après l'art. 63 du Code d'instruction criminelle. Ce sont les principes généraux, et nous n'avons rien à y ajouter. Rappelons seulement que ces principes reçoivent quelquefois exception, par exemple lorsqu'il s'agit d'un militaire (ce qui, en notre matière, ne se peut guère présenter) ou — du moins sous l'empire de la constitution impériale — d'un sénateur. Dans ces divers cas, la juridiction répressive ordinaire fait place à une juridiction exceptionnelle devant laquelle le plaignant doit porter son action. Au moment où nous écrivons, la constitution qui nous régit ne permet pas, pendant la durée des sessions, de poursuivre un député sans avoir préalablement obtenu de la Chambre une autorisation de poursuite. Cette autorisation devrait donc précéder des poursuites correctionnelles exercées contre un député qui se serait rendu coupable d'une contrefaçon de marque.

Il a été jugé, dans cet ordre d'idées, et par application des principes généraux, que, devant la juridiction correctionnelle, l'auteur du délit et ses complices peuvent être tous cités au domicile des uns ou des autres; mais, si le contrefacteur ou le débitant sont poursuivis séparément, ils ne peuvent être assignés qu'à leur domicile; le contrefacteur ne pourrait être cité seul au tribunal de l'endroit où le délit a eu lieu (Paris, 17 sept. 1827, aff. Muller, J.Pal.21.801).

244. *Quid* **de la juridiction arbitrale?** — Nous avons reconnu que la juridiction arbitrale était compétente pour statuer sur une question de contrefaçon de brevet, quoiqu'elle n'eût pas, en cette matière, pouvoir de trancher une question de propriété, laquelle, aux termes de la loi de 1844, est communicable au ministère public (1). Ici, nous adoptons *à fortiori* la même opinion; car, en matière de marques, non seulement les questions de contrefaçon, mais encore les questions de propriété, que la loi ne déclare pas communicables au ministère public, peuvent être valablement soumises à des arbitres.

245. Étranger; compétence. — Les tribunaux français sont incompétents pour statuer sur un délit commis hors de France par un étranger; il n'y a point d'exception pour notre matière spéciale. Il est clair que l'étranger devient, au contraire, justiciable de nos tribunaux, si, outre le délit commis par lui hors de France, il participe sciemment à un délit accompli sur le sol français.

246. L'affaire est sommaire. — Toute affaire relative aux marques, qu'il s'agisse d'une question de propriété ou d'une question de contrefaçon, est sommaire. La loi le dit en termes formels. La distinction que nous avons admise en matière de brevets n'a donc pas sa raison d'être ici.

247. Y a-t-il lieu au préliminaire de conciliation? — Nous persévérons dans l'opinion que nous avons émise dans notre *Traité des brevets*. Il faut distinguer deux cas : celui où la poursuite en contrefaçon débute par un procès-verbal de description avec ou sans saisie, et celui où l'affaire est, sans saisie préalable, directement portée devant les tribunaux. Dans le premier cas, il n'y a pas lieu au préliminaire de conciliation; la procédure organisée par la loi est d'une nature spéciale : la saisie d'abord, et, dans un délai

---

(1) V. notre *Traité des brevets*, n° 820.

déterminé, l'assignation. Les termes de la loi et la brièveté du délai ne permettent pas de supposer que le législateur ait voulu maintenir, en ce cas, le préliminaire de conciliation. Au surplus, est-ce qu'il a jamais été exigé en matière de saisie ordinaire? Pourquoi serait-il jugé nécessaire ici? Au contraire, lorsque le poursuivant, croyant avoir la preuve de la contrefaçon, ne recourt pas à la mesure de la saisie, et s'adresse directement à la justice, le préliminaire de conciliation peut, à la rigueur, se comprendre, quoique, à notre sens, toute affaire de contrefaçon soit, par sa nature et ses conséquences, d'une urgence absolue, et rentre par suite dans la catégorie des affaires dispensées d'une façon générale du préliminaire de conciliation (1).

SECTION VIII.

Procédure.

SOMMAIRE.

248. Généralités. — 249. Droit pour la partie civile de se faire représenter; conséquence. — 249 *bis*. Citation; texte de loi visé. — 250. Assignation; erreur dans le nom. — 251. Prévention de contrefaçon; plainte en diffamation. — 252. Recevabilité de l'appel; taux du dernier ressort. — 252 *bis*. *Jurisprudence*. — 253. Juridiction correctionnelle; appel incident. — 253 *bis*. Appel; demande nouvelle. — 254. Infirmation; droit d'évocation. — 255. Interprétation d'arrêt. — 256. Appel; exécution; fin de non-recevoir. — 257. Désistement; conclusions additionnelles. — 258. Condamnation; défense de renouveler les mêmes faits. — 259. Défaut de motifs; pourvoi. — 260. Erreur dans les motifs; pourvoi. — 261. Pourvoi; motifs suffisants; conclusions. — 262. Faits énoncés dans la citation; qualification du délit. — 263. Le juge de l'action est juge de l'exception. — 263 *bis*. *Jurisprudence*. — 264. *Quid* des exceptions non mentionnées dans l'art. 16? — 265. *Quid* de la chose jugée sur la contrefaçon? — 266. Chose jugée; action en concurrence déloyale. — 267. *Jurisprudence*. — 268. Sentence émanée d'une Cour étrangère; chose jugée. — 269. Recours en garantie. — 269 *bis*. *Jurisprudence*. — 270. Action en contrefaçon; concurrence déloyale; connexité. — 271. Intervention; litispendance.

248. Généralités. — Nous avons dit que le négociant dont la marque est usurpée avait, à son choix, contre les con-

---

(1) V. trib. civ. Domfront, 27 fév. 1873, aff. Peter Lawson, Pataille. 75.318.

trefacteurs, une double action : action civile, action correctionnelle; nous avons ajouté que, soit au civil, soit au correctionnel, ce sont les principes généraux qui régissent la matière. Ce que nous avons dit de la compétence s'applique également à la procédure. Ce sont les règles, soit du Code de procédure civile, soit du Code d'instruction criminelle, qui régissent notre matière comme toutes les autres, suivant que le demandeur suit la voie civile ou la voie correctionnelle. Nous renvoyons donc aux traités spéciaux sur tous les points relatifs à la procédure, que notre commentaire suppose naturellement connue. Nous n'insisterons que sur quelques questions, qui se présentent plus fréquemment en nos matières, ou qui, par cela seul que la jurisprudence a eu à les résoudre, méritent de fixer un moment notre attention.

249. Droit pour la partie civile de se faire représenter; conséquence. — Il a été jugé que la partie civile n'est pas obligée de se présenter en personne devant la juridiction correctionnelle; lors donc qu'une personne, d'ailleurs intéressée dans l'action (dans l'espèce un associé), se présente au nom de la partie civile et que le prévenu accepte le débat dans ces conditions, il ne peut en contester ensuite la régularité en appel (Rej. 19 fév. 1875, aff. Trebucien, Pataille.77.308).

249 *bis*. Citation; texte de loi visé. — Il a été jugé qu'il importe peu que la citation ne vise qu'un texte de loi dans son dispositif, alors que, dans les motifs, d'autres faits délictueux sont relevés; en pareil cas, le prévenu a été mis à même de se défendre devant les premiers juges, et ne saurait dès lors prétendre que la citation est nulle (1).

250. Assignation; erreur dans le nom. — En principe, l'assignation n'est valable qu'à la condition qu'elle contienne exactement le nom de celui à qui elle s'adresse. Il va de soi pourtant que, si un individu, laissant de côté son nom patronymique, prend plus volontiers l'un de ses prénoms, de telle sorte que dans le monde commercial il finisse par n'être connu que sous ce prénom, devenu en quelque

(1) V. Poitiers, 19 juill. 1872, aff. Meunier; Pataille.73.14.

sorte et par la force des choses son nom véritable, il serait exorbitant et contraire aux prévisions de la loi d'annuler l'exploit d'ajournement.

Jugé en ce sens : 1° qu'il n'y a pas lieu d'annuler un exploit d'ajournement sous le prétexte qu'il ne contient que le prénom du demandeur au lieu de son nom de famille, alors qu'il est constant qu'il exerce son industrie sous ce seul prénom et que les assignés ont même traité avec lui sous ce prénom (Paris, 25 janv. 1856, aff. Bloc, Pataille.56.57); 2° qu'une assignation est valablement donnée à une personne sous le nom sous lequel elle s'est fait connaître dans le commerce, encore que ce ne fût pas son vrai nom (Paris, 6 mai 1858, aff. Favrichon, Teulet.7.364).

251. Prévention de contrefaçon; plainte en diffamation. — Il se pourrait qu'un prévenu de contrefaçon, tout en répondant qu'il n'est pas contrefacteur, assignât à son tour et devant le même tribunal le plaignant, comme s'étant rendu coupable de diffamation. Ce serait souvent de bonne guerre. En ce cas, le tribunal correctionnel, complètement saisi de la connaissance de ce délit, pourrait ou surseoir à statuer jusqu'au prononcé de son jugement sur la plainte en contrefaçon (1), ou joindre les deux plaintes et y statuer par un seul et même jugement.

252. Recevabilité de l'appel; taux du dernier ressort. — On sait que les juges de première instance jugent en dernier ressort au-dessous de quinze cents francs; à charge d'appel, au-dessus de cette somme. Toutefois, suffit-il que la demande soit au-dessous de quinze cents francs pour que le jugement soit rendu en dernier ressort? Évidemment non. Des circonstances fort diverses peuvent faire qu'une demande, quoique ne concluant qu'à une condamnation inférieure à quinze cents francs, soit pourtant en premier ressort, si elle oblige en même temps le juge à trancher des questions de principe. Ce sont là des questions de droit général qu'il nous suffit d'indiquer.

---

(1) V. Paris, 5 déc. 1846, aff. Caron, *le Droit*, 6 décembre. — V. aussi Calmels, n° 109.

252 *bis*. Jurisprudence. — Jugé par exemple : 1° qu'un jugement est sujet à appel, encore qu'il statue sur une demande en dommages-intérêts au-dessous du taux du dernier ressort, s'il comprend, en outre, l'interprétation d'un contrat et, par exemple, l'appréciation d'une convention qui porterait, suivant l'une des parties, restriction pour l'autre, vendeur d'un fonds de commerce, de se rétablir dans la même industrie (Paris, 10 nov. 1865, aff. Moglet, Teulet.15.390); 2° que l'appel est recevable contre un jugement qui, tout en statuant sur une demande en dommages-intérêts pour concurrence déloyale au-dessous du taux du dernier ressort, contient en même temps défense de continuer à l'avenir les mêmes faits dommageables (Cass. 26 mars 1867, aff. Durand, Teulet.16.305).

253. Juridiction correctionnelle ; appel incident. — Rappelons une règle que les parties oublient trop facilement : L'appel incident n'est pas recevable au correctionnel ; en conséquence, la partie qui, tout en gagnant son procès, a des griefs à élever contre un jugement émané de cette juridiction, ne les peut faire valoir devant la Cour qu'autant qu'elle a elle-même interjeté appel dans les dix jours de la prononciation (1).

Jugé d'après cette règle : 1° que la partie civile, qui n'a pas interjeté appel, n'est recevable à demander devant la Cour, saisie de l'appel du prévenu condamné, ni une augmentation de dommages-intérêts, ni la publication de la condamnation (Paris, 10 mars 1876, aff. Rogier-Mothes, Pataille.76.65) ; 2° que l'appel incident, tel qu'il est organisé par l'art. 443 du Code de procédure civile, n'est pas recevable au correctionnel, encore qu'il ne porte que sur les intérêts civils du procès (Nîmes, 22 fév. 1877, aff. Nier, Pataille.81.81).

253 *bis*. Appel ; demande nouvelle. — Jugé, à cet égard, que, lorsque la demande porte uniquement sur une usurpation de marque de fabrique, c'est avec raison que les

---

(1) Voir notre *Traité des brevets*, n°s 867 et 868. — V. aussi Paris, 27 avril 1866, aff. Abadie, Pataille.66.343.

juges d'appel repoussent, comme constituant une demande nouvelle et non recevable, les conclusions du demandeur tendant à ce qu'il soit reconnu qu'il a été du moins commis à son égard une concurrence déloyale (Rej. 30 déc. 1874, aff. Goubeau et Goudenove, Pataille.75.314).

254. Infirmation; droit d'évocation. — Il a été jugé à cet égard : 1° que, en matière correctionnelle, la Cour, lorsqu'elle infirme la décision des premiers juges qui avaient annulé des conclusions d'incompétence, doit, conformément aux art. 213, 214, 215, C. d'inst. crim., évoquer le fond et y statuer; il n'y a lieu à renvoi devant le juge inférieur qu'au cas où il y a incompétence à raison du lieu du délit ou de la résidence du prévenu, ou parce que le fait imputé est qualifié crime par la loi, ou enfin parce que le fait, étant une simple contravention, l'une des parties a demandé le renvoi devant le tribunal de police (Rej. 8 déc. 1827, aff. Grange, J. Pal.27.931); 2° que le juge d'appel qui infirme une décision du juge du premier degré, soit pour vice de forme, soit pour toute autre cause, est investi du droit d'évocation par l'art. 473 du C. de proc. civ., et peut statuer sur le fond lorsque la matière est disposée à recevoir une décision définitive; il n'y a pas lieu à distinguer, sous ce rapport, entre l'infirmation pour cause d'incompétence et l'infirmation pour vice de forme ou pour toute autre cause; le droit d'évocation est attribué d'une manière générale au juge d'appel qui infirme une décision du juge du premier degré, et n'est subordonné à d'autre condition que celle de la compétence même du juge d'appel pour connaître du fond (Rej. 22 mars 1864, aff. Clertan, Pataille.64.340).

255. Interprétation d'arrêt. — Il a été jugé que, lorsqu'un arrêt a fait défense au propriétaire d'un établissement, tel qu'un hôtel meublé, de faire entrer une certaine désignation (*hôtel de la Paix*) dans la dénomination de l'établissement, un second arrêt a pu, par voie d'interprétation du premier arrêt, décider que le propriétaire de l'hôtel devait supprimer la désignation incriminée, non seulement sur ses enseignes, factures et prospectus, mais encore sur les objets mobiliers servant à l'usage intérieur, tels que le linge et l'argenterie (Rej. 22 déc. 1863, aff. Muller, Pataille.64.107).

256. Appel; exécution; fin de non-recevoir. — L'appel cesse d'être recevable quand l'appelant a volontairement exécuté le jugement; en ce cas, en effet, il s'est jugé lui-même et a reconnu à l'avance l'inanité de son appel. Toutefois, quels actes doivent être considérés comme constituant l'exécution du jugement?

Il a été jugé à cet égard : 1° que le payement des frais de première instance, lorsqu'on le fait pour obéir à l'exécution provisoire, en tant que contraint et forcé, ne peut être opposé comme fin de non-recevoir contre l'appel interjeté; il en est surtout ainsi lorsque le payement a été fait, non par la partie elle-même, mais, en son absence, par une personne de sa maison (Paris, 25 janv. 1856, aff. Bloc (1), Pataille.56.57); 2° que l'exécution du jugement poursuivie par l'intéressé, en vertu de la disposition qui autorise l'exécution provisoire sous caution, ne saurait, par elle-même et indépendamment de faits spéciaux impliquant un acquiescement définitif, élever une fin de non-recevoir contre l'appel incident (Paris, 5 mars 1868, aff. veuve Clicquot, Pataille.68.288).

257. Désistement; conclusions additionnelles. — Il a été jugé que le désistement signifié par l'appelant ne fait pas obstacle au droit qu'a l'intéressé, tant qu'il n'a pas accepté le désistement ou que la justice ne l'a pas déclaré valable, de former lui-même appel incident et de prendre des conclusions additionnelles (Paris, 5 mars 1868, aff. veuve Clicquot, Pataille.68.288).

258. Condamnation; défense de renouveler les mêmes faits. — En prononçant condamnation contre le contrefacteur, souvent les tribunaux lui font en même temps défense de renouveler à l'avenir les faits qui motivent sa condamnation. Quelquefois ils ne mentionnent pas cette défense dans leur jugement, et le contrefacteur croit pouvoir tirer argument de cette omission. C'est là une erreur évidente.

Il a été jugé, en effet, que les tribunaux, en prononçant une condamnation contre les contrefacteurs, n'ont pas à lui

---

(1) Dans l'espèce, c'était la femme qui, recevant un commandement, en l'absence de son mari, avait cru bien faire en payant.

faire défense de reproduire les mêmes faits à l'avenir ; cette défense résulte naturellement de la loi et de la condamnation prononcée (Trib. civ. Bordeaux, 28 juin 1871, aff. Ménier, Pataille.73.5).

259. Défaut de motifs ; pourvoi. — Le juge du fait est tenu, à peine de cassation de sa décision, de la motiver ; il suffit, d'ailleurs, qu'aucune des questions qui lui sont soumises ne reste sans réponse, encore que la réponse fût implicite.

Jugé, par exemple, qu'il n'y a pas défaut de motif sur la question de propriété de la marque dans l'arrêt qui admet et déclare la contrefaçon ; décider qu'il y a contrefaçon au détriment d'un tiers, c'est, en effet, implicitement, mais nécessairement, juger que ce tiers est propriétaire de la marque contrefaite (Rej. 24 juill. 1844, aff. Buisson, *Gaz. trib.* 25 juill.).

260. Erreur dans les motifs ; pourvoi. — On ne peut attaquer par voie d'appel les motifs d'un jugement, ni se pourvoir en cassation contre eux ; il s'ensuit que l'erreur d'un jugement sur la qualification d'un délit ne donne pas ouverture à la cassation, quand cette erreur est sans influence sur l'application de la peine (1).

261. Pourvoi ; motifs suffisants ; conclusions. — Il a été jugé que, lorsque des conclusions, prises devant la Cour, tendent à faire déclarer le concluant propriétaire d'une partie déterminée d'une marque qu'il avait en première instance vainement revendiquée dans son entier, l'arrêt qui adopte les motifs des premiers juges motive suffisamment le rejet des nouvelles conclusions (Rej. 2 avril 1859, aff. Bardou, *le Droit*, n° 84).

262. Faits énoncés dans la citation ; qualification du délit. — Il est de principe que le prévenu doit se défendre moins contre le délit tel qu'il a pu être qualifié par erreur dans la citation que contre les faits qui y sont clairement énoncés. Il appartient donc aux tribunaux de rectifier, de changer la qualification donnée au délit, et, s'ils tiennent

(1) Rej. 12 juill. 1845, aff. Ouvrard, J. Pal.45.2.655.

pour délictueux les faits reprochés aux prévenus, de lui faire l'application du texte de la loi qui s'y rapporte.

Il a été jugé, à cet égard : 1° que le plaignant, pourvu qu'il ne modifie pas les faits sur lesquels il fonde sa demande, a le droit, s'il les a mal qualifiés, de corriger son erreur et de leur rendre la qualification qui résulte de la loi ; les juges de tous les degrés ont, d'ailleurs, la faculté et même la mission de le faire d'office (Paris, 29 janv. 1875, aff. Margelidon, Pataillé. 75.217) ; 2° que, s'il est vrai qu'il appartient toujours aux tribunaux, même en appel, de rectifier la qualification des faits qui leur sont déférés, il n'en est plus ainsi pour les juges d'appel lorsque, après avoir énoncé les faits, la citation déclare expressément ne les envisager qu'au point de vue d'un délit qu'elle spécifie ; qu'il ressort de plus des termes de la citation, expliqués d'ailleurs par des conclusions, que le plaignant n'entend les envisager qu'au point de vue de ce délit unique, pas au point de vue d'aucun autre délit ; qu'enfin le ministère public n'a pris de réquisition et les premiers juges n'ont statué que dans ces limites restreintes : spécialement, étant donné que le tribunal a été saisi d'une demande en contrefaçon de marque ; que le plaignant, dans ses conclusions, a déclaré qu'il se réservait de poursuivre devant une autre juridiction le fait d'usurpation de son nom ; que le ministère public n'a pris de réquisition que sur le délit de contrefaçon ; que le tribunal a statué dans les mêmes termes, la Cour ne saurait, sur l'appel des prévenus, condamnés pour contrefaçon de marque, admettre les conclusions du plaignant tendant subsidiairement à la condamnation pour usurpation de son nom, compris dans sa marque ; et, si la Cour reconnaît que le délit de contrefaçon de marque n'est pas établi, elle doit renvoyer purement et simplement les prévenus ; admettre les conclusions subsidiaires du plaignant, ce ne serait pas seulement imprimer aux faits une nouvelle qualification ; ce serait, en réalité, se prononcer sur une demande nouvelle non introduite et non débattue devant les premiers juges, et méconnaître ainsi la règle des deux degrés de juridiction (Rej. 8 déc. 1876, aff. Howe (1), Pataille. 78.279).

---

(2) V. les observations dont M. Pataille fait suivre cet arrêt. — Comp.

263. Le juge de l'action est juge de l'exception; chose jugée en ce cas. —Ce principe ne souffre pas de difficulté devant les tribunaux civils; ils ont plénitude de juridiction et sont tenus de résoudre toutes les questions soulevées devant eux par la demande ou par la défense. Les tribunaux correctionnels ont une juridiction beaucoup moins étendue; ils n'ont mission de se prononcer que sur un point: celui de savoir si le prévenu traduit à leur barre s'est ou non rendu coupable du délit reproché. De là une difficulté : si le prévenu de contrefaçon oppose à la plainte une exception tirée, par exemple, de ce qu'il serait lui-même propriétaire de la marque incriminée, est-ce que le tribunal correctionnel aura compétence pour juger cette exception? Ne devra-t-il pas surseoir à statuer jusqu'à ce que le tribunal civil ait lui-même décidé la question? et, en admettant qu'il ait compétence, dans quelle forme prononcera-t-il? quelle sera la portée de sa décision? constituera-t-elle l'autorité de la chose jugée entre les parties? On était généralement d'accord, en matière de brevets, même avant la loi de 1844, que le tribunal correctionnel est juge de l'exception comme de l'action, et la loi de 1844, en formulant le principe dans ses dispositions, n'a fait que suivre l'opinion la plus accréditée. La véritable difficulté a été de savoir jusqu'où s'étendrait l'autorité de la chose jugée sur ce point. Aujourd'hui doctrine et jurisprudence reconnaissent unanimement que le juge correctionnel, en statuant sur l'exception, statue dans les limites étroites de sa compétence, c'est-à-dire que sa décision ne fait qu'apprécier un moyen de défense, ne s'étend pas au delà du fait incriminé, et ne constitue pas dès lors l'autorité de la chose jugée. On trouvera dans notre *Traité des brevets* la discussion approfondie de cette question et la jurisprudence qui s'y rapporte (1). Tout ce que nous avons dit alors s'applique mot

---

Poitiers, 19 juill. 1872, aff. Meunier, Pataille.73.14; Paris, 6 juill. 1878, aff. Rondeau, Pataille.78.284; Rej. 21 mai 1874, aff. Peter Lawson, Pataille.74.153; Cass., 19 mars 1869, aff. Wickers et fils, Pataille.70.179.— V. Anal. Rej. 14 août 1871, aff. Champonnois, Pataille.71.131.

(1) V. notre *Traité des brevets*, nos 885 et suiv. — *Contrà*, Malapert et Forni, nos 1017 et suiv.; Braun, no 125.

pour mot à la matière des marques. L'art. 16 de la loi de 1857 est littéralement calqué sur l'art. 46 de la loi de 1844, et, de plus, la loi sur les marques a été rendue après qu'un arrêt de la Cour de cassation, en date du 29 avril 1857, avait définitivement fixé la jurisprudence. Nul doute, par conséquent, d'une part, que le juge correctionnel ne soit ici, comme en matière de brevets, juge de l'exception (1), et, d'autre part, que la décision qu'il rend sur l'exception ne soit dépourvue de l'autorité de la chose jugée (2).

263 *bis*. **Jurisprudence** (3). — Il a été jugé en ce sens : 1° qu'aux termes de l'art. 16, c'est aux tribunaux civils qu'est réservée la connaissance des actions civiles relatives aux marques de fabrique; l'objet et l'effet de ces actions est de mettre en question le droit de propriété lui-même, dans toute son étendue, avec son caractère absolu et préjudiciel; au contraire, quand, aux termes du 2e paragraphe dudit art. 16, le tribunal correctionnel, saisi d'une action pour délit relatif à une marque de fabrique, statue sur des questions relatives à la propriété de la marque et soulevées par le prévenu pour repousser l'action répressive, le tribunal ne fait qu'apprécier un moyen de défense opposé à la prévention et dont les effets ne s'étendent pas au delà de son objet : il s'ensuit que le prévenu qui a succombé dans son exception peut la reproduire dans une nouvelle poursuite, sans qu'on puisse lui opposer l'autorité de la chose jugée (Cass. 22 fév. 1862, et, sur le renvoi, Montpellier 27 juin 1862, aff. Bardou, Pataille.62.81 et 273); 2° que, lorsqu'un tribunal correctionnel, saisi d'une action pour délit d'usurpation d'un nom de fabrique, statue sur des questions relatives à la propriété de ce nom et soulevées par le prévenu pour repousser l'action répressive, ce tribunal ne prononce que dans la mesure et les limites de l'action pénale dont il est saisi; la décision sur ces moyens de défense ne s'étend pas au delà du fait incriminé, et, dès lors, elle ne saurait avoir l'autorité de la chose jugée à l'égard des pour-

(1) V. Besançon, 30 nov. 1861, aff. Lorimier, Pataille.62.297.

(2) V. Bédarride, n° 979.

(3) V. antérieurement à la loi de 1857, Bordeaux, 5 mai 1851, aff. Castillon, Le Hir.51.2.449.

suites exercées contre le même individu pour des faits postérieurs, alors même qu'à l'occasion de ces faits postérieurs est soulevée la même exception (Rej. 26 avril 1872, aff. Louis Garnier, Pataille.72.257) ; 3° que la décision rendue par la juridiction correctionnelle sur des questions de propriété de marques de fabrique ne s'étend pas au delà du fait incriminé, et ne saurait, dès lors, avoir l'autorité de la chose jugée dans une instance civile reposant sur des faits nouveaux quoique identiques (Trib. civ. Seine, 9 mai 1874, aff. Torchon, Pataille.77.247).

264. *Quid* **des exceptions non mentionnées dans l'art. 16 ?** — L'art. 16 ne parle que des exceptions relatives à la propriété de la marque. Il n'en faudrait pas conclure que, si le prévenu invoquait d'autres exceptions, le juge correctionnel n'aurait pas compétence pour y statuer. La loi n'a parlé que des exceptions relatives à la propriété, parce qu'il n'y avait de dificulté véritable que pour celles-là, et qu'elle a voulu mettre fin à l'incertitude sur ce point. Toutes autres exceptions, par cela même qu'elles ne touchent pas au droit de propriété lui-même, ne sont que des moyens de défense, qui, à ce titre, doivent nécessairement être appréciés par le tribunal. Comment admettre, par exemple, que le tribunal correctionnel ne soit pas juge de l'exception tirée du défaut ou de l'irrégularité du dépôt, ou du défaut de nouveauté de la marque (1)?

Il est clair, toutefois, que l'art. 16 ne donne au juge correctionnel le droit de statuer que sur les exceptions ; si le prévenu, sous prétexte d'exception, intentait une action véritablement principale, le juge correctionnel ne serait pas compétent.

Jugé, par exemple, que le prévenu de contrefaçon ne peut, par voie d'exception, demander au juge correctionnel qu'il fasse défense au plaignant de prendre une qualité qui n'est pas la sienne, comme celle d'imprimeur du clergé (Cass., 29 thermidor an XII, aff. Malassis, J.Pal.4.148).

265. *Quid* **de la chose jugée sur la contrefaçon?** — M. Bédarride pense que, lorsqu'un tribunal correctionnel

(1) V. Bédarride, n° 972.

a eu à apprécier deux marques, son appréciation, au point de vue du résultat de cette comparaison, constitue l'autorité de la chose jugée, à la différence de ce qui a lieu en matière de brevets. Il lui paraît impossible qu'un tribunal civil, ayant sous les yeux les mêmes marques, dise qu'elles se ressemblent, quand le contraire a été jugé, fût-ce par un tribunal correctionnel (1). Nous ne saurions être de cet avis. En matière de brevets, il y a aussi comparaison entre l'objet breveté et l'objet contrefait. Est-ce que, lorsqu'un tribunal correctionnel a décidé que l'objet est contrefait et ressemble à l'objet breveté, le résultat de cette comparaison, en cas d'une seconde poursuite portée devant la juridiction civile, s'impose à elle, s'impose avec l'autorité de la chose jugée? Evidemment non, et cela est naturel, parce qu'il y a au civil certaines garanties, notamment en cas de partage, qui manquent au correctionnel. Tenons donc pour certain que la décision correctionnelle, pas plus sur la question de contrefaçon que sur la question de propriété, ne constitue entre les parties l'autorité de la chose jugée. C'est surtout des jugements correctionnels qu'on peut dire avec raison que les arrêts sont bons pour ceux qui les obtiennent (2).

266. Chose jugée; action en concurrence déloyale. — Il est de toute évidence que la décision d'un tribunal correctionnel, qui jugerait que les faits, invoqués par le demandeur, ne constituent pas une contrefaçon, lui laisserait toute latitude pour former devant le tribunal de commerce une action en concurrence déloyale. L'action en contrefaçon de marque est en effet distincte de l'action en concurrence déloyale, et celle-ci peut exister, alors qu'il est constant que l'autre est sans fondement. Dès lors, comment la décision rendue sur le premier point empêcherait-elle que le second fût soumis au tribunal compétent?

267. Jurisprudence. — Il a été jugé en ce sens : 1° qu'un jugement correctionnel, qui renvoie un prévenu des fins d'une plainte en contrefaçon, ne fait pas obstacle à une action

(1) V. Bédarride, n° 977.
(2) V. Meyer, n° 104.

ultérieure en concurrence déloyale, encore bien qu'il s'agirait des mêmes faits; il n'y a point en ce cas de chose jugée, la concurrence déloyale constituant une cause différente de la contrefaçon (Paris, 24 juin 1859, aff. Wittersheim (1), Pataille.59.244); 2° que, lorsque, sur une plainte en contrefaçon de marque, il intervient une ordonnance de non-lieu, cette ordonnance ne saurait être opposée au plaignant que comme une simple déclaration d'incompétence; il n'en reste pas moins libre de saisir la justice civile d'une action en dommages-intérêts, fondée sur un fait qu'il prétend lui être dommageable; ce n'est pas le cas d'invoquer la maxime *una via electa*, en supposant même qu'elle soit applicable en France (Bordeaux, 14 avril 1851, aff. Cahusac, J.Pal.52.2.414).

268. Sentence émanée d'une cour étrangère; chose jugée. — Il a été jugé, et c'est un point qui ne saurait faire doute : 1° qu'une décision étrangère qui a apprécié une marque, revendiquée à l'étranger comme elle l'est en France, mais qui n'a pas été déclarée exécutoire en notre pays, ne saurait y produire aucun effet, et les juges français, nonobstant cette décision, se trouvant en face d'une marque de fabrique régulièrement déposée en France, et par suite placée sous la protection de la loi, sont tenus de l'apprécier sans tenir compte de la décision étrangère (Paris, 12 janv. 1874, aff. Liebig et Cie, Pataille.74.83); 2° qu'un jugement ou arrêt étranger, qui n'a pas été rendu exécutoire en France, ne peut pas y être invoqué comme ayant l'autorité de la chose jugée; il ne constitue qu'un simple document que les tribunaux français apprécient souverainement (Rej. 6 janv. 1875, aff. Demot, Pataille.75.115); 3° que le jugement rendu à l'étranger sur des faits de contrefaçon de marque ne saurait constituer l'autorité de la chose jugée à l'égard de faits semblables accomplis en France; les tribunaux étrangers, ne pouvant apprécier les faits qu'au point de vue de la loi étrangère, les laissent entiers au point de vue de l'application de la loi française (trib. civ. Nice, 24 fév. 1879, aff. Legrand, Pataille.81.77).

---

(1) V. anal. Dijon, 8 juill. 1868, aff. Avril, Pataille.68.331.

269. Recours en garantie. — Il est de principe, — et c'est un principe de haute moralité, — que le coauteur ou le complice d'un délit n'a pas de recours contre son codélinquant; à quel titre pourrait-il invoquer ce recours? Il n'avait qu'à ne pas commettre le délit qui lui est reproché. C'est du reste une règle écrite dans les art. 1108 et 1131 du Code civil, à savoir que la loi n'accorde de sanction qu'aux obligations dont la cause est licite : *Rei turpis nullum mandatum est.* De là cette conséquence, que le recours en garantie n'existe jamais, de la part de celui qui a sciemment participé et coopéré à un délit, contre son complice. Ajoutons, ce qui, du reste, est un véritable axiome de droit, que, devant le tribunal correctionnel, le recours en garantie n'est même pas recevable en la forme (1).

269 *bis*. Jurisprudence (2). — Il a été jugé en ce sens : 1° que le détenteur d'une marchandise, saisie à la requête de la douane, comme provenant d'une fabrique étrangère, est sans action contre son vendeur, lorsqu'il est établi qu'il a connu la fraude; en d'autres termes, le recours en garantie n'est pas applicable au cas où celui qui en réclame le bénéfice a lui-même commis une faute (Paris, 14 août 1846, aff. Levasseur, J. Pal.46.2.766); 2° que la garantie, même au civil, ne saurait être accordée à celui qui a été l'instigateur ou le complice d'une fraude, contre ceux qui l'ont organisée de concert avec lui (Poitiers, 12 août 1856, aff. Seignette, Le Hir.58.2.94); 3° que le débitant, qui met sur ses flacons des étiquettes portant une marque contrefaite, n'est pas recevable à actionner en garantie le fabricant d'étiquettes, lors du moins qu'il est établi qu'en achetant lesdites étiquettes, il savait pertinemment ce qu'il faisait (Trib. comm. Seine, 19 janv. 1870, aff. Herman Schmitz, Pataille.70.174); 4° que le débitant d'un produit, revêtu d'une marque contrefaite,

---

(1) V. notre *Traité des brevets*, et la jurisprudence qui y est rapportée, nos 905 et suiv. — V. Braun, n° 218. — Comp. Larombière, n° 169.

(2) V. Cass. 9 déc. 1843, Dall.44.1.87; trib. corr. Rouen, 14 mai 1840, Dall.42.1.318; Colmar, 22 avril 1846, Dall.47.2.179; Paris, 16 juill. 1856, aff. Glaenzer, Pataille.56.215. — V. toutefois trib. comm. Seine, 20 août 1842, aff. Bulla, le *Droit*, p. 1031.

n'a aucune action en garantie contre son vendeur, lorsqu'il connaît lui-même la contrefaçon (Paris, 19 mai 1870, aff. Louis Garnier, Pataille.70.219); 5° que le coauteur ou le complice d'un délit n'a pas d'action en justice pour obtenir du codélinquant la réparation du préjudice qu'il souffre par suite de la faute commune, et, alors même que le codélinquant déclare accepter le recours formé contre lui, les tribunaux n'ont pas à donner acte d'une telle déclaration qui, par son objet, ne peut recevoir de la justice une sanction même indirecte (Trib. civ. Lyon, 31 juillet 1872, aff. Ménier, Pataille.73.24).

270. Action en contrefaçon; concurrence déloyale; connexité. — Nous verrons plus loin qu'il est admis d'une façon générale que l'action en concurrence déloyale est de la compétence des tribunaux de commerce; nous savons, d'un autre côté, que c'est la juridiction civile qui a, d'après la loi de 1857, compétence pour statuer sur les questions relatives aux marques de fabrique. Or, il arrive fréquemment que, pour se soustraire à la juridiction consulaire, le demandeur imagine de porter devant le tribunal civil son action en concurrence déloyale en y joignant une action en contrefaçon de marque qui n'a aucun fondement et qu'il s'empresse d'abandonner, dès que l'affaire vient à l'audience. Nous ne saurions admettre qu'un pareil stratagème soit légitime. Sans doute, il est loisible à une partie qui a vraiment à se plaindre d'une contrefaçon de marque, doublée en quelque sorte d'une concurrence déloyale, aggravée dans tous les cas par les faits qui constituent cette concurrence, de saisir le tribunal civil de sa double action; mais cela n'est possible qu'à la double condition : d'abord, que l'action en contrefaçon soit justifiée et réussisse, ensuite que les faits de concurrence déloyale lui soient connexes. S'il apparaît que l'action en contrefaçon n'est qu'une manœuvre pour esquiver la juridiction consulaire, si elle n'a pas de fondement, si elle est repoussée par le tribunal, l'action en concurrence déloyale reste isolée, sans soutien, et doit être renvoyée par le juge civil au juge compétent.

Jugé, en ce sens, que, lorsqu'un tribunal est saisi d'une double action en contrefaçon de marque et de concurrence déloyale, il doit se dessaisir de cette dernière, s'il juge que l'action en contrefaçon n'est pas fondée ; il ne peut, en effet, connaître de l'action en concurrence déloyale que tout autant que, le fait d'usurpation de marque étant admis, les actes de concurrence déloyale s'y trouveraient intimement liés (Montpellier, 24 février 1879, aff. Mialane (1), Pataille.82.136).

271. Intervention ; litispendance. — On trouvera, dans notre *Traité des brevets* (2), des développements étendus sur les différentes questions que fait naître soit le droit d'intervenir au civil ou au correctionnel, soit le droit d'invoquer la litispendance ; le lecteur voudra bien s'y reporter. Ce sont là, du reste, des questions qui ne rentrent pas dans la législation spéciale que nous étudions ici.

Il a été jugé à cet égard : 1° que l'intérêt d'un intervenant est la mesure de la recevabilité de son action ; quand des parties se disputent devant la justice, sinon la propriété, du moins l'usage industriel d'un nom (dans l'espèce, le nom du savant allemand Liebig), le propriétaire de ce nom a plus que personne intérêt à en sauvegarder le renom scientifique et la valeur commerciale, et on ne saurait lui refuser d'élever la voix dans un débat où sa propriété la plus précieuse est en jeu (Paris, 12 janv. 1874, aff. Liebig et Cie, Pataille. 74.83) ; 2° que le fait qu'une instance en concurrence déloyale, pendante devant le tribunal de commerce, ait quelques points de ressemblance avec une instance en contrefaçon de marque portée devant le tribunal civil, aux termes de l'article 16 de la loi de 1857, ne justifie pas l'exception de litispendance opposée à cette seconde instance, différente d'ailleurs dans son objet (Paris, 8 mars 1877, aff. Boyer, Pataille.77.57).

---

(1) V. Trib. civ. Charleville, 7 mars 1879, aff. Chachoin, Pataille.82.251.
(2) V. notre *Traité des brevets*, n° 912.

SECTION IX.

Répression.

ARTICLE 1er.

PÉNALITÉS.

SOMMAIRE.

272. Généralités. — 273. Classification des peines. — 274. Cumul des peines. — 275. *Quid* en cas d'associés? — 276. Cassation; emprisonnement. — 277. Circonstances atténuantes. — 278. Récidive. — 279. Privation de certains droits civils. — 280. Solidarité.

272. Généralités. — La loi de 1857 est tout à la fois plus sévère et plus douce que la loi du 22 germinal an XI. Cette loi, il est vrai, punissait de la réclusion la contrefaçon de la marque, mais la marque légale ne s'entendait alors que de la marque adhérente, incorporée au produit; l'usurpation, dans tout autre cas, n'était qu'un acte de concurrence déloyale. La loi de 1857 n'applique aux mêmes faits que l'emprisonnement ou l'amende, mais elle considère comme marques un bien plus grand nombre de signes, on pourrait dire tous les signes sans exception. Il s'ensuit que la loi de 1857 a élevé au rang de délits des faits qui, avant elle, n'étaient passibles d'aucune répression pénale.

Le législateur, d'ailleurs, a gradué les peines suivant la gravité des faits délictueux qu'il voulait réprimer, et nul assurément ne songe à l'en blâmer. M. Bédarride toutefois regrette que la même peine n'ait pas été édictée contre la contrefaçon proprement dite, c'est-à-dire contre la reproduction brutale, servile, audacieuse, et contre l'imitation frauduleuse qu'il appelle avec esprit « une contrefaçon doublée d'hypocrisie (1) ». On peut cependant répondre que l'imitation frau-

(1) V. Bédarride, n. 900.

duleuse est en elle-même moins grave, parce qu'elle est moins préjudiciable au propriétaire de la marque; cette imitation est, il est vrai, de nature à engendrer une confusion, mais les différences mêmes qui la séparent, si elles ne la distinguent pas de la marque originaire, suffiront en certains cas à sauvegarder la vraie marque en éveillant l'attention des acheteurs soigneux et vigilants. Le préjudice, résultant de l'imitation frauduleuse, sera donc en général moins grand, moins étendu que le préjudice résultant de la contrefaçon même. Dès lors, n'est-il pas juste de tenir compte de cette circonstance dans l'application de la peine?

273. Classification des peines. — L'art. 7 punit d'une amende de 50 fr. à 3,000 fr. et d'un emprisonnement de trois mois à trois ans ou de l'une de ces peines seulement: — 1° ceux qui ont contrefait une marque ou fait usage d'une marque contrefaite; — 2° ceux qui ont frauduleusement apposé sur leurs produits ou les objets de leur commerce une marque appartenant à autrui; — 3° ceux qui ont sciemment vendu ou mis en vente un ou plusieurs produits revêtus d'une marque contrefaite ou frauduleusement apposée.

L'art. 8 punit d'une amende de 50 fr. à 2000 fr. et d'un emprisonnement d'un mois à un an ou de l'une de ces peines seulement: 1° ceux qui, sans contrefaire une marque, en ont fait une imitation frauduleuse de nature à tromper l'acheteur, ou ont fait usage d'une marque frauduleusement imitée; — 2° ceux qui ont sciemment vendu ou mis en vente un ou plusieurs produits revêtus d'une marque frauduleusement imitée.

274. Cumul des peines. — Ici, comme en matière de brevets, les peines établies par la loi ne peuvent être cumulées; toutefois la peine la plus forte doit être seule prononcée pour tous les faits antérieurs au premier acte de poursuite. Cette règle est d'ailleurs empruntée à l'article 365 du Code d'inst. crim.; nous n'avons rien de particulier à en dire, et les questions, souvent très délicates, que son application soulève, trouvent leur solution dans les ouvrages spéciaux. Remarquons seulement que cette règle, en notre matière, ne s'applique que dans le cas où les différents faits, déférés à la justice, sont antérieurs à la poursuite qui l'a saisie; s'il y a eu plusieurs poursuites successives, à raison de faits similaires, mais distincts, nul doute que les tribunaux ne puissent prononcer plusieurs peines. Ce n'est plus le cas d'appliquer le principe du non-cumul (1). Il est clair que ce principe ne touche pas aux réparations civiles qui, dans tous les cas, doivent être proportionnées à la gravité du préjudice causé.

275. ***Quid* en cas d'associés ?**— Le principe du non-cumul des peines ne s'applique, bien entendu, qu'au cas où les peines ont été encourues par le même individu. Lors donc qu'il s'agit d'une contrefaçon, à laquelle ont participé, coopéré plusieurs personnes, commercialement associées, il y a lieu de prononcer autant de peines qu'il y a de coupables : la peine, en effet, atteint chacun des délinquants séparément, à raison de sa culpabilité personnelle.

Quant à la société, être moral, nous avons eu l'occasion de dire ailleurs (2) qu'elle ne pouvait être assignée devant les tribunaux correctionnels, pour répondre du délit au point de vue pénal. Elle peut, toutefois, être citée en même temps que les associés qui la composent ou que son directeur, s'il s'agit d'une société anonyme, comme civilement responsable des actes de ses membres ou agents, toutes les fois, bien entendu, que ces actes se rattachent aux opérations mêmes de la société (3).

276. Cassation; emprisonnement. — Alors qu'un prévenu de contrefaçon de marque, condamné à l'emprisonnement par les premiers juges, voit sa peine réduite à l'amende par arrêt de la Cour d'appel, il peut, s'il vient à faire casser cet arrêt, être de nouveau condamné par la Cour de renvoi à l'emprisonnement; la cassation ayant pour effet d'annuler le premier arrêt et de remettre les parties dans l'état où elles étaient avant cet arrêt, la Cour de renvoi peut prononcer la peine de l'emprisonnement sans qu'il soit nécessaire que le

---

(1) V. notre *Traité des brevets*, nos 962. — V. Rendu, n° 222 et 227.

(2) V. notre *Traité des brevets*, n° 856. — V. Braun, n° 210.

(3) V. Cass. 20 nov. 1878, aff. Fargue, Pataille.78.311; Alger, 29 mai 1879, aff. Prot et Cie, Pataille.79.345 ; Lyon, 1er août 1879, aff. Galiffet, Pataille.79.330; trib. civ. Marseille, 12 août 1879, aff. Rocca, Pataille. 79.339 ; Rej. 14 avril 1859, aff. Milliet, Pataille.59.161 ; Rej. 4 août 1876; aff. Berthoud et Trottier, Pataille.77.201.

ministère public ait lui-même interjeté appel ; il suffit seulement que la durée de l'emprisonnement n'excède pas celle qui avait été fixée en première instance (1).

277. Circonstances atténuantes. — L'art. 12 les admet en ces termes : « L'art. 463 du Code pénal peut être « appliqué aux délits prévus par la présente loi. » Il est d'ailleurs clairement expliqué par l'exposé des motifs que cette disposition s'applique même en cas de récidive. Le juge peut donc réduire l'emprisonnement même au-dessous de six jours, et l'amende même au-dessous de 16 francs ; il peut aussi prononcer l'une ou l'autre seulement de ces peines, et, par conséquent, substituer l'amende à l'emprisonnement, pourvu qu'en aucun cas la peine, — amende ou emprisonnement, — ne descende au-dessous des peines de simple police (2).

278. Récidive. — La loi de 1857 admet qu'en cas de récidive la peine peut être élevée au double. Il y a récidive légale lorsqu'il a été prononcé contre le prévenu, dans les cinq années antérieures, une condamnation pour l'un des délits prévus par la loi de 1857. La loi d'ailleurs n'exige pas que la seconde condamnation soit prononcée sur la plainte du même déposant et qu'il y ait, par exemple, contrefaçon de la même marque. Quelle que soit la marque contrefaite, s'il y a deux usurpations dans l'espace de cinq ans, il y a récidive. Il n'y a, bien entendu, récidive qu'autant qu'il y a eu, antérieurement au délit, non pas seulement des poursuites, non pas même une première condamnation encore sujette à l'appel ou frappée d'un pourvoi en cassation, mais une condamnation définitive, sans recours (3) ; à plus forte raison, une condamnation civile ne pourrait servir de base à la récidive. Le doute sur l'antériorité de la condamnation devrait profiter au prévenu et exclure l'application des peines de la récidive. M. Rendu cite une espèce où le procès-verbal, constatant le second délit, avait été adressé le jour même où était intervenue la première condamnation sans qu'il y eût indi-

---

(1) V. Rej., 27 mai 1870, aff. Wickers et fils, Pataille.70.188.
(2) V. Rendu, n° 233.
(3) V. Cass. 2 août 1856, aff. Drevelle, Dall.56.1.379.

cation d'heure, soit dans le procès-verbal, soit dans le jugement. Dès lors, rien ne prouvait que la condamnation eût précédé le nouveau délit, et les juges ne pouvaient légalement déclarer qu'il y eût récidive (1).

Ici, comme en matière de brevets, nous nous poserons la question de savoir s'il y a récidive, même au cas où la première condamnation aurait été prononcée non pour usurpation de marque, mais, par exemple, pour tromperie à l'aide d'une marque ou pour défaut d'apposition d'une marque obligatoire, délits également prévus, nous le verrons, par notre loi. Les termes généraux de l'art. 11 ne souffrent pas de distinction; il suffit qu'il y ait eu condamnation pour l'un des délits prévus par la loi, quel qu'il puisse être d'ailleurs, pour qu'une seconde condamnation, prononcée ensuite en vertu de la même loi, contre le même individu, emporte à son égard application des peines de la récidive. Ce que veut la loi, c'est empêcher, c'est punir tous les genres de fraude dont la marque peut être l'occasion ou le prétexte.

279. Privation de certains droits civils. — Outre l'emprisonnement et l'amende, la loi de 1857, imitant en cela la loi du 27 mars 1851, permet aux tribunaux de priver les délinquants du droit de participer aux élections des tribunaux et des chambres de commerce, des chambres consultatives des arts et manufactures et des conseils de prud'hommes pendant un temps qui n'excédera pas dix ans. C'est là une mesure de répression sage, exemplaire, dont les tribunaux malheureusement n'usent guère; elle est d'ailleurs essentiellement facultative.

La privation du droit de participer aux élections commerciales est, cela va sans dire, une peine dans le sens légal et rigoureux du mot. D'où la conséquence que le tribunal civil, investi de l'action en réparation du préjudice causé par le délit, n'a ni le droit ni le pouvoir de la prononcer. Ce droit et ce pouvoir n'appartiennent qu'à la juridiction répressive. Le tribunal correctionnel peut les exercer d'office et sans

---

(1) V. Rendu, n° 232. — V. aussi Morin, *Répert.*, v° *Récidive.* — V. Cass., 14 août 1857, aff. Danel, *Bull. crim.*, 57.474.

y être provoqué (1). M. Rendu remarque même avec raison que la partie civile est sans qualité pour conclure à l'application de cette peine, comme de toute autre, et que, par suite, il n'y aurait pas lieu à cassation de l'arrêt qui aurait négligé ou omis de statuer sur des conclusions prises par elle en ce sens.

280. Solidarité. — En matière pénale, la solidarité est de droit. Tous les individus condamnés comme coauteurs ou complices du même délit encourent donc la solidarité tout à la fois à raison des amendes et des dommages-intérêts prononcés contre eux, encore que le tribunal n'aurait pas pris le soin de l'exprimer formellement.

Jugé toutefois — et c'est l'application d'une règle de droit commun (2) — que le fait que plusieurs prévenus soient poursuivis en même temps à raison de la contrefaçon de la même marque n'établit pas entre eux une relation juridique qui justifie la solidarité, si d'ailleurs ils n'ont pas participé aux mêmes faits (Paris, 26 août 1874, aff. Trébucien, Pataille. 77. 301).

ARTICLE 2.

CONFISCATION.

SOMMAIRE.

281. Confiscation; caractères. — 282. La confiscation est facultative. — 283. Ce qu'elle comprend. — 284. Confiscation des instruments ayant spécialement servi à la contrefaçon. — 285. La confiscation est-elle restreinte aux objets saisis? — 286. *Quid* en cas d'acquittement? — 287. *Quid* en cas d'usage personnel? — 288. *Quid* du privilège du propriétaire? — 289. Destruction des marques contrefaites; caractère obligatoire. — 289 *bis*. *Quid* si la destruction n'a pas été demandée? — 290. *Quid* du décès du prévenu?

281. Confiscation; caractères. — L'article 14 permet au juge de prononcer la confiscation des marchandises revêtues d'une marque qui serait contraire aux dispositions

---

(1) V. Bédarride, n° 947.
(2) V. notre *Traité des brevets*, n°s 700 et 1002.

de la loi, et lui permet en outre d'en ordonner la remise au propriétaire de la marque usurpée. Voici, à cet égard, ce qu'on lit dans le rapport : « Une réparation est due évidem-« ment au propriétaire de la marque qu'on a contrefaite ou « frauduleusement apposée et imitée. La plus naturelle, celle « qui se présente à la pensée, c'est de lui attribuer, jusqu'à « due concurrence, les objets mêmes du délit dont il se plaint. « Ce n'est là, toutefois, qu'un droit dont il est libre de ne « pas user, et que les tribunaux sont maîtres de rejeter ou de « consacrer. Le plaignant consultera son intérêt, le magis-« trat la justice. » A prendre ce passage au pied de la lettre, il semblerait que la confiscation, ici comme en matière de brevets, est, dans tous les cas, ordonnée au profit de la partie lésée. Ce serait une erreur de le croire. La loi distingue nettement la confiscation et la remise des objets confisqués à la partie lésée. Aussi bien, il y a des cas — par exemple, s'il s'agit d'objets introduits en France, contrairement à l'art. 19, et portant l'indication d'un nom français imaginaire ou bien encore s'il s'agit de marchandises pour lesquelles la marque est obligatoire (art. 9 et 15) — où il n'y a pas de partie lésée pour recevoir l'objet confisqué.

Faisons une remarque : si, d'après les termes mêmes de l'art. 14, le tribunal peut ordonner la remise des marchandises confisquées à la partie lésée, lorsqu'il y en a une et qu'elle se présente au procès, il pourrait aussi, sans enfreindre la loi, ne pas ordonner cette remise et prononcer cependant la confiscation, qui profite alors au Trésor (1). En fait, lorsque le propriétaire de la marque usurpée est au procès et que les tribunaux prononcent la confiscation, c'est à son profit.

Il suit de là que la confiscation, du moins lorsqu'elle est demandée par la partie civile, a le caractère d'une réparation civile, et peut être prononcée même par la juridiction civile.

Jugé, en ce sens, que, si la confiscation des produits revêtus de la marque frauduleuse a certainement un caractère pénal, quand elle est requise par le ministère public, l'art. 14

---

(1) V. Bédarride, n° 958. — V. aussi Rouen, 25 février 1859, aff. Klein, Pataille.64.66.

de la loi du 23 juin 1857 ne lui en reconnaît pas moins, dans certains cas, un caractère réparatoire, puisqu'il permet d'en attribuer le produit à la partie civile (Aix, 20 mars 1879, aff. Fumouze (1), Pataille.81.179).

282. La confiscation est facultative. — A la différence de la loi de 1844, la loi de 1857 ne déclare pas obligatoire la confiscation des produits revêtus d'une marque contrefaite. La raison en est simple. Il se peut que l'objet sur lequel a été apposée la marque contrefaite soit d'une telle valeur qu'il y ait une iniquité révoltante à en dépouiller son propriétaire, tout coupable qu'il peut être. La punition ne serait plus proportionnée à la faute. D'ailleurs, ce n'est pas l'objet lui-même qui est contrefait, ce n'est que la marque, et si, dans certains cas, il peut être juste d'indemniser le fabricant, victime de la contrefaçon, par l'attribution même des marchandises indûment revêtues de sa marque, il se pourrait, d'autres fois, que cette indemnité fût hors de toute proportion avec le préjudice éprouvé; il se pourrait aussi que les marchandises fussent tellement défectueuses, de si mauvaise qualité, que le fabricant, propriétaire de la marque, fût fort embarrassé de leur attribution. Le rapporteur avait donc pleine raison lorsqu'il disait : « Le plaignant consultera son intérêt, le magistrat la justice. »

Nous verrons que, lorsqu'il s'agit de l'omission d'une marque obligatoire, la confiscation ne peut être ordonnée qu'au cas de récidive (2).

283. Ce qu'elle comprend. — Nous venons de dire avec le texte même de la loi que la confiscation porte non seulement sur la marque contrefaite, mais encore sur le produit revêtu de la marque contrefaite. On discutait, sous l'empire de l'ancienne législation, la question de savoir si la confiscation ne devait pas être restreinte au cas où la marque était adhérente au produit et en était inséparable (3). Cette

(1) Comp. anal. Rej., 13 avril 1877, aff. Reithel, Sir.78.1.439.

(2) V. *infrà*, n° 359.

(3) V. Blanc, p. 783. — V. également trib. comm. Seine, 3 déc. 1828, aff. Farina; Paris, 14 juillet 1854, aff. Gaupillat, Pataille.56.209. — V. *en sens contraire*, Paris, 2 mars 1854, aff. Heidsieck, Le Hir.54.2.585.

question ne fait plus doute depuis la loi de 1857, et, de même que la loi actuelle admet comme marque légale tout signe distinctif, fût-il appliqué autrement que sur le produit lui-même, par exemple sur l'enveloppe, sur la boîte, sur le flacon, de même, par une conséquence logique, elle prononce la confiscation du produit dans tous ces cas, c'est-à-dire qu'elle prononce la confiscation du contenant et du contenu.

M. Calmels est d'un avis contraire : selon cet auteur, la confiscation ne doit comprendre que l'étiquette, l'enveloppe, le vase, et ne peut s'étendre à la marchandise même, à moins que la séparation ne soit pas possible. Les tribunaux ne peuvent, en tout autre cas, qu'arbitrer les dommages-intérêts qu'ils jugent convenable. M. Calmels appuie son opinion, non sur des considérations juridiques, mais sur des réflexions toutes d'humanité et d'indulgence. Que lui répondre, sinon que le texte de l'article 14 est formel et que jamais la jurisprudence n'a hésité à l'appliquer tel qu'il est (1)?

La confiscation, du reste, peut être prononcée aussi bien contre les complices que contre les auteurs du délit.

284. Confiscation des instruments ayant spécialement servi à la contrefaçon. — Aux termes de l'art. 14 de la loi de 1857, le tribunal peut ordonner la confiscation des instruments et ustensiles ayant spécialement servi à commettre le délit. Le mot « *spécialement* » a ici sa raison d'être. Le législateur a voulu par là distinguer entre l'instrument pouvant servir à tout usage autre que la perpétration du délit et l'instrument ne pouvant, au contraire, servir qu'à cet emploi délictueux. Si, par exemple, la marque a été contrefaite par la voie de l'impression, le tribunal ne pourra ordonner la confiscation de la presse et des caractères, qui peuvent être légitimement employés à d'autres impressions. Il pourrait, au contraire, ordonner la confiscation du cliché, s'il en avait été fait un, le cliché ne pouvant en aucun cas servir à d'autres reproductions que celle de la marque contrefaite. Il a été jugé que les tribunaux peuvent prononcer la confiscation de la pierre lithographique, si la marque

(1) V. Calmels, n° 146.

a été reproduite par la lithographie (1) : le doute, en ce cas, vient de ce que la pierre lithographique, après que les traits de la marque contrefaite auraient été effacés, pourrait, servir à toute autre impression non délictueuse. M. Rendu range avec raison dans la catégorie des instruments ou ustensiles sujets à confiscation « les timbres, cachets, moules, « matrices, poinçons, etc., au moyen desquels la fausse mar- « que a été apposée et qui pourraient être employés à l'ap- « poser de nouveau (2). »

285. La confiscation est-elle restreinte aux objets saisis? — Nous avons longuement examiné la question dans notre *Traité des brevets*, et nous avons émis cet avis que la confiscation devait s'exercer sur tous les objets reconnus contrefaits, alors même qu'ils n'auraient pas été compris dans la saisie; ce qui détermine la confiscation, c'est la reconnaissance du fait de la contrefaçon. Ce que nous avons dit à ce sujet s'applique exactement ici. L'article 14, en effet, prononce la confiscation, non des objets qui ont été saisis ou décrits, mais des objets dont la marque est reconnue contraire aux dispositions de la loi. Le texte est le même que celui de la loi de 1844 ; le sens ne peut différer (3).

286. ***Quid*** **en cas d'acquittement?** — La loi déclare expressément que la confiscation peut être prononcée en cas d'acquittement. Toutefois, l'acquittement n'est pas sans effet; il permet à la partie acquittée, si, par exemple, c'est un débitant, d'exercer contre son vendeur un recours en garantie, qu'elle n'aurait pas sans cela. Cette disposition de l'article 14 est la plus claire du monde et ne prête à aucune équivoque.

Jugé pourtant que la confiscation ne peut être prononcée contre les détenteurs de bonne foi ; il est juste, seulement, de ne leur accorder mainlevée de la saisie pratiquée entre leurs mains qu'à la charge par eux d'en payer la valeur au propriétaire de la marque, sauf leur recours en garantie contre leur

(1) V. Trib. civ. Seine, 2 janv. 1869, aff. Sargent, Pataille.70.27.
(2) V. Rendu, n° 257.
(3) V. notre *Traité des brevets*, n° 979.

vendeur, auteur de la contrefaçon (Bordeaux, 30 juin 1864, aff. Chévènement (1), Pataille.64.446).

287. *Quid* **en cas d'usage personnel ?**—Nous avons émis plus haut l'avis que celui qui détient, même pour son usage personnel, un objet revêtu d'une marque contrefaite, doit être considéré comme recéleur, s'il est constant qu'il a agi sciemment. A plus forte raison, cette circonstance de la détention en vue d'un usage personnel ne saurait, à nos yeux, mettre obstacle à la confiscation de l'objet entre les mains du détenteur. Nous avions adopté la même solution en matière de brevets. Au surplus, M. Rendu, tout en concluant à l'immunité la plus complète, au point de vue pénal, pour celui qui détient pour son usage personnel, n'hésite pas à reconnaître que la confiscation entre ses mains est possible (2).

288. *Quid* **du privilège des propriétaires ?** — La confiscation a lieu en dépit du privilège du propriétaire. Celui-ci ne pourrait donc soutenir que les objets saisis sur son locataire, et déclarés ensuite confisqués par les tribunaux, sont demeurés son gage, et s'opposer par suite à leur enlèvement, poursuivi à la requête du possesseur de la marque usurpée. La confiscation a pour objet de les mettre hors du commerce. C'est un principe qui s'exerce ici de la même façon qu'en matière de brevets (3).

289. Destruction des marques contrefaites. — La confiscation est facultative. Mais ce qui est obligatoire pour le juge, dans tous les cas, même dans celui où il y aurait acquittement, c'est d'ordonner la destruction des marques reconnues contraires aux dispositions de la loi. Lors-

---

(1) M. Pataille fait suivre cette décision de l'observation suivante : « On ne comprend pas bien, dit-il, la disposition du jugement qui, tout « en refusant la confiscation contre les débitants de bonne foi, les a « néanmoins condamnés à payer la valeur de la marchandise. C'est « contre le fabricant que cette condamnation eût dû être prononcée, et, « dans tous les cas, il eût fallu indiquer que c'était à charge de détruire « les étiquettes contrefaites. »

(2) V. Rendu, n° 261.

(3) V. notre *Traité des brevets*, n° 989. — V. Bédarride, n° 963; Rendu, n° 255.

qu'il s'agit d'étiquettes imprimées, les tribunaux n'hésitent pas à ordonner la destruction des pierres lithographiques elles-mêmes (1). S'il s'agit d'une marque adhérente au produit lui-même, comme il arrive pour les savons ou pour la coutellerie, la destruction obligée de la marque entraîne nécessairement celle du produit ou du moins sa dénaturation. Il est clair, cependant, que dans le cas où le délit consiste à s'être procuré les vases, les récipients mêmes du déposant, et à s'en être servi pour d'autres marchandises que les siennes, il n'y a pas lieu d'ordonner la destruction des marques. Dans ce cas, en effet, la marque, en rentrant dans les mains de son propriétaire, recouvre tous les caractères de la sincérité (2).

M. Bédarride fait remarquer, avec raison, qu'il y a lieu d'ordonner la destruction de la marque, non seulement sur les objets saisis, mais encore sur tous ceux qui sont restés libres aux mains du prévenu et qui portent la même trace de fraude. Il ajoute : « Celui qui, condamné, aurait, après le « jugement, laissé subsister la marque dont la destruction a « été ordonnée, commettrait un nouveau et second délit qui « le rendrait passible des peines de la récidive. Le débitant « qui, sur la preuve de sa bonne foi, aurait été acquitté une « première fois, serait inévitablement condamné, si, après le « jugement, il avait vendu ou mis en vente un ou plusieurs « produits revêtus de la marque dont la destruction a été or- « donnée. Il est évident qu'averti par le jugement lui-même « du caractère frauduleux de cette marque, il ne lui serait « plus permis d'alléguer qu'il a agi insciemment (3). »

Ajoutons, avec une décision judiciaire, que, lorsqu'il est interdit à un commerçant de continuer à faire usage d'une marque, il ne saurait lui être permis d'apposer sur ses produits une note qui rappelle que ceux-ci étaient vendus précédemment sous ladite marque, de façon à laisser croire qu'il avait le droit d'en faire usage (4).

---

(1) V. Bordeaux, 7 juillet 1871, aff. Martell, Pataille.73.263.
(2) V. Rendu, n° 274.
(3) V. Bédarride, n° 956.
(4) V. Trib. civ. Le Havre, 4 mai 1882, aff. Chapu, Pataille.82.201.

289 bis. ***Quid* si la destruction n'a pas été demandée?** — La question s'est élevée de savoir si la partie, qui n'a pas formellement conclu à la destruction de la marque, peut ensuite, devant la Cour de cassation, tirer argument du caractère obligatoire que le législateur attribue à cette mesure pour se plaindre de ce qu'elle n'a pas été prononcée.

Nous trouvons, à ce propos, dans Sirey, les observations suivantes que nous nous approprions volontiers : « La solu-
« tion à donner sur ce point est absolument indépendante de
« la nature qu'on attribue à la destruction des marques con-
« trefaites ordonnée par la loi. La considère-t-on comme une
« sorte de réparation civile, analogue à la confiscation des
« marques contrefaites? Il est évident alors que la partie ci-
« vile qui a négligé d'y conclure devant les juges du fait ne
« peut, devant la Cour suprême, invoquer un moyen tiré de
« ce que l'arrêt frappé de pourvoi ne prononce pas la confis-
« cation. Si, au contraire, on estime que la destruction des
« marques contrefaites a le caractère d'une peine, c'est au
« ministère public seul à y conclure. En conséquence, avec
« ce point de vue, le ministère public seul pourrait fonder
« un pourvoi sur ce que cette destruction n'a pas été pronon-
« cée. Ce dilemme nous paraît irrésistible (1). »

Jugé, en ce sens, que la destruction des marques contrefaites constitue une pénalité accessoire lorsqu'elle est demandée par le ministère public et une réparation civile quand elle est réclamée par la partie lésée; par suite, la partie civile qui, devant les juges du fond, n'a pas réclamé, même en cas d'acquittement, la destruction des marques contrefaites, ne peut demander la cassation de l'arrêt qui aurait omis de prononcer d'office cette destruction (Rej., 13 avril 1877, aff. Reithel, Sir. 78.1.439).

290. *Quid* du décès du prévenu? — Nous avons examiné, dans notre *Traité des brevets*, les différentes questions que peut faire naître le décès du prévenu au cours de l'instance correctionnelle, soit avant, soit depuis le jugement; le

---

(1) Sir. 78.1.439, *la note.*

lecteur voudra bien s'y reporter. Il s'agit ici de savoir quelle influence le décès du prévenu, avant le jugement, peut exercer sur la confiscation des objets revêtus de la marque contrefaite ou sur la destruction de cette marque. On a vu que, même en cas d'acquittement, le tribunal peut prononcer la confiscation et doit ordonner la destruction de la marque. Ne suit-il pas de là qu'il a le même pouvoir et le même devoir dans le cas du décès du prévenu? Ce décès n'équivaut-il pas à une sorte d'acquittement? Ne faut-il pas reconnaître, au contraire, que le décès du prévenu a pour effet immédiat, nécessaire, d'éteindre l'action, de dessaisir les juges correctionnels et de les rendre incompétents, le délit disparaissant, pour en apprécier les conséquences civiles? Cette dernière solution, quels qu'en soient les inconvénients pour le plaignant, nous paraît, à vrai dire, la seule juridique (1).

ARTICLE 3.

DOMMAGES-INTÉRÊTS.

SOMMAIRE.

291. Réparation pécuniaire. — 291 *bis*. Le tribunal correctionnel peut-il statuer sur les faits postérieurs à la plainte? — 292. *Quid* en cas d'acquittement? — 293. *Quid* du changement tardif? — 294. *Quid* des intérêts? — 295. Dommages-intérêts ; appel correctionnel. — 296. Contrefaçon à venir ; dommages-intérêts. — 296 *bis*. *Jurisprudence*. — 297. Action téméraire du plaignant ; réparation. — 298. Contrainte par corps. — 298 *bis*. Dépens à titre de dommages-intérêts.

291. Réparation pécuniaire. — Outre la confiscation ou plutôt la remise des objets confisqués à la partie lésée, les tribunaux peuvent lui accorder des dommages-intérêts, dont ils évaluent souverainement le chiffre en le proportionnant au préjudice causé. Nous n'avons pas à rentrer ici dans les détails que nous avons donnés ailleurs sur ce point (2). Rappelons

---

(1) Conf. Trib. corr. Seine, 14 nov. 1873, aff. Bardou, Pataille.73.385. — V. pourtant Braun, n° 229.

(2) V. notre *Traité des brevets d'invention*, n°s 991 et suiv. — V. Sourdat, *de la Responsabilité*, n° 110.

seulement que les tribunaux ont deux voies ouvertes pour la fixation des dommages-intérêts ; ils peuvent en fixer immédiatement le chiffre d'après les documents de la cause ; ils peuvent, au contraire, les fixer sur état, et cela, alors même que la demande porte sur une somme déterminée (1). Dans ce dernier cas, nous avons vu des décisions qui ordonnaient, — et, en somme, c'est une mesure d'instruction qui se justifie (2), — que le contrefacteur serait tenu de communiquer ses livres et sa comptabilité. Rappelons encore que, si le contrefacteur doit compte de tous les bénéfices illégitimes qu'il a faits (3), il ne saurait se fonder sur ce qu'il n'a tiré aucun bénéfice de sa fraude pour échapper à une condamnation à des dommages-intérêts. En cette matière particulièrement, les dommages-intérêts peuvent se grouper sous trois chefs : 1° gain dont la partie lésée a été privée ; 2° préjudice qui lui a été causé par la concurrence et l'avilissement des prix ; 3° frais de surveillance, de voyages, de recherches de défense.

Jugé à cet égard qu'il est juste de tenir compte au commerçant victime de la contrefaçon, non seulement du préjudice qu'il a souffert dans sa clientèle par suite de la concurrence déloyale, mais encore des frais auxquels il a été entraîné par la surveillance, les recherches, les voyages, les précautions de tout genre et les poursuites rendues nécessaires (Lyon, 27 nov. 1861, aff. Claye (4), Pataille.62.258).

291 bis. Le tribunal correctionnel peut-il statuer sur les faits postérieurs à la plainte? — Il a été jugé (5) que le tribunal correctionnel devant lequel a été portée une plainte en contrefaçon peut statuer par un seul et même jugement sur les actes de contrefaçon qui ont fait l'objet de la plainte et sur ceux qui se sont produits postérieurement, s'il a été saisi de ces derniers par le plaignant (Cass., 8 août 1857, aff. Sax, Dall., 57.1.408).

---

(1) Rej. 21 juin 1869, aff. Péreire, Teulet.19.119. — Comp. Paris, 5 janvier 1877, aff. Lemit, Pataille.77.49.

(2) Comp. Paris, 12 janv. 1877, aff. Boyer, Pataille.77.52.

(3) V. pourtant Rej., 10 nov. 1881, aff. Leboyer, Pataille.82.204.

(4) V. aussi Chambéry, 16 fév. 1882, aff. Coumes, *Rég. Intern.* 82.46.

(5) Comp. notre *Traité des brevets*, n° 955.

292. *Quid* **en cas d'acquittement?** — M. Huard pense que le prévenu acquitté, à raison de sa bonne foi, n'en reste pas moins passible de dommages-intérêts en vertu des art. 1382 et 1383, qui obligent quiconque a causé un préjudice à autrui à le réparer, sans distinguer entre le préjudice causé avec intention et le dommage auquel la volonté a été étrangère (1).

Jugé en ce sens que le prévenu, même lorsqu'il est acquitté, peut, aux termes de l'art. 14, être condamné à des dommages-intérêts (Trib. corr. Épernay, 30 avril 1872, aff. De Milly, Pataille.72.338).

293. *Quid* **du changement tardif?** — Le changement opéré tardivement dans la marque arguée de contrefaçon ne fait pas disparaître la faute ni, par conséquent, le droit à des dommages-intérêts (2).

294. *Quid* **des intérêts?** — M. Rendu n'hésite pas à penser que l'art. 1153 du Code civil ne s'applique pas aux obligations nées d'un délit ou d'un quasi-délit et que, par conséquent, les tribunaux, même correctionnels, peuvent légalement décider que la somme allouée par eux, à titre de supplément de dommages-intérêts, sera elle-même productive d'intérêts au taux légal à partir du jour de la demande ou même à partir du fait qui a causé le préjudice (3).

295. Dommages-intérêts; appel correctionnel. — Il n'y a pas d'appel incident au correctionnel. Il s'ensuit que la partie qui, tout en gagnant son procès, a quelque grief à faire valoir contre le jugement, doit, de toute nécessité, relever elle-même appel. D'un autre côté, on ne peut, en appel, former une demande nouvelle; ce serait violer la règle des deux degrés de juridictions.

Il a été jugé, toutefois, que, si le prévenu, qui n'a pas ré-

(1) V. Huard, son article dans la *Prop. ind.*, n° 158.

(2) V. *suprà*, n° 155. — V. Paris, 6 fév. 1857, aff. Dinville, Pataille. 57.202.

(3) V. Rendu, n° 269. — V. Rej. 1er mai 1857, aff. Drumeau-Gendarme, Dall., 57.1.271; Paris, 31 août 1855, aff. Pommier, Pataille. 55.203; Nancy, 15 juin 1874, aff. Frezon. — V. encore Rej. 21 nov. 1882, aff. Bicci, *la Loi*, 24 nov. — V. Toutefois notre *Traité des brevets*, n° 997.

clamé de dommages-intérêts en première instance, n'est pas recevable à en demander à la Cour pour le préjudice qu'a pu lui causer la poursuite antérieurement au jugement, il peut en demander pour le préjudice qu'il a subi depuis la décision des premiers juges; ce droit, qui résulte des art. 464 du C. proc. civ. et 212 du C. inst. crim., est absolu et n'est pas soumis à la condition qu'une demande semblable aurait été formée en première instance (Paris, 13 janv. 1864, aff. Boucher, Pataille.64.135).

296. Contrefaçon à venir; dommages-intérêts. — Les tribunaux ne peuvent statuer que sur des contestations nées (1), c'est un principe certain; il en résulte que les tribunaux, tout en faisant défense à un individu qu'ils condamnent comme contrefacteur de reproduire les mêmes faits, ne peuvent à l'avance fixer un chiffre de dommages-intérêts pour chaque fait de contrefaçon qui serait ultérieurement constaté. Nous l'avons déjà dit dans notre *Traité des brevets* (2).

M. Pataille dit à ce sujet: « Si les tribunaux ont le droit, « dans une certaine mesure, de déterminer les dommages-« intérêts qui seront dus par chaque jour de retard dans l'exé-« cution d'un jugement, c'est qu'ils peuvent apprécier l'éten-« due du préjudice que causera la continuation du fait dom-« mageable dont ils ordonnent la cessation. Mais nous ne « saurions admettre que ce droit puisse aller jusqu'à fixer « d'avance une sorte de clause pénale pour chaque contra-« vention. La Cour de Paris s'est déjà prononcée contre « cette jurisprudence du tribunal de commerce (3). »

M. Mayer dit à son tour: « La justice excéderait son droit « si elle statuait sur des faits futurs, sur une action qui n'est « pas née, qui ne lui est pas soumise, et dont elle ne peut être « saisie d'avance. Si la concurrence interdite continue, il « faudra donc revenir devant le juge. Si les faits matériels se « sont renouvelés identiques, l'appréciation déjà intervenue

---

(1) V. Bordeaux, 26 fév. 1856, aff. Bronsky, Pataille.57.113.

(2) V. notre *Traité des brevets*, n° 1001.

(3) V. Pataille.67.383. — V. Paris, 14 janv. 1862, aff. Crouvezier, Pataille.62.203.

« sur les droits de chacun semblera bien définitive; mais il « n'y aura pas proprement chose jugée. Dans un sens, l'action « a la même cause juridique; mais le préjudice dont on de- « mande la réparation est nouveau, il n'a pu encore être ap- « précié, et de plus l'intention de nuire, la mauvaise foi est « devenue certaine ou plus grave. D'une façon absolue, d'ail- « leurs, entre des faits qui se suivent, considérés comme « délits civils ou criminels, il ne peut y avoir identité juri- « dique, ni par suite entre les actions auxquelles ils donnent « naissance entre les mêmes personnes (1). »

M. Braun, qui est du même avis, cite le passage suivant de M. Laurent : « Pourquoi, dit cet auteur, le juge se hâte- « t-il de prononcer une peine pour une désobéissance qui « peut ne pas se réaliser? Qu'il attende qu'il y ait désobéis- « sance (2). »

296 *bis*. **Jurisprudence** (3). — Il a été jugé d'après ces principes : 1° que les juges ne peuvent condamner d'ores et déjà à payer des dommages-intérêts dont le chiffre serait fixé à l'avance, pour les infractions qui viendraient à être commises ultérieurement; une pareille décision statue sur des faits hypothétiques, et le chiffre de la réparation pourrait ne pas se trouver en rapport avec l'importance du préjudice qui sera causé par ce fait futur et indéterminé (Paris, 14 mars 1874, aff. Versepuy, le *Droit*, n° 98); 2° que la condamnation à une somme déterminée de dommages-intérêts, par chaque jour de retard dans l'exécution d'un jugement qui ordonne des changements à une étiquette, est nécessairement subordonnée, dans son exécution, à la constatation régulière d'une contravention audit jugement; cette contravention et son importance ne peuvent être appréciées que dans une instance engagée au principal; en cet état, le jugement qui renferme une telle disposition ne peut être considéré, quant à la quotité

(1) Mayer, n°s 39 et 40.

(2) V. Braun, n° 236.

(3) V. encore Paris, 4 déc. 1841, aff. Seguin, Dall.42.2.61; Aix, 25 fév. 1847, aff. courtiers de Marseille, Dall.47.2.85; Paris, 2 juill. 1874, aff. Bugeaud, Pataille.74.307. — Comp. toutefois Cass., 6 juin 1859, aff. Nadar, Pataille.59.214.

du préjudice causé et des dommages-intérêts dus, comme un titre exécutoire; il n'appartient donc pas, en pareil cas, au juge des référés d'ordonner la continuation des poursuites (Paris, 14 déc., 1844, aff. La Renaudière, *Gaz. trib.*, 20 déc.).

297. Action téméraire du plaignant; réparation. — Notons ici que l'action téméraire du plaignant en contrefaçon donne au prévenu le droit de réclamer des dommages-intérêts pour le préjudice que la poursuite lui a causé. C'est un principe de droit commun auquel notre matière ne déroge pas.

298. Contrainte par corps. — La loi du 22 juillet 1867 a maintenu la contrainte par corps pour assurer le recouvrement des condamnations civiles prononcées en réparation d'un crime ou d'un délit. Cette disposition, aux termes de l'art. 6, s'applique même au cas où c'est la juridiction civile qui prononce, si d'ailleurs le tribunal de répression a reconnu le crime ou le délit constant. Cette disposition doit être renfermée dans les limites où la loi l'a édictée; elle ne pourrait donc être prononcée au profit du prévenu qui, triomphant de la prévention, obtient des dommages-intérêts contre le plaignant (1).

298 *bis*. Dépens à titre de dommages-intérêts. — Il a été jugé — et en vérité on se demande comment une vérité aussi évidente a pu être contestée — que les dépens de la procédure peuvent avoir le caractère de dommages-intérêts, et il suffit à la partie civile, pour se créer un intérêt suffisant devant la justice, d'en réclamer l'adjudication à titre de réparation du préjudice causé; il s'ensuit que l'action de la partie civile, qui se borne à conclure aux dépens, ne saurait être repoussée pour défaut d'intérêt (Aix, 20 mars 1879, aff. Fumouze, Pataille.81.179).

---

(1) V. notre *Traité des brevets*, n° 1004. — V. encore Bordeaux, 6 fév. 1873, aff. Torchon, Pataille.77.226.

ARTICLE 4.

PUBLICITÉ.

SOMMAIRE.

299. Publication du jugement. — La loi de 1857 autorise expressément le juge à ordonner l'affiche du jugement dans les lieux qu'il détermine et son insertion intégrale ou par extrait dans les journaux qu'il désigne, le tout aux frais du condamné. M. Rendu insiste beaucoup sur le caractère de véritable peine que la loi de 1857 attribuerait à la publication du jugement; il croit en trouver la preuve certaine dans le rapport de M. Busson, qui, analysant l'art. 13, applique le mot *peine* à l'ensemble des dispositions édictées par cet article (1). C'est aller, croyons-nous, au delà de la pensée du rapporteur. La loi de 1857, continuant ici encore de copier la loi de 1844, a reproduit une disposition que la loi des brevets comprenait déjà.

Ce qu'il faut dire, c'est que, si l'insertion et l'affichage du jugement peuvent constituer une disposition pénale, aux termes de l'art. 13 de la loi de 1857, quand elles sont ordonnées sur les réquisitions du ministère public et dans l'intérêt général, ces mesures, au contraire, gardent un caractère purement réparatoire et restitutoire quand elles sont ordonnées à la requête d'une partie civile, dans un intérêt particulier, suivant le principe posé en l'art. 1036 du Code de Proc. civ. (2).

Au surplus, la question n'a qu'un intérêt secondaire : il est certain, en effet, que cet art. 1036 du Code de Proc. civ. investit les tribunaux du droit d'ordonner l'impression et

(1) V. Rendu, n° 238.
(2) V. Aix, 20 mars 1879, aff. Fumouze, Pataille.81.179.

l'affiche de leurs jugements. Il s'ensuit que, même au civil, ils peuvent ordonner cette mesure, et qu'elle peut être, devant cette juridiction, réclamée par la partie lésée à titre de dommages-intérêts (1). Nous renvoyons, au surplus, aux développements que nous avons donnés ailleurs à cette question (2).

Rappelons seulement que la publication, ordonnée par un jugement, doit être strictement renfermée dans les limites qu'il a prescrites, et que la partie ne peut aggraver le mode de publication ordonnée, ni ajouter des commentaires au jugement. Le tribunal peut, d'ailleurs, ordonner la publication aussi bien au profit du défendeur ou prévenu que du demandeur ou plaignant. Quant aux frais d'insertion, ils se taxent, comme les autres, en chambre du conseil, sur pièces justificatives.

Ajoutons aussi qu'à notre avis le fait que le tribunal ait refusé à une partie le droit de publier le jugement aux frais de l'adversaire ne met pas obstacle à ce qu'elle le publie à ses propres frais. Chacun, en principe, est libre de publier un jugement, et le droit, ici comme ailleurs, n'est limité que par l'abus qu'on en ferait. Nous maintenons sur ce point l'opinion que nous avons déjà émise (3).

Voici, à l'égard de la publication du jugement, quelques paroles du rapporteur, dont les tribunaux ne devraient jamais perdre le souvenir : « Au mérite de l'exemplarité, disait-il, « ces peines joignent l'avantage d'appliquer au délinquant « une peine analogue au délit. Il a voulu nuire à ses concur- « rents, surprendre la confiance du public par l'usage de signes « frauduleux ou mensongers : l'insertion dans les journaux, « et l'affiche, *surtout l'affiche à la porte de son domicile et « de ses magasins*, mettront le public en défiance et l'oblige- « ront à s'abstenir de fraudes désormais signalées. »

---

(1) V. Rendu, n° 241.

(2) V. notre *Traité des brevets*, n° 1009.

(3) V., en ce sens, Sourdat, *de la Responsabilité*, n° 134, *quater*.—V. surtout Pataille.73.273; notre savant confrère a publié sur cette question un article très developpé et très complet, qui fait connaître, dans tous leurs détails, la doctrine et la jurisprudence, et constitue une précieuse monographie.

On ne peut pas mieux dire, et nous nous approprions volontiers, en terminant, cette réflexion de M. Bédarride : « Pour arriver, dit-il, à cette exemplarité qu'on a voulu atteindre, pour que le danger qui doit retenir chacun dans la « voie de la loyauté et du devoir soit efficace, il faut que l'affiche et l'insertion dans les journaux soient la règle ordinaire et leur refus l'exception. » Il est vrai qu'il ajoute, et peut-être ici se fait-il quelque illusion sur la sévérité des tribunaux : « C'est ce que dans leur sagacité les tribunaux ont « compris et pratiqué (1). »

299 *bis*. Jurisprudence. — Il a été jugé à cet égard : 1° qu'il est impossible d'admettre qu'il soit refusé à un commerçant qui, devant la justice, a obtenu la répression d'une concurrence déloyale, de porter ce fait à la connaissance de sa clientèle; il est donc en droit de faire des annonces et des circulaires où ce jugement est rapporté et d'en envoyer le texte à ses clients, alors du moins que, de l'examen de ces circulaires et annonces, il ressort qu'il n'est pas sorti d'une juste limite de publicité (Trib. com. Seine, 20 août 1857, aff. Mongin, Le Hir.58.2.294); 2° que la publication d'un jugement, faite dans de justes limites, et comme moyen de défense, ne saurait donner ouverture à une action en dommages-intérêts : spécialement, celui qui, poursuivi comme contrefacteur, a fait annuler le brevet du plaignant, est en droit, pour répondre à la publicité dont son adversaire use pour énoncer dans une forme générale qu'il est breveté et qu'il faut se défier des contrefaçons, de publier, surtout quand il restreint cette publication à des journaux spéciaux, le texte du jugement qui lui a donné gain de cause (Paris, 23 déc. 1873, aff. Rigollot, Pataille.77.104); 3° mais que la publication réitérée d'une décision judiciaire, longtemps après sa date, et dans une forme qui change le caractère de la condamnation prononcée, constitue un acte de concurrence déloyale et motive une action en dommages-intérêts (Trib. civ. Seine, 3 mars 1876, aff. Jacquot et Cie (2), Pataille.78.331).

300. Coût et étendue de l'insertion. — Sans rentrer

---

(1) V. Bédarride, n° 910.

(2) V. aussi Besançon, 5 fév. 1874, aff. Raphanel, Pataille.74.303.

dans tous les détails que nous avons donnés à ce sujet dans notre *Traité des brevets*, nous citerons quelques décisions récentes, qu'on consultera avec fruit, sur le règlement du prix des insertions ordonnées par justice.

Il a été jugé, notamment : 1° que quand une partie a été autorisée par une décision passée en force de chose jugée à faire insérer cette décision dans un ou plusieurs journaux à son choix, et aux frais de l'autre partie, il n'appartient ni à cette dernière de critiquer, en raison du prix de l'insertion, le choix des journaux, ni aux tribunaux de réduire le prix de ces insertions, quelque élevé qu'il puisse être (Orléans, 30 avril 1878, aff. Chamaillard, Pataille.79.180); 2° que l'autorisation d'insérer un jugement, sans aucune restriction, emporte le droit d'insérer le texte entier du jugement tel que l'expédition en est délivrée par le greffe et tel qu'il doit être libellé d'ailleurs conformément aux prescriptions de l'art. 141 du Code de procédure civile (Trib. civ. Seine, 26 nov. 1878, aff. Delettrez, Pataille.79.185); — 3° jugé pourtant que, lorsque l'insertion d'un jugement a été ordonnée par justice, sans que la place et le prix de l'insertion aient été déterminés, il appartient au juge taxateur de réduire le chiffre porté en taxe, en tenant compte de ce que l'insertion a été faite abusivement dans le corps du journal, au lieu de paraître à la quatrième page, spécialement destinée aux annonces, où elle eût coûté trois fois moins cher ; lorsqu'il s'agit, comme dans l'espèce, de frais dont le chiffre n'est pas déterminé par le tarif, le juge a le droit et le devoir de rechercher si les dépenses portées en taxe sont justifiées et de fixer dans quelles limites elles doivent être admises (Rej. 21 janv. 1881, aff. Jacquet, Pataille. 81.249).

301. *Quid* **en cas d'acquittement?** — Le tribunal peut ordonner la confiscation de l'objet revêtu d'une marque contrefaite, même en cas d'acquittement. En est-il de même de la publication? L'affirmative a été jugée. Le seul motif que porte ce jugement c'est que, si la loi autorise la confiscation en pareil cas, elle autorise implicitement et nécessairement la publication ? (1). Cela est-il juste? M. Pataille

(1) V. Trib. corr. Seine, 27 fév. 1873, aff. Laterrière, Pataille.73.294.

hésite, et, comme lui, nous hésitons à le croire : « Cette solution, dit-il, est fort douteuse. On est en droit, en effet, « de se demander si, pour ordonner la publication de leurs « jugements à titre de réparation comme à titre de pénalité, « les tribunaux ne doivent pas, avant tout, être compétents « pour statuer au fond. Or, au point de vue de la répression « comme des réparations civiles, un tribunal correctionnel « cesse d'être compétent, dès l'instant qu'il juge qu'il n'y a « pas délit. Si la loi de 1857, comme celle de 1844, a autorisé la confiscation des objets reconnus contrefaits et a « même ordonné la destruction des marques en cas d'acquittement, c'est pour éviter un circuit d'action et la remise, « même momentanée, dans le commerce, d'un objet délictueux par lui-même; mais, en pareil cas, les tribunaux « correctionnels puisent leur compétence exceptionnelle dans « le texte même de la loi. Or, nous ne voyons pas qu'aucun « texte leur donne un pareil droit pour la publication de « leurs jugements, alors qu'ils jugent au fond qu'il n'y a pas « délit (1). »

302. Publication avant l'appel. — Il a été jugé que l'appelant qui succombe au fond sur son appel est sans intérêt pour se plaindre de ce que ses adversaires aient exécuté le jugement et notamment l'aient publié, malgré l'appel interjeté, alors surtout que, s'agissant d'un jugement du tribunal de commerce exécutoire par provision, l'exécution a eu lieu conformément à l'art. 439 du C. de proc. civ. (Paris, 5 janv. 1865, aff. Dolfus Mieg (2), Pataille. 65.109).

303. Conclusion à fin de publication; défaut de motifs. — Notons — cela d'ailleurs est évident — que, lorsque l'une des parties a conclu formellement à l'insertion et à l'affiche du jugement à intervenir, les juges du fait sont tenus d'y statuer, à peine de cassation de leur décision (3).

---

(1) V. Pataille.73.293, *la note.*
(2) V. notre *Traité des brevets*, n° 1008.
(3) V. Cass. 11 juill. 1823, cité par Bédarride, n° 950.

ARTICLE 5.

PRESCRIPTION.

SOMMAIRE.

304. Prescription; règle du droit commun. — 305. Point de départ de la prescription. — 306. Chaque fait délictueux constitue un délit distinct. — 307. La prescription est d'ordre public.

304. Prescription; règles du droit commun. — Les règles ordinaires de la prescription s'appliquent à notre matière. La prescription est donc de trois ans; elle éteint en même temps l'action civile et l'action pénale.

305. Point de départ de la prescription. — Tout ce que nous avons dit sur ce point dans notre *Traité des brevets* doit recevoir ici son application. Chaque délit, soit de contrefaçon, soit d'imitation frauduleuse, soit de vente ou de mise en vente, constitue un délit distinct. Il s'ensuit que le fait que le délit de contrefaçon soit prescrit n'empêche pas que le délit de vente ou de mise en vente ne puisse être utilement poursuivi. Faut-il voir toutefois un délit successif dans le délit de contrefaçon ou d'imitation frauduleuse? M. Bédarride le pense, et voici les raisons qui le décident : « Celui qui s'approprie, contrefait ou imite la marque d'autrui, « ne contrefait pas, n'imite pas de nouveau chaque fois qu'il « l'appose sur un de ses produits. La contrefaçon ou l'imitation « matérielle ne fait que préparer l'instrument du délit que « l'usage consomme. Où serait en effet la culpabilité si, après « avoir contrefait ou imité une marque, l'auteur la gardait « par devers lui et s'abstenait de s'en servir? N'est-ce pas « d'ailleurs par l'usage, et par l'usage seul, que se manifestera « le délit (1)? » Ces motifs ne sont que spécieux. Il n'est pas douteux que chaque fait de contrefaçon ou d'imitation frauduleuse ne soit distinct du précédent; il est certain que l'usage n'a lieu que par une succession d'actes, à chaque instant renouvelés, de la volonté; aussi bien, la jurisprudence n'hésite

(1) V. Bédarride, n° 978. — Comp. notre *Traité des brevets*, n° 1021; Mayer, n° 105.

plus depuis longtemps sur ce point. Concluons donc que chaque fait délictueux a sa prescription spéciale qui commence à courir du jour où ce fait a été commis; cette circonstance qu'il y a plus de trois ans que le prévenu fait usage, pour la vente de sa marchandise, d'une marque contrefaite, a pour effet, non de lui permettre d'user désormais légitimement de cette marque, mais de l'exonérer de toute réparation civile ou pénale à raison de l'usage qu'il en a fait il y a plus de trois ans.

Jugé que l'action civile se prescrit en même temps que l'action publique; il s'ensuit que les juges, en prononçant une condamnation à des dommages-intérêts pour un fait délictueux qui s'est continué pendant plusieurs années, ne doivent faire état que du dommage causé pendant les trois années qui ont précédé les poursuites (Paris, 12 août 1864, aff. Blaise, Pataille.65.38).

306. Chaque fait délictueux constitue un délit distinct. — Observons que chaque fait délictueux constitue un délit distinct, indépendant du fait auquel il se rattache, pouvant, par suite, être poursuivi isolément et devenant l'objet d'une prescription spéciale. Ainsi, de ce que le fait de contrefaçon ou d'usage de la marque contrefaite est, à raison de la prescription, à l'abri de toute poursuite, il ne s'ensuit pas que le fait de vente, mise en vente ou recel, ne puisse être légalement poursuivi et réprimé. Ce sont là des principes certains, que nous avons déjà exposés dans notre *Traité des brevets* et sur lesquels il nous paraît inutile d'insister (1).

307. La prescription est d'ordre public. — La prescription est une exception d'ordre public, à laquelle le prévenu ne peut renoncer ni directement ni indirectement. Il en résulte qu'elle peut être invoquée en tout état de cause, et que les tribunaux peuvent la déclarer d'office (2).

(1) V. notre *Traité des brevets*, nº 1027.

(2) V. notre *Traité des brevets*, nº 1029. — V. aussi Paris, 24 fév. 1855, aff. Ragani, Pataille.55.207; Paris, 31 août 1855, Frezon et Meissonnier, Pataille.55.203.

CHAPITRE VII.

DE L'INTRODUCTION EN FRANCE.

SOMMAIRE.

308. Introduction en France. — 308 *bis. Jurisprudence.* — 309. Qui peut invoquer l'art. 19 ? — 310. *Quid* si la marque ou le nom est imaginaire? — 311. *Jurisprudence.* — 312. Est-il nécessaire que la marque soit déposée ? — 313. *Quid* de l'apposition à l'étranger d'une marque française avec autorisation du fabricant ? — 314. *Jurisprudence.* — 315. Circulaires conformes à la jurisprudence. — 316. *Quid,* en ce cas, de la confiscation? — 317. *Quid* s'il s'agit de marchandises prohibées à l'entrée? — 318. Indication frauduleuse d'un lieu de fabrication; confiscation. — 319. Saisie par les soins de la douane. — 320. *Quid* des frais de transport de l'entrepôt des douanes au tribunal? — 321. La saisie est permise en tous lieux. — 322. *Quid* du payement des droits de douane?— 323. Destruction des marques contrefaites. — 324. Extension du délai pour introduire l'action. — 325. *Quid* de la pénalité ?

308. Introduction en France.—Nous avons cru devoir traiter dans un chapitre séparé le point qui nous occupe en ce moment ; car, si les règles de compétence et de procédure que nous venons d'étudier sont également applicables ici, nous rencontrons en même temps des questions spéciales, qui, pour plus de clarté et même sous peine de confusion, doivent être examinées à part. L'article 19 s'exprime ainsi : « Tous les produits étrangers, portant soit la marque, soit le « nom d'un fabricant résidant en France, soit l'indication du « nom ou du lieu d'une fabrique française, sont prohibés à « l'entrée et exclus du transit et de l'entrepôt, et peuvent « être saisis en quelque lieu que ce soit, soit à la diligence de « l'administration des douanes, soit à la requête du minis- « tère public ou de la partie lésée. »

Voici comment l'exposé des motifs en expliquait le sens et la portée : « L'article 19 a pour objet de combattre un abus « qui a soulevé de vives réclamations dans divers centres ma- « facturiers. Il arrive fréquemment que des produits étran- « gers, portant frauduleusement soit la marque, soit le nom « d'un fabricant résidant en France, soit l'indication du lieu « d'une fabrique française, sont présentés pour le transit et « gagnent le bureau de sortie sans que l'administration des

n'est soumis à aucune peine? Il nous semble qu'on peut répondre que, lorsque la marchandise, ainsi revêtue d'une fausse marque, est sur le sol français, il y a usage, et usage en France, d'une marque soit contrefaite, soit frauduleusement imitée? Il est hors de doute, en effet, que l'introducteur, lors même qu'il se borne au transit, a pour but de donner à sa marchandise une apparence française; l'introduction est donc nécessairement liée à un usage en France de la marque contrefaite. La loi n'avait pas, dès lors, de peine à prononcer, puisque la peine était déjà écrite dans d'autres dispositions. L'article 19 n'a voulu qu'une chose : faire cesser l'incertitude qui régnait à l'égard du transit; par cet article, elle autorise la saisie, même en transit ou en entrepôt; elle donne droit de surveillance même aux agents de la douane; la saisie une fois effectuée, les dispositions pénales de la loi s'appliquent naturellement. L'article 19, en un mot, a pour effet de permettre aux tribunaux d'appliquer la loi, même en cas d'introduction, ce dont on pouvait douter sous l'empire de la législation antérieure.

CHAPITRE VIII.

DROITS DES ÉTRANGERS.

SOMMAIRE.

326. Droits des étrangers; distinction. — Les

droits de l'étranger en matière de marques sont précisés par les art. 5 et 6. L'art. 5 est ainsi conçu : « Les étrangers qui « possèdent en France des établissements d'industrie ou de « commerce jouissent, pour les produits de leurs établisse« ments, du bénéfice de la présente loi, en remplissant les « formalités qu'elle prescrit. »

Voici maintenant ce que porte l'art. 6 : « Les étrangers « et les Français dont les établissements sont situés hors de « France jouissent également des bénéfices de la présente « loi pour les produits de ces établissements, si, dans les pays « où ils sont situés, des conventions diplomatiques ont établi « la réciprocité pour les marques françaises. »

Ces dispositions mettent fin à la controverse qui a si longtemps existé sur la question de savoir si la propriété d'une marque est du droit civil ou du droit des gens. Nous rappellerons plus loin cette controverse, lorsque nous parlerons des droits de l'étranger au point de vue de la loi de 1824 protectrice du nom commercial (1). Ici, bornons-nous à constater que le texte des articles est fort clair : L'étranger jouit de la protection de la loi de 1857, à la condition qu'il ait en France un établissement d'industrie ou de commerce, ou que des conventions diplomatiques accordent dans son pays la même protection aux Français. L'une ou l'autre de ces conditions est nécessaire, mais suffit pour que l'étranger puisse réclamer le bénéfice de la loi de 1857. Eût-il mieux valu, par une disposition plus libérale, protéger tous les étrangers indistinctement et sans condition de réciprocité? C'est là une question toute législative et que nous n'avons pas à examiner. Constatons seulement que la loi nouvelle est infiniment plus avantageuse pour les étrangers que l'ancienne législation, puisque, avant la loi de 1857, l'étranger n'avait aucun moyen de faire respecter sa marque en France, s'il n'avait été admis à y jouir de ses droits civils. Ainsi, du moins, le décidait la jurisprudence. Voici, d'ailleurs, comment l'exposé des motifs justifie le système de la loi : « Le bénéfice de notre législation « peut être accordé à des établissements situés en pays étran-

(1) V. *infrà*, n° 451.

« gers qu'autant que des garanties équivalentes nous seront « offertes en retour et qu'une réciprocité réelle aura été sti- « pulée dans une convention diplomatique. Cette condition « fait l'objet de l'article 6. Elle satisfait à une pensée de mo- « ralité que le gouvernement s'est efforcé déjà de faire préva- « loir dans les relations internationales. La réciprocité, en « fait de marques, tend d'ailleurs à faciliter les transactions « commerciales entre les divers peuples, et à les rendre de « plus en plus avantageuses aux uns et aux autres en les « fondant sur la plus solide des bases : le respect mutuel des « droits légitimement acquis (1). »

Le législateur, en se montrant si rigoureux, n'a fait, après tout, que suivre le conseil de M. Blanc. Cet éminent auteur, qui se pique d'ordinaire d'être le champion de la propriété industrielle, reconnaît bien, en principe, que la propriété des marques et noms est du droit naturel et des gens; mais il convient, en même temps, que la jurisprudence, qui, avant la loi de 1857, refusait, en cette matière, le droit d'action aux étrangers, « s'est inspirée d'un sentiment de légitime repré- « saille, qui touche de près au premier devoir du législateur, « c'est-à-dire à la protection due aux intérêts nationaux (2) ». Ces motifs justifient, en effet, au point de vue pratique, sinon au point de vue théorique, et la jurisprudence et le législateur.

327. Établissement en France; résidence à l'étranger. — Non seulement l'étranger n'a pas besoin d'être autorisé à établir son domicile en France, mais même il n'a pas besoin d'y résider; il suffit qu'il possède un établissement d'industrie ou de commerce sur le sol français : il peut donc être domicilié en pays étranger, même y résider et faire valoir en France son établissement par des gérants, des préposés, pour avoir droit au bénéfice de la loi de 1857. En un

(1) V. Renouard, *Droit industriel*, p. 393. — « L'art. 6, dit le savan « auteur, s'enferme dans le principe de réciprocité; j'aurais préféré que « le législateur, y renonçant pleinement, eût donné un libéral exemple « de générosité internationale. »

(2) Blanc, p. 741.

mot, cette extension de notre droit est plus spécialement accordée en considération de l'établissement industriel qu'en faveur du propriétaire de l'établissement (1). Du reste, il est à remarquer que, dans ce cas, la marque ne protège que les produits sortant de l'établissement situé en France; s'il y avait, en même temps, un établissement à l'étranger, les produits provenant de cet autre établissement ne seraient pas protégés par la loi française, à moins de réciprocité. Ajoutons que l'établissement doit être sérieux, réel, et ne pas être un simple prétexte servant à couvrir une fabrication étrangère (2).

328. Établissement à l'étranger ; nécessité d'un traité diplomatique. — Il ne suffirait pas, selon M. Rendu, que les lois d'un pays protégeassent la marque des Français pour que l'étranger jouît de la réciprocité en France; il faudrait encore que la protection de la loi étrangère fût formellement reconnue dans un traité diplomatique. C'est ce qui, d'après cet auteur, résulterait expressément de l'article 6 (3). Disons, d'abord, que la réciprocité est aujourd'hui établie par traités diplomatiques à peu près dans tous les pays, et que, dès lors, il est de peu d'intérêt de rechercher si, à défaut de traités diplomatiques, la réciprocité ne pourrait pas résulter des lois mêmes du pays étranger. M. Bédarride pense, contrairement à l'opinion de M. Rendu, que ce qu'a voulu le législateur, c'est que les marques françaises fussent protégées à l'étranger, que cette protection résultât d'ailleurs soit de la loi étrangère, soit de traités diplomatiques; s'il a plus particulièrement parlé de la protection assurée aux Français à l'étranger par les traités internationaux, c'est qu'il a parlé du cas le plus fréquent, c'est qu'il avait en vue les efforts déjà faits en ce sens par le gouvernement; il semblerait assurément contraire à la pensée même du législateur de refuser la protection de la loi française à l'étranger, quand la loi étrangère, quoique non confirmée par un traité diplomatique, pro-

(1) V. Calmels, n° 220; Bédarride, n° 881.

(2) V. *infrà*, n°s 451 et suiv.

(3) V. Rendu, n° 125.—V. aussi Paris, 5 juin 1867; aff. Kemp, Pataille.67.298.

tégerait elle-même les marques françaises (1). Il faut que M. Bédarride ait mal lu l'article 6 et le rapport qui l'explique. « La loi, dit le rapporteur, exige, et avec raison, que cette « réciprocité résulte de conventions diplomatiques. Il ne suf- « fira pas que la loi étrangère punisse les usurpations et con- « trefaçons de nos marques... La réciprocité n'existera que « si elle est stipulée dans un traité. » Il n'y a donc pas de question, au moins lorsqu'on s'en tient à la loi de 1857.

Mais cette loi — le législateur s'en est-il rendu compte ? — a été modifiée par la loi du 26 novembre 1873, dont l'article 9 porte textuellement : « Les dispositions des autres lois en vi- « gueur, touchant le nom commercial, les marques, dessins « ou modèles de fabrique, seront appliquées au profit des « étrangers, si, dans leur pays, la législation ou des traités « internationaux assurent aux Français les mêmes garanties. » Il faut tenir désormais pour constant, au rebours de la loi de 1857, qu'il suffit que la loi étrangère punisse l'usurpation des marques françaises, pour que, à son tour, l'étranger ou le Français établi à l'étranger (car le silence de la loi de 1873 ne peut favoriser l'étranger plus que le Français) trouvent protection en France (2).

Jugé que l'étranger qui n'a pas été autorisé par décret à établir son domicile en France, ou qui n'y a pas un établissement commercial, n'a pas d'action devant les tribunaux français, à raison de l'usurpation de sa marque ou même de son nom, à moins qu'il n'existe un traité diplomatique stipulant la réciprocité, et que le dépôt de la marque n'ait eu lieu conformément à la loi du 23 juin 1857 (Paris, 5 juin 1867, aff. Kemp, Pataille.67.298).

328 *bis*. *Quid* **de l'habitant d'une colonie étrangère ?** — Il a été jugé que la loi française n'autorise les étrangers à poursuivre en France la réparation des délits de contrefaçon de marques et d'usurpation de noms que si, dans le pays où sont situées leurs fabriques, des conventions diplomatiques ont établi la réciprocité en faveur des Français ; toutefois, les actes qui règlent les rapports des métropoles en

---

(1) V. Bédarride, n° 888.
(2) V. *infrà*, n° 354.

ce qui touche l'exercice des droits de leurs nationaux n'étant pas de plein droit applicables aux colonies, l'existence d'un traité diplomatique ne suffit pas lorsque l'étranger qui poursuit en France appartient, non à la métropole, mais à une colonie; en pareil cas, dans le silence du traité diplomatique à l'égard des colonies, la poursuite doit être déclarée non recevable (Paris, 4 juillet 1879, aff. Boch, Pataille.80.247).

329. Suffit-il que l'étranger ait un correspondant en France? — Il se peut que l'étranger n'ait pas d'établissement de commerce proprement dit en France, mais qu'il y ait un correspondant français, un dépositaire chargé de recevoir la marchandise et de la vendre. En ce cas, l'étranger peut-il valablement déposer sa marque, tout comme s'il avait un établissement sur notre sol? A son défaut, son correspondant peut-il du moins déposer la marque en son nom propre et, par ce moyen, user du bénéfice de la loi de 1857? Un négociant anglais, avant le traité de commerce qui accorde sur ce point la réciprocité à la France, l'avait pensé; et, en conséquence, il avait fait déposer à Paris sa marque au nom de son correspondant français. Le ministre fut d'un avis contraire et signifia au dépositaire un arrêté qui annulait le dépôt fait en son nom. Sur la protestation du dépositaire, le ministre maintint son appréciation et son arrêté, en déclarant que la loi ne pouvait admettre cette distinction. M. Huard approuve cette théorie dans les termes que voici : « Lors« qu'une maison étrangère n'est pas dans les conditions re« quises pour obtenir en France une marque de fabrique, « son correspondant français ne peut pas valablement déposer « une marque formée du nom de la maison étrangère et des « signes à l'aide desquels cette maison caractérise ses pro« duits. Que protégerait-on, en effet, dans ce cas? un intérêt « étranger et pas autre chose. Que croirait acheter le public? « un produit étranger. Et, si cette marque venait à être usur« pée, qui profiterait, en réalité, de la répression apportée « par les tribunaux français à cette concurrence frauduleuse? « le fabricant étranger. Or, c'est là précisément et incontes« tablement ce que la loi n'a pas voulu (1). » Il ajoute ail-

(1) V. l'article de M. Huard dans la *Prop. ind.*, n° 75.

leurs avec beaucoup de justesse : « Rien n'est plus facile que « d'avoir en France un correspondant et un dépôt de mar- « chandises. Grâce à cette précaution si simple, l'industriel « qui appartient à un pays dans lequel la marque des Fran- « çais n'est pas protégée éluderait les dispositions de la loi « française sur la réciprocité, et l'article 6 ne serait plus « qu'une lettre morte (1). » Continuant son argumentation, l'auteur fait remarquer que le dépositaire français ne sera pas pour cela dépourvu de protection; il pourra, s'il le juge convenable, apposer sur les produits, qu'il reçoit ainsi de l'étranger, et qu'il prend sous son patronage, une marque particulière, qui sera sa marque et que la loi protégera. Toutefois, nous pensons que M. Huard va trop loin lorsqu'il ajoute : « Le dépositaire indiquera, s'il lui convient, la provenance « des marchandises; mais il n'y comprendra pas le nom et « les emblèmes spéciaux du fabricant étranger. » Entendons-nous bien; il va de soi que le dépositaire français ne sera pas tenu d'effacer sur les produits la marque du fabricant étranger, et qu'il pourra y joindre sa propre marque; mais, c'est celle-ci qui, seule, lui appartiendra privativement, et que, seule, il pourra revendiquer en justice.

M. Bédarride dit dans le même sens : « La loi n'accorde et « n'a entendu appliquer le bénéfice de ses dispositions aux « étrangers qu'en échange du contingent qu'ils fournissent « à la richesse et à l'activité du pays. Or, l'étranger qui fa- « brique chez lui, et qui ne vient en France que pour y vendre « ses produits, ne contribue en rien à la richesse nationale; « il ne lui apporte ni ses capitaux, ni son industrie. Loin de « concourir à l'activité du pays, il nuit essentiellement à nos « travailleurs, en les privant de la main-d'œuvre, qu'il serait « bien forcé de leur demander s'il exploitait en France son « établissement. A quel titre viendra-t-il donc réclamer un « bénéfice que la loi a subordonné à la plus juste des condi- « tions? et, s'il ne nous donne absolument rien, pourquoi « nous demanderait-il quelque chose (2)? »

329 *bis*. Jurisprudence. — Il a été jugé dans cet ordre d'idées:

---

(1) V. l'article de M. Huard dans la *Prop. ind.*, n° 146.
(2) Bédarride, n° 882.

1° avant la loi de 1857, que le négociant français, qui est personnellement intéressé dans l'importation des produits d'une manufacture étrangère, et qui, d'ailleurs, ajoute à la marque du fabricant étranger son propre nom, précédé des mots *garanti par*, est en droit d'empêcher que la marque étrangère, aussi bien que la sienne propre, soit usurpée par ses concurrents (Trib. comm. Seine, 25 juin 1845, aff. Reisenthel, le *Droit*, 26 juin) ; 2° depuis la loi de 1857, que le fait qu'un citoyen américain, à défaut d'un traité de commerce existant entre son pays et la France, soit non recevable à invoquer sur le sol français la protection sur les marques de fabrique, n'empêche pas que le négociant anglais, qui achète le fonds de commerce de ce citoyen américain et qui l'exploite en Angleterre, ne puise dans sa situation personnelle, dans sa propre nationalité, le droit de revendiquer en France, en vertu du traité diplomatique intervenu avec l'Angleterre, la protection de la loi pour la marque devenue sa propriété (Rej. 18 nov. 1876, aff. Howe (1), Pataille.76.314).

330. *Quid* **des sociétés étrangères ?** — La loi de 1857 s'applique d'une façon générale aux étrangers, et comprend, par suite, — à moins d'une exception qui serait formulée dans les traités diplomatiques établissant la réciprocité, — aussi bien les personnes morales que les individus.

Jugé en ce sens : 1° que le traité de commerce, conclu entre la France et l'Angleterre le 23 janvier 1860 et promulgué le 10 mars suivant, qui reconnaît en France, aux Anglais, les mêmes droits qu'aux nationaux en ce qui concerne la propriété des marques de fabrique, est applicable non seulement aux sujets anglais pris individuellement, mais aussi aux sociétés commerciales anglaises qui, régulièrement constituées, prennent, par cela même, un caractère d'individualité ; le traité du 30 avril 1862 ne s'applique qu'aux sociétés pour la constitution desquelles l'intervention du gouvernement était nécessaire, et n'implique pas qu'aucune société anglaise n'aurait pu jusque-là être admise à l'exercice de ses droits sur le territoire français ; ce n'est donc pas lui attribuer un

(1) V. aussi Paris, 26 mai 1876, aff. Brion, Pataille.76.170.

effet rétroactif que de reconnaître la validité d'une marque déposée, avant 1862, par une société anglaise qui n'avait nul besoin, pour se constituer, de l'autorisation du gouvernement (Rej. 12 août 1865, aff. Bass, Pataille.66.161); 2° que le traité de commerce du 23 janvier 1860, intervenu entre la France et l'Angleterre, s'applique aux sociétés anglaises comme aux individus : spécialement, une société anglaise peut, aux termes du traité de commerce, poursuivre en France l'usurpation de sa marque de fabrique, encore qu'elle serait aux droits d'une société américaine non recevable en France, à défaut de traité diplomatique (Paris, 26 mai 1876, aff. Brion, Pataille.76.170).

331. Français établi à l'étranger. — Le Français qui est établi hors de France est, de tous points, assimilé à l'étranger. Eût-il des correspondants, des dépôts en France, il ne jouirait du bénéfice de notre loi que si une convention diplomatique ou une loi protégeait la marque française dans le pays où est situé son établissement commercial.

332. Formalité du dépôt. — L'étranger, cela va sans dire, est astreint au dépôt de la même façon et dans les mêmes conditions que le Français. Seulement, le dépôt doit être effectué, soit au greffe du tribunal de commerce du lieu où l'étranger a son établissement commercial, s'il est établi en France, soit, dans le cas d'un étranger (ou d'un Français) qui n'a aucun établissement en France, au greffe du tribunal de commerce de la Seine.

Voici, à cet égard, ce que porte l'art. 7 du décret du 26 juillet 1858 : « Le greffier du tribunal de commerce du « département de la Seine, chargé, dans le cas prévu par « l'art. 6 de la loi de 1857, de recevoir les dépôts des mar- « ques des étrangers et des Français dont les établisse- « ments sont situés hors de France, doit en former un « registre spécial, et mentionner, dans le procès-verbal de « dépôt, le pays où est situé l'établissement industriel, com- « mercial ou agricole du propriétaire de la marque, ainsi « que la convention diplomatique par laquelle la réciprocité « a été établie. »

Ajoutons une réflexion : Puisque le déposant étranger, — lorsque son pays accorde la réciprocité aux Français, — a tous les droits du Français, l'absence de dépôt ou son irrégularité lui laisse ouverte la voie civile (1).

333. *Quid* **du dépôt fait avant la promulgation du traité diplomatique ?** — Le principe de la nécessité de la promulgation des traités n'a jamais soulevé ni pu soulever le moindre doute; leur caractère de lois les range sous l'empire de l'art. 1er du Code civil, et, comme toutes les autres lois, ils ne deviennent exécutoires pour les Français qu'après le délai imposé par cet article. En conséquence, le dépôt de la marque par l'étranger, avant l'expiration de ce délai, serait irrégulier et sans effet. Tel est du moins le sentiment de M. Bédarride (1).

On peut, à dire le vrai, élever quelque doute sur cette solution. Il peut, en effet, paraître rigoureux de considérer comme nul un dépôt, parce qu'il a été fait avant la promulgation du traité, mais alors que ce traité était déjà conclu. S'il est exact de dire que c'est la promulgation seule qui donne la vie légale au traité, toutefois on ne peut nier que le fait même de la confection du traité ne soit la constatation de l'accord des deux pays et le point de départ de la convention. Que le dépôt fait dans l'intervalle ne puisse être utilement invoqué tant que la promulgation n'a pas eu lieu, c'est évident; mais qu'il soit considéré comme absolument irrégulier et nul, même si la promulgation intervient, c'est ce qui peut paraître excessif; car il a été fait en réalité sous la garantie de la convention, convention dont l'effet est suspendu jusqu'à la promulgation, mais qui, en définitive, existe déjà. Au contraire, il n'est pas douteux que le dépôt, fait avant toute convention, est nul et reste nul, même au cas où, postérieurement, une convention diplomatique interviendrait.

Jugé, en ce sens, que le dépôt, fait par un étranger en France, alors qu'il n'existe entre cette nation et celle à laquelle appartient l'étranger aucun lien de réciprocité légale, est nul et ne devient pas valable par le seul fait de la conclusion entre les deux nations d'un traité diplomatique : ce traité peut bien donner à l'étranger le droit de faire un dépôt

---

(1) V. Bédarride, n° 893.

(2) V. Bédarride, n° 898.—V. aussi Braun, n° 268.

valable, mais ne saurait rendre à l'ancien dépôt l'existence légale qu'il n'a jamais eue (Trib. corr. Seine, 13 août 1875, aff. Howe (1), Pataille.75.337).

333 *bis*. L'étranger ne peut avoir plus de droit qu'en son pays. — Nous avons dit que, selon nous, — et c'est l'avis unanime des auteurs, — un Français pouvait acquérir en France la propriété d'une marque déjà employée à son insu dans un pays étranger (2). Nous venons de voir que l'art. 6 de la loi de 1857 assimile les étrangers aux nationaux, dès que la nation à laquelle ils appartiennent nous accorde la réciprocité. Cela étant, on peut se demander si un étranger pourrait, en vertu de l'article 6, réclamer en France la propriété d'une marque qui, dans son pays, serait dans le domaine public ; et, pour éclairer la question par un exemple, nous citerons le fait suivant : Un fabricant anglais, qui importait en France un engrais qu'il désignait sous le nom de *phospho-guano*, prétendit avoir la propriété exclusive de cette dénomination et poursuivit des fabricants français qui appelaient leurs produits du même nom. Il fut établi, en fait, que cette désignation était dans le domaine public en Angleterre; mais le fabricant anglais, invoquant l'article 12 du traité de commerce conclu en 1860 entre la France et l'Angleterre, article qui assimile de tous points les Anglais aux nationaux, soutenait qu'il n'avait point à se préoccuper de savoir si la dénomination était ou non dans le domaine public en Angleterre, qu'il lui suffisait de constater qu'elle était nouvelle en France, qu'il pouvait, dès lors, en réclamer la jouissance exclusive sur le sol français, sauf à ne s'en pas prévaloir utilement dans son pays. M. Bozérian a soutenu énergiquement cette thèse dans une consultation que nous avons déjà eu l'occasion de rappeler. Notons, en passant, que cette question ne pouvait guère naître qu'à la suite du traité fait avec l'Angleterre; car les autres traités ont tous ou presque tous expressément stipulé qu'une marque, appartenant au domaine public dans l'un des pays contractants, ne

---

(1) V. Rej. 18 nov. 1876, aff. Howe, Pataille.76.314.
(2) V. *suprà*, n° 24.

pouvait faire dans l'autre l'objet d'un droit privatif. Et cette remarque était même l'un des arguments invoqués par les adversaires du fabricant anglais. Eh quoi! lui disait-on, les Anglais seront privilégiés en France; non seulement ils y auront plus de droits qu'ils n'en auraient dans leur pays, mais même ils y auraient des droits plus étendus que ceux accordés aux sujets des autres nations! Pourquoi cette préférence? Nous pensons que ce système de défense était juste. La raison se refuse à admettre qu'un étranger ait, en pareille matière, — et à moins d'une disposition contraire de la loi, — plus de droits en France contre les Français que dans son pays contre ses propres compatriotes.

Il faut même reconnaître que cette solution ressort du texte de l'article 6 de la loi de 1857, qui, réglant les droits de l'étranger dont l'établissement est situé hors de France, emploie les mots : *la marque étrangère*, et par là indique clairement que le législateur n'entend, dans ce cas, protéger en France que ce qui est protégé à l'étranger.

Cette solution, du reste, ne contredit en rien le principe que nous avons admis pour la nouveauté de la marque. Si nous admettons, en effet, qu'il suffit, pour la validité de la marque, qu'elle soit nouvelle en France, c'est sous la réserve de l'effet que produisent les traités internationaux. Ces traités, avons-nous dit, ont pour effet de supprimer toute barrière entre les pays contractants et, pour ainsi dire, de les confondre en un seul; d'où cette conséquence que, dans ce cas, la condition de nouveauté s'étend au delà des frontières et doit être vérifiée, non plus seulement en France, mais encore dans le pays avec lequel la France a conclu le traité (1).

Jugé en ce sens : 1° que, lorsque des traités attribuent aux sujets de deux puissances la faculté réciproque de revendiquer dans les deux pays leur marque de fabrique et les assimilent aux nationaux, la vulgarisation d'une des marques dans le pays de provenance des marchandises fait obstacle à la revendication de cette marque dans le pays d'importation; il en est spécialement ainsi à l'égard des fabricants anglais,

(1) Comp. Mayer, p. 99, note 1.

par application de l'article 12 du traité de commerce de 1860 (Rej. 21 mai 1874, aff. Peter Lawson, Pataille.74.153); 2° que le dépôt, fait aux termes de l'article 6 de la loi du 23 juin 1875, par un étranger qui n'a pas d'établissement en France, ne peut protéger à son profit que ce qui constitue sa marque à l'étranger, c'est-à-dire sa marque opposable, dans le pays d'origine des produits, à ceux auxquels il entend l'opposer en France : il s'ensuit que la dénomination qui n'est pas une marque de fabrique appartenant à l'étranger dans son pays (dans l'espèce, le mot *Linoleum* en Angleterre) ne saurait lui appartenir privativement en France (Paris, 19 août 1881, aff. Nairn et Ce, Pataille.81.289).

334. *Quid* **si la marque est mensongère?** — La marque de fabrique ne peut avoir d'autre objet que celui de distinguer les produits de la fabrication de l'industriel qui a adopté la marque; et, de même, la loi de 1857, qui en autorise le dépôt au greffe du tribunal de commerce et en assure ainsi la propriété au fabricant, n'a d'autre but que de le garantir contre la concurrence déloyale qu'on pourrait lui faire, en vendant, comme étant de sa fabrique, des produits qui lui seraient étrangers. Il suit de là que le fabricant étranger, qui porte le même nom qu'un fabricant de Paris, ne saurait se prévaloir d'une marque sur laquelle il fait suivre son nom de cette indication fausse : *fabricant de Paris*, une telle marque ayant évidemment pour but, non de garantir l'identité de ses produits, mais de tromper en France le public en faisant confondre les objets de sa fabrication avec ceux de son homonyme français (1).

335. *Quid* **de l'importation d'une marque étrangère?** — Supposez un fabricant étranger appartenant à un pays dont les lois ne protègent pas les marques françaises, et qui n'ait, d'ailleurs, pas conclu de traité diplomatique avec la France pour cet objet; sa marque ne sera pas protégée dans notre pays, cela est de toute évidence; mais qu'adviendra-t-il si, un fabricant français s'étant emparé de cette marque et

---

(1) V. Trib. corr. Seine, 3 juin 1863, aff. Bernard et Edmond, Pataille.64.375.

l'ayant déposée, un autre fabricant vient à son tour à la copier? Le premier importateur de la marque, celui qui l'a déposée, pourra-t-il prétendre à un droit privatif sur cette marque? Pourra-t-il interdire à ses concurrents de l'employer? Nous avons déjà fait pressentir notre opinion : tout en nous rangeant à l'opinion de ceux qui ne demandent à la marque que d'être nouvelle en France, nous avons formellement exclu le cas de fraude et d'usurpation ; il nous semble, en effet, impossible de décider que l'importateur, c'est-à-dire l'usurpateur d'une marque étrangère, en devienne le légitime propriétaire en France envers et contre tous. Quoi! parce que, à défaut de réciprocité, la loi française est impuissante à protéger la marque étrangère, impuissante à punir la fraude, il se pourrait faire que le créateur de cette marque, non seulement ne pût la faire respecter en France, mais encore se vît faire défense de l'employer! Que sa marque puisse être librement imitée, c'est déjà bien rigoureux; toutefois, il y a des rigueurs que la loi, que la nécessité, commandent; mais que cette marque devienne la propriété exclusive de l'usurpateur, c'est ce que l'on ne saurait accepter. Il y a là une si criante, une si monstrueuse iniquité, que l'esprit la repousse absolument. On ne peut méconnaître qu'il n'y ait, dans le fait de l'imitation consciente et préméditée d'une marque étrangère, même non protégée par la loi, un acte indélicat, contraire à la loyauté commerciale, et le législateur n'a ni pu ni voulu élever cette indélicatesse à la hauteur d'un droit. La marque étrangère, en ce cas, doit être considérée comme étant, au moins provisoirement, dans le domaine public ; elle appartient à tous (1).

336. La marque étrangère non protégée en France tombe-t-elle dans le domaine public? — Nous avons dit que la législation antérieure à la loi de 1857, et que cette loi elle-même, ne protègent la marque étrangère en France que s'il y a réciprocité pour les Français à l'étranger. De là une question des plus graves et en même temps des

---

(1) V. en ce sens, Paris, 26 mars 1822, aff. Benoît, Dall., v° *Industrie*, n° 325.

plus intéressantes. Supposez qu'une marque étrangère ait été usurpée en France à une époque où les traités diplomatiques n'accordaient pas aux Français la réciprocité. Plus tard, un traité intervient; l'étranger, assuré désormais de la protection de la loi française, en remplit les formalités. Quel sera son droit? Pourra-t-on lui répondre qu'il est trop tard et que l'usurpation de sa marque, dans un temps où il était désarmé contre elle, a eu pour effet de lui en faire perdre la propriété et de la faire tomber dans le domaine public? Nous ne saurions admettre une pareille théorie, et, pour la combattre, nous ne pouvons mieux faire que de reproduire les motifs d'un jugement du tribunal correctionnel de la Seine, qui, tout infirmé qu'il a été en appel, n'en garde pas moins son autorité, et s'impose même à la raison par la force de ses arguments et l'irrésistible logique de ses déductions.

« Si des fabricants, dit ce jugement, ont profité des im- « munités ou des impunités accordées par le droit privé à la « contrefaçon des produits étrangers et à l'usurpation des « noms et des marques de fabrique, il n'en est pas moins « certain qu'ils n'ont agi que dans le but de s'approprier les « bénéfices attachés à ces noms et à ces marques, et qu'ils « ont trompé l'acheteur sur l'origine des produits par eux « mis en vente. Ces actes abusifs et frauduleux, si longtemps « qu'ils aient été pratiqués, ne sauraient jamais fonder un « droit, pas plus pour le domaine public que pour les parti- « culiers; la prescription ne devient un moyen légal d'ac- « quérir que par l'abandon volontaire présumé chez le pro- « priétaire; le nom représente la personne même, en résumant « tous les éléments qui composent son individualité, et c'est « de toutes les propriétés la plus certaine, la plus légitime, la « plus nécessaire et la plus imprescriptible. La loi de 1857, « en créant un droit nouveau pour les étrangers, a eu pour « effet, comme loi nouvelle, de changer l'ancien état de « choses, et notamment de réprimer certains faits permis ou « tolérés précédemment; il en résulte que cette loi ne pourra, « sous peine d'avoir un effet rétroactif, s'appliquer à une fa- « brication ou à une vente antérieure à sa promulgation; « mais aussi, sous peine d'être frappée d'impuissance et « d'inexécution, elle atteindra tous ceux qui, au mépris de

« cette loi, continueraient à usurper le nom ou la marque « étrangère dans leur fabrication (1). »

Sur le pourvoi formé contre l'arrêt infirmatif de la Cour de Paris, M. l'avocat général Bédarride a soutenu avec énergie, quoique sans succès, la thèse du jugement. Voici comme il s'exprimait à cet égard : « Votre jurisprudence, disait-il, a « bien consacré l'impunité, mais non la propriété de ceux qui « usurpaient les marques étrangères. Tout ce qui résultait, « en effet, de l'arrêt des chambres réunies, c'est que l'étran- « ger n'avait pas d'action, parce que l'exercice de la faculté « civile de revendiquer sa marque était subordonné à la « condition de réciprocité. Mais on n'a jamais entendu sanc- « tionner le droit d'usurpation... Comment, dès lors, la « marque étrangère serait-elle tombée dans le domaine pu- « blic ? Par suite d'un usage abusif, d'une sorte de prescrip- « tion, dit l'arrêt attaqué. Mais la tolérance n'a pas pu fonder « le droit de l'usurpateur, et il n'est pas plus possible d'ap- « pliquer la prescription acquisitive que la prescription libé- « ratoire. Toutes deux ont leur source commune dans cette « règle constante que, lorsqu'une personne laisse écouler un « certain temps sans exercer le droit qu'elle a contre une « autre, ce droit s'éteint. Or, la maison anglaise fût-elle « restée inactive, il n'y aurait rien à conclure de son silence, « puisque la loi n'autorisait pas son action. Il y a une diffé- « rence essentielle dans la position de l'étranger, qui ne « pouvait pas agir, et celle du Français qui, pouvant agir, « aurait néanmoins toléré (2). »

On ne peut pas mieux dire. Autre chose, en effet, est la tolérance, qui finit, à la longue, par devenir une présomption, une preuve d'abandon volontaire ; autre chose l'impuissance d'agir. Le Français, qui n'a pas usé du droit qui lui appartient de s'assurer la propriété exclusive d'une marque, peut s'imputer les suites de sa négligence ; mais l'étranger n'avait, avant le traité de commerce, aucun moyen d'agir

---

(1) V. Trib. corr. Seine, 26 janv. 1864, aff. Peter Stubs, Pataille.64. 212.

(2) V. Pataille.64.208. — *Contrà*, Mayer, n° 118.

pour empêcher l'emploi abusif de sa marque ; comment, dès lors, en serait-il dépossédé, quelque long et quelque général qu'en ait été l'usage? N'est-ce pas le cas d'appliquer l'adage : *Contrà non valentem agere non currit præscriptio* (1)?

M. Pataille est du même avis ; il ne saurait admettre que l'impunité ait pour résultat d'en légitimer l'usurpation et de faire le fondement d'un droit acquis, « surtout, ajoute-t-il « avec pleine raison, lorsqu'il s'agit du nom, qui est une « propriété imprescriptible et de droit des gens. Il n'y a « qu'un cas où un pareil résultat peut se comprendre : c'est « lorsque, par le fait même du propriétaire originaire d'un « nom, ou du moins par un consentement tacite, ce nom est « devenu la seule désignation connue et possible de l'objet « auquel il a été appliqué, comme cela est arrivé, par exemple, « pour les lampes *Quinquet.* Il est évident qu'aujourd'hui « les héritiers du nom, s'il en existe, ne seraient pas rece- « vables à critiquer son application à l'espèce particulière de « lampes dont il indique la forme et l'usage (2). »

M. Calmels n'est pas d'une opinion différente ; il enseigne même que « l'étranger, qui ne réunirait pas les conditions « prescrites pour poursuivre lui-même en France les usurpa- « tions de sa marque, pourrait être admis, sur les poursuites « du ministère public, à faire condamner l'usurpateur comme « s'étant rendu coupable du délit de tromperie sur la nature « de la marchandise vendue (3). »

337. Jurisprudence étrangère. — Il a été jugé, en ce sens, — mais à l'étranger, — que le Français qui a déposé sa marque en Belgique, conformément à la convention internationale du 1er mai 1861, est protégé par la loi belge, alors même qu'antérieurement à son dépôt sa marque aurait été usurpée en ce pays; ces faits d'usurpation n'ont pu avoir pour résultat de faire tomber ladite marque dans le domaine public, celle-ci n'ayant pu acquérir de droit contre une personne qui se trouvait, par le fait de la loi, dans l'impossibilité

---

(1) V. notre article dans la *Prop. ind.*, n° 323.
(2) V. Observ. de Pataille.64.218.—V. anal. Calmels, n° 238.
(3) V. Calmels, n° 225.

d'agir (Rej. Belg., 20 juin 1865, aff. Gilbert (1), Pataille. 66.427).

338. **Jurisprudence française.** — Il a été jugé en sens opposé : 1° que le fait que la législation antérieure à 1857 déniait aux étrangers le droit de poursuivre en France l'usurpation de leur nom ou de leur marque de fabrique, a eu pour résultat de faire tomber ces nom et marque dans le domaine public ; et le dépôt, opéré depuis par l'étranger en vertu de la nouvelle législation, n'a pu lui permettre de ressaisir une propriété qui appartenait à tous (Paris, 16 déc. 1863 et Rej. 30 avril 1864, aff. Spencer, Pataille.64.197); 2° que le fabricant étranger, admis en vertu d'une législation nouvelle au bénéfice de la loi française sur la propriété des marques, alors qu'il en était exclu auparavant, ne peut ressaisir et revendiquer la marque dont l'industrie s'était emparée à son préjudice avant cette époque, et qui, dès lors, est considérée à bon droit comme tombée dans le domaine public ; il en est ainsi alors même que le nom du fabricant serait l'élément principal de la marque, s'il est du moins constant que le nom ainsi employé est devenu le signe d'une fabrication spéciale, l'indice d'un produit de nature particulière, et ne sert pas à désigner l'origine de la fabrication (Paris, 29 avril 1864, et Rej. 4 fév. 1865, aff. Peter Stubs, Pataille.65.81) ; 3° que, lorsqu'une marque étrangère tombe dans le domaine public en France, notamment par l'emploi général et usuel qui en est fait dans le commerce en l'absence de tout traité diplomatique établissant la réciprocité, elle y tombe tout entière, et y fait par conséquent tomber avec elle le nom ou la raison sociale comprise dans la marque et faisant corps avec elle ; il en est surtout ainsi lorsque les énonciations de la marque, sans en excepter la raison sociale, sont rédigées dans une autre langue que celle de la nation à laquelle appartient le propriétaire de la marque, le tout pour accréditer le produit sous les apparences mensongères d'une provenance autre que la véritable (Paris, 20 déc. 1878, aff. veuve Beissel et fils, Pataille.78.337).

---

(1) V. encore Bruxelles, 30 mai 1855, aff. Fumouse-Abespeyres, Pataille.55.45 ; Bruxelles, 28 nov. 1870, aff. Torchon, P.B.71.2.99.

339. Sens de l'art. 28 du traité franco-allemand. — Cet article est ainsi conçu : — Art. 28. « En ce qui « concerne les marques ou étiquettes de leurs marchandises « ou de leurs emballages, les dessins ou marques de fabrique « ou de commerce, les sujets de chacun des États contrac- « tants jouiront respectivement dans l'autre de la même « protection que les nationaux. Il n'y aura lieu à aucune « poursuite en raison de l'emploi, dans l'un des deux pays, « des marques de fabrique de l'autre lorsque la création de « ces marques, dans le pays de provenance des produits, re- « montera à une époque antérieure à l'appropriation de ces « marques par dépôt ou autrement dans le pays d'importa- « tion. »

Cette rédaction, qui est assurément obscure, a fait naître plus d'une difficulté; on s'est demandé, par exemple, si le fabricant allemand, qui justifiait de la possession d'une marque dans son pays, pouvait, en vertu du traité, introduire en France ses produits sous cette marque, sans avoir à redouter les poursuites du fabricant français qui, de son côté, justifiait en France d'une possession plus ancienne de cette même marque. On va voir que la jurisprudence, par une application exacte des termes du traité, a repoussé la prétention du fabricant allemand. Une autre espèce s'est présentée, dans laquelle une maison allemande prétendait, toujours en vertu du traité, avoir le droit de revendiquer sa marque en France, quoiqu'il fût constant que, antérieurement au traité, elle y était tombée dans le domaine public. Cette question était plus délicate, parce que, en fait, la maison allemande soutenait que, si, avant le traité, elle n'avait pas élevé de réclamation en France, c'est que, aux termes de la jurisprudence, toute action lui était refusée. Les tribunaux ont pensé toutefois que les termes du traité condamnaient une semblable prétention, son sens étant que les sujets de l'un des deux pays ne peuvent revendiquer dans l'autre la propriété d'une marque, qui, dans ce dernier pays, serait reconnue, en fait, appartenir au domaine public au moment de la signature du traité (1).

---

(1) M. Mayer (p. 99, note 1), tout en trouvant obscurs les termes de

Jugé, en effet : 1° que l'art. 28 du traité franco-allemand, qui établit la réciprocité au point de vue des marques entre les nationaux des deux pays contractants, n'est pas applicable aux négociants allemands, poursuivis en France pour contrefaçon, qui ne justifient pas d'une possession légitime de leur marque dans leur pays, antérieure à celle dont justifient en France les négociants français qui les poursuivent (Paris, 12 juillet 1878, aff. Muhlens, Pataille.79.18); 2° qu'aux termes du paragraphe 2 de l'art. 28 du traité de commerce passé entre la France et l'Allemagne, le 2 août 1862, il y a lieu d'écarter toute poursuite en contrefaçon de marque dans l'un des deux pays, lorsqu'il est constant que, dans l'autre, la marque était, dès avant le traité de commerce, tombée dans le domaine public (Paris, 20 déc. 1878, aff. veuve Beissel et fils (1), Pataille.78.337).

CHAPITRE IX.

TIMBRAGE OU POINÇONNAGE DES MARQUES.

SOMMAIRE.

340. Objet de la loi du 26 nov. 1873. — Aux

---

cet article 28, pense que « cela veut bien dire évidemment que la nou- « veauté est requise à la fois dans les deux pays ».

(1) V. aussi Rej. 13 janv. 1880, même aff., Pataille.80.113.

termes de la loi du 26 novembre 1873, tout propriétaire d'une marque de fabrique ou de commerce, déposée conformément à la loi du 23 juin 1857, peut, moyennant le payement d'une taxe, faire apposer par l'État, soit sur les étiquettes, bandes ou enveloppes en papier, soit sur les étiquettes ou estampilles en métal sur lesquelles figure sa marque, un timbre ou poinçon spécial destiné à affirmer l'authenticité de cette marque.

Le but de la loi est double : elle a d'abord en vue de procurer au Trésor des ressources nouvelles provenant de l'acquittement de la taxe par les fabricants qui font timbrer ou poinçonner leur marque, ressources d'autant plus précieuses qu'elles constituent un impôt purement facultatif, lequel répond de la manière la plus directe, — ainsi que le remarquait le rapporteur, — à l'idée d'un *impôt-assurance* qui ne sera acquitté que par ceux qui espèrent tirer avantage de son payement.

La loi offre en même temps une garantie réelle aux fabricants : le timbre ou le poinçon apposé sur la marque en affirme l'authenticité, et, dès lors, le contrefacteur, s'il persiste dans son usurpation, est obligé d'imiter non seulement la marque proprement dite, mais encore le timbre de l'État; en même temps, il se heurte tout à la fois à l'action privée du propriétaire de la marque et à l'action publique, directement mise en mouvement par le crime commis envers l'État. C'est précisément dans ce fait que l'État est lui-même atteint par la contrefaçon de son timbre et que, par suite, il est intéressé à la réprimer, qu'est le surcroît de garantie offert par la loi de 1873 aux propriétaires de marques. On verra, du reste, plus loin que, par cela même, la répression est plus étendue et permet de frapper des actes coupables qui auparavant restaient hors des atteintes de la justice française : « L'usurpation de la marque, disait le rapporteur, lèse le « public; les mesures qui l'empêchent ou qui la répriment « répondent donc à l'intérêt général. A ce titre, rien de plus « naturel que de voir le fabricant ou le commerçant invoquer « le contre-seing de l'État, afin que celui qui emploie une « marque privée, en se livrant à une manœuvre illicite, « tombe non seulement sous l'application des peines qui

« frappent l'usurpation d'un droit particulier, mais encore « sous le coup du châtiment qu'encourt quiconque se sert du « poinçon de l'État ou des marques apposées au nom du « Gouvernement sur les diverses denrées et marchandises. « La répression devient ainsi plus efficace et mieux assurée; « par conséquent, la loyauté de la fabrication et des transac- « tions commerciales se trouve sauvegardée à l'avantage de « l'industrie et du consommateur. Telle est la portée de la « loi, que nous présentons à l'approbation de l'Assem- « blée. »

M. Pataille dit à son tour : « L'utilité et l'efficacité de la « loi ne résident pas tant dans la plus grande difficulté qu'au- « ront les contrefacteurs, ni même dans la plus grande sévé- « rité des peines, mais dans l'intervention obligée de l'admi- « nistration et du ministère public (1). »

On comprend, du reste, que le timbrage de l'État ne garantit ni la nouveauté de la marque ni la validité du dépôt:

« L'attestation de l'Etat, dit M. Mayer, porte simplement « sur le fait du dépôt et sur la conformité de la marque tim- « brée avec la marque déposée; les bureaux de garantie, « institués en exécution de la loi, n'ont rien d'autre à vérifier; « cet élément nouveau, partie intégrante de la marque, ne « la dispense pas de se distinguer d'autre part, et n'indique « pas qu'elle le fasse suffisamment (2). »

341. Timbrage; poinçonnage. — On a vu, par les expressions mêmes dont se sert la loi, que le timbrage ou le poinçonnage ne sont qu'une seule et même chose; seulement la loi appelle *timbre* le signe apposé sur les étiquettes, enveloppes, bandes de papier, etc., et *poinçon*, le signe apposé sur les estampilles en métal ou sur l'objet lui-même, alors que, comme il arrive souvent, la marque fait corps avec lui. *Timbre* ou *poinçon*, c'est donc toujours le signe de garantie apposé par l'État.

342. Qui peut demander le timbrage? — Timbrage ou poinçonnage, c'est au propriétaire de la marque

(1) Pataille.74.201.
(2) Mayer, n° 53.

qu'il appartient de le demander. La loi le dit formellement. Le règlement d'administration publique, édicté en exécution de la loi, ajoute qu'en cas de transmission, à quelque titre que ce soit, de la propriété de la marque, le nouveau propriétaire justifie de son droit par le dépôt des actes ou pièces qui établissent cette transmission. Ces mesures sont naturelles; autrement il serait trop facile à un contrefacteur de faire timbrer par l'État des étiquettes contrefaites. Il fallait donc, avant tout, s'assurer que celui qui requiert le timbre est bien le légitime propriétaire de la marque. Lorsque ce sera le propriétaire originaire de la marque, celui qui a opéré le dépôt, qui requerra le timbrage, il n'y aura aucune difficulté; on verra qu'il est tenu de déposer l'original de sa signature : or, comme cette signature se retrouvera sur l'acte de dépôt, la comparaison sera toujours facile. A moins d'un faux, qu'un contrefacteur ne se hasardera guère à commettre, on sera sûr que le requérant et le déposant sont bien la même personne. La difficulté sera plus grande lorsqu'il y aura eu transmission. Nous savons que la loi ne prescrit aucun mode spécial de transmission pour les marques, qui, le plus souvent, sont cédées comme accessoires d'un fonds de commerce : ce sera aux intéressés à se mettre en garde contre cette difficulté et à se mettre en mesure de justifier de la transmission de la propriété.

343. Formalités à remplir. — Voici quelles sont les formalités imposées par le règlement d'administration publique au fabricant qui présente sa marque au timbre : il doit d'abord, et préalablement, faire une déclaration à l'un des bureaux désignés par les art. 5 et 9 dudit règlement, et y déposer en même temps : 1° une expédition du procès-verbal du dépôt de sa marque; 2° un exemplaire du dessin, de la gravure ou de l'empreinte qui représente sa marque, ledit exemplaire revêtu d'un certificat du greffier, attestant qu'il est conforme au modèle annexé au procès-verbal de dépôt; 3° l'original de sa signature, dûment légalisé.

Le règlement ajoute, — était-ce bien utile? — qu'il y a autant de signatures déposées que de propriétaires ou d'associés ayant la signature sociale, et qui voudront user de la faculté de requérir l'apposition du timbre ou du poinçon de l'État.

Toutes les fois que le propriétaire de la marque veut faire apposer le timbre sur cette marque, il remet au receveur du bureau, dans lequel la déclaration et le dépôt ont été effectués, une réquisition écrite sur papier non timbré, et conforme à un modèle fourni par l'administration. La réquisition est datée et signée. Elle est accompagnée d'un spécimen des étiquettes, bandes, enveloppes à timbrer, lequel reste déposé avec la réquisition. Les réquisitions ne sont d'ailleurs admises que si elles donnent ouverture à une perception d'au moins 5 francs.

Les déclarations, dépôts et réquisitions dont nous venons de parler peuvent être faits par un mandataire spécial, à la condition de déposer au bureau, soit l'original en brevet, soit une expédition authentique de sa procuration, laquelle est notifiée par le fondé de pouvoir.

Ces déclarations, dépôts et réquisitions, ne peuvent pas être opérés dans toutes les villes indistinctement; le nombre des employés préposés au timbrage eût été trop considérable, et la taxe perçue n'eût pas couvert les frais de perception. Les départements ont été répartis entre dix circonscriptions ayant chacune son chef-lieu; c'est à ce chef-lieu que les demandes sont adressées et les formalités remplies. On trouvera dans le texte même du règlement le tableau des circonscriptions et l'indication des chefs-lieux (1).

Quant au timbrage de la marque, il ne peut avoir lieu qu'au chef-lieu de la circonscription dans laquelle a eu lieu le dépôt même de la marque, opéré en vertu de la loi de 1857.

Il semble résulter de ces dispositions, fidèlement extraites par nous du règlement, que la déclaration, le dépôt des pièces, la réquisition, doivent être opérés au chef-lieu de la circonscription dans laquelle le fabricant habite actuellement, tandis que le timbrage de la marque devra, dans tous les cas, se faire au chef-lieu de la circonscription dans laquelle a eu lieu le dépôt de la marque. Il s'ensuit que les formalités pour

(1) V. Appendice, 1re partie, chap. 2, sect. 3, art. 4.

obtenir le timbrage seront remplies dans une ville et que le timbrage lui-même s'opérera dans une autre. Tel est le texte du règlement. Est-ce bien là ce qu'il a voulu dire? Il est permis d'en douter; l'administration fera bien d'éclairer sur ce point les contribuables.

Le règlement prescrit jusqu'à la place que doit occuper le timbre : il doit être placé sur la marque s'il n'y a pas danger, soit de l'oblitérer elle-même, soit de nuire à la netteté du timbre; dans le cas contraire, le timbre doit être apposé partie sur la marque, partie sur la bande, étiquette ou enveloppe. L'administration est d'ailleurs autorisée à refuser de timbrer: 1° les marques apposées sur des étiquettes, bandes ou enveloppes dont la dimension serait inférieure à une proportion déterminée par le règlement; 2° les marques qui seraient reproduites en relief ou qui seraient imprimées ou apposées sur des papiers veloutés, drapés, gaufrés, vernissés ou enduits, façonnés à l'emporte-pièce, sur papier joseph, sur papier végétal et sur tous autres papiers sur lesquels l'administration jugerait que l'empreinte du timbre ne peut être apposée; 3° les papiers noirs, de couleur foncée ou disposés de manière que l'empreinte du timbre n'y puisse être appliquée d'une façon suffisamment distincte.

Le règlement prescrit encore certaines mesures d'ordre intérieur destinées à éviter les manipulations, de même qu'il prévoit une certaine augmentation du prix pour le cas où des manipulations extraordinaires deviendraient nécessaires par suite de la petite dimension des étiquettes ou bandes présentées au timbre.

344. Formalités pour le poinçonnage. — Les formalités sont les mêmes pour le poinçonnage que pour le timbrage; du moins les mêmes déclaration, dépôt et réquisition sont exigés des intéressés. Seulement, et avec raison, le règlement ici ne tient pas compte de l'endroit où a eu lieu le dépôt de la marque, et il permet expressément (art. 9) que les formalités pour obtenir le poinçonnage soient remplies, et que le poinçonnage lui-même soit opéré dans le même lieu. Le règlement, à cet effet, désigne un certain nombre de villes où les impétrants peuvent s'adresser à leur choix.

345. Sur quels objets s'appose le poinçon? —

Nous avons dit que le poinçon était le signe destiné à être apposé, soit sur les étiquettes ou estampilles en métal, soit sur les objets eux-mêmes. Était-il besoin de dire que le poinçonnage ne pourrait être réclamé que si l'objet à poinçonner présente assez de résistance pour supporter l'application? C'est, au reste, l'administration qui est seule juge de la possibilité ou de l'impossibilité du poinçonnage. Il est de plus exigé, pour que les marques soient admises au poinçonnage, qu'elles présentent un espace nu d'au moins 1 centimètre de diamètre pour contenir l'empreinte du poinçon.

346. *Quid* **des étiquettes avariées?** — Il va de soi que si, soit au timbrage, soit au poinçonnage, des étiquettes ou estampilles sont avariées ou maculées dans l'opération, elles sont oblitérées, et il est tenu compte par l'administration des droits afférents à ces rebuts.

347. Prix du timbre ou poinçon. — La loi de 1873 s'était bornée à fixer un maximum et un minimum pour le prix du timbrage ou du poinçonnage, s'en remettant au règlement d'administration publique du soin de déterminer les prix; le règlement comporte deux tableaux où ces prix sont indiqués. Comme le remarque avec raison M. Pataille, le succès de la loi dépendait essentiellement des prix qui seraient fixés; il est à craindre qu'en cette matière, comme en beaucoup d'autres, l'élévation mal entendue de la taxe ne soit de nature à décourager les fabricants; c'est au moins la crainte que manifeste M. Pataille, et que nous partageons (1).

348. Le fabricant ne peut abuser du timbre pour rançonner le public. — La loi défend au fabricant de vendre les objets, dont il aura fait timbrer ou poinçonner la marque, à un prix supérieur à celui correspondant à la quotité du timbre et du poinçon, sous peine, par chaque contravention, d'une amende de 100 fr. à 5,000 fr. Certes, voilà une dis-

(1) V. Pataille.74.7 et 200. — Après quelques années d'épreuve, il est permis de constater que la garantie du timbrage et du poinçonnage n'est pas aussi souvent demandée que le législateur de 1873 l'avait espéré.

position dont on ne comprend guère l'utilité et qui vient attester une fois de plus la fâcheuse disposition du Gouvernement en France, quel que soit d'ailleurs le régime, à traiter le public en enfant. Une fois le prix du timbre acquitté par le fabricant, l'administration n'a plus rien à lui demander. Il fait de son produit et de sa marque ce qu'il veut, et il vend sa marchandise au prix qu'il juge convenable. Comment, d'ailleurs, prouvera-t-on la contravention? Si le fabricant élève le prix de sa marchandise, sera-t-il par cela seul en contravention? N'aura-t-il pas cent bonnes raisons pour justifier cette hausse? L'augmentation du prix de ses matières premières, leur qualité meilleure, l'élévation des salaires, de ses frais généraux, voilà plus de motifs ou plus de prétextes, si l'on veut, qu'il n'est nécessaire pour expliquer et justifier le prix nouveau, quel qu'il soit. Encore une fois, où sera la contravention?

349. Contrefaçon; usage frauduleux. — Nous avons dit que l'une des garanties de la loi nouvelle venait de l'extension de la répression. La loi, en effet, prévoit deux sortes d'infractions : la première est la contrefaçon ou falsification du timbre ou poinçon de l'État. La contrefaçon ou falsification est punie de la peine portée en l'art. 140 du Code pénal, qui est celle des travaux forcés à temps, avec cette disposition rigoureuse que le maximum doit toujours être appliqué, à moins qu'il n'y ait admission de circonstances atténuantes. La contrefaçon ou falsification constitue donc un crime qui rend ses auteurs justiciables de la Cour d'assises. L'usage des timbres ou poinçons ainsi falsifiés ou contrefaits constitue un crime de même nature et est puni des mêmes peines.

La seconde infraction résulte de l'usage frauduleux, sous quelque forme qu'il ait lieu, du timbre ou poinçon véritable, soit qu'un employé de l'administration, soudoyé par un contrefacteur, appose le timbre ou poinçon sur des étiquettes contrefaites, soit qu'un concurrent se procure des étiquettes timbrées ou poinçonnées et les fasse servir à ses propres produits. Dans ce cas, l'usage frauduleux constitue seulement un délit, puni de la peine portée en l'art. 142 du Code pénal, c'est-à-dire de deux ans à cinq ans de prison, sans préjudice de la privation possible des droits mentionnés en l'art. 42 du même Code, comme aussi de la surveillance de la haute police ; ici encore la loi autorise l'admission des circonstances atténuantes.

Si l'on remarque, d'une part, qu'aux termes de l'art. 5 du Code d'inst. crim., tout Français qui, hors du territoire de la France, s'est rendu coupable d'un crime puni par la loi française, peut être poursuivi et jugé en France ; et, d'autre part, qu'aux termes de l'art. 7 du même Code, tout étranger qui, hors du territoire de la France, s'est rendu coupable, comme auteur ou comme complice, de contrefaçon du sceau de l'État, peut être poursuivi et jugé d'après les dispositions des lois françaises, s'il est arrêté en France ou si le Gouvernement obtient son extradition, on voit que la loi de 1873 assure un avantage précieux aux fabricants qui auront fait timbrer ou poinçonner leur marque. De deux choses l'une, en effet : ou bien les contrefacteurs établis à l'étranger, — et l'on sait que ce sont les plus redoutables, — n'imiteront pas le timbre de l'État, et par cela même leur contrefaçon sera démasquée ; ou bien ils l'imiteront, et alors ils seront justiciables des tribunaux français, même pour cette contrefaçon accomplie hors du territoire de la France. C'est là, nous le répétons, un avantage considérable, d'autant plus que la loi, par son art. 5, donne mission à nos consuls à l'étranger de dresser les procès-verbaux des usurpations de marques et de les transmettre à l'autorité compétente. Désormais il suffira d'un peu de vigilance de la part de l'administration pour permettre à nos fabriques de combattre heureusement la contrefaçon éhontée qui se fait de leurs marques sur les marchés étrangers.

Notons ici une erreur grave qui s'est glissée dans le rapport, d'ailleurs fort intéressant, de M. Wolowski. L'éminent professeur fait valoir entre autres arguments, à l'appui de la loi nouvelle, que « le droit international n'autorise pas, sur « notre territoire, la poursuite de simples délits ; il faut, dit-il, « qu'un crime ait été commis au dehors pour que la justice en « soit saisie chez nous. Sous l'empire de la loi du 23 juin « 1857, l'usurpation de la marque échappe à une condamna- « tion, quand elle a été commise à l'étranger ». M. Wolowski n'a pas pris garde que le Code d'inst. crim. de 1808 a été modifié sur ce point par la loi du 27 juin 1866, et qu'aujourd'hui les délits commis à l'étranger, — le délit de contrefaçon de marque comme les autres, — peuvent être poursuivis et punis en France, à cette double condition : d'abord, que l'auteur du délit soit un Français, et ensuite que le délit soit puni par la loi étrangère.

Donc, après comme avant la loi de 1873, la contrefaçon accomplie à l'étranger, d'une marque française, non pourvue du timbre ou poinçon de l'État, peut donner lieu à une poursuite en France, si le contrefacteur est Français et si la loi du pays où se produit la contrefaçon punit le fait comme délictueux. Sur ce point, la loi nouvelle n'a rien ajouté aux garanties de l'ancienne ; mais, en élevant à la hauteur d'un crime la contrefaçon du timbre ou poinçon dont elle autorise l'apposition sur les marques ordinaires, elle déjoue la contrefaçon étrangère ou permet tout au moins d'atteindre les contrefacteurs à l'étranger. Là est l'utilité de la loi, mais là seulement ; même dans ces limites, elle est incontestable, bien que le rapporteur, trompé par le texte ancien du Code d'inst. crim., se la soit exagérée (1).

350. Amendement proposé par M. Bozérian. — M. Bozérian avait proposé une disposition destinée à faire considérer comme fait d'usage délictueux l'expédition frauduleuse à l'étranger d'étiquettes, enveloppes, etc., revêtues du timbre ou poinçon de l'État, en vue de les faire servir à des produits autres que ceux du propriétaire de la marque.

La commission l'a repoussée, par les motifs suivants, qu'on trouve dans le rapport : « Sans aucun doute, la loi ne saurait « laisser impunie une violation aussi flagrante du droit des « propriétaires de la marque : elle ne saurait admettre qu'on « réunisse les signes employés pour la formuler ou les réci- « pients destinés à caractériser le contenu, et qu'on les envoie « au dehors, afin de les faire servir à d'autres produits. Mais « votre commission a pensé que la généralité des termes « employés dans le deuxième paragraphe de l'art. 6 suffisait

(1) V. l'article de M. Lyon-Caen, cité par Pataille.74.206.

« pour assurer la répression nécessaire dans les cas prévus « par M. Bozérian. » La réponse du rapporteur ne nous satisfait pas ; il est évident pour nous que le seul fait de l'expédition des étiquettes ne constitue pas le délit d'usage frauduleux prévu par l'art. 6 et n'y peut être assimilé, quelque généraux que soient ses termes. Mais, s'il ne constitue pas le délit lui-même, il constitue assurément un acte de complicité et tombe sous le coup des art. 59 et 60 du Code pénal, assurément applicables à la matière.

351. Droit de poursuite du fabricant.— L'art. 7 dispose qu'à défaut par l'État de poursuivre en France ou à l'étranger la contrefaçon ou falsification des timbres ou poinçons, la poursuite pourra être exercée par le propriétaire de la marque. Nous avons quelque peine à comprendre cette disposition. La loi nouvelle, en effet, nous l'avons vu, prévoit tout à la fois un crime et un délit. Or, s'il s'agit du délit, nul doute que le propriétaire de la marque, qui sera lésé par ce délit, aura le droit d'en poursuivre l'auteur. Le droit de citation directe est écrit dans le Code d'inst. crim. Au contraire, s'il s'agit du crime prévu par la loi nouvelle, qu'est-ce que ce prétendu droit de poursuite directe reconnu au propriétaire de la marque? Le fabricant lésé pourra-t-il donc saisir directement et de lui-même la Cour d'assises ? En vérité, on ne peut le supposer, puisque, sauf l'exception formulée et réglementée par l'art. 47 de la loi du 29 juillet 1881 sur la presse, ce serait contraire à toute notre procédure criminelle. On ne peut admettre que, par quelques mots jetés incidemment dans un article de loi, le législateur ait voulu introduire une aussi grave innovation. Le fabricant lésé par le crime de contrefaçon aura, comme en tout autre cas, le droit de déposer une plainte et de se porter ensuite partie civile devant la Cour d'assises. Alors à quoi bon cette reconnaissance d'un prétendu droit de poursuite directe qui n'existe pas?

352. ***Quid*** **si la Cour d'assises acquitte ?** — La Cour d'assises est une juridiction d'impression, et ce n'est point être téméraire que de supposer que plus d'une fois il arrivera que le contrefacteur du timbre ou du poinçon de l'État sera acquitté par le jury. Quelle sera la situation faite au propriétaire de la marque par cet acquittement? Le doute vient de ce que l'art. 7 dispose expressément que le timbre ou poinçon de l'État apposé sur une marque de fabrique fait partie intégrante de cette marque. Dès lors ne peut-on pas dire que l'acquittement du prévenu de contrefaçon le met à l'abri de toute poursuite, qu'il est par cela même jugé qu'il n'a contrefait, dans aucune de ses parties, la marque revendiquée? Nous ne le pensons pas. Lorsque la loi a dit que le timbre ou poinçon faisait partie intégrante de la marque, elle n'a voulu qu'une chose: permettre au fabricant lésé de se porter partie civile devant le jury, et bien établir en principe que la contrefaçon du timbre ou poinçon était tout à la fois une atteinte aux prérogatives de l'État et aux droits du propriétaire de la marque, qui seul était autorisé à faire apposer sur cette marque le sceau de l'État. Mais la Cour d'assises ne statue pas sur l'ensemble de la marque, elle ne statue que sur l'usurpation du timbre de l'État. Nous en concluons que l'acquittement du prévenu sur ce chef ne préjudicie en rien aux droits que le propriétaire de la marque tient de la loi de 1857. S'il est jugé par la Cour d'assises que le prévenu n'est pas coupable du crime de contrefaçon d'un sceau de l'État, et partant qu'il n'a porté atteinte ni aux prérogatives du Gouvernement ni aux droits particuliers du fabricant, cela préjuge-t-il le moins du monde la question de savoir si la marque du fabricant, l'emblème ou la dénomination qui constitue le signe distinctif de sa fabrication, a été usurpée, frauduleusement imitée en vue de tromper l'acheteur? Il importerait même peu, à notre sens, que le fabricant se fût porté partie civile devant la Cour d'assises; le crime dont il se plaint, et dont il demande la réparation, ne se confond pas avec le délit spécial soumis plus tard par lui au tribunal correctionnel (1).

353. La loi est applicable aux colonies. — L'art. 8 prend soin de dire que la loi est applicable aux colonies françaises et à l'Algérie, sauf aux gouverneurs de ces colonies à prendre les mesures nécessaires pour que la loi n'y reste pas à l'état de lettre morte, et que le timbrage ou poinçonnage s'y puisse effectuer. Nous n'imaginons pas, en effet, que

(1) V. Pataille.74.204; Mayer, n° 106.

les propriétaires de marques aux colonies puissent être astreints à envoyer leurs étiquettes en France pour y recevoir le timbre ; dans de semblables conditions, l'exécution de la loi pour eux serait vraiment impraticable.

354. Maintien des dispositions des lois en vigueur. — L'art. 9 de la loi de 1873 est ainsi conçu : « Les « dispositions des autres lois en vigueur, touchant le nom « commercial, les marques, dessins ou modèles de fabrique, « seront applicables au profit des étrangers, si, dans leur « pays, la législation ou des traités internationaux assurent « aux Français les mêmes garanties. » Certes, voilà un article qu'on ne s'attendait pas à rencontrer dans la loi nouvelle ; il ne se rattache par aucun lien aux dispositions qui précèdent, et l'on ne se rend pas compte du motif qui l'a fait introduire dans la loi. Le rapport n'en fait même pas mention. Il a, du reste, été ajouté au cours de la discussion, d'un commun accord entre la commission et le Gouvernement. Qu'il nous soit permis, en passant, de signaler le vice de ces lois dans lesquelles on introduit au pied levé, souvent même sans réflexion, des amendements qui viennent détruire ou déranger l'économie d'une loi longuement élaborée. Que nous sommes loin du temps où nos pères, procédant méthodiquement, par ordre, partant toujours d'un principe, élevaient cet admirable monument qui s'appelle le Code civil! Que nous leur ressemblons peu, hélas ! et que nos lois diffèrent de celles qu'ils nous ont léguées ! Quoi qu'il en soit, constatons, puisqu'il existe, que l'art. 9 de la loi du 26 nov. 1873 a eu pour effet de modifier l'art. 6 de la loi de 1857 ; nous l'avons déjà noté. Ce dernier article exigeait, pour que la protection de la loi française fût accordée aux étrangers, ou même aux Français établis à l'étranger, que des conventions diplomatiques y assurassent la réciprocité aux marques françaises. Le rapporteur de la loi de 1857 insistait même sur ce point que la réciprocité ne pouvait résulter d'une façon certaine que d'un traité diplomatique. Il repoussait alors, et la Chambre des députés fut de son avis, la réciprocité générale, vague, sujette à interprétation, qui pouvait résulter de la législation étrangère. Le législateur de 1873 a changé cela, sans même prendre la peine de donner un motif à l'appui et de justifier un aussi complet revirement d'idées. Il y a mieux: l'art. 9 de la loi du 26 nov. 1873 ne parle que des étrangers; l'art. 6 de la loi de 1857 s'applique, au contraire, tout à la fois aux étrangers et aux Français établis à l'étranger; d'où il faudrait logiquement conclure, si l'on s'en tenait, comme en Angleterre, par exemple, à la lettre de la loi, que les Français établis à l'étranger ne sont protégés en France pour leurs marques qu'autant qu'une convention diplomatique assure, dans les pays où ils sont établis, la réciprocité aux marques françaises, tandis que, à l'égard des étrangers eux-mêmes, il suffit que la législation de leur pays assure aux Français la réciprocité pour que leurs marques soient protégées en France; c'est-à-dire que le législateur de 1873, défaisant, très probablement sans y songer, l'œuvre du législateur de 1857, ne l'aurait défaite qu'à moitié. Voilà pourtant comment on fait les lois à présent! Et remarquez, s'il vous plaît, que celle dont il s'agit ici a eu pour rapporteur un professeur renommé de législation industrielle!

CHAPITRE X.

MARQUE OBLIGATOIRE.

SOMMAIRE.

355. — Les marques actuellement obligatoires sont maintenues. — 356. Marques actuellement obligatoires. — 357. La marque obligatoire n'empêche pas la marque facultative. — 358. Pénalités. — 359. Confiscation. — 360. *Quid* de la bonne foi?

355. Les marques actuellement obligatoires sont maintenues. — Nous avons vu, d'une part, que la marque est essentiellement facultative, et, d'autre part, que des décrets, rendus en la forme des règlements d'administration publique, peuvent exceptionnellement la déclarer obligatoire pour certains produits déterminés. Nous avons reproduit les passages du rapport qui repoussent le principe de la marque obligatoire et présenté des observations dans le même sens. Nous devons dire, pour être complet sur ce point, que le système de la loi a trouvé des contradicteurs, parmi lesquels nous devons citer M. Huard. Dans un article qu'on lira avec intérêt, cet auteur se prononce formellement pour la marque obligatoire; et, après avoir essayé de réfuter les objections du système contraire, il se résume ainsi : « A chacun la respon- « sabilité de ses œuvres, bonnes ou mauvaises; voilà le prin- « cipe dont nous demandons l'application. La moralisation « du commerce, l'indépendance du fabricant, voilà le ré- « sultat que nous poursuivons. La marque obligatoire con- « sacre le principe et assure les résultats (1). » Nous persistons, quant à nous, à penser que déclarer la marque obligatoire serait porter une atteinte directe à la liberté commerciale, et nous félicitons, par conséquent, le législateur de ne l'avoir pas fait.

Une question reste à examiner : celle de savoir si la loi, en autorisant exceptionnellement et pour l'avenir les marques obligatoires, a entendu maintenir celles qui existaient actuellement. Elle ne le dit pas en termes exprès; mais, d'un côté, l'article 23 déclare qu'il *n'est pas dérogé aux dispositions antérieures, qui n'ont rien de contraire à la présente loi;* et, d'un autre côté, le rapporteur, analysant et expliquant cet article, s'est exprimé en ces termes : « La loi n'abroge en « rien les lois, décrets et ordonnances sur les marques déjà « obligatoires. » Le doute est donc impossible, et il ne nous reste qu'à énumérer succinctement les marques demeurées obligatoires.

356. Marques actuellement obligatoires.—M. Bédarride (2) mentionne les lois ou décrets suivants : 1° lois des 28 germinal an IV et 21 oct. 1844, qui imposent aux imprimeurs l'obligation de mettre leur nom sur tous les ouvrages qu'ils impriment. La mention doit être complète et contenir l'indication du nom et du domicile de l'imprimeur. Les lois que cite M. Bédarride ont été abrogées et remplacées par la loi du 29 juillet 1881, qui impose d'ailleurs aux imprimeurs la même obligation (3).

---

(1) V. l'article de M. Huard, dans la *Prop. ind.*, n° 133.

(2) V. Bédarride, n° 1011.

(3) Nous avons peine à croire que cette indication, exigée par la loi

2° Loi du 19 brumaire an VI, qui enjoint aux joailliers, orfèvres et autres fabricants d'or, d'argent, de plaqué ou doublé, d'imprimer sur leurs produits certains signes spéciaux, emblème ou poinçon, sous peine d'encourir des pénalités que la loi détermine elle-même.

Il faut ajouter la loi applicable au ruolz (1).

3° Décret du 9 février 1860, qui oblige les fabricants de cartes à jouer à renfermer la marque du jeu dans une enveloppe portant leur nom, demeure, marque et signature en forme de griffe.

4° Décret du 25 juill. 1810, ordonnances des 28 mars 1815, 24 juillet 1816 et 2 déc. 1835, qui prescrivent l'apposition, sur toutes armes de guerre ou de commerce, d'un poinçon spécial servant à constater qu'elles ont été soumises aux épreuves réglementaires.

5° Ordonnance du 29 octobre 1846, qui prescrit aux pharmaciens d'apposer, sur toutes les substances vénéneuses qu'ils délivrent, une étiquette indicative de leurs nom et adresse.

6° Décrets des 1er avril et 18 sept. 1811, qui prescrivent l'apposition, sur les savons, d'une marque différente et spéciale, suivant qu'ils sont à l'huile d'olive, à l'huile de grain, au suif et à la graisse, avec indication du nom du fabricant et de la ville où il réside.

---

dans un but de sécurité publique, puisse être assimilée à une marque obligatoire. Si nous la mentionnons, c'est que nous la trouvons dans le livre de M. Bédarride et dans celui de M. Rendu.

Ce qui pourrait peut-être avec plus de raison être considéré comme une marque, c'est le signe particulier que, aux termes de l'ordonnance du 28 décembre 1814, relative à l'Imprimerie nationale, doivent porter les caractères d'impression de cet établissement. L'article 9 est ainsi conçu : « Art. 9. Afin d'assurer, autant que possible, l'authenticité des impressions désignées en l'article précédent, les types de l'imprimerie royale continueront à porter les signes et marques particuliers qui les distinguent des caractères gravés pour les imprimeries du commerce. Une épreuve en sera déposée à la direction générale de l'imprimerie et de la librairie; et il demeure interdit à tous graveurs, fondeurs et imprimeurs d'en graver, fondre ou employer de semblables, sous les peines portées contre les contrefacteurs. »

(1) V. Pataille.60.129 et 289.

7° Décret du 22 déc. 1812, qui édicte une marque particulière, en forme de pentagone, pour les savons fabriqués à Marseille (1).

8° Décret du 20 floréal an XIII, qui régit la fabrication des étoffes d'or ou d'argent fin, mi-fin ou faux, et impose aux fabricants des lisières spéciales.

Ce même décret règle les conditions de la fabrication des velours, selon qu'ils sont à un, deux, trois ou quatre poils, ou dans la fabrication desquels il entre des trames ou organsins crus.

9° Loi du 28 avril 1816, qui, en vue de distinguer les cotons filés étrangers et les tissus de coton et laine fabriqués à l'étranger, lesquels sont prohibés, des fils et tissus similaires de fabrication française, prescrit d'apposer sur ces derniers une marque et un numéro de fabrication, pour servir de premier indice au jury chargé d'en déterminer l'origine et le caractère. Les ordonnances des 8 août 1816, 23 sept. 1819, la loi de douanes du 21 avril 1828, et l'ordonnance du 3 avril 1836, règlent l'exécution à donner à cette prescription.

M. Bédarride ajoute, avec raison, sur ce point, que les traités internationaux tendent chaque jour à restreindre les prohibitions de ce genre, et feront bientôt une lettre morte des dispositions des lois de 1816 et 1818.

10° Il faut ajouter, quoique M. Bédarride ne la mentionne pas, l'ordonnance du 18 juin 1823, qui prescrit aux fabricants d'eaux minérales artificielles d'apposer leur nom sur les produits de leur fabrication.

A dire le vrai, ces signes, que nous appelons avec tous les auteurs *marques obligatoires*, n'ont en général, suivant l'observation très juste de M. Braun (2), qu'un rapport de nom avec la marque de fabrique proprement dite. Elles sont d'un autre ordre d'intérêt; elles s'entendent toujours du poinçonnage ou de l'estampillage auquel la loi prescrit de

---

(1) M. Rendu dit cependant que les prescriptions, en ce qui touche ces deux dernières catégories de produits, sont tombées en désuétude.

(2) V. Braun, n° 17.

recourir, lorsque la vérification de l'autorité a paru plus particulièrement commandée par la garantie publique.

357. La marque obligatoire n'empêche pas la marque facultative. — Dans tous les cas où la marque est obligatoire, rien n'empêche, bien entendu, l'adoption d'une marque spéciale pour chaque fabricant. Tous, en effet, peuvent ne pas apporter dans leur fabrication la même perfection, le même fini, et l'on comprend l'intérêt d'une distinction entre les produits de l'un et les produits de l'autre. Cette distinction ne saurait résulter de la marque obligatoire, qui est, le plus souvent, identique pour tous les produits similaires. On ne peut l'établir qu'en faisant suivre la marque indicative de la nature de la marchandise d'une seconde désignant la personnalité du fabricant. Rien ne pouvait s'opposer à ce qu'il en fût ainsi (1).

358. Pénalités. — L'article 9 punit d'une amende de 50 francs à 1,000 francs et d'un emprisonnement de quinze jours à six mois, ou de l'une de ces peines seulement : 1° ceux qui ont vendu ou mis en vente un ou plusieurs produits, ne portant pas la marque déclarée obligatoire pour cette espèce de produits ; 2° ceux qui ont contrevenu aux dispositions des décrets rendus en exécution de l'article 1er de la loi.

Ici, une question se présente : Les lois qui ont rendu certaines marques obligatoires, et qui, nous venons de le voir, ne sont pas abrogées, édictent, pour la plupart, des pénalités contre ceux qui contreviennent à leurs dispositions. Si ces lois, dans leur principe, restent en vigueur, en est-il de même des pénalités qu'elles édictent? Nous ne le pensons pas; nous croyons que la loi de 1857 a eu pour but de rendre, en cette partie, la législation uniforme, et qu'elle a précisément voulu que désormais toute infraction à une loi ordonnant l'apposition d'une marque obligatoire fût punie de la même façon et dans la même mesure.

Ajoutons que le tribunal, en même temps qu'il reconnaît l'infraction et prononce la peine, doit, aux termes l'art. 15, toujours prescrire que les marques déclarées

(1) V. Bédarride, n° 817

obligatoires seront apposées sur les produits qui y sont assujettis.

359. Confiscation. — La confiscation des produits, non revêtus de la marque déclarée obligatoire, peut être prononcée par le tribunal, mais seulement en cas de récidive. « Ce complément de répression se justifie, dit l'exposé « des motifs, si le délinquant, condamné une première « fois pour infraction à l'obligation de la marque, est pour- « suivi de nouveau pour un délit de même nature, avant « le laps de cinq années. La menace de confiscation peut « être, en effet, le seul moyen d'empêcher l'individu, qui « est rentré dans la possession des objets poursuivis pour « infraction à l'obligation de la marque, de résister à l'in- « jonction du juge et de les remettre dans le commerce « sans les marquer. »

360. *Quid* de la bonne foi? — Ici, le législateur n'a employé aucune expression de laquelle on puisse induire qu'il admet l'excuse de bonne foi; nous en concluons, pour notre part, qu'il ne l'admet pas, et que la disposition prévue par l'article 9 constitue, à proprement parler, une contravention. C'est le fait matériel que la loi punit, indépendamment de toute intention criminelle. Au surplus, comment expliquer l'absence de la marque obligatoire? Quelle excuse peut-on invoquer pour la justifier? Peut-on se retrancher derrière son ignorance de la loi? Non, puisque c'est un axiome de droit que nul n'est jamais censé ignorer la loi. L'absence de la marque obligatoire ne saurait s'expliquer que par la négligence, l'oubli des devoirs imposés par le législateur, devoirs qu'on doit d'autant mieux connaître que chaque industriel, avant d'exercer son industrie, est évidemment tenu de s'informer des règles auxquelles elle est soumise. M. Rendu, tout en reconnaissant que la bonne foi, en pareil cas, est à peu près impossible, admet cependant que des motifs légitimes puissent expliquer le retard apporté par un commerçant à l'apposition d'une marque obligatoire (1). Des motifs légitimes! mais lesquels? M. Rendu n'en cite aucun, et cette formule générale

(1) V. Rendu, n° 217.

ne saurait suffire. Du reste, comme le remarque avec pleine raison M. Huard, « jamais une contravention n'a été inno-« centée pour une cause semblable, et, dès qu'il s'agit « d'une contravention, ce qui est incontestable, il faut « bien appliquer les règles qui régissent cette nature d'in-« fractions (1). »

La même raison de décider s'applique aux débitants qui, dès l'instant qu'il s'agit d'une contravention, ne peuvent invoquer leur bonne foi. D'ailleurs, l'omission des mots : *sciemment*, *frauduleusement*, que le législateur emploie chaque fois qu'il veut couvrir la responsabilité des débitants, est significative et ne laisse aucun doute sur la pensée de la loi.

M. Bédarride est du même avis. « On peut de très bonne « foi, dit cet auteur, ignorer qu'une marque est contrefaite, « frauduleusement apposée ou imitée, ou bien qu'elle porte « des indications propres à tromper l'acheteur sur la nature « du produit. Mais celui qui exploite une industrie soumise « à la marque obligatoire n'ignore pas, ne doit pas ignorer « qu'il ne peut vendre ou mettre en vente les objets de son « commerce que s'ils sont revêtus de cette marque, et il lui est « facile de s'assurer si ceux qu'il reçoit remplissent cette con-« dition. S'il ne le vérifie pas, il commet la plus lourde des « négligences, et l'on ne concevrait pas que la loi, qui pour « la contrefaçon des marques fait résulter la culpabilité du « fait de ne s'être pas assuré au dépôt central si cette marque « n'appartenait pas à un autre, n'admît pas cette culpabilité « contre celui qui, possesseur d'un objet, pouvait très facile-« ment vérifier s'il était ou non revêtu de la marque qui lui « était imposée (2). »

(1) V. l'article de M. Huard, dans la *Prop. ind.*, n° 157.

(2) Bédarride, n° 941.

CHAPITRE XI.

TROMPERIE A L'AIDE D'UNE MARQUE.

SOMMAIRE.

361. Tromperie sur la nature du produit. — 362. *Jurisprudence.* — 363. *Quid* de la tentative? — 364. Qui peut poursuivre? — 365. *Quid* du consommateur? — 366. La tromperie exclut l'escroquerie. — 367. *Quid* de la bonne foi? — 368. Pénalités. — 369. Confiscation; destruction de la marque. — 370. Compétence. — 371. Tromperie sur l'origine des produits. — 372. Substitution d'une marque à une autre. — 373. *Jurisprudence.*

361. Tromperie sur la nature du produit. — Le paragraphe second de l'article 8 punit « *ceux qui ont fait* « *usage d'une marque portant des indications propres à* « *tromper l'acheteur sur la nature du produit* ». Il ne s'agit plus ici d'une atteinte portée à la propriété des marques, il s'agit d'une fraude qui porte essentiellement préjudice au consommateur; ce n'est plus un délit, en quelque sorte privé, que la loi réprime, c'est un délit public qu'elle punit. Le législateur ne veut pas qu'un commerçant, même en se servant d'une marque qui, d'ailleurs, lui appartient en propre, y ajoute telles indications qui puissent tromper le public sur la nature du produit, vendu sous le couvert de cette marque. Ce n'est donc pas, à proprement parler, la marque en elle-même qui est incriminée, c'est l'indication particulière qu'elle contient et qui constitue une manœuvre frauduleuse à l'égard du consommateur.

On peut se demander, à coup sûr, si cette disposition fait bonne figure dans une loi qui a pour but de protéger la propriété des marques au point de vue purement privé et de réprimer les atteintes qui peuvent y être portées. La commission du Corps législatif s'était parfaitement rendu compte de l'objection, et elle contestait l'opportunité de cette disposition isolée au milieu de la loi de 1857, « étrangère à son principe, et n'ayant avec lui qu'un rapport de mots »; mais l'insistance du Conseil d'État l'a fait maintenir, et puisqu'elle existe nous devons l'étudier.

Nous avons précisé plus haut le sens de la loi ; ce que la loi a voulu empêcher, c'est qu'une marque, destinée à servir de garantie au consommateur, ne devînt un moyen de le tromper. Toutefois, qu'on y prenne bien garde, le délit n'existera qu'à la condition que l'indication, propre à tromper l'acheteur, se trouvera comprise dans une marque de fabrique. Si l'indication est apposée sur le produit, sans marque d'aucune sorte, ce n'est plus la loi de 1857 qu'il faut appliquer. La loi est expresse sur ce point, puisqu'elle exige que la tromperie ait lieu à l'aide d'une marque. Seulement, que faut-il entendre ici par « marque » ? Le délit n'existera-t-il que si la marque, à l'aide de laquelle le fabricant cherche à tromper le public, a été déposée, si elle a, en un mot, le caractère légal de la marque, tel qu'il est défini par la loi ? On peut assurément le soutenir ; car la loi de 1857, d'après le rapporteur, n'a trait qu'aux garanties qui dérivent du dépôt même de la marque. Toutefois la disposition que nous étudions ici ne se rattachant en aucune manière au reste de la loi, et n'ayant, d'après le rapporteur lui-même qu'un *rapport de mots* avec le principe de la loi, il n'est pas déraisonnable d'admettre avec M. Mayer que l'article 8 § 3, ne se réfère pas à la marque déposée telle que l'entend la loi de 1857 dans ses autres articles, et que, dès l'instant qu'un produit porte des signes, des indications, formant marque et propres à tromper l'acheteur sur la nature de la marchandise, qu'il s'agisse ou non d'une marque légale, le délit est commis (1).

Suivant M. Renouard, « le délit défini par la disposition « nouvelle consiste dans l'usage de la marque destinée à « tromper. Il est donc encouru non seulement lorsqu'on a « vendu la marchandise, mais dès qu'il y a eu apposition de « la marque (2). »

Quant à ce qu'il faut entendre par ces « indications propres à tromper l'acheteur », c'est affaire d'appréciation souveraine de la part des tribunaux. « Par exemple, dit M. Rendu, le « fabricant d'étoffes qui apposerait, à des tissus mélangés de

(1) V. Mayer, n°s 133 et suiv.

(2) V. Renouard, *Droit industriel*, p. 396.

« coton, une marque indicative de tissus tout laine ou tout « soie ; le fabricant de pâtes, qui revêtirait les paquets, con- « tenant du gluten de froment, d'enveloppes marquées d'un « signe affecté aux véritables tapiocas de manioc, commet- « traient l'un et l'autre le délit prévu par l'art 8-2°. Il en « serait de même du fabricant de vin mousseux artificiel, qui « apposerait sur les bouteilles contenant le produit factice la « marque d'une maison qui fournit du vin de Champagne « naturel (1). »

On verra du reste, en parcourant les exemples fournis par la jurisprudence, que la Cour de cassation distingue entre la tromperie sur la *nature* et la tromperie sur la *qualité* de la marchandise vendue.

362. Jurisprudence (2). — Il a été jugé : 1° que le fait de livrer au public, sous la dénomination adoptée par un fabricant breveté (*le gluten granulé*), un produit d'apparence semblable, mais en réalité différent, constitue le délit de tromperie sur la marchandise vendue ; le fabricant dont la dénomination est ainsi usurpée est en droit de poursuivre, même devant les tribunaux correctionnels, la réparation du tort que lui cause le délit de tromperie sur la nature de la marchandise vendue ; il importe peu que le préjudice qu'il éprouve soit autre que celui des acheteurs ; il suffit que la tromperie dont il se plaint ait préjudicié à ses intérêts : or, il n'est pas douteux que son industrie ne reçoive une grave atteinte par la concurrence qui lui est faite sous le nom même qu'il donne à ses produits ; en poursuivant cette fraude, il agit tant dans son propre intérêt commercial que dans l'intérêt général (Cass., 15 fév. 1851, et Orléans, 30 avril 1851, aff. Véron, Dall.51.1.25 et 53.2.35) ; 2° qu'il y a tromperie sur la nature de la marchandise vendue dans le fait de vendre, sous une désignation connue, un produit qui n'a ni la composition ni les qualités de celui auquel s'applique réellement cette désignation (Bruxelles, 22 déc. 1859, aff. Labélonye, Pataille.60.92) ; 3° qu'il y a tromperie sur la nature de la marchandise vendue

(1) V. Rendu, n° 197.

(2) Les décisions que nous rapportons n'ont pas toutes été rendues en exécution de la loi de 1857 ; nous les citons toutefois à titre d'exemples.

dans le fait de vendre, comme provenant d'une fabrique déterminée, des produits qui n'en viennent pas ; et, dans ce cas, le fabricant a droit de se porter partie civile dans l'instance en tromperie (Trib. corr. Seine, 5 déc. 1860, aff. Christofle, Pataille.61.88) ; 4° qu'il y a tromperie sur la nature de la marchandise vendue dans le fait de vendre sous un nom (*poudre métallique*) un produit autre que celui que protège cette marque de fabrique (Trib. corr. Seine, 25 août 1863, aff. Baumgartner (1), *Droit comm.*, 63.528) ; 5° mais que la peine portée par l'art. 8 § 2, de la loi de 1857 sur les marques de fabrique et de commerce, contre ceux qui font usage d'une marque portant des indications propres à tromper l'acheteur sur la nature du produit, ne peut être appliquée au cas où la marque est seulement propre à tromper sur la qualité du produit : spécialement, il y a tromperie non sur la nature, mais sur la qualité du produit, dans le fait d'annoncer un engrais en disant qu'il contient 60 p. 100 de phosphate de chaux, alors qu'il n'en contient en réalité que 40 p. 100 (Cass., 30 déc. 1859, aff. Heuzé, Sir.60.1.590).

363. *Quid* **de la tentative?** — On sait que l'art. 423 du Code pénal punissait déjà la tromperie sur la nature de la chose vendue. Seulement, le Code pénal n'atteint que la tromperie consommée. Le législateur de 1857 est allé plus loin ; il résulte, en effet, des termes qu'il a employés, qu'il a eu en vue d'atteindre même la tentative de tromperie, alors du moins qu'elle se présente sous la forme d'une marque de fabrique contenant des indications propres à tromper l'acheteur (2). Aussi, le seul fait de faire usage d'une marque portant de telles indications, encore que nul ne s'y serait trompé, encore qu'aucune vente n'eût été accomplie, est désormais punissable.

M. Bédarride n'est pas de cet avis. « On conçoit, dit-il, que « celui qui a été trompé puisse se plaindre et provoquer l'ac- « tion du ministère public ou poursuivre personnellement la « réparation du préjudice qu'il éprouve. Mais la tentative,

---

(1) Comp Rej. 21 mai 1874, aff. Dechaille, Pataille.74.166.
(2) V. Rendu, n° 196.

« non encore suivie d'effet, si elle est une menace pour tous, « n'a encore causé aucun préjudice appréciable à personne. « Qui donc songerait à s'en plaindre? où serait la raison « d'être de cette plainte (1)? » Nous croyons que M. Bédarride se trompe; il suffit, selon nous, de lire le texte de l'article. Ne résulte-t-il pas des mots : *propre à tromper l'acheteur*, que la peine est encourue encore qu'il n'y aurait pas eu tromperie effective? D'ailleurs, ce que la loi punit ici, ce n'est pas le fait de la tromperie, c'est le fait de l'usage de la marque; il s'ensuit nécessairement que le délit est consommé dès que l'usage de la marque est constaté.

Le rapport, au surplus, ne laisse aucun doute sur la pensée du législateur ; il s'agit si bien ici de réprimer la tentative de tromperie, que le rapporteur, qui contestait l'utilité de cette disposition, imposée en quelque sorte par le Conseil d'État, allait jusqu'à dire : «Prévoir, dans une loi sur la « propriété des marques, les abus auxquels peut se prêter ce « droit, cela conduirait, dans une loi sur la vente des armes « de guerre ou des substances vénéneuses, à punir l'usage « homicide qu'on en pourrait faire. » Et il émettait le vœu qu'une loi de police commerciale intervînt pour réprimer toutes les tentatives de tromperie, plutôt que de faire une œuvre disparate en insérant dans la loi sur les marques de fabrique la disposition destinée à combler cette lacune.

364. Qui peut poursuivre? — Il est clair que le droit de poursuite appartient au parquet, gardien vigilant de la morale publique ; il appartient également au fabricant dont la marque aurait été usurpée. Il arrive, en effet, le plus souvent, en pareil cas, qu'il y a tout à la fois usurpation d'une marque en renom et tromperie à l'aide de cette marque.

Jugé en ce sens : 1° que celui qui vend ses produits sous la marque ou le nom d'un concurrent, et les vend ainsi comme étant ceux de ce concurrent, commet, outre le délit de contrefaçon, celui de tromperie sur la nature de la marchandise vendue (Trib. corr. Grenoble, 2 avril 1857, aff. Garnier, Pataille.58.119); 2° que l'industriel, qui souffre de la concur-

---

(1) V. Bédarride, n° 970.

rence déloyale que lui font des négociants en vendant des produits frelatés, est recevable à se porter partie civile dans une plainte en tromperie sur la nature de la marchandise vendue; les art. 1 et 63 du C. d'inst. crim. sont généraux et permettent à toute personne qui a éprouvé un dommage par suite d'un fait délictueux d'intenter une action tendant à obtenir satisfaction du délit (Paris, 17 janv. 1873, aff. Leconte-Dupond (1), Pataille.73.221).

365. *Quid* **du consommateur?** — Le droit de poursuite appartient aussi, incontestablement, à l'acheteur qui a été trompé par les fausses indications de la marque. Il pourra donc, soit porter plainte au parquet, soit prendre directement la voie correctionnelle ou civile, afin de faire constater le délit, ou, dans tous les cas, d'obtenir la réparation du préjudice qu'il a éprouvé (2). M. Calmels semble être d'un avis contraire, qu'il fonde sur cet unique motif que la loi de 1857 aurait été édictée dans l'intérêt privé des propriétaires de marques (3). Cette réflexion est juste en tant qu'elle constate l'esprit et le sens général de la loi; mais d'abord M. Calmels oublie que la disposition dont nous nous occupons a été introduite par le Conseil d'État, malgré l'avis de la commission du Corps législatif, et qu'elle n'est assurément pas en harmonie avec l'ensemble des autres dispositions; ensuite, que, s'il est vrai que la loi de 1857, en principe, ait pour objet la défense de l'intérêt privé, cela ne fait pas obstacle à ce que la règle générale qui accorde le droit d'action à toute personne ayant souffert du délit ne s'applique ici comme toujours (4).

366. La tromperie exclut l'escroquerie. — Il a été jugé que la loi de 1857 a eu pour objet de réprimer la tromperie commise au moyen de la contrefacon des marques de commerce, aussi bien dans l'intérêt du consommateur que dans celui des commerçants; il s'ensuit que les faits qui tombent sous l'application de ladite loi ne peuvent en même temps servir de base à une poursuite en escroquerie. Il est,

---

(1) V. aussi Rej., 27 juin 1873, même affaire, *eod. loc.*
(2) V. Bédarride, n° 970; Rendu, n° 213.
(3) V. Calmels, n° 12.
(4) V. *suprà*, n° 7.

en effet, de principe que le même fait ne saurait être envisagé sous différents aspects pour donner lieu à l'application de diverses pénalités, alors qu'il a été formellement prévu par une loi spéciale (Trib. corr. Lyon, 2 avril 1868, aff. L. Garnier, Pataille.68.381).

367. *Quid* **de la bonne foi ?** — On s'est demandé si le seul fait de l'usage d'une marque portant des indications propres à tromper l'acheteur, indépendamment de toute bonne ou mauvaise foi, constitue le délit dont nous nous occupons. M. Rendu enseigne qu'il s'agit là d'un délit de droit commun, bien que commis par un mode spécial, et qui, conséquemment, n'existe que s'il est accompagné d'une intention frauduleuse (1). M. Bédarride est d'un avis opposé : selon lui, la bonne foi n'est ici ni admise par la loi ni admissible. Ou bien, dit-il, il s'agira d'un individu, fabricant ou commerçant, qui aura lui-même combiné la marque portant les indications frauduleuses; ou bien il s'agira d'un individu qui n'aura fait autre chose que vendre les produits, revêtus de cette marque. Dans le premier cas, le fait emporte avec lui-même la certitude de l'intention frauduleuse et en fournit la preuve la plus péremptoire, la plus décisive; dans le second cas, la bonne foi est admissible, mais c'est qu'alors le fait rentre dans les prévisions, non du second, mais du troisième paragraphe de l'art. 8 (2).

De ces deux systèmes, qui conduisent d'ailleurs à un résultat presque identique, nous préférons celui de M. Rendu. Il nous semble que le texte même du paragraphe 2 lui donne pleinement raison. Est-ce que la loi, en disant qu'elle punit ceux qui font usage d'une marque portant des indications *propres à tromper* l'acheteur, ne dit pas clairement qu'il faut la volonté, au moyen de ces indications, de tromper l'acheteur, pour que le délit existe? Les mots : « *propres à tromper* » impliquent non pas seulement l'idée d'une erreur dans l'esprit de celui qui achète, mais encore l'idée d'une fraude de la part de celui qui fait usage de la marque et, par suite, des

(1) V. Rendu, n° 209.
(2) V. Bédarride, n° 928.

indications qu'elle contient. Cela nous paraît écrit en toutes lettres dans la loi; et, dès lors, sans qu'il soit besoin d'avoir recours au paragraphe troisième, comme le propose M. Bédarride, nous pensons que, même aux termes du paragraphe second, celui qui fait usage d'une marque portant des indications propres à tromper l'acheteur ne peut encourir la peine, prononcée par la loi, que si l'intention frauduleuse est établie contre lui. Au surplus, l'exposé des motifs ne tranche-t-il pas la question en ce sens lorsqu'il parle de *celui qui se fait, de la marque, un moyen de tromper le public?*

M. Huard est du même avis que nous, et voici comme il l'exprime : « Il s'agit ici du fait d'un commerçant qui, par « exemple, en vendant du *café-chicorée*, sous la fausse « marque d'un commerçant qui ne vend que du café, trompe « l'acheteur sur la nature du produit vendu. Nous pensons « que la bonne foi du prévenu fera disparaître le délit. Le lé- « gislateur, il est vrai, ne reproduit pas ici les mots *fraudu-* « *leusement*, *sciemment*, dont nous l'avons vu se servir pré- « cédemment, mais il dit : « ceux qui ont fait usage d'une « marque portant des indications propres à *tromper* l'ache- « teur sur la nature du produit ». Or, le mot *tromper* n'en- « traîne-t-il pas la mauvaise foi ? Il faut le décider ainsi, alors « surtout que le fait dont nous nous occupons n'est qu'une « forme spéciale du délit prévu par l'art. 423 du Code pénal, « délit régi par le droit commun et pour lequel la bonne foi « est admise (1). »

368. Pénalités. — La peine prononcée par la loi est d'une amende de 50 à 2,000 francs, et d'un emprisonnement d'un mois à un an, ou de l'une de ces peines seulement, aussi bien pour ceux qui ont fait usage d'une marque portant des indications propres à tromper l'acheteur que pour ceux qui ont sciemment vendu ou mis en vente des produits revêtus d'une telle marque. L'art. 463 du Code pénal est d'ailleurs applicable et permet au juge de mettre la peine en exacte harmonie avec le plus ou moins de gravité du délit.

369. Confiscation; destruction de la marque.

---

(1) V. l'article de M. Huard dans la *Prop. ind.*, n° 157.

Ce que nous avons dit plus haut de la confiscation s'applique également ici, sauf que, dans la plupart des cas, et à moins qu'il n'y ait en même temps contrefaçon de la marque, le juge n'aura point à ordonner la remise des objets confisqués à une personne déterminée ; il n'y aura qu'une simple confiscation, dans les termes ordinaires, au profit du Trésor public. Dans tous les cas, le tribunal devra ordonner la destruction de la marque jugée par lui frauduleuse.

370. Compétence. — M. Rendu pense que, malgré la généralité des termes de l'art. 16 de la loi de 1857, l'action civile, engagée pour obtenir réparation du préjudice causé par une tromperie à l'aide de fausses marques, doit être portée devant le tribunal de commerce. Les raisons qu'il en donne, c'est d'abord que, d'après les explications du rapporteur de la loi, les actions civiles dont parle l'art. 16 sont uniquement celles qui ont trait à la propriété des marques, et ensuite que l'action dont il s'agit ici rentre incontestablement parmi celles dont l'art. 631 du Code de commerce attribue la connaissance aux tribunaux consulaires (1). De ces deux raisons, ni l'une ni l'autre, selon nous, ne sont justes. L'art. 16, en effet, est général et attribue aux tribunaux civils, non pas seulement, comme l'écrit M. Rendu, les actions relatives à la propriété des marques, mais toutes *les actions relatives aux marques*, sans distinction entre celles qui ont trait à la propriété et celles qui ont trait aux fraudes commises à l'aide d'une marque. « Or, dit M. Bédarride, qui est de notre avis, se « plaindre d'une marque trompeuse, n'est-ce pas soulever un « litige relatif à une marque (2) ? » La seconde raison, visée par M. Rendu, n'est pas plus décisive. De quoi s'agit-il ici ? d'une action civile en réparation d'un délit. Est-ce qu'on a jamais soutenu que cette sorte d'action rentre dans les termes de l'art. 631 du Code de commerce ? On a soutenu, — et c'est aller bien loin, quoique la jurisprudence paraisse fixée en ce sens, — que même les quasi-délits rentrent dans la juridiction commerciale : soit ; mais ce n'est pas d'un quasi-délit, c'est d'un délit, d'un véritable délit, qu'il s'agit.

---

(1) V. Rendu, n° 285.
(2) V. Bédarride, n° 968.

371. Tromperie sur l'origine des produits. — Un amendement avait été proposé par M. Tesnières pour introduire dans la loi de 1857, une disposition qui punît la tromperie sur l'origine des produits. Cet amendement a été rejeté, et il devait l'être. La disposition proposée n'avait, en effet, aucun rapport avec la loi en discussion, et y aurait ajouté un élément tout à fait parasite. D'ailleurs, comme le remarque très bien M. Bédarride (1), la loi de 1824 prévoit expressément cette fraude, puisqu'elle punit « quiconque aura, soit apposé, « soit fait apparaître par addition, retranchement, ou par « une altération quelconque, sur des objets fabriqués....., le « nom d'un lieu autre que celui de la fabrication ». L'amendement proposé aurait donc fait double emploi. M. Rendu fait toutefois une exception pour le cas où la tromperie sur l'origine aurait pour effet d'induire l'acheteur en erreur, non pas seulement « sur la qualité plus ou moins bonne d'un « objet, mais sur son espèce industrielle. Il en serait ainsi, « par exemple, pour des châles français portant une marque « affectée aux cachemires de l'Inde, ou pour des liqueurs « dont la marque indiquerait une fausse provenance. C'est ce « qu'il faudrait décider pour l'apposition, sur du vin factice, « d'une marque indicative de tel ou tel cru de Champagne, « la provenance indiquant ici, non pas une qualité, mais une « espèce de vin. Il en serait de même, depuis que la loi des « marques est applicable aux bestiaux, pour des moutons « faussement marqués comme *mérinos* ou pour des taureaux « désignés *durham* (2). »

M. Huard est d'un avis contraire. Selon lui, apposer sur un produit une marque qui indique une origine mensongère, c'est commettre le délit prévu et puni, soit par l'art. 423 du Code pénal, soit par le second paragraphe de l'art. 8 de la loi de 1857. « Le législateur, dit M. Huard, a pris l'expression « la plus large qu'il pût adopter. Il punit l'auteur de la trom- « perie sur la nature de la marchandise. Le mot *nature*, un

---

(1) V. Bédarride, n° 936.

(2) V. Rendu, n° 202.—V. aussi Gastambide, n°s 424 et 457; Faustin Hélie, sur l'art. 423; Dalloz, v° *Industrie*, n° 355.

« peu vague dans sa généralité, nous semble parfaitement « choisi par cela même. Il comprend tous les caractères dis- « tinctifs d'un produit, et parmi ees caractères se trouve la « provenance, soit française, soit étrangère. Voilà pour le « texte. Pourquoi, d'ailleurs, ces subtilités? au profit de qui « ces querelles de mots? Pour soustraire à l'action bienfai- « sante de la loi une fraude que tout le monde condamme, au « profit d'un commerçant déloyal et au détriment des négo- « ciants honnêtes qui ne savent pas mentir, même sur leurs « étiquettes. Belle cause, sans doute, et bien digne de tant « d'efforts ! » M. Huard s'attache ensuite à établir que l'esprit de la loi n'est pas contraire à la généralité du texte, et que notamment la loi de 1824, qui a précédé la loi de 1857, et d'où celle-ci découle, n'a prévu et puni, en définitive, autre chose qu'une tromperie sur la provenance. Si la loi, dit-il, défend qu'une marchandise soit vendue sous un faux nom, c'est parce que cette fausse indication trompe l'acheteur sur la provenance de la marchandise. Il pense que la loi de 1857 a suivi les mêmes errements et qu'il n'y a aucun argument sérieux à tirer de ce fait, qu'un amendement, déclarant expressément la loi de 1857 applicable aux tromperies sur l'origine des produits, ait été repoussé par la commission et non reproduit dans la discussion. « Sans doute, ajoute M. Huard, « les rapports présentés aux Chambres nous fournissent des « renseignements utiles sur la pensée du législateur, mais ils « n'en sont pas la manifestation certaine. Il est très possible « que le Corps législatif ait considéré les expressions : *nature* « *du produit*, comme assez générales pour comprendre la pro- « venance, ce qui rendait tout amendement inutile. Il est « certain, en tout cas, que notre système est en parfaite har- « monie avec les autres dispositions de la loi (1). »

Jugé, en tout cas, qu'il n'y a pas indication d'une fausse provenance à indiquer sur des produits fabriqués en France

---

(1) V. l'article de M. Huard, dans la *Prop. ind.*, n° 161. — Comp. Trib. corr. Seine, 5 mars 1829, *Gaz. trib.*, 6 mars ; Paris, 7 août 1832, aff. Schmidt-Born, *Gaz. trib.*, 15 août ; Trib. comm. Seine, 28 juin 1853, aff. Spencer, *le Droit*, 30 juin ; Bruxelles, 30 mai 1855, Pataille. 55.45.

le nom d'un pays étranger, quand cette indication, d'après un usage constant, sert uniquement à indiquer une nature de fabrication imitée de l'étranger, comme cela a lieu pour l'*eau de Cologne*, le *savon de Windsor* (Paris, 26 février 1864, aff. Mauprivez, Pataille.64.320).

372. *Quid* **de la substitution d'une marque à une autre ?** —Est-il permis, après avoir acheté les produits d'un fabricant, de supprimer la marque de ce fabricant, d'y substituer une autre marque, et de vendre ensuite comme siens propres ces mêmes produits, qu'on n'a pas fabriqués? La question a été discutée au Corps législatif, et voici dans quels termes : « Au nombre de ces délits (ceux prévus par la loi de 1857), a « dit le rapporteur, ne doit-on pas faire figurer la destruction « et l'altération frauduleuse de la marque? Pour encourager « l'usage de la marque facultative, suffit-il de punir les con- « trefacteurs ? Souvent la marque peut être supprimée sans « le consentement, et même malgré la défense du produc- « teur, par des intermédiaires qui se donnent pour fabri- « cants, par des concurrents jaloux de substituer leur mar- « que à celle d'un autre et de se créer avec ses produits une « réputation commerciale. Sans doute, celui qui achète un « produit en a la libre disposition, mais cela ne va pas jus- « qu'à enlever au fabricant l'honneur que lui procure l'exé- « cution. Il en est ainsi pour les œuvres de l'art et de l'esprit; « pourquoi en serait-il autrement des œuvres industrielles? « Toute marque est une propriété, nous l'avons reconnu, et « c'est le premier mot de la loi actuelle; elle doit être pré- « servée du vol et de la destruction. Plusieurs chambres de « commerce en ont manifesté le vœu avec instance; le projet « de la Chambre des députés, en 1845, contenait une dispo- « sition formelle en ce sens; la loi sarde, du 12 mars 1855, « a consacré ce principe, que MM. Tesnière et Legrand nous « ont également proposé d'inscrire dans la loi. Votre com- « mission a formulé ces idées dans deux amendements suc- « cessivement présentés au Conseil d'État et tous deux reje- « tés par lui... »

Les mêmes idées soutenues par M. Legrand ont amené, de la part du commissaire du Gouvernement, la réponse suivante : « Le projet de loi est destiné à consacrer la propriété

« de la marque apposée par le fabricant sur ses produits ; « mais il ne déclare pas la marque obligatoire pour lui. De- « vait-on la rendre obligatoire vis-à-vis des commissionnaires « qui achètent en fabrique ? Le Conseil d'État n'a pas cru « qu'il en dût être ainsi : il a pensé que l'intermédiaire, qui « aurait acheté un produit, pouvait avoir intérêt à n'en pas « faire connaître l'origine ; dès lors, la loi ne devait pas s'op- « poser à ce qu'il pût supprimer la marque du fabricant, et « même, s'il le jugeait convenable, apposer sur les produits « ce qu'on appelle une marque de commerce.

« L'orateur dit que, sur ce point, l'opinion des chambres « de commerce est loin d'être unanime. Dans beaucoup de « localités, les fabricants admettent cette pratique ; quant au « public, ce qui lui importe, ce n'est pas de savoir d'où vient « la marchandise, mais seulement de savoir que ce qu'il « achète est de bonne qualité.

« M. le commissaire du Gouvernement fait remarquer, « d'ailleurs, qu'en général, dans le cas prévu par l'auteur de « l'amendement, le fabricant dont les rapports avec le con- « sommateur ne peuvent être immédiats n'a pas un grand « intérêt à assurer la perpétuité de sa marque ; ce qui lui « importe surtout, c'est que le commissionnaire prenne les « meilleurs moyens de lui procurer le plus grand écoulement « possible de marchandises. Au surplus, si le fabricant croyait « avoir intérêt, d'ailleurs plutôt pour l'honneur que pour le « profit, à assurer la perpétuité de sa marque, il pourrait « imposer au commissionnaire la condition expresse de laisser « subsister cette marque en vendant les produits ; en cas « d'infraction à cette convention, il y aurait lieu à exercer « une action civile ; mais le Conseil d'État n'a pas pensé que « des poursuites correctionnelles pussent être autorisées pour « ce fait ; il a mieux aimé rester dans les termes du droit « commun (1) ».

M. Levavasseur, l'un des membres de la commission, a appuyé les observations du commissaire du Gouvernement ;

(1) V. la discussion de la loi, Appendice, 1re partie, chap. II, sect. 1re, art. 3.

il a dit que, « dans presque toutes les villes où se fabriquent « des tissus, et notamment à Rouen, il existe des commis« sionnaires qui les achètent en fabrique pour les revendre, « le plus souvent sous une forme différente de celle que leur « a donnée le fabricant : ainsi, ils divisent les étoffes en cou« pons, leur font subir des apprêts particuliers et appropriés « aux convenances des consommateurs auxquels ces mar« chandises sont destinées. Ces tissus reçoivent chez l'apprê« teur une forme tout à fait nouvelle, et le commissionnaire, « pour en assurer le débit, y appose sa marque, qui seule est « connue de ses commettants. C'est de cette manière que « sont apprêtées, expédiées et vendues la plupart des étoffes « de Rouen, qui se consomment en Amérique... »

M. le commissaire du Gouvernement, reprenant la parole, dit « qu'une expression qu'a employée M. le rapporteur ne « lui semble pas exacte. M. le rapporteur a parlé du vol à « propos de l'enlèvement d'une marque. L'enlèvement d'une « marque de fabrique par le commissionnaire à qui un pro« duit a été vendu ne paraît pas à M. le commissaire du Gou« vernement pouvoir être qualifié de vol. Le fabricant, en « vendant son produit, a aliéné son droit, s'il n'a pas fait de « réserve expresse..... » Et plus loin, exprimant de nouveau cette idée, il ajoute qu'il a paru au Conseil d'État que « mieux « valait rester dans le droit commun et maintenir le principe « que celui qui achète un objet est maître d'en disposer. A « côté de cela, celui qui voudra faire des conventions pour « se réserver un droit quant à sa marque, le pourra tou« jours, et ces conventions resteront sous l'empire du droit « commun. »

Ce qui ressort avec évidence de cette discussion, c'est que la loi ne voit point de délit dans le fait par un commerçant d'acheter les produits d'un fabricant, d'effacer la marque de ce fabricant et d'y substituer la sienne, fût-ce en vue de s'assurer par ce moyen, assurément peu délicat, une réputation commerciale qu'on se sent incapable de mériter par sa propre fabrication. Le Conseil d'État a-t-il eu raison de ne pas vouloir appliquer à ce fait une peine correctionnelle? La commission du Corps législatif avait-elle tort lorsqu'elle réclamait plus de sévérité pour cet acte en soi déloyal? C'est ce que nous n'avons pas l'intention de rechercher ; il nous suffit de constater la volonté de la loi pour en bien faire comprendre l'application.

S'ensuit-il que le fait dont s'agit, n'étant pas un délit, soit absolument licite, et qu'un fabricant ne puisse empêcher qu'un concurrent usurpe sa réputation, qu'il n'a peut-être fondée que par toute une vie d'honneur et de travail, en s'emparant de ses produits et en les vendant sous une autre marque? C'est ce qu'il nous est difficile d'admettre. Qu'il n'y ait pas de délit, soit ; mais n'y a-t-il pas concurrence déloyale? Sans doute, si le fabricant consent à ce que ses produits entrent dans le commerce sous un autre nom, si tel est l'usage du marché, le fait sera licite ; il le sera encore si le produit est dénaturé, c'est-à-dire (c'est l'espèce de M. Levavasseur) s'il a subi *des apprêts nouveaux et particuliers* qui lui ont donné *une forme tout à fait nouvelle.* Le transformateur du produit, celui qui l'a ainsi *approprié à des convenances spéciales*, ne saurait être tenu de maintenir la marque du fabricant originaire ; ce produit lui a simplement servi de matière première, et il ne le vend pas tel qu'il l'a reçu. Dans cette espèce, incontestablement, il ne peut être taxé de concurrence déloyale ; il n'en fait aucune au fabricant originaire ; bien mieux, il n'est même pas son concurrent : il vend autre chose que lui.

Mais, s'il s'agit réellement d'un concurrent qui, achetant à ce fabricant, vend la marchandise comme sienne, comme fabriquée par lui, et se fait ainsi une renommée qu'il ne mérite pas ; si, grâce à cela, il élève, en face de ce fabricant et à son détriment, une maison qui, sans cela, n'eût jamais grandi, qui, par cet artifice, lui fait ombrage, ce fabricant ne pourra se plaindre ! Ce sera là une concurrence honnête, légitime et loyale ! Comme l'a très bien dit le rapporteur, la contrefaçon littéraire et artistique consiste essentiellement à publier sous son nom et comme étant son œuvre ce qui est en réalité l'œuvre d'autrui. N'est-ce pas le cas, et avec la différence que la matière comporte, d'appliquer le même principe ? On répond, il est vrai, que le fabricant n'a qu'à imposer à ses acheteurs l'obligation de conserver sa marque. Mais est-ce à lui de prévoir la fraude ? est-ce qu'elle doit se présumer ? En vérité, c'est le rebours des principes. Nous pensons, quant à nous, que c'est aux tribunaux à apprécier les circonstances dans lesquelles le fait se produit, à les apprécier au point de vue des usages du commerce, de l'intention des parties, et que, lorsqu'ils y découvrent une intention évidente de fraude, ils sont en droit de déclarer qu'il constitue une concurrence déloyale (1).

373. Jurisprudence. — Il a été jugé : 1° qu'il n'y a pas de délit ni de fraude, de la part du vendeur d'une marchandise, dans le fait d'apposer son nom sur lesdites marchandises au lieu de celui du véritable fabricant, alors d'ailleurs que cette apposition a lieu du consentement de ce dernier (Paris, 21 déc. 1855, aff. Ferrand, Teulet.5.122) ; 2° mais qu'il y a concurrence déloyale à vendre le produit d'un concurrent tel qu'il le vend lui-même, c'est-à-dire dans les boîtes, enveloppes ou flacons qu'il emploie, alors qu'au nom de ce concurrent on substitue le sien, de façon à faire croire au public qu'on en est soi-même le véritable fabricant (Paris, 9 juillet 1859, aff. Gourbeyre, Pataille.59.250).

---

(1) V. Rendu, n° 181 *bis*.

LIVRE DEUXIÈME

DU NOM COMMERCIAL.

CHAPITRE Ier.

CE QUI CONSTITUE LE NOM COMMERCIAL.

SECTION Ire.

Noms de fabricants.

SOMMAIRE.

374. Généralités; but du commentaire. — Nous allons examiner à présent sous ses différents aspects la loi de 1824, loi pénale, dont l'objet est la répression de certaines fraudes déterminées; nous ne sortirons pas du cadre que nous trace le législateur lui-même. Nous laisserons donc de côté les questions qui, tout en se rattachant aux noms, ont trait non pas à leur usurpation, mais aux droits qu'engendre leur propriété ou leur transmission, et nous les discuterons dans un chapitre spécial où nous traiterons : *De la concurrence déloyale* (1). Cette méthode aura l'avantage de ne point mêler des questions qui, au point de vue de la loi pénale, sont d'un ordre très différent, ou même n'ont aucun rapport.

374 *bis.* **Objet de la loi de 1824.** — Le nom d'un commerçant peut lui servir de marque, et, à ce titre, la loi le protège comme toute autre marque. Mais la loi des marques, nous l'avons vu, ne protège le nom qu'à raison de la forme distinctive qu'il affecte; c'est moins le nom qu'elle envisage que la figure sous laquelle il se présente aux yeux, par laquelle il attire les regards et frappe l'attention. Si donc un concurrent usurpe ce nom, se l'attribue abusivement, mais, en l'apposant sur ses produits, lui donne une autre forme, un caractère différent, le commerçant dont le nom est ainsi usurpé ne peut puiser aucune action dans la loi de 1857 : alors, en effet, l'usurpation atteint non pas la marque figurée par le nom, mais le nom lui-même.

C'est cette usurpation que la loi de 1824 a pour but de réprimer. Il s'ensuit que celui qui a une marque nominale, c'est-à-dire une marque dans laquelle son nom entre comme élément, a une double protection, d'abord, en vertu de la loi de 1857, pour la disposition spéciale de sa marque, ensuite, en vertu de la loi de 1824, pour son nom, indépendamment de toute disposition.

Cette double protection n'est pas une superfétation de la loi; car l'action correctionnelle en usurpation de nom n'est pas subordonnée à la formalité du dépôt, tandis que l'action en usurpation de marque n'est pas recevable à défaut de l'accomplissement du dépôt (2).

---

(1) V. *infrà*, nos 488 et suiv.

(2) V. Rej. 18 nov. 1876, aff. Howe, Pataille.76.314. — V. *infrà*, n° 435.

375. La loi ne protège que le nom commercial. — Le nom peut être envisagé à un double point de vue, civil et commercial. Au point de vue civil, on peut dire du nom que c'est la propriété la plus absolue ; elle est imprescriptible, inaliénable (1), en dehors de toute spéculation, telle enfin que la société n'en peut, dans aucun cas, demander le sacrifice, même dans un but d'utilité publique. S'identifiant avec l'individu, dont il résume la personnalité, le nom rappelle le souvenir et la gloire des ancêtres, et impose à celui qui le porte le devoir de le transmettre sans tache à ses enfants. C'est le seul héritage qu'on ne puisse répudier. « Le nom, dit « M. Mayer, est la marque sociale de la personne, le signe de « son identité et de son individualité (2). » Au point de vue commercial, il devient une enseigne ; « il est, dit M. Calmels, *le signe de ralliement de la clientèle*, le thermomètre de son crédit (3). »

Ce que la loi de 1824 entend punir, qu'on le remarque bien, c'est encore une variété de la concurrence déloyale ; elle n'envisage, par suite, le nom qu'à un point de vue purement commercial. Si, par exemple, un individu, s'autorisant d'un droit plus ou moins bien établi, prétend s'arroger un nom et le porter lui-même, s'il le revendique pour l'unique bénéfice de le porter et de le transmettre à ses enfants, la question de propriété que peut faire naître cette prétention sera absolument en dehors des prévisions de la loi de 1824. Il importera peu que celui qui prétend ainsi à la propriété du nom soit commerçant ; il ne s'agira là que d'un examen de titres de famille d'une revision d'actes de l'état civil, c'est-à-dire d'une question qui n'est et ne peut être que civile, et qui, dans tous les cas, ne touche ni de près ni de loin à la concurrence déloyale. Il est à peine besoin d'insister sur un point aussi clair. Retenons donc avant tout que la loi de 1824 ne protège que le nom commercial, c'est-à-dire le nom considéré comme l'accessoire du fonds de commerce, comme le pavillon de la marchandise.

(1) V. Paris, 9 déc. 1864, aff. Crillon, *le Droit*, 11 décembre.
(2) Mayer, n° 17.
(3) Calmels, n° 114.

M. Gastambide dit dans le même sens : « Ce n'est pas ici « le lieu d'examiner comment le *nom* fait partie de l'état civil « des citoyens et constitue une propriété privée ; comment « cette propriété se fonde et se transmet dans les familles. « Nous supposons ces principes connus. La propriété du nom « étant admise, nous la considérerons sous le point de vue « commercial. Le nom sera pour nous un simple moyen d'a- « chalandage ; l'usurpation du nom, un détournement de « clientèle. Nous verrons comment la mauvaise foi s'empare « d'un nom avec plus ou moins d'effronterie ou d'adresse, « comment elle détourne à son profit les avantages commer- « ciaux d'une bonne renommée, comment la loi punit ou « réprime ces coupables usurpations (1). »

376. Raison commerciale. — La loi de 1824 protège la *raison commerciale* au même titre que le nom. Par raison commerciale, il faut entendre non seulement la raison sociale, telle qu'elle est définie par le Code de commerce, mais la désignation, quelle qu'elle soit, d'un établissement commercial. Les *Villes de France*, le *Printemps*, le *Bon Marché*, le *Coin de Rue*, les *Variétés*, les *Grands magasins du Louvre*, etc., voilà autant de dénominations qui constituent des raisons commerciales et sont protégées à l'égal des noms. Cela est juste, la raison commerciale n'étant autre chose que le nom de l'établissement (2). Remarquons, toutefois, que la raison commerciale n'est protégée qu'autant qu'elle n'est pas générique et, par suite, de nature à s'appliquer à toute une catégorie d'établissements similaires.

377. *Quid* d'un nom appartenant à une réunion d'individus ? — M. Gastambide fait observer qu'un nom de cette espèce est protégé par la loi de 1824. « Par supposi- « tion de nom, dit-il, il faut entendre non seulement celle du « nom de famille ou des prénoms, mais encore celle d'un « nom générique appartenant à une réunion d'individus se « livrant ensemble à une même fabrication (3). » Ainsi, les

(1) Gastambide, p. 448.
(2) V. Bédarride, nos 773 et suiv. — V. Dalloz, v° *Nom*, nos 78 et suiv.
(3) Gastambide, p. 458.

Chartreux, les *Bénédictins*, une *Académie*, pourraient revendiquer à leur profit les dispositions de la loi de 1824 (1). « Le « commerce, dit M. Mayer, pourra être fait, sous le nom « qu'elle adopte, par une corporation sans existence légale, « bien qu'elle ne puisse contracter ni ester en justice qu'au « nom de tous ses membres, ceux-ci agissant directement et « personnellement ; le nom adopté sera protégé contre la « concurrence comme tout autre nom d'emprunt (2). »

378. *Quid* **des pseudonymes ?** — Le pseudonyme est une appellation que l'usage a peu à peu substitué au nom véritable que portait un individu, de telle sorte que, le plus souvent, cet individu n'est plus connu que sous ce pseudonyme. Les exemples de cette substitution sont fréquents, surtout dans le monde des lettres et des arts, et nombre d'artistes ou d'écrivains, dont le pseudonyme est populaire, sont absolument inconnus sous leur nom véritable. On peut dire, en ce cas, que le pseudonyme est un nom et qu'il doit être protégé à l'égal du nom (3). Qu'importe que ce soit un nom supposé, dès qu'il s'est incorporé à l'individu, qu'il est devenu le signe de sa personnalité, et que les objets sortant des mains de cet individu ne portent le cachet de leur origine réelle qu'à la condition de se rattacher au pseudonyme ? Ne pas protéger le pseudonyme, en pareil cas, ce serait aller directement contre le but de la loi (4).

M. Huard dit à ce sujet, avec beaucoup de raison : « Il est « incontestable que la culpabilité du contrefacteur est la « même, soit qu'il usurpe un pseudonyme, soit qu'il s'em« pare d'un nom véritable. Dans les deux cas, il spécule sur

---

(1) V. Grenoble, 25 mai 1853, aff. Rivoire, Le Hir.54.2.514 ; Paris, 5 fév. 1870, aff. Garnier, Pataille.70.209 ; Paris, 19 mai 1870, aff. Garnier, Pataille.70.219.

(2) Mayer, n° 20. — V. Trib. corr. Seine, 29 janvier 1879, aff. Detang, Pataille.79.313.

(3) A propos des pseudonymes, M. Mayer (n° 20) fait remarquer que leur usage est formellement condamné, au point de vue civil du moins, par l'art. 2 de l'arrêté du 6 fructidor an II, qui porte qu'*aucun citoyen ne pourra porter de nom ni de prénoms autres que ceux exprimés dans son acte de naissance*, défense qui, en réalité, n'a pas prévalu.

(4) V. Blanc, p. 717 ; Rendu, n° 391 ; Calmels, n° 133.

« la considération qui s'attache au nom d'un industriel et « dépouille le propriétaire de ce nom des bénéfices de cette « faveur publique qu'on ne conquiert presque jamais que « par un travail consciencieux et opiniâtre. Dans les deux « cas, il trompe le public, qui juge tout sur l'étiquette (1). »

Jugé en ce sens : 1° qu'un pseudonyme constitue au profit de celui qui l'a créé et employé une véritable propriété (Paris, 12 déc. 1857, et Cass., 6 juin 1859, aff. Nadar, Pataille. 58.83 et 59.214); 2° que, lorsqu'un individu (dans l'espèce, un nain) s'est fait connaître sous un pseudonyme ou nom de guerre, tel que *Tom Pouce*, il y a concurrence déloyale de la part de celui qui, en vue de faire au premier une concurrence déloyale, s'empare du même nom (Trib. comm. Seine, 24 avril 1843, aff. Roqueplan, *le Droit*, 25 avril).

379. Emploi du pseudonyme par un frère. — Le nom patronymique appartient également, par droit de naissance, à tous les membres d'une même famille, et nul n'en peut être privé, sinon dans des cas tout à fait exceptionnels et lorsqu'il sert de prétexte à une concurrence ouvertement déloyale (2). Le pseudonyme, qui, sous bien des rapports, peut et doit être assimilé au nom lui-même, en diffère absolument sous ce rapport. Il a un caractère plus personnel, plus exclusif que le nom; il s'attache plus étroitement encore à l'individu, qu'il désigne seul, à l'exclusion des autres membres de la famille (3); aussi faut-il, en principe, reconnaître que le parent, le frère d'un individu, généralement connu sous un pseudonyme, sont sans droit à en user pour leur propre désignation (4). Ce principe, toutefois, peut lui-même subir des exceptions, et, si celui qu'originairement désignait seul le pseudonyme a volontairement consenti qu'un de ses parents, par exemple son frère, se fît à son tour connaître sous le même pseudonyme, de manière qu'il leur devînt commun comme l'était déjà leur nom patronymique, les

(1) V. l'article de M. Huard dans la *Prop. ind.*, n° 165.
(2) V. *infrà*, n° 496.
(3) V. toutefois Rendu, n° 394. — V. aussi un article de M. Huard dans la *Prop. ind.*, n° 165.
(4) V. Paris, 12 déc. 1857, aff. Nadar, Pataille.58.83.

tribunaux ne peuvent que donner acte de ce consentement et en sanctionner les effets. Mais cette dérogation, toute volontaire, ne porte aucune atteinte au principe. M. Pataille est de cet avis, qu'il exprime ainsi : « Bien qu'en principe un pseu-« donyme soit la propriété de celui qui en a fait usage le pre-« mier, cependant, si, postérieurement, une autre personne, « et spécialement le frère du premier, s'est fait connaître sous « le même pseudonyme sans opposition de sa part, il y a, « dans ce cas, droit égal pour chacun d'eux à continuer à en « faire usage dans la même industrie (1). »

380. Droit du propriétaire d'un nom qu'un tiers emploie comme pseudonyme. — Nous n'avons pas à rechercher ici jusqu'où s'étend le droit résultant de la propriété d'un nom lorsqu'on l'envisage au point de vue purement civil. Ce droit est-il tellement absolu que tout individu puisse interdire que son nom serve, soit pour un personnage imaginaire dans un drame ou dans un roman, soit de pseudonyme à un auteur ou à un commerçant? C'est une question qui, posée en termes absolus, échappe à notre appréciation, renfermée dans un cadre beaucoup plus modeste (2). Si l'on admet que le droit, tout en étant certain, n'est pas absolu; si l'on est d'avis que son exercice doit être subordonné aux circonstances et à la possibilité d'un dommage matériel ou moral, au danger d'une confusion, on peut alors se demander si, quand un commerçant a pris de bonne foi un pseudonyme et a fait connaître les produits de son commerce sous ce pseudonyme, un tiers, porteur, de par son acte de naissance, de ce même nom, peut en revendiquer l'usage exclusif et en interdire l'usage à tout autre? Le point de départ admis, nous sommes naturellement de l'avis de la négative. Il y a là avant tout une question de confusion et de préjudice à examiner, et, si la confusion est impossible, si le préjudice est nul, la demande doit être repoussée.

---

(1) V. Observ. Pataille.56.255.

(2) V. Trib. civ. Seine, 1er avril 1869, aff. de Bussy, Pataille.69.143; Trib. civ. Seine, 15 févr. 1882, aff. Duverdy, Pataille.82.173; Trib. civ. Seine, 23 mars 1882, aff. Miron, Pataille.82.175. — V. aussi l'article de M. L. Laroze, Pataille.82.169.

Jugé, en ce sens, qu'un commerçant, du nom de Job, ne peut se plaindre que ce nom ait été adopté par un fabricant de papier à cigarettes, alors surtout qu'il n'exerce pas la même industrie et qu'il a laissé passer plus de douze ans sans réclamation (Trib. comm. Seine, 26 sept. 1852, aff. Bardou, Teulet.1.496).

381. *Quid* **des noms imaginaires?** — Nous venons de voir que le nom imaginaire, lorsqu'il est devenu *pseudonyme*, c'est-à-dire lorsque, par suite de l'usage, il s'est incorporé à l'individu et s'est substitué à son nom véritable, est protégé par la loi de 1824. Cela est-il vrai pour toute espèce de nom imaginaire? Suffira-t-il à un fabricant ou à un commerçant de vendre un produit sous un nom supposé, sous lequel d'ailleurs il n'est pas lui-même personnellement connu, pour qu'il puisse invoquer la loi de 1824?

C'est, par exemple, un usage très répandu, dans le commerce des vins de Champagne, de désigner sous des noms supposés les vins débités par telle ou telle maison. Ainsi, c'est du moins ce que nous lisons dans un journal judiciaire (1), la maison Jacquesson, à Châlons, emploie trois étiquettes : la première représente une bacchante dans le costume de sa profession, sous les noms de MM. *Leplus et Comp.*; la seconde, sous le nom de *Clauzet*, et la troisième, sous le nom de *Jouglar*. La maison Mastiac, à Pierry, près Épernay, se désigne par une étoile dans un ciel d'argent, entourée du nom de *Washington*, et, au-dessous, le nom *Comte de Mordant*. Les noms de *Jenny Lind*, *L. de Saint-Marc*, *A. de Senneval*, distinguent la maison de Venoge et Comp., à Épernay ; ceux du *Marquis de Poncet*, du *Comte de Villefort*, la maison Desbordes, à Avise, etc.

Tous ces noms, purement imaginaires, désignent, non le fabricant, mais le produit ; ce sont des dénominations commerciales, des désignations de fantaisie, c'est-à-dire des marques dont l'usurpation constitue, suivant les cas, soit une concurrence déloyale (2), soit même une infraction à la loi de

---

(1) V. *Gaz. trib.*, 4 déc. 1855.
(2) V. *infrà*, nos 461 et suiv., et *suprà*, no 508.

1857 ; mais ce ne sont ni des noms, dans le sens de la loi de 1824, ni des pseudonymes qu'on puisse assimiler aux noms (1).

Jugé que le mot *Chatouilleur*, qu'un fabricant de gants avait eu l'idée d'écrire à l'intérieur de ses produits, par imitation du mot *Chatouiller*, dont un concurrent se servait pour marquer sa marchandise, peut constituer un fait de concurrence déloyale, mais non un délit dans le sens de la loi de 1824 (Paris, 27 juin 1854, aff. Dreyfus, *le Droit*, 28 juin).

382. *Quid* **des initiales ? —** M. Blanc soutient qu'il y a, « non usurpation de marque, mais l'usurpation de nom « prévue et punie par la loi de 1824, lorsque la marque, con- « sistant en de simples initiales, a été reproduite. Il faudrait, « dit-il, ranger la marque par initiales au nombre des mar- « ques emblématiques, si la loi avait dit expressément que « la marque nominale sera seulement celle qui reproduira « le véritable nom du fabricant. Telle n'est pas la dispo- « sition de la loi, et nous avons démontré précédemment « qu'il y a usurpation de nom même dans la reproduction « d'un nom de convention. Or, qu'est-ce que l'emploi des « initiales, si ce n'est le diminutif du nom ? Les initiales « sont évidemment plus près du nom véritable que le nom « de convention (2). »

Cette opinion nous paraît aussi contraire au texte qu'à l'esprit de la loi de 1824. Ce que cette loi a entendu punir, c'est l'usurpation du nom, c'est-à-dire du vocable sous lequel un individu est connu et se distingue de tout autre ; elle le dit expressément dans son texte ; et dès lors la question est ramenée à celle de savoir si les initiales d'un nom sont le nom lui-même, si elles en tiennent lieu, si elles constituent, en un mot, le vocable qui sert à désigner, à appeler un individu. N'est-ce pas le cas de dire que poser la question, c'est la résoudre ? Appelle-t-on un individu par ses initiales ? Les ini-

(1) V. Calmels, n° 43; Blanc, p. 717.—V. toutefois Bédarride, n° 742.

(2) V. Blanc, p. 775. — Il est juste de remarquer que le livre de M. Blanc a paru avant la loi de 1857, et que l'art. 1er de cette loi a précisément répondu à l'une des objections de l'auteur.

tiales, qui sont des lettres isolées, sans aucune signification par elles-mêmes, n'en pouvant avoir que si elles sont réunies à d'autres, constituent-elles, à un degré quelconque, un vocable? Est-ce le signe de l'individualité, de la personnalité? Est-ce que les mêmes initiales, dans le même ordre, ne s'appliqueront pas toujours à une foule d'individus de noms différents? Nous ne comprenons pas, en vérité, que M. Blanc ait pu les assimiler au nom de convention ou pseudonyme, et affirmer qu'elles étaient même plus près du nom véritable. Est-ce qu'un nom de convention n'est pas un nom? Est-ce qu'à l'origine les noms patronymiques ne sont pas toujours des noms de convention? Ne voyons-nous pas chaque jour des individus, qui se sont fait connaître sous un nom de convention, se pourvoir aux fins d'être autorisés à le porter légalement? Pseudonyme ou nom patronymique, qu'importe! Cette appellation est désignative, spéciale, personnelle; elle a tous les caractères du nom. On peut donc très raisonnablement admettre que la loi de 1824 protège le nom de convention, sans qu'il soit le moins du monde nécessaire ou seulement logique d'en conclure qu'elle protège également les initiales. Ajoutons que la loi de 1824 est une loi pénale, et que ses dispositions, strictement applicables aux noms, ne sauraient être arbitrairement étendues aux initiales, qui ne sont tout au plus, suivant M. Blanc lui-même, que la représentation, le diminutif du nom (1).

Il est clair, toutefois, que, si les initiales ne peuvent être assimilées au nom, elles peuvent constituer une marque de fabrique au même titre que tout autre signe, et qu'à défaut de la loi de 1824 elles sont protégées par celle de 1857.

Jugé pourtant, en sens contraire, que l'usurpation des initiales dont un commerçant se sert pour marquer ses produits constitue le délit de la loi de 1824 (Paris, 26 avril 1851, aff. Bardou (2), cité par Blanc, p. 775).

---

(1) V. Bédarride, n° 779. — V. aussi Calmels, n° 44. — V. en ce sens, Trib. corr. Seine, 19 nov. 1843, aff. Barthélemy, cité par Blanc, p. 775; Cass., 12 juill. 1851, aff. Christofle, Dall.52.1.160.

(2) V. également Paris, 22 août 1853, aff. Bloch, cité par Blanc, p. 775.

383. *Quid* **des chiffres ? —** Ce que nous disons des initiales s'applique avec plus de force encore aux chiffres numériques qui sont quelquefois employés dans l'industrie comme signe distinctif d'une fabrication. Un chiffre, en effet, ne rappelle à aucun point de vue le nom, comme on peut le dire à la rigueur de la lettre initiale du nom. Entre le nom et un chiffre quelconque, il n'y a donc pas d'analogie possible.

Jugé, en ce sens, que la loi du 28 juillet 1824, qui punit l'apposition sur des objets fabriqués, soit du nom d'un fabricant autre que celui qui en est l'auteur, soit de la raison commerciale d'une fabrique autre que celle où les objets ont été fabriqués, soit enfin du nom d'un lieu autre que celui de la fabrication, doit être restreinte aux cas qu'elle a prévus et ne saurait être étendue au delà de ses termes ; elle ne peut donc être appliquée à l'usurpation d'un signe, tel qu'un chiffre, qui peut sans doute servir de marque commerciale, mais ne saurait être assimilé au nom ou à la raison de commerce (Cass., 12 juill. 1851, aff. Christofle, Dall. 52.1.160).

384. *Quid* **si le nom du fabricant est devenu dénomination nécessaire ? —** Ce que nous avons dit plus haut (1) des dénominations nécessaires s'applique également aux noms propres.

Si, en principe, le nom constitue une propriété inaliénable et imprescriptible, il peut cependant se présenter des cas spéciaux où, par un long usage et par le consentement exprès ou tacite de l'intéressé, le nom devient comme la seule désignation usuelle et reçue de tel procédé de fabrication ou de tel produit tombé dans le domaine public, et où il peut dès lors, mais exceptionnellement, appartenir à d'autres que le propriétaire du nom de s'en servir pour désigner, non plus l'origine industrielle du produit fabriqué, mais le système ou le mode de fabrication. Les héritiers et descendants de Bretelle ou de Quinquet pourraient-ils reprendre au domaine public les noms de leur auteur, passés dans la langue usuelle, et devenus les noms communs, vulgaires, des objets qu'ils

(1) V. *suprà*, n° 50.

désignent? En pareil cas, il n'y a plus de nom patronymique, et la langue s'est en réalité enrichie d'un mot nouveau. Les tribunaux, du reste, ne sauraient autoriser une telle dérogation aux règles ordinaires qu'en constatant ou reconnaissant que le nom en litige est devenu la désignation usuelle et nécessaire du produit, en prenant, de plus, les précautions convenables pour que toute confusion sur l'origine industrielle des produits soit évitée, et pour que l'emploi du nom du fabricant, permis à d'autres, ne devienne pas le moyen d'une concurrence illicite à son préjudice (1).

M. Pataille pose le principe en ces termes : « Nous ne « saurions admettre que, lorsqu'un produit a une désigna« tion scientifique ou commerciale, et que le nom de l'inven« teur ou préparateur n'est ajouté que pour constater l'ori« gine du produit, ce nom puisse jamais être considéré comme « tombé dans le domaine public. Le propriétaire du nom ne « saurait le perdre par cela seul que le public l'emploiera « de préférence à la désignation scientifique ou commer« ciale (2). »

M. Blanc dit à son tour : « Le nom ne peut tomber dans « le domaine public. Admettre le contraire, ce serait recon« naître qu'il est licite de tromper l'acheteur sur la prove« nance de la chose vendue. Comment fixer, d'ailleurs, « ajoute-t-il, le moment où le nom du fabricant devient gé« nérique? Il y aurait là une large voie ouverte à la fraude « des industriels et à l'arbitraire du juge (3). »

M. le procureur général Savary, portant la parole devant la Cour d'Orléans, à la suite d'un renvoi après cassation, donnait la véritable règle. « L'arrêt a été cassé, dit-il, parce « qu'on n'a pas examiné en fait si le nom de l'inventeur est « la désignation nécessaire du produit. Voyons ce qu'il en « est. Lorsque le nom a été donné à une chose et qu'il « n'existe pas d'autre dénomination, la jurisprudence accorde « le nom au domaine public. Ceci est délicat, car un nom est

(1) V. Cass., 24 déc. 1855, aff. Bricard, J.Pal.56.1.266.—V. Calmels, n° 159.

(2) V. Pataille.67.169, *la note*.

(3) Blanc, p. 710.

« une chose sacrée ; mais la nécessité de la libre concurrence « a déterminé la justice à cette concession. Seulement, pour « cela, il faut une nécessité absolue que n'a pas constatée la « Cour de Paris (1). » Il est impossible de mieux préciser la question en moins de mots.

Notons, du reste, à ce sujet, l'observation suivante de M. Pataille : « Rappelons seulement, dit-il, que ce n'est « qu'*exceptionnellement*, et par suite d'un long usage, que le « nom peut ainsi devenir la désignation d'un produit, et que, « pour nous, la condition première et essentielle, c'est que « ce soit avec le consentement du propriétaire du nom que « cet usage soit établi, ce qui arrive lorsqu'un inventeur « donne *lui-même* son nom à l'objet breveté. Mais, en fait, il « y a souvent une trop grande tendance à accepter comme « acquis un usage des concurrents et du public constituant « une véritable usurpation (2). »

Ajoutons enfin, pour terminer sur ce point, que le juge du fait apprécie souverainement la question de savoir si le nom d'un fabricant est devenu le nom générique d'un objet fabriqué, et que la décision qu'il rend à cet égard n'est pas susceptible d'être revisée par la Cour de cassation (3).

385. Jurisprudence. — Il a été jugé d'après ces principes et d'une façon absolue : 1° que le nom d'un fabricant constitue une propriété dont il n'est pas permis de s'emparer, et que, spécialement, le nom de Carcel ne peut, même après que les objets que ce nom désigne sont tombés dans le domaine public, être employé par des concurrents, sans être au moins précédé des mots : *façon de...*, *système de...*, en lettres aussi grosses que le reste (Trib. comm. Seine, 13 janv. 1843, aff. Hochstetter (4), *Gaz. Trib.* 14 janv.) ; 2° que l'usurpation du nom d'un fabricant n'est jamais un acte licite (Rej. 10 mars 1864, aff. Calmel, Pataille.64.193) ; 3° que, lorsqu'un fabricant vend une étoffe spéciale qu'il a cru devoir baptiser

---

(1) V. Pataille.60.409.

(2) Pataille.69.236, *la note*. — V. aussi Blanc, p. 719.

(3) V. Paris, 19 nov. 1868 et Rej. 22 juin 1869, aff. Bournhonet et Bassille, Pataille.69.235 ; Rej. 18 nov. 1876, aff. Howe, Pataille.76.314.

(4) V. aussi Trib. comm. Seine, 27 avril 1843, aff. Hochstetter, *Gaz. Trib.*, 28 avril.

de son nom (dans l'espèce, *satin Bonjean*), il appartient sans doute à ses concurrents de fabriquer le même produit, mais non de le vendre sous le même nom; ils ne sauraient soutenir, en ce cas, que ce nom s'est incorporé à l'objet et lui est devenu propre (Paris, 13 mars 1841, aff. Royer et Duranton (1), J.Pal.41.1.561); 4° que la dénomination d'*eau de Botot*, même alors que la formule de cette eau est tombée dans le domaine public, peut faire l'objet d'un droit privatif (Paris, 3 août 1859, aff. Barbier, Pataille.59.366); 5° que le fait que le procédé de fabrication d'un produit (le vinaigre de J.-V. Bully) soit dans le domaine public n'autorise pas d'autres que l'inventeur ou ses ayants droit à se servir de son nom (Trib. comm. Seine, 30 sept. 1859, aff. Landon (2), Teulet. 9.59); 6° que le nom est une propriété imprescriptible, et, par suite, celui qui le porte peut, même après une tolérance plus ou moins longue, en interdire l'usage aux tiers : spécialement, le chimiste qui a donné la formule d'une liqueur hygiénique (*liqueur Raspail*), et qui a laissé, pendant un temps plus ou moins long, les tiers fabriquer cette liqueur en la désignant sous son nom, n'en est pas moins recevable à reprendre ce consentement tacite, et à leur interdire l'emploi de cette désignation (Paris, 9 nov. 1863, aff. Combier-Destre, Pataille.63.377).

385 *bis*. **Jurisprudence** (*suite*). — Il a été jugé encore : 1° que, les noms constituant une propriété imprescriptible, on est en droit d'en interdire l'usage aux tiers toutes les fois qu'on ne les a pas cédés ou laissés volontairement tomber dans le domaine public : spécialement, le savant ou l'industriel qui a publié la formule et les procédés de fabrication d'un produit, tel qu'une liqueur hygiénique, peut s'opposer à ce que d'autres que lui, en vendant de la liqueur fabriquée d'après la formule, fassent usage de son nom ou même de son portrait dans leurs étiquettes ou leurs prospectus (Paris, 10 janv. 1866, aff. Raspail, Pataille.69.154) ; 2° que l'inven-

(1) V. aussi Paris, 14 déc. 1853, aff. Boulay-Lépine, Huard, *Rép. des marques*, p. 82, n° 16.

(2) V. aussi Paris, 6 fév. 1874, aff. Landon, Pataille.74.69.

teur d'un produit qui l'a publié avec l'intention d'en doter la société, ne saurait être présumé, par cela seul, avoir abandonné l'usage de son nom à tous ceux qui préparent ce produit ou usent de son procédé (Paris, 12 janv. 1874, aff. Liebig et Ce, Pataille.74.83); 3° que le fait qu'une invention tombe dans le domaine public n'y fait pas tomber en même temps le nom de l'inventeur, alors surtout qu'il a toujours fabriqué la machine, objet de son invention, et que, par suite, son nom sert à désigner sa fabrication ; si, dans le langage usuel et par abréviation, une machine a pu recevoir le nom de celui qui a le plus contribué à la vulgariser, on ne saurait en tirer cette conséquence que ce nom est tombé dans le domaine public; le nom patronymique est, en effet, la propriété la plus intime, la plus nécessaire et la plus imprescriptible (Paris, 18 nov. 1875, aff. Howe (1), Pataille.75.356); 4° que, s'il arrive que le nom d'une maison commerciale qui n'existe plus et dont l'invention est tombée dans le domaine public, s'incorpore au produit et en devient la désignation commune et générique, il n'en saurait être de même pour des industries encore existantes, en pleine activité de production, lesquelles ont incontestablement le droit de s'abriter sous les dispositions de la loi de 1824 (Trib. corr. Lyon, 8 août 1855, aff. Garnier et Jacquet, Pataille.78.183); 5° que, en dehors des cas exceptionnels, où, pour spécifier certaines compositions pharmaceutiques, dites *remèdes secrets*, le nom de l'inventeur est le seul qualificatif, soit indiqué au Codex, soit universellement reconnu, et où ce nom devient ainsi exceptionnellement un élément nécessaire de divulgation avec lequel ce produit se confond, il n'existe, en général, pour le fabricant d'un produit, ni nécessité ni droit de désigner ce produit par le nom de l'inventeur (Aix, 20 mars 1879, aff. Fumouze, Pataille.81.179).

386. Jurisprudence (*suite*) (2).—Il a été jugé à cet égard :

---

(1) V. aussi Paris, 26 mai 1876, aff. Brion, Pataille.76.170.

(2) V. encore Cass., 24 déc. 1855, aff. Bricard, Pataille.56.18. — V. *infrà*, n° 488. — V. aussi Paris, 29 juillet 1879, aff. Valentino, Pataille. 80.104.

1° que, lorsqu'il est établi qu'un nom est depuis plus de quarante ans apposé sur des produits commerciaux sans que le fabricant qui le porte ait jamais protesté, et que ce nom, par la force des choses, sert à désigner, non pas l'origine de la marchandise, mais la nature et la qualité du produit, auquel il s'est en quelque sorte incorporé, c'est avec raison que les juges du fait refusent d'appliquer la loi de 1824 (Rej. 28 janv. 1846, aff. Spencer et Stubs, J.Pal.48.2.266); 2° que, lorsque le nom de l'inventeur s'est si bien identifié à l'objet de l'invention qu'il en soit devenu la désignation nécessaire, il ne saurait y avoir de concurrence déloyale à s'en servir (Trib. comm. Seine, 28 juill. 1853, aff. Théron (1), Le Hir.62.2. 535); 3° que, lorsque le nom d'un industriel est devenu, par suite d'un usage général, la désignation d'un certain produit, le successeur de cet industriel ne saurait critiquer, comme constituant une usurpation de nom et une concurrence déloyale, le fait par des maisons de commerce, plus ou moins rapprochées de la sienne, d'annoncer le même produit sous le nom qui lui appartient dans le commerce; l'arrêt qui le juge ainsi, en décidant que ledit nom est tombé dans le domaine public, fait une appréciation souveraine (Paris, 19 nov. 1868, et Rej. 22 juin 1869, aff. Bournhonet et Bassille (2), Pataille.69.235); 4° que toute marque de fabrique, quand elle n'a pas été déposée, est susceptible de tomber dans le domaine public, et, du moment où elle y est tombée, nul ne peut plus désormais en revendiquer la propriété exclusive: il n'y a pas de distinction à faire pour le nom ou la raison sociale, alors qu'il est constant qu'ils font partie intégrante de la marque et se confondent avec elle; en ce cas, la marque tombée dans le domaine public y entraîne le nom ou la raison sociale, dans la forme spéciale de la marque à laquelle il s'est incorporé (Rej. 13 janv. 1880, aff. veuve Beissel et fils (3), Pa-

---

(1) Il s'agissait d'un système de crémones à crochet, connues sous le nom de *crémones Charbonnier*.

(2) Il s'agissait, dans l'espèce, du nom de *Ternaux*, devenu usuel pour désigner une certaine espèce de châles brochés. — V. toutefois *infrà*, nos 461 et suiv.

(3) V. *Observ.* de M. Bozérian, *eod. loc.*, p. 124.

taille.80.113); 5° que, si le nom patronymique d'un inventeur reste, en principe, sa propriété exclusive à l'expiration de son brevet, et ne peut être employé par tous ceux qui fabriquent le produit tombé dans le domaine public, il en est toutefois autrement dans le cas où, par un long usage, ou par suite du consentement, soit exprès, soit tacite, de l'inventeur, son nom est devenu la seule désignation usuelle du produit (Rej. 16 avril 1878, aff. Pauliac, Sir.79.1.251); 6° que, si l'expiration du brevet fait tomber le procédé breveté dans le domaine public, il n'en est pas de même du nom de l'inventeur, qui reste sa propriété; il n'en est autrement que dans le cas où, par un long usage ou bien par suite du consentement, soit exprès, soit tacite, du breveté, son nom patronymique, étant devenu la seule désignation usuelle de son invention, est employé pour indiquer le mode ou le système de fabrication, et non l'origine du produit fabriqué (Rej. 15 avril 1878, aff. Pons (1), Pataille.78.238); 7° que l'expiration des brevets d'invention ne fait pas tomber les noms des inventeurs dans le domaine public, à moins que ces derniers n'en aient volontairement fait l'abandon, ou que, par leur fait, l'objet breveté ne puisse être désigné autrement (Paris, 10 mars 1876, aff. Rogier-Mothes, Pataille.76.65).

386 *bis*. Jurisprudence (*suite*). — Il a été jugé enfin, et c'est le correctif nécessaire des décisions qui précèdent: 1° que, alors même qu'il est exceptionnellement permis à d'autres que le dépositaire du nom commercial, de se servir de ce nom, c'est à la condition qu'on ne l'emploiera pas de manière à établir une confusion sur l'origine industrielle des produits, et qu'on ne s'en fera pas un moyen de concurrence déloyale (Cass., 24 déc. 1855, aff. Bricard (2), Pataille.56.18); 2° que, même lorsque le nom d'un fabricant est devenu, de son consentement, la désignation d'un produit inventé par lui, les autres fabricants n'en doivent pas moins prendre les précau-

---

(1) V. aussi Agen, 20 juillet 1875, même affaire, Pataille.78.234. — V. encore Cass., 14 mars 1881, aff. Leroux, et, sur le renvoi, Orléans, 4 août 1881, Pataille.82.183.

(2) Comp. Grenoble, 25 mai 1853, aff. Rivoire, Le Hir.54.2.514.

tions suffisantes pour éviter une confusion sur l'origine de leurs marchandises : il s'ensuit que l'emploi du nom de l'inventeur, sans ces précautions et avec l'intention évidente de produire une confusion, constitue le délit d'usurpation de nom prévu et puni par la loi du 28 juillet 1824 (Paris, 10 mars 1876, aff. Rogier-Mothes, Pataille.76.65).

387. *Quid* **s'il s'agit d'un médicament ?** — Sirey, dans une note insérée par lui à la suite d'un arrêt, rappelle que le nom donné pour la première fois à un produit industriel constitue une marque de fabrique; en quoi il a parfaitement raison. Mais il ajoute que ce principe souffre deux exceptions : « la première, quand le nom déposé, étant indis« pensable pour désigner le produit, appartient ainsi au do« maine public; la seconde, quand le produit dénommé est « un médicament (1) ». Et l'arrêtiste cite à l'appui plusieurs décisions qui auraient décidé en ce sens. La première seule de ces exceptions est justifiée ; la seconde ne l'est pas, et, en se reportant aux arrêts cités (2), il est facile de voir que la Cour de cassation n'a jamais formulé la seconde exception qu'on lui prête. Si, dans les espèces qui lui étaient soumises, elle a permis à tous de vendre le médicament dont il s'agissait sous la même dénomination, dans laquelle entrait le nom de l'inventeur, nom dont ses ayants droit se trouvaient ainsi dépossédés, c'est qu'en même temps il était constaté en fait que ce nom était devenu depuis longtemps la désignation nécessaire et usuelle du médicament. C'est, en effet, là le seul point à considérer, et l'arrêt de rejet au bas duquel figure la note que nous critiquons dispose, au contraire, en termes formels, que la marque de fabrique est, pour le commerçant, « un moyen légitime de signaler à la confiance du public « son produit industriel, moyen qui doit être protégé dans « le commerce de la pharmacie aussi bien que dans tout « autre genre d'industrie (3) ».

M. Pataille dit dans le même sens : « Par exception, et

(1) V. Sir.64.1.345, *la note*.

(2) V. Cass. 31 janv. 1860, et 26 fév. 1861, aff. Giraudeau, Sir.60.1.781, et 61.1.853.

(3) V. Rej. 22 mars 1864, aff. Clertan, Sir.64.1.345.

« pour ne pas permettre à un inventeur de perpétuer indéfi-
« niment, entre ses mains, le monopole d'une invention, la
« jurisprudence a admis que, lorsque le nom de l'inventeur
« est devenu, par son fait ou un long usage, la désignation
« *nécessaire* du produit, elle tombe avec lui dans le domaine
« public. C'est ce qu'on a jugé pour les lampes Carcel. Mais,
« quand il s'agit d'un produit qui a un nom, une désignation
« commerciale, ancienne ou moderne, il n'y a plus à distin-
« guer si son exploitation a toujours été libre ou s'il a consti-
« tué une propriété avant de tomber dans le domaine public.
« Chacun pourra le fabriquer et le vendre sous le nom qui
« lui a été donné; mais pourra-t-on usurper le nom de tel ou
« tel industriel qui se sera fait une célébrité, soit par une
« meilleure fabrication, soit par son invention? Non, à moins
« que, *exceptionnellement*, ainsi que le dit l'arrêt de Cassa-
« tion du 24 déc. 1855, dans l'affaire des serrures Sterlin, le
« nom du fabricant ne soit, par un long usage ou par suite
« du consentement, devenu la *seule désignation usuelle et*
« *nécessaire*. La circonstance qu'il s'agit de préparations
« pharmaceutiques doit-elle faire modifier l'application de
« ces principes? Nous ne le pensons pas. Le pharmacien n'en
« conserve pas moins sa personnalité, et, dès lors, son nom,
« qui peut, comme celui de tout autre industriel, acquérir
« une valeur commerciale, constitue évidemment une pro-
« priété. C'est pour cela que nous avons approuvé la distinc-
« tion que la Cour de Paris a faite dans d'autres affaires entre
« la désignation générique du médicament et le nom du pré-
« parateur (1). »

On objecte souvent que le médicament figure au *Codex*, et que dès lors chacun est libre de le préparer sous le nom du premier préparateur, encore que ce nom ne soit pas rappelé lui-même au *Codex*. Voici les observations que, sur ce point, présente M. Bédarride. « Toutes les préparations pharmaceu-
« tiques, dit-il, figurent au *Codex*, et doivent y figurer, sous
« peine d'être considérées et prohibées comme remèdes se-
« crets. Mais ce recueil, en adoptant une formule, se l'ap-

(1) V. Observ. Pataille.50.109.

« proprie, et le silence qu'il garde sur celui à qui elle est « due est la conséquence de ce principe : qu'il ne faut pas « confondre le produit avec le nom de l'inventeur. Le pro« duit peut être fabriqué par tous, puisqu'il n'a jamais été « ou qu'il n'est plus protégé par un brevet, et qu'ainsi il est « dans le domaine public ; mais on ne peut annoncer comme « émanant de l'inventeur ce qui ne provient pas de sa fabri« cation. Attacher dans le *Codex* le nom du premier prépa« rateur à la formule de préparation, c'était unir celui-ci à « celle-là, l'en rendre inséparable, et par conséquent le jeter « avec elle dans le domaine public, rendre une propriété « particulière la propriété commune, autoriser des men« songes de fabrication aussi préjudiciables à l'auteur de la « découverte que susceptibles de nuire au public. Le légis« lateur ne l'a pas entendu et n'a pu l'entendre ainsi (1). »

388. Jurisprudence (2). — Il a été jugé : 1° que la loi refuse tout brevet pour l'invention ou le perfectionnement des compositions pharmaceutiques ; il s'ensuit que l'auteur d'un remède nouveau ou perfectionné ne peut se réserver la propriété de la dénomination sous laquelle il l'a signalé au commerce, puisque autrement il garderait indirectement pour le débit le droit privatif que la loi lui dénie ; toutefois, le droit commun le protège contre les manœuvres employées par des concurrents pour tromper le public sur la provenance des produits mis en vente (Paris, 12 mai 1857, aff. Gage, Pataille (3). 60.86) ; 2° que le produit industriel (dans l'espèce, le *rob Boyveau-Laffecteur*), dont la fabrication et l'exploitation sont entrées dans le domaine public, peut être annoncé et débité par tous sous la dénomination qui sert usuellement

---

(1) Bédarride, n° 775. — V., en sens contraire, Paris, 10 nov. 1843, aff. Boyer, Pataille.76.15.

(2) V. aussi Paris, 12 mai 1825, aff. de *l'Eau de mélisse des Carmes*, cité par Bédarride, n° 775; Cass., 29 mai 1861, aff. Gage, J.Pal.61.679.

(3) V. la note où M. Pataille fait remarquer que, malgré la généralité des motifs, la Cour maintient, dans son dispositif, l'interdiction d'employer le nom de l'inventeur ; on lira avec intérêt le jugement, dont les motifs ne paraissent pas avoir été adoptés par l'arrêt, et qui, abordant en face la question, la traite *ex professo*.

à le désigner, encore bien que, dans cette dénomination, figure le nom de l'inventeur, si, dans l'usage et par le fait de celui-ci, son nom est devenu l'élément nécessaire de la désignation du produit ; il faut toutefois, par des indications suffisantes, prévenir toute méprise relativement à l'individualité du fabricant et à la provenance du produit (Cass., 31 janv. 1860, aff. Giraudeau, Pataille.60.108) ; 3° que, lorsque le nom de l'inventeur d'un médicament (*rob Boyveau-Laffecteur*) est devenu, par l'usage et par le fait de l'inventeur, le nom du médicament lui-même, de sorte qu'il se confonde avec lui, le successeur de l'inventeur ne peut réclamer pour lui seul le droit de se servir de ce nom, sauf à exiger de ses concurrents qu'ils rédigent leurs annonces et étiquettes de façon à éviter toute confusion (Dijon, 3 août 1866, aff. Giraudeau (1), Pataille.67.169) ; 4° que tout pharmacien peut, aux termes de la loi et de la jurisprudence, exploiter les produits pharmaceutiques sous la qualification qui leur a été donnée par leur premier préparateur, lors même que le nom de celui-ci entre dans cette qualification, mais que les étiquettes et prospectus doivent au moins contenir les indications nécessaires pour prévenir toute confusion sur la provenance de ces produits (Trib. civ. Lyon, 4 déc. 1867, aff. Besson (2), Pataille.69.92) ; 5° que, lorsqu'un produit (dans l'espèce, un médicament) est tombé depuis longtemps dans le domaine public sous le nom de l'inventeur, sans aucune réclamation de la part de ce dernier, chacun a le droit de le fabriquer et de le vendre sous ce nom, à la condition d'ailleurs de n'opérer aucune confusion avec le produit fabriqué par l'inventeur lui-même ou ses ayants droit (Trib. civ. du Havre, 31 mai 1879, aff. Baut, Pataille.79.223).

---

(1) V. également Cass., 30 déc. 1863, mêmes parties, Pataille.64.337.

(2) V. Observ. crit. de Pataille, *eod. loc.* — En fait, M. Besson, pharmacien à Lyon, avait mis en vente le *sirop de Tamarin-Bruc* ; sur la réclamation du docteur Bruc, le tribunal, tout en posant le principe rappelé plus haut, a reconnu la concurrence déloyale et ordonné que le sieur Besson serait tenu d'ajouter sur ses prospectus, étiquettes et flacons, la mention suivante : *Sirop préparé par Besson, suivant la formule du docteur Bruc*.

389. Jurisprudence (*Suite*). — Il a été jugé, d'après les mêmes principes, mais par une application plus stricte : 1° que, si les droits du créateur d'un produit pharmaceutique ne peuvent s'étendre jusqu'à une exploitation exclusive dudit produit, toutefois c'est à bon droit qu'il revendique la dénomination sous laquelle il a fait connaître son produit, et interdit à ses concurrents l'usage, de quelque façon que ce soit, de son propre nom : spécialement, lorsqu'un médicament est connu sous le nom de *pâte pectorale balsamique de Regnauld*, nul autre que l'inventeur ou ses ayants droit ne peut employer la même désignation pour désigner un produit similaire (Paris, 17 nov. 1854, aff. Frère (1), Teulet.4.131) ; 2° que, s'il est permis à tout pharmacien de préparer un médicament d'après la formule de son auteur et de le vendre sous la dénomination (*papier épipastique*) que son auteur lui a donnée, ce droit ne va pas jusqu'à les autoriser à faire circuler leur préparation sous le nom de l'auteur de la formule, alors que l'adjonction n'est pas indispensable pour la désignation du produit (Paris, 12 janv. 1857, aff. Albespeyres, Pataille.60.86) ; 3° que, s'il est permis à tous les pharmaciens de fabriquer un remède dont ils croient posséder la formule, c'est à la condition de l'exploiter sous leur nom propre, en la couvrant de telle dénomination qui leur convient et qui leur serait particulière ; mais il doit leur être interdit, en vertu des principes sainement appliqués de la propriété commerciale, de se servir, de quelque manière que ce soit, du nom d'autrui pour recommander leurs produits, si ce nom lui-même n'est pas tombé dans le domaine public ; l'annonce de ce nom, appliqué même seulement comme rappel d'une formule, ne serait qu'un moyen d'éluder ce principe : elle constitue également un abus déloyal qui doit être réprimé aussi bien que l'usage direct du nom du premier préparateur (Paris, 15 mai 1858, aff. Giraudeau (2), Pataille.60.100).

---

(1) Comp. Rej. 16 avril 1878, aff. Pauliac, Sir.79.231. — V. aussi Paris, 20 nov. 1847, aff. Monnier des Taillades, Pataille.60.95.

(2) Cet arrêt a été cassé par l'arrêt du 31 janv. 1860, susrappelé, et

390. ***Quid* si l'imitateur porte réellement le même nom? —** Il n'y aurait pas délit de supposition de nom si l'imitateur portait lui-même le nom qu'il appose sur ses marchandises, encore qu'il fût prouvé qu'il n'a songé à entreprendre le commerce qu'à raison de la similitude de son nom avec celui d'un fabricant en réputation. D'une part, le principe de la liberté du commerce ne permet pas d'interdire à un individu tel ou tel commerce déterminé; et, d'autre part, faisant le commerce, cet individu ne peut se voir défendre l'usage de son nom. Il ne saurait donc y avoir là matière à délit. Mais l'abus de ce droit, légitime en soi, peut constituer une véritable concurrence déloyale, et le commerçant lésé par l'emploi, frauduleusement calculé, d'un nom semblable au sien peut demander la réparation du préjudice qu'il éprouve et solliciter de la justice des mesures propres à empêcher cette confusion, dommageable pour lui, de se produire (1). Nous verrons cela ailleurs (2).

Toutefois, s'il était prouvé que celui dont le nom est ainsi employé ne fait véritablement pas le commerce auquel son nom sert d'enseigne, qu'il n'est qu'un simple prête-nom, un comparse, un compère; qu'il est, en un mot, le complice d'une fraude, nous serions disposé à reconnaître qu'il y a délit et que les pénalités de la loi sont encourues.

Jugé, à cet égard, qu'il y a délit d'usurpation de nom dans le sens de la loi de 1824, encore que le prévenu porterait bien véritablement le même nom que le plaignant, s'il est établi que c'est par fraude, et dans un but de concurrence déloyale, qu'il a apporté son nom dans une raison sociale (Paris, 12 janv. 1829, aff. Conté (3), *Gaz. Trib.* 13 juill.).

---

par ce motif, qui n'enlève pas toute autorité à la décision, que « sans « examiner si l'emploi du nom était devenu l'élément usuel et nécessaire « de la désignation du produit, la Cour, se fondant sur un principe de « droit absolu de propriété, a fait défense de se servir dudit nom, sous « quelque forme que ce fût ». L'arrêt de la Cour de Paris ne péchait donc que par son trop de généralité.

(1) V. Gastambide, p. 452.

(2) V. *infrà*, n° 488.

(3) Il s'agissait, dans l'espèce, d'un garçon cordonnier devenu subitement, et en apparence seulement, fabricant de crayons.

391. Que devient la raison sociale en cas de liquidation ? — On comprend qu'une marque, signe essentiellement arbitraire, puisse constituer un bien qui soit par lui-même le gage des créanciers et constitue une richesse saisissable, transmissible, réalisable en argent. Lors donc qu'un fabricant ou un commerçant vient à mourir, la marque est vendue avec le fonds de commerce ou séparément. Rien de plus naturel. En est-il de même de la raison sociale ? Il est clair d'abord que les associés qui liquident leur société peuvent, s'ils sont d'accord, concéder à leur successeur tous les droits qu'il leur convient, même celui de continuer à rappeler sur leurs prospectus et leurs étiquettes la raison sociale sous laquelle la maison s'est fait connaître. Une telle convention n'a en soi rien d'illicite, et la loi n'y peut mettre obstacle. Observons, toutefois, que, si c'est une société qui succède à une société, elle ne pourra, à défaut d'avoir dans son sein des associés qui portent les noms figurant dans l'ancienne raison sociale, conserver pour elle la même raison (1). La formation de sa raison sociale, celle qui désigne la personne morale, est soumise aux prescriptions du Code de commerce. La société ne pourra donc s'en servir que comme d'une désignation commerciale, ce qui est d'un ordre différent. Mais, en cas de désaccord entre les associés, si les uns veulent anéantir la raison sociale, si les autres veulent la conserver et la mettre en vente avec le reste de l'actif, que devront faire les tribunaux ? Seront-ils tenus d'ordonner la vente, seul moyen de faire cesser l'indivision ? La question est délicate, surtout si les associés qui se séparent, étant parents ou même frères (cela s'est vu), et portant par suite le même nom, ont conservé le droit de se rétablir chacun de son côté, et par suite ont intérêt à ce qu'un seul d'entre eux, rachetant la raison sociale, n'absorbe pas toute la clientèle de la société dissoute. Nous ne pensons pas que de pareilles questions puissent être résolues d'après une règle uniforme et inflexible ; la solution

(1) V. Mayer, n° 23. — Cet auteur rappelle que le Code allemand est, sur ce point, différent du nôtre, et que la *firme* (raison sociale) d'une société peut, en Allemagne, indéfiniment lui survivre.

dépendra, avant tout, des circonstances de chaque espèce. En principe, nous reconnaissons au successeur le droit de rappeler le nom de son prédécesseur, et, par suite, la raison sociale de la société dont il reprend et continue les affaires ; mais nous reconnaissons en même temps que ce droit est subordonné au contrôle et à l'appréciation des tribunaux, pour le cas, par exemple, où le successeur, par sa faute, viendrait à compromettre les noms honorables de ceux auxquels il a succédé. Nous expliquons cela ailleurs (1). Quant au droit de vendre la raison sociale en dehors de la maison elle-même, et alors, au contraire, que la maison cesse d'exister pour se séparer en des branches nouvelles et distinctes, nous ne saurions l'admettre (2). C'est le cas, on le verra, sur lequel la jurisprudence a statué. C'est au successeur que nous accordons le droit de rappeler le nom de son prédécesseur ; s'il n'y a pas de successeur, il n'y a pas transmission de clientèle; si la maison, en un mot, est anéantie, nous ne concevrions pas que la raison sociale, qui servait à désigner cette maison, pût être vendue ou licitée ; elle doit disparaître avec la société qu'elle désignait, et qui s'éteint pour ne pas revivre même dans la personne d'un successeur.

392. Jurisprudence. — Il a été jugé en ce sens : 1° qu'en principe, la dissolution d'une société fait disparaître la raison sociale ; rien ne s'oppose sans doute à ce que les associés, par des conventions, autorisent l'un d'entre eux à garder pour lui le bénéfice de la raison sociale ; mais, à défaut de conventions, la raison sociale s'éteint, et aucun des anciens associés, allant de son côté, n'a le droit de s'en emparer à l'exclusion des autres ; il s'ensuit que l'héritier de l'associé, dont le nom figurait dans la raison sociale, a le droit d'empêcher l'associé survivant de continuer le commerce sous l'ancienne raison sociale (Colmar, 1er mai 1867, aff. Wein, J. Pal. 68.443); 2° que la raison sociale est le nom de la société ; il n'est donc, en principe, ni cessible ni saisissable, et doit s'éteindre avec la société qu'il désignait : spécialement, lorsqu'une société

---

(1) V. *infrà*, n° 558.
(2) V. *suprà*, n° 87.

composée de trois frères, et connue sous le nom de X... frères, vient à se dissoudre et à se séparer en deux branches, deux des frères d'un côté, le troisième de l'autre, exploitant chacune pour son compte la même industrie que la société dissoute, il ne saurait être permis aux deux frères restés ensemble de continuer leur commerce sous le nom de X... frères, ce qui ferait supposer à tort que l'ancienne maison n'a pas cessé d'exister et qu'ils en sont les continuateurs ; c'est le cas, au contraire, d'ordonner la suppression du mot *frères*, comme le moyen le plus sûr et le plus légal de différencier la maison nouvelle de l'ancienne (Paris, 16 janv. 1868, aff. Goulet, Pataille. 69.336). — 3° Jugé d'une façon plus absolue encore que la raison sociale d'une maison de commerce n'est susceptible d'aucune transmission ; les successeurs ou héritiers du négociant n'y peuvent prétendre droit, alors même qu'elle leur aurait été expressément cédée ou léguée par leur auteur; ils n'ont droit qu'à la maison de commerce elle-même avec la clientèle et les accessoires (Bordeaux, 18 janv. 1875, aff. Broquère, Pataille. 76.291).

393. Le nom commercial est un bien de communauté. — Ce que nous avons dit de la marque s'applique ici : le nom commercial, qui est une sorte de marque nominale, constitue un bien de communauté ; c'est une partie, un accessoire, souvent très important, de l'achalandage ; il en suit le sort (1).

SECTION II.

Noms de localités.

SOMMAIRE.

394. La loi protège les noms de localités. — 395. *Jurisprudence.* — 396. Qu'entend-on par noms de lieux ? — 397. Où est le lieu de fabrication ? — 398. *Jurisprudence.* — 399. *Quid* s'il s'agit de vins, eaux-de-vie ? — 400. *Jurisprudence.* — 401. *Quid* si la fabrication n'est qu'apparente ? — 402. *Jurisprudence.* — 403. *Quid* en cas de non-usage ? — 404. A qui appartient le nom de lieu ? — 405. *Jurisprudence.* — 406. *Jurisprudence*

(1) V. Paris, 9 oct. 1862, aff. Lemasson, Pataille.62.413.

(suite). — 407. *Jurisprudence* (suite). — 408. Nom d'eaux thermales ; préparation artificielle. — 409. *Quid* s'il s'agit d'un domaine privé ? — 410. Partage d'un domaine ; nom du précédent propriétaire. — 411. *Quid* si le nom est devenu générique ?

394. La loi protège les noms de localités. — La loi protège non seulement les noms de fabricants, mais encore les noms de lieux. Cela est juste. Il y a, en effet, des localités qui, depuis longtemps, ont acquis une réputation méritée, à raison de certains articles qu'on y fabrique d'une façon spéciale. « Il est, disait l'exposé des motifs, des villes de fabrique « dont les produits ont atteint une réputation qu'on peut « appeler *collective*, et c'est encore une propriété. Les draps « de Louviers ou de Sedan sont distingués dans le commerce « comme des espèces particulières, et il importe aux fabri- « cants de ces villes d'empêcher que d'autres tissus, plus ou « moins semblables, ne se confondent avec les leurs à la « faveur d'une déclaration mensongère qui aurait le double « inconvénient de les discréditer et de tromper le consomma- « teur (1). »

M. Gastambide définit bien le but de la loi lorsqu'il dit : « La provenance des marchandises n'est pas chose indiffé- « rente dans le commerce. Telle localité est renommée pour « ses draps, telle autre pour sa coutellerie, etc.; cette bonne « réputation est la propriété de la ville ou de la contrée qui a « su l'acquérir ; elle est la propriété de tous les fabricants « établis dans cette contrée ou dans cette ville. De plus, le « public est intéressé à ce qu'on ne lui donne pas, comme « venant de telle localité, des produits fabriqués ailleurs et « dont la qualité est au moins équivoque (2). »

395. Jurisprudence. — Il a été jugé en ce sens : 1° qu'il y a délit, dans le sens de la loi de 1824, dans le fait par un fabricant domicilié en province (*à la Couture*, près Rouen), d'apposer sur ses produits le nom de *Paris*, alors surtout qu'à Paris il existe un fabricant du même nom en réputation (Rouen, 20 juin 1831, *Journal de Rouen*, année 1831);

---

(1) V. Appendice, 1re partie, chap. 2, sect. 2, art. 1.
(2) Gastambide, p. 458.

2° que le fabricant qui énonce faussement une localité comme étant le lieu où il fabrique ses produits, alors qu'en réalité ils sont fabriqués dans un autre endroit, contrevient aux dispositions de la loi de 1824, qui a pour but de protéger contre toute entreprise frauduleuse non seulement les noms apposés sur leurs produits par les fabricants, mais encore le nom du lieu de leur fabrication (Trib. civ. Seine, 3 juill. 1863, aff. Blaise, Pataille.65.38); 3° qu'il y a lieu d'interdire à un fabricant de désigner ses produits par le nom d'une localité, où lui-même d'ailleurs il ne fabrique pas, alors que l'emploi de ce nom n'a pour lui d'autre but que d'imiter la marque d'un concurrent établi dans cette localité, marque dans laquelle le nom de la localité entre comme élément principal; et cette interdiction peut être prononcée alors même que, par une décision antérieure, les tribunaux auraient autorisé ce fabricant à employer ce nom dans des conditions déterminées, si, du reste, des faits survenus depuis cette décision démontrent qu'il y a eu abus et concurrence déloyale : spécialement, le fabricant autorisé par justice à annoncer ses produits (des tuiles) comme fabriqués à *Écuisses, par Montchanin*, peut, en dépit de cette décision, se voir défendre d'une façon absolue l'emploi du mot « *Montchanin* », alors que ce mot a été employé par lui de façon à faire une concurrence déloyale à un rival d'industrie dont la marque comporte, comme élément principal, le nom de cette localité (Dijon, 8 juill. 1868, et Rej. 17 nov. 1868, aff. Avril, J. Pal.69.168).

396. Qu'entend-on par nom de lieu ?—Par nom de lieu, il faut entendre non seulement les noms désignant une agglomération définie et géographiquement reconnue, mais encore les noms désignant une maison, un cru, un domaine, tels que le *Clos-Vougeot*, le *Château-Latour*, ou un établissement religieux, tel que la *Grande Chartreuse*.

Jugé en ce sens que la loi de 1824 a eu pour objet notamment de garantir aux inventeurs d'un produit les avantages de la bonne renommée acquise à leur invention, et qu'elle a dû dès lors considérer comme une atteinte à leurs droits l'usurpation d'une dénomination accréditée dans le commerce : spécialement, le nom de *Chartreuse*, appliqué aux liqueurs fabriquées à la Grande Chartreuse, n'est pas un nom générique, tel que le serait un nom dérivant de leur nature et de leur composition, mais une simple abréviation des étiquettes des *Chartreux*, désignant tout à la fois les inventeurs, les fabricants et le lieu de fabrication ; en conséquence, il y a usurpation de nom, dans le sens de la loi de 1824, dans le fait d'employer le mot de *Chartreuse* pour désigner une liqueur plus ou moins similaire ne provenant pas du couvent de la Grande Chartreuse (Paris, 5 fév. 1870, aff. Louis Garnier (1), Pataille.70.209).

397. Où est le lieu de fabrication? — Il est certains produits qui exigent un concours d'opérations diverses, lesquelles ne peuvent toutes se faire dans le même endroit. Où pourra-t-on dire, en ce cas, que le produit est fabriqué ? C'est là une question de fait abandonnée à la souveraine appréciation des tribunaux. « Ils n'ont, comme le remarque M. Bédarride, qu'à consulter leurs lumières, qu'à suivre les inspirations de leur conscience, et l'on peut sans témérité prévoir qu'ils ne refuseront jamais à un industriel le droit d'apposer sur ses produits le nom du lieu où il a son établissement, alors même que quelques-unes des opérations qu'exige leur fabrication seraient exécutées hors la ville, dans la banlieue, et même dans les campagnes avoisinantes (2). »

C'était, du reste, ce que disait en propres termes l'exposé des motifs à la Chambre des pairs. Voici, en effet, comment il s'exprime : « Quelques personnes auraient désiré qu'on désignât les conditions sous lesquelles le fabricant, qui fait exécuter dans la campagne une partie des opérations de sa fabrique, sera néanmoins en droit d'user, dans sa marque, du nom de la ville où il est domicilié. D'autres ont paru croire que le nom de la ville ne pourra plus être employé par les fabricants de la banlieue qui s'en servaient par le passé : ces craintes sont vaines; les tribunaux, qui, dans

(1) V. encore Grenoble, 25 mai 1853, aff. Rivoire, Le Hir.54.2.514; Paris, 19 mai 1870, aff. Louis Garnier, Pataille.70.219; Trib. civ. Seine, 31 mai 1870, aff. Martin, Pataille.70.229; Trib. civ. Seine, 23 avril 1879, aff. Poulain, Pataille.79.327; Lyon, 1er août 1879, aff. Galliffet, Pataille. 79.330; Trib. civ. Marseille, 12 août 1879, aff. Rocca, Pataille.79.339.

(2) Bédarride, n° 787.

« le même cas, avaient à se prononcer, sous l'ancienne loi, sur « l'usurpation vraie ou prétendue d'un nom de lieu de fabri- « cation, continueront à juger de même ; et, quand il le fau- « dra, le Gouvernement ne manquera pas au devoir de pro- « mulguer des règlements qui, en rappelant les dispositions « légales, en assureront partout l'exécution (1). »

Dans son rapport, M. Chaptal disait avec plus de précision encore : « Les fabricants, établis dans l'enceinte tracée et limi- « tée d'une ville de fabrique, doivent-ils jouir seuls du droit « d'apposer le nom de la ville sur leurs produits ? Ceux qui se « sont établis dans le voisinage pour profiter d'un cours « d'eau, du plus bas prix de la main-d'œuvre, de bâtiments « plus commodes et plus spacieux, mais qui emploient dans « leur fabrication les mêmes matières, les mêmes procédés, « les mêmes apprêts, et dont les produits sont de même « nature que ceux que l'on fabrique à l'intérieur, seront-ils « déshérités du droit d'apposer sur leurs étoffes le nom de la « ville ? Cela ne paraît ni juste ni conforme à l'intérêt de l'in- « dustrie. Par exemple, Sedan est une ville militaire ; son « enceinte est très circonscrite et très restreinte ; à mesure « que la fabrique s'est étendue, elle a dû sortir des limites « tracées pour la défense de la place ; les principaux fabri- « cants se sont établis hors des murs ; pourrait-on aujourd'hui « leur contester le droit de continuer à marquer leurs tissus « du nom de *drap de Sedan* (2) ? »

La loi doit donc être entendue d'une façon large, et non judaïquement ; c'est, du reste, aux tribunaux qu'il appartient de déterminer ce qui est *lieu de fabrication* (3).

398. Jurisprudence. — Il a été jugé en ce sens : 1° que le droit de se servir du nom d'une localité pour désigner l'origine des produits manufacturés appartient non seulement à ceux qui habitent l'enceinte proprement dite de la ville, mais encore à ceux qui, fixés dans les environs, se livrent à la fabrication qui fait le renom de cette localité ; il en est surtout ainsi quand les produits, fabriqués hors des murs, reçoivent

---

(1) V. Appendice, 1re partie, chap. 2, sect. 2, art. 1er.

(2) V. Appendice, 1re partie, chap. 2, sect. 2, art. 2. — Comp. Blanc p. 761 et suiv.

(3) V. Calmels, n° 134.

dans l'intérieur de la ville les mêmes apprêts qui en font le principal mérite (Trib. civ. Charleville, 6 fév. 1844, et Rej. 28 mars 1844, aff. Fortier, J. Pal.44.1.794); 2° que le nom du lieu de fabrication peut être employé non seulement par ceux qui fabriquent dans la localité même, mais encore par ceux qui fabriquent dans un rayon plus ou moins rapproché, si l'usage a consacré l'emploi de ce nom pour les produits fabriqués dans ce rayon (Paris, 3 juin 1859, aff. Aragon, Pataille.59.216); 3° qu'un fabricant (de ciment, dans l'espèce) a le droit de désigner ses produits sous le nom d'une localité qui n'est pas exactement celle où il fabrique, si, d'une part, il en est très rapproché, et si, d'autre part, il est constant que l'usage étend le nom de cette localité, par exemple, à des carrières d'où ledit fabricant tire la matière de ses produits (Aix, 27 mai 1862, aff. Michel, Pataille.63.328) ;—4° jugé toutefois que des fabricants de draps domiciliés non à Elbeuf, mais dans des communes voisines, n'ont pas le droit de marquer leurs produits du nom de cette ville, et commettent, en l'usurpant, le délit prévu par la loi de 1824 (Trib. corr. Rouen, 12 sept. 1826, cité par Gastambide, p. 458).

399. *Quid* **s'il s'agit de vins, eaux-de-vie ?** — Les vins, les eaux-de-vie, sont certainement des objets fabriqués : ils sont, en effet, le résultat d'une préparation spéciale, et cette préparation a une influence directe et considérable sur leur valeur industrielle et commerciale. Seulement, à ce propos, une difficulté s'est élevée. Quel est le lieu de fabrication d'un vin déterminé ? Est-ce le lieu où a eu lieu la récolte du raisin ? est-ce le lieu où ce raisin, transporté, a été soumis au pressoir et transformé en vin ? A l'occasion d'un pourvoi, dont il était le rapporteur, M. le conseiller Pataille faisait ressortir l'étrangeté du premier de ces deux systèmes. « Ainsi, disait-il, « le raisin de Suresnes, transporté en Champagne pour y subir « l'action de la fermentation, deviendrait du vin d'Aï, et il ne « serait plus permis au propriétaire du vin d'Aï de donner ce « nom à son vin si son cellier était en dehors de ce territoire ? « L'usage universel, la raison, la morale, la science, protes- « tent hautement contre une pareille conséquence (1). » Nous sommes complètement de l'avis de l'éminent rapporteur.

(1) V. J.Pal.45.2.655.

400. **Jurisprudence.** — Il a été jugé en ce sens : 1° que les vins rentrent dans la classe des produits fabriqués, et les lieux où on les récolte et où on les prépare sont les lieux de fabrication (Rej. 12 juill. 1845, aff. Ouvrard, J.Pal.45.2.655); 2° que des vins sont avec raison désignés, non par le nom du lieu où le propriétaire possède des magasins et des bâtiments d'exploitation, mais par le nom du lieu où le raisin a été récolté (Paris, 24 août 1854, aff. Chrétien, cité par Blanc, p. 776); 3° qu'il est d'usage de désigner les vins par le nom du cru d'où ils proviennent, sans se préoccuper de l'endroit où est située la cuve vinaire ou cellier : il s'ensuit que c'est à bon droit que le vigneron, qui a sa cuve vinaire hors du territoire où il fait sa récolte, désigne son vin par le nom du territoire où la récolte a été faite (Rej. 8 juin 1847, aff. Rieunègre, J. Pal.47.2.100).

401. ***Quid* si la fabrication n'est qu'apparente ?** — La concurrence déloyale est fertile en stratagèmes : on a vu, par exemple, des fabricants, désireux de vendre leurs produits sous le nom d'une ville réputée pour ces articles, y installer un semblant de manufacture, et, grâce à cela, vendre leurs marchandises, quoique manufacturées ailleurs, comme originaires de cette ville. Il est évident que c'est là une fraude. On n'a droit de donner à ses produits le nom d'une localité qu'à la condition qu'on y a un établissement réel et sérieux. La loi, bien entendu, ne considère pas l'importance de l'établissement, mais sa réalité ; il faut qu'il soit autre chose qu'un prétexte. A cette condition seulement, elle accorde sa protection ; elle n'étend point sa faveur au mensonge.

402. **Jurisprudence.** — Il a été jugé en ce sens : 1° que l'emploi d'un nom, comme lieu de fabrication, ne se justifie pas par de rares et courtes apparitions dans cet endroit, s'il est d'ailleurs constant que celui qui l'emploie n'y a pas d'établissement sérieux et n'a cherché, en l'employant, qu'à opérer une confusion entre ses produits et ceux d'un concurrent (Trib. corr. Grenoble, 2 avril 1857, aff. Garnier, Pataille. 58.119); 2° que celui qui aurait le premier cherché à s'assurer la propriété d'une marque mensongère, ne saurait avoir d'action en justice contre les imitateurs de cette marque : spécialement, celui qui fait entrer dans sa marque l'indica-

tion d'une fausse provenance, et manque ainsi à la loyauté commerciale, ne peut se plaindre de ce que ses concurrents l'imitent à leur tour (Paris, 26 fév. 1864, aff. Mauprivez, Pataille.64.320).

403. *Quid* **en cas de non-usage?** — M. Gastambide dit avec pleine raison : « Le prévenu d'usurpation de nom ne « pourrait se justifier par ce motif que le fabricant ou la ville, « dont il a emprunté le nom, ne sont pas dans l'habitude « d'apposer ce nom sur leurs produits. En effet, il ne s'agit « pas ici d'une contrefaçon de marque, mais d'une supposi- « tion de nom. Le nom, comme la marque, a pour effet de « désigner la fabrique, avec cette différence que la marque « a besoin d'être convenue et adoptée, tandis que le nom est, « sans aucune convention et naturellement, l'indication la « plus sûre et la plus précise (1). »

404. A qui appartient le nom de lieu? — Il tombe sous le sens que le nom d'une localité ne peut appartenir privativement à personne, et qu'un manufacturier, en s'établissant le premier dans un endroit, ne saurait garder pour lui seul le droit de faire usage, pour marquer ses produits, du nom de cette localité ; ce nom appartient à tous les habitants de la localité : ils y ont un droit égal, et, fût-il vrai qu'un concurrent, d'abord établi ailleurs, est venu s'établir dans la même localité qu'un rival d'industrie, en vue de lui faire une concurrence plus directe, il n'en faudrait pas moins reconnaître et consacrer son droit. La liberté de l'industrie le veut ainsi.

La règle serait la même, si le nom supposé, au lieu d'être celui d'une localité déterminée, était celui d'une partie de la France renommée pour la spécialité de son commerce ou de son industrie, comme la Bourgogne ou la Champagne, connues pour leurs vins. Tirons de là cette conséquence : c'est que, si un individu, étranger à ces provinces, venait à vendre ses produits comme en provenant, tout négociant, y exerçant le commerce auquel appartient ce genre de produits, aurait un droit égal à se plaindre de l'usurpation (2).

---

(1) Gastambide, p. 449.
(2) V. Calmels, n° 135.

405. Jurisprudence (1). —Il a été jugé en ce sens : 1° qu'on ne saurait admettre qu'un commerçant puisse jouir, exclusivement à tout autre, du droit de désigner ses produits par le nom du lieu où il fabrique ; il est en effet de principe, en matière commerciale, que le nom d'un terrain appartient à la marchandise et non aux commerçants : il en est ainsi notamment lorsqu'il s'agit du nom d'un banc calcaire où deux commerçants puisent également la pierre qu'ils convertissent en chaux (Rennes, 21 mars 1839, et Rej. 24 fév. 1840, aff. Laleu, J.Pal.41.2.320) ; 2° que tous les propriétaires de fonds situés dans l'étendue d'un même territoire ont le droit de désigner les produits qu'ils récoltent sur ce territoire sous le nom que l'usage lui donne ; et c'est en vain que le propriétaire d'un domaine, plus spécialement désigné sous ce nom, prétendrait en garder l'usage exclusif (Bordeaux, 24 mars 1846, aff. Chadeuil (2), J. Pal.46.2.501) ; 3° que les propriétaires d'un cru ont *seuls*, mais ont *tous* le droit de marquer les fûts contenant leur vin par une estampille qui rappelle le nom de ce cru (Paris, 24 août 1854, aff. Chrétien, cité par Blanc, p. 761) ; 4° que le nom d'une localité appartient à tous ceux qui l'habitent ; il s'ensuit que le fabricant, qui, le premier, a donné le nom de cette localité à ses produits (dans l'espèce, les *fromages de Robache*) ne saurait empêcher qu'un concurrent, installé dans le même endroit, désigne ses produits sous le même nom, qui doit être considéré comme véritablement générique (Trib. comm. Nancy, 21 juillet 1858, aff. Cuny-Giraud (3), Teulet.8.147).

406. Jurisprudence (*suite*). —Il a encore été jugé : 1° que l'indication d'un lieu de provenance ne peut, comme marque de fabrique, être une propriété privée qu'autant que ce lieu de provenance est lui-même la propriété exclusive du commerçant ou producteur qui a adopté la marque ; autrement,

---

(1) V. encore Cass., 28 mars 1844, aff. Fortier, Sir.44.1.727 ; Cass., 12 juill. 1845, aff. Ouvrard, Sir.45.1.842. — Comp. Bruxelles, 20 juin 1864, aff. Pougnet ; Liège, 18 janv. 1870, aff. Schaltin ; Trib. comm. Anvers, 22 déc. 1866, aff. W. Muller, cités par Braun, p. 206.

(2) V. aussi Bordeaux, 2 avril 1846, aff. Rieunègre, *eod. loc.*

(3) V. encore Trib. comm. Nantes, 30 nov. 1878, aff. Signourat, *Jurisp. comm. Nantes*, 80.1.193.

tout individu qui fait le commerce des produits de la même localité (dans l'espèce, *beurre de la vallée d'Aure*) peut les signaler au public par l'indication du lieu de production; celui qui a, le premier, fait usage de cette indication n'acquiert pas sur elle un droit exclusif et privatif; il s'agit là, en effet, d'une désignation générique, rentrant dans le domaine public (Trib. civ. Le Havre, 3 juin 1859, aff. Lecomte, Pataille. 59.279); 2° qu'un nom de localité ne peut appartenir privativement à celui qui, fabriquant dans cette localité, en fait, le premier, usage; il a droit, au contraire, à la propriété de la forme distinctive, sous laquelle il aura fait, le premier, usage de ce nom; il ne saurait donc exercer aucune action contre les concurrents de la même localité qui désignent leurs produits sous le même nom, mais sous une autre forme (Paris, 3 juin 1859, aff. Aragon, Pataille.59.216); 3° que les produits naturels, ou même fabriqués dans un même lieu (dans l'espèce, le *ciment de la Valteline*), peuvent être tous désignés par le nom de la localité d'où ils proviennent, sauf aux producteurs à se distinguer par des raisons de commerce ou par des marques de fabrique (Aix, 27 mai 1862, et Rej. 15 juillet 1863, aff. Michel, Pataille.63.328); 4° que le nom d'une localité appartient à tous ceux qui s'y établissent; il en est ainsi spécialement en matière d'eaux thermales; il s'ensuit que le propriétaire d'un établissement, désigné par le nom même des eaux (dans l'espèce, *Thermes d'Enghien*), ne saurait empêcher un concurrent d'ouvrir un autre établissement sous le même nom, alors d'ailleurs que celui-ci, par les mots « *nouvel établissement* » et par l'indication de son propre nom, rend toute confusion impossible (Trib. comm. Seine, 8 oct. 1863, aff. Tilleul-Batailler, Teulet.14.186).

407. Jurisprudence (*suite*). — Il a été jugé de même : 1° que les noms de localités, simples expressions géographiques, sont destinés à l'usage de tous et peuvent être employés avec un droit égal par tous ceux qui ont intérêt à désigner ainsi, dans des circonstances identiques, des productions émanant d'une certaine région, d'un certain territoire : spécialement, l'usage ayant attaché la dénomination d'*asphalte de Seyssel* au gisement qui existe aux environs de Seyssel sur les deux rives du Rhône, cette dénomination ne saurait devenir l'objet d'un droit exclusif de propriété pour des asphaltes extraits d'un endroit particulier de ce gisement (Lyon, 6 déc. 1866, aff. Chabrier, Pataille.70.73); 2° qu'il appartient à tous les fabricants d'une localité de désigner leurs produits sous le nom de cette localité une pareille désignation est un terme commun, indispensable pour faire connaître le lieu où le produit est fabriqué, et ne peut être remplacé, sous ce rapport, par aucun autre (Pau, 27 juill. 1867, aff. Paillasson, Teulet. 17.171); 3° qu'un nom de localité ne saurait appartenir privativement à celui qui en fait le premier usage pour désigner les produits de sa fabrication; il appartient à la collectivité des habitants; tous peuvent en user; il s'ensuit qu'un concurrent peut, s'il est de la même localité, l'annoncer sur ses produits; il appartient, du reste, aux tribunaux de prescrire toutes les mesures qu'ils jugent nécessaires pour empêcher les confusions résultant de la similitude des noms ou des marques (Grenoble, 11 fév. 1870, aff. Duru, Pataille.70.355).

408. Nom d'eaux thermales; préparation artificielle. — Le nom d'une eau thermale appartient exclusivement à son propriétaire, de telle sorte qu'une eau d'autre provenance ne pourrait être, sans délit, vendue sous le même nom. Toutefois, ce droit ne va pas jusqu'à empêcher celui qui fabrique artificiellement la même eau de l'annoncer sous le nom qui lui convient, à la condition de prévenir toute confusion avec les eaux naturelles. S'il en était autrement, le propriétaire de l'eau naturelle étendrait abusivement son droit sur l'eau artificielle et confisquerait à son profit une partie du progrès industriel.

Jugé en ce sens que le propriétaire d'une source d'eau thermale ne saurait revendiquer la propriété privative du nom de cette source jusqu'au point de l'interdire à ceux qui fabriqueraient artificiellement des eaux semblables; il suffit que le fabricant d'eaux factices compose son étiquette de façon à rendre toute confusion impossible; admettre le système contraire, ce serait prohiber la fabrication artificielle et priver de leurs secours ceux qui sont placés trop loin pour en user (Lyon, 7 mai 1841, aff. Pidot et Vuillaume, Dall.42.2.27).

409. *Quid* **s'il s'agit d'un domaine privé?** — Le nom d'un domaine privé appartient, bien entendu, au propriétaire de ce domaine, et n'appartient qu'à lui. La propriété du nom suit la propriété du domaine, et nul autre, à moins d'autorisation, ne peut en user.

Jugé à cet égard : 1° que le propriétaire d'un vignoble qui est connu sous un nom à lui particulier, a seul le droit de se servir d'étiquettes indiquant la provenance de ce vignoble ; lors donc qu'il rencontre dans le commerce des bouteilles, qui ne proviennent pas de chez lui, et qui, cependant, portent le nom de son vignoble, il est en droit de demander l'application de la loi de 1824 (Paris, 30 déc. 1854, aff. Chrestien, Pataille.56.352) ; 2° mais que le propriétaire d'un vignoble, tel que celui de *Château Haut-Brion*, ne peut empêcher qu'un commerçant vende du vin sous ce nom, alors du moins qu'il ne justifie pas que ce dernier ne vend pas du vin provenant réellement de ce cru, et qu'il est d'ailleurs possible qu'il s'en soit procuré (Trib. comm. Seine, 20 août 1845, aff. Larrieu, *le Droit*, 22 août).

410. Partage de domaine ; nom du précédent propriétaire. — Supposez que le possesseur d'un vignoble ait donné son nom aux vins récoltés sur ce vignoble, et admettez en même temps que, plus tard, il soit reconnu que ce vignoble ne lui appartient pas en entier ; une partie en est détachée et passe en d'autres mains ; est-ce que ce fait aura pour effet d'autoriser les nouveaux propriétaires de la partie ainsi détachée à conserver le nom de l'ancien propriétaire aux vins récoltés sur cette portion du vignoble ? Évidemment non ; le nom, dans ce cas, est la marque du propriétaire du vignoble ; il sert à désigner, non le vignoble lui-même, mais le produit récolté par les soins du propriétaire ; il doit, après le partage du domaine, rester attaché au même produit ; l'appliquer à un produit, récolté, il est vrai, sur le même sol, mais par les mains d'une autre personne, avec moins de soin peut-être, dans de moins bonnes conditions, serait permettre de confondre deux produits qui, bien que similaires, sont, en réalité, différents (1).

411. *Quid* si le nom est devenu générique ? — Il

(1) V. Bordeaux, 30 nov. 1859, aff. Izan, Le Hir.61.2.495.

se peut, ici encore, que le nom de localité soit devenu lui-même générique et serve à indiquer, non plus la provenance de la marchandise, mais son genre de fabrication ; c'est ce qui a lieu, par exemple, pour l'*eau de Cologne*, les *savons de Windsor*, le *savon de Marseille*, etc. En ce cas, il n'y a pas usurpation du nom de localité, dans le fait de vendre sous ce nom des produits fabriqués ailleurs. Rien n'est plus évident (1).

Jugé en ce sens que la désignation de *savons de Marseille* est employée dans les transactions habituelles du commerce comme la qualification générique d'une spécialité de marchandises, et non comme la désignation exclusive du lieu de fabrication ; il s'ensuit qu'un acheteur ne peut refuser une livraison de cette sorte de produits, sous prétexte qu'ils auraient été fabriqués non à Marseille, mais dans un lieu plus ou moins rapproché de cette ville, si d'ailleurs ils présentent des qualités identiques ; si le décret du 22 déc. 1812 a réglé la marque particulière attribuée à la ville de Marseille pour les savons qui s'y fabriquent, ce décret n'a rien décidé quant à la question de dénomination (Paris, 11 mai 1852, aff. Allegri, *le Droit*, 14 mai).

CHAPITRE II.

USURPATION.

SECT. Ire. — Ce qui constitue l'usurpation.
SECT. II. — Poursuite.

SECTION Ire.

Ce qui constitue l'usurpation.

SOMMAIRE.

412. Le délit consiste dans l'apposition. — 413. Le nom doit-il être adhérent ou apparent ? — 413 *bis*. *Jurisprudence*. — 414. *Quid* si l'imitation n'est

(1) V. *suprà*, n° 371, *in fine*.

pas identique ? — 415. *Jurisprudence.* — 416. *Quid* des mots : façon de..., système de...? — 417. *Jurisprudence.* — 417 *bis. Jurisprudence contraire.* — 418. Les pénalités de la loi de 1824 ne s'appliquent pas à celui qui justifie d'un titre à la possession du nom. — 419. De diverses fraudes réprimées par la loi. — 420. *Quid* de la tentative ? — 421. *Jurisprudence.* — 422. *Quid* de la tolérance ? — 423. Sens des mots : objets fabriqués. — 424. *Quid* des produits agricoles ? — 425. *Quid* des œuvres littéraires ou artistiques ? — 425 *bis. Jurisprudence.* — 426. Ce genre d'usurpation constitue en tout cas un acte dommageable. — 427. Vente et mise en vente. — 428. Usurpation à l'étranger ; débit en France. — 429. Mise en circulation. — 430. *Jurisprudence.* — 431. Complicité ; faits qui la constituent. — 432. Auteur principal ; bonne foi. — 433. Complice ; bonne foi. — 434. Double but de la loi ; tromperie. — 434 *bis.* Souveraine appréciation des tribunaux.

412. Le délit consiste dans l'apposition. — Ce que la loi punit, ce n'est pas l'usurpation du nom d'une façon quelconque, c'est l'usurpation, sous forme d'apposition sur un objet fabriqué (1). Nous verrons plus loin ce qu'il faut entendre par objet fabriqué. Constatons ici que l'emploi du nom sous une autre forme que celle de l'apposition sur des objets fabriqués, par exemple sous forme de prospectus, d'annonces, de réclames, ou sous forme d'enseigne, ne constituerait pas le délit ; il n'y aurait là qu'un acte de concurrence dommageable, donnant ouverture à l'action en réparation ; il n'y aurait pas de délit dans le sens de la loi pénale (2). De même, et cela est évident, la loi de 1824 n'est pas applicable si l'usurpation ne porte que sur les détails, désignations, emblèmes, auxquels le nom du fabricant véritable peut être associé, sans porter d'ailleurs sur le nom lui-même. Il pourra y avoir lieu, en ce cas, à l'application, soit de la loi de 1857, soit de l'article 1382 du Code civil, mais non à l'application de la loi de 1824, qui suppose toujours, et nécessairement, l'usurpation du nom lui-même (3).

Jugé toutefois qu'il y a délit, dans le sens de la loi de 1824,

(1) V. Trib. comm. Le Havre, 22 mars 1854, aff. Leblé, *Gaz. Trib.*, 5 avril.

(2) V. Rendu, n° 397 ; Gastambide, n° 462. — V. aussi Dalloz, v° *Industrie*, n° 338.

(3) V. Rennes, 12 mars 1855, aff. Peyre, Pataille.55.183. — V. aussi Trib. civ. Seine, 21 mars 1860, aff. Légé et Pironnet, *Prop. ind.*, n° 126.

à employer les prospectus d'un concurrent pour vendre un produit similaire (Paris, 20 nov. 1847, aff. Monnier des Taillades, Pataille. 60.95).

413. Le nom doit-il être adhérent ou apparent? — Faut-il, pour que le délit existe, que le nom soit directement apposé sur l'objet et s'y soit incorporé de telle sorte qu'il soit impossible d'enlever le nom sans détériorer la marchandise? Suffit-il, au contraire, que le nom soit sur l'enveloppe, boîte, sac ou flacon, sur l'étiquette? Nous pensons ici, comme en matière de marques, que cela suffit. Rien dans le texte de la loi n'indique, de la part du législateur, une autre volonté, et il faudrait assurément, pour s'y conformer, qu'elle fût formellement exprimée. Les mots : *apposé, fait apparaître sur les objets fabriqués*, n'ont rien qui implique cette incorporation du nom avec la marchandise, et l'on peut dire avec vérité que le nom est apposé, qu'il apparaît sur le produit, encore bien qu'il n'est apposé, et n'apparaît que sur le vase, sur l'enveloppe qui contient le produit. Pourquoi, d'ailleurs, le législateur aurait-il eu cette exigence extraordinaire? C'est donc qu'il aurait voulu exclure de la protection de la loi de 1824 tout produit liquide ou destiné à être vendu en pâte, en grain, ou seulement d'une telle nature, d'une dimension si petite, d'une forme si particulière, qu'il fût impossible d'y apposer directement le nom? Ainsi, il aurait par cela même exclu du bénéfice de la loi les liqueurs, les produits chimiques ou pharmaceutiques, les aiguilles, les épingles, le fil, etc. Pourquoi ces distinctions, ces préférences? Ont-elles une raison d'être quelconque, et peut-on supposer le législateur assez déraisonnable pour faire une loi générale qui, par la nature même des choses, serait une pure loi d'exception? Tout cela démontre que la loi de 1824 n'exige pas que l'apposition du nom ait lieu directement sur l'objet fabriqué, et que, le nom fût-il placé sur l'étiquette, sur l'enveloppe, le délit n'en existe pas moins (1).

---

(1) V. Bédarride, n° 782; Gastambide, n° 401; Rendu, n° 398. — V. aussi Cass., 28 mai 1822, aff. Guérin; Trib. corr. Seine, 5 mars 1829; Paris, 11 nov. 1829; Paris, 27 juillet 1828, aff. Farina, *Gaz. Trib.*, 28 juill.; Rej. 12 juill. 1845, aff. Ouvrard, Sir.45.1.842.

M. Calmels remarque avec raison, et c'est une conséquence du principe qui précède, que la loi atteindrait également l'apposition qui aurait lieu non sur l'objet, mais sur un de ses accessoires, comme si, par exemple, un tailleur mettait à un pantalon de sa confection des boutons portant le nom d'un autre tailleur ; ou si un carrossier, dans la fabrication de ses voitures, employait des écrous ou chapeaux d'essieux sur lesquels serait inscrit le nom d'un autre fabricant (1).

413 *bis*. **Jurisprudence.** — Il a été jugé en ce sens : 1° qu'il y a usurpation de nom, dans le sens de la loi de 1824, dans le fait de remplir des flacons, portant le nom d'un fabricant, d'un liquide n'émanant pas de ce fabricant (Alger, 29 mai 1879, aff. Prot et Cie, Pataille.79.345); 2° qu'il y a usurpation de nom de la part du débitant qui vend, dans des boîtes portant le nom d'un fabricant, des produits qui ne proviennent pas de sa fabrique (Trib. corr. Seine, 10 mars 1858, aff. Bleuze, Pataille.58.219) ; 3° que le but de la loi du 28 juillet 1824 a été de punir la concurrence déloyale qu'on pourrait faire à des fabricants, en plaçant leur nom ou leur raison sociale sur des produits étrangers à leur fabrication et en présentant ainsi ces derniers au public avec une fausse indication d'origine; la loi serait complètement éludée s'il était permis à un industriel de prendre dans un objet, fabriqué par un tiers, la partie portant le nom de ce fabricant pour la faire entrer dans la composition d'un produit similaire, afin d'attribuer la fabrication de ce produit à celui de qui il n'émane pas : spécialement, il y a contravention à la loi de 1824, dans le fait de prendre un chapeau d'essieu portant le nom d'un fabricant pour l'appliquer à une voiture qui ne provient pas de sa fabrication (Paris, 6 mars 1878, aff. Prenat, Pataille.78.332) ; 4° que, lorsqu'un appareil (dans l'espèce, un biberon) est complexe et se compose de plusieurs parties distinctes pouvant se séparer et se vendre isolément, il y a tout à la fois une contravention à la loi du 28 juillet 1824 et un acte de concurrence déloyale de la part de celui

(1) V. Calmels, n° 123.

qui substitue une partie de l'appareil de sa propre fabrication à la partie correspondante de l'appareil d'un autre fabricant, la joint au reste de l'appareil portant le nom de ce fabricant et vend le tout réuni comme provenant de ce dernier, alors qu'il n'y a qu'une partie de l'appareil qui ait réellement cette provenance (Trib. civ. Seine, 25 juillet 1879, aff. Goguey, Pataille.81.164).

414. *Quid* **si l'imitation n'est pas identique?** — Il y a usurpation de nom, encore que l'imitation ne serait pas absolue, et les tribunaux ont à cet égard un pouvoir souverain d'appréciation. Quel que soit le moyen employé, de quelque déguisement qu'elle se soit servie, la fraude doit être atteinte et punie. Telle est la volonté du législateur.

M. Bédarride, qui partage cette opinion, ajoute avec pleine raison : « S'il suffisait d'estropier plus ou moins un nom pour « se mettre à l'abri des prohibitions prononcées par la loi, « pour échapper à toute réparation, à toute peine, cette loi ne « serait bientôt plus qu'une lettre morte, et la concurrence la « plus scandaleuse n'aurait plus de bornes (1). »

M. Gastambide enseigne à cet égard que le fait par un fabricant d'inscrire sur ses produits : *élève d'un tel*, de façon à ce que les premiers mots, écrits en caractères microscopiques, ne laissent apercevoir que le nom, constitue un délit dans le sens de la loi (2).

Me Barthe, plaidant pour Conté, rappelait qu'on avait condamné des *Gonte*, *Gonté*, et il disait avec une véritable éloquence : « On parle de la liberté d'industrie ; mais de quelle « industrie? Entendons-nous. Est-ce de l'industrie des faus- « ses adresses, des fausses factures, déguisements de la con- « trefaçon? Le commerce honorable répudie une telle liberté ; « la véritable liberté de l'industrie se compose du respect de « toutes les propriétés et n'admet rien que de moral ; elle ne « saurait être comparée à cette espèce de vagabondage qui va « colporter dans la province toutes les variétés de l'imposture « et de la fraude. Le véritable intérêt du commerce impose à

---

(1) Bédarride, n° 778. — V. aussi Mayer, n° 48.
(2) V. Gastambide, n° 456.

« la justice l'obligation de se montrer sévère contre de tels « débordements (1). »

Tenons donc pour certain qu'il n'est pas nécessaire que le nom ait été identiquement copié pour que le délit existe ; les peines de la loi de 1824 seraient encourues, encore que le nom usurpé serait accompagné d'un prénom autre que le véritable (2), comme aussi dans le cas où une lettre serait substituée à une autre (3) ; ou bien encore si le nom était légèrement défiguré, tout en gardant son aspect général et sa principale consonnance (4).

415. Jurisprudence. — Il a été jugé en ce sens : 1° qu'il y a délit, dans le sens de la loi de 1824, dans le fait d'apposer sur ses produits les mots : *Au Verdier*, de façon que le mot : *au*, écrit en très petits caractères, se dissimule, et cela dans le but d'usurper le nom de Verdier (Trib. comm. Seine, 31 déc. 1826, aff. Verdier, *Gaz. Trib.*, 9 janvier 1827) ; 2° qu'il en est de même pour l'usurpation du nom de *Petit*, par l'emploi des mots : *Au Gagne-Petit*, dans lesquels le mot *Petit* s'aperçoit seul, ceux qui le précèdent ayant été imprimés en caractères imperceptibles (Trib. comm. Seine, 3 avril 1833, aff. Petit, *Gaz. Trib.*, 6 avril) 3° qu'il y a usurpation de nom, encore que celui qui l'usurpe l'aurait défiguré : spécialement, le nom *Cardy Penautier* a pu être considéré comme une usurpation du nom *Tardy Blanchet*, alors surtout que l'écriture et le parafe avaient été imités (Paris, 13 mai 1853, aff. Tardy-Blanchet, cité par Blanc, p. 774) ; 4° qu'il en est de même pour *Alexanèdre*, mis à la place d'*Alexandre* (Paris, 29 juill. 1853, aff. Muller, cité par Blanc, p. 774) ; 5° que, lorsqu'une Compagnie d'assurances est en possession du nom de « *Lloyd français* », il ne saurait être permis à une

(1) V. *Gaz. Trib.*, 31 juill. 1828.

(2) V. Paris, 27 juill. 1828, *Gaz. Trib.*, 28 juillet (*Antoine* Farina, au lieu de *Jean-Marie* Farina).

(3) V. Trib. corr. Seine, 29 juill. 1828, et Paris, 12 janv. 1829 (*Conte*, au lieu de *Conté*), cités par Gastambide, p. 455.

(4) V. Trib. comm. Seine, 22 janv. 1833, et Toulouse, 26 mars 1836 (*Wyenenn* et *Meynen*, au lieu de *Weynen*), cités par Gastambide, p. 455. — V. aussi *Gaz. Trib.*, 24 janv. 1833.

Compagnie concurrente de prendre pour désignation celui de « *Lloyd central* », la confusion entre ces deux établissements devant nécessairement résulter de l'adoption d'un nom semblable (Trib. comm. Seine, 7 juill. 1862, aff. Dumont, Le Hir.62.2.422); 6° que l'usurpation de nom ne cesse pas d'exister, quoiqu'on ait ajouté des signes quelconques, tels qu'un emblème ou un encadrement; c'est ce que proclame surabondamment la loi de 1824, en défendant non seulement d'apposer sur des produits industriels le nom d'un autre, mais encore de le faire apparaître par addition, retranchement, ou par une altération quelconque (Rouen, 24 juin 1869, aff. Wickers et fils, Pataille.70.188); 7° que, lorsqu'un nom de localité, tel que *la Chartreuse*, appartient à un fabricant, il y a usurpation dans le fait de l'employer avec d'autres mots tels que *Chartreuse de Saint-Hugon*, alors du moins qu'il est certain que celui qui emploie ces mots les dispose de façon à créer une confusion avec le nom de la première localité, et que d'ailleurs il ne fabrique pas lui-même au lieu dont il prend le nom (Grenoble, 14 fév. 1879, aff. Rivoire, Pataille. 79.324).

416. *Quid* **des mots** *façon de..., système de...?* — M. Blanc admet que le nom du breveté tombe avec le produit breveté dans le domaine public, alors que ce nom est devenu, par le fait de l'inventeur lui-même, la désignation unique du produit. Toutefois, selon lui, les concurrents doivent faire précéder ce nom des mots *façon de..., système de...* (1). On a déjà vu que nous ne partageons pas cette opinion, au moins dans la forme absolue que lui donne M. Blanc. Pour nous, la raison de décider est non pas dans le fait que le produit est ou non breveté, mais uniquement dans le fait que le nom de l'inventeur s'est incorporé au produit de telle façon qu'il en soit devenu inséparable. Qu'importe, en effet, que le produit ait été breveté et qu'il soit tombé dans le domaine public, s'il est connu et désigné dans le commerce par une autre désignation que celle tirée du nom de l'inventeur. Le nom de l'inven-

(1) V. Blanc, p. 732; Rendu, n° 186; Calmels, n° 71. — Comp. *suprà*, n° 384.

teur, du fabricant, ne peut tomber dans le domaine public que tout à fait exceptionnellement, et si, en réalité, de nom propre il est devenu nom commun. Voilà ce que nous ne saurions trop répéter. Ceci une fois posé en principe, nous avons à nous demander s'il est du moins licite d'employer un nom, qui n'est pas tombé dans le domaine public, en le faisant précéder des mots *façon de...*, *système de....* On a déjà pressenti notre réponse. De deux choses l'une : ou le nom est devenu l'appellation nécessaire du produit, s'y est étroitement incorporé, ou c'est le contraire. Dans le premier cas, le droit appartient à tous d'employer le nom directement, sans détour, sans formule qui en atténue ou en dissimule l'usage. Dans le cas opposé, nul n'a le droit de se servir du nom, même avec des formules plus ou moins adoucies, même avec des faux-fuyants. Nul doute, d'ailleurs, en ce cas, que l'emploi des mots : *façon de...*, *système de...*, lorsqu'ils sont eux-mêmes écrits en caractères microscopiques et pour ainsi dire invisibles, tandis que le nom lui-même apparaît en caractères nets, saillants, bien détachés, ne constitue une concurrence déloyale. Mais faut-il aller plus loin et reconnaître que l'emploi de ces mots en avant du nom constitue un véritable délit dans le sens de la loi de 1823 ? Ici s'élève une question : l'art. 17 de la loi de germinal an XI s'exprimait ainsi : « La marque sera considé- « rée contrefaite quand on y aura inséré ces mots : *façon de...*, « et, à la suite, le nom d'un autre fabricant ou d'une autre « ville. » La loi de germinal a-t-elle été abrogée en ce point? Il suffit de lire attentivement l'exposé des motifs et le rapport qui ont précédé la loi de 1824, pour se convaincre que l'objet de cette loi a été de modifier la peine, point du tout de supprimer le délit. S'il en était autrement, la loi, qui a voulu donner une garantie nouvelle aux fabricants contre les usurpations dont ils sont victimes, irait directement contre son but. Il en faut donc revenir à la règle que nous posions plus haut : droit pour tous d'employer sans détour un nom tombé dans le domaine public; dans le cas contraire, défense pour tous de l'employer, fût-ce avec la formule : *façon de...*, *système de...*

Le *Journal du Palais* fait suivre l'arrêt Bricard-Tessier, rapporté ci-dessous, des réflexions suivantes : « L'art. 17 de

« la loi du 22 germinal an XI réputait contrefaçon et punis- « sait de la peine du faux en écriture privée le fait par un fa- « bricant d'avoir inséré dans sa marque les mots : *façon* « *de...*, suivis du nom d'un autre fabricant. Si la loi du « 28 juillet 1824 a eu pour but de modifier la peine appli- « cable à la contrefaçon, elle n'a nullement dérogé à la loi de « germinal en ce qui concerne la détermination du caractère « constitutif de cet acte coupable, et même elle a donné aux « dispositions prohibitives de ladite loi de germinal une ap- « plication plus étendue et une efficacité plus certaine : c'est « ce que décide et explique, du reste, formellement, l'arrêt que « nous recueillons. Ainsi, il faut tenir pour constant que « l'insertion par un fabricant, dans sa marque industrielle, « du mot *façon*, suivi du nom d'un autre fabricant, constitue « une contrefaçon punissable, sauf toutefois les réserves in- « diquées par l'arrêt lui-même, réserves qui constituent une « exception à un principe sacré, comme tout ce qui touche au « droit de propriété, et que dès lors les tribunaux ne devront « accueillir qu'avec discrétion (1).

417. Jurisprudence (2). — Il a été jugé dans notre sens : 1° que l'art. 17 de la loi de germinal an XI n'a pas été abrogé par la loi de 1824 (Cass., 24 déc. 1855, aff. Bricard (3), Pataille.56.18) ; 2° que, même lorsqu'il s'agit d'un médicament dont la préparation est nécessairement dans le domaine public, il peut être interdit aux concurrents du premier préparateur d'y joindre son nom, même en le faisant précéder des mots : *suivant la formule de...* (Rouen, 27 mars 1862, et Rej. 15 mars 1864, aff. Gage, Pataille. 65.394) ; 3° que

(1) V. J.Pal.56.1.266, la note.

(2) V. Rép. J. Pal., v° *Prop. ind.*, n° 92 ; v° *Nom commercial*, n° 3.

(3) V. encore Trib. corr. Seine, 15 fév. 1860, aff. Frère et Vallet, Pataille. 60.113 ; Paris, 15 mai 1858, aff. Giraudeau, *Prop. ind.*, n° 29 ; Orléans, 4 août 1860, aff. Giraudeau, *le Droit*, 27 octobre ; Trib. comm. Nantes, 24 avril 1880, aff. Raymondière, *Jurisp. comm. Nantes*.81.1.173. — V. aussi Trib. comm. Seine, 17 fév. 1852, aff. Aubineau, Teulet.1.40. — Comp. Paris, 25 mai 1852, aff. Raspail, cité par Huard, *Rép. des marques*, p. 89, n° 59.

l'inventeur d'un produit (extrait de viande de Liebig) et son cessionnaire ont le droit de s'opposer à tout emploi du nom de l'inventeur, de quelque façon qu'il ait lieu, et même pour indiquer que le produit a été obtenu *d'après ses procédés* (Paris, 12 janv. 1874, aff. Liebig et Cie, Pataille.74.83) ; 4° que la loi de 1857 sur les marques n'a pas abrogé l'art. 17 de la loi du 22 germinal an XI, interdisant de se servir du nom d'un autre fabricant ou d'une autre ville en le faisant précéder des mots : *façon de*... (Paris, 6 fév. 1874, aff. Landon, Pataille. 74.68) ; 5° qu'il y a usurpation du nom dans le fait de l'employer avec les mots : *imité de* ou *imitation de*..; une pareille mention, en opposition formelle avec les prohibitions de l'art. 17 de la loi du 22 germinal an XI, doit être absolument proscrite comme contraire à la loi, alors surtout qu'elle n'est qu'un moyen ingénieux de perpétuer la concurrence déloyale (Agen, 20 juillet 1875, aff. Pons, Pataille.78. 234); 6° que, lorsqu'une dénomination (dans l'espèce, le mot *Chartreuse*) est la propriété d'un fabricant, il y a usurpation de la part du concurrent qui l'emploie, même en l'accompagnant des mots : *imitation*, *imitée*, *comme*... (Trib. civ. Seine, 3 avril 1878, aff. Lambert, Pataille,78.145); 7° qu'il est de principe reconnu que les mots *imitation* ou *façon*, ajoutés à une marque usurpée, en contravention des droits de son propriétaire, ne peuvent avoir pour effet de faire disparaître le délit; s'il en pouvait être ainsi, la propriété des marques de fabrique serait par cela même supprimée, puisqu'il suffirait de cette simple précaution pour consacrer les usurpations les plus évidentes du nom et de la marque d'autrui (Trib. corr. Seine, 29 mai 1878, aff. Gérard, Pataille. 78.149) (1); 8° que d'ailleurs, sans qu'il soit besoin de rechercher si le nom de l'inventeur est devenu la désignation nécessaire de la chose brevetée, il y a usurpation de nom dans le fait d'apposer sur les appareils qui n'émanent pas de lui le nom de cet inventeur, même précédé du mot *dit*, si ce mot a

(1) V. aussi Trib. civ. Seine, 7 août 1878, aff. Cusenier, Pataille.78.154; Trib. corr. Seine, 10 avril 1878, aff. Grimm, Pataille. 78.160.

été dissimulé de manière à ne faire apparaître que le nom et à produire une confusion entre les produits (Paris, 10 mars 1876, aff. Rogier-Mothes, Pataille.76.65); 9° que la jurisprudence use d'une juste sévérité en réprimant, comme contraires à l'esprit de la loi, toutes les locutions plus ou moins captieuses (*dit* ou *dite...*, *système de...*, *procédé de...*, *comme...*, *imitation de...*, etc.), dans lesquelles le rapprochement intentionnel du nom de l'inventeur et de celui du fabricant a pour but manifeste de procurer au dernier un bénéfice reconnu illicite (Aix, 20 mars 1879, aff. Fumouze, Pataille.81.179); — 10° jugé pourtant que les prescriptions de l'art. 17 de la loi du 22 germinal an XI se restreignent à la formule : *façon de...* et ne comprennent pas les mentions analogues, telles que : *selon la formule de...* (Paris, 14 mars 1876, aff. Pauliac, Pataille.78.243).

417 *bis*. **Jurisprudence contraire** (1). — Il a été jugé, toutefois, en sens opposé : 1° que, alors même que le droit de fabriquer un produit (dans l'espèce, la pâte pectorale de Regnault) appartient à tous, c'est à la condition de ne pas usurper le nom du premier inventeur, ou du moins de le faire précéder des mots : *suivant la formule de...*, et aussi de différencier la forme et la couleur de ses enveloppes, afin d'éviter la confusion (Trib. comm. Seine, 28 oct. 1844, aff. Frère, *le Droit*, 30 oct.); 2° que, lorsqu'un produit breveté tombe dans le domaine public, chacun est libre de le désigner par le nom de l'inventeur, en ajoutant son propre nom, précédé des mots : *préparé par...* (Paris, 16 janv. 1851, aff. Landon, cité par Blanc, p. 732); 3° que si, en principe, tout pharmacien a le droit d'indiquer sur les produits qu'il prépare le nom de l'auteur originaire de la formule, pour en indiquer plus clairement la nature, c'est à la condition toutefois de faire précéder ce nom des mots : *préparé d'après la formule*, écrits en caractères bien visibles (Bordeaux, 6 fév. 1873, aff. Torchon, Pataille.77.226); 4° que, lorsque le nom du

---

(1) V. aussi Trib. corr. Seine, 25 juin 1874, aff. Genevoix et Blaquart, Pataille.74.209. — Comp. Cass., 3 juin 1846 et 29 nov. 1847, aff. Bulla, J. Pal.47.2.670.

fabricant est devenu un élément nécessaire de la désignation du produit, il est permis à tous de s'en servir pour désigner ce produit, à la condition toutefois d'y joindre une mention de nature à empêcher toute confusion sur la provenance du produit : spécialement, étant donné que, depuis l'expiration du brevet pris par Regnault, la pâte pectorale, objet du brevet, est tombée dans le domaine public, il est licite d'indiquer sur l'étiquette qu'elle est fabriquée *selon la formule de Regnault* (Paris, 14 mars 1876, aff. Pauliac, Pataille.78.243); 5° que le seul fait d'avoir employé le nom d'un fabricant pour désigner, après qu'il est tombé dans le domaine public, le produit fabriqué conformément à son invention ne constitue pas une concurrence déloyale, si d'ailleurs cet emploi a lieu dans des conditions telles que toute confusion soit impossible : spécialement, étant donnée que la formule du vinaigre inventé par Bully est dans le domaine public, il ne saurait y avoir concurrence déloyale à le vendre sous la dénomination de : *Vinaigre composé selon la recette de Claude Bully, préparé par...*, alors d'ailleurs que les flacons, les étiquettes employées, n'ont pas de ressemblance avec les flacons et les étiquettes des successeurs de Bully (Paris, 28 mars 1878, aff. Leroux (1), Pataille.78.239).

418. Les pénalités de la loi de 1824 ne s'appliquent pas à celui qui justifie d'un titre à la possession du nom. — Il a été jugé en ce sens, et, bien entendu, sous réserve de la question purement civile de propriété du nom : 1° que le négociant qui justifie avoir acquis un fonds de commerce ne peut être poursuivi correctionnellement pour usurpation de nom à raison de l'emploi qu'il fait du nom de son prédécesseur, encore que ce nom se trouverait être le même que celui d'un concurrent (Trib. corr. Seine, 9 déc. 1875, aff. Lemit, Pataille.76. 27); 2° qu'il ne saurait y avoir supposition de nom dans le sens de la loi de 1824, qu'autant que l'auteur du fait incriminé n'aurait aucune apparence de droit à prendre comme désignation du produit

(1) V. toutefois Cass., 14 mars 1881, et sur le renvoi, Orléans, 4 août 1881, même aff., Pataille.82.183.

qu'il fabrique le nom dont l'emploi lui est reproché : spécialement, le fabricant qui justifie qu'il est propriétaire d'un immeuble, connu de tout temps sous le nom de : *la Petite Chartreuse*, ne saurait être poursuivi correctionnellement pour avoir appliqué sur ses produits ce nom qui est le vrai nom du lieu où il fait sa fabrication (Trib. corr. Seine, 29 janv. 1879, aff. Detang, Pataille.79.313).

419. De diverses fraudes réprimées par la loi. — Le projet de loi ne punissait que ceux qui, *par une altération quelconque*, avaient, soit apposé, soit fait apparaître, etc. La commission de la Chambre des députés demanda et obtint qu'on ajoutât les mots : « *par addition ou retranchement* », afin que nul ne se pût méprendre sur le sens et la portée du mot *altération*, et qu'il fût bien entendu notamment que la loi atteignait ceux qui, par exemple, consomment la fraude en coupant, sur le chef des pièces d'étoffes, les indications propres à empêcher la confusion (1). La loi atteindrait encore ceux qui, ayant une marque d'ailleurs différente, auraient soin, grâce à un mode habile de pliage de l'enveloppe, de ne laisser apparaître qu'un nom qui, isolément, se confondrait avec celui d'un concurrent (2).

Il résulte, d'ailleurs, des mots *altération quelconque*, que le législateur a voulu atteindre *toutes* les fraudes, quelque forme qu'elles revêtent, dès l'instant qu'il y a volonté d'imiter, d'usurper le nom d'autrui ou un nom de localité dont on n'a pas le droit de se prévaloir. « On a vu, disait le rapporteur, des draps originairement marqués de tel domicile *près* de Louviers, ou *rue* de Louviers, ou *à l'instar* de Sedan, ou *filature* de Sedan ; et des marchands, se rendant, par une de ces additions, complices de la simulation ainsi préparée, couper sur le chef les mots *près de*, *rue de*, *à l'instar de*, en faire, par ces retranchements, des draps de Louviers ou de Sedan, et les vendre pour tels. »

Jugé en ce sens : 1° qu'il y a délit, dans le sens de la loi de 1824, et partant lieu à répression, toutes les fois qu'une

---

(1) V. Bédarride, n° 721.

(2) V. anal. Lyon, 12 juin 1873, aff. David, Pataille.74.248.

addition, un retranchement ou une altération quelconque pourront avoir pour résultat la confusion des produits nouveaux avec des produits préexistants et formant une propriété particulière ; par suite, il y a usurpation d'un nom de localité, encore que l'identité ne serait pas complète ; il suffit que les marques, cachets, étiquettes ou vignettes puissent induire le public en une erreur préjudiciable au propriétaire du nom : spécialement, il y a usurpation du nom de *Chartreuse* dans le fait d'apposer sur ses produits un nom tel que *Saint-Pierre de Chartreuse* (Trib. corr. Grenoble, 2 avril 1857, aff. Garnier, Pataille.58.119) ; 2° que, notamment, l'addition du nom du contrefacteur n'est pas suffisante à faire disparaître la contrefaçon (même arrêt).

420. *Quid* **de la tentative ?** — La loi de 1824 punit-elle même la simple tentative, alors du moins que cette tentative est restée sans effet par suite de circonstances indépendantes de la volonté du prévenu ? Supposez, par exemple, qu'un individu ait fait graver un timbre, un cachet reproduisant le nom d'un autre fabricant, et qu'une poursuite engagée contre lui amène la saisie de ce timbre ou de ce cachet juste au moment où il allait en faire un emploi frauduleux, mais avant que cet emploi ait réellement eu lieu ; supposez encore que, dans les mêmes circonstances, on saisisse, chez un fabricant, des boîtes, des flacons prêts à être utilisés, mais portant le nom d'un fabricant rival : est-ce que, dans ces cas, il y aura délit dans le sens et dans les termes de la loi de 1824 ? Le doute vient du texte de cette loi, qui punit ceux qui ont apposé ou fait apparaître sur des objets fabriqués le nom d'un fabricant autre que celui qui en est l'auteur. Eh bien, dit-on, lorsqu'il n'y a que confection du timbre, préparation de l'enveloppe, il n'y a pas apposition sur l'objet fabriqué. Sans doute, il y a tentative, il y a un commencement d'exécution, mais rien de plus. Peut-on étendre les dispositions d'une loi répressive au delà de ses termes, et d'ailleurs n'est-il pas de règle que la tentative, en matière de délit, n'est punissable qu'autant que la loi le déclare formellement ? Cette question n'est pas sans difficulté ; toutefois, nous pensons qu'elle ne comporte pas de solution absolue, et qu'il y a là, avant tout, une question de fait. S'il est constant que c'est la poursuite même qui a empêché que le timbre ou le cachet contrefait ne servît à l'apposition du nom sur les objets en vue desquels il était fabriqué; s'il est certain que, sans cette circonstance toute fortuite, les boîtes ou les flacons auraient été remplis, nous croyons que la loi de 1824 est applicable. Mais c'est qu'alors il n'y a pas eu seulement tentative, il y a eu délit consommé (1).

A l'appui du pourvoi dans l'affaire Barbier, rapportée ci-dessous, le mémoire disait, non sans raison : « Si la Cour a « pensé que l'absence de tout liquide (il s'agissait d'*eau de* « *Botot*) dans les flacons saisis réduisait le délit à l'état de « tentative, elle a consacré un système dangereux, qui laisse- « rait la carrière libre à la fraude et qui n'a pu dès lors en- « trer dans l'esprit du législateur. On doit, en effet, recon- « naître que la contrefaçon de la marque, aussi bien que le « faux en écriture privée par imitation de la signature, existe « à l'état punissable, indépendamment de tout usage qui « pourrait en avoir été fait (2).

Ajoutons que la question que nous venons d'examiner ne peut être soulevée lorsqu'il s'agit de la loi de 1857, puisqu'elle a eu le soin de distinguer nettement le fait de contrefaçon du fait d'usage, et les punit des mêmes peines, en les assimilant.

421. **Jurisprudence.** — Il a été jugé : 1° *en ce sens*, que la loi de 1824 comprend dans sa généralité le fait de fabriquer des cachets et étiquettes portant le nom d'un fabricant et destinés à être apposés sur des produits ne sortant pas de sa fabrique; ce fait constitue un fait de complicité du délit d'apposition, sur des objets fabriqués, du nom d'un fabricant autre que celui qui en est l'auteur (Cass., 3 juin 1846, et 29 nov. 1847, aff. Bulla, J.Pal.47.2.670) ; 2° *en sens contraire*, que le seul fait de fabriquer des bouteilles, sur lesquelles est le nom d'un fabricant, ne constitue aucune des infractions punies par la loi de 1824, celle-ci ne prévoyant

(1) V. en ce sens Rendu, n° 439.
(2) V. J.Pal.53.1.415.

que l'apposition sur des objets fabriqués d'un nom autre que celui du fabricant qui en est l'auteur (Paris, 18 fév. 1852, et Rej. 9 juill. 1852, aff. Barbier (1), Dall., 52.1.269).

422. *Quid* **de la tolérance ?** — La tolérance plus ou moins longue de l'imitation ne peut constituer une fin de non-recevoir opposable à l'action en contrefaçon. Cela est vrai en toute matière, surtout dans celle qui nous occupe. Le caractère imprescriptible, personnel, de la propriété, lorsqu'il s'agit du nom, explique ici, mieux encore qu'en tout autre cas, une solution que d'ailleurs on n'a jamais contestée.

Jugé en ce sens, que le nom est une propriété qui, dans les relations commerciales, acquiert une valeur plus appréciable en argent que dans les autres relations de la vie, et cette propriété est protégée par la loi indépendamment de la nationalité ; l'emploi par un fabricant d'un nom qui n'est pas le sien ne tend qu'à tromper le public sur le prix, la qualité et l'origine de ses marchandises ; et, encore qu'il en eût usé pendant un temps plus ou moins long, il ne peut acquérir par l'usage un pareil droit (Paris, 7 août 1832, aff. Schmid-Born, *Gaz. Trib.*, 15 août).

423. Sens des mots : objets fabriqués. — M. Rendu se pose la question de savoir si la loi de 1824 protège les noms apposés non par le fabricant, mais par un débitant, aux objets de son commerce. « L'affirmative, dit-il, peut souffrir quelque

---

(1) L'avocat qui plaidait dans cette affaire disait, non sans raison : « Le législateur de 1824, en se servant des expressions contenues dans « l'art. 1er, ne s'est-il pas préoccupé surtout des cas les plus fréquents : « l'apposition d'une marque contrefaite sur des corps solides, alors que « la marque est imprimée sur l'objet fabriqué, et ne fait, en quelque « sorte, qu'une seule et même chose avec cet objet? Mais, pour les li- « quides, il n'en peut être ainsi ; il faut nécessairement que la marque « soit placée sur un vase ou un flacon. Si ce vase ou ce flacon ont été « déposés conformément à la loi, ils doivent constituer pour le fabricant « une propriété exclusive, dont la contrefaçon est punie par la loi de « 1824. Sans cela, il n'y aurait pas de marque de fabrique sérieuse « pour les débitants de liquides, et la répression de la fraude deviendrait à peu près impossible. » — V., dans le même sens, les conclusions énergiques de M. l'avocat général Flandin, qui soutenait l'appel du ministère public.

« difficulté. Sans doute, l'expression de *produits fabri-* « *qués* n'est pas limitative, et nous croyons qu'en général elle « signifie toutes les choses que produit l'activité humaine « dans son acception la plus étendue ; mais il faut remarquer « que c'est essentiellement la fabrication et son origine, au « point de vue de la personne ou du lieu, que la loi a voulu « protéger, ainsi qu'il résulte de l'exposé des motifs et des « expressions mêmes de l'art. 1er : *Quiconque aura apposé...,* « *sur des objets* FABRIQUÉS, *le nom d'un* FABRICANT *autre que* « *celui qui en est* L'AUTEUR... *sera puni...* Les débitants qui « voudraient employer leur nom comme marque de com- « merce feront donc prudemment de le déposer sous une « forme distinctive (1). »

Nous ne pouvons partager les scrupules de M. Rendu. Si la loi de 1824 s'occupe plus particulièrement du fabricant et des objets fabriqués, c'est qu'elle considère, avant tout, le produit commercial au moment de sa création même. Elle n'en protège pas moins pour cela le nom du commerçant, qui, s'approvisionnant chez tel ou tel fabricant, se substitue, en quelque sorte, à lui, et prend ainsi le produit sous sa propre responsabilité. Le fabricant disparaît en ce cas et se trouve remplacé par son acheteur, qui, débitant le produit, en devient l'éditeur responsable et se trouve désormais seul connu du public. De ce que la loi a statué sur le cas le plus ordinaire, il ne s'ensuit pas qu'elle n'ait pas compris dans ses termes l'espèce qui nous occupe.

La preuve, d'ailleurs, que le nom du commerçant est protégé à l'égal de celui du fabricant, c'est que la loi de 1857 ne protège que le nom sous une forme distinctive, déclarant que le nom, en dehors de la forme distinctive, reste protégé par la loi de 1824. Or, le législateur de 1857 s'occupe du commerçant comme du fabricant : il renvoie donc pour l'un comme pour l'autre à la loi de 1824.

Jugé, en sens opposé, que les termes de l'art. 1er de la loi de 1824 sont formels et précis ; les expressions qui s'y rencontrent de *fabricants*, *objets fabriqués*, *fabriques*, *fabri-*

---

(1) Rendu, n° 399.

cation, indiquent manifestement que la loi ne peut être invoquée que par le fabricant; étant une loi pénale, elle doit être interprétée restrictivement; les motifs de cette loi ne sont pas moins décisifs que ses termes et démontrent qu'elle n'a entendu protéger que les fabricants (Orléans, 20 fév. 1882, aff. Chauchard et Co, Pataille.82.209).

424. *Quid* **des produits agricoles ? —** Voici ce que dit à ce propos M. Rendu : « La question ne pourrait faire de « difficulté qu'à l'égard des fruits ou grains débités dans « l'état même où ils sont récoltés et sans avoir subi aucune « transformation, ou à l'égard des bestiaux dont l'indication « spéciale dans l'art. 20 de la loi de 1857 a paru nécessaire. « Encore ne serait-ce peut-être pas donner aux mots une ex- « tension abusive que de considérer comme une fabrication « réelle l'industrie de l'agriculteur, qui donne aux produits « de la terre leur qualité et, partant, leur valeur vénale. Une « loi analogue, celle du 18 mars 1806, sur les dessins de fa- « brique, a reçu une interprétation bien plus large encore « que celle qu'il s'agirait de donner à la loi de 1824 (1). » N'est-il pas d'ailleurs certain aujourd'hui, en présence de la disposition formelle de la loi de 1857, que les produits agricoles, sans exception, doivent être compris dans ces expressions : *objets fabriqués ?* La loi de 1857, qui a incontestablement pour objet de compléter la loi de 1824, vaut au moins, sur ce point encore, comme interprétation.

M. Calmels pense pourtant que l'on ne doit considérer comme objets fabriqués que ceux qui ne sont pas des produits naturels du sol n'exigeant aucune préparation (2).

M. Bédarride se range à l'avis de M. Calmels. Selon cet auteur, il faut induire des mots : *objets fabriqués*, que « les « produits naturels du sol, les fruits de la terre qui se débi- « tent et se vendent sans préparation ni manipulation préa- « lables, sont laissés par la loi de 1824 en dehors de ses dispo- « sitions. Il est, en effet, plus qu'évident, dit cet auteur, que « leur désignation générique ne peut appartenir privative-

(1) Rendu, n° 400.
(2) Calmels, n° 123.

« ment et exclusivement à personne, et que, en dehors de « leur qualité même, leur valeur ne saurait s'accroître par le « nom de celui qui les vend, soit en gros, soit en détail. « Ainsi, au point de vue du nom de la personne ou du lieu « de production, la vente des cafés, thés, truffes, raisins, « amandes, etc., ne saurait dans aucun cas tomber sous l'ap- « plication de la loi de 1824. Sans doute, le nom du débitant « peut offrir une certaine garantie sous le rapport de leur « pureté, de la sincérité de leur provenance; mais il est par- « faitement loisible à ce débitant de s'assurer le profit de la « réputation qu'il s'est acquise, en adoptant une marque de « commerce qui signalerait les objets sortant de son magasin « et que nul autre que lui ne pourrait employer (1). »

Jugé, en tout cas, que les vins doivent être placés dans la classe des produits fabriqués, et que les propriétaires et vignerons doivent jouir, pour les vins provenant de leur récolte, de la protection que la loi de 1824 accorde aux fabricants d'objets manufacturés ; il suit de là que les propriétaires d'un cru ont seuls, mais aussi qu'ils ont tous, le droit de marquer les vaisseaux contenant leur vin par une estampille qui rappelle ce cru (Rej. 8 juin 1847, aff. Rieunègre (2), J.Pal.47. 2.100).

425. *Quid* **des œuvres littéraires ou artistiques ?** — On a vu des éditeurs d'œuvres littéraires et artistiques assurer le succès de productions, d'un mérite plus ou moins contestable, en les présentant au public sous le nom d'un auteur connu et apprécié. Comme les connaisseurs sont rares et que le plus grand nombre achète les yeux fermés sur le vu du nom de l'auteur, c'est un moyen infaillible d'assurer la vente. Le moyen est illicite, condamnable, cela va sans dire ; mais tombe-t-il sous l'application de la loi de 1824 ? Le doute vient uniquement de ce que cette loi parle d'objets fabriqués, qu'elle suppose, par conséquent, des produits industriels, et qu'on se demande dès lors si une œuvre d'art, statue ou gravure, si

(1) Bédarride, n° 783.

(2) V. aussi Rej. 12 juill. 1845, aff. Ouvrard, J.Pal.45.2.655; Paris, 30 déc. 1854, aff. Chrestien, Pataille.56.352.

une œuvre littéraire ou musicale, peut être classée dans la catégorie des produits industriels, des objets fabriqués. Nous pensons que ces mots « *objets fabriqués* » doivent être entendus dans un sens général, et comprennent tout objet, produit de l'activité humaine, à quelque ordre plus ou moins relevé qu'il se rattache. Au surplus, on ne peut méconnaître que, abstraction faite du talent ou du génie de l'auteur, son œuvre, entre les mains de l'éditeur, chargé d'en étendre la vente, ne soit un véritable produit industriel.

M. Pataille est de cet avis. Voici comment il l'exprime : « Attribuer sciemment à un auteur un livre qu'il n'a pas « écrit, et cela dans le but de donner au livre un plus grand « débit, n'est pas un fait de contrefaçon : c'est, à l'égard du « public, une fraude et un mensonge qui rentrent dans la « catégorie des suppositions de noms et des tromperies sur la « qualité de la marchandise vendue ; à l'égard de l'auteur, « une usurpation de nom est l'atteinte la plus grave qu'on « puisse porter à sa réputation (1). »

M. Gastambide est cependant d'une opinion contraire, du moins en ce qui concerne les œuvres littéraires ou musicales. « Publier, dit-il, une œuvre littéraire ou musicale sous le « nom d'un auteur autre que le véritable, c'est se rendre pas- « sible d'une action en dommages-intérêts de la part de l'au- « teur lésé, mais ce n'est pas commettre le délit de suppo- « sition de nom *sur produits fabriqués*, prévu par la loi du « 28 juillet 1824. Les termes de la loi se refusent à une sem- « blable interprétation (2). »

425 *bis*. **Jurisprudence** (3). — Il a été jugé, conformément à notre opinion : 1° que l'art. 1er de la loi de 1824 s'applique à la reproduction du nom du fabricant sur des œuvres de sculptures obtenues par surmoulage ; en pareil cas, le fait qu'il y ait contrefaçon de l'œuvre elle-même n'empêche pas qu'il n'y ait en même temps usurpation de nom : c'est un second délit qui s'ajoute ainsi au premier (Paris, 1er sept. 1848,

---

(1) Pataille.56.328. — V. aussi Meyer, n° 46.
(2) Gastambide, p. 451. — V. aussi Rendu, nos 401 et 402.
(3) Comp. Paris, 12 mai 1855, aff. Susse, Pataille.55.19.

aff. Colas et Barbedienne, J. Pal.48.2.440) ; 2° que l'art. 1er de la loi de 1824 comprend, dans ses dispositions générales et absolues, tous les produits fabriqués, et s'applique, en conséquence, à ceux qui, sur des statuettes, des groupes de sculpture ou des bas-reliefs en métal ou en plâtre, ont fait apparaître le nom d'un fabricant industriel, des ateliers duquel les objets ne sont pas sortis, au préjudice de l'industrie de celui-ci ; il importe peu que ces objets aient par eux-mêmes un caractère artistique et que leur reproduction constitue un délit particulier ; le fait que le contrefacteur ait ajouté à une première infraction une seconde infraction distincte ne peut couvrir et innocenter la première ; l'éditeur industriel a, comme fabricant, un intérêt et des droits particuliers, différents de ceux dérivant de la propriété artistique ; il pourrait, en effet, poursuivre pour l'apposition de son nom sur des reproductions industrielles et artistiques d'objets tombés dans le domaine public (Paris, 10 mars 1855, aff. Ghilardi, Pataille. 55.19) ; 3° que celui qui, statuaire de profession, crée des objets d'art destinés à être coulés en bronze et livrés au commerce, devient un fabricant au sens que la loi de 1824 donne à cette expression ; il s'ensuit qu'il est recevable à poursuivre l'apposition de son nom sur des œuvres qui ne sont pas dues à son ciseau (Paris, 26 juill. 1879, aff. Mathurin Moreau (1), Pataille.80.375).

426. Ce genre d'usurpation constitue, en tout cas, un acte dommageable. — Usurper le nom d'un auteur, c'est-à-dire publier sous le nom d'un auteur un ouvrage qui n'est pas de lui, qu'il s'agisse d'ailleurs d'œuvres littéraires ou artistiques, c'est, à notre avis, — nous venons de le dire, — commettre le délit de la loi de 1824 (2). En tout cas, et quelque opinion qu'on adopte sur ce point, il y a là un abus qui donne naturellement ouverture à l'action en dommages-intérêts.

Il a été jugé à cet égard : 1° que le fait d'avoir vendu des œuvres musicales sous le nom d'un compositeur qui n'en est

---

(1) V. aussi Rej. 29 nov. 1879, même aff., *eod. loc.*

(2) V. *suprà*, n° 425.

en réalité pas l'auteur, constitue un acte essentiellement préjudiciable et qui rend, par suite, celui qui l'a commis passible de dommages-intérêts (Cass., 17 niv. an XIII, aff. Pléyel, cité par Gastambide, p. 225); 2° que la décision reste la même, encore que quelques-uns des morceaux fussent véritablement de l'auteur annoncé, si, en fait, ces morceaux sont en petit nombre, et que, par la disposition du titre, on a laissé croire au public que le recueil tout entier était de lui (Trib. comm. Seine, 1er avril 1834, aff. Defrance, *Gaz. Trib.*, 6 avril); 3° qu'il en est de même encore dans le cas où l'usurpation du nom a pour but, non plus une concurrence déloyale, mais le désir d'ajouter de l'attrait à un livre en l'attribuant à un personnage célèbre; en ce cas, le personnage auquel le livre est faussement attribué, ou ses héritiers, ont droit à demander la suppression du nom et des dommages-intérêts (Paris, 20 mars 1826, aff. Fouché, Dall.27.2.55).

427. Vente et mise en vente. — Bien que la loi ne parle textuellement que de l'exposition en vente, il est évident, — et cela résulte au surplus des autres mots qu'elle emploie : « *marchand, débitant* », — qu'elle atteint également la vente. Comment la vente resterait-elle impunie, quand la simple mise en vente est frappée par la loi ? Quant à ce qui constitue l'exposition en vente, cela se comprend de soi ; on se reportera d'ailleurs à ce que nous avons dit plns haut (1).

428. Usurpation à l'étranger ; débit en France. — Celui qui débite en France des objets fabriqués à l'étranger sous un nom supposé, est-il passible des peines portées par la loi ? On se demande, au premier abord, comment il en pourrait être autrement. Le doute vient pourtant de la rédaction de l'art. 2 de la loi de 1824, qui emploie les mots : *sera passible des effets de la poursuite*. Ne peut-on pas dire, en effet, que, la fabrication à l'étranger ne tombant pas sous l'application de la loi française, le débitant ne saurait être passible d'une poursuite qui n'a pas eu et ne peut avoir lieu? M. Gastambide remarque avec raison que ces mots sont le

(1) V. *suprà*, n° 200.

fruit d'une rédaction irréfléchie et ne peuvent prévaloir contre le sens très clair de la loi. Le débit est tout à fait distinct de la fabrication, et, en admettant même qu'il doive être ici, comme en matière de brevets d'invention, considéré comme un acte de complicité du délit principal, il est hors de doute que le complice peut être poursuivi et puni, indépendamment de l'auteur principal. Peut-on raisonnablement admettre que le législateur ait voulu permettre ou seulement tolérer que les produits d'une fabrication délictueuse, mais placée hors de l'atteinte de la loi, puissent librement se débiter et entrer dans le commerce? Cela est évidemment inadmissible.

Jugé en ce sens que le débit en France de crayons fabriqués en Allemagne sous le nom, frauduleusement apposé, d'un fabricant français, tombe sous l'application de la loi de 1824 (Trib. corr. Seine, 8 avril 1827 (1), cité par Gastambide, p. 461).

429. Mise en circulation. — On s'est demandé quelle était la signification légale de ces mots : *mise en circulation*. Les uns ont prétendu que ces mots ne pouvaient s'entendre que de l'introduction en France, en vue de la vente et de la consommation de la marchandise sur le sol français; les autres ont soutenu que, dès que la marchandise avait touché le sol français, encore qu'elle ne dût pas s'y arrêter et qu'elle fût simplement destinée à le traverser en transit, il y avait délit de mise en circulation. Dans le premier système, on fait valoir que la loi de 1824 a eu pour seul effet de modifier une loi (celle de germinal an XI) relative à la police des manufactures à l'intérieur, et ne s'occupe en aucune façon des produits des fabriques étrangères; que, d'ailleurs, elle a été rendue à une époque où le transit des marchandises contrefaites n'était pas permis, et ne peut dès lors pas s'y appliquer. On insiste aussi sur ce que les mots *mise en circulation* ne peuvent, dans le langage ordinaire, s'entendre que d'une marchandise qui est répandue dans le public, et sont sans application possible à un produit qui ne fait qu'aller d'un point de

(1) V. encore Trib. corr. Seine, 4 mai 1827, aff. Damas, Dalloz, v° *Indust.*, n° 348; Paris, 6 nov. 1854, aff. Paillard, Pataille.58.126.

la rontière à un autre. D'ailleurs, ajoute-t-on, d'après la nature du transit, les marchandises sont réputées être encore en pays étranger; dès lors on ne saurait considérer comme délictueux un fait qui est censé avoir été commis hors du rayon des lois pénales. On se retranche, au surplus, derrière les intérêts du commerce, qui seraient atteints profondément si le transit n'avait plus une sécurité absolue. Enfin, on fait observer que la mise en circulation, aux termes de la loi de 1824, n'est qu'un fait de complicité, et que le délit principal, dans l'espèce actuelle, ayant été commis à l'étranger et se trouvant, par suite, hors des atteintes de la loi française, il ne peut y avoir de pénalité pour le fait de complicité qui s'y rattache.

Dans le système contraire, on s'appuie surtout sur la généralité des termes: *mise en circulation*, sur la volonté de la loi de protéger les fabriques françaises et sur le préjudice considérable que leur porte la circulation en France de la marchandise étrangère, circulation dont le but et l'effet sont précisément de donner à cette marchandise étrangère toutes les apparences d'une origine française (1).

Entre ces deux systèmes, l'hésitation ne nous paraît pas possible, et le second seul nous paraît conforme au texte comme à l'esprit de la loi (2). Au surplus, cette question est aujourd'hui sans intérêt en présence des termes de l'art. 19 de la loi de 1857, qui, nous l'avons vu, est venue en ce point éclaircir et compléter la loi de 1824.

M. Dalloz se prononce dans le même sens. « La solution « contraire, dit-il, eût assuré l'impunité à un nouveau genre « d'abus de confiance : un commissionnaire, mis au courant, « par la fréquence des expéditions dont il est chargé, soit de « l'importance des affaires d'un producteur français, soit de « la nature de sa clientèle, eût pu facilement, en effet, dé- « tourner cette clientèle au profit d'un complice étranger et

---

(1) V. Bédarride, nº 722.

(2) Si l'on se reporte, en effet, aux *Exposés des motifs* et aux rapports présentés aux Chambres, on voit que le législateur se préoccupait particulièrement du préjudice que l'usurpation des noms de fabricants français cause à l'industrie nationale sur les marchés étrangers.

« diriger sur les mêmes localités des produits qui, par une « imitation combinée de la forme, des marques et du mode « d'emballage, tromperaient d'autant plus sûrement le con- « sommateur qu'ils lui arriveraient par la même voie d'expé- « dition et par l'intermédiaire des même agents de trans- « port. Ainsi, la concurrence la plus dangereuse et la plus « coupable, celle qui recourt à des moyens proscrits par la loi, « n'aurait qu'à fixer son siège en dehors de la frontière pour « obtenir impunément à l'étranger, grâce au concours qu'elle « trouverait en France, les avantages qu'elle aurait si elle « s'exerçait sur le territoire français (1). »

430. **Jurisprudence.** — Il a été jugé : 1° *en ce sens*, que les lois en vigueur sur le transit, portées dans l'intérêt de la navigation et de l'industrie française, n'ont pour but que d'établir les droits de ce transit à l'égard des marchandises étrangères prohibées ou soumises à tarifs pour la consommation intérieure ; mais ces lois réservent le droit des tiers et, dès lors, ne font pas obstacle à l'action légitime des fabricants français ou propriétaires de marchandises, lorsque leur mise en circulation par cette voie a pour effet de léser leurs droits : il s'ensuit que l'art. 1er de la loi de 1824, qui punit la mise en circulation, s'applique non seulement à la mise en circulation, dans le but de livrer à la consommation intérieure, mais à tout fait de circulation qui a emprunté une partie du territoire français, et dont le résultat est de tromper, même à l'extérieur, sur l'origine de la fabrication et de lui donner indûment le caractère apparent d'une fabrication française (Paris, 14 juill. 1854, et Rej. 7 déc. 1854, aff. Gaupillat, Pataille. 56.209); 2° que le délit de mise en circulation, prévu par la loi de 1824, est commis, dès que la marchandise franchit la frontière et emprunte une portion quelconque du territoire français, sans qu'il y ait lieu de se préoccuper de savoir si, au point de départ, la marchandise a d'abord circulé à l'étranger, et quelle que soit d'ailleurs sa destination finale (Rej. 27 février 1880, aff. Crocius, Pataille.80.179); 3° que le fait, de la part d'un commissionnaire, établi à Paris, d'avoir mis en cir-

(1) Dall.55.1.348, note 1. — V. *suprà*, n° 308.

culation, en France, des marchandises fabriquées à l'étranger et sur lesquelles est marquée l'indication d'un lieu d'origine française tombe directement sous le coup de la loi du 28 juillet 1824; on ne saurait prétendre qu'il s'agit là d'un délit commis à l'étranger, la loi distinguant la mise en circulation de l'apposition de la marque (même arrêt); — 4° Jugé, *en sens contraire* (1), que le fait d'apposition sur des objets fabriqués du nom d'un fabricant autre que celui qui est l'auteur de la fabrication, ne peut, lorsqu'il a été commis hors de France par un étranger, être poursuivi en vertu des lois françaises, alors même que les marchandises, portant faussement ledit nom, sont saisies sur le sol français en cours de transit (Paris, 29 nov. 1850, aff. Jouvin (2), *J. Pal.*52.1.310).

431. Complicité; faits qui la constituent. — La loi de germinal an XI assurait l'impunité à tous autres que les fabricants qui préparaient la fraude; elle n'avait ni prévu ni réprimé la complicité dont pouvaient se rendre coupables les débitants ou commissionnaires. Dans son paragraphe second, l'art. 1er de la loi de 1824 comble cette regrettable lacune. « Tout marchand, dit-il, commissionnaire ou débitant « quelconque, sera passible des peines de la poursuite, lors« qu'il aura sciemment exposé en vente et mis en circulation « les objets marqués de noms supposés ou altérés. » Les faits signalés dans cet article sont des faits de complicité. Faut-il en conclure que, hors ceux-là, la loi entend n'en pas punir d'autres, et qu'elle a ainsi organisé une complicité spéciale? M. Bédarride est de cet avis. « Il n'y a réellement complicité, « dit-il, que si le débitant, marchand ou commissionnaire, se « borne à vendre, exposer en vente ou mettre en circulation

(1) V. aussi Paris, 19 nov. 1850, aff. Mothes, Dall.51.2.15.

(2) Il faut ajouter que, dans cette affaire, il y avait, en quelque sorte, conflit de juridictions, le tribunal correctionel ayant été saisi par une citation directe de la partie civile, en même temps que la chambre du conseil, puis la chambre des mises en accusation, statuaient sur l'action du ministère public. Or, le tribunal correctionnel, lui, déclara le délit constant et valida la saisie. On ne s'explique pas, d'ailleurs, comment le tribunal correctionnel a pu statuer sur la plainte directe de la partie civile, en présence de l'instruction suivie par le parquet.

« les objets frauduleusement revêtus d'un nom supposé. Que « si, modifiant l'indication imaginée par le fabricant, il lui fait « subir une altération ou un retranchement, il devient au- « teur principal de la fraude (1). »

En dehors de ces faits, cependant, il y en a d'autres qu'il est facile de prévoir : le fait, par exemple, du graveur qui aura gravé le cachet destiné à apposer le nom supposé; le fait de l'imprimeur qui aura imprimé les étiquettes contrefaites. Ces faits-là sont-ils définitivement innocentés par la loi? Nous ne le pensons pas. Rien, dans le texte de la loi ni dans sa discussion, n'autorise à penser qu'elle a dérogé aux règles générales sur la complicité; les art. 59 et 60 du Code pénal deviennent donc applicables et complètent la loi de 1824. Si son texte a parlé plus spécialement des débitants et commissionnaires, c'est, d'une part, qu'elle a voulu faire cesser l'incertitude pouvant résulter du silence de la loi de germinal an XI, et, d'autre part, que le débit, la mise en vente ou en circulation, sont des faits d'un ordre particulier, et qui, suivant le délit au lieu de le précéder, ne pouvaient rentrer dans les termes généraux des art. 59 et 60 du Code pénal, lesquels, on le sait, ne parlent que des actes qui ont aidé, préparé, facilité le délit.

432. Auteur principal ; bonne foi. — L'auteur de la supposition de nom, celui qui s'est rendu coupable de l'altération destinée à faire apparaître le nom supposé, ne peuvent invoquer leur bonne foi. Il s'élève contre eux une présomption *juris et de jure* de culpabilité. Sur quoi fonderaient-ils cette prétention de bonne foi? Pouvaient-ils ignorer que le nom qu'ils apposaient sur leurs marchandises n'était pas le leur? L'altération dont ils se sont rendus coupables n'est-elle pas la preuve même de leur intention frauduleuse? C'est, au surplus, ce que le texte décide formellement, puisque le mot « *sciemment* », écrit dans la disposition relative aux complices, ne se lit pas dans celle relative à l'auteur principal.

433. Complices ; bonne foi. — Les débitants, marchands, commissionnaires, peuvent invoquer leur bonne foi.

(1) Bédarride, n° 271.

Le mot *sciemment* est dans l'article qui les punit. M. Bédarride fait toutefois remarquer, non sans raison, que, si l'excuse de bonne foi se comprend pour le marchand qui tient la marchandise de deuxième ou troisième main, elle est difficilement admissible de la part de celui qui a directement traité avec le fabricant, et qui, par suite, « reçoit et accepte des produits « portant un nom autre que le sien, indiquant un lieu de « fabrication autre que celui où il a son établissement. Com- « ment la présumer chez celui qui, correspondant ou com- « missionnaire d'un étranger, en reçoit ou lui demande des « marchandises portant l'indication d'une origine française? « A qui persuadera-t-on qu'il a été, de bonne foi, puiser en « Allemagne, en Belgique ou en Angleterre, des soieries de « Lyon ou des draps de Sedan, de Louviers ou d'El- « beuf (1)? »

C'est, du reste, aux tribunaux à apprécier les circonstances et, suivant ce qu'elles commandent, à accueillir ou repousser l'excuse de bonne foi.

434. Double but de la loi ; tromperie. — La loi de 1824, — tous les commentateurs sont d'accord pour le reconnaître, — se propose un double but qu'il faut se garder de confondre. Elle a pour objet de protéger le fabricant contre la fraude qui voudrait usurper sa clientèle avec son nom ; elle a également pour objet de protéger les consommateurs contre les fausses indications. « Il suffit de lire attenti- « vement cette loi, dit M. Gastambide, d'en consulter les « motifs, de se reporter à la discussion qui l'a précédée, pour « se convaincre qu'elle a voulu prévenir et réprimer ce double « mal (2). »

Tirons de là cette double conséquence : d'abord, que le consommateur, trompé par l'apposition d'un nom autre que celui du fabricant véritable auquel il croyait s'adresser, est en

---

(1) Bédarride, n° 722.

(2) Gastambide, p. 456. — V. aussi Calmels, n° 132 ; Pataille.55.33. — V. Cass., 12 juill. 1845, aff. Ouvrard, Sir.45.1.842 ; Paris, 18 mai 1854, aff. Bouton, *Gaz. Trib.*, 19 mai ; Paris, 9 mai 1856, aff. Chrétien, cité par Huard, *Rép. des marques*, p. 92, n° 78 ; Trib. corr. Seine, 5 déc. 1860, aff. Christofle, Pataille.61.88.

droit de se plaindre, même correctionnellement, de la tromperie dont il est victime; et, en second lieu, que, par exemple, le commissionnaire en marchandises qui, sciemment, expose en vente et met en circulation des produits portant faussement un nom de fabricant, tombe sous le coup tout à la fois de la loi de 1824, et de l'art. 423 du Code pénal (1).

Il a été jugé que l'art. 423 du Cod. pén., et l'art. 1 de la loi du 27 mars 1851, qui punissent la tromperie sur la nature de la marchandise vendue, s'appliquent même au cas où il s'agit de choses dont la vente est prohibée par la loi, tels que des remèdes secrets, et le fait de débiter, sous le nom de l'inventeur, une composition qui n'est pas identique à la sienne, constitue le délit de tromperie sur la nature de la marchandise vendue (Paris, 8 juin 1855, aff. Moulin, Sir.55.1.458).

434 *bis*. **Souveraine appréciation des tribunaux.** — Il a été jugé, — et c'est l'application d'une règle qui nous est familière (2), — que le juge du fait apprécie souverainement la question de savoir si le produit portait une fausse indication du lieu de fabrication : spécialement, l'arrêt qui décide que des draps portant la mention : *Draps d'exposition*, et confondus avec d'autres draps portant la mention : *Draps d'Elbeuf*, *draps de France*, contiennent l'indication fausse d'une origine française, échappe au contrôle de la Cour de cassation (Rej. 27 fév. 1880, aff. Crocius, Pataille.80.179).

SECTION II.

Poursuite.

SOMMAIRE.

435. Le dépôt n'est pas nécessaire. — 436. Partie lésée; consommateur. — 437. *Quid* du concurrent qui n'habite pas la localité ? — 438. Le droit de poursuite est individuel. — 439. *Jurisprudence*. — 440. Action du ministère public. — 441. Constatation du délit. — 442. Compétence. — 443. *Jurisprudence*. — 444. Le tribunal de commerce peut-il ordonner la destruc-

(1) V. Paris, 6 nov. 1857, aff. Paillard, Pataille.58.126. — Comp. *suprà*, n° 7.

(2) V. *suprà*, n°s 166 et 181, *in fine*.

tion des étiquettes incriminées ?—444 *bis*. Pénalités.—445. Circonstances atténuantes. — 446. Confiscation. — 447. Que doit-elle comprendre ? — 448. La confiscation emporte-t-elle remise aux plaignants ? — 449. Dommages-intérêts. — 450. *Quid* en cas d'usurpation d'un nom de localité ?

435. Le dépôt n'est pas nécessaire. — On comprend le dépôt d'une marque conventionnelle ; le dépôt, en ce cas, a pour effet d'empêcher les imitations involontaires et de prévenir les rencontres fortuites : on ne comprend pas le dépôt d'un nom. A quoi servirait-il ? L'imitation du nom peut-elle être involontaire ? L'imitateur peut-il ignorer que le nom qu'il imite n'est pas le sien ? Le nom, d'ailleurs, est une propriété certaine, invariable, indépendante même de la volonté de celui qui le porte. La loi de 1824 ne pouvait donc pas exiger et n'a pas exigé le dépôt du nom (1) ; elle ne l'a pas exigé davantage, et par les mêmes raisons, pour le nom du lieu de fabrication.

436. Partie lésée; consommateur. — L'action appartient à toute personne lésée par le délit, et cette action s'exerce dans les formes et dans les conditions prévues par le Code d'instr. crim. Le consommateur peut être au nombre des personnes lésées par le délit ; le délit résultant de l'application de la loi de 1824 est, en effet, double : c'est un délit d'usurpation de nom, c'est un délit de tromperie sur la nature de la marchandise vendue. Cela ne paraît pas contestable, quand on songe que la loi de 1824 n'est que le complément de l'art. 423 du Code pénal, dont il emprunte, du reste, tous les caractères (2).

437. *Quid* du concurrent qui n'habite pas la localité ? — Les fabricants qui n'habitent pas la localité dont le nom est usurpé ont-ils qualité pour se plaindre de l'usurpa-

---

(1) V. Gastambide, p. 450, qui cite à l'appui un arrêt de la Cour de Rouen du 20 juin 1831. — *Nota* : M. Huard (*Rép. des marques*, p. 88, n° 49) cite cet arrêt comme rendu par la Cour d'Orléans. — V. aussi Metz, 7 août 1837, aff. Borde ; Paris, 30 nov. 1840, aff. Rousset, cité par Huard, *eod. loc.*; Paris, 3 juin 1843, aff. Spencer et Stubs, Dall., v° *Indust.*, n° 344.

(2) V. Bédarride, n° 795. — Comp. Paris, 14 août 1836, *J.Pal.*46.2.766. — V. encore Angers, 4 mars 1870, aff. Landais-Cathelineau, Pataille.70.231. — V. *suprà*, n° 434.

tion, sinon au correctionnel, du moins au civil, en tant que cette usurpation constitue à leur égard un acte de concurrence déloyale? Non; car si, par cette usurpation, leur concurrent attire à lui une clientèle qui, sans cela, ne viendrait pas le trouver, il est clair que cette clientèle, à défaut de l'usurpation, ne s'adresserait pas à eux. Ce qui l'attire, c'est le nom de la localité d'où elle suppose que provient la marchandise; c'est donc aux fabricants de cette localité, à eux seuls, que l'usurpation préjudicie. En dehors des fabricants de la localité, nous venons de dire que le consommateur pourrait se plaindre également; car, à son égard, l'usurpation constitue une véritable tromperie sur la nature de la marchandise vendue.

Jugé en ce sens que le délit résultant de l'apposition, sur des objets fabriqués, du nom d'un lieu autre que celui de la fabrication, ne saurait donner ouverture à une action en indemnité de la part de tout concurrent; ce droit n'appartient qu'au ministère public ou aux négociants de la ville dont le nom est ainsi usurpé (Paris, 13 juill. 1847, aff. Colas (1), *Gaz. Trib.*, 14 juill.).

438. Le droit de poursuite est individuel. — Dans le cas où le nom d'une ville, d'une contrée, est usurpé, nul doute que tout individu, exerçant le commerce ou l'industrie qui fait la gloire ou la richesse de cette ville ou de cette contrée, ne soit lésé dans ses intérêts, et que, par suite, il n'ait le droit de demander réparation du préjudice qui lui est personnellement causé. Mais, qu'on le remarque, le droit de poursuite reste individuel. Sans doute, tous les fabricants de la ville ou de la contrée, auxquels l'usurpation porte dommage, peuvent se réunir dans une même poursuite, c'est-à-dire poursuivre ensemble et conjointement, mais en réalité il y a autant de poursuites distinctes que de poursuivants. Un seul ou un certain nombre, délégués et choisis par leurs confrères, ne pourraient faire le procès au nom de tous, au nom de la ville, au nom de la contrée. C'est l'application de cette règle,

---

(1) Comp. Trib. corr. Rouen, 21 juillet 1846, aff. Souchet, Blanc, p. 777.

que nul, en France, ne plaide par procureur. Il n'y aurait rien que de régulier à ce que, l'un des fabricants ayant seul au début engagé l'action, les autres vinssent ensuite se joindre à lui, en intervenant eux-mêmes au procès; ils pourraient encore se porter parties civiles dans une instance correctionnelle introduite à la requête du ministère public.

439. Jurisprudence. — Il a été jugé en ce sens : 1° que les négociants d'une contrée, dont le nom est usurpé par un commerçant d'une autre localité, sont recevables à se porter parties civiles au correctionnel et à réclamer des dommages-intérêts pour le tort que cette usurpation leur a individuellement causé (Rej. 12 juill. 1845, aff. Ouvrard (1), *J. Pal.* 45.2.655); 2° que les fabricants d'une localité dont le nom est usurpé ont tous, agissant ensemble ou séparément, et ont seuls le droit de s'opposer à cette usurpation (Trib. corr. Rouen, 21 juill. 1846, aff. Souchet, Blanc, p. 777); 3° que certains producteurs d'une contrée, dont le nom a été usurpé par un concurrent, ne peuvent se présenter en justice pour toute la contrée ni prétendre en représenter les intérêts collectifs, nul en France n'étant admis à plaider pour autrui; mais il leur appartient d'agir simultanément, chacun pour son compte et dans son intérêt personnel (Trib. comm. Angers, 20 août 1869, aff. Landais-Cathelineau, *J.Pal.*70.597); 4° que le fait de vendre un produit sous une fausse désignation de provenance constitue tout à la fois une tromperie envers les consommateurs et une concurrence illicite envers les producteurs établis au lieu dont la désignation est ainsi usurpée ; les producteurs et leurs acheteurs habituels ont, en pareil cas, intérêt à empêcher cette fausse énonciation, qui fait confondre leurs produits avec des produits d'une autre origine (2) (Angers, 4 mars 1870, aff. Landais-Cathelineau (3), Pataille.70.231).

---

(1) V. également Trib. civ. Amiens, 24 juill. 1846, aff. Raoult, cité par Blanc, p. 777; Trib. corr. Corbeil, 7 août 1846, aff. Thiercelin, *eod. loc.*; Trib. civ. Abbeville, 27 août 1846, aff. Guichet, *eod. loc.*; Trib. corr. Orléans, 19 nov. 1846, aff. Thiercelin, *eod. loc.*

(2) Il s'agissait, dans l'espèce, de vins fabriqués à Angers et livrés au commerce comme de provenance champenoise d'Aï, de Bouzy, de Sillery.

(3) V. Observat. de Pataille, *eod. loc.*

440. Action du ministère public. — Il est certain que le délit prévu par la loi de 1824 est un délit de droit commun, qui n'est nullement subordonné à la plainte de la partie lésée et qui peut être poursuivi d'office par le ministère public. Le délit, du reste, particulièrement lorsqu'il résulte de l'usurpation du nom d'un lieu de fabrication française, porte atteinte à l'honneur national et à l'intérêt public(1).

441. Constatation du délit. — La loi ne prévoit aucun mode de constatation judiciaire du délit. Cette constatation se fera donc dans les formes ordinaires ; s'il y a plainte, le parquet pourra provoquer une instruction et faire opérer la saisie des marchandises signalées comme portant un nom supposé. A défaut de plainte, la partie lésée pourra prouver le délit par factures, par témoins ou de toute autre façon, par exemple et surtout — c'est le moyen le plus simple — par la représentation de marchandises achetées chez le délinquant. La réalité de l'achat pourrait être établie par un procès-verbal de constat.

Ne peut-on pas soutenir, d'ailleurs, que la procédure indiquée par la loi de 1857 s'applique virtuellement aux usurpations de noms ? M. Rendu se prononce formellement pour la négative (2). On verra plus bas, à l'occasion d'un autre point de procédure, que cette solution est très contestable (3). Au surplus, nous pensons qu'il est dans les pouvoirs du président du tribunal civil d'autoriser, non une saisie réelle, mais une simple description.

En réalité, cette question, dans la pratique, n'offrira le plus souvent qu'un mince intérêt. Dans la plupart des cas, le nom fait partie d'une marque que l'industriel fera bien de déposer. Le dépôt lui permettra alors d'invoquer en ce point les formalités protectrices de la loi de 1857.

442. Compétence. — Puisqu'il s'agit d'un délit, l'action est, dans les formes ordinaires, portée devant le tribunal correctionnel. Quant à l'action civile, intentée isolément de l'action publique, elle doit être portée, selon M. Rendu, de-

(1) V. Bédarride, n° 796.
(2) V. Rendu, n° 461.
(3) V. *infrà*, n° 442.

vant le tribunal de commerce, et non devant le tribunal civil. « C'était, en effet, dit cet auteur, la juridiction commerciale « qui était désignée, conformément au droit commun, dans « le projet de loi, pour connaître des actions civiles relatives « aux marques de fabrique. Il a fallu une disposition spéciale « de la loi du 23 juin 1857 pour dessaisir les tribunaux con- « sulaires, et nous ne saurions croire que cette disposition « puisse modifier, relativement aux noms, étrangers à la loi « de 1857, une compétence admise par la doctrine comme « par une jurisprudence journellement appliquée (1). » Cette solution ne nous satisfait pas et ne nous paraît pas s'appuyer sur des motifs décisifs. Il est vrai qu'avant la loi de 1857 la compétence des tribunaux de commerce était admise ; mais la loi de 1857 n'a-t-elle pas eu pour effet de changer cela ? Sans doute, elle ne s'applique qu'aux marques ; mais, d'une part, le nom, appliqué aux produits fabriqués, est une marque véritable, et, d'autre part, la jurisprudence admet, avec la doctrine, que, sur certains points, la loi de 1857, bien qu'elle ne se soit pas expressément expliquée, complète la loi de 1824. Cela ne doit-il pas être vrai surtout au point de vue de la procédure? Ne serait-il pas choquant que les affaires relatives aux simples marques fussent déférées aux tribunaux civils, tandis que celles relatives aux noms, c'est-à-dire à la plus précieuse des marques, seraient attribuées aux tribunaux consulaires, c'est-à-dire à une juridiction exceptionnelle et dont on peut dire, sans passion ni parti pris, qu'elle offre incomparablement moins de garantie que l'autre? Voilà ce qui nous frappe et nous fait hésiter à adopter l'opinion de M. Rendu.

443. **Jurisprudence** (2). — Il a été jugé, cependant, en sens contraire : 1° que, lorsqu'une action en dommages-intérêts est fondée tout à la fois sur une usurpation de nom et sur une contrefaçon de marque de fabrique, cette action est compétemment portée devant le tribunal de commerce, compétent, aux termes de la loi de 1824, pour statuer sur les usur-

---

(1) V. Rendu, n° 460. — V. aussi Bédarride, n° 797.
(2) V. aussi Lyon, 12 juin 1873, aff. Rigollot, Pataille.73.258.

pations de noms; il importe peu que les usurpations de marques soient (sous l'empire du décret de 1810) de la compétence du Conseil des prud'hommes; il n'y a pas lieu, en ce cas, à diviser la demande; et la juridiction consulaire, compétente sur la contestation principale, l'est aussi sur la contestation secondaire (Rej. 26 fév. 1845 (1), aff. Saint-Bris, *Gaz. Trib.*, 28 fév.); 2° que le tribunal de commerce est compétent pour statuer sur une demande tendant à ce qu'il soit fait défense à un individu de prendre tel ou tel nom patronymique, alors que l'intérêt du litige est commercial (Colmar, 1er mai 1867, aff. Wein (2), *J. Pal.* 68.443).

444. Le tribunal de commerce peut-il ordonner la destruction des étiquettes incriminées ? — En admettant que le tribunal de commerce soit compétent pour statuer sur les faits d'usurpation de noms, peut-il ordonner la destruction des étiquettes ou enveloppes portant le nom usurpé ? C'est une question qui divise la jurisprudence, et, pour nous, cette divergence vient à l'appui du système que nous présentons plus haut. En effet, comment admettre qu'il soit dans l'esprit de la loi de renvoyer le jugement de ces questions à une juridiction dont la compétence et les attributions sont limitées et incertaines ? En tout cas, si l'on pense que le tribunal de commerce est compétent, il faut au moins lui reconnaître les moyens de réprimer d'une manière efficace les faits de fraude qui lui sont déférés (3).

444 *bis*. Pénalités. — La loi de 1824, pour l'application des peines, renvoie purement et simplement à l'art. 423 du Code pénal, qui prononce un emprisonnement de trois mois au moins, d'un an au plus, et d'une amende qui ne

---

(1) On remarquera que cette solution ne serait plus juste aujourd'hui; les affaires relatives aux marques sont du ressort des tribunaux civils, et, par conséquent, dans l'espèce, c'est le tribunal civil, ayant plénitude de juridiction, qui attirerait à lui l'affaire relative à l'usurpation de nom.

(2) Comp. Paris, 28 avril 1866, aff. Bournhonet, Pataille.66.193.

(3) V. Paris, 6 mai 1851, aff. Clicquot, Teulet.1.301; Trib. comm. Seine, 27 déc. 1860, Teulet.10.101. — V., *en sens contraire*, Trib. comm. Seine, 23 juin 1852, aff. Dauphin, Teulet.1.273. — Comp. Trib. comm. Seine, 23 juill. 1857, aff. Hayem, Teulet.6.478.

pourra excéder le quart des restitutions et dommages-intérêts, ni être au-dessous de cinquante francs. Le tribunal peut en outre ordonner l'affiche du jugement dans les lieux qu'il désigne, et son insertion intégrale ou par extrait dans tous les journaux qu'il indique, le tout aux frais du condamné.

445. Circonstances atténuantes. — L'art. 463 est-il applicable? M. Bédarride pense — et nous sommes de son avis — que le seul fait du renvoi au Code pénal implique l'autorisation pour le juge d'appliquer l'art. 423 avec les tempéraments que le Code pénal comporte et de la même façon qu'il est appliqué en toute autre matière (1). Au surplus, nous croyons que jamais une difficulté n'a été soulevée à cet égard, et que c'est ainsi que la jurisprudence a de tout temps entendu et appliqué la loi de 1824.

446. Confiscation. — L'art. 423 du Code pénal prononce la confiscation; il la déclare même obligatoire. Or, comme la loi de 1824 renvoie purement et simplement à l'art. 423, il s'ensuit que cette disposition s'applique virtuellement à notre matière. Cela ne peut faire l'ombre d'un doute. Seulement, cela n'est vrai, aux termes de l'art. 423, qui doit s'appliquer tel qu'il est, que si les objets appartiennent encore au prévenu, ou si la valeur lui en est encore due.

M. Bédarride pense que la confiscation doit être prononcée, même en cas d'acquittement, parce que, « outre la culpabi-« lité de l'agent, il y a, en quelque sorte, la culpabilité des « objets, s'il est permis de s'exprimer ainsi (2) ».

La *Gazette des Tribunaux*, en note de l'arrêt ci-dessous rapporté, fait des réflexions analogues : « La confiscation, dit « l'arrêtiste, frappe moins le prévenu que le corps du délit; « elle n'a rien de personnel, elle n'affecte que la chose; elle « peut être poursuivie contre l'héritier même du délinquant : « c'est une mesure d'ordre public qui ôte au coupable le « moyen de surprendre de nouveau la bonne foi des ci-« toyens (3). L'art. 463, en ce cas, devient inapplicable, et

---

(1) V. Bédarride, n° 724.
(2) Bédarride, n° 727.
(3) V. Cass., 9 prairial an XI, 9 déc. 1813, 11 juin 1830.

« la confiscation des objets saisis doit toujours être prononcée à quelque degré que la peine principale soit abaissée (1). »

Jugé en ce sens que la loi de 1824, renvoyant à l'art. 423 du Code pénal, il y a lieu de prononcer la confiscation, sans que l'admission des circonstances atténuantes en vertu de l'art. 463 puisse autoriser les juges à en faire remise au prévenu; les termes de cet article ne permettent pas de l'étendre si loin (Montpellier, 3 juin 1844, aff. Audier, *Gaz. Trib.*, 28 juillet).

447. Que doit-elle comprendre? — M. Gastambide est d'avis que la confiscation doit s'entendre des étiquettes, enveloppes, flacons, mais non de la marchandise même; si le nom est adhérent à la marchandise, il suffira de l'effacer, Toutefois cet auteur ajoute : « Si les tribunaux prononçaient « la confiscation des marchandises avec le reste, la Cour de « cassation ne pourrait condamner cette sévérité comme une « violation de la loi (2). » Nous pensons, quant à nous, surtout en présence de la loi de 1857, qui vaut au moins comme interprétation des lois antérieures, que les juges ont un souverain pouvoir d'appréciation pour ordonner même la confiscation des produits. Ne serait-il pas illogique que les tribunaux fussent autorisés à prononcer la confiscation des produits revêtus d'une marque frauduleuse, et ne pussent pas la prononcer lorsqu'il y a contrefaçon, non pas seulement de la marque emblématique, mais, ce qui est assurément plus grave, du nom, de la marque nominale (3)?

448. La confiscation emporte-t-elle remise au plaignant? — M. Bédarride pense que l'art. 423 ne comprend que la confiscation proprement dite, et, par conséquent, exclut la remise des objets confisqués au plaignant; mais il pense, d'autre part, que l'hypothèse spéciale, pour laquelle a été fait l'art. 423, est différente de l'hypothèse de la loi de

---

(1) V. Cass., 14 déc. 1832, 27 déc. 1833, 4 oct. 1839. — V. aussi Hélie et Chauveau, t. 8, p. 263. — Comp. Pataille.68.305.

(2) Gastambide, p. 462. — Comp. Calmels, p. 93.

(3) V. Rendu, n° 456; Dall., v° *Indust.*, n° 349.

1824, et que, surtout en présence de la loi de 1857, qui, dans un cas identique, autorise cette remise, le juge la peut prononcer; nous sommes tout à fait de son avis. Il ajoute : « Sans « doute, en matière de délit, on ne peut raisonner par ana- « logie, mais ce principe ne se réfère qu'à l'existence du délit « ou à l'application de la peine. Or, dans notre hypothèse, il « ne s'agit ni de l'une, ni de l'autre, et le prévenu condamné « est même fort désintéressé à la solution. La remise des « objets confisqués à la partie lésée n'aggrave en rien sa po- « sition, puisque, dans le cas contraire, ces objets confisqués « au profit du Trésor n'en sont pas moins perdus pour lui. « Son intérêt réel est même que cette remise s'effectue; car « la valeur des objets qui en feront la matière contribuera « à la réparation à laquelle il est tenu et diminuera d'autant « les dommages-intérêts à allouer à ce titre. Nous croyons « donc que le tribunal a la faculté de prononcer cette remise « et qu'il ne doit pas hésiter à en user, lorsque, par la position « du condamné, la partie lésée serait exposée à n'obtenir « qu'une réparation illusoire en dehors de cette remise (1). »

Toutes ces réflexions sont parfaitement justes lorsque le plaignant est celui-là même dont le nom a été usurpé, et, dans ce cas, nous n'hésitons pas à nous les approprier. Mais elles ne sauraient s'appliquer au cas où le plaignant est un consommateur. Celui-ci ne peut réclamer la remise des objets confisqués; la confiscation est alors prononcée dans les termes mêmes de l'art. 423, et par conséquent au profit du Trésor.

449. Dommages-intérêts. — Il va de soi que la partie lésée par le délit—ce sera, par exemple, le fabricant dont le nom est usurpé ou le consommateur — pourra réclamer, soit au civil, soit au correctionnel, des dommages-intérêts pour le préjudice qu'elle justifiera avoir éprouvé. C'est l'application littérale de l'art. 1er du Code d'instruction criminelle.

450. ***Quid*** **en cas d'usurpation d'un nom de localité?** — Lorsque c'est le nom du fabricant qui a été usurpé,

(1) Bédarride, n° 728. — V. en sens contraire, Rendu, n° 458; Mayer, n° 42.

le calcul des dommages-intérêts est facile, puisque le préjudice n'a atteint que le fabricant, et que seul il a qualité pour en demander la réparation. Il en est de même, lorsqu'il s'agit de l'usurpation d'un nom de localité et que tous les fabricants de la localité sont présents à la poursuite; il suffit alors de partager équitablement les dommages-intérêts entre les divers ayants droit. Mais supposez qu'un seul des fabricants de la localité, dont le nom est usurpé, fasse le procès à l'usurpateur; comment se calculeront les dommages-intérêts? Devra-t-on tenir compte du nombre des fabricants qui se trouvent dans la même situation, qui auraient eu qualité pour se plaindre de l'usurpation, et qui, en définitive, ne l'ont pas voulu? Par suite, devra-t-on, après avoir calculé le dommage causé à la localité entière, apprécier la proportion dans laquelle en a souffert le poursuivant? C'est là un ingénieux calcul auquel un arrêt s'est livré. En principe, ce n'était pas à tort, les dommages-intérêts ne devant jamais dépasser le préjudice, dont ils sont l'équivalent et dont a personnellement souffert celui qui les réclame. Du reste, de quelque manière que se fasse le calcul, les juges du fait font en cela acte de souveraine appréciation.

M. Bédarride reconnaît que l'action appartient à tout industriel de la ville ou de la localité dont le nom a été usurpé; mais il pense en même temps que le plaignant, en ce cas, ne peut obtenir d'autres dommages-intérêts que les dépens et l'affiche ou l'insertion; la raison qu'il en donne, c'est que le plaignant ne peut établir qu'il ait moins vendu, ou que la diminution dans la vente soit le fait de l'usurpation (1). C'est là, à notre avis, une erreur et même un contre-sens; si M. Bédarride accorde les dépens et l'insertion, c'est assurément à titre de réparation; s'il y a lieu à réparation, pourquoi la limiter à l'avance? Les tribunaux l'apprécieront.

Jugé à cet égard que l'industriel, qui fait condamner des concurrents pour avoir faussement indiqué sur leurs produits le nom d'un lieu de fabrication qui est celui de sa propre fabrique et non de la leur, ne peut réclamer de dommages-

(1) V. Bédarride, nº 796.

intérêts que pour le préjudice qu'il a souffert personnellement ; il s'ensuit que, s'il n'est pas le seul fabricant du même genre d'articles dans la localité dont le nom a été usurpé, ceux qui ont usurpé ledit nom ne lui doivent que sa quote-part du bénéfice illégitime qu'ils ont fait, eu égard au nombre des autres fabricants de la localité (Paris, 12 août 1864, aff. Blaise, Pataille. 65.38).

CHAPITRE III.

DROIT DES ÉTRANGERS.

SOMMAIRE.

451. L'action en usurpation de noms appartient-elle aux étrangers? — 452. *Jurisprudence.* — 453. *Quid* si l'étranger a un établissement en France? — 454. *Quid* s'il existe un traité diplomatique pour la protection des marques ? — 455. Usurpation d'un nom étranger ; tromperie. — 456. Du droit des villes étrangères. — 457. *Quid* du Français représentant d'un étranger ? — 458. *Quid* du cessionnaire français ?

451. L'action en usurpation de nom appartient-elle aux étrangers ? — Cette question n'a plus qu'un intérêt purement historique depuis la loi du 26 novembre 1873, qui porte, nous le savons, dans son art. 9, que « les « dispositions des lois en vigueur touchant le nom commer- « cial... seront applicables au profit des étrangers, *si dans « leur pays la législation ou des traités internationaux assu- « rent aux Français les mêmes garanties* ». La loi de 1873 n'a fait, d'ailleurs, que s'inspirer de la jurisprudence qui refusait, d'une façon constante, à l'étranger le droit de poursuivre en France l'usurpation de son nom, à défaut de réciprocité pour les Français dans son pays. Cette question, tranchée aujourd'hui par la loi, a tenu une trop grande place dans les controverses juridiques pour que nous puissions, tout rétrospectif qu'est devenu son intérêt, nous dispenser d'en rappeler la discussion.

La presque unanimité des auteurs a toujours été d'accord pour reconnaître aux étrangers le droit de poursuivre en France l'usurpation de leur nom (1). Cette opinion s'appuie particulièrement sur cette considération, que celui qui usurpe le nom d'un commerçant étranger non seulement porte atteinte aux droits que ce commerçant peut posséder, mais encore commet une fraude à l'égard du consommateur français. Ne le trompe-t-il pas, en effet, sur l'origine et la nature du produit? Ne lui donne-t-il pas pour une marchandise provenant de fabrication étrangère, et recherchée à cause de cela, une marchandise provenant de sa propre fabrication et ne pouvant dès lors avoir qu'en apparence les caractères de l'autre? Il y a plus : la loi de 1824 érige en délit le fait d'usurper le nom d'autrui. Est-ce que les lois de police ne régissent pas en France les étrangers comme les nationaux, et peut-on contester à l'étranger le droit de se plaindre d'un délit dont il est victime? D'ailleurs, en se plaçant à un point de vue plus élevé, est-ce que le nom n'est pas une propriété, et la plus personnelle, la plus indéniable de toutes? Est-ce que le respect dû à la propriété d'autrui n'est pas une obligation qui dérive du droit naturel ou du droit des gens, avant d'avoir été consacrée et protégée par la loi civile? N'est-ce pas, au surplus, un des premiers préceptes de l'équité naturelle, que tout dommage causé à autrui exige une réparation de la part de celui qui l'a causé, et ne doit-on pas reconnaître que, si ce principe a été formellement consacré par la loi française, elle ne l'a pas créé, elle n'a fait que le sanctionner, et qu'ainsi, quoique compris dans nos lois civiles, il n'en conserve pas moins son caractère primitif, qui le rend applicable, en tous lieux, à toutes personnes, à l'étranger comme au régnicole?

---

(1) V. Rendu, n° 121; Calmels, n° 218; Blanc, p. 739; Massé, *Droit comm.*, t. 2, n° 35, et *Rev. de législ.*, nov. 1844, p. 285; Fœlix, *Droit internat. privé*, n° 607; Gouget et Merger, v° *Nom*, n° 46; Hello, *Rev. de législ.*, 1845, t. 2, p. 40. — Comp. Demolombe, t. 1, n° 246 *bis;* Serrigny, *Droit public*, t. 1, p. 252. — V. encore un article de M. Lehec, Le Hir.43.2.387, et un article de M. Le Hir, Le Hir.48.2.237. — V. Pataille. 55.33, 56.328, 59.64.

Ces considérations, qu'on trouve longuement et savamment développées dans certains arrêts des Cours de Paris et de Rouen, arrêts qui ont été, il est vrai, cassés par la Cour suprême, se rencontrent également, tant elles semblent vraies, dans un arrêt de la Cour de chancellerie anglaise du 11 juin 1857. « Il me paraît clair, disait le vice-chancelier Wood dans « les motifs de sa sentence, que le fait que les plaignants sont « étrangers ne les rend pas incapables de demander protec-« tion. Il ne peut y avoir aucun doute que tous les sujets de « tous les pays, sans peut-être en excepter même les sujets « d'un pays ennemi, ont droit de s'adresser aux Cours du « pays pour faire arrêter à sa source le préjudice frauduleux « causé à leur propriété (1). »

Les mêmes considérations se retrouvent encore, avec une grande élévation de langage, dans le rapport de M. le conseiller Rocher, qui, devant la Cour suprême, concluait en ces termes au rejet des pourvois formés contre les arrêts de Paris et de Rouen : « Les désignations nominales ont été, dès l'en-« fance du monde, la conséquence virtuelle et le moyen forcé « d'exécution de ces contrats que la doctrine et la jurispru-« dence ont toujours réputés appartenir au droit primitif, « parce qu'ils sont comme la vie en action de toute association « naissante : vente, échange, prêt, donation entre-vifs, transac-« tions commerciales de toutes sortes. Il y a plus, et en « cela se manifeste avec éclat un des plus nobles attributs de « notre nature morale, intelligente et libre : l'institution des « noms répond à cette impulsion secrète, au gré de laquelle « l'homme, qui, suivant l'expression de l'illustre Portalis, « n'occupe qu'un point dans l'espace et dans le temps, aspire « à étendre, à prolonger au delà de la tombe son existence « d'un moment, associe le sentiment de la famille à toutes « ses ambitions de fortune et de gloire, se crée un patrimoine « d'honneur pour le transmettre, ou l'accroît par cela seul « qu'il lui a été transmis, mobile qui puise tout ce qu'il a de « puissance dans l'identification des avantages qu'il nous as-« sure ou de l'opprobre contre lequel il nous prémunit, avec

---

(1) V. Pataille.57.280.

« le signe extérieur qui les représente. Le nom que Dieu a « fait servir ainsi à la satisfaction des instincts les plus élevés « et les plus impérieux qu'il ait mis en nous, héritage fécondé « par l'emploi de nos facultés, de même que le sol est fécondé « par nos bras, n'est-il pas dans le domaine de l'homme à un « semblable titre que les autres biens dont la propriété lui a « été primitivement dévolue, soit comme fruit de son travail, « soit en vertu de sa destination sur la terre, soit à raison de « sa supériorité morale sur les êtres de la création? Et lors- « que, appliquant les déductions au fait, on voit un étranger, « un marchand, un de ceux à qui la France a de tout temps « ouvert son sein, qu'elle a de tout temps autorisés à accom- « plir sur son territoire les divers actes qui relèvent du droit « naturel ou des gens, apporter parmi nous son iudustrie, y « fonder une maison destinée à en écouler les produits, con- « fier à l'hospitalité française l'honneur d'un nom accrédité « dans le monde commercial, comment serait-il permis à un « Français de s'emparer de ce nom, de dire sur le marché « public de la France : C'est moi qui suis cet homme, et de « dépouiller, sous un double rapport, celui dont il prend la « place, en rabaissant au niveau d'une fraude préjudiciable « aux consommateurs le nom qu'il n'usurpe ainsi que pour « l'exploiter et le démentir (1)? »

M. le procureur général Dupin soutenait, dans un sens diamétralement opposé, que l'action en contrefaçon de marque n'appartenait pas à l'étranger, en principe, et il ajoutait que l'action civile en dommages-intérêts, simplement fondée sur l'art. 1382, lui échappait également. « Si, aux termes de nos « lois, disait-il, le fait d'usurper la marque d'un étranger ne « constitue pas un délit de contrefaçon, c'est que c'est un fait « permis. Ce n'est pas un fait louable, mais c'est un fait qui « demeure sans répression; si c'est un dol, c'est ce genre de « dol permis que la loi romaine appelle *dolus bonus*, par op- « position au dol punissable, *dolus malus*. On peut dire ici, « avec le poète :

Dolus an virtus quis in hoste requirat?

(1) V. le Rapport cité, presque en son entier, par Sirey.48.1.421. — V. aussi *J.Pal.*44.2.340.

« Et, en effet, c'est à titre de représailles que le législateur donne « cette licence à ses nationaux vis-à-vis des étrangers, et c'est « sous ce point de vue que la loi se justifie. En effet, faute « de traité qui protège un Français à l'étranger contre « une pareille usurpation, il n'y a pas d'autre moyen « d'amener le redressement de ce grief que d'y laisser expo« ser les étrangers, au point de vue du commerce interna« tional (1). » De ces deux opinions, la jurisprudence de la Cour de cassation, on va le voir, avait consacré la seconde, et il faut bien dire que, si on descend des hauteurs sereines de la théorie pour envisager les choses au point de vue civil, pratique et national, la doctrine de la Cour de cassation se conçoit et se justifie.

452. Jurisprudence (2). — Il a été jugé : 1° que la loi de 1824 ne protège les étrangers que s'ils ont été admis à jouir de leurs droits civils en France ou si leur pays d'origine accorde la réciprocité aux Français (Cass., 14 août 1844, aff. Guéland, *J.Pal.*44.2.339) ; 2° que les étrangers ne sont admis à poursuivre en France l'usurpation de leur nom commercial qu'autant qu'ils sont admis à jouir de leurs droits civils, ou si, dans leur pays d'origine, la réciprocité est accordée aux Français (Cass., 11 juill. 1848, aff. Guéland (3), *J.Pal.*48.2.36) ; 3° que la propriété des noms, en tant qu'ils servent à distinguer les personnes ou les familles, a incontestablement son origine dans le droit des gens, puisque partout, dans l'état social, qui est leur état naturel, les hom-

(1) V. *J.Pal.*48.2.38. — V. aussi Renouard, *Droit industr.*, p. 365 et suiv.

(2) V. encore Trib. comm. Seine, 16 nov. 1844, aff. Trelon et autres, *Gaz. Trib.*, 21 nov. ; Cass., 28 janv. 1846, aff. Spencer et Stubs, Sir. 48.1.426 ; Paris, 11 déc. 1856, aff. Farina, Teulet.6.143 ; Paris, 5 juin 1867, aff. Kemp, Pataille.67.298. — Comp. Luxembourg, 14 janv. 1858, aff. Muller, Pataille.59.64. — V., *en sens contraire*, Paris, 30 nov. 1840, aff. Guesnot, *J.Pal.*40.2.685 ; Paris, 3 juin 1843, aff. Spencer et Stubs, *J.Pal.*43.2.291 ; Trib. comm. Seine, 31 mars 1841, aff. Trelon, *le Droit*, p. 348 ; Rouen, 8 mai 1845, aff. Rowland, Sir.45.4.354 ; Paris, 22 mars 1855, aff. Warton, *Gaz. Trib.*, 31 mars. — V. aussi Trib. comm. Genève, 10 nov. 1859, aff. Christofle, Pataille.60.29.

(3) Cet arrêt, rendu en audience solennelle et toutes chambres réunies, a fixé la jurisprudence.

mes éprouvent le besoin de se distinguer les uns des autres par des noms; mais il n'y a atteinte à cette propriété qu'autant que l'usurpation du nom a lieu en vue d'opérer une confusion dans les personnes ou les familles; lorsque l'usurpation porte sur le nom, considéré au point de vue commercial et en tant qu'il indique l'origine d'une fabrication, elle constitue moins une usurpation de nom proprement dite qu'une usurpation de marque de fabrique, et, à ce titre, n'est punissable au profit des étrangers que dans les conditions de réciprocité prévues par les art. 11 et 13 du Code civil (Bordeaux, 20 juin 1853, aff. Kirby-Beard, *J.Pal.*55.2.137); 4° que la loi de 1824 n'a eu en vue que de protéger l'industrie nationale, et par aucun de ses articles ne déclare le bénéfice de ses dispositions applicable aux étrangers non admis à jouir des droits civils en France; il s'ensuit d'abord que le droit de se prévaloir de cette protection légale constitue une faculté purement civile, et que son exercice est subordonné, en ce qui concerne les étrangers, à la condition de réciprocité, conformément aux art. 11 et 13 du Code civil (Rej. 12 avril 1854, aff. Kirby-Beard, *J.Pal.*55.2.137); 5° que l'étranger, même lorsqu'il a un établissement commercial en France, n'est fondé à exercer devant les tribunaux français une action en réparation du préjudice résultant de l'usurpation de sa marque de fabrique qu'autant que les fabricants français pourraient, en vertu des traités, exercer une action semblable dans le pays auquel il appartient, ou qu'autant qu'il a été admis à jouir de ses droits civils en France; les traités de Ryswick et d'Utrecht, passés en 1697 et en 1713 entre la France et la Grande-Bretagne, en les supposant encore en vigueur, ne contiennent aucune stipulation positive à cet égard, et ne peuvent, dans leur généralité, être utilement invoqués (Cass., 16 nov. 1857, aff. Warton, Pataille.57.361).

453. *Quid* **si l'étranger a un établissement en France?** — On vient de voir que la jurisprudence de la Cour de cassation est allée dans sa rigueur jusqu'à refuser, en cas de non-réciprocité, la protection de la loi même à l'étranger, qui, établi sur le sol français, procure ainsi un aliment constant au travail national; elle décidait qu'aucune condition ne pouvait remplacer l'autorisation légale de fixer son domicile en France. Cette solution ne saurait être admise aujourd'hui, en présence des termes de la loi de 1857. Cette loi, en effet, quoique spéciale aux marques, s'étend virtuellement aux noms, qui ne sont, en définitive, que des marques nominales. Il serait assurément illogique que la marque ordinaire fût mieux protégée que la marque nominale, qui est plus personnelle, plus précieuse, plus digne d'intérêt. Concluons donc que, dans tous les cas, aujourd'hui, l'étranger qui a un établissement industriel en France a tous les droits du Français, et que la réciprocité n'est exigée que lorsqu'il s'agit de produits manufacturés hors de France (1).

454. *Quid* **s'il existe un traité diplomatique pour la protection des marques?** — Il a été jugé à deux reprises différentes, à l'occasion du traité franco-anglais de 1860 (2) — et cette jurisprudence est de nature à s'appliquer à tous les autres traités qui sont conçus dans des termes analogues —: 1° que la garantie réciproque des marques de fabrique et de commerce stipulée dans le traité de commerce du 23 janv. 1860, entre la France et l'Angleterre, s'applique indistinctement aux marques de fabrique proprement dites et aux noms commerciaux servant à constater la provenance des produits, de telle sorte que le fabricant étranger a le droit de poursuivre l'usage frauduleux de son nom, encore bien que, n'étant pas employé sous une forme distinctive, il ne se trouve pas protégé par la loi de 1857 sur les marques, mais bien par la loi de 1824 sur les noms (Rej. 27 mai 1870, aff. Wickers et fils, Pataille.70.188); 2° que les dispositions du traité de commerce franco-anglais du 23 janv. 1860, conçues dans les termes les plus généraux, ne protègent pas seulement la propriété des marques propre-

(1) Comp. Cass., 19 mars 1869, aff. Wickers et fils, Pataille.70.179; Rouen, 24 juin 1869, Rej., et 27 mai 1870, mêmes parties, *eod. loc.*—V. surtout Rej. 18 nov. 1876, aff. Howe, Pataille.76.314.

(2) Le nouveau traité, conclu entre la France et l'Angleterre, le 28 fév. 1882, étend expressément la réciprocité au nom commercial. — V. Pataille.82.145. — Le traité franco-suisse du 23 fév. 1882 (Pataille. 82.156) comprend également en termes formels les noms commerciaux.

ment dites, mais qu'elles étendent virtuellement leurs effets, par une analogie nécessaire, à l'usurpation du nom d'un fabricant, le nom étant la première et la plus personnelle de toutes les marques (Rej. 18 nov. 1876, aff. Howe, Pataille. 76.314).

455. Usurpation d'un nom étranger; tromperie. — Nous avons dit que l'usurpation du nom d'un fabricant étranger constitue dans tous les cas un délit double : celui de supposition de nom et celui de tromperie sur la nature de la chose vendue ; dès lors il y aurait lieu, même en admettant que, à défaut de réciprocité, l'étranger n'a pas le droit de poursuite, de décider que le ministère public a une action et que le tribunal a droit de répression ; le tribunal peut donc prononcer une condamnation, sauf à n'accorder aucuns dommages-intérêts à l'étranger (1).

M. Gastambide admet également que la supposition du nom d'un fabricant étranger peut devenir un délit punissable lorsqu'elle dégénère en une tromperie sur la nature ou sur l'origine de la marchandise. « Mais ce délit, dit-il avec raison, « n'a rien de commun avec la contrefaçon proprement dite ; « il est puni dans l'intérêt de l'acheteur en général, et non « dans l'intérêt d'une exploitation ou d'une entreprise parti« culière (2). »

Jugé, d'après ces principes, que, si l'étranger est sans droit à invoquer le bénéfice de la loi de 1824, en l'absence de toute réciprocité à l'égard du Français dans son pays d'origine, il n'en appartient pas moins aux tribunaux correctionnels de condamner ceux qui usurpent, en France, le nom d'un fabricant étranger ; la loi de 1824, en interdisant l'emploi de tout nom faux et supposé, ne fait aucune distinction à l'égard des noms étrangers ; il y a lieu, en ce cas, à prononcer les peines édictées par la loi, sauf à rejeter la demande en dommages-intérêts formée par la partie civile (Trib. corr. Seine, 28 juin 1853, aff. Spencer (3), *le Droit*, 30 juin).

---

(1) V. Pataille.55.33.

(2) Gastambide, p. 426 et 456.

(3) Comp. Trib. comm. Seine, 16 nov. 1844, aff. Trelon, *Gaz. Trib.*, 21 novembre.

456. Du droit des villes étrangères. — Suivant M. Bédarride, les villes étrangères sont sans droit à réclamer le bénéfice de la loi de 1824. « Le nom d'une ville, dit cet « auteur, n'appartient à personne privativement, et la pensée « d'en interdire l'usage aux industriels d'une autre localité « n'est due qu'au légitime désir de défendre et de protéger « l'un des éléments les plus précieux de notre industrie natio- « nale. Cette interdiction n'existe que de par la loi qui la crée. « Le droit d'en revendiquer le bénéfice est donc un droit pu- « rement civil (1). » M. Bédarride en conclut que l'usurpation d'un nom de ville étranger n'est pas punie par la loi. Il est certain qu'il n'y a aucune assimilation possible entre les noms d'individus et les noms de villes; si l'on peut soutenir que les premiers relèvent du droit des gens, à raison de leur union intime avec les personnes qu'ils désignent, on comprend qu'il en soit autrement des seconds et que la loi qui les protège dérive uniquement du droit civil.

Remarquons, d'ailleurs (et sur ce point nous nous séparons de M. Bédarride), qu'ici encore s'applique le principe que nous avons rappelé plus haut : La supposition d'un nom de ville étrangère constitue une évidente tromperie à l'égard du consommateur, qui, lésé par cette fraude, est en droit de se plaindre (2); seulement, le consommateur français, trompé sur l'origine de la marchandise, a-t-il une action en vertu de la loi de 1824? Nous pensons que cette action lui appartient, et nous croyons l'avoir établi plus haut (3).

Jugé pourtant que la loi de 1824 a pour but, non de garantir les acheteurs contre les fraudes, mais de protéger par là, soit les fabricants, soit les villes de fabrique dont le nom, apposé sur les produits, commande la confiance; il s'ensuit que cette protection ne saurait s'étendre à des villes étrangères pas plus qu'à des fabricants étrangers, et que ceux qui usurpent le nom d'une localité étrangère ne commettent pas

---

(1) Bédarride, n° 791. — Voy. aussi Goujet et Merger, v° *Nom*, n° 47.

(2) Comp. Gastambide, n°s 424 et 461. — V. *en sens contr.*, Dalloz, v° *Industrie*, n° 355.

(3) V. *suprà*, n° 436.

le délit de la loi de 1824 (Trib. corr. Seine, 9 juill. 1835 (1), cité par Gastambide, p. 460).

457. *Quid* **du Français représentant d'un étranger?** — Il est clair que le représentant, en France, de l'étranger, ne saurait, même s'il est Français, se prévaloir de sa qualité pour réclamer la protection de la loi, refusée à l'étranger. Qu'importe, en effet, sa qualité de Français! Ce n'est pas dans sa personne que le droit qu'il réclame a pris naissance, c'est dans celle de son commettant, dont il n'est que l'ayant cause. Comment aurait-il plus de droit que ce dernier? Le fait qu'il ait un intérêt personnel à placer les produits du fabricant étranger ne change pas la question et ne transforme pas plus le droit de l'étranger que le sien. Il a suivi la fortune d'autrui, et il en subit naturellement les chances bonnes ou mauvaises.

Jugé en ce sens : 1° que les fabricants étrangers, et par suite leurs représentants en France, même s'ils sont Français, sont sans action devant les tribunaux français pour interdire aux nationaux la contrefaçon de leurs marques (Trib. comm. Seine, 16 nov. 1844, aff. Trelon et autres, *Gaz. Trib.*, 21 nov.); 2° que, étant admis que les étrangers sont sans action en France pour se plaindre de l'usurpation de leur nom, le Français, chargé en France d'un dépôt de produits d'un fabricant étranger, et opérant dans son intérêt personnel la vente de ces produits, n'a pas plus de droits que le fabricant étranger, celui-ci n'ayant pu lui transmettre un droit dont lui-même n'était pas investi (Cass., 11 juill. 1848, aff. Guéland, *J.Pal.*48.2.36).

458. *Quid* **du cessionnaire français?** — Il en est autrement du cessionnaire de l'étranger. Le cessionnaire puise, en effet, son droit en lui-même; il est une personnalité différente de l'étranger; il ne se borne pas à le représenter, à agir en son lieu et place; il agit pour lui-même, dans son propre intérêt. On dirait en vain que le cédant n'a pu lui transmettre plus de droits qu'il n'en avait lui-même; cet

(1) V. *en sens contraire*, Trib. corr. Seine, 5 mars 1829, *Gaz. Trib.*, 6 mars.

adage ne serait pas à sa place ; car ce n'est pas le droit qui, en réalité, manque à l'étranger, c'est l'exercice du droit que la loi lui dénie. Lors donc que le droit passe à un Français, c'est-à-dire à une personne que la loi admet à l'exercice du droit, la question change d'aspect, et les rigueurs légales n'ont plus de raison d'être.

Ce que nous disons du cessionnaire français s'entend naturellement aussi du cessionnaire qui appartiendrait à une nation liée par une convention diplomatique avec la France et qui aurait acquis le droit d'user du nom d'un fabricant appartenant, au contraire, à une nation avec laquelle la France n'aurait conclu aucun traité de réciprocité.

Il a été jugé en ce sens : 1° que le Français, légalement propriétaire d'un fonds de commerce à lui cédé par un étranger, et, par suite du nom de cet étranger, employé comme marque du produit, a une action pour réprimer les usurpations de ce nom et la concurrence déloyale qui lui est faite à l'aide de ces usurpations (Paris, 11 déc. 1856, aff. Farina, Teulet.6.143) ; 2° que le sujet anglais qui, en vertu du traité de 1860, est recevable à poursuivre le Français, qui a usurpé son nom commercial, soit par voie de plainte, soit par voie d'action directe, devant les tribunaux correctionnels français, peut exercer cette poursuite alors même que la propriété dudit nom commercial lui aurait été cédée par un étranger citoyen d'un autre État (un Américain des États-Unis, en l'espèce), qui, personnellement, n'aurait pas pu exercer une telle poursuite en France (Rej., 18 nov. 1876, aff. Howe. Pataille. 76.314).

LIVRE TROISIÈME
DE LA CONCURRENCE DÉLOYALE.

CHAPITRE Ier.

SIMILITUDE D'ASPECT.

SECTION Ire.

Dénominations et noms.

SOMMAIRE.

459. Principe de la liberté du commerce. — 459 *bis*. Concurrence déloyale; généralités. — 460. Dénominations. — 461. *Jurisprudence*; espèces où la désignation a été reconnue générique. — 462. *Jurisprudence*; espèces où la concurrence déloyale a été reconnue; désignations de produits. — 463. *Jurisprudence*; mêmes espèces; raisons commerciales. — 464. *Jurisprudence* (suite). — 465. *Jurisprudence* (suite). — 466. *Jurisprudence* (suite). — 467. *Quid* si la dénomination a été soumise à l'autorité administrative? — 468. *Quid* si la dénomination a été traduite en langue étrangère? — 469. Usurpation de nom. — 470. *Jurisprudence*. — 471. *Quid* du fait par le débitant d'indiquer le nom du fabricant? — 472. Nom de localité; changement de propriétaire.

459. Principe de la liberté du commerce. — La liberté complète du commerce et de l'industrie est le principe sur lequel repose notre droit moderne, et, suivant la juste remarque du rapporteur de la loi de 1857, « ce principe fécond, inséré dans nos lois, est entré si avant dans « nos mœurs, qu'il n'en saurait disparaître ».

Aujourd'hui, en effet, il n'existe plus d'entrave au droit qu'a chacun de nous d'exercer tel métier, tel commerce, telle industrie qui lui plaît. Sauf les cas où l'ordre public et les bonnes mœurs sont en jeu, et où la loi intervient pour les défendre, ce droit ne peut être restreint, limité, que par notre propre volonté, par des conventions librement formées. L'individu même qui crée une nouvelle branche d'industrie ne peut empêcher que d'autres suivent après lui la même voie. Toute industrie est libre, et, quel que soit le nombre de ceux qui l'exercent déjà, ils ne sauraient écarter les concurrents nouveaux qui viennent à se présenter. La liberté, née de la loi du 7 mars 1791, qui a supprimé les maîtrises et les jurandes, est absolue, à la seule condition qu'elle ne dégénère pas en licence, et que la concurrence reste honnête, probe, loyale.

Jugé, en ce sens, — et l'espèce est des plus intéressantes, que, d'après le droit public moderne, toutes les industries sont libres en France, et la concurrence n'a d'autres limites que celles qui lui sont imposées par la loyauté, par la loi ou par des contrats particuliers : il s'ensuit qu'une Compagnie de chemin de fer, comme toute autre personne, a le droit d'établir un hôtel de voyageurs sur l'emplacement même d'une de ses gares, sans que les hôteliers de la localité puissent s'y opposer ; ils pourraient seulement avoir une action en dommages-intérêts, s'ils prouvaient que la Compagnie a recours à des moyens déloyaux pour attirer les voyageurs dans son hôtel (Aix, 15 fév. 1882, aff, Cie Paris-Lyon-Méditerranée (1), Pataille.82.32).

459 *bis*. Concurrence déloyale ; généralités. — Nous avons vu dans quels cas et à quelles conditions la loi protège, soit la marque de fabrique, soit le nom commercial ; nous avons de même expliqué ce qu'il faut entendre par la contrefaçon ou l'imitation frauduleuse d'une marque aussi bien que par la supposition d'un nom. A présent, nous allons parler de la simple concurrence déloyale ; il ne s'agira plus de faits qui revêtent le caractère de délits ; ce seront des faits, la plupart du temps complexes, variés à l'infini, et qui, sans

---

(1) V. aussi Rej. 19 déc. 1882, même affaire, *la Loi*, 24 janv. 1883.

présenter les caractères déterminés que visent les lois de 1824 et de 1857, tendront toujours à la confusion de deux établissements en vue d'enlever à l'un tout ou partie de sa clientèle au profit de l'autre. Nous n'avons ni la prétention ni l'espérance d'indiquer toutes les formes de la concurrence déloyale ; nous signalerons les principales, les plus ordinairement usitées ; nous sommes sûr d'ailleurs que les tribunaux, gardiens de la loyauté commerciale, sauront toujours, même en l'absence de règles précises, reconnaître et punir les actes qui y sont contraires. Les nombreuses décisions que nous rapportons, et que nous essayerons de classer aussi méthodiquement que possible, les y aideront. On nous pardonnera donc de les avoir multipliées.

460. Dénominations. — Ici, la concurrence déloyale consiste dans l'usurpation d'une dénomination, employée pour désigner certains produits, et dans le fait, par cette usurpation, de chercher à s'emparer de la clientèle d'autrui. C'est donc le même fait que celui de contrefaçon de marque, avec cette seule différence qu'à présent nous supposons que la dénomination n'a pas été déposée conformément à la loi de 1857 ; par suite, tout ce que nous avons dit plus haut sur les dénominations ou sur les raisons commerciales trouve ici sa place : il faudra distinguer la désignation *nécessaire* ou *générique*, qui, par sa nature même, appartient au domaine public, de la désignation *de fantaisie* qui reste dans le domaine privé (1). Toutefois, tandis qu'il n'y a contrefaçon de marque ou supposition d'une raison commerciale dans le sens de la loi pénale, qu'autant qu'il y a en même temps application de cette marque ou de cette raison commerciale à des produits fabriqués, il y a concurrence déloyale dans le seul fait d'user de cette dénomination ou de cette raison commerciale, d'une façon quelconque, non seulement sur des prospectus ou des circulaires, mais encore sur une facture manuscrite ou dans une annonce. Il pourrait même y avoir concurrence déloyale dans le fait de n'user de la désignation qu'en paroles, verbalement, en vue, par exemple, de tromper le consommateur et de le rete-

(1) V. *suprà*, nos 46 et suiv.

nir en lui laissant croire que l'article qu'il achète provient d'une autre maison que celle à laquelle par erreur il s'est adressé (1). Ainsi encore, un courtier d'assurances, un commis voyageur, qui recueillerait des adhésions ou des ordres d'achat, en donnant à entendre aux souscripteurs ou aux acheteurs qu'il représente une autre Compagnie que celle dont il est en réalité l'agent, commettrait incontestablement un acte de concurrence déloyale (2).

461. Jurisprudence; **espèces où la désignation a été déclarée générique.** — Il a été jugé : 1° que, si une dénomination idéale ou de fantaisie, émanant entièrement du choix de celui qui l'adopte, devient pour lui une propriété dont nul n'a le droit de s'emparer, même par voie de similitude, il ne peut en être ainsi d'un titre s'appliquant à la fabrication d'un article quelconque rentrant dans le domaine public, alors surtout que sa fabrication est réellement conforme à sa dénomination : spécialement, celui qui s'intitule *glacier napolitain* ne peut interdire à un concurrent, qui justifie de sa nationalité, l'emploi des mots : *glacière napolitaine*; il peut toutefois empêcher que son concurrent, abusant lui-même de son droit, rédige ses annonces de nature à établir une confusion entre les deux maisons, et réclamer, dans ce cas, des dommages-intérêts (Trib. comm. Seine, 13 juin 1845, aff. Durand, *Gaz. Trib.*, 14 juin); 2° qu'une société qui se forme sous la dénomination de *régisseur général* ne peut interdire à une société, formée pour le même genre d'affaires, de prendre le nom de *régisseur assureur*, le mot *régisseur* (3) étant un mot essentiellement générique (Trib. comm. Seine, 25 août 1845, aff. Azevedo (4), *Gaz. Trib.* 26 août); 3° que le mot *indicateur*, employé comme titre de journal, est un terme générique qu'il appartient à tous d'appliquer à une œuvre de sa production : spécialement, le propriétaire du

(1) V. *suprà*, nos 164 et 167.

(2) V. *infrà*, n° 521.

(3) Le tribunal dit textuellement que « la pensée de régir pour le « compte du propriétaire les maisons qui lui appartiennent est dans le « domaine public et peut être exploitée par tous. »

(4) V. observ. crit., Le Hir. 46.2.77.

titre *Indicateur des chemins de fer* ne peut demander la suppression du titre *Indicateur Herman* (Paris, 25 août 1854, aff. Chaix, *le Droit*, 26 août); 4° qu'un titre, tel que « *Entreprise générale de balayage public* », ne saurait appartenir à celui qui l'a pris le premier, en qualité d'adjudicataire du balayage d'une ville; un semblable titre n'étant qu'indicatif de la qualité et des droits acquis par l'adjudication, il s'ensuit, d'une part, que celui qui lui succède à l'adjudication suivante a le droit de prendre le même titre, et, d'autre part, qu'il peut lui-même le conserver pour une entreprise privée (Trib. comm. Seine, 11 janvier 1861, aff. Bellaret, Teulet.10.264) ; 5° que, lorsqu'un établissement commercial a adopté un nom générique indiquant la nature de ses opérations, tel que celui d'*agence des théâtres*, il ne peut pas s'opposer à ce qu'un établissement du même genre adopte un nom indiquant également son objet, tel qu'*office des théâtres*, alors d'ailleurs qu'il n'est justifié d'aucunes manœuvres pour amener une confusion entre les deux établissements (Trib. comm. Seine, 22 mai 1867, aff. Mondin et Cie, Pataille.68.352).

462. Jurisprudence; espèces où la concurrence déloyale a été reconnue; désignations de produits (1). — Il a été jugé : 1° que la dénomination de *nouveau café des dames* ne saurait être adoptée par un commerçant quand un concurrent est déjà en possession de la désignation : *café des dames* (Trib. comm. Seine, 30 mai 1834, aff. Ravier, *Gaz. Trib.*, 31 mai); 2° que, quand un négociant a adopté, pour vendre ses produits, une dénomination telle que *café des gourmets*, il y a concurrence déloyale de la part du concurrent qui vend ses marchandises en mettant sur ses étiquettes : *Aux vrais gourmets* (Trib. comm. Seine, 13 août 1857, aff.

(1) V. encore Trib. comm. Seine, 13 mai 1846, aff. Piver (*Eau du docteur Addison*), Le Hir.46.2.373; Paris, 9 juill. 1859, aff. Gourbeyre (*Poudre brésilienne*), Pataille.59.250; Trib. comm. Seine, 5 août 1868, aff. Bourdois (*Fromages de Port-Salut*), Pataille.68.385. — V. aussi Paris, 26 août 1874, aff. Trébucien (*Café des gourmeurs, des fins gourmands, Moka des gourmets,* au lieu de *Café des gourmets*), Pataille.77.301. — V. *infrà*, nos 728 et suiv.

Guérineau, Pataille.58.155); 3° qu'il y a concurrence déloyale dans le fait, par un commerçant, de désigner un produit de sa fabrication sous une dénomination presque identique à celle antérieurement adoptée par un concurrent (Trib. comm. Seine, 10 février 1865, aff. Berthelon (1), Pataille. 65.349); 4° que le fait par un commerçant de vendre un produit quelconque sous la dénomination spéciale déja prise par un autre (dans l'espèce, taffetas *Marie-Blanche*), de manière à faire croire que ce qu'il donne est identiquement le produit que l'on aurait trouvé chez celui qui, le premier, s'est approprié cette dénomination, est un fait de nature à causer un dommage à ce dernier et oblige, par conséquent, celui par la faute duquel il est arrivé à le réparer (Paris, 4 mars 1869, aff. Jaluzot, Pataille.69.97); 5° qu'un commerçant se rend coupable de concurrence déloyale et doit, à ce titre, être condamné à des dommages-intérêts, s'il usurpe la devise ou l'enseigne d'un concurrent, alors même qu'il y apporte une modification, si celle-ci n'est pas de nature à empêcher toute confusion : telle est notamment celle résultant de la mise au pluriel, mais sans que la consonnance soit changée, des mots composant la devise : *Aux Pins sylvestres* au lieu de *Au Pin sylvestre* (Lyon, 24 août 1876, Rec. de la Cour de Lyon, 77.125); 6° mais qu'une simple similitude de noms (*corsets ortho-plastiques*, au lieu de *corsets plastiques*) ne peut constituer une concurrence déloyale, alors que les produits ne peuvent pas être confondus et que d'ailleurs il n'est justifié d'aucun préjudice (Paris, 13 juin 1860, aff. Fontaine (2), Teulet.9.391).

463. Jurisprudence; **mêmes espèces ; raisons commerciales.** — Il a été jugé : 1° qu'il y a concurrence déloyale de la part de l'entrepreneur de voitures qui désigne ses véhicules sous le nom de *citadin*, alors qu'un concurrent

---

(1) Il s'agissait d'un instrument pour tailleur, appelé par un premier commerçant : *conformateur du tailleur*, et par un second : *conformateur pour hommes et dames*.

(2) Le jugement constatait que les deux établissements n'étaient pas situés dans la même ville (V. Pataille.59.620).

est déjà en possession du mot de *citadine* (Trib. comm. Seine, 31 mars 1834, aff. Daux et Cie, *Gaz. Trib.*, 2 avril); 2° qu'une société d'assurances contre la grêle, formée en province sous le nom d'*Iris*, est en droit d'empêcher qu'une seconde compagnie se forme sous le même nom dans une autre localité et notamment à Paris; il en est ainsi, alors même que la seconde société aurait pris le nom avant que la première eût effectivement commencé ses opérations commerciales, si, en fait, il est établi que cette société était constituée, et même autorisée par ordonnance royale (Paris, 1er juin 1840, aff. Cie de l'Iris, *Gaz. Trib.*, 2 juin); 3° que le mot *coches*, qui n'est plus usité dans le langage ordinaire, peut constituer une propriété au profit de l'entrepreneur de transport qui s'en sert pour désigner son établissement, de telle sorte qu'il puisse interdire à ses concurrents de désigner leurs voitures sous la même dénomination (Paris, 28 janv. 1842, aff. Rotrou, *Gaz. Trib.*, 29 janv.); 4° qu'une société ne saurait prendre la désignation de *la France mutuelle*, quand une autre société, exerçant la même industrie, s'appelle *la France* (Trib. comm. Seine, 3 fév. 1850, cité par Blanc, p. 728); 5° que, si le mot « *assurances* » est assurément du domaine public, il peut toutefois, lorsqu'il est associé à un qualificatif qui le spécialise, comme dans l'expression *assurances générales*, constituer une dénomination particulière et privative (Paris, 17 nov. 1852, aff. Danjou, Teulet.2.52).

464. **Jurisprudence** (*suite*). — Il a été jugé de même : 1° qu'un titre, tel que *Compagnie nationale*, peut faire l'objet d'une propriété exclusive, et, dès lors, un concurrent ne saurait s'en emparer (Paris, 28 janv. 1853, aff. Deville, Teulet. 2.147); 2° que, lorsqu'une compagnie d'assurances contre l'incendie est connue sous le nom de *l'Aigle*, une autre compagnie ne saurait se former sous la dénomination de *l'Aigle impérial;* la similitude des noms rendrait les erreurs inévitables (Trib. comm. Seine, 12 août 1853, aff. Alvarès, *Gaz. Trib.*, 24 sept.); 3° qu'il y a concurrence déloyale à marquer des marchandises du mot de *chatouiller*, quand un concurrent marque déjà les siennes du mot *chatouilleur* (Paris, 27 juin 1854, aff. Dreyfus, *le Droit*, 28 juin); 4° que, lorsqu'un établissement commercial (un magasin de modes) est

connu sous une dénomination, fût-ce un prénom, tel, par exemple, que *maison Laure*, il y a concurrence déloyale à désigner une autre maison de la même façon, encore que ce prénom appartînt véritablement au propriétaire de la nouvelle maison (Trib. comm. Seine, 10 oct. 1855, aff. Pestac, *le Droit*, 27 oct.) ; 5° que, lorsqu'une société est connue sous le nom d'*Entreprise générale de vidanges de Paris*, il ne saurait être permis à une autre société de prendre le titre de *Compagnie de vidanges de Paris*, alors qu'il résulte des faits de la cause que ce titre n'a été choisi que pour faire une concurrence déloyale à la première (Trib. comm. Seine, 5 mars 1856, aff. Richer, Pataille.56.126).

465. **Jurisprudence** (*suite*). — Il a été jugé de même : 1° que, lorsqu'un établissement industriel est connu sous un nom tel que *Caisse des reports*, il y a concurrence déloyale de la part d'un établissement du même genre qui prend le nom de *Caisse de reports* ou *Caisse générale de reports*, et cela dans le but évident de créer une confusion entre les deux établissements (Paris, 6 fév. 1857, aff. Dinville, Pataille.57.202) ; 2° que, lorsqu'un établissement commercial (une compagnie d'assurances) est connu sous un nom particulier (*Comp. d'assurances générales*) qu'il a été le premier à employer, il est en droit d'interdire à un établissement analogue de prendre, même en sous-titre, la même dénomination (Trib. comm. Seine, 23 janv. 1860, aff. Cie du *Soleil*, Pataille. 64.139); 3° que, lorsqu'une maison est connue sous une désignation telle que celle de *Phénix*, elle est en droit d'empêcher qu'un établissement rival emploie la même désignation, de quelque façon que ce soit, par exemple, en l'associant à des mots anglais tels que *the Phenix cravate* (Trib. comm. Seine, 29 oct. 1863, aff. Hayem, Pataille. 64.188); 4° que le fondateur d'une entreprise de concerts, qui les a fait connaître sous la dénomination de *Concerts populaires*, a droit de s'opposer à ce que cette dénomination soit donnée à des concerts du même genre, alors qu'il en pourrait résulter une confusion préjudiciable à ses intérêts (Trib. comm. Seine, 22 déc. 1865, aff. Pasdeloup, Pataille. 66.352).

466. **Jurisprudence** (*suite*).—Il a encore été jugé : 1° que, lorsqu'une société industrielle, fondée sous le nom de « *Société*

d'approvisionnement », s'est fait ensuite autoriser, comme société anonyme, sous celui de « *Société de crédit des halles et marchés de Paris* », elle est en droit d'empêcher qu'une autre société, formée dans le même but, prenne, en vue d'opérer une confusion entre les deux établissements, la dénomination de « *Compagnie d'approvisionnement des halles et marchés* » (Paris, 24 janv. 1866, aff. Morel, Pataille.66.434); 2° qu'une expression générique, comme celle de *comptoir*, quoiqu'elle soit par elle-même dans le domaine du public, n'en constitue pas moins au profit de celui qui l'a adoptée, comme dénomination de sa maison de commerce, un droit d'application exclusif; ce mot ne peut donc être employé par un autre commerçant de la même localité pour l'exploitation d'une industrie présentant dans ses opérations une grande similitude, quelle que soit d'ailleurs la qualification ajoutée audit mot: spécialement, le banquier, dont la maison est connue sous le nom de *Comptoir d'escompte de Versailles*, a le droit d'empêcher qu'un concurrent ne prenne la dénomination de *Comptoir industriel de Versailles* (Paris, 15 mai 1869, aff. Mousseaux, Pataille.69.239); 3° que, lorsqu'un établissement est connu sous le nom de *Concert des Champs-Élysées*, il peut être interdit à un établissement voisin et de même nature de prendre le nom de *Concerts-Élysées*; les tribunaux, en ce cas, peuvent ordonner la suppression dudit nom, à peine d'une contrainte de cent francs par jour (Paris, 4 avril 1870, aff. Besselièvre, *Gaz. Trib.*, 5 avril); 4° qu'une dénomination commerciale est la propriété de celui qui en a, le premier, fait usage: il s'ensuit qu'une compagnie d'assurances, qui est en possession du titre: *la Nationale*, est en droit d'interdire à une autre compagnie d'assurances de se présenter au public sous le nom de: *Société Nationale*, encore que la première ne s'occupe que des assurances sur la vie ou contre l'incendie, et que la seconde s'occupe d'assurances contre les accidents, l'une ou l'autre des deux sociétés pouvant à tout moment joindre un genre d'assurances à l'autre (Trib. comm. Seine, 26 mars 1881, aff. La Nationale, Pataille.81.190); 5° que la qualification habituellement donnée à une entreprise commerciale, en dehors même de son titre véritable, constitue à son profit une propriété particulière aussi bien que le titre lui-même : spécialement, lorsqu'une entreprise ayant le titre de *Compagnie générale de voitures* est connue universellement sous le nom de *Compagnie générale des petites voitures*, elle est en droit de s'opposer à ce qu'une entreprise rivale fasse entrer l'expression : *Petites voitures* dans l'énoncé de son titre (Paris, 6 janvier 1880, aff. *Compagnie générale des voitures*, Jurisp. comm. Marseille, 80.97) ; 6° mais que les mots *compagnie d'assurances générales* peuvent être adoptés comme sous-titre par une autre compagnie de même nature, alors que les énonciations qui les précèdent ou les suivent (1) empêchent toute confusion (Paris, 10 nov. 1857, aff. La Paternelle, Le Hir.65.2.96).

467. *Quid* **si la dénomination a été soumise à l'autorité administrative?** — Les sociétés anonymes ne pouvaient autrefois se former qu'avec l'autorisation du Conseil d'État, et la question est ici de savoir si le fait que les statuts d'une société anonyme ont été soumis à l'autorité administrative, et approuvés par elle, ne la couvre pas, par exemple, au point de vue du titre qui sert à la désigner, contre toute revendication de la part des tiers. Il est évident que la solution doit être négative. Le Conseil d'État ne peut porter préjudice aux tiers, dont les droits sont toujours réservés. L'approbation de l'autorité administrative ne saurait innocenter un acte, soit coupable, soit simplement dommageable, tel que celui qui résulte d'une usurpation de nom ou de dénomination.

Jugé, en ce sens, que le fait que le nom d'une compagnie anonyme ait été, avec les statuts, autorisé par le Gouvernement, ne met pas obstacle à ce que les tribunaux ordonnent la modification de ce titre, s'il est de nature à nuire aux tiers (Paris, 10 nov. 1857, aff. la Paternelle (2), Le Hir.65.2.96).

468. *Quid* **si la dénomination est traduite en langue étrangère?** — Nous avons posé la règle plus haut, et nous nous y référons (3). Elle s'applique ici de la même façon.

---

(1) Dans l'espèce, la nouvelle compagnie s'appelait : *la Paternelle, compagnie d'assurances générales.*

(2) V. aussi Trib. civ. Seine, 26 déc. 1868, aff. Noblet, Teulet.18.146. — V. anal. Trib. comm. Seine, 28 déc. 1868, aff. Dalloz, Pataille.69.5.

(3) V. *suprà*, n° 59.

Il a été jugé à cet égard qu'une compagnie d'assurances française peut s'opposer à ce qu'une compagnie anglaise portant le même nom, encore bien qu'elle eût été fondée antérieurement à l'étranger, vienne établir sous ce nom une succursale en France; il importerait peu que l'enseigne de la compagnie étrangère fût rédigée en anglais, si la signification est la même (Trib. comm. Seine, 1er sept. 1854, cité par Blanc, p. 702).

469. Usurpation de nom. — L'usurpation de nom, qu'il s'agisse du nom d'un fabricant ou de celui d'une localité, constitue un délit lorsqu'elle a lieu par apposition sur des objets fabriqués; elle est, en ce cas, punie par la loi de 1824; nous l'avons vu. Il y a cent autres façons d'usurper un nom et la réputation attachée à ce nom, soit qu'on aille jusqu'à prendre audacieusement le nom d'un concurrent et à se donner, dans les relations commerciales, pour celui que l'on n'est pas, soit qu'on profite de l'erreur d'un consommateur qui se trompe de porte et d'adresse, soit qu'on s'entende avec le représentant d'un concurrent pour écouler ses propres marchandises à l'abri et sous le couvert de son nom, soit qu'on débite sa marchandise comme provenant d'une localité d'où, dans la réalité, elle ne provient pas. Toutes ces fraudes, on le verra, se rencontrent journellement, et la justice n'a jamais manqué de les punir.

470. Jurisprudence. — Il a été jugé (1), par exemple : 1° qu'il y a concurrence déloyale à s'attribuer, même verbalement, le nom d'un concurrent voisin et, par ce fait, de retenir un acheteur qui, sans cela, irait dans l'autre maison (Trib. comm. Seine, 30 sept. 1830, aff. Lepère, cité par Gastambide, p. 467) ; 2° que le commissionnaire de transport, qui accepte, pour les expédier, des remises faites par erreur dans ses bureaux, en laissant croire qu'elles sont déposées dans le bureau d'un autre commissionnaire dont le bureau est tout à fait voisin, et que l'expédition en sera faite par ce dernier,

---

(1) V. Trib. civ. Seine, 22 juillet 1876, aff. Lissonde, Pataille.79.75; Trib. civ. Seine, 4 mars 1880, aff. Gardy, Pataille.80.223. — V. anal. Trib. comm. Seine, 13 août 1869, aff. Doasan, *Gaz. Trib.*, 14 août.

commet un acte de concurrence déloyale qui le rend passible de dommages-intérêts (Trib. comm. Seine, 30 janv. 1855, aff. Loisel, Le Hir.55.2.567); 3° qu'il y a concurrence déloyale de la part d'un commerçant qui s'adresse, pour vendre ses produits, au représentant d'une maison rivale et laisse sciemment ce représentant écouler lesdits produits sous le nom de cette autre maison, profitant ainsi d'une réputation qui ne lui appartient pas (Douai, 11 juin 1865, aff. Six-Duduve, Pataille.66.305); 4° que le fait de vendre comme provenant d'une fabrique, dont le produit est expressément demandé par l'acheteur, une marchandise qui n'en provient pas, constitue le délit prévu et puni par l'art. 423 du Code pénal : ce fait constitue, en effet, une tromperie sur la nature conventionnelle, résultant du contrat, de la marchandise spécialement demandée par l'acheteur qui trouvait ou croyait trouver dans le produit, préparé par le fabricant qu'il désignait, des garanties qu'à ses yeux n'offrait pas le même produit, provenant de toute autre fabrique (Grenoble, 31 août 1876, aff. Nègre, Pataille.76.225); 5° qu'il y a concurrence déloyale dans le fait de donner à un produit le nom d'un lieu où il ne se fabrique pas, mais où, en revanche, est établi un concurrent (Douai, 6 juill. 1876, aff. Lonquety (1), Pataille. 76.317).

471. *Quid* du fait par le débitant d'indiquer le nom du fabricant? — Le débitant, à moins de convention contraire, est en droit d'annoncer sur son enseigne et ses prospectus que les marchandises qu'il débite proviennent de tel ou tel fabricant; il n'y a point, en principe, dans ce fait, usurpation du nom du fabricant; c'est même un devoir, pour le débitant, d'indiquer la provenance de sa marchandise et de faire connaître à sa clientèle le nom du fabricant qui la lui fournit. Il faudrait une convention bien précise en sens con-

---

(1) V. aussi Trib. comm. Seine, 19 nov. 1881, aff. Scoppini, *Régime intern.*, 82.42; Trib. comm. Nantes, 13 mars 1880, aff. Ricquier, Jurisp. comm. de Nantes.80.1.293. — Conf. Trib. comm. Nantes, 5 sept. 1863, *même recueil*, 63.1.254; Trib. comm. Nantes, 30 nov. 1878, aff. Signouret, *même rec.*, 80.1.193.

traire pour le priver de cette faculté. Toutefois, le débitant, sous prétexte de faire connaître le nom du fabricant, ne saurait rédiger ses prospectus, ses prix-courants et ses annonces de façon à laisser croire qu'il est lui-même, non le simple débitant, mais le représentant, le dépositaire spécial du fabricant, et qu'il peut, en cette qualité, faire des conditions plus avantageuses. Eu égard aux circonstances, il pourrait y avoir là un acte de véritable concurrence déloyale (1).

472. Nom de localité ; changement de propriétaire. — Il a été jugé, — mais c'est là une décision d'espèce qui ne relève d'aucune règle précise, — que le locataire d'une carrière qui, pour la désigner au public, lui a donné le nom d'une localité limitrophe (*carrière de l'Épine*), est en droit, lorsque son bail vient à finir, d'empêcher le locataire suivant d'employer une dénomination qu'il a créée, et qui, par cela même qu'elle n'est pas celle du nom de la localité où ladite carrière est établie, doit être considérée comme de fantaisie ; mais, d'un autre côté, il ne peut donner cette dénomination à une autre carrière qu'il exploite loin du premier endroit, parce que ce nom, ainsi employé, serait de nature à tromper les acheteurs et à leur faire croire que le produit actuellement vendu provient encore de la première carrière (Paris, 10 août 1865, aff. Letellier, Teulet.15.927).

SECTION II.

Enveloppes, boîtes, flacons, etc.

SOMMAIRE.

473. Similitude d'étiquettes, d'enveloppes, etc. —

---

(1) V. Trib. comm. Marseille, 27 mai 1862, *Monit. Trib.*, 63.668.

Nous venons de parler de la dénomination ; ici, ce n'est plus sur un mot que porte la propriété, mais sur un ensemble de signes, concourant tous à donner à la marchandise un aspect extérieur qui frappe l'attention et fixe les regards. Nous ne reviendrons pas sur ce que nous avons dit sur les étiquettes, les enveloppes, etc., considérées comme marques. Les règles que nous avons énoncées serviront naturellement ici. Toutefois, un point essentiel à noter, c'est que la concurrence déloyale peut résulter de griefs moins précis que l'imitation frauduleuse de la marque. Il suffira d'un ensemble de caractères tel que l'intention de créer une confusion soit évidente et formelle. Il est impossible de formuler des principes, puisque tout dépend de l'appréciation du juge : il doit pourtant ne jamais perdre de vue que les commerçants loyaux trouvent cent façons différentes de distinguer leurs marchandises de celles de leurs concurrents, et que la ressemblance, en cette matière, quand elle n'est commandée ni par un usage ancien ni par la nature des produits, est toujours une faute, quand elle n'est pas un calcul. Il va de soi que l'adjonction, par l'imitateur, de son propre nom, ne serait pas nécessairement une raison d'écarter la concurrence déloyale (1), si, malgré cela, la confusion restait possible.

474. **Jurisprudence** (2). — Il a été jugé dans cet ordre d'idées : 1° qu'il y a concurrence déloyale de la part de l'entrepreneur de voitures de place qui met sur les portières de ses véhicules des écussons de nature à faire confusion avec les écussons précédemment adoptés par un concurrent (Paris,

---

(1) V. Trib. comm. Seine, 6 avril 1865, aff. Vinit, Pataille.65.347; Paris, 10 déc. 1856, aff. Guillout, Pataille.57.123. — V. *suprà*, n° 148.

(2) V. encore Trib. comm. Seine, 4 juill. 1851, aff. Lecoq; Trib. comm. Seine, 18 juin 1852, aff. Groult, Teulet.1.273; Trib. comm. Seine, 13 août 1857, aff. Combier-Destre, Pataille.57.351; Trib. comm. Seine, 13 août 1857, aff. Albespeyres, Pataille.57.383; Paris, 10 déc. 1857, aff. Laurençon, Le Hir.58.2.336; Trib. comm. Seine, 1er juill. 1859, aff. Lemercier, Pataille.59.360; Paris, 18 juin 1863, aff. Carpentier, Teulet.13.68; Trib. comm. Seine, 6 avril 1865, aff. Vinit, Pataille.65.347.

28 mars 1835, aff. Muralt (1), *Gaz. Trib.*, 3 avril); 2° qu'il y a concurrence déloyale à employer des étiquettes dont la forme et la couleur imitent les étiquettes d'un concurrent, et que d'ailleurs on y a joint un nom de fantaisie burlesque qui, par la composition de ses syllabes (2), reproduit presque entièrement le nom de ce concurrent (Trib. comm. Seine, 25 mars 1851, aff. Delacourcelle, Le Hir.51.2.265); 3° qu'il y a concurrence déloyale de la part du négociant qui imite l'enveloppe adoptée par un autre négociant, sinon dans ses détails mêmes, du moins dans l'aspect général (couleur jaune de l'enveloppe, couleur rose et ornements du prospectus annexé, couleur verte de la bande), et s'efforce ainsi d'établir une confusion entre les produits des deux maisons (Lyon, 16 janv. 1852, aff. Lecoq, Dall.54.2.137); 4° qu'il y a concurrence déloyale de la part du commerçant qui imite les dispositions extérieures des étiquettes déjà adoptées par un concurrent, et notamment l'aspect général de l'édifice qui en forme l'emblème principal (Paris, 30 juill. 1853, aff. Bresson, Teulet.2.334); 5° que, s'il est vrai que ni la couleur du papier, ni l'emploi de telle ou telle forme considérée isolément, ne peut constituer une propriété commerciale proprement dite, leur réunion peut néanmoins faire l'objet d'une jouissance exclusive à laquelle d'autres commerçants ne peuvent porter atteinte volontairement, sans blesser les règles de bonne foi qui doivent régner dans le commerce; ce fait d'usurpation, lorsqu'il a lieu dans le but de se procurer un bénéfice illicite au préjudice d'un commerçant, tombe sous l'application de l'art. 1382 du Code civil (Paris, 2 juin 1854, aff. Abraham (3), *le Droit*, 6 juin).

475. Jurisprudence (*suite*). — Il a encore été jugé :

---

(1) V. encore Trib. comm. Seine, 14 janv. 1875, aff. Cie des Petites Voitures, *Gaz. Trib.*, 3 février.

(2) On avait mis *Cadet-Roussel* au lieu de *Delacourcelle*.

(3) V. deux autres arrêts, du même jour, contre Béhier et Chomeau (*eod. loc.*); V. aussi Trib. comm. Seine, 27 janv. 1853, aff. Ménier, Teulet.2.65; Paris, 23 juill. 1853, aff. Ménier, Teulet.3.331; Paris, 27 août 1855, mêmes parties, Teulet.4.359.— V. Trib. comm. Seine, 11 janv. 1855, aff. Dubreuil, *le Droit*, 13 janvier.

1° que le droit d'annoncer les produits sous le même nom qu'un concurrent ne doit pas dégénérer en abus, c'est-à-dire procurer le moyen de faire une concurrence déloyale ; on ne doit, par aucun subterfuge, jeter dans le public de l'incertitude sur la vraie provenance de la fabrication : spécialement, le fait d'employer des plaques ou cachets de papier métallique, des étiquettes, des ligatures, des enveloppes de forme et de couleur analogues, de nature à faire illusion à la première apparence, constitue un acte de concurrence déloyale (Nancy, 7 juill. 1855, aff. Verly, *J.Pal.*56.2.196) ; 2° qu'il y a concurrence déloyale à composer l'enveloppe de ses produits, soit par la forme, soit par la couleur ou la dimension, de façon à établir une similitude aussi complète que possible avec les enveloppes d'un concurrent (Paris, 10 déc. 1856, aff. Guillout (1), Pataille.57.123) ; 3° qu'il y a concurrence déloyale de la part de celui qui met sur des factures, cartes et circulaires, des emblèmes semblables ou analogues à ceux employés par un concurrent, et, en tout cas, de nature à opérer une confusion entre ses produits et ceux de son concurrent (Trib. comm. Seine, 6 fév. 1856, aff. Mongin, Teulet. 6.434) ; 4° mais que l'emploi d'une même forme de boîte, jointe à une même couleur d'enveloppes, ne constitue pas une concurrence déloyale, lorsqu'il n'existe aucune similitude entre les étiquettes tant dans leurs énonciations que dans leur aspect d'ensemble, et que l'une, par exemple, représente les armes d'Angleterre, tandis que l'autre représente un buste de femme (Trib. comm. Seine, 2 oct. 1849, aff. Jongh, Le Hir.49.2.591).

476. Similitude des boîtes, flacons, etc. — Ce que nous venons de dire de la similitude des étiquettes et enveloppes, nous pourrions le répéter ici presque mot pour mot.

(1) Les deux enveloppes étaient en papier blanc glacé avec étiquette imprimée en or, portant des dessins de médaille aux angles et, au centre, les armes de la France, etc. La ressemblance était donc aussi complète que possible ; le poursuivi soutenait seulement que son nom écrit en toutes lettres constituait une indication précise et de nature à éviter la confusion. La Cour n'a pas cru devoir s'arrêter à ce détail.

Alors même qu'on admettrait que la forme d'une boîte, d'un flacon, d'un récipient, ne peut en elle-même, et abstraction faite de tout autre élément, constituer une marque de fabrique dans le sens légal (1), on ne peut méconnaître que l'usurpation de cette forme par un concurrent ne soit de nature à constituer le plus souvent un acte de concurrence déloyale. Au milieu de tant de formes diverses de vases, pourquoi le concurrent choisit-il celle-là de préférence, sinon pour se rapprocher le plus possible de celui qui l'a adoptée le premier et dans l'espérance d'être confondu avec lui ? Il est clair pourtant que la concurrence cesse d'être déloyale, si à cet élément unique de confusion viennent s'en ajouter d'autres qui soient caractéristiques et servent à distinguer nettement la provenance différente des produits.

477. **Jurisprudence ; espèces où la concurrence déloyale a été reconnue** (2). — Il a été jugé : 1° qu'il y a concurrence déloyale à employer, pour la vente d'un produit similaire, la même forme et la même couleur de boîte qu'une maison rivale (Trib. comm. Seine, 17 sept. 1835, aff. Gevelot, *Gaz. Trib.*, 18 sept.) ; 2° que le flacon qui contient un produit est pour le marchand un moyen d'écoulement et une enseigne ; il constitue dès lors une propriété qui, comme toute autre, a droit d'être respectée (Trib. comm. Seine, 13 oct. 1847, aff. Sévin, *Gaz. Trib.*, 14 oct.) ; 3° qu'il n'est jamais permis à un commerçant d'employer des moyens déloyaux pour faire concurrence à ceux qui vendent des marchandises de même nature, et qu'on doit considérer, comme moyens illicites, ceux qui sont de nature à induire le public en erreur ; en conséquence, celui qui adopte la même forme de bouteille, de cachet, et la même couleur de cire qu'un concurrent, et cela dans l'intention évidente de faire confusion, se rend coupable de concurrence déloyale et se voit avec raison interdire l'usage des signes entraînant la confusion ; toutefois, il suffit d'ordonner les mesures nécessaires pour em-

---

(1) V. *suprà*, n° 39.

(2) V. encore Trib. comm. Seine, 18 fév. 1873, aff. Chouet, Pataille. 74.186 ; Trib. Havre, 30 mars 1857, *Rec. du Havre*.57.1.59.

pêcher que les marchandises ne soient confondues, sans qu'il faille interdire l'emploi, par exemple, d'une forme de bouteille dont l'usage est pour ainsi dire universel (Lyon, 21 août 1851, aff. Dalloz, *J.Pal.*51.2.643) ; 4° que, s'il est vrai que tout marchand ou fabricant a le droit de se servir d'une forme de flacon tombée dans le domaine public, c'est cependant à la condition qu'il respectera les droits acquis antérieurement aux siens, et qu'il ne sera pas démontré qu'en se servant de ce flacon il a eu l'intention formelle d'établir une confusion avec les produits d'un concurrent et, par suite, de lui faire une concurrence déloyale : spécialement, lorsqu'un commerçant change subitement la couleur de ses flacons pour copier identiquement la couleur antérieurement adoptée par un concurrent, il y a lieu de reconnaître là une intention de concurrence déloyale, et, dès lors, les tribunaux peuvent lui enjoindre de reprendre la couleur qu'il a abandonnée (Trib. comm. Seine, 8 août 1855, aff. Estibal, *le Droit*, 15 août).

478. **Jurisprudence** (*suite*). — Il a encore été jugé : 1° qu'il y a concurrence déloyale à emprunter à un concurrent la même forme de flacon, la même manière de le boucher, et de le cacheter, la même forme d'étiquette, et, à l'aide de cette similitude, à produire une confusion de nature à tromper les acheteurs (Paris, 3 août 1859, aff. Barbier, Pataille.59.366); 2° qu'il y a concurrence déloyale, de la part d'un pharmacien, à adopter, pour la vente d'un sirop, des bouteilles, cachets et modes de bouchage semblables à ceux adoptés par l'inventeur même du sirop, en vue d'établir une confusion entre les deux produits ; la concurrence est encore aggravée par le fait d'envoyer des circulaires dans lesquelles ledit pharmacien annonce qu'il y a lieu de se défier de toute préparation ne portant pas sa signature, comme s'il était lui-même l'inventeur (Paris, 17 août 1855, aff. Lamouroux, Le Hir.56.2.468) ; 3° qu'il y a concurrence déloyale dans le fait par un commerçant d'employer pour la vente de ses produits des flacons dont la forme, toute spéciale, est servilement copiée sur celle qu'un concurrent a déjà donnée lui-même à ses flacons (Paris, 17 nov. 1865, aff. Laverdet, Pataille.66.268) ; 4° que, lorsqu'un commerçant a adopté, pour ses produits, une boîte d'une forme

déterminée, sur laquelle il met, comme signe distinctif, le portrait d'un homme célèbre (dans l'espèce, portrait de Humboldt), il y a concurrence déloyale dans le fait, de la part d'un autre commerçant, de prendre à son tour les mêmes boîtes et le même portrait (Paris, 9 mai 1863, aff. Alexandre, Pataille.63.253) ; 5° que la concurrence déloyale peut résulter de la similitude dans la dénomination du produit, dans la couleur de l'étiquette, dans la disposition d'une griffe appliquée sur l'étiquette, encore que le nom, reproduit par cette griffe, serait différent (Trib. comm. Seine, 16 mars 1878, aff. Clin, Pataille.78.78).

477. **Jurisprudence; espèces où la concurrence déloyale n'a pas été reconnue** (1). — Il a été jugé : 1° que la seule forme d'un flacon ne saurait constituer une concurrence déloyale, alors que d'une part le produit ne s'adresse pas immédiatement au public, mais à une classe d'acheteurs qui n'achètent le produit que pour lui faire subir une transformation, et d'autre part que l'étiquette, sa dimension, son aspect, empêchent toute confusion (Paris, 8 nov. 1855, aff. Tissier, Pataille.55.190) ; 2° que, lorsqu'une forme (celle d'une pomme) est d'un usage général dans l'industrie, celui qui l'applique aux récipients dont il se sert pour débiter les objets de son commerce ne peut se plaindre de ce qu'un concurrent s'en serve à son tour (Trib. comm. Seine, 27 mars 1857, aff. Camproger et Primault (2), Pataille.57.316) ; 3° que la forme d'une boîte ne constitue un droit au profit de celui qui l'emploie qu'autant qu'elle est nouvelle, distinctive, caractéristique ; dans le cas contraire, son imitation par un concurrent ne saurait l'exposer à aucune action en dommages-intérêts (Paris, 16 nov. 1864, aff. Carpentier, Pataille. 66.354) ; 4° que la similitude dans la forme des boîtes ou flacons ne peut suffire pour constituer une concurrence dé-

---

(1) V. aussi Trib. corr. Seine, 15 fév. 1855, aff. Morel-Fatio, Teulet. 4.195.

(2) Il résulte des termes du jugement que les demandeurs se sont placés, non au point de vue de la concurrence déloyale, mais au point de vue d'une propriété artistique, ce qui diminue l'intérêt de cette décision.

loyale, si les étiquettes ne permettent aucune confusion entre les produits similaires (Trib. comm. Seine, 4 mai 1867, aff. Eustache, Teulet.16.500).

480. Signes matériels; imitation. — La concurrence déloyale peut encore consister dans l'imitation de certains signes matériels, destinés à distinguer les produits d'une fabrication, aussi bien que dans l'imitation de la dénomination sous laquelle ils seraient connus. Cette imitation, en effet, ne peut avoir d'autre but que d'amener une confusion entre ces produits et d'autres qui ne proviennent pas de la même fabrique, et, à l'aide de cette confusion, de détourner la clientèle de l'un des établissements au profit de l'autre. C'est donc bien de la concurrence déloyale, quand cela même n'est pas une véritable contrefaçon de marque.

481. Jurisprudence. — Il a été jugé en ce sens : 1° que l'adoption d'une plaque de voiture semblable à celle qui est employée par une entreprise rivale peut motiver, de la part de cette entreprise, une action en dommages-intérêts, alors même que les noms écrits sur l'exergue sont différents (Trib. comm. Seine, 12 sept. 1833, cité par Blanc, p. 216) ; 2° qu'il y a concurrence déloyale à apposer sur ses produits une certaine lettre de l'alphabet qu'un concurrent employait antérieurement pour distinguer ses produits (Trib. civ. Lyon, 19 mai 1861, *Monit. jud. de Lyon*, 5 oct.) ; 3° qu'il y a concurrence illicite dans le fait de placer sur une marchandise (dans l'espèce, des savons) une grande étoile entourée d'autres plus petites, alors qu'un concurrent désigne le même produit sous le nom de *Savons de l'Étoile;* une confusion, en effet, peut naître, si des demandes de la marchandise sont faites sans autre désignation que celle des marques (Trib. comm. Bordeaux, 11 juillet 1872, aff. de Milly, *Rég. intern.* 82.79, *la note*).

482. ***Quid* d'un procédé de bouchage tombé dans le domaine public?** — Il a été jugé avec raison que, lorsqu'un procédé de bouchage, par exemple à l'aide de capsules de métal, est tombé dans le domaine public, il ne saurait appartenir à un fabricant, en l'employant pour la première fois pour la fermeture des vases dans lesquels il vend sa marchandise, de se réserver le bénéfice de cette application et d'interdire à un concurrent d'en faire usage; il n'y a là qu'un des modes nombreux d'application auxquels l'idée première pouvait donner lieu ; admettre le contraire conduirait à cette conséquence que l'inventeur primitif, l'auteur du mode de bouchage dans l'espèce, se trouverait lui-même déchu du droit de l'employer à sa convenance, ce qui n'est pas acceptable (1). Ajoutons toutefois que l'imitation de ce mode de bouchage, jointe à l'imitation d'autres éléments, pourrait constituer une concurrence déloyale; mais cette concurrence déloyale consisterait alors dans l'ensemble, et non dans ce mode de bouchage, considéré isolément.

483. Similitude d'ustensiles. — La contenance d'un récipient quelconque ne peut être une propriété exclusive; toute personne peut faire fabriquer des récipients de la même contenance que celle dont un autre a fait usage le premier, surtout lorsque cette contenance se traduit par une mesure légale (2). Toutefois la similitude des ustensiles, jointe à d'autres éléments de confusion, pourrait être avec raison considérée comme ayant été imaginée dans un but de concurrence déloyale (3).

484. Aspect similaire des devantures de boutiques. — On a vu des négociants peu scrupuleux non seulement s'établir aussi près que possible d'un concurrent, mais encore copier tous les détails de sa devanture de magasin, de manière à induire en erreur le passant et à le retenir par un trompe-l'œil. Il copiera la couleur, la disposition des vitrines, le numéro d'ordre de la rue, ou même tout cela en même temps. C'est là un des mille stratagèmes imaginés par la concurrence déloyale et que les tribunaux ne doivent pas tolérer (4).

---

(1) Trib. comm. Seine, 30 avril 1851, aff. Houtret, Le Hir.52.2.107.

(2) V. Trib. civ. Havre, 3 juin 1859, aff. Lecomte, Pataille.59.279.

(3) V. Trib. comm. Seine, 8 fév. 1854, aff. Raffy, *le Droit*, 8 février. — *Nota*. Ce jugement, toutefois, a été infirmé par un arrêt de la Cour de Paris en date du 20 mai 1854, Teulet.3.371 ; mais les motifs de l'arrêt laissent à cette partie du jugement toute sa valeur.

(4) V. Lyon, 14 août 1873, aff. Thibault, *le Droit*, 19 février. — V. Rendu, n° 506; Calmels, n° 216.

485. **Jurisprudence.** — Il a été jugé en ce sens : 1° qu'il y a concurrence déloyale dans le fait de donner à l'entrée de sa boutique l'aspect de l'entrée d'une boutique rivale, par exemple de la part d'un épicier qui, vendant du thé, orne sa boutique d'un auvent à forme chinoise analogue à celui qui décore la boutique d'un concurrent (Trib. comm. Seine, 17 fév. 1847 (1), aff. Houssaye, *Gaz. Trib.*, 18 fév.); 2° que, si la liberté commerciale est érigée en un principe sacré auquel il faut se garder de porter atteinte, cette liberté ne comporte pas l'emploi de moyens que ne sauraient avouer la bonne foi et la loyauté, sans lesquelles la considération commerciale serait perdue; en fait, il y a concurrence déloyale de la part du commerçant qui, pour établir une confusion inévitable avec un concurrent voisin, donne à son magasin un aspect extérieur tellement semblable qu'une partie de la clientèle soit, par une immanquable erreur, détournée à son profit (Paris, 29 déc. 1852, aff. Parlongue, *J.Pal.*53.1.335) ; 3° qu'il y a concurrence déloyale de la part du commerçant qui expose dans ses vitrines des objets provenant de la fabrication d'un autre commerçant demeurant dans la même rue, en les accompagnant de brochures publiées par ce dernier, mais sur lesquelles il a effacé le numéro de la maison, pour faire croire au public que son magasin est celui même où se fabriquent ces objets (Paris, 24 nov. 1861, aff. Dehaut, Teulet.9.106) ; 4° qu'un commerçant est en droit d'empêcher que le numéro que sa maison porte ne soit usurpé par un concurrent habitant la même rue, mais à un autre numéro ; les consommateurs peuvent, en effet, être trompés par cette indication d'un faux numéro (Trib. comm. Seine, 18 mai 1832, aff. Bonnard (2), *Gaz. Trib.*, 19 mai) ; 5° mais qu'un marchand ne peut faire condamner un concurrent à fermer sa

---

(1) V. en ce sens Trib. comm. Seine, 19 mars 1847, aff. Ve Moreau, *le Droit*, 21 mars ; Ordonn. référé, Trib. Seine, 4 mai 1847, mêmes parties, *Gaz. Trib.*, 5 mai ; Trib. civ. Seine, 1er déc. 1859, aff. Debergue, *Prop. ind.*, n° 107. — V. anal., Paris, 13 avril 1853, aff. Colin, Teulet.2.252.

(2) Just. de paix Seine, 5 mai 1836, aff. Champigneule, *Gaz. Trib.*, 6 mai.

boutique, sur ce motif que, par la ressemblance de leurs boutiques et par d'autres artifices, ce dernier a attiré ses pratiques (Paris, 25 fév. 1809, aff. Coignet, *Rép. J. Pal.*, v° ENSEIGNE, n° 75).

SECTION III.

Forme du produit.

SOMMAIRE.

486. Forme du produit. — 487. *Jurisprudence.*

486. Forme du produit. — Nous avons émis l'opinion que la forme donnée au produit, lorsqu'elle est caractéristique et nouvelle, peut constituer une marque; à plus forte raison, sommes-nous d'avis, — et cela est hors de contestation, — que cette forme du produit lui-même peut être l'élément d'une concurrence déloyale.

487. Jurisprudence. — Il a été jugé dans cet ordre d'idées : 1° que, lorsqu'un industriel adopte, comme signe distinctif de ses produits, une couleur spéciale combinée à une disposition de lignes droites formant un quadrillé, il y a concurrence déloyale de la part du commerçant qui emploie la même nuance et la même disposition de lignes pour des produits similaires (Paris, 21 janv. 1850, aff. Leperdriel, Dall.51.2.123); 2° qu'un ovale, ménagé au centre du verre dépoli dont se compose une lanterne, ne constitue pas une marque de fabrique ; toutefois, un pareil signe constitue, au profit de celui qui en a le premier fait emploi, une sorte d'enseigne qui peut être interdite à ses concurrents (Trib. comm. Seine, 17 fév. 1852, aff. Aubineau, Teulet.1.40); 3° mais qu'il importe peu qu'un produit soit vendu sous une forme qui ait quelque analogie avec la forme déjà adoptée par un concurrent, si, en fait, il y a, dans la dimension et la couleur de l'enveloppe, des différences telles que la confusion soit impossible (Trib. comm. Seine, 26 sept. 1854, aff. Vinit, *le Droit*, 28 sept.); —4° jugé toutefois, d'une façon absolue, qu'une forme géométrique (dans l'espèce, la forme cylindrique donnée à un cahier de papier à cigarettes) ne peut isolément, et en dehors d'autres éléments, constituer une propriété, et, par suite, son emploi ne saurait constituer une concurrence déloyale (Paris, 24 juin 1865, aff. Prudon, *J.Pal.*65.1125).

CHAPITRE II.

HOMONYMES.

SOMMAIRE.

488. Propriété du nom; principes.— Chacun est libre propriétaire de son nom et maître d'en user comme il l'entend. Si donc un individu, portant le même nom qu'un négociant déjà établi, entre dans le même commerce et fonde sous son propre nom une maison rivale, il use de son droit. On ne peut lui retirer la faculté de porter ce nom, qui est intimement lié à son individualité; le nom constitue, en effet, une propriété que rien ne peut détruire; c'est même plus qu'une propriété, c'est une partie de l'individu lui-même, et c'est pourquoi le nom est imprescriptible (1). On porterait atteinte à la personnalité de cet individu si on le privait du droit d'user de son nom.

Posons donc en principe, sauf à voir si la règle ne subit pas des exceptions, que, lorsque deux personnes portant le même nom exercent la même industrie, toutes deux ont incontestablement le droit de se servir d'un nom qui leur appartient légalement (2).

Constatons, seulement, avec un arrêt, que le fait par un commerçant de porter le même nom patronymique qu'un de ses concurrents lui impose l'obligation plus étroite encore de marquer ses marchandises de signes entièrement distincts de ceux sous lesquels les produits de son homonyme sont depuis longtemps connus (3).

489. Jurisprudence.—Il a été jugé dans cet ordre d'idées : 1° que les noms de famille et les prénoms qui les précèdent constituent une propriété dont ceux à qui ils sont attribués légitimement peuvent faire usage, notamment dans le commerce, où ils sont souvent une cause importante de réputation et de crédit, pourvu que cet usage ait lieu sans fraude et sans intention déloyale de porter atteinte aux intérêts de ceux qu en sont déjà en possession ; il suit de là qu'un fabricant ne peut interdire à un concurrent l'usage du nom qu'il porte réellement, alors du moins que ce dernier en use sans fraude et sans abus, et prend les précautions nécessaires pour empêcher toute confusion (Paris, 28 mai 1853, aff. Farina, Le Hir.57.2.467) ; 2° que, si l'acquéreur d'un fonds de commerce a le droit de prendre pour raison commerciale et pour marque le nom de son prédécesseur, il ne peut empêcher un concurrent homonyme de faire entrer son nom dans sa raison de commerce et dans sa marque, alors du moins que celui-ci, par l'adjonction de son prénom, a prévenu toute confusion ; décider autrement serait porter atteinte à la liberté de l'industrie (Paris, 20 mai 1854, aff. Heidsieck, Teulet.3.372) ;

---

(1) Comp. Paris, 20 juill. 1867, aff. Barba, Le Hir.67.2.391.
(2) V. Dalloz, v° *Nom*, n° 86.
(3) V. Bordeaux, 5 mai 1851, aff. Castillon, Le Hir.51.2.449.

3° que la doctrine et la jurisprudence sont unanimes sur ce point que toute personne peut se servir de son nom patronymique pour faire le commerce, alors même qu'il a de la similitude avec celui de négociants existant déjà, à cette condition, toutefois, que le nom sera différencié autant que possible, en le faisant précéder d'un prénom, par exemple, ou en indiquant l'époque où la maison a été fondée, ou de toute autre manière (Bordeaux, 16 août 1865, aff. Caminade, Pataille.67.268).

490. *Quid* **en cas de confusion possible ?** — Nous venons de poser la règle ; mentionnons maintenant l'exception. Si c'est une règle que chacun est libre propriétaire de son nom, un principe non moins respectable exige que nul ne s'enrichisse aux dépens d'autrui et que la concurrence reste toujours loyale. Comment concilier ces deux principes, lorsque, dans la même industrie, deux concurrents portent le même nom, précédé quelquefois du même prénom ? Chacun d'eux aura-t-il le droit absolu et rigoureux de dire : Je garde mon nom ? Mais alors la confusion se produira et, avec la confusion, le détournement de la clientèle. Est-ce possible ? est-ce tolérable ? La fortune honorablement acquise par un négociant sera-t-elle à la merci du hasard, qui, en face de lui, après une longue et paisible possession de son nom, suscitera tout à coup un rival du même nom, jeune, actif, entreprenant ? Évidemment non ; le nouveau venu, s'il est un commerçant loyal, prendra de lui-même les mesures nécessaires pour éviter toute confusion ; s'il hésite à le faire ou s'il s'y refuse, c'est la justice qui l'y contraindra.

Voici les sages réflexions que nous trouvons dans un rapport présenté à la Cour de cassation, dans une affaire, par M. le conseiller Mestadier. « C'est, disait-il, un intérêt très « grave pour les commerçants et les industriels d'avoir un « nom qui ne permette ni retard, ni embarras, ni équivoque « dans les correspondances et relations commerciales ; cela « est évident. Qu'un établissement du même genre se fasse « dans la même localité, nul doute que ce serait une attaque « directe, une atteinte, un attentat même contre la possession et la propriété préexistante, que d'arborer la même « enseigne, de prendre le même nom. Cela fut tenté sou-

« vent, mais toujours réprimé par la justice. Sans doute, la « liberté de l'industrie est portée jusqu'à la dernière limite, « mais *salvo jure alieno*, et le nouveau commerçant, libre de « combattre par tous les moyens légitimes de succès, ne peut « cependant pas combattre sous la bannière de celui qu'il « trouve déjà établi ; il est forcé d'arborer un autre drapeau. « En vain dira-t-on que, par une singularité piquante, le « défendeur, ayant les même nom et prénoms que le deman- « deur, ne peut pas être forcé d'y renoncer. Cela est certain ; « mais, faisant le même commerce, il est obligé d'adopter une « différence, une addition à son nom, un signe distinctif qui « prévienne les méprises et conserve tous les droits avec « franchise et loyauté.... (1) »

491. Jurisprudence (2). — Il a été jugé à cet égard : 1° que l'intérêt général du commerce et l'intérêt particulier des parties exigent également que les maisons qui font le même commerce aient des dénominations commerciales distinctes, pour que le public ne puisse être trompé, et qu'elles n'usurpent pas la confiance l'une de l'autre : en conséquence, lorsqu'un individu, appartenant à une famille dont le nom est attaché à une maison de commerce connue, vient à fonder une maison nouvelle, il doit établir une différence positive entre la maison qu'il fonde et l'ancienne, en ajoutant, par exemple, la qualification de *fils aîné de tel*, ou telle autre de même nature (Aix, 8 janv. 1821, aff. Roure, Sir.21.2.222) ; 2° qu'un commerçant a le droit d'exiger d'un concurrent homonyme qu'il fasse précéder son nom de son prénom en toutes lettres et en caractères de même dimension, de manière à empêcher la confusion (Paris, 28 juill. 1835, aff. La Renaudière (3), *Gaz. Trib.*, 29 juill.) ; 3° que, lorsqu'un commerçant (dans l'espèce, un pharmacien) vient s'établir près d'un concurrent qui porte le même nom, ce dernier est en

(1) V. Sir.47.1.832.

(2) V. aussi Trib. comm. Seine, 5 fév. 1845, aff. Chatenay, *Gaz. Trib.*, 6 février; Trib. comm. Seine, 15 août 1851, aff. Gibus, cité par Blanc, p. 717; Paris, 13 avril 1853, aff. Colin, Teulet.2.252; Trib. civ. Seine, 9 juill. 1863, aff. Bonnet-Fichet, Pataille.64.322.

(3) Paris, 12 avril 1847, mêmes parties, *Gaz. Trib.*, 13 avril.

droit de demander que son homonyme prenne les précautions nécessaires pour empêcher la confusion, et notamment qu'il fasse précéder ou accompagner son nom de son prénom en toutes lettres et en caractères exactement pareils à ceux de son nom, et cela non seulement sur sa boutique, mais particulièrement sur son enseigne, ainsi que sur ses étiquettes, prospectus ou annonces (Trib. civ. Seine, 9 fév. 1838, *Gaz. Trib.*, 10 fév.); 4° que, lorsqu'un individu (dans l'espèce, un compositeur de musique) est connu sous le nom de *A. Leduc*, il y a concurrence déloyale de la part de l'éditeur qui, publiant les œuvres d'un compositeur encore inconnu, et nommé *Adolphe Leduc*, a soin de ne faire précéder son nom que de l'initiale A de son prénom, de façon à produire une confusion avec son homonyme plus connu (Trib. comm. Seine, 2 juill. 1846, aff. Leduc, *le Droit*, 18 juill.).

492. **Jurisprudence** (*suite*). — Il a été jugé encore : 1° qu'une maison de commerce qui se fonde ne peut prendre une raison commerciale qui soit de nature à la confondre avec une autre maison déjà établie, encore que le fondateur portât véritablement le nom qui fait confusion; il y a lieu, en ce cas, d'ordonner, soit la suppression du prénom, s'il est lui-même de nature à rendre la confusion plus sensible, soit l'addition de toute autre désignation propre à différencier ces deux établissements (Trib. comm. Seine, 29 mars 1853, aff. Abpt, Teulet.2.214); 2° que, lorsqu'une confusion peut exister, à raison de la similitude du nom, entre deux établissements rivaux, il appartient aux tribunaux de prendre toutes les mesures nécessaires pour empêcher cette confusion, encore qu'il ne serait justifié d'aucun acte de concurrence déloyale proprement dite (Trib. comm. Seine, 16 juin 1857, aff. Chevet, Le Hir.58.2.538); 3° que, lorsqu'un établissement commercial a acquis une grande notoriété sous le nom de *maison telle* (dans l'espèce, maison Delisle), un autre commerçant, portant le même nom, ne saurait, sans s'exposer à une juste action en suppression et en dommages-intérêts, employer la même désignation dans ses prospectus et annonces; il doit être tenu d'y ajouter telle distinction qu'il juge convenable pour différencier les deux établissements et empêcher la confusion (Trib. comm. Seine, 7 mai 1858,

aff. Delisle, Pataille.58.301); 4° que, s'il est vrai que les dénominations commerciales peuvent se tirer des noms mêmes des commerçants, néanmoins la dénomination d'un établissement nouveau doit être formée de manière à être distinguée facilement de celle de l'établissement ancien, malgré l'identité de nom des deux chefs de maison; en d'autres termes, tout négociant qui s'établit doit prendre les mesures nécessaires pour ne pas être confondu avec un concurrent homonyme précédemment établi (Trib. comm. Marseille, 11 avril 1861, aff. Laurens, Le Hir.62.2.298); 5° qu'il importe que les maisons rivales qui portent le même nom conservent chacune leur individualité personnelle et s'annoncent sous une désignation clairement distincte, qui empêche qu'elles ne soient prises l'une pour l'autre par le public (Paris, 26 avril 1866, aff. Roger et Gallet, Pataille.67.269).

493. *Quid* **de la cession du nom isolément?** — On s'est demandé quelquefois si le nom, pris isolément, en dehors d'un fonds de commerce, qu'il sert à désigner, indépendamment de tout concours et de toute industrie personnelle, pouvait être cédé ou apporté dans une société? M. Troplong se prononce sans hésitation pour la négative, du moins lorsqu'il s'agit de société. « Le crédit, dit-il, ne s'ac-« corde qu'à la personne et à ses œuvres. Or, si la personne « dont la réputation commande la confiance n'a dans la « société que son nom, sans son travail, sa prévoyance, son « aptitude, la foi des tiers ne sera-t-elle pas trompée, et dès « lors une telle société ne rentrera-t-elle pas dans la classe « de celles que j'ai qualifiées ailleurs de contraires à la « morale publique (1)? »

M. Mayer dit à son tour : « Le nom ne peut être mis « isolément en société, sans les facultés; ce n'est pas un « apport légal, si l'on n'y met aussi au moins l'industrie, et « l'apparence du crédit ne peut être donnée par qui ne « s'engage en aucune mesure. » Et, à l'appui de son opinion, M. Mayer rappelle que, dans la discussion de l'art. 20 du Code de commerce, au Conseil d'État, on demandait si

(1) Troplong, *Des Sociétés*, n° 115. — V. aussi Duvergier, n° 19.

le nom peut être mis seul en société; Berthier répondit : « En thèse générale, un nom, isolé de tout acte de la « personne, est une chose fort abstraite, au lieu que l'in- « dustrie est une chose positive à laquelle il convient de s'arrêter. » Il cite également Pothier (*Société*, n° 10), qui déclare qu'une pareille clause est nulle, comme illicite et immorale.

M. Rendu est d'un avis opposé. « Il parait difficile, dit cet « auteur, surtout en présence des usages établis, de ne pas « admettre la mise en société, même isolément, de tout con- « cours personnel, d'un nom commercial, quand il n'appar- « tient à aucun autre négociant et n'est pas dès lors un « moyen de concurrence illicite. Un nom commercial est « une valeur souvent considérable, et la société qui l'exploite « est la première intéressée à ne pas en compromettre la ré- « putation (1). »

La question est assurément délicate, et, sans méconnaître ce qu'ont de grave les raisons produites par MM. Troplong et Mayer, on ne peut nier cependant que chacun soit libre de faire de son nom tel usage que bon lui semble. On comprend, d'une part, qu'un ancien négociant, dont le nom est honorablement connu, ait assez de confiance dans des associés pour leur prêter l'appui de son nom, et pourtant que, las des affaires, il ne veuille participer que pour le crédit puisé dans l'usage de son nom. D'une autre part, il ne semble pas juste de dire, avec M. Troplong, que les tiers seront trompés, puisqu'une pareille situation sera nécessairement indiquée dans les statuts sociaux et qu'ils auront pu les consulter.

Nous pensons, pour les mêmes raisons, qu'un commerçant peut céder à un tiers l'usage de son nom, en l'autorisant à se dire son successeur et son continuateur, encore qu'il fût retiré des affaires et qu'il les eût quittées sans transmettre d'abord son fonds à personne. Convenons, toutefois, que c'est là un cas assurément rare, et qu'on ne verra pas souvent un négociant honorable, éloigné depuis un temps plus ou moins long des affaires, céder à prix d'argent, à un tiers, le droit

(1) Rendu, n° 420.

d'user de son nom et, par cela même, peut-être de le compromettre.

494. *Quid* **en cas de fraude ?** — La règle que nous venons de poser cesse d'être applicable lorsque la cession du nom, son apport en société, n'ont d'autre but qu'une concurrence déloyale. Le droit cesse où l'abus commence ; le principe fléchit devant la fraude. Comme le remarque M. Bédarride, « il est, en commerce, des nécessités qui s'imposent, « parce qu'elles ont leur fondement dans l'intérêt public et « général, devant lequel cèdent et s'effacent le droit et l'in« térêt privé. Une des plus impérieuses de ces nécessités est, « sans contredit, celle de conserver et de faire respecter ces « noms industriels qui, par leur célébrité, développent notre « commerce et contribuent tant à la gloire et à la prospérité « de la nation. Peut-il être qu'à la faveur du droit individuel « et au bénéfice d'une similitude de nom on pût venir s'ap« proprier les profits d'une réputation péniblement, loyale« ment acquise, dresser autel contre autel, et prostituer à des « produits inférieurs, et, par conséquent, avilir et discréditer, « les noms les plus célèbres (1) ? » Celui qui, dans ce cas, cède à un tiers le droit d'employer son nom, sachant d'ailleurs l'usage coupable qu'il en veut faire, ne peut plus être considéré comme un propriétaire disposant légitimement de sa chose, mais comme le complice d'un acte frauduleux. La loi n'a plus à le protéger.

Concluons donc, avec M. Bédarride, que nul ne peut, en vue d'une concurrence déloyale, céder isolément l'usage de son nom, soit à prix d'argent, soit sous le prétexte d'une association fictive et simulée ; le commerçant qui recherche ou provoque un acte de cette nature, et qui tente de l'exécuter, commet une indélicatesse et une fraude que la justice peut et doit réprimer (2).

495. Jurisprudence (3). — Il a été jugé : 1° que le nom

---

(1) Bédarride, n° 731.

(2) Bédarride, n° 740.

(3) V. encore Paris, 31 déc. 1860, aff. Collas, Pataille.61.159 ; Trib. comm. Reims, 27 juill. 1860, aff. Ruinart, *le Droit*, n° 248 ; Trib. corr. Bordeaux, 22 juill. 1874, aff. Martell, *Gaz. Trib.*, 30 août.

de famille est inaliénable et qu'un individu ne peut valablement céder à un tiers le droit de se servir de son nom, alors que ce nom n'est pas l'accessoire d'un fonds de commerce et que cette cession est faite uniquement dans un but de concurrence déloyale (Trib. civ. Seine, 13 août 1828, aff. Farina, *Gaz. Trib.*, 14 août); 2° que, si chacun a le droit de faire le commerce en son nom personnel, nul n'a celui de disposer de son nom pour le prêter à des tiers, dans un but de concurrence déloyale, et pour leur procurer, au prix d'un bénéfice convenu, le crédit commercial dont jouit un concurrent portant le même nom; en pareil cas, il appartient à la justice, lorsqu'elle a constaté la fraude, d'interdire l'emploi de son nom d'une façon absolue (Paris, 6 mars 1851, aff. veuve Clicquot (1), Pataille.68.289); 3° que, si la marque de fabrique, laquelle n'est qu'une invention, un emblème, une chose enfin de pure fantaisie, peut constituer une propriété transmissible en dehors de l'industrie qu'elle a couverte, il n'en est pas de même du nom patronymique destiné à représenter la loyauté du marchand; en tout cas, le nom cédé isolément, et en dehors de l'exploitation industrielle ou commerciale dont il a été l'accessoire, ne saurait être transformé en une étiquette menteuse et en un moyen de fraude envers les tiers; autrement, il deviendrait loisible à tout spéculateur de pousser à outrance la concurrence et la fraude, et de ruiner, au moyen d'une similitude de nom, la réputation des plus honorables établissements, en jetant sur le marché des masses de produits défectueux placés sous la protection d'un nom favorisé : il y a, par suite, concurrence déloyale dans le fait, par un négociant, de louer, à prix d'argent, l'usage du nom d'un tiers, en vue d'établir, au moyen de la similitude du nom, une confusion entre ses produits et ceux d'un concurrent homonyme (Poitiers, 12 août 1856, aff. Seignette, Le Hir.58.2.94); 4° qu'un commerçant ne peut prétendre justifier l'usage qu'il a fait du nom d'un concurrent, par ce motif qu'il aurait acheté à prix d'argent, à un homonyme

---

(1) V. encore Paris, 5 mars 1868, aff. Veuve Clicquot, Pataille.68.288.

quelconque de ce concurrent, le droit de se servir de son nom, une cession faite dans un but de concurrence déloyale étant évidemment frauduleuse et ne pouvant devenir le fondement d'un droit (Besançon, 30 nov. 1861, aff. Lorimier, Le Hir.62.2.521) ; 5° que, si une société en nom collectif peut emprunter aux associés, parmi leurs noms, celui qui lui convient le mieux pour sa raison sociale, ses marques et étiquettes, elle n'est pas libre cependant d'en faire une enseigne pour détourner à son profit la clientèle d'une maison ancienne à laquelle appartient le même nom et qui l'a déjà popularisé dans la même industrie : lors donc qu'il est reconnu qu'une société n'a été faite avec un individu que pour s'approprier indûment, à l'aide du nom qu'il porte, la faveur dont jouit un commerçant du même nom, il appartient aux tribunaux de prescrire toutes les mesures propres à empêcher la confusion de se produire : il ne suffit pas, en pareil cas, d'ordonner l'adjonction du prénom ; il y a lieu d'ordonner de plus que les étiquettes, annonces, en-têtes et prospectus porteront en caractères apparents la mention de l'époque à laquelle a été fondée la maison ; il n'appartient pas toutefois aux tribunaux de prononcer la suppression du nom lui-même, chacun étant maître de disposer de son nom, soit pour son compte particulier, soit pour le compte d'une société (Paris, 6 fév. 1865, aff. Rœderer, Pataille.65.58) ; 6° que le fait, par le contrefacteur d'une marque, d'avoir associé à sa fraude un individu portant le même nom que celui dont il usurpe la marque, et d'ailleurs étranger à tout commerce sérieux, loin d'excuser ou d'atténuer le délit, en aggrave la portée (Paris, 11 déc. 1867, aff. Heidsieck, Pataille.68.95).

496. Les tribunaux peuvent-ils interdire l'usage du nom ? — C'est une grave question que celle de savoir si les tribunaux peuvent interdire à un individu l'usage de son nom. La négative, on le verra plus bas, est énergiquement soutenue. Elle fait valoir que les nom et prénoms d'un individu se trouvent dans son acte de naissance par un fait indépendant de lui, antérieur à toute volonté de sa part, qu'il ne lui est pas permis de les répudier ou modifier sans autorisation. Comment dès lors, ajoute-t-on, une propriété de cette nature serait-elle exclusive d'une autre propriété identique, laquelle se justifierait par le même principe et les mêmes titres? Ce raisonnement est très juste lorsqu'il s'agit de la rencontre fortuite de deux commerçants, dont chacun porte le même nom et dont le second s'établit sans arrière-pensée, sans peut-être connaître le premier, sans avoir surtout l'intention de lui nuire. En ce cas, nous pensons que les tribunaux ne peuvent ni ne doivent interdire l'usage d'un nom qui constitue une propriété légitime et inaliénable. S'il y a danger de confusion, il suffira d'ordonner toutes les mesures propres à la faire cesser, par exemple l'adjonction du prénom, la mention de la date récente à laquelle a été fondée la maison, ou tout autre signe propre à distinguer les deux maisons (1). Sans doute, la coexistence de ces deux maisons sous le même nom aura, quoi que l'on fasse, des inconvénients; mais c'est en quelque sorte une nécessité sociale, et, en l'absence de toute fraude, la justice doit respecter la propriété du nom.

Doit-elle avoir le même respect lorsqu'elle constate et reconnaît la fraude? Pour s'emparer d'un nom en faveur, on simule des cessions, des mandats, des associations. Le propriétaire du nom n'est rien dans le commerce auquel il prête l'usage de ce nom; il est, comme nous le disions plus haut, le complice d'une fraude. Est-ce là le cas de respecter cette propriété sainte, résultant du seul hasard, antérieure et supérieure à toute volonté? S'agit-il de liberté d'industrie et de commerce? Porte-t-on atteinte au droit qu'a tout homme de choisir sa carrière? Non; il y a une fraude, et c'est aux tribunaux qu'il appartient de la déjouer. Comment leur contester le droit de remettre les choses dans l'état où elles seraient si la fraude n'avait pas été commise? Ne sont-ils pas institués pour protéger le commerce honnête contre d'audacieuses manœuvres (2)?

Comme le dit un arrêt, le principe qui doit guider le juge

---

(1) V. Trib. comm. Lyon, 27 août 1847, aff. Marin-Jacquand, cité par Blanc, p. 713.

(2) V. Trib. civ. Seine, 13 août 1828, aff. Farina, *Gaz. Trib.*, 14 août; Trib. corr. Seine, 5 mars 1829; Paris, 11 nov. 1829; Paris, 14 juin 1827, cités par Gastambide, p. 454.—V. Paris, 12 janv. 1829, aff. Conté, *eod. loc.*

en cette matière est de prévenir la fraude par tous les moyens en son pouvoir (1) et de la réprimer complètement et sévèrement, sous quelque masque qu'elle se cache (2).

M. Blanc est de cet avis, qu'il exprime ainsi : « L'interdiction absolue de se servir d'un nom doit être prononcée « contre ceux-là mêmes qui portent le même nom, toutes les « fois qu'il est démontré qu'ils ne sont entrés dans cette in- « dustrie que pour profiter, à l'aide de cette similitude dans « les noms, de la réputation acquise par leur homonyme.... « Vaincus, dans leurs louables scrupules, par les tentatives « incessantes de la fraude, les magistrats ont enfin compris « qu'il n'y a aucun danger, et qu'il y a, au contraire, toute « justice à contrarier ces vocations industrielles, que l'appât « d'un gain illégitime a seul décidées (3). » Toutefois, il va trop loin, selon nous ; car il émet l'avis que l'interdiction du nom doit être prononcée toutes les fois que la confusion est possible ; « autrement, ajoute-t-il, la fraude serait trop « facile (4) ».

497. *Quid* **s'il s'agit d'une raison sociale? —** Ce que nous venons de dire s'applique également lorsqu'il s'agit d'une raison sociale. On fait en vain remarquer, dans l'opinion contraire, que, pour former une raison sociale, les parties, aux termes de l'art. 21 du Code de commerce, peuvent prendre ou bien les noms des divers intéressés, ou bien celui d'un seul d'entre eux, et que, dès lors, la question, en pareil cas, est uniquement de savoir si les noms adoptés de préférence sont bien ceux du commerçant qui les choisit ou de l'un des associés. Si oui, ajoute-t-on, tout est dit. Il ne peut être contraint de prendre un nom de préférence à l'autre ; il peut impunément choisir, user, abuser de ces noms, qui constituent une véritable propriété. Qu'importe le préjudice causé à autrui? Tout droit, dans l'exercice qu'on en fait, froisse nécessairement quelques intérêts, éveille quelques riva-

(1) V. Rej. 2 janv. 1844, aff. Colas, *J.Pal.*44.1.423.
(2) V. Paris, 28 janv. 1856, aff. Robineau, Pataille.56.55.
(3) Blanc, p. 713.
(4) V. Rendu, nº 405.

lités; mais le juge ne peut avoir égard à de semblables considérations : *Neminem ledit qui jure suo utitur*. Toutes ces raisons, excellentes au cas d'un commerce honnête et loyal, nous paraissent sans force lorsque la fraude est constatée, lorsque la société n'est pas sérieuse, qu'elle n'est qu'une apparence, et que l'individu dont le nom forme la raison sociale est un comparse, frauduleusement admis dans la société pour organiser, à l'aide de son nom, une concurrence déloyale contre un homonyme. Il ne s'agit plus alors d'un droit à respecter et à protéger; il s'agit d'une fraude à déjouer. Nous serions même disposé à aller plus loin. Une raison sociale n'a le plus souvent rien d'absolu. Lorsqu'il y a plusieurs associés en nom collectif, rien n'oblige la société à prendre le nom de tel de ses associés, de préférence au nom de tel autre (1). Il n'y a pas là d'appellation nécessaire, imposée par la force des choses, comme au cas où il s'agit d'un nom de personne. Nous comprenons donc sans peine que certaines décisions aient interdit à une société, même reconnue sérieuse, l'emploi d'un nom faisant confusion avec celui d'un concurrent (2).

498. Opinion de M. Calmels. — M. Calmels a publié, dans les *Annales de la propriété industrielle*, un article d'où nous extrayons les passages suivants : « Nous sommes « de ceux qui pensent que les tribunaux n'ont jamais le pou- « voir de défendre à un fabricant ou à un commerçant l'usage « de son nom dans l'exercice de son commerce ou de son in-

(1) V. Mayer, n° 19. — V. aussi Trib. comm. Seine, 23 mai 1856, aff. Mottet, Teulet.5.420.

(2) En Allemagne, tout commerçant doit faire inscrire au tribunal de commerce, sur un registre spécial, sa raison de commerce (*firma*), c'est-à-dire le nom sous lequel il gère ses affaires et donne sa signature dans le commerce. L'art. 20 du Code de commerce allemand porte : « Toute nouvelle raison de commerce doit se distinguer nettement des « raisons de commerce préexistantes, inscrites sur le même registre de « commerce. *Tout commerçant, ayant les mêmes prénoms et nom de « famille qu'un négociant déjà inscrit au registre de commerce, qui veut « faire figurer ce nom dans la raison de commerce, est tenu d'y ajouter une « énonciation complétive servant à la distinguer clairement de la raison « antérieurement inscrite.* »

« dustrie. Les magistrats n'ont, selon nous, que la faculté de « réglementer cet usage, cet emploi du nom, lorsqu'il s'agit « d'éviter une confusion entre deux établissements rivaux. « Le nom d'un individu est sa propriété. Le priver du droit « de s'en servir pour tous les actes civils ou de commerce, « c'est évidemment porter atteinte au principe de la liberté « individuelle; c'est le placer, pour un acte particulier, dans « un cas d'incapacité, d'interdiction, que le législateur n'a « créé nulle part; c'est, en outre, établir en faveur de ceux « qui font un commerce de même nature un monopole con- « traire au principe de la liberté commerciale. Les circon- « stances particulières dans lesquelles peut se trouver placé « celui qui vient créer une concurrence à un négociant dont « il porte le même nom ne peuvent modifier l'application de « cette règle. C'est la loi de la libre concurrence de conduire « à cette lutte. Quelque désastreux que puissent être les « résultats de ce principe, ils doivent être acceptés. Ainsi, le « négociant qui a plusieurs enfants ne peut s'opposer à ce « que chacun d'eux vienne s'établir à sa porte et faire sous « le même nom le même commerce que son père. Les ma- « gistrats ne pourraient pas davantage lui interdire de faire « le même commerce à côté de la maison paternelle et lui « assigner une autre limite dans laquelle le fils devrait aller « s'établir. Une telle décision détruirait le principe de la libre « concurrence. Il faudrait le décider ainsi à l'égard du suc- « cesseur de l'établissement paternel.

« Nous ne connaissons à cette règle qu'une exception : « celle où le négociant, cédant son fonds, se serait interdit « de faire sous son nom le même commerce. Encore cette « exception n'en est-elle pas une, à vrai dire, car c'est une « interdiction qui naît d'un consentement exprès ou tacite. « Mais, dira-t-on, c'est consacrer une concurrence déloyale « que reconnaître et maintenir un pareil état de choses, et il « est du devoir des magistrats de repousser les actes de dé- « loyauté, quels que soient les caractères et la forme sous « lesquels ils se présentent.

« Nous reconnaissons assurément aux tribunaux le droit « de réprimer la fraude et de condamner les actes de dé- « loyauté. Mais nous pensons qu'on ne peut jamais considérer

« comme une fraude, comme une manœuvre déloyale, l'usage « que fait un commerçant de son nom dans l'exercice de son « commerce. Nous comprenons parfaitement que si, pour « arriver à faire à son voisin une concurrence plus redou- « table, un négociant emprunte un nom ou achète le droit de « se servir d'une désignation qui ne lui appartient pas pour « en décorer son enseigne et ses prospectus ; nous compre- « nons parfaitement, disons-nous, que, dans ce cas, les tri- « bunaux ordonnent la suppression d'un nom qui n'appar- « tient pas à celui qui s'en pare, parce qu'alors le nom « n'indique pas le commerçant, le véritable propriétaire de « l'établissement.

« ... Si le nom placé sur l'enseigne était celui d'un associé, « les magistrats ne pourraient, à notre avis, en ordonner la « suppression, encore que, dans leur pensée, cet associé eût « été choisi dans le but unique de faire une concurrence à un « établissement de même nature. Cet associé se trouve, en « effet, protégé, garanti par un acte régulier, auquel se rat- « tachent des intérêts divers. Tant que cet acte subsistera, le « droit des associés de se servir du nom de l'un d'entre eux « sera inattaquable. Il faudra donc, avant toutes choses, faire « disparaître cet acte d'association, le faire annuler pour « cause de dol ou de fraude ; et cette fraude, qui sera souvent « difficile à établir, ne pourra jamais avoir pour base le désir « plus ou moins ardent, le but de faire une concurrence. « C'est ailleurs qu'il faudra en chercher les éléments.

« ... Nous persistons à penser, en droit, que les tribunaux « ne peuvent, à moins de prononcer la nullité même de la « société, interdire l'usage du nom d'un associé. Ils n'ont « qu'un pouvoir : celui de réprimer la fraude, c'est-à-dire le « mensonge, les manœuvres qui ont pour but d'induire le « public en erreur. Mais ils ne peuvent s'opposer à ce qu'un « individu, profitant de la synonymie de son nom avec « celui d'un négociant fort connu, fasse à ce dernier une « concurrence en fondant un établissement de même nature.

« Laissons donc à chacun le libre usage de son nom et des « qualités qui lui appartiennent. Ce que les tribunaux ont « uniquement le pouvoir d'éviter, c'est la confusion qui au- « rait pour but de détourner une partie de l'achalandage, de

« la clientèle d'un établissement de produits similaires ; mais « ce que les tribunaux doivent respecter, c'est le principe de « la concurrence. N'ont-ils pas assez de moyens pour éviter « la confusion qu'un négociant aurait pu faire naître? Ne « peuvent-ils pas ordonner l'emploi de signes distinctifs ? Si « les noms de famille sont les mêmes, ne peuvent-ils pas « prescrire l'emploi des prénoms, ordonner leur inscription, « sur les enseignes et factures, dans des caractères d'une di- « mension égale à ceux du nom de famille? Ne peuvent-ils « pas prescrire, s'il s'agit d'une société commerciale, l'addition « du nom des associés au nom semblable à celui inscrit sur « l'enseigne de l'établissement rival?

« ... En résumé, le législateur, en édictant des peines sé- « vères contre ceux qui usurpent le nom et la raison com- « merciale d'autrui, a, par cela même, consacré le droit de « chacun de se servir du sien. Et les tribunaux, selon nous, « n'ont pas le pouvoir d'en supprimer l'usage; ils ne peuvent « qu'en réglementer l'exercice (1). »

M. Bédarride pense également que la justice ne peut et ne doit que prescrire les mesures propres à empêcher la confusion, sans aller jusqu'à « cette énorme injustice » qui consisterait à violer le principe de la propriété du nom, de la liberté du commerce, et à créer, en faveur du premier occupant, le monopole le plus intolérable (2). « Les exigences commer- « ciales, ajoute-t-il, ne peuvent autoriser les tribunaux à in- « terdire à un individu l'usage de son nom ; il suffit de régler « cet usage de manière que nul ne vienne, au bénéfice d'une « ressemblance dans le nom, profiter d'une réputation légi- « timement acquise et créer une confusion préjudiciable pour « un établissement en renom (3). » Toutefois, ce n'est là, pour M. Bédarride, qu'un principe général auquel il admet, en réalité, avec la jurisprudence, de nombreuses exceptions.

---

(1) V. l'article de M. Calmels, Pataille.56.33. — V. dans le même sens, M. l'avoc. gén. Pinart, Dall.61.2.228.

(2) V. Bédarride, n° 736.

(3) Bédarride, n° 734.

499. Jurisprudence; espèces où l'interdiction n'a pas été prononcée (1). — Il a été jugé : 1° qu'il ne peut y avoir de fraude à se servir de son nom patronymique, et, en pareil cas, la confusion fût-elle possible, elle tiendrait à un fait qu'on ne saurait incriminer (Bordeaux, 28 janv. 1851, aff. Castillon, Le Hir.51.2.535); 2° que, si un commerçant a le droit incontestable de s'opposer à toute usurpation directe ou indirecte de sa clientèle et, par suite, à toute désignation commerciale propre à établir de la confusion entre une maison rivale et la sienne, néanmoins son droit, à moins de convention contraire, ne va pas jusqu'à pouvoir interdire à son frère d'exploiter seul ou avec un associé une agence de même nature et de faire usage du nom qui leur appartient à tous deux ; il appartient seulement à la justice d'ordonner toute mesure propre à empêcher la confusion et de faire défense à celui des deux frères, établi le second, d'imiter l'aspect extérieur des cartes, avis, prospectus de la maison de son frère, comme aussi d'indiquer, en caractères apparents, la date de la fondation de sa maison (Paris, 31 déc. 1861, aff. Arthur, Le Hir.62.2.106); 3° qu'il n'y a pas lieu d'interdire à un commerçant de rappeler le nom du fondateur de sa maison, alors même que ce nom serait plus ou moins semblable au nom d'un de ses concurrents, si, d'ailleurs, il n'a pas cherché, à l'aide de cette similitude, à créer une confusion entre les deux établissements, et si, en fait, cette confusion, grâce à d'autres éléments, ne peut se produire (Paris, 21 avril 1874, aff. Ménier, *le Droit*, n° 104); 4° qu'un prestidigitateur peut annoncer qu'il donne des *scènes de Robert-Houdin*, bien que celui-ci ait cédé son établissement à un successeur (Trib. comm. Havre, 21 oct. 1854, aff. Hamilton (2), Blanc,

---

(1) V. aussi Trib. comm. Seine, 5 août 1874, aff. Landon, *Gaz. Trib.* 29 août; Poitiers, 12 juill. 1833, aff. Seignette, Dall.33.2.235; Paris, 30 janv. 1872, aff. Brag, *Bull. Cour de Paris*, 73.347; Trib. comm. Seine, 14 nov. 1873, aff. Aubertin, *le Droit*, 9 déc., Paris, 25 août 1879, aff. Galand, Pataille.82.188. — V. anal. Paris, 2 juill. 1874, aff. Bugeaud, Pataille.74.307.

(2) V. *Observ. crit.* de Blanc, *eod. loc.* — Comp. Paris, 30 déc. 1868, aff. Gravelet (usurpation du nom de l'acrobate Blondin), Pataille.69.48.

p. 716); 5° que chacun a le droit d'user de son nom en toute liberté pour faire le commerce; il ne saurait donc être interdit à un individu d'entrer dans une société et de faire figurer son nom dans la raison sociale, par ce motif seul que ce nom appartiendrait déjà, dans la même industrie à un concurrent, alors du moins que ce nom, associé à un autre dans la raison sociale, rend toute confusion impossible; en cas d'homonymat intentionnel ou fortuit, la jurisprudence n'impose qu'une obligation : le différencier suffisamment de toute raison sociale antérieurement connue, pour ne laisser place à aucune confusion (Trib. comm. Reims, 2 oct. 1868, aff. Ruinart, *Gaz. Trib.*, 24 oct.).

499 *bis*. **Jurisprudence; mêmes espèces** (*suite*). — Il a été jugé de même : 1° qu'on ne saurait interdire à une société de faire figurer dans sa raison le nom d'un des associés, encore que ce nom figurât antérieurement dans la raison d'une société concurrente, alors du moins que cet associé fait réellement partie de la maison et que rien ne prouve qu'il n'y soit pas sérieusement intéressé; cela est vrai, même au cas où cette raison sociale a été choisie dans un but de concurrence déloyale; il suffit, en pareil cas, de prescrire à la nouvelle maison certains changements qui rendent la confusion impossible (Paris, 18 août 1853, aff. Demarson, Teulet. 2.355); 2° que, lorsque la marque consiste dans l'énonciation du nom de celui qui l'emploie, les personnes qui ont le même nom patronymique ont un droit égal à s'en servir, et l'une d'elles ne peut, en l'absence de toute fraude, interdire à l'autre cet usage sous prétexte qu'elle en éprouve un dommage quelconque, puisque leurs droits résultent du même principe (Bordeaux, 25 juin 1841, aff. Jobit, *J. Pal.*41.2. 321); 3° que les tribunaux peuvent, sans violer aucune loi, décider que la propriété du nom patronymique n'en autorise pas l'abus, et ils peuvent, en conséquence, non pas interdire à un individu de tenir le commerce sous son nom, mais interdire à une société de se servir d'une raison sociale qu'elle n'a choisie que dans un but de fraude et de concurrence déloyale (Rej. 27 mars 1877, aff. Martel, Pataille.77. 94); 4° que tout individu, qui exerce réellement et personnellement un commerce ou une industrie, a le droit incon-

testable d'inscrire son nom patronymique sur ses annonces, enseignes et factures et sur les produits de sa fabrication ; cet emploi du nom patronymique est une des formes permises de la jouissance et de la disposition, attributs essentiels de la propriété ; il appartient sans doute aux tribunaux de réprimer l'abus qui serait fait de ce droit pour usurper, à l'aide d'une confusion frauduleuse, les avantages du crédit et de la réputation acquise à un tiers déjà connu sous le même nom ; mais, si les pouvoirs du juge à cet égard doivent avoir toute l'étendue nécessaire pour assurer leur efficacité, ils ne sauraient aller jusqu'à priver un commerçant de la faculté de se servir du nom qui lui appartient dans les faits et actes de son commerce, par une interdiction absolue, qui constituerait une atteinte portée à son droit de propriété ; il s'ensuit que la décision qui, dans de semblables circonstances, ordonne la suppression absolue du nom, méconnaît le droit de propriété tel qu'il résulte formellement de l'art. 544 du Code civil (Cass., 30 janv. 1878, aff. Erard (1), Pataille.78.225).

500. Jurisprudence ; espèces où l'interdiction a été prononcée. — Il a été jugé : 1° qu'un commerçant étranger, encore qu'il porterait le même nom qu'un commerçant établi en France, ne saurait abuser de cette similitude de nom pour faire à ce dernier une concurrence déloyale ; les tribunaux peuvent, en ce cas, ordonner que le fabricant étranger supprimera son nom sur ses produits, et en réserver le bénéfice au commerçant établi en France (Trib. comm. Seine, 8 oct. 1845, aff. Farina (2), *le Droit*, 9 oct.); 2° que, lorsqu'il est établi qu'un individu n'a été appelé à faire partie d'une société qu'à raison du nom qu'il porte, et pour faire, à l'aide de ce nom, une concurrence déloyale à un commerçant homonyme, c'est avec raison que les tribunaux ordonnent que ce nom sera supprimé de la raison sociale ; une pareille décision a pour effet, non d'interdire à cet individu de se servir de son nom pour faire le commerce en son nom per-

---

(1) V. sur les renvois, Amiens, 2 août 1878, même aff., Pataille, *eod. loc.*, et Rej. 15 juill. 1879, même aff., Pataille.80.386.

(2) Comp. Paris, 28 mai 1853, aff. Farina, Le Hir.57.2.467.

sonnel, mais de lui défendre d'en disposer pour le prêter à des tiers, en vue de leur procurer un bénéfice illicite, ce qui est la saine application de la loi (Rej. 4 fév. 1852, aff. Clicquot (1), *J. Pal.*53.1.167); 3° qu'un nom, accrédité dans une branche quelconque de commerce ou d'industrie, procure à celui auquel il appartient un avantage d'autant plus légitime qu'il est le prix du travail et forme une propriété spéciale qui doit être protégée contre toute usurpation; en conséquence, il appartient aux tribunaux d'interdire à une société l'usage du nom d'un des associés, alors que des circonstances de la cause et des actes il appert que la société n'est pas sérieuse, et que l'individu, dont le nom sert à désigner la société, sans participation réelle aux affaires, n'a fait que trafiquer de son nom, en vue d'établir une concurrence déloyale envers un commerçant homonyme (Bordeaux, 27 déc. 1853, aff. Lourse, Le Hir.54.2.262).

500 *bis*. Jurisprudence; **mêmes espèces** (*suite*). — Il a encore été jugé : 1° qu'il appartient aux tribunaux d'interdire à un individu de faire figurer son nom dans une raison commerciale, alors qu'il est constant que ce nom n'y figure que dans le but de faire concurrence à un établissement rival, et qu'il est d'ailleurs établi que la société n'est pas sérieuse, et constitue, au contraire, une manœuvre frauduleuse, en vue de faire naître la confusion entre les deux établissements et détourner les pratiques (Paris, 28 janv. 1856, aff. Robineau (2), Pataille.56.54); 2° que, lorsqu'il résulte des faits de la cause qu'un individu n'est entré dans une association que pour lui permettre, à l'aide de son nom figurant dans la raison sociale, de faire une concurrence déloyale à un autre commerçant portant le même nom, il appartient aux tribunaux d'ordonner la suppression de ce nom (Trib. comm. Seine, 5 mars 1856, aff. Richer et Cie, Pataille.56.126);

---

(1) V. également Paris, 5 mars 1868, aff. Clicquot, Pataille.68.288. — V. aussi Trib. comm. Seine, 28 déc. 1874, aff. Martel, *le Figaro* du 5 mars 1875. — Comp. Paris, 29 juill. 1876, aff. Érard, Pataille.76.277.

(2) V. encore Paris, 31 juill. 1874, aff. Moet et Chandon, Pataille.74.311.

3° qu'en matière de concurrence déloyale, il y a lieu d'apprécier, par l'ensemble des documents produits, quelle est l'intention de celui qu'on poursuit pour fait de concurrence déloyale; lors donc qu'il est constant qu'un commerçant ne s'est associé avec un individu que pour faire échec au commerce d'un concurrent homonyme, il appartient aux tribunaux, convaincus de son intention frauduleuse, de lui faire défense de se servir du nom de son associé pour vendre les objets de son commerce (Trib. comm. Seine, 26 fév. 1857, aff. Bardou, Le Hir.58.2.420); 4° que, lorsqu'une société a été formée avec un individu dans le seul but de faire un emploi frauduleux de son nom pour enlever la clientèle d'un établissement voisin connu sous ce nom, il y a lieu d'ordonner que ce nom sera supprimé de la raison sociale (Paris, 8 avril 1863, aff. Robineau, Teulet.12.535); 5° que, lorsqu'il est établi qu'un individu n'est entré dans une entreprise commerciale qu'en raison de la similitude de son nom avec celui d'un autre commerçant et pour lui créer une concurrence déloyale, les tribunaux sont en droit d'ordonner la suppression de ce nom sur les cartes, adresses, prospectus et enseignes où il figure abusivement (Trib. comm. Seine, 31 oct. 1863, aff. Combier, Pataille.63.421).

501. Jurisprudence ; mêmes espèces (suite). — Jugé de même : 1° que, si le nom est incontestablement la propriété personnelle de celui qui le porte, cette propriété, qui implique le droit de jouir et de disposer du nom de la manière la plus absolue, est cependant soumise, comme toute autre, aux limites fixées par la raison et par la loi ; conformément aux principes posés par l'art. 544 du Code civil, nul ne peut faire de la chose, dont il est propriétaire, un usage illicite ; or, il n'est rien de plus illicite que d'user de sa chose de manière à porter volontairement préjudice à autrui ; il s'ensuit que l'usage du nom, fait dans de telles conditions, en vue d'une concurrence déloyale, par celui qui le porte, peut et doit être interdit : il en doit être ainsi alors même que, dans une première instance, il lui aurait été permis de continuer le commerce sous son nom, à condition d'éviter la confusion ; il ne peut, en effet, invoquer en pareil cas l'autorité de la chose jugée, de nouveaux faits de concurrence déloyale nécessitant pour la justice de nouvelles mesures (Paris, 19 mai 1865, aff. Gambier, Pataille.65.315); 2° que les tribunaux ont le droit de rechercher si une personne, dont le nom figure dans une marque de fabrique, est un associé ou coïntéressé sérieux, et, s'ils reconnaissent que son nom n'est employé que dans un but de concurrence déloyale, ils peuvent en interdire l'usage d'une manière absolue, encore bien que la nouvelle société qui l'a adopté pour marque aurait eu soin de le différencier par les initiales du prénom; il en est ainsi alors même que celui qui se plaint d'usurpation n'est lui-même que le successeur de l'industriel qui a donné à son nom une réputation et une valeur commerciales (Paris, 10 juin 1869, aff. Galibert, Pataille.69.340); 3° que le juge du fait est souverain pour apprécier des faits de concurrence déloyale, et notamment pour interdire à un commerçant l'usage d'un nom qui lui appartient légalement, mais dont il ne faisait pas usage avant de le faire servir à une concurrence déloyale; il en est surtout ainsi lorsque l'interdiction, loin d'être absolue, est limitée aux faits de commerce et au temps pendant lequel l'emploi de ce nom peut créer une confusion préjudiciable à un concurrent du même nom (Paris, 18 juill. 1861, et Rej. 18 nov. 1862, aff. Leblanc (1), Pataille.63.90); 4° que les tribunaux peuvent interdire à un commerçant l'usage d'un nom qui n'est pas le sien, et dont il a simplement acquis le droit de faire usage, en vue d'une concurrence déloyale (Trib. comm. Lyon, 27 avril 1875, aff. Prot et Cie, Pataille.75.108); 5° que, si le nom patronymique est une propriété, il n'est pas permis d'en faire un usage contraire à la loi; les tribunaux puisent dans les art. 1382 et 1383 du Code civil le droit d'accorder à la partie lésée par un fait quasi-délictueux la réparation du dommage qui en a été la suite; ce droit comprend même celui d'interdire l'usage d'un nom dont celui qui le porte fait un instrument de concurrence déloyale et de fraude (Trib. comm. Cognac, 29 oct. 1875, aff. Martel (2), Pataille.76.284).

502. Changements; pouvoir des tribunaux. —

---

(1) V. aussi Dall.61.2.228, *note* 1, et 63.1.81, *notes* 1-2.

(2) Il faut remarquer que, dans l'espèce, les défendeurs étaient au

Il va sans dire que, même dans le cas où (par exemple, en l'absence de fraude dûment constatée) les tribunaux ne croient pas devoir interdire à un individu l'usage de son nom, ils ont un souverain pouvoir pour prescrire toutes mesures propres à empêcher la confusion ou du moins à la rendre le moins préjudiciable possible. En pareil cas, ils ordonnent tantôt l'adjonction d'un ou plusieurs prénoms en caractères de même dimension que le nom lui-même, tantôt la mention de la date de la création de la maison ; quelquefois même ils vont jusqu'à prescrire l'éloignement de celui qui n'est venu s'établir auprès d'un concurrent homonyme que pour lui faire une concurrence déloyale. M. Mayer dit de son côté : « Entre homonymes, s'ils sont concurrents, il y a égalité « des droits, et celui à qui on voudrait interdire absolument « l'usage de son nom se défendrait en demandant qu'on lui « en donne un autre, ce que le juge ne peut faire. Il importe « cependant à la bonne foi que le public puisse distinguer, « et que la confusion soit évitée entre des maisons rivales ; « on pourra donc exiger que les noms semblables soient pré- « cédés de prénoms qui en font d'ailleurs partie légalement, « et dont l'indication est requise dans les actes solennels. Le « juge pourra même ordonner que le nom soit suivi d'une « autre mention, lieu de naissance, degré de parenté, qualité « d'aîné ou de cadet entre frères, etc. (1) ». Les exemples que nous allons rapporter feront voir quelles modifications les juges prescrivent de préférence.

503. **Jurisprudence** (2). — Il a été jugé à cet égard : 1° que, lorsque deux fabricants rivaux portent le même nom,

---

nombre de quatre, dont deux, Ogier Desgenty et Jean-Louis Martel, associés sous la raison sociale Martel et Cie. Le nom de Martel n'était donc pas le nom nécessaire de la raison sociale. Le tribunal relève d'ailleurs une série de faits montrant la persistance de la concurrence déloyale.

(1) Mayer, n° 18.

(2) V. Trib. comm. Seine, 5 mars 1832, aff. Brunel, *Gaz. Trib.*, 6 mars; Paris, 23 janv. 1844, aff. Bourbonne, *le Droit*, 24 janv.; Paris, 13 avril 1853, aff. Colin, Teulet.2.252; Paris, 27 nov. 1862, aff. Hasslaüer, Pataille.63.91 ; Trib. comm. Seine, 11 avril 1864, aff. Fould, Pataille.64.323; Trib. comm. Seine, 28 fév. 1866, aff. Laffite-Bullier, Teulet.15.366; Paris, 25 août 1879, aff. Galand, Pataille.82.188.

le dernier en date doit énoncer en toutes lettres sa raison sociale ou ses prénoms, et avoir des étiquettes de forme tout à fait différente (Paris, 12 avril 1847, aff. La Renaudière, *Gaz. Trib.*, 13 avril) ; 2° que, quand une similitude de nom est de nature à entraîner des méprises et à faire confondre les produits de deux maisons, il appartient à la justice d'ordonner au nouveau venu dans l'industrie de différencier son nom de celui de son concurrent, par exemple en le faisant précéder de son prénom en toutes lettres et en caractères de même dimension que le nom (Poitiers, 12 juill. 1833, aff. Seignette, Dall.33.2.235) ; 3° que, s'il est évident que ceux qui possèdent le même nom n'en peuvent être déshérités au profit d'un seul, on a du moins le droit de s'opposer à une similitude de raison de commerce qui cause préjudice par la confusion qu'elle fait naître entre deux établissements rivaux ; lors donc qu'un commerçant veut exercer dans une localité une industrie déjà exploitée par une autre personne portant le même nom que lui, il doit combiner ses nom et prénoms de telle sorte que sa raison de commerce soit bien distincte de celle qui a été précédemment adoptée par la maison préexistante : il appartient d'ailleurs aux tribunaux de prescrire toutes mesures propres à empêcher la confusion, et, par exemple, d'ordonner que le nom sera précédé de tous les prénoms portés en l'acte de naissance, dans l'ordre où ils sont inscrits dans cet acte et en caractères de même dimension que le nom lui-même (Paris, 23 juin 1842, aff. Collas, *J.Pal.*44.1.423) ; 4° que, lorsqu'une maison de commerce est connue sous un certain nom et que le caractère particulier de ce nom est d'être précédé de deux prénoms (par exemple, *Jean-Marie Farina*), il peut être défendu à un concurrent, qui porte les mêmes nom et prénoms, de faire usage, sinon de ce nom lui-même, du moins de ses prénoms de façon à ce que, se servant de son nom isolément, il ne constitue pas une raison commerciale semblable à la première ; on ne doit pas, en effet, encourager tout ce qui peut amener la confusion entre des maisons de commerce en position de se faire concurrence (Trib. comm. Seine, 25 oct. 1852, aff. Collas (1), *le Droit*, 27 oct.).

(1) V. toutefois, Paris, 28 mai 1853, même aff. Le Hir.57.2.467.

503 *bis*. **Jurisprudence** (*suite*). — Il a été jugé de même : 1° que, si un commerçant est en droit de désigner sa maison sous le nom de son prédécesseur, il ne peut user de ce droit de façon à faire confusion avec une maison rivale, et les tribunaux sont en droit d'ordonner telles mesures qu'ils croient de nature à empêcher la confusion ; ils peuvent ordonner, par exemple, qu'après ces mots : *ancienne maison telle*, il sera ajouté : *un tel successeur* (Trib. comm. Seine, 3 déc. 1852 (1), aff. Ménier, *le Droit*, 4 déc.) ; 2° que, si tout commerçant a le droit incontestable de s'établir sous son véritable nom, de mettre ce nom sur ses magasins, il y a lieu de lui interdire toute concurrence déloyale, et d'ordonner, dans ce but, les mesures nécessaires pour éviter la confusion qui pourrait exister aux yeux du public entre les deux maisons : il y a lieu, par exemple, de lui défendre d'employer, pour désigner son établissement, le mot *maison telle*, cette expression servant, dans l'usage, à désigner un établissement d'ancienne date, comme aussi de lui imposer l'obligation de prendre une marque de fabrique très différente de celle de son concurrent homonyme, et de faire précéder son nom de son prénom en toutes lettres (Trib. comm. Seine, 28 mai 1857, aff. Pinaud, Le Hir.58.2.481) ; 3° qu'il y a concurrence déloyale à profiter de la similitude de son nom avec celui d'un homonyme, précédemment établi, pour créer une confusion entre les deux maisons : il appartient, en ce cas, aux tribunaux de prescrire toutes mesures propres à empêcher cette confusion, notamment d'ordonner que le fabricant, auteur de la concurrence, sera tenu de faire précéder son nom de ses prénoms en toutes lettres, et d'employer des récipients ou enveloppes de taille, forme et couleurs différentes (Paris, 27 août 1859, aff. Groult, Pataille.59.284) ; 3° que, si, en principe, chacun a le droit de faire tel genre de commerce que bon lui semble sous le nom qui lui appartient, c'est à la condition d'éviter ce qui pourrait occasionner une confusion avec des établissements antérieurement connus et exploités sous le même nom ; il en

(1) Conf. Trib. comm. Seine, 29 mars 1853, aff. Abpt, *le Droit*, 1er avril ; Paris, 7 juill. 1853, aff. Tollard, *le Droit*, 4 août.

est ainsi surtout lorsque les concurrents sont membres de la même famille; il appartient, en ce cas, aux tribunaux de préciser les modifications d'enseigne et de prospectus qu'ils jugent nécessaires pour éviter cette confusion, et, par exemple, d'imposer à la maison la plus récente l'obligation d'indiquer la date de sa fondation (Rej., 14 avril 1863, aff. Arthur, Pataille.63.323).

504. Jurisprudence (*suite*). — Il a été jugé encore : 1° que, s'il ne peut être interdit à un négociant de se servir de son nom patronymique, il appartient du moins aux tribunaux d'ordonner les mesures propres à empêcher que la similitude de ce nom avec celui d'un concurrent antérieurement établi n'amène une confusion entre les deux établissements, et notamment de prescrire l'addition du prénom en toutes lettres et sur le point le plus apparent de la marchandise (Aix, 16 nov. 1863, aff. Roche, Le Hir.64.2.81); 2° que le frère, qui, aussitôt après la mort de son frère, transporte son établissement à proximité de celui que dirigeait le défunt, dans le but évident de profiter de la similitude de nom, et crée ainsi à la veuve de son frère une concurrence déloyale, peut être condamné à s'éloigner, de manière à faire cesser toute confusion (Paris, 31 mai 1856, aff. Bisson, Teulet.5.444); 3° que, lorsqu'il est constant que deux personnes se sont associées pour faire, sous le nom de l'une d'elles, une concurrence déloyale à un négociant portant le même nom, les tribunaux peuvent ordonner que les deux associés feront le commerce sous leurs deux noms réunis, lesquels figureront sur les produits en caractères absolument identiques, de façon à ce que l'un soit aussi apparent que l'autre (Paris, 9 déc. 1875, aff. Landon, Pataille.76.346); 4° qu'en admettant qu'une veuve ait pu, d'ailleurs, par tolérance des autres membres de sa famille, établis comme elle dans la même industrie (pédicure, dans l'espèce), exercer son commerce et se faire connaître sous son nom de fille, il est certain qu'elle ne peut associer son fils à ce nom, et, en dissimulant son nom de femme, faire une concurrence déloyale à son propre frère (Paris, 18 juillet 1877, aff. Sitt, Pataille.80.183); 5° que, lorsque deux commerçants, portant le même nom, exercent la même industrie, celui des deux qui a la priorité d'établissement a le droit de s'opposer à ce que son concurrent emploie le nom, qui leur est commun, isolément, soit dans les prospectus et annonces, soit sur ses produits, et il appartient, en ce cas, aux tribunaux d'imposer au dernier venu toutes prescriptions de nature à éviter la confusion de se produire et, notamment, l'obligation de faire précéder son nom patronymique de son prénom dans tous les actes se rattachant à son industrie (Montpellier, 29 déc. 1877, aff. Bardou, Pataille.78.49).

505. *Quid* **des droits d'une société restée à l'état de projet?** — Pour se plaindre d'une concurrence déloyale, il faut avoir un commerce sérieux, réel. Une société restée à l'état de projet, n'exerçant, par suite, aucune industrie, ne saurait évidemment être recevable à se plaindre d'une prétendue concurrence déloyale.

Jugé, en ce sens, que, si la dénomination, prise par une société pour se faire connaître du public, peut être considérée comme étant une propriété légitime, c'est à la condition toutefois que cette société ait une existence réelle et légale; si donc une société est restée à l'état de projet, et si, malgré un acte authentique de constitution de société, elle n'a servi, sous son nom, qu'à créer une entreprise chimérique destinée à faire des dupes, elle ne saurait empêcher une autre société réelle et sérieuse de s'emparer du même nom et de se l'approprier; celle-ci, dès lors, est seule en droit d'user de cette dénomination, et elle peut en interdire l'emploi même à la première société qui, après une déconfiture et la condamnation correctionnelle de son gérant, se reconstitue et reprend ses opérations (Paris, 10 janv. 1845, aff. Lefrançois, *le Droit*, 15 janv.).

506. *Quid* **en cas d'approbation expresse ou tacite?** — La concurrence déloyale suppose toujours une intention frauduleuse; elle ne saurait donc exister lorsque celui qui en serait l'auteur avait l'autorisation de faire les actes qu'on lui reproche. Il est clair, en effet, qu'on ne peut être recevable à se plaindre de faits qu'on a connus et formellement autorisés. L'autorisation, d'ailleurs, peut être expresse ou tacite, mais elle ne doit pas facilement se présumer, et doit, au contraire, résulter de faits incontestables.

Jugé, en ce sens, que le commerçant qui, averti par un

parent homonyme de son dessein de s'établir dans un commerce similaire, a répondu à cette démarche honorable par une approbation et un consentement explicites, ne peut se fonder ensuite sur l'inconvénient qu'il aurait reconnu depuis pour, en dehors de toute concurrence déloyale, exiger de son parent qu'il supprime son nom de sa raison sociale (Paris, 20 mai 1854, aff. Heidsieck, Teulet.3.372).

507. *Quid* **si les industries sont différentes?** — Il n'y a de concurrence, — le mot lui-même l'indique, — qu'à la condition qu'il s'agisse d'industries similaires. Il ne saurait donc y avoir de concurrence déloyale quand il n'y a même pas de concurrence; c'est un principe que nous avons eu plus d'une fois déjà l'occasion de rappeler.

Jugé, en ce sens, que le nom pris par une société commerciale n'est pas une propriété exclusive dont elle puisse interdire l'usage à une autre société s'occupant d'une industrie différente: spécialement, une compagnie d'assurances contre l'incendie, désignée sous le nom de *l'Urbaine*, ne peut interdire l'usage de ce nom à une compagnie qui n'a pour objet que le balayage des rues, alors surtout que le siège de la première est à Paris et le siège de la seconde à Lyon; en cet état, on ne conçoit pas quel préjudice pourrait résulter de la ressemblance du nom (Lyon, 9 déc. 1840, aff. Cie *l'Urbaine*, Le Hir.41.2.114).

508. Adjonction du nom de la femme. — C'est un usage assez répandu dans le commerce d'ajouter à son nom le nom de sa femme; il a sa raison d'être lorsqu'il s'agit pour un commerçant de se distinguer d'un homonyme; il devient blâmable lorsqu'il sert de prétexte, comme il arrive souvent, à une concurrence déloyale. Les tribunaux doivent alors avoir d'autant moins de scrupule à ordonner la suppression du nom de la femme que son adjonction au nom du commerçant est un simple usage du commerce et n'a en soi rien de légal (1).

509. **Jurisprudence** (2). — Il a été jugé en ce sens: 1° que les tribunaux peuvent faire défense à un commerçant d'ajou-

(1) V. *Mon. trib.*, 63.794, *la note*. — V. aussi Lyon, 12 juin 1873, aff. David, Pataille.74.248.

(2) V. aussi Bordeaux, 27 nov. 1873, aff. Laperche, Pataille.73.391.

ter à son nom celui de sa femme, quand il ressort des circonstances que cette adjonction n'a eu lieu que dans un but de concurrence déloyale et pour créer une confusion entre son propre établissement et celui originairement fondé par le père de sa femme (Paris, 17 juin 1838, aff. Fouré, *Gaz. Trib.*, 18 juin) ; 2° que, s'il est d'usage dans le commerce de joindre à son nom celui de sa femme, cet usage doit être restreint dans les limites d'une concurrence loyale, et il appartient aux tribunaux d'ordonner toutes mesures propres à empêcher la confusion, par exemple en prescrivant que les deux noms seront écrits en caractères égaux et apparents (Trib. comm. Seine, 9 juin 1843, aff. Loiseau-Pinson, *Gaz. Trib.*, 10 juin); 3° qu'il y a concurrence déloyale de la part d'un commerçant qui, après avoir été associé avec son beau-père, joint pour la première fois à son nom celui de sa femme, de façon soit à faire confusion avec la maison que son beau-père continue à diriger, soit à laisser croire à la continuation de la société (Paris, 21 déc. 1855, aff. Manchon, Pataille.55.221); 4° que le gendre d'un commerçant, commerçant lui-même, ne saurait, après la mort de son beau-père, ajouter à son nom, sur ses cartes et prospectus, le nom de sa femme, alors que ce nom a acquis, du fait de son beau-père, une notoriété véritable, et que ses beaux-frères, héritiers du nom, s'opposent à ce qu'il le prenne (Trib. comm. Seine, 13 juill. 1866, aff. Franconi, Teulet.16.5); 5° que le fait, par le gendre d'un ancien commerçant, d'avoir mis sur son enseigne les mots : *seule et ancienne maison*, suivis du nom de son beau-père, sous prétexte qu'il est en même temps celui de sa femme, ne lui donne pas le droit de garder une pareille enseigne, si le fait, d'ailleurs, n'est pas vrai ; il importe peu que les autres membres de la famille n'y aient fait d'abord aucune opposition, alors surtout qu'ils étaient sans intérêt ; cela n'empêche pas qu'un autre membre de la famille, par exemple un autre gendre, qui vient à exercer la même industrie, ne soit en droit tout à la fois de rappeler dans ses prospectus son titre de gendre et d'obliger son beau-frère à faire disparaître les mots qui tendraient à faire croire qu'il est l'unique représentant du beau-père commun (Paris, 11 fév. 1852, aff. Mourot, Teulet.1.57).

510. Exception à la règle précédente. — S'il n'est pas permis à un commerçant d'ajouter à son nom le nom de sa femme en vue d'en abuser pour faire une concurrence déloyale à un homonyme, il est, au contraire, licite de le faire en vue de se distinguer davantage de ses concurrents ; c'est même un usage répandu dans le commerce et qui n'a rien de blâmable en soi. On objecterait vainement que, pour prendre le nom de sa femme, il faut se pourvoir d'une autorisation du Conseil d'État et se conformer tant au décret du 6 fructidor an II qu'à la loi du 11 germinal an XI, et aux ordonnances des 26 oct. 1815, 10 avril 1818, 25 juin 1838 ; ces formalités ne sont exigées que pour les modifications à apporter au nom patronymique ; elles n'ont rien à faire lorsqu'il s'agit du nom commercial. M. Bédarride remarque, du reste, avec raison, que toute réclamation serait inadmissible de la part des intéressés, si l'adjonction du nom de la femme à celui de son mari remontait à une date ancienne, et si, par suite, les deux noms, indissolublement unis, n'en faisaient en quelque sorte plus qu'un (1).

511. Jurisprudence. — Il a été jugé à cet égard : 1° qu'un commerçant ne fait qu'user d'un droit généralement suivi dans le commerce en ajoutant à son nom celui de sa femme, alors surtout qu'il succède à son beau-père et que l'addition du nom de sa femme a pour résultat de perpétuer à son profit un nom sous lequel son commerce est déjà connu et qui appartient, d'ailleurs, légitimement à sa femme (Paris, 3 juin 1859, aff. Bisson-Aragon, Pataille.59.216); 2° que, lorsqu'un commerçant a autorisé son gendre, au moment de la dissolution d'une société contractée avec lui, à continuer le commerce sous son nom, et que le gendre, usant de cette autorisation, a joint le nom de son beau-père, qui se trouve être celui de sa femme, au sien, l'emploi de ce nom ne peut lui être contesté, après la mort de son beau-père, par les membres de sa famille, surtout par une fille qui, n'étant pas elle-même dans le commerce et ayant changé de nom par suite de mariage, est sans intérêt pour élever aucune contes-

(1) V. Bédarride, n° 747.

tation (Poitiers, 2 juin 1863, et Rej. 17 août 1864, aff. Dubois (1), Pataille.66.28) ; 3° que l'acquéreur d'un fonds de commerce ne peut exiger que le gendre de son vendeur s'abstienne d'ajouter à son nom celui de son beau-père, bien qu'il exerce la même industrie, alors du moins qu'il est constant que l'adjonction du nom était antérieure à la vente et même était connue de l'acquéreur (Paris, 7 mars 1835, aff. Poussielgue-Rusand, *Rép. J. Pal.*, v° ENSEIGNE, n° 43).

512. *Quid* **s'il s'agit d'un pseudonyme ?** — Il importerait peu qu'au lieu du nom patronymique, il s'agît d'un pseudonyme. Pseudonyme ou nom véritable, c'est la clientèle, l'achalandage que la loi protège et qu'elle ne permet pas de détourner (2).

Jugé en ce sens : 1° qu'un pseudonyme constitue une propriété comme le nom véritable, et il n'est pas permis à un individu, qui porterait même véritablement ce nom, de s'en faire un moyen de concurrence déloyale à l'égard de celui qui est en possession dudit pseudonyme et de l'apporter, par exemple, comme seul apport, dans une société uniquement créée dans le but d'exploiter cette similitude de nom; il y a lieu, en ce cas, d'interdire aux associés l'usage dudit nom (Paris, 19 janv. 1858, aff. Job, Teulet.7.115) ; 2° que le fabricant, qui a adopté, comme marque de fabrique, un nom autre que le sien (c'était, dans l'espèce, le nom de *Joly*, disposé dans un ovale), a le droit de s'opposer à ce qu'un fabricant portant véritablement le même nom s'en serve d'une manière identique et de façon à faire confusion ; le tribunal, en ce cas, peut ordonner à ce dernier de changer sa marque, soit en modifiant la forme, soit en ajoutant son prénom, de manière, en tout cas, à la différencier complètement de celle de son concurrent (Paris, 20 août 1863, aff. Massez, Pataille.64.318).

513. *Quid* **s'il s'agit d'un prénom ?** — Il a été jugé

---

(1) V. encore Paris, 8 déc. 1863, et Rej. 13 fév. 1865, aff. Hériard, Pataille.66.30. — Comp. Paris, 26 avril 1881, aff. Bizet, Pataille.82.191.

(2) V. Paris, 30 déc. 1868, aff. Gravelet, Pataille.69.48.

avec raison, — et c'est toujours l'application de la même règle, — que, lorsqu'une maison de commerce (dans l'espèce, un magasin de modes) est connue sous le nom de *Modes d'Alexandrine*, une maison rivale ne peut, sans concurrence déloyale, se fonder sous le même prénom, encore bien qu'il serait réellement celui de la propriétaire de l'établissement; toutefois, si, immédiatement après la demande, la confusion a cessé par suite de l'adoption d'une autre disposition d'enseigne, les tribunaux peuvent juger qu'il n'y a pas de préjudice et repousser la demande, sauf à condamner le défendeur aux dépens (Trib. comm. Seine, 29 mars 1844, aff. Berger (1), *Gaz. Trib.*, 30 mars).

514. Homonymes; mesures postales. — Il a été jugé que, lorsque deux individus, exerçant le même commerce et habitant la même localité, portent les mêmes nom et prénoms, et que, malgré la précaution prise par l'un d'eux d'ajouter la mention *jeune* à la suite de son nom, il arrive des lettres dont la suscription laisse un doute sur celui des deux à qui elle est destinée, il y a lieu d'appliquer le règlement d'administration publique rendu sur les postes en 1832 (art. 521), lequel porte qu'en ce cas le directeur du bureau de poste ouvre la lettre en présence des deux intéressés et la remet à qui de droit (Nancy, 10 janv. 1846, et Rej. 24 nov. 1846, aff. Stevenel, Sirey.47.1.829).

515. *Quid* **s'il n'y a pas identité?** — La concurrence déloyale ne copie jamais servilement; elle a toujours le soin de se préparer à l'avance des excuses en introduisant dans ses imitations certaines dissemblances habilement calculées qui ne la rendent que plus dangereuse. Aussi est-ce une règle absolue que la concurrence déloyale existe dès que la confusion est possible, encore bien que la copie ne serait pas identique (2).

515 *bis*. Jurisprudence. — Il a été jugé en ce sens : 1° qu'il y a concurrence déloyale dans le fait de donner à ses produits un nom imaginaire, tel, par exemple, que *Wyenenn*, alors

---

(1) V. sur le second point, *suprà*, n° 155.
(2) V. *suprà*, 181 et suiv.

qu'un concurrent s'appelle véritablement *Weynen :* il y a là évidemment volonté de s'approprier la clientèle d'autrui (Trib. comm. Seine, 22 janv. 1833, aff. Weynen, *Gaz. Trib.*, 24 janv.); 2° qu'il y a concurrence déloyale à désigner un produit sous le nom de *vinaigre Baldy*, alors qu'un concurrent vend ce produit sous le nom de *vinaigre Bully*, et que d'ailleurs tous les autres éléments, flacons, étiquettes, sont combinés en vue d'opérer la confusion (Paris, 18 juill. 1861, aff. Lemercier (1), Teulet.10.439).

CHAPITRE III.

USURPATION DE FAUSSES QUALITÉS OU DE TITRES APPARTENANT A AUTRUI.

SECT. Ire. — Fausses qualités.
SECT. II. — Médailles, récompenses, etc.
SECT. III. — Titre d'élève, ouvrier, associé, etc.

SECTION Ire.

Fausses qualités.

SOMMAIRE.

516. Usurpation du titre d'inventeur.— 517. *Jurisprudence.*— 518. *Quid* du titre de dépositaire?— 519. *Jurisprudence.* — 520. Usurpation de qualités diverses. — 520 *bis. Jurisprudence.*— 521. Manœuvres des commis-voyageurs; responsabilité des patrons.— 522. L'approbation administrative ne préjudicie pas aux droits des tiers.

516. Usurpation du titre d'inventeur. — Le mérite de l'inventeur survit au brevet; l'inventeur est donc en

(1) On remarquera que le défendeur, nommé *Baldit*, avait transformé son nom en celui de *Baldy* pour lui donner plus de ressemblance avec celui de *Bully*.

droit de garder pour lui son titre et d'empêcher que ses concurrents ne s'en emparent. Il ne saurait être permis à personne, — surtout dans un but intéressé, — de se parer des plumes du paon.

517. **Jurisprudence.** — Il a été jugé à cet égard : 1° que l'inventeur d'un objet tel que les *corsets mécaniques* a le droit de demander qu'il soit fait défense à un ancien associé d'usurper sur ses cartes et prospectus le titre d'inventeur (Trib. comm. Seine, 6 nov. 1835, aff. Josselin, *Gaz. Trib.*, 7 nov.); 2° que, le titre et l'honneur d'une invention étant inaliénables, il s'ensuit que même le cessionnaire d'un brevet ne peut prendre le titre d'inventeur, encore bien qu'il eût apporté à l'invention primitive des modifications et des perfectionnements ; il en est surtout ainsi quand la cession n'a pas été entière et n'a eu lieu que sous réserve d'exploitation de la part de l'inventeur (Paris, 3 déc. 1859, aff. Debain (1), Pataille.59.411) ; 3° que, si chaque fabricant a incontestablement le droit de placer son nom sur les objets de sa fabrication, il n'appartient qu'à l'inventeur de donner son nom à l'objet inventé lui-même ; il y a donc concurrence déloyale de la part du fabricant qui, même après qu'un objet est tombé dans le domaine public et lorsqu'il n'en est pas l'inventeur, répand à profusion des prospectus dans lesquels il annonce cet objet, en le faisant suivre immédiatement de son nom (*orgue Alexandre*), de manière à induire le public en erreur et à laisser croire que cet objet est de son invention et qu'il en a le privilège (même arrêt); 4° que le bénéfice moral de l'invention doit rester à l'inventeur et à ses héritiers, même après l'expiration du brevet ; les tribunaux peuvent donc interdire à une maison rivale l'emploi de toute dénomination qui tendrait à lui attribuer le mérite et l'honneur d'une invention qu'elle n'a pas faite (Paris, 25 janv. 1875, aff. Jouvin, Pataille.75.237).

518. *Quid* **du titre de dépositaire ?** — Autre chose est le simple débitant, autre chose le dépositaire ; ce dernier inspire naturellement plus de confiance, puisqu'il est le repré-

---

(1) V. aussi Rennes, 12 mars 1855, aff. Peyre, Pataille.55.183.

sentant choisi, préféré par le fabricant. Le titre de dépositaire a donc une valeur spéciale, que l'on ne saurait s'attribuer faussement sans commettre un acte de véritable concurrence déloyale. C'est ce que M. Blanc met parfaitement en lumière dans un article d'où nous extrayons le passage suivant : « Marchand et dépositaire, dit-il, sont deux qualifications es- « sentiellement distinctes, et il importe au public qu'on n'ait « pas le droit de les confondre... L'abus des mots : *dépôt*, « *dépositaire*, peut blesser des droits acquis et quelquefois « même mettre en péril l'existence d'un établissement com- « mercial. Ainsi, par exemple, qu'un commerçant, lié par un « traité à long terme avec X..., ait fondé, à grands frais, un « établissement destiné à recevoir en dépôt les produits de ce « dernier, sera-t-il permis à un tiers, simple acheteur de « X..., de se qualifier aussi dépositaire? Nous ne pouvons « l'admettre. La position des deux établissements est bien « différente, et l'une présente au consommateur des garanties « que l'autre ne peut offrir. Si X... se plaignait en justice de « ce qu'un marchand, qui lui est étranger, avec lequel il n'a « jamais eu le moindre contact, se dît dépositaire de ses pro- « duits, la justice devrait, selon nous, faire droit à sa récla- « mation ; car, en supposant même que ce marchand ait bien « réellement acheté les produits chez X..., il n'est pas pour « cela le *dépositaire* de ses produits, et, s'il les met en vente, « il en est le débitant, rien de plus. Toute qualification qui va « au delà est mensongère... A plus forte raison faut-il pros- « crire, et proscrire dans tous les cas, l'usurpation de la qua- « lification de *seul dépositaire*. Sur ce point, notre opinion « n'a pas varié, et nous ne craignons pas d'aller jusqu'à dire « que, dans aucun cas, le marchand qui n'a reçu aucun « mandat exclusif du producteur n'a le droit de se poser « comme seul dépositaire. Il serait même, en réalité, le seul « dans la localité chez qui on pût acheter les produits en « question, que la prohibition devrait être la même. En effet, « que, dans ce dernier cas, il se dise le seul en mesure de « fournir les produits de X..., c'est à merveille, mais qu'il ne « se dise ni dépositaire, ni surtout *seul* dépositaire. Cette « qualification serait doublement inexacte, en ce qu'elle sup- « poserait un dépôt confié par le producteur et un droit ex-

« clusif de tenir ledit dépôt, ce qui exposerait inévitablement « les autres marchands au soupçon de ne pas vendre les véri- « tables produits (1). »

519. Jurisprudence. — Il a été jugé à cet égard : 1° que l'expression *dépôt*, en matière de commerce, a un sens déterminé et signifie un lieu dans lequel un propriétaire ou un fabricant fait débiter ou permet de débiter ce qu'il récolte ou ce qu'il fabrique ; cette expression indique donc l'existence d'un lien direct et sans intermédiaire entre le propriétaire et le dépositaire des produits, soit naturels, soit manufacturés ; il en résulte un moyen légitime d'appeler la confiance du public sur l'établissement qualifié de dépôt, et ainsi cette qualification, comportant avec elle une valeur, ne peut être prise et annoncée au public que par celui qui reçoit directement du propriétaire les produits qu'il débite (Trib. comm. Seine, 22 avril 1854, aff. Chanel, *Gaz. Trib.*, 24 avril) ; 2° qu'il y a concurrence déloyale dans le fait, par un commerçant, de mettre sur ses produits ces mots : *seul véritable et dépôt unique*, alors que le fait exprimé par ces mots est contraire à la vérité (Trib. comm. Seine, 8 août 1855, aff. Estibal, *le Droit*, 15 août) ; 3° qu'il y a concurrence déloyale de la part du libraire qui annonce, contrairement à la vérité, qu'il est *seul dépositaire* d'un ouvrage, et, dans ce cas, les autres libraires, auxquels cette annonce porte préjudice, sont en droit d'en demander réparation (Dijon, 13 août 1860, aff. Mulcey, Pataille.61.25) ; — 4° jugé pourtant qu'un commerçant est sans intérêt ni qualité pour se plaindre de ce qu'un concurrent prendrait sans droit, pour sa fabrique, le titre de *manufacture royale ;* ce droit n'appartiendrait qu'à l'Administration (Trib. civ. Seine, 28 janv. 1846, aff. Durand (2), *Gaz. Trib.*, 29 janv.).

520. Usurpation de qualités diverses. — L'un des moyens les plus usités, en matière de concurrence déloyale, est de prendre faussement une qualité, destinée à faire impression sur l'acheteur et à lui inspirer confiance. Ce sera

---

(1) V. l'article de M. Blanc dans la *Prop. ind.*, n° 151.
(2) V. *Observ. crit.* de M. Blanc, dans la *Prop. ind.*, n° 151.

le plus souvent la qualité de fournisseur attitré ou breveté soit d'une administration, soit de quelque grand personnage; ce choix suppose, en effet, un mérite particulier et attire l'attention du public au détriment des concurrents.

520 *bis*. **Jurisprudence.** — Il a été jugé : 1° qu'il y a concurrence déloyale de la part du pharmacien qui prend le titre de *pharmacien de l'ambassade anglaise,* alors que ce titre ne lui appartient plus; il arguerait vainement de ce qu'il a mis le mot *ancien*, lorsqu'il est constant que ce mot est écrit en lettres imperceptibles et laisse, par suite, l'attention se concentrer sur le reste de l'inscription; le droit de se plaindre d'un pareil fait appartient d'ailleurs à celui qui est réellement en possession de ce titre (Trib. civ. Seine, 7 janv. 1841, aff. O'Grady, *le Droit*, p. 27); 2° qu'il y a concurrence déloyale à prendre sans droit le titre de *dentiste des collèges de Paris*, et que celui à qui ce titre appartient peut en réclamer la suppression (Trib. civ. Seine, 18 mars 1846, aff. Delmond, *Gaz. Trib.*, 19 mars); 3° qu'il y a concurrence déloyale, de la part d'un fabricant, à prendre une qualité qui ne lui appartient pas (dans l'espèce, artificier de l'Empereur), et qu'il y a lieu, sur la demande d'un concurrent, d'en ordonner la suppression (Trib. comm. Seine, 28 août 1857, aff. Aubin, *le Droit*, n° 208) ; 4° que, lorsqu'un commerçant est connu sous le nom de l'*ingénieur Chevalier*, il ne saurait appartenir à un concurrent homonyme de prendre la même désignation (Paris, 23 juill. 1858, aff. Chevalier (1), Teulet. 6.491); 5° qu'il peut y avoir concurrence déloyale de la part du lithographe qui vient s'installer en face d'une imprimerie et met sur son enseigne le mot : *imprimerie*, sans ajouter en même temps *lithographique*, et qu'il peut lui être ordonné, par justice, d'ajouter ce mot au premier sur son enseigne, sur ses annonces et factures (Paris, 26 déc. 1845, aff. Malvin, Le Hir.46.2.78); 6° que la propriété d'une enseigne professionnelle appartient exclusivement à ceux qui exercent la profession, et qu'il ne saurait être permis à ceux qui y sont étrangers d'employer une désignation qui puisse laisser

(1) V. aussi Paris, 26 août 1871, aff. Érard, Teulet.20.423.

croire qu'ils ont le droit de l'exercer (Trib. comm. Seine, 27 août 1844, aff. Villot, cité par Blanc, p. 727); 7° mais que celui qui a cessé d'être l'agent spécial d'une Compagnie de chemin de fer n'en a pas moins le droit de prendre le titre de : *agent général de transport pour tous les chemins de fer;* cette dénomination générale ne saurait être considérée comme une usurpation de son ancienne qualité ni porter atteinte aux droits de son successeur (Trib. comm. Seine, 8 sept. 1859, aff. Méaux, Pataille. 59.418).

521. Manœuvres des commis-voyageurs; responsabilité des patrons. — Il faudrait un volume entier pour exposer les ruses, les stratagèmes, les manœuvres auxquels se livrent les commis-voyageurs pour s'enlever les clients et leurs ordres. De ces manœuvres, il en est, et plus d'une, qui sont de vrais actes de concurrence déloyale, et que la justice doit réfréner. Nous perdrions un temps précieux à les passer en revue. Disons seulement que le commis-voyageur qui se rend coupable de concurrence déloyale engage la responsabilité de son patron, encore que celui-ci n'ait pas donné son assentiment à la conduite de son employé et que même il l'ait ignorée.

Jugé à cet égard : 1° qu'il y a concurrence déloyale de la part du commis-voyageur qui se fait remettre des ordres, soit en se donnant mensongèrement pour le représentant d'une maison avec laquelle les acheteurs ont des relations habituelles, soit en alléguant des arrangements qui n'existent pas entre cette dernière maison et celle qu'il représente réellement; en ce cas, le patron du commis-voyageur est responsable des actes de son préposé, encore qu'il ne soit pas établi qu'il y ait pris part; il est, en effet, de principe que les commettants sont responsables du dommage causé par leurs préposés dans les fonctions auxquelles ils les ont employés, bien que ces derniers aient agi de leur propre mouvement : il suffit que l'acte dommageable se rattache à l'objet du mandat et se soit produit à l'occasion de son exécution (Bordeaux, 11 janvier 1881, aff. de Bourran, Pataille. 81.315); 2° que le patron est responsable des actes dommageables commis à l'égard d'un de ses concurrents par son commis-voyageur; la disposition fiscale de l'art. 1384 du Code civil n'est pas applicable aux maîtres et aux commettants, qui ne peuvent, comme les pères, mères, instituteurs et artisans, se dégager de la responsabilité en prouvant qu'ils n'ont pu empêcher le fait qui y donne ouverture (1) : la responsabilité du patron s'étend à tout le préjudice causé, et il ne saurait lui être permis d'offrir seulement la restitution du bénéfice que lui auraient procuré les actes illicites de son préposé (même arrêt).

522. L'approbation administrative ne préjudicie pas aux droits des tiers. — Certaines professions s'exercent sous la surveillance directe de l'autorité, et ne peuvent s'exercer sans une autorisation préalable ; les débits de boissons, les pharmacies, sont dans ce cas. S'ensuivra-t-il que l'autorisation administrative sera opposable aux tiers lorsqu'elle aura été accordée, et qu'un pharmacien, par exemple, qui n'aura que les grades nécessaires pour exercer dans une ville de province, pourra, s'il a été, par mégarde, autorisé par l'Administration, librement exercer à Paris ? Cette autorisation pourra-t-elle être opposée avec succès à ses confrères, pourvus des grades utiles, et jaloux de garder leurs droits intacts? Évidemment non ; l'autorisation administrative ne peut, en aucun cas, préjudicier aux droits des tiers qui sont toujours sous-entendus et réservés.

Jugé, en ce sens, que le fait que l'Administration ait autorisé l'ouverture d'un établissement, tel qu'une pharmacie, n'empêche pas que les tribunaux n'en ordonnent la fermeture, s'il constitue une concurrence déloyale : spécialement, encore qu'un arrêté du Ministre de l'instruction publique ait autorisé les pharmaciens de 2e classe à exercer à Paris, les pharmaciens de 1re classe sont recevables à soutenir, sauf à le prouver, que le droit d'exercer à Paris n'appartient qu'à eux seuls (Trib. civ. Seine, 26 déc. 1868, aff. Noblet, Teulet. 18.146).

---

(1) V. sur ce point, Dijon, 23 avril 1869. Sir.69.2.148.

SECTION II.

Médailles, récompenses, etc.

SOMMAIRE.

523. Usurpation de médailles. — Les médailles distribuées aux expositions industrielles constituent d'abord un titre honorifique, cela est certain ; mais ces distinctions deviennent en même temps pour ceux qui les ont obtenues une véritable recommandation qui les signale à la confiance publique; il est donc juste et utile de leur maintenir ce double avantage, qui est tout à la fois la rémunération du travail intelligent et un principe d'émulation et de progrès, principe qui deviendrait illusoire si les concurrents, auxquels la même récompense n'a pas été accordée, pouvaient néanmoins s'en targuer aux yeux du public et se présenter comme l'ayant obtenue (1). « Ces récompenses, dit M. Bertin, constituent « une recommandation personnelle à l'exposant, recomman- « dation qui ne peut être usurpée sans préjudice pour lui et « sans violation du droit qu'elle consacre en sa faveur. Peu « importe que la récompense accordée ne soit pas unique; « peu importe qu'elle ait été répartie entre un nombre plus « ou moins grand d'individus : le droit sera plus ou moins « étendu, plus ou moins divisé; il existera pour tous ceux « auxquels il a été conféré, mais pour eux seulement, et les « négociants qui s'en prévaudront illégitimement, dans le « but d'attirer une clientèle que d'autres devaient obtenir, « ne feront pas seulement de la concurrence déloyale, ils

(1) Comp. mon article dans la *Prop. ind.*, n° 408.

« violeront le droit d'autrui et auront à subir les conséquen-
« ces des actions que cette violation peut motiver (1). »

M. Calmels est plus sévère encore. « A notre sens, dit-il « à ce sujet, il faudrait même aller plus loin et décider que « cette manœuvre pourrait constituer le délit d'escroque- « rie (2). »

Ajoutons qu'il y aurait encore déloyauté commerciale à s'annoncer comme ayant *seul* obtenu une médaille, quand d'autres industriels ont obtenu, pour leurs produits, la même distinction (3).

524. **Jurisprudence.** — Il a été jugé : 1° qu'il y a concurrence déloyale dans le fait par un fabricant de combiner ses étiquettes ou prospectus de façon à faire supposer, contrairement à la vérité, qu'il a obtenu une médaille à une exposition industrielle; dans ce cas, il appartient à celui qui a véritablement obtenu cette récompense d'exercer une action en dommages-intérêts (Bordeaux, 20 déc. 1853, aff. Sandoval et Colomès, Pataille.55.1); 2° que le fait, de la part d'un commerçant, de s'attribuer sur son enseigne ou dans ses prospectus une médaille ou une récompense honorifique à laquelle il n'a pas droit, constitue une concurrence déloyale, donnant ouverture à une action en suppression et en dommages-intérêts au profit de ceux à qui elle peut préjudicier, spécialement de ceux qui ont obtenu des récompenses à cette exposition (Lyon, 4 mai 1854, aff. Robert-Verly, Pataille.65. 436); 3° qu'il y a concurrence déloyale dans le fait, de la part d'un industriel qui n'a obtenu qu'une mention honorable à une exposition universelle, de faire figurer sur ses prospectus l'effigie de la médaille décernée à un de ses concurrents, comme aussi dans le fait de prendre la qualité de fabricant dans une localité où il n'a jamais eu qu'un dépôt et où son concurrent a, au contraire, une manufacture importante (Rej. 4 mai 1868, aff. Fanien (4), Pataille.68.190);

---

(1) V. *Observ.* de Bertin, Pataille.55.3.

(2) Calmels, n° 190.

(3) V. Trib. comm. Seine, 1er mars 1867, aff. Bouttevillain. Teulet. 16.337.

(4) V. Paris, 19 janv. 1874, aff. Fanien, Pataille.74.384.

4° que, d'ailleurs, celui qui a obtenu une médaille dans une exposition n'a pas le droit d'annoncer ses produits comme ayant *seuls* obtenu cette récompense, lorsque la même récompense a été accordée aux produits similaires d'un autre industriel; et il importe peu que les produits de l'un soient connus et même désignés dans le commerce comme produits de fabrication française, et ceux de l'autre comme produits de fabrication anglaise (Trib. de comm. de la Seine, 1er mars 1867, aff. Bouttevillain, Teulet.16.337).

525. Fausse application de la médaille. — Ce serait encore un acte de concurrence déloyale que de mentionner la médaille à propos d'objets auxquels elle ne s'applique pas; c'est ici la même règle qu'en matière de brevets; la loi défend de mentionner la qualité de breveté sur d'autres objets que ceux décrits au brevet; la loyauté commerciale, par le même motif, ne saurait permettre à un négociant, qui a obtenu une récompense pour un genre d'industrie, d'en tirer avantage pour un commerce tout à fait différent. Sa récompense est spéciale, et ne peut être successivement appliquée à toutes les industries, de nature diverse, auxquelles il viendrait à se livrer.

526. Jurisprudence. — Il a été jugé en ce sens : 1° qu'il y a concurrence déloyale de la part de celui qui fait figurer dans ses prospectus des médailles qui ne s'appliquent pas aux produits qu'il annonce, ces médailles ayant été délivrées pour récompenser un tout autre objet (Pau, 23 fév. 1863, aff. Bastiat (1), Teulet.13.191); 2° que, lorsqu'une médaille a été accordée, dans une exposition, à un industriel à raison d'un perfectionnement apporté par lui à une machine connue, il y a concurrence déloyale de la part de ceux qui, vendant la machine ordinaire, sans le perfectionnement, l'annoncent comme ayant obtenu la médaille (Trib. comm. Seine, 18 déc. 1860, aff. Peltier, Pataille.61.117); 3° mais que le fait par un négociant (dans l'espèce, un marchand de comestibles) qui a obtenu à une exposition une médaille honorifique pour l'ensemble de son commerce, d'appliquer cette médaille à un

(1) V. aussi Paris, 11 nov. 1859, aff. Callebault, Teulet.9.96.

produit pour lequel il ne l'a pas spécialement obtenue, ne constitue pas, par lui-même, un acte de concurrence déloyale qui justifie la demande faite par un concurrent contre lui en suppression de cette médaille (Paris, 7 fév. 1878, aff. Lamarche, Pataille.78.275).

527. A qui appartient le droit de poursuite ? — Lorsqu'il s'agit d'usurpation de médailles, le droit de poursuite appartient d'abord incontestablement à ceux des concurrents qui en ont réellement obtenu ; c'est à eux en première ligne que cette usurpation préjudicie ; mais ce droit n'appartient-il qu'à eux ? Les concurrents, qui n'ont pas eu de médaille, n'ont-ils pas d'action ? Nous pensons que l'action leur appartient également. N'est-il pas certain que la concurrence déloyale les atteint aussi ? Ne les atteint-elle même pas davantage, puisqu'elle consiste à faire considérer l'auteur de cette usurpation comme leur étant supérieur, alors qu'il n'est que leur égal ?

M. Pataille est du même avis. « Nous ne croyons pas, dit« il, qu'il soit nécessaire que le demandeur ait obtenu lui« même une récompense. Dès l'instant qu'il y a mensonge « ou abus, il y a concurrence déloyale et par suite droit pour « tous les fabricants à qui elle peut préjudicier d'en demander « la suppression (1). »

La même idée se retrouve dans une note de Sirey. « Ce « qui forme la base d'une action légitime, dit l'arrêtiste, en « faveur du fabricant récompensé officiellement, c'est que la « distinction, dont le fabricant a été l'objet, le signale à la « confiance publique et devient pour lui, tant sous le rapport « honorifique que sous le rapport matériel, la source d'avan« tages que les fabricants qui ont obtenu des distinctions « semblables ou analogues doivent seuls partager avec lui. « Ce qui rend, d'un autre côté, le concurrent vulnérable, « c'est qu'il a voulu frauduleusement se parer aux yeux du « public d'une recommandation officielle qui ne lui appar« tenait pas, et attirer ainsi à sa fabrication l'honneur et les « profits que d'autres avaient seuls le droit de revendiquer.

(1) V. *Observ.*, Pataille.65.437.

« Or, cela posé, il importe évidemment peu que celui qui « dénonce l'usurpation déloyale d'une médaille n'ait obtenu « qu'une mention honorable ; il n'en a que peut-être plus le « droit de se plaindre, puisque son concurrent tend à se « faire passer non pas seulement comme son égal, mais même « comme son supérieur. Évidemment aussi, il n'importe que « la distinction réellement obtenue et celle usurpée se ratta- « chent à la même exposition, ou à des expositions différen- « tes, puisque, dans l'un et l'autre cas, il y a droit honora- « blement acquis et officiellement proclamé, et, de l'autre, « manœuvre frauduleuse, concurrence déloyale et nuisi- « ble (1). »

Jugé toutefois, en sens contraire, qu'il n'appartient pas aux tribunaux d'apprécier dans quelle limite sont coupables les industriels qui se parent de médailles, sans mérite, cherchant à surprendre la bonne foi du public au détriment de ceux qui, dans des luttes internationales, ont obtenu des récompenses dues à leur intelligente initiative et à leurs labeurs incessants ; c'est au Gouvernement seul qu'échoit la mission de réglementer la matière, afin que la crédulité publique ne puisse être surprise ; en tout cas, un industriel n'est recevable à se plaindre de cette usurpation qu'autant qu'il justifie lui-même avoir obtenu une médaille semblable (Bordeaux, 9 janv. 1865, aff. Durand, Pataille.65.437).

528. Les médailles sont personnelles. — Les médailles sont des récompenses personnelles à celui qui les a méritées et reçues ; elles ne sauraient être l'objet d'un trafic, et le commerçant qui, dans une exposition, par exemple, n'a pas été récompensé, ne pourrait acheter, d'un autre plus heureux, le droit de faire figurer sur ses annonces, factures et prospectus la médaille attribuée à celui-ci. Le contraire serait évidemment immoral. De même, à la dissolution d'une société qui aurait obtenu une récompense, l'un des anciens associés, qui ne serait pas d'ailleurs le continuateur de la société, ne pourrait se prévaloir des récompenses dont elle aurait été honorée.

---

(1) V. Sir.65.2.129, *la note*. — V. aussi Mayer, n° 28.

529. Jurisprudence. — Il a été jugé en ce sens : 1° que les médailles honorifiques, par exemple des médailles décernées dans un concours agricole, sont personnelles et incessibles ; il n'est donc pas licite à un commerçant de se prévaloir de médailles qu'il n'a pas obtenues lui-même, sous prétexte qu'il aurait acheté du titulaire le droit de s'en servir : spécialement, un boucher ne peut faire figurer sur son enseigne ou sur ses factures des médailles qui appartiennent aux éleveurs auprès desquels il s'approvisionne, encore que ceux-ci lui auraient cédé ce droit (Paris, 12 mai 1865, aff. Fléchelles, Pataille.65.342) ; 2° que les médailles décernées dans les concours agricoles sont des distinctions honorifiques et purement personnelles, que l'Administration décerne aux éleveurs de bestiaux à titre d'encouragement et de récompense, dans un but d'intérêt public, et qui, par suite, ne peuvent faire l'objet d'un trafic ou d'une transmission de personne à personne : en conséquence, l'acquéreur de bestiaux, qui, en les achetant, s'est réservé de les exposer, ne saurait garder pour lui les médailles que peut mériter l'exposition de ces bestiaux ; quelles que soient les conventions des parties, lesdites médailles reviennent à l'éleveur ; il n'y a pas lieu d'ailleurs de distinguer entre la valeur matérielle et la valeur honorifique des médailles, qui appartiennent à l'éleveur tout à la fois comme récompense et comme objet matériel (Lyon, 8 nov. 1865, aff. Michon, Pataille.65.439) ; 3° que les médailles, obtenues par une société commerciale à une exposition, constituent à son profit une propriété intransmissible, et, dès lors, en cas de dissolution de cette société, les associés sont fondés à s'opposer à ce que l'un d'eux continue à s'en prévaloir sur ses prospectus ou cartes de voyage (Orléans, 3 fév. 1869, aff. Breton, Sir. 69.2.151) ; 4° que, lorsque à la dissolution d'une société chacun des associés s'est réservé le droit de se dire l'un des successeurs de la maison dissoute, il y a contravention à cette clause dans tout acte par lequel l'une des parties tend à faire croire au public qu'elle est l'unique successeur, notamment si elle se présente dans ses annonces comme ayant obtenu en son nom privé des récompenses décernées à la société, lorsqu'elle existait, ou si, par l'omission de son prénom, elle cherche à créer une confusion entre sa raison de commerce et celle de l'ancienne société ; il appartient en ce cas aux tribunaux d'ordonner telles mesures qu'ils jugent utiles pour empêcher les effets de cette concurrence déloyale (Paris, 20 nov. 1846, aff. Dupuy, J. Pal.46.2.731).

530. *Quid* **du successeur ?** — Quelque personnelles que soient les médailles ou récompenses obtenues dans les expositions ou dans les concours, nous ne pensons pas qu'on puisse dénier au successeur, c'est-à-dire au continuateur de la personne récompensée, le droit de s'en prévaloir, quand le prédécesseur, du reste, l'y a formellement autorisé. Ces récompenses s'adressent en effet à la maison de commerce presque autant qu'au chef qui la dirige. Nous ferions exception, cependant, pour le cas où la vente aurait lieu par autorité de justice et sans la volonté du commerçant, on peut même dire contre sa volonté. Comme, en ce cas, il conserve le droit de se rétablir, il doit conserver le droit de se parer des médailles qu'il a obtenues. Du reste, pour couper court à toute difficulté, le successeur fera bien, dans tous les cas, de stipuler le droit, pour lui-même, d'user de ces médailles et d'en rappeler la distinction (1). Nous excepterions aussi, bien entendu, ces titres ou diplômes qui sont inséparables de la personne qui les a obtenus, et par cela même ne s'adressent en aucune façon à l'établissement commercial ; ainsi le pharmacien, qui était interne des hôpitaux ou lauréat de la Faculté, ne pourrait autoriser son successeur à se parer lui-même de ces titres. Cela nous semble de toute évidence (2).

Il a été jugé que, lorsqu'une société vient à se dissoudre, par exemple à la suite d'une faillite, et que le fonds de commerce est vendu, celui des associés qui a obtenu seul des médailles ou autres distinctions honorifiques à la suite de concours industriels, a seul le droit de s'en prévaloir : ces distinctions, étant absolument personnelles, ne peuvent être l'objet d'une cession (Trib. comm. Seine, 14 juin 1876, aff. Lavandier, Pataille. 77.40).

531. *Quid* **de l'approbation des corps savants ?** — Il tombe sous le sens que les approbations des corps savants

(1) V. Mayer, n° 28.
(2) V. toutefois Paris, 7 mars 1864, aff. Dorvault, Dall.66.1.342.

sont personnelles à ceux qui les ont méritées : ainsi un constructeur présente une machine à la Société d'encouragement; cette société nomme une commission qui examine la mécanique et fait un rapport dans lequel elle en loue l'habile construction. Nul autre que ce constructeur n'aura le droit d'insérer ce rapport dans ses circulaires, annonces et prospectus. Il en serait de même, pour les médicaments, de l'approbation de l'Académie de médecine. Ici, pourtant, signalons une difficulté. On sait que tout médicament, non inscrit au Codex ou non encore approuvé par l'Académie de médecine, est considéré comme remède secret, et, à ce titre, prohibé. Dès lors, quand un médicament nouveau est présenté à l'Académie et qu'elle l'approuve, ne peut-on pas dire que c'est un laissez-passer qu'elle donne au médicament, et que tous les pharmaciens, autorisés par cela même à le fabriquer, sont implicitement autorisés à rappeler l'approbation de l'Académie de médecine? Nous ne le pensons pas, au moins en principe. L'effet de l'approbation du corps savant est de permettre à tout pharmacien de fabriquer le médicament approuvé; chacun d'eux peut donc le fabriquer librement sans craindre aucune poursuite ; quant à l'approbation en elle-même, elle demeure personnelle au premier préparateur, qui a présenté le médicament à l'Académie et dont la formule a été approuvée. Sans cela, que resterait-il au premier préparateur? L'invention d'un médicament ne peut être protégée par un brevet, et notre loi, dans l'intérêt de la santé publique, refuse tout privilège en cette matière. L'inventeur n'a d'autre ressource que de présenter sa découverte à l'Académie de médecine et d'obtenir son approbation. Il est donc bien juste qu'elle lui reste. C'est le moins que l'on puisse faire.

Il a été jugé en sens contraire : 1° que tout pharmacien, qui fabrique un produit d'après une formule approuvée par l'Académie de médecine, est en droit de rappeler l'approbation obtenue, à la condition que la mention qu'il en fait soit accompagnée de quelque indication propre à prévenir toute erreur sur la provenance du produit (Bordeaux, 6 fév. 1873, aff. Torchon, Pataille.77.226); 2° que le fait qu'un médicament ait été approuvé par l'Académie de médecine ne donne pas au préparateur du médicament, sur la préparation duquel l'approbation a été donnée, le droit de se prévaloir seul de cette approbation et d'en interdire la mention à un concurrent qui fabriquerait le même médicament d'après la même formule; cette approbation ne doit être appréciée que comme élément de confusion dans l'ensemble d'une action en concurrence déloyale (Paris, 14 mars 1876, aff. Pauliac, Pataille. 78.243);—3° Jugé pourtant que le fait par un pharmacien, en préparant suivant son droit un produit médicamenteux spécial, de copier les extraits des avis favorables que le premier préparateur de ce produit a personnellement obtenus, constitue un fait de concurrence déloyale (Paris, 4 mars 1859, aff. Fournier (1), Le Hir. 65.2.285).

SECTION III.

Titre d'élève, ouvrier, associé, etc.

SOMMAIRE.

532. Du droit de rappeler sa qualité d'élève d'un tel; distinction.— 533. Premier système; négation absolue du droit. — 534. *Jurisprudence.*—535. Deuxième système; affirmation absolue du droit.— 536. *Jurisprudence.*— 537. Troisième système; la solution est subordonnée aux faits.— 538. *Jurisprudence.*— 539. *Quid* du nom du prédécesseur? — 540. A qui appartiendrait, en tout cas, le titre d'élève? — 541. Droit du successeur. — 542. *Quid* du titre d'ancien ouvrier, contre-maître, etc.? — 543. *Jurisprudence.* — 544. *Jurisprudence* (suite).— 544 *bis. Jurisprudence* (suite). — 545. *Quid* de la qualité d'ancien associé? — 546. *Quid* de la qualité de fils, neveu, etc.? — 547. *Jurisprudence.*

532. Du droit de rappeler sa qualité d'élève d'un tel; distinction. — Peut-on, lorsque d'ailleurs le fait est vrai, rappeler qu'on a fait son éducation industrielle chez tel fabricant et se dire son *élève?* Ne peut-on, au contraire, prendre cette qualité qu'avec l'autorisation de son ancien patron? C'est là une question fort discutée et sur laquelle des

(1) V. aussi Trib. corr. La Roche-sur-Yon, 9 déc. 1881, aff. Briand, *Rég. intern.* 82.43.

divergences se sont produites. Nous présenterons séparément chacune des opinions qui se sont fait jour.

533. Premier système ; négation absolue du droit. — M. Blanc refuse absolument à l'*ancien ouvrier*, *élève* ou *apprenti*, le droit, lorsqu'il s'établit, d'invoquer cette qualité. « Il suffit, dit-il, pour repousser cette doctrine, « de remarquer qu'un ouvrier inintelligent ou qui n'aura « pas su profiter des leçons qu'il aura reçues, pourra, par la « désignation d'*élève* ou d'*apprenti*, discréditer le nom de « celui qui fut son maître. C'est donc à tort, selon nous, « qu'on autoriserait l'ancien apprenti à se servir de cette « désignation, même en lui imposant l'obligation de ne pas « faire ressortir d'une manière trop ostensible le nom de son « maître; c'est là une demi-mesure que rien ne justifie et « qui ne remédie à rien (1). »

M. Gastambide est du même avis. « Il est tel fabricant, « dit-il, qui, dans une longue carrière, fait un très grand « nombre d'élèves, et, si chacun d'eux pouvait prendre ce « titre et se servir indirectement du nom de ce fabricant, il « en résulterait pour ce dernier, pour ses successeurs ou pour « ses enfants, un préjudice réel (2). »

M. Huard admet également sans hésitation que nul ne peut, sans autorisation, prendre, sur son enseigne ou dans ses prospectus, le titre d'*élève*, *apprenti*, *ouvrier*, non plus que celui de *fils*, *gendre*, *veuve*, *cousin*, *neveu*, etc. La raison qu'il en donne, c'est que le nom est la propriété exclusive de celui qui le porte et que nul n'a le droit de s'en servir. « Après une longue carrière, dit-il, parcourue avec éclat, un « fabricant aurait eu un grand nombre d'ouvriers, qui, chacun « en détail, le dépouilleraient d'une partie de sa clientèle. « Que pourrait-il léguer à un successeur? un établissement « amoindri par ces usurpations, et, en tout cas, condamné « nécessairement à se confondre avec tous ceux qui portent « le nom du maître sur leur enseigne. Et, du reste, si on « examine de plus près ce titre d'ouvrier ou d'élève, que

---

(1) Blanc, p. 715.
(2) Gastambide, p. 469.

« prouve-t-il? rien, absolument rien. On n'est pas un com-
« merçant de mérite parce qu'on a eu un patron remarquable.
« Tel mécanicien habile a des apprentis fort maladroits; tel
« négociant, d'une loyauté à toute épreuve, a des employés
« infidèles. Ces titres d'apprenti, d'ouvrier, d'élève, n'ont
« donc aucune signification sérieuse, et leur emploi, si dan-
« gereux dans des mains déloyales, doit être sévèrement
« interdit (1). »

534. Jurisprudence. — Il a été jugé, conformément à ces principes : 1° que, le nom d'un fabricant ou d'un commerçant étant une propriété privative, l'apprenti doit obtenir l'agrément de son patron pour se servir du nom de celui-ci, et notamment pour dire sur ses factures et prospectus qu'il a été son élève (Paris, 4 mars 1863, aff. Cretté, Pataille.63.173); 2° que nul ne peut, s'il ne justifie ni d'un contrat d'apprentissage, ni d'une autorisation, prendre le titre d'élève d'un fabricant, et l'acquéreur du fonds peut lui faire défense de se servir du nom de son ancien patron, de quelque manière et sous quelque forme que ce soit (Trib. comm. Seine, 19 juill. 1866, aff. Tessereau, Teulet.16.14).

535. Deuxième système; affirmation absolue du droit. — M. Bédarride, au contraire, accorde sans restriction à l'élève ou à l'apprenti le droit de rappeler sa qualité.
« Le contrat qui intervient entre lui, dit-il, et le patron, est
« un contrat synallagmatique en vertu duquel, moyennant
« un prix convenu soit en argent, soit en un travail gratuit
« pendant une durée déterminée, ce dernier se charge et
« s'oblige d'initier celui-là à la pratique de l'industrie qu'il
« exerce, de lui donner connaissance de ses procédés les plus
« secrets, de lui communiquer tous ses moyens de fabrication.
« Le plus souvent, ce qui aura déterminé les sacrifices que
« s'impose la famille de l'élève ou de l'apprenti, ce sera la
« grande réputation du patron, dont le reflet doit si puissam-
« ment influer sur l'avenir commercial ou industriel de celui

---

(1) V. l'article de M. Huard dans la *Prop. ind.*, n° 169. — Les nombreux arrêts qu'il cite, sans en donner le texte, ne doivent pas être tous admis sans examen.

« qu'on le charge de diriger et d'instruire. Or, comment cet « avantage, en vue duquel on a évidemment contracté, sera-« t-il réalisé, s'il est interdit à l'élève ou à l'apprenti de « prendre cette qualité et d'indiquer ainsi l'excellente école « dont il sort (1)? »

Quant à l'objection tirée par M. Blanc de ce qu'un apprenti inintelligent et qui n'a pas su profiter des leçons reçues pourra discréditer le nom de son maître, M. Bédarride répond, avec beaucoup de sens, que M. Blanc fait le public plus sot qu'il n'est. « Se dire élève ou apprenti, dit-il, c'est annoncer au « public qu'on a été à bonne école, mais non qu'on s'est assi-« milé au maître, qu'on a acquis ses aptitudes, son habileté, « son intelligence. »

536. **Jurisprudence.** — Il a été jugé en ce sens : 1° que le fait d'une énonciation vraie en elle-même, inhérente à la personne qui se l'attribue, ne peut être reprochable, surtout lorsqu'elle n'a pour but que de faire jouir celui qui s'en sert des avantages qu'il doit attendre et cherche à retirer de son travail; lors donc qu'un individu a été réellement l'élève d'un fabricant, on ne comprendrait pas que les tribunaux pussent lui défendre de déclarer la vérité; la cause se réduit, en pareil cas, à savoir si la qualification qu'il a prise doit lui appartenir; autre chose toutefois est la qualité d'élève et celle d'ouvrier : l'élève est celui qui reçoit les leçons du maître et apprend son art, sous sa direction directe; il n'appartient, dans aucun cas, à celui qui n'a été qu'ouvrier, de s'intituler élève (Paris, 24 avril 1834, aff. Dujarriez, Sir.34.2.262); 2° que les apprentis d'un fabricant qui ont payé leur apprentissage, soit en argent, soit en travail, peuvent mettre sur leurs enseignes le titre d'élèves de ce fabricant (Trib. comm. Seine, 17 juin 1837, *le Droit*, 18 juin); 3° que celui qui a travaillé chez un patron en qualité d'élève a le droit, plus tard, lorsqu'il s'établit à son tour, de rappeler cette qualité sur ses prospectus et de s'en prévaloir (Paris, 5 mars 1839, aff. Thiboumery et Dubosç, J.Pal.39.1.280) ; 4° qu'il appartient à celui qui a

(1) Bédarride, n° 751. — V. également Calmels, n° 169. — V. Dalloz, v° *Industrie*, n°s 82 et 360.

travaillé longtemps dans la maison d'un fabricant et lui a ensuite succédé, de prendre le titre d'élève dudit fabricant et de possesseur de ses procédés; il ne peut, toutefois, se dire *seul* élève et *seul* possesseur, alors qu'un autre individu a occupé la même situation dans l'établissement, et il ne peut empêcher ce dernier de rappeler, lui aussi, cette qualité (Trib. comm. Le Havre, 16 mars 1858, aff. Rivière, *le Droit*, 6 sept.); 5° qu'une fille, qui a appris son état sous la direction et dans les ateliers de sa mère, a le droit de rappeler sur ses factures et enseignes sa double qualité d'élève et de fille; on ne saurait notamment lui reprocher de prendre le titre d'élève, qui n'appartient d'ordinaire qu'à celui qui a accompli un contrat d'apprentissage à titre onéreux, par la raison que l'éducation professionnelle d'une fille chez sa mère ne peut être l'objet d'un contrat de cette nature; toutefois, la fille, en ce cas, n'a pas le droit de joindre au nom de famille de sa mère un autre nom qui n'était pas le sien et n'y était mis que comme faisant partie de la raison commerciale de la maison que sa mère dirigeait (Trib. comm. Seine, 1er juin 1855, aff. Oudot et Manoury, Pataille.55.160).

537. Troisième système; la solution est subordonnée aux faits. — Dans un système intermédiaire, que nous croyons, pour notre part, le seul justifié, on admet qu'il n'y a pas de règle absolue, et que la solution est, dans tous les cas, subordonnée aux circonstances de fait de chaque espèce. « Nous pensons, dit M. Rendu, que l'indication de la « qualité d'élève ou de parent d'un tel, sans être interdite « d'une façon absolue, devrait l'être néanmoins toutes les « fois qu'il en résulterait ou pourrait résulter une confusion « nuisible; quand, par exemple, le fabricant ferait ressortir « sur l'enseigne le nom de son maître ou de son parent autant « et plus que le sien propre; quand, d'après les circon- « stances, le public pourrait être induit dans la fausse opi- « nion que le maître ou le parent antérieurement établi est « remplacé par son élève ou son parent; quand, enfin, il « serait justifié que c'est l'apposition du nom de l'ancien « fabricant qui fait, au détriment de celui-ci, la vogue et « l'achalandage du nouveau. La question surtout ne nous « paraîtrait pas un instant douteuse, et la prohibition de

« prendre le nom d'élève ou fils d'un tel devrait être rigou-
« reusement prononcée, s'il existait un successeur du premier
« fabricant avec lequel le public pourrait confondre soit l'élève,
« soit même le fils qui, sans avoir régulièrement succédé à son
« père, aurait fondé un établissement analogue au sien. Il
« n'y a, du reste, aucune raison de distinguer à cet égard
« l'indication de la qualité de fils ou de gendre de celle de
« neveu, de cousin, ou de tout autre degré de parenté (1). »
Comme un arrêtiste le remarque avec raison, il n'y a pas, en cette matière, de règle de jurisprudence, encore moins un principe rigoureux de droit. L'expérience démontre, en effet, que, dans les débats de cette nature, la liberté du commerce, quand elle se maintient dans les limites d'une loyale concurrence, et la bonne foi des parties, sont pour elles les meilleures règles de conduite et pour les tribunaux les plus sûrs éléments de décision (2).

538. **Jurisprudence** (3). — Il a été jugé dans cet ordre d'idées : 1° que celui qui souscrit un engagement avec une personne en réputation dans un genre d'industrie et se soumet à lui payer une somme pour recevoir ses leçons ou à lui consacrer gratuitement un temps déterminé, a nécessairement l'intention de recueillir le prix de ses sacrifices et de se présenter plus tard comme l'élève de celui qui jouit de la confiance ou de la faveur du public ; si le chef d'une industrie en réputation croit qu'il puisse résulter pour ses intérêts un préjudice de la création d'établissements semblables au sien par ceux qui recevraient ses leçons, il est libre de n'en pas donner et de ne pas former d'élèves ; mais on ne saurait lui reconnaître le droit, après avoir effectivement donné des leçons et en avoir obtenu le prix, d'interdire à ceux qui les ont reçues pendant le temps déterminé de se dire ses élèves et de se présenter avec ce titre à la confiance publique : mais l'énonciation d'un fait vrai cesse d'être licite, quand elle est faite dans l'intention ou de manière à nuire à autrui, par exemple

---

(1) Rendu, n° 487.

(2) V. *J. Pal.* 39.1.280, *la note*.

(3) V. aussi Trib. civ. Seine, 11 déc. 1838, aff. Harel, *Gaz. Trib.*, 12 décembre.

lorsque le nom du maître est écrit en caractères plus grands et plus apparents que les autres ; les tribunaux peuvent, en ce cas, prescrire les modifications qu'ils jugent nécessaires pour concilier les intérêts respectifs de l'élève et du maître, ordonner notamment que le nom de celui-ci devra figurer dans l'enseigne en caractères d'une dimension moindre que ceux de l'élève ou de l'apprenti (Trib. comm. Seine, 13 oct. 1841, aff. Batton, *Gaz. Trib.*, 18 oct.); 2° qu'il y a concurrence déloyale de la part de celui qui, sous prétexte qu'il aurait été élève d'un industriel en renom, a soin de disposer sa marque de façon à imiter le plus possible celle de son ancien patron et à mettre en relief le nom de ce dernier (Paris, 29 août 1845, aff. Renault (1), cité par Blanc, p. 715); 3° qu'en tout cas il y a concurrence déloyale de la part de celui qui prend sans droit le titre d'*élève* d'un fabricant en renom dont il n'a été que l'apprenti, au préjudice de son successeur, alors surtout qu'il a soin de mettre le nom de son ancien patron en caractères très apparents et de dissimuler le mot *élève* sous des caractères imperceptibles (Paris, 4 mars 1863, aff. Crétté, Pataille. 63.173).

539. *Quid* **du nom du prédécesseur ?** — A quelque opinion qu'on se range sur la question précédente, on est du moins d'accord pour reconnaître que l'élève et l'apprenti ne sont nullement autorisés à ajouter sur leurs enseignes, au nom de leur maître, celui du prédécesseur de ce dernier. A quel titre ce nom pourrait-il figurer dans l'enseigne d'un autre que le successeur direct? De quel droit l'élève d'un fabricant rappellerait-il les maîtres de son maître? En quoi a-t-il profité de leur science? Quel lien l'unit à eux (2)?

540. A qui appartiendrait, en tout cas, le titre d'élève ? — En tout cas, nul n'a le droit de se qualifier *élève* que dans des circonstances spéciales et alors qu'il a payé

---

(1) V. les motifs du jugement qui ont été adoptés par la Cour : Trib. comm. Seine, 16 oct. 1844, *Gaz. Trib.*, 18 octobre.

(2) V. Trib. comm. Seine, 17 juin 1837, *le Droit*, 18 juin ; Trib. comm. Seine, 9 déc. 1838, aff. Bellenger, *Gaz. Trib.*, 6 déc.

pour apprendre un art quelconque. Cette qualité ne saurait donc appartenir à un simple commis, notamment à un teneur de livres (1).

541. Droit du successeur. — Supposez qu'un fabricant ait autorisé un de ses élèves à rappeler cette qualité; cette autorisation est-elle absolue, définitive, sans révocation possible? Le successeur, par exemple, peut-il revenir sur l'autorisation donnée, peut-il la reprendre? Nous ne le pensons pas, à moins, bien entendu, que l'élève, par un changement quelconque dans sa façon d'user de l'autorisation, par exemple, en dissimulant le mot *élève*, n'organise contre le successeur une concurrence déloyale; cela nous paraît de toute justice.

Jugé, en ce sens, que l'acquéreur d'un fonds de commerce a seul pouvoir d'exercer les droits et privilèges attachés audit fonds; en conséquence, il a seul pouvoir d'autoriser d'anciens élèves de son prédécesseur de prendre ce titre dans leur commerce; il est, par suite, en droit de demander la suppression de ce titre, encore que son prédécesseur, quoique retiré du commerce, ait autorisé l'usage de ce titre, et alors surtout que ceux qui s'en parent en font un moyen de concurrence déloyale (Trib. comm. Seine, 27 oct. 1863, aff. Dubois (2), Pataille.64.187).

542. *Quid* **du titre d'ancien ouvrier, contre-maître, etc. ?** — Il n'en est pas tout à fait du titre d'ancien ouvrier, d'ancien contre-maître, comme du titre d'élève. Nous admettons volontiers, en principe, qu'un ancien élève puisse être autorisé à rappeler ce titre, alors du moins qu'il n'en abuse pas pour faire une concurrence déloyale à son maître ou au successeur de son maître; entre le maître et l'élève, en effet, il existe un véritable contrat; le premier accepte de transmettre au second quelque chose de ses connaissances propres,

---

(1) V. Trib. comm. Seine, 16 oct. 1844, aff. Renault, *Gaz. Trib.*, 18 oct., et l'arrêt confirmatif du 29 août 1845, cité par Blanc, p. 715. — V. aussi Paris, 24 avril 1834, aff. Dujarriez, Sir. 34.2.262.

(2) En fait, les défenderesses prenaient bien la qualité d'*élèves d'Alexandrine*, mais avaient le soin de dissimuler le mot *élèves* pour mettre en relief celui d'*Alexandrine*.

de sa science. Un lien étroit rattache l'élève au maître, et l'on conçoit que l'élève ait quelque orgueil à le rappeler. Nous admettrions déjà plus difficilement l'ancien contre-maître à se prévaloir de sa qualité. La fonction de contre-maître ne suppose aucune initiation particulière, aucun enseignement intime, comme il arrive du maître à l'élève. Dès lors, pourquoi en rappeler le souvenir? D'ailleurs, après combien de temps passé dans une manufacture pourra-t-on se prévaloir de son titre d'ancien contre-maître? Suffira-t-il de quelques jours, de quelques mois? Pourra-t-on s'en prévaloir, même si l'on a été renvoyé? Tout cela est à considérer et établit, selon nous, une ligne de démarcation très nette entre l'élève et le contre-maître.

Quant à l'ouvrier, au simple employé, il faut décider qu'ils ne peuvent rappeler leur qualité; ce que nous disons du contre-maître s'applique à eux d'une manière complète. MM. Gouget et Merger sont moins absolus. « La qualité « (d'ancien ouvrier), disent-ils, ne doit pas être permise, « quand on ne l'a pas acquise par une longue et utile colla- « boration; quand on en use moins pour recommander ses « antécédents que pour s'en faire un moyen de concurrence, « et qu'on vient, par exemple, élever un établissement rival « auprès de celui de son maître. Mais, si la distance des deux « établissements et d'autres circonstances de cette nature « éloignent l'idée d'une rivalité dangereuse, s'il s'agit sur- « tout d'un de ces ouvriers dont l'habileté non contestée a « concouru puissamment à la renommée et à la fortune d'un « patron qui se contentait de surveiller les opérations géné- « rales de sa maison et d'y mettre des capitaux, la désignation « d'*ancien ouvrier de...* lui serait bien acquise et ne lui « serait pas refusée par les tribunaux (1). »

543. Jurisprudence (2). — Il a été jugé d'une façon abso-

---

(1) Gouget et Merger, vº *Enseigne*, nº 43. — V. anal. Trib. comm. Seine, 19 janv. 1836, *Gaz. Trib.*, 20 janv.

(2) V. Trib. comm. Seine, 2 mai 1844, aff. Théry, *Gaz. Trib.*, 3 mai; Trib. comm. Seine, 18 juill. 1845, aff. Loise, *Gaz. Trib.*, 19 juill.; Trib. comm., 12 mars 1850, aff. Quiquandon, Le Hir.50.2.206; Trib. civ. Seine, 27 déc. 1863, aff. Cohen, Pataille.63.143.

lue : 1° que les simples employés d'une maison de commerce n'ont pas le droit, après en être sortis et s'être établis à leur tour, de se recommander du nom de leur ancien patron; ils n'ont pas davantage le droit de se prévaloir de travaux faits par eux dans la maison de leur patron et dont ils prétendraient s'attribuer le mérite ; un employé ne saurait, en effet, revendiquer, en dehors du patron de la maison de commerce à laquelle il a été attaché, le droit de conserver, dans les travaux auxquels il a participé, son individualité vis-à-vis du public (Trib. comm. Seine, 23 janv. 1857, aff. Mayer et Pierson (1), Le Hir.58.2.291); 2° que le fait, par un ancien employé d'une maison de commerce, d'invoquer cette qualité sur ses cartes, lettres et enseignes, et de s'en servir dans l'intérêt d'une maison rivale fondée par lui, donne ouverture à une action en concurrence déloyale ; les tribunaux, en ce cas, peuvent lui faire défense de se servir du nom de son ancien patron, sous quelque forme que ce soit (Paris, 26 août 1864, aff. Léger, Pataille.64.415) ; 3° que le contre-maître d'une fabrique ne peut, lorsqu'il s'établit lui-même, se prévaloir dans ses annonces et prospectus de son ancienne qualité, s'il n'en a pas obtenu l'autorisation (Trib. comm. Seine, 20 fév. 1867, aff. Roche, Teulet.16.219) ; 4° que l'ancien contre-maître d'une fabrique, qui fonde un établissement du même genre, n'a pas le droit de prendre cette qualité dans ses factures et prospectus ; ce droit n'appartient qu'à celui qui a rempli un contrat d'apprentissage à titre onéreux (Trib. comm. Seine, 9 janv. 1868, aff. Alexandre, Pataille.69.95); 5° que le contre-maître d'une fabrique, médaillé en cette qualité à l'Exposition universelle de 1867, ne saurait puiser dans cette récompense purement honorifique le droit, s'il vient à s'établir, de se servir, dans l'établissement qu'il crée, du nom de ses anciens patrons, ni même de se prévaloir vis-à-vis du public, soit sur

(1) En fait, deux anciens employés de Mayer et Pierson avaient mis sur leur enseigne : « Herlisch, Wust et Comp., ex-artistes de la maison « Mayer et Pierson, où ils ont eu l'honneur de peindre les portraits photographiques de LL. MM. l'empereur et l'impératrice, ainsi que des « principaux dignitaires de la couronne des rois de Wurtemberg et de « Portugal, Abd-el-Kader, etc. »

son enseigne, soit sur ses factures, annonces et prospectus, de ce qu'il a été employé dans leur maison (Trib. comm. Seine, 10 mars 1869, aff. Pinaud et Amour, Pataille. 69.122).

544. Jurisprudence (*suite*). — Il a été jugé, — mais ici les décisions constatent expressément le caractère déloyal de la concurrence faite au patron — : 1° qu'on n'a pas le droit de prendre le titre d'*ancien ouvrier* d'un fabricant, alors du moins que le nom du fabricant est en lettres apparentes et la qualification d'ouvrier en lettres microscopiques (Trib. comm. Seine, 11 janv. 1836, aff. Desprez (1), *Gaz. Trib.*, 20 janv.); 2° qu'un ouvrier qui a travaillé chez un fabricant, et qui s'établit ensuite à son compte, ne peut prendre sur ses enseignes et prospectus le titre de *premier ouvrier* de tel fabricant pendant tant d'années, alors, d'une part, qu'il n'a jamais été premier ouvrier, et que, d'autre part, il est constant qu'il n'a pris ce titre que dans un but de concurrence déloyale (Trib. comm. Seine, 21 mars 1850, aff. Gotten, Le Hir. 50.2.206); 3 que la justice et l'équité exigent qu'il soit fait une répression sévère de toutes les manœuvres qui pourraient déplacer la clientèle qu'une maison s'est acquise par la loyauté de ses opérations; il doit donc être interdit à un ancien employé d'une maison de commerce, qui a fondé un établissement rival de cette maison, de prendre dans ses factures, adresses et annonces, la qualité d'*employé pendant quatorze ans de ladite maison*, alors que des circonstances de la cause, notamment de l'impression en gros caractères du nom de cette maison et de la rédaction des prospectus, où il s'annonce comme héritier des traditions d'honneur et de probité de la maison, il résulte à l'évidence qu'il n'agit que dans un but de concurrence déloyale (Trib. comm. Bordeaux, 7 janv. 1851, aff. Bahans, Le Hir. 52.2.232); 4° qu'il n'est pas permis à l'ancien employé d'une maison de commerce, lorsqu'il vient à s'établir, de rappeler sur son enseigne cette qualité; il en

---

(1) V. aussi Trib. comm. Seine, 11 avril 1864, aff. Fould, Pataille. 64. 323; Trib. comm. Seine, 1er déc. 1853, aff. Trelon, *le Droit*, 3 décembre.

est du moins ainsi, lorsque cette qualification n'est prise que dans un but de concurrence déloyale, notamment lorsqu'elle est prise juste au moment où l'établissement de l'ancien patron est fermé pour cause d'embellissements et de réparations (Trib. comm. Seine, 5 déc. 1838 (1), aff. Bellenger, *Gaz. Trib.*, 6 déc.).

544 *bis*. **Jurisprudence** (*suite*). — Il a encore été jugé : 1° qu'un ancien employé ne saurait se prévaloir, auprès d'une nouvelle clientèle qu'il cherche à créer, du nom de son ancien patron (Trib. comm. Seine, 30 mars 1876, aff. Courtois, Pataille.76.111) ; 2° qu'un simple commis intéressé n'a pas le droit, en quittant son patron, de répandre des circulaires dans lesquelles il annonce qu'il cesse de faire partie de la maison, et de se servir ainsi du nom de son ancien patron auprès du public (Lyon, 2 juillet 1875, aff. Magnan et Rulat, Pataille.76.294) ; 3° qu'il y a concurrence déloyale de la part de l'employé qui, avant l'expiration de son engagement et pendant la dernière tournée de voyage qu'il a faite pour sa maison, sollicite les clients en faveur de la maison qu'il se propose de créer lui-même (même arrêt) ; 4° qu'en tout cas il ne saurait être permis à un ouvrier, qui a travaillé dans une maison, de chercher à attirer à lui la clientèle de ladite maison, en annonçant qu'il est possesseur de ses procédés de fabrication ; ce fait constitue évidemment un acte de concurrence déloyale (Trib. comm. Seine, 20 juin 1854, aff. Rosset, Le Hir.55.2.317).

545. *Quid* **de la qualité d'ancien associé ?** — A-t-on le droit, quand on a fait partie d'une société, de rappeler ce fait et de se dire *ancien associé de...?* M. Bédarride se prononce pour l'affirmative. « C'est là sans doute, dit-il, spéculer « sur la notoriété que la société avait obtenue et méritée ; « mais indiquer la participation qu'on a eue aux affaires so- « ciales, ce n'est pas s'annoncer comme leur ayant immédia- « tement succédé, ce serait plutôt le contraire, puisque, dans « ce cas, on se dirait non associé, mais successeur de la so-

---

(1) Il s'agissait d'un ancien chef du restaurant *les Frères provençaux*.

« ciété. D'ailleurs, cette énonciation mentionne un fait vrai, « inhérent à la personne qui se la donne (1). »

M. Blanc pense aussi que l'ancien associé, à la différence de l'élève ou de l'apprenti, est en droit de rappeler cette qualité. « En effet, dit-il, l'associé a coopéré pour sa part au succès de l'établissement commercial. » Toutefois, M. Blanc ajoute qu'il peut se présenter des circonstances qui enlèveront à l'ancien associé le droit qu'il lui attribue en thèse générale (2).

Nous croyons, quant à nous, que la vérité est dans cette dernière remarque; il n'est, selon nous, ni possible ni sage de formuler une règle absolue; il appartient aux tribunaux, d'après les circonstances, d'autoriser ou d'interdire la mention de la qualité d'ancien associé.

Jugé, d'après ce principe, qu'un commerçant a le droit d'énoncer sur son enseigne le fait vrai qu'il a été l'associé d'une autre maison, encore existante, alors qu'il n'est pas démontré que cette énonciation soit dangereuse pour les intérêts de cette dernière, et que, d'ailleurs, toutes mesures sont prises dans les termes mêmes et les dispositions extérieures de l'enseigne, pour éviter toute confusion entre les deux établissements (Lyon, 21 mai 1850, aff. Casati, J.Pal. 50.2.64).

546. *Quid* **de la qualité de fils, neveu, etc.? —** Il est clair d'abord que, fils, neveu ou parent à n'importe quel degré, on est soumis aux règles qui régissent les homonymes. Un père, comme tout autre, a droit d'empêcher que son fils n'abuse de la similitude de son nom pour lui faire une concurrence déloyale. Il suit de là que, lorsque le père a cédé son commerce à un tiers, le fait par le fils, établi dans la même industrie, de rappeler sa filiation, sur son enseigne et ses prospectus, pourrait être de nature à faire croire qu'il est lui-même le successeur de son père, et constituerait le plus souvent un acte de concurrence déloyale.

M. Blanc partage cette opinion ; il pense que le successeur

(1) Bédarride, n° 761.
(2) V. Blanc, p. 715.

d'un commerçant peut s'opposer à ce que les enfants de son prédécesseur s'intitulent *fils* de ce dernier ; il pense qu'on doit également proscrire toute qualification qui désigne un degré de parenté, comme celle de *cousin*, *neveu*, *gendre*, etc. « En « effet, dit-il, une telle désignation ou n'a aucun sens, ce que « l'acheteur ne doit pas supposer, ou n'a d'autre significa- « tion que celle de *successeur*, et c'est précisément ce qu'on « ne doit pas tolérer, puisque cette signification a le double « inconvénient de n'être pas vraie et d'encourager la « fraude (1). »

M. Mayer dit également : « L'indication d'une parenté « vraie ne doit pas être prise au détriment de celui qui a fait « connaître le nom du fondateur ou de son successeur, de « façon à laisser supposer, ce qui n'est pas, un lien ou l'iden- « tité entre les maisons ; la qualité de fils, par exemple, ne « pourra pas toujours être annoncée dans le commerce, si le « père a eu un autre successeur et que les maisons doivent « se distinguer (2). »

547. Jurisprudence. — Il a été jugé à cet égard : 1° qu'il n'appartient pas au neveu d'un fabricant de rappeler cette parenté sur son enseigne, alors surtout que le mot *neveu* est mis en petites lettres, de façon à ne laisser apparent que le nom du fabricant (Trib. comm. Seine, 16 avril 1846, aff. Baillon, *Gaz. Trib.*, 17 avril) ; — 2° jugé, au contraire, que le gendre d'un négociant décédé a le droit de prendre sur son enseigne cette qualité, alors même que ce négociant aurait laissé un fils qui lui aurait succédé dans son commerce ; il y a lieu, toutefois, d'ordonner les mesures propres à empêcher toute confusion entre la maison du gendre et celle du fils, et, par exemple, d'ordonner que le premier mettra sur son enseigne : *gendre de feu un tel* (Bordeaux, 21 déc. 1841, aff. Varinot, *J. Pal.* 42.1.339) ; — 3° jugé encore que le successeur d'un commerçant n'a pas le droit d'empêcher le fils de son prédécesseur d'annoncer sa qualité sur ses enseignes (Trib. comm. Seine, 16 juin 1835, aff. Morin, *Gaz. Trib.*, 17 juin) ; —

(1) Blanc, p. 716. — Comp. Bédarride, n° 748.
(2) Mayer, n° 29.

4° jugé même, en principe, qu'on ne saurait refuser à tout individu le droit de faire usage de son nom et des qualités ou qualifications qui s'y rattachent pour l'exercice de son industrie, à la charge toutefois qu'il n'en soit point usé de manière à faire naître une confusion dans l'esprit du public entre ses produits et ceux d'une maison connue sous le même nom : spécialement, lorsqu'un commerçant, ayant plusieurs enfants, a laissé à sa mort un fonds de commerce qui est resté indivis sous la direction de sa veuve, l'un de ses gendres ne commet pas une concurrence déloyale par cela seul qu'en créant un établissement similaire dans le voisinage, il met sur son enseigne et ses factures les mots : *gendre de veuve X...*, alors du moins que rien n'indique de sa part l'intention d'établir une confusion et que, d'ailleurs, en fait, cette confusion est à peine possible (Bordeaux, 24 juin 1879, aff. Duthu, Pataille. 80.186) ; — 5° jugé, enfin, que le successeur d'un négociant a le droit de rappeler sa qualité de fils de son prédécesseur, au moins sous cette forme : *dit fils d'un tel*, alors que, n'étant en réalité que *beau-fils*, il a pourtant été présenté à la clientèle sous la qualité de *fils* (Paris, 26 août 1881, aff. Bizet, Pataille.82.191).

CHAPITRE IV.

OBLIGATIONS NAISSANT DE LA VENTE D'UN FONDS DE COMMERCE.

SECTION Ire.

Droits du successeur.

SOMMAIRE.

548. Nom ; droit du successeur. — 549. *Jurisprudence.* — 550. *Jurisprudence* (suite). — 551. *Jurisprudence contraire.* — 552. Le successeur doit indi-

quer sa qualité. — 553. *Jurisprudence.* — 553 *bis. Jurisprudence* (suite). — 554. *Quid* si le nom est devenu générique ? — 555. *Jurisprudence.* — 556. Obligations du vendeur. — 557. Droit du successeur vis-à-vis des héritiers du nom. — 558. Droits des héritiers du cédant. — 558 *bis. Jurisprudence.* — 559. *Quid* si les héritiers ont autorisé l'usage du nom ? — 559 *bis. Jurisprudence.* — 560. *Quid* de la raison sociale ? — 561. *Jurisprudence.* — 562. *Jurisprudence* (suite). — 563. Raison commerciale. — 563 *bis. Jurisprudence.* — 564. A qui appartient le titre de successeur ? — 565. *Quid* si le successeur change la nature d'un fonds de commerce ? — 566. *Jurisprudence.* 567. *Quid* si le vendeur a deux fonds de commerce ? — 568. *Quid* du fait de louer une maison ayant servi à un commerce ? — 569. *Quid* de l'ancien élève ? — 570. *Quid* si le mobilier industriel est seul vendu ? — 571. *Quid* en cas de résiliation ? — 572. *Quid* en cas de vente judiciaire ? — 573. *Quid* de la femme séparée de corps ? — 574. *Quid* de la veuve remariée ? — 575. Successeur ; mesures postales. — 576. *Jurisprudence.*

548. Nom ; droit du successeur. — Il arrive souvent, dans le commerce, que des maisons, habilement dirigées par les hommes qui sont à leur tête, prennent peu à peu le nom de leurs fondateurs et se l'identifient ; c'est ainsi qu'on voit à Paris la maison *Giroux*, la maison *Susse* et tant d'autres. Nul doute que, à ce point de vue, le nom ne constitue un signe distinctif de la maison qu'il sert à désigner, une sorte de marque, susceptible de se transmettre et de s'acquérir (1). Toutefois, le nom doit-il être assimilé à l'enseigne, et passe-t-il, comme elle, à défaut de conventions particulières, aux acquéreurs du fonds ?

Nous nous prononçons, en principe, pour l'affirmative. Il est évident, en effet, que celui qui achèterait l'une des maisons dont nous parlons plus haut serait, en partie au moins, déterminé par la notoriété du nom qu'elle porte, et qu'il attacherait à ce nom une importance d'autant plus grande que ce nom serait connu depuis longtemps, que sa réputation serait plus ancienne. C'est dans ce cas surtout qu'il est vrai de dire que l'achalandage et la clientèle ne sont rien ou peu de chose, séparés de l'enseigne ou du nom qui les attire et les fixe.

Quelle objection, d'ailleurs, le vendeur pourrait-il faire ?

---

(1) V. Poitiers, 12 juill. 1833, aff. Seignette, Dall.33.2.235.

S'il voulait que le droit d'user de son nom ne passât pas à son acquéreur, il n'avait qu'à stipuler cette réserve dans le contrat, et, ne l'ayant pas fait, il ne peut s'en prendre qu'à lui-même, si, conformément aux principes généraux, le pacte obscur s'interprète contre lui.

Peut-il objecter que la transmission de son nom avec le fonds est de nature à compromettre la réputation qu'il s'est créée, et que les fautes ou les désastres de son successeur peuvent rejaillir sur lui? Évidemment non. Comme l'a dit avec une parfaite justesse une décision du tribunal de la Seine (1), « il est manifeste que le nom finit par s'isoler com-« plètement de la personne du fondateur et des siens, et n'est « plus pour le public que la désignation d'une maison de « commerce que sa renommée oblige ». Oui, le nom du fondateur s'isole du nom de la maison de commerce ; c'est le même nom, et pourtant ce sont deux individualités distinctes que nul ne confond, que nul ne songe même à confondre. Les malheurs de la maison de commerce, passée en d'autres mains, alors même qu'elle a conservé le nom de son fondateur, ne portent aucune atteinte à l'honorabilité de ce dernier, au respect qu'il a su mériter.

M. Rendu est du même avis. « Il résulte, dit-il, de cette « incorporation du nom, de l'enseigne, de l'achalandage, etc., « au fonds de commerce, que la cession du fonds, faite en « termes généraux et sans restriction, emporte par elle-même « transmission, au profit du cessionnaire, de tous et de cha-« cun de ces droits particuliers. D'où il résulte que le ces-« sionnaire d'un établissement industriel a seul, et à l'exclu-« sion de tous autres, la faculté de prendre le nom du cédant, « et de se servir des marques, enseignes, étiquettes, qui « appartiennent à ce dernier (2). »

Tel est même pour M. Bédarride la rigueur du principe qu'il croit pouvoir enseigner, que le cédant, à moins de stipulations formelles, non seulement ne peut plus prendre le nom

---

(1) Trib. civ. Seine, 2 mai 1863, aff. Bénard, *Monit. Trib.*, 64.256

(2) Rendu, n° 518. — V. également Bédarride, n° 466. — V. aussi Mayer, n° 22.

de l'établissement vendu, mais même s'est absolument dessaisi du droit de fonder sous un autre nom un établissement similaire (1). Nous n'insisterons pas sur ce second point dont nous parlerons ailleurs, en traitant de l'interdiction de se rétablir.

549. **Jurisprudence.** — Il a été jugé à cet égard : 1° qu'à défaut de stipulation contraire, l'acheteur d'un fonds de commerce peut, dans ses factures, faire accompagner son nom de celui de son prédécesseur, même malgré l'opposition de ce dernier (Rouen, 9 juill. 1829 (2), cité par Blanc, p. 723); 2° que la vente d'un fonds de commerce comprend virtuellement le droit pour l'acquéreur de prendre le titre de *successeur de*, ou de *ancienne maison* ; et le fait que le successeur vienne à tomber en faillite ne lui enlève pas ce droit (Trib. civ. Seine, 16 mai 1845, aff. Cassan, *Gaz. Trib.*, 17 mai) ; 3° que la cession d'un fonds de café comprend non seulement tous les meubles et objets de toute nature, nécessaires à son exploitation, mais encore l'achalandage et l'enseigne à laquelle se rattache l'achalandage ; il s'ensuit que, lorsque la cession du fonds a été faite sans réserve et d'une manière absolue, le cessionnaire du fonds devient propriétaire de l'enseigne comme du reste et a seul le droit de s'en servir ; il en est ainsi alors même que l'enseigne est uniquement composée du nom du vendeur, comme dans les mots : *café Binet* ; il en résulte que le vendeur, même s'il s'est réservé le droit de fonder ultérieurement un établissement du même genre, ne peut l'appeler de son nom : *café Binet*, et que, s'il l'a fait, la suppression de l'enseigne doit être ordonnée (Caen, 13 déc. 1853, aff. David, Sir.54.2.398) ; 4° qu'en principe, les accessoires d'un établissement, tels que le droit de se servir des enseignes, marques ou dénominations, suivent le sort de l'établissement lui-même, sans qu'il soit nécessaire de s'en

(1) V. Bédarride, n° 755.

(2) V. également Paris, 29 thermidor an IX ; cité par Goujet et Merger, v° *Enseigne*, n° 7 ; Trib. comm. Seine, 21 nov. 1836, *Gaz. Trib.*, 22 novembre ; Paris, 11 juill. 1867, aff. Dorvault, Le Hir.68.2.151 ; Trib. comm. Seine, 25 fév. 1874, aff. Goupil, *le Droit*, 14 mars. — V. aussi Paris, 6 fév. 1874, aff. Laudon, Pataille.74.68.

expliquer, quand même ils en auraient été momentanément séparés, s'ils n'ont pas fait l'objet d'une autre négociation, ou si des circonstances évidentes ne prouvent pas que l'intention des parties était de les exclure de la négociation principale (Trib. comm. Le Havre, 16 mars 1858, aff. Rivière, *le Droit*, 6 sept.); 5° que, d'après un usage constant, l'acquéreur d'un fonds de commerce a le droit de conserver sur son enseigne, ses écussons et ses factures, le nom du vendeur, droit qui, la plupart du temps, entre pour une part considérable dans le prix d'acquisition; il en est surtout ainsi, alors que le vendeur s'est formellement interdit de se rétablir, puisque en ce cas il est sans intérêt dans sa demande en suppression de son nom (Trib. civ. Seine, 25 mars 1858, aff. Muy, *le Droit*, n° 82).

550. **Jurisprudence** (*suite*). — Il a été jugé : 1° qu'un fonds de commerce tire sa valeur bien moins encore de sa situation que de la clientèle qui y est attachée, et de la réputation de la maison qui a contribué à former cette clientèle et qui doit également contribuer à la maintenir; ainsi, la conservation du nom sous lequel cette maison est connue, que ce nom soit celui de son fondateur ou un simple nom d'emprunt et de fantaisie, est pour l'acquéreur d'un fonds de commerce d'un intérêt important et doit nécessairement être pris par lui en considération, lorsqu'il se détermine à acheter, et entrer pour une certaine proportion dans le prix qu'il consent à donner; cette désignation doit, dès lors, être considérée comme ayant de droit fait partie de la vente, toutes les fois qu'une clause prohibitive n'a pas été à cet égard insérée dans le contrat; tels sont les usages généralement consacrés dans le commerce : seulement l'acquéreur, lorsque la maison est désignée par le nom du fondateur, est tenu de faire connaître, par une indication quelconque, que cette maison n'est plus dans les mêmes mains, afin de dégager aux yeux du public l'individualité du fondateur et d'éviter, à cet égard, toute surprise; on ne saurait, sans exagérer les choses, objecter contre une semblable transmission qu'elle aurait pour effet d'aliéner à tout jamais le nom d'une famille et de compromettre l'honneur de ce nom, si les successeurs venaient à faire faillite ou à malverser; il est manifeste, en effet, que le nom finit par

s'isoler complètement de la personne du fondateur et des siens, du moment qu'ils ont cessé d'avoir un intérêt dans la maison et qu'il n'est plus pour le public, comme le nom du *Grand Condé*, par exemple, que la simple désignation d'une maison que sa réputation oblige (Trib. civ. Seine, 2 mai 1863, aff. Bénard, *Monit. Trib.* 1864.256); 2° que l'acquéreur d'une usine destinée à la fabrication d'un produit spécial, d'après des procédés brevetés, a le droit de conserver à ce produit le nom de l'inventeur, quoique l'acte de vente ne contienne aucune stipulation à cet égard, lors du moins qu'il est établi que c'est l'inventeur lui-même qui a attaché son nom au produit de sa fabrication et que ce nom est devenu nécessaire pour distinguer ce produit des autres produits similaires (Paris, 26 mai 1865, aff. Lainé, Pataille.65.346); 3° que la vente du fonds entraîne la vente du nom sous lequel il est connu; c'est donc à tort que le vendeur, après avoir cédé son fonds, et n'ayant pas aliéné le droit de se rétablir, prétendrait garder pour lui le bénéfice du nom qu'il a cédé (Paris, 27 fév. 1847, aff. Chevalier, *le Droit*, 5 mars); 4° que, lorsqu'un commerçant cède son fonds de commerce, il cède par cela même à son acquéreur le droit de prendre le titre de *successeur*, et le fait que, conjointement à cette cession, il lui aurait donné à bail pour un temps les magasins où son commerce s'exploitait, ne lui donne pas le droit, la location expirée, de faire défense à son successeur de continuer à prendre ce titre; si la location des magasins constitue un pacte temporaire, il n'en est pas de même de la cession du fonds de commerce qui est définitive (Aix, 9 janv. 1850, aff. Roux, Le Hir.51.2.224); 5° que l'acquéreur d'une maison de commerce, connue sous le nom du vendeur, est en droit de se servir de ce nom commercial pour désigner la maison, quand et partout où il le juge à propos; la dénomination commerciale devient, telle quelle, sa propriété, et il peut la prendre, encore qu'elle contienne une énonciation contraire à la vérité, comme, par exemple, la qualité de fils de son prédécesseur, alors du moins que ce dernier l'a présenté en cette qualité à la clientèle (Paris, 26 avril 1881, aff. Bizet, Pataille.82.191).

551. **Jurisprudence contraire.** — Il a été jugé pourtant,

mais les faits sont à considérer — : 1° qu'à défaut d'une stipulation formelle, la vente d'un établissement de commerce (dans l'espèce, une maison de santé) n'implique pas que le cédant ait transmis à son cessionnaire le droit de prendre son nom ; une faculté si extraordinaire ne peut être suppléée ; si donc le cédant a conservé le droit, dans certaines circonstances données, de s'établir de nouveau, il a le droit d'user de son nom pour désigner son établissement (Trib. civ. Seine, 5 déc. 1837, aff. Perdreau, *Gaz. Trib.*, 6 déc.); 2° que les noms constituent un genre particulier de propriété et que l'usage commercial du nom d'autrui ne peut être légitime qu'à la condition de dériver de conventions formelles ; il s'ensuit que, lorsque le vendeur d'un fonds de commerce a autorisé son acquéreur à se servir de son nom et à s'annoncer comme son successeur, c'est là une faculté accordée au successeur immédiat, et non la création d'une sorte de titre dont celui-ci puisse disposer pour le rendre indéfiniment transmissible aux acquéreurs subséquents (Paris, 5 nov. 1872, aff. Godillot, Pataille. 73.255).

552. Le successeur doit indiquer sa qualité. — Le droit pour le successeur de se servir du nom sous lequel la maison acquise par lui s'est fait connaître, n'est point cependant un droit absolu, sans limite, sans restriction. Qu'on ne l'oublie pas en effet : le successeur, s'il a le droit de faire usage du nom de son prédécesseur, a aussi le devoir de distinguer son individualité de celle de son cédant ; il doit indiquer à tous, afin que nul ne s'y trompe, que le fonds est dans d'autres mains, qu'il n'est lui-même que le successeur du fondateur de la maison. Dès lors, où peut être la responsabilité, même morale, du fondateur ? En quoi son nom pourrait-il être compromis ? Quelle atteinte, si légère qu'elle soit, pourrait-il recevoir ? Sa personne, sa famille, son nom, ne sont-ils pas dégagés de toute participation aux malheurs de la nouvelle maison ? Je conviens que le commerçant qui a fondé un établissement, qui l'a fait connaître, ne peut voir d'un œil indifférent des successeurs maladroits ou malheureux perdre la réputation qu'il avait lui-même acquise à son nom ; mais c'est là un chagrin domestique que la loi ne peut prévoir et qu'elle n'a pas mission de consoler.

Si donc nous pensons que la cession du fonds, sauf conventions contraires, emporte pour l'acquéreur la faculté de prendre les marques, enseignes, étiquettes, et même le nom du cédant, c'est à la condition toutefois que le cessionnaire prendra les mesures nécessaires pour dégager aux yeux du public la personnalité de son prédécesseur.

M. Bédarride semble adopter la même opinion, quoiqu'il ne l'exprime qu'avec une certaine réserve et comme à regret. « Tout ce qu'ils (les tribunaux) devraient faire, dit-il, en « supposant qu'ils puissent faire quelque chose, serait d'or« donner qu'à partir d'une certaine époque déterminée, le « cessionnaire exploitera sous son nom en y ajoutant la qua« lification de *successeur de...* ou *ancienne maison de...* Ainsi « se trouverait complètement dégagé l'intérêt moral de la « famille. En effet, la faillite du successeur laisse pur et sans « tache le nom du prédécesseur, respecte le droit du cession« naire qui conserverait l'achalandage acquis à l'ancienne « maison, puisqu'il aurait le droit d'empêcher tout autre « de se parer directement ou indirectement du nom de « celle-ci (1). »

C'est ici le lieu de rappeler que, lors de la discussion de la loi de 1857 sur les marques, un membre du Corps législatif, M. Quesné, proposa un amendement aux termes duquel tout acquéreur d'un fonds de commerce était tenu, sous certaines peines, à rappeler sa qualité de *successeur*; voici dans quels termes le rapporteur demanda le rejet de cet amendement, qui, conformément à son avis, ne fut pas adopté : « Dans la pensée de donner aux dispositions relatives à la « propriété des marques un caractère particulier de moralité « et de loyauté, notre honorable collègue, M. Quesné, a pro« posé l'amendement suivant, qui se serait ajouté à l'art. 3 : « Nul ne peut faire usage d'une marque à lui cédée et com« prenant le nom d'un fabricant ou d'un commerçant, s'il « n'ajoute à cette marque son propre nom suivi du mot *suc« cesseur.* » La loi sarde du 12 mars 1855 contient une dis« position analogue (2).

(1) Bédarride, n° 757.

(2) L'art. 4 de la loi sarde, aujourd'hui applicable à toute l'Italie,

« Lorsqu'une industrie change de mains, il est nécessaire, « suivant notre honorable collègue, que le public ne l'ignore « pas et ne continue sa confiance qu'en connaissance de cause. « Ne doit-on pas craindre aussi qu'un successeur, moins « soucieux de l'honneur d'un nom qu'il ne porte pas, n'en « exploite et n'en compromette le renom mérité par une « fabrication moins bonne et même par des fraudes crimi- « nelles ?

« Tout en rendant justice à la pensée morale et élevée de « cet amendement, votre commission n'a pas cru pouvoir « l'accueillir. Il lui a paru ne se rattacher qu'indirectement « à la loi, et avoir plutôt pour objet le nom du commerçant « régi par la loi du 28 juillet 1824, tandis que la loi actuelle « s'occupe exclusivement des marques. Lorsqu'un commer- « çant, par sa loyauté et la supériorité de ses produits, a su « donner confiance à sa marque, conquérir un nom respecté, « il trouve des avantages considérables et la juste récompense « d'une vie commerciale honorable, dans la cession de sa « maison, du nom qui la recommande au public, de la mar- « que qui en signale les produits. L'adoption de l'amende- « ment rendrait impossible toute cession semblable, tarirait, « pour le commerçant, une source légitime de profits, et sup- « primerait un élément puissant de loyale émulation. »

Ajoutons, au surplus, que le bon sens, l'usage, ont depuis longtemps fait passer dans la pratique et que les tribunaux ont à leur tour consacré la règle que M. Quesné demandait à transformer en loi.

553. **Jurisprudence** (1). — Il a été jugé : 1° que, lorsque le vendeur d'un fonds de commerce autorise son successeur à faire en cette qualité usage de son nom, c'est abusivement que celui-ci prend le nom de son prédécesseur seul et sans le faire suivre de son propre nom, comme s'il était la personne même de celui auquel il a succédé (Paris, 21 mars 1857,

---

porte : « L'acquéreur d'une industrie ou d'un commerce, ou l'héritier « qui voudra conserver la marque employée par son auteur, devra en « renouveler le dépôt et y ajouter l'indication : *successeur* ou *héritier* « *de...* » — V. Pataille.55.161.

(1) Comp. toutefois Paris, 5 nov. 1872, aff. Godillot, Pataille.73.255.

aff. Bautain, Le Hir.65.2.155); 2° que, lorsqu'un fonds de commerce, connu depuis longtemps sous le nom du propriétaire, vient à être vendu sans réserve, le successeur a le droit de continuer d'user du nom de son prédécesseur, sauf à ajouter, suivant l'usage, les mots *ancienne maison* et à indiquer sa personnalité de successeur (Paris, 17 nov. 1857, aff. Guyot, Le Hir.65.2.215); 3° que le vendeur d'un fonds de commerce, qui a autorisé les acquéreurs à continuer de se servir de son nom, n'en conserve pas moins le droit d'exiger, en cas de faillite ou de déconfiture, que les acquéreurs y ajoutent leurs noms et des indications qui ne permettent pas de supposer que c'est l'ancien propriétaire qui est forcé de liquider (Trib. comm. Seine, 1er mai 1862, aff. veuve Delisle, Pataille.63.251); 4° que l'autorisation, donnée par le vendeur à son acheteur de se servir de son nom, ne lui donne que le droit de se dire son successeur, et ne l'autorise pas à joindre les deux noms ensemble (Trib. comm. Seine, 10 avril 1867, aff. Granger, Teulet.16.360); 5° que le successeur d'un établissement de commerce, est autorisé, par les usages constants du commerce, à mettre sur son enseigne et sur ses factures les mots : *maison telle*, ou *fabrique telle*, ou encore *successeur de tel* ou même *seul successeur de tel;* il est d'autant plus fondé à agir ainsi que son prédécesseur lui a promis et assuré son concours pendant un certain temps; ce droit se transmet de successeur en successeur, sans que les héritiers ou parents des fondateurs de la maison puissent se prévaloir du nom qu'ils portent pour en interdire l'emploi à l'établissement commercial; autre chose, en effet, est la transmission des noms propres, autre chose la qualité de successeur et de continuateur des affaires d'un négociant, qualité qui entre quelquefois pour un chiffre considérable dans le prix d'un fonds de commerce et qui peut, sans aucun doute, être l'objet de conventions privées; il suffit, dans tous les cas, que le successeur, sur son enseigne, sépare nettement sa personnalité de celle du fondateur de la maison, en mettant, par exemple, *ancienne maison telle*, *un tel successeur*, pour donner satisfaction aux susceptibilités de la famille (Paris, 29 juin 1858, aff. Ternaux-Compas, Pataille.58.331).

553 *bis*. — **Jurisprudence** (*suite*). — Il a été jugé de même :

1° qu'il est conforme aux usages du commerce que le cessionnaire d'un fonds ajoute son propre nom à la raison commerciale dont il est acquéreur, avec la désignation de *successeur* (Paris, 7 janvier 1875, aff. Laurent, Pataille.76.252); 2° que le cessionnaire d'un établissement commercial, tel qu'une agence, n'a pas le droit de se servir du nom de son vendeur de manière à laisser croire que celui-ci est toujours à la tête de l'établissement; il doit donc faire suivre ou précéder le nom de son prédécesseur des mots : *maison* ou *agence*, et ne peut, en tout cas, traiter, compromettre, faire ses annonces, signer sa correspondance du nom de son prédécesseur (Trib. comm. Seine, 11 oct. 1876, aff. Norbert-Estibal, Pataille. 77.222) ; 3° que, s'il est incontestable que les marques de fabrique, appartenant à un fonds de commerce, deviennent, sauf conventions contraires, la propriété de l'acquéreur de ce fonds, il n'en est pas de même du nom du vendeur; ce nom n'est pas nécessairement assimilé à la marque de fabrique : spécialement, lorsqu'il n'a pas été dans l'intention commune des parties d'interdire au vendeur de se rétablir, l'acquéreur du fonds ne peut se servir du nom de son prédécesseur qu'en le faisant suivre ou précéder du mot : *successeur* (Trib. comm. Seine, 14 juin 1876, aff. Lavandier, Pataille.77.40) ; 4° que le nom patronymique est une propriété exclusive et privée, et nul ne peut se servir du nom d'un autre sans avoir le droit de le porter ou sans y être formellement autorisé; lors donc qu'un fonds de commerce est vendu, l'acquéreur, à moins de convention contraire, n'a le droit de se servir, sur ses enseignes, factures ou circulaires, du nom de son prédécesseur qu'en indiquant en même temps sa qualité de successeur, ou, s'il n'est pas le successeur immédiat, en accompagnant le nom de son prédécesseur des mots : *ancienne maison ;* la tolérance même du propriétaire à cet égard ne saurait créer un droit (Trib. comm. Seine, 3 février 1877, aff. Terrier, Pataille.77.44).

554. *Quid* **si le nom est devenu générique ?** — Il est certains noms propres qui, par l'usage et par une sorte de popularité, s'attachent à des objets déterminés, sortis à l'origine de la fabrique que ces noms rappellent, et qui, devenus ainsi génériques, tombent en réalité dans le domaine public(1). Il en est ainsi des noms *Bretelle*, *Quinquet*, qui sont aujourd'hui de véritables noms communs. Est-ce à dire que les héritiers de ces noms, s'ils avaient en même temps succédé au commerce de leurs auteurs, n'auraient pas pu obliger leurs concurrents, tout en les laissant libres de se servir desdits noms pour désigner leurs produits, à n'en point user pour amener une confusion entre les maisons de commerce elles-mêmes? Évidemment oui; autre chose est la dénomination du produit, autre chose le nom de la maison de commerce; si la première peut appartenir à tout le monde, la seconde n'appartient qu'au successeur reconnu.

555. Jurisprudence. — Il a été jugé en ce sens : 1° que, lors même qu'un nom (*celui de Ternaux*) est tombé dans le domaine public et sert à désigner dans le langage usuel un objet déterminé, ce nom, en tant qu'il s'applique non plus à l'objet, mais à la maison qui le fabrique, n'appartient légitimement qu'aux successeurs de l'inventeur : spécialement, si le nom de *Ternaux* appartient à tous en tant qu'il désigne une certaine espèce de châle, nul autre néanmoins que les successeurs de l'inventeur n'a le droit de mettre sur son enseigne : *ancienne fabrique Ternaux* ou telle autre désignation propre à opérer une confusion préjudiciable (Paris, 17 juillet 1863, aff. Leboullenger(2), Teulet.15.266); 2° qu'alors même qu'un nom appliqué à un produit, tel que *gants Jouvin*, serait tombé dans le domaine public, il y a fait répréhensible et dommageable de la part de celui qui, n'étant pas le successeur de la maison originaire ayant porté ce nom, annonce ses produits sous la désignation de *véritables gants Jouvin* (Trib. comm. Seine, 23 avril 1874, aff. Jouvin, *le Droit*, n° 119).

556. Obligations du vendeur. — Nous examinerons ailleurs la question de savoir si le vendeur d'un fonds de commerce conserve ou non, en principe, le droit de se rétablir

---

(1) V. *suprà*, nos 50, 384 et 488.

(2) V. également Paris, 24 déc. 1866, aff. Villain, Teulet.16.62. — V. encore Trib. comm. Seine, 3 juill. 1844, aff. Ternaux, *Gaz. Trib.*, 4 juillet.

dans une industrie similaire. Notons seulement ici que, dans le cas où ce droit lui est reconnu, il doit prendre les mesures nécessaires pour empêcher que la nouvelle maison qu'il fonde ne puisse être confondue avec celle qu'il a cédée ; cela, d'ailleurs, est d'une probité élémentaire (1).

Jugé, en ce sens, que l'ancien propriétaire d'un établissement industriel, par lui cédé à d'autres propriétaires, ne peut, s'il vient à fonder un nouvel établissement du même genre, lui donner le titre de *nouvelle maison telle*, sans y ajouter un signe qui la distingue de l'ancienne (Trib. comm. Seine, 9 mars 1854, aff. Bonnard, Le Hir.54.2.231).

557. Droit du successeur vis-à-vis des héritiers du nom. — L'acquéreur d'un fonds de commerce a droit à tous les avantages attachés au nom de celui auquel il succède ; il peut dès lors obliger le fils de son prédécesseur, s'il vient à établir un commerce similaire, à différencier sa maison de celle fondée par son père, et notamment à ajouter en toutes lettres et d'une façon apparente le mot *fils* à son nom, de manière à prévenir toute confusion (2). Il serait de même, et à plus forte raison, en droit de s'opposer à ce que le fils de son prédécesseur, ayant fondé une maison de même nature, se dît le continuateur de celle qui a appartenu à son père (3).

M. Mayer dit dans le même sens et avec une grande précision : « Au point de vue de la concurrence, le successeur a les « mêmes droits sur le nom concédé, à l'égard des héritiers « du cédant qu'à l'égard du cédant lui-même ; c'est au moins « le principe, puisque les héritiers sont garants, comme leur « auteur, et ne doivent pas essayer de reprendre la clientèle « abandonnée. Mais le principe ne peut pas toujours entière« ment s'appliquer, parce que les héritiers ont pu être établis « sous le même nom avant de recueillir l'héritage, et que, « d'autre part, si l'on conçoit, sans atteinte à la liberté d'exer-

(1) V. *infrà*, n° 611.

(2) V. Grenoble, 17 juin 1844, aff. Tampier, *Gaz. Trib.*, 14 oct.

(3) V. Trib. comm. Seine, 9 sept. 1868, aff. Lebourgeois, Pataille.68.294.

« cer le commerce, l'engagement personnel de ne pas consti-
« tuer un fonds aliéné, on ne saurait admettre l'obligation
« imposée aux héritiers par leur auteur de ne pas fonder une
« maison nouvelle. Le successeur se trouvera donc, en défi-
« nitive, à l'égard des héritiers de son cédant, armé de la
« même façon qu'à l'encontre des tiers homonymes ; il pourra
« exiger, et pour les premiers plus strictement, que toute
« confusion soit évitée, et que les maisons rivales se dis-
« tinguent soit par les prénoms, soit par la date de leur créa-
« tion, soit par toute mention équivalente (1). »

558. Droit des héritiers du cédant. — Si le cédant ne peut, à moins de conventions contraires, interdire l'usage commercial de son nom à son successeur, à charge par celui-ci, bien entendu, d'indiquer que leurs deux personnalités sont distinctes, on ne comprendrait pas que les héritiers du cédant eussent plus de droits (2). Toutefois, nous le reconnaissons, il peut se présenter telles circonstances exceptionnelles qui permettent aux tribunaux d'adopter une solution contraire ; cela ne peut être, dans tous les cas, que lorsque, après un certain temps écoulé, le successeur a recueilli tous les avantages attachés au nom de son prédécesseur, et lorsqu'il est certain que le retrait du droit d'user de ce nom ne peut lui porter aucun préjudice. Il est évident, en effet, que c'est dans les années qui suivent immédiatement la cession du fonds de commerce que l'usage du nom a de l'importance ; il sert, à ce moment, de véritable signe de ralliement à la clientèle, qui ne connaît que lui. Plus tard, ce nom perd beaucoup de son importance pour le successeur, et, dès lors, nous pouvons admettre que, dans de certains cas, assez rares du reste, le successeur puisse, sur la demande des héritiers, ou même du cédant en personne, se voir interdire l'usage de ce nom, désormais inutile pour lui (3).

M. Gastambide enseigne, en thèse, que la cession faite par un commerçant à son successeur du droit d'user de son nom

---

(1) Mayer, n° 22.
(2) V. Rendu, n° 418.
(3) V. Paris, 29 juill. 1879, aff. héritiers Valentino, Pataille.80.104.

n'est ni absolue ni irrévocable. Il pense que l'approbation expresse ou tacite des héritiers est nécessaire au successeur, et que c'est avec cette restriction seulement que le nom peut se transmettre et s'acquérir. Il ajoute, d'ailleurs, à ce point de vue, cette réflexion fort sage : « Nous pensons que les tri-« bunaux devraient, en pareil cas, concilier deux intérêts : « l'un *commercial*, qui paraît exiger qu'un établissement cédé « à un successeur conserve au moins pendant quelque temps « le nom de l'ancien propriétaire pour le maintien et la con-« tinuation de la clientèle ; l'autre *civil*, important à l'honneur « des familles et qui ne permet pas qu'un tiers étranger se « pare d'un nom qui n'est pas le sien, alors même qu'il prou-« verait que ce nom lui a été cédé (1). »

M. Calmels, à son tour, — mais on remarquera qu'il parle du droit d'user du nom *seul*, sans indication de la qualité de successeur, — dit d'une façon plus affirmative encore : « On « ne devrait pas considérer comme valable la clause par la-« quelle un négociant autoriserait son successeur à se servir « de son nom seul sans limiter la durée de cette jouissance ; « cette disposition équivaudrait à une aliénation du nom, et « le nom est inaliénable. Les tribunaux pourraient mettre à « la jouissance du nom cédé le terme qu'ils jugeraient con-« venable (2). »

558 *bis*. **Jurisprudence.** — Il a été jugé : 1° que, s'il est admis par l'usage, dans le commerce, que l'acquéreur d'un fonds conserve sur son enseigne le nom de son prédécesseur, c'est là un fait accessoire et symbolique pour constater la vente du fonds et la garantie de la livraison de la clientèle cédée ; mais, à moins d'une convention contraire, la propriété du nom commercial n'est pas cédée à perpétuité : il s'ensuit qu'à défaut de la preuve de cette convention, les héritiers du vendeur sont bien fondés à revendiquer le nom commercial et scientifique de leur auteur et à interdire l'abus qui pourrait en être fait, alors du moins qu'ils justifient d'un intérêt certain et appréciable ; il en est spécialement ainsi lorsque, depuis la

(1) Gastambide, p. 464.
(2) Calmels, n° 161.

cession de son fonds, le vendeur a donné son nom à un produit rentrant dans le même genre d'industrie, et que l'emploi de son nom, par d'autres que lui, pourrait entraîner une confusion préjudiciable (Lyon, 12 juin 1873, aff. Rigollot, Pataille (1) 73.258) ; 2° que toute personne, même non commerçante, a le droit d'intervenir dans une instance entre commerçants se disputant l'usage de son nom (Paris, 12 janv. 74, aff. Liébig et Cie, Pataille.74.83) ; 3° que le nom patronymique constitue une propriété collective entre tous les membres de la famille qui porte le nom, sans distinction de branches ou d'individus ; il s'ensuit que tous les membres de cette famille sont recevables à s'opposer à tout usage illicite du nom qui leur appartient (Paris, 7 janvier 1875, aff. Laurent, Pataille.76.252).

559. *Quid* si les héritiers ont autorisé l'usage du nom ? — L'autorisation des héritiers, de ceux-là mêmes qui portent le nom, les rendrait naturellement non recevables à se plaindre que le successeur de leur auteur continuât à se servir de son nom. L'autorisation, — qu'elle soit d'ailleurs expresse ou tacite, pourvu qu'elle soit formelle, — exclut toute prétention à un dommage quelconque. La tolérance, bien entendu, n'est pas l'autorisation, et si, à un moment donné, les ayants droit justifient d'un préjudice résultant de l'usage ou de l'abus qui serait fait du nom de leur auteur, ils pourraient, ils devraient être admis à s'en plaindre et à le faire cesser.

559 *bis*. Jurisprudence. — Il a été jugé à cet égard : 1° que, lorsqu'il est constant qu'à la suite de la vente d'un établissement de commerce, l'acquéreur et ses successeurs ont continué l'exploitation sous le nom du vendeur originaire

(1) Dans l'espèce, un sieur Rigollot, après avoir vendu la pharmacie qu'il exploitait à Saint-Étienne, avait perfectionné un certain genre de sinapismes qui sont devenus populaires sous le nom de *sinapismes Rigollot;* l'un de ses successeurs à Saint-Étienne profitait, plus que de raison peut-être, du nom sous lequel la pharmacie était connue, *pharmacie Rigollot,* pour préparer et vendre le même produit. En fait, il y avait 30 ans que la cession de la pharmacie avait eu lieu ; elle avait passé en plusieurs mains, et le nom du vendeur originaire ne pouvait plus servir à assurer la transmission d'une clientèle acquise depuis longtemps.

pendant près de soixante ans, sans opposition de la part de la veuve et des héritiers, la demande de ceux-ci en suppression dudit nom doit être repoussée comme étant sans fondement; un pareil état de choses prouve jusqu'à l'évidence que l'enseigne, comprenant le nom du vendeur, a été virtuellement comprise dans la cession (Paris, 29 déc. 1858, aff. Riche, Le Hir. 64.2.572); 2° mais qu'il est de principe incontestable que la propriété du nom patronymique est inaliénable et imprescriptible; il n'y a d'exception que pour le cas où le nom serait devenu la désignation nécessaire d'un produit industriel, ou servirait d'emblème à une exploitation commerciale; il s'ensuit que les ayants droit sont toujours recevables à interdire l'usage de leur nom patronymique, encore que, soit par eux-mêmes, soit par leur auteur, cet usage aurait été toléré pendant un temps plus ou moins long : spécialement, le fait qu'un chef d'orchestre ait laissé pendant longtemps désigner sous son nom la salle (*salle Valentino*) où se donnaient les concerts qu'il dirigeait, ne saurait empêcher ses héritiers de s'opposer à l'emploi de leur nom patronymique, alors surtout que cet emploi se lie à une exploitation qui est de nature à nuire à leur situation sociale, en les faisant considérer comme y participant (Paris, 29 juill. 1879, aff. héritiers Valentino, Pataille. 80.104).

560. *Quid* **de la raison sociale?** — La réputation qu'une raison sociale est parvenue à mériter est le patrimoine de la société tant qu'elle existe, et cela est vrai, bien entendu, même pour la période de la liquidation; car la société, en état de liquidation, c'est encore la société. Mais que devient la raison sociale après que, la liquidation terminée, la société n'a plus aucune existence ni aucune raison d'exister? Il va de soi que la raison sociale disparaît avec elle. Il ne reste plus que le droit, pour le continuateur, pour le successeur de l'être social, s'il y en a un, de prendre ce titre, et de rappeler son origine. Mais à qui ce droit appartiendra-t-il? Qui pourra se dire le successeur de la société? Tous les associés pourront-ils, se rétablissant chacun de son côté, prendre cette qualification? C'est ce qui ne peut être décidé que d'après les circonstances de chaque espèce. Il se peut, en effet, que les statuts sociaux aient à l'avance réglé ce point, ou que, en dehors d'une stipulation dans l'acte de société, les associés se soient mis ultérieurement d'accord sur cette question de succession. Mais, dans le silence absolu de l'acte ou des parties, que faudra-t-il décider? M. Bédarride enseigne que, à défaut d'entente, « le fonds de commerce doit être licité, « comme dans le cas d'indivision entre héritiers, et que l'ad- « judicataire a le droit exclusif de prendre la qualification de « successeur de la société (1). » La licitation est-elle vraiment de droit? Les tribunaux ne peuvent-ils pas, au contraire, régler la situation de telle sorte, soit qu'aucun des associés n'ait le droit de se prévaloir de la raison sociale, laquelle demeure ainsi abolie, soit que tous aient un droit égal à rappeler qu'ils ont fait partie de la société? N'y aurait-il pas, dans certains cas, une souveraine injustice à attribuer le bénéfice de la raison sociale à l'acquéreur du fonds, par cela seul qu'il aurait mis la plus forte enchère, et à en priver l'associé moins riche dont le nom (on peut le supposer) composait précisément la raison sociale? Nous inclinons à penser qu'il n'y a point, en cette matière, de droit absolu, et que les tribunaux ont le pouvoir de régler, au mieux des intérêts de tous, la situation des associés.

Suivant M. Dalloz, « la raison sociale appartient tellement « à la société, que, lors de la liquidation, l'un ou quelques- « uns des associés ne peuvent s'en emparer (2). »

Nous venons de dire que le successeur d'une société n'avait que le droit de rappeler cette qualité, sans pouvoir, s'il forme lui-même une société, prendre la raison sociale de l'ancienne société; c'est ce que M. Pardessus exprime également dans les termes suivants : « On ne peut, dit-il, par un contrat « quelconque, être autorisé à prendre pour raison sociale « celle des personnes auxquelles on succéderait, ni prétendre « qu'en achetant leur établissement de commerce, on a im- « plicitement acheté cette raison ; car, n'étant qu'une réunion « des noms des associés dans la signature des engagements

---

(1) Bédarride, n° 759. — Cet auteur cite, comme rendu en ce sens, un arrêt de Rouen du 15 mars 1827.

(2) Dalloz, v° *Nom*, n° 90.

« sociaux, elle ne doit jamais être composée de noms étran-
« gers à cette société... Ainsi, lorsqu'une femme séparée de
« biens forme une société, ce serait une irrégularité d'insérer
« dans la raison sociale le nom seul de son mari, puisqu'il
« n'est point associé; la femme devrait être désignée par son
« nom propre et sa qualité (1). »

Qu'on le remarque, il ne s'agit pas ici du droit de se dire successeur d'une société commerciale, il s'agit du droit de prendre pour raison sociale d'une société nouvelle le nom d'un individu qui n'en fait pas partie : or, un pareil droit ne saurait exister, puisque la raison sociale ne peut et ne doit comprendre que les noms des associés.

561. Jurisprudence (2). — Il a été jugé d'après ces principes : 1° que le nom d'un individu, employé comme raison sociale d'une maison de commerce, ne peut, après la mort de cet individu, et conséquemment après la dissolution de la société à laquelle il donnait son nom, être pris pour raison sociale par les personnes qui succèdent à l'établissement : spécialement, le nom du mari, employé comme raison de commerce d'une société qu'il avait formée avec sa femme, ne peut, après la mort du mari et le convol de la femme à de secondes noces, être pris par les nouveaux époux pour raison sociale de la société formée entre eux pour la continuation du même commerce (Cass., 28 mars 1838, aff. Rausch, Sir.38.1.304); 2° que le fait qu'un individu, en entrant dans une société, ait laissé son nom (ou le pseudonyme sous lequel il est connu) figurer dans la raison sociale, n'empêche pas qu'il ne puisse, à la dissolution de la société, garder pour lui seul l'usage de ce nom, s'il résulte d'ailleurs de la convention que telle a été l'intention des parties (Paris, 12 déc. 1857, et Cass., 6 juin 1859, aff. Nadar, Pataille.58.83 et 59.214); 3° que, les noms des associés pouvant seuls faire partie de la raison sociale d'une société en commandite, toute personne intéressée est en droit d'exiger la suppression, dans une rai-

(1) Pardessus, *Droit comm.*, t. 4, n° 978. — V. également Vincens, *Législ. comm.*, t. 1, liv. 4, chap. 2.

(2) Comp. toutefois Cass., 7 juill. 1852, aff. Cie de Strasbourg, Sir.52.1.713.

son sociale, d'un nom qui n'appartient à aucun des associés (Bordeaux, 27 nov. 1873, aff. Laperche, Pataille.73.391).

562. **Jurisprudence** (*suite*). — Il a été jugé d'après les mêmes principes : 1° que l'acquéreur d'une maison de commerce, dont le fonds est vendu après dissolution de société, a le droit de se servir du nom de l'ancienne société, en indiquant qu'il en est le successeur; et l'ancien associé ne peut s'en plaindre, alors même que son propre nom figurerait dans celui de la société (Paris, 28 juin 1856, aff. Biétry, Pataille.56.252); 2° qu'une société, qui n'est que la continuation d'une autre, est en droit d'annoncer que, malgré le changement de sa raison sociale, nécessité par la retraite ou la mort de l'associé dont le nom constituait ladite raison, l'entreprise n'est autre que celle qui fonctionnait sous l'ancienne raison sociale; c'est là un fait constant, indépendant de la volonté des parties et de toute convention, et la société ne fait qu'user de son droit en le portant à la connaissance du public (Paris, 21 déc. 1869, aff. veuve Richer, Pataille.73.251); 3° que la cession d'un fonds de commerce comprend de soi l'achalandage de l'établissement, et emporte, par cela même, la faculté de se servir du nom auquel la clientèle est attachée; toutefois, le cessionnaire ne devient pas propriétaire de la raison sociale, qui périt avec la société dont elle est la dénomination; de son côté, celui des membres de l'ancienne société, dont le nom figurait dans la raison sociale, conserve le droit, s'il ne s'est pas interdit de se rétablir, de former une société nouvelle pour exercer la même industrie et d'apporter son nom pour la constitution de la raison sociale, mais c'est à la condition de ne pas s'en faire un instrument de concurrence illicite contre l'ancienne maison (Paris, 5 juin 1867, aff. Carjat, Pataille.67.301); 4° que l'acquéreur d'un fonds de commerce a le droit de continuer à se servir de la marque et de la raison sociale sous laquelle ce fonds est connu et de se dire *seul successeur;* en conséquence, l'ancien associé dont le nom figurait dans la marque ou dans la raison sociale ne peut, s'il s'est réservé de se rétablir, et s'il se rétablit en effet, user de son propre nom de façon à faire confusion avec l'ancienne maison : il convient, en ce cas, de lui imposer l'obligation de faire précéder son nom de ses prénoms en carac-

tères d'égale grandeur et d'ajouter la date de la fondation de la nouvelle maison (Trib. comm. Seine, 12 sept. 1867, aff. Ozouf, Teulet.17.28); 5° que, lorsqu'un breveté a cédé à un associé le droit exclusif de se servir des appareils, objets de son brevet, et connus sous son nom, il peut lui être défendu, s'il reprend un établissement du même genre, d'annoncer, en leur donnant son nom, les appareils nouveaux et différents dont il se sert actuellement (Trib. comm. Seine, 5 mars 1856, aff. Richer et Cie, Pataille.56.126); — 6° jugé, toutefois, que l'associé qui, à l'expiration de la société, achète le fonds social, ne peut prendre le titre de : *ancienne maison telle*, alors du moins que l'autre associé dont le nom formait la raison sociale n'a pas aliéné le droit de continuer le commerce; une telle énonciation est de nature à faire croire que le second associé n'est plus dans les affaires; il appartient, en ce cas, à la justice d'ordonner que l'énonciation : *ancienne maison telle*, sera remplacée par celle-ci : *ancien associé de la maison telle* (Paris, 22 août 1845, aff. Bourguignon (1), *Gaz. Trib.*, 23 août).

563. Raison commerciale. — La raison commerciale est la dénomination sous laquelle un établissement industriel est connu. A la différence de la raison sociale, qui ne comprend que les noms des associés eux-mêmes, la raison commerciale est, soit une dénomination tirée de la nature du commerce, soit une dénomination de fantaisie. Nous avons dit cela ailleurs (2). C'est une véritable marque de fabrique ou, si l'on veut, une sorte d'enseigne. Nul doute que la raison commerciale n'appartienne absolument au successeur.

563 *bis*. Jurisprudence. — Il a été jugé d'après ces principes : 1° que le nom et le titre, sous lesquels un établissement commercial est connu, font partie de son actif : en conséquence, à la dissolution de la société formée pour son exploitation, il y a lieu de procéder à la licitation, non pas seulement du matériel industriel, mais encore des nom et

---

(1) Comp. Trib. comm. Nantes, 12 mars 1881, aff. Hillerin-Tertrais, *Jurisp. comm.*, Nantes, 81.1.377.
(2) V. *suprà*, n° 376.

titre de l'établissement (Rouen, 15 mars 1827, aff. de la *grande Carue*, Dall., v° *Nom*, n° 90); 2° que le nom et la raison de commerce du père appartiennent au fils qui lui succède dans l'exercice de la même profession; celui-ci est donc en droit d'interdire à des parents, exerçant la même industrie, de rappeler dans leur raison commerciale le lien (dans l'espèce, celui de neveux) qui les rattache à son père; une pareille addition, ou insignifiante ou faite dans un but de confusion, est de nature à porter préjudice à la maison connue sous le nom de son auteur, et doit être supprimée (Paris, 29 août 1812, aff. Tollard, Sir.34.2.262, *la note*).

564. A qui appartient le titre de successeur? — On ne peut prendre le titre de *successeur* que s'il y a eu transmission légale ou conventionnelle du fonds de commerce. Le fait, par exemple, qu'un individu étant mort, et son commerce ne lui ayant pas survécu, un autre entreprenne à son tour le même commerce, ne donnerait pas à celui-ci le droit de se dire successeur (1). C'est l'évidence même.

De même, il va de soi que la désignation : *ancienne maison de...*, doit être réservée pour indiquer que celui qui en use continue le commerce de cet ancien négociant dont il est le successeur, et que le seul fait d'avoir pris à bail le même local ou d'avoir acheté une partie du matériel n'autorise pas le nouveau locataire ou l'acquéreur à user de cette désignation (2).

565. *Quid* si le successeur change la nature du commerce? — Si l'acquéreur d'un fonds de commerce est en droit d'user du nom de son cédant, c'est à condition qu'il en usera dans les limites d'une concurrence loyale; s'il vient à changer tout à coup son genre de commerce pour mettre à profit la ressemblance qu'offre le nom de son prédécesseur avec celui d'un concurrent, il commettra un acte coupable et ne pourra se prévaloir de la cession qui lui a été faite, la cession ne s'appliquant qu'au commerce spécial que faisait son prédécesseur.

---

(1) V. Bédarride, n° 752.—V. aussi Trib. comm. Seine, 24 nov. 1826, cité par Blanc, p. 716.

(2) *Rép. J.Pal.*, v° *Enseigne*, n° 50. — V. *infrà*, nos 568 et 570.

566. Jurisprudence (1). — Il a été jugé en ce sens : 1° qu'il y a concurrence déloyale de la part de l'acquéreur d'un fonds de commerce qui se sert du nom de son prédécesseur, sous lequel le fonds est connu, pour faire un commerce que celui-ci n'a jamais fait, dans le seul but de faire concurrence à un autre commerçant portant le même nom (Paris, 1er juin 1859, aff. Laurent et Florent, Teulet.8.443); 2° que le successeur d'un commerçant n'a le droit de prendre ce titre que pour le commerce qu'il a repris; s'il développe ce commerce, s'il y ajoute de nouvelles branches, notamment une branche d'industrie actuellement exploitée par le fils de son prédécesseur, celui-ci est en droit d'exiger que le successeur de son père, en rappelant ce titre sur sa nouvelle maison, rappelle en même temps le commerce qui s'y rattache, et mette, par exemple, sur son enseigne : *successeur de X... père, fabricant de telle chose* (Trib. civ. Seine, 29 janv. 1846, aff. Montbro, *Gaz. Trib.*, 30 janv.); 3° que, si le cessionnaire d'une maison de commerce ou d'un produit industriel, auquel le fondateur ou l'inventeur ont attaché leur nom, a le droit d'user de ce nom, ce ne peut être que dans les limites où ce droit lui a été transmis, et spécialement il ne peut appliquer ce nom à des produits que son prédécesseur ne fabriquait pas (Paris, 7 janv. 1875, aff. Laurent, Pataille.76.252).

567. ***Quid* si le vendeur a deux fonds de commerce?** — Il a été jugé, — et l'on ne peut qu'approuver ces décisions — : 1° que, lorsque le propriétaire de deux fonds de commerce, situés dans deux villes différentes, donne l'un et vend l'autre, l'acquéreur ne peut, alors surtout qu'il a agi en connaissance de cause, faire interdire au donataire de prendre le titre de *seul successeur à Paris*, Paris étant l'endroit où est situé le fonds, objet de la donation (Paris, 30 avril 1862, aff. Deschandeliers, Teulet.11.311); 2° qu'il y a concurrence déloyale de la part du commerçant qui met sur son enseigne : *ancienne maison telle*, alors que son cédant, propriétaire de deux établissements de commerce, ne lui en a vendu qu'un et a conservé l'autre, qu'il a cédé plus tard à un tiers; c'est

---

(1) V. aussi Paris, 11 juill. 1867, aff. Dorvault, Le Hir.68.2.151.

au cessionnaire du second établissement, véritable successeur, qu'appartient le droit d'inscrire lesdits mots sur son enseigne (Trib. comm. Seine, 22 déc. 1857, aff. Lavaissière; Pataille. 59.363).

568. *Quid* **du fait de louer une maison ayant servi à un commerce ?** — Il est évident que le seul fait de prendre à bail une maison, autrefois occupée par un commerçant qui exerçait la même profession que le nouveau locataire, n'autorise pas ce dernier à prendre la désignation de : *ancienne maison de...* Une telle désignation s'applique au fonds de commerce, non aux lieux dans lesquels il s'exerce (1).

Jugé, en ce sens, qu'un commerçant ne saurait prendre le titre d'*ancienne maison telle*, alors que, n'étant pas d'ailleurs l'acquéreur du fonds de commerce, il ne fait qu'occuper le local où était établie la maison dont il prend ainsi le nom (Trib. comm. Seine, 16 janv. 1834, aff. Gardet, Dalloz. 34.3.38).

569. *Quid* **de l'ancien élève ?** — Nous examinons ailleurs si l'ancien élève d'un fabricant peut, quand il vient à s'établir, rappeler cette qualité sur son enseigne et ses prospectus ; en tout cas, il n'a pas le droit de se dire le *successeur* de celui qui a été son maître, sous prétexte qu'il se croirait seul capable de le remplacer et d'en égaler l'habileté et le mérite. La qualité de successeur n'appartient qu'à l'acquéreur du fonds de commerce (2).

570. *Quid* **si le mobilier industriel est seul vendu ?** — Il a été jugé, — et c'est le même ordre d'idées :—1° que, lorsque, à la mort d'un commerçant, ses héritiers, sans vendre le fonds de commerce lui-même, se sont bornés à vendre le mobilier industriel et les marchandises, la marque de ce commerçant reste la propriété commune des héritiers, et que tous ont le droit de s'en servir au même titre ; seulement, il n'appartient à aucun d'eux de se dire *successeur* ni surtout *seul successeur* (Rouen, 20 déc. 1862, aff. Leblé, Le Hir. 64.2.46);

---

(1) V. Blanc, p. 229.

(2) V. Trib. civ. Seine, 20 nov. 1826, aff. Gallin, *Gaz. Trib.*, 21 novembre. — Comp. *suprà*, n° 532.

2° que l'achat d'une partie du matériel d'un fonds de commerce ne donne à l'acquéreur aucun droit à prendre le titre de successeur de son cédant, alors qu'il est constant que le fonds de commerce a été vendu à part, avec le reste du matériel, à une autre personne ; cette qualité n'appartient qu'à l'acheteur du fonds (Paris, 25 août 1857, aff. Kellerman, Teulet.6.237).

571. *Quid* **en cas de résiliation?** — Il est à peine besoin de faire remarquer que le droit de l'acquéreur à se prévaloir du nom de son prédécesseur, comme des autres avantages attachés au fonds de commerce, cesse absolument si le contrat vient à être résilié, ou si, à défaut de payement, il est exproprié de son fonds (1).

572. *Quid* **en cas de vente judiciaire?** — L'adjudicataire d'un fonds de commerce est en droit de prendre le titre de *successeur* du précédent propriétaire (2). Comment en serait-il autrement? La vente, même forcée, a pour effet, au moins en principe, d'investir l'acquéreur de tous les droits attachés au fonds de commerce, c'est-à-dire du fonds lui-même d'abord, et ensuite de l'achalandage et de ses accessoires, tels que l'enseigne, la marque, sauf toutefois ce que nous avons dit de la marque nominale (3) et sous la réserve de ce que nous dirons plus loin de l'interdiction de s'établir (4).

M. Bédarride, parlant de la licitation du fonds de commerce après la mort du propriétaire, — licitation que, d'ailleurs, en cas de désaccord entre les enfants, il regarde comme obligatoire, — reconnaît les mêmes droits à celui des héritiers qui reste adjudicataire. « L'adjudicataire, dit-il, est « seul désormais le continuateur du commerce ou de l'indus- « trie de l'auteur commun. A lui seul appartient le droit de « gérer l'établissement sous le nom qu'il avait reçu, ou de « prendre la qualification de *successeur* ou d'*ancienne mai-* « *son de...* Les autres frères ne pourraient se servir de leur « nom patronymique qu'en le faisant précéder, accompagner

---

(1) V. Goujet et Merger, v° *Enseigne*, n° 12.
(2) V. Paris, 9 oct. 1862, aff. Lemasson, Pataille.62.413.
(3) V. *suprà*, n° 91.
(4) V. *infrà*, n° 601.

« ou suivre, d'indications de nature à prévenir et à empêcher « toute confusion (1).

573. *Quid* **de la femme séparée de corps?** — La femme qui, à la suite de sa séparation de corps, devient adjudicataire du fonds de commerce dépendant de la communauté, a droit de conserver sur l'enseigne le nom de son mari; cela a été jugé dans une espèce où la femme avait pris soin de faire précéder le nom du mot de *madame*, quoique, à vrai dire, il fût écrit en abrégé (2). Cela est juste : le fait de la séparation ne saurait influer sur la décision; la femme puise son droit dans sa qualité d'adjudicataire. Comment lui dénierait-on un droit qui tient à l'adjudication et que toute autre personne, déclarée adjudicataire, posséderait?

574. *Quid* **de la veuve remariée?** — Ce que nous avons dit dans les paragraphes précédents s'applique à la veuve remariée. La raison de décider est la même; qu'importe le fait du convol en secondes noces? La femme est uniquement considérée comme commerçante et, en cette qualité, comme succédant à son mari au même titre qu'un étranger.

Il a été jugé en ce sens : 1° que le nom commercial est essentiellement distinct du nom patronymique ou de famille : le premier, qui a une valeur effective, tient à l'établissement et à son achalandage, et se perpétue avec lui; il se transmet avec la clientèle et passe conséquemment, avec la fortune du décédé, aux mains de ses héritiers ou ayants cause; il s'ensuit que la veuve d'un commerçant, lorsqu'elle continue le commerce de son mari, peut, même après avoir convolé en secondes noces, perpétuer la dénomination commerciale sous laquelle l'établissement est connu; un parent de son premier mari, exerçant le même commerce et portant le même nom, ne saurait dès lors être fondé à demander la suppression dudit nom sur l'enseigne de la veuve remariée (Nancy, 22 fév. 1859, aff. Caumont, Le Hir.61.2.266); 2° que la veuve d'un commerçant, même après s'être remariée, a le droit de continuer

---

(1) Bédarride, n° 753.
(2) V. Caen, 20 janv. 1860, aff. Delfraisy, Sir.61.2.73.

le commerce sous le nom de son mari, alors du moins qu'elle l'exerce tant au nom de ses enfants mineurs qu'en son nom personnel ; toutefois, s'il existe d'autres membres de la famille exerçant la même industrie, elle est tenue à faire mention sur ses factures et prospectus du changement qui s'est opéré dans la direction de la maison (Trib. civ. Seine, 9 août 1864, aff. Hamon, Pataille.66.31).

575. Successeur; mesures postales. — Nous venons de voir que la vente d'un fonds de commerce emportait, en principe, transmission à l'acquéreur du droit d'user du nom de son cédant sous lequel l'établissement est connu. Mais ici naît une difficulté : qui aura droit désormais d'ouvrir les lettres adressées au nom du cédant? On ne peut savoir à l'avance si la lettre est personnelle ou si elle est relative à l'exploitation commerciale. Est-ce au cédant que les lettres portant son nom devront être remises, sauf à lui à faire passer à son successeur celles qui concernent le commerce? Est-ce, au contraire, au successeur qu'elles doivent être d'abord remises? Disons tout de suite que, à notre sens, les tribunaux ont, en cette matière fort délicate, un souverain pouvoir d'appréciation, qu'ils tirent naturellement des circonstances fort diverses de chaque espèce : ajoutons, toutefois, qu'en thèse générale il nous semble que les lettres doivent être remises au successeur ; il représente, en effet, la maison de commerce, et il est naturel de présumer que la correspondance aura le plus souvent rapport aux affaires commerciales. Il serait trop facile autrement au cédant de détourner à son profit ou, ce qui est la même chose, au profit d'un tiers avec lequel il s'entendrait, une partie de la clientèle et des avantages qu'il a vendus, dont il s'est dépouillé.

576. Jurisprudence. — Il a été jugé (1) en ce sens : 1° que l'acquéreur d'un fonds de commerce a le droit de continuer d'exploiter la maison sous le nom de son prédécesseur; il a, par suite, un droit exclusif à toute correspondance relative à

---

(1) V. également Paris, 26 avril 1881, aff. Bizet, Pataille.82.191. — V. toutefois, en sens contraire, Paris, 3 juin 1863, aff. Darlat, Teulet 13.55.

cette exploitation et portant ledit nom, encore que le fils du prédécesseur, après avoir répudié la succession de son père, aurait fondé à son tour un établissement de même nature; il appartient, en ce cas, aux tribunaux d'ordonner que les lettres portant ledit nom seront remises, par l'administration des postes, à l'acquéreur du fonds, sauf à celui-ci à renvoyer les lettres qui seraient destinées au fils de son prédécesseur (Paris, 26 janv. 1855 aff. Chauvenet, Le Hir.55.2.539); 2° que les lettres missives, adressées au vendeur sous son ancien nom commercial, doivent être remises à l'acquéreur de la maison de commerce, et celles à lui adressées en son nom particulier doivent lui être remises à lui-même (Lyon, 18 déc. 1867., aff. Béranger, Le Hir.69,2.215); 3° qu'en tout cas, après la vente d'un fonds de commerce, les juges ont un pouvoir discrétionnaire pour décider, d'après les circonstances, quelles sont les mesures à prendre à l'égard des lettres adressées au vendeur au siège de l'établissement (Paris, 7 mars 1864, aff. Dorvault (1), Dall.66.1.342).

SECTION II.

Interdiction de s'établir.

SOMMAIRE.

577. Interdiction de s'établir; principes généraux. — 578. *Jurisprudence;* espèces où l'interdiction a été jugée illicite.—579. *Jurisprudence;* espèces où l'interdiction a été reconnue licite.—580. *Jurisprudence* (suite).— 581. La vente du fonds emporte-t-elle interdiction de se rétablir?—582. *Jurisprudence.* — 583. *Jurisprudence* (suite). — 584. *Jurisprudence contraire.* — 585. *Quid* des associés?—586. *Jurisprudence;* 1er système. — 587. *Jurisprudence;* 2° système.—588. *Quid* des anciens employés?—589. Comment se calcule la distance en cas de rétablissement? — 590. *Jurisprudence.* — 591. Interdiction de se rétablir; prête-nom. — 592. *Jurisprudence.* — 593. *Quid* si le vendeur sous-loue un immeuble à un concurrent?—594. *Quid* si un long temps s'est écoulé?—595. *Jurisprudence.*—596. *Quid* si le vendeur possède un autre fonds?—597. *Quid* en cas de location au lieu de vente? — 598. *Quid* en cas de changement de domicile? — 599. *Jurisprudence.* — 600. *Quid* de la cession de clichés photographiques?—601. *Quid*

(1) V. aussi Rej. 10 avril 1866, même aff., *eod. loc.*

577. Interdiction de s'établir; principes généraux. — Le principe de la liberté du travail est écrit dans nos lois, comme il est dans nos mœurs. Nous ne concevons plus aujourd'hui ces réglementations du siècle passé qui mettaient des entraves à l'activité humaine, et, au moyen des maîtrises et des jurandes, cantonnaient chaque individu dans une profession ou dans un métier spécial. En principe, chacun est donc libre non seulement de se livrer à telle ou telle branche du commerce ou de l'industrie, mais encore de passer de l'une à l'autre à son gré ou d'en réunir plusieurs entre ses mains. Tout de même, la loi, écartant jusqu'à l'ombre du servage, proscrit les engagements perpétuels, quels qu'ils soient, sous quelque forme qu'ils se présentent, afin que nul ne soit tenté de s'inféoder même volontairement à autrui, et pour que du moins celui qui, par faiblesse ou légèreté, aurait pris un semblable engagement, s'y puisse soustraire. De là est née la question de savoir si un individu peut s'obliger vis-à-vis d'un autre à ne jamais lui faire concurrence, et à ne pas s'établir, par exemple, dans tel commerce particulier, ou dans telle localité déterminée, ou même à ne faire aucun commerce, à ne se livrer à aucune industrie.

Sur ce point, nous ne pouvons mieux faire que de citer le passage suivant d'un excellent article de M. Aymé, qui, après avoir fidèlement discuté les documents de jurisprudence, s'exprime ainsi : « … La règle d'interprétation serait donc « celle-ci : l'aliénation complète de sa liberté est prohibée; « l'aliénation partielle, au contraire, est permise. Mais à « quelle limite faut-il s'arrêter? Là est la difficulté. La Cour « de cassation a cherché, dans les différents arrêts qu'elle a « rendus, à déterminer une règle d'interprétation qui servi- « rait de guide aux tribunaux. Elle est partie de cette idée

« que la loi de 1791 (2-17 mars 1791) n'a eu pour but que « de consacrer la liberté du travail : *Il sera loisible*, a-t-elle « dit, *à toute personne d'exercer tel métier ou tel négoce « qu'elle jugera convenable*, ce qui signifie que le droit au « travail et la faculté de fonder une industrie quelconque sont « garantis à tout citoyen, droits imprescriptibles et invio- « lables, dont chacun jouit sans pouvoir en être dépouillé. « Dans ces termes, l'interdiction de contrevenir à la loi de « 1791 est absolue ; nul ne peut aliéner sa propre liberté, et « celui qui consentirait une semblable aliénation devrait être « restitué contre sa propre imprévoyance. Mais, s'il n'est pas « permis de s'interdire le droit au travail, il ne saurait être « défendu d'apporter des restrictions à ce même droit, eu « égard aux lieux dans lesquels il doit s'exercer et au temps « pendant lequel on peut en jouir. Ainsi, la convention par « laquelle des commerçants s'interdisent de se livrer, dans un « certain rayon, à une industrie déterminée, est licite, que « cette interdiction soit stipulée pour un temps illimité ou « non, pourvu qu'elle n'enchaîne pas la liberté à ce point que « celui qui a contracté un pareil engagement ne puisse plus « exercer aucun commerce. Il peut y avoir, en effet, un inté- « rêt très considérable pour les contractants à stipuler une « pareille clause ; si la concurrence, au point de vue écono- « mique, est un principe des plus salutaires, eu égard à l'exten- « sion d'une industrie privée, elle peut avoir des conséquences « fatales. Ainsi, deux fabricants de produits similaires, qui « exercent leur industrie sur une même place de commerce, « se portent mutuellement préjudice ; comment la loi pour- « rait-elle leur défendre de parer à cet inconvénient par des « conventions librement consenties, qui auraient pour con- « séquence de le faire disparaître ? Sous prétexte de protéger « un droit assurément fort respectable, on porterait atteinte « à un autre droit non moins digne d'intérêt. Telle est la thèse « de la Cour de cassation, et je la crois à l'abri de tout re- « proche (1)... »

(1) V. d'ailleurs tout l'article de M. Aymé, avocat à Grenoble, cité par Le Hir.68.2.505.

578. Jurisprudence; espèces où l'interdiction a été jugée illicite. — Il a été jugé : 1° que l'art. 1780 du Code civil, en interdisant toute aliénation du travail perpétuelle et absolue, entraîne, par une conséquence nécessaire du même principe, la prohibition de tout engagement ayant pour résultat de s'obliger à ne faire, en aucun temps ni en aucun lieu, un emploi déterminé de ses services et de son travail autrement que pour tel patron ou tel établissement; par suite, est nulle, comme contraire à l'ordre public et à la loi, la convention par laquelle le contre-maître d'une fabrique s'engage, au cas où il la quitterait, *à ne jamais, en quelque temps que ce soit et sous aucun prétexte, servir ou s'associer directement ou indirectement dans une fabrique du même genre* (Metz, 22 juillet 1856, aff. Gilbert (1), Pataillé.58.232); 2° que, si une société a le droit de prendre ses précautions contre la concurrence qu'elle peut avoir à redouter de la part d'un associé sortant ou exclu, toutefois la clause par laquelle les associés s'engagent à ne point exploiter, au sortir de la société et pour le temps qu'elle durera, une industrie similaire en quelque lieu que ce soit, doit être déclarée contraire au principe de la liberté du travail et annulée comme illicite, si, en fait, la durée de la société est telle que l'interdiction, ainsi établie, soit l'équivalent d'une prohibition absolue et perpétuelle (Paris, 24 août 1859, aff. Dupuis (2), Pataille.59.357); 3° que les tribunaux doivent déclarer nul, comme contraire à l'art. 1780 du Code civil, le contrat par lequel un individu vend tous ses biens à un autre, moyennant que celui-ci le logera, nourrira, entretiendra pendant sa vie, et qu'il profitera de son travail sans être tenu de lui payer aucune indemnité ou salaire; c'est en vain que, depuis l'instance engagée, la partie qui y a droit aurait renoncé à cette dernière clause; cette renonciation ne peut donner valeur à un contrat nul dans son origine (Lyon, 19 déc. 1867, aff. Roger, Pataille. 68.338); 4° que, si le principe de la liberté du travail ne fait pas obstacle à ce que les contractants s'imposent certaines

(1) V. aussi Rej. 11 mai 1858, même aff., *eod. loc.*
(2) V. aussi Rej. 19 déc. 1860, même aff., Pataille.65.280.

restrictions dans l'exercice de cette liberté, de telles conventions ne sont cependant licites qu'autant qu'elles n'entraînent pas pour l'une des parties l'interdiction de son industrie d'une manière générale et absolue ; un pareil engagement, portant atteinte à la liberté naturelle de l'homme, à celle du travail et de l'industrie, est contraire à l'ordre public et aux dispositions des art. 7 de la loi du 17 mars 1791, 1131 et 1133 du Code civil; il est encore implicitement et indirectement proscrit par le principe écrit dans l'art. 1780 du même Code, qui prohibe tout engagement de services à vie ; il n'appartient pas d'ailleurs aux tribunaux de restreindre et de limiter une semblable convention, lorsqu'ils en sont établis juges ; ils doivent purement et simplement en prononcer la nullité (Cass., 25 mai 1869, aff. Drevet (1), Pataille.72.133); 5° que la convention, par laquelle un individu s'engage envers un autre à ne pas s'établir dans la même localité, doit être annulée comme étant sans cause, alors qu'en échange de l'interdiction ainsi stipulée, l'autre partie ne prend elle-même aucune obligation équivalente (Paris, 14 mai 1861, aff. Davril, Pataille.61.246); 6° que la convention par laquelle un employé s'oblige, d'une manière générale, en quittant la maison qu'il occupait, à ne pas porter ses services ailleurs, est nulle, mais que si, par l'effet de cette nullité, il reprend sa liberté, il doit la restitution de la somme par lui perçue, comme corrélatif de cet engagement (Paris, 6 août 1881 et Rej. 2 mai 1882, aff. Spicrenaël, Pataille.82.322).

579. Jurisprudence; espèces où l'interdiction a été reconnue licite (2). — Il a été jugé : 1° que l'engagement, que prend un individu de ne pas exercer, pendant un temps déterminé, le même genre d'industrie que celui de l'établissement où il est employé en qualité de commis, est valable

(1) V. encore Grenoble, 17 fév. 1870, même aff., *eod. loc.* — V. également Toulouse, 22 août 1882, aff. Fourriel, *la Loi*, 11 octobre.

(2) V. également Trib. comm. Seine, 6 mai 1852, Teulet.1.184; Paris, 20 fév. 1857, aff. Savary, Pataille.61.242 ; Paris, 17 mai 1862, aff. Magnier, Teulet.11.326 ; Trib. comm. Seine, 24 nov. 1864, aff. Trébucien, Pataille.65.283 ; Caen, 4 déc. 1865 et Rej. 1er juill. 1867, aff. Lepeltier, Pataille.68.19 ; Rej. 11 nov. 1873, aff. Usclas, Pataille.74.374.

et reste obligatoire même après la cession de l'établissement à un tiers; celui qui, connaissant ledit engagement, s'associe, pour y faire fraude, avec le commis qui l'a pris et le viole, doit être compris dans l'interdiction imposée par la justice à ce dernier de continuer son commerce (Paris, 3 juin 1856, aff. Arthur, Pataille.56.191); 2° qu'aucune loi ne prohibe la clause par laquelle l'employé d'une maison de commerce s'oblige envers son patron, au cas où il le quitterait, à ne pas s'établir dans la même localité, dans le même genre d'industrie pendant cinq années, à peine d'une somme déterminée en cas d'infraction; et, si l'infraction se produit, les tribunaux doivent prononcer ladite pénalité (Trib. comm. Seine, 10 sept. 1857, aff. Gessling, Pataille.58.189); 3° que la convention, par laquelle un commis, en échange de certains avantages qui lui sont assurés, s'engage, en cas de retraite volontaire ou de renvoi, à ne pas se placer dans une industrie similaire de la même ville, est licite et obligatoire (Douai, 31 août 1864, aff. Mascaux, Pataille.65.282); 4° que la clause par laquelle un individu s'interdit de s'établir pour un certain commerce est valable, quand elle est limitée à un certain temps, à un certain lieu (Rej. 5 juill. 1865, aff. Meurice (1), Teulet.14.500); 5° que, quelque respectable que soit le grand principe de la liberté du travail, il n'en est pas moins vrai que ce principe peut être restreint dans son application, même dans un intérêt privé, par les conventions des parties, et que ces conventions ne deviendraient illicites que si elles entraînaient, pour l'un des contractants, l'interdiction de son industrie d'une manière absolue et générale; en conséquence, est valable et obligatoire la convention par laquelle un individu s'interdit d'exercer jamais un certain commerce dans une ville déterminée, alors qu'il reste libre de l'exercer partout ailleurs (Cass., 24 janv. 1866, aff. Martinet (2), Pataille. 66.206).

---

(1) V. Trib. comm. Lille, 23 sept. 1864, mêmes parties, Pataille. 66.32.

(2) Comp. Metz, 16 juin 1863, aff. Martinet, Pataille.63.278. — V. sur cet arrêt, qui a été cassé, les observations critiques de M. Pataille.

580. **Jurisprudence** (*suite*). — Il a encore été jugé : 1° que le principe de la liberté de l'industrie ne met pas obstacle à ce qu'un fabricant s'engage envers un autre à ne pas exercer la même industrie dans une ville ou dans un rayon déterminé; une pareille convention, en l'absence de toute réserve, ne doit pas être considérée comme restreinte et temporaire, et doit dès lors profiter aux successeurs du contractant (Dijon, 28 nov. 1866, aff. Diconne (1), Pataille.68.341); 2° que la clause, par laquelle un ouvrier s'oblige envers son patron à ne pas travailler pendant huit ans après sa sortie dans une fabrique de la même industrie, n'a rien de contraire à la liberté, et est même une garantie juste et convenable pour des fabricants mettant un ouvrier au courant d'une fabrication spéciale (Grenoble, 23 déc. 1867, aff. Fortoul, Pataille. 68.340); 3° que le principe de la liberté du travail et de l'industrie ne fait pas obstacle à ce que les parties s'imposent conventionnellement certaines restrictions dans l'exercice de cette liberté; ces restrictions limitées peuvent même être utiles au développement de l'industrie et du commerce, quand elles restent dans une mesure convenable : spécialement, est licite et obligatoire la convention par laquelle des associés stipulent que ceux d'entre eux qui, après la dissolution de la société et la licitation du fonds social, cesseront d'y avoir un intérêt, ne pourront plus se livrer à la même industrie, alors du moins que l'interdiction, loin d'être absolue, est limitée quant aux localités et quant à la nature ou à la destination des produits (Rej. 3 mars 1868, aff. Cossé-Duval, Pataille. 68.199); 4° qu'il n'y a rien que de licite dans l'engagement par lequel un employé s'oblige envers son patron à ne jamais fabriquer ni pour lui-même ni pour d'autres un objet déterminé (un genre de peinture spéciale); une telle convention laisse le contractant libre de fabriquer tout autre objet, fût-ce dans la même industrie, et, dès lors, ne portant aucune atteinte à sa liberté industrielle, ne saurait tomber sous les prescriptions de l'art. 1780 du Code civil (Paris, 12 nov. 1873, aff. Sigé, *Gaz. Trib.*, 27 fév. 1874); 5° que, lorsqu'un fonds

(1) V. aussi Rej., 18 mai 1868 même aff., *eod. loc.*

de commerce est vendu en justice, par exemple sur licitation entre cohéritiers, il appartient aux tribunaux d'ordonner qu'il sera inséré au cahier des charges une clause de prohibition pour les colicitants de se rétablir dans un rayon déterminé pendant un certain laps de temps; on ne saurait prétendre qu'en leur imposant à tous, dans ces limites, la même interdiction, on porte atteinte à la liberté du commerce et de l'industrie; une pareille clause n'a d'autre objet que d'obliger le vendeur à garantir à l'acheteur la possession paisible de la chose vendue (Paris, 5 mars 1881, aff. Grisier, Pataille. 81.299).

581. La vente du fonds emporte-t-elle interdiction de se rétablir ? — Nous venons de voir que l'interdiction de se rétablir n'a rien d'illicite, lorsque l'engagement est pris sous certaines conditions de temps ou de lieu qui en limitent l'étendue et la portée. Lors donc qu'un fonds de commerce est vendu, l'acquéreur peut valablement stipuler l'interdiction pour son vendeur de se rétablir dans la même industrie. Mais que décider en l'absence d'une stipulation formelle ? L'interdiction résulte-t-elle du seul fait de la vente ? Il faut remarquer que la vente d'un fonds de commerce comprend en première ligne la clientèle et l'achalandage, et l'on ne comprendrait guère, surtout pour les commerces de détail, qu'un acquéreur consentît à acheter le fonds avec la perspective peu encourageante de la concurrence immédiate et redoutable de son vendeur. Il semble, dès lors, naturel d'admettre la nécessité d'une stipulation expresse et précise pour réserver au vendeur une faculté aussi exorbitante. Toutefois, à la différence de la convention écrite qui peut imposer au vendeur l'interdiction absolue de se rétablir, nous pensons que, dans le silence du contrat, on ne saurait aller jusque-là. Il suffit d'assurer à l'acquéreur tous les avantages sur lesquels il a dû compter, c'est-à-dire la transmission complète de la clientèle. Si donc le vendeur vient à se rétablir, mais à une distance si grande, avec une enseigne si différente, dans de telles conditions enfin que toute confusion entre les deux maisons et tout préjudice soient impossibles, si du reste le vendeur, ainsi rétabli, a soin d'éviter tout ce qui pourrait ressembler à une manœuvre déloyale, nous croyons que les tribunaux ne devront pas pousser la rigueur jusqu'à lui interdire sans miséricorde et sans distinction, comme aurait pu le faire la convention, d'exercer un commerce similaire. Après tout, c'était à l'acheteur à exiger une clause d'interdiction plus étendue et plus précise (1).

M. Blanc dit à peu près dans le même sens : « Le vendeur « d'un fonds de commerce ne peut s'établir de nouveau que « dans des conditions d'industrie et de localité qui ne puis- « sent causer aucun préjudice même indirect à l'acheteur; « ensuite, en supposant que le vendeur ait conservé le droit « de rentrer dans la même industrie, il lui est interdit, d'une « façon absolue, de prendre la même enseigne, les mêmes « désignations ou des désignations analogues qui puissent « donner lieu à méprise et détourner les acheteurs. C'est « d'ailleurs la juste application de l'art. 1625 du Code civil, « qui dit que le vendeur doit garantir à l'acquéreur la pos- « session paisible de la chose vendue (2). »

MM. Lyon-Caen et Renault, analysant la jurisprudence, disent à leur tour : « Les ventes de fonds de commerce sont « soumises aux règles générales de la vente. Aussi engen- « drent-elles l'obligation de garantie pour éviction à la charge « du vendeur. C'est par application de cette idée que, souvent, « des vendeurs de fonds de commerce ont été condamnés « envers leurs acheteurs à des dommages-intérêts pour avoir, « après la vente, continué à exercer un commerce semblable « d'une façon dommageable pour ceux-ci, encore que la vente « ne contînt aucune clause d'interdiction. Il est néanmoins « prudent aux parties, pour éviter les difficultés, d'insérer « dans la vente une clause d'interdiction et de bien détermi- « ner à quels lieux et à quel temps elle s'applique. Car, en « l'absence de toute clause, il n'y a à tenir compte du nouvel « établissement du vendeur qu'autant qu'il a été domma- « geable pour l'acheteur du fonds de commerce. Les tribu- « naux ont donc à examiner si le vendeur s'est établi de nou- « veau dans un lieu assez proche du fonds vendu et dans un

(1) Comp. Pataille.58.233, *la note*.
(2) Blanc, p. 724. — V. Mayer, n° 22.

« temps assez voisin de la vente pour causer un préjudice à « l'acheteur. Il y a là des questions d'appréciation assez « délicates qui peuvent être la source de nombreux pro- « cès (1). »

582. Jurisprudence (2). — Il a été jugé d'une façon absolue : 1° que la vente sans réserve d'un fonds de commerce emporte interdiction pour le demandeur d'ouvrir un nouvel établissement et surtout de se mettre en rapport avec son ancienne clientèle ; il importe peu que l'interdiction n'ait pas été formellement stipulée : la convention n'aurait pas de sens, s'il était facultatif au vendeur de reprendre ce dont il a reçu le prix (Paris, 17 fév. 1856, aff. Dutheil, Teulet.5.246); 2° qu'en matière de vente, la garantie est de droit, à moins qu'elle n'ait été formellement exclue, et il n'en est pas autrement en matière de vente de fonds de commerce ; il s'ensuit que le vendeur d'un fonds de commerce, même alors que le contrat ne renferme aucune interdiction, ne peut former un nouvel établissement en concurrence, s'il ne s'en est réservé la faculté, ni rien faire qui puisse nuire à l'exploitation du fonds vendu et en détourner la clientèle (Agen, 20 juin 1860, aff. Farges, Teulet.10.181) ; 3° que le bailleur d'un matériel de navigation ne saurait venir ensuite faire concurrence à son locataire, alors du moins que les circonstances de la cause et notamment le prix de location dudit matériel font clairement voir que telle était la commune intention des parties (Lyon, 3 déc. 1864, aff. Salmon (3), Sir.65.2.131) ; 4° qu'alors même que l'acte de vente d'un fonds de commerce ne comprend pas une interdiction expresse pour le vendeur de se rétablir, il y a concurrence déloyale de sa part à le faire, si, d'ailleurs, il résulte de l'ensemble de l'acte, et spécialement du prix payé, que la clientèle et l'achalandage étaient compris

(1) Lyon-Caen et Renault, *Précis de droit commercial*, n° 686.

(2) V. Trib. comm. Seine, 25 janv. 1861, aff. Détang, Teulet.10.291 ; Paris, 17 juill. 1863, aff. Lion, Teulet.13.121 ; Paris, 23 janv. 1864, aff. Ménétrier, Teulet.13.241 ; Alger, 24 avril 1878, J.Pal.78.997; Amiens, 30 avril 1875, aff. Quentin, Pataille. 76.355.—Comp. anal. Paris, 9 juill. 1857, aff. Meslier, Teulet.6.184.

(3) V. les observations de l'arrêtiste, *eod. loc.*

dans la vente (Grenoble, 10 mars 1836, aff. Coche, Sir.38.2.35); 5° que le vendeur qui, en cédant son fonds, déclare, sans réserve et dans les termes les plus absolus, céder à son acquéreur tous ses droits à la clientèle, à l'achalandage et même au nom de l'établissement, s'interdit par cela même de lui faire désormais aucune concurrence (Lyon, 18 déc. 1867, aff. Béranger, Le Hir.69.2.215); 6° qu'en droit, la vente d'un fonds de commerce entraîne l'interdiction par le vendeur de faire un commerce similaire par application des principes de la garantie en matière de vente; en tout cas, il en est ainsi lorsqu'il résulte de toutes les circonstances de la cause que l'intention commune des parties a été d'établir cette interdiction (Aix, 16 juill. 1878, aff. Feraudi, Pataille.79.95); 7° que l'engagement pris par un commerçant, en vendant son fonds de commerce, de ne pas fonder, exploiter, ni même prendre un intérêt dans un établissement du même genre à quelque titre que ce soit, peut être entendu en ce sens qu'il cède non seulement son établissement et sa marque, mais encore tous les avantages résultant de ses connaissances dans la fabrication spéciale qui fait l'objet du fonds, et de la notoriété attachée à sa personnalité : spécialement, celui qui cède, sous ces conditions, une fabrique de gants ne saurait, sans manquer au contrat, entrer dans une maison de parfumerie pour surveiller et diriger la partie relative à la vente des gants (Paris, 15 mars 1875, aff. Serusier, Pataille.76.249).

583. Jurisprudence (*suite*). — Il a été jugé avec moins de rigueur et d'une façon, selon nous, plus conforme aux vrais principes de la matière : 1° que la vente d'un fonds de commerce emporte, même en l'absence de stipulation formelle, défense pour le vendeur de se rétablir, du moins, dans le voisinage de son acquéreur ; tenu, en effet, d'assurer à son acheteur la possession de la chose vendue, il ne doit rien faire qui puisse troubler ce dernier dans sa possession (Lyon, 28 août 1843, aff. Moisset, Sir.43.2.540); 2° que la principale obligation du vendeur envers l'acheteur est de faire jouir celui-ci de la chose cédée; il suit de là que le vendeur d'un fonds de commerce ne peut, à moins d'une réserve expresse, continuer le même genre d'industrie, du moins lorsqu'il reste dans la même maison que son acquéreur (Trib. comm. Havre, 21 janv.

1860, aff. Chèdhomme, Pataille.60.126); 3° qu'il doit être interdit au vendeur d'un fonds de commerce de se rétablir, du moins dans un rayon déterminé, alors même qu'il n'aurait pris aucun engagement à cet égard (Paris, 14 avril 1862, aff. Carlier, Teulet.11.302); 4° que la cession de l'achalandage d'un fonds de commerce, c'est-à-dire du droit pour le cessionnaire ou acquéreur du fonds d'exercer son industrie dans ses rapports avec les pratiques habituelles du cédant ou vendeur dudit fonds, serait une cession purement illusoire, s'il était permis au vendeur de recommencer l'exercice de son industrie à proximité de l'emplacement du fonds cédé; il y a donc lieu, en pareil cas, d'interdire au vendeur, sinon d'exercer la même industrie, du moins de l'exercer dans un périmètre déterminé (Paris, 9 oct. 1862, aff. Lemasson, Pataille.62.413); 5° que le vendeur d'un fonds de commerce, tel qu'un café, ne peut, après avoir vendu même sans interdiction littérale de se rétablir, ouvrir un établissement de même nature à côté de celui de son successeur et y attirer ses anciens clients; il en est surtout ainsi, quand, immédiatement après la vente, il a commencé par faire un autre commerce, montrant bien ainsi son intention de ne pas faire concurrence à son successeur (Grenoble, 3 déc. 1864, aff. Michel, Le Hir.65.2.330); — 6° jugé du reste (et, en vérité, cela ne fait pas de doute) que les exceptions au principe de la liberté de l'industrie doivent être plutôt restreintes qu'étendues; en conséquence, l'interdiction, acceptée par le vendeur d'un fonds de commerce, de ne pas se rétablir dans un rayon déterminé, ne peut s'entendre que d'un commerce identique et non de tout commerce, quel qu'il soit (Paris, 8 janv. 1863, aff. Bonvoisin (1), Pataille.63.222).

584. Jurisprudence contraire. — Il a été jugé en sens opposé, et en dehors de toute considération de fait : 1° que la liberté commerciale est de droit public; il ne peut y être apporté d'autre restriction que celle résultant de la loi ou des conventions; en conséquence, le vendeur d'un fonds de com-

---

(1) V. aussi Paris, 28 nov. 1868, et Rej. 10 août 1869, aff. Malbo, Teulet.19.296.

merce peut, à moins de stipulation contraire, fonder un nouvel établissement, si d'ailleurs il exerce son commerce loyalement (Angers, 7 mai 1869, aff. Bouttier (1), Pataille.70.296); 2° qu'en l'absence de toute clause prohibitive, le vendeur d'un établissement industriel est en droit de former, même dans le voisinage de son acquéreur, un établissement de même nature, si, d'ailleurs, il n'est pas établi que cela soit contraire à la commune intention des parties (Cass., 17 juillet 1844, aff. Cléry, Sir.44.1.678).

585. *Quid* **des associés?** — Après la dissolution de la société et sa liquidation, quel est le droit des associés? Chacun d'eux, et surtout celui dont le nom figurait dans la raison sociale, conserve-t-il le droit de se rétablir, au détriment de l'acquéreur du fonds social? L'associé, qui cesse de faire partie de la société, doit-il être considéré, après le partage opéré, comme étant vendeur du fonds, et l'interdiction, qui, nous venons de le dire, est imposée au vendeur, s'impose-t-elle à lui de la même façon? On verra en parcourant la jurisprudence qu'elle assimile avec raison l'associé, qui sort de la société, comme ayant vendu sa part et comme étant, par suite, tenu des mêmes obligations que tout autre vendeur de fonds de commerce. On retrouvera dans les arrêts les mêmes distinctions, les uns décidant que l'interdiction est de droit et résulte du seul fait de la vente, les autres au contraire tenant compte des circonstances de fait et, à moins d'une clause formelle, permettant à l'associé, au sortir de la société, de se rétablir, à la condition d'éviter tout ce qui pourrait ressembler à une manœuvre déloyale et entraîner une confusion préjudiciable à l'acquéreur du fonds social. C'est dans ce système mixte que nous voyons, pour notre part, la vérité.

586. Jurisprudence; 1er système. — Il a été jugé : 1° qu'il n'est pas besoin d'une clause formelle pour interdire à l'associé qui se retire le droit de se rétablir dans la même industrie, cette obligation pouvant ressortir des conditions dans lesquelles a eu lieu la séparation des associés : spécialement,

(1) V. observ. de Pataille, *eod. loc.*

l'associé qui reçoit, outre le montant intégral de son apport, une certaine somme comme prix de sa retraite, et vend, en échange, avec toutes les charges qui y peuvent être attachées, sa part dans les droits sociaux, fait une véritable cession qui l'assimile au vendeur d'un fonds de commerce et lui impose l'obligation de ne pas se rétablir, sous peine de ne pas donner l'équivalent de ce qu'il a reçu (Bordeaux, 13 juill. 1859, aff. Labat, Teulet.9.203); 2° que l'associé, qui a cédé à son coassocié sa part dans le fonds de commerce, c'est-à-dire l'achalandage et la clientèle, est sans droit ni qualité à vouloir ensuite prétendre continuer sur cette place les opérations auxquelles il se livrait autrefois (Trib. comm. Seine, 28 fév. 1856, aff. Cohen, *Gaz. Trib.*, 9 août); 3° que la vente par un associé à son coassocié de sa part dans le fonds social emporte pour le vendeur interdiction implicite, mais formelle, de se rétablir et de faire concurrence à l'acquéreur (Paris, 17 mai 1859, aff. Patural (1), Pataille.59.188); 4° qu'en tout cas, l'arrêt qui, dans le silence de la convention, décide que l'interdiction pour le vendeur de se rétablir résulte de l'intention formelle des parties, fait une appréciation souveraine, non soumise au contrôle de la Cour de cassation (Rej. 21 juillet 1873, aff. Videau, *Gaz. Trib.*, 24 juill.); — 5° jugé, d'ailleurs, que, lorsqu'un associé, en cédant ses droits à ses coassociés, s'est interdit de s'immiscer directement ou indirectement dans une maison faisant le même commerce, cette interdiction, à moins d'une limitation expresse, survit à l'expiration du terme de la société, et peut dès lors lui être opposée, même après cette expiration, par ceux envers qui il a pris cet engagement (Trib. comm. Seine, 30 mars 1858, aff. Lasalle, Pataille.58.254).

587. Jurisprudence; 2e système (2). — Il a été jugé : 1° que celui qui a vendu à son associé sa part dans le fonds

---

(1) V. toutefois Cass., 2 mai 1860, mêmes parties, *infrà*, n° 587-4°.

(2) V. aussi Paris, 6 août 1855, aff. Carrier, Le Hir.56.2.400; Trib. comm. Seine, 11 oct. 1869, aff. Michaux, *Gaz. Trib.*, 6 novembre; Paris, 9 juin 1860, aff. Fowler, *Prop. ind.*, n° 136. — Comp. Paris, 26 avril 1861, aff. Coyard, Le Hir.63.2.401. — Comp. anal. Trib. comm. Seine, 30 janv. 1862, aff. Combier-Destre, Le Hir.62.2.236.

social ne peut rien faire qui atténue la valeur de la chose abandonnée par lui ; en conséquence, il lui est interdit de se rétablir, du moins dans un périmètre déterminé, et il appartient aux tribunaux de fixer le périmètre d'interdiction (Paris, 11 juill. 1853, aff. Lerévérend, Le Hir.62.2.449); 2° qu'à moins de clause contraire, l'associé, sous le nom duquel le fonds de commerce est connu, a le droit, après la dissolution de la société, de fonder sous son nom un nouvel établissement, à la condition toutefois de ne faire aucun acte de concurrence déloyale dans le but de détourner la clientèle acquise au premier établissement ou d'établir une confusion préjudiciable vis-à-vis des acheteurs (Paris, 30 juin 1854, et Rej. 5 fév. 1855, aff. Pettman, Le Hir.55.2.88 et 56.2.126); 3° qu'il y a concurrence déloyale de la part du gérant d'une société dissoute qui, après la vente du fonds de commerce (dans l'espèce, un fonds de limonadier-glacier), se rétablit non loin de l'endroit où ce fonds continue d'être exploité et fait suivre son nom, sur l'enseigne, des mots *ancien glacier*, de manière à faire croire qu'il est demeuré à la tête du fonds de commerce; s'il ne lui est pas interdit de créer un nouvel établissement sous son nom, c'est à la condition de le faire dans les limites d'une concurrence loyale (Paris, 19 fév. 1859, aff. Danguis, Pataille.59.125); 4° que l'associé qui se retire d'une société, en cédant à son coassocié sa part dans les valeurs sociales, ne s'interdit pas pour cela le droit de se rétablir, sous la condition, bien entendu, de ne pas faire à son associé une concurrence déloyale ; une pareille interdiction ne peut résulter que d'une clause formelle (Cass., 2 mai 1860, et Orléans, 11 août 1860, aff. Patural (1), Le Hir.61.2.181);— 5° jugé, du reste, que l'associé qui, en cédant à son coassocié sa part dans l'établissement commun, s'est interdit de rappeler cette qualité dans le cas où il se rétablirait, ne contrevient pas à la convention en annonçant qu'il ouvre de

(1) Sur le renvoi, la Cour d'Orléans, tout en se conformant à la doctrine de l'arrêt de cassation, constate, en fait, que « des circonstances de « la vente, et spécialement du prix, il résulte clairement que la clientèle « n'était pas comprise dans la cession ».

nouveaux ateliers (Trib. comm. Seine, 13 mars 1862, aff. Trinquart, Pataille.62.141).

588. *Quid* des anciens employés ?—Il ne peut être interdit à d'anciens employés d'une maison de commerce de fonder une maison rivale et de l'établir même dans le voisinage de la première. Aucun lien ne les unit à leur patron ; ils lui ont donné leur travail, ils ont reçu leur salaire ; sauf la reconnaissance qu'ils peuvent se devoir mutuellement, ils sont légalement quittes les uns envers les autres. Pour leur interdire de fonder, où bon leur semble, un établissement de même nature que celui de leur ancien patron, il faudrait une convention, une stipulation formelle. A défaut de cela, ils sont libres, à la condition, bien entendu, de ne point employer des moyens de concurrence déloyale (1).

589. Comment se calcule la distance en cas de rétablissement? — Quand le vendeur a stipulé qu'il aurait le droit de se rétablir, à la seule condition de ne pas le faire dans un rayon déterminé, comment doit se calculer la distance qui doit le séparer de son acquéreur? Doit-on tenir compte des détours sinueux des rues? Doit-on calculer la distance à vol d'oiseau? Sur ce point, il ne saurait y avoir d'autre règle que celle de la jurisprudence, et malheureusement elle varie. Nous pensons, quant à nous, qu'il est raisonnable, en prenant l'établissement cédé pour centre, et la distance convenue pour rayon, de tracer une circonférence imaginaire, dans l'intérieur de laquelle le vendeur ne pourra se rétablir. Quand on parle d'un *rayon déterminé*, il est bien difficile d'entendre autre chose qu'une ligne droite, et la ligne brisée, que présentent les sinuosités des rues, ne peut guère passer pour le rayon d'un cercle, même aux yeux de l'homme le plus rebelle à la géométrie.

590. Jurisprudence. — Il a été jugé à cet égard : 1° que, lorsqu'un commerçant, en vendant son fonds de commerce, s'interdit de se rétablir dans un rayon déterminé, la distance ainsi spécifiée doit s'entendre non de la distance en ligne

---

(1) V. Caen, 2 mai 1860, aff. Moreau, Le Hir.60.2.499; Trib. comm. Seine, 28 fév. 1866, aff. Lafitte-Bullier, Teulet.15.366.

droite, à vol d'oiseau, mais de la distance que le public est obligé de parcourir pour aller d'un établissement à l'autre (Paris, 29 déc. 1862, aff. Chanolet, Pataille.63.45); 2° que, lorsqu'un commerçant s'interdit, en cédant son fonds, de se rétablir dans un rayon déterminé, la distance dont s'agit doit s'entendre non d'une ligne idéale et fictive, tracée au compas sur une carte, mais bien de la distance qui est réellement à parcourir pour se rendre de l'établissement cédé à l'autre (Trib. comm. Seine, 21 oct. 1865, aff. Massenet, Pataille. 66.398);—3° jugé, au contraire, que, lorsqu'il est stipulé dans l'acte de vente d'un fonds de commerce que le vendeur ne pourra se rétablir dans un rayon de mille mètres, la distance doit se calculer à vol d'oiseau, en prenant pour centre le lieu de l'établissement cédé et en décrivant autour un cercle du rayon stipulé, et non pas en calculant la distance d'après le chemin réel à parcourir (Paris, 20 avril 1880, aff. Martineau (1), Pataille.81.123).

591. Interdiction de se rétablir ; prête-nom.— Lorsque le vendeur s'est interdit de se rétablir, il viole son engagement en se rétablissant sous un prête-nom ou en portant son industrie à une maison rivale. En relation directe avec la clientèle qu'il a formée et qui le connaît, il serait en mesure d'enlever à son successeur tout le bénéfice des avantages sur lesquels celui-ci a le droit de compter. Il est de principe qu'on ne peut, même indirectement, faire une chose qu'on s'est interdite. Il y a là, toutefois, des circonstances à apprécier, et c'est le rôle des tribunaux.

592. Jurisprudence (2). — Il a été jugé, par exemple : 1° que le commerçant qui, en vendant son fonds, s'est interdit de reprendre le même commerce, soit en son nom, soit pour le compte d'autrui, commet une infraction au contrat en s'immisçant dans un commerce dirigé par son propre fils;

---

(1) V. encore Paris, 7 déc. 1881, aff. Rodier, *Gaz. du Palais*, t. 1, p. 172. — Comp. Paris, 30 juillet 1881, aff. Dufour, *Gaz. du Palais*, t. 1, p. 96.

(2) V. encore Agen, 20 juin 1860, aff. Farges, Teulet.10.181 ; Paris, 3 mars 1858, aff. Cléray, Le Hir.65.2.36 ; Paris, 19 nov. 1853, aff. Moreau, Teulet.13.307; Paris, 20 nov. 1873, aff. Allard, Pataille.74.44. — Comp. Lyon, 30 avril 1874, aff. Dussaugey, Pataille.74.376.

l'intérêt que peut lui inspirer la prospérité de ses enfants ne saurait justifier une infraction à la loi qu'il s'est faite (Grenoble, 17 juin 1844, aff. Tampier (1) (*Gaz. Trib.*, 14 oct.); 2° que celui qui, en vendant son fonds de commerce, s'est interdit de se rétablir dans un périmètre déterminé, ne peut pas plus le faire sous le couvert d'un prête-nom que directement; et, dans ce cas, le prête-nom doit être condamné solidairement avec lui aux dommages-intérêts (Paris, 21 fév. 1861, aff. Soulier et Rouffaneau, Teulet.10.323); 3° que le vendeur d'un fonds de commerce, qui s'est interdit, pour une durée de cinq années, de faire le même commerce directement ou indirectement, ne peut, sans violer son engagement, s'intéresser dans une maison exploitant la même industrie, même à titre de représentant, et faire appel, par des circulaires et des annonces, au commerce en général et à ses anciens clients en particulier; il doit donc, de ce chef, des dommages-intérêts à son acquéreur (Bordeaux, 17 mai 1870, aff. Bossay, Pataille.70.358); 4° que le vendeur d'un fonds de commerce, qui s'est interdit de s'intéresser dans aucun établissement faisant concurrence, contrevient à cette clause lorsqu'il fournit un cautionnement pour un établissement de même nature (Paris, 29 juin 1868, aff. Badois, Teulet.18.186); 5° mais que, lorsque le vendeur d'un établissement commercial s'est interdit de faire, directement ou indirectement, le même genre de commerce dans le département où est situé l'établissement vendu, cette interdiction ne saurait mettre obstacle à ce que, après avoir repris son ancien domicile à Paris, il achète ou fasse acheter, dans le département qu'il s'est interdit, des produits naturels destinés à alimenter sa maison de commerce de Paris (Paris, 12 août 1869, aff. Marga, Pataille.70.357); 6° que, de même, celui qui, en vendant son fonds de commerce, s'est interdit de s'établir, ne viole pas la convention par cela seul qu'il accepte un emploi dans un établissement de même nature, alors que cet établissement, ne faisant que le commerce de gros, n'est pas en concurrence directe avec le fonds vendu (Paris, 30 juin

(1) Comp. Paris, 7 janv. 1852, aff. Courtecuisse, Teulet.1.22.

1857, aff. Michel Faure, Teulet.6.191); 7° et, encore, que la femme, venderesse d'un fonds de commerce, qui s'est interdit de s'intéresser, directement ou indirectement, dans un commerce similaire, ne manque pas à son engagement en épousant un individu exerçant ce commerce, alors qu'elle ne participe pas aux affaires de son mari, dont elle est même séparée de biens (Trib. comm. Seine, 3 avril 1857, aff. Putheaux, Le Hir.58.2.222).

593. *Quid* **si le vendeur loue un immeuble à un concurrent ?** — Il est hors de doute que l'engagement pris par le vendeur d'un fonds de commerce de ne former directement ou indirectement, dans un rayon déterminé, aucun établissement de même nature, ne saurait aller jusqu'à l'empêcher de louer un immeuble qu'il possède dans ledit rayon, en vue d'y établir un établissement rival, alors toutefois qu'il y demeure lui-même complètement étranger; sa qualité de vendeur d'un fonds de commerce ne se confond pas avec sa qualité de propriétaire d'immeuble (1).

594. *Quid* **si un long temps s'est écoulé ?** — S'il est interdit au vendeur d'un fonds de commerce de se rétablir, c'est parce que, en se rétablissant, il attirerait à lui une partie de la clientèle et reprendrait ainsi à son acquéreur une portion de la chose vendue. Mais, lorsqu'un long temps s'est écoulé, il en est autrement : l'acquéreur a fait la clientèle sienne; il se l'est attachée, il se l'est appropriée. On conçoit donc que, dans un cas pareil, le principe puisse fléchir, et que, s'il est démontré qu'aucun préjudice ne sera causé à l'acquéreur, il soit permis au vendeur de se rétablir.

595. Jurisprudence. — Il a été jugé en ce sens : 1° qu'en principe, il faut reconnaître que le négociant qui a cédé sa maison, qu'il se le soit ou non interdit, ne peut être admis à créer immédiatement une maison rivale; il n'en est plus ainsi lorsqu'un long temps s'est écoulé depuis la vente et que l'acquéreur a pu dans l'intervalle s'approprier la clientèle et la faire sienne : en ce cas, le vendeur a acquis le droit de se rétablir, et l'interdiction morale qui existait au moment de la

(1) V. Bordeaux, 4 mai 1859, aff. Lacarrière, Teulet.10.121.

vente ne peut se perpétuer pour lui, en dehors d'une stipulation formelle (Alger, 5 janv. 1864, aff. Péan, Sir.65.2.142); 2° que, s'il est vrai que l'interdiction de se rétablir découle, pour le vendeur d'un fonds de commerce, de la nature même du contrat, en dehors de toute clause spéciale, et qu'elle soit comprise dans les obligations générales que la bonne foi lui impose, cette interdiction ne saurait cependant être étendue au delà des limites que prescrivent le temps et l'intérêt sagement apprécié des contractants; lors donc qu'il s'est écoulé depuis la vente un intervalle de temps (dans l'espèce, quatorze ans) plus que suffisant pour fixer la clientèle et prévenir tout détournement dommageable de l'achalandage, le vendeur est en droit de se rétablir, alors surtout que le rétablissement a lieu dans un quartier différent et éloigné (Nîmes, 16 déc. 1847, aff. Philippon, Dall.49.2.144).

596. *Quid* **si le vendeur possède un autre fonds?** — Le commerçant qui, ayant deux fonds de commerce similaires, vient à vendre l'un, garde évidemment le droit de continuer à exploiter l'autre. Il est seulement dans la situation du vendeur qui a conservé le droit de se rétablir. Il doit s'abstenir avec soin de tout ce qui pourrait ressembler à une concurrence déloyale.

Jugé, en ce sens, que celui qui, étant possesseur de deux fonds de commerce de même nature, vend l'un d'eux, ne peut pas conserver, au détriment de son acquéreur, les relations qu'il avait dans la localité où est situé ce fonds, bien qu'il les eût déjà avant d'être lui-même acquéreur de ce fonds (Paris, 22 janv. 1862, aff. Béray, Teulet.11.245).

597. *Quid* **en cas de location, au lieu de vente?** — La location d'un fonds de commerce entraînerait, pour la durée du bail, les mêmes effets que la vente. La raison de décider est identique.

Jugé, en ce sens, que, à moins d'une réserve expresse, celui qui donne à loyer un établissement commercial, avec l'achalandage y attaché, s'interdit, par cela même, le droit de créer dans le voisinage un établissement rival (Montpellier, 26 juill. 1844, aff. Fabre, *J.Pal.*45.1.74).

598. *Quid* **en cas de changement de domicile?** — L'acquéreur d'un fonds de commerce qui transporte son établissement dans un autre quartier, par exemple par suite d'expropriation pour cause d'utilité publique, n'en conserve pas moins le droit d'empêcher le vendeur de s'établir dans le périmètre interdit par la convention. En d'autres termes, le fait de l'expropriation de l'acquéreur n'affranchit pas le vendeur de l'obligation qu'il a prise de ne pas se rétablir, dans un rayon déterminé, autour de l'établissement de l'acquéreur. On ne concevrait guère qu'il en fût autrement ; ce que l'acheteur a voulu éviter, c'est la concurrence de son vendeur. Il est clair pourtant que, si l'acquéreur venait à transporter sa maison à proximité de celle fondée à nouveau par son vendeur hors du périmètre qui lui était interdit, il n'aurait aucun sujet de se plaindre et ne pourrait obliger son vendeur, légitimement établi à cet endroit, à s'en éloigner, cela est évident.

599. **Jurisprudence.** — Il a été jugé en ce sens : 1° que l'interdiction imposée au vendeur de se rétablir ne cesse pas parce que l'acquéreur aurait transporté le fonds dans une autre maison que celle où l'exploitation avait lieu au moment de la vente ; les droits inhérents à la propriété du fonds ne sauraient dépendre du local où ce fonds s'exerce (Paris, 9 juill. 1857, aff. Meslier, Teulet.6.184) ; 2° que l'expropriation d'un fonds de commerce pour cause d'utilité ne détruit pas ce fonds ; en conséquence, le vendeur de ce fonds, qui s'est interdit d'établir, dans un rayon déterminé, un nouveau fonds, ne peut invoquer le fait de cette expropriation pour se soustraire à l'exécution de son obligation (Paris, 18 août 1869, aff. Baudelet (1), Pataille.69.342).

600. *Quid* **de la cession de clichés photographiques ?** — Il a été jugé, — et l'espèce mérite de fixer l'attention, — que, les vues de villes ou de monuments appartenant au domaine public, il s'ensuit que le photographe qui vend son fonds de commerce et ses clichés, tout en se réservant le droit de se rétablir, ne commet aucun acte de concurrence déloyale en reprenant à nouveau les mêmes vues et en tirant d'après nature d'autres clichés ; on appliquerait à tort à la

(1) V. aussi Trib. Seine, 13 mars 1868, aff. Biollay, Teulet.17.445.

vente des clichés photographiques les principes relatifs à la vente d'une composition artistique (Trib. comm. Seine, 7 mars 1861, aff. Soulier, Dall.61.3.32).

601. *Quid* **en cas de vente judiciaire?** — Nous avons vu que le principe de la liberté de l'industrie est la règle, et que l'interdiction de s'établir est l'exception; elle n'est licite que dans certaines limites, que dans une mesure restreinte, et sous la condition que, soit expressément, soit tacitement, elle ait été stipulée. Elle doit résulter d'une volonté non équivoque, d'une intention manifeste; et, si le seul fait de la vente, en dehors d'une stipulation formelle, nous semble devoir emporter, comme conséquence, interdiction pour le vendeur de se rétablir, c'est que là encore nous rencontrons, quoique sous-entendue, la volonté commune, de la part des contractants, qu'il en soit ainsi. Il ne dépendait que du vendeur qu'il en fût différemment. Les choses se passent tout autrement en cas de vente judiciaire. Celui à l'encontre duquel la vente a lieu ne saurait faire acte de volonté; il subit une dure nécessité à laquelle il ne peut se soustraire, et nous ne comprendrions pas qu'il vît sa liberté d'action paralysée, les moyens de refaire sa fortune, ou seulement de gagner sa vie et celle de sa famille totalement anéantis, et cela non seulement sans son aveu, mais même malgré ses protestations et ses efforts. Qu'un homme puisse volontairement restreindre sa liberté et circonscrire le cercle de son activité, cela se conçoit; il est maître de ses actions et juge de ses intérêts; mais comment admettre que la rigueur du sort, le seul effet des circonstances, puissent lui imposer d'aussi lourdes obligations? Nous pensons donc que le commerçant dont le fonds, par exemple par suite de faillite, aura été vendu aux enchères, pourra se rétablir dans le même commerce sans faire acte de concurrence déloyale. Cela ne veut pas dire qu'il aura le droit de se rétablir à la porte de l'acquéreur de son ancien fonds, qu'il pourra prendre une enseigne similaire à celle sous laquelle ce fonds est connu, ou faire tout autre acte analogue d'agression; non: s'il peut se rétablir, c'est en distinguant sa nouvelle personnalité commerciale et en respectant les droits de celui qui, devenu par la force des choses son successeur, n'en a pas moins droit, dans une certaine mesure, aux avantages que ce titre confère. Remarquons que les principes que nous venons d'exposer ne sont vrais que s'il s'agit d'une vente forcée. S'agit-il au contraire d'une vente faite, même dans la forme judiciaire, mais volontairement (par exemple, s'il s'agit de licitation à la suite d'un partage), les règles ordinaires reprennent leur empire.

Jugé à cet égard : 1° qu'en cas de vente d'un fonds de commerce après faillite, il ne saurait être interdit au failli de reprendre et de diriger un autre fonds de même nature, à la condition toutefois de ne pas se rétablir à proximité de l'ancien et de façon à nuire à son exploitation (Amiens, 30 avril 1875, aff. Quentin (1), Pataille.76.355); 2° mais que la vente d'un fonds de commerce, même à la suite de faillite, comportant virtuellement l'interdiction, pour le vendeur, de tout acte tendant à diminuer l'achalandage et à détourner la clientèle, les créanciers, dont le syndic est le représentant légal, doivent être considérés comme vendeurs du fonds ; il ne saurait donc appartenir à l'un d'eux, sans manquer au contrat qui les oblige indivisément, d'établir un fonds rival à proximité du fonds vendu et dans des conditions de nature à détourner une partie de la clientèle ; il en est surtout ainsi lorsque l'exploitation du nouveau fonds est confiée à la femme même du failli (même arrêt).

602. L'obligation profite aux successeurs. — En principe, on est censé stipuler pour soi et ses ayants cause, à moins que le contraire ne soit exprimé dans la convention, ou n'en résulte. Il s'ensuit que l'engagement pris par le vendeur de ne pas se rétablir profite non seulement à l'acquéreur, mais encore à son successeur.

Jugé en ce sens : 1° que l'engagement qu'un ouvrier prend envers son patron de ne pas s'établir dans une localité déterminée le lie au même titre envers les successeurs dudit patron (Trib. comm. Lille, 23 sept. 1864, aff. Meurice (2), Pa-

---

(1) Comp. Trib. comm. Seine, 14 juin 1876, aff. Lavandier, Pataille. 77.40.

(2) V. encore Rej. 5 juill. 1865, aff. Meurice, Teulet.14.500 ; Paris, 3 juin 1856, aff. Arthur, Pataille.56.191 ; Trib. comm. Seine, 9 mai 1860, aff. Machin, Pataille.60.228 ; Rej. 18 mai 1868, aff. Diconne, Teulet.18. 487 ; Trib. comm. Seine, 7 mars 1865, aff. Boulogne, Teulet.15.23.

taille.66.32); 2° que l'interdiction, imposée au vendeur d'un fonds de commerce, de se rétablir dans un fonds de même nature, subsiste même après que le premier acquéreur a revendu ledit fonds (Paris, 24 juin 1857, aff. Laguionie, Teulet. 6.184); 3° que la stipulation, par laquelle un individu s'oblige vis-à-vis d'un commerçant à ne pas s'établir dans le même commerce, profite également à l'acquéreur du fonds (Paris, 17 mai 1862, aff. Magnier, Teulet.11.326).

603. *Quid* **des héritiers?** — L'engagement pris par le vendeur envers son acquéreur de ne pas se rétablir oblige-t-il ses héritiers? D'une part, il est vrai qu'en général, et à moins de clause contraire, on stipule non seulement pour soi, mais encore pour ses ayants cause et héritiers; et cela est d'autant plus vrai qu'il s'agit, comme dans l'espèce, d'un contrat de vente dont le prix, venant grossir le patrimoine du vendeur, profite naturellement aux héritiers. D'une autre part, il faut reconnaître que les héritiers du vendeur seraient singulièrement gênés dans leur liberté commerciale, si le seul fait que leur auteur a naguère, et il y a peut-être longtemps, exercé un commerce et vendu son fonds, devait être pour eux un obstacle invincible à l'exercice du même commerce. Il faut, d'ailleurs, remarquer que la possibilité de la transmission du prix de vente aux héritiers n'a souvent rien que de problématique. Le vendeur, en effet, peut être jeune, et les hasards du commerce ne sont pas faits pour assurer d'une façon certaine sa fortune à ses enfants. Nous pensons donc que, si l'interdiction, que s'est imposée le père, doit être étendue à ses héritiers, ce ne peut être que dans certaines circonstances données, par exemple dans le cas où il s'agira d'un fils, qui, par cela qu'il porte le même nom, pourrait faire une concurrence préjudiciable à l'acheteur du fonds de commerce, et surtout lorsqu'un court intervalle de temps écoulé depuis la vente n'aura pas encore permis à l'acquéreur de s'attacher d'une façon complète la clientèle. C'est aux tribunaux à apprécier les circonstances et à mettre ici d'accord le droit et l'équité.

604. Jurisprudence. — Il a été jugé à cet égard : 1° que le fils, héritier de son père, est tenu des mêmes obligations; si donc le père, vendeur d'un fonds de commerce, s'est interdit de se rétablir dans la même localité, le fils, après lui, est tenu de la même interdiction ; s'il en était autrement, l'héritier qui, en cette qualité, profite du prix du fonds de commerce, nuirait autant qu'il est en lui à l'exécution du traité, dont il bénéficie, en prenant pour raison de commerce un nom dont l'acheteur a dû ne pas vouloir accepter la concurrence (Paris, 24 mars 1852, aff. Henri (1), Teulet.1.104); 2° mais que l'interdiction, que s'impose le vendeur d'un fonds, d'exercer le commerce qui fait l'objet de la vente, ne pèse pas sur ceux de ses héritiers qui ne portent pas son nom, c'est-à-dire sur ses filles mariées (même arrêt) ; — 3° jugé toutefois que l'acquéreur d'un fonds de commerce ne peut se plaindre d'une concurrence déloyale, par ce seul motif que le fils de son vendeur aurait établi un fonds de commerce de même nature dans le périmètre qui était interdit au vendeur par son contrat, alors qu'il est constant que le fils agit réellement pour son compte et en son nom propre (Paris, 7 janv. 1852, aff. Courtecuisse, Teulet. 1.22).

605. ***Quid* de l'intention, non encore exécutée, de se rétablir?** — Le seul fait que le vendeur d'un fonds de commerce ait manifesté son intention de se rétablir au préjudice des droits qu'il a cédés à son successeur, ne saurait équivaloir au rétablissement lui-même ; il s'ensuit que l'acquéreur ne pourrait se pourvoir en justice contre cette intention et obtenir qu'il soit éventuellement fait défense à son vendeur de se rétablir (2).

606. Clause pénale. — Jugé qu'un patron peut valablement stipuler qu'il renverra son employé et lui imposera une clause pénale pour le cas où cet employé, mis au courant des secrets de son commerce, viendrait à lui faire une concurrence déloyale; une telle convention ne saurait être déclarée potestative et n'a, par suite, rien de contraire à la loi (Paris, 26 janv. 1867, aff. Arthur, Pataille.67.81).

---

(1) Conf., Paris, 19 mai 1849, aff. Malingre, cité par Teulet (*eod. loc.*), qui toutefois n'en donne pas le texte.

(2) V. Paris, 11 août 1858, aff. Lasalle, Teulet.8.28. — V. pourtant Paris, 23 janv. 1864, aff. Ménétrier, Teulet.13.241.

607. Effet du payement de la clause pénale. — On s'est posé la question de savoir si celui qui s'est interdit de se rétablir, s'obligeant en cas d'infraction au payement d'une clause pénale, est relevé de son interdiction en payant le montant de la somme stipulée. La négative est certaine. La clause pénale est l'équivalent du dommage causé par l'infraction, mais il ne la légitime pas. Est-ce que celui qui, ayant commis une contravention, est condamné à l'amende, acquiert le droit de la commettre désormais impunément?

Jugé que, lorsqu'un commis-voyageur s'est engagé envers une maison de commerce, d'abord à voyager pour elle pendant un temps déterminé, et ensuite à ne voyager pour aucune autre maison pendant le même temps, il ne peut, sous prétexte qu'il a été condamné à des dommages-intérêts pour inexécution de la première partie de son engagement, se croire également délié de la seconde partie; si donc il voyage pour une autre maison, avant l'expiration du temps fixé par la convention, il commet une seconde infraction qui le rend passible de nouveaux dommages-intérêts (20 juin 1864, aff. Mesnager-Aumont (1), Pataille.66.253).

608. Le tribunal peut-il ordonner la fermeture? — Lorsque les tribunaux reconnaissent que le vendeur d'un fonds de commerce n'avait pas le droit de se rétablir, peuvent-ils, tout en le condamnant à des dommages-intérêts pour le préjudice causé, ordonner la fermeture de son établissement? Le doute ne nous paraît pas possible. La fermeture est, en effet, le seul moyen de mettre définitivement un terme à cette concurrence déloyale. Comment les tribunaux seraient-ils désarmés du droit de l'appliquer (2)?

Jugé toutefois, — et cela se conçoit eu égard aux faits : — 1° qu'il n'y a pas lieu d'ordonner la fermeture du fonds, alors qu'il appartient réellement à un tiers auquel l'auteur de la

---

(1) Comp. anal. Paris, 3 juin 1848, aff. Goureau, *Gaz. Trib.*, 4 juin. — V. pourtant, en sens contraire, Paris, 20 fév. 1857, aff. Savary, Pataille.61.242.

(2) V. Paris, 17 juill. 1863, aff. Lion, Teulet.13.121. — V. *suprà*, n° 582, et *infrà*, n° 687. — V. en sens contraire, Trib. comm. Seine, 6 mai 1852, Teulet.1.184.

concurrence (vendeur d'un premier fonds avec interdiction de se rétablir) ne fait que prêter une assistance contraire à ses engagements ; il suffit, en ce cas, de prononcer une condamnation à des dommages-intérêts (Paris, 10 mars 1866, aff. Ancelin, Teulet.15.244) ; 2° que, lorsque le vendeur d'un fonds de commerce, contrairement aux stipulations de l'acte de vente, se rétablit dans le rayon qu'il s'est interdit, en achetant un établissement de même nature, il n'y a pas lieu d'ordonner, d'une façon absolue, la fermeture de cet établissement, puisqu'il existait déjà avant d'être repris par le vendeur du premier établissement ; il n'y a lieu de la prononcer que pour le cas où, après un délai imparti, ce dernier ne cesserait pas de gérer ou de tenir ledit établissement (Paris, 20 avril 1880, aff. Martineau, Pataille.81.123).

609. Ventes successives ; résiliation. — Il a été jugé, — et cela ne saurait faire difficulté, — que le vendeur d'un fonds de commerce, qui s'est associé avec l'acquéreur de seconde main, ne peut, si cette seconde vente est résiliée et si le fonds rentre entre les mains du premier acquéreur, continuer d'exploiter, au mépris de l'interdiction qui le lie envers son successeur (Paris, 9 juill. 1857, aff. Meslier, Teulet.6. 184).

610. ***Quid* si l'acquéreur ne remplit pas son obligation ?** — L'interdiction de se rétablir, imposée au vendeur d'un fonds de commerce, cesse naturellement si l'acquéreur vient à ne pas remplir son obligation. Les deux engagements sont, en effet, corrélatifs. En ce cas, le vendeur recouvre sa liberté d'action et rentre dans la plénitude de ses actions ; le contrat qui le liait est rompu.

Jugé, spécialement, que, lorsque le vendeur a stipulé à son profit qu'un emploi lui serait conservé dans la maison, le fait d'un congédiement, sans cause légitime, lui rend sa pleine liberté (Paris, 14 août 1856, aff. Corbay, Teulet.6.32).

611. Droit de se rétablir ; manœuvres déloyales. — Alors même que le vendeur s'est réservé le droit de se rétablir et de faire ainsi concurrence à son acquéreur, il ne doit pas employer de moyens que la loyauté réprouve : ce serait, par exemple, une manœuvre déloyale que de s'adresser à son ancienne clientèle, dont la vente a eu précisément pour but d'assurer la transmission à son successeur. On trouvera d'autres exemples de manœuvres déloyales dans les espèces sur lesquelles a statué la jurisprudence et que nous rapportons ci-dessous.

612. Jurisprudence (1). — Il a été jugé, dans cet ordre d'idées : 1° que le vendeur d'un fonds de commerce, qui s'est interdit d'exercer la même industrie dans un périmètre déterminé, manque à son obligation si, quoique rétabli en dehors du périmètre, il cherche à détourner la clientèle de son successeur (Paris, 31 mai 1862, aff. Bruneau (2), Le Hir.64.2.153) ; 2° qu'en l'absence de toute stipulation prohibitive, la vente d'un fonds de commerce n'empêche pas le vendeur de se rétablir dans la même localité, alors du moins qu'il ouvre son nouvel établissement dans un quartier éloigné de celui où reste son acquéreur ; toutefois, si, par des annonces faites dans un temps rapproché de la vente, il a cherché à établir quelque confusion entre son nouvel établissement et l'ancien, et qu'il ait, par ce fait, causé un préjudice à son acquéreur, il lui en doit réparation (Trib. comm. Marseille, 16 janv. 1863, *Jurisp. comm. Marseille.* 1863. 30) ; 3° que le vendeur d'un fonds de commerce, bien qu'il se soit réservé l'exploitation d'un établissement similaire situé dans une localité voisine, commet un acte de concurrence déloyale, s'il envoie des circulaires aux personnes domiciliées dans le périmètre qu'il s'est interdit (Trib. comm. Seine, 7 juin 1853, aff. Bertrand, Teulet.2.285) ; 4° que le vendeur d'un fonds de commerce, qui s'est réservé le droit de fonder un établissement de même nature, ne peut conserver l'indication de son ancienne demeure sur ses cartes, enseigne et prospectus (Paris, 18 oct. 1854, aff. Lasnier, Teulet. 4.45) ; 5° que le vendeur d'un fonds de commerce (fonds de boulangerie, dans l'espèce), en s'établissant hors du périmètre qu'il s'est interdit, ne peut cependant servir à domicile des pratiques dans ledit périmètre

---

(1) V. anal. Paris, 5 mars 1855, aff. Loiseau, Teulet.4.228. — Comp. Caen, 20 janv. 1860, aff. Delfraisy, Sir.61.2.73.

(2) *Adde* Trib. comm. Marseille, 21 janv. 1881, aff. Cardin, *Jurisp. comm. Marseille.* 81.83.

(Trib. comm. Seine, 9 mai 1860, aff. Machin (1), Pataille. 60.228) ; 6° que celui qui, en vendant un fonds de commerce (dans l'espèce, un fonds d'hôtel garni), s'est réservé le droit de se rétablir en dehors d'un périmètre déterminé, ne peut ni reprendre l'enseigne du fonds vendu, ni adresser des circulaires à son ancienne clientèle (Paris, 13 fév. 1861, aff. Morel, Teulet. 10.323); 7° que le vendeur d'un fonds de commerce, qui conserve le droit de se rétablir, doit éviter de donner à son nouvel établissement toutes dénominations pouvant créer une confusion avec la maison de son successeur ; en conséquence, il ne doit user de son nom qu'en le faisant suivre d'indications propres à empêcher cette confusion (Trib. comm. Seine, 14 juin 1876, aff. Lavandier, Pataille. 77.40).

613. *Quid* **en cas de vente d'une usine?** — Les obligations sont-elles les mêmes pour le vendeur d'une usine que pour le vendeur de tout autre fonds de commerce ? Un arrêtiste fait à cet égard les réflexions suivantes : « Il y a cette « différence entre la vente d'une usine, d'une fabrique, et « celle d'un fonds de commerce, que la première n'est en gé- « néral réputée comprendre que le matériel mobilier et im- « mobilier nécessaire à l'exploitation d'une industrie, tandis « que celle d'un fonds de commerce comprend principale- « ment l'achalandage et la clientèle : d'où il résulte que celui « qui a vendu une usine ne s'interdit pas d'en élever dans le « voisinage une autre semblable, parce que, en agissant ainsi, « il n'ôte rien au vendeur de ce qu'il lui a vendu ; au lieu que « celui qui, après avoir vendu un fonds de commerce, en « élève un nouveau dans le voisinage, retire autant qu'il est « en lui à son acheteur la clientèle même qu'il lui a vendue, « parce que cette clientèle n'est pas matériellement attachée « à l'établissement et est toujours disposée à suivre la per- « sonne. Il y a donc, dans ce dernier cas, défaut d'exécution « des conventions et de la loi, qui obligent le vendeur à livrer « la chose vendue et qui lui interdisent nécessairement de la « reprendre après l'avoir vendue (2). » Ces réflexions ne

(1) Ce jugement a été infirmé par des motifs tirés du fait, et qui, par conséquent, lui laissent toute sa valeur.

(2) Sir. 44.1.678, *la note*. — V. Rendu, *Droit industriel*, n° 701. —

manquent assurément pas de justesse, mais il serait dangereux de les élever à la hauteur d'une doctrine. Si la vente d'une usine comprend en général plutôt le matériel industriel que l'achalandage et la clientèle, le contraire ne manque pas souvent d'être vrai. De ce que le fonds vendu est une usine, conclure nécessairement que le vendeur est en droit de se rétablir et de faire concurrence à son acheteur, ce serait commettre une erreur. Tout dépend des faits et de l'intention commune des parties, qu'il faut avant tout considérer.

Il a été jugé : 1° que le principe de la liberté de l'industrie ne fait pas obstacle à ce que le vendeur d'une usine (d'un moulin, par exemple), alors qu'il conserve lui-même une autre usine de même nature, située dans la même localité, mais de l'autre côté d'un cours d'eau, impose à son acquéreur la condition qu'il ne travaillera que pour une région déterminée et, par exemple, pour un des côtés du cours d'eau, se réservant l'autre côté (Agen, 11 déc. 1861, aff. Rigal, Pataille.63.277) ; 2° que, dans tous les cas, les propriétaires d'une usine qui sont convenus de l'exploiter privativement pendant une période de temps déterminée, de manière à en jouir alternativement, peuvent exploiter en même temps et dans leur intérêt individuel une usine particulière à côté de l'usine commune (Cass., 4 janv. 1842, aff. Desbeaux, Sir.42.1.231)

CHAPITRE V.

ANNONCES ET PROSPECTUS.

SOMMAIRE.

614. Concurrence déloyale au moyen d'annonces et prospectus. — 615. *Jurisprudence.* — 616. Du dénigrement de ses concurrents. — 617. *Jurisprudence* ; espèces où la concurrence déloyale a été reconnue. — 618. *Jurisprudence*

V. aussi l'article de M. Bozérian dans la *Prop. ind.*, n° 415 ; cet auteur cite dans le même sens le texte d'un arrêt de la Cour de cassation, en date du 17 juill. 1844.—Comp. Cass., 13 juill. 1840, aff. Grillon ; Dalloz, v° *Industrie*, n° 378.

dence (suite).—619. *Jurisprudence ;* espèces où la concurrence déloyale n'a pas été reconnue. — 620. *Quid* si le concurrent n'est pas nommé ? — 621. *Quid* du fait de se dire seul fabricant d'un produit ?—622. *Jurisprudence.* — 623. *Quid* de la réponse à un fait inexact ?—624. Publicité dommageable ; responsabilité du journal. — 625. *Quid* si les annonces ont eu lieu à l'étranger ?

614. Concurrence déloyale au moyen d'annonces et prospectus. — Les annonces et prospectus sont un des moyens les plus usuels de la concurrence déloyale ; il suffit pour cela qu'elles soient rédigées de façon à faire naître une confusion entre deux commerçants, entre deux produits similaires, entre deux établissements industriels. Nous avons eu déjà, en passant, l'occasion d'indiquer cela, lorsque nous avons parlé des dénominations. Mais ce genre de concurrence déloyale prend les formes les plus variées, les plus inattendues. Tantôt ce sera la configuration même de l'annonce ou du prospectus qui sera calquée sur celle d'un rival ; tantôt elle reproduira, en vedette, un mot semblable et caractéristique destiné à frapper l'attention ; tantôt elle emploiera des expressions perfides, qui laisseront croire au public que le négociant dont elle parle est le continuateur d'une ancienne maison, alors qu'il n'en est rien. On verra, d'ailleurs, par les exemples que fournit la jurisprudence, jusqu'où peut aller, en ce genre, le génie de la malice.

615. Jurisprudence.—Il a été jugé, dans cet ordre d'idées : 1° que le successeur d'un commerçant est en droit de s'opposer à ce qu'un concurrent fasse annoncer et publier que sa maison est *digne de remplacer* celle de l'ancien propriétaire du fonds de commerce (Trib. comm. Seine, 11 mai 1844, aff. Durousseau (1), Blanc, p. 706); 2° que le commis ne peut, en s'établissant lui-même, copier, pas plus dans leur couleur que dans leur rédaction, les circulaires, factures et affiches de l'établissement qu'il vient de quitter et qu'il gérait pour son patron (Trib. comm. Seine, 10 déc. 1857, aff. Desouches (2) Teulet.7.12) ; 3° qu'il y a concurrence déloyale à

---

(1) V. également Trib. comm. Seine, 26 juin 1844, aff. Dornet, cité par Blanc, p. 732; Paris, 23 nov. 1852, aff. Dusseau, Teulet.2.60.

(2) V. aussi Trib. comm. Marseille, 7 janv. 1880, Ragosine et Cie, *Jurisp. comm. Marseille*. 80.88.

annoncer un ouvrage dramatique avec la mention « *grand succès de tel théâtre,* » alors, d'une part, que la publication annoncée n'est pas conforme à la représentation, et que, d'autre part, la publication de l'ouvrage, tel qu'il est représenté, est faite par un autre éditeur ; une telle mention est de nature à faire confondre les deux publications (Trib. comm. Seine, 25 juin 1857, aff. Cendrier, Pataille.57.284) ; 4° qu'il y a concurrence déloyale de la part du directeur de théâtre qui annonce un spectacle semblable à celui d'un concurrent, en employant la même formule, par exemple, en disposant sur l'affiche de la même façon le mot : *Défi*, de manière à établir une confusion entre les deux théâtres (Trib. comm. Seine, 26 oct. 1855, aff. Arnault (1), *le Droit*, 1er nov.); 5° que le simple locataire d'une maison ou d'une boutique n'a pas le droit de désigner cette maison, dans ses circulaires et prospectus, par le nom du propriétaire, alors que, celui-ci ayant fait le même commerce, cette désignation pourrait préjudicier à l'acquéreur de son fonds (Agen, 3 mars 1869, et Rej. 28 fév. 1870, aff. Astresse, Pataille.70.126); 6° qu'il y a concurrence déloyale dans le fait d'annoncer un objet (dans l'espèce, une machine agricole), sous le nom dont un concurrent se sert pour désigner le même produit, sortant de sa fabrique, de façon à opérer une confusion entre les deux maisons (Trib. comm. Seine, 21 juin 1878, aff. Christophe, Pataille.78.135) ; 7° qu'un fabricant, honorablement connu dans une industrie, a le droit d'empêcher qu'un objet, confectionné avec une marchandise du genre de celle qu'il manufacture lui-même, mais ne provenant pas de sa maison, soit vendu et désigné sous son nom, de manière à laisser croire qu'il est lui-même pour quelque chose dans le débit et dans les réclames dudit objet (Trib. civ. Seine, 12 fév. 1875, aff. Montagnac, Pataille.75.95); 8° qu'il y a concurrence déloyale

(1) Ce jugement a été infirmé par un arrêt en date du 15 fév. 1856 (V. *le Droit*, n° 41); mais c'est que la Cour a jugé, en fait, que, eu égard à la nature et à la composition des deux représentations théâtrales, la confusion n'était pas possible. La doctrine du jugement reste donc tout entière. — Comp. Trib. comm. Nantes, 30 juin 1880, aff. Donato, *Jurisp. comm. Nantes*, 81.1.189.

dans le fait d'insérer dans un journal une réclame énonçant un fait mensonger (1), et de nature à causer un préjudice aux personnes qui exercent la même industrie (Trib. civ. Seine, 8 fév. 1877, aff. Goguey, Pataille.77.18).

616. Du dénigrement de ses concurrents. — La critique est assurément permise ; on doit même lui laisser la plus grande liberté d'allure et ne pas gêner son franc parler. C'est à condition, toutefois, qu'elle sera sérieuse et loyale (2). Aussi ne viole-t-on pas ce principe en décidant que le négociant qui, dans ses annonces ou prospectus, discrédite et dénigre les procédés de fabrication ou les produits d'un concurrent, commet un acte de concurrence déloyale (3), et, de même, que le journaliste, qui s'associe sciemment à un pareil acte, s'en fait le complice et en demeure solidairement responsable avec celui qui l'a inspiré.

Nous trouvons la même pensée dans l'observation suivante de M. Pataille : « Dites, si vous voulez, que vous faites mieux « que tous vos concurrents ; personne n'aura à se plaindre et « le public jugera. Mais, si vous dites que les procédés ou les « produits de tel ou tel concurrent déterminé sont vicieux et « mauvais, le concurrent désigné aura incontestablement « droit de vous appeler devant les tribunaux pour faire répri- « mer une critique qui, fût-elle fondée, n'en constituerait « pas moins un acte de concurrence déloyale (4). »

Et, prenant un exemple sur lequel il raisonne, M. Pataille parle d'une critique publiée par un libraire à l'occasion d'un ouvrage édité par un concurrent, et il ajoute : « S'il était établi « que l'éditeur (qui a publié la critique) n'a agi que dans un

---

(1) Dans l'espèce, il s'agissait d'un fabricant de biberons qui avait fait insérer dans les journaux un prétendu rapport de la Faculté de médecine de Berlin, qui constatait la supériorité de son biberon et était suivi d'un prétendu arrêté du ministère prussien faisant défense aux établissements hospitaliers d'Allemagne d'employer d'autres biberons.

(2) V. Trib. comm. Seine, 30 janv. 1857, aff. Delalain, Pataille.57.37.

(3) V. Calmels, n° 186. — V. aussi un article de M. Huard dans la *Prop. ind.*, n° 456. — V. encore Besançon, 5 fév. 1874, aff. Raphanel, Pataille.74.302 ; Trib. comm. Seine, 18 déc. 1873, aff. Crépin, Pataille. 74.387.

(4) V. Observ. Pataille.57.39.

« but mercantile, si, par exemple, il avait édité en prospectus « ou même en brochure une critique qui n'aurait pas dû « être séparée de l'œuvre à laquelle elle sert d'introduction, « ou si encore, au lieu de se borner à l'éditer et à la vendre « aux conditions ordinaires de la librairie, il l'avait répandue « à vil prix ou même gratuitement, ne serait-on pas autorisé « à voir là non le simple exercice du droit d'éditer, mais de « véritables actes de concurrence déloyale? Évidemment « oui (1). »

Il faudrait décider de même que des allégations diffamatoires, articulées de mauvaise foi par un négociant contre un de ses concurrents, dans le but de porter atteinte à son crédit constituent une concurrence déloyale; il en serait ainsi alors même que, sans dénigrer les produits ou la fabrication du concurrent, on attaquerait sa situation commerciale et son honorabilité personnelle; car, comme le fait observer un arrêt, cette dernière manœuvre ébranle plus directement et plus profondément encore son crédit (2).

617. Jurisprudence (3); espèces où la concurrence déloyale a été reconnue. — Il a été jugé par exemple : 1° que, si la concurrence commerciale permet à un fabricant quelconque de vanter et de publier ainsi qu'il le juge utile à son commerce l'efficacité de ses produits, il faut que cette juste liberté se renferme dans des limites convenables; il n'est, en effet, permis à personne de dénigrer publiquement les produits d'un concurrent; s'attaquer nominativement à une fabrication rivale, désigner par leur dénomination industrielle les produits de cette fabrication comme inférieurs aux siens propres, constitue un mode de publicité qui dépasse la

---

(1) V. Observ. Pataille.57.38.

(2) V. Lyon, 2 août 1878, aff. Rassat, Pataille.82.260.

(3) V. encore Trib. civ. Seine, 18 nov. 1852, aff. Ozouf, *le Droit*, 11 décembre; Trib. comm. Seine, 2 août 1853, aff. Estibal, Teulet.2. 336; Trib. comm. Seine, 18 avril 1859, aff. Lemonnier-Jully, Pataille. 59.252; Douai, 21 mars 1866, aff. Devos, Pataille.68.20; Trib. comm. Seine, 17 janv. 1867, aff. Dillet, Pataille.67.63; Paris, 30 déc. 1871, aff. Fayard, Pataille.73.316. — Comp. Lyon, 20 juill. 1870, aff. Chanoine, *Gaz. Trib.*, 1er décembre.

concurrence licite (Paris, 27 juill. 1850, aff. Mothes (1), Dall.51.2.168) ; 2° qu'il y a concurrence déloyale à répandre des prospectus et à publier des annonces dans lesquels on dénigre systématiquement les produits d'un concurrent (Trib. civ. Seine, 21 juin 1859, aff. Sorlin (2), Pataille.59.367); 3° qu'il y a concurrence déloyale dans le fait d'écrire que la marchandise, livrée par un commerçant rival, n'est ni de la provenance, ni de la qualité pour lesquelles il l'a vendue (Trib. comm. Seine, 1er juin 1860, aff. Beauverand, Teulet. 9.322); 4° qu'il ne saurait être permis à un commerçant de répandre dans sa clientèle des circulaires dans lesquelles il déprécie les marchandises d'un concurrent, en les qualifiant de *secondaires* (Aix, 12 mars 1870, aff. Turbin, Pataille.73. 205) ; 5° qu'il n'est pas permis de signaler un concurrent dans des annonces et réclames, en ajoutant que ses produits sont inférieurs à ceux qu'on vend soi-même, alors même qu'on prétendrait ainsi répondre à une concurrence déloyale (Paris, 18 juin 1863, aff. Carpentier, Teulet.13.68).

618. Jurisprudence (*suite*). — Il a encore été jugé : 1° que, s'il est loisible à tout industriel d'empêcher que son établissement ne soit confondu avec une industrie rivale, c'est à la condition d'éviter tout ce qui pourrait nuire aux intérêts et au crédit de ses concurrents : spécialement, un commerçant excède son droit en désignant nominativement dans ses annonces un établissement rival, en disant, par exemple, de ne pas le confondre avec le sien (Douai, 20 juill. 1866, aff. Leblondel, Pataille.68.20); 2° qu'un négociant n'a pas le droit de déprécier dans un prix courant les produits d'un fabricant, sous prétexte que quelques envois qu'il aurait reçus de ce fabricant auraient laissé à désirer; en supposant que ses plaintes soient justifiées, il n'a pas pour cela le droit de l'annoncer par des avis imprimés à sa clientèle; un tel fait le rend passible de dommages-intérêts (Trib. comm. Seine,

(1) V. la note dont l'arrêtiste fait suivre l'arrêt.

(2) Il s'agissait des dents à 5 fr. du dentiste Dorigny, dont son confrère M. Fattet avait dit, dans ses annonces, qu'elles ne pouvaient servir à la mastication. — V. toutefois *infrà*, n° 620 *bis*-1°.

28 août 1849, aff. Lamouroux, Le Hir.51.2.91); 3° qu'un commerçant n'a pas le droit de publier un avis dans lequel il dit qu'un de ses concurrents ne tiendra pas les engagements, pris par lui vis-à-vis du public : spécialement, un libraire ne peut publier qu'un autre libraire, son concurrent, ne complétera pas l'ouvrage qu'il a commencé de publier par souscription (Rouen, 7 fév. 1851, aff. Dion et Lambert, *J. Pal.*53.1. 701); 4° que la concurrence loyale, qui doit exister entre deux commerçants, ne peut s'étendre au droit de prendre à partie un concurrent et de le désigner nominativement dans des annonces et prospectus, en dénigrant les objets qu'il exploite, dans le but de détourner à son profit la clientèle de ce concurrent : spécialement, un fabricant de papier à cigarettes n'a pas le droit de mettre sur l'enveloppe de son papier cette inscription : *guerre à Job, papier très supérieur à celui connu sous le nom de Job*, inscription dans laquelle il a soin de mettre en vedette le mot « *Job* » qui est le nom sous lequel un concurrent désigne son papier; il y a lieu en ce cas de faire défense audit fabricant de faire usage à l'avenir du mot de *Job* sur ses produits et prospectus (Paris, 23 avril 1869, aff. Bardou et Pauilhac, Pataille.69.115); 5° qu'il y a concurrence déloyale dans le fait par un négociant, en réponse à la circulaire d'un concurrent qui annonce une baisse considérable dans le prix de ses marchandises, de publier une circulaire dans laquelle il attribue cette baisse à la mauvaise fabrication des produits (Trib. comm. Seine, 22 juill. 1880, aff. Decker et Mot, Teulet.80.554); 6° qu'il y a encore concurrence déloyale dans le seul fait de faire parvenir, dans un intérêt purement personnel, soit à une commission, soit à une Société commerciale, des lettres et écrits ayant pour but de discréditer les procédés ou les produits d'un concurrent (Riom, 10 août 1859, aff. Challeton, Pataille.59.409).

619. Jurisprudence (1) ; espèces où la concurrence déloyale n'a pas été reconnue. — Il a été jugé : 1° que la concurrence, qui, dans le langage commercial, n'est autre chose que la rivalité entre marchands ou fabricants, implique,

(1) V. anal. Trib. civ. Seine, 6 août 1868, aff. May, Pataille.68.220.

par sa signification même, la mise en regard, entre tous ceux faisant le même commerce, de leurs avantages respectifs dans le but précisément d'obtenir la préférence; en conséquence, il est licite à un négociant de faire imprimer et distribuer des circulaires indiquant le nombre des affaires faites par lui, comparativement à celui des affaires faites par les autres maisons se livrant au même genre d'opérations (Douai, 5 janv. 1855, aff. Petit, Le Hir.55.2.295); 2° qu'un commerçant a le droit de faire insérer, dans un annuaire, qu'il ne faut pas confondre un établissement voisin avec le sien, alors, d'ailleurs, que cette mention pure et simple n'implique aucune indication de nature à nuire au crédit de la maison désignée et ne fait qu'établir une distinction naturelle et nécessaire (Trib. comm. Seine, 24 avril 1862, aff. Millet, Teulet.12.6); 3° qu'un prospectus, dans lequel un commerçant vante ses propres marchandises tout en dénigrant les marchandises similaires, mais sans désigner, d'ailleurs, aucun de ses concurrents, ne saurait être considéré comme un fait de concurrence déloyale (Paris, 31 janv. 1865, aff. Piaut, Pataille (1) 65.139); 4° qu'on ne saurait voir une concurrence déloyale dans l'émission d'une circulaire par laquelle un négociant annonce à ses clients qu'il leur livrera ses marchandises à de meilleures conditions que telle autre maison nommément désignée (Trib. comm. Marseille, 10 octobre 1879, aff. Angelvin, *Jurisp. comm. Marseille*, 80.13); — 5° jugé, par analogie, que la critique d'un remède, même faite en termes inconvenants par un médecin devant un client et dans son cabinet, n'entraine contre lui aucune responsabilité à l'égard de l'inventeur du remède, si d'ailleurs ces propos n'ont pas été inspirés par une intention méchante et dans la pensée de nuire à ce dernier (Bordeaux, 25 fév. 1873, aff. Dutaut, Dall. 73.5.407).

---

(1) Voici ce que disait le prospectus : « Au vrai bonheur des ménages ! propreté ! économie ! bûches diaphanes ! etc.—La bûche diaphane « remplace agréablement et avantageusement cette infectante boule résineuse, et la braise plus ou moins chimique qu'il faut souffler pendant « deux minutes. Notre bûcher-trépied s'allume instantanément. »

620. *Quid* **si le concurrent n'est pas nommé?** —Nous venons de voir que les dithyrambes les plus élogieux, faits par un commerçant dans ses prospectus à l'occasion de ses produits, échappent à l'action en concurrence déloyale; il en est de même de toute critique générale, qui ne vise nommément personne. Il va de soi pourtant que, si un concurrent, sans être expressément nommé, était clairement désigné, la règle reprendrait tout son empire.

M. Mayer dit de même : « Entre concurrents, on ne peut « poursuivre le mensonge simple; chacun est libre de vanter « ses marchandises, leur qualité et leur bon marché, mais « toute allégation qui directement, dans la forme, tend à dé- « précier les produits d'une maison rivale, pourra être relevée « comme un procédé frauduleux, quelle que soit la vérité, « l'intérêt du public n'étant pas en cause (1). »

620 *bis*. **Jurisprudence** (2). — Jugé en ce sens : 1° qu'un commerçant ne saurait se plaindre d'une critique générale s'appliquant au genre de commerce qu'il exploite, alors qu'il n'est ni dénommé, ni indirectement désigné (Paris, 1er mai 1860, aff. Fattet, Pataille.60.277); 2° que des annonces, si pompeuses qu'elles soient, et encore bien qu'elles présenteraient la marchandise (dans l'espèce, des vins) comme étant sans rivale, ne constituent pas une concurrence déloyale quand les concurrents n'y sont pas nommément désignés (Trib. comm. Seine, 1er juin 1860, aff. Beauverand, Teulet.9.322); 3° que l'annonce, par laquelle un commerçant déclare mensongèrement qu'il est en mesure de vendre un produit moins cher que ses concurrents, n'ouvre pas à ceux-ci, si blâmable que soit d'ailleurs ce mensonge, l'action en dommages-intérêts, alors qu'aucun d'eux n'est nommément désigné (Trib. comm. Strasbourg, 28 juin 1861, aff. Hofer, Pataille.61.280); 4° mais qu'il y a concurrence déloyale, donnant lieu à des dommages-intérêts, de la part de celui qui, dans ses annonces, fait une allusion de nature à nuire au crédit d'un concurrent,

---

(1) Mayer, n° 35.

(2) V. aussi Bordeaux, 8 mars 1859, aff. Hesse, Pataille.60.275. — Comp. Besançon, 24 nov. 1880, aff. Damelit, Pataille.82.258.

alors même qu'il ne le nommerait pas, s'il le désigne d'ailleurs clairement (Trib. comm. Seine, 25 juill. 1867, aff. Dumont (1), Teulet. 17.20).

621. *Quid* **du fait de se dire seul fabricant d'un produit?** — Quelquefois la concurrence déloyale ne dénigre pas directement, mais elle arrive au même but par un moyen détourné, à l'aide de formules hypocrites et habiles. Ne voit-on pas les réclames les plus audacieuses en ce genre? Parfois elles présentent certains objets qu'elles vantent comme étant les *seuls* qui puissent remplir un usage déterminé; elles affirment que le fabricant qu'elles recommandent est le *seul* qui ait été récompensé à telle ou telle exposition, ou le *seul* qui ait obtenu avec ses machines tel résultat longtemps cherché. Nous voyons cela tous les jours. La déloyauté consiste alors à attribuer au fabricant et à ses produits une prétendue supériorité qui séduit et attire le public, et, du même coup, le détourne des maisons rivales.

622. **Jurisprudence.** — Il a été jugé d'après ces principes: 1° qu'il y a, sinon concurrence déloyale, du moins acte dommageable, dans le fait, par un fabricant, de publier, par la voie des journaux, et contrairement à la vérité, que le procédé qu'il emploie est le *seul* du même système (Nîmes, 8 mai 1865, aff. Debriel, Le Hir. 65.2.466); 2° qu'il n'est pas permis à un négociant de publier des circulaires où, contrairement à la vérité, il se prétend *seul* propriétaire des principales carrières d'un pays; le concurrent à qui ce fait porte dommage est en droit de demander la réparation du préjudice que lui cause cette concurrence déloyale (Paris, 18 fév. 1852, aff. Gaillard, Le Hir. 60.2.137); 3° qu'il y a concurrence déloyale de la part du marchand qui, sur son enseigne, indique les objets de son commerce comme vendus *seulement* dans son magasin, alors qu'au contraire les mêmes objets se vendent dans un magasin voisin; le mot *seulement* tend, en effet, à faire croire, contrairement à la vérité, qu'il n'a pas de concurrent pour son article (Paris, 3 mai 1852, aff. San-

(1) V. encore Trib. comm. Seine, 18 juin 1876, aff. Freyssinge, Pataille. 77.256.

gnier, Le Hir.61.2.318); 4° qu'il y a concurrence déloyale à répandre des prospectus dans lesquels on se prétend *seul propriétaire des outils et instruments indispensables pour atteindre le degré de perfection* qui a été obtenu dans un certain genre de fabrication (Trib. comm. Seine, 1er déc. 1853, aff. Trelon, *le Droit*, 3 déc.); 5° qu'il y a concurrence déloyale de la part de celui qui annonce, contrairement à la vérité, qu'il est le *seul* constructeur dont les machines aient été admises à une certaine exposition (Paris, 4 août 1863, aff. Callebaut, Teulet.13.261); 6° qu'il y a concurrence déloyale à publier, dans une annonce, qu'on a obtenu à une exposition la plus haute récompense, alors que, d'une part, on n'a obtenu qu'une médaille de bronze, et que, d'autre part, un concurrent a obtenu une médaille d'argent (Limoges, 28 avril 1880, aff. Bardinet, Teulet.80.521); 7° que le fait par un commerçant d'annoncer, contrairement à la vérité, que ses modèles (modèles d'uniforme) ont été acceptés par l'Administration et ont été reconnus supérieurs à tous ceux présentés par ses concurrents, constitue un acte de concurrence déloyale à l'égard de tous ses confrères, et particulièrement à l'égard de ceux dont les modèles ont été réellement agréés (Trib. comm. Seine, 14 déc. 1852, aff. Daussier, *le Droit*, 16 déc.); — 8° jugé pourtant, d'une façon absolue, que, lorsqu'un produit (dans l'espèce, *élixir Raspail*) est dans le domaine public, chacun est libre de l'annoncer en le faisant précéder de l'adjectif *véritable* (Trib. comm. Seine, 13 août 1857, aff. Combier-Destre (1), Pataille.57.351); — 9° jugé encore que la mention d'un fait vrai dans les prospectus et en-têtes de lettres d'un commerçant ne saurait lui être interdite, à moins de stipulation spéciale avec celui qui prétend avoir intérêt à ce que le fait ne soit pas divulgué; spécialement, le verrier, qui a fourni à un marchand les verres destinés à l'Exposition universelle de 1878, est libre de mettre sur ses factures et autres papiers de commerce la mention suivante : *Fabrication totale des verres à vitres du palais de l'Exposition universelle de* 1878 (Paris, 20 mars 1880, aff. Langois, Teulet.80.203).

---

(1) V. *Observ. crit.* de Rendu, p. 310, *la note*.

623. ***Quid* de la réponse à un fait inexact?** — Il n'y a pas concurrence déloyale, de la part d'un commerçant, à rectifier par une annonce un fait inexact qui aurait été à tort avancé par un de ses concurrents et qui serait de nature à lui nuire. Il ne fait alors que se défendre, et tout acte de légitime défense est permis.

Jugé en ce sens : 1° que l'éditeur des *Œuvres complètes* d'un auteur est en droit d'annoncer au public que l'édition de ce même auteur, publiée par un éditeur concurrent, et annoncée par lui de façon à laisser croire au public qu'elle comprend les œuvres complètes, ne comprend, au contraire, que des œuvres choisies, et est, par conséquent, incomplète; il puise son droit dans le tort même qu'une semblable annonce lui cause (Rouen, 7 fév. 1851, aff. Dion et Lambert, *J.Pal.*53.1.701); 2° qu'un commerçant n'est pas recevable à se plaindre d'annonces constituant à son égard une concurrence déloyale, quand il a employé les mêmes manœuvres contre la partie qu'il attaque (Paris, 25 janv. 1870, aff. Lehousset (1), Teulet.20.34).

624. Publicité dommageable; responsabilité du journal. — L'annonce, sans constituer une concurrence déloyale, peut être dommageable, par exemple si un commerçant porte à la connaissance du public un fait qui lui est particulier, en laissant croire qu'il est général et s'applique à ses concurrents comme à lui-même. On verra d'ailleurs que les tribunaux ont pensé que la publicité, jugée dommageable pour un négociant, engageait la responsabilité du journal qui l'accueillait.

Il a été jugé : 1° que, si chacun est libre de recourir à la publicité pour tout ce qui le touche personnellement, ce droit ne saurait s'étendre aux faits et appréciations qui intéressent des tiers : spécialement, celui qui fait insérer dans les journaux une annonce apprenant au public que désormais tous

(1) Cette solution nous semble trop absolue dans ses termes; on ne saurait ériger en principe qu'on peut répondre à la concurrence déloyale par la concurrence déloyale; en pareil cas, le mieux, à notre sens, serait de prononcer double condamnation.

les magasins de nouveautés seront fermés le dimanche, à Paris, est tenu à réparer le préjudice qu'il cause par cette annonce aux maisons de ce genre restées ouvertes ledit jour; il y a lieu, d'ailleurs, en ce cas, de défendre aux journaux qui ont accepté l'annonce de la reproduire, à peine d'une somme fixée en cas d'infraction (Trib. comm. Seine, 14 juill. 1869, aff. Bessant et Cie, Pataille.69.377); 2° que le fait, de la part d'un directeur de théâtre, d'apposer sur une affiche le nom d'un acteur connu, alors qu'il ressort des faits de la cause qu'il n'a contracté aucun engagement avec un acteur du même nom, constitue une faute de nature à engager sa responsabilité (Trib. comm. Montereau, 16 mai 1876, aff. Melchissédec, Pataille.77.111); 3° que le fait par un journal d'accueillir une réclame, qui constitue un acte de concurrence déloyale, engage sa responsabilité, sauf son recours en garantie contre la personne qui lui a fourni ladite réclame (Trib. civ. Seine, 8 fév. 1877, aff. Goguey, Pataille.77.18); 4° que le droit des journaux de défendre certains principes de droit, de morale ou de religion, ne va pas jusqu'à prendre à partie une personne déterminée ou une maison de commerce (Paris, 2 juill. 1875, aff. Valentin (1), Pataille.75.383).

625. *Quid* **si les annonces ont eu lieu à l'étranger ?** — Il a été jugé, avec raison, qu'il y a concurrence déloyale dans le fait d'annoncer un produit sous la dénomination de fantaisie (*eau écarlate*) que lui a donnée l'inventeur, encore bien que ces annonces auraient eu lieu à l'étranger, s'il est établi d'ailleurs que cette publicité peut réagir sur la vente en France (Paris, 9 mai 1863, aff. Burdel, Pataille.63.252).

(1) V. aussi Rej. 8 mai 1876, même aff., Pataille.76.334.

CHAPITRE VI.

VENTE AU RABAIS.

SOMMAIRE.

626. Vente au rabais ; droit du détaillant.—627. *Jurisprudence ;* espèces où la concurrence déloyale a été écartée. — 628. *Jurisprudence ;* espèces où la concurrence déloyale a été reconnue. — 629. *Jurisprudence* (suite). — 630. *Quid* du fait d'annoncer un rabais ?

626. Vente au rabais ; droit du détaillant. — Nul doute qu'en principe, et à moins de conventions contraires, le détaillant n'ait le droit de vendre au prix qui lui convient, même à perte, les objets qu'il achète pour son commerce ; c'est là une conséquence évidente du principe de la liberté du commerce. Toutefois, la règle est loin d'être sans exception : la vente au rabais peut avoir lieu dans de telles conditions, avec une si manifeste intention de déprécier la marchandise, qu'elle devient un acte de concurrence déloyale. « Sans doute, « dit à ce sujet M. Joret-Desclosières (1), le marchand, devenu « propriétaire d'un objet de commerce, peut vendre cet objet « aux conditions que bon lui semble. Il peut même, suivant « les nécessités du moment, vendre à perte, sauf la responsa- « bilité qu'il encourt en cas de faillite. Mais ces opérations, « dont il est juge souverain, ne sont possibles que sous cette « condition qu'elles ne pourront nuire à autrui d'après les « principes généraux du droit. Or, si le marchand joue ce « double jeu de vendre au-dessous du tarif du fabricant et « de se réclamer en même temps de son nom et de sa mar- « que pour allécher le public par l'appât d'une réduction de « prix importante qu'il n'obtiendrait même pas en fabrique, « il est évident que ce détaillant déprécie la marchandise, « qu'il avilit son prix courant, et qu'il occasionne, par consé- « quent, au fabricant un dommage qui doit être réparé. »

(1) V. l'article de M. Joret-Desclosières, *Monit. Trib.*, 1864.377. — V. aussi dissertation de M. Millon sur la *loyauté commerciale*, dans la *Rev. crit.*, t. 15, p. 75.

La décision, on le voit, dépend donc essentiellement de l'appréciation des circonstances, et, à ce titre, on fera bien de consulter les espèces nombreuses sur lesquelles la jurisprudence a prononcé.

627. Jurisprudence; espèces où la concurrence déloyale a été écartée. — Il a été jugé : 1° qu'il n'y a pas concurrence déloyale, de la part d'un éditeur, à vendre au rabais un ouvrage publié par un concurrent, alors qu'il est constant que les exemplaires ainsi vendus ont été achetés par lui dans les mêmes conditions, et qu'il n'est pas établi d'ailleurs que cette réduction de prix ait eu pour but de nuire à l'entreprise rivale (Trib. comm. Seine, 19 mai 1858, aff. Jannet, Pataille.58.302); 2° qu'il n'y a pas concurrence déloyale à annoncer, d'une manière générale, qu'on vend une marchandise au-dessous du cours, sans désigner d'ailleurs aucun concurrent (Bordeaux, 8 mars 1859, aff. Hesse, Pataille.60.275); 3° que, à défaut de convention contraire, le débitant est en droit de revendre les objets, qu'il achète à un fabricant, au-dessous du prix que celui-ci les vend lui-même au détail; il a le droit, en effet, de se contenter d'un bénéfice quelconque, et, après avoir profité lui-même de la remise qu'il obtient du fabricant, d'en faire profiter ses clients dans la mesure qui lui convient; il est impossible de voir dans un tel fait un acte de concurrence déloyale, puisque ce fait ne peut avoir pour résultat que de faire écouler les produits du fabricant, que le débitant lui a achetés et payés (Bordeaux, 28 mai 1861, aff. Besse, Pataille.62.377); 4° que le détaillant, à moins de stipulations contraires, est en droit de vendre la marchandise, qu'il a achetée, avec tel rabais qu'il lui convient de faire, même au-dessous du prix d'achat (Paris, 2 déc. 1869, aff. Lamoureux et Chouet (1), Pataille.70.60); 5° que le fait par un marchand de mettre en vente ou de vendre des ouvrages de librairie à des prix inférieurs à ceux de l'éditeur

(1) M. Pataille fait suivre cet arrêt de la note suivante : « Ajoutons « qu'à nos yeux, lorsque le prix est marqué sur le produit lui-même, il « y a présomption d'interdiction de vente en détail à un prix inférieur. »

ne constitue pas une concurrence déloyale, lorsque la vente, faite dans ces conditions, s'explique naturellement par les conditions du commerce exercé par ledit marchand, qui achète, soit dans des ventes publiques, soit à l'amiable à des personnes qui sont dans la nécessité de se débarrasser de leurs livres, et que, dans tous les cas, la vente ainsi faite n'a pas pour but de déprécier les publications (Paris, 8 février 1875, aff. Demichelis et Cie, Pataille.77.220).

628. Jurisprudence; **espèces où la concurrence déloyale a été reconnue.** — Il a été jugé : 1° que, s'il est vrai que tout libraire ait le droit de mettre en vente, au-dessous du prix auquel l'éditeur lui-même le livre au public, un ouvrage qu'il annonce comme étant d'occasion, il ne saurait lui être permis d'ajouter à cette annonce de rabais que l'ouvrage est peu estimé, alors qu'étant lui-même éditeur du même ouvrage, il est constant qu'il n'a agi que dans un but de concurrence déloyale, et en vue, par cette appréciation malveillante de l'édition d'un confrère, de faciliter la vente de la sienne (Trib. comm. Seine, 15 mai 1856, aff. Gaume, Pataille.56.157); 2° qu'il y a concurrence déloyale de la part d'un libraire à annoncer et à offrir au rabais, par l'entremise de ses commis-voyageurs, un ouvrage édité par un concurrent, de façon à faire croire, contrairement à la vérité, qu'il peut livrer un très grand nombre d'exemplaires neufs qu'il tiendrait de l'éditeur lui-même, et cela dans le but évident de déprécier l'ouvrage (Paris, 13 janv. 1857, aff. Pilon, Pataille. 57.7); 3° que l'annonce, par un libraire, d'un très grand rabais qu'il offre à ses clients sur l'ouvrage d'un concurrent, constitue un acte de concurrence déloyale, alors que cet acte se lie à d'autres agissements, tels que la publication clandestine d'une note critique et diffamatoire contre ledit ouvrage, et qu'il est constant que le but de ces actes est de paralyser la vente de son confrère (Sentence arbitrale, 23 sept. 1857, aff. Belin, Pataille.62.326); 4° qu'il y a concurrence déloyale à annoncer publiquement la vente au rabais, et sous le nom que lui a donné le véritable fabricant (*eau de la Floride*), d'une marchandise qui ne provient pas de ce fabricant (Paris, 8 avril 1863, aff. Guislain, Teulet.12.537).

629. Jurisprudence (*suite*). — Il a encore été jugé : 1° qu'un

commissionnaire en marchandises ne peut, sans concurrence déloyale, faire pour son propre compte le commerce d'articles similaires à ceux dont il a accepté d'opérer le placement, et, de plus, donner une publicité exagérée aux rabais que lui a consentis le fabricant (Paris, 1er fév. 1864, aff. Gellé, Le Hir. 64.2.357); 2° que l'éditeur, qui donne à un journal l'autorisation de publier un ouvrage en feuilletons, en s'interdisant même d'annoncer, pendant cette publication, aucune édition de l'ouvrage à un prix inférieur à celui de l'édition alors en cours, ne peut, à peine de dommages-intérêts, autoriser un autre journal à offrir le même ouvrage en prime à ses abonnés, pendant le même laps de temps, à un prix inférieur à celui qui est déterminé par les usages de la librairie (Paris, 9 mars 1867, aff. Millaud, Pataille.68.109); 3° qu'il y a concurrence déloyale de la part d'un négociant qui, pour attirer les acheteurs au détriment de ses concurrents, annonce, contrairement à la vérité, la *vente forcée après faillite de* 500,000 *fr. de marchandises à* 75 *pour* 100 *de perte*, et se présente en même temps faussement comme le liquidateur de la faillite (Trib. comm. Rouen, 4 juin 1877, aff. Francfort et Kahn, Pataille.77.257); 4° que, fût-il vrai que la vente d'un produit en laisse à l'acheteur, après le payement du prix, la libre et absolue disposition, et même le droit de revendre le produit à un prix inférieur, il y a dans tous les cas concurrence déloyale de la part de celui qui, à cet avilissement du prix, ajoute des critiques malveillantes destinées à discréditer le produit de son concurrent (Besançon, 25 avril 1877, aff. Vichot, Pataille.77.152); 5° qu'il y a concurrence déloyale de la part du commerçant qui, à l'annonce faite par le propriétaire-gérant d'un journal qu'il offre en prime à ses abonnés tel objet à un prix déterminé, répond en faisant publier que les mêmes objets sont vendus chez lui à un prix inférieur, et cherche ainsi à faire croire au public que la prime offerte est un leurre (Besançon, 24 nov. 1880, aff. Damelit, Pataille.82.258).

630. *Quid* **du fait d'annoncer un rabais ?** — Chacun, en principe, est libre de vendre sa marchandise au prix et dans les conditions qui lui conviennent (1). Toutefois, il

(1) V. *suprà*, n° 626.

ne saurait être permis, en nommant un concurrent qui vend la même marchandise beaucoup plus cher, d'insister dans des réclames sur cette différence de prix, de manière à laisser clairement supposer, ou que les marchandises du concurrent sont de qualité inférieure, ou que le prix qu'il demande est exagéré et hors de proportion avec la valeur du produit. Ajoutons, du reste, que, lorsque la question se pose ainsi, c'est aux tribunaux, dans leur sagesse, à apprécier les circonstances et à rechercher l'intention qui a dicté l'annonce.

Jugé, à cet égard, que, s'il n'est pas défendu d'entretenir le public d'un concurrent en le désignant par son nom sans y être autorisé, il en est autrement quand on agit ainsi en vue de lui nuire et de détourner sa clientèle; c'est commettre alors un acte illicite qui tombe sous l'application de l'art. 1382: spécialement, s'il n'est pas interdit à un négociant d'annoncer qu'il vendra sa marchandise au-dessous du cours, il ne saurait lui être permis d'annoncer qu'il la vendra de même qualité qu'un de ses concurrents qu'il désigne nommément, mais au-dessous du prix de ce concurrent, et, par cette manœuvre, d'attirer à lui des consommateurs qui auraient été disposés à s'approvisionner dans la maison rivale (Bordeaux, 8 mars 1859, aff. Hesse, Pataille.60.275).

CHAPITRE VII.

TITRES D'OUVRAGES.

SOMMAIRE.

631. Titre d'ouvrage; nature de la propriété.—632. Le titre doit être spécial et nouveau. — 633. *Jurisprudence;* espèces où la propriété du titre a été reconnue. — 633 *bis*. *Jurisprudence* (suite). — 634. *Jurisprudence;* espèces où la propriété du titre n'a pas été reconnue. — 635. Titre banal d'un ouvrage en vogue. — 636. *Jurisprudence.* — 637. Titre générique; confusion. — 638. *Quid* s'il n'y a pas identité? — 639. *Jurisprudence;* espèces où l'usurpation a été reconnue. — 640. *Jurisprudence* (suite). — 641. *Ju-*

risprudence; espèces où l'usurpation n'a pas été reconnue. — 642. Il suffit que la confusion soit possible. — 643. *Quid* si les ouvrages sont différents? — 644. *Jurisprudence.* — 645. *Quid* s'il s'agit d'une réfutation? — 646. Durée de la propriété du titre. — 647. *Quid* s'il s'agit d'un titre de journal? Règles. — 647 *bis.* — *Jurisprudence.* — 648. *Quid* en cas de suppression par l'autorité? — 649. Prise de possession du titre. — 650. *Jurisprudence.* — 651. *Quid* d'un journal publié en province? — 652. *Quid* d'un titre approuvé par l'Administration? — 653. Suppression et modifications; pouvoir des tribunaux. — 654. Imitation d'aspect. — 655. *Jurisprudence.*

631. Titre d'ouvrage; nature de la propriété. — Le titre est le nom de l'ouvrage et sert à le désigner à l'attention des lecteurs. Nul doute qu'il ne constitue une propriété au profit de l'auteur. Mais de quelle nature est cette propriété? quelle disposition légale la protège? Merlin enseigne que le titre d'un ouvrage doit être considéré comme une partie de cet ouvrage, et que son usurpation constitue une véritable contrefaçon partielle (1). Ce système ne nous paraît pas admissible; il repose sur une évidente confusion. Merlin fonde son opinion uniquement sur ce que la contrefaçon partielle est interdite au même degré que la contrefaçon totale; cela est trop général pour être juste. Sans doute, contrefaire une partie d'un ouvrage, c'est toujours contrefaire, mais encore faut-il que la partie contrefaite soit importante, considérable. De nombreux emprunts à un ouvrage peuvent constituer un simple plagiat, acte essentiellement indélicat, mais non absolument délictueux. Cette distinction est dans tous les auteurs comme dans tous les arrêts. On n'a donc rien prouvé en parlant de contrefaçon partielle; il reste à examiner si le titre est une partie tellement importante de l'ouvrage que son usurpation puisse être considérée comme une contrefaçon véritable. Ramenée à ce point de vue, est-ce que la question peut faire le moindre doute? Qu'est-ce que le titre par rapport à l'ouvrage entier? Quel emprunt sérieux

---

(1) V. Merlin, *Quest.*, v° *Prop. litt.*, § 1er. — V., dans le même sens, Trib. corr. Seine, 5 fév. 1836; *Gaz. Trib.*, 7 février; Paris, 6 fév. 1832, aff. Belloc, *Gaz. Trib.*, 7 février; Orléans, 10 juill. 1854, aff. Thoisnier-Desplaces, Dall.55.2.157; Trib. corr. Seine, 26 nov. 1846, aff. Touchard-Lafosse, Blanc, p. 381 et 393.

a-t-on fait à l'œuvre quand on a pris seulement son titre? Aussi n'hésitons-nous pas, pour nôtre part, à reconnaître que le titre en lui-même, considéré isolément, ne constitue pas une propriété littéraire; c'est plutôt une enseigne, une sorte de marque de fabrique; c'est la dénomination de la marchandise, s'il est possible d'employer de pareilles expressions pour désigner des ouvrages de littérature. En copiant le titre, on ne s'approprie pas l'œuvre elle-même, on détourne seulement les acheteurs qu'elle attirait et qui s'adressaient à elle, c'est-à-dire qu'on commet un acte de concurrence déloyale. Comme le dit fort bien M. Blanc, « en « matière d'usurpation de titre, c'est moins la propriété que « les magistrats doivent protéger que la fraude qu'ils ont « mission de proscrire (1) ».

M. Gastambide est du même avis. « Ce qu'on a prétendu, « dit-il, et ce que nous contestons, c'est que l'usurpation d'un « titre soit *nécessairement* une contrefaçon, par cela seul que « ce titre est attaché à une production de la littérature et des « beaux-arts. Qu'on voie, d'ailleurs, à quelles conséquences « mènerait ce système. Un journal paraît avec ce titre : *le* « *Constitutionnel;* il continue de paraître sous ce titre pen- « dant toute la vie de ses premiers rédacteurs, vingt ans « après leur mort (2), et plus longtemps encore. Si le titre « est une propriété littéraire, il arrivera un jour où il devra « tomber dans le domaine public, et ainsi le journal primitif « se verra dépouillé de son titre, précisément lorsque ce titre « aura acquis le plus de valeur par une longue possession. « Autre supposition. Tel journal paraît sous un titre quel- « conque, puis cesse de paraître. Si ce titre est une propriété « littéraire, il devra être défendu de s'en emparer pendant « tout le temps fixé pour la durée de cette propriété. Or, « cela est-il raisonnable? Évidemment non (3). » La démonstration nous paraît complète.

---

(1) Blanc, p. 388.

(2) On sait qu'à présent, et en vertu de la loi du 14 juill. 1866, la propriété littéraire ou artistique dure 50 ans, à partir du décès de l'auteur. — V. Pataille.67.177.

(3) Gastambide, p. 215.

M. Renouard dit dans le même sens : « Vous publiez un « livre, une pièce de théâtre, un journal, un recueil, et il « faut, pour que l'existence de cet ouvrage s'annonce au pu- « blic et que son individualité soit discernable, qu'un titre le « particularise. Si vous publiez sous le même titre que moi « un ouvrage de même nature que le mien, vous me faites « tort, car vous donnez le change au public et l'induisez à « penser ou que le mien est l'autre ou que l'autre est le mien. « La loi et la jurisprudence ne permettent pas une telle in- « justice ; elle ne tolère ni les usurpations décevantes, qui « sont des piéges et des fraudes, ni les confusions réfléchies « et involontaires, causes d'erreurs et de préjudice. La règle, « en cette matière, ne peut pas être absolue et inflexible ; elle « se plie avec équité et intelligence à la variété des faits, et « n'encourage ni la susceptibilité ombrageuse et tracassière, « toujours disposée à se plaindre, ni les subterfuges de la « chicane, habile à masquer ses larcins (1). »

632. Le titre doit être spécial et nouveau. — On se reportera utilement aux développements que nous avons donnés plus haut sur les dénominations, et sur le caractère qu'elles doivent présenter pour être protégées (2). Le titre est en réalité, — nous venons de le dire, — la dénomination de cette marchandise d'un ordre plus relevé qui s'appelle un livre. La loi n'exige donc pas qu'il soit par lui-même une création nouvelle ; il doit seulement être tel qu'il constitue une désignation spéciale, distincte, de nature enfin à n'être confondue avec aucun autre. Il ne peut consister dans une dénomination vulgaire et générale, et pouvant, par sa vulgarité et sa généralité mêmes, s'appliquer à tous les ouvrages du même genre. « Un auteur, dit M. Gastambide, ne peut « déshériter toute une classe d'ouvrages de la dénomination « naturelle et nécessaire qui lui appartient dans notre langue. « En un mot, à côté du droit légitime qu'a un auteur de

---

(1) V. Renouard, *Droit industriel*, p. 369. — V. Paris, 25 fév. 1880, aff. Grus, Pataille. 80.219. — V. toutefois Renouard, *Traité des droits d'auteurs*, n° 56.

(2) V. *suprà*, n°s 46 et 460.

« distinguer son ouvrage de tout autre par un titre qui lui est « propre, à côté de ce droit est un autre droit non moins « légitime et qui appartient à tous : c'est d'appeler les choses « par leur nom commun, par le nom que leur impose la « langue (1). » Reste à apprécier, dans chaque espèce, la question de savoir si la désignation est ou non générique. Cette appréciation délicate appartient souverainement aux juges du fait. Il est difficile de tracer à cet égard de règle bien précise ; disons cependant que les tribunaux devront se montrer d'autant plus rigoureux envers les imitateurs que le titre qu'ils auront copié sera arbitraire, de fantaisie, et n'aura pas été tiré de la nature même de l'ouvrage (2).

633. **Jurisprudence; espèces où la propriété du titre a été reconnue** (3). — Il a été jugé : 1° que le titre d'un journal est une propriété à laquelle il ne peut être porté atteinte ni directement ni indirectement : spécialement, le titre *la Mode* n'est pas une expression générale qui puisse s'appliquer à plusieurs journaux traitant des sujets différents, mais bien une désignation spéciale et caractéristique constituant dès lors une propriété privative ; en conséquence, il y a usurpation de ce titre de la part de celui qui donne à un autre journal le titre de : *la Mode de Paris* (Paris, 15 fév. 1834, aff. Dufougerais, Dall. 34.2.53); 2° qu'un titre de journal, tel que *l'Illustration*, ne constitue pas une dénomination générique qui puisse être employée par d'autres journaux, en y joignant un qualificatif quelconque ; il constitue, au contraire, une propriété privative au profit de celui qui s'en est le premier servi, de telle sorte qu'il y a usurpation de la part du journal qui s'intitule «*Illustration de la jeunesse* » (Trib. comm. Seine, 14 fév. 1845, aff. Dubochet, *le Droit*, 16 fév.) ; 3° que, si les mots « *Biographie universelle* » constituent un titre générique que nul ne peut s'approprier privativement (4), il

(1) Gastambide, p. 220.

(2) Comp. Blanc, p. 375.

(3) V. également Trib. comm. Seine, 2 mars 1830 (*le Constitutionnel*), *Gaz. Trib.*, 3 mars; Trib. comm. Seine, 14 fév. 1834 (*les Petites-Affiches*), *Gaz. Trib.*, 19 février.

(4) V. Cass., 16 juill. 1853, aff. Thoisnier-Desplaces, Pataille.55.128.

n'en est pas de même d'un titre complexe tel que « *Biographie universelle ancienne et moderne* », qui porte en lui-même, par la réunion de ces différentes expressions, un caractère d'individualité qui en fait une propriété au profit de celui qui en use le premier (Orléans, 10 juillet 1854, aff. Thoisnier-Desplaces (1), Pataille.55.128); 4° que, si le mot « *Almanach* » est incontestablement une désignation générique, les titres « *Almanach comique* » et *Almanach prophétique* » sont des désignations spéciales, dont l'usage appartient au premier occupant (Nancy, 26 juill. 1852, aff. Pagnerre, Blanc, p. 376); 5° qu'un titre, tel que le *Mémorial de Sainte-Hélène*, ne constitue pas une dénomination générique; il appartient donc légitimement à celui qui s'en est le premier servi et ne saurait être usurpé sans concurrence déloyale (Trib. civ. Seine, 24 fév. 1860, aff. Las Cases, Pataille.60.164).

633 *bis*. **Jurisprudence** (*suite*). — Il a été encore jugé : 1° que, même alors qu'un titre d'ouvrage, tel que *Manuel de la bonne compagnie*, appartient au domaine public, les juges ont le droit de prescrire les mesures nécessaires et, par exemple, des dispositions typographiques différentes pour empêcher toute confusion entre les ouvrages publiés en concurrence (Trib. comm. Seine, 5 janv. 1863, aff. Roret, Teulet. 2.120); 2° que, lorsqu'une publication spéciale est depuis longtemps connue sous un titre, tel que les *Petites Affiches*, il ne saurait être permis au propriétaire d'une publication différente de prendre le même titre pour désigner une partie accessoire de cette publication, partie consacrée à des matières semblables à celles dont traite la première publication (Paris, 2 juin 1866, aff. Lambert, Pataille.69.223); 3° qu'un titre de journal, tel que *la Presse*, n'est pas composé d'une expression générique pouvant s'appliquer à une publication périodique quelconque; ce mot a, dans son acception ordinaire, une signification toute différente, et celui qui en a fait le titre d'un journal lui a donné un sens caractéristique qui l'approprie exclusivement à la publication fondée par lui; en

(1) Comp. Paris, 8 déc. 1833, aff. Michaud, Dall.34.2.111.

conséquence, le propriétaire d'un journal qui, depuis longtemps, paraît sous le titre de : *la Presse*, a le droit de s'opposer à ce qu'un autre journal, traitant des mêmes matières, emploie le même titre, alors même qu'il y ajouterait une qualification, telle que *la Presse libre* (Trib. civ. Seine, 31 mars 1869, aff. Halbronn, Pataille.69.142); 4° que, s'il est vrai qu'un mot, tel que « *Encyclopédie* », soit du domaine public, il n'en est plus ainsi lorsqu'il y est ajouté une qualification toute spéciale, comme dans le titre *Encyclopédie du XIX*e *siècle;* un semblable titre constitue une propriété privative (Trib. comm. Seine, 18 août 1869, aff. Larousse, Teulet.19. 175).

634. Jurisprudence; **espèces où la propriété du titre n'a pas été reconnue.** — Il a été jugé : 1° qu'un titre, tel que *Histoire financière de la France*, constitue un titre général qui peut être adopté par tous ceux qui écrivent sur le même sujet (Paris, 22 juill. 1830, aff. Bresson (1), Blanc, p. 384); 2° qu'un titre, tel que *Dictionnaire de médecine usuelle*, est un titre banal que chacun peut librement employer (Paris, 6 fév. 1835, Blanc, p. 384); 3° qu'un titre ne peut être revendiqué qu'autant qu'il s'applique privativement à l'ouvrage auquel il est destiné; l'adoption par un auteur d'expressions généralement employées pour désigner une branche particulière de connaissances ou un genre particulier d'ouvrages, telles que *Encyclopédie catholique*, ne saurait avoir pour effet d'en déposséder le domaine public (Paris, 8 oct. 1835, aff. Forfelier (2), Blanc, p. 374;) 4° que le nom d'un établissement public (dans l'espèce, *le Jardin des Plantes*), lorsqu'il est pris pour titre d'un ouvrage descriptif de ce même établissement, ne saurait être considéré comme constituant une propriété privative; chacun reste donc libre de s'en servir pour désigner un ouvrage analogue, sauf à le faire précéder ou suivre d'autres expressions qui empêchent la confusion (Paris, 21 déc. 1841, aff. Dubochet, Blanc, p. 377); 5° que les mots: *la*

---

(1) V. observ. crit. de Blanc, *eod. loc.*
(2) V. observ. crit. de Blanc, p. 376.

France, mis en tête d'un atlas, ne constituent pas un titre assez spécial pour être l'objet d'une propriété privative ; chacun est donc libre de les employer (Trib. comm. Seine, 14 juin 1843, aff. Aubrée, Blanc, p. 376) ; 6° que le propriétaire d'un journal intitulé : *le Journal du Havre*, ne saurait empêcher un concurrent de publier une autre feuille sous le nom de : *le Havre*, alors d'ailleurs que l'en-tête est imprimé en caractères d'une autre dimension, que le texte est disposé sur un plus grand nombre de colonnes, qu'en un mot la physionomie est différente (Trib. comm. Havre, 14 nov. 1868, aff. Cazavan, Pataille.69.350) ; 7° que le nom, sous lequel un libraire désigne une collection d'ouvrages, ne constitue pas une enseigne, et, dès lors, il ne saurait empêcher un concurrent de désigner une autre collection similaire sous le même nom, alors surtout que cette dénomination est tirée du genre même des ouvrages qu'elle sert à désigner : spécialement, tout libraire est libre de désigner sous le nom de *Bibliothèque libérale* une collection d'ouvrages ayant, suivant lui, un caractère libéral (Trib. comm. Seine, 25 août 1869, aff. Degorce, *Gaz. Trib.*, 26 août).

635. Titre banal d'un ouvrage en vogue. — Un titre, quoique banal, peut, à un moment donné, être remis en vogue par le succès d'un ouvrage nouveau qui l'aura repris et tiré de l'oubli où il était enseveli. Si, à ce moment, un ouvrage de même nature se pare de ce titre dans le but évident d'emprunter quelque chose de la vogue de l'autre, et, au moyen de la confusion ainsi habilement établie entre les deux ouvrages, de détourner à son profit une partie de la clientèle qui, sans cela, s'adresserait ailleurs, nul doute que les tribunaux ne voient dans un pareil fait un acte de concurrence déloyale (1).

636. Jurisprudence (2). — Il a été jugé à cet égard : 1° que, même s'il s'agit d'un titre générique applicable à toute une classe d'ouvrages ou d'un titre que son actualité

(1) V. Gastambide, p. 221.

(2) V. aussi Paris, 30 mai 1872, aff. Philibert, Pataille.73.165. — Il s'agissait, dans cette affaire, d'une chansonnette intitulée : *les Pompiers de Nanterre*.

place en quelque sorte dans le domaine public, les auteurs ou éditeurs, derniers en date, doivent se conformer aux règles d'une loyale concurrence et ne pas chercher, par la similitude calculée des titres, à créer entre deux ouvrages distincts une confusion préjudiciable au premier producteur : spécialement, un titre tel que : *Paris brûlé*, a pu constituer, au sortir de l'insurrection de la Commune, un droit privatif au profit de celui qui l'avait adopté le premier à ce moment, et n'a pu être impunément copié par un second éditeur pour désigner un livre où les mêmes événements étaient racontés (Trib. civ. Seine, 20 déc. 1871, aff. Plon, Pataille.73.159); 2° qu'il y a concurrence déloyale de la part des auteurs qui, immédiatement après la première représentation d'une pièce de théâtre (dans l'espèce, un opéra-féerie : *le Roi Carotte*), publient et font chanter, en l'annonçant sous ces mots : *grand succès*, une chansonnette portant un nom identique; il en est ainsi surtout alors que ces auteurs impriment en tête de leur chansonnette une vignette analogue à celle que l'éditeur de l'opéra a lui-même employée dans ses annonces, et que, de plus, contrairement à l'usage, ils ne mettent pas leurs noms sur la première page de leur publication; en présence de ces faits, qui démontrent la pensée d'une concurrence déloyale, il devient inutile de rechercher si le titre en lui-même est ou n'est pas nouveau (Trib. civ. Seine, 14 fév. 1873, aff. Choudens, Pataille.73.168).

637. Titre générique; confusion. — Ce que nous venons de dire du titre banal doit s'entendre aussi du titre générique. S'il est loisible à tout le monde de prendre un titre qui par lui-même est générique, il ne saurait être permis à un auteur, qui publie une œuvre nouvelle, de l'annoncer comme étant tirée d'un ouvrage connu, le titre de ce dernier ouvrage fût-il emprunté à l'histoire, et, partant, sans appropriation possible. Une pareille manœuvre n'a d'autre but que d'engendrer une confusion préjudiciable à l'auteur du premier ouvrage. Aussi bien, dans ce cas, il n'y a pas, à vrai dire, usurpation de titre; il n'y a qu'une de ces mille formes que sait revêtir ce protée qu'on nomme la concurrence déloyale.

Jugé, en ce sens, qu'il y a concurrence déloyale, de la part d'un éditeur de musique, à publier un *caprice* nouveau, en annonçant, contrairement à la vérité, qu'il est tiré du choral protestant des *Huguenots* (Trib. comm. Seine, 12 avril 1836; *Gaz. Trib.*, 13 avril).

638. *Quid* **s'il n'y a pas identité?** — L'usurpation n'a pas besoin d'être servile pour être condamnable, puisque, même sans être servile, elle peut entraîner une confusion. C'est un principe que nous avons eu trop souvent l'occasion d'affirmer pour qu'il soit nécessaire d'y insister. Remarquons, au surplus, que, plagiaires ou contrefacteurs, les imitateurs se gardent de copier servilement; ils ont toujours le plus grand soin d'introduire dans leur imitation certaines différences, plus apparentes que réelles, derrière lesquelles ils cherchent à s'abriter; ce sont là de misérables calculs que la vigilance et la sagacité des magistrats ne manquent pas de déjouer, et que, malgré cela, on retrouve invariablement dans toutes les affaires de cette nature.

639. Jurisprudence; espèces où l'usurpation a été reconnue (1). — Il a été jugé, par exemple : 1° que, lorsqu'un journal a pour titre : *le Constitutionnel*, un autre journal ne saurait être fondé sous le titre de : *le Constitutionnel de* 1830 (Trib. comm. Seine, 2 mars 1832, Blanc, p. 387) ; 2° que l'achalandage d'un établissement commercial est une propriété à laquelle protection est due, et il y a lieu d'admettre l'action en suppression de titre ou d'enseigne pour un journal comme pour toute entreprise, lorsque l'usurpation peut avoir pour effet de détourner un achalandage acquis ; spécialement, le propriétaire du *Journal général d'affiches*, connu sous le second titre de : *les Petites Affiches*, a droit d'empêcher qu'un concurrent prenne le titre de : *les Petites Affiches du commerce, de l'industrie et des arts* (Trib. comm. Seine, 14 fév. 1834, *Gaz. Trib.*, 19 fév.);

---

(1) V. Trib. comm. Seine, 13 sept. 1862, aff. Guillebout, Teulet.12. 204. — Dans cette affaire, le tribunal, tout en admettant que le titre : *les Petites Affiches diurnes et nocturnes*, faisait confusion avec celui de : *les Petites Affiches*, autorisait l'emploi des mots : *Petit Affichage diurne, nocturne et quotidien.*

3° que la *Mode de Paris* peut se confondre avec la *Mode*, et, dès lors, ne peut coexister (Paris, 15 fév. 1834, aff. Dufougerais, Dall.34.2.53); 4° que, lorsqu'un journal est en possession d'un titre tel que : *Journal des villes et des campagnes*, un autre journal ne saurait prendre, même pour sous-titre, les mêmes mots, sous prétexte qu'ils sont du domaine public et appartiennent à tous (Trib. comm. Seine, 19 déc. 1835, aff. Pillet, *Gaz. Trib.*, 20 déc.); 5° que, lorsqu'un journal a pour titre : *Journal des débats*, un autre journal ne saurait s'intituler : *Journal des débats industriels et littéraires* (Trib. comm. Seine, 8 nov. 1843, aff. Bertin, Blanc, p. 387); 6° que le fait d'avoir donné à un journal le double titre de : *Magasin des dames*, *moniteur des demoiselles*, en disposant ce titre de manière à ce que les mots : *des demoiselles* frappent plus particulièrement les yeux, peut donner lieu à une action en dommages-intérêts de la part du propriétaire du journal : *le Magasin des Demoiselles*, alors qu'il est constant que le premier titre a été combiné en vue de faire confusion avec le second; il y a lieu, en ce cas, d'ordonner la suppression des mots : *des demoiselles*, qui font la confusion (Trib. comm. Seine, 28 déc. 1848, aff. Desrey, Le Hir.49.2.115); 7° qu'un titre tel que : *Heures musicales*, appliqué à un recueil de musique, ne saurait être considéré comme banal et appartenant à tous; il y a, par suite, concurrence déloyale de la part de l'éditeur qui, ayant publié des morceaux de musique sous le titre de : *Veillées des salons*, le change, à une seconde édition, pour prendre celui d'*Heures musicales* (Trib. comm. Seine, 15 oct. 1857, aff. Girod, Pataille.58.188).

640. Jurisprudence (*suite*). — Il a encore été jugé : 1° qu'il y a concurrence déloyale de la part de l'éditeur qui publie un almanach sous le titre d'un journal connu (*Almanach de l'Illustration*), de façon à laisser croire au public que cet almanach est composé de matériaux tirés dudit journal, et à profiter de la notoriété qui y est attachée (Trib. comm. Seine, 26 nov. 1857, aff. Paulin, Rendu, p. 303, *la note*); 2° qu'il y a concurrence déloyale à fonder, sous le titre de *Figaro-revue*, un recueil littéraire, anecdotique et satirique, quand il existe déjà un journal en possession du nom de *Figaro*

(Trib. civ. Seine, 6 mai 1859, aff. Naquet (1), *le Droit*, n° 108); 3° qu'il y a usurpation du titre : *le Figaro*, dans l'emploi des mots : *le Nouveau Figaro;* il en est ainsi alors même que le second journal paraîtrait dans une autre ville et aurait tout à la fois une portée et une périodicité moins étendues, si d'ailleurs il est certain qu'il peut y avoir confusion entre les deux journaux (Trib. comm. Nice, 3 mars 1880, aff. *le Figaro* (2), Pataille.80.174) ; 4° qu'il y a concurrence déloyale de la part de celui qui, ayant vendu à un tiers un journal nommé *le Théâtre*, fonde un journal de même nature qu'il appelle *Nouveau Journal des théâtres* (Paris, 8 août 1853, aff. Chavet, *le Droit*, 18 août); 5° que, lorsqu'il existe déjà un journal sous le titre de : *Journal de la Vienne*, il ne saurait être permis à un autre de prendre le titre de : *la Vienne*, encore que la forme des caractères employés, la composition des articles et de la mise en pages fussent différentes ; le public, en effet, n'est pas tenu d'examiner attentivement chaque journal ; il doit lui suffire d'entendre prononcer son titre pour pouvoir discerner quel est celui qu'il lui convient de lire (Poitiers, 18 déc. 1873, aff. Dupré, Pataille.74.134); 6° le propriétaire d'un journal, connu sous le titre de : *le Capitaliste*, a le droit d'empêcher la publication d'un autre journal sous le nom de *le Petit Capitaliste;* le second journal, quelles que soient d'ailleurs les différences de format, de prix et de tendances qui le distinguent du premier, pouvant aux yeux du public passer pour un auxiliaire ou un écho de celui-ci et lui causer un préjudice évident (Trib. comm. Seine, 7 avril 1881, aff. Perret (3), Pataille.81.281) ; 7° que, lorsqu'il existe un journal ayant pour titre : *le Voyageur de commerce*, il y a confusion possible dans l'emploi, par un autre journal, du titre : *le Journal des Voyageurs de com-*

---

(1) V. aussi Trib. civ. Seine, 29 juill. 1859, aff. Naquet, *Prop. ind.*, n° 95.

(2) V. en sens contraire, Trib. comm. Alger, 30 juin 1881, aff. Lavagne, Pataille.82.256.

(3) V. aussi Paris, 20 juill. 1880 (*le Petit Journal du soir*), Pataille. 80.365; Trib. civ. Seine, 25 janv. 1882 (*l'Illustration*), *Gaz. Pal.* t. 1, p. 309.

merce, alors surtout que le mot « journal », imprimé en petits caractères, laisse le caractère principal aux mots : *Voyageurs de commerce*, destinés à frapper d'abord l'attention; il y a lieu, dès lors, d'ordonner la suppression du second titre, encore que les conditions respectives de publication seraient différentes (Trib. comm. Seine, 4 août 1881, aff. Castex, Pataille.81.254).

641. Jurisprudence; **espèces où l'usurpation n'a pas été reconnue.** — Il a été jugé : 1° que, s'il est de l'essence du droit d'invention qu'un titre soit la propriété de celui qui l'a créé, il faut, d'un autre côté, pour qu'il y ait usurpation, que l'identité du titre soit telle qu'elle puisse occasionner une méprise de nature à causer un préjudice réel au propriétaire du titre : spécialement, étant donné un ouvrage dont le titre est : *Almanach du peuple, des villes et des campagnes*, il n'y a point d'usurpation à prendre celui de : *Calendrier de France, almanach du peuple* (Trib. corr. Seine, 18 mars 1835, aff. Leclerc, *Gaz. Trib.*, 19 mars); 2° que l'éditeur d'un ouvrage intitulé : *Annuaire de la noblesse* ne saurait s'opposer à ce qu'un ouvrage du même genre soit publié sous le titre de : *Almanach de la noblesse de France*, le mot *Almanach* se distinguant suffisamment du mot *Annuaire* (Paris, 28 juin 1847, aff. Borel, Blanc, p. 373); 3° qu'un titre tel que « *les Oiseaux de proie* », composé d'expressions connues et servant à désigner métaphoriquement certains hommes rapaces, est générique et ne saurait constituer une propriété privative (Trib. civ. Seine, 23 nov. 1855, aff. Castille, Pataille.56.27); 4° que le titre de : *Moniteur des fiancés*, se distingue suffisamment du titre : *le Journal des fiancés*, alors surtout que les deux publications, quoique s'adressant aux mêmes personnes, diffèrent entre elles par le format, les caractères, les frontispices et tous les moyens d'exécution (Trib. comm. Seine. 13 oct. 1859, aff. Lecamp, Pataille.59. 401); 5° qu'un journal a pu prendre pour titre : *le Voleur politique et littéraire*, alors qu'un autre journal s'appelait déjà *le Voleur, gazette des journaux*, s'il est constant que, par la dissemblance des formats et des matières traitées, toute confusion est impossible (Paris, 3 mars 1830, aff. Rosier, *Gaz. Trib.*, 4 mars); 6° que, si le titre ou la dénomina-

tion d'un journal est une propriété privée à laquelle il ne doit être porté aucune atteinte directe ou indirecte, par la création postérieure d'autres feuilles périodiques, il faut, toutefois, reconnaître que cette propriété ne s'applique qu'au nom sous lequel le journal est connu et désigné, c'est-à-dire aux mots écrits en très grands caractères en tête de la première page, et non aux qualifications qui suivent, imprimées en caractères beaucoup moins grands, en seconde et troisième ligne, lesquelles, servant à indiquer, soit la ligne politique que suivra le journal, soit la circonscription à laquelle il s'adresse, sont dans le domaine public : spécialement, un journal ayant pour titre : *le Granvillais*, et pour sous-titre : *Courrier d'Avranches, de Coutances et de la Côte*, ne saurait empêcher un autre journal de s'intituler : *le Courrier d'Avranches* (Caen, 15 nov. 1878, aff. Cagnaut, Pataille.78.143); 7° qu'un titre, tel que : *Almanach du département de l'Eure*, n'étant exactement que le mot propre pour désigner l'œuvre entreprise, s'impose en quelque sorte et ne peut, dès lors, constituer une propriété exclusive; il s'ensuit qu'il n'y a pas concurrence déloyale dans le fait d'avoir employé, pour un ouvrage du même genre, les mots de : *Almanach-annuaire de l'Eure*, alors d'ailleurs que, à raison du prix, du format, de la couleur de la couverture, il ne saurait y avoir aucune confusion entre les deux ouvrages (Rouen, 5 août 1873, aff. Quettier (1), Pataille.74.341).

642. Il suffit que la confusion soit possible. — Il y a atteinte à la propriété du titre toutes les fois qu'il y a confusion et, partant, préjudice possible. Il est donc inutile qu'un acheteur ait été réellement trompé, il suffit qu'il puisse l'être. On ne peut défendre à l'auteur dont le titre est usurpé de couper, comme on dit, le mal dans la racine et d'arrêter au début une concurrence qui lui peut être très préjudiciable. Comment, d'ailleurs, la plupart du temps, prouvera-t-il que la confusion dont il se plaint a réellement eu lieu? Peut-il se tenir à la porte du magasin où se débite l'ouvrage de son

(1) V. aussi Riom, 27 août 1874, aff. Montlouis (*Moniteur du Puy-de-Dôme*, au lieu de *Journal du Puy-de-Dôme*), Pataille.74.347.

concurrent et interroger tous les chalands qui en sortent pour savoir d'eux s'ils ont été réellement trompés? Il suffit que la méprise soit rendue possible, sauf aux tribunaux à proportionner les dommages-intérêts au préjudice éprouvé, ou même à n'ordonner que la suppression du titre qui fait confusion, sans dommages-intérêts, si le préjudice ne leur paraît pas appréciable en argent (1).

643. *Quid* **si les ouvrages sont différents?** — L'usurpation, fût-elle servile, cesse d'être condamnable si les deux ouvrages sont de genre absolument différent et ne peuvent par eux-mêmes se faire aucune concurrence. Comprendrait-on que l'auteur d'un roman se plaignît que le titre donné par lui à son ouvrage ait été ensuite donné par un compositeur de musique à une valse? Quelle concurrence peut exister entre une valse et un roman? Les acheteurs de la valse auraient-ils acheté le roman à la place? Ont-ils pu croire qu'ils achetaient l'un pour l'autre? La question, toutefois, peut être délicate s'il s'agit d'ouvrages qui, quoique différents en eux-mêmes, ont des points de rapprochement : un roman, par exemple, et une pièce de théâtre. Un auteur dramatique pourrait-il légitimement donner à un drame ou à une comédie un titre appartenant déjà à un roman? Nous pensons qu'en général, — et à moins, par exemple, qu'il ne s'agisse d'un titre générique ou banal, — cela ne saurait être permis; il s'agit là de deux ouvrages d'imagination, s'adressant au même public, pouvant, par suite, entraîner une confusion, sans compter qu'il n'est pas rare que l'auteur d'un roman lui donne ensuite la forme dramatique. Il en serait autrement s'il s'agissait d'un journal et d'un livre; la méprise est vraiment impossible de l'un à l'autre.

644. Jurisprudence (2). — Il a été jugé en ce sens : 1° que le propriétaire d'une revue hebdomadaire illustrée ne peut

---

(1) V. Poitiers, 18 déc. 1873, aff. Dupré, Pataille.74.134; Trib. comm. Seine, 18 juin 1881, aff. Durant, Dall.82.3.96.

(2) V. aussi Paris, 8 déc. 1833, aff. Michaud, Dall.34.2.111; Trib. comm. Seine, 10 juin 1868, aff. Lagrange et Cerf, Pataille.68.217. — Comp. Trib. comm. Seine, 3 août 1867, aff. Ducuing, Pataille.67.352.

être contraint de changer le titre (*l'Ami de la maison*) qu'il a donné à son recueil, sous prétexte qu'avant lui le même titre aurait été donné à un livre d'éducation ; la différence du genre des deux ouvrages rend toute concurrence ou confusion impossible (Trib. comm. Seine, 9 avril 1856, *le Droit*, 10 avril); 2° qu'il n'y a pas d'usurpation, lorsqu'à raison de la différence absolue des ouvrages, comme forme et comme genre (dans l'espèce, un roman et un drame), la confusion est impossible (Trib. civ. Seine, 23 nov. 1855, aff. Castille, Pataille.56.27.); 3° que, si le titre d'un ouvrage constitue une propriété au profit des écrivains, il appartient toutefois aux tribunaux d'examiner, dans les circonstances de chaque espèce, si l'usage du même titre, dans une publication ultérieure et plus ou moins différente, a causé un préjudice, et peut dès lors donner ouverture à l'action en dommages-intérêts : spécialement, il n'y a pas de préjudice alors, d'une part, que le titre n'est pas identique (1); que, d'autre part, l'une des publications paraît en feuilletons et l'autre en volumes; qu'en troisième lieu, l'emploi du titre a eu lieu pendant plus de huit années, sans que celui à qui il appartient ait protesté, et qu'enfin, avant toute protestation, le titre contesté a été supprimé (Trib. civ. Seine, 8 mars 1867, aff. Delacroix, Pataille.67.76); 4° qu'un titre, tel que : *les Mystères de l'Internationale*, ne fait pas confusion avec celui de : *Histoire de l'Internationale*, alors du moins que les deux ouvrages sont différents (l'un était un roman, l'autre un ouvrage historique), ne satisfont ni aux mêmes besoins ni aux mêmes préoccupations intellectuelles, et ne s'adressent pas dès lors aux mêmes lecteurs (Trib. civ. Seine, 16 juill. 1874, aff. Bunel, *Gaz. trib.*, 17 juill.); — 5° jugé, toutefois, qu'un éditeur de musique ne saurait, dans un but de concurrence commerciale, appliquer à des compositions musicales un titre tel que : *les Binettes contemporaines*, déjà appliqué à une œuvre littéraire, et profiter ainsi du succès de cette œuvre; il en est du moins ainsi, quand la vignette du

(1) Dans l'espèce, le premier titre était : *les Reines de la main gauche, galerie complète des favorites des rois de France*, tandis que le second portait seulement : *les Reines de la main gauche*.

frontispice reproduit plusieurs des portraits parus dans l'œuvre littéraire (Trib. comm. Seine, 15 avril 1858, aff. Commerson, Pataille.58.223).

645. *Quid* **s'il s'agit d'une réfutation?** — Il a été jugé, — mais c'est un arrêt d'espèce, — que, même lorsqu'un ouvrage est la réfutation d'un autre, il ne doit pas porter le même titre; spécialement, lorsqu'un ouvrage est intitulé: *les Paroles d'un croyant*, un éditeur ne saurait en publier la réfutation sous le titre de: *Paroles d'un croyant, revues, corrigées et augmentées par un catholique* (Paris, 27 nov. 1834, aff. Renduel (1), Blanc, p. 387).

646. Durée de la propriété du titre. — Si le titre ne constitue pas une propriété littéraire, notons pourtant que la propriété littéraire de l'ouvrage fortifie, en un sens du moins, la propriété du titre. La propriété du titre, en effet, dure naturellement aussi longtemps que dure la propriété de l'ouvrage qu'il sert à désigner, par cette raison toute simple que, tant que dure le débit du livre, l'usurpation de son titre est de nature à y nuire, en détournant la clientèle (2). Ce principe ne nous paraît pas, toutefois, absolu, et, précisément parce que la concurrence n'est possible qu'autant qu'il y a débit simultané des deux ouvrages, il peut arriver que, le premier des ouvrages, étant depuis longtemps épuisé, oublié même, sans que le propriétaire songe à le réimprimer, l'emploi du même titre par un second ouvrage ne soit pas de nature à constituer une usurpation. Ce serait là, bien entendu, une exception au principe, exception que, par suite, les tribunaux ne devraient admettre qu'à bon escient.

647. *Quid* **s'il s'agit d'un titre de journal?** — La propriété du titre d'un journal est soumise à des règles un peu différentes de celles qui régissent la propriété du titre d'un livre. Ici la propriété littéraire n'a en réalité rien à voir. Elle protège, en effet, non le journal, dans son ensemble, mais chaque article en particulier (du moins lorsque les articles sont signés), et le journal ne continue pas moins

(1) V. anal. Paris, 2 mai 1861, aff. Raspail, Pataille.61.171. — *Contrà*, Trib. comm. Seine, 17 mai 1861, aff. Gaume, Pataille.61.255.

(2) V. Blanc, p. 378.

d'exister longtemps après que les articles séparément ont commencé de tomber dans le domaine public. Il faut donc chercher une autre règle pour déterminer la durée de la propriété des titres de journaux. Cette règle est la même que pour les enseignes ; on considère uniquement la possession ; tant que le journal existe, tant qu'il est en possession de son titre, nul ne peut s'en emparer. Le journal, au contraire, a-t-il cessé d'exister, le titre appartient à qui veut le prendre. Et ici, comme pour les enseignes, il faut distinguer entre l'abandon momentané, l'abandon par suite d'un cas de force majeure, et l'abandon définitif, certain, en un mot, la renonciation à la possession (1). Quant à la question de savoir après combien de temps l'abandon doit être considéré comme définitif, c'est une question de fait qu'il appartient aux tribunaux de résoudre d'après les circonstances de chaque espèce. Nous avons entendu quelquefois soutenir qu'il fallait que l'interruption du journal eût duré un an au moins pour que le titre pût être considéré comme appartenant au domaine public (2). Cette règle n'a rien de sérieux ni surtout de légal, et, s'il convient en effet de n'admettre l'abandon du titre qu'après un intervalle de temps assez long, il faut en même temps reconnaître que les tribunaux ont à cet égard un souverain pouvoir d'appréciation.

647 *bis*. Jurisprudence. — Il a été jugé : 1° que le propriétaire d'un journal qui, après l'avoir exploité sous un premier titre (*Gazette de santé*), continue de l'exploiter sous un titre différent (*Gazette médicale de Paris*), ne peut se plaindre qu'un concurrent publie un nouveau journal sous le titre ainsi abandonné, alors d'ailleurs que sept mois se sont écoulés depuis l'abandon du titre et que, d'un autre côté, la différence du format et de la périodicité empêche toute confusion (Paris, 19 avr. 1834, aff. Guérin, *Gaz. Trib.*, 20 avr.); 2° que, dans les usages constants de l'Administration et de la Société des gens de lettres, tout propriétaire d'un journal qui

(1) V. Gastambide, p. 223. — V. aussi Blanc, p. 378.

(2) V. pourtant Trib. comm. Seine, 31 mars 1881, aff. Jouve, Dall. 82. 3. 95.

est resté un an sans publier un seul numéro, doit être considéré comme ayant renoncé au titre de son journal (Trib. comm. Seine, 1er sept. 1874, aff. de Lamonta, Pataille. 74.373); 3o qu'une expression générique, telle que *la France*, peut être employée comme titre par un journal, encore bien qu'elle eût servi à désigner une autre feuille, alors qu'elle est accompagnée d'une qualification distincte (*la France politique, scientifique et littéraire*, au lieu de : *la France, journal des intérêts monarchiques et religieux en Europe*), qui ne laisse aucune confusion possible entre les deux journaux, et qu'au surplus le premier journal a cessé d'avoir une existence propre et a disparu depuis longtemps dans une combinaison fondée sous le titre complexe de : *Union monarchique, Quotidienne, France, Écho français* (Trib. civ. Seine, 20 août 1862, aff. *la France*, Pataille.62.405).

643. *Quid* **en cas de suppression par l'autorité?** — On comprend que l'abandon du titre, lorsqu'il est certain et irrévocable, ait pour effet de le restituer au domaine public, d'où il peut être tiré de nouveau pour servir d'enseigne à un autre journal. Mais que penser de la suppression du journal par l'autorité administrative, c'est-à-dire d'un fait involontaire, que sans doute on est censé avoir provoqué par sa faute, mais qu'on subit et contre lequel on proteste? La disparition du journal, en ce cas, peut-elle être assimilée à l'abandon, c'est-à-dire considérée comme une renonciation du propriétaire à son droit? Nous ne saurions l'admettre, quoique un jugement du tribunal de la Seine ait décidé en thèse, — sans donner, il est vrai, de motifs bien concluants à l'appui de son affirmation, — que la propriété du titre ne peut survivre à la suppression du journal (1).

Jugé, dans notre sens, que, lorsqu'un journal a été supprimé par l'autorité, un autre journal ne peut, sans faire acte de concurrence déloyale, adopter le même titre, et copier en

(1) V. Trib. civ. Seine, 3 août 1864, aff. Du Camp, *Prop. ind.*, n° 346. —*Nota :* Remarquons, toutefois, que, dans l'espèce, la suppression remontait, en fait, à six années; on lira, d'ailleurs, avec intérêt les plaidoiries reproduites dans le journal que nous citons.

même temps l'aspect, la disposition, les caractères typographiques du journal supprimé ; il doit être tenu d'éviter tout ce qui pourrait amener une confusion entre lui et son devancier (Trib. comm. Seine, 17 juin 1868, aff. Villemesant, Pataille.68.218).

649. Prise de possession du titre. — A quelle date faut-il faire remonter la prise de possession d'un titre ? En d'autres termes, suffit-il qu'un auteur ou qu'un directeur de journal prouve qu'il avait pensé à un titre, qu'il était dans l'intention de publier un ouvrage ou un journal sous ce titre, pour qu'il soit réputé légalement en possession de ce titre et qu'il puisse l'interdire à autrui ?

Voici sur ce point ce que dit avec pleine raison M. Blanc : « La prise de possession d'un titre résulte d'abord, et « tout naturellement, de la publication de l'ouvrage. Elle peut « résulter encore de circonstances antérieures à la publica- « tion, telles que la déclaration à la librairie ou même la « simple annonce dans les journaux. Toutefois, il faut pour « cela que la publication ait suivi cette prise de possession « dans un certain délai. Il ne serait pas juste que la déclara- « tion ou l'annonce ci-dessus, non suivies de la publication, « rendissent le titre indisponible. Si donc, après un délai « excédant de beaucoup le temps nécessaire pour l'impres- « sion, l'ouvrage déclaré ou annoncé n'a pas été publié, le « titre rentrera dans le domaine public. Ainsi, ce n'est pas « au jour où ce titre a été choisi par l'auteur qu'il faut faire « remonter le droit du premier occupant, mais à l'époque « où ce droit s'est révélé d'une manière incontestable et sé- « rieuse (1). »

M. Gastambide exprime la même idée, lorsqu'il dit : « Le « titre ou la désignation d'un ouvrage n'est une propriété « qu'autant que l'ouvrage est déjà connu dans le public, soit « par la publication, soit par l'annonce, soit autrement, et « qu'autant que l'usurpation du titre, par un plagiaire, peut « avoir pour effet de tromper l'acheteur et de détourner frau- « duleusement la clientèle qui se destinait par avance à l'ou-

---

(1) Blanc, p. 373.

« vrage original. Mais, si l'usurpation du titre ne peut en au« cune façon détourner par surprise une clientèle non acquise « ou préparée, alors il n'y a point d'atteinte à la propriété du « titre. Nous le répétons, le titre n'est pas en général assimilé « à une création, ni protégé comme tel ; il est protégé comme « servant à constater l'identité d'une œuvre et par conséquent « d'une œuvre déjà connue, il est protégé comme servant à « garder à un ouvrage la clientèle qui lui appartient (1). »

Il nous paraît, en effet, certain qu'en principe, la prise de possession d'un titre ne peut résulter que d'un acte qui l'ait révélée au public. Toutefois, si, avant toute prise de possession publique, et, par suite de l'abus d'une confidence, d'un secret, il y avait usurpation du titre, il nous semble que rien ne s'opposerait à ce que celui auquel il aurait été ainsi frauduleusement dérobé, n'en revendiquât la propriété. La règle cède devant la fraude.

650. Jurisprudence. — Il a été jugé à cet égard : 1° qu'il importe peu qu'un éditeur ait déclaré à la direction de la librairie un ouvrage sous un certain titre, si, en fait, il n'a pas employé ce titre ; en ce cas, la déclaration ne saurait lui donner la propriété exclusive de ce titre, qu'un autre peut légitimement employer (Paris, 28 juin 1847, aff. Borel (2), Blanc, p. 373) ; 2° que le seul fait d'avoir fait au ministère la déclaration nécessaire à la publication d'un journal et d'en avoir ensuite fait paraître un seul numéro spécimen, sans avoir d'ailleurs ni donné suite à cette publication ni rempli les formalités administratives, telles que le dépôt d'un cautionnement, ne saurait conserver la propriété du titre qu'on projetait de donner à ce journal ; c'est donc à bon droit qu'un autre journal prend ce titre (Trib. comm. Seine, 6 nov. 1849, aff. Dutacq, Le Hir. 50.2.147) ; 3° que le fait d'avoir obtenu l'autorisation de publier un journal sous un titre déterminé (*le Globe*), et d'avoir émis quelques prospectus annonçant cette publication, ne peut être considéré comme une prise de possession de ce titre, donnant le droit de le reven-

(1) Gastambide, p. 218.
(2) V. Trib. comm. Seine, 14 avril 1869, aff. David, Pataille. 70.127.

diquer contre un tiers, alors qu'en fait l'autorisation a été retirée avant la publication, et que, par suite, cette publication n'a pas eu lieu (Trib. civ. Seine, 20 avril 1864, aff. Castille, Pataille.64.298); 4° mais que le fait d'avoir le premier fait à la préfecture la déclaration exigée pour la publication d'un journal et d'avoir, en même temps, accompli le dépôt du cautionnement, constitue un droit de priorité qui emporte propriété du titre sous lequel ce journal a été déclaré devoir paraître; ce droit subsiste, encore que, dans l'intervalle qui sépare ces premières formalités de la publication effective, un autre journal viendrait à être publié sous le même titre; en ce cas, les tribunaux doivent faire défense au journal paru de continuer sa publication sous un titre qui ne peut lui appartenir (Paris, 8 août 1879 (1), aff. Vigier, Pataille.81.79).

651. *Quid* **d'un journal publié en province? —** Y aura-t-il usurpation du titre, si l'un des journaux se publie en province et l'autre à Paris? C'est là une question de fait; il s'agit, en effet, d'apprécier les rapports qu'ont ensemble les deux journaux, de considérer leur genre, leur caractère, leur publicité, et de rechercher enfin si l'un peut faire confusion avec l'autre. Il faut convenir du reste que, si local que soit un journal de province, le journal de Paris, pénétrant partout, lui fera presque nécessairement concurrence; la réciproque ne serait pas aussi vraie.

Il a été jugé que, si le propriétaire d'un journal de province n'a pas le droit absolu de s'opposer à ce qu'un journal de Paris se publie sous le même titre, il peut, du moins, demander et obtenir que le journal concurrent modifie son titre de façon à empêcher toute confusion : spécialement, étant donné qu'un journal se publie à Lyon sous ce titre : *le Progrès*, un journal ne saurait être fondé à Paris sous le même titre, sans y ajouter une modification caractéristique, telle que *le Progrès de Paris* (Trib. civ. Seine, 24 juin 1864, aff. Chanoine (2), Pataille.64.299).

---

(1) V. Rej. 13 juill. 1880, même aff., Pataille.81.79; Trib. comm. Seine, 14 oct. 1881, aff. Guitton, Pataille.81.319.

(2) V. toutefois Trib. civ. Seine, 29 mars 1873, aff. Dussauty, *le Droit*, 30 mars; Trib. comm. Seine, 31 mars 1881, aff. Jouve, Dall.81.3.93.

652. ***Quid*** **d'un titre approuvé par l'Administration?** — Remarquons que le fait qu'un titre de journal aurait été approuvé par l'autorité administrative ne pourrait empêcher qu'un tiers, ayant la propriété de ce titre, ne la pût réclamer légitimement. Les actes particuliers de l'autorité ne peuvent, en effet, dans aucun cas, préjudicier aux droits des tiers.

Jugé, en ce sens, que l'arrêté ministériel, qui autorise le propriétaire du journal officiel à adopter un certain titre, ne saurait porter préjudice aux droits des tiers; par suite, les tribunaux peuvent, malgré ledit arrêté, prononcer la suppression du titre, comme appartenant déjà à un autre journal (Trib. comm. Seine, 28 déc. 1868, aff. Dalloz (1), Pataille. 69.5).

653. Suppression et modifications; pouvoir des tribunaux. — Lorsqu'un titre a été usurpé, les tribunaux ont tout pouvoir pour ordonner soit sa suppression, soit telles modifications qu'ils croient de nature à faire cesser et à prévenir désormais la confusion, sans préjudice, bien entendu, des dommages-intérêts qu'ils peuvent prononcer, en même temps que l'insertion et même l'affiche de leur jugement.

654. Imitation d'aspect. — En dehors de toute usurpation de titre, il peut se rencontrer des faits de concurrence déloyale, tels que l'imitation des caractères typographiques d'un titre, de son ordonnance, de sa composition d'ensemble, des ornements accessoires qui l'accompagnent, ou même, M. Blanc croit pouvoir aller jusque-là, de la couleur du papier (2).

655. Jurisprudence. — Il a été jugé dans cet ordre d'idées: 1° qu'en matière de propriété musicale, le titre ou le dessin qui servent d'ornement et en quelque sorte d'enseigne aux morceaux de musique, doivent être d'autant plus respectés qu'ils sont les plus sûrs moyens d'attirer les acheteurs et les

---

(1) V. anal. Trib. civ. Seine, 26 déc. 1868, aff. Noblet, Teulet.18.146. — V. toutefois Paris, 10 nov. 1857, aff. *la Paternelle, suprà*, n° 467.

(2) V. Blanc, p. 388.

seuls indices auxquels le public peut reconnaître les morceaux, peu de personnes se trouvant capables de juger, à première vue, du mérite d'une œuvre ou de la différence qui existe entre elle et une autre (Paris, 8 avril 1842, aff. Meissonnier (1), Blanc, p. 385 ; 2° qu'il y a concurrence déloyale de la part du libraire qui, ayant en sa possession un certain nombre d'exemplaires du deuxième volume d'un ouvrage, fait imprimer une couverture nouvelle dont le titre est combiné de façon à faire croire que l'ouvrage est complet en un seul volume (Trib. civ. Seine, 10 mai 1851, aff. Orsini, Blanc, p. 389) ; 3° qu'il y a concurrence déloyale à publier un ouvrage dans lequel les titre, couverture, couleur du papier de la couverture, l'impression et le frontispice, forment un ensemble préparé pour opérer, aux yeux du public, une confusion calculée, avec un ouvrage déjà existant; il en est ainsi surtout lorsque l'on désigne faussement, comme lieu de publication du nouvel ouvrage, la même ville que celle où le premier ouvrage s'imprime et s'édite (Trib. comm. Seine, 29 déc. 1853, aff. Pagnerre (2), *le Droit*, 4 janv. 1854).

CHAPITRE VIII.

FORMES DIVERSES DE LA CONCURRENCE DÉLOYALE.

SOMMAIRE.

656. Embauchage d'ouvriers. — 656 *bis*. *Jurisprudence*. — 657. Dépositaire ; obligations. — 658. *Jurisprudence*. — 659. Ancien employé ; obligations. — 659 *bis*. *Jurisprudence*. — 660. Ouvrier ; sollicitations de commande. —

---

(1) V. anal. Trib. corr. Seine, 20 déc. 1842, aff. Lavigne, Blanc, p. 388.

(2) Ce jugement a été infirmé par un arrêt du 24 mars 1854 (*le Droit*, 25 mars), qui déclare qu'il existe, en fait, entre les ouvrages, des différences essentielles; les principes du jugement n'en gardent pas moins leur valeur.

661. Anciens locataires ; droits du propriétaire.—662. Journaux ; copie de renseignements. — 663. Instituteur ; vente de livres. — 664. La tromperie sur la nature de la marchandise vendue peut constituer une concurrence déloyale. — 664 *bis*. Mention fausse de l'approbation d'un savant ou d'une société savante. — 665. *Quid* du fait de supprimer l'annonce d'un concurrent ?

656. Embauchage d'ouvriers. — La liberté du travail est un principe entre tous respectable, et que la loi par suite doit protéger. Un ouvrier est donc maître de sa personne et de son temps, et, à moins de conventions particulières, il peut, en se conformant d'ailleurs aux déclarations d'usage, quitter un atelier pour entrer dans un autre. Peut-être même cette liberté est-elle trop absolue, et mieux eût-il valu s'en tenir à de certains règlements anciens, antérieurs à 1789, qui, moins favorables à l'ouvrier, l'étaient davantage au travail national. Ces règlements — notamment pour l'industrie du papier et du fer — défendaient aux ouvriers, sous des peines sévères, de quitter brusquement un patron, au risque de laisser un travail inachevé et de lui causer ainsi, par la perte des matières en cours de transformation, un préjudice considérable. C'est du reste une question controversée que celle de savoir si ces règlements ont été abrogés ou si, au contraire, en dépit de ce qu'on est convenu d'appeler les immortels principes, ils ne sont pas restés applicables (1). En tout cas, l'embauchage des ouvriers ou des employés d'une fabrique, en vue soit de surprendre les secrets de fabrication, soit de détourner la clientèle, constitue une concurrence déloyale, que les tribunaux n'hésitent pas à réprimer.

656 *bis*. **Jurisprudence** (2). — Il a été jugé : 1° que l'individu qui, par promesse de certains avantages, détourne et embauche un ouvrier d'une usine rivale, peut être condamné à des dommages-intérêts, encore bien qu'il serait constant que cet embauchage n'a amené la révélation d'aucun secret de fabrique (Paris, 26 janv. 1856, aff. d'Arlincourt, Pa-

(1) Comp. les articles de M. Huard dans la *Prop. ind*, n°s 283 et 341.

(2) Comp. Lyon, 1er juill. 1870, aff. Warnery, Pataille.72.34. — V. toutefois Trib. comm. Havre, 14 nov. 1868, aff. Cazavan, Pataille.69 350.

taille.56.125); 2° qu'il y a concurrence déloyale de la part d'un marchand (un boulanger), qui détourne l'employé d'un concurrent (une porteuse de pain) et s'approprie de cette façon la clientèle de son rival; il y a lieu, en ce cas, de faire défense à l'auteur de cette concurrence déloyale de conserver à son service ledit employé, du moins pour le service qu'il lui demandait (Paris, 21 oct. 1858, aff. Grimault (1), *le Droit*, n° 252); 3° qu'il y a lieu à dommages-intérêts, lorsqu'un employé, directeur d'une spécialité dans une maison de commerce, débauche, en la quittant, les commis sous ses ordres pour fonder un établissement rival et s'emparer de la clientèle (Paris, 5 mai 1868, aff. Miccio, Teulet.18.169).

657. Dépositaire; obligations. — Le commerçant, qui accepte d'être le dépositaire d'un produit déterminé, contracte par cela même des obligations dont l'oubli ou la violation ouvre contre lui une action en dommages-intérêts. La violation de son engagement peut même, suivant les circonstances, constituer une concurrence déloyale, par exemple, si, sous le nom du fabricant dont il accepte le dépôt, il écoule d'autres marchandises que celles qu'il a reçues en dépôt, ou s'il substitue sa propre personnalité à celle du fabricant et laisse supposer au public qu'il est lui-même le fabricant. On trouve de nombreux exemples de ce genre de fraude; nous en citons quelques-uns qui ont fait l'objet de décisions judiciaires (2).

658. Jurisprudence. — Il a été jugé dans cet ordre d'idées : 1° que celui qui, étant seul dépositaire d'un produit, s'interdit de recevoir en dépôt des produits de même nature, ne peut, ni fabriquer lui-même des produits semblables, ni en acheter à d'autres fabricants, encore qu'il n'en serait pas le dépositaire exclusif (Paris, 18 juin 1853, aff. Brunet (3), Teulet.

(1) V. également Paris, 30 sept. 1858, aff. Grimault, Teulet.8.59. — V. toutefois Trib. comm. Seine, 1er août 1873, aff. Vasseur, *le Droit*, 27 août.

(2) Comp. notre article dans la *Prop. ind.*, n° 421.

(3) V. aussi Paris, 1er fév. 1864, aff. Gellé, Le Hir.64.2.357.

2.303); 2° qu'il y a concurrence déloyale de la part du dépositaire, qui applique à des produits de sa fabrication les étiquettes destinées aux produits qu'il a en dépôt, ou qui, contrairement à la convention, supprime le nom de l'inventeur sur les étiquettes qu'il appose à ces produits (Paris, 23 juill. 1861, aff. Gally, Pataille.62.374); 3° qu'il y a concurrence déloyale de la part du commerçant qui, chargé d'expédier directement à des acheteurs qu'il ne connaissait pas les marchandises par lui vendues à un commissionnaire, joint, subrepticement, ses propres adresses à l'envoi (Trib. comm. Seine, 4 janv. 1853, aff. Gauvain, Teulet.2.119); 4° que le libraire, qui a acheté un certain nombre d'exemplaires d'un ouvrage édité par un autre, n'a pas le droit de couvrir le nom de l'éditeur par une bande portant son propre nom et son adresse (Trib. comm. Seine, 6 juin 1860, aff. Josse, Pataille. 61.27); 5° que le fait, par un industriel, de s'adresser, pour la vente de ses produits, à un individu qu'il sait être le représentant d'une maison rivale, et de laisser vendre ses produits sous le nom de cette maison, constitue un acte de concurrence déloyale donnant ouverture à une action en dommages-intérêts (Douai, 11 juin 1865, aff. Six-Duduve, Pataille.66.303); 6° qu'il y a concurrence déloyale dans le fait, par un négociant, d'attirer à lui les employés et courtiers qui sont au service d'un concurrent et de tolérer qu'ils se présentent chez les clients de ce dernier en déclarant qu'il a cessé son industrie et qu'ils sont aujourd'hui au service du continuateur, de façon, par ces manœuvres trompeuses, à détourner une partie de la clientèle (Paris, 14 mai 1880, aff. Laffet, Pataille.80.242); 7° mais que le débitant, qui achète un produit (dans l'espèce, une eau minérale) par bouteilles entières, ne commet aucun acte répréhensible à le détailler dans des demi-bouteilles, alors qu'il n'existe aucune convention contraire (Trib. corr. Seine, 18 avril 1873, aff. Cazaux (1), Pataille.73.187); — 8° jugé pourtant (mais cette décision est généralement critiquée) (2) que le dépositaire principal d'un

(1) V. Observ. crit. de Pataille, *eod. loc.*
(2) V. Observ. crit. de Calmels, n° 204, *in fine*.

produit (dans l'espèce, *la Chartreuse*) n'a pas d'action contre les personnes qui vendent le même produit en se qualifiant elles-mêmes de *dépositaires*, alors, du moins, qu'il est établi que ceux-ci, comme tous autres consommateurs, peuvent se faire livrer directement ce produit (Trib. comm. Seine, 12 mai 1854, aff. Dubonnet, *le Droit*, 17 mai).

659. Ancien employé; obligations. — L'employé qui, après avoir quitté son patron, vient à s'établir lui-même dans un commerce similaire, est tenu à une loyauté plus scrupuleuse encore, s'il est possible. S'il peut mettre à profit la connaissance du commerce qu'il a acquise dans la maison d'où il sort, il ne peut abuser des renseignements que sa position lui a fournis pour détourner la clientèle de son ancien patron; ce serait, par exemple, un acte coupable, de la part d'un voyageur, que de conserver, par devers lui, les carnets d'adresses qui lui étaient confiés, pour ensuite aller solliciter les clients.

659 *bis*. Jurisprudence (1). — Il a été jugé en ce sens : 1° qu'un commis, en quittant une maison de commerce, ne peut, à peine de tous dommages-intérêts, retenir, ni une copie des noms et adresses des clients de la maison, qu'il se serait abusivement procurée, ni les carnets qui lui servaient dans ses voyages, de manière à pouvoir s'en servir dans l'intérêt d'une maison rivale, qui, grâce à cela, lui ferait une position avantageuse (Paris, 24 juin 1858, aff. Rault, Teulet.7.396); 2° que, quelles que soient les immunités dues à la libre concurrence commerciale, il est contraire à l'honnêteté et au droit que d'anciens commis, allant fonder une maison concurrente à celle dans laquelle ils ont travaillé, mettent à profit la confiance qui leur a été accordée pour s'approprier, en les copiant servilement, des produits ou des procédés, et, par exemple, des dessins de fabrique, qui, tout en étant dans le domaine commun, par leurs caractères généraux, forment cependant, par certains détails, le patrimoine ou la spécialité d'une maison de commerce (Lyon, 3 juin 1870, aff. Pramon-

---

(1) V. Trib. civ. Seine, 6 janv. 1874, aff. Moreau, Pataille.74.137; Trib. comm. Nantes, 24 avril 1880, aff. Raymondière, Pataille, 83.37.

don, Pataille.70.363); 3° que l'ancien commis-voyageur d'une maison ne peut, à peine de dommages-intérêts, faire des offres de service, lorsqu'il s'établit, à la clientèle de cette maison, alors du moins qu'il invoque, pour nouer ses relations, son ancienne qualité de commis de cette maison (Paris, 26 août 1864, aff. Léger, Pataille.64.415); 4° qu'il n'est pas licite à un employé de commerce ou d'industrie de recueillir subrepticement, dans la maison où il était occupé, les renseignements et les listes d'adresses propres à cette maison, et, après l'avoir quittée, de lui susciter, dans sa clientèle, une concurrence personnelle, soit en invoquant la collaboration qu'il lui a donnée, soit en utilisant les documents qu'il en a emportés (Paris, 4 août 1881, aff. Durand-Morimbeau, Pataille. 81.244); 5° que les mêmes principes s'appliquent aux rédacteurs de journaux, lesquels ne peuvent, en quittant une feuille pour en fonder une autre, se servir des listes d'adresses des abonnés, ni présenter le nouveau journal comme le seul et vrai continuateur de l'ancien, et discréditer ainsi l'ancien journal, en lui faisant perdre ses abonnés (même arrêt); — 6° jugé toutefois qu'il ne peut être interdit au commis, qui a quitté une maison de commerce pour s'établir lui-même, de visiter la clientèle de cette maison et de travailler avec elle, alors d'ailleurs qu'il n'est justifié d'aucune manœuvre déloyale (Paris, 22 juill. 1861, aff. Dreyfus, Teulet.10.445).

660. Ouvrier; sollicitations de commandes. — Il a été jugé qu'il y a concurrence déloyale de la part de l'ouvrier qui sollicite les clients de son patron et leur offre de travailler pour eux en dehors de l'atelier et à plus bas prix (Aix, 31 déc. 1864, aff. Monteux, Le Hir.65.2.83).

661. Ancien locataire; droit du propriétaire. — Il a été jugé avec raison que, si le propriétaire d'un magasin, dans lequel s'exerçait depuis plusieurs années un certain genre de commerce, a le droit incontestable, lors du départ du locataire du magasin, de le louer à d'autres pour y exercer le même commerce, c'est à la condition, pour lui comme pour son nouveau locataire, de faire ce qui est nécessaire pour prévenir toute confusion, notamment en inscrivant sur l'enseigne le nom du nouvel occupant (Paris, 2 juill. 1870, aff. Sibon et Crozat, Pataille.72.53).

662. Journaux; copie de renseignements. — Il a été jugé — mais on ne peut voir là qu'une décision d'espèce — que, lorsqu'un journal a organisé un service spécial pour publier, avant qu'ils soient affichés et rendus publics, certains renseignements (dans l'espèce, les heures et détails des cérémonies de l'adoration perpétuelle dans les diverses églises), il y a concurrence déloyale, de la part du journal rival qui, sans attendre la publication officielle, copie, dans la forme même où ils sont publiés, les renseignements donnés par le premier journal (Trib. comm. Seine, 30 nov. 1865, aff. Desoye, Teulet.15.313).

663. Instituteurs; vente de livres. — Avant la loi du 10 septembre 1870, qui a proclamé la liberté de la profession de libraire, la question s'est élevée de savoir si la vente par un instituteur à ses élèves des livres de classe, dont ils ont besoin, constituait une concurrence illicite aux libraires de la ville où est ouverte l'institution. On sait, en effet, qu'à cette époque, pour être libraire, il fallait avoir un brevet, et, dès lors, on comprend que, si l'instituteur n'avait pu vendre directement à ses élèves les livres dont ils avaient besoin, ceux-ci seraient allés les acheter aux libraires de la ville, qui eussent ainsi trouvé dans cette vente un certain bénéfice.

Il a été jugé toutefois — et nous ne pouvons qu'approuver cette décision — que les instituteurs laïques ou les congrégations enseignantes, qui vendent des livres de classe à leurs élèves, ne peuvent être considérés comme faisant une concurrence illicite aux libraires de la ville dans laquelle ils enseignent, une telle vente n'étant que l'accessoire obligé et naturel de la fonction d'instituteur (Bourges, 28 déc. 1862 et Rej. 21 mars 1864, aff. Laurent, Pataille.64.360).

664. La tromperie sur la nature de la marchandise vendue peut constituer une concurrence déloyale. — Il y a des commerçants peu scrupuleux qui n'hésitent pas à vendre des produits de qualité inférieure, parfois de mauvaise qualité, en les présentant au public comme des marchandises de première qualité. Les commerçants honnêtes, qui tiennent à ne rien livrer à la consommation que de conforme à ce qu'ils annoncent et promettent, peuvent-ils diriger une action en dommages-intérêts contre ceux de leurs concurrents qui, agissant différemment, trompent l'acheteur et ne lui livrent pas ce qu'ils annoncent? Nous pensons que cette action serait recevable et fondée. Ainsi, un fabricant vendra du savon dans lequel il aura trouvé moyen d'introduire du son, de manière à lui donner certaines qualités spéciales; un négociant se sera procuré et vendra du guano du Pérou, d'origine authentique; il nous paraît que ce fabricant, que ce négociant, pourront justement actionner ceux de leurs concurrents qui vendront, comme savons au son, des savons qui n'en contiendront pas, ou comme guano du Pérou, des guanos d'autres provenances ou des guanos artificiels. Ce genre de tromperie cause, en effet, un préjudice certain au fabricant, au négociant honnête; elle tend à établir une confusion entre leurs produits et des produits différents, présentés comme identiques. C'est cette confusion qu'ils ont le droit d'empêcher. La concurrence est déloyale toutes les fois qu'elle se présente avec un autre visage que celui qui lui appartient et que, en se dissimulant ainsi, elle cause préjudice à celui dont elle emprunte le visage.

Jugé qu'il y a concurrence déloyale, à l'égard des fabricants de sardines, dans le fait par un concurrent de vendre, sous le nom de *sardines à l'huile*, un poisson différent, tel que le *sprat*, lequel, classé scientifiquement à part, n'a, ni les mêmes caractères, ni la même forme, ni le même goût (Trib. comm. Nantes, 6 mars 1880, aff. Pellier frères, *Jurisp. comm. Nantes*, 80.1.373).

664 *bis*. Mention fausse d'une approbation de savant ou de Société savante. — Il a été jugé — et ces décisions sont irréprochables — : 1° que le fait, par un industriel, de mettre son produit sous le patronage d'un savant, sans l'autorisation de ce dernier, et, contrairement à la vérité, de le présenter au public comme ayant été l'objet des travaux et des observations dudit savant, est de nature à nuire à sa réputation et à ses intérêts en l'associant à une véritable réclame, et, par suite, donne ouverture à une action en dommages-intérêts (Trib. civ. Seine, 22 juillet 1876, aff. Lissonde (1), Pataille.79.75); 2° que même il y a délit de

(1) V. aussi Trib. comm. Seine, 4 mars 1880, aff. Gardy, Pataille.80.223.

fausse nouvelle, prévu et puni par l'art. 15 du décret du 17 février 1852 (1), dans le fait, par un industriel, dans l'intérêt de son commerce, de se parer, dans ses prospectus, annonces et circulaires, d'une approbation, prétendument donnée par une Société savante, telle que l'Académie de médecine, approbation qu'il n'a pas réellement obtenue (Trib. corr. Dijon, 1er juin 1877, aff. Robert, Pataille.77.151).

665. *Quid* **du fait de supprimer l'annonce d'un concurrent ?** — Il a été jugé que le fait, en vendant au public un ouvrage tel qu'un annuaire ou un agenda, d'y supprimer certaines annonces ou réclames faites par un négociant, dans le but de lui nuire, constitue un acte de concurrence déloyale, engageant la responsabilité de son auteur (Trib. comm. Seine, 9 juin 1876, aff. Ramé, Pataille.77.47).

CHAPITRE IX.

POURSUITE.

SECT. Ire. — Compétence.
SECT. II. — Procédure.
SECT. III. — Droits de l'étranger.

SECTION Ire.

Compétence.

SOMMAIRE.

666. Compétence. — 667. *Jurisprudence.* — 668. *Quid* si l'un des défendeurs n'est pas commerçant ? — 669. *Quid* en cas de diffamation ? — 670. *Quid* s'il y a eu saisie ? — 671. *Quid* en cas d'imitation de marque ? — 672. *Jurisprudence.*

666. Compétence. — On verra que la jurisprudence est aujourd'hui fixée en ce sens, que l'action en concurrence

---

(1) Cette décision ne se justifierait plus sous l'empire de la loi du 29 juillet 1881, qui ne punit la fausse nouvelle que *lorsque la publication ou la reproduction aura troublé la paix publique.*

déloyale est de la compétence du tribunal de commerce. Cette jurisprudence s'appuie sur les termes généraux de l'art. 631 du Code de commerce, et particulièrement sur le mot « engagement » qui s'y trouve, et qui, d'après les arrêts, comprend aussi bien les engagements qui dérivent d'un délit civil ou d'un quasi-délit que ceux qui résultent d'une convention (1).

M. Pataille approuve cette jurisprudence. Selon lui, « l'action en dommages-intérêts, introduite par un commerçant « contre un autre commerçant, est commerciale, alors même « qu'elle est basée sur un quasi-délit, toutes les fois que le « fait qualifié de dommageable s'est produit à l'occasion de « l'exercice du commerce des parties, et, spécialement, lors- « qu'il s'agit d'un fait de concurrence déloyale, tel que l'usur- « pation d'un nom, d'une enseigne ou d'une désignation « de produits (2). »

M. Mayer dit, de son côté, dans le même sens — et son observation est judicieuse — que « la loi statue non pas seu- « lement sur les contrats commerciaux, sur les actes *de* com- « merce, mais sur tous les actes *du* commerce. Ce qu'elle a « voulu, et raisonnablement, c'est que les juges consulaires « fussent saisis de toutes contestations entre négociants, re- « latives à leur commerce (3). »

M. Blanc est d'un avis contraire ; il pense que les actions, fondées sur une usurpation d'enseigne ou sur une concurrence déloyale, sont de la compétence des tribunaux civils. Selon lui, les principes généraux, ainsi que l'art. 632 du Code de commerce, dont l'énumération certainement limitative ne comprend pas la concurrence déloyale, conduisent à cette solution (4).

667. Jurisprudence (5). — Il a été jugé à cet égard :

---

(1) Comp. *infrà*, nos 737 et suiv.

(2) V. Observ., Pataille.55.44. — Comp. un article de M. Bozérian dans la *Prop. ind.*, n° 440.

(3) Mayer, n° 38.

(4) V. Blanc, p. 743.

(5) V. Paris, 22 mars 1855, aff. Warton, Blanc, p. 743; Cass., 24 déc. 1855, aff. Bricard, Pataille.56.18 ; Paris, 12 août 1858, aff. Laisné, Teulet.8.36 ; Paris, 19 fév. 1859, aff. Danguis, Pataille.59.125 ;

1° que l'art. 631 du Code de commerce, en déférant à la juridiction consulaire toutes contestations relatives aux engagements entre négociants, marchands et banquiers, ne distingue pas de l'obligation conventionnelle celle qui se forme sans convention; il les comprend donc toutes les deux dans la généralité de sa disposition; il ne suffit pas, sans doute, dans les contestations qui s'élèvent entre négociants, de la seule qualité de commerçant dont sont revêtues les parties pour fonder la compétence des tribunaux de commerce, puisque les commerçants sont régis par le droit commun pour les actes purement civils; il faut encore que l'obligation ait ou soit présumée avoir un caractère commercial; mais elle prend nécessairement ce caractère, soit qu'elle naisse d'un contrat, d'un quasi-contrat ou d'un quasi-délit, lorsqu'elle se rattache directement à l'exercice du négoce ou de l'industrie; il suit de là que tous les engagements, auxquels donnent naissance les actes de concurrence déloyale, sont de la compétence du tribunal de commerce, quelle que soit la forme sous laquelle ils se produisent (Paris, 9 juill. 1867, aff. Hiraux, Pataille.67.271); 2° que, du reste, le tribunal de commerce du lieu où se sont produits les faits de concurrence déloyale est compétent pour juger l'action en réparation du préjudice causé par ces faits (Trib. comm. Seine, 21 juin 1878, aff. Christophe, Pataille.78.135).

668. ***Quid*** **si l'un des défendeurs n'est pas com-**

Trib. comm. Seine, 18 avril 1859, aff. Lemonnier-Jully, Pataille.59 252; Aix, 3 juin 1863, aff. Blanc; Trib. comm. Seine, 29 avril 1864, aff. Prudon, Pataille.64.239; Limoges, 30 juill. 1864, aff. Marandon, Pataille.65.56; Trib. comm. Seine, 7 mars 1865, aff. Boulogne, Teulet.15.23; Nîmes, 8 mai 1865, aff. Debreil, Le Hir.65.2.466; Paris, 21 juill. 1865, aff. Augér, Teulet.15.272; Paris, 24 janv. 1866, aff. Morel, Pataille.66.434; Douai, 11 juin 1868, aff. Lebeau et Cᵉ, Pataille.70.63; Paris, 8 nov. 1869, aff. Lévy, Pataille.69.375; Paris, 12 mai 1870, aff. Masson, Teulet.20.113; Rej., 3 janv. 1872, aff. Dufour, Pataille.72.259; Trib. comm. Seine, 15 fév. 1872, aff. Chauchard et Hériot, Pataille.73.387; Lyon, 9 mai 1873, aff. Graissot, Pataille.75.325; Trib. comm. Seine, 23 sept. 1875, aff. Delettrez, Pataille.76.237; Trib. comm. Seine, 7 juin 1878, aff. Meyer, Pataille.78.162; Lyon, 18 mars 1882, aff. Geay, *la Loi*, octobre 82. — V. *Contrà*, Paris, 10 fév. 1845, aff. Cassan, *J. Pal.*45.1.575.

merçant ? — Il a été jugé à cet égard, — et c'est l'application d'une règle certaine, — que, si c'est à la juridiction commerciale qu'il appartient de statuer sur des faits de concurrence déloyale, reprochés par un commerçant à un autre commerçant, c'est toutefois à bon droit que l'action est portée devant la juridiction civile, lorsqu'elle est dirigée tout à la fois contre un commerçant et un non-commerçant ; il importe peu que ce dernier soit lui-même le commis de l'une des parties (Douai, 11 juin 1868, aff. Lebeau et Cie, Pataille. 70.63).

669. *Quid* **en cas de diffamation ?** — Jugé, — et cela paraît juste, puisqu'il s'agit de l'action civile naissant d'un véritable délit, nous voulons dire d'un délit correctionnel, — que le tribunal civil est compétent pour statuer sur la demande en dommages-intérêts pour concurrence déloyale au moyen d'imputations diffamatoires (Paris, 25 juill. 1867, aff. Duclos, Teulet.17.379).

670. *Quid* **s'il y a eu saisie ?** — Supposez que le demandeur, ayant à se plaindre, entre autres faits de concurrence déloyale, d'une imitation de marque, ait fait pratiquer une saisie, dans les termes de la loi de 1857, et ait ensuite porté son action devant le tribunal de commerce, le défendeur pourra-t-il, si l'action est déclarée mal fondée, demander des dommages-intérêts à raison de la saisie dont il a été l'objet, et, en même temps, la mainlevée de cette saisie ? Il ne le pourra pas, devant le tribunal de commerce, qui ne saurait être compétent, — cela est de toute évidence, — pour apprécier une saisie autorisée par le président du tribunal civil.

Jugé, en ce sens, que le tribunal de commerce, saisi d'une action en dommages-intérêts pour concurrence déloyale, est incompétent pour statuer sur une demande reconventionnelle du défendeur, alors que cette demande est fondée sur le préjudice causé par des saisies autorisées par le président du tribunal civil, à raison d'une prétendue contrefaçon de marques (Aix, 19 août 1867, aff. Abadie (1), Pataille.70.352).

671. *Quid* **en cas d'imitation de marque ?** — Nous

(1) V. toutefois Nancy, 7 juill. 18?3, aff. Verly, *J.Pal.*55.2.196.

avons vu que les actions relatives aux marques étaient attribuées par la loi de 1857 à la juridiction civile, par opposition au projet du Gouvernement, qui les déférait au tribunal de commerce. S'ensuit-il que, toutes les fois qu'une action aura directement ou indirectement trait à l'imitation d'une marque, elle devra être portée et ne pourra l'être que devant le tribunal civil, à l'exclusion du tribunal de commerce? Nous ne le pensons pas. Si l'imitation de la marque n'est que l'un des éléments d'une concurrence déloyale, le tribunal de commerce sera compétent. Ce qu'il apprécie alors, ce n'est pas la question de la marque prise isolément, c'est la concurrence déloyale dans son ensemble et avec tous les éléments qui la constituent.

672. **Jurisprudence** (1). — Il a été jugé en ce sens : 1° que le tribunal de commerce n'en est pas moins compétent, encore que le principal élément de la concurrence déloyale serait une imitation de marque de fabrique (Paris, 8 fév. 1861, aff. Laurent, Teulet.10.317); 2° que le tribunal de commerce est compétent pour juger d'une action en concurrence déloyale, encore que parmi les faits de concurrence déloyale se trouverait l'emploi d'une marque de fabrique; si le tribunal civil est seul compétent pour juger des actions relatives à la propriété des marques de fabrique, c'est lorsqu'il s'agit d'une action directe en revendication de cette marque, et non lorsque l'emploi de cette marque n'est invoqué que comme élément d'une concurrence déloyale (Paris, 19 fév. 1859, aff. Groult, Le Hir.65.276); 3° que la juridiction commerciale est compétente pour connaître d'une action en concurrence déloyale dirigée par un fabricant contre d'autres fabricants, encore bien que le fait principal de concurrence relevé par le demandeur consiste dans l'usurpation de désignations, formes et couleurs constituant une marque de fabrique légalement déposée (Paris, 5 janv. 1865, aff. Dolfus-Mieg (2), Pataille.65.109); 4° que la contestation qui a pour objet, non

(1) Lyon, 9 mai 1873, aff. Graissot, Pataille.75.325.

(2) V. dans le même sens Orléans, 20 janv. 1864, aff. Archambault Pataille.65.256.

une question de marque de fabrique prise isolément, mais l'imitation d'étiquettes commerciales, de paquetage et de désignation de produits, circonstances dont la réunion constitue des manœuvres de concurrence déloyale, est de la compétence des tribunaux de commerce (Trib. comm. Seine, 22 mars 1865, aff. Meyer, Le Hir.65.2.290); 5° que le tribunal de commerce est compétent pour juger une action dont l'objet est non de revendiquer, comme propriété exclusive, une marque déterminée, mais de faire décider que, dans les circonstances du procès, l'usage de cette marque constitue une concurrence déloyale; une action de cette nature n'est pas de celles attribuées exclusivement aux tribunaux civils par la loi de 1857; mais elle reste, au contraire, soumise aux règles ordinaires de compétence, et, dirigée par un commerçant contre un autre commerçant pour faits de son commerce, elle peut être déférée compétemment au tribunal de commerce (Bordeaux, 5 déc. 1865, aff. Achard et Grellety, Le Hir.66. 2.206).

SECTION II.

Procédure.

SOMMAIRE.

673. Procédure. — L'action en concurrence déloyale est une action de droit commun; elle est donc simplement soumise aux règles ordinaires du Code de procédure; aucune disposition spéciale n'oblige à l'introduire dans un délai déterminé, comme il est exigé, par exemple, pour les actions en contrefaçon de brevets ou de marques.

Jugé que la demande en dommages-intérêts, à raison d'une concurrence déloyale, n'est assujettie à aucune forme, et qu'elle est justifiée, dès qu'il est établi qu'un commerçant a, par la couleur, la forme et les dispositions de ses enveloppes, cherché à établir une confusion entre ses produits et ceux d'un concurrent (Lyon, 15 janv. 1851, aff. Lecoq, Dall.54. 2.137).

674. Preuve de la concurrence déloyale. — Celui qui se plaint d'une concurrence déloyale doit la prouver; la preuve est en général bien facile : il suffit de produire soit les marchandises mêmes, dont l'aspect fait confusion, soit les prospectus, circulaires ou factures du concurrent déloyal. En d'autres cas, un procès-verbal de constat sera fort utile. Mais on se tromperait étrangement si, appliquant à la concurrence déloyale une procédure faite pour un cas tout différent, on sollicitait du président du tribunal civil une ordonnance sur requête autorisant la saisie, comme cela se pratique en matière de contrefaçon.

Jugé à cet égard que celui qui se plaint d'une concurrence déloyale n'a pas le droit, pour se procurer des preuves, de procéder par voie de perquisition et de saisie sur les marchandises de son adversaire; cette mesure illégale et patente est de nature à porter le trouble dans les affaires commerciales du concurrent, et, en cas de préjudice, nécessite une réparation, alors même que la concurrence déloyale serait établie; il appartient toutefois au juge de décider que les dommages-intérêts dus pour cet acte regrettable se compensent avec ceux qui sont dus pour la concurrence déloyale (Nancy, 7 juill. 1855, aff. Verly, *J. Pal.*56.2.196).

675. Il faut que la confusion soit possible. — La concurrence déloyale n'existe qu'à la condition que la confusion soit possible; sans cette confusion, en effet, pas de préjudice même éventuel, partant pas de motif de plainte. Pour apprécier une demande en dommages-intérêts, fondée sur de prétendus faits de concurrence déloyale, la première question que le juge ait à se poser est donc celle de savoir non seulement s'il y a, entre les marchandises ou les établissements, des points de ressemblance plus ou moins nombreux, mais encore si cette ressemblance entraîne ou exclut la confusion.

676. **Jurisprudence** (1). — Il a été jugé à cet égard : 1° que le fermier des annonces d'un journal ne saurait se plaindre d'une concurrence déloyale, parce qu'un autre entrepreneur d'annonces imaginerait de publier les siennes sur des couvertures en carton destinées, dans les cafés, à contenir les journaux, et portant, par suite, imprimé dessus, le nom de chaque journal; un tel mode de publicité ne peut faire naître aucune confusion avec le mode de publicité du journal lui-même, ni dans l'esprit de ceux qui usent de la voie des annonces, ni même dans l'esprit de ceux qui lisent ces annonces dans les cafés ou autres lieux publics (Paris, 1er juill. 1858, aff. Estibal, Pataille.58.334); 2° que la concurrence déloyale n'existe qu'autant qu'il y a confusion possible; un éditeur ne peut donc être taxé de concurrence déloyale pour le seul fait qu'il publie une collection d'ouvrages se rapprochant, par le choix des auteurs et le format, d'une collection déjà en cours de publication, alors du moins que, par le choix des caractères typographiques, la couleur de la reliure et le titre de la collection (*Bibliothèque gauloise*, au lieu de *Bibliothèque elzevirienne*), il a rendu impossible la confusion entre les deux ouvrages (Trib. comm. Seine, 19 mai 1858, aff. Jannet, Pataille.58.302); 3° que la similitude de dénomination ne saurait donner ouverture à une action en dommages-intérêts, au profit de l'établissement qui en a le premier fait usage, qu'autant que le second établissement exerce un commerce similaire : spécialement, une Compagnie d'assurances, nommée *la Centrale*, ne peut empêcher une autre Compagnie d'assurances de prendre le même nom, lorsque la première est une Compagnie d'assurances maritimes et que la seconde est une Compagnie d'assurances contre l'incendie ; il ne peut y avoir, en ce cas, de confusion entre les deux établissements, qui ne couvrent ni les mêmes risques, ni les mêmes objets

(1) V. Trib. comm. Seine, 26 sept. 1854, aff. Vinit, *le Droit*, 28 septembre.

(Trib. comm. Seine, 23 mars 1864, aff. *la Centrale* (1), Pataille.64.141).

677. *Quid* **si la concurrence est peu dommageable ? —** Il importe peu que la concurrence déloyale soit en elle-même peu dommageable, à raison, par exemple, du peu d'importance du commerce de celui qui en est l'auteur ; il suffit que certains objets de qualité inférieure soient livrés au public, sans que leur origine soit suffisamment désignée, pour que cette concurrence déloyale soit réprimée. Le plus ou moins d'importance du dommage ne peut qu'être pris en considération par le juge dans l'évaluation des dommages-intérêts (2).

Ajoutons même, avec un arrêt, que, si le produit vendu par la concurrence déloyale est défectueux, ce fait entraîne une dépréciation sensible des produits véritables, et est, à juste titre, invoqué pour faire élever le chiffre des dommages-intérêts (3).

Jugé cependant qu'un fait illicite, et, par exemple, une usurpation de nom, ne donne lieu à des dommages-intérêts qu'autant qu'il a été la cause d'un préjudice ; ainsi, l'acquéreur d'un fonds de commerce, condamné à faire disparaître de ses enseignes, factures et étiquettes les énonciations de nature à faire confusion entre sa personne et celle du cédant, peut être déclaré non passible de dommages-intérêts, s'il est constaté que l'emploi, même illicite, de ces énonciations, n'a point été préjudiciable (Paris, 7 mai 1864, aff. Dorvault (4), Dall.66.1.342).

---

(1) M. Pataille fait suivre cette décision de la réflexion suivante : « Nous sommes peu touché de cette circonstance, dans l'espèce, que, « les risques assurés n'étant pas les mêmes, les deux Compagnies ne se « font pas concurrence. Outre que l'opposition d'intérêt pourra naître « un jour, n'est-il pas important pour toute Compagnie commerciale de « ne pouvoir pas être confondue avec une autre ? Est-ce que le crédit « d'un établissement commercial n'exige pas que le public ne puisse pas « lui imputer des actes de gestion ou des pertes qui ne lui appartien- « draient pas ? Et, d'un autre côté, est-il juste qu'un établissement nou- « veau profite, même pour des opérations différentes, du crédit qu'a su « acquérir le premier ? »

(2) V. Trib. civ. Seine, 9 juill. 1863, aff. Bonnet-Fichet, Pataille.64.322.

(3) V. Bruxelles, 22 déc. 1859, aff. Labélonye, Pataille.60.92.

(4) V. aussi Rej. 10 avril 1866, même aff., *eod. loc.*

678. Absence d'intention frauduleuse. — L'absence de fraude laisse subsister le préjudice; il suit de là que les tribunaux, lors même qu'ils reconnaissent qu'il n'y a pas eu d'intention frauduleuse, doivent, s'il y a confusion possible, prescrire les mesures propres à la prévenir, et, s'il y a en même temps préjudice, prononcer une condamnation à de justes dommages-intérêts. La concurrence, en ce cas, n'est pas déloyale, mais elle est illicite; elle constitue, non un délit civil, mais un quasi-délit, et cela suffit pour engager la responsabilité de celui qui en est l'auteur.

M. Pataille dit dans le même sens: « Sans doute, il n'y a « plus concurrence déloyale dès l'instant qu'il y a bonne foi, « et nous admettons très bien que cette bonne foi devra pro- « fiter aux défendeurs dans l'appréciation des dommages- « intérêts; mais la bonne foi laisse subsister le fait *indû et* « *dommageable* qui donne ouverture à l'action ressortissant « de l'art. 1382 du Code civil. Il suffit, pour qu'il y ait lieu à « l'application de cet article, qu'il y ait faute, c'est-à-dire ac- « complissement d'un fait que l'on n'est pas en droit de com- « mettre. Il n'y a, selon nous, que deux moyens de repous- « ser complètement une pareille action: c'est d'articuler et de « prouver, soit qu'on n'est pas l'auteur du fait reproché, soit « qu'il était licite: *Non feci*, ou bien: *Feci, sed jure feci.* « Hors de là, il n'y aura plus que des considérations qui « pourront atténuer la responsabilité, mais qui ne sauraient « détruire l'action. Nous n'admettons pas, en effet, qu'alors « que, au criminel même, on autorise le juge à modifier la « qualification d'un délit, le juge civil soit tellement lié par la « qualification de concurrence déloyale donnée aux faits mo- « tivant l'action, qu'il doive nécessairement l'admettre ou la « rejeter suivant qu'il y a ou qu'il n'y a pas mauvaise foi. « Non! il reste encore à apprécier si, la bonne foi étant ad- « mise, le fait n'est pas illicite et dommageable (1). »

M. Mayer dit, à son tour, avec une remarquable précision: « N'y eût-il pas intention de nuire, la responsabilité du dom- « mage causé, l'obligation de le réparer et de le faire cesser,

(1) Pataille.70.159.

« n'incomberaient pas moins au concurrent simplement imprudent ou négligent (art. 1383, Code civ.), dès qu'il a, « même sans le savoir, excédé ses droits et porté atteinte à « ceux d'autrui (1). »

679. Jurisprudence. — Il a été jugé en ce sens : 1° que, même en l'absence de toute intention déloyale, il y a lieu d'ordonner le changement d'une dénomination qui est de nature à produire une confusion entre deux établissements (Paris, 17 nov. 1852, aff. Danjou (2), Teulet.2.52.) ; 2° qu'il y a lieu à suppression d'une dénomination qui fait confusion avec celle adoptée antérieurement par un concurrent, encore que cette confusion ne fût pas intentionnelle (Paris, 28 janv. 1853, aff. Deville, Teulet.2.147) ; 3° qu'il importe peu que la similitude d'une étiquette ne soit pas due à une intention de concurrence déloyale ; dès qu'il y a confusion possible entre deux établissements, il appartient aux tribunaux d'ordonner les mesures nécessaires pour la faire cesser ; et, dans ce cas, celui qui est l'auteur de cette confusion dommageable, et qui est condamné à la faire cesser, doit être, en même temps, condamné au moins aux dépens, à titre de dommages-intérêts (Paris, 28 avril 1858, aff. Dorvault, Pataille.58.298) ; 4° que le fait que la confusion ne serait pas intentionnelle n'empêche pas qu'il y ait concurrence illicite, et le seul fait du préjudice causé engage la responsabilité (Trib. comm. Nice, 3 mars 1880, aff. *le Figaro*, Pataille.80.174) ; 5° mais qu'il n'y a pas lieu à dommages-intérêts, encore que le fait de concurrence déloyale soit établi, s'il n'y a pas eu préjudice causé (Paris, 4 avril 1868, aff. Mathieu, Teulet.18.162) ; — 6° jugé, toutefois (et cette décision n'a trait qu'à l'ordre des juridictions), que, lorsqu'une demande en dommages-intérêts est uniquement fondée sur une prétendue concurrence déloyale, les juges

(1) Mayer, n° 36.

(2) V. encore Paris, 5 fév. 1869, aff. Ollivier, Teulet.8.352 ; Trib. civ. Seine, 31 mars 1869, aff. Halbronn, Pataille.69.142 ; Trib. comm. Seine, 7 juill. 1862, aff. Dumont, Le Hir.62.2.422 ; Aix, 12 mars 1870, aff. Turbin, Pataille.73.205 ; Paris, 15 fév. 1872, aff. Chauchard et Hériot, Pataille.73.387. — Comp. toutefois Trib. comm. Seine, 18 déc. 1873, aff. Crépin, Pataille.74.387.

d'appel ne sont pas tenus de statuer sur la question de savoir si, en dehors d'une déloyauté dans la concurrence, il n'y a pas eu une faute simple ayant causé un préjudice dont la réparation est due (Rej. 9 mars 1870, aff. Fayard (1), Pataille.70.154).

680. Dommages-intérêts pour l'avenir. — Nous avons eu déjà l'occasion de dire que les tribunaux ne pouvaient prononcer de dommages-intérêts que pour les faits passés. Comment, en effet, fixeraient-ils, à l'avance, des dommages-intérêts, pour des faits à venir, puisque ces dommages-intérêts doivent être calculés d'après le préjudice, et que le préjudice est hypothétique?

681. Jurisprudence. — Il a été jugé en ce sens : 1° que le jugement qui, en prononçant des dommages-intérêts contre une partie, pour violation de contrat, fixe la somme à payer à chaque nouvelle infraction qui surviendrait au contrat, est nul, quant à ce dernier chef, comme s'appliquant à une infraction non encore existante (Paris, 4 déc. 1841, Dall.42.2.61); 2° que les tribunaux ne peuvent prononcer d'inhibitions et défenses pour l'avenir avec sanctions pénales déterminées ; ils ne peuvent, notamment, faire défense à une partie de s'immiscer dans une certaine fonction, sous peine d'une somme déterminée pour chaque infraction ; leur compétence se borne à réprimer les infractions déjà accomplies (Aix, 25 fév. 1847, Dall.47.2.85); 3° qu'un tribunal ne saurait, à l'avance, fixer un chiffre de dommages-intérêts pour chaque infraction à venir ; cette fixation, faite arbitrairement et sans tenir compte des circonstances qui pourraient en aggraver ou en atténuer l'importance, ne saurait être maintenue (Paris, 14 janv. 1862, aff. Crouvezier, Pataille.62.203).

681 *bis*. Jurisprudence contraire (2). — Jugé dans un sens opposé : 1° qu'un arrêt qui contient une défense pour l'avenir peut, sans violer aucune loi, et comme sanction de cette défense, dire qu'à chaque contravention constatée il sera

---

(1) V. *Observ. crit.* de Pataille, *eod. loc.*

(2) V. aussi Paris, 4 mars 1866, aff. Roux, Teulet.16.237 ; Trib. comm. Seine, 1er mars 1867, aff. Bouttevilain, Teulet.16.337.

dû une somme déterminée de dommages-intérêts ; une telle disposition ne rentre aucunement dans les dispositions générales et réglementaires interdites aux juges par l'art. 5 du Code civil (Cass., 6 juin 1859, aff. Nadar, Pataille.59.214) ; 2° qu'un arrêt ne dispose pas par voie de règlement, lorsqu'il fait défense à un individu d'exercer à l'avenir un commerce qui lui est interdit, cette défense étant toujours implicitement comprise dans la décision qui ordonne la suppression d'un commerce (Rej., 5 juill. 1865, aff. Lamarche, Teulet.14.497) ; 3° qu'en tout cas, si celui qui a obtenu des dommages-intérêts pour chaque contravention laisse pendant plusieurs années s'accumuler les contraventions sans se plaindre, il se rend coupable de négligence, et cette circonstance autorise les tribunaux à réduire les dommages-intérêts dus pour les contraventions acquises; toutefois, le seul fait de n'avoir pas réclamé pendant un temps plus ou moins long l'exécution de la décision, ne saurait équivaloir à l'abandon de son droit (Paris, 26 mai 1852, aff. Thubet, Teulet. 1.242).

682. Dommages-intérêts pour le préjudice passé et à venir. — Nous avons vu qu'en principe, les tribunaux, devant proportionner les dommages-intérêts au préjudice réellement éprouvé, n'ont pas à statuer sur les faits à venir, ni à accorder, en prévision de ces faits, qui peut-être ne se produiront pas, une somme quelconque de dommages-intérêts. Admettons pourtant qu'un arrêt porte cette disposition et ait dit explicitement que les dommages-intérêts étaient accordés en réparation du préjudice passé et à venir ; quel en sera l'effet ? L'individu condamné pourra-t-il arguer de cette formule pour soutenir que, le préjudice à venir ayant été, dès à présent, évalué et réparé, il a le droit désormais de continuer sa concurrence déloyale, et qu'en payant le montant des dommages-intérêts auquel il a été condamné, il a acquis une entière liberté d'action ? On l'a prétendu ; mais les tribunaux ont fait justice de cette singulière prétention.

Il a été jugé que l'individu condamné à des dommages-intérêts, pour faits et concurrence déloyale, ne saurait puiser le droit de continuer sa concurrence dans le fait que le jugement aurait accordé les dommages-intérêts pour le préjudice passé et à venir (Paris, 12 août 1857, aff. Sorelly (1), Teulet. 6.220).

683. Publicité. — Les tribunaux peuvent, en cette matière comme en toute autre, ordonner l'affiche et l'insertion de leur jugement. Il est même juste de dire que la publicité infligée à des actes de la nature de la concurrence déloyale est le mode de réparation le plus efficace du dommage engendré par ces actes (2).

Il a été jugé, à cet égard, que la partie qui a obtenu d'un tribunal un jugement de condamnation contre son adversaire, pour cause de concurrence déloyale, peut, sans se rendre passible de dommages-intérêts, faire, à ses frais, imprimer et distribuer le jugement (Trib. civ. Marseille, 20 mars 1863, *le Droit comm.* (3), 1863.674).

684. Confiscation. — Il a été jugé que les tribunaux de commerce ont le droit, comme les tribunaux civils, d'ordonner les mesures propres à empêcher la continuation et le renouvellement de la fraude, et notamment la confiscation, au profit du demandeur, des étiquettes contrefaites, ainsi que des bouteilles de vin revêtues de ces étiquettes (Paris, 2 mars 1854, aff. Heidsieck, Le Hir.54.2.585).

685. Changements; appréciation souveraine. — Il appartient aux tribunaux, — et en ceci leur appréciation est souveraine, — d'apprécier quelles sont les modifications de nature à empêcher la confusion et de les imposer aux parties (4). Notons, toutefois, que le fait qu'un jugement ait décidé que telle modification sera désormais suffisante pour empêcher toute concurrence préjudiciable, ne ferait pas obstacle, alors même que la modification aurait été effectuée, à ce que le tribunal jugeât plus tard qu'en réalité elle est insuffisante à prévenir les erreurs, et ordonnât d'autres et plus complètes mesures. On ne saurait, en pareil cas, se prévaloir de la

---

(1) Comp..... 1864, aff. Mesnager-Aumont, Pataille.66.253.

(2) V. *suprà*, n° 300.

(3) V. aussi Trib. comm. Seine, 1er juill. 1859, aff. Lemercier, Pataille. 59.360.

(4) V. Paris, 9 déc. 1875, aff. Landon, Pataille.76.346; Lyon, 24 août 1876, *Rec. de la Cour de Lyon*, 77.125.

chose jugée ; il n'y a de jugé que le fait relatif à la concurrence déloyale. Quant à la mesure ordonnée en vue d'y mettre un terme, comment admettre qu'elle lie le tribunal à ce point que, s'il reconnaît plus tard qu'elle n'empêche pas ou peut-être même qu'elle favorise mieux encore cette confusion qu'il a voulu définitivement proscrire (1), il soit impuissant à faire cesser le mal et à supprimer l'abus ?

686. Confusion possible ; suppression. — L'emploi d'une dénomination, appartenant à autrui, ne peut, sans doute, donner droit à des dommages-intérêts qu'autant qu'il y a un dommage causé ; « mais, dit à ce propos M. Pataille, « nous nous demandons si la possibilité d'une confusion, entre « deux établissements de même nature, ne suffit pas pour mo« tiver la demande en suppression de cette désignation liti« gieuse (2). » Nous n'hésitons pas, pour notre part, à répondre affirmativement. Qu'importe qu'il n'y ait pas encore eu de préjudice éprouvé ou appréciable, si la cause du préjudice existe ! Qu'importe que nul n'ait été trompé jusque-là, si la confusion est possible ! Faut-il attendre que le mal ait produit tous ses effets pour le reconnaître et l'arrêter ? Nous ne saurions l'admettre. Aussi bien, la dénomination constitue, au profit du premier possesseur, une propriété véritable, et le seul fait par un tiers de l'avoir usurpée constitue une faute que la justice doit réprimer. Seulement, comme le remarque M. Gastambide, elle doit concilier à la fois deux intérêts : celui du domaine public, qui veut qu'une marchandise soit librement vendue sous son véritable nom, et celui du fabricant, auquel on ne peut prendre impunément une désignation qui lui est devenue personnelle et, avec cette désignation, la clientèle, qui s'adresse, non pas à la marchandise, mais à lui-même (3).

687. Exécution incomplète des changements ordonnés. — L'exécution incomplète ou tardive des mesures, prescrites par la justice pour empêcher une concurrence dé-

---

(1) V. Pataille.74.186, note 3. — V. aussi *suprà*, n° 502, et *infrà*, n°s 691 et 741.

(2) Pataille.64.141, *la note.*

(3) V. Gastambide, n° 482.

loyale, donne ouverture à une nouvelle action en dommages-intérêts. Il est à peine besoin de le dire (1).

688. Fermeture de l'établissement qui fait concurrence.—Il a été jugé,—et cela ne fait pas de doute — : 1° que les tribunaux peuvent ordonner la fermeture d'un établissement ouvert par un commerçant dans l'unique but de faire concurrence déloyale à son successeur, envers lequel le lie une clause d'interdiction de rétablissement (Paris, 19 mai 1852, aff. Ménand (2), Teulet.1.237) ; 2° qu'en cas de concurrence déloyale constatée, les tribunaux peuvent ordonner la fermeture de l'établissement (Paris, 19 fév. 1859, aff. Danguis (3), Pataille.59.125).

689. Concurrence déloyale; complice. — Le complice d'une concurrence déloyale peut être poursuivi en même temps et au même titre que l'auteur même de cette concurrence; c'est, du reste, un principe qui ne souffre aucune contradiction et qu'il suffit d'énoncer. Ainsi, l'imprimeur qui imprime des étiquettes, combinées de façon à produire une confusion préjudiciable à un négociant, est responsable de son action dès qu'il est constant qu'il a agi sciemment (4). La complicité n'existe, en effet, que si les agissements reprochés ont eu lieu en connaissance de cause. Une conséquence immédiate de la complicité, c'est, d'une part, qu'elle permet de prononcer une condamnation solidaire contre l'auteur de la fraude et son complice, et, d'autre part, qu'elle rend celui-ci inhabile à exercer un recours en garantie contre le premier (5), à raison des actes auxquels ils ont ensemble coopéré.

---

(1) V. Trib. comm. Seine, 3 sept. 1857, aff. Pinaud, Pataille.58.86.

(2) V. encore Rej., 22 fév. 1862, aff. Caumont, Teulet.423. — V. aussi *suprà*, n° 608.

(3) V. également Paris, 8 avril 1859, même affaire, Pataille.59.146 ; Paris, 17 mai 1859, aff. Patural, Pataille.59.188.

(4) V. Calmels, n° 191. — V. aussi Trib. corr. Seine, 29 janv. 1875, aff. Jonate, Pataille.75.92.

(5) V. Trib. comm. Seine, 30 oct. 1860, aff. Decourdemanche, Teulet. 10.95; Trib. comm. Seine, 28 déc. 1860, aff. Vallée. — V. toutefois Orléans, 7 déc. 1853, aff. Ménier, Teulet.3.89; Paris, 1er juin 1859, aff. Laurent et Florent, Teulet.8.443.

689 *bis*. **Jurisprudence** (1). — Il a été jugé : 1° que celui qui, comme détenteur, a favorisé la circulation d'un produit, vendu et débité en dehors d'une concurrence légitime, peut être personnellement condamné à des dommages-intérêts (Trib. comm. Seine, 13 août 1857, aff. Albespeyres, Pataille. 57.383); 2° que celui qui a sciemment aidé et assisté l'auteur de la concurrence déloyale, par exemple en formant avec lui une société commerciale fictive, et en lui servant ainsi de prête-nom, doit partager les mêmes condamnations (Paris, 19 fév. 1859, aff. Danguis, Pataille.59.125); 3° que l'imprimeur, qui a sciemment imprimé des étiquettes destinées à une concurrence déloyale, doit être condamné solidairement avec l'auteur de cette concurrence (Paris, 25 janv. 1866, aff. Fouillet (2), Teulet.15.508); 4° que le fabricant qui consent à fabriquer des boîtes de sardines avec des fers-blancs, sur lesquels est imprimée la mention d'une localité, dans laquelle celui à qui il livre les boîtes et qui doit les employer n'a aucun établissement, ne peut raisonnablement prétendre qu'il ignorait que lesdites boîtes étaient destinées à tromper le public sur le lieu de provenance (Trib. comm. Nantes, 13 mars 1880, aff. Ricquin (*Jurisp. comm. Nantes*, 80.1.293) ; 5° que le prête-nom, qui se fait le complice d'une concurrence déloyale, doit être condamné solidairement aux dommages-intérêts avec l'auteur de cette concurrence (Paris, 7 juill. 1866, aff. Trébucien, Teulet.16.253) ; 6° que le complice d'une concurrence déloyale doit être condamné, solidairement avec l'auteur de cette concurrence, à réparer le préjudice qu'il a causé : spécialement, il en est ainsi du rédacteur d'un journal industriel qui insère un article, rédigé sur les renseignements d'un fabricant, et dans lequel celui-ci dénigre les produits d'un concurrent au profit des siens (Trib. comm. Seine, 18 avril 1859, aff. Lemonnier-Jully, Pataille.59.252); 7° que le négociant

(1) V. aussi Paris, 2 mars 1854, aff. Heidsieck, Teulet.3.169; Orléans, 7 déc. 1853, aff. Ménier, Teulet.3.89; Rej. 29 juill. 1873, aff. Audibert, Dall.75.1.69.

(2) V. aussi Trib. comm. Nantes, 13 mars 1880, aff. Ricquin, *Jurisp. comm. Nantes*, 80.1.293.

qui s'associe à des actes de concurrence déloyale, par exemple en vendant directement les produits entachés de fraude, doit être tenu solidairement avec le fabricant, auteur premier de la concurrence déloyale, à en réparer les effets (Trib. comm. Seine, 19 juill. 1876, aff. Meyer et Cie, Pataille.76.353); 8° mais que le détaillant qui a fait les ventes, dans l'ignorance de la concurrence déloyale, dont le fabricant s'est rendu coupable, ne peut être tenu de dommages-intérêts (Lyon, 15 janv. 1851, aff. Lecoq (1), Dall.54.2.137);—9° jugé, d'ailleurs, que le débitant ne saurait invoquer sa bonne foi, lorsque les étiquettes des produits qu'il vend indiquent, contrairement à la vérité, et dans l'unique but de créer une concurrence déloyale, que le fabricant a son établissement dans la ville même où demeure le débitant (Paris, 2 mars 1854, aff. Heidsieck, Teulet. 3.169).

690. Diffamation; demande nouvelle. — Il a été jugé que la diffamation peut être l'une des formes nombreuses et variées par lesquelles s'exerce la concurrence déloyale : il s'ensuit que, lorsqu'une action en concurrence déloyale est introduite, l'articulation de nouveaux faits, pouvant avoir un caractère diffamatoire, ne constitue pas une demande nouvelle (Lyon, 20 juill. 1870, aff. Chanoine, *Gaz. Trib.*, 1er déc.).

690 *bis. Quid* **d'un délai pour écouler les produits?** — Il a été jugé, — et la règle posée par cet arrêt est d'une évidente sagesse, — que celui qui est condamné pour concurrence déloyale ne saurait obtenir de la justice un délai pour l'écoulement de ses produits, entachés de fraude (Paris, 18 juin 1863, aff. Carpentier, Teulet.13.68).

691. Chose jugée. — Les règles ordinaires sur la chose jugée s'appliquent à notre matière; nous n'avons rien de particulier à en dire. Notons seulement qu'en matière de concurrence déloyale il n'y a, à vrai dire, jamais rien de définitivement jugé. Les faits nouveaux de concurrence déloyale, encore qu'ils soient similaires, doivent être appréciés à nou-

---

(1) V. aussi Paris, 17 mai 1859, aff. Patural, Pataille.59.188; Paris, 17 nov. 1865, aff. Laverdet, Pataille.66.268.

veau ; il peut se faire, en effet, que tel fait, eu égard à certaines circonstances, ait pu être, dans un cas, taxé de concurrence déloyale, et ne doivent pas l'être dans un autre (1). Ainsi, un individu se pare d'une médaille qu'il n'a pas obtenue : c'est avec raison qu'on lui ordonne de la supprimer sur ses prospectus et annonces ; un peu plus tard, dans un concours, cette récompense lui est accordée : son droit est désormais de la mentionner, en dépit de la suppression naguère ordonnée.

691 bis. Jurisprudence (2). — Il a été jugé dans cet ordre d'idées : 1° que les jugements et arrêts, obtenus contre un négociant, ne peuvent être opposés à une société en nom collectif formée par ce négociant, sans fraude, postérieurement à ces décisions (Trib. comm. Seine, 16 nov. 1844, aff. Trelon, *Gaz. Trib.*, 21 nov.) ; 2° que la chose jugée avec le prédécesseur d'un négociant, sur une question de concurrence déloyale, n'est pas opposable à ce négociant, qui a le droit de discuter les mêmes questions à raison des faits à lui personnels (Paris, 21 avril 1874, aff. Ménier, *le Droit*, n° 104) ; 3° que la chose jugée à l'occasion de faits de concurrence déloyale déterminés ne peut être opposée à l'occasion de faits nouveaux et différents (Paris, 7 août 1861, aff. Schott (3), *Monit. Trib.*, 61.698) ; 4° que l'arrêt, qui statue sur une demande en concurrence déloyale et règle les droits des parties, ne met pas obstacle à ce qu'il soit répondu à toute demande qui serait faite pour réprimer, par des dispositions précises et nouvelles, les abus qui, depuis la date de l'arrêt, pourraient avoir été commis par l'une ou l'autre des parties, à l'aide de dénominations équivoques tendant à confondre les deux maisons et leurs produits (Paris, 25 janv. 1875, aff. Jouvin, Pataille, 75.237).

692. Appel ; continuation du dommage. — Il a été

(1) Comp. *suprà*, n° 296.

(2) V. encore Rej. 1er juin 1874, aff. David, Pataille.74.250.

(3) V. encore Trib. comm. Cognac, 29 oct. 1875, aff. Martel, Pataille. 76.284 ; Paris, 9 déc. 1875, aff. Landon, Pataille.76.346 ; Rej. 27 mars 1877, aff. Landon, Pataille.77.92 ; Rej. 27 mars 1877, aff. Martel, Pataille.77.94.

jugé avec raison que, lorsque les manœuvres signalées par les premiers juges, comme constituant une concurrence déloyale, se continuent pendant l'instance d'appel, la réparation du préjudice causé par ce fait peut être directement demandée à la Cour (Paris, 24 déc. 1866, aff. Villain (1), Teulet.16.62).

693. Produit spécial à une localité; action collective. — Il y a des localités célèbres par certains produits qui y sont fabriqués, et l'usage a le plus souvent consacré pour ces produits une forme, une apparence telles, qu'à première vue on en reconnaît la provenance. Supposez qu'un fabricant, n'appartenant pas à cette localité, donne à ses produits la même forme, la même apparence, un aspect identique enfin, de façon à tromper, autant que possible, le consommateur et à lui laisser croire qu'il achète des marchandises provenant bien de cette localité; ne verra-t-on pas dans ce fait une véritable concurrence déloyale? Les fabricants de la localité n'auront-ils pas une action contre l'imitateur?

Il a été jugé, à cet égard, que les fabricants ou négociants exerçant dans la même ville une industrie semblable ont le droit de s'opposer à ce qu'il soit porté atteinte à cette industrie : spécialement, lorsque les produits d'une ville ont faveur aux colonies et qu'un fabricant expédie de cette ville des produits qui n'y sont pas fabriqués, de façon à leur donner l'apparence de cette provenance, les fabricants de la ville sont en droit de protester par acte extra-judiciaire contre un fait qui constitue un acte véritable de concurrence déloyale (Trib. comm. Nantes, 5 sept. 1863, *Droit comm.*, 63.560).

693 *bis*. *Quid* de l'exécution immédiate? — Il a été jugé que l'arrêt qui a ordonné l'exécution *immédiate*, à peine de dommages-intérêts, doit être entendu en ce sens que, à défaut d'exécution dans les vingt-quatre heures de la prononciation, les dommages-intérêts sont dus à partir de ce moment, et non à partir de la signification de l'arrêt (Paris, 25 fév. 1856, aff. Robineau, *le Droit*, n° 59).

---

(1) V. aussi Paris, 25 août 1857, aff. Kellerman, Teulet.6.237.

SECTION III.

Droits de l'étranger.

SOMMAIRE.

694. Les étrangers ont-ils l'action en concurrence déloyale ? — Cette question reste tout entière même après la loi de 1857 ; il faut toutefois considérer deux cas, suivant que l'étranger possède ou ne possède pas un établissement en France ; ces deux hypothèses distinctes sont, en effet, prévues, l'une par l'art. 5, l'autre par l'art. 6 de cette dernière loi. L'art. 5, on s'en souvient, dispose que « les étrangers, qui possèdent en France des établissements d'in« dustrie ou de commerce, jouissent, pour les produits « de leurs établissements, du bénéfice de la présente loi, « en remplissant les formalités qu'elle prescrit ». D'où la conséquence que, si les formalités ne sont pas remplies, l'étranger est exclu du bénéfice de la loi. N'est-il pas alors exclu seulement du bénéfice de la loi spéciale de 1857 et ne conserve-t-il pas la faculté d'invoquer le droit commun ? Telle est la question. Il semblerait équitable d'assimiler, en ce cas, l'étranger au fabricant français qui n'a pas opéré le dépôt de sa marque ; or, on se rappelle que le Français, à défaut de dépôt, n'en garde pas moins la propriété de la marque qu'il a créée et le droit d'en poursuivre l'usurpation, sauf à fonder sa demande sur l'art. 1382 du Code civil, au lieu de la fonder sur les dispositions particulières de la loi de 1857. Pourquoi l'étranger ne serait-il pas traité de la même façon ? Que lui a-t-il manqué pour bénéficier de toutes les dispositions de la loi de 1857, dispositions si favorables pour lui, si rigoureuses pour les contrefacteurs ? Uniquement la formalité du dépôt. Et, cette formalité venant à manquer, la loi passerait, à son égard, d'un excès de faveur à un excès de sévérité ! Comblé de toute la bienveillance du législateur, quand il a opéré son dépôt, il le trouverait implacable quand il ne l'a pas opéré ! Est-ce possible ? Est-ce que le législateur a pu être aussi favorable dans un cas, pour être aussi dur dans l'autre? N'a-t-il pas montré clairement l'intention de protéger particulièrement la marque de l'étranger qui s'est établi en France, et qui, en fabriquant sur le sol français, contribue à la prospérité du pays? Il est vrai qu'on objecte l'art. 11 du Code civil, aux termes duquel « l'étranger ne jouit en France que des « droits civils qui sont accordés aux Français par les traités « de la nation à laquelle il appartient » ; cette disposition, ajoute-t-on, ne reçoit d'exception, aux termes de l'art. 13 du même code, qu'en faveur de l'étranger admis par le gouvernement français à établir son domicile en France. Il ne suffit donc pas à l'étranger d'avoir un établissement commercial en France; il faut encore qu'il ait été admis à y établir son domicile. Ce raisonnement ne nous satisfait pas; il nous semble pécher par la base en se fondant uniquement sur le Code civil, sans tenir compte de la loi de 1857; il pouvait être vrai avant cette loi : il a cessé de l'être depuis. La loi de 1857 comporte, à nos yeux, une dérogation expresse à l'art. 11 du Code civil; elle pose de nouveaux principes, du moins en ce qui concerne les marques de fabrique, à l'égard des étrangers qui ont des établissements en France. Pour eux, moins sévère que le Code civil, elle leur accorde sa protection absolue quand ils ont opéré le dépôt de leurs marques, déclarant, en même temps, que, à défaut de ce dépôt, elle les exclut de son bénéfice, mais de son bénéfice seulement, ce qui veut dire que l'action tirée de l'art. 1382 leur reste ouverte comme à tous autres (1).

La même solution doit-elle être admise dans le cas de l'art. 6, lorsqu'il s'agit d'un étranger n'ayant pas d'établissement en France et appartenant à une nation qui n'accorde pas la réciprocité aux Français? M. Rendu se prononce pour l'affirmative, mais, à dire le vrai, sans donner de sérieuses raisons à l'appui.

M. Huard est d'un avis opposé, et voici dans quels termes il s'exprime : « Nous voudrions pouvoir partager cet avis, « mais il nous paraît inconciliable avec l'esprit de la loi de « 1857; que deviendrait le système de réciprocité, les espé-

(1) V. Rendu, n° 121.

« rances de traités internationaux fondées sur lui par ses « partisans, si, par un biais ingénieux, on arrive à protéger « l'étranger qui n'offre pas aux Français la même protection ? « D'ailleurs, la jurisprudence s'était prononcée en sens con- « traire avant la loi de 1857 (1). Si le législateur de 1857 avait « entendu modifier cette jurisprudence, il est très probable « qu'il l'eût exprimé formellement. Au surplus, un arrêt de « la Cour de cassation du 16 nov. 1857, c'est-à-dire postérieur « à la loi nouvelle sur les marques, a, dans une affaire Klug « C. Perry-Warton (2), maintenu la jurisprudence antérieure, « et décidé que l'étranger ne pouvait invoquer l'art. 1382 du « Code civil à défaut de la loi du 23 juin 1857 (3). »

M. Pataille pense, au contraire, que, même en admettant que l'étranger n'a pas d'action en France à raison de l'usurpation de son nom ou de sa marque, il faut lui accorder l'action en concurrence déloyale, parce que la concurrence déloyale est un quasi-délit purement commercial (4).

695. Jurisprudence. — Il a été jugé : 1° *dans le sens de M. Pataille*, que l'action en concurrence déloyale a par elle-même un caractère de commercialité qui rend l'étranger recevable à l'introduire (Paris, 22 mars 1855, aff. Warton, Pataille.55.40); 2° *en sens contraire*, que l'étranger, dont l'établissement est situé hors de France, n'a aucune action en France contre les contrefacteurs de sa marque, si, dans le pays où cet établissement existe, la réciprocité n'est pas admise pour les propriétaires de marques françaises ; l'étranger n'a d'ailleurs ni l'action en concurrence déloyale fondée sur l'art. 1382 du Code civil, ni l'action en revendication de nom, ouverte par la loi de 1824 ; on peut donc impunément usurper sa marque et même son nom (Paris, 5 juin 1867, aff. Kemp, Pataille.67.298).

---

(1) V. Cass. 28 janv. 1846, aff. Spencers et Stubs, *J.Pal.*48.2.266 ; Cass., 11 juill. 1848, aff. Guéland, *J.Pal.*48.2.36 ; Rej. 12 avril 1854, aff. Kirby-Beard, *J.Pal.*55.2.137.

(2) V. Cass., 16 nov. 1857, aff. Warton, Pataille.57.361.

(3) V. l'article de M. Huard dans la *Prop. ind.*, n° 146.

(4) V. Pataille.57.362.

LIVRE QUATRIÈME

ENSEIGNE.

CHAPITRE Ier.

PROPRIÉTÉ DE L'ENSEIGNE.

SOMMAIRE.

696. Ce qu'est l'enseigne. — 697. *Quid* s'il s'agit d'une désignation nécessaire ou générique ? — 698. *Jurisprudence;* espèces où le droit exclusif a été reconnu. — 698 *bis. Jurisprudence* (suite). — 699. *Jurisprudence;* espèces où le droit exclusif n'a pas été reconnu. — 700. *Quid* si l'enseigne consiste dans un mot emprunté à une langue étrangère ? — 701. Priorité de possession. — 702. Comment s'apprécie la priorité ? — 703. La propriété se conserve par la possession. — 704. *Jurisprudence.* — 705. La propriété est restreinte à la localité. — 706. *Jurisprudence.* — 707. *Quid* en cas d'annexion ? — 708. *Quid* en cas de profession différente ? — 709. *Jurisprudence.* — 710. Caractère mobilier de l'enseigne. — 711. *Jurisprudence.* — 711 *bis. Jurisprudence.* — 712. L'enseigne suit le fonds de commerce. — 713. *Jurisprudence.* — 714. *Quid* en cas de vente judiciaire ? — 715. Vente du tableau qui représente l'enseigne.

696. Ce qu'est l'enseigne (1). — L'enseigne ne sert pas à désigner un produit ; elle désigne l'ensemble des produits d'une maison ou plutôt la maison elle-même ; c'est là ce

---

(1) L'enseigne était en usage chez les anciens, comme on peut s'en convaincre par ce passage du beau livre de *Rome au siècle d'Auguste* (t. 1, p. 350), par Dézobry : « Après la chose de l'emplacement, dit-il, « il y a encore deux choses très importantes observées par les marchands pour distinguer leurs tavernes entre elles : c'est l'enseigne, et « l'*oculifère* ou étalage. L'enseigne se compose ordinairement d'un ta-

qui la distingue de l'étiquette, par conséquent de la marque de fabrique. Un commerçant a autant d'étiquettes, quelquefois autant de marques de fabrique, qu'il a de produits particuliers; il n'a jamais qu'une enseigne. L'enseigne est une désignation emblématique ou nominale, par laquelle la maison qui la possède se distingue des autres maisons de commerce, se rappelle à l'esprit, frappe enfin et attire les regards; c'est en quelque sorte l'étiquette de la maison; elle sert à individualiser l'établissement commercial, et l'on peut dire qu'elle s'y rattache par des liens aussi étroits que ceux qui unissent le nom à la personne; à ce titre, elle est l'objet d'un véritable droit de propriété (1).

La propriété de l'enseigne a une importance considérable; on a depuis longtemps oublié le nom du fabricant qu'on se rappelle encore son enseigne, qui s'est gravée dans la mémoire et y a, en même temps, fixé, d'une façon indélébile, le souvenir de la fabrique. D'ailleurs, le nom du fabricant lui-même peut changer et change effectivement à chaque mutation de la propriété; l'enseigne, restant invariablement la même, perpétue la notoriété, une fois qu'elle est acquise.

Cette propriété était déjà reconnue dans l'ancien droit, et Merlin cite, entre autres, un arrêt du Parlement de Paris, du 12 août 1648, qui l'a affirmée et consacrée.

Voici comment M. Gastambide, — qui est resté le maître par excellence en ces matières, — définit la nature et les caractères de cette propriété : « L'enseigne, dit-il, aussi bien « que la marque, aussi bien que le nom, est la désignation

---

« bleau peint à la brosse, avec de la cire rouge, et représentant soit quel-
« que combat, soit quelque figure hideuse. C'est encore un petit bas-re-
« lief en terre cuite, dont le sujet est relatif à la profession du tavernier.
« L'*oculifère*, supplément ou complément de l'enseigne, consiste dans
« une exhibition, ingénieusement arrangée, des marchandises en vente.
« Afin de mieux frapper la vue des passants, de séduire les curieux, de
« tenter les acheteurs, on leur barre pour ainsi dire le passage en for-
« mant cet étalage sur la façade de la taverne, en dehors de la porte, et
« quelquefois sur la voie publique. »

(1) V. *Rép. J.Pal.*, vº *Enseigne*, nos 22 et 49. — V. aussi Fournel, *Traité du voisinage*, t. 2, p. 17.

« d'un établissement. La clientèle attachée à l'établissement, « soit à cause de la bonne qualité de ses produits, soit à cause « de la sûreté de ses transactions, soit à cause de sa bonne « renommée, se confie à l'enseigne comme à une garantie, « comme à une signature ; l'enseigne est donc pour un éta- « blissement un moyen de conserver sa clientèle et de l'aug- « menter (1). »

697. *Quid* **s'il s'agit d'une désignation nécessaire ou générique?** — Ce serait nous laisser aller à des redites, qu'on nous reprocherait avec raison, que de traiter une fois encore la question de savoir si une désignation nécessaire ou générique peut être l'objet d'une propriété exclusive. Qu'il s'agisse d'enseigne ou de marque, la question, comme aussi la raison de décider, est la même, et nous n'avons rien à ajouter aux développements dans lesquels nous sommes entré à ce sujet (2). Toutefois, il nous paraît que le juge doit être moins rigoureux lorsqu'il s'agit d'enseigne que lorsqu'il s'agit de marque. La marque est, en effet, la dénomination du produit, et, lorsqu'une dénomination est nécessaire, son attribution exclusive à un individu emporterait à son profit confiscation de la chose ainsi dénommée. Ce danger est moins à craindre quand il s'agit d'enseigne ; l'attribution exclusive d'une désignation ne peut avoir pour effet de confisquer au profit du propriétaire de cette désignation tous les établissements de commerce de même nature ; ils resteront toujours distincts ; ils auront une existence qu'il leur sera facile de révéler clairement au public. Le péril, on le voit, est donc moins grave, et le juge peut, sans scrupule, se montrer moins sévère ici sur la nature et le choix de la dénomination. Remarquons bien pourtant qu'il y a des désignations, — les désignations professionnelles, par exemple, celles qui indiquent le genre de commerce ou d'industrie,—qui ne peuvent faire l'objet d'aucun droit exclusif (3).

---

(1) Gastambide, p. 475.

(2) V. *suprà*, n°s 50 et 460.

(3) V. Trib. comm. Seine, 18 juill. 1833, aff. Remilleux, Rendu, p. 323, *note* 1re; Trib. comm. Seine, 27 août 1844, aff. Villot, Blanc, p. 727.

Il est évident, en effet, qu'une enseigne ne peut constituer une propriété privative qu'à la condition de ne pas être une désignation nécessaire à tous les établissements du même genre. M. Gastambide fait observer avec raison que « le droit « d'appeler les choses par leur nom est antérieur et supérieur « à celui de l'enseigne (1) ». Comprendrait-on qu'un individu pût monopoliser à son profit des expressions telles que *magasin de chaussures*, *fabrique de chocolat*, *dépôt de faïences italiennes*, etc.? Nous prenons, il est vrai, des exemples qui ne peuvent faire doute. Mais c'est que, dès que le doute naît, les appréciations peuvent varier comme les esprits eux-mêmes. Tel considérera comme nécessaire une désignation qu'un autre jugera différemment. Aucune règle ne peut être posée. Il faut seulement que, d'une part, les tribunaux se préoccupent de la possibilité de confusion et de l'intention frauduleuse, et que, d'autre part, les commerçants aient le soin de choisir des enseignes bien caractérisées et spéciales.

698. **Jurisprudence; espèces où le droit exclusif a été reconnu.** — Il a été jugé : 1° qu'un industriel ne peut donner à son établissement l'enseigne d'un établissement de même nature, quoique cette enseigne ne consiste que dans le nom de la rue (Toulouse, 24 déc. 1824, Goujet et Merger, v° *Enseigne*, n° 57) ; 2° que l'enseigne de *Concert des Champs-Élysées d'hiver* ne peut être usurpée, à peine de dommages-intérêts (Paris, 16 fév. 1836, aff. Chabrand, *Gaz. Trib.*, 18 fév.); 3° que les mots : *Brasserie anglaise* constituent une propriété au profit de celui qui s'en est servi le premier, et, dès lors, un concurrent ne saurait, à peine de dommages-intérêts, désigner un établissement de même nature sous la même enseigne (Trib. comm. Seine, 10 fév. 1841, aff. Steinackers (2), *Gaz. Trib.*, 11 fév.); 4° qu'une enseigne telle que : *Agence américaine*, n'est pas une désignation nécessaire, et, dès lors, l'usurpation par un concurrent doit être réprimée

(1) Gastambide, p. 477.

(2) En fait, le local, où le concurrent s'établissait, avait primitivement servi à une succursale de la première brasserie.

(Trib. comm. Seine, 10 sept. 1850, aff. Combier, Blanc, p. 706); 5° que la désignation de *Librairie catholique*, inscrite par un libraire sur son enseigne, constitue une propriété industrielle qu'il a le droit de conserver exclusivement, et non une dénomination générique révélant au public la nature des objets vendus dans l'établissement; en conséquence, il y a usurpation d'enseigne dans le fait d'un autre libraire, qui, vendant des objets analogues, inscrit la même désignation sur son magasin et s'annonce au public, sous cette désignation, par des insertions dans les journaux, alors surtout qu'il vient ouvrir son établissement dans la même rue où se trouvait l'ancien, et rend ainsi très facile la confusion entre les deux librairies (Trib. comm. Marseille, 7 juill. 1856, aff. Chauffard, *Jurisp. Marseille*, 34.1.225).

698 *bis*. **Jurisprudence** (*suite*). — Il a encore été jugé : 1° qu'il y a concurrence déloyale de la part du pharmacien qui, exploitant une officine sous le nom de *Pharmacie rationnelle*, ajoute plus tard à ce nom les mots de : *centrale de France* (*Pharmacie rationnelle centrale de France*), alors qu'un concurrent est déjà en possession de la dénomination : *Pharmacie centrale de France* (Trib. comm. Seine, 24 juill. 1857, aff. Dorvault, Pataille.58.125) ; 2° qu'il y a concurrence déloyale à prendre une désignation telle que *London dispensary*, déjà adoptée par un concurrent, comme aussi à s'annoncer comme étant *pharmacien de l'ambassade anglaise*, titre qui appartient à ce concurrent (Paris, 20 juin 1859, aff. Hogg, *le Droit*, n° 150) ; 3° que, lorsqu'une librairie est connue sous la désignation de : *Librairie allemande*, il y a concurrence déloyale dans le fait, par un libraire voisin, de désigner sa maison de la même façon (Trib. comm. Seine, 19 janv. 1866, aff. Hoff, Pataille.66.192); 4° que le fait d'usurper, pour une industrie similaire, la désignation sous laquelle une maison de commerce s'est fait connaître, constitue un acte de concurrence déloyale, encore bien que cette désignation n'ait fait l'objet d'aucun dépôt : ainsi jugé pour la dénomination de « *Maison américaine* », adoptée par un fabricant de machines à coudre (Trib. comm. Reims, 31 août 1869, aff. Godwin, Pataille.72.141) ; 5° que la dénomination de « *Maison de l'aluminium* » constitue une propriété au profit de celui

qui le premier en fait usage, à titre d'enseigne, et qui par suite a le droit de s'opposer à ce que des concurrents s'en servent (Trib. comm. Seine, 5 déc. 1877, aff. Testevuide, Pataille. 78.45).

699. Jurisprudence; **espèces où le droit exclusif n'a pas été reconnu.** — Il a été jugé : 1° que les mots « *Dépôt* « *de thés de la Compagnie anglaise* » ne constituent pas une enseigne dans le sens propre du mot; ils indiquent simplement l'établissement ou le lieu d'où la marchandise est tirée, et une telle indication appartient à tous (Trib. comm. Seine, 16 mars 1832, aff. Aubé (*Gaz. Trib.*, 17 mars); 2° qu'un marchand de vins, après avoir quitté une maison ayant deux berceaux de verdure auxquels il a emprunté son enseigne, n'est pas fondé à interdire à celui qui exerce dans cette maison le même commerce que lui l'usage de l'enseigne : *Aux deux berceaux* (Trib. comm. Seine, 16 avril 1840, *le Droit*, 20 avril); 3° qu'un cafetier ne peut prétendre à la propriété privative du mot *Chalet*, donné par lui à son établissement, à raison même de la forme de sa construction; il ne peut donc en interdire l'usage à un concurrent, alors surtout que celui-ci prend le soin d'ajouter son propre nom au mot *Chalet* (Trib. civ. Seine, 22 fév. 1849, aff. Moniot, *Gaz. Trib.*, 23 fév.); 4° mais que, si le premier possesseur d'une enseigne, telle que *Laiterie centrale*, ne peut pas demander la suppression d'une enseigne telle que *Laiterie centrale de la Croix-Rouge*, dont il a laissé un concurrent se servir pendant plusieurs années sans protester, il est du moins en droit de demander que son concurrent, tout en se servant de cette enseigne, lui donne une forme, un caractère, un aspect, qui la différencient tout à fait de la sienne et empêchent la confusion (Trib. comm. Seine, 23 sept. 1853, aff. Regnault, *le Droit*, 27 sept.).

700. *Quid* **si l'enseigne consiste dans un mot emprunté à une langue étrangère?** — Nous avons eu déjà l'occasion d'examiner cette question, et ce que nous avons dit alors s'applique ici avec plus de force encore (1); si les mots

---

(1) V. *suprà*, nos 59 et 468.

qui composent l'enseigne, quoique empruntés à une langue étrangère, constituent une dénomination spéciale, arbitraire, n'ayant pas le caractère d'une appellation générique ou vulgaire, il faut tenir pour certain qu'ils peuvent très légitimement servir d'enseigne.

Jugé, en ce sens, qu'un mot étranger, tel que *la bodega*, employé comme enseigne, peut devenir une propriété privée, même alors que dans la langue à laquelle il appartient il désigne usuellement le genre de commerce auquel en France il sert d'enseigne (Trib. comm. Seine, 4 sept. 1877, aff. Lavéry et Cie, Pataille.79.71).

701. Priorité de possession. — La priorité de possession est à l'égard de l'enseigne, comme à l'égard de la marque, la base de la propriété. Ici, en effet, comme là, il ne s'agit pas de récompenser l'effort du génie par un privilège de fabrication et de vente, mais tout simplement de garantir à une maison son identité (1).

Jugé en ce sens : 1° qu'une enseigne, c'est-à-dire le nom ou l'emblème d'un établissement commercial, est une propriété légitime qui peut, indépendamment de la vente, s'acquérir par la possession, tellement que celui qui l'a prise le premier et qui en jouit depuis plusieurs années a le droit de faire supprimer toute autre enseigne qui présenterait, soit une similitude parfaite, soit quelque analogie avec la sienne (Aix, 22 mai 1829, aff. Paul (2), *J. Pal.*30.1046); 2° qu'une devise ou un pseudonyme industriel constitue une propriété commerciale à laquelle nul ne peut porter atteinte, lorsque celui qui la revendique a été le premier à s'en servir comme d'un emblème servant à désigner spécialement son magasin et formant une véritable enseigne (Lyon, 24 août 1876, *Jurisp. de la Cour de Lyon*, 1877, p. 125).

702. Comment s'apprécie la priorité ? — Jugé, à cet égard, qu'en matière d'enseigne, c'est l'antériorité du placement qui en assure la jouissance exclusive; c'est donc à

(1) V. Gastambide, p. 476.

(2) V. aussi Trib. civ. Seine, 26 mai 1864, aff. Tronchon, Pataille. 64.104.

bon droit qu'un commerçant, qui a le premier placé une enseigne sur son magasin, en défend l'usage à un concurrent, encore bien que celui-ci prétende et justifie qu'il avait antérieurement, mais sans en avoir encore fait usage, commandé des factures avec ladite enseigne pour en-tête (Trib. comm. Seine, 11 sept. 1868, aff. Perrot, Pataille.68.296).

703. La propriété se conserve par la possession. — La propriété d'une enseigne constitue, non un droit absolu, mais, au contraire, un droit essentiellement relatif. L'enseigne n'est qu'un moyen et non pas un but. La jouissance ne peut donc être revendiquée par le propriétaire qu'autant que, par lui ou ses successeurs, il en conserve, il a besoin d'en conserver l'usage (1). L'abandon définitif du commerce rendrait l'enseigne sans objet et la restituerait au domaine public.

M. Gastambide dit, à ce propos, avec juste raison : « L'en-« seigne n'est une propriété qu'autant qu'elle sert à rallier « une clientèle ; dès lors qu'un commerçant quitte les affaires « sans en céder la suite à qui que ce soit, il abandonne sa « clientèle et, par suite, la propriété de son enseigne, qui « n'en est que l'accessoire. Il en serait de même s'il aban-« donnait tel genre de commerce pour en prendre tel autre « tout à fait différent. Il ne pourrait se plaindre que ses an-« ciens confrères s'emparassent de son enseigne, car sa nou-« velle clientèle n'en souffre d'aucune manière. Mais, dira-« t-on, cet homme peut reprendre un jour son ancienne « profession ou trouver plus tard à traiter de sa clientèle, et « alors il lui sera utile de retrouver intacte la propriété de « son enseigne. Cela est vrai ; mais il est impossible d'en-« chaîner ainsi la liberté générale du commerce dans la vue « d'une éventualité incertaine. Encore une fois, une enseigne « n'est pas une création appartenant à son auteur en vertu « du droit de création ; elle n'est propriété qu'en vertu d'une « possession liée à l'existence d'une clientèle. Le jour où il « n'y a plus ni clientèle ni possession, l'enseigne n'est plus « une propriété (2). »

---

(1) V. Blanc, p. 719.
(2) Gastambide, p. 482.

On ne saurait mieux dire ; ajoutons seulement que l'abandon doit être certain, définitif, irrévocable. Un abandon momentané, résultant d'un cas de force majeure, un incendie, une crise politique, une expropriation pour cause d'utilité publique, n'aurait pas pour effet de rendre l'enseigne au domaine public (1).

Supposez, d'ailleurs, d'une façon générale, qu'un commerçant remplace son enseigne par une autre ; un négociant, exerçant le même genre d'affaires, ne pourrait s'emparer de l'enseigne abandonnée qu'autant qu'il serait bien constant que le public ne pourrait pas commettre des méprises préjudiciables ; ce serait, au reste, aux tribunaux à apprécier les circonstances de chaque espèce (2).

704. **Jurisprudence.** — Il a été jugé d'après ces principes : 1° que la propriété de l'enseigne ne se conserve que par la possession ; lors donc qu'un établissement de commerce disparaît, au lieu d'être continué par un successeur, il n'y a point d'usurpation de la part de celui qui reprend cette enseigne ainsi abandonnée, de même qu'il n'y a d'intérêt pour personne à la revendiquer (Trib. comm. Seine, 29 mars 1844, *le Droit*, 30 mars) ; 2° qu'une enseigne n'est une propriété qu'autant qu'elle s'applique à un commerce ou à une industrie ; celui donc qui cesse les affaires, sans transmettre son fonds à un successeur, ne peut, après plusieurs années écoulées, et alors qu'il n'exerce aucun commerce, s'opposer à ce qu'un autre commerçant s'empare de l'enseigne ainsi abandonnée et devenue *res nullius* (Trib. comm. Seine, 2 avril 1844, aff. Giraud, *Gaz. Trib.*, 3 avril) ; 3° que, s'il est vrai que le nom d'un établissement de commerce appartient à celui qui l'exploite, il n'en est ainsi qu'autant que ce nom est l'accessoire d'un fonds, parce qu'alors une concurrence déloyale peut lui porter préjudice ; il en résulte que, ce fonds cessant d'exister, le nom cesse d'être une propriété particulière : spécialement, lorsque à la mort d'un commerçant ses héritiers vendent le mobilier de la succession en dehors du fonds, qu'ils ne cèdent à personne et ne reprennent

---

(1) V. Blanc, p. 730.

(2) V. *Rép. J.Pal.*, v° *Enseigne*, n° 105.

pas eux-mêmes, l'enseigne qui appartenait à leur auteur est réputée abandonnée au domaine public, et un tiers peut légitimement s'en emparer comme d'une chose n'appartenant à personne (Trib. civ. Seine, 9 déc. 1851, aff. Riff, *le Droit*, 4 janv. 1852); 4° que le fait par un commerçant de cesser le commerce, sans transmettre son fonds à un successeur, a pour conséquence naturelle et nécessaire de rendre licite l'usage par un autre de la même enseigne (Paris, 4 janv. 1837, *le Droit*, 5 janv.); 5° mais qu'il en est autrement si la cessation est momentanée et n'est que le résultat d'un cas de force majeure, tel qu'un incendie (Trib. civ. Seine, 14 oct. 1827, aff. Jesson (1), Gastambide, n° 492).

705. La propriété est restreinte à la localité. — Le droit qui résulte de l'adoption d'une enseigne dérive de l'intérêt qu'a celui à qui elle appartenait de ne pas laisser confondre son établissement avec un autre et, par suite, de garder sa clientèle. Il s'ensuit qu'en principe la propriété de l'enseigne est restreinte à la localité dans laquelle est situé l'établissement commercial qu'elle désigne. Qui est-ce qui songerait à confondre un magasin d'épiceries, placé à Paris, avec un magasin de même nature placé à Marseille, encore que l'enseigne fût la même? L'enseigne est le signe qui désigne la maison au consommateur, c'est-à-dire au client direct, immédiat, et par suite la confusion n'est pas possible de ville à ville, surtout lorsqu'il s'agit de localités très éloignées l'une de l'autre. Il arrivera même quelquefois, par une suite naturelle du même principe, que la propriété sera restreinte à un quartier, à une rue, le juge devant toujours se décider d'après le plus ou moins de possibilité de la confusion. Tirons de là deux conséquences : la première, c'est que la propriété d'une enseigne ne donne pas le droit, au moins en général, d'empêcher qu'un concurrent prenne dans une autre localité la même enseigne; la seconde (qui découle d'ailleurs de la première), c'est que le propriétaire d'une enseigne peut, s'il établit une succursale dans une autre localité où la même enseigne est déjà employée, se voir faire défense de s'en servir : ce qui, là, était légitime, ne l'est plus ici.

---

(1) V. aussi Trib. comm. Seine, 7 sept. 1842, *le Droit*, 16 sept.

Nous venons de préciser la règle; mentionnons l'exception qui la confirme.

Si, dans la plupart des cas, la similitude d'enseignes n'est condamnable qu'autant qu'il s'agit d'établissements rapprochés l'un de l'autre, cette règle n'a rien d'invariable. Il y a telle maison de commerce dont la renommée s'étend dans toute la France, et dont par suite l'enseigne doit être également protégée partout. Disons toutefois qu'alors il s'agira moins d'une enseigne proprement dite, c'est-à-dire de ce signe matériel destiné à être apposé sur la devanture d'une boutique ou d'un magasin, que du nom d'un établissement commercial. Ce sont là au surplus des questions de fait, que les tribunaux apprécient souverainement.

M. Pataille fait remarquer, avec beaucoup de raison, que, si la jurisprudence a admis que la différence des localités et quelquefois même l'éloignement des quartiers dans une même ville justifient l'adoption, par deux commerçants, d'une enseigne semblable, c'est qu'en principe la confusion et partant le préjudice ne peuvent résulter que de l'établissement des deux rivaux d'industrie dans le même endroit. Mais, dit M. Pataille, « lorsque, d'une part, l'enseigne est devenue la « dénomination de l'établissement et que d'autre part ses « affaires, grandissant avec sa réputation, sont sorties du « cercle d'un quartier ou d'une ville, son droit d'action « s'étend avec son intérêt, et l'on ne saurait lui opposer une « jurisprudence qui ne repose, en réalité, que sur l'absence « de préjudice et, par suite, le défaut d'intérêt (1). »

M. Gastambide dit dans le même sens : « Le voisinage « entre ces deux établissements rivaux n'est pas toujours in- « dispensable pour motiver la condamnation de l'usurpateur « d'enseigne. Cela dépend et de l'importance de l'établisse- « ment qui se prétend lésé, et de sa renommée, et de la classe « d'acheteurs qui forment sa clientèle (2). »

La question peut devenir plus complexe; que décider, par exemple, dans l'hypothèse suivante? Une maison de com-

---

(1) Pataille.75.222.
(2) Gastambide, p. 479.

merce se fonde à Paris, sous une dénomination spéciale ; ce sera, si l'on veut, *la Belle Jardinière*. Ses affaires se développent, sa notoriété s'étend et bientôt il arrive qu'elle est connue dans la France entière. Nous admettons—on vient de le voir—que son droit à cette dénomination s'étend en même temps que sa notoriété ; elle peut donc, dans les localités où elle établit ses succursales, faire défense à tout autre commerçant de se servir de cette même désignation. Voilà le principe. Toutefois, une difficulté peut naître : il est possible que, le jour où cette maison vient établir une succursale dans une ville, elle y trouve une autre maison, faisant le même genre de commerce sous la même enseigne, sous la même dénomination ; on peut supposer que cet établissement, dont la notoriété n'a pas dépassé la localité où il existe, a même été fondé à une époque antérieure à celle où la maison de Paris a pris naissance. Que décidera-t-on ? Est-ce que la maison de Paris pourra, à raison de sa notoriété, revendiquer l'usage exclusif de la dénomination ? Est-ce, au contraire, l'établissement, fondé dans la localité, qui, selon ce que nous disions plus haut, pourra revendiquer cette possession exclusive ? Nous pensons que ni l'une ni l'autre de ces deux maisons ne pourra, dans ce cas particulier, prétendre à l'exclusivité ; elles se trouveront dans la situation de deux homonymes, libres tous deux — on le sait — quoique exerçant le même commerce, de le faire sous leur nom propre, à la condition de ne point abuser l'un contre l'autre de la similitude de leur nom. Elles devront, par conséquent, prendre, chacune de son côté, les précautions nécessaires pour empêcher la confusion de se produire et, à défaut par elles de les prendre, les tribunaux pourront et devront les leur imposer (1).

706. Jurisprudence (2). — Il a été jugé à cet égard : 1° que le droit qui résulte de la priorité d'usage d'une enseigne ne s'étend pas au delà de la localité où cet usage a lieu : spécialement, un photographe de Paris, qui a pris pour enseigne :

---

(1) V. Pataille.75.222.

(2) Comp. Trib. comm. Reims, 31 août 1869, aff. Godwin, Pataille.72.141. — V. aussi Paris, 17 mars 1870, aff. Crépeau, Pataille.70.293.

Photographie Hélios, ne peut empêcher qu'un concurrent ne prenne la même enseigne dans une autre ville, à Troyes, par exemple (Paris, 21 juill. 1869, aff. Lancelot (1), Pataille. 70.290) ; 2° qu'il ne peut pas lui-même, sans s'exposer à une action de concurrence déloyale, ouvrir dans cette seconde localité, et sous la même dénomination, une succursale de sa maison (Paris, 26 mars 1870, mêmes parties, Pataille.70.290) ; 3° que l'interdiction de s'approprier une enseigne qui est déjà la propriété d'une autre maison commerciale ne peut avoir sa raison d'être que dans le préjudice causé ; il est clair que, dans des villes différentes, alors surtout qu'une distance considérable les sépare, ce préjudice n'existe pas, aucune confusion n'étant possible ; d'où il suit que les tribunaux ne sauraient interdire à un commerçant dans une ville l'usage d'une enseigne déjà employée dans une autre ville éloignée de la première (Limoges, 19 déc. 1874, aff. Chauchard, Hériot et Cie (2), Pataille.75.221) ; 4° qu'un commerçant qui possède légalement une enseigne dans une localité, à Paris par exemple, n'a pas pour cela le droit d'établir, sous la même enseigne, une succursale dans une autre localité, où cette enseigne sert déjà à désigner une maison exerçant une industrie similaire (Douai, 31 mars 1843, aff. Tragin, *J. Pal.* 46.2.166) ; 5° que, d'ailleurs, lorsque des établissements de même nature, situés dans la même ville, mais placés toutefois à une distance assez éloignée l'un de l'autre, se trouvent avoir des enseignes identiques, il n'y a pas nécessairement lieu d'ordonner la suppression de l'enseigne la plus récente ; il suffit, alors surtout que cette similitude n'a pas eu pour but ni pour résultat d'établir une concurrence déloyale, d'ordonner qu'il soit fait à cette enseigne des additions nécessaires pour prévenir toute confusion (Paris, 20 mai 1854, aff. Raffy (3), Le Hir.63.2.467).

---

(1) V. Observ. de Pataille, 70.290, *la note*.

(2) Il s'agissait, dans l'espèce, des *Grands Magasins du Louvre*. — V. *Observ.* de Pataille, *eod. loc.* — Comp. Orléans, 20 fév. 1882, aff. Chauchard et Cie, Pataille.82.209.

(3) Les deux enseignes portaient : *Au Petit Pot* ; la Cour a ordonné que l'enseigne, seconde en date, porterait désormais : *Au Petit Pot de la Porte-Saint-Martin*, le tout en lettres apparentes et de même dimension.

707. *Quid* **en cas d'annexion ?** — Nous venons de voir que des établissements de même nature, lorsqu'ils sont situés dans des localités différentes, peuvent avoir la même enseigne. Mais que décider si deux localités, naguère séparées, viennent à être réunies, comme il est arrivé, par exemple, lors de l'annexion à certaines grandes villes des communes suburbaines? On ne peut nier que l'annexion ne crée un élément de confusion en supprimant la distinction qui résultait de la mention nécessaire de la localité où l'établissement était situé. Toutefois, sans même parler de droit acquis, il faut reconnaître que, la distance et par suite l'éloignement restant les mêmes, la confusion impossible hier est bien difficile aujourd'hui, si d'ailleurs aucune manœuvre habile ne tend à la rendre plus sensible et préjudiciable.

Jugé en ce sens que, lorsqu'une maison de commerce est en possession légitime d'une enseigne, le fait que la localité dans laquelle elle est établie soit annexée à une ville où une autre maison, faisant un commerce semblable, est depuis longtemps propriétaire d'une enseigne identique, ne saurait porter aucune atteinte à son droit de propriété ; l'annexion est un fait supérieur qui ne peut leur être opposable ; il en est du moins ainsi lorsque, en fait, la distance qui sépare les deux établissements est de nature à éviter la confusion et que, du reste, aucun acte de concurrence déloyale n'est relevé (Trib. comm. Seine, 25 fév. 1873, aff. Deschamps, *Gaz. Trib.*, 26 fév.).

708. *Quid* **en cas de profession différente ?** — La propriété de l'enseigne est encore limitée à un autre point de vue, au point de vue de la profession, de telle sorte que le propriétaire d'une enseigne ne pourrait empêcher un commerçant, exerçant une autre branche d'industrie, de se l'approprier. Cela résulte naturellement des principes que nous avons exposés plus haut. Il importerait peu que le premier propriétaire fût le créateur de l'enseigne, qu'il l'eût imaginée, tirée de son cerveau ; le libellé de l'enseigne ne saurait, en effet, être considéré comme une œuvre littéraire et rentrant dans la catégorie des écrits en tous genres protégés par la loi de 1793. Faisons une réserve cependant pour le cas où l'enseigne consisterait, non dans une dénomination, mais dans un tableau. Si grossière que fût l'œuvre, elle constituerait une propriété artistique, et, sous ce rapport, serait protégée par la loi; mais alors ce ne serait plus à titre d'enseigne, ce serait comme œuvre d'art.

Ici se présente une question : Supposez un commerçant exploitant un établissement auquel il a donné un nom qui lui sert d'enseigne; ce sera, si l'on veut, le *Cirque olympique*. Pourra-t-il disposer de ce nom comme de sa propriété, et autoriser un commerçant voisin, par exemple un cafetier, à prendre à son tour pour enseigne : *Café du Cirque olympique?* Cette autorisation sera-t-elle même nécessaire à ce cafetier, et, s'il ne s'en est pas pourvu, sera-t-il exposé à voir un concurrent, ayant sollicité et obtenu, après lui, cette autorisation, l'obliger lui-même à supprimer son enseigne? La question peut encore se présenter d'une façon un peu différente : Un individu est propriétaire d'un immeuble qui sera l'ancien Hôtel de Nesles, par exemple; aura-t-il seul le droit d'autoriser l'emploi, comme enseigne, de ces mots : *Hôtel de Nesles?* Pourra-t-il obliger celui qui les aurait employés sans son assentiment à les supprimer? Nous n'hésitons pas à penser que, dans un cas comme dans l'autre, c'est la priorité de possession par le commerçant qu'il faut seule considérer. La propriété de l'enseigne est essentiellement relative, nous ne saurions trop le répéter; elle est limitée au fonds qu'elle désigne et qu'elle empêche de confondre avec un fonds similaire. Elle sert, et sert uniquement, à faire obstacle au détournement de la clientèle. Dès lors, où peut être, pour le commerçant qui exploite un théâtre sous le nom de *Cirque olympique*, la raison de se plaindre de ce qu'un café se crée sous le nom de *Café du Cirque olympique?* En quoi sa clientèle est-elle détournée? Quel préjudice peut-il alléguer? Et de même pour le propriétaire de l'*Hôtel de Nesles;* il est sans raison de se plaindre, parce qu'il est sans intérêt. On ne saurait dire que le préjudice résulte de ce que le nom, *Cirque olympique* ou *Hôtel de Nesles*, pourrait être cédé à prix d'argent, puisqu'il est certain, dans le premier cas au moins, que l'enseigne n'est pas une propriété absolue, qu'elle n'est pas protégée en elle-même, à titre de création, mais uniquement comme signe distinctif d'un fonds de commerce.

709. Jurisprudence. — Il a été jugé en ce sens : 1° qu'une enseigne appartient au premier occupant, et c'est l'antériorité seule de la prise de possession qui en règle le droit de propriété ; il s'ensuit que le fait qu'un individu soit directeur d'un établissement commercial, tel qu'un théâtre, ne lui donne aucun droit d'intervenir dans une question d'enseigne où figure le nom dudit établissement appliqué à un commerce tout à fait étranger à son exploitation : spécialement, le directeur d'un théâtre, tel que le Cirque Napoléon, ne peut conférer à un limonadier le droit de prendre pour enseigne les mots : *Café du Cirque Napoléon*, au détriment d'un autre limonadier qui serait déjà en possession de cette enseigne (Trib. comm. Seine, 7 juin 1853, aff. Foubet, *le Droit*, 25 juin) ; 2° que l'acquéreur d'un immeuble connu sous une désignation particulière, telle que : *Château Rouge*, n'a pas le droit exclusif de se servir de cette désignation pour enseigne, surtout si des tiers s'en servaient auparavant (Trib. civ. Seine, 22 juillet 1845, aff. Bobœuf (1), *le Droit*, 23 juill.).

710. Caractère mobilier de l'enseigne. — Un exemple fera bien comprendre l'intérêt de la question : Admettez qu'un hôtelier prenne à bail un immeuble disposé pour servir d'hôtel et ayant même déjà servi à cet usage. En entrant dans les les lieux, il adopte une enseigne déterminée ; on peut même supposer, pour mieux préciser la difficulté, que l'hôtel, exploité avant lui, avait déjà une enseigne, et qu'à cette enseigne, depuis longtemps connue, il en substitue une autre. Après être resté pendant un temps plus ou moins long dans les lieux, il les quitte. A-t-il le droit, en se retirant, d'emporter avec lui son enseigne? ou bien cette enseigne reste-t-elle attachée à l'immeuble, comme s'y étant incorporée, comme étant substituée à l'enseigne originaire? En d'autres termes, quel est le caractère de l'enseigne? Est-il mobilier ou immobilier? Écartons tout d'abord une question de fait ; s'il résulte des conventions intervenues entre le locataire et le propriétaire de l'immeuble que l'enseigne nouvelle est abso-

(1) V. encore Trib. civ. Seine, 5 sept. 1845, aff. Bobœuf, *le Droit*, 6 septembre.

lument substituée à l'ancienne, en prend la place, et devient désormais, au même titre, un accessoire de l'immeuble, il est clair que le locataire ne peut l'emporter avec lui. Mais il faut que cela résulte d'une convention claire et précise, et ce ne peut être que par exception au droit que le locataire, en principe, a sur son enseigne. L'enseigne, en effet, est chose essentiellement mobilière, tout à fait distincte de l'immeuble, et ne s'y incorporant qu'en ce sens qu'elle désigne le fonds de commerce exploité dans les lieux; l'enseigne se confond non avec l'immeuble, mais avec le fonds de commerce qu'elle rappelle au public; l'achalandage n'est pas un bénéfice de l'immeuble, mais une conséquence de l'exploitation commerciale. Où est le fonds de commerce, là va l'enseigne.

Quant à la question de savoir si le locataire, en entrant dans les lieux, a le droit de changer l'enseigne qu'il y trouve, c'est une question distincte de la précédente. On conçoit qu'un immeuble, qui est disposé spécialement pour une industrie, et qui est connu sous une enseigne, perde beaucoup de sa valeur, au point de vue de la location, si une enseigne nouvelle, propriété exclusive du locataire, est substituée à l'ancienne. Il se peut, en effet, qu'après un certain temps la seconde enseigne ait si bien fait oublier la première, que celle-ci soit tout à fait inconnue, et que, par cela même, l'immeuble, en la reprenant, soit plus difficile à louer. On comprend, en pareil cas, que le propriétaire ait intérêt à empêcher toute substitution d'enseigne pour garder intacte la valeur de son immeuble, valeur qui réside dans sa destination et dans son appropriation. En ce cas, nous pensons que le propriétaire peut s'opposer à ce que le locataire change l'enseigne. Au surplus, pour éviter toutes difficultés sur ce point, le mieux sera que le bail s'en explique nettement. Nous trouvons la même opinion exprimée dans Dalloz : « On ne saurait soutenir sérieusement, dit « l'arrêtiste, que l'enseigne, appliquée par un locataire à la « maison par lui louée, fait partie intégrante de cette maison « et ne peut plus en être détachée. D'un côté, il est certain « qu'une enseigne est une chose purement mobilière et « qu'elle ne peut, dès lors, s'incorporer par droit d'accession « à l'établissement auquel un locataire l'a appliquée. D'un « autre côté, il est de principe qu'une enseigne constitue une

« propriété exclusive au profit de celui qui la possède, et « ce principe ne permet pas de reconnaître, en faveur du « propriétaire d'un établissement, le droit de retenir, sous « aucun prétexte, l'enseigne que son locataire y a momentanément attachée (1). »

De même, et ceci est le corollaire de la règle précédente, celui qui loue un établissement commercial ou industriel ayant une enseigne acquiert par là même le droit de se servir de cette enseigne pendant toute la durée de son bail ; mais ce droit expire avec le bail, et il ne lui serait pas permis d'adopter la même enseigne pour un établissement du même genre qu'il irait fonder ailleurs (2).

711. **Jurisprudence.** — Il a été jugé en ce sens : 1° que l'arrêt qui décide qu'un locataire, qui a apporté un enseigne dans une maison par lui louée, peut l'emporter à la fin du bail, loin de violer les règles du droit de propriété, en fait une juste application (Orléans, 18 août 1836, aff. Demiau (1), J. Pal.37.2.406); 2° qu'une enseigne n'est que le signe indicateur d'un établissement industriel ou d'un fonds de commerce ; elle est mobilière de sa nature et ne s'incorpore pas à l'immeuble sur lequel elle est placée : il s'ensuit qu'à la fin du bail le locataire est en droit de transporter ailleurs, avec le fonds lui-même, l'enseigne sous laquelle il est connu ; il en est ainsi, alors même que l'enseigne aurait été substituée par le locataire à une autre enseigne qu'il aurait trouvée appliquée à l'immeuble en entrant dans les lieux (Cass., 21 déc. 1853, aff. Bouet, J. Pal.54.2.349) ; 3° que, si le locataire, qui substitue à l'enseigne servant à désigner les lieux, au moment où se fait le bail, une enseigne de son choix, peut être passible de dommages-intérêts dans tous les cas où la substitution a eu pour résultat de nuire à l'immeuble en détruisant son achalandage, la constatation de ce préjudice ne peut autoriser le propriétaire à s'emparer d'une chose dont il n'a pas transmis la possession, et qui, par sa nature, résiste à

(1) Dall.55.2.50, notes 3-4-5.
(2) V. Goujet et Merger, v° *Enseigne*, nos 16 et 17.
(3) V. aussi Rej. 6 déc. 1837, même affaire, *J.Pal.*38.1.326.

toute idée d'incorporation (Paris, 15 juill. 1854, aff. Bouet, Pataille.56.253) ; 4° qu'une enseigne est une chose purement mobilière, qui, à moins de preuves contraires, est présumée faire partie du fonds de commerce, qu'elle sert à désigner, et par suite appartenir au commerçant qui exploite ce fonds ; le commerçant a donc le droit de la transporter où bon lui semble, sans que le propriétaire de la maison, où depuis longues années le fonds s'exploite, ait le droit de la revendiquer comme attachée à son immeuble ; c'est tout au moins à lui de prouver que l'enseigne lui appartient et que les locataires qui se sont succédé dans la maison n'en ont eu que la jouissance (Paris, 3 juill. 1856, aff. Goy, Pataille.56.253) ;

711 *bis*. Jurisprudence (*suite*). — Il a encore été jugé : 1° que, lorsqu'un commerçant a quitté les lieux qu'il occupait à titre de locataire et a transporté ailleurs son établissement commercial et son enseigne, il appartient sans doute au propriétaire de l'immeuble d'installer dans le même local un établissement de même nature, mais non de le désigner sous la même enseigne (Trib. comm. Seine, 2 janv. 1856, aff. Godillot, Pataille.56.30); 2° que le nom et l'achalandage d'un établissement industriel ne sont pas l'accessoire nécessaire de l'immeuble dans lequel s'exploite le commerce, de telle sorte que l'acquéreur de l'immeuble, fût-il aussi acquéreur du mobilier, ne peut se prétendre, par cela seul, propriétaire du nom et de l'achalandage (Rouen, 6 mai 1858, *Recueil du Havre*, 58.2.136) ; 3° qu'une enseigne, étant le nom ou l'emblème d'un établissement commercial, qu'elle sert à individualiser, est la propriété exclusive de celui qui l'a adoptée : il s'ensuit que, à moins de convention contraire, le locataire d'un immeuble, qui y a établi une maison de commerce et a, pour la désigner, adopté une enseigne, a le droit, en quittant les lieux, pour s'établir ailleurs, d'emporter son enseigne, et de la déplacer avec l'industrie dont elle est le signe indicateur (Paris, 13 août 1878, aff. Boudet, Pataille.79.67); 4° que, s'il y a présomption d'ordinaire que l'enseigne appartient au fonds de commerce exploité dans un immeuble et non à l'immeuble lui-même, cette présomption doit céder devant la preuve contraire ; et notamment du fait que l'enseigne a été modifiée du consentement du propriétaire de l'immeuble, un tribunal a pu tirer la preuve que l'enseigne était la propriété de ce dernier (Trib. civ. Saint-Gaudens, 22 août 1881, aff. Pichelou, Pataille.81.301); 5° que le fait que, dans la vente d'une maison, celle-ci ait été désignée par l'enseigne de l'établissement commercial (une auberge) qui s'y exploite, ne confère pas à l'acquéreur de l'immeuble la propriété de l'enseigne, alors qu'il est constant que le fonds de commerce reste en dehors de la vente (Angers, 8 nov. 1871, aff. Luzureau, Pataille. 72.352).

712. L'enseigne suit le fonds de commerce. — La propriété de l'enseigne se confond le plus souvent avec la propriété du fonds de commerce, c'est-à-dire que l'enseigne et le fonds deviennent inséparables, l'un étant la chose dont l'autre est le nom. Cependant le lien qui unit le fonds à l'enseigne n'est pas tellement étroit que la volonté du propriétaire ne le puisse rompre. Il peut, s'il le veut, vendre d'un côté le fonds, réduit à l'achalandage, à la clientèle, aux avantages de la situation dans tel ou tel endroit, et, d'un autre côté, vendre séparément le droit à l'enseigne (1). Mais une pareille vente ne serait valable, à nos yeux, que si, dans la cession du fonds, il avait été clairement convenu avec l'acheteur que l'enseigne serait distraite de la vente; et tout de même, à moins de convention formelle, il nous paraît que l'enseigne ainsi vendue séparément ne pourrait être utilisée, par une maison faisant le même commerce, que dans un rayon éloigné. Autrement, en effet, l'acquéreur de l'achalandage et de la clientèle risquerait fort d'avoir fait un marché de dupe, la clientèle se préoccupant moins de la situation exacte d'un magasin que de son enseigne. Supposez, par exemple, des magasins aussi connus que ceux désignés à Paris sous les noms de : *Au bon Marché*, *Au Coin de Rue*, *Au Printemps*, il est clair que beaucoup de personnes iront droit à l'enseigne, en quelque lieu qu'elle ait été transportée, avec la conviction d'aller dans la même maison. Ces ventes séparées, assurément légitimes en principe, seront du reste très rares, et la question est, en vérité, plus théorique que pratique.

Il suit de là, sans que nous ayons besoin d'insister, que la

(1) V. *Rép. J.Pal.*, v° *Enseigne*, n° 29.

vente du fonds, à moins de stipulation expresse, entraîne la vente de l'enseigne qui sert à la distinguer, et que l'acquéreur du fonds acquiert, par le fait seul de son acquisition, la propriété de l'enseigne. Le cédant ne pourrait donc lui-même, s'il avait gardé le droit de se rétablir, se servir de son ancienne enseigne, devenue la propriété de son cessionnaire (1).

713. Jurisprudence (2). — Il a été jugé en ce sens : 1° que l'enseigne doit être regardée comme faisant partie du fonds vendu, l'acquéreur achetant en considération de l'enseigne qui l'a achalandé ; il s'ensuit que l'acquéreur, surtout lorsqu'il est en possession depuis dix ans, est en droit d'empêcher la veuve et les enfants de son prédécesseur de reprendre la même enseigne (Sénéchaussée de Lyon, 13 déc. 1741, Prost de Royer.7.68) ; 2° qu'il est de principe qu'une vente de fonds de commerce emporte pour l'acheteur, à moins d'une clause expressément contraire, le droit de faire usage des enseignes et attributs du vendeur et de se dire son successeur (Poitiers 23 janv. 1844 et Rej. 14 janv. 1845, aff. Champeaux, J. Pal. 45.1.530) ; 3° qu'une enseigne, instrument et valeur d'industrie, est l'accessoire du commerce qu'elle révèle et recommande au public, non celui de la maison aux murs de laquelle elle est attachée ; il suit de là que le commerçant, qui vend son fonds de commerce, vend avec lui son enseigne, tandis que la vente qu'il fait de sa maison, en tant qu'immeuble, n'emportant pas celle de son industrie, n'emporte pas non plus celle de son enseigne (Angers, 8 nov. 1871, aff. Luzureau, Pataille.72.352) ; 4° qu'il n'est pas permis au cédant, à moins de stipulation contraire, de se servir, pour un nouvel établissement, de l'enseigne dépendant de son ancien fonds, au détriment de son cessionnaire (Paris, 19 nov. 1824, aff. Auger, Gastambide, p. 481) ; 5° qu'une enseigne peut, par suite de la liquidation d'une société, devenir la propriété

---

(1) V. notre article dans la *Prop. ind.*, n° 326. — Comp. *Rép. J.Pal.*, v° *Enseigne*, n° 49. — V. encore *suprà*, n° 548.

(2) V. également Aix, 22 mai 1829, aff. Paul, *J.Pal.*30.1046 ; Caen, 13 déc. 1853, aff. David, Sir.54.2.398 ; Paris, 3 juill. 1856, aff. Goy, Pataille.56.253 ; Trib. comm. d'Avesnes, 9 fév. 1860, aff. Pecquiriaux, *Prop. ind.*, n° 138 ; Trib. civ. Seine, 25 mars 1858, aff. Muy, *Prop. ind.*, n° 24. — Comp. Poitiers, 28 juin 1854, aff. Gout, Dall.55.2.95.

de l'un des associés; dans ce cas, celui des associés qui se retire ne peut, s'il se rétablit, prendre l'enseigne de l'ancien établissement social (Grenoble, 7 fév. 1835, aff. Badier, Rép. J. Pal. v° *Enseigne*, n° 46).

714. *Quid* **en cas de vente judiciaire?** — Ce qui est vrai de la vente volontaire l'est également de la vente faite par autorité de justice, comme aussi de la vente faite après partage et sur licitation. Le fonds de commerce vendu, à moins d'une réserve expresse dans le cahier des charges, emporte avec lui la vente de tous les accessoires qui s'y rattachent et y sont incorporés. A ce titre, comment en pourrait-on distraire l'enseigne, qui est, nous l'avons déjà dit, le signe de ralliement de la clientèle et fait le plus souvent la prospérité de l'établissement?

Jugé en ce sens : 1° que la vente d'un fonds de commerce sans restriction, même lorsqu'elle est faite, après faillite, par autorité de justice, est censée comprendre l'enseigne et autres insignes servant à signaler et accréditer cet établissement (Paris, 19 nov. 1824, aff. Auger, Gastambide, p. 481); 2° que la vente, sur licitation, d'un fonds de commerce emporte, au profit de l'acquéreur, cession de l'enseigne et du nom sous lequel le fonds était connu (Caen, 20 janv. 1860, aff. Delfraisy, Sir.61.2.73).

715. Vente du tableau qui représente l'enseigne. — La propriété de l'enseigne ne consiste pas dans la propriété du signe matériel, tableau, planche ou cadre sur lequel elle est figurée; elle consiste dans le droit de se servir de la dénomination ou de l'emblème qui constitue l'enseigne, d'en apposer le signe sur sa maison, sur ses factures, sur ses en-tête de lettres. De là cette conséquence que l'achat, dans une vente publique, d'un tableau d'enseigne, n'emporte pas, au moins en thèse générale, le droit d'user de cette enseigne et de se l'approprier. En pareil cas, c'est l'objet matériel qui a été vendu, c'est-à-dire le fer, le bois, la toile dont il se compose (1). Ce que nous disons du tableau, représentant l'enseigne, nous le disons du matériel industriel (2).

---

(1) V. Blanc, p. 721.
(2) V. *suprà*, n° 570.

Jugé toutefois,—mais les circonstances de fait expliquent et justifient la décision,—que, lorsque, à la suite de la mort d'un commerçant, le tableau, servant d'enseigne à son magasin, a été vendu avec les autres objets composant sa succession, et que l'acquéreur de ce tableau s'en sert pour désigner désormais son commerce, en prenant en outre la qualité de successeur du défunt, les héritiers, qui ont laissé faire la vente, et qui, d'ailleurs, n'exercent aucun commerce, sont sans intérêt à demander la suppression de ladite enseigne et du nom de leur auteur ; il suffit de leur réserver le droit de demander cette suppression pour le cas où ils voudraient eux-mêmes établir un commerce similaire (Trib. civ. Rouen, 14 août 1842, aff. Catelain, *Gaz. Trib.*, 15 août).

CHAPITRE II.

USURPATION.

SECTION Ire.

Ce qui constitue l'usurpation.

SOMMAIRE.

716. Usurpation ; répression. — 717. Imitation partielle. — 718. *Jurisprudence.* — 719. *Quid* en cas de profession différente ? — 720. *Jurisprudence.* — 721. *Quid* si les établissements ne sont pas voisins ? — 722. *Quid* de la tolérance ? — 723 *Jurisprudence.* — 724. *Quid* de l'usurpation du tableau ? — 724 *bis. Jurisprudence.* — 725. *Quid* s'il n'y a pas intention frauduleuse ? — 726. *Jurisprudence.* — 727. L'usurpation suppose la confusion. — 728. Exemples d'imitation d'enseignes. — 729. *Jurisprudence ;* espèces où l'usurpation a été reconnue. — 730. *Jurisprudence* (suite). — 731. *Jurisprudence* (suite). — 732. *Jurisprudence* (suite). — 733. *Jurisprudence* (suite). — 734. *Jurisprudence* (suite). — 735. *Jurisprudence ;* espèces où l'usurpation n'a pas été reconnue. — 736. *Jurisprudence* (suite).

716. Usurpation ; répression. — L'usurpation d'enseigne n'est réprimée par aucune loi spéciale; elle constitue seulement, suivant les circonstances, soit un délit civil, soit un quasi-délit. Elle n'existe toutefois qu'à une condition qui est nécessaire, essentielle: c'est que la confusion entre l'établissement dont l'enseigne est usurpée et celui qui l'usurpe soit possible. Il n'est pas besoin d'attendre que des faits se soient produits qui démontrent la confusion; ces faits, du reste, seraient le plus souvent bien difficiles à constater; il suffit qu'il y ait possibilité de confusion. C'est aux magistrats à ordonner les mesures nécessaires pour la prévenir. Comme le remarque très justement M. Gastambide, « plus la concurrence est « grande entre deux établissements, soit à raison de l'ana- « logie de leur exploitation, soit à raison de leur voisinage, « plus les tribunaux doivent être sévères à proscrire toute « ressemblance entre les deux enseignes (1). »

717. Imitation partielle. — L'imitation peut être plus ou moins déguisée. Souvent, — pour ne pas dire toujours, — l'imitation fait une part à la dissemblance afin d'assurer le succès de l'usurpation. Il suffit quelquefois d'un mot mis en évidence pour opérer confusion. Les analogies sont sans nombre, et il est impossible de les déterminer et de les prévoir. Elles sont souverainement appréciées par les juges du fait, qui s'attachent toujours à la possibilité du préjudice. Dans l'absence d'une loi spéciale, ils n'ont d'autre règle à suivre que celle qui ne permet pas de nuire à autrui, et dont l'application dépend des circonstances (2).

M. Blanc dit dans le même sens: « Pour qu'une reproduc- « tion partielle soit répréhensible, il faut que la partie repro- « duite ait assez d'importance, soit par sa nature, soit par son « étendue, pour amener une confusion préjudiciable... Mais, « si la partie usurpée n'a pas d'importance sérieuse; si, par « exemple, il n'y a eu reproduction que d'une phrase qui se « trouve déjà dans le prospectus d'un concurrent, il n'y a pas « là usurpation, parce qu'il n'y a pas préjudice possible (3). »

(1) Gastambide, p. 477. — Comp. Parlement Rennes, 20 mars 1612, Bouchel, liv. 4, ch. 18.

(2) V. Goujet et Merger, v° *Enseigne*, n° 47.

(3) Blanc, p. 728.

Possibilité de confusion, partant possibilité de préjudice, voilà le critérium.

718. Jurisprudence. — Il a été jugé à cet égard : 1° que l'imitation partielle d'une enseigne donne ouverture à l'action en dommages-intérêts, quand elle est de nature à entraîner la confusion (Trib. comm. Seine, 15 juillet 1859, aff. Bodson, Teulet.9.9.); 2° mais que le propriétaire d'une enseigne n'a d'action contre les commerçants qui ont adopté une enseigne semblable ou analogue, qu'autant qu'il est justifié que cette analogie d'enseignes lui est réellement préjudiciable : spécialement, il n'y a pas de préjudice, et par suite pas d'action, lorsque l'éloignement du quartier et les différences introduites dans le titre de l'enseigne empêchent toute confusion entre les différents établissements (Paris, 17 mars 1870, aff. Crépeau, Pataille.70.293).

719. *Quid* en cas de profession différente? — C'est ici l'application d'une règle que nous avons exposée plus haut (1). Il suit nécessairement de ce que nous avons dit qu'il n'y a d'usurpation possible qu'autant qu'il y a similitude de profession. Bien entendu, pour que la confusion soit possible, il n'est pas nécessaire que les deux industries soient identiques ; il suffit qu'elles soient rapprochées par une grande analogie; car, le plus souvent, celui qui commet l'usurpation s'attache à ménager des points de différence pour déguiser sa fraude. C'est le préjudice causé à autrui qui est la base de l'appréciation que les juges sont appelés à faire, et cette appréciation, qui porte exclusivement sur des circonstances de fait, est souveraine et ne peut impliquer la violation d'aucune loi (2).

720. Jurisprudence. — Il a été jugé à cet égard : 1° qu'une enseigne ne constitue pas une propriété qui soit protégée en elle-même et en dehors de toute concurrence ou confusion; il s'ensuit que le propriétaire d'une enseigne ne peut interdire son emploi par un commerçant exerçant dans la même ville, mais à une distance éloignée, une industrie réellement diffé-

(1) V. *suprà*, n° 708.
(2) V. *Rép. J.Pal.*, v° *Enseigne*, n° 74.

rente, s'adressant à d'autres besoins, à une autre classe d'acheteurs ; l'absence de confusion et partant de préjudice rend une pareille demande non recevable (Bordeaux, 1er mars 1858, aff. Brugerolles, Le Hir.65.2.87) ; 2° que les deux enseignes : *Au Soulier fleuri* et *A la Pantoufle fleurie* ne font pas confusion, alors du moins qu'il est constant que la première appartient à un bottier et la seconde à un cordonnier pour dames ; eu égard à la spécialité de chacun des fabricants, la différence des enseignes est assez caractéristique pour que la clientèle des deux établissements ne puisse se méprendre (Trib. comm. Seine, 7 déc. 1833, aff. Génot, *Gaz. Trib.*, 8 décembre).

721. *Quid* **si les établissements ne sont pas voisins?** — L'usurpation est, en général, d'autant plus préjudiciable et devra, par suite, être d'autant plus sévèrement réprimée, que les établissements rivaux sont voisins ; aussi M. Blanc fait-il justement observer que, lorsque deux établissements, placés loin l'un de l'autre, ont depuis longtemps une même enseigne sans qu'il en soit résulté de préjudice ni de plainte pour aucun d'eux, l'un de ces établissements ne saurait se rapprocher de l'autre sans être obligé de modifier son enseigne. « Il y aurait, dit-il, dans ce changement de « quartier, une manœuvre frauduleuse qui ne porterait plus, « il est vrai, sur l'usurpation de l'enseigne, mais sur le fait « d'avoir cherché à détourner les acheteurs (1). »

722. *Quid* **de la tolérance?** — Le silence du propriétaire d'une enseigne usurpée ne lui fait pas perdre son droit de poursuivre l'usurpation. Son silence vient peut-être du défaut d'intérêt ou de l'ignorance de l'usurpation, ou de toute autre circonstance. C'est au reste un principe certain que nous avons eu plus d'une fois déjà l'occasion de rappeler. « Cependant, ajoute M. Blanc, la solution devrait être diffé- « rente si les circonstances démontraient que la tolérance du « premier possesseur n'a d'autre but que de laisser grandir « la réputation de l'établissement rival, pour la confisquer « ensuite à son profit et s'attribuer, sans bourse délier, tous

---

(1) Blanc, p. 726. — V. également Rendu, n° 498.

« les bénéfices d'une vogue loyalement obtenue et d'une pu-« blicité opérée à grands frais (1). » M. Blanc va peut-être un peu loin, ou plutôt il choisit mal son exemple. Que, dans un cas donné, la tolérance pendant un long temps puisse être considérée comme une renonciation à la propriété exclusive de l'enseigne, nous n'y contredisons pas; les tribunaux peuvent, en effet, trouver dans la réunion de certaines circonstances, et notamment dans la tolérance prolongée d'une usurpation non ignorée, la preuve de cette renonciation. Mais le fait par le propriétaire de l'enseigne de laisser l'usurpation se développer, grandir, s'affirmer, pour ne s'en plaindre que lorsqu'elle a pris tout son développement, ne saurait, à nos yeux, nécessairement et dans tous les cas, équivaloir à une renonciation. Il ne renonce pas à son droit, puisque au contraire il se réserve de le revendiquer et entend seulement choisir son heure pour exercer sa revendication. Les tribunaux, toutefois, peuvent trouver dans ce retard calculé une raison d'être indulgents, et ne point accorder au revendiquant tous les dommages-intérêts sur lesquels il a cru pouvoir compter, si même ils lui en accordent.

723. **Jurisprudence.** — Il a été jugé en ce sens : 1° que l'abandon momentané d'une enseigne, par suite, par exemple, de ce que, au moment d'un changement de domicile, le commerçant a exercé son industrie en chambre et sans enseigne apparente, ne donne pas le droit aux concurrents de s'en emparer (Paris, 15 juin 1843, aff. Chardin (2), *Gaz. Trib.*, 16 juin); 2° que la tolérance, montrée, pendant un temps plus ou moins long, par un commerçant à l'égard d'une usurpation d'enseigne, qui ne lui faisait pas de tort appréciable, ne le rend pas non recevable à user de son droit et à demander la réparation du préjudice, le jour où ce préjudice vient à naître pour lui (Paris, 18 janv. 1844, aff. Dreyfus et Bernheim, *J. Pal.*, 44.1.162); 3° que c'est la priorité d'usage

---

(1) Blanc, p. 722. — V. *suprà*, n°s 150 et 422.

(2) V., entre les mêmes parties, Paris, 31 août 1844, *Gaz. Trib.*, 1er septembre. — V. aussi Paris, 11 fév. 1854, aff. Boussuge, Teulet.3.133.

qui constitue le droit de propriété d'une enseigne; en conséquence, le commerçant qui, le premier, a adopté une enseigne, a le droit de s'opposer à ce qu'un concurrent fasse usage de la même enseigne, encore bien qu'il l'aurait toléré pendant un temps plus ou moins long, alors surtout que sa tolérance et sa réclamation s'expliqueraient par ce fait, d'une part, que, pendant longtemps, la maison de son concurrent n'avait qu'une minime importance, et, d'autre part, qu'elle a pris, à la suite d'une expropriation, un accroissement considérable (Trib. comm. Seine, 30 janv. 1868, aff. Bedel-Coltier, Pataille.68.139); 4° mais que l'acquéreur n'est pas fondé à demander la suppression d'une enseigne même ayant une grande analogie avec la sienne, si cette enseigne existait plusieurs années avant son acquisition et sans que son prédécesseur eût élevé la moindre plainte (Trib. comm. Seine, 15 fév. 1843, *Gaz. Trib.*, 16 février).

724. *Quid* **de l'usurpation de tableau?** — L'enseigne, avons-nous dit, est nominale ou emblématique; il s'ensuit que l'usurpation de l'emblème, du tableau qui constitue l'enseigne, encore que la devise serait différente, peut constituer un acte de concurrence déloyale. Il suffit que la confusion soit rendue possible.

724 *bis*. **Jurisprudence.**—Il a été jugé à cet égard : 1° que, lorsqu'un commerçant a pris pour enseigne deux bœufs d'or traînant une charrue avec cette légende : *Aux Bœufs d'or*, il y a concurrence déloyale de la part du concurrent qui prend à son tour pour enseigne deux bœufs d'or traînant un chariot chargé de gerbes même avec la légende : *Aux Moissonneurs* (Angers, 13 nov. 1862, aff. Gaillard, Pataille.63.75); 2° que, la réputation d'une maison de commerce s'attachant à son enseigne, l'enseigne est une propriété inviolable; en conséquence, le cordonnier qui, condamné une première fois à effacer de son enseigne ces mots : *Au Soulier fleuri*, *Au Chausson fleuri*, *A la Pantoufle fleurie*, copiés sur une enseigne voisine qui porte : *Au Soulier fleuri*, a fait peindre sur son magasin une bottine de femme surmontée d'un gros bouquet, a fait écrire au-dessous : *A la Renommée de la bonne chaussure*, et a distribué, depuis le jugement, des prospectus portant encore : *Au Chausson fleuri*, doit être condamné à faire disparaître de son enseigne tout attribut portant des fleurs et de son prospectus le mot *fleuri*, sous peine d'une indemnité par chaque jour de retard, et, en outre, à des dommages-intérêts pour le dommage déjà causé (Trib. comm. Seine, 6 nov. 1850, aff. Lacroix, Le Hir. 51.2.204); 3° que l'enseigne est une propriété dont il n'est permis à qui que ce soit de s'emparer sans porter un véritable préjudice à celui qui exploite un établissement connu depuis longtemps sous cette enseigne; les moyens détournés sont aussi blâmables que l'usurpation directe; si une botte peut être l'enseigne de la profession de cordonnier, et si, à ce titre, elle appartient à tout individu exerçant cette profession, il n'en est pas moins vrai que chacun a le droit de donner à une telle enseigne un caractère particulier, par exemple, une couleur spéciale dont les concurrents n'ont pas le droit de s'emparer : spécialement, celui qui a adopté pour enseigne une botte rouge est en droit de demander la suppression des bottes rose, ponceau, aurore, prises par des concurrents, et de les obliger à prendre une couleur tout à fait différente du rouge (Trib. comm. Seine, 7 août 1832, aff. Chassang (1), *Gaz. Trib.*, 8 août).

725. *Quid* **s'il n'y a pas intention frauduleuse?** — Ici encore nous constaterons que l'absence d'intention frauduleuse n'empêche pas qu'il y ait usurpation de l'enseigne, atteinte à la propriété qu'elle représente (2). Qu'importe la bonne foi! La confusion n'en est pas moins possible, et le préjudice subsiste. Le préjudice, même involontaire, oblige celui qui l'a causé à le réparer et à en prévenir le retour.

726. Jurisprudence. — Il a été jugé en ce sens : 1° qu'il y a lieu d'ordonner le changement d'une enseigne qui, sans être identique à une autre déjà existante, est de nature à entraîner une confusion (Aix, 8 janv. 1831, Goujet et Merger, n° 5); 2° qu'il suffit que deux enseignes soient de nature à être confondues, pour que, même en l'absence de toute concurrence déloyale, les tribunaux prescrivent les mo-

---

(1) V. également Trib. comm. Seine, 28 août 1849, aff. Chassang, *Gaz. Trib.*, 29 août.

(2) V. *suprà*, n° 678.

difications nécessaires pour que la seconde enseigne se différencie de la première (Paris, 20 mai 1854, aff. Raffy, Teulet. 3.371); 3° que le préjudice résultant de la confusion possible d'une enseigne nouvelle avec celle d'une maison rivale précédemment établie doit être réparé, alors même que la confusion ne serait pas le résultat d'une intention déloyale; il est, en effet, certain que cette enseigne est contraire à la possession et aux droits du premier occupant, auxquels elle porte indûment atteinte (Paris, 3 nov. 1859, aff. Duvivier, Teulet.9.90); 4° qu'au cas où une enseigne fait confusion avec une autre existant antérieurement, il y a lieu d'en ordonner la suppression, encore que celui qui l'a adoptée ait agi de bonne foi, et non dans un but de concurrence déloyale (Paris, 13 juill. 1862, aff. Muller, Pataille.62.265).

727. L'usurpation suppose la confusion. — Nous avons dit à plusieurs reprises que l'usurpation suppose la confusion; sans confusion possible, en effet, comment y aurait-il détournement de clientèle? La mention, dans un prospectus ou dans une affiche, de l'enseigne d'une maison rivale, ne constitue donc pas nécessairement une usurpation, si cette mention a pour but de désigner cette maison sans faire naître une confusion avec elle.

Jugé, par exemple, qu'un commerçant a le droit de mettre au-dessus de son enseigne un avis annonçant au public qu'il livre sa marchandise au même prix qu'un concurrent voisin; encore bien que, dans cet avis, il désignât la maison de son concurrent par le nom de son enseigne, il n'y aurait pas usurpation d'enseigne, s'il est d'ailleurs constant que les termes et les dispositions de cet avis ne sont pas de nature à faire confusion avec l'enseigne voisine (Bordeaux, 23 août 1851, aff. Alcuet, J. Pal.53.1.40).

728. Exemples d'imitation d'enseignes. — Le but de la concurrence déloyale, c'est de détourner une clientèle; ses formes et ses moyens varient à l'infini et n'ont pas plus de limites que la fraude elle-même. Il est impossible de les énumérer tous, encore moins de les prévoir. Nous croyons donc utile de citer, en les précisant et en les présentant par ordre chronologique, un grand nombre d'espèces sur lesquelles a statué la jurisprudence. On se rendra ainsi un compte exact de la tendance constante de nos tribunaux à maintenir le commerce dans les bornes d'une concurrence loyale et honnêté.

729. Jurisprudence; espèces où l'usurpation a été reconnue. — Il a été jugé : 1° qu'il y a usurpation d'enseigne dans le fait d'un apothicaire, qui, venant s'établir dans le voisinage d'un autre apothicaire, dont l'enseigne est : *A la Croix-Rouge*, prend pour la sienne : *A la petite Croix-Rouge* (Parlement de Paris, 20 mars 1612, Prost de Royer.7.68); 2° qu'il y a usurpation d'enseigne dans le fait du marchand qui prend pour enseigne un papillon avec les ailes fort étendues, de manière à rappeler et à simuler l'enseigne du *Papillon* qui appartient à un marchand voisin (Parlement de Paris, Prost de Royer.7.68); 3° que la bonne foi, qui doit régner dans le commerce, ne permet pas qu'un marchand s'empare, de quelque manière que ce soit, du nom d'un autre marchand et des avantages attachés à ce nom : spécialement, un fabricant du nom de *Verdier* a droit d'empêcher qu'un concurrent n'usurpe son nom en prenant l'enseigne *Au Verdier*, dans laquelle il a soin de dissimuler la particule *au* et de mettre en caractères bien apparents le mot *Verdier* (Trib. comm. Seine, 31 déc. 1826, aff. Verdier (1), *Gaz. Trib.*, 9 janv.); 4° qu'il y a usurpation d'enseigne à désigner un établissement commercial sous le nom de : *Grand café de la marine, chez Louis Richard*, quand il existe déjà, au même endroit, un établissement du même genre connu sous le nom de *Grand café de la marine royale* (Aix, 22 mai 1829, aff. Paul, J. Pal.30.1046) ; 5° que le négociant, qui se nomme *Petit*, est en droit d'empêcher qu'un concurrent ne prenne pour enseigne les mots : *Au Gagne-Petit*, alors du moins que le mot *Petit* se détache des autres en gros caractères, de façon à attirer seul l'attention (Trib. comm. Seine, 3 avril 1833, aff. Petit (2), *Gaz. Trib.*, 6 avril); 6° qu'il y a confusion possible entre deux enseignes dont l'une est : *Au Mortier d'or*, et l'autre : *Au Mortier d'or et de bronze* (Paris, 27 avril 1833, aff. Lamouroux, *Gaz. Trib.*, 28 avril).

---

(1) V. *suprà*, n° 415.
(2) V. *suprà*, n° 415.

730. **Jurisprudence** (*suite*). — Il a été jugé de même : 1° que l'enseigne : *A la Civette d'or*, doit être considérée comme une usurpation de l'enseigne : *A la Civette*, alors surtout que le mot « *d'or* », le seul qui puisse différencier les deux enseignes, est en caractères microscopiques (Trib. comm. Seine, 6 oct. 1833, aff. Turpin (*Gaz. Trib.*, 7 oct.); 2° qu'un commerçant, dont l'enseigne est : *Au Cheval arabe et à la Levrette*, se rend coupable de concurrence déloyale, alors qu'ajoutant à son commerce une industrie exploitée par un concurrent voisin, dont l'enseigne est : *A la Levrette*, il sépare les deux parties de son enseigne et fait disparaître, en quelque sorte, les mots : *Au Cheval arabe*, pour ne laisser en lumière que ceux-ci : *A la Levrette* (Trib. comm. Seine, 25 sept. 1835, aff. Longuemare, *Gaz. Trib.*, 26 sept.); 3° qu'il y a usurpation d'enseigne dans le fait du commerçant qui se sert des mots : *Au Rocher du Cantal* pour désigner son établissement, alors qu'un établissement voisin est déjà en possession de l'enseigne : *Au Rocher de Cancale ;* on ne saurait voir dans cette similitude de mots autre chose que le désir d'opérer une confusion et de faire à un rival une concurrence déloyale (Paris, 22 juin 1840, aff. Percet, J. Pal.40.2.177); 4° que le propriétaire de l'enseigne : *Au Rocher de Cancale* est en droit de demander la suppression de l'enseigne : *Au Petit Rocher*, prise à côté de lui par un concurrent, alors du moins qu'il est établi que ce concurrent n'a pris cet enseigne qu'en vue de faire confusion avec l'établissement rival (Paris, 30 août 1841, aff. Coqueau, *Gaz. Trib.*, 31 août); 5° qu'il y a confusion possible et, partant, usurpation d'enseigne dans le fait d'établir une maison de commerce sous le nom de : *Aux Pauvres Diables*, alors qu'il existe déjà, dans la même localité, une maison connue sous le nom de : *Au Pauvre Diable*, la différence du singulier au pluriel n'étant pas de nature à empêcher l'erreur du public (Douai, 31 mars 1843, aff. Tragin (1), J. Pal.46.2.166); 6° que le possesseur de l'enseigne : *Au Moulin de Jacques* peut interdire à un concurrent voisin

---

(1) V. aussi Paris, 18 janv. 1844, aff. Dreyfus et Bernheim, *J. Pal.* 44.1.162; Lyon, 24 août 1876, *Rec. de la Cour de Lyon*, 77.125.

celle de : *Au Moulin renversé* (Paris, 30 déc. 1843, aff. Fromont (1), cité par Blanc, p. 718); 7° qu'il appartient aux tribunaux d'ordonner la suppression d'une enseigne telle que : *La Cloche* ou *La Cloche royale*, alors qu'il est constant que cette enseigne n'a été prise que pour faire une concurrence déloyale à un établissement rival connu sous le nom de : *La Cloche d'argent* (Paris, 31 août 1844, aff. Chardin, *Gaz. Trib.*, 1er sept.).

731. **Jurisprudence** (*suite*). — Il a été encore jugé : 1° qu'une enseigne est une propriété ; il appartient dès lors au propriétaire de l'enseigne : *Hôtel de Provence*, de demander la suppression d'une enseigne rivale : *Hôtel de la Provence* (Trib. civ. Lyon, 16 nov. 1844, aff. Philibert, *Gaz. Trib.*, 21 nov.) ; 2° qu'une Société d'assurances, dont l'enseigne est : *La France*, est en droit d'empêcher une autre Société d'assurances de s'appeler *La Française* (Paris, 17 janv. 1845, Blanc, p. 733) ; 3° que, lorsqu'un commerçant a pris pour enseigne le chiffre 10, avec ces mots : *Au Dix bleu*, il y a usurpation de la part des concurrents voisins qui mettent le même chiffre sur leurs boutiques, même avec une couleur un peu différente, encore qu'ils le feraient précéder des mots : *Aux amateurs du Dix*, *à la renommée du Dix* (Paris, 7 avril 1845, aff. Meunier, *Gaz. Trib.*, 8 avril) ; 4° que le commerçant qui a pris pour enseigne : *Au Pigeon ramier*, a droit d'empêcher qu'un concurrent ne prenne, à côté de lui, celle de : *Au Pigeon blanc*, ou *Au Pigeon noir* (Paris, 26 mai 1845, aff. Martin, *Gaz. Trib.*, 27 mai) ; 5° que, lorsqu'un commerçant est propriétaire de l'enseigne : *A la Galette de la porte Saint-Martin*, il y a usurpation de la part du concurrent qui prend à son tour pour enseigne : *A la renommée de la galette de la porte Saint-Martin*, et il y a lieu par les tribunaux d'ordonner la suppression des mots : *de la porte Saint-Martin*, qui font la confusion des deux enseignes (Trib. comm. Seine, 27 août 1846, aff. Cazeau, *Gaz. Trib.*, 28 août) ; 6° que, lorsqu'un négociant (un cafetier) est en possession de l'enseigne : *Aux*

---

(1) Il est regrettable que M. Blanc ne fasse pas connaître exactement les faits.

Grands Maronniers, il y a usurpation de la part du concurrent qui adopte à son tour pour enseigne les mots : *Aux Petits Maronniers* (Paris, 3 juin 1848, aff. Goureau, *Gaz. Trib.*, 4 juin).

732. **Jurisprudence** (*suite*). — Il a été jugé aussi : 1° qu'en droit, l'enseigne est une propriété d'autant plus sacrée qu'elle procure souvent la réputation et la fortune à celui qui l'a adoptée ; il n'est donc pas permis à autrui de s'en emparer, en imitant, par une contrefaçon quelconque, une enseigne au point de faire illusion aux chalands et de les induire en erreur en les attirant dans un magasin qui n'est pas celui dans lequel ils croyaient entrer ; en fait, lorsqu'un marchand a adopté pour enseigne les mots : *Au Grand Frédéric*, il y a usurpation de la part du concurrent qui, en prenant pour enseigne les mots : *Au Roi de Prusse*, a soin d'y joindre un portrait du héros, si généralement connu par son costume et son attitude ; si isolément les mots : *Au Roi de Prusse* peuvent, en pareil cas, être légitimement employés, il n'en est plus de même lorsqu'ils sont mis au-dessous du portrait, les chalands qui ne savent pas lire, et désireux d'entrer dans le magasin du *Grand Frédéric*, devant nécessairement croire que c'est celui où ils voient le portrait de ce roi (Bordeaux, 13 janv. 1852, aff. Destonet, J. Pal.52.2.248) ; 2° qu'il y a usurpation d'enseigne dans le fait de prendre celle de : *Chocolats de la Compagnie des colonies*, quand un concurrent est en possession de l'enseigne : *Chocolats de la Compagnie coloniale* (Trib. comm. Seine, 30 janv. 1852, aff. Vinit, *le Droit*, 1er fév.) ; 3° qu'il y a concurrence déloyale dans le fait d'adopter une enseigne (*Chantier des Trois-Couronnes*), qui offre avec celle d'un concurrent (*Chantier des Couronnes*) une ressemblance de nature à tromper l'acheteur (Trib. comm. Seine, 15 juill. 1852, Teulet.1.383) ; 4° qu'il y a concurrence déloyale à prendre pour enseigne les mots : *Au Grand Pot brun*, à proximité d'un établissement rival qui est déjà en possession de l'enseigne : *Au Pot Brun*, alors surtout que le chef de la nouvelle maison porte le même nom que celui de l'ancienne (Paris, 29 août 1853, aff. Benoît, Teulet.2.369) ; 5° qu'un commerçant ne saurait prendre légitimement pour enseigne les mots : *A la Vraie Grande Botte rouge*, quand un concurrent a déjà

adopté l'enseigne : *A la Vraie Botte rouge* (Paris, 11 fév. 1854, aff. Boussuge, Teulet.3.133) ; 6° que l'enseigne : *Grand hôtel de France et d'Angleterre* est une usurpation de l'enseigne : *Grand hôtel d'Angleterre* (Paris, 2 déc, 1854, aff. Lequeux (1), Blanc, p. 728).

733. Jurisprudence (*suite*). — Il a été jugé dans le même sens : 1° que l'enseigne : *A la Reine d'Angleterre*, est une usurpation de l'enseigne : *A la Reine Victoria*, avec laquelle elle se confond (Trib. comm. Seine, ... 1854 (2), cité par Blanc, p. 733); 2° qu'il y a confusion possible et, partant, concurrence déloyale à prendre pour enseigne : *Bazar général des voyageurs*, quand un concurrent est déjà en possession de l'enseigne : *Bazar des voyages* (Trib. comm. Seine, 2 janv. 1856, aff. Godillot (3), Pataille.56.30) ; 3° qu'il y a concurrence déloyale de la part du commerçant qui, dans l'intention d'établir une confusion entre sa maison et celle d'un concurrent voisin, prend pour enseigne : *Au Petit Jardinier*, alors que ce concurrent est déjà en possession de l'enseigne : *Au Bon Jardinier* (Trib. comm. Seine, 23 sept. 1858, aff. Duvivier (4), Pataille.58.398) ; 4° que l'enseigne : *Grand café estaminet de la Comédie-Française* est de nature à faire confusion avec l'enseigne : *Café du Théâtre-Français*, et il y a lieu, par suite, d'en ordonner la suppression, encore que celui qui l'a prise l'eût fait sans intention frauduleuse (Paris, 5 fév. 1859, aff. Gorand, *le Droit*, n° 38); 5° qu'il y a concurrence déloyale à prendre pour enseigne : *A Sainte Geneviève de Brabant*, alors qu'un concurrent voisin est déjà en possession de l'enseigne : *A Sainte Geneviève ;* il importe peu, d'ailleurs, que les deux tableaux représentent des figures différentes, la

---

(1) V. aussi Trib. comm. Marseille, 28 oct. 1856, aff. Rouillard, *Jurisp. Marseille*.35.1.47. — *Nota :* L'espèce était identiquement la même que dans l'arrêt de la Cour de Paris.

(2) M. Blanc, à qui nous empruntons cette décision, n'en donne pas la date exacte.

(3) Ce qui, dans l'espèce, rendait la concurrence plus dangereuse encore, c'est que le *Bazar général des voyageurs* s'était installé dans le local précédemment occupé par le *Bazar des voyages*.

(4) V. Paris, 3 nov. 1859, mêmes parties, Teulet.9.90. — V. *infrà*, n° 736-1°.

similitude des deux inscriptions suffisant à produire la confusion (Paris, 13 août 1859, aff. Maljournal, Pataille.59. 365).

734. Jurisprudence (*suite*). — Il a été jugé, toujours d'après les mêmes principes : 1° que l'enseigne : *Au Grand Sultan*, n'offre pas avec l'enseigne : *Au Sultan*, une différence assez grande pour qu'il ne puisse y avoir confusion entre les deux établissements qu'elles désignent ; il y a donc lieu d'en ordonner la suppression (Trib. comm. Seine, 7 sept. 1859, aff. Ben-Sadoun, Pataille.59.419) ; 2° qu'il y a concurrence déloyale à prendre pour enseigne : *A la Civette de la rue de Rivoli*, alors qu'un établissement du même genre et voisin est déjà en possession de l'enseigne : *A la Civette* (Paris, 11 avril 1860, aff. Pousse (1), Pataille.60.176) ; 3° qu'il y a concurrence déloyale dans le fait d'adopter une enseigne analogue à celle d'un établissement préexistant, encore bien qu'on y ajouterait une énonciation distincte, si cette énonciation secondaire laisse subsister la confusion : spécialement, étant donné qu'un établissement est depuis longtemps connu sous l'enseigne : *A la Civette*, il y a lieu d'interdire à un établissement qui se fonde à proximité de prendre pour enseigne les mots : *A la Civette de l'avenue de l'Opéra* (Paris, 28 juin 1879, aff. Regnard (2), Pataille.81. 110) ; 4° qu'il y a concurrence déloyale dans le fait, par un commerçant, de prendre pour enseigne : *A la Nouvelle Civette*, quand un concurrent a déjà pris lui-même pour enseigne : *A la Civette* (Trib. comm. Seine, 8 juin 1865, aff. Chaize, Pataille.65.350) ; 5° que, lorsqu'un établissement a pour enseigne les mots : *Hôtel de la Paix*, il ne saurait être permis à un établissement voisin et de même nature de prendre à son tour pour enseigne ceux de : *Grand hôtel de la Paix*, dans lesquels se retrouvent les mots spécialement saisissa-

(1) La décision ajoute : « En matière de débit de tabac, la propriété « de l'enseigne doit être d'autant mieux sauvegardée qu'elle est pour le « titulaire du fonds le seul moyen de se révéler au public. »

(2) V. aussi Trib. comm. Seine, 25 mars 1881, aff. Regnard, Pataille. 81.111.

bles, indicatifs et caractéristiques de la première enseigne (Paris, 13 juill. 1862, aff. Muller, Pataille.62.265); 6° qu'un établissement ne saurait prendre le nom de : *Maison d'or*, alors qu'il existe déjà un établissement analogue du nom de : *Maison dorée ;* en pareil cas, les tribunaux doivent ordonner la suppression d'une désignation de nature à entraîner une confusion regrettable, encore qu'ils constateraient l'absence d'intention de concurrence déloyale (Trib. comm. Seine, 4 nov. 1863, aff. Herbet, Pataille.63.110); 7° que, lorsqu'un commerçant a pris pour enseigne : *A l'Assomption*, il ne saurait être permis à un concurrent de prendre à son tour pour enseigne les mots : *Au Dôme de l'Assomption* (Trib. comm. Seine, 19 janv. 1856, aff. Baron, Pataille.66.399); 8° qu'il y a concurrence déloyale à prendre pour enseigne ou pour marque une dénomination telle que : *Au Singe*, lorsqu'elle a pour but et pour résultat d'établir une confusion avec une maison préexistante connue sous le nom de *Maison Desinge*, du nom de son propriétaire (Trib. comm. Seine, 2 mars 1881, aff. Desinge-Carpentier, Pataille.81.253); 9° que le propriétaire de l'enseigne « *Librairie catholique* » peut s'opposer à ce qu'un autre libraire de la même ville inscrive sur son enseigne le titre de *Librairie catholique et classique*, la similitude entre les deux dénominations étant de nature à entraîner une confusion (Trib. comm. Marseille, 9 avril 1880, aff. Chauffard, *Jurisp. comm. Marseille*.80.169); 10° que le fait de prendre pour dénomination d'un restaurant le titre de *Restaurant Suisse*, alors qu'il existe à peu de distance un hôtel connu sous le nom d'*Hôtel Suisse* où se trouve aussi un restaurant, constitue une usurpation d'enseigne qui doit être réprimée (Trib. comm. Marseille, 16 fév. 1881, aff. Matheron, Pataille.82.261.)

735. **Jurisprudence; espèces où l'usurpation n'a pas été reconnue.** — Il a été jugé : 1° que l'enseigne : *Grand hôtel de Bourbon-Condé*, donnée à un hôtel nouvellement établi, le distingue suffisamment de l'enseigne : *Hôtel Bourbon*, appartenant à un établissement plus ancien (Douai, 9 déc. 1829, aff. Dehortes, Dall.30.2.33); 2° que l'enseigne : *Au Vieux Singe vert* se différencie suffisamment de l'enseigne : *Au Singe Vert* (Trib. comm. Seine, 7 fév. 1833,

aff. Denis (1), *Gaz. Trib.*, 8 fév.) ; 3° que le propriétaire de l'enseigne : *Maison des Mérinos*, qu'il personnifie dans la figure de quatre moutons sans cornes, ne peut se plaindre qu'un concurrent prenne pour enseigne une tête de bélier, avec des cornes, surmontée de l'inscription : *Maison du Bélier* (Trib. comm. Seine, 17 nov. 1837, *Gaz. Trib.*, 18 novembre); 4° que, si l'enseigne : *Au Pèlerin de Saint-Jacques* offre une grande ressemblance avec l'enseigne : *Aux Pèlerins de Saint-Jacques*, il n'y a pas toutefois similitude complète, et la demande en dommages-intérêts n'est pas fondée, alors surtout que le poursuivi offre de changer son enseigne en celle de : *Aux Statues de Saint-Jacques* (Paris, 26 fév. 1841, aff. Chardon et Cie (2), *Gaz. Trib.*, 27 fév.); 5° que l'enseigne *Au Vert Galant* n'est pas une imitation de l'enseigne *Au Vert Pré* (Trib. comm. Seine, 1er juill. 1844, aff. Muraour, Blanc, p. 733).

736. Jurisprudence (*suite*). — Il a été jugé encore : 1° que le commerçant qui a pris pour enseigne : *Au Bon Jardinier* ne peut empêcher qu'un concurrent ne prenne à son tour pour enseigne : *Au Galant Jardinier*, aucune confusion n'étant possible entre ces deux devises (Trib. comm. Seine, 18 juill. 1845 (3), aff. Loïse, *Gaz. Trib.*, 19 juill.) ; 2° que le marchand de jouets qui a pris pour enseigne : *Aux Désirs des enfants*, ne peut exiger la suppression de l'enseigne : *A la Californie des enfants*, adoptée par un marchand voisin, si d'ailleurs celui-ci n'a fait aucun acte de concurrence déloyale

---

(1) M. Gastambide critique, non sans raison, ce jugement : « La décision, dit-il, nous semble vicieuse ; car la différence résultant de « l'addition du mot *vieux* était plutôt destinée à compléter la méprise « qu'à la prévenir, puisque le *Singe vert* avait autrefois occupé la mai- « son. Il y avait, d'ailleurs, identité de professions. »

(2) Cette décision, ainsi isolée des faits de la cause, ne se comprend guère ; sans doute, l'offre de changer l'enseigne pouvait être, eu égard aux circonstances du procès, de nature à faire repousser la demande en dommages-intérêts ; mais il nous paraît que l'usurpation était incontestable et devait au moins motiver la condamnation aux dépens.

(3) Le tribunal, dans cette affaire, a tout au moins reconnu que la confusion pouvait provenir du tableau représentant un jardinier dans la même attitude et a ordonné la suppression du tableau.

(Trib. comm. Seine, 13 janv. 1852, aff. Sangnier, Le Hir. 52.2.411); 3° que l'enseigne : *Au Petit Pot*, ne fait pas obstacle à ce qu'un établissement similaire n'adopte l'enseigne : *Au Petit Pot de la porte Saint-Martin*, alors du moins que la distance qui sépare les deux maisons rend toute confusion impossible et que d'ailleurs aucune manœuvre déloyale n'est signalée (Paris, 20 mars 1854, aff. Raffy, Teulet.3.371); 4° que l'enseigne : *Aux Teintures Nationales*, ne peut être considérée comme une usurpation de l'enseigne : *Aux Teintures Parisiennes* (Caen, 20 janv. 1860, aff. Delfraisy, Sir. 61.2.73); 5° qu'il n'y a pas confusion entre deux enseignes portant, l'une : *Hôtel de Strasbourg*, et l'autre : *Hôtel du Chemin de fer de Strasbourg*, à la condition que, dans cette dernière, les mots *du chemin de fer* soient écrits en caractères distincts et de même dimension que le reste de l'enseigne (Trib. comm. Seine, 18 oct. 1864, aff. Sciallero, Pataille. 65.44).

SECTION II.

Compétence. — Procédure.

SOMMAIRE.

737. Compétence du tribunal de commerce.—738. *Jurisprudence.*—739. *Jurisprudence contraire.*—740. Questions de procédure.—741. Suppression ; changements ; pouvoir des tribunaux.

737. Compétence du tribunal de commerce. — La question de savoir à quelle juridiction appartient le jugement des difficultés relatives soit à la propriété, soit à l'usurpation des enseignes a été longtemps controversée. Voici comment MM. Goujet et Merger défendent la compétence commerciale. « L'enseigne, disent-ils, est, pour le commer« çant, l'emblème et l'indice de son négoce. C'est par cet « emblème qu'il annonce et cherche à étendre ses opéra« tions ; c'est en quelque sorte la personnification de son éta« blissement. Toute contestation qui s'élève sur ce genre de « propriété est donc une contestation commerciale. Toute « atteinte à l'achalandage par l'usurpation d'enseigne est à la

« fois pour celui qui en souffre une atteinte à son commerce, « pour celui qui en profite une spéculation dans l'intérêt de « son négoce. Il ne s'agit plus conséquemment d'un quasi- « délit se produisant à l'occasion d'un acte de commerce, « mais d'un fait commercial par lui-même, de contestations « nées entre négociants à l'occasion de leur négoce, sur une « propriété essentiellement commerciale, et qui doivent être « jugées d'après les usages du commerce (1). »

Ces auteurs, toutefois, reconnaissent que certaines personnes non commerçantes peuvent avoir des enseignes, par exemple, les professeurs, les artistes, les médecins, et, dans ce cas, ils pensent que le tribunal civil serait seul compétent. C'est assurément le moins qu'on puisse faire. Nous croyons qu'on devrait aller plus loin, et reconnaître que la contestation qui s'élève, sinon sur l'usurpation, du moins sur la propriété même de l'enseigne, est de la compétence du tribunal civil. Quant à l'usurpation, suivant qu'elle se produit avec ou sans intention de nuire, elle constitue certainement un délit civil ou un quasi-délit, et MM. Goujet et Merger se trompent lorsqu'ils le contestent. Cela d'ailleurs importe peu, puisque la jurisprudence admet que le mot *engagement* de l'art. 631 du Code de commerce a un sens général, presque illimité, et comprend tous les actes que le commerçant accomplit dans l'exercice de son commerce, et qui sont de nature, même en dehors de toute convention, à engager sa responsabilité (2).

738. Jurisprudence (3). — Il a été jugé, dans le sens de la compétence commerciale : 1° que les tribunaux de commerce sont compétents pour statuer sur un débat s'agitant entre commerçants et relatif au dommage qu'aurait causé à l'un d'eux l'emploi d'une enseigne usurpant sa raison commerciale (Bordeaux, 23 août 1851, aff. Alcuet, J. Pal.53.1.40); 2° que le tribunal de commerce est compétent pour juger d'une action en suppression d'enseigne, alors du moins que cette action prend naissance à l'occasion de l'exercice de

(1) Goujet et Merger, v° *Enseigne*, n° 67. — V. *Contrà*, Blanc, p. 742.
(2) V. *Suprà*, n°s 666 et suiv.
(3) V. encore Paris, 24 janv. 1866, aff. Morel, Pataille.66.434.

l'industrie à laquelle chacune des parties se livre (Caen 15 mars 1854, aff. Morière, Le Hir.55.2.356); 3° que c'est à la juridiction commerciale qu'il appartient de connaître des actions entre commerçants, relatives à leur commerce, même alors qu'elles sont basées sur des quasi-contrats ou des quasi-délits : spécialement, les tribunaux civils sont incompétents pour connaître d'une action fondée sur l'usurpation d'une enseigne (Paris, 28 avril 1866, aff. Bournhonet (1), Pataille. 66.193).

739. **Jurisprudence contraire.** — Il a été jugé, dans le sens de la compétence civile : 1° que le négociant qui, par son fait, a causé du dommage à un autre négociant ne peut être réputé avoir agi comme négociant, alors même qu'il serait établi qu'au moment où le dommage a été causé l'auteur du dommage se livrait à des opérations de commerce, la circonstance constitutive du quasi-délit ayant nécessairement le caractère d'un fait anormal et en dehors de l'exercice régulier de la profession de commerçant; on doit, par suite, poser comme règle générale que les obligations qui, entre négociants, naissent d'un quasi-délit, sont de la compétence des tribunaux civils; il n'en est pas autrement si la contestation a pour objet la propriété d'une enseigne, valeur industrielle; car on ne peut dire d'une pareille contestation qu'elle est née à la suite d'une convention ayant trait au commerce des parties, mais à l'occasion d'une usurpation qui constituerait un quasi-délit, et cette contestation, comme il vient d'être dit, rentre dans la compétence des tribunaux civils (Trib. civ. Alger, 31 mai 1843, J. Pal.53.1.39, *la note*); 2° que la demande en suppression d'enseigne est de la compétence des tribunaux civils (Paris, 21 juill. 1841, aff. Cie Bordelaise, *Gaz. Trib.*, 23 juillet); 3° que la demande, formée par l'ancien titulaire d'un fonds de commerce en suppression de son nom sur les enseignes et sur les factures de celui qui lui a succédé, a pour fondement non un acte de commerce, mais

(1) V. la note dont M. Pataille fait suivre l'arrêt, ainsi que les plaidoiries des avocats qu'il rapporte et où la question est savamment discutée.

un quasi-délit de la compétence des tribunaux civils; il en est du moins ainsi lorsque le demandeur a cessé d'être commerçant (Paris, 10 fév. 1845, aff. Cassan, J. Pal.45.1. 575).

740. Questions de procédure. — Nous n'avons rien à dire de la procédure, qui est soumise aux règles ordinaires. Rappelons seulement un principe qui semble contredit par la décision suivante, c'est que les tribunaux, en matière d'enseigne comme en toute autre, n'ont compétence que pour statuer sur les difficultés déjà nées; ils ne sont pas, en effet, institués pour donner des consultations aux justiciables.

Jugé, cependant, que, lorsqu'un commerçant a reçu une sommation qui met en question le droit qu'il prétend avoir de rédiger son enseigne, par exemple, de telle ou telle façon, il est recevable à provoquer une décision judiciaire sur les conséquences de cette sommation et de porter lui-même, avant toute poursuite, la question devant les tribunaux (Trib. comm. Bordeaux, 24 avril 1851, aff. Alcuet (1) (J. Pal.53. 1.40).

741. Suppression; changements; pouvoir des tribunaux. — Les tribunaux, saisis d'une demande en usurpation d'enseigne, ont tout pouvoir pour ordonner, soit la suppression de l'enseigne incriminée, soit telles modifications qu'ils jugent convenables pour faire cesser la confusion (2).

Jugé, à cet égard, que la suppression d'une enseigne, lorsqu'elle est ordonnée, doit avoir lieu partout où elle se produirait, même à l'intérieur de l'établissement (un hôtel garni), sur les objets mobiliers, tels que serviettes, nappes, sans que cette défense toutefois puisse s'appliquer à de simples initiales, lesquelles ne représentent pas nécessairement les mots qui composent l'enseigne (Paris, 7 juillet et 6 août 1862, aff. Muller (3), Pataille.62.267).

---

(1) V. *eod. loc.*, *la note*.

(2) V. *suprà*, n° 502.

(3) M. Pataille fait suivre cet arrêt des observations suivantes : « Quel

CHAPITRE III.

DROITS DU LOCATAIRE.

SOMMAIRE.

742. Droit d'apposer une enseigne. — 743. *Jurisprudence.* — 744. Place de l'enseigne. — 745. *Jurisprudence.* — 746. Écriteau sur la porte d'appartement. — 747. *Quid* si le local est situé au fond d'une cour? — 748. *Jurisprudence.*—749. Le droit de passage n'emporte pas le droit à l'enseigne. — 750. Ordonnances de police. — 751. Droit de servitude. — 752. Emplacement; refus du propriétaire. — 753. *Jurisprudence.* —754. Enseigne; caricature.

742. Droit d'apposer une enseigne.—Notons rapidement, — car cela est en dehors de notre cadre, — certaines règles dérivées de l'usage et relatives au droit pour les locataires d'un magasin ou d'un appartement d'apposer une enseigne indicative de leur profession. Il va sans dire que le propriétaire a, à cet égard, une liberté absolue, et qu'il peut, dans le bail, imposer à son locataire telles conditions qu'il lui convient; à défaut d'une clause spéciale dans le bail, on admet que celui qui loue tout ou partie d'une maison, pour y exercer une industrie, avec destination connue du bailleur, acquiert par cela même le droit de faire usage de tableaux ou d'enseignes indiquant sa profession (1).

Il est du reste certaines professions dans lesquelles les lois ou règlements de police obligent ceux qui les exercent à placer au-devant de leurs établissements un indice déterminé pour faire connaître le genre de commerce auquel ils se livrent.

« que soit notre respect pour la propriété d'un nom et d'une enseigne, « néanmoins, comme, en cette matière plus qu'en toute autre, l'intérêt « est la mesure des actions, il nous semble qu'il y a une rigueur extrême, « alors surtout qu'un premier arrêt a consacré la bonne foi du défen- « deur, à ordonner la suppression de la désignation litigieuse, même « sur des objets mobiliers fabriqués avant l'instance. Il nous est impos- « sible de voir quelle confusion, et, par suite, quel préjudice cela pour- « rait entraîner pour le demandeur. »

(1) V. Goujet et Merger, v° *Enseigne*, n° 24.

Ainsi les cabaretiers et autres débitants de boissons sont contraints à indiquer leur débit au public au moyen d'un bouchon placé à l'extérieur de leurs maisons; à Paris, les marchands de vins sont tenus de mettre sur l'enseigne ou la devanture de leur établissement le nom de celui qui en est propriétaire. Les pharmaciens sont aussi obligés de faire, par le même moyen, connaître leur nom à tous. Il en est de même des maîtres d'hôtels garnis (1).

743. **Jurisprudence** (2). — Il a été jugé : 1° que le locataire d'une boutique peut, à moins de conventions contraires, annoncer son industrie en plaçant des tableaux ou cadres sur la devanture et les pilastres de sa boutique (Trib. Seine, 14 juin 1836, *le Droit*, 16 juin); 2° qu'un propriétaire ne peut, dans le silence du bail, interdire à son locataire d'apposer sur sa boutique des tableaux et inscriptions indiquant sa profession, alors surtout qu'il les a tolérés pendant trois ans (Paris, 8 sept. 1836, aff. Lachèvre, *Gaz. Trib.*, 9 sept.); 3° que le locataire, qui est en même temps commerçant, a le droit, à défaut de conventions contraires, d'apposer une enseigne indiquant son commerce sur la partie de la façade correspondant aux lieux par lui loués; dans l'usage, la partie de la façade régnant au-dessus des fenêtres d'un logement est plus spécialement destinée à l'enseigne du locataire (Paris, 19 mars 1844, aff. Tournon, *Gaz. Trib.*, 20 mars);—4° jugé pourtant que le seul fait de la location d'un appartement par un commerçant ne lui donne pas le droit de placer une enseigne sur la façade de la maison correspondant à cet appartement; il lui faut de plus l'autorisation du propriétaire (Trib. civ. Seine, 12 juin 1860, aff. Truchot (3), *Monit. Trib.* 60.432).

744. **Place de l'enseigne.** — La place de l'enseigne n'est point abandonnée au caprice du locataire; elle est d'ailleurs, pour ainsi dire, déterminée par la nature même des

---

(1) V. *Rép. J. Pal.*, v° *Enseigne*, n° 4. — V. encore Agnel, *Code des propriétaires*, p. 57.

(2) V. aussi Trib. civ. Seine, 19 fév. 1847, aff. Jumeau, *Gaz. Trib.*, 20 février.

(3) Comp. Trib. civ. Seine, 26 janv. 1853, aff. Boileau, *le Droit*, 3 février.

choses; c'est au-dessus du local occupé par l'industrie (ou encore au-dessous, s'il s'agit d'un local autre que le rez-de-chaussée) que l'enseigne doit être placée; elle doit l'être, bien entendu, de façon à ne pas dépasser la hauteur même du local loué; autrement, l'enseigne empiéterait sur l'emplacement appartenant au locataire de l'étage inférieur ou supérieur.

Il est clair que, si l'emplacement qui doit recevoir l'enseigne a été désigné dans le bail, cette enseigne ne saurait, contre le gré du propriétaire, être placée ailleurs (1).

Il appartient, du reste, aux tribunaux d'apprécier, d'après les circonstances, si les inscriptions mises par un locataire à un endroit quelconque de la maison, à l'effet d'indiquer son industrie et les lieux où il l'exerce, excède son droit et portent ou ne portent pas atteinte aux droits des autres locataires (2).

Un arrêtiste dit au sujet de l'appréciation que les tribunaux ont souvent à faire de ce droit du locataire : « Quant aux « limites de ce droit, elles ne peuvent évidemment être déter- « minées d'une manière absolue. La nature et les besoins de « l'industrie du locataire, l'importance de la location, la te- « nue de la maison, les usages locaux, sont sans doute autant « d'éléments que les juges devront prendre en considération, « mais ils devront surtout s'attacher à concilier les besoins « et les droits de chaque locataire. Cela est particulièrement « vrai lorsqu'il s'agit non pas de la portion de la façade qui « est réputée, d'après l'usage, appartenir privativement à « chacun d'eux, mais d'une chose commune, affectée à l'usage « de tous, comme la porte d'entrée d'un escalier. En pareil « cas, il ne suffit pas de ménager les droits des locataires « actuels; il faut encore que ceux des locataires à venir soient « réservés. Il s'ensuit que le règlement, qu'il soit fait par le

---

(1) V. Goujet et Merger, v° *Enseigne*, n° 26. — V. aussi Paris, 23 janv. 1869, aff. Paz, Sir.69.2.34; Trib. civ. Seine, 24 janv, 1862; aff. Legraverend, *le Droit*, 25 janvier.

(2) V. Rej. 23 juin 1868, aff. Gaillardon, Sir.69.1.21; Pau, 5 fév. 1858, aff. Journé, Sir.59.2.348; Rouen, 14 juin 1843, aff. Jeanson, Sir. 43.2.519; Trib. civ. Seine, 13 mars 1875, aff. Glade, *le Droit*, 3 avril.

« propriétaire ou par la justice, n'a généralement rien que « de provisoire (1). »

745. Jurisprudence (2). — Il a été jugé à cet égard : 1° qu'à défaut de stipulations formelles du bail relativement au droit d'enseigne, les tribunaux doivent s'en référer à l'usage; l'usage de Paris est que les enseignes extérieures soient posées soit au-dessus, soit dans l'intervalle, soit au-dessous des croisées de chacun des locataires exerçant une industrie, mais de manière toutefois qu'elles ne dépassent pas les corniches et bandeaux séparant les divers étages de la maison (Trib. civ. Seine, 29 juillet 1853, aff. Mérinville, *le Droit*, 12 oct.); 2° que le locataire d'un appartement est, à moins de conventions contraires, censé locataire de la partie extérieure de la façade qui correspond à l'appartement loué, depuis le niveau du plancher jusqu'au plafond; en conséquence, le commerçant qui a placé au-dessus de son magasin une enseigne s'élevant jusqu'à l'accoudoir des fenêtres de l'étage supérieur n'est pas fondé à se plaindre de ce que le locataire de ce même étage, également commerçant, couvrirait en partie les lettres de son enseigne, en suspendant à cet accoudoir les objets de son commerce; en agissant ainsi, le locataire supérieur ne fait qu'user d'un droit légitime (Pau, 5 fév. 1858, aff. Journé, Sir.59.2.348); 3° que le propriétaire peut demander la suppression d'une partie des tableaux et écriteaux qui ont été placés par le locataire, non seulement au-dessus de sa boutique, mais encore au-dessus de l'entresol qui lui avait été loué pour son habitation personnelle (Trib. civ. Seine, 15 déc. 1843, *Gaz. Trib.*, 16 déc.); 4° que le locataire, qui ne fait pas usage d'enseigne, peut s'opposer à ce que des tableaux, affiches ou écriteaux soient placés dans la partie de la façade correspondant à sa location, nonobstant toute autorisation émanée du propriétaire (Trib. civ. Seine, 4 juill. 1843, *le Droit*, 5 juill.); 5° que, d'ailleurs, le propriétaire peut s'opposer à ce que son locataire donne trop d'extension à son enseigne (Trib. civ. Seine, 16 mars 1838, *le Droit*, 17 mars).

---

(1) V. Sir.69.1.21, *la note*.

(2) V. Paris, 27 déc. 1874, aff. Bureau, *Gaz. Trib.*, 4 avril. — V. aussi Lyon, 10 mai 1864, aff. Pertus, *Prop. ind.*, n° 350.

746. Écriteau sur la porte d'appartement. — Il a été jugé — et cela découle naturellement de la règle précédente — que le négociant, locataire d'un appartement, a le droit de mettre sur la porte extérieure de cet appartement un écriteau, annonçant son industrie, lors même que le reste de la maison serait habité bourgeoisement et que ce négociant aurait une entrée particulière pour ses magasins; toutefois, il appartient aux tribunaux de fixer ce droit dans des limites raisonnables, et notamment de décider que le locataire ne pourra mettre sur sa porte une plaque de métal de plus de 20 centimètres (Paris, 12 nov. 1858 (1), *le Droit*, 14 nov.).

747. *Quid* **si le local est situé au fond d'une cour? —** Il est généralement admis que celui qui, pour l'exercice de son industrie, a loué un local situé au fond d'une cour ou à un des étages supérieurs de la maison, doit être présumé, même dans le silence du bail, s'être réservé le droit d'annoncer sa profession au public par une enseigne ou des écussons ou écriteaux placés à la façade extérieure de la rue (2).

748. Jurisprudence (3). — Il a été jugé : 1° que le propriétaire qui vend à un industriel une maison située au fond d'une cour et qui n'a accès sur la rue que par un passage traversant le corps de bâtiment antérieur, ne peut lui contester le droit d'avoir une enseigne qui, placée au-dessus de la porte d'entrée, indique l'industrie exercée par l'acquéreur, sauf aux tribunaux à régler, en cas de contestation, la place et les dimensions de cette enseigne (Rouen, 14 juin 1843, aff. Jeanson, Sir. 43.2.519); 2° que le commerçant, locataire d'un appartement sur la cour, est, à moins de conventions contraires, en droit de placer un écusson indicatif sur le montant extérieur de la porte cochère; il en est surtout ainsi, lorsque le propriétaire a loué à un concurrent un appartement sur la rue et

---

(1) V. aussi Trib. civ. Seine, 23 déc. 1863, aff. Chaillot, *Monit. Trib.* 63.787.

(2) V. *Rép. J. Pal.*, v° *Enseigne*, n°s 12 et 13. — V. aussi Goujet et Merger, v° *Enseigne*, n° 24; Agnel, n° 176.

(3) V. toutefois, en sens contraire, Paris, 20 fév. 1838, cité par Agnel, n° 178.

l'a autorisé à mettre une enseigne (Trib. civ. Seine, 27 fév. 1847, aff. Pinondel, *le Droit*, 5 mars) ; 3° que l'usage, pour les maîtres de pension, d'annoncer leur profession par un tableau placé sur la face extérieure de la maison qu'ils occupent, est tel que, même dans le silence du bail, ce droit existe pour eux ; il en est ainsi alors même que le maître de pension ne serait pas locataire du corps de logis placé sur la rue ; le propriétaire, en louant, a dû s'attendre à cette conséquence de sa location ; et d'ailleurs ce n'est pas l'annonce d'un établissement de ce genre, mais son existence même, qui pourrait être de nature à nuire au reste de la location (Trib. civ. Seine, 14 avril 1835, aff. Surbled, *Gaz. Trib.*, 19 avril).

749. Le droit de passage n'emporte pas le droit à l'enseigne. — Il a été jugé — et c'est l'évidence même — que le droit de passer sur la propriété d'autrui ne donne pas le droit d'apposer sur cette propriété une enseigne indiquant soit son nom, soit sa fabrique, encore que ce passage fût le seul pour arriver à la fabrique, et qu'il n'y eût pas dès lors d'autre moyen d'indiquer l'existence de celle-ci ; il faut pour cela le consentement du propriétaire de l'immeuble (Trib. civ. Seine, 2 avril 1842, aff. Gaudray (1), *Gaz. Trib.*, 3 avril).

750. Ordonnances de police. — Le placement des enseignes, ayant lieu sur la voie publique, est nécessairement soumis aux règlements de la voirie. Les ordonnances de police, notamment celle du 24 déc. 1823, règlent la place et les dimensions à donner aux enseignes ; les contraventions sont du ressort des tribunaux de simple police. Elles sont d'ailleurs soumises à un droit de voirie.

Jugé à cet égard que le juge de police qui constate qu'un individu a placé une enseigne sur la voie publique sans autorisation, ne doit pas se borner à condamner le délinquant à l'amende ; il doit encore prononcer la suppression de l'enseigne (Cass., 13 nov. 1847, aff. Rouchon, J. Pal.48.1.604).

751. Droit de servitude. — Le droit que tout commerçant a d'apposer une enseigne sur sa maison est comme

---

(1) V. en ce sens, Paris, 5 mai 1842, aff. Odiot, *Gaz. Trib.*, 6 mai.

tout autre subordonné à l'exercice des servitudes que les tiers peuvent avoir sur cet immeuble.

Jugé, en ce sens, que, si une ville a sur les maisons qui bordent une place ou un carrefour une servitude d'aspect, aux termes de laquelle toutes les façades doivent avoir une uniformité, une régularité d'architecture, qui les rendent pareilles, c'est avec raison que le maire demande la suppression d'une enseigne qui masque une partie notable d'une de ces maisons; dans ce cas, le fait que le maire, comme étant chargé de la police de la voirie, ait antérieurement autorisé l'apposition de l'enseigne, ne fait pas obstacle à ce que la ville puisse exercer son droit de servitude (Douai, 5 mai 1845, aff. Testelin (1), J. Pal.45.2.327).

752. Emplacement; refus du propriétaire. — Dès que, soit en vertu du bail, soit en vertu de l'usage général, on reconnaît au locataire le droit d'annoncer par une enseigne sa profession, il faut, par une conséquence nécessaire, lui reconnaître le droit de forcer le propriétaire d'accomplir son obligation, et, en cas de refus de sa part, le droit de demander et d'obtenir la résiliation du bail.

753. Jurisprudence. — Il a été jugé en ce sens : 1° que le bail, fait sous condition que le preneur jouira d'un emplacement désigné, pour y inscrire l'enseigne de sa profession, est susceptible de résiliation, à défaut d'exécution de cette clause; il y a même lieu à dommages-intérêts en cas de préjudice éprouvé (Paris, 23 août 1841, aff. Boujut, Dall.41.2.217); 2° mais que la suppression d'une enseigne, apposée sur l'un des murs latéraux de la maison où s'exerce le fonds de commerce vendu, ne saurait être une cause de résiliation de la vente, alors que l'acte ne fait nullement mention de cette enseigne et n'en garantit pas le maintien (Paris, 21 nov. 1860, aff. Tisserand, Le Hir.61.2.326).

754. Enseigne; caricature. — L'enseigne doit servir à indiquer le nom du négociant et sa profession; elle ne pourrait servir de prétexte pour ridiculiser ou dénigrer un concurrent; cela est de toute évidence.

---

(1) V. dans la même affaire, Cass., 23 août 1844, *Gaz. Trib.*, 24 août.

Jugé en ce sens qu'un négociant n'a pas le droit de donner place dans son enseigne à la caricature d'une personne, qu'il ridiculise ainsi publiquement, et la personne caricaturée a le droit de demander la suppression ou le changement de l'enseigne avec dommages-intérêts (Just. de paix Reims, 10 nov. 1827, aff. Vincent, *Gaz. Trib.*, 18 nov.)

LIVRE CINQUIÈME

DE LA CONCURRENCE

AU POINT DE VUE DU CONTRAT DE LOUAGE.

SOMMAIRE.

755. Responsabilité du propriétaire; systèmes divers. — Il s'agit encore ici d'une variété de la concurrence déloyale; un commerçant est locataire soit d'un magasin, soit d'un appartement; il exerce plus ou moins heureusement son industrie : à un moment donné, un concurrent vient s'établir dans la même maison; quelquefois le nouveau venu s'établira à un étage inférieur, de telle sorte que l'acheteur, passant devant sa porte, sera peut-être tenté de s'y arrêter sans monter plus haut. Il y a là un danger très grave pour celui qui, établi le premier, et d'abord seul de son industrie dans la maison, n'avait pas à craindre les périls d'un semblable voisinage. Quels sont en ce cas les devoirs du propriétaire? Est-il libre de louer à qui bon lui semble, même à un concurrent du premier locataire? Est-il, au contraire, tenu de lui épargner les dangers de cette concurrence? C'est là une question des plus graves et qui divise encore, à l'heure actuelle, les auteurs et la jurisprudence. M. Agnel tient pour la responsabilité du propriétaire, et voici comment il exprime son opinion : « Cette solution, dit-il, ressort des principes « particuliers qui régissent le contrat de bail ; c'est une con- « séquence toute naturelle de l'obligation imposée au bailleur « par la nature même du contrat de faire jouir paisiblement « le preneur de la chose (art. 1719, C. civ.). En effet, la jouis- « sance à laquelle le preneur a droit ne consiste pas seulement « dans le fait matériel de son habitation, mais aussi dans la « perception de tous les avantages dont cette habitation est « susceptible pour l'exercice de sa profession. Si le bailleur « établit une concurrence qui diminue les profits du preneur, « on doit reconnaître qu'il n'y a plus jouissance entière, « paisible. La garantie doit donc être reconnue lorsque, par « le fait du bailleur, les avantages que le preneur tirait de la « chose louée sont amoindris. Ainsi, en l'absence même de « stipulation prohibitive, le bailleur, qui a loué pour l'exercice « d'une industrie déterminée, ne peut pas, sans manquer à « son obligation, concourir à l'établissement dans la même « maison d'une industrie rivale. Sans doute, les circonstances « particulières pourront exercer une certaine influence sur « la solution de la question ; mais, en règle générale, il y a « lieu de décider que le bailleur, par le fait de la location qu'il « a consentie en faveur du preneur, s'est tacitement interdit « le droit de louer à un autre locataire exerçant le même « genre d'industrie (1). »

Ce passage du livre de M. Agnel résume parfaitement toutes les raisons qu'on peut donner à l'appui de l'opinion qu'il défend. Ces raisons, nous les retrouvons dans la monographie publiée, sur ce sujet, par M. Bezout, qui ajoute les deux considérations que voici : « Le droit de propriété n'a « rien à faire ici. Que fait le bailleur dans le contrat de bail ? « Il concède à prix d'argent la jouissance de sa chose. Le lo- « cataire, qui prouve que le propriétaire lui cause un trouble

(1) Agnel, n° 203. — V. aussi Boulanger, *J. Pal.*57.1109, *la note*; Aubry et Rau, t. 3, p. 343; Massé et Vergé, t. 4, p. 363, *note* 8. — V. encore un article de M. Bozérian dans la *Prop. ind.*, n° 156. — Comp. *Bull. Cour de Paris*, 73.55, *la note*.

« ou un préjudice, l'actionne en dommages-intérêts. On ne « peut voir là aucune atteinte au droit de propriété, si ce n'est « l'obligation naturelle, et dérivant au surplus de la loi, pour « le propriétaire, de respecter le droit d'autrui. Quant à la « liberté de l'industrie, elle n'est aucunement méconnue : le « locataire exerce l'industrie qu'il lui plaît, comme il lui plaît, « et quand il lui plaît. Mais, si, par son industrie, il cause un « dommage, il est tenu de le réparer (1). »

Dans l'opinion contraire, on reconnaît également que les circonstances de chaque espèce sont de nature à modifier la solution, et on demeure d'accord que c'est la volonté des parties qu'il faut avant tout considérer. Mais ce qu'on repousse absolument, c'est le principe même de l'interdiction qui serait imposée au propriétaire par l'art. 1719. Cet article, dit-on, n'a pas le sens qu'on lui prête. Qu'on relise la discussion qui a précédé l'adoption de la loi; on y verra que l'art. 1719 n'a pour but que de garantir au preneur la jouissance paisible de la chose louée, c'est-à-dire le fait matériel de son occupation, de sa possession. Il y aura trouble, si le bailleur vient à faire aux lieux loués des changements qui en rendent la jouissance incommode ou incomplète; dans le cas, par exemple, où il la grèverait d'une servitude de vue ou d'égout, où il boucherait la vue par des constructions, où il admettrait dans l'immeuble un locataire exerçant une industrie bruyante ou insalubre. En un mot, l'art. 1719 prévoit uniquement le cas d'un trouble matériel affectant d'une manière directe l'occupation des lieux; il ne va pas au delà; il n'a surtout jamais eu en vue l'exercice de la profession du locataire, chose tout à fait indépendante des lieux loués, non plus que l'obligation pour le bailleur de garantir le preneur contre toute concurrence. On ne peut suppléer au silence de la loi; le droit du propriétaire, à défaut de restriction légale, ne peut être restreint que par la volonté commune des parties, dont la preuve, d'ailleurs, peut ressortir soit des termes explicites du contrat, soit des faits contemporains dudit contrat et des cir-

---

(1) Bezout, *Des industries similaires*, n°s 17 et 18. — V. aussi un article de M. Villepin, Pataille.60.177.

constances qui l'ont accompagné. La fraude, qui fait exception à toute règle, pourrait seule suppléer à l'absence de stipulation; il faudrait qu'il fût prouvé, par exemple, que le bailleur n'a introduit le second locataire dans l'immeuble que dans le but de favoriser une concurrence déloyale. Admettre le contraire, ajoute-t-on, serait non seulement méconnaître le droit de propriété, mais encore, vis-à-vis du second preneur, porter atteinte au principe de la liberté du commerce qui consacre le droit pour chacun d'exercer sans entrave l'industrie qu'il a adoptée. On conclut donc, dans ce système, que le principe général est la liberté absolue pour le propriétaire de disposer de sa propriété comme il l'entend, et que la restriction apportée à cette liberté par la convention des parties est, au contraire, l'exception.

M. Pataille se prononce en ce sens, qui nous paraît être le vrai. « A nos yeux, dit-il, le droit commun est, pour le pro-« priétaire, la libre disposition de son immeuble, et, pour les « locataires commerçants, la liberté de l'industrie, voire « même la concurrence, quand elle n'est pas accompagnée « de faits qui la rendent déloyale. Nous croyons donc qu'on « exagère la portée de l'art. 1719, C. civ., qui n'imposait « qu'une obligation toute spéciale à l'immeuble, et non celle « purement personnelle d'empêcher toute espèce de concur-« rence. Celle-ci ne peut, selon nous, résulter que d'une « clause formelle ou tout au moins d'une interprétation de la « volonté des parties. La faire découler de l'art. 1719, c'est « ériger en règle ce qui en devrait être l'exception. A plus « forte raison, repousserions-nous l'action directe d'un loca-« taire contre un autre locataire (1). »

756. **Jurisprudence; premier système** (2). — Il a été

---

(1) Pataille.60.186, notes 2 et 3. — V. également Rendu, n° 517.

(2) V. encore Nîmes, 31 déc. 1855, aff. Daudet, Dall.57.2.25; Trib. civ. Seine, 20 janv. 1858, aff. Chantepie, *Gaz. Trib.*, 19 février; Paris, 4 mars 1858, aff. Simbozel, Dall.60.2.189; Paris, 7 mai 1859, aff. Meyer, Pataille.60.189; Paris, 20 juin 1859, aff. Fleury, Bezout, p. 5; Paris, 5 nov. 1859, aff. Michaux, Pataille.60.192; Trib. civ. Seine, 22 fév. 1860, aff. Aumont, Pataille.60.197; Paris, 29 mars 1860, aff. Ken, Pataille.60.186; Paris, 12 mars 1863, aff. Wulf, Sir.63.2.221; Toulouse,

jugé : 1° qu'en principe, le propriétaire ne peut autoriser dans la même maison l'exercice de deux industries rivales ; toutefois, il cesse d'être responsable, lorsqu'il a inséré dans le bail, intervenu entre lui et le second locataire, des stipulations expresses, garantissant le droit du premier preneur ; en ce cas, la convention faite par le second locataire constitue une simple voie de fait, dont la réparation ne peut être poursuivie que contre son auteur (Paris, 27 janv. 1864, aff. Biesta, Sir.64.2.258) ; 2° que le bailleur, aux termes de l'art. 1719, C. civ., est tenu d'empêcher qu'il soit fait concurrence au preneur par d'autres locataires ; cet article, sainement interprété, s'applique même au cas de deux maisons contiguës, et qui, réunies dans la main du même propriétaire, ayant des entrées et des cours à peu près communes, ne forment en quelque sorte qu'un seul immeuble (Paris, 8 juill. 1861, aff. Piché (1), Pataille.61.331) ; 3° que le propriétaire est responsable envers son locataire de la concurrence que lui ferait un autre locataire, encore que, jusque-là, celui-ci eût exercé un commerce différent et que la concurrence vînt de ce qu'il aurait ajouté à son industrie une branche nouvelle ; dans ce cas, toutefois, le propriétaire a un recours en garantie contre l'auteur de cette concurrence (Paris, 7 janv. 1862, aff. Bossot, *Monit. Trib.*, 62.123) ; 4° mais que le principe, que le preneur doit jouir paisiblement, n'est pas violé par le seul fait de l'installation, dans la même maison, d'un locataire exerçant une industrie semblable à celle d'un autre locataire, alors du moins que l'industrie dont s'agit (agent d'assurances) ne s'exerce pas dans la maison même, mais à l'extérieur, au domicile des clients par visites et démarches ; il importerait peu que le second locataire eût commis à l'égard du preneur des actes de concurrence déloyale, si ces faits

---

14 mars 1863, aff. Lescure, Dall.65.2.56 ; Paris, 24 juill. 1862, aff. Martin, Agnel, n° 204 ; Bordeaux, 2 août 1860, aff. Martel, Dall.61.5.294 ; Aix, 6 août 1863, aff. Velten, Sir.63.2.223 ; Trib. civ. Marseille, 25 avril 1873, aff. Garcin, *Gaz. Trib.*, 30 mai. — V. anal. Douai, 18 août 1864, aff. Demol, Sir.67.2.188.

(1) V. aussi Bordeaux, 2 août 1860, aff. Martel, Dall.61.5.294.

ne se sont pas passés dans la maison habitée par les deux locataires (Paris, 7 août 1863, aff. Lebœuf, Le Hir.63.2.100).

757. **Jurisprudence; second système** (1). — Il a été jugé en sens contraire, — et la jurisprudence paraît à présent fixée en ce sens : — 1° que le propriétaire, qui a loué une partie de son immeuble pour l'exploitation d'une industrie déterminée, ne perd pas, par le seul effet de cette location, et en l'absence de toute condition et restriction insérées dans le bail, ou résultant de la commune intention des parties, le droit de louer une autre partie du même immeuble pour une exploitation similaire : l'art. 1719 n'a pour objet que d'assurer au preneur la libre et paisible jouissance des lieux loués, et, par suite, n'a aucun rapport avec l'hypothèse actuelle ; il n'en pourrait être autrement qu'en cas de concert frauduleux organisé par le propriétaire et le deuxième preneur à l'encontre du premier (Bordeaux, 17 avril 1863, aff. Robillard, Sir.63.2.222) ; 2° que l'art. 1719, C. civ., n'a pour but que de garantir au preneur la paisible jouissance de la chose louée, et non de lui assurer l'exercice exclusif de son commerce en imposant au bailleur l'obligation de le garantir contre toute concurrence ; il s'ensuit que le propriétaire conserve la faculté d'admettre, dans sa maison, un second preneur exerçant une industrie similaire ou identique à l'industrie exploitée par le premier preneur ; le droit du propriétaire

---

(1) V. Trib. civ. Seine, 6 août 1857, aff. Rinker, Pataille 57.382 ; Trib. civ. Seine, 9 avril 1859, aff. Fourré, Dall.61.2.32 ; Paris, 26 déc. 1861, aff. Dalencourt, *Monit. Trib.*, 62.153 ; Trib. civ. Lyon, 28 fév. 1862, *Monit. Trib.*, 62.588 ; Trib. civ. Marseille, 9 janv. 1863, aff. Cartier, *Rec. de Marseille*.62 143 ; Rennes, 8 mai 1863, aff. Gaillard, Sir.64 2.257 ; Paris, 12 mars 1854, Vésinet, *ibid.* ; Paris, 12 mars 1864, aff. Lazare, *ibid.* ; Paris, 11 juin 1864, aff. Thiéblot, Dall.64.2.203 ; Paris, 15 juin 1864, aff. Doué, *ibid.* ; Metz, 26 nov. 1868, aff. Bréda, Sir.69.2.175 ; Paris, 19 fév. 1870, aff. Journault, *Gaz. Trib.*, 3 mai ; Paris, 16 janv. 1874, aff. Aubry, *le Droit*, 21 mars ; Trib. civ. Seine, 18 août 1877, *Gaz. Trib.*, 10 oct. ; Trib. civ. Seine, 19 déc. 1878, *le Droit*, 24 janv. 1879 ; Trib. civ. Seine, 29 janv. 1879, *le Droit*, 25 sept. ; Trib. civ. Seine, 12 juin 1879, *le Droit*, 29 oct. — Comp. Paris, 24 mars 1879, *le Droit*, 29 mai ; Paris, 5 déc. 1876, Pataille.78.93.

ne peut être restreint que par la volonté commune des parties, dont la preuve peut ressortir soit des termes explicites du contrat, soit des faits contemporains dudit contrat et manifestant cette commune intention ; la fraude, qui fait exception à toute règle, pourrait seule suppléer à l'absence de stipulations convenues entre les parties, s'il était prouvé que le bailleur n'avait introduit le second preneur dans l'immeuble que dans le but de favoriser une concurrence déloyale (Paris, 8 mai 1862, aff. Klée, Pataille.62.234).

757 *bis*. **Jurisprudence** (*suite*).— Il a encore été jugé : 1° que le propriétaire, qui possède plusieurs boutiques, est maître de les louer successivement pour le même commerce ou la même industrie, à moins qu'il ne se soit retiré ce droit ; et cette interdiction ne peut être admise que lorsqu'elle est établie par une clause formelle ou par des présomptions tirées de la nature particulière du commerce ou de l'industrie, des circonstances du voisinage ou des habitudes du quartier (Paris, 19 janv. 1865, aff. Simonet, Le Hir.66.2.99); 2° que les conventions intervenues entre le propriétaire et le locataire sont la loi des parties : et il n'est pas permis au juge d'y rien ajouter sous prétexte de l'interpréter, quand, d'ailleurs, le texte est clair et précis : en conséquence, lorsque le bail ne contient aucune interdiction pour le propriétaire de louer d'autres parties de sa propriété à des industries similaires à celle de son locataire, il est libre d'en disposer comme bon lui semble (Paris, 29 août 1867, aff. de Joest, Pataille.67.398); 3° qu'il en est ainsi, du moins, lorsqu'il n'est allégué aucune fraude ni rapporté aucun fait d'où l'on puisse induire qu'il avait été dans la commune intention des parties de restreindre le droit du propriétaire (Rej. 6 nov. 1867, aff. Haquin, Pataille.67.401); 4° que cela est vrai, surtout, lorsqu'il s'agit de deux immeubles séparés quoique contigus (Paris, 5 juill. 1864, aff. Mayet (1), Sir.64.2.258); 5° mais que le propriétaire, qui a promis à son locataire de n'admettre dans la maison aucun concurrent, contrevient à son engagement en per-

(1) V. encore Paris, 25 juill. 1856, aff. Verchère, Pataille.57.25 ; Trib. civ. Seine, 13 mars 1874, *le Droit*, 24 avril.

mettant à un autre locataire, qui s'est engagé lui-même à ne pas faire concurrence au premier, de poser sur sa devanture une annonce comprenant dans ses termes le commerce prohibé, encore que ce locataire n'aurait pas encore vendu d'objets similaires (Lyon, 19 mars 1857, aff. Paul, Dall.60. 2.189).

758. *Quid* **de l'intention des parties?** — A quelque opinion qu'on s'arrête sur la question, il faut reconnaître que la volonté des parties est souveraine. Dès qu'il est constaté, en fait, que l'intention des parties, exprimée ou sous-entendue, mais formelle en tout cas, est que le propriétaire, par exemple, ne soit pas responsable de la concurrence faite à un de ses locataires par un autre, cette intention s'impose au juge; le contrat devient alors la loi des parties, et se substitue à la loi proprement dite.

Jugé, en ce sens, que si, en thèse générale, et en vertu de l'art. 1719, C. civ., le bailleur est tenu de faire jouir paisiblement le preneur en n'introduisant postérieurement dans sa maison aucun individu qui exercerait la même industrie, ce principe doit recevoir exception, lorsque les circonstances de la cause et les autres stipulations du bail démontrent que le bailleur a entendu conserver sa liberté entière (Trib. civ. Seine, 4 déc. 1860, aff. de Brisges (1), Pataille.61.121).

759. *Quid* **si les industries ne sont pas identiques?** — Le principe de la responsabilité du propriétaire une fois admis, il va de de soi qu'il n'est pas nécessaire que les deux industries soient identiquement les mêmes; « il « suffit, comme le remarque M. Blanc, qu'elles aient un seul « point de contact : ainsi, un épicier et un droguiste, un « quincaillier et un coutelier, en un mot deux commerçants « qui vendront seulement quelques objets de même espèce, « ne pourront reproduire l'enseigne l'un de l'autre, parce

(1) V. Rej. 8 juill. 1850, aff. Lavenne, Sir.51.1.111; Paris, 8 nov. 1856, aff. Gœsler, Pataille.57.27; Trib. civ. Seine, 18 nov. 1856, aff. Lombard, Pataille.57.29; Grenoble, 26 juin 1866, Sir.67.2.54; Rej. 18 mai 1868, aff. Gayet, Sir.68.2.303; Rej. 29 janv. 1868, aff. Lapiotte, Sir.68. 1.116; Paris, 3 fév. 1870, aff. Lasseron, *Gaz. Trib.*, 17 mars; Trib. civ. Seine, 21 juin 1879, *le Droit*, 25 juill.

« qu'il y aurait, dans ce cas, détournement possible des ache-
« teurs, au moins en ce qui concerne les produits qu'ils ven-
« dent concurremment (1). »

Il n'entre pas dans le cadre de notre ouvrage de citer les innombrables décisions qui ont apprécié le plus ou moins de rapport qu'ont certaines industries entre elles ; on les trouvera dans les monographies spéciales (2). Notons seulement cette règle, formulée dans un arrêt, à savoir qu'en appréciant la concurrence déloyale, résultant de l'exercice d'une même profession dans le même immeuble, les juges n'ont pas à entrer dans les distinctions industrielles et mercantiles des différents commerces, mais seulement à apprécier si le bailleur a respecté l'obligation qu'il a prise, non seulement dans ce qui y est exprimé, mais dans les suites que l'équité peut y donner d'après sa nature (3).

760. L'interdiction ne s'applique qu'à l'avenir. — On suppose ici que le locataire se plaint d'un trouble apporté à sa jouissance par un autre locataire habitant la même maison, mais déjà installé dans les lieux lorsqu'il s'y est lui-même établi. En admettant que la responsabilité du propriétaire puisse, en cette matière, être engagée, on se demande si elle le peut être dans le cas particulier que nous examinons. On ne peut l'admettre. N'est-il pas évident que les faits antérieurs sont censés connus du nouveau locataire, qui les accepte et s'y soumet ? Comment se plaindrait-il d'une concurrence déloyale, quand c'est lui, en réalité, qui vient établir la concurrence et troubler le premier locataire ? Sauf le cas de fraude de la part du propriétaire, on doit reconnaître que sa responsabilité, en pareil cas, ne peut tout au plus l'engager que pour l'avenir et sous la réserve de la question de principe, développée plus haut.

761. Jurisprudence. — Il a été jugé : 1° que le locataire ne peut se plaindre de ce qu'un autre locataire, antérieure-

---

(1) Blanc, p. 726.

(2) V. Agnel, n° 206; Bezout, n°s 20 et suiv. ; Villepin, son article dans Pataille.60.180.

(3) V. Paris, 11 fév. 1880, *le Droit*, 11 mars.

ment installé dans la même maison, lui fait concurrence, alors que, d'une part, il ne s'est pas fait assurer, par une stipulation expresse, la jouissance exclusive de sa profession, et que, d'autre part, il a connu le bail fait à son colocataire et a pu se convaincre que ce bail ne contenait aucune prohibition (Trib. civ. Seine, 6 août 1857, aff. Rinker, Pataille.57.382); 2° que la clause, par laquelle un propriétaire s'oblige envers un commerçant, son locataire, à ne pas louer à un autre commerçant de la même industrie, ne peut s'appliquer qu'à l'avenir ; il s'ensuit que le locataire ne saurait se plaindre de ce qu'un autre locataire, établi avant lui dans les lieux, exerce un commerce plus ou moins analogue : il en est surtout ainsi quand les deux commerces ne sont pas absolument similaires et que le second n'est qu'une branche spéciale comprise dans la généralité de l'autre (Paris, 22 déc. 1859, aff. Berthet, Pataille.60.195) ; 3° que, lorsqu'un propriétaire loue à un commerçant et s'interdit dans le bail de louer à un locataire exerçant une industrie similaire, cette interdiction ne s'applique qu'à l'avenir et ne saurait donner le droit au preneur de se plaindre de la concurrence d'une industrie analogue établie dans la maison antérieurement a son entrée (Paris, 14 nov. 1860, aff. Lépicier, *Monit. Trib.*, 60.690); 4° qu'il est incontestable sans doute que le bailleur doit faire jouir paisiblement le preneur de la chose louée, et qu'il découle de ce principe que, dans le cas où la chose louée est une usine, le bailleur ne peut élever contre l'industrie du preneur une concurrence inattendue qui amoindrisse les profits que ce dernier a pu légitimement espérer de l'exécution de son bail ; mais cette concurrence cesse d'être un fait illicite dont puisse se plaindre le preneur quand elle existait avant le bail, au su du locataire, et quand ce bail, sainement interprété, fait présumer que les parties n'ont pas entendu déroger à l'ancien état de choses, ni promettre ou stipuler la cessation de l'industrie rivale connue du nouveau preneur (Rej. 1er déc. 1863, aff. André (1), Sir.64.1.25) ; 5° mais que le bailleur, qui s'est interdit de louer à un commerçant qui exercerait une indus-

(1) V. la note de Sirey, *eod. loc.*

trie similaire à celle du preneur, manque à son obligation lorsqu'il loue, pour un commerce similaire, une boutique même non située dans le même immeuble, si, d'ailleurs, au moment de la première location, cet immeuble n'était pas numéroté et s'il avait l'intention d'en faire construire d'autres contigus dans la même rue, sur des terrains lui appartenant dès cette époque (Paris, 24 mars 1879 (1), *le Droit*, 29 mai).

762. Le locataire troublé a-t-il un droit personnel ou réel? — La question de savoir si le droit, né du bail, est un droit personnel ou réel a été de tout temps fort discutée, et la controverse dure encore. Nous ne traiterons pas la question, qui est toute de droit commun, et il nous suffira de renvoyer aux sources (2). Notons seulement la note suivante, qui, mise par M. Dalloz au bas d'un arrêt, résume le système, à notre avis contestable, de la *réalité* du droit. « Le « propriétaire, dit l'arrêtiste, en s'interdisant de louer le « surplus de sa maison pour l'exercice de certain commerce « spécifié, ne contracte pas simplement un engagement per- « sonnel; il fait plus, il se dépouille, au profit du locataire, « d'une portion de son droit sur la partie de la maison non « comprise dans le bail; il grève sa maison d'une espèce de « servitude en faveur de ce locataire. Ainsi, le droit acces- « soire qui résulte pour ce dernier de la clause prohibitive « participe de la nature du droit principal; ce n'est, à pro- « prement parler, qu'une extension de ce droit (3).

M. Mayer dit, avec raison, en sens inverse: « Le proprié- « taire est bien obligé, par la nature du contrat, de faire jouir

---

(1) V. aussi Paris, 5 déc. 1876, Pataille.78.93.

(2) V. dans le sens du droit réel, Troplong, t. 1, n°s 5 et suiv., et t. 2, n°s 473 et suiv.; Fréminville, t. 1, n° 528; Bélime, *Droit de possession*, n° 309; Merlin, *Questions*, v° *Tiers*, § 2.—V. aussi l'article de M. Bezout, *Monit. Trib.*, 63.413. — V., dans le sens du droit personnel, Proudhon, *Usufruit*, t. 1, n° 102; Delvincourt, t. 3, p. 185; Toullier, t. 3, n° 388; Duranton, t. 4, n° 73; Bellot-Desminières, *le Droit*, 20 mai 1836; Duvergier, *Du louage*, t. 1, n° 279; Marcadé, t. 3, p. 41. — V. aussi Sir.58.3.322, *la note*.

(3) V. Dall.59.2.217, *la note*. — Comp. *Bull. de la Cour de Paris*, 73.58, *la note*.

« paisiblement de la chose louée, mais il conserve la libre dis-
« position des choses non louées, ou louées en commun,
« comme les passages, dessous de portes et piliers de portes,
« et sa garantie ne s'étend qu'aux troubles directs, aux dimi-
« nutions effectives de jouissance, non au préjudice indirec-
« tement éprouvé dans l'exercice de l'industrie. Le proprié-
« taire ne sera jamais garant de la concurrence déloyale ; il
« ne sera tenu à raison de la concurrence simple que s'il s'est
« obligé à ne pas accepter un concurrent comme second
« locataire. Si le bail contient une stipulation de ce genre,
« le premier locataire n'aura d'action que contre le proprié-
« taire, parce qu'il n'a certainement qu'un droit personnel
« né du contrat, conformément à la doctrine la plus autorisée.
« Entre locataires aucune plainte directe ne peut donc se
« concevoir, s'il n'y a concurrence vraiment déloyale en
« dehors du fait simple de l'établissement dans la même
« maison, ou tout au moins s'il n'y a voie de fait apportant
« trouble à la jouissance (art. 1725, Code civ.), la première
« enseigne étant, par exemple, déplacée ou couverte par la
« nouvelle (1) ».

Laissant de côté la question de principe, nous indiquerons seulement les conséquences diverses auxquelles conduisent naturellement les solutions différentes que cette question comporte. Suivant qu'on admet la *personnalité* ou la *réalité* du droit né du bail, il faut accorder au locataire, troublé par la concurrence d'un de ses colocataires, ou une simple action contre le bailleur, à l'effet de faire cesser le trouble et d'obtenir la réparation du préjudice causé, ou une action directe contre le colocataire auteur du trouble, à l'effet d'obtenir même son expulsion.

763. **Jurisprudence** (2). — Il a été jugé dans le sens du

---

(1) Mayer, n° 33. — V. aussi Aubry et Rau, t. 4, § 365-3°, p. 471, *note* 7.

(2) V. aussi Paris, 4 mars 1858, aff. Simbozel, Sir.58.2.322 ; Trib. civ. Seine, 4 juill. 1860, *Monit. Trib.*60.332 ; Trib. civ. Seine, 23 nov. 1878, *le Droit*, 22 déc. ; Trib. civ. Seine, 28 fév. 1879, *le Droit*, 21 mars ; Trib. civ. Seine, 23 avril 1879, *le Droit*, 24 août ; Trib. civ. Seine, 1er juill. 1879, *le Droit*, 10 oct. ; Trib. civ. Seine, 31 janv. 1880, *le*

droit personnel : 1° que le droit du preneur est un droit purement personnel et qui ne donne au locataire d'action que contre le bailleur, le seul avec qui il ait contracté (Paris, 22 avril 1864, aff. Millaud, Sir.64.2.259) ; 2° que le propriétaire, qui s'est engagé envers un locataire à ne pas louer à des personnes exerçant la même industrie, est responsable vis-à-vis de ses autres locataires, encore bien qu'il leur aurait imposé l'interdiction convenue ; il a seulement un recours en garantie contre son locataire, auteur de la concurrence (Paris, 13 fév. 1872, aff. Colin, Pataille.75.288) ; 3° qu'il n'existe aucun lien de droit entre deux commerçants locataires dans une même maison; que, par suite, le locataire d'une boutique ne peut actionner directement le locataire d'une autre boutique au sujet de la concurrence contre laquelle il prétend que son bail le protège (Paris, 4 déc. 1873, aff. Forest, *Gaz. Trib.*, 28 fév. 1874); 4° que le locataire, qui éprouve dans sa jouissance un trouble par le fait d'un de ses colocataires, n'a pas d'action directe contre celui-ci, et qu'il n'a d'action que contre le propriétaire avec lequel il a contracté, sauf à celui-ci son recours contre le locataire auteur du trouble (Paris, 26 juill. 1879, *Gaz. Trib.*, 11 sept.); 5° que le bailleur est tenu de prévenir tout ce qui peut troubler la jouissance du locataire, et que, par suite, il doit intervenir lorsque le second locataire cause du trouble au premier, alors même que ce second locataire aurait pris l'engagement de respecter le bail du premier, la concurrence déloyale en cette matière ne constituant pas une voie de fait qui puisse affranchir le bailleur de l'obligation de faire jouir paisiblement le locataire (Paris, 27 déc. 79, *le Droit*, 2 avr. 1880).

763 *bis*. **Jurisprudence** (1). — Il a été jugé dans le sens du

---

Droit, 2 avril. — Comp. Trib. civ. Seine, 12 janv. 1879, *le Droit*, 29 oct. — V. toutefois Trib. civ. Seine, 22 fév. 1860, aff. Aumont, Pataille.60.197.

(1) V. aussi Dalloz, *Table alphab.* de 1845 à 1847, v° *Louage*, n°' 7 et suiv. — V. encore Paris, 29 mars 1860, aff. Ken, Sir.60.2.122 ; Paris, 8 juill. 1861, aff. Piché, Sir.62.2.274 ; Nîmes, 31 déc. 1855, aff. Daudet, Dall.57.2.125 ; Toulouse, 14 mars 1864, aff. Lescure, Sir.64.2.28 ; Paris, 18 août 1857, aff. Desperrières, Pataille.57.379 ; Trib. civ. Seine,

droit réel : 1° que le locataire troublé par la concurrence d'un colocataire a un droit mixte, participant à la fois du droit personnel et du droit réel, et l'autorisant à agir non seulement contre son bailleur, mais contre le locataire, auteur du trouble (Paris, 24 juin 1858, aff. Villemont, Sir.59.2.146); 2° que le locataire ne peut actionner le propriétaire relativement à la concurrence déloyale dont il souffre de la part d'un nouveau locataire, si le bail qui a été passé avec l'auteur de la prétendue concurrence, et qui d'ailleurs lui a été communiqué à sa première réquisition, contenait interdiction de se livrer à cette concurrence, le locataire victime de la concurrence se trouvant alors en situation d'agir directement contre son colocataire (Trib. civ. Seine, 19 déc. 1878, *le Droit*, 5 fév. 1879); 3° qu'il suffit, pour que le bailleur soit dégagé de la responsabilité qui pourrait résulter pour lui de la concurrence faite par un locataire de son immeuble à un autre locataire antérieur, qu'il ait interdit au second d'exercer une industrie rivale (Trib. civ. Seine, 21 juin 79, *le Droit*, 25 juillet); 4° mais que, même en admettant que le locataire troublé par la concurrence ait une action directe contre son colocataire auteur du trouble, cette action ne pourrait pas être introduite par de simples conclusions prises contre le colocataire appelé en garantie par le bailleur primitivement attaqué au sujet de cette concurrence (Trib. civ. Seine, 31 janv. 1880, *le Droit*, 2 avril).

764. *Quid* **du recours du propriétaire?** — Il a été jugé que le propriétaire n'a d'action en garantie contre celui de ses locataires, qui fait concurrence à un autre par l'exercice d'une industrie similaire, que si dans le bail il lui a interdit d'exercer cette industrie ; à défaut de cette interdiction, il prétendrait en vain que le second locataire n'a pu ignorer, en entrant dans les lieux, le commerce exercé par le locataire déjà établi dans la maison (Paris, 7 mai 1859, aff. Meyer (1), Pataille.60.189).

---

11 mai 1878, *le Droit*, 20 juill. ; Trib. civ. Seine, 1er fév. 1879, *le Droit*, 17 juin. — Comp. toutefois Paris, 12 mars 1863, aff. Wulf, Sir. 63.2.221.

(1) V. aussi Paris, 5 nov. 1859, aff. Michaux, Pataille.60.192 ; Paris,

765-766. Dommages-intérêts par chaque jour de retard. — Il a été jugé que le propriétaire, tenu de faire cesser la concurrence qui est faite à son locataire par un autre locataire de la même maison, peut être condamné à une somme déterminée de dommages-intérêts, qu'il devra tout le temps que la concurrence durera (Paris, 17 mars 1852, aff. Prevost, Teulet.1.93). — Jugé pourtant qu'une contrainte, consistant en une allocation de dommages-intérêts par chaque contravention constatée, présenterait un caractère réglementaire pour un fait à venir, et qu'il est plus juridique d'ordonner la cessation de la concurrence dans un délai déterminé, sauf en cas de résistance à donner plus tard au jugement une sanction définitive (Trib. civ. Seine, 21 juin 1879, *le Droit*, 25 juill.).

---

13 fév. 1872, aff. Colin, Pataille.75.288 ; Paris, 5 mars 1877, *le Droit*, 4 avril ; Paris, 26 juill. 1879, *Gaz. Trib.*, 11 sept. ; Paris, 7 janv. 1862, aff. Bassot, *Monit. Trib.*, 62.423.

LIVRE SIXIÈME

DE LA DIVULGATION DES SECRETS DE FABRIQUE.

SOMMAIRE.

767. Texte du Code pénal. — 768. Ce qui constitue le secret de fabrique. — 769. *Quid* de la nouveauté de l'objet du secret? — 770. Appréciation souveraine. — 771. La loi ne s'applique qu'à l'industrie.—772. *Quid* de l'importance de la fabrication révélée? — 773. Le brevet exclut le secret de fabrique.—774. La loi frappe les employés de la fabrique.—775. *Quid* de l'apprenti?—776. *Quid* si l'ouvrier a quitté la fabrique? — 776 *bis*. *Jurisprudence*.—777. Il faut une intention coupable. — 778. *Quid* si l'ouvrier a participé à l'invention objet du secret?—779. *Quid* si le révélateur n'a pas profité de sa fraude?—780. La tentative est punissable. —781. Complicité.— 782. *Quid* si la révélation profite à une fabrique étrangère? — 783. *Quid* s'il s'agit de secrets appartenant à l'État? —784. *Quid* du Français résidant à l'étranger? — 785. Droit du fabricant étranger résidant en France. — 786. *Quid* si le secret a été révélé à un étranger résidant en France?

767. Texte du Code pénal. — L'art. 418 du Code pénal est ainsi conçu : « Tout directeur, commis, ouvrier de « fabrique, qui aura communiqué ou tenté de communiquer « à des étrangers ou à des Français résidant en pays étranger « des secrets de la fabrique où il est employé, sera puni d'un « emprisonnement de deux ans à cinq ans et d'une amende de « 500 à 20,000 fr. — Il pourra, en outre, être privé des droits « mentionnés en l'art. 42 du présent Code pendant cinq ans « au moins et dix ans au plus, à compter du jour où il aura « subi sa peine. Il pourra aussi être mis sous la surveillance « de la haute police pendant le même nombre d'années. — « Si ces secrets ont été communiqués à des Français résidant « en France, la peine sera d'un emprisonnement de trois mois « à deux ans et d'une amende de 16 fr. à 200 fr. — Le maxi-

« mum de la peine prononcée par les paragraphes 1 et 2 du « présent article sera nécessairement appliqué s'il s'agit de « secrets de fabrique d'armes et de munitions de guerre ap- « partenant à l'État (1). »

768. Ce qui constitue le secret de fabrique. — Que faut-il entendre par ce mot *secret de fabrique*, que la loi ne définit pas ? On a prétendu quelquefois que le secret de fabrique n'existait qu'à la condition de réunir les caractères exigés par la loi pour constituer une invention brevetable. C'est une erreur évidente. Il suffit, pour s'en convaincre, de se reporter au texte de la loi sur les brevets ; on sait, en effet, qu'aux termes de cette loi le propriétaire d'un brevet a droit de prendre ce que la loi appelle des certificats d'addition pour tous changements, perfectionnements ou additions qu'il apporte à son invention première. Nul doute que, dans ces termes généraux, la loi ne comprenne certains détails qui, sans avoir (lorsqu'ils sont considérés isolément) l'importance ou le caractère d'une invention, n'en paraissent pas moins dignes de la protection du législateur. Pourrait-on raisonnablement soutenir que ce qui peut faire l'objet d'un certificat d'addition ne peut faire l'objet d'un secret de fabrique ? Nous ne le pensons pas. Le secret de fabrique s'entend donc, à notre sens, de tous détails de fabrication, même, nous serions presque tenté de dire surtout, de ces tours de main qui, sans être une invention caractérisée, sont en usage dans une manufacture, à l'insu des concurrents, et, par cela même, lui assurent ou seulement semblent lui assurer sur eux une certaine supériorité.

C'est aussi l'avis de M. Pataille : « Nous pensons, dit-il, « qu'il faut prendre les expressions *secrets de fabrique* dans « le sens usuel et qu'elles s'appliquent à tout mode de fabri- « cation qu'un industriel emploie en secret pour obtenir un « produit ou un résultat avantageux, ce qui peut se rencon-

(1) M. Huard, dans une série d'articles très complets d'ailleurs, parus dans la *Prop. ind.*, nos 362 et suiv., raisonne par mégarde sur le texte de l'ancien art. 418, sans songer qu'il a été modifié par la loi du 13 mai 1863.

« trer dans les précautions accessoires prises pour un meil-
« leur emploi d'un appareil ou d'un procédé breveté (1). »

Jugé en ce sens : 1° que, pour apprécier l'existence prétendue d'un secret de fabrique, il n'y a pas lieu de rechercher si les éléments dont il se compose sont brevetables ou non ; il ne s'agit pas, en effet, en pareil cas, de statuer sur une prévention de contrefaçon et de prononcer sur la validité ou la nullité d'un brevet ; mais il y a lieu d'apprécier tous ces procédés, brevetables ou non, tous ces moyens de fabrication propres à chaque fabricant, et même jusqu'à ces pratiques manuelles, si minimes en apparence et souvent si importantes quant à leurs effets, qu'on a appelées des *tours de main* (Paris, 20 fév. 1863, aff. Régis (2), Pataille.63.363) ; 2° que le secret de fabrique peut consister, en dehors du procédé lui-même, dans certains tours de main, et moyens spéciaux qui s'acquièrent par l'expérience et la pratique (Paris, 31 juill. 1872, aff. Martin de Lignac, Pataille.76.197).

769. ***Quid* de la nouveauté de l'objet du secret?** — Le mot *secret* n'est pas employé dans le sens ici de *confidence*, qu'il a le plus souvent dans la langue ordinaire. Il importerait peu qu'un procédé ancien, vulgaire, depuis longtemps tombé dans le domaine public, eût été confié à la discrétion et à la loyauté de l'ouvrier ; la révélation d'un pareil procédé constituerait évidemment un acte indélicat ; elle pourrait même constituer un acte dommageable et de nature à exposer, dans certains cas, le révélateur à des dommages-intérêts ; elle ne constituerait pas le délit de révélation de secret de fabrique tel que l'entend la loi pénale.

Quels sont donc les caractères du secret de fabrique et à quels indices le reconnaît-on? La plupart des auteurs enseignent que la nouveauté est le caractère nécessaire du secret de fabrique. MM. Chauveau et Faustin Hélie disent à cet égard :

---

(1) Pataille.56.96. — V. Calmels, *De la contrefaçon*, n° 68. — V. aussi Trib. corr. Strasbourg, 28 oct. 1854, aff. Lange et Pouille, *Gaz. Trib.*, 16 novembre.

(2) V. encore Trib. corr. Seine, 28 juin 1873, aff. Poirrier, Pataille.74.181. — V. toutefois Rej. 24 avril 1863, aff. Collomb, Pataille.63.356.

« Les moyens de fabrication doivent appartenir exclusivement « à la fabrique, avoir été inventés pour elle, et lui être spécialement appliqués. Il est évident, ajoutent-ils, que, si le fabricant n'a fait qu'établir dans sa manufacture des instruments « ou des moyens déjà employés ailleurs, la communication « de ces moyens ne peut lui causer aucun préjudice ; ils sont « connus, ils ne lui appartiennent pas en propre (1). »

M. Blanc ne va pas si loin assurément lorsqu'il dit : « Il « faut que le procédé, objet du secret, soit nouveau, sinon « d'une façon absolue, au moins quant à l'usage spécial auquel il est employé (2). »

Ces auteurs, à notre sens, ne serrent pas la question d'assez près, et, par cela même qu'ils se tiennent dans de vagues généralités, ne fournissent pas les moyens de la résoudre. Sans aucun doute, la nouveauté est l'essence même du secret de fabrique, et le procédé banal, vulgaire, le procédé qui, comme on dit, court les rues, ne pourrait faire l'objet d'un secret de fabrique. Mais quand y aura-t-il nouveauté, et de quelle nouveauté s'agit-il ici ? Nous avons vu que la loi sur les brevets d'invention exige la nouveauté absolue, et qu'une antériorité, fût-elle découverte au fond de la Chine, dans la poussière d'une bibliothèque, fût-elle restée ignorée jusqu'au jour du brevet, ne lui en est pas moins opposable et le rend sans valeur. Est-ce dans le même sens qu'il faut entendre ici la nouveauté ? Aucun auteur ne s'est posé la question, et elle vaut la peine qu'on l'examine. D'un côté, on peut dire que la loi n'est pas et ne doit pas être favorable au secret de fabrique ; ce qu'elle doit vouloir, c'est que tout inventeur donne à la société le fruit de son invention en échange de la protection temporaire, mais sûre, que lui offre la prise d'un brevet. Tout individu, qui cherche à s'assurer un monopole indéfini en gardant le secret de sa découverte, est un égoïste dont le droit, sans doute, doit être respecté en lui-même, si peu favorable qu'il soit au développement du progrès, mais doit, pour

---

(1) V. *Théorie du Code pénal*, t. 7, p. 456. — V. aussi Rendu, n° 322; Morin, *Rép. du droit crim.*, p. 383.

(2) V. l'article de M. Blanc dans la *Prop. ind.*, n° 13.

cela même, être renfermé dans ses strictes limites. Si donc il vient à être démontré que le secret n'en est pas un, que d'autres le possédaient déjà, quelle raison y a-t-il de protéger ce qui n'est pas une propriété privative? Comment concevoir que la loi protège celui qui n'a rien voulu donner au domaine public, qui a tenté de garder ses connaissances pour lui seul, et qu'elle le protège plus que celui qui met loyalement et sans réserve le public au courant de ce qu'il possède lui-même en n'hésitant pas à prendre un brevet? D'un autre côté, ne peut-on pas dire que celui qui révèle un procédé qui, en réalité, et à ne tenir compte que de la pratique, est secret, dont la connaissance est demeurée cachée à tous, soit qu'elle résulte d'un livre enfoui dans une bibliothèque, d'où il n'est jamais sorti, soit qu'elle provienne d'une fabrication reléguée aux derniers confins du monde, ne peut-on pas dire que celui-là a l'intention de commettre un acte frauduleux, qu'il cause un préjudice réel, considérable, à la fabrique dont il divulgue la fabrication? Qu'importe que, une fois l'acte commis, il arrive, à force de recherches, à prouver que ceux auxquels il a fait la révélation eussent pu arriver à la connaissance des mêmes procédés, s'ils avaient eu l'idée d'aller en Chine ou de fouiller telle bibliothèque! Qui sait si cette recherche eût jamais été faite! qui sait si l'antériorité eût jamais été découverte! qui sait si la fabrique ainsi trahie ne fût pas restée longtemps encore en possession du procédé que nul autour d'elle n'employait, auquel nul ne songeait!

De ces deux systèmes, nous croyons que le premier doit avoir la préférence, et nous admettons que la nouveauté sera détruite par les mêmes antériorités qui feraient échec à un brevet (1); mais ici, comme en matière de brevet, nous pensons que l'antériorité doit être certaine, indiscutable, et résulter, non de la connaissance secrète qu'une autre fabrique aurait du même procédé, mais de la publicité que ce procédé

(1) « Le délit n'existe, dit le rapport présenté au Corps législatif lors « des modifications apportées au Code pénal en 1863, que si les moyens « de fabrication révélés sont véritablement des secrets, c'est-à-dire s'ils « appartiennent *exclusivement* à la fabrique, s'ils ont été inventés pour « elle, s'ils lui ont été spécialement appliqués. » — V. Dall.63.4.94.

aurait reçue. Il ne suffit pas qu'un autre sache, s'il garde lui-même le secret, et si dès lors le public n'est pas à même de savoir. On se reportera utilement à ce que nous avons dit, sur ce point, dans notre *Traité des brevets* (1).

Ajoutons, d'ailleurs, qu'en pareil cas la révélation, tout en échappant aux rigueurs de la loi pénale, constituerait un acte dommageable dont son auteur devrait toujours compte devant la juridiction civile (2).

770. Appréciation souveraine. — Le législateur ayant gardé le silence sur les éléments constitutifs du secret de fabrique, il appartient au juge du fait de les apprécier et d'en constater l'existence. Sa décision sur ce point est souveraine et ne saurait être soumise au contrôle de la Cour de cassation (3).

771. La loi ne s'applique qu'à l'industrie. — Il n'y a de secret de fabrique qu'autant qu'il y a fabrication réelle; l'existence d'une industrie est la conséquence de l'existence du secret lui-même; en d'autres termes, la loi n'est applicable qu'en matière d'industrie. Supposez un savant dans son laboratoire, et admettez qu'un de ses préparateurs révèle à un autre savant le procédé dont son maître se sert pour arriver à tel ou tel résultat; il y aura là un acte d'indélicatesse et d'ingratitude qu'on ne saurait trop flétrir; il n'y aura pas délit dans le sens de l'art. 418. Il faut, en un mot, que le secret appartienne à une manufacture et, de plus, se rapporte à la fabrication; la révélation d'un détail d'administration, d'un moyen de contrôle purement financier, ne constituerait pas la révélation d'un secret de fabrique. De même, la révévélation, avant la vente, d'un dessin ou d'un modèle de fabrique, c'est-à-dire d'un objet destiné à être livré au public et,

---

(1) V. notre *Traité des brevets*, n°s 425 et suiv. — V. Lyon, 31 déc. 1863, aff. Guinon, Pataille.64.316; Paris, 20 fév. 1863, aff. Régis, Pataille.63.363; Paris, 31 juill. 1862, aff. Collomb, Pataille.63.356; Grenoble, 27 mai 1872, aff. Chancel, Pataille.72.327.

(2) V. Rouen, 27 juin 1856, aff. Lecomte, *Jurisp. Rouen*.56.257. — V. anal. Trib. civ. Rouen, 14 août 1864, aff. Démar, *le Droit*, 9 octobre.

(3) V. Rej. 24 avril 1863, aff. Collomb, Pataille.63.356; Rej. 10 janv. 1862, aff. Serigiers, Pataille.62.222.

par conséquent, exclusif du secret, ne rentrerait pas dans les prévisions de la loi (1).

772. ***Quid* de l'importance de la fabrication révélée?** — Il importe peu, d'ailleurs, que la fabrique soit petite ou grande, que la fabrication ait peu ou beaucoup d'importance; le secret, dès qu'il existe, dès qu'il appartient à une fabrique, doit être respecté et est protégé. Ajoutons même, avec un arrêt, que les secrets d'une industrie naissante méritent d'autant plus la protection des lois (2).

773. Le brevet exclut le secret de fabrique. — Il n'y a plus de secret de fabrique dès qu'il y a brevet; la publicité du brevet a pour effet immédiat de faire disparaître le secret. Comme le dit M. Rendu, c'est à l'industriel de choisir entre la double protection que lui offre la loi (3).

Remarquons, toutefois, qu'en dehors du brevet lui-même, à côté de l'invention livrée à la publicité par la description annexée au brevet, il y a certains détails de fonctionnement, de mise en marche, de réglage, qui sont de nature à constituer de véritables secrets de fabrique (4).

774. La loi frappe les employés de la fabrique. — La révélation, pour être punissable, doit venir de celui-là même qui est employé dans la fabrique et que les nécessités de la fabrication donnent pour confident obligé au fabricant; aussi la loi exige-t-elle que le révélateur soit *directeur*, *commis*, *ouvrier* dans la fabrique. Si donc un ami, mis bénévolement par le fabricant dans la confidence du secret de fabrique, vient à le révéler, il n'encourt pas les rigueurs de l'art. 418. La loi, sur ce point, est avant tout une loi de police des manufactures.

775. ***Quid* de l'apprenti?** — Il est de principe qu'en

---

(1) V. Trib. corr. Seine, 23 sept. 1847, aff. Bouasse, *le Droit*, 24 sept.; Trib. corr. Seine, 26 mai 1869, aff. Peissy, Pataille.69.240. — V. aussi Rendu, n° 324; Calmels, n° 68.

(2) Paris, 20 fév. 1863, aff. Régis, Pataille.63.363.

(3) V. Rendu, n° 523. — V. Paris, 18 janv. 1850, aff. Bapterosses, *le Droit*, 20 janv.; Paris, 16 mai 1861, aff. Serigiers, Pataille.62.222.

(4) V. Paris, 15 fév. 1856, aff. Chevallier-Appert, Pataille.56.90; Lyon, 1er juill. 1870, aff. Warnery, Pataille.72.34.

matière pénale tout est de droit strict. C'est à merveille; mais, de cette règle si juste et tutélaire, M. Calmels (1) tire cette conséquence, assurément erronée, que l'apprenti, n'étant pas compris dans les termes de l'art. 418, ne peut en encourir les pénalités s'il vient à révéler un secret de la fabrique à laquelle il est attaché. Il suffit de remarquer que la loi punit l'*ouvrier* d'une façon générale, et qu'un apprenti est un ouvrier dans le sens légal aussi bien que dans le sens usuel du mot (2).

776. *Quid* **si l'ouvrier a quitté la fabrique?** — M. Blanc pense que le délit n'existe qu'à la condition que le révélateur soit encore dans la fabrique dont il trahit ainsi les plus précieux intérêts : « Le jour où, après avoir légalement « rompu ses engagements avec le maître, l'ouvrier franchit « le seuil de l'établissement, il rentre dans le droit commun. « Or, le droit commun, en matière d'industrie, c'est la faculté « d'employer tout procédé qui n'a pas été placé sous la pro« tection d'un brevet. Le maître n'a qu'un moyen de se « mettre à l'abri du danger dont le menace le départ d'un « ouvrier : c'est de se hâter de faire breveter son procédé « avant d'en révéler le secret à des tiers et de l'exploiter pu« bliquement (3). » M. Huard émet le même avis et se fonde sur le même motif tiré de ce que « la loi sur les brevets d'in« vention n'aurait plus sa raison d'être (4) ».

Cette raison ne nous semble pas décisive. Si l'art. 418 n'est rigoureusement applicable qu'autant que le révélateur est encore actuellement au service du fabricant, la loi sera facilement éludée. L'ouvrier ne sera pas assez simple pour s'exposer au danger dont elle le menace. Il apprendra les secrets de fabrication dans tous leurs détails; puis, il quittera les ateliers, et, après un certain intervalle de temps, destiné à bien rompre toutes les relations qui peuvent l'attacher à son ancien patron, il s'en ira chez un concurrent et lui vendra les secrets qu'il possède.

---

(1) V. Calmels, *De la contref.*, n° 68.

(2) V. Dalloz, v° *Industrie*, n° 146 ; Rendu, n° 525. — V. aussi l'article de M. Huard dans la *Prop. ind.*, n° 364.

(3) V. l'article de M. Blanc dans la *Prop. ind.*, n° 21.

(4) V. l'article de M. Huard dans la *Prop. ind.*, n° 364.

Si l'on considère l'esprit de la loi, ne voit-on pas que ce qu'elle veut, c'est que l'ouvrier, en quittant un atelier, oublie et, pour ainsi dire, efface de sa mémoire jusqu'au souvenir (1) des méthodes et procédés qui ont été expérimentés sous ses yeux. Cette pensée de la loi n'apparaît-elle pas encore quand on se souvient de l'art. 43 de la loi du 5 juill. 1844? Là, le législateur s'occupe aussi de la fraude commise par l'ouvrier au détriment de son patron, et il punit plus sévèrement la contrefaçon commise par l'ancien ouvrier que celle commise par un tiers, étranger à la fabrique. Pourquoi cette rigueur particulière? C'est qu'à côté des procédés, divulgués par la description annexée au brevet, il y a certains modes d'opérer, certains détails de fabrication, certains tours de main peut-être, qui ne s'acquièrent que par la pratique et que la loi suppose naturellement familiers à l'ancien ouvrier du breveté. Dès lors, pourquoi en serait-il différemment ici? N'y a-t-il pas même raison de décider? L'abus de confiance n'est-il pas plus coupable encore? Le patron s'est tout entier confié à la bonne foi, à la loyauté de son ouvrier; cette circonstance n'ajoute-t-elle pas à la fraude?

On voit que la raison de douter est sérieuse; et pourtant nous hésitons fort à adopter cette opinion si bien justifiée par le bon sens, quand nous lisons le texte de l'art. 418 : « Tout « directeur, dit la loi, commis, ouvrier de fabrique, qui aura « communiqué.... des secrets de la fabrique *où il est em-* « *ployé*, etc. » Le texte est précis, il paraît clair; la loi ne suppose qu'un cas : celui où le révélateur *est employé* dans la fabrique, et, par cela même, écarte le cas où il l'aurait quittée; nous sommes ici en droit pénal, et c'est l'occasion de rappeler que, dans cette matière, tout est de rigueur.

Au surplus, même en s'en tenant au texte, il faut y apporter un tempérament; s'il est reconnu, en fait, que l'intervalle qui a séparé la sortie de l'ouvrier du premier atelier de son entrée dans le second n'a été qu'une manœuvre pour déjouer les soupçons; s'il est établi que, lorsqu'il était dans la première fabrique, il entretenait déjà des relations avec celle

(1) V. l'article de M. Huard dans la *Prop. ind.*, n° 364.

où il est entré plus tard, il faudra, sans hésitation possible, appliquer l'art. 418. Toutes ces manœuvres ne feront qu'ajouter à la gravité de la faute et à la culpabilité de son auteur.

La révélation par l'employé, après sa sortie de la fabrique, pourra, tout au moins, dans plus d'un cas, constituer un acte dommageable, qui le rendra passible de dommages-intérêts. Si l'on peut admettre, en effet, que l'ouvrier, sorti de la fabrique, ait le droit d'user des connaissances qu'il y a acquises, on ne souffrira pas qu'il aille, comme il est arrivé quelquefois, de fabrique en fabrique, vendre à prix d'or les secrets de fabrication de son ancien patron : « La fraude, — ainsi que « le remarque justement l'arrêt que nous rapportons, — est « alors d'autant plus condamnable qu'elle se produit, non « par de simples faits de concurrence déloyale, tels que peut « les pratiquer une maison rivale, toujours soumise à des « chances aléatoires, mais sous la forme d'une vente auda- « cieuse, et sans aucun risque, de la chose d'autrui (1). »

776 *bis*. **Jurisprudence.** — Il a été jugé en ce sens : 1° que le fabricant, qui attire chez lui les ouvriers d'une autre maison, et profite des secrets de fabrication qu'ils ont connus pendant qu'ils étaient employés chez leur ancien patron, se rend complice du délit prévu et puni par l'art. 418 du Cod. pén. (Paris, 31 juillet 1872, aff. Martin de Lignac, Pataille.76.197); 2° que les juges font une juste application de l'art. 418, lorsqu'ils constatent que les démarches, les pourparlers, dons et promesses, qui ont déterminé la révélation, remontent à une époque antérieure à celle où l'ouvrier est sorti de l'atelier dont il a ainsi porté les secrets à une autre fabrique (Rej. 24 avril 1863, aff. Collomb, Pataille.63.356); 3° mais qu'il n'y a pas de délit, au sens de l'art. 418 du Cod. pén., dans le fait, par des ouvriers, d'user personnellement des secrets de fabrication dont ils ont eu la connaissance dans l'usine d'un précédent patron (Paris, 30 juin 1876, aff. Schweitzer, Pataille.76.199).

777. **Il faut une intention coupable.** — Tout délit suppose une fraude, et cette règle est applicable ici comme

---

(1) V. Grenoble, 27 mai 1872, et Rej. 23 juill. 1873, aff. Chancel, Pataille.72.327 et 73.238.

ailleurs. Si donc l'ouvrier avait agi sans intention coupable, sans volonté de nuire, par exemple par légèreté, inadvertance, de bonne foi en un mot (supposez, si vous voulez, qu'il aura parlé dans un moment d'ivresse), il ne serait pas passible des peines portées en l'art. 418, mais il resterait responsable des conséquences de sa faute au point de vue de la réparation civile du dommage qu'il aurait causé à ses patrons (1).

778. ***Quid*** **si l'ouvrier a participé à l'invention, objet du secret ?** — L'ouvrier prétendrait en vain qu'il a collaboré à la découverte du secret de fabrication, qu'il en a même été l'auteur principal, si, en fait, il est constant qu'il devait à son patron le fruit de ses inventions et qu'il n'a jamais élevé auparavant la prétention d'en être propriétaire.

Jugé, en ce sens, que le chimiste qui, employé dans une fabrique, communique à un autre fabricant des produits ou procédés dont le secret appartient à sa fabrique, se rend coupable de divulgation de secret de fabrique, alors même que ces produits ou procédés auraient été découverts par lui (Lyon, 31 déc. 1863, aff. Guinon (2), Pataille.64.316).

779. ***Quid*** **si le révélateur n'a pas profité de sa fraude ?** — Il importerait peu que le révélateur n'eût pas tiré profit de sa communication et qu'il eût livré gratuitement le secret par esprit de méchanceté et de vengeance ; ce que la loi juge, c'est le fait en lui-même, c'est la fraude qui le constitue, c'est le préjudice causé à la fabrique, dont le secret est trahi ; ce ne sont pas les mobiles qui ont fait agir le révélateur ou le prix qu'il a tiré de sa trahison.

780. La tentative est punissable. — La loi le dit expressément ; si donc la révélation n'est pas complète, si la fraude est découverte avant qu'elle soit consommée, le révélateur n'en est pas moins passible des peines portées par la loi.

Jugé, d'ailleurs, qu'il n'y a pas seulement tentative, mais délit véritablement consommé, lorsqu'il y a eu communication de secrets de fabrique, alors même qu'elle n'a pas été

---

(1) V. Chauveau et Faustin Hélie, t. 7, p. 456.

(2) V. aussi Paris, 31 juill. 1862, aff. Collomb, Pataille.63.356 ; Paris, 20 fév. 1863, aff. Régis, Pataille.63.363.

suivie d'un résultat utile (Paris, 8 mars 1860, aff. Maes, Pataille.60.160).

781. Complicité. — Les règles ordinaires sur la complicité s'appliquent ici; il ne suffit donc pas de prouver qu'un autre fabricant est en possession du secret, qu'il l'a connu par un employé de la fabrique à laquelle ce secret appartenait; il faut encore établir qu'il a provoqué, aidé, facilité cette communication, qu'il en a su le caractère délictueux, qu'en un mot, il s'est associé personnellement à la fraude qu'elle constitue (1). Il suffit, d'ailleurs, qu'il ait accepté la communication en connaissance de cause, et qu'il en ait profité sciemment (2). Il faut de même et naturellement considérer comme complices ceux qui ont servi sciemment d'intermédiaires entre le révélateur et le fabricant qui a profité de la communication.

Jugé, d'après ces principes, que, lorsqu'un ouvrier, au mépris de l'art. 418, communique à un autre ouvrier, sans provocation de la part de celui-ci, un secret de fabrique, ce dernier ne peut être poursuivi comme complice, alors même qu'il a, ensuite, cherché à exploiter le secret et à en tirer parti au moyen d'un brevet pris à cet effet, si, d'ailleurs, ce fait est postérieur à la consommation du délit; la complicité, en effet, doit, aux termes de l'art. 60 du Cod. pén., résulter de quelque acte direct de provocation ou d'assistance, et, dans tous les cas, précéder ou accompagner l'acte délictueux (Cass., 14 mai 1842, aff. Dangle, cité par Huard, *Rép. des marques*, p. 157, n° 31).

782. *Quid* **si la révélation profite à une fabrique étrangère ?** — On sait que l'ancien art. 418 punissait la révélation du secret de fabrique, du moins lorsqu'elle avait lieu au profit d'une manufacture étrangère, de la peine de la réclusion; le nouvel art. 418 a substitué à cette peine rigoureuse celle de l'emprisonnement, et voici comment l'exposé

---

(1) V. Paris, 15 fév. 1856, aff. Chevallier-Appert, Pataille.56.90; Paris, 16 mai 1861, aff. Serigiers, Pataille.62.222.

(2) V. Paris, 4 nov. 1859, aff. Mourey, *Prop. ind.*, n° 99. — V. aussi Trib. corr. Seine, 28 juin 1873, aff. Poirrier, Pataille.74.181.

des motifs justifiait cette modification : « Cette pénalité (la « réclusion) est d'une époque où le patriotisme, surexcité par « les circonstances, était singulièrement ombrageux en ma- « tière de secrets de fabrication. Nous croyons cette disposi- « tion un peu changée par le caractère nouveau des relations « internationales, par l'esprit de rivalité pacifique, substitué à « celui des anciennes luttes, et par les conditions nouvelles « faites aux inventeurs. Sans doute, une révélation de secrets « de la fabrique qui vous emploie reste toujours un acte « condamnable, un abus de confiance; c'est pourquoi on « maintient le principe de l'incrimination, et l'on ne change « rien au paragraphe 2. On ne méconnaît pas non plus que « la révélation à l'étranger n'ait quelque chose de plus grave ; « c'est la raison qui fait porter l'emprisonnement à cinq ans « et conserver cette amende si forte de 20,000 fr., qui est, « de toutes les peines, la mieux appropriée; mais l'infraction, « quoique aggravée, n'a pas l'intensité morale d'un crime. « Il faut bien s'avouer que l'esprit de notre temps n'est pas « très favorable aux secrets de fabrication. L'art. 418 suppose « nécessairement deux choses : qu'il y avait un secret et un « droit exclusif. L'un et l'autre peuvent exiger des apprécia- « tions d'autant plus difficiles que nos lois subordonnent le « droit exclusif à des conditions qui semblent inconciliables « avec le secret; ces appréciations seront mieux faites par des « magistrats que par le jury. »

783. *Quid* **s'il s'agit de secrets appartenant à l'État?** — La loi prévoit le cas où le secret de fabrique se rapporterait à la fabrication des armes et des munitions de guerre, et, par cela même, appartiendrait à l'État; elle y applique le maximum de la peine. Cette disposition, qui a pour but d'assurer la défense nationale, est si naturelle qu'elle s'explique d'elle-même. Le rapporteur la justifiait dans ces termes : « Néanmoins, il peut se présenter un cas affranchi « de ces difficultés, et par rapport auquel les justes exigences « du sentiment national n'ont rien perdu de leur opportunité : « c'est le cas où le secret est celui d'une fabrique d'armes ou « de munitions de guerre appartenant à l'État; après avoir « hésité à maintenir pour celui-là la peine de la réclusion, « il a paru suffisant et plus conséquent aux raisons générales

« du projet de marquer la gradation par le maximum des « peines correctionnelles. C'est l'objet d'un paragraphe final « ajouté à l'article (1). »

784. *Quid* **du Français résidant à l'étranger?** — Le Français, résidant en pays étranger, est considéré ici comme un étranger, et la révélation qui lui est faite d'un secret appartenant à une fabrique établie en France est punie de la même façon que si elle était faite à un fabricant étranger. Cela est juste; ce que la loi a voulu, c'est protéger l'industrie nationale et retenir sur le sol français les bénéfices et les profits des procédés de fabrication qui y sont employés. Qu'importe que celui qui reçoit la révélation soit Français, s'il est établi à l'étranger! le produit de sa fabrication, améliorée par la communication du secret, profite au pays étranger, au détriment de la France, et c'est ce que le législateur veut éviter.

785. Droit du fabricant étranger résidant en France. — Aucune loi n'interdit aux étrangers de fonder des manufactures en France, et nombre de nos fabriques — est-ce un bien? est-ce un mal? — sont entre les mains d'étrangers. Si l'un de ces fabricants voit ses secrets de fabrication trahis, aura-t-il le droit de se plaindre? pourra-t-il invoquer l'art. 418? Assurément; la loi protège la fabrique encore plus que le fabricant, et l'industrie nationale profite aussi bien des travaux d'une manufacture dirigée par un étranger que de celle qui est dirigée par un Français. Du reste, la loi est générale et ne fait aucune distinction.

786. *Quid* **si le secret a été communiqué à un étranger résidant en France?** — Signalons une lacune de la loi; elle ne vise que les secrets communiqués aux Français résidant en France, et ne parle pas des étrangers qui peuvent être établis sur le sol français; de telle sorte qu'à prendre la loi au pied de la lettre, on pourrait croire que la révélation ne tombe pas sous le coup de l'art. 418, lorsqu'elle est faite, en France, à un fabricant étranger. Cela serait évidemment déraisonnable, et le sens clair de la loi est celui-

(1) V. Dall.63.4.84.

ci : distinguant entre la révélation faite à l'extérieur de la France et celle faite à l'intérieur, elle punit la première plus sévèrement que la seconde ; mais la révélation, lorsqu'elle a lieu à l'intérieur, est punie sans distinction de personne ou de nationalité. Si la loi n'a visé que les Français dans ce paragraphe, c'est qu'elle a statué sur le cas le plus général. Il eût mieux valu pourtant que les mots : « *Français résidant en France* » fussent remplacés par ceux-ci, qui ne laisseraient aucune place à la discussion : « *Fabricants résidant en France* ».

APPENDICE

PREMIÈRE PARTIE

LÉGISLATION FRANÇAISE

CHAPITRE Ier.

TEXTE DES LOIS.

SECTION Ire.

Loi du 23 juin 1857
sur les marques de fabrique et de commerce (1).

Titre Ier. — *Du droit de propriété des marques.*

Art. 1er. La marque de fabrique ou de commerce est facultative.

Toutefois, des décrets rendus en la forme des règlements d'administration publique peuvent, exceptionnellement, la déclarer obligatoire pour les produits qu'ils déterminent.

Sont considérés comme marques de fabrique et de commerce les noms sous une forme distinctive, les dénominations, emblèmes, empreintes, timbres, cachets, vignettes, reliefs, lettres, chiffres, enveloppes, et tous autres signes servant à distinguer les produits d'une fabrique ou les objets d'un commerce.

(1) Promulguée le 27 juin 1857. — V. *Bull. des lois*, XIe série, bull. 514, n° 4720.

Art. 2. Nul ne peut revendiquer la propriété exclusive d'une marque, s'il n'a déposé deux exemplaires du modèle de cette marque au greffe du tribunal de commerce de son domicile.

Art. 3. Le dépôt n'a d'effet que pour quinze années.

La propriété de la marque peut toujours être conservée pour un nouveau terme de quinze années, au moyen d'un nouveau dépôt.

Art. 4. Il est perçu un droit fixe de 1 franc pour la rédaction du procès-verbal de dépôt de chaque marque et pour le coût de l'expédition, non compris les frais de timbre et d'enregistrement.

TITRE II. — *Dispositions relatives aux étrangers.*

Art. 5. Les étrangers qui possèdent en France des établissements d'industrie ou de commerce jouissent, pour les produits de leurs établissements, du bénéfice de la présente loi, en remplissant les formalités qu'elle prescrit.

Art. 6. Les étrangers et les Français, dont les établissements sont situés hors de France, jouissent également du bénéfice de la présente loi, pour les produits de ces établissements, si, dans les pays où ils sont situés, des conventions diplomatiques ont établi la réciprocité pour les marques françaises.

Dans ce cas, le dépôt des marques étrangères a lieu au greffe du tribunal de commerce du département de la Seine.

TITRE III. — *Pénalités.*

Art. 7. Sont punis d'une amende de 50 francs à 3,000 francs et d'un emprisonnement de trois mois à trois ans, ou de l'une de ces peines seulement :

1° Ceux qui ont contrefait une marque ou fait usage d'une marque contrefaite ;

2° Ceux qui ont frauduleusement apposé sur leurs produits ou les objets de leur commerce une marque appartenant à autrui ;

3° Ceux qui ont sciemment vendu ou mis en vente un ou plusieurs produits revêtus d'une marque contrefaite ou frauduleusement apposée.

Art. 8. Sont punis d'une amende de 50 francs à 2,000 francs et d'un emprisonnement d'un mois à un an, ou de l'une de ces peines seulement :

1° Ceux qui, sans contrefaire une marque, en ont fait une imitation frauduleuse de nature à tromper l'acheteur, ou ont fait usage d'une marque frauduleusement imitée;

2° Ceux qui ont fait usage d'une marque portant des indications propres à tromper l'acheteur sur la nature du produit;

3° Ceux qui ont sciemment vendu ou mis en vente un ou plusieurs produits revêtus d'une marque frauduleusement imitée ou portant des indications propres à tromper l'acheteur sur la nature du produit.

Art. 9. Sont punis d'une amende de 50 francs à 1000 francs et d'un emprisonnement de quinze jours à six mois, ou de l'une de ces peines seulement :

1° Ceux qui n'ont pas apposé sur leurs produits une marque déclarée obligatoire ;

2° Ceux qui ont vendu ou mis en vente un ou plusieurs produits ne portant pas la marque déclarée obligatoire pour cette espèce de produits ;

3° Ceux qui ont contrevenu aux dispositions des décrets rendus en exécution de l'art. 1er de la présente loi.

Art. 10. Les peines établies par la présente loi ne peuvent être cumulées.

La peine la plus forte est seule prononcée pour tous les faits antérieurs au premier acte de poursuite.

Art. 11. Les peines portées aux art. 7, 8 et 9 peuvent être élevées au double en cas de récidive.

Il y a récidive lorsqu'il a été prononcé contre le prévenu, dans les cinq années antérieures, une condamnation pour un des délits prévus par la présente loi.

Art. 12. L'art. 463 du Code pénal peut être appliqué aux délits prévus par la présente loi.

Art. 13. Les délinquants peuvent, en outre, être privés du droit de participer aux élections des tribunaux et des chambres de commerce, des chambres consultatives des arts et manufactures, et des conseils de prud'hommes, pendant un temps qui n'excédera pas dix ans.

Le tribunal peut ordonner l'affiche du jugement dans les lieux qu'il détermine, et son insertion intégrale ou par extrait dans les journaux qu'il désigne, le tout aux frais du condamné.

Art. 14. La confiscation des produits dont la marque serait reconnue contraire aux dispositions des art. 7 et 8 peut, même en cas d'acquittement, être prononcée par le tribunal, ainsi que celle des instruments et ustensiles ayant spécialement servi à commettre le délit.

Le tribunal peut ordonner que les produits confisqués soient remis au propriétaire de la marque contrefaite ou frauduleusement apposée ou imitée, indépendamment de plus amples dommages-intérêts, s'il y a lieu.

Il prescrit, dans tous les cas, la destruction des marques reconnues contraires aux dispositions des art. 7 et 8.

Art. 15. Dans le cas prévu par les deux premiers paragraphes de l'art. 9, le tribunal prescrit toujours que les marques déclarées obligatoires soient apposées sur les produits qui y sont assujettis.

Le tribunal peut prononcer la confiscation des produits, si le prévenu a encouru, dans les cinq années antérieures, une condamnation pour un des délits prévus par les deux premiers paragraphes de l'art. 9.

TITRE IV. — *Juridictions.*

Art. 16. Les actions civiles relatives aux marques sont portées devant les tribunaux civils et jugées comme matières sommaires.

En cas d'action intentée par la voie correctionnelle, si le prévenu soulève pour sa défense des questions relatives à la propriété de la marque, le tribunal de police correctionnelle statue sur l'exception.

Art. 17. Le propriétaire d'une marque peut faire procéder par tous huissiers à la description détaillée, avec ou sans saisie, des produits qu'il prétend marqués à son préjudice, en contravention aux dispositions de la présente loi, en vertu d'une ordonnance du président du tribunal civil de première instance, ou du juge de paix du canton, à défaut de tribunal dans le lieu où se trouvent les produits à décrire ou à saisir.

L'ordonnance est rendue sur simple requête et sur la présentation du procès-verbal constatant le dépôt de la marque. Elle contient, s'il y a lieu, la nomination d'un expert, pour aider l'huissier dans sa description.

Lorsque la saisie est requise, le juge peut exiger du requérant un cautionnement, qu'il est tenu de consigner avant de faire procéder à la saisie.

Il est laissé copie, aux détenteurs des objets décrits ou saisis, de l'ordonnance et de l'acte constatant le dépôt du cautionnement le cas échéant ; le tout à peine de nullité et de dommages-intérêts contre l'huissier.

Art. 18. A défaut par le requérant de s'être pourvu, soit par la voie civile, soit par la voie correctionnelle, dans le délai de quinzaine, outre un jour par cinq myriamètres de distance entre le lieu où se trouvent les objets décrits ou saisis et le domicile de la partie contre laquelle l'action doit être dirigée, la description ou saisie est nulle de plein droit, sans préjudice des dommages-intérêts qui peuvent être réclamés, s'il y a lieu.

TITRE V. — *Dispositions générales ou transitoires.*

Art. 19. Tous produits étrangers portant soit la marque, soit le nom d'un fabricant résidant en France, soit l'indication du nom ou du lieu d'une fabrique française, sont prohibés à l'entrée et exclus du transit et de l'entrepôt, et peuvent être saisis en quelque lieu que ce soit, soit à la diligence de l'Administration des douanes, soit à la requête du ministère public ou de la partie lésée.

Dans le cas où la saisie est faite à la diligence de l'Administration des douanes, le procès-verbal de saisie est immédiatement adressé au ministère public.

Le délai dans lequel l'action prévue par l'art. 18 devra être intentée, sous peine de nullité de la saisie, soit par la partie lésée, soit par le ministère public, est porté à deux mois.

Les dispositions de l'art. 14 sont applicables aux produits saisis en vertu du présent article.

Art. 20. Toutes les dispositions de la présente loi sont applicables aux vins, eaux-de-vie et autres boissons, aux bestiaux, grains, farines, et généralement à tous les produits de l'agriculture.

Art. 21. Tout dépôt de marques opéré au greffe du tribunal de commerce antérieurement à la présente loi aura effet pour quinze années à dater de l'époque où ladite loi sera exécutoire.

Art. 22. La présente loi ne sera exécutoire que six mois après sa promulgation. — Un règlement d'administration publique déterminera les formalités à remplir pour le *dépôt* et la *publicité des marques*, et toutes les autres mesures nécessaires pour l'exécution de la loi.

Art. 23. Il n'est pas dérogé aux dispositions antérieures qui n'ont rien de contraire à la présente loi.

SECTION II.

Loi des 28 juillet-4 août 1824,

relative aux altérations ou suppositions de noms dans les produits fabriqués.

Art. 1er. Quiconque aura, soit apposé, soit fait apparaître par addition, retranchement, ou par une altération quelconque, sur des objets fabriqués, le nom d'un fabricant autre que celui qui en est l'auteur, ou la raison commerciale d'une fabrique autre que celle où lesdits objets auront été fabriqués, ou enfin le nom d'un lieu autre que celui de la fabrication, sera puni des peines portées en l'art. 423 du Code pénal, sans préjudice des dommages-intérêts, s'il y a lieu.

Tout marchand, commissionnaire ou débitant quelconque sera passible des effets de la poursuite, lorsqu'il aura sciemment exposé en vente ou mis en circulation les objets marqués de noms supposés ou altérés.

Art. 2. L'infraction ci-dessus mentionnée cessera en conséquence, et nonobstant l'art. 17 de la loi du 12 avril 1803 (22 germinal an XI), d'être assimilée à la contrefaçon des marques particulières, prévues par les art. 142 et 143 du Code pénal.

SECTION III.

Loi du 26 novembre 1873,

relative à l'établissement d'un timbre ou signe spécial destiné à être apposé sur les marques commerciales et de fabrique.

Art. 1er. Tout propriétaire d'une marque de fabrique ou de commerce, déposée conformément à la loi du 23 juin 1857, pourra être admis, sur sa réquisition écrite, à faire apposer par l'État, soit sur les étiquettes, bandes ou enveloppes en papier, soit sur les étiquettes ou estampilles en métal sur lesquelles figure sa marque, un timbre ou poinçon spécial destiné à affirmer l'authenticité de cette marque.

Le poinçon pourra être apposé sur la marque faisant corps avec les objets eux-mêmes, si l'Administration les en juge susceptibles.

Art. 2. Il sera perçu au profit de l'État, par chaque apposition du timbre, un droit qui pourra varier de 1 centime à 1 franc. Le droit dû pour chaque apposition du poinçon sur les objets eux-mêmes ne pourra être inférieur à 5 centimes ni excéder 5 francs.

Art. 3. La quotité des droits perçus au profit du Trésor sera proportionnée à la valeur des objets sur lesquels doivent être apposés les étiquettes, soit en papier, soit en métal, et à la difficulté de frapper d'un poinçon les marques fixées sur les objets eux-mêmes. Cette quotité sera établie par des règlements d'administration publique, qui détermineront, en outre, les métaux sur lesquels le poinçon pourra être appliqué, les conditions à remplir pour être admis à obtenir l'apposition des timbre ou poinçon, les lieux dans lesquels cette apposition pourra être effectuée, ainsi que les autres mesures d'exécution de la présente loi.

Art. 4. La vente des objets par le propriétaire de la marque de fabrique ou de commerce, à un prix supérieur à celui correspondant à la quotité du timbre ou du poinçon, sera punie, par chaque contravention, d'une amende de 100 francs à 5,000 francs.

Les contraventions seront constatées, dans tous les lieux ouverts au public, par tous les agents qui ont qualité pour verbaliser en matière de timbre et de contributions indirectes, par les agents des postes et par ceux des douanes, lors de l'exportation. — Il leur est accordé un quart de l'amende ou portion de l'amende recouvrée.

Les contraventions seront constatées et les instances seront suivies et jugées, savoir : 1° comme en matière de timbre, lorsqu'il s'agira du timbre apposé sur les étiquettes, bandes ou enveloppes en papier ; 2° comme en matière de contributions indirectes, en ce qui concerne l'application du poinçon.

Art. 5. Les consuls de France à l'étranger auront qualité pour dresser les procès-verbaux des usurpations de marques et les transmettre à l'autorité compétente.

Art. 6. Ceux qui auront contrefait ou falsifié les timbres ou poinçons établis par la présente loi, ceux qui auront fait usage des timbres ou poinçons falsifiés ou contrefaits, seront punis des peines portées en l'art. 140 du Code pénal, et sans préjudice des réparations civiles.

Tout autre usage frauduleux de ces timbres ou poinçons, et des étiquettes, bandes, enveloppes et estampilles qui en seraient revêtues, sera puni des peines portées en l'article 142 dudit code. — Il pourra être fait application des dispositions de l'article 463 du Code pénal.

Art. 7. Le timbre ou poinçon de l'État, apposé sur une marque de fabrique ou de commerce, fait partie intégrante de cette marque.

A défaut par l'État de poursuivre en France ou à l'étranger la contrefaçon ou la falsification desdits timbres ou poinçons, la poursuite pourra être exercée par le propriétaire de la marque.

Art. 8. La présente loi sera applicable dans les colonies françaises et en Algérie.

Art. 9. Les dispositions des autres lois en vigueur touchant le nom commercial, les marques, dessins ou modèles de fabrique, seront appliquées au profit des étrangers, si dans leur pays la législation ou des traités internationaux assurent aux Français les mêmes garanties.

CHAPITRE II.

DOCUMENTS LÉGISLATIFS.

SECTION Ire.

Documents relatifs à la loi du 23 juin 1857.

ART. Ier. — EXPOSÉ DES MOTIFS DU PROJET DE LOI.

Messieurs, des plaintes s'élèvent depuis longtemps sur l'incohérence de la législation relative aux *marques de fabrique et de commerce*, sur l'incertitude et la juridiction en cette matière, et sur l'exagération des dispositions pénales qui répriment la contrefaçon, exagération qui entraîne, le plus souvent, l'impunité.

Les conseils généraux des manufactures et du commerce, les conseils généraux des départements, les chambres de commerce, les chambres consultatives des manufactures, tous les organes de l'industrie et du commerce, ont demandé, à plusieurs reprises et avec instance, une revision de cette législation.

Une première fois, la question fut soumise aux conseils généraux des manufactures et du commerce, dans leur session de 1841-1842. Ces conseils, dans des avis étudiés avec soin, posèrent les bases d'un projet de loi qui, délibéré par le Conseil d'État au commencement de 1845, fut présenté à la Chambre des pairs le 8 avril de cette année.

Ce projet, discuté en 1846 seulement par cette Chambre, et adopté à peu près dans les termes proposés par le Gouvernement, ne fut porté à la Chambre des députés qu'en 1847.

Le rapport de la commission, qui apportait d'assez profondes modifications au projet de la loi, ne fut soumis à la Chambre que dans les derniers jours de la session de 1847. Il n'avait pu être discuté lorsque la révolution de Février éclata.

La question fut reprise en 1850. Le Conseil général de l'agriculture, des manufactures et du commerce la discuta de nouveau dans la session de cette année, et, à la suite de sa délibération, un nouveau projet fut envoyé par le Gouvernement au Conseil d'État, qui l'adopta, avec certaines modifications, le 17 juillet 1851. Mais les événements politiques vinrent, encore une fois, l'ajourner.

Aujourd'hui, Messieurs, le Gouvernement pense que cette question des marques de fabrique et de commerce, si longuement, si complètement élaborée, est enfin mûre pour une solution. Il a voulu que le projet de loi, soumis de nouveau à une délibération approfondie dans le sein du Conseil d'État, fût présenté au Corps législatif.

I.

Il s'agit, comme nous l'avons dit, de refondre, en la complétant et en la coordonnant, la législation existante sur les marques de fabrique et de commerce. Par conséquent, il convient, avant tout, de remettre sous vos yeux l'état de la législation sur cette matière, en faisant précéder cet exposé d'une courte analyse des dispositions légales qui la régissaient sous l'ancien régime.

§ 1er. — Avant 1789, une multitude de métiers étaient assujettis à l'obligation de la marque. Mais la marque n'était pas alors ce qu'elle est généralement aujourd'hui, la simple signature du fabricant ou du commerçant sur l'objet de sa fabrication ou de son commerce; elle était de plus le certificat de l'autorité publique touchant la qualité du produit, son origine, son poids, etc.....

Le Gouvernement fixait, pour chaque nature de produits, l'espèce, la qualité et le poids des matières; il déterminait les conditions de la fabrication, il inspectait même les opérations de la main-d'œuvre. Puis, vérifiant la conformité du produit avec le type réglementaire, il y apposait son estampille, qui prenait ainsi le caractère d'une garantie publique.

Cette mise en tutelle de l'industrie nationale et des consommateurs avait pour sanction une pénalité très sévère : *confiscation des produits, amendes considérables, dégradation du corps de métier, exposition au carcan*... Et, pour la mise à exécution d'une telle législation, on comprend qu'il fallût une armée entière d'employés : *maîtres-gardes, grands et petits jurés, jurés généraux et particuliers, inspecteurs, contrôleurs, officiers prud'hommes*, etc., etc.

Comme on trouvait des ressources pour le Trésor royal dans la création de ces divers offices, l'esprit de fiscalité s'était emparé de cette institution et avait poussé jusqu'aux abus les plus criants et les plus préjudiciables au travail national cette réglementation de l'industrie, qui, originairement, avait eu l'intérêt public pour but, et qui avait été inspirée par l'excellente pensée de garantir la sincérité des marchandises, et de protéger l'honneur et les intérêts généraux du commerce français, en France et hors de France, contre les fraudes de marchands et fabricants déloyaux.

Ce régime suscitait des plaintes très sérieuses. Il avait été l'objet des remontrances du tiers état dans les cahiers des états généraux de 1614; Colbert l'avait condamné dans son testament politique; dès 1750, plusieurs villes de fabriques, celle de Nîmes entre autres, s'en étaient, de fait, affranchies. Il fut très considérablement modifié, en ce qui touche la fabrication des tissus, par les lettres patentes du 5 mai 1779, et par celles du 4 juin 1780. Ces deux actes introduisirent un régime intermédiaire; il fut désormais loisible aux fabricants d'adopter, dans la fabrication de leurs étoffes, telles dimensions et combinaisons qu'ils jugeraient à propos, ou de s'assujettir à l'exécution des règlements. Les produits devaient recevoir, comme auparavant, une marque, une estampille de l'autorité publique. Mais, dans le cas où les produits étaient conformes au règlement, ils portaient le mot *réglé*, qui n'était pas apposé sur les tissus fabriqués librement. Il paraît même que, dans la pratique, et nonobstant les lettres patentes de 1779 et de 1780, le plomb de la libre fabrique avait disparu avant 1789.

La Révolution affranchit complètement l'industrie. Tous ces règlements périrent par la loi du 7 mars 1791, qui supprima les maîtrises et les jurandes.

Désormais, plus d'estampille de l'autorité, destinée à attester la loyauté des marchandises et à garantir le public contre la fraude; suppression même de toute obligation pour le producteur de signer ou de marquer ses produits. La marque de fabrique ou de commerce, la signature du fabricant sur l'objet de sa fabrication, ne fut plus qu'une faculté, qu'un droit; mais ce droit était illusoire, parce qu'il était sans protection légale suffisante, parce qu'il n'était pas protégé par une peine prononcée contre le contrefacteur.

« Sous l'ancien régime », disait avec énergie le rapporteur du projet de loi sur les marques, présenté en 1847 à la Chambre des députés, « sous l'ancien régime, le patronage s'était transformé en oppression, et « la tutelle en servitude ; sous le régime nouveau, la liberté ne tarda « pas à dégénérer en licence. »

Il fallut donc mettre un frein aux abus graves qu'engendra la liberté absolue de l'industrie. Le législateur dut intervenir.

C'est ici que nous entrons dans l'exposé de la législation qui régit aujourd'hui la matière qu'il s'agit de reviser.

§ 2. — Après 1789, la première disposition réglementaire qui se rencontre sur les marques de fabrique est un arrêté des consuls du 23 nivôse an XI, qui autorise les fabricants de quincaillerie et de coutellerie à frapper leurs ouvrages d'une marque particulière dont la propriété leur était assurée, à la charge par eux de la faire empreindre sur des tables communes déposées à cet effet à la sous-préfecture de leur domicile.

Puis, vient un arrêté du 7 germinal an X, qui autorise la *Manufacture nationale de bonneterie orientale* établie à Orléans à mettre, sur les envois qu'elle fait à l'étranger, un cartouche conforme au dessin qu'elle a soumis au Gouvernement.

Mais ce droit de propriété de la marque, reconnu aux fabricants de quincaillerie et de coutellerie, puis à la *Manufacture nationale de bonneterie orientale d'Orléans*, était dépourvu de sanction.

La loi du 22 germinal an XI généralisa la reconnaissance du droit appartenant à chaque fabricant et artisan d'apposer sa marque particulière sur les objets de sa fabrication, et édicta une sanction.

Par son art. 16, elle déclarait que la contrefaçon des marques donnerait lieu :

1° A des dommages-intérêts ;

2° A l'application des peines prononcées contre le faux en écritures privées.

Toutefois, par son art. 18, elle subordonnait l'exercice de l'action en contrefaçon de la marque au dépôt préalable d'un modèle de cette marque au tribunal de commerce.

La loi de l'an XI ne statuait point sur la juridiction à laquelle devaient être soumis les litiges en matière de marque. On restait sous l'empire du droit commun.

Le décret du 11 juin 1809, rectifié par un avis du Conseil d'État approuvé le 20 février 1810, et contenant règlement sur les conseils de prud'hommes, introduit quelques dispositions importantes relativement à la juridiction en matière de marques. Il investit les conseils de prud'hommes d'un droit d'arbitrage à l'effet d'indiquer les différences à établir entre telle marque et telle autre. Si la voie de l'arbitrage ne réussit pas, la difficulté est portée au tribunal de commerce.

Du reste, le décret de 1809 maintient l'action criminelle en contrefaçon, et maintient également la nécessité du dépôt pour l'exercice de cette action ; mais il exige un double dépôt, l'un au greffe du tribunal de commerce, l'autre au secrétariat du conseil des prud'hommes.

Le 22 fév. 1810 fut promulgué le Code pénal, dont les art. 142 et 143 vinrent confirmer les dispositions de la loi de germinal an XI, et punirent des peines appliquées aux faux en écritures privées, savoir : de la *réclusion*, la contrefaçon des sceaux, timbres ou marques des établissements particuliers de banque et de commerce ; et du *carcan*, aujourd'hui remplacé par la *dégradation civique*, l'usage frauduleux des vrais sceaux, timbres ou marques de ces établissements.

Telles sont les dispositions générales sur les marques de fabrique.

Elles ont été complétées et plus ou moins modifiées, pour certains produits spéciaux, par des décrets que nous analyserons sommairement.

Il y trois décrets pour les marques des savons : l'un du 1er avril 1811, les autres du 18 septemb. de la même année et du 22 déc. 1812.

Pour les savons, la marque du fabricant est obligatoire ; elle doit être de forme différente, suivant que le savon est fabriqué à l'huile d'olive, à l'huile de graines ou à la graisse ; elle doit porter le nom du fabricant et celui de la ville où il fait sa résidence.

La ville de Marseille jouit d'une marque particulière pour ses savons à l'huile d'olive.

Une peine correctionnelle, une amende, frappe celui qui livre au commerce des savons non marqués ou indûment revêtus de la marque attribuée à une autre espèce de savons.

Une amende frappe également celui qui usurpe la marque spéciale des savons à l'huile d'olive, de Marseille.

Quant à l'usurpation de la marque particulière appartenant à un fabricant, elle reste soumise à la peine criminelle édictée par la loi de germinal an XI, et par les art. 142 et 143, C. pén.

La quincaillerie et la coutellerie sont l'objet de dispositions spéciales écrites dans le décret du 5 septemb. 1810, qui dérogent assez notablement à la loi de l'an XI, au décret de 1809, et aux art. 141 et 143, C. pén.

La contrefaçon des marques n'est plus punie ici d'une peine criminelle, mais simplement d'une peine correctionnelle : une amende de 300 fr. pour un premier délit, une amende double et un emprisonnement de six mois en cas de récidive.

D'après le décret de 1809, les contestations civiles en matière de marques sont soumises, comme on l'a dit, à l'arbitrage des prud'hommes d'abord, et, si l'arbitrage ne réussit pas, au tribunal de commerce. En matière de marques de quincaillerie, il n'en est point ainsi ; les conseils de prud'hommes sont investis d'une véritable juridiction, et non plus seulement du droit d'arbitrage ; et s'il n'y a pas de conseils de prud'hommes, c'est le juge de paix qui prononce.

La marque des draps est également réglementée par une législation spéciale, savoir : par le décret du 25 juill. 1810, qui attribue aux fabricants de Louviers le droit exclusif de donner à leurs draps une lisière jaune et bleue, et qui frappe d'une amende les fabricants des autres villes qui emploieraient cette lisière ; et par le décret du 22 déc. 1812, qui dispose que chaque manufacture de draps pourra obtenir l'autorisation d'une lisière particulière exclusivement affectée à ses produits, et, de plus, rend obligatoire pour les draps la marque de fabrique.

Mais on ne fera que mentionner, en passant, ces deux décrets, parce qu'ils sont restés sans exécution : le premier, par suite d'un avis du Conseil d'État, approuvé par l'Empereur le 30 avril 1811, portant que l'exécution de ce décret devait être suspendue jusqu'à la promulgation d'un règlement qui n'a jamais été fait ; le second, celui du 22 déc. 1812, par l'effet d'un autre avis du Conseil d'État, approuvé par l'Empereur le 17 déc. 1813, qui a maintenu à toutes les manufactures le droit d'adopter telles lisières qu'elles jugeraient convenable.

§ 3. — Ici se présentent, dans l'exposé de la législation existante sur les marques, un certain nombre de lois, décrets ou ordonnances qui se rattachent au sujet, mais auxquels il ne peut être question de toucher dans le projet de loi actuel; on verra tout à l'heure pour quelle raison.

Dans cette catégorie particulière, il faut comprendre notamment :

1° L'art. 59 de la loi du 28 avril 1816, qui oblige les fabricants de cotons filés et de tissus de coton et de laine à imprimer sur leurs produits une marque et un numéro de fabrication, afin de les distinguer des produits étrangers similaires prohibés;

2° Les ordonnances des 8 août 1816, 23 septemb. 1818, 26 mai 1819, et 3 avril 1836, qui déterminent, pour l'exécution de l'art. 57, tout ce qui concerne l'estampillage et la marque des tissus de laine, coton ou autres, de la nature de ceux qui sont prohibés, des tricots et produits de la bonneterie, des châles de laine, de coton ou de soie, de cotons filés, des tulles de coton, etc.;

3° La loi du 28 germinal an IV, art. 1er, et la loi du 21 oct. 1814, art. 17, qui obligent l'imprimeur à indiquer son nom et sa demeure sur tous les produits de son industrie;

4° L'ordonnance du 29 oct. 1846, art. 7, qui prescrit au pharmacien d'apposer, sur les substances vénéneuses qu'il délivre, une étiquette indiquant son nom et son domicile;

5° La loi du 19 brumaire an IV, qui enjoint aux fabricants de matières d'or et d'argent d'imprimer sur leurs produits un poinçon portant un emblème spécial choisi par eux et déposé, et la première lettre de leur nom, indépendamment des poinçons du titre et du bureau de garantie;

6° Le décret du 9 fév. 1810, art. 4, qui oblige les fabricants de cartes à jouer à mettre sur chaque jeu une enveloppe indiquant leurs noms, demeures, enseignes et signatures en formes de griffes.

Le projet de loi actuel, qui a pour objet d'assurer une protection réelle à la marque de fabrique et de commerce, d'intéresser, par l'efficacité de la protection qui la couvrira désormais, le fabricant ou le commerçant qui la possède à lui donner de la valeur et à s'en faire une source de fortune par la loyauté de ses produits, et d'arriver, par ce moyen indirect, à sauvegarder les intérêts du consommateur lui-même, n'avait point à s'occuper des actes législatifs ou réglementaires ci-dessus rappelés, parce qu'ils procèdent d'un tout autre intérêt : l'intérêt de douane, l'intérêt de police, ou l'intérêt fiscal.

La loi du 28 juill. 1824 se rattache plus étroitement à l'intérêt que nous avons en vue. Cette loi est celle qui punit des peines portées en l'art. 423, C. pén., savoir : d'une peine correctionnelle (amende et emprisonnement), celui qui usurpe non plus la marque, c'est-à-dire le signe conventionnelle qui remplace le nom du fabricant, mais le nom lui-même ou la raison commerciale du fabricant, ou même le nom du lieu de la fabrication. Bien qu'il y ait un rapport très direct entre l'objet de cette loi et celui du projet actuel, on n'a point pensé qu'il y eût lieu de toucher à la loi de 1824, puisqu'elle édicte contre l'usurpation du nom une peine de la même nature que celle dont il s'agit de frapper l'usurpation de la marque, et puisqu'elle accorde au nom du fabricant la même protection qu'il s'agit d'assurer à sa marque. La loi de 1824 reste donc complètement en dehors du projet qui vous est soumis.

§ 4. — Revenons, par conséquent, à la législation qu'il s'agit de reviser, savoir : à la loi de germinal an XI, au décret du 11 juin 1809, aux art. 142 et 143 C. pén., et aux différents décrets spéciaux sur les savons et sur la quincaillerie.

L'exposé qui a été fait plus haut de cette législation a démontré qu'elle présente un défaut d'harmonie qui ne s'explique pas, et des contradictions dans ses dispositions principales, celles qui sont relatives à la juridiction et à la peine.

Ainsi, en ce qui touche la juridiction, on a vu que, d'après le décret du 11 juin 1809, qui est général, les contestations civiles qui s'élèvent sur les marques sont d'abord soumises au conseil des prud'hommes à titre de conciliation, puis, s'il n'y a pas conciliation, aux tribunaux de commerce. Mais s'agit-il de contestations relatives aux marques de la quincaillerie et de la coutellerie, le décret postérieur du 5 septembre 1810, dérogeant au décret de 1809, attribue juridiction au conseil des prud'hommes, qui prononce comme juge, et, à son défaut, au juge de paix. Les prud'hommes paraissent aussi avoir juridiction relativement aux marques des savons, aux termes de l'art. 5 du décret du 1er avril 1811.

En ce qui touche les dispositions pénales, même contradiction.

D'après la loi du 22 germinal an XI, combinée avec les art. 142 et 143, C. pén., la contrefaçon des marques et l'usage frauduleux des véritables marques sont punis d'une peine criminelle : *la réclusion et la dégradation civique*. D'après le décret du 5 septembre 1810, la contrefaçon des marques de la coutellerie n'est punie que d'une peine correctionnelle : *300 fr. d'amende*.

C'est aussi une peine correctionnelle qui frappe le contrefacteur de la marque spéciale attribuée aux savons à l'huile d'olive, de la ville de Marseille. Mais la contrefaçon des marques particulières des fabricants de savon reste punie par la peine criminelle du Code pénal.

La législation des marques ne présente pas seulement des contradictions; on y signale aussi des lacunes. Ainsi la loi de germinal an XI, non plus que le Code pénal, ne punissent point *le débit* des ouvrages à marques contrefaites; d'où il suit que les produits étrangers, revêtus de marques françaises contrefaites, qui viennent, en France même, faire la concurrence la plus déloyale à nos fabricants, ne donnent point lieu à l'application d'une peine. Des auteurs pensent qu'on ne peut poursuivre celui qui les débite que par la voie civile.

Mais le vice principal et considérable de cette législation, c'est l'exagération de la peine prononcée par la loi de germinal an XI et par le Code pénal, qui, étant hors de proportion avec la criminalité du fait qu'il s'agit de réprimer, entraîne l'impunité. Un auteur, qui a écrit un livre estimé sur la matière, déclare que, comme il s'agit de la Cour d'assises, cette juridiction n'est saisie que dans des cas très rares; que la gravité de la peine a été et sera encore trop souvent une cause d'acquittement; que, dans l'état de la législation, les intérêts lésés ne peuvent réellement poursuivre ces sortes d'affaires que par la voie civile (1). Or, il ne semble pas qu'il y ait à démontrer, ni le droit qu'a la loi pénale d'intervenir pour la répression d'une action dont la criminalité est incontestable, puisque la contrefaçon des marques c'est le détournement frauduleux de la clientèle ou de l'achalandage d'autrui, ni la nécessité et la convenance de mettre entre les mains des parties lésées un moyen de défense plus énergique que l'arme des dommages-intérêts.

Le but du projet de loi qui vous est soumis, Messieurs, est donc de combler les lacunes de la législation sur les marques, de faire cesser le défaut d'harmonie qui existe entre ses diverses dispositions, de déterminer la juridiction d'une manière uniforme, enfin de donner à la peine un degré d'énergie suffisant, mais qui ne dépasse pas le but. Vous aurez à apprécier si la solution du problème est heureusement donnée.

II

§ 1. — Avant d'entrer dans l'examen des questions spéciales que soulèvent les divers articles du projet de loi et des motifs qui les expliquent, il convient de déterminer le terrain sur lequel se sont placés les auteurs du projet, et de préciser l'esprit général et le principe des dispositions présentées à votre approbation.

Et d'abord, il n'est pas besoin de faire remarquer que la marque industrielle ou commerciale ne s'entend point ici de l'estampille au moyen de laquelle l'autorité inscrit son *visa* sur certains produits spéciaux qu'exceptionnellement elle vérifie, soit dans un intérêt de police, soit même dans un intérêt de garantie publique, mais uniquement de la marque personnelle au fabricant ou au commerçant, que celui-ci est dans l'usage d'apposer sur les objets de sa fabrication ou de son commerce pour en constater l'origine.

L'apposition du nom est la plus sûre et la plus claire de toutes les marques. Cependant, l'usage des signes, emblèmes ou symboles destinés à remplacer le nom, usage qui remonte aux temps où la connaissance de l'écriture et de la lecture était rare, s'est conservé, non seulement parce qu'il est traditionnel et passé dans les habitudes, mais parce qu'il est commode. Sur beaucoup d'objets, le nom occuperait une trop grande place, et la marque symbolique le remplace avantageusement.

Déjà nous avons dit que, quant au nom, la loi du 28 juillet 1824 a assuré la protection qui lui est due; que cette protection est jugée suffisante, qu'il n'y a rien de plus à faire à cet égard. Le projet n'a donc à s'occuper et ne s'occupe que de la marque symbolique ou emblématique

(1) Gastambide, *Traité des contrefaçons*, p. 425.

employée par le fabricant ou par le commerçant pour remplacer son nom sur les produits de sa fabrication ou de son commerce.

Messieurs, il est clair que le fabricant qui, par la supériorité de ses produits, par l'habileté et la sincérité de sa fabrication, s'est acquis une renommée méritée, a un grand intérêt à revêtir de sa marque les objets qui sortent de sa fabrique, puisque cette marque, qui les signale à la préférence du public, en facilite et en assure le débit. Il est clair encore que celui qui voit sa marque recherchée, préférée par le public, trouve, dans son intérêt même, de fortes raisons pour faire d'incessants efforts d'intelligence et de loyauté afin de lui conserver la préférence dont elle est l'objet. Il est clair enfin que l'exemple des marques honorées, recherchées dans le commerce, et devenant pour ceux qui les possèdent une source de fortune, est pour les autres industriels une puissante incitation à marcher dans la même voie, Mais à quelle condition l'industrie trouvera-t-elle réellement dans la marque les avantages qui viennent d'être signalés ?

A la condition que la marque sera réellement et efficacement protégée par la loi ; que le fabricant trouvera une sécurité entière dans l'emploi qu'il pourra faire de sa marque ; enfin, qu'il recevra de la loi des garanties suffisantes et faciles à réclamer contre le contrefacteur.

Et maintenant nous ajoutons que ce qui aura été fait directement au profit et dans l'intérêt du fabricant profitera largement, par une conséquence nécessaire, au public lui-même. En effet, si la marque est suffisamment protégée contre les usurpations, efficacement interdite à ceux qui n'y ont pas droit ; si, peu à peu, les fabricants et commerçants honnêtes et intelligents sont amenés, par leur intérêt même, à marquer leurs produits, puis à maintenir et à augmenter la valeur de leur marque, par le soin qu'ils auront de ne l'apposer que sur des marchandises loyales, le public n'aura-t-il pas un moyen très simple d'éviter les tromperies dont il est trop souvent victime, en exigeant des intermédiaires auxquels il s'adresse la marque qu'il sait devoir inspirer confiance et présenter des garanties ?

Fallait-il aller plus loin dans la protection du public, et prévoir les abus auxquels peut se prêter le droit de marque au détriment, non plus des fabricants ou commerçants, mais des consommateurs? Fallait-il profiter de l'occasion pour édicter des dispositions nouvelles contre les tromperies dont le public peut être victime par le moyen des marques ?

On ne l'a point pensé. Sauf une seule disposition dont il sera parlé ultérieurement, à l'occasion du titre III, on a écarté soigneusement du projet toute disposition qui ne tendrait pas directement au but indiqué plus haut, de faire de la marque une véritable propriété, et de lui donner de sérieuses garanties.

La loi, comme on le verra tout à l'heure, n'a voulu appliquer le bénéfice de ses dispositions protectrices qu'à la marque déposée : c'est à celle-là seulement qu'elle entend accorder certains avantages, certains privilèges. Mais, si vous vous placez au point de vue de l'intérêt des consommateurs, des tromperies dont ils peuvent être les victimes par le moyen des marques, la distinction essentielle et fondamentale des marques déposées et de celles qui ne le sont pas disparaît; car la tromperie est la même et a la même conséquence pour le public, soit qu'elle se pratique par une marque déposée, soit qu'elle s'exerce par une marque non déposée. Ici donc, et au point de vue de la tromperie pratiquée envers le public, il vous faudrait confondre ce qu'ailleurs, dans un autre point de vue, vous êtes obligés de distinguer soigneusement; vous seriez conduits à altérer sensiblement la simplicité et la clarté de la loi.

Il y a plus : une fois dans cette voie, vous devez aller plus loin. Si vous prévoyez les tromperies pratiquées par le moyen des marques déposées ou non déposées, la force des choses vous oblige à prévoir également les tromperies qui s'exercent par des moyens très voisins de ceux-là : l'annonce, le prospectus, l'artifice des indications de l'étalage, etc.

Eh bien ! il faut le dire, tout cela n'est peut-être pas du domaine de la loi pénale. Le public ne doit pas être constamment traité comme un mineur, et là où il peut faire ses affaires lui-même, où il peut se défendre contre le charlatanisme et contre la tromperie par un peu d'attention et de vigilance, il n'est pas toujours nécessaire et il n'est pas toujours prudent de mettre à son service la loi pénale et le ministère public.

D'ailleurs, il ne faut pas oublier que l'art. 423, C. pén., et la loi du 27 mars 1851, ont pourvu déjà et suffisamment, ce semble, à la protection due aux consommateurs contre les fraudes du commerce. Cet article et la loi de 1851 répriment, en effet, les tromperies sur la nature des marchandises, les falsifications différentes dont elles peuvent être l'objet, ainsi que les fraudes sur la quantité des choses livrées. Si l'expérience démontrait que la loi de police commerciale faite en 1851, pour compléter et développer l'art. 432, C. pén., est elle-même insuffisante et incomplète, il y aurait à examiner si une loi nouvelle doit être faite. Mais ce n'est point ici le lieu.

Ainsi, la marque, signe convenu, qui remplace sur le produit le nom du fabricant ou du commerçant, tel est l'objet précis et limité du projet de loi. Assurer à la marque une protection suffisante, efficace, facile à obtenir dans l'intérêt de celui à qui elle appartient, et, par voie de conséquence, dans l'intérêt du consommateur, tel est le principe fort simple et qui domine les dispositions nouvelles.

Cela dit, il ne nous reste plus qu'à faire connaître les motifs particuliers des articles qui ne s'expliqueraient pas d'eux-mêmes.

§ 2. — Le projet est divisé en cinq titres : le premier traite du caractère purement facultatif de la marque et des conditions auxquelles la propriété de la marque s'acquiert ou se conserve; le second, des droits des étrangers; le troisième, des pénalités ; le quatrième, des juridictions; le cinquième contient les règles générales et les dispositions transitoires que comporte le sujet.

TITRE I. — *Du droit de propriété des marques.*

Art. 1er. L'art. 1er posé en principe et d'une manière générale le caractère purement facultatif de la marque. Une disposition de cette nature nous a paru être le véritable point de départ de la loi projetée. La question du caractère obligatoire ou facultatif de la marque a été fort agitée dans ces derniers temps : c'est la question la plus grave du projet; il fallait s'en expliquer tout d'abord.

Bien que le système absolu de la marque obligatoire ait été plus ou moins complètement, plus ou moins explicitement repoussé dans tous les projets antérieurs et par tous les corps auxquels ils ont été soumis, nous devons rappeler en peu de mots les arguments sur lesquels il s'appuie.

Il faut mettre un terme, dit-on, aux fraudes qui se commettent sur le marché intérieur, plus encore sur le marché extérieur. Ces derniers, surtout, ont la plus désastreuse influence sur la prospérité de nos fabriques. Les pacotilleurs, qui versent sur les plages étrangères des marchandises de mauvais aloi, déshonorent notre industrie, lui font une réputation détestable, et l'excluent du marché. Si chaque fabricant était obligé d'apposer sa marque sur les produits de sa fabrication, il y regarderait à deux fois avant de signer une œuvre défectueuse ou déloyale; il serait armé pour résister aux obsessions du commerce intermédiaire, quand celui-ci prétend spéculer sur la qualité inférieure des marchandises, sur l'éloignement des marchés, sur l'incurie ou sur l'ignorance des acheteurs. La marque, si elle ne supprime pas la fraude, en restreint au moins le champ. C'est le défaut de responsabilité du fabricant qui la favorise : la marque obligatoire ne crée pas la responsabilité, sans doute, mais elle donne à l'acheteur, au public, le moyen de l'invoquer et d'en faire sentir la portée au fabricant déloyal, tout au moins en repoussant ses produits; elle assure donc à cette responsabilité une réalité et une sanction.

Aux objections tirées de ce que la marque obligatoire serait en contradiction avec les principes de liberté de l'industrie, consacrés par notre droit public moderne, les partisans de la marque obligatoire répondent que plus la liberté est grande, plus il importe de rendre sérieuse et réelle la responsabilité de ceux qui en usent; que ce n'est point porter atteinte à la liberté de l'industrie que de lui dire : Vous usez de votre liberté à votre gré; mais vous en userez à vos risques et périls, sous votre responsabilité; et, pour que cette responsabilité soit réelle, vous signerez vos œuvres.

Les adversaires du système de la marque obligatoire tiennent, à leur tour, le langage suivant :

D'abord, qu'entend-on par la marque obligatoire? Apparemment, ce n'est pas le retour à l'ancienne législation, d'après laquelle le Gouvernement lui-même intervenait pour frapper la marchandise d'une estampille, d'un poinçon, constatant la vérification dont elle avait été l'objet de la part de l'autorité. Ce ne serait pas, dans ce cas, la marque du fabricant qu'il s'agirait de rendre obligatoire, mais la marque de l'État. Eh bien ! sous l'ancienne législation, alors que l'industrie française était réglementée de toutes parts, habituée de longue main à un régime qui était loin d'être celui de la liberté, alors que d'ailleurs elle était si peu développée, ce système souleva de telles plaintes, entraîna de tels abus, de telles tracasseries, que, même avant la Révolution, il avait succombé. Que serait-ce donc aujourd'hui, avec les habitudes de liberté dans lesquelles l'industrie et le commerce ont vécu depuis soixante ans, avec les développements immenses que l'industrie a pris, avec la variété infinie de ses combinaisons? Quelle armée d'employés ne faudrait-il pas maintenant pour suffire à la tâche? et pour arriver à quoi? A rendre l'Administration, l'État, caution responsable de la bonne qualité des marchandises livrées au public !

Il existe, assurément, certains cas exceptionnels où l'on a reconnu qu'il était possible, utile, nécessaire même, de faire intervenir la vérification de l'autorité, puis de faire constater cette vérification par une estampille.

Ainsi, le titre des matières d'or et d'argent est vérifié par les bureaux de garantie, et le produit reçoit deux poinçons de l'autorité : celui du titre et celui du bureau de garantie ; les armes à feu sont éprouvées, et le fonctionnaire qui en fait l'épreuve revêt de son poinçon le canon éprouvé ; l'enveloppe des cartes à jouer est frappée du timbre de la Régie, qui constate que l'impôt a été payé ; les poids et mesures portent une empreinte par laquelle les vérificateurs certifient qu'ils sont conformes aux types réglementaires.

Mais ce n'est plus qu'à titre très exceptionnel que l'autorité intervient aujourd'hui dans la vérification de certains produits de l'industrie, et, on ne craint pas de le dire, le système de la marque obligatoire de l'État, pour peu qu'on lui donnât un peu d'étendue, à plus forte raison si on l'entendait d'une manière générale, est un système qui ne soutient pas l'examen.

Que s'il s'agit seulement de rendre obligatoire la marque du fabricant, peu de mots suffiront pour établir que ce système, même entendu ainsi, serait à peu près impraticable, fort préjudiciable aux intérêts des fabricants, et qu'il n'offrirait aucune garantie sérieuse au public.

Nous disons d'abord qu'il serait impossible à mettre en pratique pour un très grand nombre de produits.

Il est une foule d'objets, comme les dentelles, les châles, les écharpes, les mouchoirs, les cristaux, etc., qu'on ne peut marquer autrement que par une étiquette mobile, facile à enlever, à changer, qui ne porterait pas, par conséquent, avec elle la preuve qu'elle appartient bien à l'auteur du produit.

Les menus objets, comme les aiguilles, les épingles, etc., ne peuvent être marqués que par l'enveloppe, qui offre les mêmes inconvénients, puisqu'il est facile de remplacer les objets qu'elle couvre.

Les tissus en pièces ne peuvent être marqués qu'aux deux extrémités de la pièce. Or, les fragments de pièces, les coupons, suivant le langage du commerce, ne peuvent pas porter la marque, et les consommateurs n'achètent guère que des coupons.

Ainsi, première objection : impossibilité matérielle d'apposer la marque sur un très grand nombre de produits, au moins de manière qu'elle garantisse l'origine de la fabrication.

Nous disons, en second lieu, que le système de la marque obligatoire serait fort préjudiciable aux industriels. En effet, il y a des cas nombreux où les fabricants les plus honnêtes, les plus intelligents, sont obligés de livrer au commerce des produits défectueux ou de qualité inférieure. Ce sont les produits d'essai, les produits mal réussis, les produits d'un prix peu élevé, destinés aux consommateurs de la classe la plus nombreuse, pour qui le bon marché est indispensable. Font-ils en cela une opération déloyale? Nullement, si le public est averti de ce qu'il achète. Cependant le fabricant ne signe point de tels produits, qui nuiraient à sa réputation. Si vous l'obligez à les signer, vous lui interdirez la fabrication très licite et très utile des objets destinés à la consommation du peuple, vous l'obligez à détruire les produits d'essai et les produits mal réussis, c'est-à-dire que vous le ruinez ou que vous le forcez à compromettre sa marque.

Et puis, enfin, le public dont vous avez voulu sauvegarder les intérêts, vous ne lui donnez qu'une garantie illusoire et bien inférieure à celle que lui assure la marque facultative.

Avec la marque facultative, en effet, le public peut reconnaître, sait reconnaître celle qui a une bonne réputation : il s'adresse à celle-là de préférence, et il a une certitude morale que le fabricant honorable à qui elle appartient ne l'aurait pas apposée sur le produit qu'il achète, s'il était défectueux. Mais, avec la marque obligatoire, tous les produits sont marqués ou signés; c'est la confusion des langues; à moins d'une étude spéciale, il est impossible de s'y reconnaître, de distinguer la bonne marque de la mauvaise; et, lors même qu'on sait la distinguer, elle n'est plus une garantie pour le public, puisqu'elle couvre également tous les produits du fabricant, les bons comme les mauvais.

Ces raisons, et d'autres qu'il serait trop long d'énumérer, ont fait repousser le système absolu de la marque obligatoire.

Toutefois, le système opposé, celui de la marque facultative, entendu d'une manière absolue, pouvait avoir aussi ses inconvénients, et l'on a compris que, pour certains produits spéciaux, et à titre exceptionnel, il pourrait y avoir utilité, nécessité même, de rendre la marque de fabrique ou de commerce obligatoire.

Cette nécessité est démontrée par les faits existants. Nous avons déjà cité certains actes législatifs auxquels il ne s'agit point, auxquels personne ne propose de porter atteinte, et qui ont rendu la marque ou le nom du fabricant obligatoire pour les produits auxquels ils s'appliquent.

En ce moment, la marque ou le nom est et restera obligatoire pour l'imprimerie, pour les matières d'or et d'argent, pour les tissus français et similaires aux tissus étrangers prohibés, pour les cartes, pour les matières vénéneuses. Or, la variété des combinaisons de l'industrie est telle aujourd'hui qu'on peut comprendre qu'il apparaisse tout à coup des produits nouveaux ou des combinaisons nouvelles de produits anciens qu'il soit nécessaire d'assujettir à la marque, soit dans un but de police, s'il s'agit d'un produit qui présente certains dangers pour la société, soit dans un but de garantie publique, s'il s'agit d'un produit que le public serait absolument hors d'état de vérifier quand il l'achète, et dont il aurait intérêt à pouvoir constater ultérieurement l'identité, soit enfin pour satisfaire à des intérêts semblables ou analogues à ceux qui ont motivé les dispositions légales précitées.

Mais c'est seulement à titre exceptionnel, on l'a dit expressément dans le § 2 de l'art. 1er, que l'obligation de la marque pourrait être imposée à certains produits spéciaux et sous la garantie d'un décret délibéré en Conseil d'État. Il peut y avoir grande utilité, et on n'aperçoit aucun danger à reconnaître ce droit au Gouvernement dans ces limites et en cette forme.

Art. 2. L'art. 2 détermine la condition essentielle et absolue à laquelle est subordonnée la propriété de la marque, sans laquelle on ne peut revendiquer le bénéfice de la loi et la protection spéciale qu'elle accorde à la marque. Cette condition, c'est le dépôt du modèle de la marque en double exemplaire au greffe du tribunal de commerce.

Le motif de cette disposition est facile à comprendre.

Les différents emblèmes, symboles ou signes dont les fabricants peuvent se servir pour remplacer leur nom, ne sont, à vrai dire, la propriété de personne; ils sont dans le domaine public, tout le monde peut s'en emparer. Si donc vous voulez déposséder le public, au profit d'un seul, du droit de se servir de tel ou tel signe, il est juste et il est nécessaire que vous obligiez le fabricant qui désire s'en réserver l'usage exclusif à rendre son intention publique, à la porter à la connaissance de tous, et que vous fournissiez aux autres fabricants le moyen de connaître les signes dont l'emploi leur est interdit. Tel est l'objet principal de l'obligation du dépôt, qui équivaudra à une notification faite au public par le fabricant qui a pris possession d'une marque, pour informer ses confrères de cette prise de possession et faire naître son droit de propriété exclusive. Un des deux exemplaires du modèle restera déposé au greffe du tribunal de commerce pour servir au jugement des contestations qui pourront s'élever; l'autre exemplaire est destiné, dans la pensée du Gouvernement, au Conservatoire des Arts et Métiers, où les marques seront centralisées et classées de manière à pouvoir être mises facilement à la disposition des intéressés.

Il est bien entendu, d'ailleurs, qu'il ne saurait être interdit à personne d'user d'une marque non déposée; mais la marque, dans ce cas, ne constituera pas pour celui qui s'en servira une propriété interdite à tous autres. Il ne jouira pas du bénéfice de la loi, il n'aura pas l'action correctionnelle; et, s'il lui reste l'action civile, en réparation des dommages causés, ouverte par l'art. 1382, C. civ., toujours est-il qu'il ne pourra trouver dans l'usage habituel, dans la possession antérieure d'une marque, autre chose qu'un élément insuffisant par lui-même, et ne pouvant que concourir avec d'autres circonstances pour établir son droit à des dommages-intérêts. Telle est la pensée qui a fait écrire, dans les art. 2 et 3, que la propriété de la marque ne pouvait être acquise et conservée qu'au moyen du dépôt et à partir du dépôt. S'il était nécessaire d'accorder à la marque une protection efficace, il ne l'était pas moins de fournir aux fabricants les moyens de se mettre en règle et d'éviter des contrefaçons ou des usurpations involontaires.

Art. 3. C'est ce même ordre d'idées qui a amené les rédacteurs du projet à limiter, par l'art. 3, les effets du dépôt à une durée de quinze années, sauf à reconnaître au propriétaire de la marque le droit de renouveler son dépôt tous les quinze ans pour conserver sa marque. Il eût été, en effet, illusoire d'accorder aux parties intéressées la faculté de rechercher les marques employées, si ces recherches eussent dû s'étendre à une époque trop reculée. Et, d'autre part, ce n'était point imposer une condition bien difficile ni bien coûteuse, que d'exiger un dépôt nouveau tous les quinze ans, quand le dépôt a lieu au greffe du tribunal de commerce du domicile, et quand les frais de ce dépôt ont été réduits à une somme minime.

TITRE II. — *Dispositions relatives aux étrangers.*

Art. 5. Les principes généraux du droit accordant aux étrangers le libre exercice du commerce et de l'industrie en France, l'art. 5 du projet ne fait que traduire ce principe, en disant que le bénéfice de la loi est acquis à tous ceux qui possèdent en France des établissements industriels ou commerciaux; la propriété de leurs marques leur sera garantie aussi longtemps que leur travail et leurs capitaux contribueront à la richesse du pays.

Art. 6. Mais on n'a point pensé que le même avantage dût être étendu, sans réserve, aux établissements situés hors de France et exploités, soit par des étrangers, soit même par des Français. Le bénéfice de notre législation ne peut être accordé à des établissements situés en pays étrangers qu'autant que des garanties équivalentes nous seront offertes en retour, et qu'une réciprocité réelle aura été stipulée dans une convention diplomatique. Cette condition fait l'objet de l'art. 6. Elle satisfait à une pensée de moralité que le Gouvernement s'est efforcé déjà de faire prévaloir dans les relations internationales. La réciprocité, en fait de marques, tend d'ailleurs à faciliter les transactions commerciales entre les divers peuples, et à les rendre de plus en plus avantageuses aux uns et aux autres, en les fondant sur la plus solide des bases : le respect mutuel des droits légitimement acquis.

Les fabriques et maisons de commerce établies à l'étranger ne ressortissant à aucune de nos juridictions, il devient indispensable de déterminer d'une manière particulière le mode à suivre pour le dépôt des marques étrangères. Le second paragraphe de l'art. 6 porte que cette formalité devra s'accomplir au greffe du tribunal de commerce de la

Seine. L'existence d'un seul lieu de dépôt facilitera les recherches et les vérifications des intéressés.

TITRE III. — *Pénalités.*

Art. 7. L'art. 7 prévoit trois délits, qu'il punit de la même peine.

Le premier consiste dans la contrefaçon de la marque appartenant régulièrement à un fabricant ou à un commerçant, ou dans l'usage de la marque contrefaite. Ce délit avait été assimilé aux faux en écritures privées par la loi du 22 germinal an XI et par l'art. 142, C. pén., qui le punissait par conséquent de la réclusion. Nous avons déjà dit que cette pénalité excessive n'était point appliquée et qu'elle entraînait l'impunité. La peine prononcée par l'art. 7 et celle des articles suivants ne seront plus qu'une peine correctionnelle.

Le second délit prévu par l'art. 7 est celui que commet l'individu qui, s'étant procuré d'une manière quelconque une marque, un timbre, un poinçon véritables, s'en sert pour marquer frauduleusement des produits autres que ceux des fabricants ou des commerçants auxquels appartiennent ces marques, timbres ou poinçons.

Vient en troisième lieu le délit de ceux qui, sciemment, vendent ou exposent en vente les produits portant des marques contrefaites ou frauduleusement apposées. Nous avons déjà dit que ce délit, complètement assimilable aux deux premiers, n'avait point été prévu par la législation existante.

On n'a pas cru devoir mentionner spécialement les recéleurs, parce que, d'après les principes du droit pénal, les recéleurs sont punis comme complices.

Art. 8. L'art. 8 punit d'une peine qu'on a cherché à rapprocher le plus possible de celle prononcée par l'art. 7 :

1° Celui qui se fait de la marque déposée un moyen de tromper le public, en y insérant des indications propres à induire les acheteurs en erreur sur la nature du produit qui en est revêtu ;

2° Celui qui, sciemment, vend ou expose en vente des produits présentant ce genre de fraude.

L'art. 423, C. pén., punit déjà les tromperies sur la nature de la marchandise ; mais il ne s'applique qu'à la tromperie réalisée. Il a paru juste d'aller plus loin, et d'atteindre même la tentative de tromperie, lorsqu'elle a lieu par l'abus des faveurs mêmes qu'accorde la loi. Cette disposition, qui est en parfaite harmonie avec le caractère de moralité que la loi présente, n'a point paru d'ailleurs compromettre la simplicité de son but, qu'on a tenu à conserver en écartant, comme nous l'avons dit, toute disposition plus spécialement destinée à protéger le public contre les fraudes dont il peut être victime.

Art. 9. Enfin l'art. 9 attache une peine, mais moindre que les deux précédentes, à la violation, soit des dispositions des décrets qui, aux termes de l'art. 1er, auront assujetti à l'obligation de la marque certains produits spéciaux, soit des autres dispositions d'exécution de ces mêmes décrets.

Art. 10, 11 et 12. Les art. 10, 11 et 12, empruntés à la loi du 5 juill. 1844 sur les brevets d'invention, ont pour objet d'interdire le cumul des peines lorsque le délinquant a à répondre, devant le tribunal, de plusieurs des délits antérieurs au premier acte de poursuite, sauf l'application, en ce cas, de la peine la plus forte; — de permettre aux tribunaux d'élever les peines au double, lorsqu'il a été prononcé contre le prévenu, dans les cinq années antérieures, une condamnation pour un des délits prévus par la loi; et de les autoriser à modérer la peine suivant les circonstances, en permettant l'application de l'art. 463, C. pén.

Art. 13. Les peines mentionnées ci-dessus atteignent le délinquant dans ses biens et sa liberté. Le juge peut, suivant les cas, cumuler l'amende et l'emprisonnement, ou n'appliquer qu'une seule de ces pénalités. Mais il a paru juste et nécessaire de les fortifier par d'autres peines purement morales. En conséquence, les tribunaux sont autorisés par l'art. 13 à interdire aux délinquants toute participation aux élections des tribunaux de commerce, des chambres de commerce, des chambres consultatives des arts et manufactures et des conseils de prud'hommes, pendant un temps qui n'excédera pas dix ans. De plus, les tribunaux pourront ordonner que les jugements de condamnation soient affichés et publiés dans les journaux. Cette dernière disposition, indépendamment de l'effet moral qu'elle doit produire, aura l'utilité de prémunir les consommateurs et les fabricants contre le renouvellement de fraudes déjà commises à leur préjudice.

Art. 14. La confiscation des objets dont la marque serait reconnue contraire aux dispositions des art. 7 et 8, et des instruments ayant spécialement servi à commettre le délit, est le complément de la répression.

En matière de contrefaçon des œuvres d'art et d'esprit, l'art. 427, C. pén., prononce la confiscation comme une conséquence nécessaire de la peine dont le délit est frappé. Toutefois, il n'a pas paru possible d'aller aussi loin en matière de contrefaçon des marques; l'art. 14 ne rend point la confiscation obligatoire pour le juge, qui appréciera les circonstances, notamment l'importance du dommage causé par la contrefaçon et les conséquences que pourrait avoir la confiscation.

Il se peut, en effet, que, d'une part, le dommage causé aux tiers par le délit soit de peu d'importance, et que, d'autre part, la confiscation soit de nature à entraîner la ruine du délinquant ou à compromettre les intérêts de ses créanciers.

Toute latitude doit donc être laissée au juge sur ce point, ainsi que sur la question de savoir si les produits confisqués devront être ou non remis au propriétaire de la marque qui a été contrefaite ou frauduleusement apposée, sans préjudice de plus amples dommages-intérêts, s'il y a lieu.

Ce qui est obligatoire pour le juge, dans tous les cas, même dans celui où il y aurait acquittement, c'est d'ordonner la destruction des marques reconnues contraires aux dispositions de la loi.

Art. 15. L'art. 15, prévoyant le cas où il s'agirait d'infraction aux dispositions des décrets qui ont rendu la marque obligatoire, veut que le tribunal ordonne toujours, même s'il y a eu acquittement, l'apposition de la marque sur les produits, objet de la poursuite. Mais la confiscation, dans ce cas, et pour un premier délit, serait excessive et ne peut point être prononcée par le juge.

Toutefois, ce complément de la répression se justifie, et le second paragraphe de l'art. 15 l'autorise, si le délinquant, condamné une première fois pour infraction à l'obligation de la marque, est poursuivi de nouveau pour un délit de même nature, avant le laps de cinq années. La mesure de confiscation peut être, en effet, le seul moyen d'empêcher l'individu qui est rentré dans la possession des objets poursuivis pour infraction à l'obligation de la marque, de résister à l'injonction du juge et de les remettre dans le commerce sans les marquer.

TITRE IV. — *Juridictions.*

Art. 16. Dans la législation actuelle, et d'après le décret du 11 juin 1809, les conseils de prud'hommes ont une part d'action au moins consultative en matière de marques de fabrique; ils interviennent même comme juges, d'après le décret du 5 sept. 1810 sur les marques de la coutellerie. Le projet de loi discuté devant les anciennes Chambres législatives avait maintenu l'intervention conciliatrice des prud'hommes. Le Conseil général de l'agriculture, des manufactures et du commerce, dans l'une de ses dernières sessions, a demandé que cette intervention fût supprimée comme une formalité inutile. Il faut bien le reconnaître, en effet, les conseils de prud'hommes sont institués pour vider les différends qui s'élèvent entre les patrons et les ouvriers. Leur intervention en matière de marques de fabrique les introduit dans des débats d'une tout autre nature, puisqu'il s'agit alors de contestations entre fabricants seulement. Les tribunaux de commerce sont d'ailleurs parfaitement aptes à prononcer sur les affaires de marques. Enfin, il se présente des affaires de cette nature dans un grand nombre de villes où il n'existe pas de conseils de prud'hommes, et où l'arbitrage préliminaire est supprimé, sans qu'il en résulte aucun inconvénient. Par ces motifs, l'art. 16 énonce purement et simplement que les actions civiles sont portées devant les tribunaux de commerce.

En cas de poursuites à fins pénales, l'action est dévolue au tribunal de police correctionnelle, conformément au droit commun. Si, sur une poursuite en contrefaçon, le prévenu soulève pour sa défense des questions relatives à la propriété de la marque, le même tribunal prononcera sur l'exception; il a aussi qualité pour statuer sur toutes les demandes qui se rattachent à l'objet principal. Cette dernière disposition, empruntée à la loi du 5 juill. 1844 sur les brevets d'invention, a pour but de donner à l'action de la justice un cours beaucoup plus prompt, et de mettre obstacle aux incidents que les contrefacteurs ont intérêt à multiplier afin de gagner du temps.

Il était inutile d'ajouter dans la loi que le ministère public est autorisé à poursuivre d'office, pour l'application de la peine, les infractions aux dispositions qu'elle renferme. Cela est de droit en matière pénale, toutes les fois qu'il n'y est pas dérogé expressément. Il était inutile également de mentionner que la juridiction assignée aux tribunaux de commerce et aux tribunaux correctionnels de France, en cette matière, ne déroge point à la juridiction de nos consuls, si le litige s'élève hors de France entre Français, juridiction qui reste réglée conformément à d'anciens édits et ordonnances, et, pour certains pays, à des capitulations, traités ou usages encore en vigueur, ainsi qu'à des lois récemment promulguées.

Art. 17. L'art. 17 règle les formalités de la description, avec ou sans saisie, à laquelle il peut être procédé à la requête de la partie lésée. Il est nécessaire, dans ce cas, de prendre certaines précautions pour empêcher des poursuites vexatoires inspirées par l'intérêt privé. Lorsque ces mêmes opérations ont lieu à la requête du ministère public, il y est procédé dans les formes déterminées par le Code d'instruction criminelle.

Le projet de loi confère éventuellement au juge de paix le pouvoir d'autoriser la description avec ou sans saisie. Ce droit ne lui avait pas été accordé dans le projet discuté en 1847; mais on a considéré que ce magistrat est plus rapproché des justiciables; que, dans bien des cas, l'obligation de se pouvoir auprès du président du tribunal civil entraînerait des retards préjudiciables à la partie lésée, en facilitant la suppression du corps du délit.

Art. 18. L'art. 18 est emprunté, comme plusieurs des dispositions qui ont été mentionnées ci-dessus, à la loi du 5 juillet 1844 sur les brevets d'invention. On ne doit pas permettre au plaignant de prolonger à son gré l'état de la suspicion dans lequel son adversaire est placé, et surtout l'espèce d'interdit qui résulte de cette dernière mesure. Si, dans un certain délai, le requérant n'a pas donné suite à ses premières poursuites, cette inaction sera regardée comme un aveu implicite de l'injustice de sa prétention. La description avec ou sans saisie sera nulle de plein droit, sans préjudice des dommages-intérêts qui pourront être réclamés devant le tribunal de commerce, d'après les principes du droit commun.

TITRE V. — *Dispositions générales ou transitoires.*

Il ne nous reste plus, Messieurs, à vous entretenir que de quelques dispositions générales ou transitoires qui complètent le projet.

Art. 19. L'art. 19 a pour objet de combattre un abus qui a soulevé de vives réclamations dans divers centres manufacturiers. Il arrive fréquemment que des produits étrangers portant frauduleusement, soit la marque, soit le nom d'un fabricant résidant en France, soit l'indication du lieu d'une fabrique française, sont présentés pour le transit et gagnent le bureau de sortie sans que l'Administration des douanes puisse agir et avant que les intéressés aient pu intervenir. Ces fraudes, qui ont pour but d'enlever des débouchés à notre commerce, peuvent avoir des effets d'autant plus fâcheux que les produits sont souvent de mauvaise qualité et servent à discréditer les marques ou les noms dont ils sont revêtus. Afin de combattre cet abus, l'art. 19 autorise la saisie de tout produit de cette nature, à la requête du ministère public ou de la partie lésée.

Il ne faut pas d'ailleurs se préoccuper de la crainte que cette disposition puisse compromettre les intérêts d'ordre supérieur qui se rattachent au développement du transit étranger envers la France. En effet, nous nous sommes assurés qu'elle n'entraînera et qu'elle ne peut entraîner, de la part de la Douane, aucune recherche, aucune vérification plus étendue que celle qu'exigent les intérêts habituels de son service; par conséquent, il ne résultera de la disposition aucun retard, aucune formalité, et aucune gêne nouvelle pour le commerce. Qui effrayera-t-elle donc? qui détournera-t-elle? Uniquement le commerce frauduleux et déloyal; et ce n'est point celui-là, dont, au surplus, les proportions sont restreintes, et qui cependant cause un préjudice notable à nos fabriques, ce n'est point celui-là qu'on doit craindre de détourner et de décourager.

Art. 20. L'art. 20 étend l'application de la loi aux vins, eaux-de-vie, farines et autres produits de l'agriculture. Il y a, en effet, des avantages sérieux pour les producteurs agricoles, et même pour ceux qui font le commerce des produits de cette nature, à pouvoir s'assurer la propriété d'une marque qui distingue leurs produits et qui les signale à la confiance du public, et à jouir, sous ce rapport, des mêmes faveurs qui sont accordées aux producteurs industriels.

Art. 21. L'art. 21 contient une disposition transitoire qui s'explique et se justifie d'elle-même, au profit de ceux qui, antérieurement à la loi, ont déposé leur marque au tribunal de commerce; elle les dispense d'un nouveau dépôt au moins pour une première période de quinze ans.

Art. 22. Un règlement d'administration publique doit déterminer, aux termes de l'art. 22, toutes les mesures d'exécution que comporte la loi, notamment en ce qui concerne les formalités du dépôt des marques, la formation de la collection au Conservatoire des Arts et Métiers, etc. La publication ultérieure de ce règlement, et les mesures à prendre par le commerce et par l'industrie pour se mettre en règle vis-à-vis de la loi nouvelle, obligeaient à déclarer que la loi ne sera exécutoire que six mois après sa promulgation.

Art. 23. L'article 23 et dernier porte qu'il n'est pas dérogé aux dispositions antérieures qui n'ont rien de contraire à la nouvelle loi. Cela est de principe; il a été jugé utile de le dire cependant, pour faire mieux ressortir que la loi nouvelle a un but restreint et ne touche qu'à une partie de la législation des marques. Nous avons eu soin plus haut de préciser ce but et d'énumérer les principaux monuments de la législation qui restent en dehors de l'action de la loi nouvelle.

Nous espérons, Messieurs, que les dispositions du projet que nous venons d'avoir l'honneur de vous exposer vous paraîtront résoudre avec prudence et mesure les questions délicates engagées dans la réforme de la législation sur les marques de fabrique, et qu'elles mériteront votre approbation.

ART. 2. — RAPPORT

Fait au nom de la commission (1) chargée d'examiner le projet de loi relatif aux marques de fabrique et de commerce (2).

Messieurs, le projet de loi dont vous nous avez confié l'examen est la réalisation de vœux incessamment exprimés par les représentants de l'industrie et du commerce, qui le réclament comme une protection nécessaire et un véritable bienfait. Aussi votre Commission vous eût-elle soumis son travail dès la session dernière, si elle n'eût été amenée à l'ajourner par la pensée même de mieux servir les intérêts qui s'y trouvent engagés.

Divers projets de lois sur les brevets d'invention, les dessins de fabrique, étaient à l'étude, et il y avait avantage, suivant nous, à les réunir dans le même examen et la même délibération. Régir par les mêmes principes des matières identiques, tout au moins connexes, donner à la loi le caractère si désirable d'harmonie et de simplicité, tel était notre désir, favorablement accueilli par le Gouvernement, jaloux de donner à l'industrie, qui le demande si vivement, son code civil.

L'étude de ces projets paraît avoir soulevé des difficultés qui en retardent la présentation, et nous avons dû reprendre l'examen de la loi spéciale que vous nous avez renvoyée. Nous avons, d'ailleurs, la ferme confiance que le Gouvernement n'abandonnera pas la pensée qu'il avait paru partager, et dont la réalisation serait pour l'industrie et le commerce une amélioration considérable; nous l'attendons de ses intentions libérales et sagement progressives.

Les marques sont tout signe par lequel un fabricant ou un commerçant distingue les produits de sa fabrique ou de son commerce. Leur usage, qui remonte au temps où l'écriture et la lecture étaient peu connues, et qui est presque aussi ancien que le commerce lui-même, s'est conservé et étendu : il est simple, facile et passé dans les habitudes. Mais leur caractère, leur but, ont changé plus d'une fois; il importe de les déterminer nettement.

Au moyen âge, l'industrie et le commerce avaient, comme la propriété foncière, une organisation féodale. Les corporations, les maîtrises, les

---

(1) Cette commission était composée de MM. Reveil, président; Busson, rapporteur, Monnin-Japy, Perret, Riché, Quesné, Levavasseur.

(2) V. *Monit. univ.* du 25 avril 1857, annexe G, n° 111.

jurandes, avaient tout hiérarchisé ou asservi. Le législateur faisait lui-même la division du travail; enfin, appliquant faussement la louable pensée de prévenir les fraudes commerciales, il en était venu à réglementer la fabrication et à en contrôler les opérations.

Alors était apposée la marque, qui n'était pas seulement la signature du commerçant, mais le certificat de garantie de l'autorité publique. De là une véritable servitude pour l'industrie nationale, asservie à des types légaux, frappés de peines énormes en cas d'erreurs dans la fabrication, qui devenaient des manquements à la loi, vexée enfin par tous les jurés, contrôleurs, inspecteurs, dont l'esprit de fiscalité et les besoins du Trésor avaient multiplié les offices.

Ce régime souleva de fréquentes et sérieuses réclamations. Les états généraux de 1614 en demandèrent formellement la modification. Condamné par Colbert, abandonné en fait dans plusieurs centres importants de fabrication, il fut notablement adouci, en ce qui concerne les tissus, par le règlement du 5 mai 1779 et les lettres patentes du 4 juin 1780. Désormais les fabricants purent, dans la fabrication de leurs étoffes, ou s'assujettir à l'exécution des règlements, ou adopter telles dimensions et combinaisons qu'ils préféraient. Dans l'un et l'autre cas, les produits recevaient la marque de l'autorité publique, mais dans le premier ils portaient le mot : *Réglé*.

La loi du 7 mars 1791, en supprimant l'ancien régime commercial, affranchit complètement l'industrie; mais, il faut bien le dire, en ce qui concerne les marques, à l'oppression succéda la licence.

Sans doute le droit qu'a tout fabricant ou commerçant d'apposer son nom ou sa marque ne pouvait périr, car il dérive de la nature des choses et se confond avec le droit même de travailler ; mais, destitué de toute garantie pour le faire respecter, ce droit restait illusoire : c'était une propriété privée de tout moyen de se défendre.

Un pareil état de choses ne pouvait durer, et motiva de promptes et énergiques réclamations. Le 28 messidor an VII, un message du Conseil des Cinq-Cents recommande au Directoire la pétition d'un grand nombre de fabricants de coutellerie et quincaillerie, réclamant les garanties de la marque, et un arrêté des consuls, du 23 nivôse an IX, autorise ces fabricants à frapper leurs ouvrages d'une marque spéciale, et leur en assure la propriété à charge de dépôt. Un autre arrêté de germinal an X donne une marque spéciale à la manufacture nationale de bonneterie établie à Orléans.

Conçue dans des vues générales, et destinée à réglementer les manufactures et ateliers, la loi du 22 germinal an XI proclame le droit pour tout manufacturier et artisan d'appliquer un signe particulier sur ses produits, et punit la contrefaçon des peines portées contre le faux en écritures privées. L'exercice de cette action est subordonné au dépôt préalable de la marque.

Le décret du 11 juin 1800, relatif à l'organisation des conseils de prud'hommes, leur attribue le soin de veiller à l'exécution des mesures conservatrices de la propriété des marques. Un avis du Conseil d'État rectifie et complète ce décret, en décidant que cette juridiction est purement gracieuse, et que, à défaut de conciliation par les prud'hommes, la difficulté est portée devant les tribunaux de commerce.

Enfin le Code pénal, promulgé le 22 fév. 1810 (art. 142 et 143), punit de la réclusion la contrefaçon des sceaux, timbres ou marques des établissements perticuliers de banque ou de commerce, et de la peine du carcan, remplacé depuis 1832 par la peine de la dégradation civique, l'usage frauduleux des sceaux, timbres et marques de ces établissements.

Dans un ordre d'idées analogue, mais qu'il est essentiel cependant de ne pas confondre, la loi du 28 juill. 1824 punit des peines portées en l'art. 423 C. pén. les altérations ou suppositions de noms sur les produits fabriqués.

A ces dispositions générales s'ajoutent des décrets et ordonnances relatifs à certains produits spéciaux et qu'il importe de rappeler.

Les lois du 28 germinal an V (art. 1er) et du 21 oct. 1814 (art. 17) astreignent l'imprimeur à indiquer son nom et sa demeure sur tout ce qu'il imprime.

La loi du 19 brumaire an VI ordonne aux fabricants de matières d'or et d'argent d'imprimer sur leurs produits une marque spéciale et déposée, indépendamment des poinçons du titre et du bureau de garantie.

Le décret du 9 fév. 1810 impose aux fabricants de cartes à jouer l'obligation de donner à chaque jeu une enveloppe indiquant leurs noms, demeures et signatures.

Le 25 juill. 1810, un décret rend à la fabrique de Louviers le droit exclusif, dont elle jouissait avant la loi de 1791, d'avoir pour ses draps une lisière jaune et bleue, et un second décret du 22 décemb. 1812 prescrit les formalités à suivre par les villes qui voudront obtenir la faveur d'une semblable mesure.

La quincaillerie et la coutellerie sont l'objet de dispositions particulières dans le décret du 5 sept. 1810, qui abaisse la peine pour rendre la répression plus efficace, et donne compétence pour les marques de ces industries aux conseils de prud'hommes et, à leur défaut, aux juges de paix.

Un autre décret du 1er avril 1811, suivi des décrets des 18 sept. 1811 et 22 décemb. 1812, prescrit aux fabricants de savons d'apposer leur marque sur leurs produits et d'en déposer l'empreinte. La ville de Marseille obtient une marque particulière pour ses savons à l'huile d'olive.

La loi du 28 avril 1816, pour faciliter la recherche à l'extérieur des tissus prohibés, enjoint aux fabricants français de produits similaires d'y apposer leur marque; le mode d'application de cette marque, et les indications qu'elle doit renfermer, sont déterminés par les ordonnances des 8 août 1816, 23 sept. 1818, 26 mai 1819 et 3 avril 1836.

Enfin l'ordonnance du 29 oct. 1846 oblige les pharmaciens à apposer sur les substances vénéneuses une étiquette indicative de leur nom et de leur demeure.

Depuis longtemps les défauts et les lacunes de cette législation sont signalés : composée d'éléments divers, souvent contradictoires, elle soulève des critiques qu'il serait trop long d'énumérer, mais dont les plus graves cependant doivent être rapportées.

La marque, dans les lois qui viennent d'être rappelées, est tantôt obligatoire, tantôt facultative.

La condition préalable d'une poursuite en contrefaçon est le dépôt de la marque. Mais où ce dépôt doit-il être effectué ? L'arrêté du 23 nivôse an IX veut que ce soit à la sous-préfecture ; la loi du 22 germinal an XI, au greffe du tribunal de commerce ; le décret du 11 juin 1809, au secrétariat du conseil des prud'hommes ; la loi du 8 août 1816, à la sous-préfecture et au ministère du commerce.

De quelle juridiction relèvent les contestations en cette matière ? Le décret du 11 juin 1809 les soumet aux prud'hommes, mais à titre de conciliation ; et, à défaut de conciliation, aux tribunaux de commerce. Au contraire, le conseil des prud'hommes et le juge de paix, là où ce conseil n'existe pas, prononcent comme juges sur les difficultés relatives aux marques de la quaincaillerie, de la coutellerie et des savons (Décrets des 5 sept. 1810 et 1er avril 1811).

La diversité n'est pas moins grande en ce qui touche les peines.

La loi du 22 germinal an XI et le Code pénal qualifient crime et punissent comme tel la contrefaçon et l'usage frauduleux des marques. La contrefaçon des marques de coutellerie, des savons et des draps est punie d'une peine correctionnelle. Mais la quotité de la peine n'est pas la même dans chacun des décrets relatifs à ces divers produits.

Omission non moins fâcheuse : ces lois et décrets punissent la contrefaçon des marques, mais laissent impuni le débit fait sciemment de produits dont la marque est contrefaite.

Enfin, l'exagération de la peine portée par la loi du 22 germinal an XI et le Code pénal a rendu toute répression impossible. Les rares poursuites qui ont eu lieu ont abouti à des acquittements ; elles ont cessé depuis longtemps. Seule, l'action civile est exercée, mais entravée, énervée par les contradictions et les difficultés que nous avons indiquées. Aussi les conseils généraux des manufactures et du commerce, ceux des départements, les chambres de commerce, ne cessent de demander une législation plus simple, plus complète, plus efficace.

Un projet de loi fut préparé en 1841 par les conseils généraux des manufactures et du commerce, élaboré en 1845 par le Conseil d'État et adopté en 1846 par la Chambre des pairs. Le rapport était fait et déposé à la Chambre des députés, quand éclata la révolution de Février.

En 1850, le Conseil général du commerce et des manufactures prépara les bases d'un nouveau projet que le Conseil d'État vota en 1851.

De ces longues et consciencieuses études est né le projet dont vous êtes saisis.

Quel en est le but, quel en est le caractère ? C'est ce qu'il faut tout d'abord préciser.

Le principe fécond de la liberté de l'industrie inscrit dans nos lois est entré si avant dans nos mœurs qu'il n'en saurait disparaître. Il ne pouvait donc s'agir de considérer et d'organiser la marque comme une vérification faite au nom de l'État réglementant la fabrication, une garantie de l'autorité publique en certifiant la nature et les conditions. S'il en est autrement pour certains produits, ce sont là des exceptions édictées dans l'intérêt de tous pour la sécurité de chacun ou la défense du travail national, et dont des nécessités d'ordre public pourraient seules justifier la rare extension.

Le projet s'occupe uniquement de la marque que le fabricant ou le commerçant oppose sur les objets de sa fabrication ou de son commerce, pour en constater l'origine, pour lui imprimer autant que possible, aux yeux du public, le caractère de sa personnalité.

La marque est donc une propriété privée que la loi doit défendre. Tel est le principe du projet de loi, principe dont nous aurions voulu tirer des conséquences plus nombreuses et plus fécondes, et que nous nous sommes efforcés de maintenir, sans le compliquer de dispositions étrangères. Son application n'est pas seulement un acte de justice ; c'est un avantage précieux pour le commerce loyal, une garantie donnée au public. Protéger efficacement la marque, c'est amener l'industriel, le commerçant, à l'employer; c'est aussi les intéresser à en rehausser la valeur par la loyauté et la perfection des produits dont ils revendiquent la responsabilité ; c'est donc, en résumé, servir les intérêts de la production et du consommateur.

Excepté quelques innovations qu'il nous avait paru possible d'étendre, le projet de loi qui vous est soumis ne constitue pas, à vrai dire, une législation nouvelle. Il résume, coordonne, rectifie ou complète les prescriptions légales existant aujourd'hui, dans une série de dispositions dont il faut analyser les motifs particuliers.

TITRE Ier. — *Du droit de propriété des marques.*

Art. 1er. La marque est le signe de la personnalité du fabricant, du commerçant, imprimée à leurs produits ; elle constitue donc une véritable propriété que proclame l'intitulé même de ce titre, et qui est le premier mot de la loi. Mais cette manifestation de sa personnalité par l'industriel ou le commerçant doit-elle rester libre? doit-elle, au contraire, être une obligation légale? En un mot, la marque doit-elle être obligatoire ou seulement facultative? Telle est, Messieurs, la grave question que soulève toute loi sur les marques, qu'ont agitée les organes de l'industrie, qui partage les chambres de commerce, et qu'il fallait résoudre dès le début de la loi.

C'est au nom du commerce et dans son intérêt qu'on réclame l'obligation de la marque. La liberté de l'industrie n'a qu'un correctif, la responsabilité de l'industriel; sinon elle dégénère en licence. Que le fabricant soit tenu de signer son œuvre, le marchand les objets qu'il vend, et les fraudes qui ont si gravement compromis notre commerce à l'étranger, qui troublent si souvent le marché intérieur, disparaissent presque complètement, car nul n'en osera prendre publiquement la responsabilité. La marque obligatoire ne protège pas seulement la consommation, elle protège l'industrie elle-même contre les fraudes plus nombreuses encore du commerce intermédiaire, qui, chaque jour, compromet la réputation du fabricant en trompant le consommateur. Sans doute, elle ne crée pas la responsabilité, mais elle donne les moyens, nuls aujourd'hui, de l'appliquer. Qu'on ne parle pas de difficultés d'application. Pendant des siècles, et jusqu'à la loi de 1791, l'obligation de la marque a été le droit commun de l'industrie. Elle a existé avec des conditions de vérification et de surveillance qu'il ne s'agit pas de ressusciter; elle existe aujourd'hui sans obtacles dans plusieurs pays étrangers; elle est donc pratiquement possible.

Si graves que soient ces raisons, Messieurs, elles n'ont pas persuadé votre commission, pas plus que tous ceux qui ont élaboré tous les projets de lois antérieurs.

La répression des fraudes est un résultat excellent, sans doute, mais fort hypothétique dans l'espèce. Respectera-t-il sa marque, le commerçant peu jaloux de se faire un nom commercial? La marque actuellement obligatoire pour les tissus de laine et de coton a-t-elle empêché les fraudes? Ce qui est certain, au contraire, ce sont les restrictions gênantes imposées au commerce même le plus loyal par une pareille obligation. L'expérience de plusieurs siècles le démontre. Obliger le producteur à signer tous ses produits, n'est-ce pas, sous peine de compromettre sa marque, l'empêcher de vendre les produits d'essai ou mal réussis, de faire pour les besoins de la consommation elle-même des produits inférieurs ou mélangés? Comment faire pour les produits les plus exigus, ceux non susceptibles d'être marqués, ceux dont la marque doit disparaître dans la vente en détail, ceux enfin qui sont l'œuvre de plusieurs fabricants?

Comprend-on aussi qu'il faille marquer tous les objets, même les plus simples et les plus vulgaires qui sont dans le commerce?

La marque obligatoire ne diminue-t-elle pas, enfin, les garanties que donne la marque facultative? Avec ce dernier système, tout fabricant habile, tout marchand loyal, use de la faculté consacrée par la loi, et le public s'adresse à eux avec confiance, certain qu'ils n'apposeront pas leur marque sur un produit défectueux. Si tous, au contraire, sont tenus d'apposer leurs marques, il en résultera une confusion dans laquelle le consommateur ne pourra distinguer les bonnes et les mauvaises.

Nous n'hésitons donc pas à vous proposer de déclarer la marque simplement facultative. Toutefois, à ce principe le projet de loi apporte un tempérament propre à désintéresser la plupart des objections formulées contre lui et à concilier tous les intérêts. C'est presque toujours en se préoccupant exclusivement d'une ou de plusieurs industries particulières qu'on réclame l'obligation de la marque, et l'on est alors porté à généraliser une mesure dont apparaît l'utilité spéciale. Déjà des actes législatifs qui ont eu, qui ont encore leur raison d'être dans des principes d'ordre ou d'intérêt public, et dont nul ne demande la modification, ont rendu pour certains produits la marque ou le nom obligatoire : ainsi pour les matières d'or et d'argent, les tissus français similaires à ceux prohibés, l'imprimerie, les substances vénéneuses, etc.

Des raisons du même ordre, d'autres non moins puissantes, l'intérêt évident de la consommation ou de grandes industries nationales, peuvent rendre utile, nécessaire même, de déclarer obligatoire la marque de fabrique ou de commerce. Dans ce but, les intéressés devront s'adresser au Gouvernement, à qui nous vous proposons de déléguer ce soin, convaincus que lui seul est à même d'apprécier exactement l'utilité de semblables mesures, certains enfin qu'il usera avec prudence de son pouvoir discrétionnaire. Hâtons-nous d'ajouter que son exercice est soumis aux garanties des règlements d'administration publique, et que ce seront là, en tout cas, des exceptions rares au principe qui doit rester debout de la marque facultative.

Il est presque inutile d'ajouter qu'en déclarant la marque obligatoire, les décrets détermineront le mode et les conditions de cette marque.

En quoi consistent les marques? Le projet de loi, évitant le péril d'une définition, et laissant à la doctrine et à la jurisprudence le soin de la faire, était resté muet à cet égard. Votre commission a pensé que la donner serait prévenir de nombreuses difficultés, et elle en a pris le principe dans les projets présentés aux précédentes Assemblées. Le Conseil d'État a adopté son amendement. La marque est tout signe servant à distinguer les produits d'une fabrique ou les objets d'un commerce ; et la loi énumère non pas tous ces signes, mais les plus usités et les principaux parmi eux. Si la marque est la représentation du nom, il faut reconnaître que l'apposition du nom est la plus claire et la plus sûre de toutes les marques.

Le nom lui-même est donc une marque, mais à la condition que, pour éviter toute confusion, il affectera une forme distinctive, et qu'il aura été satisfait aux prescriptions de la présente loi. Ce n'est pas là, disons-le tout de suite, une observation théorique ; elle a, au contraire, des conséquences pratiques évidentes. La loi actuelle a pour objet les marques ; la loi du 28 juillet 1824, qu'elle n'abroge nullement, protège le nom des commerçants et punit les usurpations, retranchements et altérations dont ils peuvent être l'objet, et cela sans aucune condition de dépôt ou de forme particulière. La loi actuelle va plus loin et fait autre chose : elle protège comme toute autre marque le nom devenu marque par l'exécution de ses diverses prescriptions.

Art. 2. La première, la principale de ces prescriptions, est le dépôt de la marque. Adopter une marque, c'est se réserver propre l'emploi d'un signe, c'est en interdire désormais l'emploi aux autres. Il est donc nécessaire de faire connaître à tous que tel signe, hier dans le domaine public, est devenu maintenant une propriété particulière et exclusive. S'il convient de protéger cette propriété, il faut aussi prévenir les contrefaçons involontaires. Le dépôt est la constatation officielle de cette prise de possession, la notification au public de ce droit de propriété ; il ne le crée pas, il le révèle.

Le dépôt est-il attributif ou seulement déclaratif de la propriété des marques ? C'est là une question grave, controversée encore sous la législation existant aujourd'hui, et que le projet du Gouvernement tranchait en faisant acquérir la propriété par le dépôt.

Que tout fabricant, que tout commerçant doive, pour s'assurer le bénéfice de la loi, déposer une marque qui est une source de fortune pour lui, un gage de confiance pour le public, cela est évident; il y a imprudence à agir autrement, et la loi n'a pas à le protéger plus qu'il ne le fait lui-même. Mais fallait-il le dépouiller de cette propriété, cet industriel, si négligent qu'il fût, à ce point qu'il pût être poursuivi par un tiers, qui, non content d'usurper sa marque, en aurait opéré le dépôt? Telle eût été, en effet, la conséquence fatale d'un principe rigoureux : il nous a paru dangereux de faire dépendre de l'accomplissement d'une formalité, de soumettre à la chance d'une diligence plus active, la propriété d'une marque, qui, le plus souvent, tire son importance de son ancienneté, et n'a pas été déposée à cause de son ancienneté même.

Cette pensée a inspiré à notre honorable collègue M. Legrand un amendement consistant à remplacer les premiers mots de l'art. 2 par ceux-ci : *Nul ne peut revendiquer la propriété exclusive*, etc. ; cet amendement, adopté par votre Commission, l'a également été par le Conseil d'État.

Les mêmes raisons nous avaient porté, avec M. Legrand, à demander le changement du premier paragraphe de l'art. 3, qui ne reconnaissait la propriété de la marque qu'à partir du jour du dépôt : cette disposition paraissait faire du dépôt la cause de la propriété. Le Conseil d'État, par la suppression de ce paragraphe, a écarté toute difficulté et rendu inutile l'amendement par lequel nous écrivions, dans l'art. 3, comme dans l'art. 2, ce principe que le dépôt est simplement déclaratif de la propriété des marques. Ainsi donc, au propriétaire d'une marque déposée le bénéfice de la loi actuelle, des garanties spéciales qu'elle institue, et des actions qu'elle organise; à celui qui n'effectue pas le dépôt, le droit commun. Il se servira de sa marque, sans pouvoir en être dépouillé, et il demandera à l'art. 1382 C. civ., les moyens de se défendre contre toute concurrence déloyale.

Le dépôt a d'autres avantages qui en justifient surabondamment la nécessité. Il donne, dans les questions de priorité, un élément de certitude; dans les questions de contrefaçon, une pièce de comparaison irrécusable. Ce dépôt sera fait au greffe du tribunal de commerce en un double exemplaire. MM. les commissaires du Gouvernement nous ont déclaré que le projet du Gouvernement, en demandant un second exemplaire, est de centraliser les marques au Conservatoire des Arts et Métiers, de former ainsi pour tout l'empire un dépôt général qui permettra toutes les recherches et facilitera la répression des fraudes. Votre Commission n'a pu qu'applaudir à cette pensée, éminemment utile à l'industrie et au public.

Art. 3 et 4. Les avantages de cette réunion et du dépôt lui-même seraient illusoires, si, pour connaître une marque, les recherches devaient embrasser un grand nombre d'années. Il importe également à tous de savoir si une marque est conservée, ou si, au contraire, elle est tombée dans le domaine public. C'est donc avec raison que la loi limite à une période de quinze années l'effet du dépôt. Il peut, d'ailleurs, toujours être renouvelé. Les frais de ce dépôt sont minimes; il ne fallait pas cependant que ces actes fussent sans compensation pour les officiers publics chargés de les recevoir. Le même fabricant, le même commerçant, peut, s'il a plusieurs marques, en faire le dépôt dans un seul procès-verbal; mais le droit de rédaction sera perçu autant de fois qu'il y aura de marques déposées. Tel était, sans doute, le sens de l'art. 4; mais la Commission a cru devoir le dégager plus nettement par un amendement que le Conseil d'État a adopté.

Dans la pensée de donner aux dispositions relatives à la propriété des marques un caractère particulier de moralité et de loyauté, notre honorable collègue M. Quesné a proposé l'amendement suivant, qui se serait ajouté à l'art. 3 : « Nul ne peut faire usage d'une marque à lui cédée, et comprenant le nom d'un fabricant ou d'un commerçant, s'il n'ajoute à cette marque son propre nom, suivi du mot *successeur*. » La loi sarde du 12 mars 1855 contient une disposition analogue.

Lorsqu'une industrie change de mains, il est nécessaire, suivant notre honorable collègue, que le public ne l'ignore pas et ne continue sa confiance qu'en connaissance de cause. Ne doit-on pas craindre aussi qu'un successeur, moins soucieux de l'honneur d'un nom qu'il ne porte pas, n'en exploite et n'en compromette le renom mérité, par une fabrication moins bonne ou même par des fraudes criminelles?

Tout en rendant justice à la pensée morale et élevée de cet amendement, votre Commission n'a pas cru pouvoir l'accueillir. Il lui a paru ne se rattacher qu'indirectement à la loi, et avoir plutôt pour objet le nom du commerçant régi par la loi du 28 juillet 1824, tandis que la loi actuelle s'occupe exclusivement des marques. Lorsqu'un commerçant, par sa loyauté et la supériorité de ses produits, a su donner confiance à sa marque, conquérir un nom respecté, il trouve des avantages considérables, et la juste récompense d'une vie commerciale honorable, dans la cession de sa maison, du nom qui la recommande au public, de la marque qui en signale les produits. L'adoption de l'amendement rendrait impossible toute cession semblable, tarirait, pour le commerçant, une source légitime de profits, et supprimerait un élément puissant de loyale émulation.

TITRE II. — *Dispositions relatives aux étrangers.*

Art. 5 et 6. Admettre les étrangers à exercer en France le commerce ou l'industrie, c'est leur garantir sécurité et protection. Elles leur sont dues en échange du contingent qu'ils fournissent à la richesse et à l'activité de notre pays. Il était donc juste, et l'art. 5 consacre ce principe, d'accorder aux étrangers, pour leurs établissements en France, le bénéfice de la loi, à la charge d'en remplir les obligations. Ce n'est, d'ailleurs, à leur égard, que l'application du droit commun en matière de commerce.

La même faveur devait-elle être accordée aux établissements situés hors de France et appartenant à des étrangers ou même à des Français? Le projet ne le propose point; il établit une règle plus équitable, plus protectrice de nos intérêts : la réciprocité. Pourquoi gêner par des restrictions l'imitation des marques d'un pays où la marque de nos nationaux n'est point respectée? Pourquoi le faire, surtout quand les préjugés, dont le temps fera justice, n'acceptent certains produits nationaux, même supérieurs, que s'ils sont revêtus de marques étrangères?

La loi va plus loin : elle exige, et avec raison, que cette réciprocité résulte de conventions diplomatiques. Il ne suffira pas que la loi étrangère punisse les usurpations et les contrefaçons de nos marques. L'on ne peut accorder la garantie de notre législation sans savoir si des garanties égales nous seront accordées, si nous n'échangeons pas une protection efficace contre une protection illusoire. La réciprocité n'existera que si elle est stipulée dans un traité.

Cette hypothèse se réalisant, il fallait déterminer le lieu où les étrangers opéreraient le dépôt, qui est la condition absolue pour user du bénéfice de la loi. Il a paru plus facile pour eux, plus avantageux pour le commerce général, de décider que cette formalité sera remplie au greffe du tribunal de la Seine.

TITRE III. — *Pénalités.*

Art. 7. Les reproches les plus graves adressés à la législation actuelle sur les marques sont la diversité, la contradiction et l'énormité des peines qu'elle prononce, et qui ont pour résultat l'impuissance et l'impunité.

La loi du 22 germinal an XI et le Code pénal qualifient crime la contrefaçon des marques et la punissent des mêmes peines que le faux en écriture privée. C'est là une exagération évidente, démontrée par ses regrettables conséquences. Il n'y a, en effet, aucune assimilation à faire entre l'atteinte plus ou moins directe portée à une propriété, et la création criminelle d'un acte contenant obligation pour autrui.

Aussi le projet de loi range-t-il uniformément dans la catégorie des délits les attaques contre la propriété des marques; mais là s'arrête l'uniformité de la loi. La peine, tout en conservant le caractère correctionnel, n'est pas la même pour tous les délits. Pour les uns, le maximum s'élève; pour les autres, le minimum s'abaisse davantage, sans que votre Commission ait pu se rendre un compte exact de la gravité différente de ces délits et de la convenance d'en varier la répression. Divers amendements de MM. Legrand et Tesnière, qui se confondent avec ceux de la Commission, avaient pour but de faire disparaître cette imperfection.

Pénétrée de l'idée mère du projet, votre Commission a voulu donner à la loi un caractère de simplicité et d'harmonie toujours désirable dans les œuvres législatives, plus précieuse peut-être encore ici, puisque l'absence de ces avantages est une des causes principales de la réforme qui nous est proposée. Elle a pensé qu'il convenait d'édicter la même peine contre tous les délits relatifs aux marques, en laissant aux juges toute la latitude possible pour en faire une équitable application. Cette peine, elle l'a cherchée dans des dispositions légales punissant, si l'on peut parler ainsi, des délits de la même famille. Nous trouvions, en effet, punies des peines portées par l'art. 423 C. pén. les tromperies sur la nature de la chose vendue (art. 423, C. pén.), les usurpations et altérations de nom (loi du 28 juillet 1824), les contrefaçons en matière de brevets d'invention (loi du 5 juillet 1844), certaines fraudes dans la vente des marchandises (loi du 27 mars 1851), les mêmes fraudes relativement aux boissons (loi du 5 mai 1855). Nous avons donc proposé de punir des peines portées en l'art. 423 C. pén. tous les délits contre les marques de fabrique ou de commerce.

Au nombre de ces délits, ne doit-on pas faire figurer la destruction et l'altération frauduleuse de la marque? Pour encourager l'usage de la marque facultative, suffit-il de punir les contrefacteurs? Souvent la marque peut être supprimée sans le consentement et même malgré la défense du producteur, par des intermédiaires qui se donnent pour fabricants, par des concurrents jaloux de substituer leur marque à celle d'un autre et de se créer avec ses produits une réputation commerciale. Sans doute celui qui achète un produit en a la libre disposition; mais cela ne va pas jusqu'à enlever au fabricant l'honneur que lui procure l'exécution. Il en est ainsi pour les œuvres de l'art et de l'esprit, pourquoi en serait-il autrement des œuvres industrielles? Toute marque est une propriété, nous l'avons reconnu, et c'est le premier mot de la loi actuelle. Elle doit être préservée du vol et de la destruction. Plusieurs chambres de commerce en ont manifesté le vœu avec instances; le projet de la Commission de la Chambre des députés, en 1845, contenait une disposition formelle en ce sens; la loi sarde du 12 mars 1855 a consacré ce principe, que MM. Tesnière et Legrand nous ont également proposé d'inscrire dans la loi.

Votre Commission a formulé ces idées dans deux amendements successivement présentés au Conseil d'État et tous deux rejetés par lui, sauf un point spécial qui se rattache à l'art. 8. Voici le second de ces amendements :

« Sont punis des peines portées en l'art. 423 C. pén.:

« 1° Ceux qui ont contrefait une marque ou fait usage d'une marque contrefaite;

« 2° Ceux qui ont frauduleusement apposé sur leurs produits ou les objets de leur commerce une marque appartenant à autrui;

« 3° Ceux qui ont frauduleusement imité une marque ou se sont servis d'indications tendant à tromper sur la marque d'autrui;

« 4° Ceux qui ont frauduleusement détruit ou altéré une marque;

« 5° Ceux qui ont sciemment vendu ou mis en vente un ou plusieurs produits dont la marque serait ou aurait fait l'objet d'un des délits punis par les paragraphes précédents. »

Nous avons dit que ces amendements ont été repoussés. Deux changements toutefois ont été introduits dans la rédaction primitive; le minimum de la peine a été abaissé à 50 fr. ; l'application de l'art. 463 C. pén. permet d'ailleurs d'adoucir encore la répression ; enfin, nous avons proposé, dans cet article et les suivants, de substituer aux mots : « exposé en vente », qui semblent supposer une sorte de manifestation extérieure, ceux-ci : « mis en vente », qui permettent d'appliquer la peine dès que l'objet du délit est destiné à être vendu.

Cette modification a été adoptée.

Ainsi modifié, l'art. 7 prévoit et punit trois délits :

1° La contrefaçon d'une marque, c'est-à-dire sa reproduction aussi parfaite qu'on aura pu y parvenir ;

2° L'apposition frauduleuse de la marque d'autrui, c'est-à-dire le fait de celui qui s'est procuré la marque véritable d'une autre personne et s'en est servi pour marquer ses produits ;

3° La vente et la mise en vente de produits délictueux : c'est là le fait le plus important à punir ; la fraude serait restreinte sans le débit qui la rend productive.

Il est superflu de rappeler que les dispositions de droit commun sur la complicité, et notamment la complicité par recel, s'appliquent à ces délits comme à tous les autres.

Art. 8. L'art. 8 du projet émane d'un tout autre ordre d'idées. Il ne punit plus des délits contre la propriété des marques, mais des délits commis au moyen de l'emploi des marques ; il réprime l'usage de marques portant des indications propres à tromper l'acheteur sur la nature du produit et la mise en vente ou la vente de produits ainsi marqués.

Que cette disposition ait quelque utilité, votre Commission ne le conteste pas. Elle comblerait une des nombreuses lacunes qu'on regrette dans l'art. 423 C. pén. Qu'au lieu d'atteindre seulement la tromperie consommée, si difficile à saisir, la loi punisse toutes les tentatives de tromperies ; que la loi du 27 mars 1851 s'applique à toutes les denrées et marchandises ; que toutes ces fraudes, qu'il serait trop long d'énumérer et qui sont la honte et la ruine du commerce, soient réprimées, rien de mieux, et nous exprimons le vœu formel qu'une loi de police commerciale réalise les améliorations réclamées de tous côtés et indiquées par l'expérience ; mais il nous a semblé que pour opérer une réforme peu importante par elle-même, c'était introduire dans la loi une disposition étrangère à son principe, et n'ayant avec lui qu'un rapport de mots ; s'exposer au reproche, si bien rappelé dans l'exposé des motifs, d'altérer la simplicité et la clarté de la loi. Prévoir, dans une loi sur la propriété des marques, les abus auxquels peut se prêter ce droit, cela conduirait, dans une loi sur la vente des armes de guerre ou des substances vénéneuses, à punir l'usage homicide qu'on en pourrait faire.

Votre Commission vous eût donc proposé de rejeter l'art. 8 comme nuisant à l'harmonie du projet de loi et le compliquant sans grande utilité ; mais, un des amendements qu'elle avait proposés à l'art. 7 ayant été reporté à l'art. 8 par le Conseil d'État, elle s'est vue placée dans la nécessité, si elle persistait, de rejeter une amélioration qu'elle considère comme indispensable.

L'art. 7 punit la contrefaçon, c'est-à-dire la reproduction brutale, complète, de la marque. Mais la fraude cherche toujours à se soustraire à l'application de la loi. On ne contrefait pas une marque, on l'imite. Si elle consiste dans des lettres, on prend d'autres lettres, mais affectant les mêmes formes ; un vernis, des couleurs, dissimuleront les différences; ou bien encore on se sert de la même dénomination qu'un fabricant, en ajoutant, sous une forme plus ou moins perceptible, le mot *façon*. Ces fraudes sont innombrables et se cachent de mille manières ; mais les magistrats sauront les reconnaître, et ils auront le moyen de les atteindre efficacement. L'amendement adopté par le Conseil d'État punit, en effet, ceux qui, sans contrefaire une marque, en ont fait une imitation frauduleuse, de nature à tromper l'acheteur, ou ont fait usage d'une marque imitée frauduleusement.

Les deux autres paragraphes de l'art. 8, que nous acceptons, non sans regret, punissent ceux qui, au moyen d'une marque, ont trompé ou tenté de tromper l'acheteur sur la nature du produit, et ceux qui ont vendu des produits ainsi marqués.

L'honorable M. Tesnière a proposé d'appliquer l'art. 8 aux tromperies et tentatives de tromperies sur l'origine des produits.

Votre Commission n'a pas accueilli cet amendement. Il aggravait d'abord l'inconvénient reproché à l'art. 8 de compromettre la simplicité de la loi. Et puis, comment déterminer d'une manière nette, incontestable, le lieu d'origine ou de fabrication? La circonscription industrielle s'étend, se restreint, se déplace. On appelle dans le commerce : articles de Lyon, de Rouen, de Roubaix, d'Amiens, d'Elbeuf, de Sedan, etc., des objets qui sont fabriqués dans un certain rayon autour de ces villes. Les eaux-de-vie de Cognac ne se récoltent pas seulement sur cette commune. Où donc sera la limite à laquelle commencera le délit? Ce serait aussi, dans plusieurs cas, atteindre et même détruire plusieurs grandes industries nationales dont les produits égalent au moins les produits étrangers similaires. Que leur origine soit nécessairement signalée, ils sont délaissés immédiatement pour des objets souvent inférieurs, mais que recommande l'habitude et le préjugé.

Enfin, c'est interdire à l'industrie française la faculté d'imiter, par représailles, des industries étrangères, et l'exposer sans défense suffisante à une concurrence désastreuse.

Des abus, sans doute, peuvent se produire ; le remède en est dans la faculté donnée au Gouvernement de rendre la marque obligatoire dans certains cas exceptionnels. Lorsque enfin l'usurpation d'un lieu d'origine aura pour effet d'établir une confusion avec les marques d'autres commerçants, ceux-ci trouveront dans les art. 7 et 8 les moyens de poursuivre tout ce qui serait une contrefaçon ou une imitation. Le droit commun enfin autorise à demander la réparation du préjudice éprouvé par tout fait de concurrence déloyale.

Art. 9. Après avoir attribué au Gouvernement le droit d'assujettir certains objets spéciaux à l'obligation de la marque, il fallait donner à ce droit une sanction : tel est le but de l'art. 9.

Un paragraphe additionnel a été proposé par M. Legrand; il est ainsi conçu: « Dans les cas prévus par l'art. 7, la poursuite ne pourra être intentée par le ministère public que sur la plainte de la partie lésée. » Convaincu que l'intervention du ministère public dans les affaires particulières des fabricants et commerçants ne doit être admise qu'avec une extrême réserve, notre honorable collègue a voulu la restreindre aux seuls cas où l'ordre public est sérieusement intéressé. Votre Commission a pensé que cette restriction aurait de graves inconvénients, notamment dans l'hypothèse prévue par l'art. 19, et elle s'est refusée à l'inscrire dans la loi, certaine que le ministère public fera toujours un exercice prudent et mesuré du droit dont il est armé.

Art. 10, 11 et 12. Dans une pensée de concordance et de simplicité, le projet emprunte à la loi du 5 juill. 1844, qui régit une matière analogue, les brevets d'invention, ses dispositions sur le cumul des peines, la récidive, les circonstances qui la constituent, et l'atténuation, si utile et si équitable, de l'art. 463 C. pén.

Art. 13. Indépendamment des peines matérielles que ces articles prononcent, l'art. 13 donne aux tribunaux le pouvoir de priver temporairement les délinquants du droit de participer aux élections consulaires et commerciales; ils pourront aussi ordonner l'affiche de leurs jugements et leur insertion dans les journaux. Nous avons proposé au Conseil d'État, qui a adopté notre amendement, de reproduire les termes de la loi, art. 6, du 27 mars 1851, pour ces utiles dispositions. Au mérite de l'exemplarité, ces peines joignent l'avantage d'appliquer au délinquant une peine analogue au délit. Il a voulu nuire à ses concurrents, surprendre la confiance du public par l'usage de signes frauduleux ou mensongers : l'insertion dans les journaux et l'affiche, surtout l'affiche à la porte de son domicile et de ses magasins, mettront le public en défiance et l'obligeront à s'abstenir de fraudes déjà signalées.

Art. 14. La répression serait illusoire, si les produits dont la marque fait l'objet d'un délit pouvaient continuer à circuler librement. Aussi le tribunal peut-il, même en cas d'acquittement, en prononcer la confiscation, ainsi que celle des ustensiles et instruments ayant servi à commettre le délit. Mais il doit, dans tous les cas, et c'est là une disposition impérative, ordonner la destruction des marques contraires aux art. 7 et 8. On ne peut les conserver après avoir reconnu qu'elles sont une violation de la loi et du droit de propriété.

Une réparation est due évidemment au propriétaire de la marque qu'on a contrefaite ou frauduleusement apposée et imitée. La plus naturelle, celle qui se présente à la pensée, c'est de lui attribuer jusqu'à due concurrence les objets mêmes du délit dont il se plaint. Ce n'est là, toutefois, qu'un droit dont il est libre de ne pas user et que les tribunaux sont maîtres de rejeter ou de consacrer.

Le plaignant consultera son intérêt; le magistrat, la justice.

Art. 15. Le délit de n'avoir pas apposé une marque obligatoire, ou d'avoir vendu contrairement à cette prescription, peut avoir des conséquences graves; cela est évident, si l'on se rappelle que le plus souvent la marque est rendue obligatoire dans des intérêts d'ordre public ou pour la défense du travail national. Le tribunal devra donc toujours, même en cas d'acquittement, faire disparaître le délit, en ordonnant l'apposition de la marque. Cette infraction, grave par elle-même, le devient encore plus quand elle se répète; aussi, pour le cas de récidive, la loi permet aux juges de prononcer la peine rigoureuse de la confiscation.

TITRE IV. — *Juridictions.*

Art. 16. La propriété des marques définie et protégée, les délits contre elle prévus et punis, à quel tribunal faut-il confier cette défense et cette répression?

La législation qu'il s'agit de réformer, sur ce point encore, offre une diversité vraiment remarquable.

Tantôt ce sont les prud'hommes et les juges de paix, tantôt les tribunaux de commerce, et aussi les tribunaux ordinaires.

En matière de compétence, l'unité est une règle impérieuse dont on ne saurait s'écarter sans danger.

Tous les délits relatifs aux marques seront, comme tous les autres délits, jugés par les tribunaux de police correctionnelle; c'est le droit commun, et il n'y a aucun motif d'y déroger. Souvent le prévenu soulève, pour sa défense, des questions relatives à la propriété de la marque, dont l'examen, s'il fallait le renvoyer devant la juridiction compétente, suspendrait le jugement de la poursuite et deviendrait souvent un moyen de la retarder et de gagner du temps. Par un heureux emprunt à la loi du 5 juillet 1844 sur les brevets d'invention, la loi donne compétence aux tribunaux correctionnels pour juger l'exception et statuer sur toutes les demandes qui se rattachent nécessairement à la poursuite. Il n'est pas besoin de dire que toutes les poursuites peuvent être dirigées par la partie lésée aussi bien que par le ministère public, et qu'elles sont régies par les dispositions du Code d'instruction criminelle.

Mais, si l'action civile est seule engagée, quel tribunal en connaîtra? Il était difficile de la soumettre aux conseils de prud'hommes, dont le nombre est encore trop restreint, et dont l'institution a surtout pour objet de terminer les difficultés entre patrons et ouvriers. Il fallait opter entre les tribunaux de commerce, ainsi que l'indiquait le projet, et les tribunaux ordinaires, comme l'ont proposé plusieurs membres de la Commission, et l'honorable M. Tesnière.

C'est à cette dernière idée que votre Commission s'est arrêtée.

La marque de fabrique ou de commerce est une propriété : c'est donc aux tribunaux chargés d'apprécier les questions de propriété qu'il faut attribuer ces litiges. Les difficultés relatives aux brevets d'invention sont soumises aux tribunaux civils par la loi du 5 juillet 1844, dont l'expérience a justifié les dispositions sur ce point. Pourquoi, d'ailleurs, ne pas rendre ces tribunaux uniformément compétents pour les marques? Sinon, il serait loisible au plaignant, en engageant l'action correctionnelle, de porter à son gré l'affaire devant les juges civils ou les juges de commerce. Ce serait à coup sûr une disposition législative fort critiquable.

celle qui commettrait à une partie la faculté de choisir la juridiction et de décider la compétence.

La détermination de la juridiction commerciale n'eût pas été sans inconvénients : l'art. 20 de la loi en étend l'application aux produits de l'agriculture; on eût donc soumis à la juridiction exceptionnelle des tribunaux de commerce, et peut-être à ses sanctions rigoureuses, des personnes qui jamais n'ont fait ni ne veulent faire le commerce.

Enfin, dans un grand nombre d'arrondissements, les tribunaux civils jugent les affaires commerciales. Nous n'avons donc vu, avec ces raisons de principe, que des avantages considérables à leur confier une mission dont l'accomplissement et le succès nous sont présagés par l'expérience de la loi sur les brevets d'invention.

Des motifs de célérité et d'économie dans le jugement nous ont fait emprunter une autre disposition à la loi du 5 juillet 1844, pour dire que ces affaires, attribuées uniformément aux tribunaux civils, seront jugées comme matières sommaires.

L'amendement a été adopté par le Conseil d'État.

Art. 17. Pour réprimer le délit, pour reconnaître le droit de propriété, il importe de saisir l'objet du délit ou de la contestation. La loi réglemente donc le droit de saisie, en donnant au magistrat qui l'autorise le pouvoir d'en modérer la rigueur et d'exiger des garanties pour empêcher les poursuites vexatoires.

A défaut de tribunal dans le lieu où se trouvent les objets à saisir ou à décrire, le juge de paix pourra autoriser ces mesures. La loi a voulu rapprocher ainsi le magistrat du justiciable, et ne pas désarmer le droit de propriété par des retards fâcheux.

Art. 18. L'art. 18, emprunté à la loi du 5 juillet 1844, est une garantie donnée à la partie saisie. Si la plainte est sérieuse, elle doit se produire devant la justice. Tout retard devient une vexation ou un aveu d'impuissance; la saisie tombera donc, à défaut de poursuites, dans le délai de quinze jours, augmenté à raison des distances, et des dommages-intérêts pourront être réclamés contre le plaignant téméraire ou de mauvaise foi.

TITRE V. — *Dispositions générales ou transitoires.*

Certaines dispositions sont nécessaires pour compléter la loi ou en assurer l'exécution. Il nous reste à les analyser.

Art. 19. Parmi les fraudes dirigées contre notre industrie et notre commerce, il en est une qui mérite d'être signalée et surtout réprimée.

L'on fabrique à l'étranger des produits portant la marque ou le nom d'un fabricant français, ou bien l'indication d'un lieu de fabrique française; on les présente en France pour le transit; elles en sortent avant qu'on ait pu les saisir, mais portant avec elles la preuve d'un séjour en France, qui semble justifier leurs indications mensongères. Ces fraudes s'exercent le plus souvent avec des marchandises de mauvaise qualité et causent le plus grave préjudice à ceux dont on usurpe le nom et les marques.

Le projet a donc fait sagement en prohibant ces produits à l'entrée, et en autorisant leur saisie à la requête du ministère public ou de la partie lésée.

Nous avons cru qu'il fallait aller plus loin et conférer le même droit à l'Administration des Douanes, qui seule peut connaître ces fraudes, les constater, les saisir ; et, contre la fraude, la rapidité de la poursuite est la condition du succès.

Les marchandises saisies serviront à indemniser ceux dont les marques et noms ont été ainsi compromis. L'emploi en sera fait conformément à l'art. 14.

Il a paru juste seulement de prolonger le délai pour former la demande en condamnation. La partie lésée peut avoir un domicile éloigné, même ignorer la saisie, si ce n'est pas elle qui l'a fait pratiquer.

Ces divers amendements ont été adoptés par le Conseil d'État, qui y a apporté d'utiles améliorations.

Art. 20. Les progrès de l'agriculture, les efforts heureux et persévérants d'un grand nombre d'agriculteurs et d'éleveurs, doivent appeler la protection de la loi. Il leur importe, comme à ceux qui font le commerce des mêmes objets, de pouvoir s'assurer l'usage exclusif d'une marque pour distinguer leurs produits et appeler la confiance du public.

Nous avons proposé au Conseil d'État, qui l'a acceptée, une énumération plus complète, et dans laquelle nous avons compris une industrie agricole considérable : celle des éleveurs.

Un amendement de M. Tesnière, tendant à étendre aux produits indiqués dans cet article le bénéfice de la loi du 28 juill. 1824, a été écarté comme ne se rattachant pas au projet actuel.

Art. 21. Beaucoup d'industriels et de commerçants ont, dès longtemps, déposé leurs marques ; il était inutile de leur imposer un dépôt nouveau ; celui qu'ils ont opéré avant la loi actuelle sera valable pour une période de quinze ans, à partir du jour où la loi sera exécutoire.

Art. 22. Cet effet de la loi sera nécessairement retardé. Un règlement d'administration publique est nécessaire pour organiser le dépôt des marques, la formation du dépôt général, la publicité à donner aux marques, en un mot, assurer la bonne exécution de la loi. Afin que ce règlement puisse être mûrement préparé, la loi ne sera exécutoire que six mois après sa promulgation.

Art. 23. L'article dernier maintient les dispositions antérieures que ne contredit pas la loi. C'est là sans doute une formule ; mais il était utile ici de rappeler que la loi actuelle a un objet spécial, limité ; qu'elle n'abroge en rien les lois, décrets et ordonnances sur les marques déjà obligatoires, la juridiction des consuls français en pays étranger, la loi du 28 juill. 1824, etc. Nous avions proposé au Conseil d'État une rédaction qui nous semblait exprimer plus nettement cette idée, mais il n'a pas cru devoir l'accueillir. C'est là, au surplus, un dissentiment sans importance, puisque la même pensée nous anime : la marque de fabrique et de commerce *déposée*, voilà l'objet exclusif du projet de loi (art. 2).

Ce projet, Messieurs, met fin à une législation diffuse, contradictoire, impuissante. Il donne satisfaction à des vœux exprimés de toutes parts, et il réalise de notables améliorations pour l'industrie et le commerce. Peut-être était-il possible de les étendre encore. Le projet, s'il les ajourne, ne les rend pas, du moins, impossibles, et nous les attendons, confiants dans l'expérience et la protection éclairée du Gouvernement.

Nous avons l'honneur de vous proposer l'adoption du projet de loi suivant.

Art. 3. — Discussion

de la loi au Corps législatif.

(Séance du 12 mai 1857) (1).

L'ordre du jour appelle la délibération sur le projet de loi relatif aux marques de fabrique et de commerce, projet dont plusieurs articles ont été modifiés d'accord par le Gouvernement et le Conseil d'État.

MM. Vuillefroy, président de section au Conseil d'État, Cornudet et Gréterin, conseillers d'État, siègent au banc des commissaires du Gouvernement.

Aucun membre ne demandant la parole pour la discussion générale, la Chambre passe à la délibération sur les articles.

Les six premiers articles sont mis aux voix et adoptés.

L'art. 7 est ainsi conçu :

« Sont punis d'une amende de 50 fr. à 3,000 fr., et d'un emprisonnement de trois mois à trois ans, ou de l'une de ces peines seulement :

« 1° Ceux qui ont contrefait une marque ou fait usage d'une marque contrefaite ;

« 2° Ceux qui ont frauduleusement apposé sur leurs produits ou les objets de leur commerce une marque appartenant à autrui ;

« 3° Ceux qui ont sciemment vendu ou mis en vente un ou plusieurs produits revêtus d'une marque contrefaite ou frauduleusement apposée. »

M. Legrand a la parole ; il rappelle que, conjointement avec l'honorable M. Tesnière, il avait présenté, sur cet art. 7, deux amendements que les auteurs croyaient de nature à augmenter, dans les relations commerciales, les garanties de loyauté et de sécurité. Le premier de ces amendements avait pour but d'interdire et de punir l'altération et la dissimulation frauduleuses des marques de fabrique, c'est-à-dire d'empêcher que, lorsqu'un produit sincère et loyal a été mis dans le commerce sous la garantie de la marque du fabricant, un négociant puisse, au grand préjudice de ce fabricant, détruire la marque de ce dernier et faire circuler les produits sous sa propre marque. Le second amendement avait pour objet d'atteindre une manœuvre qui consiste à insérer sous la marque véritable d'un fabricant, connu par l'excellence de ses produits, des produits de qualité inférieure.

---

(1) V. *Monit. univ.* du 14 mai.

Ces amendements avaient été accueillis par la commission, et l'orateur dit qu'il se plaît à citer, à cet égard, un passage du remarquable rapport de M. Busson. Dans les phrases citées, M. le rapporteur soutient qu'on ne doit pas souffrir que la marque soit détruite sans le consentement et quelquefois même contre la défense expresse du fabricant ; ce document rappelle que le projet de la commission de l'ancienne Chambre des députés contenait une disposition formelle sur ce point, et qu'une loi sarde consacre le même principe. L'orateur regrette que ces dispositions n'aient pas été acceptées par le Conseil d'État ; il espère qu'il sera tôt ou tard donné satisfaction aux intérêts qu'il avait voulu sauvegarder. Il a été, du moins, plus heureux sur un autre point ; il avait cru devoir signaler à la commission une autre espèce de fraude dont la répression lui paraît complètement assurée par la nouvelle rédaction de l'art. 7, où se trouvent insérés ces mots : *les objets de leur commerce*. L'honorable membre explique qu'il existe certains produits sur lesquels, à raison de leur nature, la marque de fabrique ne peut pas être appliquée d'une manière immédiate ; tels sont, par exemple, les fils retors. Les produits de cette espèce sont recouverts d'une enveloppe sur laquelle la marque du fabricant est apposée ; cette marque a une très grande importance ; les produits s'écoulent plus ou moins facilement et à un prix plus ou moins élevé, à raison du plus ou moins de crédit dont jouit dans le commerce la marque du fabricant.

L'orateur dit que les enveloppes revêtues de la marque, dans lesquelles sont ordinairement expédiés les fils retors, sont de venues l'objet d'une raude trop fréquemment pratiquée ; certains habitants se font les intermédiaires entre les fabricants et les consommateurs de ces produits ; ils s'adressent aux filateurs les plus renommés. Dans les commencements, pour donner le temps à la confiance de s'établir, ils rendent à leurs commettants les marchandises telles qu'ils les ont reçues ; mais, bientôt après, lorsque la bonté des produits a fait apprécier toute la valeur de la marque, ils ouvrent les paquets et substituent aux fils qu'ils contiennent des produits de qualité inférieure et d'une moindre valeur, qui se trouvent ainsi protégés par une marque qui ne devait pas leur appartenir.

L'honorable membre est convaincu qu'il est d'accord avec MM. les commissaires du Gouvernement, en exprimant la pensée que les fraudes de cette nature pourront êtres punies en vertu du paragraphe 3 de l'art. 7.

M. Vuillefroy, *président de section au Conseil d'État, commissaire du Gouvernement*, déclare que, sur ce dernier point, le Gouvernement est effectivement d'accord avec l'honorable préopinant ; les substitutions d'enveloppes dont il vient d'être parlé seront atteintes soit par le deuxième, soit par le troisième paragraphe de l'art. 7.

Un autre amendement avait été proposé par l'honorable M. Legrand et soumis par la commission au Conseil d'État ; cet amendement avait pour but de punir ceux qui auraient frauduleusement détruit ou altéré des marques de fabrique ; l'organe du Gouvernement indique les motifs pour lesquels le Conseil d'État a repoussé cet amendement. Le projet de loi est destiné à consacrer la propriété de la marque apposée par le fabricant sur ses produits, mais il ne déclare pas la marque obligatoire pour lui : devait-on la rendre obligatoire vis-à-vis des commissionnaires qui achètent en fabrique? Le Conseil d'État n'a pas cru qu'il en dût être ainsi; il a pensé que l'intermédiaire qui aurait acheté un produit pouvait avoir intérêt à n'en pas faire connaitre l'origine; dès lors la loi ne devait pas s'opposer à ce qu'il pût supprimer la marque du fabricant, et même, s'il le jugeait convenable, apposer sur les produits ce qu'on appelle une marque de commerce.

L'orateur dit que, sur ce point, l'opinion des chambres de commerce est loin d'être unanime; dans beaucoup de localités, les fabricants admettent cette pratique; quant au public, ce qui lui importe, ce n'est pas de savoir d'où vient la marchandise, mais seulement de savoir que ce qu'il achète est de bonne qualité.

M. le commissaire du Gouvernement fait remarquer, d'ailleurs, qu'en général, dans le cas prévu par l'auteur de l'amendement, le fabricant, dont les rapports avec le consommateur ne peuvent être immédiats, n'a pas un grand intérêt à assurer la perpétuité de sa marque; ce qui lui importe surtout, c'est que le commissionnaire prenne les meilleurs moyens de lui procurer le plus grand écoulement possible de marchandises.

Au surplus, si le fabricant croyait avoir intérêt, d'ailleurs plutôt pour l'honneur que pour le profit, à assurer la perpétuité de sa marque, il pourrait imposer au commissionnaire la condition expresse de laisser subsister cette marque en vendant les produits; en cas d'infraction à cette convention, il y aurait lieu à exercer une action civile; mais le Conseil d'État n'a pas pensé que des poursuites correctionnelles pussent être autorisées pour ce fait; il a mieux aimé rester dans les termes du droit commun.

M. Levavasseur dit que dans presque toutes les villes où se fabriquent des tissus, et notamment à Rouen, il existe des commissionnaires qui les achètent en fabrique pour les revendre, le plus souvent sous une forme différente de celle que leur a donnée le fabricant : ainsi, ils divisent les étoffes en coupons, leur font subir des apprêts particuliers et appropriés aux convenances des consommateurs auxquels ces marchandises sont destinées. Ces tissus reçoivent chez l'apprêteur une forme tout à fait nouvelle, et le commissionnaire, pour en assurer le débit, y appose sa marque, qui seule est connue de ses commettants. C'est de cette manière que sont apprêtées, expédiées et vendues la plupart des étoffes de Rouen qui se consomment en Amérique.

La chambre de commerce de cette ville a réclamé, dans l'intérêt des nombreux commissionnaires qui ont des marques de commerce, et elle avait suggéré, à ce sujet, une disposition additionnelle que l'honorable membre avait traduite en amendement. Sans les explications qui viennent d'être données, il aurait regardé comme un devoir de demander à MM. les commissaires du Gouvernement si le paragraphe 3 de l'article ne risquerait pas d'atteindre, comme coupable de fraude, le commissionnaire qui aurait apposé sur un produit sa propre marque dans les conditions qui viennent d'être indiquées. Les paroles de M. le commissaire du Gouvernement l'ont complètement rassuré; et si l'honorable membre n'a pas cependant cru devoir garder le silence, c'est qu'il s'agit d'une question qui intéresse au plus haut point un grand nombre de villes commerçantes, et particulièrement celle qu'il a l'honneur de représenter.

M. Busson, *rapporteur*, dit que deux questions ont été soulevées par M. Legrand. La première est relative au paragraphe 3 de l'art. 7, qui est ainsi conçu :

« Sont punis, etc... ; 2° ceux qui ont frauduleusement apposé sur leurs produits ou les objets de leur commerce une marque appartenant à autrui. » L'honorable M. Legrand a demandé si la loi en discussion permettrait de punir l'emploi qui serait fait de la marque d'un fabricant pour en couvrir les produits d'un autre fabricant. Il a été déclaré, au nom du Conseil d'État, que, par la rédaction actuelle de l'art. 7, où l'on introduit les mots : *ou les objets de leur commerce*, ces faits étaient punis. M. le rapporteur ajoute que telle est aussi la manière dont l'article est entendu par la commission.

La seconde question dont M. Legrand a parlé était plus importante. La commission entière a eu le regret de se séparer, en cela, du Conseil d'État, avec lequel elle avait été d'accord sur tant d'autres points. MM. Legrand et Tesnière avaient proposé de punir l'altération de toute espèce de marques. Les raisons données tout à l'heure par M. le commissaire du Gouvernement n'ont pas changé la conviction de la commission. M. le rapporteur entrera dans quelques détails à cet égard.

Le premier objet, le bienfait du projet de loi, c'est de déclarer les marques de fabrique et de commerce une véritable propriété. Plusieurs fois, et surtout à l'occasion de l'art. 7, la commission a regretté que ce principe n'eût pas reçu toute son application. Si la propriété doit être protégée, elle doit l'être avant tout contre la destruction ou le vol : or, ce sont là des atteintes qui, selon M. le rapporteur, ne sont pas punies par le projet de loi. M. Legrand a signalé cette lacune dans le projet. La commission la signale aussi ; elle espère que, plus tard, cette lacune pourra être comblée par une disposition législative. Il y a là un intérêt grave à satisfaire.

Le Corps législatif déclare, il est vrai, que la marque est facultative ; mais il espère, en même temps, que tous les fabricants en feront usage.

Si l'on veut que ce qui est une faculté devienne un usage constant, il faut qu'il y ait, à cet égard, sécurité pour le commerce, et il ne faut pas engager les fabricants à mettre leur marque sur leurs produits, et permettre, en même temps, que cette marque puisse être immédiatement enlevée ou effacée. M. le commissaire du Gouvernement a dit que le fabricant pouvait toujours faire une convention spéciale avec les intermédiaires et stipuler que sa marque resterait sur ses produits ; que, si cette convention n'était pas observée, il y aurait condamnation à des dommages-intérêts. M. le rapporteur est porté à croire que, si une telle condamnation peut être requise, elle restera inutile, du moins le plus souvent, attendu l'impossibilité d'apprécier le préjudice qui aura été causé.

D'ailleurs, si le fabricant peut faire une telle convention avec celui auquel il livre de première main ses produits, il ne peut rien exiger du deuxième, du troisième intermédiaire, et c'est peut-être ce dernier qui commettra la fraude à laquelle on aurait voulu mettre obstacle.

Mais il y avait une fraude encore plus grave et que la commission se proposait d'atteindre par la disposition qu'elle avait présentée. Un négociant fonde une maison; il veut se faire un nom, une clientèle; au lieu de fabriquer lui-même, ce qui nécessiterait une mise de fonds considérable, il commence par acheter les produits de fabricants en renom, et à leur marque il substitue la sienne; il fera ainsi à sa maison une réputation illégitime, car, pour cela, il se sera paré de produits habilement et consciencieusement créés par d'autres. Cela est signalé par M. le rapporteur comme une conséquence très fâcheuse du rejet de l'amendement qui avait été proposé par la commission.

L'idée formulée dans cet amendement n'était pas une innovation dans notre législation; déjà elle a pris place dans la loi sur la propriété intellectuelle. Il n'est pas permis d'acheter le livre d'autrui et d'y mettre son propre nom. Or, c'est, selon l'auteur, ce que le projet de loi permet à l'égard des produits de l'industrie. On aurait pu d'autant mieux insérer dans la loi la disposition indiquée par la commission, que l'on avait pour se guider l'exemple de plusieurs législations étrangères. M. le rapporteur cite notamment, à cet égard, la loi sarde, en date du 12 mars 1855, loi faite en partie d'après le projet de loi élaboré par la commission de la Chambre des députés, et qui a déjà été cité.

La commission, dont M. le rapporteur est l'organe, attachait à cette question une grande importance. Après le rejet d'un premier amendement proposé par elle, elle en a présenté un second qui était fondé sur le même principe, et qui n'a pas été davantage admis par le Conseil d'État. Elle a regretté ce rejet, et elle a cru devoir exprimer son regret devant le Corps législatif. M. le rapporteur le répète en terminant, la commission espère que si la pensée indiquée par elle est demeurée stérile pour le moment, il sera possible, plus tard, d'y donner satisfaction.

M. Vuillefroy, *commissaire du Gouvernement*, dit qu'une expression qu'a employée M. le rapporteur ne lui semble pas exacte. M. le rapporteur a parlé de vol à propos de l'enlèvement d'une marque. L'enlèvement d'une marque de fabrique par le commissionnaire à qui un produit a été vendu ne paraît pas à M. le commissaire du Gouvernement pouvoir être qualifié de vol. Le fabricant, en vendant son produit, a aliéné son droit, s'il n'a pas fait de réserve expresse. L'unique question est donc de savoir si, dans le projet de loi, on devait aller plus loin qu'on ne l'a fait.

Selon M. le commissaire du Gouvernement, lorsqu'on se plaint d'une lacune que présenterait ici le projet, on ne se rend pas assez compte des difficultés d'application. L'honorable M. Levavasseur a parlé d'un fabricant vendant une pièce d'étoffe qui n'est pas destinée à rester dans son entier. Le commissionnaire qui la reçoit de première main la divise en plusieurs coupons avant de la transmettre à un second commissionnaire; évidemment, dans ce cas, la conservation de la marque de fabrique serait impossible. Cela se présente dans d'autres cas encore. En cet état de choses, il a paru au Conseil d'État que mieux valait rester dans le droit commun, et maintenir le principe que celui qui achète un objet est maître d'en disposer. A côté de cela, celui qui voudra faire des conventions pour se réserver un droit quant à sa marque, le pourra toujours, et ces conventions resteront sous l'empire du droit commun.

L'art. 7 est mis aux voix et adopté.

L'art. 8 est également adopté.

M. Legrand a la parole sur l'art. 9, qui est ainsi conçu :

« Sont punis d'une amende de 50 fr. à 1000 fr., et d'un emprisonnement de quinze jours à six mois, ou de l'une de ces peines seulement :

« 1° Ceux qui n'ont pas apposé sur leurs produits une marque déclarée obligatoire ;

« 2° Ceux qui ont vendu ou mis en vente un ou plusieurs produits ne portant pas la marque déclarée obligatoire pour cette espèce de produit ;

« 3° Ceux qui ont contrevenu aux dispositions des décrets rendus en exécution de l'art. 1er de la présente loi. »

L'honorable membre ne se propose pas de combattre l'art. 9 ; il est, au contraire, tout disposé à l'adopter ; mais il demande la permission de rappeler un amendement qu'il avait présenté, amendement qui a été combattu par M. le rapporteur dans la partie de son travail relative à cet art. 9.

Aux termes du projet de loi, il n'y a pas d'exception. Tous les faits prévus peuvent être poursuivis à la requête du ministère public, sans intervention de la partie lésée. L'honorable membre avait cru qu'il y avait à cet égard une distinction à faire. Autant il reconnaît au ministère public le droit et la mission d'intervenir quand un intérêt général est en jeu, autant il considère cette intervention comme dangereuse lorsque c'est seulement d'un intérêt privé qu'il s'agit. L'amendement qu'il avait proposé portait que, dans les cas prévus par l'art. 7, les poursuites ne pourraient être intentées par le ministère public que sur la plainte de la partie lésée. M. le rapporteur, s'exprimant sur cet amendement, a dit dans son rapport : « Convaincu que l'intervention du ministère public dans les affaires particulières des fabricants et commerçants ne doit être admise qu'avec une extrême réserve, notre honorable collègue, M. Legrand, a voulu la restreindre aux seuls cas où l'ordre public est sérieusement intéressé. Votre commission a pensé que cette restriction aurait de graves inconvénients, notamment dans l'hypothèse prévue dans l'art. 19, et elle s'est refusée à l'inscrire dans la loi, certaine que le ministère public fera toujours un exercice prudent et mesuré du droit dont il est armé. »

L'orateur craint que M. le rapporteur n'ait pas saisi sa pensée, et il lui semble que le passage qu'il vient de citer du rapport n'a pas de corrélation avec son amendement. L'honorable membre admet que, dans les cas prévus par l'art. 19, le ministère public intervienne d'office, à raison de l'intérêt général qu'il est essentiel de sauvegarder; mais il rappelle que, dans son amendement repoussé par la commission, il se référait uniquement à l'art. 7, c'est-à-dire à des cas où il s'agissait d'intérêts particuliers, de débats privés, qui ne réclament pas l'initiative du ministère public.

Par exemple, la mort d'un fabricant, chef de famille, donne ouverture à un conflit d'intérêts; ses enfants prétendent tous avoir un droit égal au nom qui était celui de sa maison de commerce. Ou bien encore une marqueappartient à une Société; les associés se séparent; chacun d'eux veut conserver la marque. Il y a lieu de régler ces sortes de difficultés par un procès civil, et non d'introduire une action correctionnelle. L'intervention du ministère public paraît, dans ce cas, à l'orateur, être quelque chose de très fâcheux.

Il est vrai que la commission, dans son rapport, se montre tout à fait rassurée : elle a la conviction que le ministère public fera toujours de son droit un exercice prudent et mesuré. Mais l'orateur fait observer qu'il est permis de n'avoir pas cette confiance absolue. Les lois se font pour l'avenir; ce qui est réglé pour l'avenir n'est blessant pour personne. C'est ainsi que le Code pénal prévoit de nombreuses prévarications de fonctionnaires, et que cela n'a jamais été regardé comme offensant pour ceux qui étaient en fonctions lorsque ce code fut promulgué. Il y a, d'ailleurs, une foule de cas où l'intervention du ministère public n'a lieu que sur la plainte de la partie lésée.

M. Riché répond que la commission dont il fait partie s'est montrée moins défiante que l'honorable préopinant à l'égard du ministère public. C'est qu'en effet, dans le système de nos lois, l'action privée se dissimule presque toujours : il n'y a plus maintenant cette accusation privée qui existait dans les sociétés anciennes, cette nécessité pour chacun de venir demander justice à l'autorité. Aujourd'hui, tous les citoyens sont représentés par un officier public, organe de la société, qui est chargé de poursuivre en son nom, même lorsqu'il s'agit de délits qui semblent intéresser plus particulièrement la propriété privée, le vol par exemple, dont l'usurpation ou la contrefaçon des marques de fabrique n'est qu'une variante, et qui intéresse spécialement la personne volée; le vol est poursuivi d'office. Le ministère public agit sans avoir besoin d'attendre l'impulsion de l'action privée. Il n'y a que deux cas où l'action du ministère public ne puisse intervenir sans avoir été provoquée : ces deux cas sont l'adultère et la diffamation. Pourquoi? parce que ce sont là des circonstances délicates dont la partie lésée a la première à apprécier la portée. Dans ces deux cas exceptionnels, et à raison de leur nature, le ministère public n'a pas d'initiative à prendre; il n'est ici qu'un auxiliaire de l'action privée. Mais, s'il s'agit d'usurpation ou d'altération de marques de fabrique, l'intérêt privé est-il seul engagé dans la question? Sans doute, il y a là intérêt privé en ce sens que le fabricant n'était pas obligé d'apposer sa marque sur ses produits; mais, s'il a usé du droit que lui donne la loi, il s'est mis, par ce fait même, sous la sauvegarde sociale, il a créé une véritable propriété, qui doit être placée, comme toutes les autres, sous l'égide du ministère public. Dès lors, l'intérêt privé n'est plus seul en cause; l'intérêt général de l'industrie et du commerce se trouve engagé en même temps dans les poursuites.

L'honorable membre demande, d'ailleurs, quels peuvent être les abus que l'on redoute. Le ministère public va-t-il, sans provocation aucune, poursuivre les marques de fabrique qui ne lui paraîtront pas complètement légitimes et loyales? Les parquets vont-ils être transformés en bureaux d'expertise à l'égard de marchandises que les officiers du ministère public ne voient pas et qu'ils n'ont apparemment pas mission d'aller inspecter? En fait, le ministère public n'agira jamais spontanément; il attendra que l'intérêt privé se plaigne d'un préjudice. Le ministère public est économe des deniers de l'État; il n'exposera pas les finances publiques à des frais qu'il ne serait peut-être pas facile de recouvrer. Si l'orateur avait, quant à lui, un reproche à adresser au ministère public, ce serait d'être parfois trop circonspect. Ainsi, quelquefois, lorsqu'il s'agissait de coups et blessures, mais sans qu'il y eût eu effusion de sang, il a vu le ministère public laisser à la partie lésée le soin de provoquer son intervention. Aux yeux de la commission, aucune nécessité ne justifiait donc l'amendement présenté par M. Legrand : l'adopter, c'eût été introduire dans la loi une exception au droit commun. Le droit commun, en effet, donne au ministère public, en matière de fraude commerciale, le droit de poursuivre d'office. Or, l'usurpation d'une marque de fabrique est une fraude commerciale de la nature la plus grave : il n'y avait donc pas lieu de la rejeter dans l'exception; c'eût été affaiblir la portée, la moralité, l'orateur dira presque la dignité de la loi. Voilà pourquoi la commission, d'accord sur ce point avec le Conseil d'État, n'a pas cru devoir adopter l'amendement.

L'art. 9 est mis aux voix et adopté.

M. le président donne lecture des art. 10 et suiv., jusqu'à l'art. 23 et dernier, qui sont successivement mis aux voix et adoptés.

L'ensemble du projet de loi est ensuite adopté au scrutin, à l'unanimité de 236 votants.

M. le président indique l'ordre des prochains travaux de la Chambre.

La séance est levée.

Approuvé par la commission, le 13 mai 1857.

Le Chef des Secrétaires-rédacteurs,

DENIS LAGARDE.

ART. 4. — RAPPORT

présenté au Sénat par M. Dumas.

(4 juin 1857.)

Messieurs les sénateurs, l'industrie moderne procède selon des règles nouvelles. La rapidité avec laquelle les inventions se succèdent, le mouvement d'association qui agglomère de puissants capitaux, l'importance que la force de la vapeur oblige d'attribuer à la proximité des dépôts du combustible minéral qui l'engendre, les règles qu'un sentiment chrétien introduit dans les rapports des chefs de manufactures et des ouvriers, tout indique qu'il est nécessaire et opportun de préparer un code industriel où les devoirs et les droits des manufacturiers, ceux des ouvriers et de la société, trouvent une expression réfléchie et des garanties coordonnées avec soin.

En attendant que ce travail considérable puisse être soumis aux délibérations du Corps législatif et du Sénat, le Gouvernement a voulu donner satisfaction à un droit de propriété délicat à régler, qui a souvent été l'objet de l'attention publique; et il a préparé une loi spéciale sur les marques de fabrique.

Les marques constituent une véritable signature, par laquelle le commerçant et l'industriel caractérisent les produits de leur commerce ou de leur industrie. Leur emploi a précédé la connaissance de l'écriture, et se retrouve comme étant d'un usage familier chez tous les peuples et à toutes les époques.

En France, toutefois, sous le régime des jurandes et des maîtrises, avant Louis XIV, la marque, étant obligatoire, n'était appliquée qu'après que la marchandise avait été reconnue par la corporation comme étant fabriquée en conformité des règles qu'elle s'était imposées. C'était une signature dont l'application, autorisée par la corporation, devenait une garantie envers la société.

Ce régime, qui s'opposait évidemment à tout changement, à tout progrès individuel, fut adouci dans la pratique par Colbert, perdit beaucoup de sa rigueur dès les premiers temps du règne de Louis XVI, et disparut tout entier sous le régime révolutionnaire.

La licence prit alors la place d'une règle trop étroite. Le producteur demeurait bien libre de déposer sa signature sur les objets qui sortaient de ses ateliers; mais la loi, qui l'eût protégé avec tant d'énergie contre un faussaire qui eût contrefait sa signature au bas d'un engagement de 5 fr., demeurait muette lorsque, par une marque de fabrique imitée ou contrefaite, une concurrence déloyale venait le frapper de ruine.

On citerait par centaines des inventeurs honnêtes qui ont dû les revers sous lesquels ils ont succombé à ce silence de la loi, et même, plus tard, à la répugnance que les tribunaux éprouvaient à faire usage d'une loi trop sévère.

Sous le Consulat, en effet, la marque de fabrique fut rétablie d'abord en faveur des fabricants de coutellerie et de quincaillerie et de la manufacture de bonneterie d'Orléans. Bientôt la loi du 22 germinal an XI reconnut à la marque dont il était fait dépôt préalable toute la valeur d'une signature; elle en assimila la contrefaçon au faux en écriture privée.

La sévérité des conséquences de cette assimilation rendait presque toujours illusoire l'application de la loi. Dans la pratique, on a essayé de pourvoir aux difficultés qui en naissaient, au moyen d'un grand nombre de règles spéciales provoquées par les demandes de certaines industries ou de certaines villes, et formulées dans des décrets, des ordonnances et même des lois. C'est ainsi que la loi du 28 avril 1816 prescrit aux fabricants français, pour faciliter la recherche des tissus prohibés, d'apposer leur marque sur tous les objets similaires sortant de leurs ateliers.

La loi actuelle est destinée à faire disparaître cette confusion et à ramener sous une pensée et sous une action unique tous ces faits épars, toutes ces règles discordantes, toutes ces juridictions mal définies.

Elle a été l'objet d'une longue élaboration. Un projet préparé par les conseils généraux des manufactures et du commerce en 1841, étudié par le Conseil d'État en 1845, adopté par la Chambre des pairs en 1846, avait été déjà l'objet d'un rapport près la Chambre des députés en 1847, lorsque la révolution de Février survint.

La question fut reprise en 1850 devant le Conseil général d'agriculture, du commerce et des manufactures, dont le projet fut approuvé en 1851 par le Conseil d'État.

C'est donc une loi longuement étudiée et sagement mûrie que le Gouvernement vous demande de sanctionner; en voici l'économie :

La marque de fabrique, telle que la loi entend la garantir, n'est point obligatoire, elle est facultative; sa garantie n'engage en rien la responsabilité de l'État, qui ne répond en aucune façon de la qualité des produits.

S'il est des exceptions à cette règle générale, elles se justifient par des nécessités d'ordre public et doivent demeurer rares.

La marque de fabrique reste donc une signature que l'industriel est libre de déposer sur ses produits, et dont la société lui garantit l'usage exclusif, quand il a déclaré qu'il entend s'en réserver la propriété au moyen d'un dépôt préalable effectué au greffe du tribunal de commerce de son domicile.

Quelques personnes auraient désiré que la marque fût obligatoire pour tous les manufacturiers. Évidemment, il y aurait excès dans une telle prescription. Que, dans un intérêt public, pour des matières alimentaires, pour des médicaments, la marque de fabrique, qui en garantit la nature, la pureté et l'origine, qui permet de remonter au coupable en cas de fraude, soit exigée, rien n'est plus légitime assurément; c'est un devoir que le Gouvernement a compris de tout temps, un droit qu'il s'est réservé dans la loi nouvelle.

Dans le système de la loi, il peut toujours, en effet, pour une classe déterminée de produits, rendre la marque de fabrique obligatoire.

D'autres intérêts auraient souhaité qu'une marque de fabrique fût à jamais garantie à l'industriel qui l'aurait adoptée, une fois le premier dépôt effectué. La loi veut, au contraire, que ce dépôt soit renouvelé tous les quinze ans.

Le système de la loi est sage; la limite choisie pour la durée du droit ouvert par le dépôt correspond à celle des brevets d'invention; elle est pratique et suffisamment protectrice des intérêts du propriétaire de la marque.

Il faut, en effet, que l'industriel qui veut adopter une marque personnelle ne soit pas exposé à devenir contrefacteur sans s'en douter. C'est assez qu'il soit obligé de vérifier toutes les marques déposées pendant les quinze années antérieures : n'exigeons pas qu'il soit exposé à des réclamations qui remonteraient plus loin. L'ouverture donnée à ces réclamations sans terme exposerait les plus honnêtes gens à toutes les entreprises de la cupidité; certaines marques devenues célèbres par des succès récents seraient l'objet de procès suscités par des propriétaires de marques semblables, anciennes, ignorées et discréditées par le peu de succès des produits qu'elles caractérisaient.

Enfin, pourquoi la propriété industrielle serait-elle plus particulièrement protégée que la propriété ordinaire? Si les droits de l'une sont frappés de prescription dans certains cas déterminés, pourquoi en serait-il autrement des droits de l'autre?

Votre commission appelle en terminant l'attention du Sénat sur la seule des dispositions de la loi qui ait été devant elle l'objet de réclamations qu'elle ait cru devoir écouter avec intérêt. Il s'agissait du cas où la marque n'étant ni contrefaite, ni imitée, elle aurait été pourtant l'objet d'une usurpation pratique par l'emploi de certaines formes ou figures qui, par leur analogie avec elle, seraient propres à induire en erreur l'acheteur inattentif.

Il nous a paru que les tribunaux étaient clairement armés, et les industriels sûrement garantis à cet égard par l'article de la loi qui punit ceux qui, sans contrefaire une marque, en ont fait une *imitation frauduleuse* de nature à tromper l'acheteur, ceux qui ont fait usage d'une marque frauduleusement imitée, ou même ceux qui ont mis en vente sciemment des marchandises portant de telles marques.

La loi soumise à votre sanction rétablit donc la règle dans une matière délicate, où les intérêts des consommateurs, ceux du commerce et de l'industrie, se trouvaient depuis longtemps en souffrance.

Elle donne au Gouvernement impérial, si jaloux de maintenir le commerce dans une voie droite et morale, les moyens de frapper ceux qui s'en écartent et de défendre l'industrie honnête contre les agressions. Elle lui garantit les pouvoirs nécessaires pour faire plus efficacement encore cette guerre à la fraude que l'Administration et la magistrature ont fermement inaugurée au moment même où l'Empereur prenait possession du pouvoir, et dont les populations pauvres, qui en ressentent mieux les bénéfices, lui gardent au fond du cœur une reconnaissance sincère.

Nous avons l'honneur de vous proposer, par tous ces motifs, de déclarer que le Sénat ne s'oppose pas à sa promulgation.

Art. 5. — Circulaire

de S. Exc. M. le Ministre de la justice.

(27 juin 1857.)

Monsieur le Procureur général, la loi relative aux marques de fabrique, qui va être incessamment promulguée, établit pour la répression des fraudes qui se commettent en cette matière de nouvelles pénalités. Son exécution exigera, dans certains cas, le concours de l'Administration des douanes et de l'autorité judiciaire.

Lorsque les agents des douanes auront, aux termes de la loi, opéré la saisie des produits venus de l'étranger avec une marque française, ils devront dresser procès-verbal de cette saisie et le transmettre immédiatement au ministère public. Outre l'envoi de ce procès-verbal, il arrivera quelquefois que, pour l'instruction de la procédure, les marchandises seront transportées en tout ou partie au greffe du tribunal, ce qui suspendra nécessairement l'accomplissement des formalités de douane et l'exercice des droits appartenant à l'Administration. Afin de garantir à cet égard toute sécurité aux intérêts de l'industrie et de l'État, que la douane a également mission de protéger, M. le Ministre des finances demande que, dès que le tribunal aura soit prononcé la confiscation, soit ordonné la remise aux propriétaires de la marque contrefaite des marchandises arrêtées à la douane, ces marchandises, lorsqu'elles auront été déposées au greffe, soient réintégrées au bureau de la douane, pour y demeurer jusqu'à ce que toutes les formalités légales aient été accomplies. Le chef de service des douanes de la localité sera d'ailleurs tenu, d'après les instructions qui lui seront adressées, de justifier au procureur impérial de l'exécution des dispositions du jugement du tribunal.

M. le Ministre des finances a exprimé, en second lieu, le désir que, dans tous les cas, les frais du procès-verbal de transport et autres, qui auraient été avancés par la douane, soient liquidés dans le jugement à la charge de la partie condamnée.

Ces demandes m'ayant paru fondées, je vous prie, Monsieur le Procureur général, de vouloir bien y donner dès à présent satisfaction, en adressant à vos substituts des instructions pour qu'ils veillent à ce que les mesures ci-dessus spécifiées ne soient jamais négligées, et en les invitant à se concerter, toutes les fois qu'il en sera besoin, avec les chefs de douane de leur arrondissement, pour aplanir les difficultés qui pourraient se présenter. Je désire que vous m'accusiez réception de cette circulaire et m'informiez de ce que vous aurez prescrit pour son exécution.

Le Garde des sceaux, Ministre de la justice,

Signé : ABBATUCCI.

ART. 6. — CIRCULAIRE

de la Direction des douanes et des contributions indirectes.

(6 août 1857.)

Le *Bulletin des Lois*, n° 514, du 27 juin dernier, a publié la loi sur les marques de fabrique et de commerce, qui a été sanctionnée par l'Empereur le 23 du même mois. Une ampliation de cette loi est jointe à la présente.

Les dispositions de l'art. 19 comportent quelques explications pour guider le service dans l'application qu'il aura à en faire.

Et d'abord, je dois faire remarquer qu'une saisie de l'espèce, quoique exercée à la diligence de l'Administration des douanes, ne s'opère en réalité que dans un intérêt d'ordre public et à la requête du ministère public. Le procès-verbal à rédiger dans ces occasions devra donc être libellé à la requête de M. le procureur impérial, près le tribunal auque ressortira le bureau de douane où cet acte sera rédigé. Il devra donner une description exacte des marchandises arrêtées et des marques dont elles sont revêtues; si ces marchandises consistent en étiquettes ou autres impressions susceptibles d'être enlevées, on en annexera une ou plusieurs au procès-verbal de saisie, en les y fixant par une empreinte en cire du cachet en usage dans le bureau. Les marchandises seront d'ailleurs, dans tous les cas, scellées sur l'enveloppe extérieure d'une ou plusieurs empreintes du même cachet.

Les procès-verbaux de ces sortes de saisies n'étant de nature à faire foi en justice que jusqu'à preuve contraire, il n'est pas nécessaire qu'ils soient suivis de toutes les formalités prescrites par la loi de douane du 9 floréal an VII, notamment de l'affirmation; mais il sera indispensable qu'ils soient enregistrés avant l'expiration du terme de quatre jours, fixé par l'art. 20 de la loi du 22 frimaire an VII, le délai de deux mois spécifié dans le dernier paragraphe de l'art. 19 devant courir d'une date certaine.

Les receveurs transmettront immédiatement au procureur impérial les procès-verbaux ainsi régularisés, et si aucun avis ne leur parvient touchant la suite qui y sera donnée, ils devront, dix jours au moins avant l'expiration du délai de deux mois dont je viens de parler, réclamer d'office de ce magistrat un avis qui puisse fixer le service sur le sort ultérieur de la saisie. Les marchandises déposées au bureau après la saisie y seront conservées avec soin, à moins que le tribunal n'en ordonne l'apport au greffe. Dans ce dernier cas, l'expédition s'en effectuera sous la garantie du plombage et d'un acquit-à-caution qui devra être souscrit par l'agent chargé du transport, et dans lequel on stipulera l'obligation de le rapporter dans un bref délai, revêtu d'un certificat de réception des objets par le greffier du tribunal.

Conformément aux instructions que S. Exc. le garde des sceaux vient d'adresser, de son côté, à MM. les procureurs généraux, instructions dont je joins une ampliation à la suite de la présente, les marchandises amenées au greffe seront, après la solution du procès, réintégrées au bureau de la douane où la saisie aura été opérée, à l'effet d'y être soumises à l'application du régime qui leur sera propre, selon qu'elles seront ou non frappées de prohibition à l'entrée. Ce renvoi devra être accompagné soit d'une expédition, soit d'un extrait authentique du jugement du tribunal. Si cette pièce n'était pas produite, les receveurs devraient la réclamer immédiatement près du procureur impérial.

Les quatre cas différents qui sont à prévoir peuvent se résumer ainsi : — 1° ou il y aura abstention de poursuites de la part du ministère public et de la partie lésée; — 2° ou le tribunal aura déclaré la saisie nulle pour défaut de fondement et ordonné la remise des marchandises au détenteur dépossédé; — 3° ou il aura ordonné la remise des marchandises à la partie lésée; — 4° ou, enfin, il aura prononcé la confiscation de ces mêmes marchandises.

Dans le premier cas, le receveur, après la notification reçue du ministère public, remettra la marchandise pour la destination indiquée dans la déclaration au détenteur saisi, contre son récépissé motivé et écrit sur papier timbré. Il conservera ce récépissé pour la décharge de sa responsabilité.

Dans le second cas, le receveur devra également, contre récépissé, remettre les marchandises aux mains de qui il aura été ordonné par le jugement, dont ampliation ou extrait authentique sera entre ses mains. Ces marchandises demeureront soumises au régime sous lequel les plaçait la déclaration de l'importateur réintégré dans sa propriété.

Dans le troisième cas, la remise des marchandises s'opérera dans les mêmes conditions, avec cette seule différence que la confirmation de la saisie et l'attribution de la propriété faite à un tiers faisant tomber la déclaration faite en douane par le premier détenteur, le nouveau propriétaire devra être admis à déposer une autre déclaration pour le transit, la réexportation, l'entrepôt ou la consommation, selon que le comporteront, d'ailleurs, la nature des produits et le régime sous lequel la législation des douanes les place.

Enfin, dans la quatrième hypothèse, c'est-à-dire quand le tribunal aura prononcé la confiscation des marchandises, les receveurs se concerteront avec leurs collègues des domaines pour que la vente soit effectuée sous le plus court délai possible, et avec insertion dans le cahier des charges de la clause stipulant que la vente a lieu, suivant les cas, à charge de payement des droits de douane ou de réexportation, et avec la faculté, s'il y a lieu, de transit et d'entrepôt. La marchandise ne sera livrée à l'acquéreur que sous l'accomplissement préalable des dispositions qui précèdent.

Le service ne perdra pas de vue, au surplus, que, selon les termes de l'art. 14 de la loi, lorsque le tribunal prononcera la confiscation ou la remise à la partie lésée des marchandises dont la marque a été reconnue contraire aux dispositions des art. 7 et 8, le jugement devra prescrire la *destruction* de ces marques. Lors donc que le jugement contiendra cette prescription, les receveurs des douanes devront veiller à ce que la destruction ordonnée ait lieu en présence soit du receveur des domaines, s'il y a confiscation, soit en celle de la partie mise en possession de la marchandise, si telle est la destination donnée à cette marchandise. Les frais de cette opération suivront le sort des autres frais occasionnés par la saisie. Les directeurs référeront à l'Administration des difficultés d'application qui pourraient surgir en cette matière. Les receveurs devront informer sans délai le procureur général qui aura été saisi de l'affaire, de l'exécution, en ce qui concerne les douanes, des dispositions résultant des jugements intervenus.

Aux termes de la circulaire de S. Exc. le garde des sceaux, frais dont l'avance aura été faite par la douane pour le procès-verbal, le transport des marchandises, s'il y a lieu, etc., seront liquidés dans le jugement à la charge de la partie condamnée. Les receveurs devront, en conséquence, fournir au procureur général un relevé exact et complet de ces frais de toute nature.

Je ferai remarquer en terminant que, ainsi que le porte l'art. 22, la loi du 23 juin ne sera exécutoire que six mois après la date de sa promulgation, c'est-à-dire le 27 décembre prochain. — Jusqu'à cette époque, on continuera à procéder comme par le passé, en informant directement et sans retard S. Exc. le ministre de l'agriculture, du commerce et des travaux publics, de la saisie qui sera faite en douane, à l'arrivée de l'étranger, de produits revêtus de marques françaises.

Les directeurs des douanes sont invités à donner, chacun dans son ressort, des ordres conformes aux dispositions de la présente, et à tenir la main à leur ponctuelle exécution.

Le Conseiller d'État, Directeur général,

Signé : TH. GRÉTERIN.

ART. 7. — DÉCRET DU 26 JUILLET 1858,

portant règlement d'administration publique pour l'exécution de la loi du 23 juin 1857, sur les marques de fabrique et de commerce.

NAPOLÉON, etc.; — Vu l'art. 22 de la loi du 23 juin 1857, sur les marques de fabrique et de commerce, ainsi conçu : — « Un règlement « d'administration publique déterminera les formalités à remplir pour le « dépôt et la publicité des marques et de toutes les autres mesures né- « cessaires pour l'exécution de la loi »; — Notre Conseiller d'État entendu, — Avons décrété et décrétons ce qui suit :

Art. 1er. Le dépôt que les fabricants, commerçants ou agriculteurs peuvent faire de leurs marques au greffe du tribunal de commerce de leur domicile, ou, à défaut de tribunal de commerce, au greffe du tribunal civil, pour jouir des droits résultant de la loi du 23 juin 1857, est soumis aux dispositions suivantes :

Art. 2. Ce dépôt doit être fait par la partie intéressée ou par son fondé de pouvoir spécial. La procuration peut être sous seing privé, mais enregistrée; elle doit être laissée au greffe.

Le modèle à fournir consiste en deux exemplaires, sur papier libre, d'un dessin, d'une gravure, ou d'une empreinte représentant la marque adoptée. — Le papier forme un carré de 18 centimètres de côté, dont le modèle occupe le milieu.

Art. 3. Si la marque est en creux ou en relief sur les produits, si elle a dû être réduite pour ne pas excéder les dimensions du papier, ou si elle présente quelque autre particularité, le déposant l'indique sur les deux exemplaires, soit par une ou plusieurs figures de détail, soit au moyen d'une légende explicative.

Ces indications doivent occuper la gauche du papier où est figurée la marque ; la droite est réservée aux mentions prescrites à l'art. 5, conformément au mode annexé au présent décret.

Art. 4. Un des deux exemplaires de la marque est collé par le greffier sur une des feuilles d'un registre tenu à cet effet et dans l'ordre des présentations. L'autre est transmis, dans les cinq jours au plus tard, au ministre de l'agriculture, du commerce et des travaux publics, pour être déposé au Conservatoire national des arts et métiers.

Le registre est en papier libre, du format de 24 centimètres de largeur sur 40 de hauteur, coté et parafé par le président du tribunal de commerce ou du tribunal civil, suivant les cas.

Art. 5. Le greffier dresse le procès-verbal du dépôt dans l'ordre des présentations, sur un registre en papier timbré, coté et parafé comme il est dit à l'article précédent. Il indique dans ce procès-verbal : 1° le jour et l'heure du dépôt ; 2° le nom du propriétaire de la marque et celui de son fondé de pouvoir ; 3° la profession du propriétaire, son domicile et le genre d'industrie pour lequel il a l'intention de se servir de la marque.

Chaque procès-verbal porte un numéro d'ordre. Ce numéro est également inscrit sur les deux modèles, ainsi que le nom, le domicile ou la profession du propriétaire de la marque, le lieu et la date du dépôt, et le genre d'industrie auquel la marque est destinée.

Lorsque, au bout de quinze ans, le propriétaire d'une marque en fait un nouveau dépôt, cette circonstance doit être mentionnée sur les modèles et dans le procès-verbal de dépôt.

Le procès-verbal et les modèles sont signés par le greffier et par le déposant ou par son fondé de pouvoir.—Une expédition du procès-verbal de dépôt est délivrée au déposant.

Art. 6. Il est dû au greffier, outre le droit fixe de 1 fr. pour le procès-verbal de dépôt de chaque marque, y compris le coût de l'expédition, le remboursement des droits de timbre et d'enregistrement. Le remboursement du timbre du procès-verbal est fixé à 35 c. — Toute expédition délivrée après la première donne également lieu à la perception de 1 fr. au profit du greffier.

Art. 7. Le greffier du tribunal de commerce du département de la Seine, chargé, dans le cas prévu par l'art. 6 de la loi du 23 juin 1857, de recevoir le dépôt des marques des étrangers et des Français, dont les établissements sont situés hors de France, doit en former un registre spécial, et mentionner, dans le procès-verbal de dépôt, le pays où est situé l'établissement industriel, commercial ou agricole du propriétaire de la marque, ainsi que la convention diplomatique par laquelle la réciprocité a été établie.

Art. 8. Au commencement de chaque année, les greffiers dressent sur papier libre, et d'après le modèle donné par le ministre de l'agriculture, du commerce et des travaux publics, une table ou répertoire des marques dont ils ont reçu le dépôt pendant le cours de l'année précédente.

Art. 9. Les registres, procès-verbaux et répertoires déposés dans les greffes, ainsi que les modèles réunis au dépôt central du Conservatoire national des arts et métiers, sont communiqués sans frais.

Art. 10. Notre ministre de l'agriculture, du commerce et des travaux publics, et notre garde des sceaux, ministre de la justice, sont chargés, chacun en ce qui le concerne, de l'exécution de ce jugement.

Fait à Plombières, le 26 juillet 1858.

Signé : NAPOLÉON.

Par l'Empereur :

Le Ministre Secrétaire d'État au département de l'agriculture et des travaux publics,

Signé : E. ROUHER.

ART. 8. — MODÈLE

annexé au décret portant règlement d'administration publique pour l'exécution de la loi sur les marques de fabrique et de commerce.

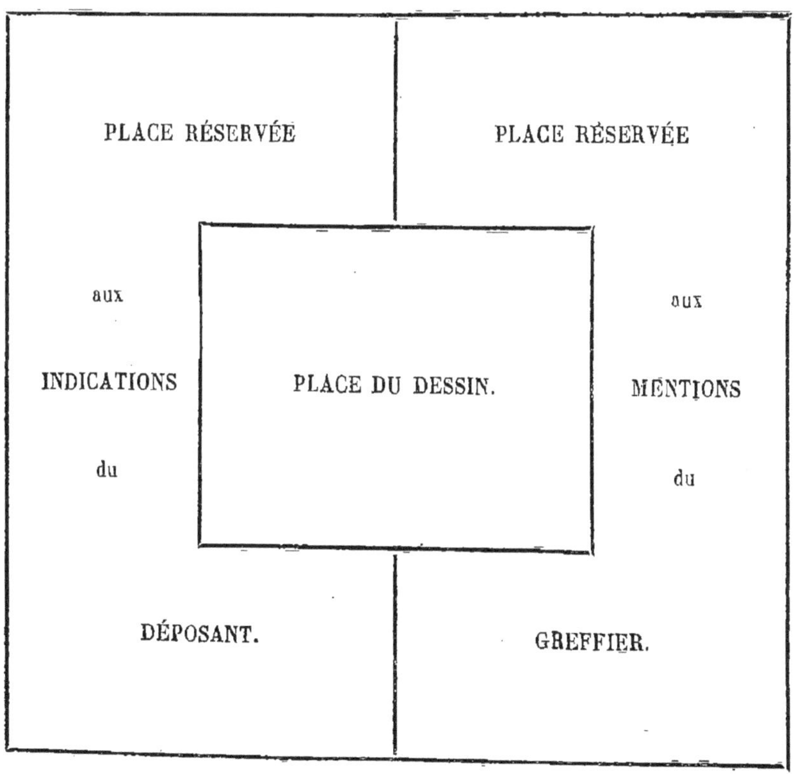

NOTA.—Le papier doit former, en tout, un carré de 18 centimètres de chaque côté ; la place réservée au dessin de la marque occupe le centre et ne doit pas excéder un cadre de 10 centimètres de large sur 8 centimètres de haut.

Art. 9. — Instruction ministérielle

arrêtée de concert entre le garde des sceaux, ministre de la justice, et le ministre de l'agriculture, du commerce et des travaux publics, pour l'exécution de la loi du 23 *juin* 1857 *et du décret du* 26 *juillet* 1858, *sur les marques de fabrique et de commerce.*

(8 septembre 1858.)

Les fabricants, commerçants ou agriculteurs qui veulent déposer leurs marques au greffe du tribunal de commerce, ou, à défaut de tribunal de commerce, au greffe du tribunal civil, peuvent, soit s'y présenter eux-mêmes, soit se faire représenter par un fondé de pouvoir spécial. Dans ce dernier cas, la procuration peut être dressée sous seing privé; mais elle doit être enregistrée et laissée au greffier pour être annexée au procès-verbal mentionné ci-après.

Le déposant doit fournir, en double exemplaire, sur papier libre, le modèle de la marque qu'il a adoptée. Ce modèle consiste en un dessin, une gravure ou une empreinte, exécutés de manière à représenter la marque avec netteté et à ne pas s'altérer trop aisément. Le papier sur lequel le modèle est tracé doit présenter la forme d'un carré de 18 centimètres de côté, et la marque doit être tracée au milieu du papier. Dans le modèle annexé au décret, un espace de 8 centimètres de hauteur sur 10 centimètres de largeur est réservé à la marque. On ne pourrait admettre un dessin excédant sensiblement cette limite et ne laissant pas les espaces nécessaires pour les mentions à insérer en vertu du décret.

Si la marque est en creux ou en relief sur les produits, si elle a dû être réduite pour ne pas excéder les dimensions prescrites, ou si elle présente quelque autre particularité, le déposant doit l'indiquer sur les deux exemplaires, soit par une ou plusieurs figures de détail, soit au moyen d'une légende explicative.

Ces indications doivent occuper la gauche du papier où est figurée la marque; la droite est réservée aux mentions qui doivent être ajoutées par le greffier, ainsi qu'il sera dit ci-après.

Le greffier vérifie les deux exemplaires. S'ils ne sont pas dressés sur papier de dimension ou conformément aux prescriptions énoncées ci-dessus, ils sont rendus aux déposants pour être rectifiés ou remplacés.

Dans le cas où les deux modèles de la marque ne seraient pas exactement semblables l'un à l'autre, le greffier devrait également refuser de les admettre. Le déposant désigne au greffier celui des deux exemplaires qui doit rester au greffe, et sur lequel doit être écrit le mot *primata,* et celui qui est destiné à être déposé au Conservatoire national des Arts et Métiers, et sur lequel on écrit le mot *duplicata.*

Le greffier colle le premier de ces exemplaires sur une des feuilles d'un registre qu'il tient à cet effet. Les modèles y sont placés à la suite les uns des autres, d'après l'ordre des présentations. Le registre est fourni par le greffier; il doit être en papier libre, du format de 24 centimètres de hauteur. Le papier de chaque modèle ayant 18 centimètres de côté, il doit en tenir deux sur le recto ou le verso de chaque feuillet, et il doit rester une marge de 3 centimètres à gauche et à droite, et de 2 centimètres en haut et en bas. Le registre est coté et parafé par le président du tribunal de commerce ou du tribunal civil, suivant les cas. Le nombre des feuillets est proportionné au nombre des dépôts qui s'effectuent ordinairement dans la localité.

Le greffier dresse ensuite, sur un registre en papier timbré, coté et parafé comme le registre mentionné ci-dessus, le procès-verbal du dépôt, dans l'ordre des présentations. Il indique : 1° le jour et l'heure du dépôt; 2° le nom du propriétaire de la marque et, le cas échéant, le nom de son fondé de pouvoir; 3° la profession du propriétaire, son domicile et le genre d'industrie pour lequel il a l'intention de se servir de la marque. Le greffier inscrit, en outre, un numéro d'ordre sur chaque procès-verbal, et reproduit ce numéro dans l'espace réservé à la droite de chacun des deux exemplaires du modèle. Il y joint le nom, le domicile et la profession du propriétaire de la marque, le lieu et la date du dépôt, et le genre d'industrie auquel la marque est destinée. De plus, lorsque au bout de quinze ans le propriétaire d'une marque en fera un nouveau dépôt, cette circonstance devra être mentionnée sur les deux modèles et dans le procès-verbal du dépôt.

Le greffier et le déposant ou son fondé de pouvoir doivent apposer leur signature : 1° au bas du procès-verbal ; 2° au-dessous des mentions portées à droite et à gauche sur les deux exemplaires du modèle. Si le déposant ne sait ou ne peut signer, il doit se faire représenter par un fondé de pouvoir qui signe à sa place.

Pour le registre des procès-verbaux comme pour le registre des modèles, le nombre des feuillets est proportionné à celui des dépôts qui s'effectuent ordinairement dans la localité.

Il est dû au greffier, outre le droit fixe de 1 fr. pour le procès-verbal de dépôt de chaque marque, y compris le coût de l'expédition, le remboursement des droits de timbre et d'enregistrement. Le remboursement du timbre du procès-verbal est fixé à 35 c.

Dans les cas où une expédition du procès-verbal est demandée ultérieurement au greffier par une personne quelconque, elle doit être délivrée moyennant l'acquittement d'un droit fixe de 1 fr. et le remboursement du droit de timbre.

Les modèles déposés au greffe, ainsi que les procès-verbaux dressés par le greffier, doivent être communiqués sans frais à toute réquisition.

Le second exemplaire de chaque modèle déposé sera transmis par le greffier, dans les cinq jours de la date du procès-verbal, au ministre de l'agriculture, du commerce et des travaux publics. Cet exemplaire est destiné au Conservatoire impérial des Arts et Métiers, où il sera communiqué sans frais à toute réquisition.

Au commencement de chaque année, le greffier dressera, sur papier libre, et d'après le modèle qui sera donné par le ministre de l'agriculture, du commerce et des travaux public, un répertoire des marques dont il aura reçu le dépôt pendant le cours de l'année précédente. Ce répertoire sera conservé au greffe et communiqué sans frais à toute réquisition, comme les documents ci-dessus.

ART. 10. — INSTRUCTION

de la Direction générale de l'enregistrement et des domaines sur les droits de timbre et autres en matière de marque de fabrique et de commerce.

(6 octobre 1858.)

Cette instruction reproduit les articles de la loi du 23 juin 1857 et du règlement du 26 juillet 1858 relatifs au dépôt des marques; puis elle ajoute :

Il résulte des dispositions ci-dessus transcrites : 1° qu'il doit être tenu au greffe du tribunal de commerce, ou, à défaut du tribunal de commerce, au greffe du tribunal civil, deux registres, dont l'un, *en papier non timbré*, sur lequel seront collés les modèles de marques, également exemptés du timbre, et l'autre *en papier timbré*, pour la rédaction des procès-verbaux de dépôt des marques; 2° que ces procès-verbaux sont assujettis à l'enregistrement comme les autres actes du greffe, et passibles du droit fixe de 3 fr.; mais qu'il n'est dû de droits de greffe, ni pour la rédaction, ni pour l'expédition des procès-verbaux, la loi du 23 juin 1857 et le décret réglementaire ayant attribué au greffier, pour ces formalités, un salaire spécial, sans parler de la perception des droits de greffe.

L'art. 7 du décret du 26 juillet impose au greffier du tribunal de commerce du département de la Seine l'obligation de tenir un registre spécial pour les dépôts des marques des étrangers et des Français dont les établissements sont situés hors de France. Ce registre, destiné à recevoir les modèles des marques, est exempt du timbre. Il en est de même du répertoire dont la formation est prescrite par l'art. 8 du décret.

Lors de la vérification des greffes, les employés supérieurs auront à s'assurer que le registre des procès-verbaux de dépôt est en papier timbré, et que ces procès-verbaux, ainsi que les procurations sous seing privé laissées au greffier, en conformité de l'art. 2 du décret, ont été enregistrés. Les procurations dont il s'agit ne sont pas affranchies des droits du timbre.

La loi du 23 juin 1857 et le décret réglementaire du 26 juillet 1858 ne concernent que les marques de fabrique, et remplacent le décret du 11 juin 1809, mentionné au paragraphe 5 de l'instruction n° 1755. Il n'y a donc pas lieu d'en faire l'application aux dépôts de dessins, qui continuent à être régis par la loi du 18 mars 1806, par la décision du 20 juin 1809 (Instruction n° 437), et par l'ordonnance du 17 août 1825, d'après lesquelles le registre de dépôt est exempt du timbre, tandis que le certificat remis au déposant doit être rédigé sur papier timbré et enregistré gratis.

Le Directeur général de l'enregistrement et des domaines.

Signé : TOURNUS.

Art. 11. — Circulaire

adressée par le ministre de l'agriculture, du commerce et des travaux publics, aux présidents des chambres de commerce.

Paris, le 8 juin 1864.

Monsieur le Président, vous savez que l'art. 19 de la loi du 23 juin 1857 sur les marques de fabrique et de commerce dispose que « tous « produits étrangers portant, soit la marque, soit le nom d'un fabricant « résidant en France, soit l'indication du nom ou du lieu d'une fabrique « française, sont prohibés à l'entrée et exclus du transit et de l'entrepôt, « et peuvent être saisis, en quelque lieu que ce soit, soit à la diligence de « l'Administration des douanes, soit à la requête du ministère public ou « de la partie lésée ».

La Cour de cassation a décidé, par un arrêt du 9 avril 1864 (1), que cet article n'est applicable qu'à l'usurpation frauduleuse, faite à l'étranger, soit de la marque, soit du nom d'un fabricant français, et, par suite, qu'il n'y a aucun délit quand c'est du consentement et par l'ordre de celui-ci que son nom et sa marque ont été apposés sur des produits fabriqués à l'étranger.

Conformément à cette jurisprudence, j'ai décidé, d'accord avec le département des finances, que l'importation et le transit de produits portant la marque ou le nom d'un fabricant français peuvent s'effectuer sous les conditions du tarif, pourvu que la déclaration d'entrée soit accompagnée d'un certificat spécial signé de ce fabricant, et constatant que ces produits ont été fabriqués sur sa demande et qu'ils lui sont destinés. Ce certificat mentionnera, en outre : 1° la nature et la qualité des produits importés ; 2° la description de la marque ou du nom dont ils sont revêtus. La signature devra être légalisée par l'autorité municipale du domicile du négociant français.

Veuillez, je vous prie, porter cette décision à la connaissance des industriels et des commerçants de la circonscription de votre chambre, et leur recommander d'apporter dans la rédaction du certificat d'origine la plus scrupuleuse exactitude, car les produits omis ou imparfaitement désignés sur cette pièce seraient saisis comme tombant sous l'application de l'article ci-dessus mentionné.

---

(1) V. *suprà*, n° 314-3°. — V. aussi Consultation, Pataille.63.205, et, dans cette Consultation, la circulaire ministérielle citée.

Art. 12. — Décret du 8 aout 1873

qui déclare la loi de 1857 sur les marques exécutoire aux colonies (1).

Art. 1er. Sont déclarées applicables aux colonies, sous les modifications ci-après : 1° la loi du 23 juin 1857 sur les marques de fabrique et de commerce; 2° le décret du 26 juillet 1858 portant règlement d'administration publique pour l'exécution de la loi du 23 juin 1857 sur les marques de fabrique et de commerce.

Art. 2. L'augmentation des délais à raison des distances sera d'un jour par deux myriamètres.

Art. 3. L'exemplaire de la marque qui, dans la métropole, doit être transmis dans les cinq jours au ministre de l'agriculture et du commerce, sera remis dans le même délai au directeur de l'intérieur ou à celui qui en fait les fonctions, pour être envoyé au ministre de la marine et des colonies, qui le transmettra au ministre de l'agriculture et du commerce, chargé d'en faire le dépôt au Conservatoire des Arts et Métiers.

Art. 4. Le droit fixe de 1 fr. accordé au greffier par l'art. 4 de la loi du 23 juin 1857 et par l'art. 6 du décret du 26 juillet 1858 est élevé dans tous les cas à 2 fr.

Art. 5. Le présent décret, ainsi que la loi et le décret auxquels il se réfère, seront exécutoires aussitôt que leur promulgation sera réputée connue, d'après les règles spéciales établies dans chaque colonie.

Art. 6. Le ministre de la marine et des colonies et le garde des sceaux ministre de la justice sont chargés, chacun en ce qui le concerne, de l'exécution du présent décret, qui sera inséré au *Bulletin des Lois* et au *Bulletin officiel de la marine*.

SECTION II.

Documents relatifs à la loi de 1824.

Art. 1er. — Exposé des motifs

présenté à la Chambre des députés.

La réputation des produits fabriqués est pour le manufacturier une véritable propriété que la loi garantit.

Il est des villes de fabrique dont les produits ont ausi une réputation qu'on peut appeler *collective*, et c'est encore une propriété. — Les draps de Louviers ou de Sedan sont distingués dans le commerce comme des *espèces* particulières; et il importe aux fabricants de ces villes d'empêcher que d'autres tissus plus ou moins semblables ne se confondent avec les leurs, à la faveur d'une déclaration mensongère, qui aurait le double inconvénient de les discréditer et de tromper le consommateur.

La législation, par des motifs de haute importance, s'est abstenue d'assujettir en général les produits industriels à une marque apposée par l'autorité; mais elle a donné ce droit à tout fabricant, et l'art. 16 de la oi du 12 avril 1803, qui le confère, attache à la contrefaçon la peine de aux en écriture privée, avec dommages-intérêts. L'art. 143, C. pén., confirme cette disposition ou ne la modifie que relativement à la peine : il prononce la réclusion contre quiconque aura falsifié *la marque d'un établissement de commerce* ou aura fait usage des marques contrefaites.

Toutefois ces dispositions pénales n'atteignent point celui qui, sans contrefaire la marque, ni usurper le nom d'autrui, et en employant son propre nom, ne falsifie que le nom *du lieu* de fabrication.

A la vérité, la même loi du 12 avril 1803 porte, art. 13, que « *la* « *marque sera considérée comme contrefaite, quand on y aura inséré ces* « *mots :* façon de, *et à la suite le nom d'un autre fabricant ou d'une* « *autre ville* ». Mais l'impunité résulte de l'excessive sévérité d'une assimilation qui confond et punit sans distinction, comme crime de faux, l'aveu d'une imitation avec une supposition de lieu, ou, si l'on veut, une supposition de lieu avec la contrefaçon directe d'une marque personnelle. Aussi les fraudeurs se sont mis facilement à couvert, en évitant matériellement la seule manœuvre décrite dans la loi, et on a vu des draps originairement marqués de tel domicile, *près* Louviers ou *rue* de Louviers, et des marchands complices de la supposition ainsi préparée, couper sur l'étoffe les mots *près* ou *rue de*, en faire *des draps de Louviers* et les vendre comme tels, etc.

Le projet de loi que le Roi nous á ordonné de vous présenter doit mettre un terme à ces coupables abus.

Il n'ôte rien à la juste sévérité dont le Code pénal frappe la contrefaçon directe. Il fait cesser l'assimilation, tout à la fois trop rigoureuse et insuffisante, qui résulte de la loi du 12 avril 1803, entre la contrefaçon et la simple manœuvre avec laquelle, sur une marque non contrefaite, on fait paraître un nom supposé.

Il complète la définition du délit qu'il s'agit de punir, et embrasse les diverses fraudes possibles que la loi de 1803 n'avait pas prévues ; il atteint celui qui *apposerait* ou ferait *apparaître*, par une altération *quelconque*, sur des produits fabriqués, le nom d'un fabricant autre que le véritable, ou d'un lieu autre que celui de la fabrication, et classe ce délit, quant à la peine, avec ceux d'une égale gravité, c'est-à-dire avec les fraudes qui se commettent du vendeur à l'acheteur, et que le Code pénal a réunies dans son art. 23. La peine portée par cet article est suffisante, sans qu'il y ait lieu de craindre qu'on hésite à la prononcer pour excès de rigueur : c'est l'emprisonnement de trois mois au moins, d'un an au plus, et d'une amende qui ne peut excéder le quart des restitutions ou dommages-intérêts, ni être moindre de 50 fr., et, en outre, la confiscation des objets du délit, *s'ils appartiennent encore au vendeur*.

Ces derniers mots de la loi pénale ont averti qu'une distinction était à introduire dans le projet de loi. Le délit a été commis ou préparé par le fabricant, quand il a supposé un nom, ou introduit à dessein, dans sa marque, un mot destiné à favoriser la fraude, au moyen d'un retranchement ou de toute autre altération. Ce fabricant est le seul coupable.

Le débitant peut être complice, soit qu'il ait demandé la fabrication frauduleuse, soit qu'il ait lui-même exécuté les altérations ; il subira les peines ordinaires de sa complicité : c'est le droit commun.

Si la marchandise appartient encore aux vendeurs (auteurs ou complices), l'art. 423, C. pén., assure la confiscation.

Mais un marchand de bonne foi peut exposer en vente dans son magasin, innocemment, sans être instruit de la fraude, des marchandises dont la marque se trouve ainsi falsifiée ou altérée. Il ne faudrait pas laisser un prétexte d'abuser de la lettre de la loi pour prétendre contre un tel *vendeur* la confiscation qui n'a pu être exercée que contre *l'auteur* ou *complice du délit*. On propose donc ainsi de déclarer que le simple débitant ne sera passible des effets de la poursuite qu'autant qu'il aurait exposé en vente, *sciemment*, les objets marqués des noms supposés ou altérés.

Tels sont, Messieurs, les principaux motifs des deux articles de loi que nous vous proposons. Leurs dispositions n'étaient pas moins conseillées par l'expérience que réclamées par nos villes manufacturières, par les conseils généraux de leurs départements. Vous les accueillerez, nous n'en doutons pas, avec une égale sollicitude, puisqu'elles doivent avoir pour objet de donner de nouvelles garanties à la fabrication, au débit de nos produits industriels, et d'accroître par là, à l'étranger comme dans l'intérieur du royaume, la juste réputation dont ils jouissent.

ART. 2. — RAPPORT

par M. Lemoine des Mares.

Messieurs, la commission que vous avez nommée pour examiner le projet de loi tendant à réprimer les altérations ou les substitutions de noms sur les produits fabriqués m'a chargé de soumettre à la Chambre le résultat de cet examen.

L'industrie, Messieurs, est une source des plus fécondes de la prospérité publique et de la richesse des États. Il n'est pas de Français qui n'ait parcouru avec orgueil, pas d'étranger qui n'ait visité avec une jalouse admiration ces vastes et superbes portiques du palais de nos rois, que la sollicitude éclairée du monarque bien-aimé ouvrit récemment à l'émulation de ses sujets, et où vinrent à l'envi s'exposer à nos regards étonnés tant de magnifiques chefs-d'œuvre et de brillants essais.

Si l'industrie, Messieurs, contribue à la richesse des États, elle contribue aussi à la fortune du manufacturier, et la réputation des objets fabriqués est pour lui, ainsi que l'a dit le ministre de l'intérieur, une véritable propriété que la loi doit garantir.

Il est des villes de fabrique dont les produits ont aussi une réputation qu'on peut appeler *collective*, et c'est encore une propriété.

Les draps de Louviers ou de Sedan sont distingués dans le commerce comme des espèces particulières, et il importe aux habitants de ces villes d'empêcher que d'autres tissus, qui y ressemblent plus ou moins, ne se confondent avec les leurs, à la faveur d'une déclaration mensongère qui aurait le double inconvénient de les discréditer et de tromper les consommateurs.

La législation, par des motifs de haute importance, s'est abstenue d'assujettir les produits industriels à une marque apposée par l'autorité; mais la loi du 12 avril 1803 confère à tout fabricant le droit d'une marque personnelle et locale.

Cette marque, lorsqu'elle a acquis toute l'authenticité dont elle est susceptible, devient la propriété du manufacturier ; c'est sous l'égide de cette marque qu'il conserve à sa fabrication la réputation qui en assure le succès; elle est la sauvegarde de son industrie : c'est aussi une signature sous la foi de laquelle il garantit les produits qu'il offre au consommateur.

Celui qui contrefait cette marque commet donc un attentat à la propriété, puisqu'il enlève à celui à qui seul elle appartient le fruit d'une fabrication qu'il cherche toujours à perfectionner.

C'est pourquoi l'art. 10 de la loi précitée, du 12 avril 1803, attache à la contrefaçon la peine du faux en écriture privée, avec dommages et intérêts.

L'art. 143, C. pén., confirme cette disposition ou ne la modifie que relativement à la peine : il prononce la réclusion contre quiconque aura falsifié la marque d'un établissement de commerce ou aura fait usage des marques contrefaites.

Toutefois, ces dispositions pénales n'atteignent point celui qui, sans contrefaire la marque ni usurper le nom d'autrui, et en employant son propre nom, ne falsifie ou ne simule que le nom du lieu de sa fabrication.

A la vérité, la même loi du 12 avril 1803 porte (art. 13) que « *la marque sera considérée comme contrefaite quand on y aura inséré ces mots :* façon de, *et, à la suite, le nom d'un autre fabricant ou d'une autre ville* ». Mais l'impunité résulte de l'excessive sévérité d'une assimilation qui confond et punit sans distinction, comme crime de faux, une imitation avec supposition de lieu, ou, si l'on veut, une supposition de lieu avec la contrefaçon directe d'une marque personnelle.

D'ailleurs, les fraudeurs se sont mis facilement à couvert, en évitant matériellement la seule manœuvre décrite dans la loi, et l'on a vu des draps originairement marqués de tel domicile, *près* de Louviers, ou *rue* de Louviers, *à l'instar de* Sedan, ou *filature* de Sedan, et des marchands, se rendant, par une de ces additions, complices de la simulation ainsi préparée, couper sur le chef les mots *près de* ou *rue de*, ou *à l'instar de;* en faire par ces retranchements des draps de Louviers ou de Sedan, et les vendre pour tels, etc.

J'occuperais trop longtemps votre attention, Messieurs, ma position personnelle rendrait d'ailleurs ma tâche trop pénible, si je devais vous réciter ici tous les exemples de ce genre de fraude, exemples que plusieurs manufacturiers se sont empressés de porter à la connaissance de votre commission.

Cette fraude est devenue si commune, et la sécurité de ceux qui s'y livrent si parfaite, qu'on serait tenté de croire qu'il n'existe point de lois de répression, surtout quand on voit, dans des circulaires imprimées, et revêtues de signatures à la main, annoncer tout simplement au commerce que l'on fabrique dans tel endroit des draps qu'on se propose de présenter sous la marque de tel autre lieu auquel se rattache une grande célébrité.

On assure que, d'un autre côté, des commissionnaires, expéditeurs à l'étranger, commandent périodiquement, dans certaines manufactures, cinquante ou cent pièces d'étoffe, à la condition que le manufacturier y fera apposer une marque de telle ou telle ville qui n'est pas celle de fabrication.

Vous êtes frappés, Messieurs, du préjudice immense qui résulte de ces coupables abus; ils tendent à détruire une réputation précieuse, en la prostituant à des produits qui ne méritent pas d'y participer; ils introduisent dans le commerce le dol et la mauvaise foi, en trompant le consommateur, qui, privé des connaissances nécessaires pour bien juger l'objet qu'on lui présente, s'en rapporte au nom qu'il y voit inscrit, et, sous cette perfide apparence, le paye bien souvent au delà de sa vraie valeur.

C'est encore à ces manœuvres déloyales que plusieurs branches de notre industrie doivent la perte de leurs relations avec l'étranger, qui leur a fermé ses marchés, du moment qu'il a vu les plus grossières productions arriver chez lui sous un nom qu'il était habitué à honorer et qui avait jusque-là obtenu toute sa confiance.

Le Gouvernement, Messieurs, ne veut point comprimer l'essor de l'industrie ni en paralyser les conceptions; mais, sans entrer ici dans la question de savoir s'il serait convenable d'en régler l'exercice en réunissant chacune des diverses branches qui s'y livrent par un lien commun de confiance et d'affection, par une solidarité de probité et d'honneur, vous conviendrez qu'il était du devoir du Gouvernement de mettre un terme aux funestes conséquences de ce scandaleux désordre.

C'est ce qu'il a eu intention de faire par le projet de loi qu'il vous présente.

Encore bien que ce projet soit applicable à tous les genres d'objets fabriqués, l'exposé des motifs par M. le ministre de l'intérieur dit assez qu'il est aussi destiné à satisfaire à de justes et vives instances, si souvent réitérées par plusieurs villes manufacturières de France, et particulièrement par celles de Louviers et de Sedan, auxquelles se sont empressés de se réunir un grand nombre de fabricants d'Elbeuf.

Ce que je viens de vous dire, Messieurs, relativement aux manœuvres à l'aide desquelles on parvenait à altérer la marque des draps de Louviers et de Sedan, a déterminé votre commission à introduire dans le premier paragraphe de votre projet les mots *addition* et *retranchement*.

Il lui a paru indispensable d'y comprendre aussi la *raison commerciale*, qui peut contenir et contient quelquefois un nom autre que celui du fabricant.

Il était également nécessaire de disposer, relativement *au lieu de fabrication;* et un *erratum* au feuilleton de la séance qui a suivi la présentation de la loi vous a appris, Messieurs, que c'était par suite d'une omission du copiste qu'il ne se trouvait point dans le projet distribué.

Votre commission a pensé qu'il fallait aussi désigner le marchand en gros et le commissionnaire, qui sont autres que ce qu'on appelle dans le commerce le simple débitant.

Enfin, craignant que les seuls mots: *exposé en vente* ne donnassent lieu à quelques interprétations à l'aide desquelles les coupables pourraient se soustraire à la peine, en achetant des marchandises marquées de noms supposés ou altérés, pour les vendre dans un autre endroit, ou les exporter sans les faire entrer dans leurs magasins, votre commission vous propose encore d'ajouter, dans le second paragraphe de l'article précédent, les mots: *ou mis en circulation*.

Relativement au lieu de fabrication, je dois vous dire, Messieurs, que la confection de certains produits exige un concours d'opérations telles qu'on n'est point encore parvenu à les exécuter toutes dans un seul et même établissement. Cette considération nous a déterminés à exprimer le vœu que le Gouvernement s'occupât de préciser par des dispositions réglementaires les conditions qui donnent droit aux fabricants d'apposer la marque ou le nom de tel ou tel lieu, et de participer, en conséquence, à l'avantage de la réputation collective de ces produits.

Nul doute, Messieurs, que ces dispositions réglementaires devront être telles qu'elles puissent garantir tous les intérêts légitimes, sans laisser à la fraude les moyens d'éluder les effets de la loi.

Ce projet de loi n'ôte rien à la juste sévérité dont le Code pénal frappe la contrefaçon directe. Il fait cesser l'assimilation tout à la fois trop rigoureuse et insuffisante qui résulte de la loi du 22 avril 1803, entre la contrefaçon et la simple manœuvre avec laquelle, sur une marque non contrefaite, on fait passer un nom supposé.

Il complète la définition du délit qu'il s'agit de punir, et embrasse les diverses fraudes possibles que la loi de 1803 n'avait pas prévues; il atteint celle qui *apposerait* ou ferait *apparaître*, par une altération quelconque, sur des produits fabriqués, le nom d'un fabricant autre que le véritable, et d'un lieu autre que celui de sa fabrication.

Il classe ce délit, quant à la peine, avec ceux d'une égale gravité, c'est-à-dire avec les fraudes qui se commettent du vendeur à l'acheteur, et que le Code pénal a réunies dans son art. 423, ainsi conçu :

Art. 423. « Quiconque aura trompé l'acheteur sur le titre des matières d'or ou d'argent, sur la qualité d'une pierre fausse vendue pour « fine, sur la nature de toute marchandise; quiconque, par usage de faux « poids ou de fausses mesures, aura trompé sur la quantité des choses « vendues, sera puni de l'emprisonnement pendant trois mois au moins, « un an au plus, et d'une amende qui ne pourra excéder le quart des « restitutions et dommages et intérêts, ni être au-dessous de 50 fr.

« Les objets du délit ou leur valeur, s'ils appartiennent encore au « vendeur, seront confisqués; les faux poids et les fausses mesures se« ront aussi confisqués et, de plus, seront brisés. »

La peine portée par cet article est suffisante, sans qu'il y ait lieu de craindre qu'on hésite à la prononcer pour excès de rigueur.

Les dernières dispositions de la loi pénale ont averti qu'une distinction était à introduire dans le projet de loi. Le délit a été commis ou préparé par le fabricant, quand il a supposé un nom ou introduit à dessein dans sa marque un mot destiné à favoriser la fraude, au moyen d'une addition, d'un retranchement ou de toute autre altération. Ce fabricant est le principal coupable.

Le marchand peut être complice, soit qu'il ait demandé la fabrication frauduleuse, soit qu'il ait lui-même exécuté les altérations : il subira donc les peines ordinaires de sa complicité : c'est le droit commun.

Si la marchandise appartient encore aux vendeurs (auteurs ou complices), l'art. 423 du Code en assure la confiscation.

Mais un marchand de bonne foi peut exposer en vente dans son magasin, innocemment, sans être instruit de la fraude, des marchandises dont la marque se trouve falsifiée ou altérée. Il ne faudrait pas laisser un prétexte d'abuser de la lettre de la loi pour prétendre contre *un tel vendeur* la confiscation qui n'a pu être décernée que contre *le vendeur, auteur ou complice*.

On propose donc ici de déclarer que tout marchand, commissionnaire ou débitant, ne sera passible des effets de la poursuite qu'autant qu'il aurait *sciemment* exposé en vente ou mis en circulation les objets marqués de noms supposés ou altérés.

Tels sont, Messieurs, les principaux motifs qui ont déterminé votre commission à vous proposer d'adopter, avec les modifications de rédaction qu'elle y a introduites, les deux articles de loi qui vous sont présentés; leurs dispositions, comme vous l'a dit M. le ministre de l'intérieur, n'étaient pas moins conseillées par l'expérience que réclamées par nos villes manufacturières et par les conseils généraux des départements. Vous les recueillerez, nous n'en doutons pas, avec une égale sollicitude, puisqu'elles doivent avoir pour objet de donner de nouvelles garanties à la fabrication, au débit de nos produits industriels, et d'accroître par là, dans l'étranger comme dans l'intérieur du royaume, la juste réputation dont ils jouissent.

Art. 3. — Exposé des motifs

à la Chambre des pairs.

Messieurs, une loi du 12 germinal an XI (12 avril 1803), qui prononce la peine *du faux* contre la contrefaçon des marques particulières que tout manufacturier ou artisan a droit d'apposer sur les objets de sa fabrication, ajoute, art. 17 : « La marque sera considérée comme contre« faite quand on y aura inséré ces mots : *façon de...* et, à la suite, le « nom d'un autre fabricant ou *d'une autre ville.* »

Un article qui assimile au crime de faux, et qui punit d'une peine infamante la simple mention d'une ville où la marchandise n'a pas été réellement fabriquée, a paru d'une sévérité exorbitante. Les fabriques les plus intéressées contre la fraude ont réclamé de toutes parts. Elles ont représenté que l'excès de la peine en procurait l'impunité.

Mais il n'est pas moins certain qu'aux yeux de la loi la supposition du nom de fabrique faussement attribué au produit d'un autre lieu est frauduleuse et punissable. En proposant une loi qui modifie la peine, qui la proportionne mieux au délit, le Gouvernement ne vient donc pas demander un droit nouveau, imposer de nouveaux règlements, ni menacer de restrictions inconnues la liberté de l'industrie française; il ne vient que rendre exécutables, au profit de la bonne foi, les mesures de protection que la législation existante devait et promettait à chaque fabrique.

La réputation d'un manufacturier est, pour le fabricant, une propriété à laquelle il tient justement, et que la législation a non moins justement protégée. Qu'est-ce que le droit qu'elle lui donne d'apposer sa marque sur ses produits, si ce n'est la garantie légale et reconnue de cette sorte de propriété? Que sont les rigueurs décernées contre la contrefaçon, sinon la sanction de ce droit? Or, personne n'ignore qu'il est des villes où la réputation de la fabrique est *solidaire*, si l'on peut s'exprimer ainsi : la loi l'a reconnu, tantôt en attribuant exclusivement à chaque ville, où se fabriquent des tissus, des lisières distinctives, tantôt et plus généralement, comme nous venons de le voir, en assimilant la contrefaçon du nom de lieu à la contrefaçon du nom du fabricant. Cette sanction, cette protection, puisqu'elle existe dans les lois, personne ne voudra, sans doute, l'en retrancher; là serait l'innovation devant laquelle il faudrait s'arrêter.

Mais, en proposant d'ôter à l'art. 17 de la loi de 1803 une rigueur déplacée, on a dû encore modifier cette disposition pour la mieux conformer à l'esprit de cette loi : elle ne veut pas qu'on suppose un nom de ville; mais, en spécifiant *les mots* par lesquels elle a prévu que se ferait cette supposition, elle a ouvert la porte à un autre abus, celui de commettre la même fraude en évitant de se servir des mots prévus par la loi. Ainsi il est dit qu'une marque sera contrefaite, si l'objet fabriqué porte *façon...* (de Lyon, par exemple, sur tissu d'Avignon), et l'on n'avait pas même dit qu'on punirait, à plus forte raison, celui qui y aurait écrit : *fabrique de Lyon*. Cette imprévoyance a donné lieu à beaucoup de scandales : les tribunaux ont vu des fabricants apposer des marques frauduleuses, où le nom de Louviers avait été amené sous un prétexte, par exemple, comme le nom d'une rue dans leur propre ville; et des marchands, au moyen de cette complicité, altérant ou coupant sur le drap les paroles artificieusement arrangées pour leur donner un sens innocent en apparence, y ont fait paraître le nom seul de *Louviers*, comme marque du lieu de fabrication. Ce n'est donc pas innover; c'est rendre à la loi de 1803 sa rédaction naturelle, que de défendre toutes ces supercheries. La Chambre des députés a cru devoir ajouter au texte du projet de loi quelques explications, pour mieux embrasser toutes ces fraudes; en un mot, pour que le produit d'un lieu ne fût pas marqué faussement du nom d'un autre : c'est toute la loi.

C'est dans cet état que le projet en est soumis à Vos Seigneuries.

Quelques personnes auraient désiré que l'on désignât les conditions sous lesquelles le fabricant, qui fait exécuter dans la campagne une partie des opérations de sa fabrique, sera néanmoins en droit d'user, dans la marque, du nom de la ville où il est domicilié.

D'autres ont paru croire que ce nom de la ville ne pourra plus être employé par les fabricants de la banlieue qui s'en servaient par le passé; ces craintes sont vaines : les tribunaux qui, dans le même cas, avaient à se prononcer, sous l'ancienne loi, sur l'usurpation vraie ou prétendue *d'un nom de lieu de fabrication*, continueront à juger de même; et, quand il le faudra, le Gouvernement ne manquera pas au devoir de promulguer les règlements qui, en rappelant les dispositions légales, en assureront partout l'exécution.

Le but de la loi proposée est si simple, qu'on peut être assuré de l'assentiment des fabriques : c'est depuis 1810 qu'à plusieurs reprises elles ont réclamé le changement aujourd'hui proposé.

Après un grand nombre de consultations, le Conseil général des manufactures en a délibéré dès 1822. Des députations des fabricants de Sedan et de Louviers sont venues porter leurs observations, et toutes les précautions ont été prises pour arriver à un bon résultat.

ART. 4. — RAPPORT

par M. le comte Chaptal.

Messieurs, l'art. 1er du projet de loi qui est soumis à Vos Seigneuries contient toute la loi; il prononce la peine de l'emprisonnement et celle de l'amende contre tout individu qui aurait apposé sur des produits fabriqués le nom d'un fabricant autre que celui qui en est l'auteur, ou le nom d'un lieu autre que celui de la fabrication.

Ces dispositions sont justes, elles sont nécessaires.

Elles sont justes en ce qu'elles donnent une garantie à la propriété industrielle. Je dis : propriété, et en est-il de plus sacrée que le nom d'un fabricant qui, par un travail assidu, une conduite sans tache et des découvertes utiles, s'est placé honorablement parmi les bienfaiteurs de son pays et les créateurs de son industrie? S'il est glorieux de porter des noms illustres dans la carrière des armes, de la magistrature, de l'administration, il est pareillement honorable de consacrer le sien par de grands services rendus à l'industrie, une des principales sources de la richesse et de la prospérité d'un État.

Ce que je dis ici des individus, je le dirai des villes où des fabricants sont parvenus à créer des genres d'industrie que la supériorité et la quantité constante des produits ont fait apprécier de tous les peuples consommateurs; souvent le nom de la ville apposé sur tous les produits commande seul la confiance et forme une garantie aux yeux de l'acheteur; et s'il était permis de revêtir de ces noms des produits inférieurs, la confiance serait bientôt retirée, et la France perdrait infailliblement plusieurs genres d'industrie qu'il importe à sa gloire et à sa prospérité de conserver.

Le nom d'un fabricant devenu célèbre par la supériorité constante de ses produits, la fidélité et la bonne foi dans ses relations commerciales, de même que celui d'une ville qui a créé un genre d'industrie connu et réputé dans toutes les parties du monde, sont donc plus qu'une propriété privée; ils forment une propriété publique et nationale. Les produits revêtus de ces noms sont admis partout avec confiance; et telle est cette confiance, que, dans plusieurs lieux de grande consommation, on les reçoit sans *rompre balle*.

Eh bien ! qu'on tolère facilement de fausses inscriptions sur les étoffes; que la loi reste muette sur ces usurpations de noms; que le consommateur n'ait plus aucune garantie sur laquelle puisse reposer sa confiance, dès ce moment nos relations commerciales avec les étrangers sont dissoutes. C'est donc un véritable délit qu'il appartient à la loi de réprimer. Et qu'on ne dise pas que le consommateur saura bien distinguer à l'achat les degrés de qualité d'une étoffe : non, Messieurs, le consommateur ne peut pas les apprécier; il ne juge que ce qui tombe sous le sens; l'œil et le tact suffisent-ils pour prononcer sur la solidité des couleurs, pour déterminer avec précision le degré de finesse d'une étoffe, la nature et la bonté des apprêts? Dans les premières années de la Révolution, les bonnes couleurs de la fabrique de Lyon s'étaient altérées, et le Nord repoussa bientôt nos soieries. Ce n'est qu'en revenant à ses couleurs solides que cette importante fabrique a pu retrouver ses anciennes relations.

Sans doute l'industrie doit être libre : c'est le seul moyen d'en hâter les progrès et d'exciter l'émulation; mais il ne doit pas être permis d'usurper un nom respectable pour colporter impunément la fraude, pour décrier un manufacturier, pour déshonorer un nom jusque-là révéré, et fermer des débouchés au commerce d'une nation.

Qu'on ne dise pas non plus qu'on établit par la loi un monopole ou un privilège entre les mains de quelques fabricants : non, Messieurs, il n'y a ni monopole ni privilège, toutes les fois qu'il est permis à un fabricant d'imiter et de copier les méthodes et les procédés d'une manière quelconque ; il ne s'agit ici que de donner une garantie légale à la propriété des noms qu'il n'est pas permis d'usurper.

Dans tous les temps, le Gouvernement s'est occupé de l'objet qui est maintenant soumis à vos délibérations.

Les statuts accordés à la fabrique de Carcassonne, le 26 oct. 1666, portaient la peine du carcan, pendant six heures, contre tout manufacturier qui apposerait sur ses draps la marque d'une autre ville ou d'un autre fabricant.

La loi du 12 avril 1803 assimile au crime de faux et prononce des peines infamantes contre les contrefacteurs du genre dont il s'agit.

La sévérité seule de ces lois les a fait tomber en désuétude. Les fabricants les plus intéressés à la répression du délit n'ont pas voulu en poursuivre l'exécution, tant il est vrai que toujours la peine doit être proportionnée au délit, et qu'il est un sentiment naturel plus fort que l'intérêt personnel, et antérieur à toutes les lois, qui repousse tout ce qui ne parait pas juste.

Le projet de loi qui vous est soumis ne prononce que des peines correctionnelles contre le même délit, et sous ce rapport il atteint le même but, sans compromettre le sort de la loi.

Ce projet de loi consacre un principe : la garantie des noms de fabricants et des villes de fabrique. Il restera après son adoption à en régler l'exécution.

Ici se présentent de graves difficultés, qui ne pourront être résolues que par des ordonnances interprétatives et réglementaires.

Les fabricants établis dans l'enceinte tracée et limitée d'une ville de fabrique doivent-ils jouir seuls du droit d'apposer le nom de la ville sur leurs produits? Ceux qui se sont établis dans le voisinage pour profiter d'un cours d'eau, du plus bas prix de main-d'œuvre, de bâtiments plus commodes et plus spacieux, mais qui emploient dans leur fabrication les mêmes matières, les mêmes procédés, les mêmes apprêts, et dont les produits sont de même nature que ceux que l'on fabrique à l'intérieur, seront-ils déshérités du droit d'apposer sur leurs étoffes le nom de la ville? Cela ne paraît ni juste ni conforme à l'intérêt de l'industrie. Par exemple, Sedan est une ville militaire ; son enceinte est très circonscrite et très restreinte; à mesure que la fabrique s'est étendue, elle a dû sortir des limites tracées pour la défense de la place ; les principaux fabricants se sont établis hors des murs ; pourrait-on aujourd'hui leur contester le droit de continuer à marquer leurs tissus du nom de *drap de Sedan ?*

L'ordonnance doit prévoir ces difficultés et les résoudre d'avances, pour éviter toute contestation entre les fabricants.

Une autre difficulté se présente, et celle-ci n'est pas la moins grave.

Depuis qu'on a donné toute liberté à l'industrie manufacturière, les fabriques de Sedan, d'Elbeuf, de Louviers, qui ne pouvaient fabriquer chacune qu'une sorte d'étoffe, ont varié à l'infini la qualité de leurs produits et ont fabriqué dans la seule ville d'Elbeuf vingt sortes de drap, dont les prix varient depuis 8 et 12 fr. jusqu'à 30 et 40 l'aune.

Cette liberté a produit plusieurs bons effets : le premier, d'employer à une bonne fabrication l'énorme variété de laines que produit aujourd'hui notre agriculture; le second, de nous mettre en mesure de rivaliser avec les fabriques étrangères et de repousser leurs produits analogues; le troisième, d'associer la fabrication à tous les goûts et à toutes les fortunes.

Mais vous ne pouvez pas empêcher qu'un fabricant d'Elbeuf, de Sedan ou de Louviers ne marque son drap, quelle que soit sa qualité, du lieu où il a été fabriqué; le projet de loi qui vous est soumis l'y autorise expressément.

Je dis plus : vous ne pouvez pas empêcher que d'autres fabricants ne s'établissent dans ces trois villes, pour acquérir le droit de revêtir des produits quelconques du nom d'une ville célèbre par sa fabrication.

Ainsi la loi serait incomplète sous ce rapport et l'effet en serait illusoire.

Que désirent les fabricants de Sedan et de Louviers qui ont fait la demande de la loi qui est soumise à votre délibération? Ils veulent que leur draperie fine, qui, colportée dans le monde entier, sous le nom de *draps de Sedan* ou *de Louviers*, a acquis partout une réputation méritée, puisse la reprendre. Leurs efforts sont louables, leurs vœux sont légitimes; mais ils ne parviendront à leur but qu'autant que, par une ordonnance, il sera réservé aux seuls fabricants de la bonne draperie, anciennement connue sous le nom de *draps de Louviers* ou *de Sedan*, d'ajouter à cette dénomination celle de *première qualité*. Sans cela, les noms de *drap d'Elbeuf*, *de Sedan* ou *de Louviers* n'offriront aucune garantie au consommateur.

La commission vous propose l'adoption de la loi.

SECTION III.

Documents relatifs à la loi de 1873.

ART. 1er. — PROPOSITION DE LOI (1)

pour l'établissement d'un timbre ou signe spécial destiné à être apposé sur les marques commerciales et de fabrique,

Présenté par MM. LABÉLONYE, J. BOZÉRIAN, Paul MORIN, Roger MARVAISE, et HÈVRE, membres de l'Assemblée nationale.

(Urgence déclarée.—Annexe au procès-verbal de la séance du 14 mars 1872.)

Messieurs, les produits naturels de notre sol, tels que nos vins, nos eaux-de-vie et un grand nombre de produits de fabrique française, jouissant dans le monde entier d'une vogue méritée, due à leur bonne préparation, sont l'objet de nombreuses contrefaçons en France et à l'étranger, et notamment en Belgique, en Allemagne et en Amérique. On imite servilement les marques de commerce et de fabrique des maisons les plus respectables, pour vendre, sous leur nom, des contrefaçons qui ne sont le plus souvent que de grossières imitations de produits vrais, et qui nuisent ainsi, à un double titre, à leurs intérêts.

On sait qu'aux termes de la loi du 28 juin 1857, sont considérés comme marque de fabrique ou de commerce : les noms sous une forme distinctive, les dénominations, emblèmes, empreintes, timbres, cachets, vignettes, reliefs, lettres, chiffres, enveloppes et tous autres signes, servant à distinguer le produit d'une fabrication, ou les objets d'un commerce.

La marque de fabrique est donc un signe distinctif particulier, dont on s'assure légalement la possession par un dépôt régulier au greffe du tribunal de commerce, et dont, ce dépôt une fois opéré, on peut poursuivre, devant les tribunaux, la contrefaçon, l'imitation ou l'apposition frauduleuse.

Afin d'étendre la garantie de la propriété de nos marques de fabrique à l'étranger, une Société, constituée pour la défense de la propriété industrielle, a demandé et obtenu que les divers traités de commerce faits, depuis 1858, avec les puissances étrangères, consacrassent la propriété réciproque des marques de fabrique régulièrement déposées dans les deux États contractants.

Mais ce signe caractéristique, qui est devenu l'apanage de celui qui l'a adopté, peut être imité plus ou moins bien, et plus la reproduction sera

---

(1) V. Pataille.74.14.

servile, moins la loi protégera son propriétaire. Les contrefacteurs se cachent pour exercer leur industrie déloyale, et il est presque toujours impossible de saisir chez eux les produits qu'ils fabriquent. On ne les trouve que chez les intermédiaires entre le fabricant et le consommateur, qui invoquent leur bonne foi, justifiée en apparence par une reproduction servilement faite de la marque vraie, et la répression est souvent impossible en France, et, à plus forte raison, à l'étranger, par suite de la différence de législation.

Dans la même pensée de sauvegarder les intérêts réciproques des producteurs des divers pays, on a introduit également dans les traités certaines dispositions tendant à constater l'origine des produits expédiés. Ainsi, pour établir que les produits sont d'origine ou de manufacture nationale d'un pays, l'importateur doit présenter à la douane de l'autre pays, soit une déclaration officielle faite devant un magistrat siégeant au lieu d'expédition, soit un certificat délivré par les consuls ou agents consulaires du pays dans lequel l'exportation doit être faite et qui résident dans les lieux d'expédition ou les ports d'embarquement, soit un certificat délivré par le chef du service des douanes du bureau d'exportation. Les consuls ou agents consulaires respectifs légalisent les signatures des autorités locales. Enfin, l'importateur doit produire, en outre, une facture indiquant le prix réel et émanant du fabricant ou du vendeur. Cette facture doit être visée par un consul ou agent consulaire de la puissance dans le territoire de laquelle l'importation doit être faite.

Mais toutes ces mesures n'offrent qu'une garantie complètement illusoire; car ces certificats sont délivrés sans contrôle, et en fût-il autrement, elles seraient encore inefficaces. La facture, le certificat, ne prouvent qu'une chose : c'est que tel négociant étranger a reçu telle quantité de produits français vrais; rien ne l'empêche de mêler ceux-ci à une masse de produits contrefaits, et le certificat d'origine sert souvent à lui faciliter l'écoulement de ces derniers.

Pour que la garantie soit réelle, il faut que chaque produit porte lui-même son certificat d'origine. C'est dans cette pensée qu'un grand nombre d'industriels demandent depuis longtemps que l'État protège, moyennant le payement d'un droit, les marques de commerce et de fabrique des producteurs français qui, par l'apposition d'un timbre spécial, en réclameront l'application. Ce serait là une mesure fiscale sollicitée par toutes les industries créatrices, et qui assurerait au Trésor des ressources considérables. Elle aurait pour effet de démasquer la contrefaçon, de la réduire à l'impuissance, et serait considérée comme un véritable bienfait par ceux qui en supporteraient volontairement les charges.

Quoique facultatif, le timbre spécial serait réclamé par tous les exportateurs pour qui l'honnêteté des transactions n'est pas un vain mot, et il serait le complément heureux et utile de la loi du 23 juin 1857, dont nous avons démontré l'insuffisance.

Il serait facile d'entourer l'apposition de ce timbre de toutes les garanties désirables : 1° en ouvrant un registre à souche, sur lequel seraient inscrits successivement, par ordre de numéros, tous les industriels et propriétaires de produits naturels qui désirent faire garantir l'authenticité de leur marque de fabrique et de commerce ; 2° en exigeant de chacun d'eux qu'il justifie de la possession de la marque déposée et de son dépôt régulier.

La perception du nouveau droit serait des plus faciles, et l'apposition du timbre spécial ne nécessiterait qu'une augmentation insignifiante du personnel ouvrier de l'Administration.

En raison des garanties qu'offrira aux producteurs ce timbre spécial, il sera bientôt recherché par tous, et produira au Trésor des revenus qui augmenteront avec le développement de l'industrie nationale : car, pour contrefaire les produits français, on sera désormais obligé non seulement d'imiter les marques de l'industriel ou du commerçant, mais de contrefaire le timbre de l'État, en s'exposant aux pénalités édictées par l'art. 142 du Code pénal.

Tels sont les motifs qui nous ont engagés à déposer la proposition de loi suivante :

Art. 1er. Tout propriétaire d'une marque de fabrique, déposée conformément à la loi du 23 juin 1857, sera admis, sur sa réquisition, à faire apposer par l'État, soit sur les étiquettes, bandes ou enveloppes sur lesquelles figure sa marque, soit sur les objets eux-mêmes, s'ils en sont susceptibles, un timbre ou signe spécial destiné à affirmer l'authenticité de cette marque.

Art. 2. Il sera perçu, au profit de l'État, par chaque apposition de ce timbre ou signe, un droit qui pourra varier de 5 centimes à 1 franc.

Art. 3. La quotité de ce droit, qui sera proportionné à la valeur des objets et à la difficulté d'apposer ce timbre ou signe, sera fixée par un règlement d'administration publique, lequel déterminera également les conditions à remplir pour être admis à obtenir cette apposition.

Art. 4. La contrefaçon, l'imitation ou l'usage frauduleux de ce timbre ou signe, seront punis des peines portées par l'art. 142 du Code pénal. — Les dispositions de l'art. 463 du même code seront applicables aux délits prévus par la présente loi.

Art. 2. — Rapport

fait par M. Wolowski au nom de la Commission du budget.

Messieurs, en présence des nombreux projets d'impôts qui, tous, soulèvent de vives réclamations de la part de ceux qui devront les payer, la commission du budget a dû accueillir avec faveur la proposition de MM. Labélonye, J. Bozérian, Paul Morin, Roger Marvaise et Hèvre, qui présente un caractère tout à fait particulier.

Il s'agit, en effet, d'une taxe purement facultative, qui répondrait de la manière la plus directe à l'idée d'un *impôt-assurance*, et qui ne serait acquittée que par ceux qui espéreraient tirer avantage de son payement.

De nombreuses industries, dont les produits sont exposés à des fraudes multipliées, et qui ont recours à la sauvegarde des *marques de fabrique*, désirent justifier cette garantie, et demandent l'apposition d'un signe spécial, au moyen du poinçon de l'État, sur les marques adoptées par les fabricants.

Le service qui serait ainsi rendu par l'État à l'industrie serait rétribué au moyen d'une taxe proportionnelle à l'importance du produit.

Les marques de fabrique sont un des éléments essentiels de l'organisation libre de l'industrie. Elles ont pour effet de discipliner le marché, de mettre à l'abri des spoliations et des altérations ses produits, et permettent d'entrer dans une voie nouvelle, en contribuant à maintenir la loyauté de la fabrication et de la vente, de manière à ce qu'on ait plus d'avantage à demeurer honnête homme qu'à devenir fripon. Justifier une pareille institution et procurer en même temps une recette au Trésor, tel sera l'effet de l'intervention fiscale de l'État, réclamée par MM. Labélonye, Bozérian, Paul Morin, Roger Marvaise et Hèvre.

De nombreuses pétitions sont journellement adressées à l'Assemblée par les négociants et les chambres de commerce, dans une intention analogue. Reims et Bordeaux ont récemment réclamé contre la situation fâcheuse faite aux produits français, notamment sur le marché du Chili, par la contrefaçon des marques et étiquettes déposées en France.

Nous croyons que le moyen proposé par les honorables auteurs du projet actuel peut être utilement employé, sans prêter à des objections sérieuses. Le marché intérieur et l'exportation ne peuvent qu'y gagner.

La multiplicité des marques déposées et la variété des marchandises, dont elles attestent la provenance, montrent suffisamment qu'il ne s'agit ici ni d'une vaine tentative, ni d'une recette à dédaigner. Dans la situation du Trésor, il ne faut rien négliger. Toute économie possible à faire doit être appliquée aux dépenses, et toute perception facile à obtenir s'impose à notre acceptation. Or, il s'agit ici d'une taxe réclamée par les contribuables eux-mêmes.

Un des promoteurs actifs de cette mesure, M. Auguste Capgrand, a fait, en 1870, le relevé des marques déposées au Conservatoire des Arts et Métiers de Paris. Nous joignons ici ce document, car il éclaire la question sous tous les aspects (1).

La parfumerie à elle seule, quand même le droit du *timbre spécial* apposé au moyen du poinçon de l'État ne serait que de 1 centime, fournirait au Trésor une recette de 210,000 francs. Or, si nous croyons que la *garantie* doit s'exercer en adoptant même un très faible droit, nous pensons qu'il faut en élever le prix proportionnellement à la valeur du produit fabriqué.

Notre opinion personnelle est de réduire au taux de 1 centime le *minimum* de 5 centimes, indiqué dans l'art. 2 de la proposition.

---

(1) Voir ci-après à la fin du rapport.

Les industries dont la production se compose d'une foule de petits objets d'une valeur minime ne seraient pas déshéritées du droit de faire timbrer, au moyen du poinçon du Trésor, les divers modes sous lesquels se manifeste l'indication de la provenance des produits, et la charge ne deviendrait point trop lourde pour les objets d'une valeur supérieure.

Mais la commission du budget a pensé qu'on ne pourrait abaisser au minimum de 1 centime la nouvelle marque de fabrication que nous proposons. On a dit que le Trésor ne devait pas supporter une perte en donnant un avantage, et que 1 centime ne suffirait pas pour couvrir les frais de poinçonnage. C'est donc du principe qu'il s'agit aujourd'hui.— Il suffit, en pareille matière, que la loi le reconnaisse et l'établisse, et détermine le droit à payer. Les détails rentreront dans le domaine du règlement d'administration publique.

Aussi, la commission du budget croit-elle devoir présenter à l'adoption de l'Assemblée la proposition de nos honorables collègues.

TABLEAU

des marques de fabrique et de commerce déposées au Conservatoire des Arts et Métiers de Paris (1).

Produits.	Nombre des marques.
Pour aiguilles	424
— épingles et hameçons	120
— bière et limonade	28
— paquets de bougie	248
— café et thé	592
— chicorée torréfiée	176
— café glands doux	15
— chocolat	312
— céramique	68
— confiserie	160
— conserves alimentaires	508
— coutellerie, maroquinerie	888
— eaux-de-vie	434
— fils de coton	612
— fils de laine et de soie	240
— fils de lin	580
— gants	280
— lingerie	124
— liqueurs	492
— métallurgie, faux et fer	460
— — horlogerie	21
— — pompes et accessoires	9
A reporter	6,795

(1) Ce tableau a été dressé en 1870. — Toutes ces marques sont des étiquettes plus ou moins difficiles à reproduire. — Elles sont appliquées, par le fabricant, sur chaque produit. — L'*empreinte* du poinçon du Trésor doit donc être faite sur l'étiquette même.

Produits.	Nombre des marques.
Report	6,795
Pour métallurgie : machines agricoles	23
— — instruments de chirurgie	12
— — — de musique	20
— — — de précision	23
— — — quincaillerie et divers	204
— — — ressorts pour jupons	2
— — — filtres zinc	3
— — — fers divers	5
— industrie de la Vieille-Montagne	25
— papiers	75
— papiers à cigarettes et pipes	496
— papiers à cigarettes	184
— parfumerie	668
— allumettes chimiques	56
— amidonnerie	28
— produits divers	9
— cirage	68
— benzine et liquides à détacher	36
— couleurs et crayons	180
— photographie.—Poudre à nettoyer	72
— machines à coudre	22
— engrais chimiques	16
— produits chimiques	36
— cire à cacheter	6
— produits divers et encres diverses	100
— produits pharmaceutiques	400
— rubans	320
— savons	412
— tissus divers	212
— tissus de coton	400
— chapellerie	60
— chaussures (et articles pour)	100
— mercerie et passementerie	100
— vins de Bordeaux	300
— vins mousseux	500
TOTAL	11,969

ART. 3. — RAPPORT SUPPLÉMENTAIRE

fait par M. Wolowski au nom de la Commission du budget.

I. La proposition de loi relative à l'application d'un signe spécial de l'État, destiné à être apposé sur les marques de fabrique et de commerce, a été, par suite du renvoi de plusieurs amendements, l'objet d'une nouvelle délibération de la commission du budget de 1872, chargée de l'examiner.

La rédaction définitive, que nous avons l'honneur de présenter en son nom, d'accord avec le Gouvernement, consacre des améliorations nombreuses qui avaient été l'objet de propositions faites à l'Assemblée. Elle règle d'une manière plus complète les garanties dont doit profiter une des parties les plus importantes de notre législation industrielle.

Les marques de fabrique et de commerce constituent, en effet, un élément essentiel du régime de liberté dont profite l'industrie moderne ; il a été montré depuis longtemps qu'il s'agissait là d'un principe fécond mis en œuvre pour maintenir la sécurité et la loyauté des transactions.

Quand on attaque l'œuvre de la Révolution, en lui imputant d'avoir ouvert la porte à une sorte d'anarchie sur le domaine du travail et du commerce, on méconnaît le véritable caractère de la réforme accomplie. Personne ne veut abandonner au caprice et à l'arbitraire un système qui exige un vaste ensemble de mesures et d'institutions auxiliaires pour produire de grands résultats, sans amener de fâcheuses perturbations.

Telle est la mission d'une partie de notre droit, trop peu connue, de la législation industrielle moderne, appelée à consacrer successivement les mesures d'ordre et de garantie, plus puissantes et plus fécondes que ne l'était l'ancienne organisation du travail. Régulariser l'action du travail libre et du commerce libre, empêcher les abus, prévenir la fraude ou la réprimer, assurer la propriété légitime et faire respecter la probité commerciale, en donnant de la sécurité au consommateur, tout en laissant à l'activité humaine tout son essor, tel est le but élevé qu'il importe d'atteindre, et nous devons nous en rapprocher sans cesse. Nous y réussirons, non pas en imaginant d'ambitieuses transformations d'ensemble, mais en profitant des occasions les plus modestes, pour ajouter aux garanties déjà préparées des garanties nouvelles.

C'est la pensée des honorables auteurs de la proposition qui vous est soumise. Ils ont voulu en même temps procurer au Trésor des ressources d'une certaine importance, en ne faisant appel qu'à une contribution purement facultative. Le service rendu par l'État mesurera seul la quotité de l'impôt perçu, car celui-ci ne sera acquitté que par celui qui aura intérêt à le payer.

Nous n'avons point à élaborer une nouvelle loi sur les marques de fabrique et de commerce ; celle du 23 juin 1857 a réglé d'une manière assez satisfaisante ce grave intérêt. Elle a formé un ensemble de dispositions qui donnent à la *marque*, c'est-à-dire à l'emblème librement choisi par le fabricant ou par le commerçant pour les choses qu'il fabrique ou qu'il vend, un caractère de personnalité qui en constate l'origine.

Cette loi a voulu assurer une protection réelle à la marque de fabrique ou de commerce, afin d'intéresser, par l'efficacité de la protection qui couvre celle-ci, le fabricant et le commerçant qui en font usage, à lui donner de la valeur et à en faire une source légitime de fortune par la loyauté des produits, et à sauvegarder en même temps les intérêts du consommateur lui-même. Elle a voulu fortifier, dans le domaine de l'industrie et du commerce, les idées de justice et de moralité. Elle a voulu réprimer la fraude et faire prévaloir de plus en plus, dans les transactions économiques, cette loyauté scrupuleuse sans laquelle il n'est point de succès durable.

Le projet actuel n'entend point modifier les dispositions de la loi de 1857; il se borne à rechercher les moyens d'en mieux assurer l'application. Il conserve à la *marque* le caractère purement facultatif qui lui appartient, en lui ajoutant une garantie nouvelle, également facultative.

Le principe de la propriété des marques de fabrique est dans la nature même des choses; il correspond au libre exercice du droit individuel, sanctionné par la protection sociale. C'est la simple application d'une règle de suprême justice : *suum cuique*. L'industriel et le commerçant peuvent employer un signe quelconque pour faire reconnaître les marchandises qu'ils livrent au public, afin de profiter de la réputation acquise à des produits fabriqués avec soin; l'acheteur est aussi intéressé qu'eux à ce qu'il ne soit point permis à un tiers d'usurper le bénéfice de cette réputation, en s'emparant du signe distinctif des produits mis en vente, car une concurrence déloyale conduirait à faire acquérir autre chose que ce qu'on recherche. La *contrefaçon* d'un objet breveté peut ne porter atteinte qu'à celui auquel appartient un privilège temporaire, mais l'*usurpation* de la marque lèse le public; les mesures qui l'empêchent ou qui la répriment répondent donc à l'intérêt général.

A ce titre, rien de plus naturel que de voir le fabricant ou le commerçant invoquer le contre-seing de l'État, afin que celui qui emploie une *marque privée*, en se livrant à une manœuvre illicite, tombe non seulement sous l'application des peines qui frappent l'usurpation d'un droit particulier, mais encore sous le coup du châtiment qu'encourt quiconque se sert des poinçons de l'État ou des marques apposées au nom du Gouvernement sur les diverses denrées et marchandises.

La répression devient ainsi plus efficace et mieux assurée; par conséquent, la loyauté de la fabrication et des transactions commerciales se trouve sauvegardée à l'avantage de l'industrie et du consommateur. Telle est la portée de la loi que nous présentons à votre approbation.

II. Il ne s'agit point de substituer au régime de la marque facultative celui de la *marque obligatoire* : le vif débat élevé jadis à ce sujet reste en dehors des questions actuellement abordées. Il ne s'agit pas non plus d'introduire un système de *marques significatives* qui entraînerait une responsabilité définie de la part du fabricant, autorisé à délivrer une sorte de *facture légale* attachée au produit, et emportant avec elle l'engagement de livrer des objets d'une qualité, d'une pureté ou d'une composition réglées à l'avance. Ce sont là des innovations qui pourront être étudiées lorsqu'il s'agira de remanier la législation des marques.

Le but poursuivi par les honorables auteurs de la proposition est strictement limité à une garantie nouvelle, que le payement facultatif d'un impôt modéré fera acquérir à la *marque* telle qu'elle est définie par l'art. 1er de la loi de juin 1857 : « Sont considérés comme marques de fabrique et de commerce, les noms sous une forme distinctive, les dénominations, emblèmes, empreintes, timbres, cachets, vignettes, reliefs, lettres, chiffres, enveloppes et tous autres signes servant à distinguer les produits d'une fabrique ou les objets d'un commerce. »

Rien n'est changé en ce qui concerne la nature du droit revendiqué, ni la diversité des formes qui servent à le révéler; seulement le sceau de l'État vient le sauvegarder contre une usurpation abusive : tout propriétaire d'une marque de fabrique ou de commerce, déposée conformément à la loi du 23 juin 1857, pourra être admis, sur sa réquisition écrite, à faire apposer par l'État, soit sur les étiquettes, bandes ou enveloppes en papier, soit sur des étiquettes ou estampilles en métal, sur lesquelles figure sa marque, un timbre ou poinçon spécial destiné à affirmer l'authenticité de cette marque (art. 1er du projet).

Mais, en dehors de ces étiquettes mobiles, il se rencontre des objets qui se distinguent au moyen d'une empreinte ou d'un signe quelconque, faisant corps avec les objets eux-mêmes. Nous avons pensé, avec notre honorable collègue M. Morin, qui l'avait demandé dans un amendement renvoyé à la commission, qu'il y avait avantage à ne donner d'autre limite à l'exercice de la faculté ouverte par l'institution du contre-seing de l'État, que la difficulté matérielle d'en faire usage.

Aussi le deuxième paragraphe de l'art. 1er a-t-il été rédigé comme il suit : « Le poinçon pourra être apposé sur la marque faisant corps avec les objets eux-mêmes, si l'Administration les en juge susceptibles. »

Il ne faut pas que le Trésor soit exposé à une perte par suite de l'action de l'État mise ainsi en mouvement; il doit même en résulter un bénéfice pour nos finances. Aussi avons-nous, d'accord avec le Gouvernement, proportionné aux frais présumés la taxe due par le propriétaire d'une marque, quand celui-ci invoque l'avantage de la placer sous la garantie du sceau de l'État. Aux termes de l'art. 2, « il sera perçu, au profit de l'État, par chaque apposition du *timbre*, un droit qui pourra varier de 1 centime à 1 franc ».

Ceci s'applique aux diverses étiquettes mobiles; mais lorsqu'il s'agit de frapper d'un poinçon l'objet lui-même, comme la dépense augmente, le deuxième paragraphe de l'art. 2 ajoute : « Le droit dû pour chaque apposition du *poinçon* ne pourra être inférieur à 5 centimes ni excéder 5 francs. »

L'art. 3 complète ces dispositions en ces termes : « La quotité des droits perçus au profit du Trésor sera proportionnée à la valeur des objets sur lesquels doivent être apposées les étiquettes, soit en papier, soit en métal, et à la difficulté de frapper d'un poinçon les marques fixées sur les objets eux-mêmes. Cette quotité sera établie par des règlements d'administration publique, qui détermineront, en outre, les métaux sur lesquels le poinçon pourra être appliqué, les conditions à remplir pour être admis à obtenir l'apposition des timbres ou poinçons, les lieux dans lesquels cette apposition pourra être effectuée, ainsi que les autres mesures d'exécution de la présente loi. »

Il fallait soumettre à une sanction l'exercice de la faculté ouverte aux fabricants et commerçants; tel est l'objet des dispositions de l'art. 4.

Nous croyons devoir le répéter, les mesures ainsi prises ne portent point le caractère qui s'attache d'ordinaire aux dispositions fiscales. Au lieu d'être imposée au contribuable, la taxe que nous proposons d'établir ne le frappera que s'il demande lui-même à la payer. Elle répond pleinement à l'idée de l'*impôt-assurance*, car elle ne sera acquittée que par ceux qui ont avantage à consentir à ce léger sacrifice.

La multiplicité des marques déposées et la variété des marchandises dont elles attestent la provenance montrent suffisamment qu'il ne s'agit ici ni d'une vaine tentative, ni d'une recette à dédaigner. Dans la situation du Trésor, il ne faut rien négliger. Toute économie possible à faire doit être réalisée pour les dépenses, et toute perception facile à obtenir fournira un utile supplément aux recettes. Or, il s'agit ici d'une taxe réclamée par les contribuables eux-mêmes.

Un des promoteurs actifs de cette mesure, M. Auguste Capgrand, a fait, en 1870, le relevé des marques déposées au Conservatoire des Arts et Métiers de Paris. Nous reproduisons ce document à la fin de notre travail (1); il éclaire la question sous divers aspects. La parfumerie à elle seule, quand même le droit du *timbre spécial* apposé au moyen du contre-seing de l'État ne serait que de 1 centime, fournirait au Trésor une recette de 210,000 francs. Or, si nous croyons que la *garantie* doit s'exercer en adoptant même un très faible droit, nous pensons qu'il faut en élever le prix proportionnellement à la valeur du produit fabriqué.

III. Notre commerce extérieur ne manquera pas de recueillir un grand avantage de la garantie nouvelle assurée à la sincérité de nos produits. De nombreuses pétitions sont adressées journellement à l'Assemblée, par les négociants et les chambres de commerce, dans une intention analogue. Reims et Bordeaux ont récemment réclamé contre la situation fâcheuse faite aux produits français, notamment sur le marché du Chili, par la contrefaçon des marques et étiquettes déposées en France.

Le moyen proposé par les honorables auteurs du projet actuel peut être utilement employé, sans prêter à des objections sérieuses. Le marché intérieur et l'exportation doivent y gagner.

Les désastres récemment subis par notre pays ont fait multiplier les atteintes dont notre propriété industrielle est victime. La contrefaçon sous toutes les formes et l'usurpation des marques ont pris une extension déplorable. Des industriels peu scrupuleux ont saisi avidement cette occasion pour inonder de nombreux marchés de mauvais produits frauduleusement revêtus de la marque des maisons les plus honorables de France. Notre fabrication subit ainsi un grave préjudice, et nous ne devons rien négliger pour mettre un terme à de pareilles déprédations, dont les consommateurs étrangers sont les premières victimes.

La législation des marques protège aujourd'hui la propriété industrielle dans un grand nombre d'États, et des conventions de réciprocité nous

---

(1) Voir à la suite du premier rapport, *suprà*, p. 719.

fournissent des garanties dont il s'agit de généraliser l'usage, en les fortifiant par d'utiles améliorations.

Nous ne saurions trop appeler la sérieuse attention du ministère des affaires étrangères sur les facilités qui peuvent procurer à nos nationaux la protection des tribunaux étrangers, et notamment sur le concours que nos consuls pourraient prêter au dépôt des marques de fabrique et de commerce, première condition de l'exercice du droit qu'elles peuvent revendiquer.

La législation anglaise est presque seule à ne point exiger le dépôt de la *marque*, tout en veillant au respect de cette propriété.

Ailleurs, l'absence d'un dépôt, que la transmission des marques à nos consuls rendrait si facile et si peu onéreux, entraîne une fâcheuse impunité pour les usurpations dont souffrent notre commerce et notre industrie.

Votre commission a pensé qu'il fallait conférer à nos consuls le droit de dresser les procès-verbaux destinés à figurer comme preuves devant notre justice répressive; trop souvent les abus commis par une exportation peu scrupuleuse demeureraient sans cela impunis.

Le ministre des affaires étrangères accepte cette nouvelle mission.

C'est notamment pour sauvegarder la réputation légitime des produits français sur les marchés étrangers que le projet soumis à votre examen promet de bons résultats.

Le droit international n'autorise pas sur notre territoire la poursuite de simples délits; il faut qu'un crime ait été commis au dehors pour que la justice en soit saisie chez nous (1).

Sous l'empire de la loi du 23 juin 1857, l'usurpation de la *marque* privée échappe à une condamnation quand elle a été commise à l'étranger. Il en sera autrement lorsque le contre-seing de l'État, protégé par les dispositions de l'art. 140 du Code pénal, viendra couvrir la marque de fabrique et de commerce et en garantir l'application.

Tel est le but de l'art. 6, qui porte : « Ceux qui auront contrefait ou falsifié les timbres ou poinçons établis par la présente loi, ceux qui auront fait usage des timbres ou poinçons falsifiés ou contrefaits, seront punis des peines portées en l'art. 140 du Code pénal, et sans préjudice des réparations civiles. *Tout autre usage* frauduleux de ces timbres ou poinçons, et des étiquettes, bandes, enveloppes et estampilles qui en seraient revêtues, sera puni des peines portées en l'art. 142 dudit code. Il pourra être fait application des dispositions de l'art. 463 du Code pénal. »

Notre honorable collègue M. Bozérian avait proposé une disposition destinée à faire considérer comme fait d'usage délictueux l'expédition frauduleuse à l'étranger desdits timbres, signes ou objets. Sans aucun

(1) M. Wolowski commet ici une grave erreur que nous avons signalée plus haut, n° 349.

doute, la loi ne saurait laisser impunie une violation aussi flagrante du droit des propriétaires de la marque; elle ne saurait admettre qu'on réunisse les signes employés pour la formuler, ou les récipients destinés à caractériser le contenu, et qu'on les envoie au dehors afin de les faire servir à d'autres produits; mais votre commission a pensé que la généralité des termes employés dans le deuxième paragraphe de l'art. 6 suffisait pour assurer la répression nécessaire, dans les cas prévus par M. Bozérian.

IV. Tel est l'ensemble des dispositions que nous avons pensé devoir amener d'une manière efficace le résultat que nous poursuivons, et qui est de relever l'importance de la marque de fabrique et de commerce, appelée à constituer un des éléments essentiels destinés à concourir à la solution du grand problème de notre époque : la régularisation du travail libre.

Faire respecter la signature industrielle, c'est à la fois cimenter la confiance, récompenser la probité du fabricant, en le préservant des atteintes de la fraude, donner une garantie au consommateur. Ne mettons point de côté l'honneur personnel et collectif : c'est un précieux levier de la prospérité commerciale. Que la *marque* défende la propriété et la réputation du fabricant, c'est déjà beaucoup; mais qu'elle produise encore un autre résultat : qu'elle donne une garantie au public, si souvent victime d'indignes supercheries.

« Il n'y a pas, disait Chaptal, de propriété plus sacrée que le nom « d'un fabricant, qui, par un travail assidu, une conduite sans tache et « des découvertes heureuses, s'est placé honorablement parmi les créa- « teurs des industries utiles. Le nom d'un fabricant devenu célèbre par « la supériorité constante de ses produits, la fidélité et la bonne foi dans « ses relations commerciales, de même que celui d'une ville qui a créé « un genre d'industrie connu et réputé, sont plus qu'une propriété pri- « vée : ils forment une propriété publique et nationale. »

Que la loi atteigne donc d'une manière plus sûre et plus efficace ce qui constitue un véritable faux en écriture industrielle, et, loin de porter atteinte à la liberté, elle en assurera les bienfaits.

Au moyen de la sérieuse garantie des marques, la concurrence fournit un aliment utile à l'émulation; elle cesse d'être un champ de bataille où la victoire appartient quelquefois non plus au plus probe et au plus habile, mais au plus hardi et au moins consciencieux. Il faut que l'on ait plus d'avantage à demeurer honnête homme qu'à devenir fripon.

On a souvent reproché à l'économie politique une coupable tolérance, en prétendant qu'elle laissait faire le vol et laissait passer la fraude. Rien de moins fondé qu'une pareille accusation; la liberté de la production se concilie à merveille avec des moyens de garantie et de contrôle; loin de les repousser, elle en appelle l'application pour assurer la régularité et la loyauté des transactions. Empêcher les marchands de voler ou d'empoisonner le consommateur, ce n'est pas violer la liberté du commerce; tout au contraire, la liberté exige la responsabilité; on y porte atteinte par des simulations coupables.

Le contrôle facultatif des produits, à l'aide du respect des marques et de l'exactitude de la dénomination des marchandises, rentre dans la catégorie des mesures qui sont du domaine de l'autorité pour faciliter les relations commerciales. L'unité monétaire, le système des poids et mesures, ne portent pas atteinte au principe de la liberté industrielle ; le régime des *marques* ne le blesse pas davantage ; il peut invoquer, pour se défendre, les grands noms d'Adam Smith (1) et de Jean-Baptiste Say (2).

« Les certificats donnés par l'autorité publique, dit ce dernier, sont de « même utiles quand ils ne sont pas obligatoires, parce qu'on est assuré « dès lors que les frais et les embarras qu'ils occasionnent aux produc- « teurs ne surpassent pas le service qu'ils en retirent. »

Ces paroles s'appliquent directement aux dispositions de la loi que nous présentons ; elle ne saurait avoir de commentaire plus autorisé, ni d'adhésion plus significative.

Ce qui a pu nuire au régime des *marques*, c'est une confusion d'idées qui tenait aux souvenirs de l'ancien régime industriel, de ce temps où les *marques* traduisaient la servitude de l'industrie, l'immobilité du travail et la sujétion des corporations. Aujourd'hui, au contraire, elles doivent compléter et fortifier la liberté en protégeant les droits sacrés de la propriété industrielle et la sécurité des consommateurs. En protégeant le fabricant contre l'usurpation des marques, au moyen du contre-seing de l'État, la loi nouvelle permet de faire espérer l'accroissement des échanges en imprimant au commerce intérieur et au commerce d'exportation le cachet de la bonne foi. Ce résultat, loin d'entraîner une charge pour le Trésor, lui procurera un bénéfice qu'il ne faut pas exagérer, mais que l'on ne doit pas non plus dédaigner, alors qu'il ne doit provenir que d'une taxe volontaire, acquittée dans la mesure du service rendu par l'État.

Voici le texte définitif du projet de loi que votre commission du budget recommande à l'approbation de l'Assemblée (3).

---

(1) *Recherches sur la nature et les causes de la richesse des nations*, liv. 1er, chap. 10; édition Guillaumin, t. 1er, p. 161.

(2) *Cours complet d'économie politique*, 4e partie, chap. 10 ; édition Guillaumin, t. 1er, p. 56.

(3) Nous ne croyons pas devoir donner ici le texte du projet de loi qui se retrouve littéralement dans la loi votée, sauf les art. 7, 8 et 9, ajoutés au cours de la discussion. Nous ne donnons pas non plus la discussion de la loi devant le Corps législatif, cette discussion s'étant bornée à une courte observation du rapporteur, qui n'a fait que résumer en quelques mots la substance de ses rapports. — V. d'ailleurs Pataille.74.29.

Art. 4. — Décret du 25 juin 1874,

portant règlement d'administration publique sur le territoire continental de la France, en exécution de la loi du 26 novembre 1873, concernant l'apposition d'un timbre spécial sur les marques de fabrique (1).

Titre Ier. — *Dispositions générales.*

Art. 1er. Tout propriétaire d'une marque de fabrique ou de commerce qui veut être admis à user de la faculté ouverte par la loi du 26 nov. 1873, doit préalablement en faire la déclaration à l'un des bureaux désignés par les art. 5 et 9 ci-après et y déposer en même temps :

1° Une expédition du procès-verbal du dépôt de sa marque, fait en exécution de la loi du 23 juin 1857 et du décret du 26 juillet 1858 ;

2° Un exemplaire du dessin, de la gravure ou de l'empreinte qui représente sa marque. Cet exemplaire est revêtu d'un certificat du greffier, attestant qu'il est conforme au modèle annexé au présent procès-verbal de dépôt ;

3° L'original de sa signature, dûment légalisé. Il y a autant de signatures déposées que de propriétaires ou d'associés ayant la signature sociale et qui voudront user de la faculté de requérir l'apposition du timbre ou du poinçon de l'État.

En cas de transmission, à quelque titre que ce soit, de la propriété de la marque, le nouveau propriétaire justifie de son droit par le dépôt de ses actes ou pièces qui établissent cette transmission. Il dépose, en outre, l'original de sa signature, dûment légalisé.

Il est dressé, sur un registre, procès-verbal des déclarations et dépôts prescrits par le présent article. Le procès-verbal est signé par le déclarant, à qui en est délivré récépissé ou ampliation.

Art. 2. Toutes les fois que le propriétaire d'une marque de fabrique ou de commerce veut faire apposer sur cette marque le timbre ou le poinçon, il remet au receveur du bureau dans lequel la déclaration et le dépôt prévus par l'article précédent ont été effectués, une réquisition écrite sur papier non timbré, et conforme aux modèles ci-annexés sous les nos 1 et 2.

La réquisition, dressée au bureau sur une formule fournie gratuitement par l'Administration, est datée et signée. Elle est accompagnée d'un spécimen des étiquettes, bandes, enveloppes ou estampilles à timbrer ou poinçonner, lequel reste déposé avec la réquisition.

Ne peuvent être admises que les réquisitions donnant ouverture à la perception de 5 fr. de droits au moins.

Art. 3. Les déclarations, dépôts et réquisitions prévus par les deux articles précédents, peuvent être faits par un mandataire spécial, à la

(1) V. *Journ. offic.* du 18 juill. 1874, et Pataille.74.193.

condition de déposer au bureau soit l'original en brevet, soit une expédition authentique de sa procuration, laquelle est certifiée par le fondé de pouvoirs.

TITRE II. — *De l'apposition du timbre.*

Art. 4. Les droits de timbre à percevoir en exécution de l'art. 2 de la loi susvisée du 26 nov. 1873, pour les étiquettes, bandes ou enveloppes en papier sur lesquelles figurent des marques de fabrique ou de commerce, sont fixés ainsi qu'il suit, savoir :

1 centime par chaque marque timbrée se rapportant à des objets d'une valeur de 1 fr. et au-dessous ;

2 centimes s'il s'agit d'objets d'une valeur supérieure à 1 franc jusqu'à 2 francs ;

3 centimes s'il s'agit d'objets d'une valeur supérieure à 2 francs jusqu'à 3 francs ;

5 centimes s'il s'agit d'objets d'une valeur supérieure à 3 francs jusqu'à 5 francs ;

10 centimes s'il s'agit d'objets d'une valeur supérieure à 5 francs jusqu'à 10 francs ;

20 centimes s'il s'agit d'objets d'une valeur supérieure à 10 francs jusqu'à 20 francs ;

30 centimes s'il s'agit d'objets d'une valeur supérieure à 20 francs jusqu'à 30 francs ;

50 centimes s'il s'agit d'objets d'une valeur supérieure à 30 francs jusqu'à 50 francs ;

1 franc s'il s'agit d'objets d'une valeur supérieure à 50 francs.

Art. 5. La déclaration et le dépôt prescrits par l'art. 1er ci-dessus, ainsi que la réquisition, ne peuvent être opérés que dans les chefs-lieux de département désignés comme centre d'une circonscription. — Les départements sont répartis entre dix circonscriptions, conformément au tableau ci-après :

1re circonscription. — *Lille* : Nord, Pas-de-Calais.

2e circonscription. — *Rouen* : Calvados, Eure, Manche, Orne, Seine-Inférieure.

3e circonscription. — *Paris* : Aisne, Eure-et-Loir, Loiret, Oise, Seine, Seine-et-Marne, Seine-et-Oise, Somme, Yonne.

4e circonscription. — *Châlons-sur-Marne* : Ardennes, Aube, Marne, Marne (Haute-), Meurthe-et-Moselle, Meuse, Saône (Haute-), Vosges.

5e circonscription. — *Nantes* : Côtes-du-Nord, Finistère, Ille-et-Vilaine, Loire-Inférieure, Mayenne, Morbihan.

6e circonscription. — *Tours* : Cher, Creuse, Indre, Indre-et-Loire, Loir-et-Cher, Maine-et-Loire, Sarthe, Sèvres (Deux-), Vendée, Vienne, Vienne (Haute-).

7e circonscription. — *Lyon* : Ain, Allier, Ardèche, Côte-d'Or, Doubs, Drôme, Isère, Jura, Loire, Loire (Haute-), Nièvre, Puy-de-Dôme, Rhône, Saône-et-Loire, Savoie, Savoie (Haute-).

8e circonscription. — *Bordeaux* : Charente, Charente-Inférieure,

Corrèze, Dordogne, Gironde, Landes, Lot-et-Garonne, Pyrénées-(Basses-).

9e circonscription.—*Toulouse* : Ariège, Aude, Aveyron, Cantal, Garonne (Haute-), Gers, Lot, Lozère, Pyrénées (Hautes-), Pyrénées-Orientales, Tarn, Tarn-et-Garonne.

10e circonscription. — *Marseille* : Alpes (Basses-), Alpes (Hautes-), Alpes-Maritimes, Bouches-du-Rhône, Corse, Gard, Hérault, Var, Vaucluse.

Les marques ne peuvent être timbrées qu'au chef-lieu de la circonscription dans laquelle a eu lieu le dépôt au greffe prescrit par la loi du 23 juin 1857.

Art. 6. Le timbre sera apposé, après payement des droits, sur la marque, si cette apposition peut avoir lieu sans oblitérer cette marque et sans nuire à la netteté du timbre. Dans le cas contraire, le timbre sera apposé partie sur la marque et partie sur la bande, étiquette ou enveloppe.

L'Administration de l'enregistrement, des domaines et du timbre est autorisée à refuser de timbrer :

1° Les marques apposées sur des étiquettes, bandes ou enveloppes dont la dimension serait inférieure à 35 millimètres en largeur et en longueur;

2° Les marques qui seraient reproduites en relief ou qui seraient imprimées ou apposées sur des papiers drapés, veloutés, gaufrés, vernissés ou enduits, façonnés à l'emporte-pièce, sur papier joseph, sur papier végétal ou tous autres papiers sur lesquels l'Administration jugerait que l'empreinte du timbre ne peut être apposée;

3° Les papiers noirs, de couleur foncée ou disposés de manière que l'empreinte du timbre ne puisse y être appliquée d'une façon suffisamment distincte.

Art. 7. Les étiquettes ou bandes doivent être présentées en feuilles et divisées en séries de dix, destinées à être frappées du timbre de la même quotité. Toutefois, les étiquettes ou bandes destinées à être frappées du timbre de 1 franc peuvent être reçues au nombre minimum de cinq.

Si la dimension des papiers portant les étiquettes ou bandes présentées au timbre est inférieure à 10 centimètres en longueur et en largeur, il est perçu, à titre de frais extraordinaires de manipulation, un droit supplémentaire de 2 francs par 1000 étiquettes ou bandes, sans que ce supplément puisse être jamais inférieur à 20 centimes.

Les feuilles, étiquettes, bandes ou enveloppes maculées ou avariées pendant l'opération sont oblitérées et remises au propriétaire de la marque, ou à son mandataire, et il lui est tenu compte des droits afférents à ces maculatures.

Dans tous les cas, le propriétaire ou son mandataire donne décharge des marques qui lui sont remises après avoir reçu l'apposition du timbre et de celles qui ont été maculées ou avariées pendant l'opération.

TITRE III. — *De l'apposition du poinçon.*

Art. 8. Les droits du poinçonnage à percevoir en exécution des art. 2 et 3 de la loi du 26 nov. 1873, pour les étiquettes et estampilles en métal sur lesquelles figurent les marques de fabrique ou de commerce, ou pour les marques faisant corps avec l'objet lui-même, sont fixés ainsi qu'il suit :

Valeurs pour chaque objet d'une valeur déclarée.	Classes.	Étiquettes et estampilles présentées sans l'objet qui doit les porter.	Marques fixées sur l'objet ou faisant corps avec l'objet lui-même.
		fr. c.	fr. c.
De 5 fr. et au-dessous............	1re.	0 05	0 06
De 5 fr. 01 à 10 fr..............	2e.	0 10	0 12
De 10 fr. 01 à 20 fr..............	3e.	0 20	0 24
De 20 fr. 01 à 30 fr..............	4e.	0 30	0 36
De 30 fr. 01 à 50 fr..............	5e.	0 50	0 60
De 50 fr. 01 à 100 fr..............	6e.	1 »	1 20
De 100 fr. 01 à 200 fr..............	7e.	2 »	2 40
De 200 fr. 01 à 350 fr..............	8e.	3 50	4 20
De 350 fr. 01 et au-dessus..........	9e.	5 »	5 »

Art. 9. La déclaration et le dépôt prescrits par l'art. 1er du présent décret, ainsi que l'apposition du poinçon, ne pourront être opérés que dans les bureaux de garantie des matières d'or et d'argent désignés ci-après, au choix du déclarant :

Amiens. — Avignon. — Besançon. — Bordeaux. — Le Havre. — Lille. — Lyon. — Marseille. — Nancy. — Nantes. — Nîmes. — Paris. — Rouen. — Saumur. — Toulouse. — Valence.

Art. 10. Les étiquettes, estampilles ou objets fabriqués en aluminium, bronze, cuivre on laiton, étain, fer-blanc, fer doux, plomb, tôle et zinc, sont admis seuls à recevoir l'empreinte du poinçon de l'État, à la condition de présenter assez de résistance pour supporter l'application du poinçon. L'Administration des Contributions indirectes est néanmoins autorisée à refuser d'apposer le poinçon dans tous les cas où elle jugerait que cette opération est impraticable. Les marques doivent présenter dans l'intérieur un espace nu circulaire d'au moins 1 centimètre de diamètre pour contenir l'empreinte du poinçon.

Art. 11. Le montant des droits est perçu au moment du dépôt des étiquettes, estampilles en métal ou objets à poinçonner. Il en est délivré quittance. — Les étiquettes ou estampilles en métal avariées pendant l'opération sont oblitérées et remises au propriétaire de la marque ou à son mandataire, et il lui est tenu compte des droits afférents à ces rebuts. Le propriétaire ou son mandataire donne décharge des étiquettes, estampilles ou objets qui lui sont remis après avoir reçu l'apposition du poinçon, ainsi que des étiquettes ou estampilles avariées pendant l'opération.

Art. 12. Les préfets régleront par des arrêtés les jours et heures où les bureaux de garantie désignés à l'art. 9 seront ouverts pour le poinçonnage des marques de fabrique ou de commerce.

Art. 13. Les poinçons seront renfermés dans une caisse à deux serrures, sous la garde du contrôleur et du receveur du bureau de garantie. Ces deux employés auront chacun une clef de ladite caisse.

Art. 14. Le ministre des finances est chargé de l'exécution du présent décret, qui sera inséré au *Journal officiel* et au *Bulletin des lois* (1).

(1) Un second décret du même jour ordonne la création des types pour les timbres et poinçons. — V. Pataille. 74.197.

DEUXIÈME PARTIE

LÉGISLATION ÉTRANGÈRE

ALLEMAGNE (1).

Droit national. — Une loi du 30 nov. 1874, exécutoire à partir du 1er mai 1875, punit (art. 5) d'une amende de 150 à 3,000 marks (187 fr. 50 c. à 3,750 francs), ou d'un emprisonnement qui peut être de six mois, celui qui aura sciemment fait usage de la marque (2), du nom ou de la raison de commerce d'un producteur ou d'un commerçant de l'Empire, ou quiconque aura sciemment mis dans le commerce ou exposé en vente des marchandises portant une marque frauduleuse.

Les dispositions de la loi sont applicables aux industriels qui ne possèdent pas d'établissement commercial dans le pays, ainsi qu'aux étrangers, si dans le pays où se trouve leur établissement la réciprocité est garantie par des lois ou des traités internationaux dûment publiés. En ce cas, le dépôt de la marque doit se faire au tribunal de commerce de Leipzig, avec engagement de se soumettre à la juridiction de ce tribunal (3). L'enregistrement doit être accompagné de la preuve que, dans l'État étranger, le déposant a rempli les conditions tendant à lui assurer la protection de sa marque de fabrique ; l'enregistrement n'établit

---

(1) L'empire d'Allemagne, d'après l'art. 1er de la constitution du 16 avril 1871, comprend les États suivants : Prusse (y compris le Holstein, le Sleswig et le Saüenbourg), Bavière, Saxe, Wurtemberg, Bade, Hesse, Mecklembourg-Schwérin, Mecklembourg-Strélitz, Saxe-Weimar, Oldenbourg, Brunswich, Saxe-Meiningen, Saxe-Altenbourg, Saxe-Cobourg-Gotha, Anhalt, Schwarzbourg-Rudolstadt, Schwarzbourg-Sondershausen, Waldeck, Reuss, branche aînée et cadette, Schauenbourg-Lippe, Lippe, Lübeck, Brême et Hambourg. — V. Pataille.72.355.

(2) Par marque, la loi allemande entend un signe figuratif, un emblème; une forme spéciale d'étiquette, ou un arrangement particulier des mots qui la composent, ne constitue pas, au regard de la loi allemande, une marque de fabrique au sens légal.

(3) V. Pataille.75.145 et 257.

d'ailleurs de droit que pour autant et aussi longtemps que la protection de celle-ci est assurée au déclarant dans l'État étranger.

Droit international (1). — Un traité diplomatique, conclu entre la France et le Zollwerein le 9 mai 1865, et remis en vigueur après la guerre par une convention signée à Francfort le 11 déc. 1871, laquelle a été elle-même confirmée par une déclaration du 11 oct. 1873 (2), contient un article ainsi conçu : « Art. 28. En ce qui concerne les mar-
« ques ou étiquettes de leurs marchandises ou de leurs emballages, les
« dessins ou marques de fabrique ou de commerce, les sujets de chacun
« des États contractants jouiront respectivement dans l'autre de la
« même protection que les nationaux. Il n'y aura lieu à aucune pour-
« suite à raison de l'emploi, dans l'un des deux pays, des marques de
« fabrique de l'autre, lorsque la création de ces marques, dans le pays
« de provenance des produits, remontera à une époque antérieure à l'ap-
« propriation de ces marques par dépôt ou autrement dans le pays
« d'importation (3). »

ANGLETERRE.

Droit national. — Un acte du Parlement du 7 août 1862 (4), rendu exécutoire le 1er janv. 1864, et complété par un acte du 13 août 1875 (5), devenu lui-même exécutoire le 1er janv. 1876, protège efficacement les marques, dont il punit les falsifications ou altérations de la peine de l'amende, sans préjudice de la confiscation et des dommages-intérêts.

L'enregistrement doit avoir lieu au *Patent Office;* avant d'être admise, la marque est soumise à un examen préalable fait par le greffier et le commissaire du *Patent Office.* Ils peuvent se refuser à l'accepter, s'ils estiment, soit qu'elle est tombée dans le domaine public, soit qu'elle

---

(1) On lira avec intérêt dans la *Prop. ind.*, n° 208, un article dans lequel M. Bozérian examine l'influence juridique de la guerre sur les traités internationaux ; on sait que trois systèmes sont en présence ; suivant les uns, la guerre détruit sans retour les conventions internationales ; suivant d'autres, elle ne fait que les suspendre ; suivant M. Bozérian, elle les laisse debout : « Pendant la guerre « comme pendant la paix, dit-il, le champ du travail doit être libre et respecté. « Sur ce terrain, il ne peut y avoir que des neutres. »

(2) V. Pataille.71.169 et 73.369. — V. *suprà*, n° 339.

(3) Le procès-verbal d'échange des ratifications du 11 janv. 1872 déclare que la convention s'applique également aux traités conclus par la France, en 1865, avec le Mecklembourg et les villes anséatiques, États pour lesquels il s'était élevé des doutes, attendu qu'ils ne faisaient pas partie du Zollwerein en 1855 et avaient signé avec la France des traités séparés.

(4) V. Pataille.64.53.

(5) V. Pataille.75.385 et 393.

n'entre pas dans l'une des classes établies par la loi, soit enfin qu'elle ne réunit pas les conditions nécessaires pour constituer un signe distinctif et nouveau.

Une marque ne peut être transmise qu'avec l'industrie ou le commerce auquel elle se rattache d'après l'acte de dépôt; toute transmission est soumise à un nouvel enregistrement, avec dépôt de l'acte constatant la transmission et une déclaration sous serment confirmant ledit acte.

Les pénalités consistent en amendes et confiscations, sans préjudice des dommages-intérêts.

La protection de la loi s'étend à tous, individu ou Société, sans distinction de nationalité; elle ne fait pas d'ailleurs dépendre la protection qu'elle accorde aux étrangers d'une stipulation de réciprocité, non plus que de l'obligation d'exploiter leur industrie en Angleterre.

Droit international. — Le traité du 23 janv. 1860 (1) a été remplacé par une convention du 28 fév. 1882 (2), dont l'art. 10 est ainsi conçu : « Les ressortissants de chacune des deux hautes parties contrac-« tantes jouiront, dans les États de l'autre, de la même protection et « seront assujettis aux mêmes obligations que les nationaux, pour tout « ce qui concerne la propriété, soit des marques de fabrique, des noms « commerciaux, ou d'autres marques particulières indiquant l'origine ou « la qualité des marchandises, soit des modèles ou dessins industriels. »

ARGENTINE (RÉPUBLIQUE).

Droit national. — Il existe une loi protectrice des marques en date du 14 août 1876 (3). Toute personne voulant s'assurer la propriété d'une marque doit en faire la demande au bureau des brevets d'invention à Buénos-Ayres; il doit y joindre deux exemplaires de la marque. L'un des exemplaires, muni d'un certificat délivré par le bureau des brevets, est remis à l'intéressé (4). — L'usurpation d'une marque constitue un délit et est punie de la peine de l'amende et de l'emprisonnement. — Les étrangers sont admis au bénéfice de la loi sans condition de réciprocité.

Droit international. — Pas de convention diplomatique.

AUTRICHE-HONGRIE.

Droit national. — Une loi du 7 déc. 1858 (5) punit l'usurpation

(1) V. Pataille.60.129.
(2) V. Pataille.82.145.
(3) V. Pataille.76.341.
(4) On doit louer cette mesure, que la législation française a eu le tort de ne pas adopter. — V. *suprà*, n° 121, *la note*.
(5) V. Pataille.59.193.

des marques de fabrique, lorsqu'elle a eu lieu de mauvaise foi, d'une amende de 25 à 500 florins (162 fr. 50 à 1250 fr.), qui, en cas d'insolvabilité, peut être convertie en un emprisonnement d'un jour pour chaque montant de cinq florins. En cas de récidive, la peine peut être doublée.

La loi exige le dépôt ou enregistrement des marques en double exemplaire, dont l'un, muni des constatations légales, est remis au déposant et forme son titre.

Une loi du 15 juin 1866 étend aux étrangers les dispositions de la loi précédente, à condition qu'il y ait réciprocité (1).

En Hongrie, c'est le code pénal, promulgué le 29 mai 1878 (art. 412 et 413), qui punit la falsification des marques de fabrique. Du reste, en vertu du traité de douane et de commerce austro-hongrois, du 27 juin 1878, l'enregistrement d'une marque de commerce dans l'un des deux royaumes assure la protection légale dans toute l'étendue de la monarchie (2).

Droit international. — Une convention conclue avec l'Autriche-Hongrie, le 7 novembre 1881 (3), porte : « Art. 1er. Les deux « hautes parties contractantes se garantissent réciproquement le traitement de la nation la plus favorisée, tant pour l'importation, l'exportation, le transit, et, en général, tout ce qui concerne les opérations commerciales, que pour l'exercice du commerce ou des industries et pour le payement des taxes qui s'y rapportent. — Art. 2. Les ressortissants de chacun des deux pays jouiront, sur les territoires de l'autre, des mêmes droits que les nationaux, pour la protection des marques de fabrique et de commerce, ainsi que des dessins et modèles industriels. »

Un article additionnel, en date du même jour (4), porte : « La convention de navigation, la convention consulaire, la convention relative au règlement des successions, et la convention destinée à garantir la propriété des œuvres d'esprit et d'art, conclues le 11 décembre 1866 entre la France et l'Autriche-Hongrie, et maintenues en vigueur par la déclaration du 5 janvier 1879, resteront exécutoires pendant toute la durée de la présente convention. »

Il nous paraît donc utile de rappeler les articles du traité du 11 décembre 1866 qui se rapportent à cette matière :

« Art. 11. Les sujets de l'une des hautes parties contractantes jouiront, dans les États de l'autre, de la même protection que les nationaux, pour tout ce qui concerne la protection des marques de fabrique

(1) V. le *Mémoire sur la propriété industrielle,* de M. de Maillard de Marafy, imprimé chez V. Goupy, 1872.

(2) V. Braun, p. 701.

(3) V. Pataille.82.146.

(4) V. Pataille.82.147.

« et de commerce, ainsi que des dessins et modèles industriels et de fa« brique de toute espèce. Le droit exclusif d'exploiter un dessin ou un « modèle industriel ne peut avoir, au profit des Autrichiens en France « et des Français en Autriche, une durée plus longue que celle fixée par « la loi du pays à l'égard des nationaux. Si le dessin ou modèle indus« triel ou de fabrique appartient au domaine public, dans le pays d'ori« gine, il ne peut être l'objet d'une jouissance exclusive dans l'autre « pays. Les dispositions des deux paragraphes précédents sont applica« aux marques de fabrique et de commerce. — Art. 12. Les sujets au« trichiens ne pourront réclamer, en France, la propriété exclusive d'une « marque, d'un modèle ou d'un dessin, s'ils n'en ont déposé deux exem« plaires à Paris, au greffe du tribunal de commerce de la Seine. Réci« proquement, les Français ne pourront réclamer en Autriche la pro« priété d'une marque, d'un dessin ou d'un modèle, s'ils n'en ont déposé « deux exemplaires à la Chambre de commerce de Vienne (1). »

BELGIQUE.

Droit national. — Une loi du 1er avril 1879, suivie d'un arrêté royal du 7 juillet 1879, et de deux circulaires ministérielles du 8 juillet 1879 (2), règle la matière des marques de fabrique. Cette loi, qui est souvent calquée sur la loi française, en diffère pourtant en ce qu'elle exige le dépôt de la marque en triple exemplaire au greffe du tribunal de commerce dans le ressort duquel est situé l'établissement du déposant ; l'un de ces exemplaires est remis au déposant, dont il sert à compléter le titre.

La marque ne peut être transmise qu'avec l'établissement dont elle sert à distinguer les objets de fabrication ou de commerce. La transmission n'a d'effet, à l'égard des tiers, qu'après le dépôt d'un extrait de l'acte qui la constate dans les formes prescrites pour le dépôt de la marque.

L'usurpation de la marque constitue un délit qui est puni d'un emprisonnement de huit jours à six mois et d'une amende de 26 francs à 2,000 francs, ou de l'une de ces peines seulement.

Les étrangers qui ont un établissement industriel ou commercial en Belgique sont assimilés de tous points aux nationaux. Les étrangers ou les Belges dont les établissements sont hors de la Belgique ne sont admis au bénéfice de la loi que si, dans le pays où ces établissements sont situés, des conventions internationales ont stipulé la réciprocité pour les marques belges. Dans ce dernier cas, le dépôt doit être effectué au greffe du tribunal de commerce de Belgique.

Droit international. — Une convention de réciprocité a été

---

(1) V. Pataille.67.13.
(2) V. Pataille.80.298. — V. aussi le *Traité des marques de fabrique*, par A. Braun, avocat à la Cour d'appel de Bruxelles.

conclue le 31 octobre 1881 entre la France et la Belgique, et approuvée par la loi du 11 mai 1882 (1). On y lit : « Art. 14. Les Français en Belgique, et réciproquement les Belges en France, jouiront de la même « protection que les nationaux pour tout ce qui concerne la propriété « des marques de fabrique et de commerce... — Art. 15. Les nationaux « de l'un des deux pays, qui voudront s'assurer dans l'autre la propriété « d'une marque, devront remplir les formalités prescrites à cet effet par « la législation respective des deux États. Les marques de fabrique, « auxquelles s'appliqueront les art. 14 et 15 de la présente convention, « sont celles qui, dans les deux pays, sont légitimement acquises aux « industriels ou négociants qui en usent, c'est-à-dire que le caractère « d'une marque de fabrique française doit être apprécié d'après la loi « française, de même que celui d'une marque belge doit être jugé d'a- « près la loi belge. » La convention est faite pour dix ans et continuera ensuite à être obligatoire, sous la réserve du droit pour chacune des deux parties de la dénoncer d'année en année.

BRÉSIL.

Droit national. — Une loi, du 23 octobre 1875, régularise le droit, pour les fabricants et négociants, de marquer leurs produits ou marchandises. Elle exige l'enregistrement de la marque au greffe du tribunal de commerce (2).

L'usurpation de la marque est punie de la peine de l'amende et de 'emprisonnement. La loi n'autorise pas la confiscation.

Droit international. — Une déclaration du 12 avril 1876 (3) assure aux sujets de chacun des deux pays, dans les territoires et les possessions de l'autre, les mêmes droits que les nationaux, à la seule condition de remplir les formalités prescrites à cet effet par la législation respective des deux pays.

CANADA.

Droit national. — Il existe une loi du 15 mai 1879 (4). Elle prescrit le dépôt de la marque, qui doit être effectué à Ottawa. — La loi distingue deux sortes de marques : la *marque générale*, servant à distinguer tous les produits d'un fabricant ou d'un commerçant, et la *marque spéciale*, ne devant s'appliquer qu'à certains articles. — La cession de la marque doit être indiquée sur le registre, en face de l'enregistrement de la marque.

---

(1) V. Pata3 2.81.
(2) V. Pataille.76.337.
(3) V. Pataille.76.337.
(4) V. *Prop. ind.*, 1880, 2e partie, p. 26 et suiv.

L'usurpation de la marque est punie d'une amende de 20 à 100 piastres (107 à 550 francs).

Les étrangers sont admis au bénéfice de la loi sans aucune condition de réciprocité.

Droit international. — Il n'existe aucun traité diplomatique spécial au Canada.

CHILI.

Droit national. — Une loi du 12 novembre 1874 protège les marques de fabrique, sans distinction entre celles des nationaux et celles des étrangers. Le dépôt est exigé et doit avoir lieu au siège de la Société nationale d'agriculture, à Santiago. — Toute cession de marque doit être enregistrée, et, en outre, publiée pendant dix jours. — L'usurpation est punie des peines édictées par le code pénal.

Droit international. — Il n'existe aucun traité diplomatique entre la France et le Chili.

DANEMARK.

Droit national. — La loi est du 2 juillet 1880 (1). Elle prescrit l'enregistrement sur un registre, tenu pour tout le royaume à Copenhague. L'enregistrement peut être refusé dans certains cas, notamment si la marque consiste uniquement en chiffres, mots ou lettres, si elle contient des armes publiques, si elle représente des objets de nature à provoquer un scandale public, si elle a été régulièrement déclarée déjà par une autre personne. Le refus d'enregistrement est susceptible d'être attaqué par voie de recours devant le ministre.

L'usurpation de la marque est punie des peines portées par l'art. 278 du code pénal, c'est-à-dire d'une amende qui peut s'élever à 2,000 kroner. En cas de récidive, l'emprisonnement peut être prononcé.

Les étrangers, établis en Danemark, jouissent du bénéfice de la loi.

Droit international. — Aux termes d'un traité du 7 avril 1880, promulgué le 24 avril suivant (2), les Français en Danemark et les Danois en France jouissent, en ce qui concerne les marques de fabrique ou de commerce apposées, dans l'un et l'autre pays, sur les marchandises ou les emballages, de la même protection que les nationaux, à la condition de se conformer aux conditions et formalités prescrites par les lois et règlements en vigueur dans les États contractants.

---

(1) V. Pataille.82.49.
(2) V. Pataille.80.177.

ESPAGNE.

Droit national. — Aux termes d'une loi du 2 nov. 1850, les nationaux et les étrangers, appartenant à une nation liée par un traité de réciprocité avec l'Espagne, peuvent déposer leurs marques de fabrique. — La demande d'enregistrement est soumise à un examen préalable, confié au directeur du Conservatoire des arts. — La durée de la protection est indéfinie. — La contrefaçon (art. 267 du code pénal) est punie de l'emprisonnement et d'une amende de 50 à 200 ducats (1).

Droit international. — Un traité conclu entre la France et l'Espagne, le 6 fév. 1882 (2), contient les articles suivants : « Art. 7. Les « Français en Espagne, et réciproquement les Espagnols en France, « jouiront de la même protection que les nationaux pour tout ce qui « concerne la propriété des marques de fabrique ou de commerce, ainsi « que des dessins ou modèles industriels et de fabrique de toute espèce. « Le droit exclusif d'exploiter un dessin ou modèle industriel ou de « fabrique ne peut avoir, au profit des Espagnols en France, et réciproquement des Français en Espagne, une durée plus longue que celle « fixée par la loi du pays à l'égard des nationaux. Si le dessin ou modèle « industriel ou de fabrique appartenait au domaine public dans le pays « d'origine, il ne peut être l'objet d'une jouissance exclusive dans l'autre « pays. Les dispositions des deux paragraphes qui précèdent sont applicables aux marques de fabrique ou de commerce... — Art. 8. Les « nationaux de l'un des deux pays qui voudront s'assurer dans l'autre « la propriété d'une marque, d'un modèle ou d'un dessin, devront remplir les formalités prescrites, à cet effet, par la législation respective « des deux États. Les marques de fabrique auxquelles s'appliquent l'article présent et l'article précédent sont celles qui, dans les deux pays, « sont légitimement acquises aux industriels ou négociants qui en usent, « c'est-à-dire que le caractère d'une marque de fabrique française doit « être apprécié d'après la loi française, de même que celui d'une marque « espagnole doit être jugé d'après la loi espagnole... — Art. 30. Les dispositions du présent traité de commerce et de navigation sont applicables, « d'une part, à l'Algérie, et de l'autre, aux îles adjacentes et aux « Canaries, ainsi qu'aux possessions espagnoles de la côte du Maroc... »

ÉTATS-UNIS D'AMÉRIQUE.

Droit national. — Une loi du 8 juill. 1870 réglait aux États-Unis la matière des marques de fabrique. Cette loi était depuis cette époque appliquée, lorsqu'un arrêt de la cour suprême, en date du 6 déc.

---

(1) V. Rendu, *Code de la prop. ind.*, t. 3, p. 307.
(2) V. Pataille.82.148.

1879, la déclara inconstitutionnelle. Le motif de cette décision était que, si le Congrès, aux termes de la Constitution, a le droit de réglementer le commerce avec les nations étrangères, avec les divers États de l'Union, et avec les tribus indiennes, il n'a pas le pouvoir de réglementer le commerce entre les citoyens d'un même État, ce que la loi du 8 juill. 1870 avait précisément le tort de faire.

Une loi nouvelle du 3 mars 1881 a remédié à cet état de choses; elle ne règle la propriété des marques que dans les rapports du propriétaire de la marque avec les citoyens d'un État de l'Union auquel il n'appartient pas lui-même, ou avec les tribus indiennes, ou avec les étrangers. La loi exige le dépôt au *Patent Office*. Le dépôt doit être accompagné d'une déclaration écrite, à l'effet d'affirmer que le déposant possède bien le droit de se servir de la marque. La marque est l'objet d'un examen préalable de la part du commissaire des patentes, qui peut refuser l'enregistrement, notamment s'il estime que la marque est identique avec une autre marque déjà enregistrée, ou connue et possédée par une autre personne dans la même classe de marchandises, ou qu'elle ressemble assez à des marques existantes pour causer des confusions et tromper l'acheteur. Les étrangers sont protégés, comme les nationaux et aux mêmes conditions, si la nation à laquelle ils appartiennent accorde la réciprocité aux citoyens des États-Unis (1).

Droit international. — Une convention diplomatique du 16 avril 1869, promulguée le 28 juillet suivant, assure la protection de la loi aux citoyens de chaque État et les assimile aux nationaux. Si la marque appartient au domaine public dans le pays d'origine, elle ne peut être l'objet d'une jouissance exclusive dans l'autre pays. Le dépôt de la marque en double exemplaire est exigé, savoir : pour les citoyens des États-Unis, à Paris, au tribunal de commerce; pour les Français, à Washington, au bureau des patentes.

La convention a été conclue pour dix ans, avec faculté, à partir de cette époque, pour chaque gouvernement, d'en faire cesser les effets, en la dénonçant d'année en année (2).

GRECE.

Droit national. — Il n'existe pas de loi spéciale pour la protection des marques de fabrique, qui restent toutefois soumises, nous devons le croire, aux conditions exigées dans tous pays pour une concurrence loyale.

Il faut peut-être excepter les marques consistant en étiquettes, vi-

---

(1) V. Pataille.81.257.
(2) V. Pataille.69.257.

gnettes, etc., qui paraissent protégées par l'art. 432 du code pénal, lequel garantit, d'une façon générale, la propriété des œuvres pouvant être reproduites par l'impression, la gravure ou tout autre procédé analogue.

Droit international. — Une convention diplomatique, du 22 mars 1872, assure, du reste, en Grèce, aux Français ou à leurs fondés de pouvoirs, les mêmes droits qu'aux Hellènes eux-mêmes (1).

ITALIE.

Droit national. — La législation italienne sur notre matière se compose d'abord de la loi sarde du 12 mars 1855 (2), aujourd'hui exécutoire dans toute l'Italie, et d'une loi nouvelle du 30 août 1868, expliquée elle-même et complétée par un règlement d'administration publique (3). Ces lois protègent les marques, même au profit des étrangers, pourvu qu'ils aient en Italie des magasins, dépôts ou succursales. A l'égard des étrangers qui n'ont aucun établissement en Italie, ils ne sont admis à la protection de la loi que si la législation de leur pays assure la réciprocité aux sujets italiens.

La loi exige le dépôt, sauf pour les noms ou raisons sociales, qui, même s'ils appartiennent à des étrangers, sont protégés sans stipulation de réciprocité.

Le successeur industriel ou commercial, ou même l'héritier qui veut conserver la marque de son auteur, doit renouveler le dépôt et y comprendre l'indication de *successeur* ou *héritierde*....

L'usurpation est punie des peines portées en l'art. 406 du code pénal.

Droit international. — Un traité diplomatique, en date du 29 juin 1862, et de tous points semblable au traité diplomatique fait avec l'Autriche en 1866, auquel, du reste, il avait servi de type, assure (art. 13) la réciprocité entre les sujets des deux nations (4).

Il a été signé depuis, et à la date du 10 juin 1874, une déclaration approuvée par décret du 3 juillet suivant, et dont l'article unique est ainsi conçu : « Les marques de fabrique, auxquelles s'applique l'art. 13 « de la convention conclue entre la France et l'Italie le 29 juin 1862, sont « celles qui, dans les deux pays, sont légitimement acquises aux indus- « triels qui en usent, c'est-à-dire que le caractère d'une marque française

(1) Ce traité de réciprocité est mentionné par M. de Maillard-Marafy dans son *Mémoire sur la propriété industrielle*, imprimé chez V. Goupy, décembre 1872 ; mais nous ne l'avons trouvé cité nulle part ailleurs.

(2) V. Pataille.55.161.

(3) V. Pataille.80.289.

(4) V. *suprà*, p. 838, *au bas*. — V. Pataille.63.321.

« doit être apprécié d'après la loi française, de même que celui d'une « marque italienne doit être jugé par la loi italienne (1). »

Enfin, le traité de commerce, conclu le 3 nov. 1881 entre la France et l'Italie, contient un article ainsi conçu : « Art. 15. Le dépôt prescrit par « l'art. 13 de la convention conclue, le 29 juin 1862, entre la France et « l'Italie, étant déclaratif et non attributif de propriété, la contrefaçon « qui serait faite d'une marque de fabrique ou de commerce, ainsi que « des dessins ou modèles industriels et de fabrique, avant que le dépôt « en eût été opéré conformément aux dispositions de l'art. 13 précité, « n'infirme pas les droits du propriétaire desdites marques ou dessins « contre les auteurs de cette contrefaçon (2) ».

PAYS-BAS.

Droit national. — La loi est du 25 mai 1880 (3). Elle exige le dépôt de la marque en deux exemplaires; le déposant a la faculté d'en déposer un troisième qui lui est rendu avec attestation légale et lui sert de titre. — Le dépôt est publié dans le journal officiel. — Il est effectué au greffe du tribunal du domicile du déposant, ou, si le déposant n'a pas son domicile en Hollande, au greffe du tribunal d'Amsterdam. — Il produit effet pendant 15 ans et est indéfiniment renouvelable. — La contrefaçon est punie de l'amende et de l'emprisonnement.

Droit international. — Un traité de commerce, conclu le 7 juill. 1865, contient l'art. suivant : « Art. 24. Les sujets de l'une « des hautes parties contractantes jouiront dans les États de l'autre de la « même protection que les nationaux pour tout ce qui concerne la pro- « priété des marques de fabrique ou de commerce (4). » Le dépôt en double exemplaire est exigé ; il a lieu pour les Français au tribunal de commerce d'Amsterdam, et pour les Néerlandais, au tribunal de commerce de la Seine. La convention a été faite pour douze années, avec faculté, pour chaque gouvernement, de la dénoncer, à partir de cette époque, d'année en année.

PORTUGAL.

Droit national. — Le code pénal portugais punit de la peine d'un mois à trois mois d'emprisonnement la falsification des marques aussi bien que l'usage d'une marque falsifiée, sans préjudice, dit l'art. 230, d'une peine majeure, s'il y a lieu, et sauf la réparation du dommage selon les règles générales (5).

---

(1) V. Pataille.64.227.
(2) V. Pataille.82.152.—V. aussi Circ. minist. italiennes, Pataille.80.296.
(3) V Pataille.80.315.
(4) V. Pataille.66.10.
(5) Un projet de loi sur les marques de fabrique, déjà voté par la Chambre des

Droit international. — Le traité de commerce conclu entre la France et le Portugal le 19 déc. 1881, et promulgué le 14 mai 1882 (1), contient les articles suivants : « Art. 7. En ce qui concerne les mar- « chandises et les étiquettes de marchandises ou de leurs emballages, les « dessins et les marques de fabrique et de commerce, les sujets de chacun « des États respectifs jouiront dans l'autre de la même protection que les « nationaux. — Art. 26. Les dispositions du présent traité sont appli- « cables, sans aucune exception : d'une part, à l'Algérie; d'autre part, « aux îles portugaises adjacentes, savoir : aux îles de Madère et Porto- « Santo, et à l'archipel des Açores. »

ROUMANIE.

Droit national. — La loi qui protège les marques est du 14-26 avril 1879 (2); elle est à peu près la copie de la loi française. Le dépôt se fait de la même manière et dans les mêmes formes; les peines de la contrefaçon sont les mêmes, sauf que le maximum de l'amende est un peu moins élevé. La même distinction existe entre les étrangers établis en Roumanie et les étrangers établis hors de Roumanie.

Droit international. — Pas de convention diplomatique.

RUSSIE.

Droit national. — La loi russe (art. 78 du XIe volume des lois) (3) punit l'usurpation des marques de fabrique des peines portées en l'art. 1354 du code pénal; ces peines sont, outre la réparation du préjudice causé, la privation de tous les droits et privilèges appartenant au prévenu personnellement ou afférents à sa condition, l'internement dans l'un des gouvernements éloignés, ceux de Sibérie exceptés, et l'incarcération dans une maison de travail, d'après le troisième degré de l'art. 33 du code pénal (c'est-à-dire de 4 à 8 mois).

Droit international. — L'art. 22 du traité de commerce en date des 2-14 juin 1857 est ainsi conçu : « Les hautes parties contrac- « tantes, qui désirent assurer dans leurs États une complète et efficace « protection à l'industrie manufacturière de leurs sujets respectifs, sont « convenues, d'un commun accord, que toute reproduction, dans l'un « des deux pays, des marques de fabrique apposées dans l'autre sur « certaines marchandises pour constater leur origine et leur qualité, sera « sévèrement interdite et réprimée, et pourra donner lieu à une action en

---

députés, est actuellement soumis à l'examen de la Chambre des pairs, qui, à ce moment (mai 1883), n'en a pas encore commencé la discussion.

(1) V. Pataille.82.150.

(2) V. Pataille.80.320.

(3) V. Braun, p. 739.

« dommages-intérêts valablement exercée par la partie lésée devant les « tribunaux du pays où la contrefaçon aura été constatée. Les marques « de fabrique, dont les sujets de l'un des deux États voudraient s'assurer « la propriété dans l'autre, devront être déposées exclusivement, savoir : « les marques d'origine russe, à Paris, au greffe du tribunal de la « Seine, et les marques d'origine française, à Saint-Pétersbourg, au dé- « partement des manufactures et du commerce intérieur (1). »

Depuis, à la date des 6-18 mai 1870 (2), est intervenue une déclaration qui rend le fait de contrefaçon commis en Russie, au préjudice d'un Français, passible des peines portées par le code des juges de paix et le code pénal de 1866 (3).

Un traité de commerce, conclu entre les deux pays à la date des 1er avril-28 mars 1874, confirme et garantit de nouveau la propriété des marques (4).

SUÈDE ET NORWÈGE.

Droit national. — La loi pénale, publiée le 16 févr. 1864, contient un chapitre intitulé ; *De l'escroquerie et autres actes d'improbité*, où se trouve le paragraphe suivant : « § 16. La peine sera d'une amende ou « d'un emprisonnement, comme il est dit au § 13 (5), contre celui qui, « sur des objets fabriqués et exposés en vente, aura, sans autorisation, « appliqué les marques d'un fabricant autre que celui qui en est l'au- « teur. »

Droit international. — Il a été conclu entre la France et la Suède et la Norwège une convention pour la protection réciproque des marques à la date du 30 nov. 1881 (6). Cette convention reproduit littéralement les termes de la convention intervenue entre la France et l'Autriche, et que nous mentionnons plus haut ; elle renferme, en plus, le paragraphe suivant : « Le dépôt pourra être refusé si la marque, pour « laquelle il est demandé, est considéré par l'autorité compétente comme « contraire à la morale ou à l'ordre public. »

SUISSE.

Droit national. — Une loi fédérale, en date du 19 déc. 1879, avec règlement d'exécution du 2 octobre 1880 (7), reconnaît et protège

---

(1) V. Pataille.57.295.

(2) V. Pataille.70.177.

(3) Les juges de paix peuvent prononcer les peines suivantes : un an de prison, trois mois d'arrêts, 300 roubles d'amende.

(4) V. Pataille.74.225.

(5) Le § 13 ne prononce la peine de l'emprisonnement que dans le cas où le délit présente des circonstances aggravantes.

(6) V. Pataille.82.153.

(7) V. Pataille.80.302.

les marques de fabrique et de commerce. — L'usage d'une marque ne peut être revendiqué en justice que si la marque a été déposée et l'enregistrement publié dans la feuille officielle. Le dépôt est valable pour 15 ans et indéfiniment renouvelable. — La marque ne peut être cédée qu'avec le fonds de commerce. — La cession n'a d'effet à l'égard des tiers que si elle a été enregistrée et publiée. — Le non-usage pendant 3 ans d'une marque entraîne la déchéance du droit. — Le dépôt et l'enregistrement s'effectuent à Berne. — La contrefaçon est punie de l'amende et de l'emprisonnement, à moins qu'il y ait simplement faute, imprudence ou négligence. — Sont autorisés à faire enregistrer leurs marques : 1° les industriels ayant le siège de leur fabrication ou production en Suisse, et les commerçants qui y possèdent une maison de commerce régulièrement établie ; 2° les industriels et les commerçants établis dans des États qui accordent aux Suisses la réciprocité de traitement, pourvu que les industriels et commerçants fournissent, en outre, la preuve que, soit leurs marques, soit leur raison de commerce, sont suffisamment protégés au lieu de leur établissement.

Droit international.—La convention conclue entre la France et la Suisse, le 23 fév. 1882 (1), renferme les articles suivants : « Art. 1er. Les « citoyens de chacun des deux États contractants jouiront réciproquement de la même protection que les nationaux, pour tout ce qui « concerne la propriété des marques de fabrique ou de commerce, sous « la condition de remplir les formalités prescrites à ce sujet par la « législation respective des deux pays. Les hautes parties contractantes « se feront connaître mutuellement les formalités exigées, et se réservent « de les modifier, si elles le jugent nécessaire. — Art. 2. Les marques « de fabrique et de commerce, auxquelles s'applique l'article précédent, « sont celles qui, dans les deux pays, sont légitimement acquises aux « industriels ou négociants qui en usent, c'est-à-dire que le caractère « d'une marque française doit être apprécié en Suisse d'après la loi « française, de même que le caractère d'une marque suisse doit être « jugé d'après la loi fédérale suisse. — Art. 3. Les citoyens de l'un des « deux États contractants jouiront également dans l'autre de la même « protection que les nationaux, pour tout ce qui concerne la propriété du « nom commercial ou raison de commerce, sans être soumis à l'obli- « gation d'en faire le dépôt, que le nom commercial ou la raison de « commerce fasse ou non partie d'une marque de fabrique ou de com- « merce. »

TURQUIE.

Droit national. — Un iradé du 23 Haziraer 1288 (déc. 1871) protège les marques (2). Le dépôt de la marque, en double exemplaire, doit être effectué au tribunal civil du district du déposant.

(1) V. Pataille.82.156.
(2) V. Braun, p. 742.

Droit international. — Pas de convention diplomatique.

URUGUAY.

Droit national. — La loi protectrice des marques est du 1er mars 1877 (1). Le dépôt de la marque doit être fait en double exemplaire, l'un sur papier de fil ou de coton collé sur de la toile, l'autre sur papier végétal, avec le timbre requis. Il est reçu au ministère du Gouvernement à Montévidéo.

Droit international. — Les étrangers sont admis au bénéfice de la loi, sans condition de réciprocité.

VÉNÉZUÉLA (ÉTATS-UNIS DE).

Droit national. — La loi, en date du 24 mai 1877, exige le dépôt de la marque, qui doit se faire à Caracas.

Droit international. — Une déclaration relative à la protection des marques de fabrique et de commerce a été signée entre la France et la République de Vénézuela le 3 mai 1879, et approuvée par décret du 27 juin 1881, promulguée le 30 juin 1881 (2). Cette déclaration, qui assimile les sujets de chacune des deux nations aux nationaux eux-mêmes, est obligatoire pour trois ans, et ensuite exécutoire par tacite réconduction pendant une année, à partir du jour où l'une des deux parties l'aura dénoncée.

---

(1) V. Pataille.77.83.
(2) V. Pataille.81.177.

TABLE

ALPHABÉTIQUE ET ANALYTIQUE

DES MATIÈRES

NOTA. — Les chiffres indiquent les numéros des paragraphes.

B

C

D

O

P

T

U

V

FIN DE LA TABLE ALPHABÉTIQUE ET ANALYTIQUE DES MATIÈRES

TABLE DES MATIÈRES.

LIVRE II. — Du nom commercial.

LIVRE III. — De la concurrence déloyale.

LIVRE IV. — Enseigne.

IIe PARTIE. — Législation étrangère.

FIN.

Paris. — Imprimerie L. Baudoin et Ce, rue Christine, 2.